信号与系统
——内容延伸及方法拓展

(上册)

陈绍荣　刘郁林　李晓毅　雷　斌　编著

電子工業出版社
Publishing House of Electronics Industry
北京·BEIJING

内 容 简 介

本书系统地介绍了信号与系统的基本理论、求解系统响应的基本方法和拓展方法。全书共七章，其中上册（第 1 章至第 4 章）包括信号与系统的基本概念、连续时间系统的时域分析、连续时间系统的频域分析、连续时间系统的复频域分析；下册（第 5 章至第 7 章）包括离散时间信号与离散时间系统的时域分析、离散时间系统的 z 域分析、系统的状态变量分析。内容延伸及方法拓展主要包括因果信号及反因果信号的整体积分法；一类可解的线性时变连续时间系统的时域分析；简单线性时不变（LTI）连续时间系统的设计；序列的原序列，序列的不定求和运算，类似于牛顿-莱布尼茨公式的序列求和通用公式；线性移变离散时间系统的时域分析和 z 域分析；简单线性移不变（LSI）离散时间系统的设计等。每章配有精心设计的习题，书末给出了参考答案。

本书读者需具有高等数学、线性代数、复变函数及电路分析基础等课程的相关基础知识。本书结构合理、论述清晰、推理严谨、举例翔实，最大的特点是便于自学，可作为理工科相关专业的本科生教材，也可供从事相关领域工作的科技人员参考。

未经许可，不得以任何方式复制或抄袭本书之部分或全部内容。
版权所有，侵权必究。

图书在版编目（CIP）数据

信号与系统：内容延伸及方法拓展. 上册/陈绍荣等编著. —北京：电子工业出版社，2021.3
ISBN 978-7-121-33353-8

Ⅰ. ①信… Ⅱ. ①陈… Ⅲ. ①信号系统－高等学校－教材 Ⅳ. ①TN911.6

中国版本图书馆 CIP 数据核字（2021）第 039064 号

责任编辑：马 岚　　文字编辑：李 蕊
印　　刷：涿州市般润文化传播有限公司
装　　订：涿州市般润文化传播有限公司
出版发行：电子工业出版社
　　　　　北京市海淀区万寿路 173 信箱　邮编：100036
开　　本：787×1092　1/16　　印张：44.25　　字数：1133 千字
版　　次：2021 年 3 月第 1 版
印　　次：2021 年 11 月第 2 次印刷
定　　价：139.00 元（全 2 册）

凡所购买电子工业出版社图书有缺损问题，请向购买书店调换。若书店售缺，请与本社发行部联系，联系及邮购电话：(010)88254888，88258888。
质量投诉请发邮件至 zlts@phei.com.cn，盗版侵权举报请发邮件至 dbqq@phei.com.cn。
本书咨询联系方式：classic-series-info@phei.com.cn。

前言

超大规模集成电路和计算机技术的飞速发展，为数字信号处理中许多算法的实现奠定了坚实基础，进一步推动了数字信号处理学科的快速发展，并且在通信、雷达、遥控遥测、航空航天、生物医学、地质勘探、系统控制、故障诊断等领域得到了广泛应用。因此，为数字信号处理奠定必备基础的“信号与系统”课程，其地位和作用更显突出。正因为如此，许多高校将“信号与系统”课程作为研究生入学考试的专业基础课程。

本书根据作者从事“电路分析基础”、“信号与系统”及“数字信号处理”等课程 30 余年的教学经验撰写而成，既确保了相关内容有机衔接、自成体系，又吸收了作者的研究成果和教学体会。主要内容包括：连续时间因果信号及反因果信号的整体积分法；导出常用算子恒等式、常用连续时间因果信号的拉普拉斯变换(LT)、常用因果序列的 z 变换(ZT)的一令二分法；傅里叶级数的一种证明方法、基于连续时间信号傅里叶变换(CTFT)的对偶性质及时域性质导出其对应频域性质的翻译三步法；基于连续时间因果信号(离散时间因果序列)的 LT(ZT)，计算连续时间反因果信号(离散时间反因果序列)对应象函数的 ILT(IZT)的反褶三步法；序列的原序列、序列的不定求和运算、类似于牛顿-莱布尼茨公式的序列求和通用公式；基于连续时间信号的双边 LT 直接计算相应序列的双边 ZT 的留数法；线性时不变(LTI)连续时间系统(线性移不变(LSI)离散时间系统)零输入响应时域求解的直接截取法、连续时间周期信号(周期序列)及无时限复指数信号(无时限复指数序列)通过 LTI 连续时间系统(LSI 离散时间系统)的间接复频域(间接 z 域)分析方法；高阶 LTI 连续时间系统(高阶 LSI 离散时间系统)响应时域求解的不定积分(不定求和)降阶法及上限积分(上限求和)降阶法、高阶 LTI 连续时间系统(高阶 LSI 离散时间系统)单位冲激响应时域求解的七种处理方式，以及零状态响应时域求解的八种具体解法；揭示了一类可解的二阶线性时变(移变)连续时间系统(离散时间系统)全响应的通解公式；介绍了将一类可解的线性移变离散时间系统的差分方程转化成 z 域微分方程进行求解的方法。

全书结构和内容安排如下。

第 1 章介绍了信号与系统的基本概念。包括信号的描述及分类；信号分析中常用的连续时间信号；连续时间信号的分解；连续时间信号的运算；系统的描述及分类；LTI 连续时间系统的性质；LTI 连续时间因果稳定系统应具备的时域充要条件等内容。其内容延伸及方法拓展包括：一是在连续时间信号的分解一节中特别增加了关于幂级数的内容，以便引出欧拉公式；二是增加并证明了单位冲激信号的广义标尺性质；三是在 LTI 连续时间系统的性质这一节中，给出了 LTI 连续时间系统线性和时不变性质的三个综合体现；四是针对连续时间因果信号和反因果信号的积分运算问题，提出了整体积分法，构造了常用连续时间因果信号和反因果信号的不定积分公式，解决了传统分段积分法“过程冗长，表达不够严谨”的问题。

第 2 章介绍了 LTI 连续时间系统的时域分析。包括 LTI 连续时间系统数学模型的建立；算子及 LTI 连续时间系统的转移算子；微分方程的时域求解方法(经典法)；线性卷积的性质；LTI 连续时间系统的单位冲激响应、零输入响应、零状态响应和全响应的时域求解方法；连续时间周期信号或无时限复指数信号通过 LTI 连续时间系统时，其零状态响应的时域求解方法；线性时变连续时间系统响应的时域求解方法等内容。其内容延伸及方法拓展包括：一是揭示了 LTI 连续时间系统零状态响应的线性卷积法与经典法的内在联系；二是给出了线性卷积的标尺性质、加权性质和交替加权性质；三是基于线性卷积的反褶性质，给出了一种利用两个连续时间因果信号(或有始信号)线性卷积来计算相应两个连续时间反因果信号(或有终信号)线性卷积的方法；四是基于线性卷积的反褶性质，给出了一种利用线性卷积的恢复公式来计算两个连续时间反因果信号(或有终信号)线性卷积的方法，拓展了线性卷积恢复公式的适用范围；五是针对高阶 LTI 连续时间系统零输入响应的时域求解问题，除了介绍传统的经典法，还提出了另外三种方法，即不定积分降阶法、上限积分降阶法及直接截取法；六是给出了一令二分法，基于一阶 LTI 连续时间系统单位冲激响应的转移算子表示，以及转移算子运算的结果，导出了常用算子恒等式，为利用算子法计算具有共轭复根或重根的高阶 LTI 连续时间系统的单位冲激响应(或零状态响应)提供了依据；七是针对高阶 LTI 连续时间系统单位冲激响应及零状态响应的时域求解问题，基于连续时间因果信号或反因果信号的整体积分法，提出了不定积分降阶法和上限积分降阶法，并推演出了系统单位冲激响应时域求解的七种处理方式，系统零状态响应时域求解的八种具体解法；八是基于一阶线性时变连续时间系统全响应的时域求解方法以及不定积分降阶法，给出了一类可解的二阶线性时变连续时间系统全响应的通解公式。

第 3 章介绍了 LTI 连续时间系统的频域分析。包括信号在正交函数空间的分解；连续时间周期信号的傅里叶级数；连续时间非周期信号的傅里叶变换及其性质；周期冲激信号频谱表示的同一性及相关问题的讨论；LTI 连续时间系统的频域分析方法；抽样定理；相关函数及相关定理；连续时间信号的希尔伯特变换及应用等内容。其内容延伸及方法拓展包括：一是利用连续时间信号逼近冲激信号过程中，函数曲线下的面积具有不变性，证明了周期冲激信号复指数形式的傅里叶级数；二是通过对连续时间非周期信号进行周期延拓，导出了连续时间周期信号的傅里叶级数(CTFS)；三是将广义积分区间按等长分段，利用周期冲激信号复指数形式的傅里叶级数，导出了单位冲激信号的频域分解式，通过将非周期信号分解成延迟冲激的加权和，导出了非周期信号的傅里叶变换(CTFT)，由于导出过程中，时域的信号与频域的频谱是相互表示的，因此 CTFT 的唯一性不言自明，不仅利于揭示周期信号和非周期信号各自的频谱特征，而且易于揭示两者之间的频谱关系；四是给出了翻译三步法，基于 CTFT 的对偶性质，导出了与时域性质相对应的频域性质，达到了事半功倍的效果；五是证明了周期冲激信号的频谱表示的同一性，给出了因果周期冲激信号及因果周期信号的频谱计算公式；六是给出了利用迟滞比较器(或非线性系统)对连续时间周期信号进行波形变换，通过信号滤波来获得倍频信号的方法；七是以实例介绍了基于时域抽样定理，利用频谱插值的方法来实现抽样示波器的原理；八是揭示了获得周期余切信号的途径和方法；九是以实例检验了时域抽样定理中利用内插函数重构原始信号的效果。

第 4 章介绍了 LTI 连续时间系统的复频域分析。包括连续时间信号的拉普拉斯变换(LT)的导出；双边 LT 和单边 LT 的性质及定理；拉普拉斯逆变换(ILT)的计算；s 平面虚轴存在极点时，连续时间信号的 LT 与 CTFT 的相互计算方法；LTI 连续时间系统的复频域分析方法；LTI 连续时间系统的零点和极点分布与时域特性的关系，以及 LTI 连续时间系统的稳定性判据；LTI 连续时间因果稳定全通系统和因果稳定最小相位系统；LTI 连续时间系统的模拟及信号流图等内容。其内容延伸及方法拓展包括：一是基于单位冲激信号的频域分解式，得到了单位冲激信号的复频域分解式，通过将非周期信号分解成延迟冲激的加权和，导出了非周期信号的拉普拉斯变换(LT)，由于导出过程中，时域的信号与复频域的象函数是相互表示的，因此 LT 的唯一性不言自明；二是给出了一令二分法，基于连续时间因果复指数信号的 LT 及收敛域，导出了常用连续时间因果信号的 LT 及收敛域；三是给出了反褶三步法，基于连续时间因果信号的 LT 对，得到了相应连续时间反因果信号的象函数的 ILT；四是给出了翻译三步法，基于连续时间因果信号 LT 的复频域积分性质，导出了连续时间反因果信号 LT 的复频域积分性质；五是证明了等效 Jordan 引理，给出了利用等效 Jordan 引理及留数定理计算 ILT 的公式，不仅解决了虚轴上等间隔分布无穷个极点的一类象函数 ILT 的计算问题，而且还给出了另外两种借助逆 z 变换(IZT)来计算这类象函数 ILT 的方法；六是基于双边信号分解成反因果信号与因果信号之和，以及 LTI 连续时间系统响应的可加性，给出了连续时间周期信号或无时限复指数信号通过 LTI 连续时间系统的间接复频域分析方法；七是给出了 R-H 准则的证明过程；八是给出了 LTI 连续时间最小相位系统的性质，并提供了将 LTI 连续时间非最小相位系统分解成最小相位系统和全通系统级联的途径和方法；九是利用 Cramer 法则导出了 Mason 规则，并利用信号流图及 Mason 规则分析了电压并联负反馈放大器和有源滤波器；十是介绍了简单的 LTI 连续时间系统的设计。

第 5 章介绍了离散时间信号与离散时间系统的时域分析。包括常用序列；序列的运算；序列线性卷和的性质；序列的分解；周期序列的傅里叶级数分解；离散时间系统的描述及分类；LSI 离散时间系统数学模型的建立；算子及 LSI 离散时间系统的转移算子；差分方程的时域求解方法(经典法)；线性卷和的性质；LSI 离散时间系统的单位冲激响应、零输入响应、零状态响应及全响应的时域求解方法；周期序列或无时限复指数序列通过 LSI 离散时间系统时，其零状态响应的时域求解方法；线性移变离散时间系统响应的时域求解方法等内容。其内容延伸及方法拓展包括：一是采用类比法，提出了原序列的概念，定义了序列的不定求和运算，给出了常用因果序列和反因果序列的不定求和运算公式，解决了序列差分的逆运算问题；二是采用类比法，提出并证明了类似于牛顿-莱布尼茨公式的序列求和通用公式；三是揭示了线性卷和的插值性质、抽取性质、重排性质、加权性质和交替加权性质；四是基于线性卷和的反褶性质，给出了一种利用两个因果序列(或有始序列)线性卷和来计算相应两个反因果序列(或有终序列)线性卷和的方法；五是基于线性卷和的反褶性质，给出了一种利用线性卷和的恢复公式计算两个反因果序列(或有终序列)线性卷和的方法，拓展了线性卷和恢复公式的适用范围；六是揭示了 LSI 离散时间系统零状态响应的线性卷和法与经典法的内在联系；七是提出了高阶 LSI 离散时间系统零输入响应时域求解的不定求和降阶法、上限求和降阶法及直接截取法；八是给出了一令二分法，基于一阶 LSI 离散时间系统单位冲激响应的转移算子表示，以及转移算子运算的结果，导出了常用算子恒等式，为利用算子法计算具有共轭复根或重根的高阶 LSI 离散时间系统的单位冲激响应(或零状态响应)提供了依据；九是针对高阶 LSI 离散时间系统单位冲激响应及零状态响应的时域求解问题，基于因果序列或反因果序列的不定求和公式，提出了不定求和降阶法和上限求和降阶法，并推演出了系统单位冲激响应时域求解的七种处理方式，系统零状态响应时域求解的八种具体解法；十是基于一阶线性移变离散时间系统全响应的时域求解方法以及不定求和降阶法，给出了一类可解的二阶线性移变离散时间系统全响应的通解公式。

第 6 章介绍了 LSI 离散时间系统的 z 域分析。包括时域抽样定理的复频域体现；序列的 z 变换(ZT)的导出；双边 ZT 和单边 ZT 的性质及定理；IZT 的计算；LSI 离散时间系统的 z 域分析方法；LSI 离散时间系统的模拟及稳定性判据；线性移变离散时间系统的 z 域分析方法等内容。其内容延伸及方法拓展包括：一是揭示了时域抽样定理的复频域体现，表明了样值信号的双边 LT 与原始信号的双边 LT 具有相同的收敛域；二是基于时域抽样定理的复频域体现，从 ILT 得到了 IZT，从而导出了序列的 ZT。由于导出过程中，时域的信号与 z 域的象函数是相互表示的，因此 ZT 的唯一性不言自明。导出过程不仅阐明了样值信号具有双重角色(若将其视为连续时间信号，则可得其 LT，若将其视为序列，通常称为样值序列，则可得其 ZT)，而且易于揭示样值信号的ZT与LT之间的关系，以及z平面与s平面的映射关系；三是给出了一种直接利用连续时间信号的双边LT，确定相应序列的双边ZT的留数计算方法；四是给出了一令二分法，基于因果复指数序列的ZT及收敛域，导出了常用因果序列ZT及收敛域；五是给出了反褶三步法，基于因果序列(或有始序列)的ZT对，得到了相应反因果序列(或有终序列)的象函数的IZT；六是给出了翻译三步法，基于因果序列ZT的z域积分性质，导出了反因果序列ZT的z域积分性质；七是基于双边序列分解成反因果序列与因果序列之和，以及LSI离散时间系统响应的可加性，给出了周期序列或无时限复指数序列通过LSI离散时间系统的间接z域分析方法；八是介绍了简单的LSI离散时间系统的设计；九是揭示了名副其实的z域微分性质，将一类可解的线性移变离散时间系统的差分方程转化成z域微分方程进行求解，从而获得了这一类线性移变离散时间系统的全响应。

第7章介绍了系统的状态变量分析。包括连续时间系统的状态空间描述；连续时间系统状态方程和输出方程的建立；连续时间系统状态方程和输出方程的复频域分析；连续时间系统状态方程和输出方程的时域分析；离散时间系统的状态变量分析；状态向量的线性变换；系统状态的可控制性与可观察性等内容。其内容延伸及方法拓展包括：一是通过实例阐明了LTI连续时间系统的状态向量不仅是一组独立的变量，而且是一组完备的变量，因此它可以作为LTI连续时间系统的解向量；二是给出了LTI连续时间系统(LSI离散时间系统)的系统矩阵具有相异的特征值时，计算矩阵指数函数(矩阵指数序列)的三种方法；三是证明了同一个LTI连续时间系统(LSI离散时间系统)的状态向量的线性变换，系统的转移函数矩阵、单位冲激响应矩阵、系统的稳定性判据都具有不变性，即各自都保持不变；四是给出了LSI离散时间系统状态向量在0位和−1位的值的相互计算公式；五是详细讨论了LTI连续时间系统及LSI离散时间系统状态的可控制性和可观察性；六是阐明了LTI连续时间系统(LSI离散时间系统)的系统矩阵对角化的意义。

本书的内容编写纲目由4位教授：陈绍荣、刘郁林、李晓毅和雷斌集体讨论确定。第1章至第3章由陈绍荣编写，第4章由刘郁林、李晓毅和雷斌编写，第5章由陈绍荣编写，第6章由刘郁林、李晓毅和朱行涛副教授编写，第7章由徐舜副处长、向春钢副教授和钟静玥副教授编写。书中习题部分的精心设计及解答、全书的统稿、审稿及校对工作由陈绍荣完成。

本书得到教育部“新世纪优秀人才支持计划”项目(编号：NCET-11-0873)、重庆“高校创新团队建设计划”项目(编号：KJTD201343)和“盲源信号分离抗干扰技术”研究项目(编号2111241001020403)的资助，在编写过程中得到了刘冀昌、刘爱军、谭建明、常思浩、马大玮、陈兆海、张寿珍、朱桂斌、柏森、吴乐华、钱林杰、张振宇等教授，杨贵恒、沈建国、栗铁桩、章锋斌、胡绍兵、何为等副教授，李元伟、王开、刘轶、萧玲娜、张波等讲师的帮助，张建新、邹文君等同志对本书的出版给予了大力支持。在此对上述同事、书中提及的参考文献的作者，以及支持和关心编著者的亲人，一并表示感谢。

我们的愿望是写一本便于阅读的书，尽管我们一直努力这么做，但由于水平有限，不妥和错误之处在所难免，恳切希望读者和专家批评指正。

编著者于重庆林园

目　录

第1章 信号与系统的基本概念

1.1 信号的描述及分类

1.1.1 信号的定义

信号是“运载与传递信息的工具”。信息是信号的具体内容，信号是信息的具体表现形式。因此，我们通常将带有消息或信息的物理量，称为信号(signal)。例如，温度、语音和图像等。信号通常是时间的函数(function)，记为 $f(t)$ 或 $f(k)$，其中 k 为整数。若信号只有一个自变量，则称为一维信号，如语音信号；若信号有两个或多个自变量，则称为二维信号或多维信号，例如图像信号就是一个二维信号。本书仅分析一维信号。

一般利用传感器来采集信号，例如麦克风采集语音信号，摄像头采集图像信号。由于电信号易于传输和处理，因此传感器的输出通常为随时间变化的电压或电流波形，此电压或电流波形称为电信号，简称信号，如图 1.1.1 所示。

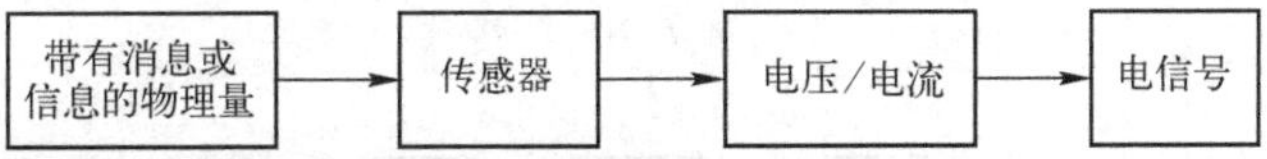

图 1.1.1 电信号的获取过程

信号分析的主要任务是研究信号的基本性能，如信号的描述、分解、变换、检测及特征提取等。

1.1.2 信号的描述

信号可以用一个或若干个自变量的函数来描述，如指数信号可以用指数函数 $f(t)=e^{-t}$ 来描述。

既然信号可以用函数来描述，那么也可以画出函数随自变量变化的波形，此波形称为信号的波形(waveform)描述。与函数描述相比，波形描述更为直观。此外，有些信号无法用闭式数学函数来描述，但可以用波形来描述。

信号的函数描述及波形描述统称为信号的时域描述。此外，信号还有频域描述，即用频谱(frequence spectrum)来描述信号。

1.1.3 信号的分类

信号可以分为两个大类，即确知信号与随机信号。确知信号是指在时域上能用确定的数学表达式描述的信号。随机信号是指具有未可预知的不确定性的信号。例如，通信中的干扰及元器件的热噪声等都是随机信号。

分析确知信号，一般是分析时域上的数学表达式及频域上的频谱；分析随机信号，一般是分析时域上的自相关函数及频域上的功率谱。本书仅分析确知信号。

此外，信号还可以按下述方式进行分类。

1. 连续时间信号与离散时间信号

连续时间信号通常记为 $f_a(t)$ 或 $f(t)$。所谓连续时间信号是指在信号定义的区间上均连续或分段连续的信号，前者称为模拟信号；对于后者，在其分段点 $t=t_0$ 处的函数值定义为该点的左极限和右极限的算术平均值，即

$$f(t_0)=\frac{1}{2}[f(t_{0-})+f(t_{0+})] \tag{1.1.1}$$

对连续时间信号 $f_a(t)$进行抽样，可得离散时间信号 $f_a(kT)$(简称序列)，其中 k 为整数，T 为抽样间隔。对离散时间信号 $f(k)=f_a(kT)$进行量化和编码，可得数字信号，具体过程如图 1.1.2 所示。

图 1.1.2　数字信号的获取过程

2. 周期信号与非周期信号

若信号 $f_{T_0}(t)$满足

$$f_{T_0}(t)=f_{T_0}(t\pm mT_0) \tag{1.1.2}$$

式中，m 为正整数，T_0 为基本周期，则称信号 $f_{T_0}(t)$为周期信号(periodic signal)，否则称为非周期信号(aperiodic signal)。

式(1.1.2)表明，延迟信号 $f_{T_0}(t-T_0)$与信号 $f_{T_0}(t)$的波形重合，这意味着将信号 $f_{T_0}(t)$延迟 T_0 后，其波形的形状保持不变。因此，周期信号具有间隔 T_0 其波形的形状不断重复出现的特征，故得名周期信号。例如，周期方波信号 $f_{T_0}(t)$的波形如图 1.1.3 所示。

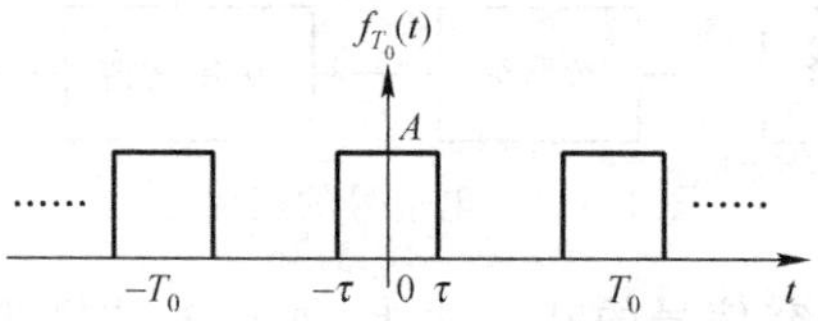

图 1.1.3　周期方波信号的波形

现在，我们来定义一个非周期方波信号，即

$$f(t)=\begin{cases}A, & |t|\leqslant\tau\\0, & |t|>\tau\end{cases} \tag{1.1.3}$$

式中，常数 $A>0$，常数 $\tau>0$。

显然，若对式(1.1.3)描述的非周期方波信号 $f(t)$进行周期为 T_0 的周期延拓，则可得图 1.1.3 所示的周期方波信号 $f_{T_0}(t)$；若图 1.1.3 所示的周期方波信号 $f_{T_0}(t)$的周期 T_0 趋于无穷大，则可得式(1.1.3)描述的非周期方波信号 $f(t)$。

一般地，周期信号 $f_{T_0}(t)$与相应的非周期信号 $f(t)$之间具有下述关系：

$$f_{T_0}(t)=\sum_{m=-\infty}^{+\infty}f(t-mT_0) \tag{1.1.4}$$

$$f(t)=\lim_{T_0\to\infty}f_{T_0}(t) \tag{1.1.5}$$

3. 能量信号与功率信号

若信号的取值为实数，则称为“实值信号(real-valued signal)”，简称实信号。连续时间实信号 $f(t)$的能量 E 及功率 P 分别定义为

$$E=\int_{-\infty}^{+\infty}f^2(t)\mathrm{d}t \tag{1.1.6}$$

$$P=\lim_{T\to\infty}\frac{1}{T}\int_{-\frac{T}{2}}^{\frac{T}{2}}f^2(t)\mathrm{d}t \tag{1.1.7}$$

若 $0<E<\infty$，则称连续时间实信号 $f(t)$ 为能量信号(energy-limited signal)；若 $0<P<\infty$，则称连续时间实信号 $f(t)$ 为功率信号(power-limited signal)。

对于周期信号 $f_{T_0}(t)$，在式(1.1.7)中，令 $T=kT_0$，并考虑到周期函数在一周期内的积分与起点无关，则有

$$P=\lim_{T\to\infty}\frac{1}{T}\int_{-\frac{T}{2}}^{\frac{T}{2}} f^2(t)\mathrm{d}t=\lim_{k\to\infty}\frac{1}{kT_0}\int_{-\frac{kT_0}{2}}^{\frac{kT_0}{2}} f_{T_0}^2(t)\mathrm{d}t=\lim_{k\to\infty}\frac{1}{kT_0}\sum_{m=0}^{k-1}\int_{\left(m-\frac{k}{2}\right)T_0}^{\left(m+1-\frac{k}{2}\right)T_0} f_{T_0}^2(t)\mathrm{d}t$$

$$=\lim_{k\to\infty}\frac{1}{kT_0}\sum_{m=0}^{k-1}\int_0^{T_0} f_{T_0}^2(t)\mathrm{d}t=\lim_{k\to\infty}\frac{k}{kT_0}\int_0^{T_0} f_{T_0}^2(t)\mathrm{d}t=\frac{1}{T_0}\int_{-\frac{T_0}{2}}^{\frac{T_0}{2}} f_{T_0}^2(t)\mathrm{d}t \tag{1.1.8}$$

一般地，非周期实信号属于能量信号，周期实信号 $f_{T_0}(t)$ 属于功率信号，并且周期实信号 $f_{T_0}(t)$ 的功率可用式(1.1.8)计算。

例 1.1.1：试求式(1.1.3)所描述的非周期方波信号的能量。

解：由式(1.1.6)可得

$$E=\int_{-\infty}^{+\infty} f^2(t)\mathrm{d}t=\int_{-\tau}^{\tau} A^2\mathrm{d}t=2A^2\tau$$

例 1.1.2：已知周期信号 $f_{T_0}(t)=2\cos t$，试求该周期信号的功率。

解：考虑到式(1.1.8)，则有

$$P=\frac{1}{T_0}\int_{-\frac{T_0}{2}}^{\frac{T_0}{2}} f_{T_0}^2(t)\mathrm{d}t=\frac{1}{2\pi}\int_{-\pi}^{\pi}(2\cos t)^2\mathrm{d}t=\frac{1}{\pi}\int_{-\pi}^{\pi}(1+\cos 2t)\mathrm{d}t=2$$

若信号的取值为复数，则称为“复值信号(complex-valued signal)”，简称复信号，并且连续时间复信号可表示为

$$f(t)=f_r(t)+\mathrm{j}f_i(t) \tag{1.1.9}$$

式中，$f_r(t)$ 和 $f_i(t)$ 分别为连续时间复信号的实部和虚部。

连续时间复信号 $f(t)$ 的能量 E 及功率 P 分别定义为

$$E=\int_{-\infty}^{+\infty}|f(t)|^2\mathrm{d}t \tag{1.1.10}$$

$$P=\lim_{T\to\infty}\frac{1}{T}\int_{-\frac{T}{2}}^{\frac{T}{2}}|f(t)|^2\mathrm{d}t \tag{1.1.11}$$

若 $0<E<\infty$，则称连续时间复信号 $f(t)$ 为能量信号；若 $0<P<\infty$，则称连续时间复信号 $f(t)$ 为功率信号。

一般地，非周期复信号属于能量信号，周期复信号 $f_{T_0}(t)$ 属于功率信号，并且周期复信号 $f_{T_0}(t)$ 的功率可用式(1.1.12)计算，即

$$P=\frac{1}{T_0}\int_{-\frac{T_0}{2}}^{\frac{T_0}{2}}|f_{T_0}(t)|^2\mathrm{d}t \tag{1.1.12}$$

1.2　信号分析中常用的连续时间信号

在信号分析中，若一个函数在某一点不存在任意阶导数，则通常被称为“奇异函数”或“奇异信号”，例如，单位斜坡信号、单位阶跃信号和单位冲激信号等。

1.2.1　单位斜坡信号

单位斜坡信号 $r(t)$ 定义为

$$r(t)=\begin{cases}0, & t<0\\ t, & t\geqslant 0\end{cases} \tag{1.2.1}$$

单位斜坡信号 $r(t)$ 的波形如图 1.2.1 所示。

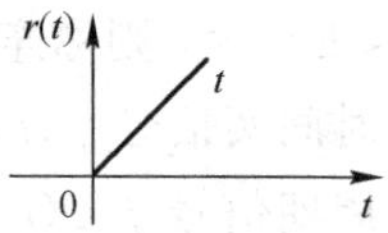

图 1.2.1　单位斜坡信号的波形

1.2.2　单位阶跃信号

1. 单位阶跃信号的定义及波形

单位阶跃信号 $\varepsilon(t)$ 定义为

$$\varepsilon(t)=\begin{cases}0, & t<0\\ 1, & t>0\end{cases} \tag{1.2.2}$$

单位阶跃信号 $\varepsilon(t)$ 的波形如图 1.2.2 所示。

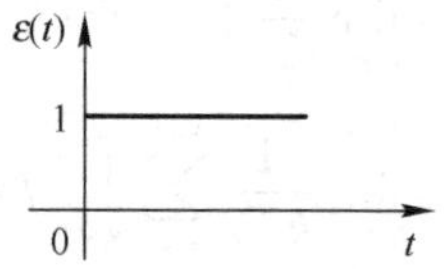

图 1.2.2　单位阶跃信号的波形

显然，有式(1.2.3)成立，即

$$1=\varepsilon(-t)+\varepsilon(t) \tag{1.2.3}$$

2. 单位阶跃信号与单位斜坡信号的关系

由单位斜坡信号 $r(t)$ 的定义式(1.2.1)及单位阶跃信号 $\varepsilon(t)$ 的定义式(1.2.2)可知，两者具有下述关系：

$$\varepsilon(t)=\frac{\mathrm{d}r(t)}{\mathrm{d}t} \tag{1.2.4}$$

$$r(t)=\int_{-\infty}^{t}\varepsilon(\tau)\mathrm{d}\tau \tag{1.2.5}$$

1.2.3　利用单位阶跃信号来定义其他连续时间信号

利用单位阶跃信号 $\varepsilon(t)$，可以定义单位门信号 $G_\tau(t)$，即

$$G_\tau(t)=\varepsilon\left(t+\frac{\tau}{2}\right)-\varepsilon\left(t-\frac{\tau}{2}\right) \tag{1.2.6}$$

式中，τ 称为门宽。

单位门信号 $G_\tau(t)$ 的波形如图 1.2.3 所示。

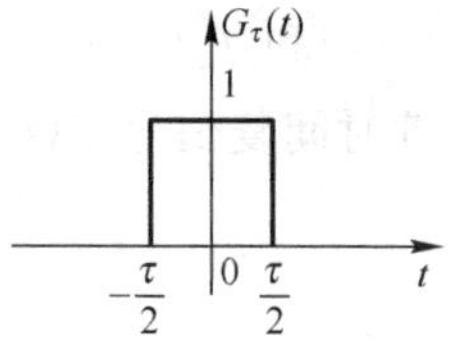

图 1.2.3　单位门信号的波形

若 $f(t)$ 定义在整个时间区间 $t\in(-\infty,+\infty)$ 上，则称 $f(t)$ 为无时限信号。利用 $\varepsilon(t)$ 可以定义下述连续时间信号。

(1) 若 $f_1(t)=f(t)\varepsilon(t)$，则称 $f_1(t)$ 为连续时间因果信号(causal signal)。

显然，当 $t<0$ 时，连续时间因果信号 $f_1(t)$ 恒为零，其非零值仅定义在区间 $t\in[0,+\infty)$ 上。

通常称 $f_1(t)=\mathrm{e}^{-at}\varepsilon(t)$($a$ 为常数)为因果指数信号。因果指数信号 $f_1(t)=\mathrm{e}^{-t}\varepsilon(t)$ 的波形如图 1.2.4 所示。

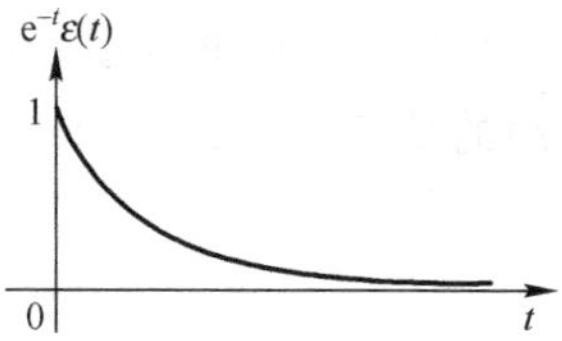

图 1.2.4　因果指数信号的波形

(2) 若 $f_2(t)=f(t)\varepsilon(-t)$，则称 $f_2(t)$ 为连续时间反因果信号(anticausal signal)。

显然，当 $t>0$ 时，连续时间反因果信号 $f_2(t)$ 恒为零，其非零值仅定义在区间 $t\in(-\infty,0)$ 上。

通常称 $f_2(t)=\mathrm{e}^{at}\varepsilon(-t)$($a$ 为常数)为反因果指数信号。反因果指数信号 $f_2(t)=\mathrm{e}^{t}\varepsilon(-t)$ 的波形如图 1.2.5 所示。

(3) 若 $f_3(t)=f(t)\varepsilon(t-t_0)$，则称 $f_3(t)$ 为连续时间有始信号。

显然，当 $t<t_0$ 时，连续时间有始信号 $f_3(t)$ 恒为零，其非零值仅定义在区间 $t\in[t_0,+\infty)$ 上，以 $t=t_0$ 为始点，因此称为有始信号。

通常称 $f_3(t)=A\sin\omega_0 t\varepsilon(t-t_0)$(常数 A 为振幅，ω_0 为角频率)为有始正弦信号。有始正

弦信号 $f_3(t)=\sin\pi t\varepsilon(t-1)$的波形如图 1.2.6 所示。

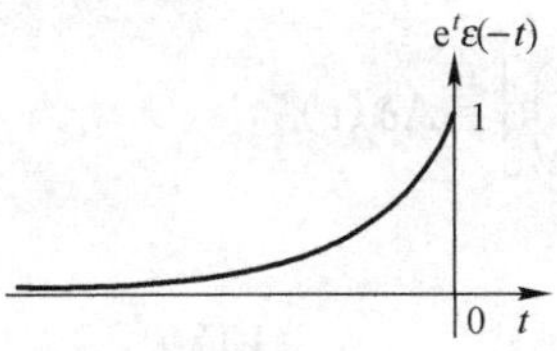

图 1.2.5 反因果指数信号的波形

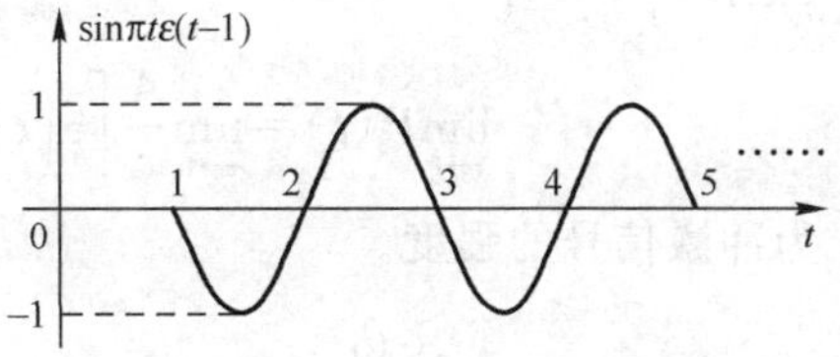

图 1.2.6 有始正弦信号的波形

(4) 若 $f_4(t)=f(t)\varepsilon(t_0-t)$，则称 $f_4(t)$为连续时间有终信号。

显然，当 $t>t_0$ 时，连续时间有终信号 $f_4(t)$恒为零，其非零值仅定义在区间 $t\in(-\infty,t_0)$上，以 $t=t_0$ 为终点，因此称为有终信号。

通常称 $f_4(t)=A\sin\omega_0 t\varepsilon(t_0-t)$(常数 A 为振幅，ω_0 为角频率)为有终正弦信号。有终正弦信号 $f_4(t)=\sin\pi t\varepsilon(1-t)$的波形如图 1.2.7 所示。

(5) 若 $f_5(t)=f(t)[\varepsilon(t-t_1)-\varepsilon(t-t_2)]$，其中 $t_1<t_2$，则称 $f_5(t)$为连续时间时限信号。

显然，当 $t\in(-\infty,t_1)$或 $t\in(t_2,+\infty)$时，连续时间时限信号 $f_5(t)$恒为零，其非零值仅定义在区间 $t\in[t_1,t_2]$上，因此称为时限信号。

连续时间时限信号 $f_5(t)=e^{-t}[\varepsilon(t-1)-\varepsilon(t-3)]$的波形如图 1.2.8 所示。

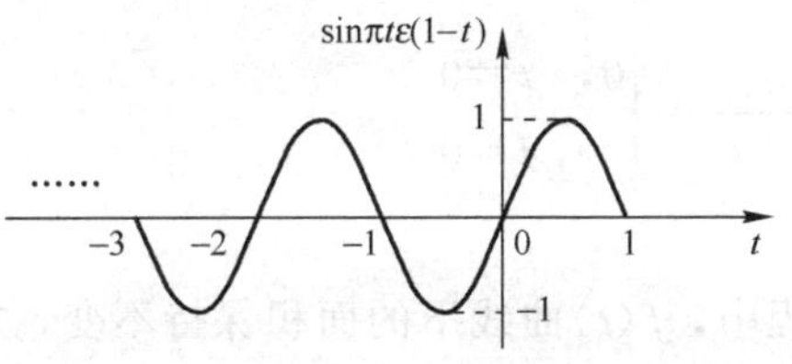

图 1.2.7 有终正弦信号的波形

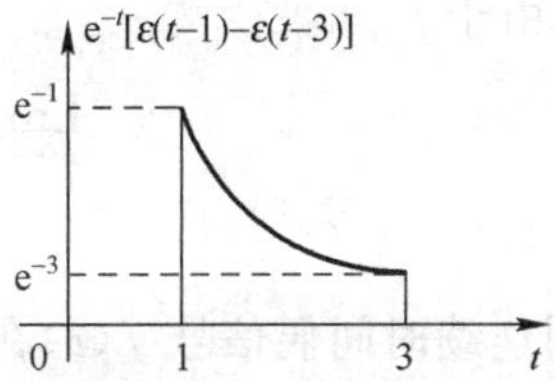

图 1.2.8 连续时间时限信号的波形

1.2.4 单位冲激信号

1. 利用偶函数逼近“点函数”

若函数 $f(t)$满足$\begin{cases} f(t)=0, & t\neq 0 \\ f(0)\to\infty, & t=0 \end{cases}$，则称函数 $f(t)$为 $t=0$ 处的“点函数”，这种具有“点函数”特征的函数又称为冲激函数或冲激信号，并用 $A\delta(t)$表示，其中 A 为冲激信号的强度，并且 $A=\int_{-\infty}^{+\infty} f(t)\mathrm{d}t$。

设脉冲信号

$$P(t)=\frac{A}{\tau}G_\tau(t) \tag{1.2.7}$$

式中，常数 $A>0$，参变量 $\tau>0$，$G_\tau(t)$为单位门信号。

在图 1.2.9 中，分别画出了脉冲信号 $P(t)$的波形，脉冲信号 $P(t)$随参变量 τ 减小的波形变化及逼近“点函数”$A\delta(t)$的过程。

由定积分的几何意义可知，脉冲信号 $P(t)$曲线下的面积 S 为

$$S=\int_{-\infty}^{+\infty} P(t)\mathrm{d}t=\int_{-\frac{\tau}{2}}^{\frac{\tau}{2}} \frac{A}{\tau}\mathrm{d}t=\frac{A}{\tau}t\Big|_{-\frac{\tau}{2}}^{\frac{\tau}{2}}=A \tag{1.2.8}$$

式(1.2.8)表明，脉冲信号 $P(t)$曲线下的面积 S 与 τ 无关，因此当 τ 变化时，脉冲信号 $P(t)$曲线下的面积为 $S=A$，并且始终保持不变，即具有保面积性。当 $\tau\to 0$ 时，脉冲信号$P(t)$

满足$\begin{cases}P(t)=0, & t\neq 0\\ P(0)\to\infty, & t=0\end{cases}$，即脉冲信号 $P(t)$变成了 $t=0$ 处的“点函数”或冲激信号 $A\delta(t)$，即

$$\lim_{\tau\to 0}P(t)=\lim_{\tau\to 0}\frac{A}{\tau}\left[\varepsilon\left(t+\frac{\tau}{2}\right)-\varepsilon\left(t-\frac{\tau}{2}\right)\right]=A\delta(t) \tag{1.2.9}$$

式中，A 为冲激信号的强度。

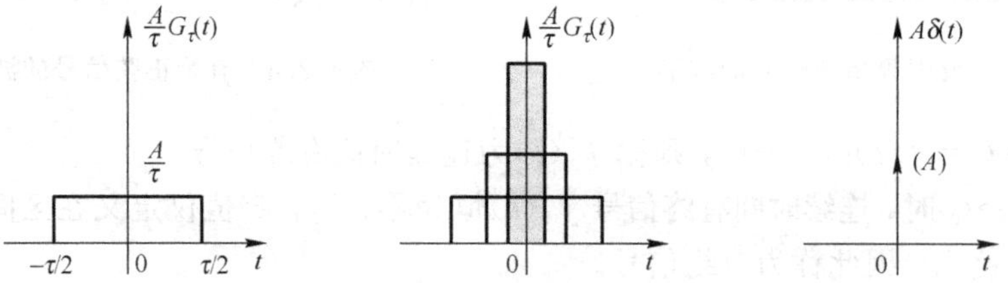

图 1.2.9 脉冲信号逼近“点函数”的过程

特别地，当 $A=1$，$\tau\to 0$ 时，脉冲信号 $P(t)$变成了单位冲激信号，即

$$\lim_{\tau\to 0}P(t)=\lim_{\tau\to 0}\frac{1}{\tau}\left[\varepsilon\left(t+\frac{\tau}{2}\right)-\varepsilon\left(t-\frac{\tau}{2}\right)\right]=\delta(t) \tag{1.2.10}$$

例 1.2.1：已知连续时间偶信号 $f(t)=\frac{a}{a^2+t^2}(a>0)$，试证明$\lim_{a\to 0}f(t)=\pi\delta(t)$。

证明：由于

$$\lim_{a\to 0}f(t)=\lim_{a\to 0}\frac{a}{a^2+t^2}=\begin{cases}0, & t\neq 0\\ \infty, & t=0\end{cases}$$

因此，$\lim_{a\to 0}f(t)=A\delta(t)$。

考虑到连续时间偶信号 $f(t)$在 $a\to 0$ 的过程中，$f(t)$曲线下的面积保持不变，并且冲激强度为曲线下的面积，则有

$$A=\int_{-\infty}^{+\infty}f(t)\mathrm{d}t=\int_{-\infty}^{+\infty}\frac{a}{a^2+t^2}\mathrm{d}t=2\int_{0}^{+\infty}\frac{a}{a^2+t^2}\mathrm{d}t=2\arctan\frac{t}{a}\bigg|_{0}^{+\infty}=\pi$$

于是

$$\lim_{a\to 0}f(t)=\lim_{a\to 0}\frac{a}{a^2+t^2}=A\delta(t)=\pi\delta(t) \tag{1.2.11}$$

现在来定义抽样函数，即

$$\mathrm{Sa}(t)=\frac{\sin t}{t} \tag{1.2.12}$$

抽样函数 Sa(t)的波形如图 1.2.10 所示。

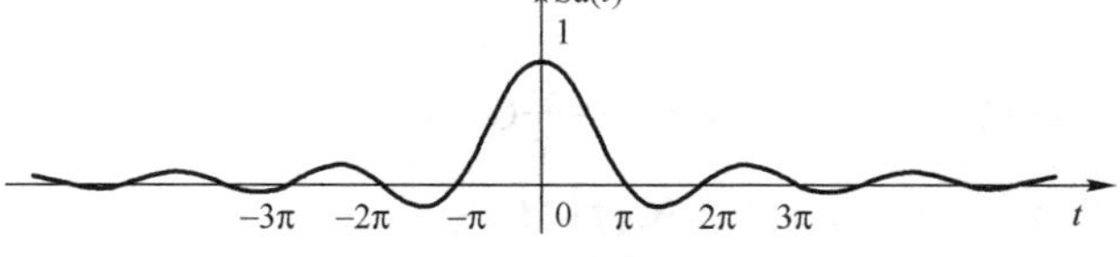

图 1.2.10 抽样函数的波形

其实，许多连续时间偶函数(偶信号)极限下的结果，都将变成单位冲激信号。例如，有关抽样函数 Sa(t)的两个极限式子，都将逼近单位冲激信号 $\delta(t)$，即

$$\lim_{k\to\infty}\frac{k}{\pi}\mathrm{Sa}(kt)=\delta(t) \tag{1.2.13}$$

$$\lim_{k\to\infty}\frac{k}{\pi}\mathrm{Sa}^2(kt)=\delta(t) \tag{1.2.14}$$

关于式(1.2.13)及式(1.2.14)的正确性将在3.4节中得到证实。

2. 单位冲激信号的定义及波形

狄拉克(Dirac)将单位冲激信号$\delta(t)$定义为

$$\begin{cases}\delta(t)=0,\ t\neq 0\\ \int_{-\infty}^{+\infty}\delta(t)\mathrm{d}t=1\end{cases}\tag{1.2.15}$$

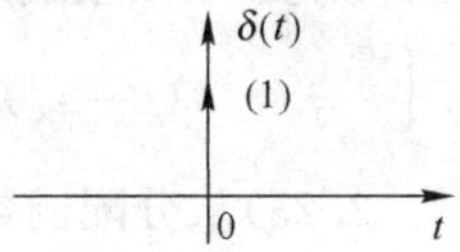

图1.2.11　单位冲激信号的波形

单位冲激信号$\delta(t)$的波形如图1.2.11所示。

3. 单位冲激信号与单位阶跃信号的关系

考虑到$\delta(t)$是“点函数”，则有

$$\int_{-\infty}^{+\infty}\delta(t)\mathrm{d}t=\int_{0-}^{0+}\delta(t)\mathrm{d}t=1\tag{1.2.16}$$

考虑到式(1.2.16)，则有

$$\int_{-\infty}^{t}\delta(\tau)\mathrm{d}\tau=\begin{cases}0,\ t<0\\ 1,\ t>0\end{cases}$$

即

$$\int_{-\infty}^{t}\delta(\tau)\mathrm{d}\tau=\varepsilon(t)\tag{1.2.17}$$

亦即

$$\delta(t)=\frac{\mathrm{d}\varepsilon(t)}{\mathrm{d}t}\tag{1.2.18}$$

结论1：

式(1.2.16)表明，无论积分区间的宽与窄，只要单位冲激信号$\delta(t)$落于积分区间内，其积分值就为1，否则其积分值为0。

4. 单位冲激信号的性质

为了方便起见，首先定义符号函数，即

$$\mathrm{sgn}(t)=\varepsilon(t)-\varepsilon(-t)\tag{1.2.19}$$

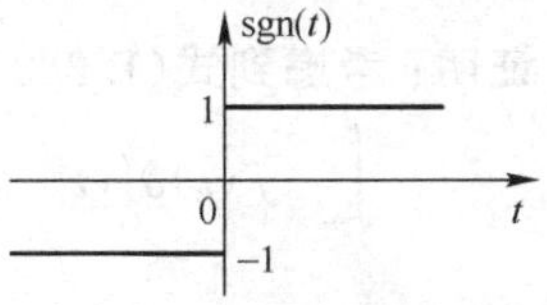

图1.2.12　符号函数的波形

符号函数sgn(t)的波形如图1.2.12所示。

由于符号函数sgn(t)的波形关于原点对称，因此符号函数sgn(t)是奇函数。

下面介绍单位冲激信号的八个性质。

(1) $\delta(t)$是偶信号

$$\delta(t)=\delta(-t)\tag{1.2.20}$$

证明：考虑到式(1.2.18)、式(1.2.19)及式(1.2.3)，则有

$$\delta(t)=\frac{\mathrm{d}\varepsilon(t)}{\mathrm{d}t}=\frac{1}{2}\frac{\mathrm{d}[1+\mathrm{sgn}(t)]}{\mathrm{d}t}=\frac{1}{2}\frac{\mathrm{dsgn}(t)}{\mathrm{d}t}\tag{1.2.21}$$

由于符号函数sgn(t)是奇函数，由式(1.2.21)可知，单位冲激信号$\delta(t)$必为偶函数，即单位冲激信号$\delta(t)$是偶信号。

(2) $\delta(t)$的抽样性质

$$f(t)\delta(t-t_0)=f(t_0)\delta(t-t_0)\tag{1.2.22}$$

证明：一个信号与单位冲激信号相乘时，单位冲激信号可视为一般信号对待，即对应时刻函数值的乘积为积函数在相应时刻的函数值(共性)，并且单位冲激信号具有“点函数”特征(个性)。因此，涉及一个信号与单位冲激信号相乘运算时，应该将共性与个性相结合。

由于$\delta(t)$是“点函数”，因此一个连续函数与“点函数”的乘积一定是“点函数”。若$f(t)$在$t=t_0$处连续，则有$f(t)\delta(t-t_0)=f(t_0)\delta(t-t_0)$。

(3) $\delta(t)$的筛选性质

$$\int_{-\infty}^{+\infty} f(t)\delta(t-t_0)\mathrm{d}t = f(t_0) \tag{1.2.23}$$

证明：对式(1.2.22)的等号两边分别积分，并考虑到$\delta(t)$的定义式(1.2.15)，则有

$$\int_{-\infty}^{+\infty} f(t)\delta(t-t_0)\mathrm{d}t = \int_{-\infty}^{+\infty} f(t_0)\delta(t-t_0)\mathrm{d}t = f(t_0)\int_{-\infty}^{+\infty}\delta(t-t_0)\mathrm{d}t = f(t_0)$$

式(1.2.23)从分配函数的角度定义了单位冲激函数，称$f(t)$为测量函数。

(4) $\delta(t)$的导数的性质

$$f(t)\delta'(t-t_0) = f(t_0)\delta'(t-t_0) - f'(t_0)\delta(t-t_0) \tag{1.2.24}$$

证明：按乘积求导法则，先求导再抽样，则有

$$[f(t)\delta(t-t_0)]' = f'(t)\delta(t-t_0) + f(t)\delta'(t-t_0) = f'(t_0)\delta(t-t_0) + f(t)\delta'(t-t_0) \tag{1.2.25}$$

而先抽样，再求导，则有

$$[f(t)\delta(t-t_0)]' = [f(t_0)\delta(t-t_0)]' = f(t_0)\delta'(t-t_0) \tag{1.2.26}$$

考虑到式(1.2.25)及式(1.2.26)，则有

$$f'(t_0)\delta(t-t_0) + f(t)\delta'(t-t_0) = f(t_0)\delta'(t-t_0)$$

即

$$f(t)\delta'(t-t_0) = f(t_0)\delta'(t-t_0) - f'(t_0)\delta(t-t_0)$$

结论2：

一个信号与单位冲激信号相乘时，单位冲激信号可视为一般信号对待(共性)，但它又具有抽样性(个性)，因此涉及一个信号与单位冲激信号的相乘运算时，应该将共性与个性相结合。

(5) $\delta(t)$的导数的筛选性质

$$\int_{-\infty}^{+\infty} f(t)\delta'(t-t_0)\mathrm{d}t = -f'(t_0) \tag{1.2.27}$$

证明：考虑到式(1.2.24)及$\delta'(t)$是奇函数，则有

$$\begin{aligned}\int_{-\infty}^{+\infty} f(t)\delta'(t-t_0)\mathrm{d}t &= \int_{-\infty}^{+\infty} f(t_0)\delta'(t-t_0)\mathrm{d}t - \int_{-\infty}^{+\infty} f'(t_0)\delta(t-t_0)\mathrm{d}t \\ &= f(t_0)\int_{-\infty}^{+\infty}\delta'(\tau)\mathrm{d}\tau - f'(t_0)\int_{-\infty}^{+\infty}\delta(t-t_0)\mathrm{d}t \\ &= -f'(t_0)\end{aligned}$$

(6) $\delta(t)$的n阶导数的性质

$$\int_{-\infty}^{+\infty} f(t)\delta^{(n)}(t-t_0)\mathrm{d}t = (-1)^n f^{(n)}(t_0) \tag{1.2.28}$$

证明：

$$\begin{aligned}\int_{-\infty}^{+\infty} f(t)\delta^{(n)}(t-t_0)\mathrm{d}t &= \int_{-\infty}^{+\infty} f(t)\mathrm{d}\delta^{(n-1)}(t-t_0) \\ &= f(t)\delta^{(n-1)}(t-t_0)\Big|_{-\infty}^{+\infty} - \int_{-\infty}^{+\infty} f'(t)\delta^{(n-1)}(t-t_0)\mathrm{d}t \\ &= -\int_{-\infty}^{+\infty} f'(t)\mathrm{d}\delta^{(n-2)}(t-t_0) \\ &= -f'(t)\delta^{(n-2)}(t-t_0)\Big|_{-\infty}^{+\infty} + (-1)^2\int_{-\infty}^{+\infty} f''(t)\delta^{(n-2)}(t-t_0)\mathrm{d}t \\ &\ \ \vdots \\ &= (-1)^n f^{(n)}(t_0)\end{aligned}$$

(7) $\delta(t)$的标尺性质

对“点函数”进行压缩变换，或扩展变换，其结果不仅是一个“点函数”，而且在时间轴上出

现的位置将保持不变，即

$$\delta(at+b)=\frac{1}{|a|}\delta\left(t+\frac{b}{a}\right) \tag{1.2.29}$$

特别地，若 $a=-1$，则有

$$\delta(-t+b)=\delta(t-b) \tag{1.2.30}$$

证明：① 当 $a>0$ 时，考虑到式(1.2.17)，则有

$$\int_{-\infty}^{t}\delta(a\tau+b)\mathrm{d}\tau=\frac{1}{a}\int_{-\infty}^{at+b}\delta(x)\mathrm{d}x=\frac{1}{a}\varepsilon(at+b)=\frac{1}{a}\varepsilon\left(t+\frac{b}{a}\right) \tag{1.2.31}$$

② 当 $a<0$ 时，考虑到式(1.2.17)，并注意到 $\delta(t)$ 是偶函数，则有

$$\int_{-\infty}^{t}\delta(a\tau+b)\mathrm{d}\tau=-\frac{1}{a}\int_{-\infty}^{-at-b}\delta(-x)\mathrm{d}x=-\frac{1}{a}\int_{-\infty}^{-at-b}\delta(x)\mathrm{d}x$$

$$=-\frac{1}{a}\varepsilon(-at-b)=-\frac{1}{a}\varepsilon\left(t+\frac{b}{a}\right) \tag{1.2.32}$$

综合式(1.2.31)及式(1.2.32)可得

$$\int_{-\infty}^{t}\delta(a\tau+b)\mathrm{d}\tau=\frac{1}{|a|}\varepsilon\left(t+\frac{b}{a}\right) \tag{1.2.33}$$

对式(1.2.33)的等号两边分别求导，可得式(1.2.29)。

(8) $\delta(t)$ 的广义标尺性质

若函数 $\varphi(t)$ 在其单根 $t=t_i(i=1,2,\cdots,n)$ 处可导，则有

$$\delta[\varphi(t)]=\sum_{i=1}^{n}\frac{1}{|\varphi'(t_i)|}\delta(t-t_i) \tag{1.2.34}$$

证明：由于 $\varphi(t_i)=0(i=1,2,\cdots,n)$，因此在 $t=t_i(i=1,2,\cdots,n)$ 处，$\delta[\varphi(t)]$ 为冲激函数，于是 $\delta[\varphi(t)]$ 可表示成

$$\delta[\varphi(t)]=\sum_{i=1}^{n}A_i\delta(t-t_i) \tag{1.2.35}$$

设 $x=\varphi(t)$，则有

$$\mathrm{d}x=\varphi'(t)\mathrm{d}t$$

$$\varphi'(t)\big|_{x=0}=\varphi'(t)\big|_{\varphi(t)=0}=\varphi'(t)\big|_{t=t_i}=\varphi'(t_i) \tag{1.2.36}$$

① 设 Δ 为非负无穷小量，当 $\varphi(t)$ 在区间 $t\in[t_i-\Delta,t_i+\Delta]$ 上为单调增函数时，考虑到式(1.2.35) 及式(1.2.36)，则有

$$A_i=\int_{t_i-\Delta}^{t_i+\Delta}\sum_{i=1}^{n}A_i\delta(t-t_i)\mathrm{d}t=\int_{t_i-\Delta}^{t_i+\Delta}\delta[\varphi(t)]\mathrm{d}t=\int_{\varphi(t_i-\Delta)}^{\varphi(t_i+\Delta)}\frac{\delta(x)}{\varphi'(t)}\mathrm{d}x$$

$$=\int_{\varphi(t_i-\Delta)}^{\varphi(t_i+\Delta)}\frac{\delta(x)}{\varphi'(t)\big|_{x=0}}\mathrm{d}x=\int_{\varphi(t_i-\Delta)}^{\varphi(t_i+\Delta)}\frac{\delta(x)}{\varphi'(t_i)}\mathrm{d}x=\frac{1}{\varphi'(t_i)} \tag{1.2.37}$$

② 设 Δ 为非负无穷小量，当 $\varphi(t)$ 在区间 $t\in[t_i-\Delta,t_i+\Delta]$ 上为单调减函数时，考虑到式(1.2.35) 及式(1.2.36)，则有

$$A_i=\int_{t_i-\Delta}^{t_i+\Delta}\sum_{i=1}^{n}A_i\delta(t-t_i)\mathrm{d}t=\int_{t_i-\Delta}^{t_i+\Delta}\delta[\varphi(t)]\mathrm{d}t=\int_{\varphi(t_i-\Delta)}^{\varphi(t_i+\Delta)}\frac{\delta(x)}{\varphi'(t)}\mathrm{d}x$$

$$=-\int_{\varphi(t_i+\Delta)}^{\varphi(t_i-\Delta)}\frac{\delta(x)}{\varphi'(t)\big|_{x=0}}\mathrm{d}x=-\int_{\varphi(t_i+\Delta)}^{\varphi(t_i-\Delta)}\frac{\delta(x)}{\varphi'(t_i)}\mathrm{d}x=-\frac{1}{\varphi'(t_i)} \tag{1.2.38}$$

综合式(1.2.37)及式(1.2.38)，可得式(1.2.34)。

例 1.2.2：试完成下列各式的计算。

(1) $e^t\delta(t)$　　(2) $\int_{-\infty}^{+\infty}\tan t\delta\left(t-\frac{\pi}{4}\right)dt$

(3) $\int_{0}^{+\infty}e^{-t}\sin t\delta(t+1)dt$　　(4) $\int_{-\infty}^{+\infty}e^t\delta'(t)dt$

(5) $\int_{-\infty}^{+\infty}2\sin\pi t\delta'(2t)dt$　　(6) $\int_{-\infty}^{+\infty}2e^{-2t}\delta(-2t+4)dt$

(7) $\int_{-\infty}^{+\infty}\delta(t^2-1)dt$　　(8) $\int_{0}^{\pi}t\delta(\cos t)dt$

解：(1) 考虑到$\delta(t)$的抽样性质式(1.2.22)，则有

$$e^t\delta(t)=e^0\delta(t)=\delta(t)$$

(2) 考虑到$\delta(t)$的筛选性质式(1.2.23)，则有

$$\int_{-\infty}^{+\infty}\tan t\delta\left(t-\frac{\pi}{4}\right)dt=\tan\frac{\pi}{4}=1$$

(3) $\int_{0}^{+\infty}e^{-t}\sin t\delta(t+1)dt=\int_{0}^{+\infty}e^1\sin(-1)\delta(t+1)dt=-e\sin 1\int_{0}^{+\infty}\delta(t+1)dt=0$

(4) 考虑到$\delta(t)$的导数的筛选性质式(1.2.27)，则有

$$\int_{-\infty}^{+\infty}e^t\delta'(t)dt=-(e^t)'\big|_{t=0}=-1$$

(5) 考虑到$\delta(t)$的导数的筛选性质式(1.2.27)，则有

$$\int_{-\infty}^{+\infty}2\sin\pi t\delta'(2t)dt=\int_{-\infty}^{+\infty}\sin(\pi\tau/2)\delta'(\tau)d\tau=-(\pi/2)\cos(\pi\tau/2)\big|_{\tau=0}=-\pi/2$$

(6) 考虑到$\delta(t)$的标尺性质式(1.2.29)，则有

$$\int_{-\infty}^{+\infty}2e^{-2t}\delta(-2t+4)dt=\int_{-\infty}^{+\infty}e^{-2t}\delta(t-2)dt=\int_{-\infty}^{+\infty}e^{-4}\delta(t-2)dt=e^{-4}$$

(7) 考虑到$\delta(t)$的广义标尺性质式(1.2.34)，则有

$$\int_{-\infty}^{+\infty}\delta(t^2-1)dt=\int_{-\infty}^{+\infty}\left[\frac{1}{|2\times(-1)|}\delta(t+1)+\frac{1}{|2\times 1|}\delta(t-1)\right]dt=1$$

(8) 利用定积分运算的换元换限法，可得

$$\int_{0}^{\pi}t\delta(\cos t)dt=\int_{1}^{-1}\arccos\tau\delta(\tau)\frac{-d\tau}{\sqrt{1-\tau^2}}=\int_{-1}^{1}\arccos\tau\delta(\tau)\frac{d\tau}{\sqrt{1-\tau^2}}=\frac{\pi}{2}\int_{-1}^{1}\delta(\tau)d\tau=\frac{\pi}{2}$$

1.2.5 周期冲激信号

周期冲激信号定义为

$$\delta_{T_0}(t)=\sum_{m=-\infty}^{+\infty}\delta(t-mT_0)\qquad(1.2.39)$$

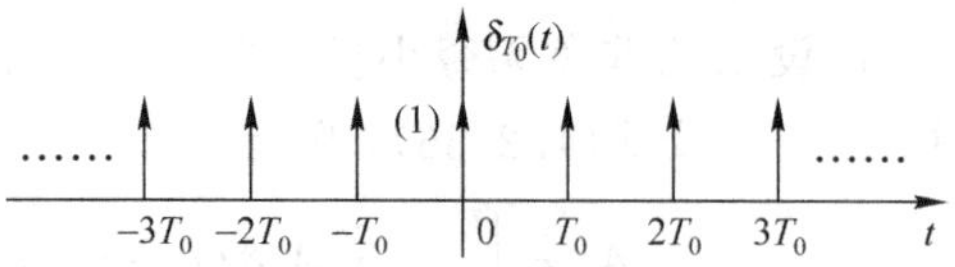

图 1.2.13　周期冲激信号的波形

周期为T_0的周期冲激信号$\delta_{T_0}(t)$的波形如图1.2.13所示。

1.2.6 高斯信号

高斯信号定义为

$$f(t)=Ae^{-(t/\tau)^2}\qquad(1.2.40)$$

式中，A和τ均为常数。

高斯信号$f(t)=e^{-(t/2)^2}$的波形如图1.2.14所示。

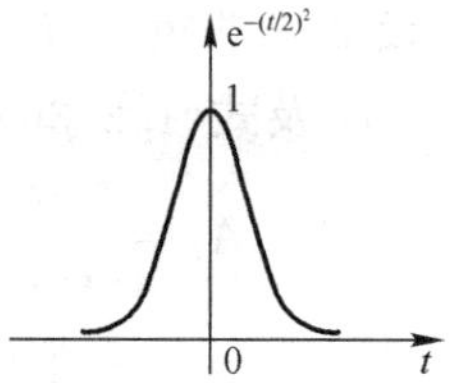

图 1.2.14　高斯信号的波形

1.3　连续时间信号的分解

连续时间实信号的分解涉及信号的幂级数展开、信号分解成奇信号与偶信号之和，以及信号分解成延迟冲激信号的加权和等；连续时间复信号不仅可以分解成代数式形式，而且可以分解成共轭对称分量与共轭反对称分量之和。

1.3.1　连续时间实信号的幂级数展式

若连续时间实信号 $f(t)$ 在 $t=0$ 的某一邻域 $(-R,R)$ 内具有任意阶导数，则连续时间信号 $f(t)$ 在该邻域 $(-R,R)$ 内可展开成幂级数，即

$$f(t)=\sum_{n=0}^{+\infty}a_nt^n,\ t\in(-R,R) \tag{1.3.1}$$

式中，$a_n=\dfrac{f^{(n)}(0)}{n!}$，其中，上标“$(n)$”表示 n 阶导数；收敛半径 $R=\lim\limits_{n\to\infty}|a_{n-1}/a_n|$。

利用式(1.3.1)的幂级数展式，可得

$$\sin t=t-\frac{t^3}{3!}+\frac{t^5}{5!}-\frac{t^7}{7!}+\frac{t^9}{9!}+\cdots+\frac{(-1)^{n-1}}{(2n-1)!}t^{2n-1}+\cdots,\ t\in(-\infty,+\infty) \tag{1.3.2}$$

因为正弦函数 $\sin t$ 是奇函数，所以其幂级数展开式中仅含有 t 的奇次幂。

显然，由式(1.3.2)可得通常出现在高等数学教材中的第一个重要极限，即

$$\lim_{t\to0}\mathrm{Sa}(t)=\lim_{t\to0}\frac{\sin t}{t}=1 \tag{1.3.3}$$

由于在幂级数的收敛域内可以逐项微分或逐项积分，因此对式(1.3.2)的等号两边分别求导，可得

$$\cos t=1-\frac{t^2}{2!}+\frac{t^4}{4!}-\frac{t^6}{6!}+\frac{t^8}{8!}+\cdots+\frac{(-1)^{n-1}}{(2n-2)!}t^{2n-2}+\cdots,\ t\in(-\infty,+\infty) \tag{1.3.4}$$

因为余弦函数 $\cos t$ 是偶函数，所以其幂级数展开式中仅含有 t 的偶次幂。

利用式(1.3.1)的幂级数展式，可得

$$\mathrm{e}^t=1+t+\frac{t^2}{2!}+\frac{t^3}{3!}+\frac{t^4}{4!}+\frac{t^5}{5!}+\frac{t^6}{6!}+\cdots+\frac{t^n}{n!}+\cdots,\ t\in(-\infty,+\infty) \tag{1.3.5}$$

考虑到式(1.3.2)、式(1.3.4)及式(1.3.5)，则有

$$\begin{aligned}\mathrm{e}^{\mathrm{j}t}&=1+\mathrm{j}t+\frac{(\mathrm{j}t)^2}{2!}+\frac{(\mathrm{j}t)^3}{3!}+\frac{(\mathrm{j}t)^4}{4!}+\frac{(\mathrm{j}t)^5}{5!}+\frac{(\mathrm{j}t)^6}{6!}+\frac{(\mathrm{j}t)^7}{7!}+\cdots\\&=\left(1-\frac{t^2}{2!}+\frac{t^4}{4!}-\frac{t^6}{6!}+\cdots\right)+\mathrm{j}\left(t-\frac{t^3}{3!}+\frac{t^5}{5!}-\frac{t^7}{7!}+\cdots\right)\\&=\cos t+\mathrm{j}\sin t,\ t\in(-\infty,+\infty)\end{aligned} \tag{1.3.6}$$

式(1.3.6)是著名的欧拉公式。

特别地，$\mathrm{e}^{\mathrm{j}\frac{\pi}{2}}=\mathrm{j}$，$\mathrm{e}^{\mathrm{j}\frac{3\pi}{2}}=-\mathrm{j}$，$\mathrm{e}^{\pm\mathrm{j}(2m+1)\pi}=-1$，$\mathrm{e}^{\pm\mathrm{j}2m\pi}=1$，其中 m 为正整数。

1.3.2　连续时间无时限实信号分解成反因果实信号与因果实信号之和

若连续时间实信号 $f(t)$ 定义在整个时间区间 $t\in(-\infty,+\infty)$ 上，则称 $f(t)$ 为连续时间无时限实信号。考虑到式(1.2.3)，则连续时间无时限实信号 $f(t)$ 可分解成反因果实信号与因果实信号之和，即

$$f(t)=f(t)[\varepsilon(-t)+\varepsilon(t)]=f(t)\varepsilon(-t)+f(t)\varepsilon(t) \tag{1.3.7}$$

式中，$f(t)\varepsilon(-t)$为反因果实信号，$f(t)\varepsilon(t)$为因果实信号。

1.3.3 连续时间实信号分解成奇分量与偶分量之和

任意的连续时间实信号 $f(t)$都可以分解成奇分量 $f_o(t)$与偶分量 $f_e(t)$之和，即

$$f(t)=f_o(t)+f_e(t) \tag{1.3.8}$$

由式(1.3.8)可得

$$f(-t)=f_o(-t)+f_e(-t)=-f_o(t)+f_e(t) \tag{1.3.9}$$

考虑到式(1.3.8)及式(1.3.9)，则有

$$f_o(t)=\frac{1}{2}[f(t)-f(-t)] \tag{1.3.10}$$

$$f_e(t)=\frac{1}{2}[f(t)+f(-t)] \tag{1.3.11}$$

例 1.3.1：已知连续时间因果实信号 $f(t)=2\mathrm{e}^{-at}\varepsilon(t)(a>0)$，试分别画出 $f(t)$的奇分量 $f_o(t)$和偶分量 $f_e(t)$的波形。

解：考虑到 $f(t)=2\mathrm{e}^{-at}\varepsilon(t)(a>0)$，由式(1.3.10)可得

$$f_o(t)=\frac{1}{2}[f(t)-f(-t)]=-\mathrm{e}^{at}\varepsilon(-t)+\mathrm{e}^{-at}\varepsilon(t) \tag{1.3.12}$$

考虑到 $f(t)=2\mathrm{e}^{-at}\varepsilon(t)(a>0)$，由式(1.3.11)可得

$$f_e(t)=\frac{1}{2}[f(t)+f(-t)]=\mathrm{e}^{at}\varepsilon(-t)+\mathrm{e}^{-at}\varepsilon(t)=\mathrm{e}^{-a|t|} \tag{1.3.13}$$

由式(1.3.12)及式(1.3.13)可画出连续时间因果实信号 $f(t)=2\mathrm{e}^{-at}\varepsilon(t)(a>0)$的奇分量 $f_o(t)$和偶分量 $f_e(t)$的波形，分别如图 1.3.1 和图 1.3.2 所示。

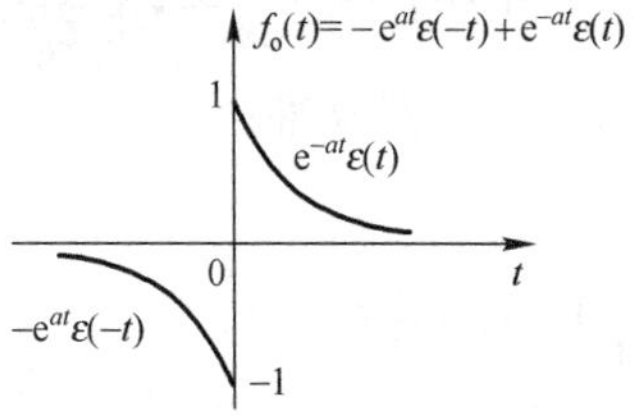

图 1.3.1　连续时间因果实信号奇分量的波形

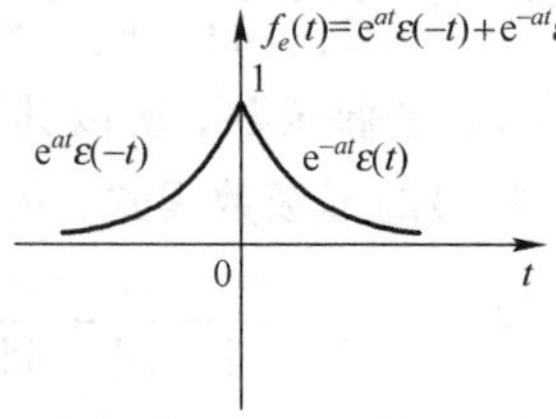

图 1.3.2　连续时间因果实信号偶分量的波形

讨论：

若连续时间实信号 $f(t)$是因果信号，即 $f(t)$可以表示成 $f(t)=f(t)\varepsilon(t)$，则有

$$\begin{aligned}f_o(t)\mathrm{sgn}(t)&=\frac{1}{2}[f(t)-f(-t)]\mathrm{sgn}(t)\\&=\frac{1}{2}[f(t)\varepsilon(t)-f(-t)\varepsilon(-t)][\varepsilon(t)-\varepsilon(-t)]\\&=\frac{1}{2}[f(t)\varepsilon(t)+f(-t)\varepsilon(-t)]\\&=f_e(t)\end{aligned}$$

同理，可得

$$f_e(t)\mathrm{sgn}(t)=f_o(t)$$

结论：

若连续时间实信号 $f(t)$是因果信号，则其奇偶分量具有相互约束关系，即

$$f_o(t)\mathrm{sgn}(t)=f_e(t) \tag{1.3.14}$$

$$f_e(t)\mathrm{sgn}(t)=f_o(t) \tag{1.3.15}$$

1.3.4　连续时间实信号分解成延迟冲激信号的加权和

任意的连续时间实信号 $f(t)$都可以分解成延迟冲激信号的加权和，其加权值为 $f(\tau)$，即

$$f(t)=\int_{-\infty}^{+\infty}f(\tau)\delta(t-\tau)\mathrm{d}\tau \tag{1.3.16}$$

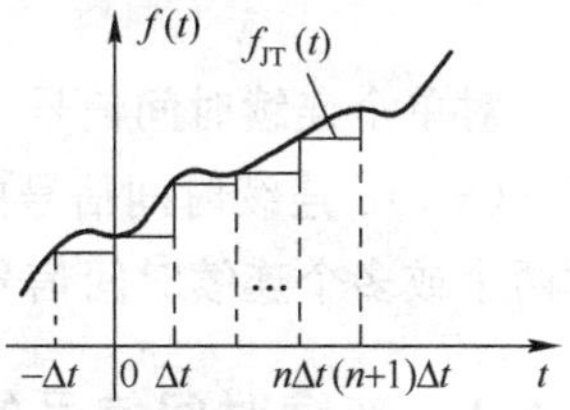

图 1.3.3　阶梯信号 $f_{JT}(t)$

证明：若将图 1.3.3 中的阶梯信号记为 $f_{JT}(t)$，则有

$$f_{JT}(t)=\sum_{n=-\infty}^{+\infty}f(n\Delta t)[\varepsilon(t-n\Delta t)-\varepsilon(t-n\Delta t-\Delta t)] \tag{1.3.17}$$

令 $\Delta t=\mathrm{d}\tau$，$n\Delta t=\tau$，由式(1.3.17)可得

$$\begin{aligned}f(t)&=\lim_{\Delta t\to 0}f_{JT}(t)=\lim_{\Delta t\to 0}\sum_{n=-\infty}^{+\infty}f(n\Delta t)[\varepsilon(t-n\Delta t)-\varepsilon(t-n\Delta t-\Delta t)]\\&=\lim_{\Delta t\to 0}\sum_{n=-\infty}^{+\infty}f(n\Delta t)\frac{\varepsilon(t-n\Delta t)-\varepsilon(t-n\Delta t-\Delta t)}{\Delta t}\Delta t\\&=\int_{-\infty}^{+\infty}f(\tau)\delta(t-\tau)\mathrm{d}\tau\end{aligned}$$

1.3.5　连续时间复信号的分解

为了便于讨论，首先介绍共轭对称信号和共轭反对称信号。

1. 连续时间共轭对称信号和共轭反对称信号

若连续时间复信号 $f_e(t)$满足条件

$$f_e(t)=f_e^*(-t) \tag{1.3.18}$$

式中，上标“ * ”表示取共轭，则称 $f_e(t)$为连续时间共轭对称信号，简称共轭对称信号。

若连续时间复信号 $f_o(t)$满足条件

$$f_o(t)=-f_o^*(-t) \tag{1.3.19}$$

式中，上标“ * ”表示取共轭，则称 $f_o(t)$为连续时间共轭反对称信号，简称共轭反对称信号。

2. 连续时间复信号 $f(t)$可分解成共轭对称分量与共轭反对称分量之和

$$f(t)=f_e(t)+f_o(t) \tag{1.3.20}$$

考虑到式(1.3.18)及式(1.3.19)，由式(1.3.20)可得

$$f^*(-t)=f_e^*(-t)+f_o^*(-t)=f_e(t)-f_o(-t) \tag{1.3.21}$$

考虑到式(1.3.20)及式(1.3.21)，则有

$$f_e(t)=\frac{1}{2}[f(t)+f^*(-t)] \tag{1.3.22}$$

$$f_o(t)=\frac{1}{2}[f(t)-f^*(-t)] \tag{1.3.23}$$

由式(1.3.22)及式(1.3.23)可知，连续时间实信号 $f(t)$的偶分量与奇分量分解是连续时间复信号 $f(t)$的共轭对称分量与共轭反对称分量分解的特例。

3. 连续时间复信号 $f(t)$的代数式分解

$$f(t)=f_r(t)+\mathrm{j}f_i(t) \tag{1.3.24}$$

式中，实部 $f_r(t)$和虚部 $f_i(t)$分别为

$$f_r(t)=\frac{1}{2}[f(t)+f^*(t)] \tag{1.3.25}$$

$$f_i(t)=\frac{1}{2\mathrm{j}}[f(t)-f^*(t)] \tag{1.3.26}$$

1.4　连续时间信号的运算

对单个连续时间信号 $f(t)$的运算，涉及连续时间信号的时移 $f(t-t_0)$、连续时间信号的反褶 $f(-t)$、连续时间信号的压缩或扩展 $f(at)(a>0)$，以及连续时间信号的微分和积分运算。对两个或多个连续时间信号的运算，涉及线性组合及线性卷积等运算。

1.4.1　连续时间信号的时移

在数学上，将连续时间信号 $f(t)$的自变量 t 用 $t-t_0$ 置换，得到的连续时间信号 $f(t-t_0)$称为连续时间信号 $f(t)$的时移，即

$$f(t)\xrightarrow{\text{时移}} f(t-t_0) \tag{1.4.1}$$

结论 1：

(1) 若 $t_0<0$，则 $f(t-t_0)$是 $f(t)$左移$|t_0|$的结果。

(2) 若 $t_0>0$，则 $f(t-t_0)$是 $f(t)$右移 t_0 的结果。

例 1.4.1：安装在汽车前轮和后轮的震动传感器，用来检测路面粗糙不平而引起的震动。前轮传感器和后轮传感器的输出信号 $y_1(t)$和 $y_2(t)$的波形，分别如图 1.4.1 和图 1.4.2 所示。设汽车前轮和后轮相距 1.8 m，试求汽车行驶的平均速度。

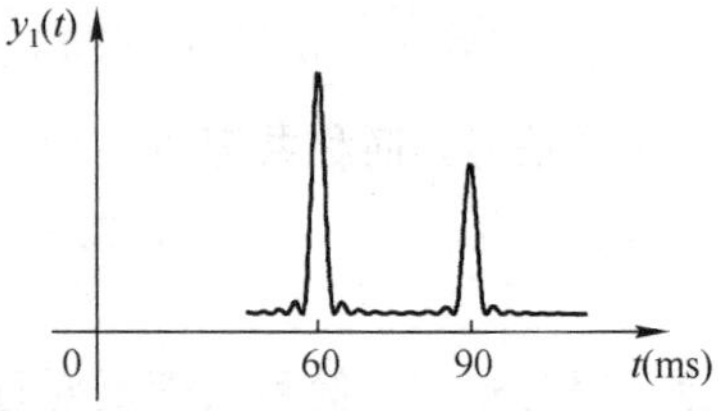

图 1.4.1　汽车前轮震动传感器的输出波形

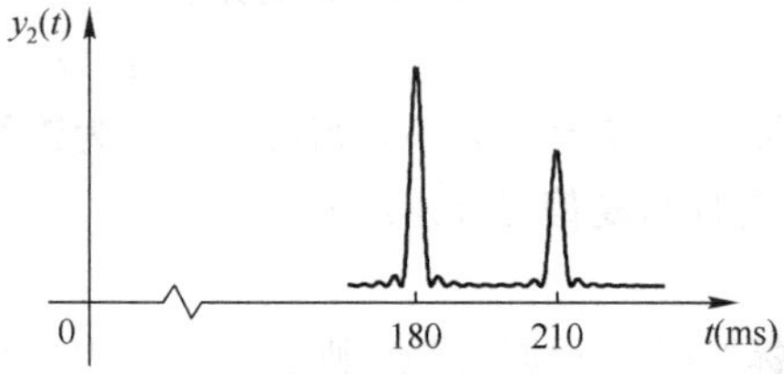

图 1.4.2　汽车后轮震动传感器的输出波形

解：观察图 1.4.1 和图 1.4.2 可知，$y_2(t)=y_1(t-120)$，即输出信号 $y_2(t)$是输出信号 $y_1(t)$延迟 120 ms 的结果，亦即 $T=180-60=120$ ms。

因此，汽车行驶的平均速度为

$$v=\frac{\mathrm{d}}{T}=\frac{1.8}{0.12}=\frac{180}{12}=15\ \mathrm{m/s}$$

1.4.2　连续时间信号的反褶

在数学上，将连续时间信号 $f(t)$的自变量 t 用 $-t$ 置换，得到的连续时间信号 $f(-t)$称为连续时间信号 $f(t)$的反褶，即

$$f(t)\xrightarrow{\text{反褶}} f(-t) \tag{1.4.2}$$

例 1.4.2：已知连续时间因果信号 $f(t)=\mathrm{e}^{-at}\varepsilon(t)(a>0)$，试画出连续时间因果信号 $f(t)$ 的反褶信号 $f(-t)$ 的波形。

解：考虑到 $f(t)=\mathrm{e}^{-at}\varepsilon(t)(a>0)$，则有

$$f(-t)=\mathrm{e}^{at}\varepsilon(-t),\ a>0 \tag{1.4.3}$$

由式(1.4.3)可画出连续时间因果信号 $f(t)$ 的反褶信号 $f(-t)$ 的波形，如图 1.4.3 所示。

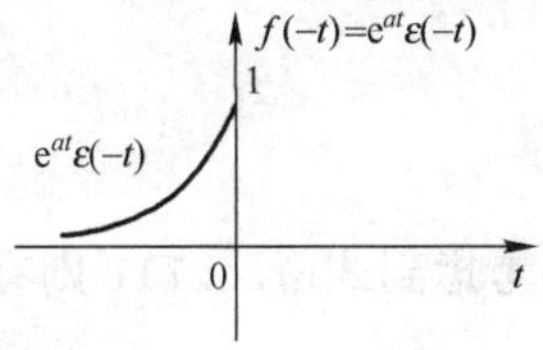

图 1.4.3　连续时间因果信号的反褶信号的波形

结论 2：

(1) 反褶信号 $f(-t)$ 与原信号 $f(t)$ 的波形关于纵轴是对称的。

(2) 若反褶信号 $f(-t)$ 与原信号 $f(t)$ 的波形相同，则有 $f(t)=f(-t)$，即 $f(t)$ 是偶对称(even symmetry)信号。

(3) 若反褶信号 $f(-t)$ 与原信号 $f(t)$ 的波形对 t 轴互为镜像，则有 $f(t)=-f(-t)$，即 $f(t)$ 是奇对称(odd symmetry)信号。

实际中，当录制信号和播放信号的速度相同时，录音机倒带时的放音信号与原信号互为反褶关系。

1.4.3　连续时间信号的压缩或扩展

在数学上，将连续时间信号 $f(t)$ 的自变量 t 用 $at(a>0)$ 置换，得到的连续时间信号 $f(at)$ 称为连续时间信号 $f(t)$ 的压缩或扩展，即

$$f(t)\xrightarrow{\text{压缩或扩展}}f(at) \tag{1.4.4}$$

例 1.4.3：已知连续时间单位门信号 $G_4(t)=\varepsilon(t+2)-\varepsilon(t-2)$，试分别画出连续时间单位门信号 $G_4(2t)$ 和 $G_4(0.5t)$ 的波形。

解：考虑到连续时间单位门信号 $G_4(t)=\varepsilon(t+2)-\varepsilon(t-2)$，则有

$$G_4(2t)=\varepsilon(2t+2)-\varepsilon(2t-2)=\varepsilon(t+1)-\varepsilon(t-1) \tag{1.4.5}$$

$$G_4(0.5t)=\varepsilon(0.5t+2)-\varepsilon(0.5t-2)=\varepsilon(t+4)-\varepsilon(t-4) \tag{1.4.6}$$

根据式(1.4.5)及式(1.4.6)可画出连续时间单位门信号 $G_4(2t)$ 和 $G_4(0.5t)$ 的波形，如图 1.4.4 所示。

结论 3：

(1) 若标尺因子 $a>1$，则信号 $f(at)$ 是对 $f(t)$ 的压缩。

(2) 若标尺因子 $a<1$，则信号 $f(at)$ 是对 $f(t)$ 的扩展。

实际中，磁带的快放和慢放就是关于信号压缩或扩展运算的例子。

例 1.4.4：连续时间信号 $f(t)$ 的波形如图 1.4.5 所示，试画出连续时间信号 $f(-2t+4)$ 的波形。

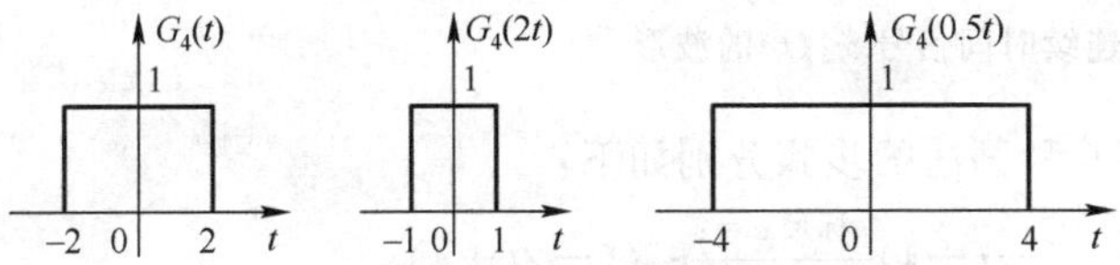

图 1.4.4　连续时间信号的压缩或扩展

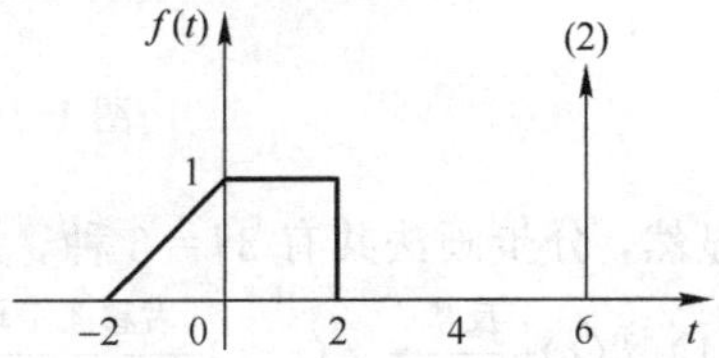

图 1.4.5　连续时间信号 $f(t)$ 的波形

解：方法1　采用一次性画法。

考虑到图1.4.5，则连续时间 $f(t)$ 可表示成

$$f(t)=2\delta(t-6)+\begin{cases}0, & t\leqslant -2\\ \frac{1}{2}(t+2), & -2\leqslant t\leqslant 0\\ 1, & 0\leqslant t<2\\ 0, & 2\leqslant t\end{cases} \tag{1.4.7}$$

考虑到式(1.4.7)，则有

$$f(-2t+4)=2\delta[(-2t+4)-6]+\begin{cases}0, & -2t+4\leqslant -2\\ \frac{1}{2}[(-2t+4)+2], & -2\leqslant -2t+4\leqslant 0\\ 1, & 0\leqslant -2t+4<2\\ 0, & 2\leqslant -2t+4\end{cases} \tag{1.4.8}$$

利用 $\delta(t)$ 的标尺性质式(1.2.29)，整理式(1.4.8)可得

$$f(-2t+4)=\delta(t+1)+\begin{cases}0, & 3\leqslant t\\ -(t-3), & 2\leqslant t\leqslant 3\\ 1, & 1\leqslant t<2\\ 0, & t\leqslant 1\end{cases} \tag{1.4.9}$$

由式(1.4.9)可画出连续时间信号 $f(-2t+4)$ 的波形，如图1.4.6所示。

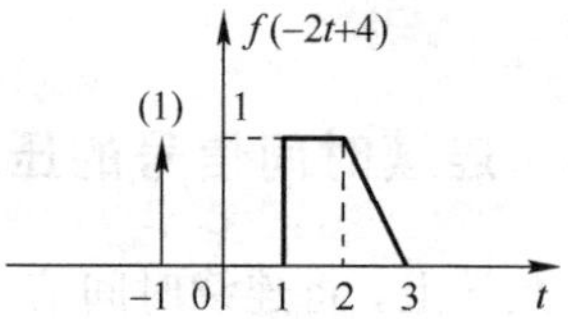

图1.4.6　连续时间信号 $f(-2t+4)$ 的波形

方法2　采用分步画法。

(1) 首先画出 $x_1(t)=f(-t)$ 的波形，即反褶波形，如图1.4.7所示。

(2) 再画出 $x_2(t)=x_1(2t)=f(-2t)$ 的波形，即压缩波形，如图1.4.8所示。

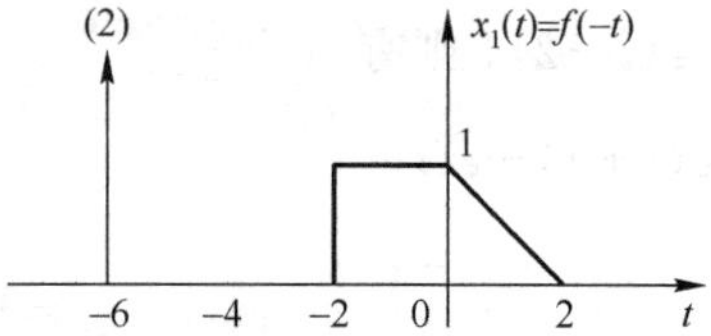

图1.4.7　连续时间信号 $x_1(t)$ 的波形

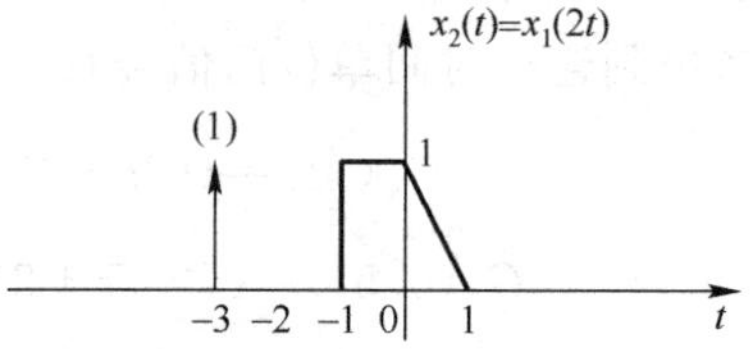

图1.4.8　连续时间信号 $x_2(t)$ 的波形

(3) 最后画出 $x_3(t)=x_2(t-2)=x_1(2t-4)=f(-2t+4)$ 的波形，即右移2个单位的波形，如图1.4.9所示。

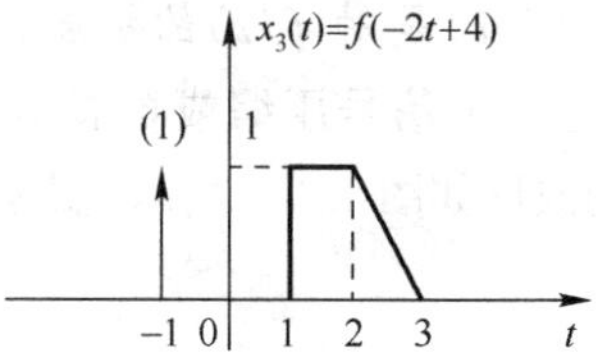

图1.4.9　连续时间信号 $x_3(t)$ 的波形

显然，分步画法共有 $3!=6$ 种，另外5种画法的步骤分别如下：

(1) $f(t)\xrightarrow{\text{反褶}}f(-t)\xrightarrow{\text{右移4个单位}}f(-t+4)\xrightarrow{\text{标尺 }a=2}f(-2t+4)$

(2) $f(t)\xrightarrow{\text{标尺 }a=2}f(2t)\xrightarrow{\text{反褶}}f(-2t)\xrightarrow{\text{右移2个单位}}f(-2t+4)$

(3) $f(t)\xrightarrow{\text{标尺 } a=2} f(2t)\xrightarrow{\text{左移 2 个单位}} f(2t+4)\xrightarrow{\text{反褶}} f(-2t+4)$

(4) $f(t)\xrightarrow{\text{左移 4 个单位}} f(t+4)\xrightarrow{\text{标尺 } a=2} f(2t+4)\xrightarrow{\text{反褶}} f(-2t+4)$

(5) $f(t)\xrightarrow{\text{左移 4 个单位}} f(t+4)\xrightarrow{\text{反褶}} f(-t+4)\xrightarrow{\text{标尺 } a=2} f(-2t+4)$

1.4.4　连续时间信号的微分

连续时间信号 $f(t)$ 的一阶微分运算记为 $f'(t)$，即

$$f'(t)=\frac{\mathrm{d}f(t)}{\mathrm{d}t} \tag{1.4.10}$$

例 1.4.5： 已知连续时间因果信号 $f(t)=\mathrm{e}^{at}\varepsilon(t)$（$a$ 为常数），试求 $\frac{\mathrm{d}f(t)}{\mathrm{d}t}$。

解： 考虑到 $f(t)=\mathrm{e}^{at}\varepsilon(t)$，则有

$$\frac{\mathrm{d}f(t)}{\mathrm{d}t}=[\mathrm{e}^{at}\varepsilon(t)]'=a\mathrm{e}^{at}\varepsilon(t)+\mathrm{e}^{at}\delta(t)=\delta(t)+a\mathrm{e}^{at}\varepsilon(t)$$

注意： 对连续时间因果信号或连续时间反因果信号求导时，一定要按乘积求导法则来处理，否则可能丢项，导致结果出错。

例 1.4.6： 连续时间信号 $f(t)$ 的波形如图 1.4.10 所示，试求 $f'(t)$，并画出 $f'(t)$ 的波形。

解： 考虑到 $f(t)=\varepsilon(t+1)-\varepsilon(t-1)$，则有 $f'(t)=\delta(t+1)-\delta(t-1)$，于是 $f'(t)$ 的波形如图 1.4.11 所示。

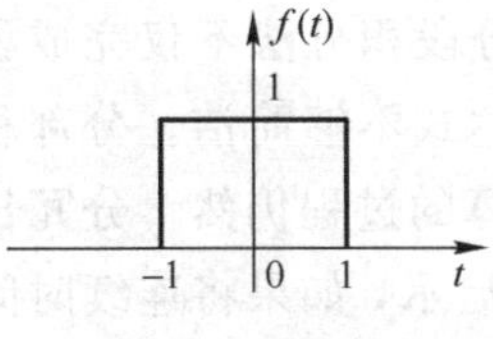

图 1.4.10　连续时间信号 $f(t)$ 的波形

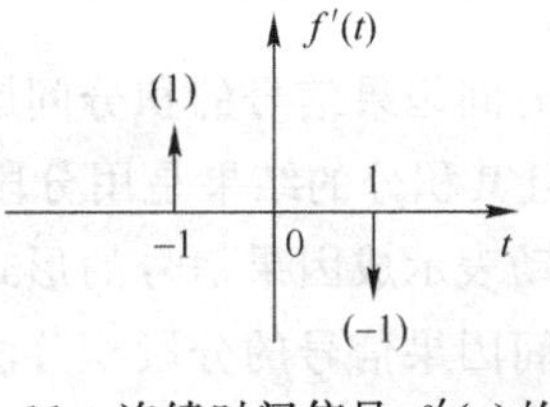

图 1.4.11　连续时间信号 $f'(t)$ 的波形

由图 1.4.11 可知，在连续时间信号 $f(t)$ 的两个突跳点 $t=-1$ 和 $t=1$ 处，$f'(t)$ 出现了冲激信号。其中，冲激强度与 $f(t)$ 的突跳值有关，例如 $f(t)$ 在 $t=-1$ 处突跳值为 1，$f'(t)$ 在 $t=-1$ 处的冲激强度为 1。

1.4.5　连续时间信号的积分

连续时间信号 $f(t)$ 的一次积分运算记为 $f^{(-1)}(t)$，即

$$f^{(-1)}(t)=\int_{-\infty}^{t}f(\tau)\mathrm{d}\tau \tag{1.4.11}$$

例 1.4.7： 已知连续时间因果信号 $f(t)=\mathrm{e}^{at}\varepsilon(t)$（$a$ 为常数），试求 $f^{(-1)}(t)=\int_{-\infty}^{t}f(\tau)\mathrm{d}\tau$。

解：方法 1　采用分段积分法。

(1) 当 $t<0$ 时，考虑到 $f(t)=\mathrm{e}^{at}\varepsilon(t)$，若 $-\infty\leqslant\tau\leqslant t<0$，则有 $\varepsilon(\tau)=0$，于是

$$f^{(-1)}(t)=\int_{-\infty}^{t}f(\tau)\mathrm{d}\tau=\int_{-\infty}^{t}\mathrm{e}^{a\tau}\varepsilon(\tau)\mathrm{d}\tau=0$$

(2) 当 $t>0$ 时，考虑到 $f(t)=\mathrm{e}^{at}\varepsilon(t)$，则有

$$f^{(-1)}(t)=\int_{-\infty}^{t}f(\tau)\mathrm{d}\tau=\int_{-\infty}^{t}\mathrm{e}^{a\tau}\varepsilon(\tau)\mathrm{d}\tau$$

$$=\int_{-\infty}^{0}e^{a\tau}\varepsilon(\tau)d\tau+\int_{0}^{t}e^{a\tau}\varepsilon(\tau)d\tau$$

$$=\int_{0}^{t}e^{a\tau}d\tau=\frac{1}{a}e^{a\tau}\Big|_{0}^{t}=\frac{1}{a}(e^{at}-1)$$

即

$$f^{(-1)}(t)=\int_{-\infty}^{t}e^{a\tau}\varepsilon(\tau)d\tau=\begin{cases}0, & t<0\\ \frac{1}{a}(e^{at}-1), & t>0\end{cases}$$

方法 2 采用分部积分法。

$$f^{(-1)}(t)=\int_{-\infty}^{t}f(\tau)d\tau=\int_{-\infty}^{t}e^{a\tau}\varepsilon(\tau)d\tau=\frac{1}{a}\int_{-\infty}^{t}\varepsilon(\tau)\,de^{a\tau}$$

$$=\frac{1}{a}\left[e^{a\tau}\varepsilon(\tau)\Big|_{-\infty}^{t}-\int_{-\infty}^{t}e^{a\tau}\delta(\tau)d\tau\right]$$

$$=\frac{1}{a}\left[e^{at}\varepsilon(t)-\int_{-\infty}^{t}\delta(\tau)d\tau\right]$$

$$=\frac{1}{a}[e^{at}\varepsilon(t)-\varepsilon(t)]$$

$$=\frac{1}{a}(e^{at}-1)\varepsilon(t)$$

1.4.6 连续时间因果信号或反因果信号的整体积分法

针对连续时间因果信号的积分问题，例 1.4.7 表明，分段积分法不仅完成积分运算的过程十分冗长，而且其积分的结果是用分段函数表示的，即表达式不够简洁。分部积分法虽然积分运算的结果自动表示成因果信号的形式，但是完成积分运算的过程仍然十分冗长。

从连续时间因果信号的分段积分法和分部积分法得到启示，如果将连续时间因果信号或反因果信号的表达式视为一个整体，找出其原函数，那么可直接利用牛顿-莱布尼茨公式求解，这种求解连续时间因果信号或反因果信号积分运算的方法称为整体积分法。

例 1.4.8：已知连续时间因果信号 $f(t)=e^{at}\varepsilon(t)$($a$ 为常数)，试求 $f^{(-1)}(t)=\int_{-\infty}^{t}f(\tau)d\tau$。

解：设 $F(\tau)=\frac{e^{a\tau}-1}{a}\varepsilon(\tau)$，则有

$$\frac{dF(\tau)}{d\tau}=\frac{d}{d\tau}\left[\frac{e^{a\tau}-1}{a}\varepsilon(\tau)\right]=e^{a\tau}\varepsilon(\tau)+\frac{e^{a\tau}-1}{a}\delta(\tau)=e^{a\tau}\varepsilon(\tau)=f(\tau)$$

即 $F(\tau)=\frac{e^{a\tau}-1}{a}\varepsilon(\tau)$是 $f(\tau)=e^{a\tau}\varepsilon(\tau)$的一个原函数，于是

$$f^{(-1)}(t)=\int_{-\infty}^{t}f(\tau)d\tau=\int_{-\infty}^{t}e^{a\tau}\varepsilon(\tau)d\tau=\frac{e^{a\tau}-1}{a}\varepsilon(\tau)\Big|_{-\infty}^{t}=\frac{1}{a}(e^{at}-1)\varepsilon(t)$$

结论 4：

(1) 对连续时间因果信号的积分运算，采用整体积分法是一种最简便的方法。

(2) 对连续时间因果信号进行上限积分(累加)，其结果一定是连续时间因果信号。

1.4.7 基于整体积分法的连续时间因果信号或反因果信号的不定积分公式

在连续时间信号与系统的分析中，经常涉及连续时间因果信号和反因果信号的积分运算问

题，为了便于运算，表 1.4.1 列出了常用的连续时间因果信号和连续时间反因果信号的不定积分公式，其中 C 为常数，λ 是 $\lambda\neq0$ 的实数或复数。

表 1.4.1　常用连续时间因果信号和反因果信号的不定积分公式

$\int\delta(t)\mathrm{d}t=\varepsilon(t)+C$	$\int\varepsilon(-t)\mathrm{d}t=t\varepsilon(-t)+C$
$\int\varepsilon(t)\mathrm{d}t=t\varepsilon(t)+C$	$\int t\varepsilon(-t)\mathrm{d}t=\frac{1}{2}t^2\varepsilon(-t)+C$
$\int t\varepsilon(t)\mathrm{d}t=\frac{1}{2}t^2\varepsilon(t)+C$	$\int t^2\varepsilon(-t)\mathrm{d}t=\frac{1}{3}t^3\varepsilon(-t)+C$
$\int e^{\lambda t}\varepsilon(t)\mathrm{d}t=\frac{e^{\lambda t}-1}{\lambda}\varepsilon(t)+C$	$\int e^{\lambda t}\varepsilon(-t)\mathrm{d}t=\frac{e^{\lambda t}-1}{\lambda}\varepsilon(-t)+C$
$\int\sin\omega_0t\varepsilon(t)\mathrm{d}t=\frac{1-\cos\omega_0t}{\omega_0}\varepsilon(t)+C$	$\int\sin\omega_0t\varepsilon(-t)\mathrm{d}t=\frac{1-\cos\omega_0t}{\omega_0}\varepsilon(-t)+C$
$\int\cos\omega_0t\varepsilon(t)\mathrm{d}t=\frac{\sin\omega_0t}{\omega_0}\varepsilon(t)+C$	$\int\cos\omega_0t\varepsilon(-t)\mathrm{d}t=\frac{\sin\omega_0t}{\omega_0}\varepsilon(-t)+C$

例 1.4.9：已知连续时间因果信号 $f(t)=\sqrt{2}\sin\left(t-\frac{\pi}{4}\right)\varepsilon(t)$，试求 $f^{(-1)}(t)=\int_{-\infty}^{t}f(\tau)\mathrm{d}\tau$。

解：考虑到

$$f(t)=\sqrt{2}\sin\left(t-\frac{\pi}{4}\right)\varepsilon(t)=\sqrt{2}\left(\sin t\cos\frac{\pi}{4}-\cos t\sin\frac{\pi}{4}\right)\varepsilon(t)=\sin t\varepsilon(t)-\cos t\varepsilon(t)$$

则有

$$\begin{aligned}f^{(-1)}(t)&=\int_{-\infty}^{t}f(\tau)\mathrm{d}\tau=\int_{-\infty}^{t}\sin\tau\varepsilon(\tau)\mathrm{d}\tau-\int_{-\infty}^{t}\cos\tau\varepsilon(\tau)\mathrm{d}\tau\\&=(1-\cos\tau)\varepsilon(\tau)\Big|_{-\infty}^{t}-\sin\tau\varepsilon(\tau)\Big|_{-\infty}^{t}\\&=(1-\cos t-\sin t)\varepsilon(t)\end{aligned}$$

1.4.8　连续时间信号的线性组合

在数学上，两个连续时间信号 $f_1(t)$和 $f_2(t)$的线性组合运算 $f(t)$定义为

$$f(t)=C_1f_1(t)+C_2f_2(t)\tag{1.4.12}$$

式中，C_1 和 C_2 为任意常数。

式(1.4.12)表明，两个连续时间信号的线性组合是指同一时刻 t 的函数值 $f_1(t)$和 $f_2(t)$分别乘以常数 C_1 和 C_2 后，逐项对应相加而构成一个新的连续时间信号 $f(t)$。

结论 5：

若两个连续时间时限信号 $f_1(t),t\in(t_1,t_2)$及 $f_2(t),t\in(t_3,t_4)$的时限区间为包含关系，即满足 $t_1<t_3<t_4<t_2$，则有

(1) 连续时间时限信号 $C_1f_1(t)+C_2f_2(t),t\in(t_1,t_2)$，即当两个时限信号的时限区间为包含关系时，线性组合后，其时限信号的时限区间取决于两个时限信号中较宽的时限区间。

(2) 连续时间时限信号 $f_1(t)f_2(t)$，$t\in(t_3,t_4)$，即当两个时限信号的时限区间为包含关系时，相乘后，其时限信号的时限区间取决于两个时限信号中较窄的时限区间。

例 1.4.10：已知两个连续时间周期信号分别为 $f_1(t)=f_1(t-T_1)$，$f_2(t)=f_2(t-T_2)$，

其线性组合信号 $f(t)=C_1f_1(t)+C_2f_2(t)$，其中 C_1 和 C_2 为任意常数。试问满足什么条件时，连续时间信号 $f(t)$是周期信号？当连续时间 $f(t)$是周期信号时，试求其基本周期 T_0。

解：当满足条件 $m_1T_1=m_2T_2=T_0$，其中 m_1 和 m_2 为正整数，则有

$$\begin{aligned}f(t)&=C_1f_1(t)+C_2f_2(t)\\&=C_1f_1(t-m_1T_1)+C_2f_2(t-m_2T_2)\\&=C_1f_1(t-T_0)+C_2f_2(t-T_0)\\&=f(t-T_0)\end{aligned}$$

结论 6：

若两个连续时间周期信号的周期之比 $T_1/T_2=m_2/m_1$ 为有理数，则线性组合后的连续时间信号 $f(t)$是周期信号，其基本周期 $T_0=m_1T_1=m_2T_2$。

例 1.4.11：试判断下列连续时间信号是否为周期信号。当其为周期信号时，试确定其基本周期 T_0。

(1) $f(t)=\sin 3t+\cos 4t$　　(2) $f(t)=\sin 2t+\cos \pi t$

解：(1) 因为$\dfrac{T_1}{T_2}=\dfrac{2\pi/3}{2\pi/4}=\dfrac{4}{3}$是有理数，所以 $f(t)=\sin 3t+\cos 4t$ 是周期信号，并且其基本周期 $T_0=3T_1=2\pi$。

(2) 因为$\dfrac{T_1}{T_2}=\dfrac{2\pi/2}{2\pi/\pi}=\dfrac{\pi}{2}$是无理数，即 T_1 与 T_2 不存在公倍数，所以 $f(t)=\sin 2t+\cos \pi t$ 不是周期信号。

1.4.9 连续时间信号的线性卷积

这里仅给出两个连续时间信号线性卷积的定义、线性卷积的图解步骤和线性卷积的存在性。

1. 连续时间信号的线性卷积

连续时间信号 $f_1(t)$和 $f_2(t)$的线性卷积定义为

$$f_1(t)*f_2(t)=\int_{-\infty}^{+\infty}f_1(\tau)f_2(t-\tau)\mathrm{d}\tau=f(t) \tag{1.4.13}$$

式中，τ 是变量，t 是参变量，线性卷积的结果是 t 的一个函数，记为 $f(t)$。

例 1.4.12：试求线性卷积 $\mathrm{e}^{bt}\varepsilon(t)*\mathrm{e}^{at}\varepsilon(t)$，其中 a 和 b 为复数。

解：(1) 当 $b\neq a$ 时

考虑到线性卷积的定义式(1.4.13)，并利用表 1.4.1 中的不定积分公式，则有

$$\begin{aligned}\mathrm{e}^{bt}\varepsilon(t)*\mathrm{e}^{at}\varepsilon(t)&=\int_{-\infty}^{+\infty}\mathrm{e}^{b\tau}\varepsilon(\tau)\mathrm{e}^{a(t-\tau)}\varepsilon(t-\tau)\mathrm{d}\tau=\mathrm{e}^{at}\int_{-\infty}^{t}\mathrm{e}^{(b-a)\tau}\varepsilon(\tau)\mathrm{d}\tau\\&=\mathrm{e}^{at}\frac{\mathrm{e}^{(b-a)\tau}-1}{b-a}\varepsilon(\tau)\Big|_{-\infty}^{t}=\frac{1}{b-a}(\mathrm{e}^{bt}-\mathrm{e}^{at})\varepsilon(t)\end{aligned} \tag{1.4.14}$$

(2) 当 $b=a$ 时

方法 1　考虑到线性卷积的定义式(1.4.13)，并利用表 1.4.1 中的不定积分公式，则有

$$\mathrm{e}^{at}\varepsilon(t)*\mathrm{e}^{at}\varepsilon(t)=\int_{-\infty}^{+\infty}\mathrm{e}^{a\tau}\varepsilon(\tau)\mathrm{e}^{a(t-\tau)}\varepsilon(t-\tau)\mathrm{d}\tau=\mathrm{e}^{at}\int_{-\infty}^{t}\varepsilon(\tau)\mathrm{d}\tau=t\mathrm{e}^{at}\varepsilon(t) \tag{1.4.15}$$

方法 2　考虑到式(1.4.14)给出的结果，则有

$$\mathrm{e}^{at}\varepsilon(t)*\mathrm{e}^{at}\varepsilon(t)=\lim_{b\to a}\mathrm{e}^{bt}\varepsilon(t)*\mathrm{e}^{at}\varepsilon(t)=\lim_{b\to a}\frac{(\mathrm{e}^{bt}-\mathrm{e}^{at})\varepsilon(t)}{b-a}=\lim_{b\to a}\frac{t\mathrm{e}^{bt}\varepsilon(t)}{1}=t\mathrm{e}^{at}\varepsilon(t)$$

结论 7：

两个连续时间因果信号线性卷积的结果一定是连续时间因果信号。

例 1.4.13：试求线性卷积 $e^{bt}\varepsilon(-t)*e^{at}\varepsilon(t)$，其中 a 和 b 为复数，并满足条件 $\mathrm{Re}[b]>\mathrm{Re}[a]$。

解：考虑到线性卷积的定义式(1.4.13)，并利用表 1.4.1 中的不定积分公式，则有

$$\begin{aligned}
e^{bt}\varepsilon(-t)*e^{at}\varepsilon(t)&=\int_{-\infty}^{+\infty}e^{b\tau}\varepsilon(-\tau)e^{a(t-\tau)}\varepsilon(t-\tau)\mathrm{d}\tau\\
&=e^{at}\int_{-\infty}^{t}e^{(b-a)\tau}\varepsilon(-\tau)\mathrm{d}\tau\\
&=e^{at}\left.\frac{e^{(b-a)\tau}-1}{b-a}\varepsilon(-\tau)\right|_{-\infty}^{t}\\
&\xlongequal{\mathrm{Re}[b]>\mathrm{Re}[a]}e^{at}\left[\frac{e^{(b-a)t}-1}{b-a}\varepsilon(-t)+\frac{1}{b-a}\right]\\
&=e^{at}\left\{\frac{e^{(b-a)t}}{b-a}\varepsilon(-t)+\frac{1}{b-a}[1-\varepsilon(-t)]\right\}\\
&=\frac{1}{b-a}[e^{bt}\varepsilon(-t)+e^{at}\varepsilon(t)]
\end{aligned}\tag{1.4.16}$$

例 1.4.14：试求线性卷积 $e^{bt}*e^{at}\varepsilon(t)$，其中 a 和 b 为复数，并满足条件 $\mathrm{Re}[b]>\mathrm{Re}[a]$。

解：考虑到线性卷积的定义式(1.4.13)、式(1.4.14)及式(1.4.16)，则有

$$\begin{aligned}
e^{bt}*e^{at}\varepsilon(t)&=e^{bt}[\varepsilon(-t)+\varepsilon(t)]*e^{at}\varepsilon(t)\\
&=[e^{bt}\varepsilon(-t)+e^{bt}\varepsilon(t)]*e^{at}\varepsilon(t)\\
&=e^{bt}\varepsilon(-t)*e^{at}\varepsilon(t)+e^{bt}\varepsilon(t)*e^{at}\varepsilon(t)\\
&\xlongequal{\mathrm{Re}[b]>\mathrm{Re}[a]}\frac{1}{b-a}[e^{bt}\varepsilon(-t)+e^{at}\varepsilon(t)]+\frac{1}{b-a}[e^{bt}-e^{at}]\varepsilon(t)\\
&=\frac{1}{b-a}e^{bt}
\end{aligned}\tag{1.4.17}$$

在计算两个连续时间信号的线性卷积时，经常将式(1.4.14)、式(1.4.15)、式(1.4.16)及式(1.4.17)作为公式使用。

例 1.4.15：试求线性卷积 $2\cos t*e^{-t}\varepsilon(t)$。

解：考虑到式(1.4.17)，则有

$$\begin{aligned}
2\cos t*e^{-t}\varepsilon(t)+\mathrm{j}2\sin t*e^{-t}\varepsilon(t)=2e^{\mathrm{j}t}*e^{-t}\varepsilon(t)&\xlongequal{0>-1}\frac{2e^{\mathrm{j}t}}{\mathrm{j}-(-1)}\\
&=(1-\mathrm{j})(\cos t+\mathrm{j}\sin t)\\
&=(\cos t+\sin t)+\mathrm{j}(\sin t-\cos t)
\end{aligned}$$

考虑到等式两边的实部和虚部应该分别相等，则有

$$2\cos t*e^{-t}\varepsilon(t)=\cos t+\sin t$$
$$2\sin t*e^{-t}\varepsilon(t)=\sin t-\cos t$$

例 1.4.16：试求线性卷积 $G_{\tau_1}(t)*G_{\tau_2}(t)$，其中 $\tau_2>\tau_1$。

解：考虑到线性卷积的定义式(1.4.13)，则有

$$\begin{aligned}
G_{\tau_1}(t)*G_{\tau_2}(t)&=\int_{-\infty}^{+\infty}G_{\tau_1}(\tau)G_{\tau_2}(t-\tau)\mathrm{d}\tau\\
&=\int_{-\infty}^{+\infty}G_{\tau_1}(\tau)\left[\varepsilon\left(t-\tau+\frac{\tau_2}{2}\right)-\varepsilon\left(t-\tau-\frac{\tau_2}{2}\right)\right]\mathrm{d}\tau\\
&=\int_{-\infty}^{+\infty}G_{\tau_1}(\tau)\varepsilon\left(t-\tau+\frac{\tau_2}{2}\right)\mathrm{d}\tau-\int_{-\infty}^{+\infty}G_{\tau_1}(\tau)\varepsilon\left(t-\tau-\frac{\tau_2}{2}\right)\mathrm{d}\tau\\
&=\int_{-\infty}^{t+\frac{\tau_2}{2}}G_{\tau_1}(\tau)\mathrm{d}\tau-\int_{-\infty}^{t-\frac{\tau_2}{2}}G_{\tau_1}(\tau)\mathrm{d}\tau
\end{aligned}$$

对上式的积分运算进行换元换限处理，可得

$$\begin{aligned}
&G_{\tau_1}(t)*G_{\tau_2}(t)\\
&=\int_{-\infty}^{t+\frac{\tau_2}{2}}G_{\tau_1}(\tau)\mathrm{d}\tau-\int_{-\infty}^{t-\frac{\tau_2}{2}}G_{\tau_1}(\tau)\mathrm{d}\tau\\
&=\int_{-\infty}^{t+\frac{\tau_2}{2}}\left[\varepsilon\left(\tau+\frac{\tau_1}{2}\right)-\varepsilon\left(\tau-\frac{\tau_1}{2}\right)\right]\mathrm{d}\tau-\int_{-\infty}^{t-\frac{\tau_2}{2}}\left[\varepsilon\left(\tau+\frac{\tau_1}{2}\right)-\varepsilon\left(\tau-\frac{\tau_1}{2}\right)\right]\mathrm{d}\tau\\
&=\int_{-\infty}^{t+\frac{\tau_2}{2}}\varepsilon\left(\tau+\frac{\tau_1}{2}\right)\mathrm{d}\tau-\int_{-\infty}^{t+\frac{\tau_2}{2}}\varepsilon\left(\tau-\frac{\tau_1}{2}\right)\mathrm{d}\tau-\int_{-\infty}^{t-\frac{\tau_2}{2}}\varepsilon\left(\tau+\frac{\tau_1}{2}\right)\mathrm{d}\tau+\int_{-\infty}^{t-\frac{\tau_2}{2}}\varepsilon\left(\tau-\frac{\tau_1}{2}\right)\mathrm{d}\tau\\
&\xlongequal{\text{换元换限}}\int_{-\infty}^{t+\frac{\tau_2+\tau_1}{2}}\varepsilon(x_1)\mathrm{d}x_1-\int_{-\infty}^{t+\frac{\tau_2-\tau_1}{2}}\varepsilon(x_2)\mathrm{d}x_2-\int_{-\infty}^{t-\frac{\tau_2-\tau_1}{2}}\varepsilon(x_3)\mathrm{d}x_3+\int_{-\infty}^{t-\frac{\tau_2+\tau_1}{2}}\varepsilon(x_4)\mathrm{d}x_4\\
&=x_1\varepsilon(x_1)\Big|_{-\infty}^{t+\frac{\tau_2+\tau_1}{2}}-x_2\varepsilon(x_2)\Big|_{-\infty}^{t+\frac{\tau_2-\tau_1}{2}}-x_3\varepsilon(x_3)\Big|_{-\infty}^{t-\frac{\tau_2-\tau_1}{2}}+x_4\varepsilon(x_4)\Big|_{-\infty}^{t-\frac{\tau_2+\tau_1}{2}}\\
&=\left(t+\frac{\tau_2+\tau_1}{2}\right)\varepsilon\left(t+\frac{\tau_2+\tau_1}{2}\right)-\left(t+\frac{\tau_2-\tau_1}{2}\right)\varepsilon\left(t+\frac{\tau_2-\tau_1}{2}\right)\\
&\quad-\left(t-\frac{\tau_2-\tau_1}{2}\right)\varepsilon\left(t-\frac{\tau_2-\tau_1}{2}\right)+\left(t-\frac{\tau_2+\tau_1}{2}\right)\varepsilon\left(t-\frac{\tau_2+\tau_1}{2}\right)
\end{aligned}$$

特别地，若 $\tau_2=\tau_1=\tau$，则有 $G_\tau(t)*G_\tau(t)=(t+\tau)\varepsilon(t+\tau)-2t\varepsilon(t)+(t-\tau)\varepsilon(t-\tau)$。

当 $\tau_2>\tau_1$ 时，则单位门信号 $G_{\tau_1}(t)$ 与单位门信号 $G_{\tau_2}(t)$ 线性卷积的波形是梯形波，如图 1.4.12 中的实线所示；当 $\tau_2=\tau_1=\tau$ 时，则单位门信号 $G_\tau(t)$ 与单位门信号 $G_\tau(t)$ 线性卷积的波形是三角波，如图 1.4.13 所示。

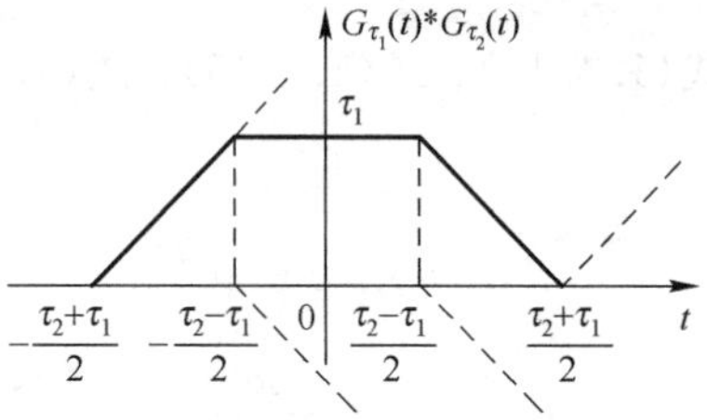

图 1.4.12　宽度不同的单位门信号线性卷积的波形

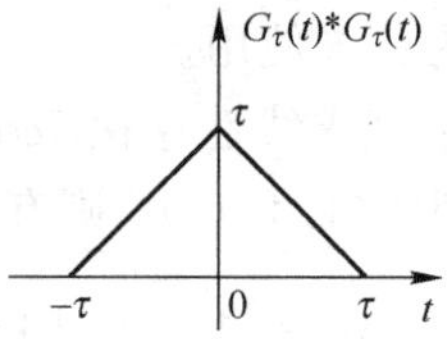

图 1.4.13　宽度相同的单位门信号线性卷积的波形

结论 8：

(1) 两个连续时间时限信号线性卷积的结果是一个连续时间时限信号，该连续时间时限信号始于两个时限信号的始点之和，止于两个时限信号的终点之和。

(2) 宽度不同的门信号线性卷积的结果是一个梯形波信号；宽度相同的门信号线性卷积的结果是一个三角波信号。

2. 连续时间信号线性卷积的图解

通过作图，经历 4 个步骤后即可得到两个连续时间信号线性卷积的结果，这种计算线性卷积的方法称为图解法。具体的步骤如下：

(1) 一个不动，一个反褶

例如，$f_1(\tau)$不动；$f_2(\tau)$反褶，得到 $f_2(-\tau)$。

(2) 时移

将反褶信号 $f_2(-\tau)$时移 t，得到 $f_2[-(\tau-t)]=f_2(t-\tau)$。

显然，当 $t>0$ 时，$f_2(-\tau)$沿 τ 轴右移 t；当 $t<0$ 时，$f_2(-\tau)$沿 τ 轴左移 $|t|$。

(3) 相乘

确定信号 $f_1(\tau)$和 $f_2(t-\tau)$的非零值对应的时间重叠区间，并完成 $f_1(\tau)$和 $f_2(t-\tau)$的相乘运算。

(4) 积分

将积信号 $f_1(\tau)f_2(t-\tau)$在非零值对应的时间重叠区间上积分。

讨论：

考虑到 $f(t)=\int_{-\infty}^{+\infty}f_1(\tau)f_2(t-\tau)\mathrm{d}\tau$，则有

$$f(0)=\int_{-\infty}^{+\infty}f_1(\tau)f_2(0-\tau)\mathrm{d}\tau=\int_{-\infty}^{+\infty}f_1(t)f_2(-t)\mathrm{d}t \tag{1.4.18}$$

$$f(t_0)=\int_{-\infty}^{+\infty}f_1(\tau)f_2(t_0-\tau)\mathrm{d}\tau=\int_{-\infty}^{+\infty}f_1(t)f_2(t_0-t)\mathrm{d}t \tag{1.4.19}$$

结论 9：

(1) 式(1.4.18)表明，一个连续时间信号不动，另一个连续时间信号反褶，相乘的积函数曲线下的面积正是两个连续时间信号线性卷积在零时刻的值。

(2) 式(1.4.19)表明，一个连续时间信号不动，另一个连续时间信号反褶后时移 t_0(若 $t_0>0$，则右移 t_0；若 $t_0<0$，则左移 $|t_0|$)，相乘的积函数曲线下的面积正是两个连续时间信号线性卷积在 t_0 时刻的值。因此，如果只需计算线性卷积在某些固定时刻的值，那么线性卷积的图解法将是一种较好的方法。

例 1.4.17： 设 $f(t)=f_1(t)*f_2(t)$，其中，连续时间信号 $f_1(t)$和 $f_2(t)$的波形如图 1.4.14 所示。试求 $f(1)$和$f(2)$。

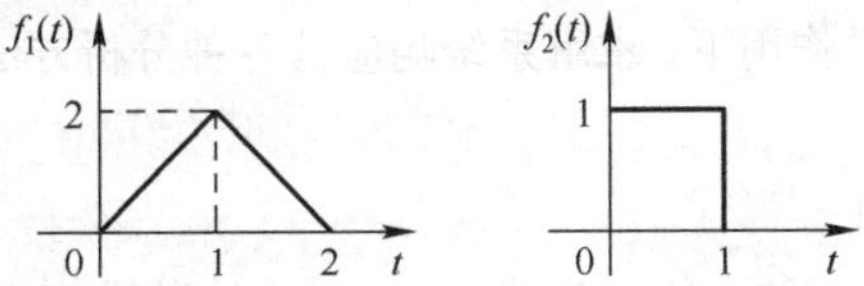

图 1.4.14　连续时间信号 $f_1(t)$和 $f_2(t)$的波形

解： 考虑到式(1.4.19)，则有

$$f(1)=\int_{-\infty}^{+\infty}f_1(\tau)f_2(1-\tau)\mathrm{d}\tau=\int_0^1 f_1(\tau)\mathrm{d}\tau=1$$

$$f(2)=\int_{-\infty}^{+\infty}f_1(\tau)f_2(2-\tau)\mathrm{d}\tau=\int_1^2 f_1(\tau)\mathrm{d}\tau=1$$

例 1.4.18： 设连续时间信号 $f(t)$满足关系 $f(t)=f_1(t)*[\varepsilon(t-2)-\varepsilon(t-4)]$，为了确定连续时间信号 $f(t)$的瞬时值 $f(20)$，只需知道连续时间信号 $f_1(t)$在哪一区间上的表达式即可？

解： 假设连续时间信号 $f_2(t)=\varepsilon(t-2)-\varepsilon(t-4)$，由题意可知

$$f(t)=f_1(t)*f_2(t)=\int_{-\infty}^{+\infty}f_1(\tau)f_2(t-\tau)\mathrm{d}\tau$$

$$f(20)=\int_{-\infty}^{+\infty}f_1(\tau)f_2(20-\tau)\mathrm{d}\tau$$

因为 $f_2(t)=\varepsilon(t-2)-\varepsilon(t-4)$，所以连续时间信号 $f_2(t)$是一个时限于区间 $t\in[2,4]$的时限信号，即 $2\leqslant 20-\tau\leqslant 4$，亦即 $16\leqslant\tau\leqslant 18$。

可见，只需知道连续时间信号 $f_1(t)$在区间 $t\in[16,18]$上的表达式，即可确定连续时间信号 $f(t)$的瞬时值 $f(20)$。

3. 连续时间信号线性卷积的存在性

由于连续时间信号的线性卷积 $f_1(t) * f_2(t)=\int_{-\infty}^{+\infty} f_1(\tau)f_2(t-\tau)\mathrm{d}\tau=f(t)$，因此它是一个含有参变量 t 的广义积分运算。若 $|f(t)|<\infty$，则广义积分收敛，称 $f_1(t) * f_2(t)$ 存在；反之，则广义积分发散，称 $f_1(t) * f_2(t)$ 不存在。

基于前面的分析和讨论，可得下述结论。

结论 10：

(1) 若连续时间信号 $f_1(t)$ 和 $f_2(t)$ 都是有界的有始信号或有终信号，则它们的线性卷积一定存在(参见例 1.4.12)。

(2) 设连续时间信号 $f_1(t)=\mathrm{e}^{at}\varepsilon(t)$，$f_2(t)=\mathrm{e}^{bt}\varepsilon(-t)$，其中 a 和 b 为复数，并且满足条件 $\mathrm{Re}[b]>\mathrm{Re}[a]$，则它们的线性卷积存在(参见例 1.4.13)。

(3) 若两个连续时间信号中至少有一个是时限信号，则它们的卷积存在(参见例 1.4.16)。

1.5 系统的描述及分类

1.5.1 系统的定义

通常将产生、传输及处理信号的客观实体，称为系统(system)。系统具有特定的功能，例如，通信系统、雷达系统以及自动控制系统等。系统可以是硬设备，也可以是软件，或者是二者的综合。

系统分析的主要任务是揭示系统的特性，而系统的特性可以通过输入(激励)作用下的输出(响应)表现出来。因此，在激励作用下，求解系统响应的各种分析方法就成了系统分析的核心内容。

1.5.2 系统的描述

通常利用数学模型来描述系统，例如系统响应 $y(t)$ 与激励 $f(t)$ 关系的微分方程(differential equation)、系统的转移算子(transfer operator)、系统的单位冲激响应(unit impulse response)、系统的频率特性(frequency property)以及系统的转移函数(transfer function)。除此之外，还有系统的模拟方框图(simulation block diagram)和系统的信号流图(signal diagram)。

1.5.3 系统的分类

为了便于观察系统状态的变化过程、系统的初始状态对系统响应的影响，以及介绍系统的分类，我们首先看一个简单的例子。

例 1.5.1：由线性时不变电阻元件 R 和电容元件 C 构成的一阶连续时间系统如图 1.5.1 所示。已知 $R=1\,\Omega$，$C=1\,\mathrm{F}$，激励 $f(t)=6\mathrm{e}^{-2|t|}\,\mathrm{V}$，系统的起始状态 $y(-\infty)=0\,\mathrm{V}$，试求响应 $y(t)$。

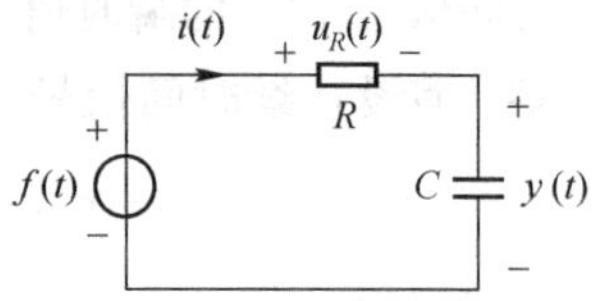

图 1.5.1 一阶连续时间系统

解：(1) 建立描述系统的数学模型

建立系统数学模型的依据是网络拓扑约束关系和元件的电压电流约束关系。

① 网络拓扑约束关系

由 KVL 可得

$$u_R(t)+y(t)=f(t) \tag{1.5.1}$$

② 元件的电压电流约束关系

考虑到电阻元件 R 和电容元件 C 的电压电流约束关系，则有

$$u_R(t)=i(t)R=i(t) \tag{1.5.2}$$

$$i(t)=C\frac{\mathrm{d}y(t)}{\mathrm{d}t}=y'(t) \tag{1.5.3}$$

将式(1.5.2)及式(1.5.3)代入式(1.5.1)可得

$$y'(t)+y(t)=f(t) \tag{1.5.4}$$

可见，描述系统响应 $y(t)$ 与激励 $f(t)$ 关系的微分方程是一个一阶线性常系数非齐次微分方程。

(2) 求解数学模型

在数学上，求解微分方程的过程就是一个求逆的过程。例如，对微分方程 $y'(t)=\cos t$ 的等号两边分别求逆，即做不定积分，可得微分方程的通解 $y(t)=\sin t+C$，其中 C 为任意常数。同理，对变形微分方程$[y(t)\mathrm{e}^t]'=6\mathrm{e}^{3t}\varepsilon(-t)+6\mathrm{e}^{-t}\varepsilon(t)$的等号两边分别求逆，再进行函数分离，可得通解 $y(t)=C\mathrm{e}^{-t}+2(\mathrm{e}^{2t}-\mathrm{e}^{-t})\varepsilon(-t)+6(\mathrm{e}^{-t}-\mathrm{e}^{-2t})\varepsilon(t)$，其中 C 为任意常数。若 $y(-\infty)=0\,\mathrm{V}$，则有 $C=2$，于是得到整个时间区间上的确定解

$$y(t)=2\mathrm{e}^{2t}\varepsilon(-t)+2\mathrm{e}^{-t}\varepsilon(t)+6(\mathrm{e}^{-t}-\mathrm{e}^{-2t})\varepsilon(t)\,\mathrm{V}$$

由此得到启发，若对一阶微分方程进行处理后能够改写成变形微分方程，再对变形微分方程进行上限积分，并结合给定的 $y(-\infty)=0\,\mathrm{V}$，则可得整个时间区间上的确定解。

基于上述分析，将式(1.5.4)的等号两边分别乘以 e^t，可得

$$y'(t)\mathrm{e}^t+y(t)\mathrm{e}^t=f(t)\mathrm{e}^t \tag{1.5.5}$$

依据乘积求导法则，对式(1.5.5)的等号左边进行逆向改写，可得

$$[y(t)\mathrm{e}^t]'=f(t)\mathrm{e}^t \tag{1.5.6}$$

考虑到式(1.5.6)，则有

$$[y(\tau)\mathrm{e}^\tau]'=f(\tau)\mathrm{e}^\tau \tag{1.5.7}$$

在区间 $\tau\in(-\infty,t]$上，对式(1.5.7)的等号两边分别积分，可得

$$y(\tau)\mathrm{e}^\tau\Big|_{-\infty}^{t}=\int_{-\infty}^{t}f(\tau)\mathrm{e}^\tau\mathrm{d}\tau$$

考虑到系统的起始状态 $y(-\infty)=0\,\mathrm{V}$，则有

$$y(t)\mathrm{e}^t=\int_{-\infty}^{t}f(\tau)\mathrm{e}^\tau\mathrm{d}\tau \tag{1.5.8}$$

利用 $\varepsilon(t-\tau)$扩展积分的上限，则式(1.5.8)可写成

$$y(t)\mathrm{e}^t=\int_{-\infty}^{+\infty}f(\tau)\mathrm{e}^\tau\varepsilon(t-\tau)\mathrm{d}\tau \tag{1.5.9}$$

由式(1.5.9)可得

$$y(t)=\int_{-\infty}^{+\infty}f(\tau)\mathrm{e}^{-(t-\tau)}\varepsilon(t-\tau)\mathrm{d}\tau=f(t)*\mathrm{e}^{-t}\varepsilon(t)=f(t)*h(t) \tag{1.5.10}$$

式中

$$h(t)=\mathrm{e}^{-t}\varepsilon(t) \tag{1.5.11}$$

若令 $f_1(t)=6\mathrm{e}^{2t}\varepsilon(-t)\mathrm{V}$，$f_2(t)=6\mathrm{e}^{-2t}\varepsilon(t)\mathrm{V}$，则有 $f(t)=6\mathrm{e}^{-2|t|}\,\mathrm{V}=f_1(t)+f_2(t)$。

考虑到式(1.4.14)及式(1.4.16)，由式(1.5.10)可得

$$\begin{aligned}y(t)&=f(t)*h(t)=[f_1(t)+f_2(t)]*h(t)\\&=f_1(t)*h(t)+f_2(t)*h(t)\\&=6\mathrm{e}^{2t}\varepsilon(-t)*\mathrm{e}^{-t}\varepsilon(t)+6\mathrm{e}^{-2t}\varepsilon(t)*\mathrm{e}^{-t}\varepsilon(t)\end{aligned}$$

$$\xlongequal{2>-1}\frac{6}{2-(-1)}[e^{2t}\varepsilon(-t)+e^{-t}\varepsilon(t)]+\frac{6}{-2-(-1)}(e^{-2t}-e^{-t})\varepsilon(t)$$
$$=2e^{2t}\varepsilon(-t)+2e^{-t}\varepsilon(t)+6(e^{-t}-e^{-2t})\varepsilon(t)\text{ V}\tag{1.5.12}$$

讨论：

(1) 令 $f_2(t)=0\text{ V}$，研究连续时间反因果信号 $f_1(t)=6e^{2t}\varepsilon(-t)\text{ V}$ 对系统响应的影响。

由图 1.5.1 可知，$f_1(t)$将对电容元件充电，由式(1.5.12)可知，在区间 $t\in(-\infty,0)$上，电容元件两端的电压从$-\infty$时刻的值 0 V 按指数规律 $y(t)=2e^{2t}\varepsilon(-t)\text{ V}$ 上升，即电容元件两端的电压(系统的状态)$y(t)$是不断变化的，称为变态或暂态。在 $t=0_-$ 时刻，$f_1(t)$对系统的激励作用结束，它对系统的贡献是为系统建立初始状态 $y(0_-)=2\text{ V}$。因此，系统的初始状态是 $f_1(t)$对系统的激励作用的历史积累。在区间 $t\in[0,+\infty)$上，电容元件两端的电压将呈现放电过程，即电容元件两端的电压从 0_- 时刻的 $y(0_-)=2\text{ V}$ 按指数规律 $y(t)=2e^{-t}\varepsilon(t)\text{ V}$ 逐渐下降。换言之，虽然系统无激励作用，但是系统的初始状态 $y(0_-)=2\text{ V}$ 对系统仍有贡献，即为系统提供零输入响应 $y_x(t)$。

显然，当 $t\geqslant 0$ 时，式(1.5.12)可写成

$$\underbrace{y(t)}_{\text{全响应}}=\underbrace{2e^{-t}}_{y_x(t)}+\underbrace{6(e^{-t}-e^{-2t})\varepsilon(t)}_{y_f(t)}\text{ V},\ t\geqslant 0\tag{1.5.13}$$

综上所述，连续时间反因果信号 $f_1(t)=6e^{2t}\varepsilon(-t)\text{ V}$ 对系统的贡献在 $t=0_-$ 时刻，为系统提供初始状态 $y(0_-)=2\text{ V}$。通常，用 $x(t)$来表示系统的状态变量，因此系统的初始状态也可表示成 $x(0_-)=2\text{ V}$。由式(1.5.13)可知，当 $t\geqslant 0$ 时，系统的全响应由初始状态 $x(0_-)=2\text{ V}$ 和连续时间因果信号 $f_2(t)=6e^{-2t}\varepsilon(t)\text{ V}$ 共同引起。前者引起的响应称为系统的零输入响应，用$y_x(t)$表示；后者引起的响应称为系统的零状态响应，用 $y_f(t)$表示，并且 $y_f(t)$是因果信号。由式(1.5.12) 可知，系统的零状态响应 $y_f(t)$可用 $f_2(t)*h(t)$进行计算。

(2) $h(t)$表征的物理含义

我们已经知道，在系统的起始状态 $y(-\infty)=0\text{ V}$ 的条件下，一阶线性常系数非齐次微分方程式(1.5.4)的解，可用式(1.5.10)表示。假设系统的激励 $f(t)=\delta(t)$，则有

$$\begin{aligned}y(t)&=f(t)*h(t)=\delta(t)*h(t)=\int_{-\infty}^{+\infty}\delta(\tau)h(t-\tau)\mathrm{d}\tau\\&=\int_{-\infty}^{+\infty}\delta(\tau)h(t)\mathrm{d}\tau=h(t)\int_{-\infty}^{+\infty}\delta(\tau)\mathrm{d}\tau\\&=h(t)\end{aligned}\tag{1.5.14}$$

式(1.5.14)表明，$h(t)$是系统的起始状态 $y(-\infty)=0\text{ V}$，激励 $f(t)=\delta(t)$时的系统响应，因此称为系统的单位冲激响应。

一阶线性常系数非齐次微分方程式(1.5.4)对应的齐次微分方程为

$$y'(t)+y(t)=0\tag{1.5.15}$$

在式(1.5.6)中，先令 $f(t)=0$，再对等号两边分别积分，可得一阶线性常系数齐次微分方程式(1.5.15)的通解，即

$$y_h(t)=Ce^{-t}\tag{1.5.16}$$

式中，C 为任意常数。

比较式(1.5.11)及式(1.5.16)可知，当 $t>0$ 时，单位冲激响应 $h(t)=e^{-t}\varepsilon(t)$的模式与齐次微分方程式(1.5.15)的解模式 $y_h(t)=Ce^{-t}$ 相同。正因为如此，通常取齐次微分方程的解，即齐次解(homogeneous solution)的首字母“h”来表示系统的单位冲激响应，并记为 $h(t)$。

(3) 系统的初始状态

通过该例的分析和讨论已经知道，系统的初始状态是当 $t\geqslant 0$ 的激励 $f(t)=f(t)\varepsilon(t)$及系统的结构和元件参数(或描述系统的数学模型)已知时，要完全求解 $t\geqslant 0$ 时的响应 $y(t)$，所必须知道的一个或一组数据。一个 n 阶系统的初始状态通常记为$\{x_i(0_-),i=1,2,\cdots,n\}$或

$\{y^{(i)}(0_-), i=0,1,\cdots,n-1\}$，其中 $x_i(0_-)$ 或 $y^{(i)}(0_-)$ 分别是系统第 i 个状态变量 $x_i(t)$ 或响应 $y(t)$ 的 i 阶导数 $y^{(i)}(t)$ 在 0_- 时刻的值。同理，n 阶系统在 t_{0-} 时刻的状态记为 $\{x_i(t_{0-}), i=1,2,\cdots,n\}$ 或 $\{y^{(i)}(t_{0-}), i=0,1,\cdots,n-1\}$，系统在 t_{0-} 时刻的状态实际上是区间 $(-\infty, t_0)$ 上一切外部原因（激励）对系统贡献的历史积累。

通常，将与 n 阶系统响应 $y(t)$ 及其导数有关的两组数据 $\{y^{(i)}(0_+), i=0,1,\cdots,n-1\}$ 及 $\{y^{(i)}(t_{0+}), i=0,1,\cdots,n-1\}$，分别称为系统在 0_+ 时刻的初始条件及系统在 t_{0+} 时刻的初始条件。

下面介绍系统的分类。系统可以分为连续时间系统和离散时间系统。通常将产生、传输及处理连续时间信号的系统称为连续时间系统。同理，将产生、传输及处理离散时间信号的系统称为离散时间系统。除此之外，连续时间系统还可以按下述方式进行具体分类。

1. 动态系统与静态系统

若一个 n 阶系统在 t_0 时刻的响应 $y(t_0)$，不仅与该时刻的激励 $f(t_0)$ 有关，而且与该时刻之前，即与区间 $(-\infty, t_0)$ 上的激励有关，则称这种系统为动态（记忆）系统。凡是具有初始状态的系统，一定是动态系统。例如，包含电容元件和电感元件的系统，一定是动态系统，描述动态系统的数学模型为微分方程。

反之，若系统在 t_0 时刻的响应 $y(t_0)$，只与该时刻的激励 $f(t_0)$ 有关，而与该时刻之前，即与区间 $(-\infty, t_0)$ 上的激励无关，则称这种系统为静态（无记忆）系统，因此静态系统无状态可言，纯电阻网络就是静态系统的典型例子，描述静态系统的数学模型为代数方程。

2. 线性系统与非线性系统

由例 1.5.1 的分析和讨论已经知道，系统的全响应由系统的初始状态和连续时间因果激励信号共同引起，前者引起系统的零输入响应，后者引起系统的零状态响应。

线性系统是指系统的数学模型为线性方程的系统。在数学上，“线性”包括比例性和叠加性。因此，同时满足下述三个条件的系统称为线性系统，否则称为非线性系统。

(1) 可分解性——全响应可分解成零输入响应与零状态响应之和，即 $y(t)=y_x(t)+y_f(t)$。

(2) 零输入响应具有线性性质

$$\sum_{i=1}^{n} a_i x_i(0_-) \xrightarrow{\text{引起}} y_x(t)=\sum_{i=1}^{n} a_i y_{x_i}(t),\ t \geqslant 0 \tag{1.5.17}$$

式中，$a_i(i=1,2,\cdots,n)$ 为任意常数，$x_i(0_-)$ 是 n 阶线性系统 n 个状态变量中的第 i 个状态变量在 $t=0_-$ 时刻的初始状态，$x_i(0_-)$ 引起的零输入响应分量为 $y_{x_i}(t)$。

(3) 零状态响应具有线性性质

$$f(t)=\sum_{j=1}^{m} b_j f_j(t)\varepsilon(t) \xrightarrow{\text{引起}} y_f(t)=\sum_{j=1}^{m} b_j y_{f_j}(t)\varepsilon(t) \tag{1.5.18}$$

式中，$b_j(j=1,2,\cdots,m)$ 为任意常数，$f_j(t)\varepsilon(t)$ 是 n 阶线性系统 m 个激励中的第 j 个激励，$f_j(t)\varepsilon(t)$ 引起的零状态响应分量为 $y_{f_j}(t)\varepsilon(t)$。

一般地，全由线性元件构成的系统为线性系统，其数学模型为线性方程。

例 1.5.2：系统的激励 $f(t)$、初始状态 $x(0_-)$ 及响应 $y(t)$ 满足

$$y(t)=x(0_-)+\int_{0_-}^{t} f(\tau)\mathrm{d}\tau$$

试判断系统是否为线性系统。

解：考虑到 $y(t)=x(0_-)+\int_{0_-}^{t} f(\tau)\mathrm{d}\tau$，显然满足了分解性、零输入响应线性性质及零状态响应线性性质，因此系统是线性系统。

例 1.5.3：系统的响应 $y(t)$ 与激励 $f(t)$ 满足 $y(t)=f(t)+1$，试判断系统是否为线性系统。

解：考虑到

$$f_1(t)\xrightarrow{\text{引起}}y_{f1}(t)=f_1(t)+1,\ f_2(t)\xrightarrow{\text{引起}}y_{f2}(t)=f_2(t)+1$$

$$f_1(t)+f_2(t)\xrightarrow{\text{引起}}y_f(t)=[f_1(t)+f_2(t)]+1\neq y_{f1}(t)+y_{f2}(t)$$

因为系统的零状态响应不具有线性性质，所以系统不是线性系统。

例 1.5.4：一个线性连续时间系统的状态变量由两个变量 $x_1(t)$ 和 $x_2(t)$ 确定。

当初始状态 $x_1(0_-)=1$，$x_2(0_-)=0$ 时，系统的零输入响应为 $y_x(t)=3e^{-2t}-2e^{-3t}(t\geqslant 0)$。

当初始状态 $x_1(0_-)=0$，$x_2(0_-)=1$ 时，系统的零输入响应为 $y_x(t)=e^{-2t}-e^{-3t}(t\geqslant 0)$。

已知初始状态 $x_1(0_-)=3$，$x_2(0_-)=6$，试求系统的零输入响应 $y_x(t)$。

解：由题意可知

$$y_x(t)=3(3e^{-2t}-2e^{-3t})+6(e^{-2t}-e^{-3t})=15e^{-2t}-12e^{-3t},\ t\geqslant 0$$

3. 因果系统与非因果系统

若系统在 t_0 时刻的响应 $y(t_0)$，只取决于 t_0 及 t_0 之前的激励，而与 t_0 之后的激励无关，则称这种系统为因果系统(有原因才有结果的系统)。反之，若 t_0 时刻的响应 $y(t_0)$ 不仅与区间 $(-\infty,t_0)$ 上的激励有关，而且还与 t_0 之后的激励有关，则称这种系统为非因果系统。一般地，电路系统、机械系统等物理上可实现的系统都是因果系统。非因果系统的响应既然与未来的激励有关，则属于可预测未来的系统，如气象预报就属于这种系统。非因果系统是物理上不可实现的系统，因此气象预报只是一种估计，是不可能预先得到完全准确的未来结果的。

例 1.5.5：系统的响应 $y(t)$ 与激励 $f(t)$ 满足 $y'(t)=f(t)$，试判断系统是否为因果系统。

解：考虑到 $y'(t)=f(t)$，则有 $y(t)=\int_{-\infty}^{t}f(\tau)d\tau$，于是 $y(t_0)=\int_{-\infty}^{t_0}f(\tau)d\tau$，即系统在 t_0 时刻的响应 $y(t_0)$，只取决于 t_0 及 t_0 之前的激励，而与 t_0 之后的激励无关，因此系统为因果系统。

例 1.5.6：系统的响应 $y(t)$ 与激励 $f(t)$ 满足 $y(t)=\int_{-\infty}^{2t}f(\tau)d\tau$，试判断系统是否为动态系统和因果系统。

解：考虑到 $y(t)=\int_{-\infty}^{2t}f(\tau)d\tau$，则有 $y(t_0)=\int_{-\infty}^{2t_0}f(\tau)d\tau$，系统在 t_0 时刻的响应 $y(t_0)$，不仅与该时刻的激励 $f(t_0)$ 有关，而且与 t_0 时刻以前的激励有关，因此系统为动态系统。

考虑到 $y(2)=\int_{-\infty}^{4}f(\tau)d\tau$，即 $t=2$ 时刻的响应 $y(2)$ 不仅与区间 $(-\infty,2)$ 上的激励有关，而且还与 $t=2$ 之后，即区间 $(2,4)$ 上的激励有关，因此系统为非因果系统。

例 1.5.7：一个线性连续时间因果系统的状态变量由两个变量 $x_1(t)$ 和 $x_2(t)$ 确定。

当初始状态 $x_1(0_-)=1$，$x_2(0_-)=1$，激励 $f(t)=2e^{-3t}\varepsilon(t)$ 时，系统的全响应 $y(t)$ 为

$$y(t)=3e^{-t}-2e^{-2t}+(e^{-t}-2e^{-2t}+e^{-3t})\varepsilon(t),\ t\geqslant 0$$

当初始状态 $x_1(0_-)=2$，$x_2(0_-)=3$，激励 $f(t)=2e^{-3t}\varepsilon(t)$ 时，系统的全响应 $y(t)$ 为

$$y(t)=7e^{-t}-5e^{-2t}+(e^{-t}-2e^{-2t}+e^{-3t})\varepsilon(t),\ t\geqslant 0$$

当初始状态 $x_1(0_-)=3$，$x_2(0_-)=6$，激励 $f(t)=10e^{-3t}\varepsilon(t)$ 时，试求系统的全响应 $y(t)$。

解：设 $x_1(0_-)=1$ 单独作用于系统时，所引起的零输入分量为 $y_{x_1}(t)$；$x_2(0_-)=1$ 单独作用于系统时，所引起的零输入分量为 $y_{x_2}(t)$；激励 $f(t)=2e^{-3t}\varepsilon(t)$ 单独作用于系统时，所引起的零状态响应为 $y_f(t)$。由题意可知 $y_f(t)=(e^{-t}-2e^{-2t}+e^{-3t})\varepsilon(t)$，并且可得下述方程组：

$$\begin{cases}y_{x_1}(t)+y_{x_2}(t)=3e^{-t}-2e^{-2t}\\2y_{x_1}(t)+3y_{x_2}(t)=7e^{-t}-5e^{-2t}\end{cases}$$

解得

$$y_{x_1}(t)=2e^{-t}-e^{-2t},\ t\geqslant 0;\quad y_{x_2}(t)=e^{-t}-e^{-2t},\ t\geqslant 0$$

于是系统的全响应为

$$y(t)=3y_{x_1}(t)+6y_{x_2}(t)+5y_f(t)=12e^{-t}-9e^{-2t}+5(e^{-t}-2e^{-2t}+e^{-3t})\varepsilon(t),\ t\geqslant 0$$

4. 稳定系统与非稳定系统

若系统对于任意的有界激励($|f(t)|<\infty$)，其响应都是有界的($|y(t)|<\infty$)，则称系统为稳定系统，否则称为非稳定系统。

5. 可逆系统与不可逆系统

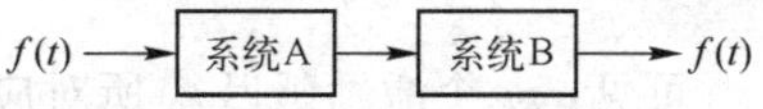

图 1.5.2　互逆系统构成恒等系统

若系统 A 后接系统 B，构成了一个恒等系统，如图 1.5.2 所示，则称系统 A 是可逆的，并称系统 B 为系统 A 的逆系统。

6. 时不变系统与时变系统

参数不随时间变化的系统，称为时不变系统(time-invariant system)，又称为恒参系统或定常系统，其数学模型为常系数方程。反之，参数随时间变化的系统称为时变系统(time-variant system)，又称为变参系统，其数学模型为变系数方程。

例如，时不变系统响应 $y(t)$与激励 $f(t)$的关系为

$$y(t)=e^{f(t)} \tag{1.5.19}$$

依据函数的代入法则，在式(1.5.19)中，用 $t-t_0$ 代替 t，可得

$$y(t-t_0)=e^{f(t-t_0)} \tag{1.5.20}$$

式(1.5.19)及式(1.5.20)表明，时不变系统的行为如下：

若

$$f(t)\xrightarrow{\text{引起}}y(t)$$

则有

$$f(t-t_0)\xrightarrow{\text{引起}}y(t-t_0)$$

由例 1.5.1 可知，对于图 1.5.1 所示的一阶线性时不变(Linear Time-Invariant，LTI)连续时间系统，描述响应 $y(t)$与激励 $f(t)$关系的微分方程为

$$y'(t)+y(t)=f(t) \tag{1.5.21}$$

依据函数的代入法则，在式(1.5.21)中，用 $t-t_0$ 代替 t，可得

$$y'(t-t_0)+y(t-t_0)=f(t-t_0) \tag{1.5.22}$$

式(1.5.21)及式(1.5.22)表明，若一阶 LTI 连续时间系统在 $t=t_{0-}$ 时刻和 $t=0_-$ 时刻的初始状态相同，即 $y(t_{0-})=y(0_-)$，则其全响应 $y(t)$的行为如下：

若 $f(t)\xrightarrow{\text{引起}}y(t)=y_x(t)+y_f(t),\ t\geqslant 0$，则有

$$f(t-t_0)\xrightarrow{\text{引起}}y(t-t_0)=y_x(t-t_0)+y_f(t-t_0),\ t\geqslant t_0 \tag{1.5.23}$$

即一阶 LTI 连续时间系统的零输入响应 $y_x(t)$及零状态响应 $y_f(t)$都具有时不变性质。

对一个 n 阶 LTI 连续时间系统而言，若系统在 $t=t_{0-}$ 时刻和 $t=0_-$ 时刻的初始状态相同，即 $x_i(t_{0-})=x_i(0_-)(i=1,2,\cdots,n)$，则其零输入响应 $y_x(t)$的时不变性质可描述如下：

若 $\sum_{i=1}^{n}a_ix_i(0_-)\xrightarrow{\text{引起}}y_x(t)=\sum_{i=1}^{n}a_iy_{x_i}(t),\ t\geqslant 0$，其中 a_i 为任意常数，则有

$$\sum_{i=1}^{n}a_ix_i(t_{0-})\xrightarrow{\text{引起}}y_x(t-t_0)=\sum_{i=1}^{n}a_iy_{x_i}(t-t_0),\ t\geqslant t_0 \tag{1.5.24}$$

可见，n 个初始状态分量延迟 t_0 所引起的 n 个零输入响应分量都有相同的延迟 t_0，即群延

迟不变。正是由于群延迟不变，才保证了系统的零输入响应(n 个零输入响应分量的线性组合)相对于 $y_x(t)$ 延迟了 t_0，而成为 $y_x(t-t_0)$。

对一个 n 阶 LTI 连续时间系统而言，其零状态响应 $y_f(t)$ 的时不变性质可描述如下：

若 $f(t)=\sum_{j=1}^{m}b_j f_j(t)\varepsilon(t)\xrightarrow{\text{引起}}y_f(t)=\sum_{j=1}^{m}b_j y_{f_j}(t)\varepsilon(t)$，其中 b_j 为任意常数，则有

$$f(t-t_0)=\sum_{j=1}^{m}b_j f_j(t-t_0)\varepsilon(t-t_0)\xrightarrow{\text{引起}}y_f(t-t_0)=\sum_{j=1}^{m}b_j y_{f_j}(t-t_0)\varepsilon(t-t_0) \quad (1.5.25)$$

可见，m 个激励延迟 t_0 所对应的 m 个零状态响应分量都有相同的延迟 t_0，即群延迟不变。正是由于群延迟不变，才保证了 $f(t-t_0)$ 引起的零状态响应为 $y_f(t-t_0)$。

分析表明，LTI 连续时间系统的时不变性质，体现在 LTI 连续时间系统具有群延迟不变性质，即 LTI 连续时间系统对所有的激励都具有相同的延迟。

例 1.5.8：设一个 LTI 连续时间因果系统在激励 $f_1(t)=\varepsilon(t)-\varepsilon(t-1)$ 的作用下，系统的零状态响应为 $y_{f_1}(t)=\sin\pi t\varepsilon(t)$。已知激励 $f_2(t)=\varepsilon(t)\varepsilon(2-t)$，试求系统的零状态响应 $y_{f_2}(t)$。

解：考虑到

$$f_2(t)=\varepsilon(t)\varepsilon(2-t)=\varepsilon(t)[1-\varepsilon(t-2)]=\varepsilon(t)-\varepsilon(t)\varepsilon(t-2)=\varepsilon(t)-\varepsilon(t-2)$$

则有

$$f_2(t)=\varepsilon(t)-\varepsilon(t-2)=\varepsilon(t)-\varepsilon(t-1)+\varepsilon(t-1)-\varepsilon(t-2)=f_1(t)+f_1(t-1)$$

于是

$$y_{f_2}(t)=y_{f_1}(t)+y_{f_1}(t-1)=\sin\pi t\varepsilon(t)+\sin\pi(t-1)\varepsilon(t-1)=\sin\pi t[\varepsilon(t)-\varepsilon(t-1)]$$

例 1.5.9：如图 1.5.3 所示的 LTI 连续时间因果系统，在图 1.5.4 所示激励 $f_1(t)$ 的作用下，系统零状态响应 $y_{f_1}(t)$ 的波形如图 1.5.5 所示。在图 1.5.6 所示激励 $f_2(t)$ 的作用下，试画出系统零状态响应 $y_{f_2}(t)$ 的波形。

图 1.5.3 LTI 连续时间因果系统

解：因为 $f_2(t)=f_1(t)+f_1(t-1)$，所以 $y_{f_2}(t)=y_{f_1}(t)+y_{f_1}(t-1)$，那么系统零状态响应 $y_{f_2}(t)$ 的波形如图 1.5.7 中的实线所示。

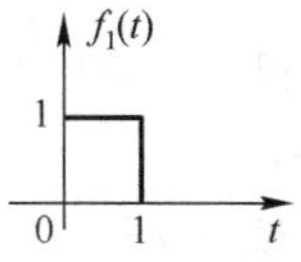

图 1.5.4 激励 $f_1(t)$ 的波形

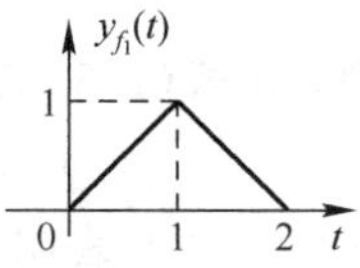

图 1.5.5 零状态响应 $y_{f_1}(t)$ 的波形

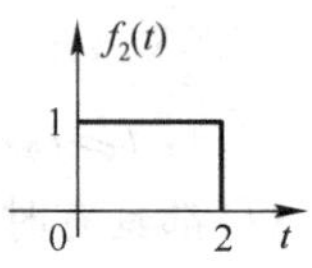

图 1.5.6 激励 $f_2(t)$ 的波形

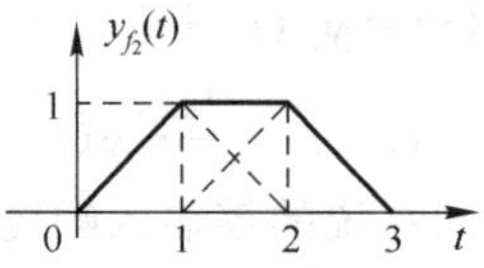

图 1.5.7 零状态响应 $y_{f_2}(t)$ 的波形

由此可见，分析 LTI 连续时间系统时，若将激励分解为一些基本信号的时移及叠加，一旦求解出基本信号的响应，则激励引起的响应即可求解出来。因此 LTI 连续时间系统分析的基本思想就是建立在信号分解基础上的，信号不同的分解方式就导出了后面将介绍的各种不同的系统分析方法。

在本书中，若无特殊说明，则提到的连续时间系统都意指 LTI 连续时间系统。

1.5.4　LTI 连续时间系统的性质

我们已经知道，LTI 连续时间系统具有线性性质和时不变性质。除此之外，还有三个导出性质。

1. 线性性质

若 $f_j(t)\varepsilon(t)\xrightarrow{\text{引起}} y_{f_j}(t)\varepsilon(t)(j=1,2,\cdots,m)$，则有

$$f(t)=\sum_{j=1}^{m}b_j f_j(t)\varepsilon(t)\xrightarrow{\text{引起}} y_f(t)=\sum_{j=1}^{m}b_j y_{f_j}(t)\varepsilon(t)\text{，其中 } b_j \text{ 为任意常数} \tag{1.5.26}$$

2. 时不变性质

若 $f(t)=\sum_{j=1}^{m}b_j f_j(t)\varepsilon(t)\xrightarrow{\text{引起}} y_f(t)=\sum_{j=1}^{m}b_j y_{f_j}(t)\varepsilon(t)$，其中 b_j 为任意常数，则有

$$f(t-t_0)=\sum_{j=1}^{m}b_j f_j(t-t_0)\varepsilon(t-t_0)\xrightarrow{\text{引起}} y_f(t-t_0)=\sum_{j=1}^{m}b_j y_{f_j}(t-t_0)\varepsilon(t-t_0) \tag{1.5.27}$$

3. 如果激励进行微分运算，那么 LTI 连续时间系统的零状态响应也进行微分运算。

若 $f(t)\xrightarrow{\text{引起}} y_f(t)$，则有

$$f'(t)\xrightarrow{\text{引起}} y'_f(t) \tag{1.5.28}$$

证明：考虑到

$$f(t)\xrightarrow{\text{引起}} y_f(t)$$

基于 LTI 连续时间系统的时不变性质，则有

$$f(t-\Delta t)\xrightarrow{\text{引起}} y_f(t-\Delta t)$$

基于 LTI 连续时间系统的线性性质，则有

$$f(t)-f(t-\Delta t)\xrightarrow{\text{引起}} y_f(t)-y_f(t-\Delta t)$$

$$\lim_{\Delta t\to 0}\frac{f(t)-f(t-\Delta t)}{\Delta t}\xrightarrow{\text{引起}} \lim_{\Delta t\to 0}\frac{y_f(t)-y_f(t-\Delta t)}{\Delta t}$$

即

$$f'(t)\xrightarrow{\text{引起}} y'_f(t)$$

4. 如果激励进行积分运算，那么 LTI 连续时间系统的零状态响应也进行积分运算。

若 $f(t)\xrightarrow{\text{引起}} y_f(t)$，则有

$$\int_{-\infty}^{t}f(\tau)\mathrm{d}\tau=f^{(-1)}(t)\xrightarrow{\text{引起}} \int_{-\infty}^{t}y_f(\tau)\mathrm{d}\tau=y_f^{(-1)}(t) \tag{1.5.29}$$

5. LTI 连续时间系统的零状态响应可用线性卷积计算。

若 $\delta(t)\xrightarrow{\text{引起}} h(t)$，则有

$$f(t)\xrightarrow{\text{引起}} y_f(t)=f(t)*h(t) \tag{1.5.30}$$

证明：考虑到

$$\delta(t)\xrightarrow{\text{引起}} h(t)$$

基于 LTI 连续时间系统的时不变性质，则有

$$\delta(t-\tau)\xrightarrow{\text{引起}} h(t-\tau)$$

基于 LTI 连续时间系统的线性性质，则有

$$f(\tau)\delta(t-\tau) \xrightarrow{\text{引起}} f(\tau)h(t-\tau)$$

即

$$\int_{-\infty}^{+\infty} f(\tau)\delta(t-\tau)\mathrm{d}\tau = f(t) * \delta(t) = f(t) \xrightarrow{\text{引起}} \int_{-\infty}^{+\infty} f(\tau)h(t-\tau)\mathrm{d}\tau = f(t) * h(t) = y_f(t)$$

上式表明，将连续时间实信号分解成延迟冲激信号的加权和，可以导出 LTI 连续时间系统零状态响应的线性卷积分析法。这正是将连续时间实信号分解成延迟冲激信号加权和的意义所在。

1.5.5 LTI 连续时间因果系统应具备的时域充要条件

一个 LTI 连续时间因果系统应具备的时域充要条件是系统的单位冲激响应 $h(t)$ 为一个因果信号，即 $h(t)$ 可表示成

$$h(t)=h(t)\varepsilon(t) \tag{1.5.31}$$

证明：首先证明充分性，即当 $t<0$ 时，$h(t)=0$。

考虑到式(1.5.30)及式(1.5.31)，则有

$$\begin{aligned} y(t) = f(t) * h(t) &= \int_{-\infty}^{+\infty} f(\tau)h(t-\tau)\mathrm{d}\tau \\ &= \int_{-\infty}^{+\infty} f(\tau)h(t-\tau)\varepsilon(t-\tau)\mathrm{d}\tau \\ &= \int_{-\infty}^{t} f(\tau)h(t-\tau)\mathrm{d}\tau \end{aligned} \tag{1.5.32}$$

考虑到式(1.5.32)，则有

$$y(t_0) = \int_{-\infty}^{t0} f(\tau)h(t_0-\tau)\mathrm{d}\tau = \int_{-\infty}^{t0} f(t)h(t_0-t)\mathrm{d}t \tag{1.5.33}$$

式(1.5.33)表明，响应 $y(t)$ 在 t_0 时刻的值 $y(t_0)$ 只与区间 $t\in(-\infty,t_0)$ 上的激励 $f(t)$ 有关，因此系统是因果系统。

再证明必要性。

利用反证法证明。不妨设 $t<0$ 时，$h(t)\neq 0$，系统是因果系统。

考虑到

$$y(t) = f(t) * h(t) = \int_{-\infty}^{+\infty} f(\tau)h(t-\tau)\mathrm{d}\tau$$

则有

$$\begin{aligned} y(t_0) &= \int_{-\infty}^{t0} f(\tau)h(t_0-\tau)\mathrm{d}\tau + \int_{t0}^{+\infty} f(\tau)h(t_0-\tau)\mathrm{d}\tau \\ &= \int_{-\infty}^{t0} f(t)h(t_0-t)\mathrm{d}t + \int_{t0}^{+\infty} f(t)h(t_0-t)\mathrm{d}t \end{aligned} \tag{1.5.34}$$

由于假设了 $t<0$ 时，$h(t)\neq 0$，即 $t_0-t<0$ 时，$h(t_0-t)\neq 0$，亦即 $t_0<t<\infty$ 时，$h(t_0-t)\neq 0$。因此，$h(t_0-t)$ 可表示成

$$h(t_0-t)\neq 0,\ t_0<t<\infty \tag{1.5.35}$$

由式(1.5.35)可知，式(1.5.34)中的第二个积分式非零，即响应 $y(t)$ 在 t_0 时刻的值 $y(t_0)$ 与 $t>t_0$ 时的激励 $f(t)$ 有关，这与系统是因果系统的假设相矛盾。即表明 $t<0$ 时，$h(t)=0$ 又是系统为因果系统的必要条件。

例 1.5.10：如图 1.5.8 所示的 LTI 连续时间因果系统，在图 1.5.9 所示激励 $f(t)$ 的作用下，系统的零状态响应 $y_f(t)$ 的波形如图 1.5.10 所示。在单位阶跃信号 $\varepsilon(t)$ 的作用下，试画出系统单位阶跃响应 $g(t)$ 的波形。

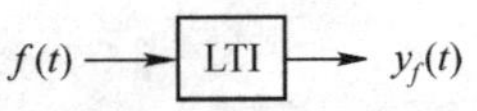

图 1.5.8　LTI 连续时间因果系统

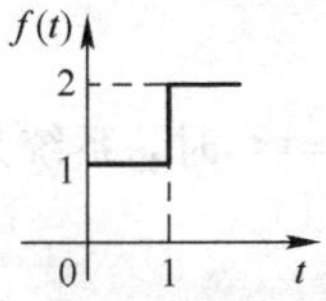

图 1.5.9　激励 $f(t)$ 的波形

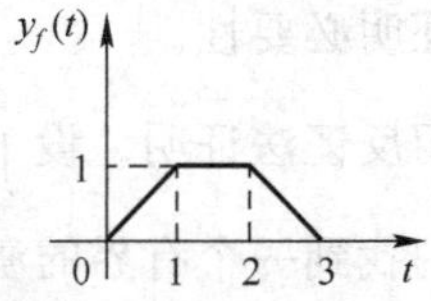

图 1.5.10　零状态响应 $y_f(t)$ 的波形

解： 考虑到 $f(t)=\varepsilon(t)+\varepsilon(t-1)$，则有 $y_f(t)=g(t)+g(t-1)$。

(1) 当 $0\leqslant t<1$ 时

考虑到 $f(t)=\varepsilon(t)$，则有 $y_f(t)=g(t)$，即 $g(t)=y_f(t)$，于是 $g(t-1)=y_f(t-1)$，那么可得 $g(t-1)$ 在区间 $t\in[1,2)$ 上的波形。

(2) 当 $1\leqslant t<2$ 时

考虑到 $f(t)=\varepsilon(t)+\varepsilon(t-1)$，则有 $y_f(t)=g(t)+g(t-1)$，即 $g(t)=y_f(t)-g(t-1)$，于是可得 $g(t)$ 在区间 $t\in[1,2)$ 上的波形，从而可得 $g(t-1)$ 在区间 $t\in[2,3)$ 上的波形。

(3) 当 $2\leqslant t<3$ 时

考虑到 $f(t)=\varepsilon(t)+\varepsilon(t-1)$，则有 $y_f(t)=g(t)+g(t-1)$，即 $g(t)=y_f(t)-g(t-1)$，于是可得 $g(t)$ 在区间 $t\in[2,3)$ 上的波形，从而可得 $g(t-1)$ 在区间 $t\in[3,4)$ 上的波形。

综上所述，依据因果系统的因果性质，即响应不先于激励出现。按区间逐段反推，则可画出 LTI 连续时间因果系统单位阶跃响应 $g(t)$ 的波形，如图 1.5.11 所示，其延迟信号 $g(t-1)$ 的波形如图 1.5.12 所示。

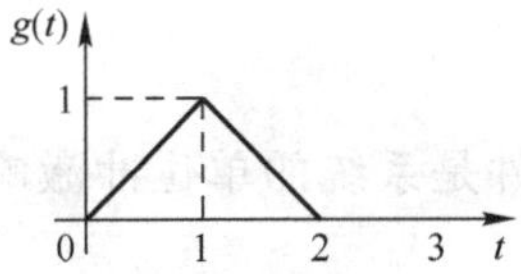

图 1.5.11　单位阶跃响应的波形

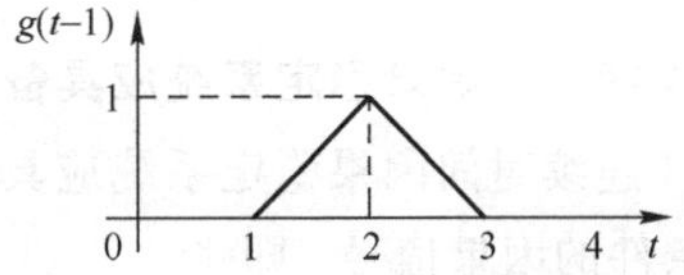

图 1.5.12　单位阶跃响应的延迟波形

1.6　LTI 连续时间因果稳定系统应具备的时域充要条件

本节首先研究 LTI 连续时间稳定系统应具备的时域充要条件，再给出 LTI 连续时间因果稳定系统应具备的时域充要条件。

1.6.1　LTI 连续时间稳定系统应具备的时域充要条件

一个 LTI 连续时间稳定系统应具备的时域充要条件是系统的单位冲激响应满足绝对可积条件，即

$$\int_{-\infty}^{+\infty}|h(t)|\,\mathrm{d}t<\infty \tag{1.6.1}$$

证明： 首先证明充分性，即

若 $\int_{-\infty}^{+\infty}|h(t)|\,\mathrm{d}t<\infty$，则有界的激励 $f(t)$ 作用于系统时，系统将引起有界的响应 $y(t)$。

设激励 $|f(t)|\leqslant M$，考虑到 $y(t)=f(t)*h(t)=\int_{-\infty}^{+\infty}f(\tau)h(t-\tau)\,\mathrm{d}\tau$，则有

$$\begin{aligned}|y(t)|&=\left|\int_{-\infty}^{+\infty}f(\tau)h(t-\tau)\,\mathrm{d}\tau\right|\leqslant\int_{-\infty}^{+\infty}|f(\tau)h(t-\tau)|\,\mathrm{d}\tau=\int_{-\infty}^{+\infty}|f(\tau)||h(t-\tau)|\,\mathrm{d}\tau\\&\leqslant M\int_{-\infty}^{+\infty}|h(t-\tau)|\,\mathrm{d}\tau=-M\int_{+\infty}^{-\infty}|h(x)|\,\mathrm{d}x=M\int_{-\infty}^{+\infty}|h(t)|\,\mathrm{d}t<\infty\end{aligned}$$

再证明必要性。

利用反证法证明。设 $\int_{-\infty}^{+\infty}|h(t)|\mathrm{d}t=\infty$ 时，系统是稳定系统。

我们找到一个有界的激励为

$$f(t)=\begin{cases}1, & h(-t)\geqslant 0\\ -1, & h(-t)<0\end{cases}$$

考虑到 $y(t)=f(t)*h(t)=\int_{-\infty}^{+\infty}f(\tau)h(t-\tau)\mathrm{d}\tau$，则有

$$y(0)=\int_{-\infty}^{+\infty}f(\tau)h(0-\tau)\mathrm{d}\tau=\int_{-\infty}^{+\infty}f(\tau)h(-\tau)\mathrm{d}\tau=\int_{-\infty}^{+\infty}|h(-\tau)|\mathrm{d}\tau=\int_{-\infty}^{+\infty}|h(t)|\mathrm{d}t=\infty$$

可见，$y(0)=\infty$ 与系统是稳定系统的假设相矛盾，即表明 $\int_{-\infty}^{+\infty}|h(t)|\mathrm{d}t<\infty$ 又是系统为稳定系统的必要条件。

值得注意的是，要证明一个连续时间系统是不稳定系统，只要找到一个特别的有界激励，如果系统能得到一个无界的响应，就能证明该系统一定是不稳定系统。然而，对于一个特别的有界激励，若系统能得到一个有界的响应，则不能证明一个系统是稳定系统，而要利用系统对任意有界激励都将引起有界响应的方法，来证明系统的稳定性。

1.6.2 LTI 连续时间因果稳定系统应具备的时域充要条件

1. LTI 连续时间因果稳定系统应具备的时域充要条件

一个 LTI 连续时间因果稳定系统应具备的时域充要条件是系统的单位冲激响应为一个满足绝对可积条件的因果信号，即

$$\begin{cases}h(t)=h(t)\varepsilon(t)\\ \int_{-\infty}^{+\infty}|h(t)|\mathrm{d}t<\infty\end{cases}\tag{1.6.2}$$

2. LTI 连续时间因果稳定系统应具备的时域必要条件

一个 LTI 连续时间因果稳定系统应具备的时域必要条件是系统的单位冲激响应为一个因果形式的衰减信号。

例 1.6.1：已知一个 LTI 连续时间因果系统的单位冲激响应为 $h(t)=\frac{1}{t}\varepsilon(t-1)$，试判断系统是否为稳定系统。

解：由于 $\int_{-\infty}^{+\infty}|h(t)|\mathrm{d}t=\int_{1}^{+\infty}\frac{1}{t}\mathrm{d}t=\ln t\Big|_{1}^{+\infty}=\infty$，因此系统为非稳定系统。

该例题的分析表明，LTI 连续时间因果系统的单位冲激响应为因果形式的衰减信号，仅是 LTI 因果系统为稳定系统的必要条件。

例 1.6.2：已知一个 LTI 连续时间因果稳定系统的响应 $y(t)$ 与激励 $f(t)$ 满足关系式 $y(t)=\int_{-\infty}^{t}\mathrm{e}^{-(t-\tau)}f(\tau)\mathrm{d}\tau$，试求系统的单位冲激响应 $h(t)$。

解：由题意可知

$$h(t)=\int_{-\infty}^{t}\mathrm{e}^{-(t-\tau)}\delta(\tau)\mathrm{d}\tau=\int_{-\infty}^{t}\mathrm{e}^{-t}\delta(\tau)\mathrm{d}\tau=\mathrm{e}^{-t}\int_{-\infty}^{t}\delta(\tau)\mathrm{d}\tau=\mathrm{e}^{-t}\varepsilon(t)$$

例 1.6.3：已知一个 LTI 连续时间因果系统，在激励 $f(t)=\sin t\varepsilon(t)$ 的作用下，系统的零状态响应为 $y_f(t)=(t-\sin t)\varepsilon(t)$。

(1) 试求系统的单位冲激响应 $h(t)$。

(2) 寻找描述系统的数学模型。

(3) 试用积分器来模拟系统。

解：(1) 考虑到

$$f(t)=\sin t\varepsilon(t) \xrightarrow{\text{引起}} y_f(t)=(t-\sin t)\varepsilon(t)$$

则有

$$f'(t)=\cos t\varepsilon(t)+\sin t\delta(t) \xrightarrow{\text{引起}} y'_f(t)=(1-\cos t)\varepsilon(t)+(t-\sin t)\delta(t)$$

即

$$f'(t)=\cos t\varepsilon(t) \xrightarrow{\text{引起}} y'_f(t)=(1-\cos t)\varepsilon(t)$$

$$f''(t)=-\sin t\varepsilon(t)+\cos t\delta(t) \xrightarrow{\text{引起}} y''_f(t)=\sin t\varepsilon(t)+(1-\cos t)\delta(t)$$

亦即

$$f''(t)=-\sin t\varepsilon(t)+\delta(t) \xrightarrow{\text{引起}} y''_f(t)=\sin t\varepsilon(t)$$

于是

$$f''(t)+f(t)=\delta(t) \xrightarrow{\text{引起}} y''_f(t)+y_f(t)=\sin t\varepsilon(t)+(t-\sin t)\varepsilon(t)=t\varepsilon(t)$$

因此

$$h(t)=t\varepsilon(t)$$

(2) 考虑到 $y''_f(t)=\sin t\varepsilon(t)=f(t)$，则描述系统的数学模型为 $y''(t)=f(t)$。

(3) 利用积分器来模拟系统，如图 1.6.1 所示。

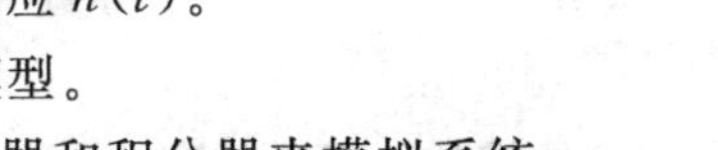

图 1.6.1　LTI 连续时间系统的模拟方框图

例 1.6.4：已知一个 LTI 连续时间因果稳定系统，在激励 $f(t)=e^{-t}\varepsilon(t)$ 的作用下，系统的零状态响应为 $y_f(t)=(e^{-t}-e^{-2t})\varepsilon(t)$。

(1) 试求系统的单位冲激响应 $h(t)$。

(2) 寻找描述系统的数学模型。

(3) 试用加法器、标量乘法器和积分器来模拟系统。

解：(1) 考虑到

$$f(t)=e^{-t}\varepsilon(t) \xrightarrow{\text{引起}} y_f(t)=(e^{-t}-e^{-2t})\varepsilon(t)$$

则有

$$f'(t)=-e^{-t}\varepsilon(t)+\delta(t) \xrightarrow{\text{引起}} y'_f(t)=(-e^{-t}+2e^{-2t})\varepsilon(t)$$

于是

$$f'(t)+f(t)=\delta(t) \xrightarrow{\text{引起}} y'_f(t)+y_f(t)=e^{-2t}\varepsilon(t)$$

因此

$$h(t)=e^{-2t}\varepsilon(t)$$

(2) 考虑到

$$y'_f(t)=(-e^{-t}+2e^{-2t})\varepsilon(t)=-2(e^{-t}-e^{-2t})\varepsilon(t)+e^{-t}\varepsilon(t)=-2y_f(t)+f(t)$$

则有

$$y'_f(t)+2y_f(t)=f(t)$$

于是，描述系统的数学模型为

$$y'(t)+2y(t)=f(t)$$

(3) 利用加法器、标量乘法器和积分器来模拟系统，如图 1.6.2 所示。

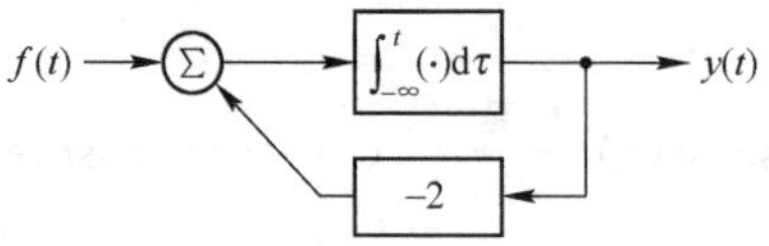

图 1.6.2 LTI 连续时间系统的模拟方框图

习题

1.1 单项选择题

(1) 对模拟信号抽样可得离散时间信号，再对其幅度进行量化和编码可得(　　)信号。

A. 连续　B. 离散　C. 数字　D. 模拟信号

(2) 任意的连续时间(　　)可以分解成一个偶信号与一个奇信号之和。

A. 实信号　B. 复信号　C. 实信号或复信号　D. 任意信号

(3) LTI 连续时间系统的数学模型是线性(　　)微分方程。

A. 变系数　B. 常系数　C. 变系数或常系数　D. 对系数无要求

(4) 将激励分解为延迟冲激的加权和，正是为了导出 LTI 连续时间系统(　　)的线性卷积分析法。

A. 零输入响应　B. 零状态响应　C. 全响应　D. 前述三者

(5) LTI 连续时间系统的零状态响应是激励 $f(t)$和系统的单位冲激响应 $h(t)$的线性(　　)。

A. 积　B. 卷积　C. 和　D. 积或卷积

(6) LTI 连续时间系统的单位冲激响应 $h(t)$是单位阶跃响应 $g(t)$的(　　)。

A. 积分　B. 微分　C. 导数　D. 不定积分

1.2 多项选择题

(1) 下列有关单位冲激信号 $\delta(t)$的性质，正确的有(　　)。

A. $\int_{-\infty}^{+\infty}\delta(t)dt=\int_{0-}^{0+}\delta(t)dt=1$　B. $f(t)\delta(t)=f(0)\delta(t)$

C. $\int_{-\infty}^{+\infty}f(t)\delta(t)dt=f(0)$　D. $f(t)\delta'(t)=f(0)\delta'(t)-f'(0)\delta(t)$

E. $\int_{-\infty}^{+\infty}f(t)\delta'(t)dt=-f'(0)$　F. $\int_{-\infty}^{+\infty}f(t)\delta^{(n)}(t)dt=(-1)^n f^{(n)}(0)$

G. $\delta(at+b)=\frac{1}{|a|}\delta\left(t+\frac{b}{a}\right)$　H. $\delta[\varphi(t)]=\sum_{i=1}^{n}\frac{1}{|\varphi'(t_i)|}\delta(t-t_i)$，其中 $\varphi(t_i)=0$

(2) 下列有关 LTI 连续时间系统零状态响应的性质，正确的有(　　)。

A. 若 $f_j(t)\varepsilon(t)\xrightarrow{\text{引起}}y_{f_j}(t)\varepsilon(t)$，则 $\sum_{j=1}^{m}b_jf_j(t)\varepsilon(t)\xrightarrow{\text{引起}}\sum_{j=1}^{m}b_jy_{f_j}(t)\varepsilon(t)$，其中 b_j

为常数。

B. 若 $f(t)\xrightarrow{\text{引起}}y_f(t)$，则 $f(t-t_0)\xrightarrow{\text{引起}}y_f(t-t_0)$

C. 若 $f(t)\xrightarrow{\text{引起}}y_f(t)$，则 $f'(t)\xrightarrow{\text{引起}}y'_f(t)$

D. 若 $f(t)\xrightarrow{\text{引起}}y_f(t)$，则 $f^{(-1)}(t)\xrightarrow{\text{引起}}y_f^{(-1)}(t)$

E. 若 $\delta(t)\xrightarrow{\text{引起}}h(t)$，则 $f(t)\xrightarrow{\text{引起}}y_f(t)=f(t)*h(t)$

F. 若 $f(t)\xrightarrow{\text{引起}}y_f(t)$，则 $f(at)\xrightarrow{\text{引起}}y_f(at)$，其中 a 为常数。

1.3 已知连续时间系统的激励、响应及 $t=0_-$ 时刻的初始状态分别用 $f(t)$、$y(t)$ 及 $x(0_-)$ 表示。试判断下列系统的线性性质、时不变性质、因果性质和稳定性。

(1) $y(t)=\dfrac{\mathrm{d}f(t)}{\mathrm{d}t}$　　(2) $y(t)=x(0_-)+\int_{0_-}^{t}f(\tau)\mathrm{d}\tau$

(3) $y(t)=\int_{-\infty}^{2t}f(\tau)\mathrm{d}\tau$　　(4) $y(t)=f(t+2)$

(5) $y(t)=f(t-1)-f(1-t)$　　(6) $y(t)=f(2t)$

(7) $y(t)=f(t)+f^2(t)$　　(8) $y(t)=tf^2(t)+f(t-2)$

(9) $y(t)=\mathrm{e}^{f(t)}$　　(10) $y(t)=\ln f(t)$，其中 $f(t)>0$

1.4 试计算下列连续时间信号的能量。

(1) $f(t)=2\mathrm{e}^{-|t|}$　　(2) $f(t)=\cos t[\varepsilon(t+\pi)-\varepsilon(t-\pi)]$

1.5 试计算图题1.5中的连续时间周期信号 $f_{T_{0_1}}(t)$ 和 $f_{T_{0_2}}(t)$ 的功率。

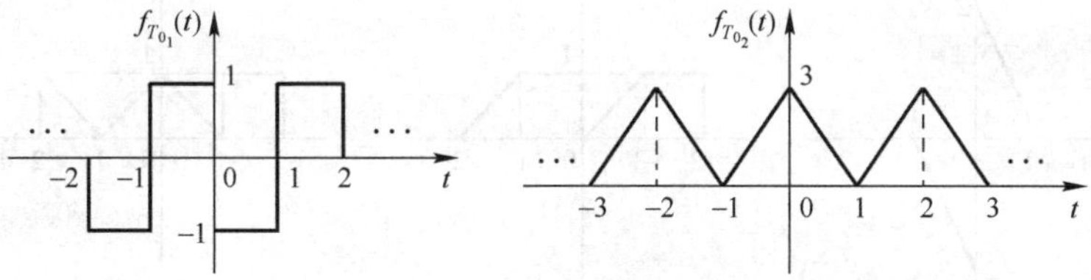

图题1.5 连续时间周期信号 $f_{T_{0_1}}(t)$ 和 $f_{T_{0_2}}(t)$ 的波形

1.6 试完成下列各式的计算。

(1) $\int_{-\infty}^{+\infty}(t^2-t+1)\delta(t-2)\mathrm{d}t$　　(2) $\int_{-\infty}^{+\infty}\tan\left(t+\dfrac{\pi}{4}\right)\delta(t)\mathrm{d}t$

(3) $\int_{2}^{+\infty}\mathrm{e}^{-2t}\delta(t-1)\mathrm{d}t$　　(4) $\int_{-\infty}^{+\infty}\mathrm{e}^{t}\delta(1-t)\mathrm{d}t$

(5) $\int_{-\infty}^{+\infty}\pi\mathrm{Sa}(t)\delta(2t-\pi)\mathrm{d}t$　　(6) $\int_{0}^{\pi}4t^2\delta(\cos t)\mathrm{d}t$

(7) $\int_{-1}^{3}\sin(t-\pi)\delta'(t)\mathrm{d}t$　　(8) $\int_{-\infty}^{+\infty}\mathrm{e}^{-t}[\delta(t)+\delta'(t)]\mathrm{d}t$

(9) $\dfrac{\mathrm{d}}{\mathrm{d}t}[\cos t\delta(t)]$　　(10) $\int_{-\infty}^{t}\mathrm{e}^{-2(t-\tau)}\delta(\tau-1)\mathrm{d}\tau$

(11) $\int_{-\infty}^{t}\mathrm{e}^{-\tau}\delta'(\tau)\mathrm{d}\tau$　　(12) $\int_{-\infty}^{t}4\mathrm{e}^{2-|t|}\delta(t^2-4)\mathrm{d}t$

1.7 试用单位阶跃信号 $\varepsilon(t)$ 表示图题1.7中的连续时间信号。

1.8 试用单位斜坡信号 $r(t)=t\varepsilon(t)$ 表示图题1.8中的连续时间信号。

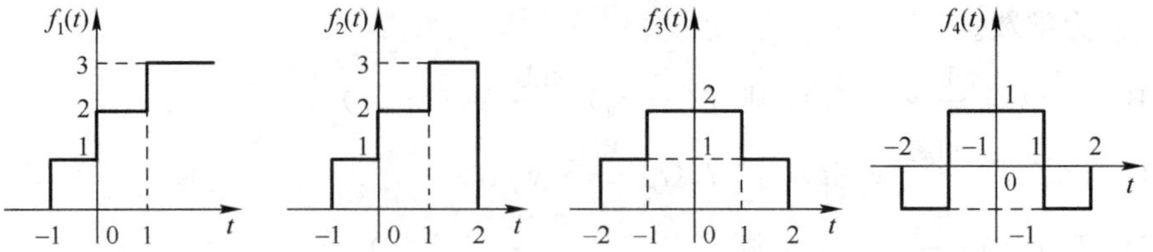

图题 1.7 连续时间信号 $f_1(t)$至 $f_4(t)$的波形

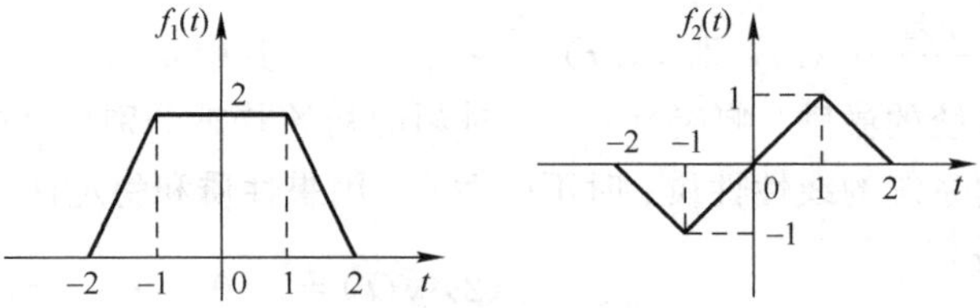

图题 1.8 连续时间信号 $f_1(t)$和 $f_2(t)$的波形

1.9 试用单位阶跃信号 $\varepsilon(t)$和单位斜坡信号 $r(t)=t\varepsilon(t)$表示图题 1.9 中的连续时间信号。

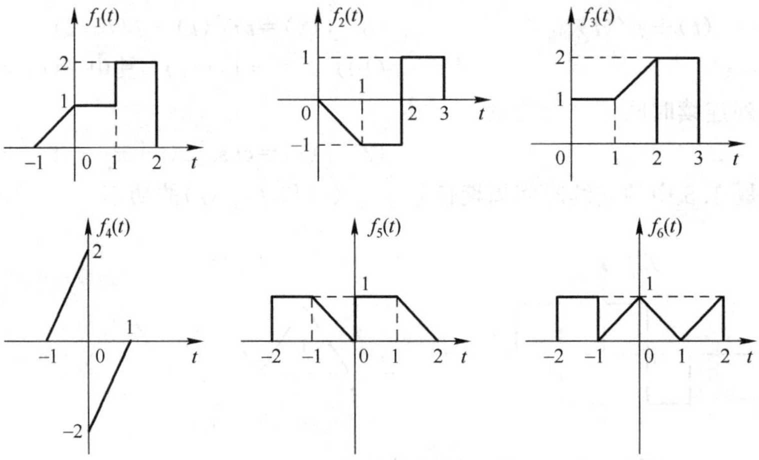

图题 1.9 连续时间信号 $f_1(t)$至 $f_6(t)$的波形

1.10 试借助单位门信号 $G_2(t)$表示图题 1.10 中的连续时间信号。

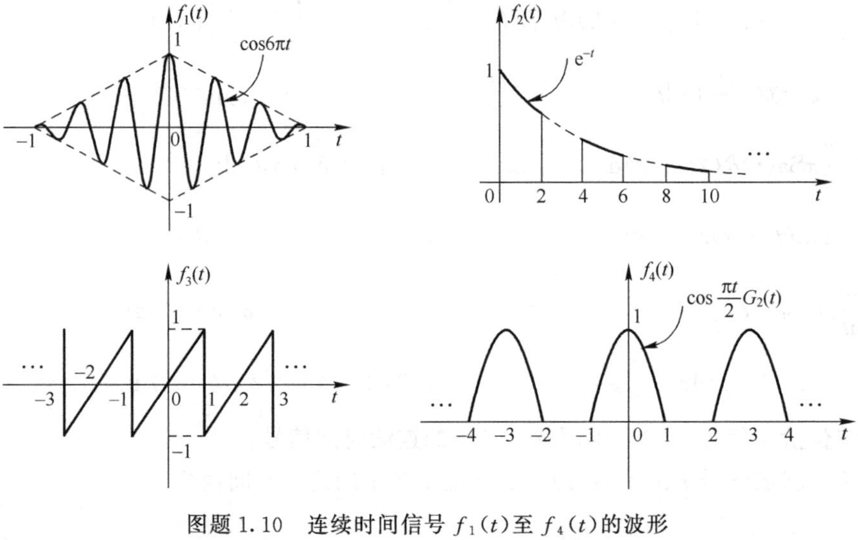

图题 1.10 连续时间信号 $f_1(t)$至 $f_4(t)$的波形

1.11 试画出下列连续时间信号的波形。

(1) $f_1(t)=\mathrm{e}^{-t}\sin 2\pi t[\varepsilon(t)-\varepsilon(t-6)]$　　(2) $f_2(t)=\varepsilon(t^2-9)$

(3) $f_3(t)=4\delta(t^2-4)$　　(4) $f_4(t)=(2-|t|)[\varepsilon(t+2)-\varepsilon(t-2)]$

(5) $f_5(t)=t\varepsilon(t)-\sum_{m=1}^{+\infty}\varepsilon(t-m)$　　(6) $f_6(t)=\sum_{m=0}^{+\infty}\sin\pi(t-m)\varepsilon(t-m)$

(7) $f_7(t)=\sin\pi t\varepsilon(t)+\sin\pi(t-1)\varepsilon(t-1)$　　(8) $f_8(t)=\varepsilon(\sin\pi t)$

(9) $f_9(t)=\sin\pi t\varepsilon(\sin\pi t)$　　(10) $f_{10}(t)=\mathrm{sgn}(\sin\pi t)$

(11) $f_{11}(t)=\sin[\pi t\,\mathrm{sgn}(t)]$　　(12) $f_{12}(t)=\int_{0_-}^{t}\pi\delta(\sin\pi\tau)\mathrm{d}\tau$

1.12 已知连续时间信号 $f(t)=2t[\varepsilon(t)-\varepsilon(t-1)]$，试画出 $f(t)$ 的偶分量 $f_e(t)$ 及奇分量 $f_o(t)$ 的波形。

1.13 已知 $f(t+1)\varepsilon(-t-1)=1-(t+2)\varepsilon(t+2)+(t+1)\varepsilon(t+1)$，并且连续时间信号 $f(t)$ 的偶分量 $f_e(t)=|t|G_2(t)$。试求 $f(t)$ 的奇分量 $f_o(t)$，并画出 $f(t)$ 及奇分量 $f_o(t)$ 的波形。

1.14 已知连续时间信号 $f(t)$ 的波形如图题 1.14 所示。试画出连续时间信号 $f(-2t-4)$ 的波形。

1.15 已知连续时间信号 $f(-2t+4)$ 的波形如图题 1.15 所示。试画出连续时间信号 $f(t)$ 的波形。

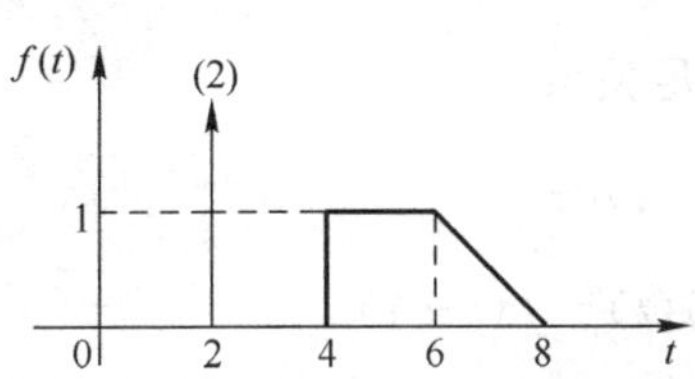

图题 1.14　连续时间信号 $f(t)$ 的波形

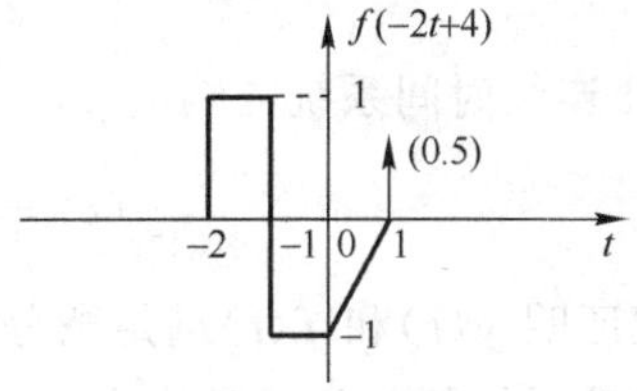

图题 1.15　连续时间信号 $f(-2t+4)$ 的波形

1.16 设 $f(t)+f(2t)=8\varepsilon(t)-\varepsilon(t-1)-2\varepsilon(t-2)-\varepsilon(t-3)-2\varepsilon(t-4)-\varepsilon(t-6)-\varepsilon(t-8)$，并且连续时间信号 $f(t)$ 是一个时限于区间 $t\in[0,8]$ 的时限信号，试求连续时间信号 $f(t)$，并画出 $f(t)$ 的波形。

1.17 试判断下列连续时间信号是否为周期信号。当其为周期信号时，试确定其基本周期 T_0。

(1) $f_1(t)=\cos 3t+\sin 4t$　　(2) $f_2(t)=2\sin t\cos t$

(3) $f_3(t)=2\sin^2 t$　　(4) $f_4(t)=\mathrm{e}^{\mathrm{j}t}+2\mathrm{e}^{\mathrm{j}2t}$

(5) $f_5(t)=|\cos 3t+\sin 4t|$　　(6) $f_6(t)=|\sin 3t+\sin 5t|$

1.18 试画出下列连续时间信号一阶导数的波形。

(1) $f_1(t)=|t|$　　(2) $f_2(t)=\mathrm{e}^{-|t|}$

(3) $f_3(t)=\sin|t|$　　(4) $f_4(t)=\sqrt{2}\,\mathrm{e}^{-|t|}\sin|t|$

1.19 已知连续时间信号 $f(t)=\sin t[\varepsilon(t)-\varepsilon(t-3\pi/2)]$，试求连续时间信号 $f(t)$ 的导数 $f'(t)$ 及积分 $f^{(-1)}(t)=\int_{-\infty}^{t}f(\tau)\mathrm{d}\tau$ 的表达式，并画出连续时间信号 $f'(t)$ 及 $f^{(-1)}(t)$ 的波形。

1.20 已知连续时间信号 $f(t)=\cos t[\varepsilon(t)-\varepsilon(t-\pi)]$，试求连续时间信号 $f(t)$ 的导数 $f'(t)$ 及积分 $f^{(-1)}(t)=\int_{-\infty}^{t}f(\tau)\mathrm{d}\tau$ 的表达式，并画出连续时间信号 $f'(t)$ 及 $f^{(-1)}(t)$ 的波形。

1.21 对于一个二阶 LTI 连续时间系统，当激励 $f(t)=0$，初始状态 $x_1(0_-)=5$，$x_2(0_-)=2$ 时，系统的零输入响应 $y_x(t)=(5+7t)\mathrm{e}^{-t}$，$t\geqslant 0$；当激励 $f(t)=0$，初始状态 $x_1(0_-)=1$，$x_2(0_-)=4$ 时，系统的零输入响应 $y_x(t)=(1+5t)\mathrm{e}^{-t}$，$t\geqslant 0$；当激励 $f(t)=\mathrm{e}^{-2t}\varepsilon(t)$，初始状态 $x_1(0_-)=x_2(0_-)=1$ 时，系统的全响应 $y(t)=1+2t\mathrm{e}^{-t}+[(t-1)\mathrm{e}^{-t}+\mathrm{e}^{-2t}]\varepsilon(t)$，$t\geqslant 0$；

当激励 $f(t)=3e^{-2t}\varepsilon(t)$，初始状态 $x_1(0_-)=1$，$x_2(0_-)=-3$ 时，试求系统的全响应 $y(t)$。

1.22 连续时间信号 $f_1(t)$ 及 $f_2(t)$ 的波形如图题 1.22 所示。

(1) 试用单位阶跃信号 $\varepsilon(t)$ 表示连续时间信号 $f_1(t)$。

(2) 试用单位斜坡信号 $r(t)=t\varepsilon(t)$ 表示连续时间信号 $f_2(t)$。

(3) 试求 $\int_{-\infty}^{t} f_2(\tau)\delta(\tau^2-1)\mathrm{d}\tau$。

(4) 设 $f(t)=f_1(t)*f_2(t)$，试用线性卷积的图解法求 $f(4)$ 的值。

(5) 设 $f(t)=f_2(t)*\mathrm{sgn}\left(\cos\frac{\pi t}{4}\right)$，试用线性卷积的图解法求 $f(0)$ 的值。

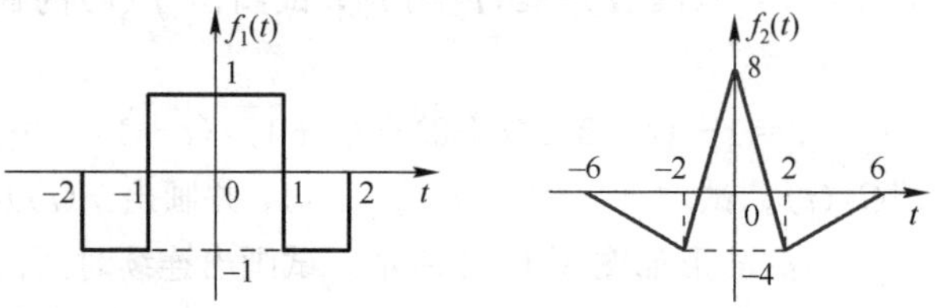

图题 1.22 连续时间信号 $f_1(t)$ 及 $f_2(t)$ 的波形

1.23 设 LTI 连续时间系统的响应 $y(t)$ 和激励 $f(t)$ 满足关系

$$y(t)=\int_{-\infty}^{t} e^{2(\tau-t)} f(\tau-1)\mathrm{d}\tau$$

(1) 试证明 $y(t)$ 和 $f(t)$ 满足微分方程 $y'(t)+2y(t)=f(t-1)$。

(2) 试求系统的单位冲激响应 $h(t)$。

(3) 试判断系统是否为因果系统。

(4) 试证明系统的零状态响应可表示为

$$y_f(t)=e^{-2(t-1)}\varepsilon(t-1)*f(t)=e^{-2t}\varepsilon(t)*f(t-1)$$

提示：$y'(t)=y(t)*\delta'(t)$，$e^{-2(t-1)}\varepsilon(t-1)=e^{-2t}\varepsilon(t)*\delta(t-1)$。

1.24 按要求完成下列各题。

(1) 积分器如图题 1.24.1 所示。已知 $f(2t+4)=\delta(t)$，试求积分器的零状态响应 $y_f(t)$，并画出 $y_f(t)$ 的波形。

(2) 已知 LTI 连续时间因果系统在激励 $f_1(t)$ 的作用下，系统的零状态响应 $y_{f_1}(t)$ 的波形如图题 1.24.2 所示。

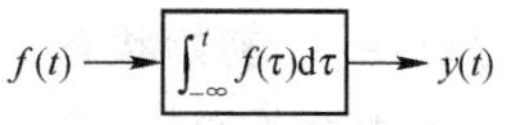

图题 1.24.1 积分器的时域模型

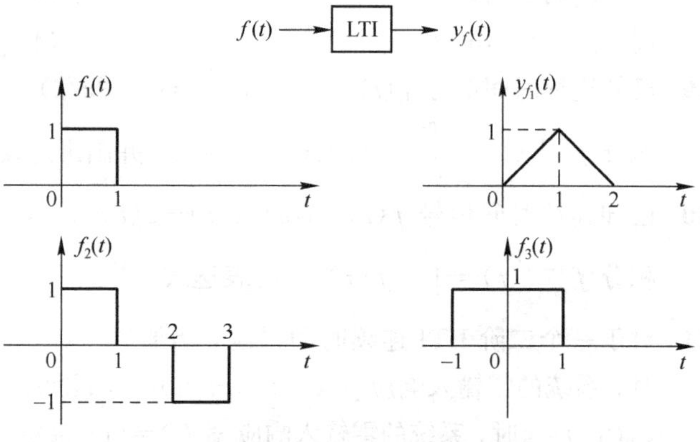

图题 1.24.2 LTI 连续时间系统的激励和响应的波形

① 试分别画出激励 $f_2(t)$ 及 $f_3(t)$ 作用于 LTI 连续时间因果系统时的零状态响应 $y_{f_2}(t)$ 及 $y_{f_3}(t)$ 的波形。

② 试求系统的单位冲激响应 $h(t)$。

(3) 由理想运算放大器和理想二极管构成的连续时间系统如图题 1.24.3 所示。已知系统的激励 $f(t)=10(2-|t|)G_4(t)$。

① 试写出连续时间信号 $x(t)$ 与系统激励 $f(t)$ 之间的关系式。

② 试写出系统响应 $y(t)$ 与连续时间信号 $x(t)$ 之间的关系式。

③ 试分别画出系统激励 $f(t)$、连续时间信号 $x(t)$ 及系统响应 $y(t)$ 的波形。

④ 试问连续时间系统的响应 $y(t)$ 的波形与激励 $f(t)$ 的波形之间是什么关系？并写出两者之间的数学关系式。

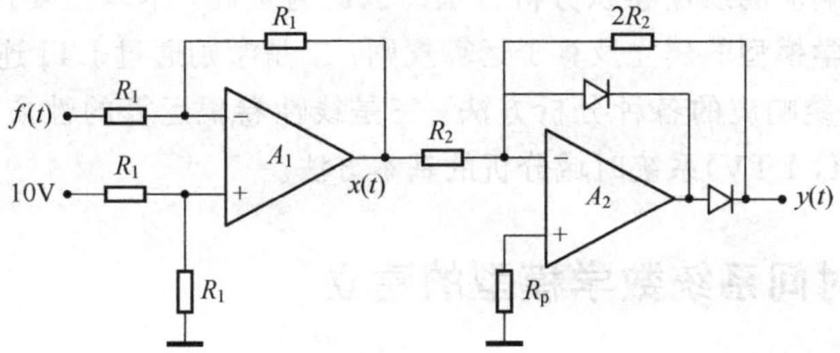

图题 1.24.3　用于波形变换的连续时间系统

第2章　连续时间系统的时域分析

第1章介绍了信号与系统的基本概念。针对连续时间反因果信号和因果信号的积分问题，提出了整体积分法，构建了常用连续时间反因果信号和因果信号的不定积分公式，缩短了冗长的积分过程，可直接用牛顿-莱布尼茨公式解决连续时间反因果信号和因果信号的积分问题。并且，介绍了线性卷积的定义、图解法的步骤，讨论了线性卷积的存在性问题。重点讨论了线性时不变(LTI)连续时间系统的性质，引出了LTI连续时间系统的单位冲激响应，导出了LTI连续时间系统零状态响应的线性卷积分析方法。以此为基础，本章主要讨论四个方面的问题：一是连续时间系统数学模型的建立及算子运算规则；二是激励通过LTI连续时间系统时，时域求解LTI连续时间系统响应的各种分析方法；三是线性卷积运算的性质；四是介绍线性时变(Linear Time-Variant，LTV)系统时域分析的基本方法。

2.1　LTI连续时间系统数学模型的建立

在系统分析中，经常涉及两种情况，一是基于系统模型图进行分析，二是基于描述系统的数学模型进行分析。对于前者，首先需要建立描述系统的数学模型。

2.1.1　建立LTI连续时间系统数学模型的依据

分析电路(或称为系统)的基本依据是两类约束关系，即网络拓扑约束关系(共性)和元件的电压电流约束关系(个性)。网络拓扑(结构)约束关系是指基尔霍夫电流定律(KCL)和基尔霍夫电压定律(KVL)；元件的电压电流约束关系是指电路元件上的电压和电流应遵循的约束关系。显然，电路元件相同而结构不同的电路，完成的功能不同；电路结构相同而元件不同的电路，完成的功能也不相同。因此，电路完成的功能与电路的结构和元件有关，即它是共性和个性相结合的产物。基于两类约束关系推演出的线性电路分析方法，可以分为两类，即网络方程法和等效变换法，后者又与电路定理密切相关。下面利用网络方程法来建立LTI连续时间系统的数学模型。

2.1.2　例题分析

例2.1.1：LTI连续时间系统的时域模型如图2.1.1所示。在$t=0$时刻，开关S从1转至2。当$t\geqslant 0$时，试建立描述系统响应$y(t)$与激励$f(t)$关系的数学模型。

解：(1) 由题意可知，当$t\geqslant 0$时，LTI连续时间系统的时域等效模型如图2.1.2所示。

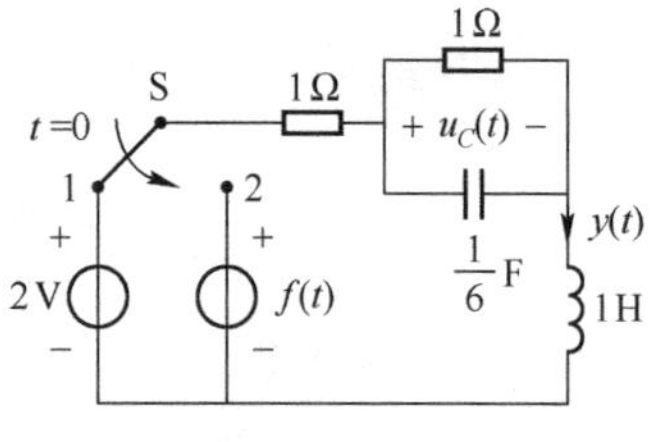

图2.1.1　LTI连续时间系统的时域模型

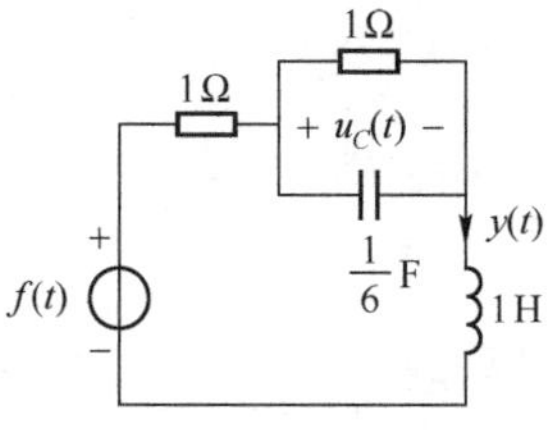

图2.1.2　$t\geqslant 0$时LTI连续时间系统的时域等效模型

(2) 建立 $t\geqslant 0$ 时描述 LTI 连续时间系统的数学模型。

在图 2.1.2 中，基于两类约束关系，可得 KVL 方程和 KCL 方程，即

$$u_C(t)=-y(t)\times 1+f(t)-1\times y'(t) \tag{2.1.1}$$

和

$$y(t)=\frac{u_C(t)}{1}+\frac{1}{6}\times u_C'(t) \tag{2.1.2}$$

将式(2.1.1)代入式(2.1.2)，可得

$$\begin{aligned}y(t)&=-y(t)+f(t)-y'(t)+\frac{1}{6}[-y(t)+f(t)-y'(t)]'\\&=-y(t)+f(t)-y'(t)+\frac{1}{6}[-y'(t)+f'(t)-y''(t)]\end{aligned}$$

即

$$y''(t)+7y'(t)+12y(t)=f'(t)+6f(t) \tag{2.1.3}$$

例 2.1.2：LTI 连续时间系统的时域模型如图 2.1.3 所示。在 $t=0$ 时刻，开关 S_1 和 S_2 同时从 1 转至 2。当 $t\geqslant 0$ 时，试建立描述系统响应 $y(t)$ 与激励 $f(t)$ 关系的数学模型。

解：(1) 由题意可知，当 $t\geqslant 0$ 时，LTI 连续时间系统的时域等效模型如图 2.1.4 所示。

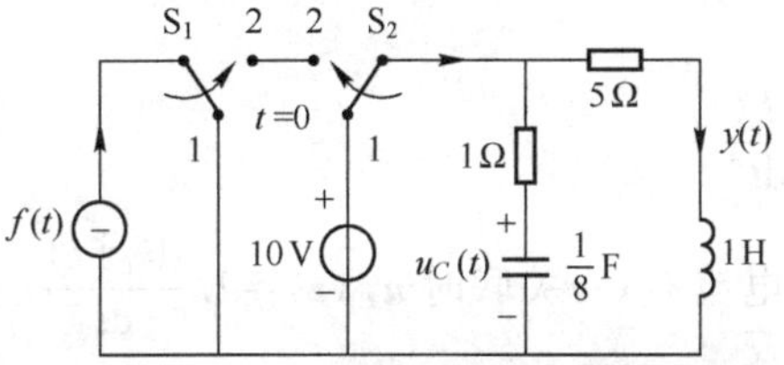

图 2.1.3　LTI 连续时间系统的时域模型

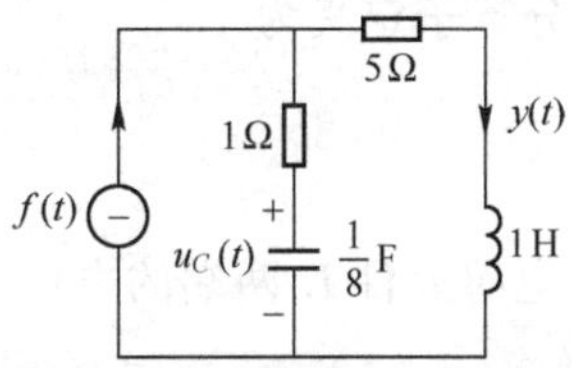

图 2.1.4　$t\geqslant 0$ 时 LTI 连续时间系统的时域等效模型

(2) 建立 $t\geqslant 0$ 时描述 LTI 连续时间系统的数学模型。

在图 2.1.4 中，基于两类约束关系，可得 KCL 方程和 KVL 方程，即

$$f(t)=\frac{1}{8}u_C'(t)+y(t) \tag{2.1.4}$$

和

$$u_C(t)+1\times\frac{1}{8}u_C'(t)=5y(t)+1\times y'(t) \tag{2.1.5}$$

对式(2.1.5)的等号两边分别求导，可得

$$u_C'(t)+\frac{1}{8}u_C''(t)=5y'(t)+y''(t) \tag{2.1.6}$$

将式(2.1.4)代入式(2.1.6)，可得

$$8[f(t)-y(t)]+[f(t)-y(t)]'=5y'(t)+y''(t)$$

即

$$y''(t)+6y'(t)+8y(t)=f'(t)+8f(t) \tag{2.1.7}$$

由此可见，建立描述 LTI 连续时间系统微分方程的步骤如下：

(1) 依据网络拓扑约束关系和元件的电压电流约束关系建立描述系统的微分方程组；

(2) 消去无关的中间变量，即可得到描述系统响应与激励关系的微分方程。

一般来说，LTI 连续时间系统的数学模型是线性常系数微分方程。n 阶 LTI 连续时间系统的数学模型的一般形式为

$$y^{(n)}(t)+\sum_{i=1}^{n}a_{n-i}y^{(n-i)}(t)=\sum_{j=0}^{m}b_{m-j}f^{(m-j)}(t) \tag{2.1.8}$$

式中，上标“$(n-i)$”和“$(m-j)$”分别表示 $y(t)$和 $f(t)$的$(n-i)$阶和$(m-j)$阶导数；$y(t)$和 $f(t)$分别为系统的响应和激励；系数 $a_{n-1}\sim a_0$，$b_m\sim b_0$ 为常数，由系统的结构和元件参数确定。

2.2 算子及 LTI 连续时间系统的转移算子

本节首先介绍算子、LTI 连续时间系统的转移算子及其运算规则，再揭示 LTI 连续时间系统转移算子的特征。

2.2.1 微分方程的算子方程形式

利用微分算子通常可将线性常系数微分方程表示成算子方程形式。下面先来介绍微分算子和积分算子。

1. 微分算子的定义

一阶微分算子定义为

$$pf(t)=\frac{\mathrm{d}f(t)}{\mathrm{d}t} \tag{2.2.1}$$

n 阶微分算子定义为

$$p^nf(t)=\frac{\mathrm{d}^nf(t)}{\mathrm{d}t^n} \tag{2.2.2}$$

考虑到电感元件 L 两端的电压 $u_L(t)$与通过的电流 $i_L(t)$关联时 $u_L(t)=L\dfrac{\mathrm{d}i_L(t)}{\mathrm{d}t}$，则可用一阶微分算子表示成

$$u_L(t)=Lpi_L(t) \tag{2.2.3}$$

2. 积分算子的定义

一次积分算子定义为

$$\frac{1}{p}f(t)=\int_{-\infty}^{t}f(\tau)\mathrm{d}\tau=f^{(-1)}(t) \tag{2.2.4}$$

n 次积分算子定义为

$$\frac{1}{p^n}f(t)=f^{(-n)}(t) \tag{2.2.5}$$

式中，上标“$(-n)$”表示对 $f(t)$进行 n 次积分运算。

考虑到电容元件 C 两端的电压 $u_C(t)$与通过的电流 $i_C(t)$关联时 $i_C(t)=C\dfrac{\mathrm{d}u_C(t)}{\mathrm{d}t}$，该式也可以写成

$$u_C(t)=\frac{1}{C}\int_{-\infty}^{t}i_C(\tau)\mathrm{d}\tau$$

因此可用一次积分算子表示成

$$u_C(t)=\frac{1}{Cp}i_C(t) \tag{2.2.6}$$

由于积分运算是微分运算的逆运算，因此通常将$\dfrac{1}{p}$算子称为 p 算子的逆算子，将$\dfrac{1}{p^n}$算子称为 p^n 算子的逆算子。

3. 微分方程的算子方程形式

例 2.2.1：描述图 2.1.2 所示 LTI 连续时间系统响应 $y(t)$与激励 $f(t)$关系的微分方程为

$$y''(t)+7y'(t)+12y(t)=f'(t)+6f(t)$$

试写出该微分方程的算子方程形式。

解：考虑到 $y''(t)+7y'(t)+12y(t)=f'(t)+6f(t)$，则有

$$p^2y(t)+7py(t)+12y(t)=pf(t)+6f(t)$$

于是可得微分方程的算子方程形式，即

$$(p^2+7p+12)y(t)=(p+6)f(t) \tag{2.2.7}$$

或写成

$$D(p)y(t)=N(p)f(t) \tag{2.2.8}$$

式中，$D(p)=p^2+7p+12$，$N(p)=p+6$。

通常，将 $D(p)$和 $N(p)$称为广义微分算子，将$\dfrac{1}{D(p)}$称为广义积分算子。

2.2.2　LTI 连续时间系统的转移算子描述

利用转移算子描述 LTI 连续时间系统，不仅可以将 LTI 连续时间系统进行统一表示，而且为把高阶 LTI 连续时间系统分解成低阶 LTI 连续时间系统的级联形式或并联形式奠定了基础。

对算子方程式(2.2.8)的等号两边进行广义微分算子 $D(p)=p^2+7p+12$ 的逆运算，即进行广义积分算子运算，亦即分别乘以$\dfrac{1}{D(p)}$，可得

$$y(t)=\frac{N(p)}{D(p)}f(t)=H(p)f(t) \tag{2.2.9}$$

式中，$H(p)=\dfrac{N(p)}{D(p)}=\dfrac{p+6}{p^2+7p+12}$，称 $H(p)$为 LTI 连续时间系统的转移算子。

利用 LTI 连续时间系统的转移算子 $H(p)$，可将图 2.1.2 所示的 LTI 连续时间系统，用图 2.2.1 所示的方框图表示。

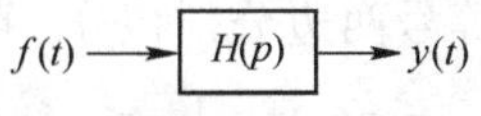

图 2.2.1　LTI 连续时间系统的转移算子描述

式(2.2.9)表明，激励 $f(t)$通过 LTI 连续时间系统，等价于对激励 $f(t)$进行 $H(p)$运算，其运算的结果与微分方程求解的结果相同，即为 LTI 连续时间系统的零状态响应。

由式(2.1.8)可知，n 阶 LTI 连续时间系统的数学模型的一般形式为

$$y^{(n)}(t)+\sum_{i=1}^{n}a_{n-i}y^{(n-i)}(t)=\sum_{j=0}^{m}b_{m-j}f^{(m-j)}(t) \tag{2.2.10}$$

利用转移算子来描述 LTI 连续时间系统，则式(2.2.10)可写成

$$y(t)=\frac{N(p)}{D(p)}f(t)=H(p)f(t) \tag{2.2.11}$$

式中，$D(p)=p^n+\sum_{i=1}^{n}a_{n-i}p^{n-i}$，$N(p)=\sum_{j=0}^{m}b_{m-j}p^{m-j}$。

2.2.3　算子及 LTI 连续时间系统转移算子的运算规则

既然算子和转移算子是一种运算符，它们就应该遵循一些运算规则。

例 2.2.2：试证明$(p+1)(p+2)f(t)=(p^2+3p+2)f(t)$。

证明：$(p+1)(p+2)f(t)=(p+1)[f'(t)+2f(t)]=[f'(t)+2f(t)]'+[f'(t)+2f(t)]$
$$=f''(t)+3f'(t)+2f(t)=(p^2+3p+2)f(t)$$

结论 1：

算子多项式像代数多项式一样，可进行加、减、乘和因式分解。

例 2.2.3：试讨论在什么条件下，可使下述两个线性常系数微分方程在区间 $t\in[0,+\infty)$上同解？

$$(p+2)y_1(t)=f(t) \tag{2.2.12}$$

$$(p+3)(p+2)y_2(t)=(p+3)f(t) \tag{2.2.13}$$

解：对式(2.2.12)的等号两边分别求导，可得

$$p(p+2)y_1(t)=pf(t) \tag{2.2.14}$$

将式(2.2.12)的等号两边分别乘以 3，再与式(2.2.14)相加，可得

$$(p+3)(p+2)y_1(t)=(p+3)f(t) \tag{2.2.15}$$

由式(2.2.15)可知，微分方程式(2.2.12)的解 $y_1(t)$也是微分方程式(2.2.13)的解。然而微分方程式(2.2.13)的解 $y_2(t)$不一定是微分方程式(2.2.12)的解。

为此，在微分方程式(2.2.13)中，设

$$(p+2)y_2(t)=x(t) \tag{2.2.16}$$

则微分方程式(2.2.13)可写成

$$(p+3)x(t)=(p+3)f(t)$$

即

$$x'(t)+3x(t)=f'(t)+3f(t) \tag{2.2.17}$$

将式(2.2.17)的等号两边分别乘以 e^{3t}，可得

$$x'(t)e^{3t}+3x(t)e^{3t}=f'(t)e^{3t}+3f(t)e^{3t}$$

即

$$[x(t)e^{3t}]'=[f(t)e^{3t}]'$$

亦即

$$[x(\tau)e^{3\tau}]'=[f(\tau)e^{3\tau}]' \tag{2.2.18}$$

在区间 $\tau\in[0_-,t]$上，对式(2.2.18)等号两边分别积分，可得

$$\int_{0_-}^{t}[x(\tau)e^{3\tau}]'\mathrm{d}\tau=\int_{0_-}^{t}[f(\tau)e^{3\tau}]'\mathrm{d}\tau$$

$$x(\tau)e^{3\tau}\Big|_{0_-}^{t}=f(\tau)e^{3\tau}\Big|_{0_-}^{t}$$

$$x(t)e^{3t}-x(0_-)=f(t)e^{3t}-f(0_-)$$

$$x(t)=[x(0_-)-f(0_-)]e^{-3t}+f(t) \tag{2.2.19}$$

若满足条件

$$x(0_-)=f(0_-) \tag{2.2.20}$$

考虑到式(2.2.16)，则式(2.2.20)可写成

$$y_2'(0_-)+2y_2(0_-)=x(0_-)=f(0_-) \tag{2.2.21}$$

特别地，若满足条件

$$y_2'(0_-)=y_2(0_-)=f(0_-)=0 \tag{2.2.22}$$

则式(2.2.21)成立，式(2.2.20)也成立。那么，由式(2.2.19)可得

$$x(t)=f(t) \tag{2.2.23}$$

考虑到式(2.2.23)，则式(2.2.16)可写成

$$(p+2)y_2(t)=x(t)=f(t) \tag{2.2.24}$$

式(2.2.24)表明，$y_2(t)$是微分方程式(2.2.12)的解。

综上所述，若式(2.2.13)描述的二阶 LTI 连续时间系统满足式(2.2.21)或式(2.2.22)的条件，即 LTI 连续时间系统的初始状态为零，并且激励为因果信号，则该二阶 LTI 连续时间系统的零状态响应与微分方程式(2.2.12)描述的一阶 LTI 连续时间系统的零状态响应在区间 $t\in[0,+\infty)$ 上同解。

结论 2：

对 LTI 连续时间系统的零状态响应而言，LTI 连续时间系统算子方程两边关于 p 的相同多项式可消；LTI 连续时间系统转移算子中分子与分母关于 p 的相同多项式可约。然而对 LTI 连续时间系统的零输入响应而言，LTI 连续时间系统算子方程两边关于 p 的相同多项式相消，或 LTI 连续时间系统转移算子中分子与分母关于 p 的相同多项式相约，都将会影响系统零输入响应的解模式。

例 2.2.4： 试将图 2.2.2 所示的二阶 LTI 连续时间系统，分解成两个一阶 LTI 连续时间系统的级联形式和并联形式。

解： 由图 2.2.2 可得

$$(p+1)(p+2)y(t)=f(t)$$

设$(p+2)y(t)=x(t)$，则有$(p+1)x(t)=f(t)$，即

$$x(t)=\frac{1}{p+1}f(t),\ y(t)=\frac{1}{p+2}x(t)$$

于是二阶 LTI 连续时间系统可分解成两个一阶 LTI 连续时间系统的级联形式，如图 2.2.3 所示。

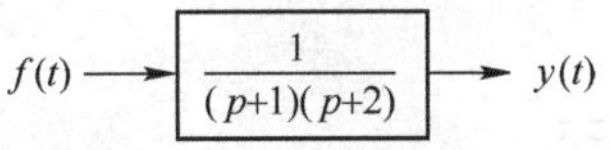

图 2.2.2　二阶 LTI 连续时间系统的转移算子描述

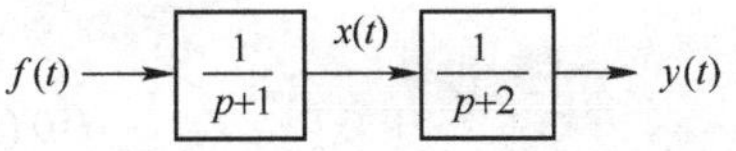

图 2.2.3　两个一阶 LTI 连续时间系统的级联形式

结论 3：

一个二阶 LTI 连续时间系统可以分解成两个一阶 LTI 连续时间系统的级联形式，反之，两个级联形式的 LTI 连续时间系统可等价于一个 LTI 连续时间系统，该系统的转移算子为级联的两个 LTI 连续时间系统的转移算子之积。这一结论可以推广到 n 阶 LTI 连续时间系统中。

由图 2.2.2 可得

$$y(t)=\frac{1}{(p+1)(p+2)}f(t)=\frac{1}{p+1}f(t)-\frac{1}{p+2}f(t)=y_1(t)+y_2(t)$$

式中，$y_1(t)=\frac{1}{p+1}f(t)$，$y_2(t)=\frac{-1}{p+2}f(t)$。

于是二阶 LTI 连续时间系统可分解成两个一阶 LTI 连续时间系统的并联形式，如图 2.2.4 所示。

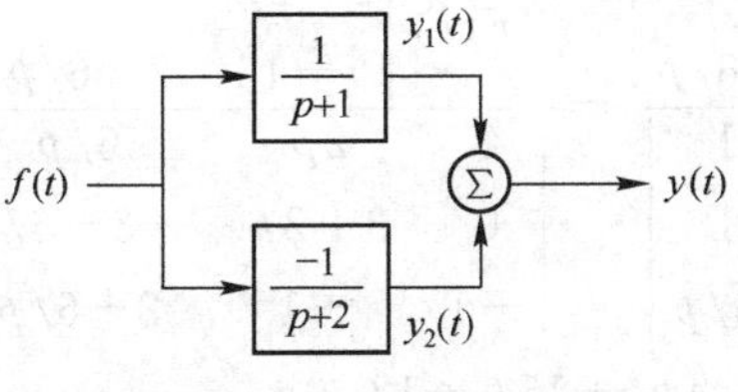

图 2.2.4　两个一阶 LTI 连续时间系统的并联形式

结论 4：

一个二阶 LTI 连续时间系统可以分解成两个一阶 LTI 连续时间系统的并联形式，反之，两个并联形式的 LTI 连续时间系统可等价于一个 LTI 连续时间系统，该系统的转移算子为并联的两个 LTI 连续时间系统的转移算子之和。这一结论可以推广到 n 阶 LTI 连续时间系统中。

2.2.4 LTI 连续时间系统转移算子的特征

由 2.1.2 节的分析可知，依据两类约束关系，并通过建立 LTI 连续时间系统响应与激励有关的微分方程组，利用代入消元法消去与响应和激励无关的中间变量，可以得到描述 LTI 连续时间系统响应与激励关系的微分方程，从而可得描述 LTI 连续时间系统的转移算子。显然，如果中间变量选取过多，微分方程组中方程的个数会增多，消元就更加困难。

网络方程法中的解变量是一组独立的完备的变量，换言之，它是求解电路(或系统)所需要的一组个数最少的变量。因此，网络方程法不存在多余中间变量的问题。由于网络方程法中方程组的形式规范，不仅可用克莱默法则或矩阵求逆的方法来求解线性方程组，而且易于揭示 LTI 连续时间系统转移算子的特征。

例 2.2.5：二阶 LTI 连续时间系统的时域模型如图 2.2.5 所示，其中激励为 $f(t)$。试分别建立以网孔电流 $i_1(t)$、$i_2(t)$和 $i_3(t)$为响应的线性常系数微积分方程组，并确定系统相应的转移算子。

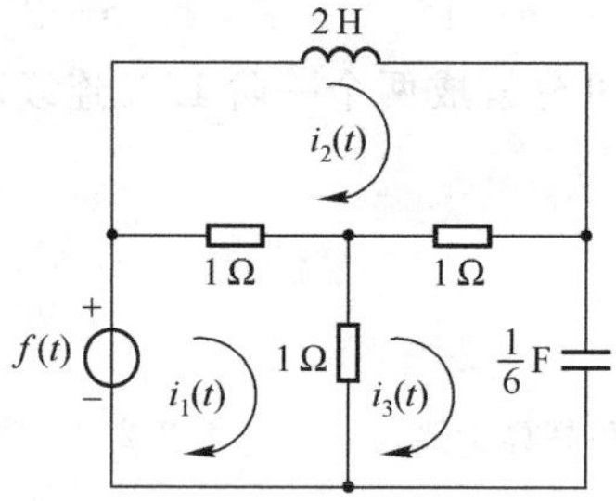

图 2.2.5 二阶 LTI 连续时间系统的时域模型

解：由式(2.2.3)可知，若 $u_L(t)$与 $i_L(t)$关联，则有 $u_L(t)=Lpi_L(t)$；由式(2.2.6)可知，若 $u_C(t)$与 $i_C(t)$关联，则有 $u_C(t)=\dfrac{1}{Cp}i_C(t)$。基于这两个电压电流约束关系，利用网孔电流法，可得描述图 2.2.5 所示的二阶 LTI 连续时间系统的微积分方程组，即

$$\begin{cases}2i_1(t)-i_2(t)-i_3(t)=f(t)\\-i_1(t)+(2+2p)i_2(t)-i_3(t)=0\\-i_1(t)-i_2(t)+(2+6/p)i_3(t)=0\end{cases}$$

由克莱默法则可得

$$i_1(t)=\frac{\begin{vmatrix}f(t) & -1 & -1\\0 & 2+2p & -1\\0 & -1 & 2+6/p\end{vmatrix}}{\begin{vmatrix}2 & -1 & -1\\-1 & 2+2p & -1\\-1 & -1 & 2+6/p\end{vmatrix}}=\frac{f(t)\begin{vmatrix}2+2p & -1\\-1 & 2+6/p\end{vmatrix}}{\begin{vmatrix}0 & 2p & 6/p\\0 & 3+2p & -3-6/p\\-1 & -1 & 2+6/p\end{vmatrix}}=\frac{f(t)(15+12/p+4p)}{-\begin{vmatrix}2p & 6/p\\3+2p & -3-6/p\end{vmatrix}}$$

$$=\frac{4p+15+12/p}{6p+24+18/p}f(t)=\frac{4p^2+15p+12}{6(p^2+4p+3)}f(t)=H_1(p)f(t)$$

式中，$H_1(p)=\dfrac{N_1(p)}{D(p)}=\dfrac{4p^2+15p+12}{6(p+1)(p+3)}$。

$$i_2(t)=\frac{\begin{vmatrix} 2 & f(t) & -1 \\ -1 & 0 & -1 \\ -1 & 0 & 2+6/p \end{vmatrix}}{\begin{vmatrix} 2 & -1 & -1 \\ -1 & 2+2p & -1 \\ -1 & -1 & 2+6/p \end{vmatrix}}=\frac{-f(t)\begin{vmatrix} -1 & -1 \\ -1 & 2+6/p \end{vmatrix}}{\begin{vmatrix} 0 & 2p & 6/p \\ 0 & 3+2p & -3-6/p \\ -1 & -1 & 2+6/p \end{vmatrix}}=\frac{f(t)(3+6/p)}{-\begin{vmatrix} 2p & 6/p \\ 3+2p & -3-6/p \end{vmatrix}}$$

$$=\frac{3+6/p}{6p+24+18/p}f(t)=\frac{3(p+2)}{6(p^2+4p+3)}f(t)=H_2(p)f(t)$$

式中，$H_2(p)=\dfrac{N_2(p)}{D(p)}=\dfrac{3(p+2)}{6(p+1)(p+3)}$。

$$i_3(t)=\frac{\begin{vmatrix} 2 & -1 & f(t) \\ -1 & 2+2p & 0 \\ -1 & -1 & 0 \end{vmatrix}}{\begin{vmatrix} 2 & -1 & -1 \\ -1 & 2+2p & -1 \\ -1 & -1 & 2+6/p \end{vmatrix}}=\frac{f(t)\begin{vmatrix} -1 & 2+2p \\ -1 & -1 \end{vmatrix}}{\begin{vmatrix} 0 & 2p & 6/p \\ 0 & 3+2p & -3-6/p \\ -1 & -1 & 2+6/p \end{vmatrix}}=\frac{f(t)(3+2p)}{-\begin{vmatrix} 2p & 6/p \\ 3+2p & -3-6/p \end{vmatrix}}$$

$$=\frac{3+2p}{6p+24+18/p}f(t)=\frac{p(2p+3)}{6(p^2+4p+3)}f(t)=H_3(p)f(t)$$

式中，$H_3(p)=\dfrac{N_3(p)}{D(p)}=\dfrac{p(2p+3)}{6(p+1)(p+3)}$。

实际上，上述二阶 LTI 连续时间系统算子方程组的列写方法，可以推广到任意高阶 LTI 连续时间系统算子方程组的列写中。只不过描述系统的算子方程组中的方程数目多一些，但仍可方便地利用克莱默法则得到系统相应的转移算子。

分析表明，若以网孔电流 $i_1(t)$、$i_2(t)$和 $i_3(t)$为响应，则相应的转移算子 $H_1(p)$、$H_2(p)$和 $H_3(p)$的分母 $D(p)$是相同的。由于网孔电流是一组独立的完备的变量，其完备性表明，系统中任意支路的电压或电流无不随之而定，即可利用网孔电流 $i_1(t)$、$i_2(t)$和 $i_3(t)$来表示。因此，可得下述结论。

结论 5：

在一个 LTI 连续时间系统中，以任意支路的电压或电流为响应，系统相应的转移算子具有一个共同的特征，即它们的转移函数的分母 $D(p)$都是相同的。

总而言之，通过引入算子可以将微积分方程在形式上变成代数方程。它的优点在于：一是简化了 LTI 连续时间系统微积分方程组的列写，便于消去微积分方程组中的中间变量；二是通过引入 LTI 连续时间系统转移算子 $H(p)$，便于形成 LTI 连续时间系统分析的统一方法，既为后面各章的分析做准备，又为 $\delta(t)$函数用于分析 LTI 连续时间系统奠定了基础。

2.3　LTI 连续时间系统时域分析的基本方法

在时域上，通过求解描述 LTI 连续时间系统响应与激励关系的微分方程来获得系统响应的方法，即微分方程解法，通常称为经典解法或经典法。对于求解 LTI 连续时间系统的零状态响应而言，除了经典解法，还有线性卷积法，即通过计算系统的激励和单位冲激响应的线性卷积得到系统的零状态响应。本节将讨论三个问题：一是导出线性常系数非齐次微分方程的通解公式，并指出经典法用于求解 LTI 连续时间系统响应时存在的局限性；二是介绍基于整体积分法而提出的两种降阶解法；三是揭示 LTI 连续时间系统零状态响应的经典解法与线性卷积法之间的内在联系。

2.3.1 微分方程解法——经典法

设二阶 LTI 连续时间系统的转移算子描述为

$$y(t)=\frac{N(p)}{D(p)}f(t) \tag{2.3.1}$$

式中，$D(p)=(p-\lambda_1)(p-\lambda_2)$，$N(p)=b_1p+b_0$，$b_1$和$b_0$为常数。

由式(2.3.1)可得

$$(p-\lambda_1)(p-\lambda_2)y(t)=(b_1p+b_0)f(t)$$

即

$$y''(t)-(\lambda_1+\lambda_2)y'(t)+\lambda_1\lambda_2y(t)=b_1f'(t)+b_0f(t) \tag{2.3.2}$$

令

$$x(t)=N(p)f(t)=b_1f'(t)+b_0f(t) \tag{2.3.3}$$

因此，二阶线性常系数非齐次微分方程式(2.3.2)可写成

$$y''(t)-(\lambda_1+\lambda_2)y'(t)+\lambda_1\lambda_2y(t)=x(t) \tag{2.3.4}$$

二阶线性常系数非齐次微分方程式(2.3.4)又可写成

$$[y'(t)-\lambda_2y(t)]'-\lambda_1[y'(t)-\lambda_2y(t)]=x(t) \tag{2.3.5}$$

将式(2.3.5)的等号两边分别乘以 $e^{-\lambda_1t}$，可得

$$[y'(t)-\lambda_2y(t)]'e^{-\lambda_1t}-\lambda_1[y'(t)-\lambda_2y(t)]e^{-\lambda_1t}=x(t)e^{-\lambda_1t} \tag{2.3.6}$$

利用乘积求导法则，对式(2.3.6)的等号左边进行逆向改写，可得

$$\{[y'(t)-\lambda_2y(t)]e^{-\lambda_1t}\}'=x(t)e^{-\lambda_1t} \tag{2.3.7}$$

对式(2.3.7)的等号两边做不定积分，可得

$$[y'(t)-\lambda_2y(t)]e^{-\lambda_1t}=A_1+\int x(t)e^{-\lambda_1t}dt$$

于是，通过对二阶线性常系数非齐次微分方程式(2.3.4)进行降阶处理，得到了相应的一阶线性常系数非齐次微分方程，即

$$y'(t)-\lambda_2y(t)=A_1e^{\lambda_1t}+e^{\lambda_1t}\int x(t)e^{-\lambda_1t}dt \tag{2.3.8}$$

同理，可得

$$y'(t)e^{-\lambda_2t}-\lambda_2y(t)e^{-\lambda_2t}=A_1e^{(\lambda_1-\lambda_2)t}+e^{(\lambda_1-\lambda_2)t}\int x(t)e^{-\lambda_1t}dt$$

$$[y(t)e^{-\lambda_2t}]'=A_1e^{(\lambda_1-\lambda_2)t}+e^{(\lambda_1-\lambda_2)t}\int x(t)e^{-\lambda_1t}dt \tag{2.3.9}$$

1. 当 λ_1 和 λ_2 为实数，并且 $\lambda_2\neq\lambda_1$ 时

对式(2.3.9)的等号两边做不定积分，可得

$$y(t)e^{-\lambda_2t}=A_2+\frac{A_1}{\lambda_1-\lambda_2}e^{(\lambda_1-\lambda_2)t}+\int e^{(\lambda_1-\lambda_2)t}\left[\int x(t)e^{-\lambda_1t}dt\right]dt$$

$$y(t)=\frac{A_1}{\lambda_1-\lambda_2}e^{\lambda_1t}+A_2e^{\lambda_2t}+e^{\lambda_2t}\int e^{(\lambda_1-\lambda_2)t}\left[\int x(t)e^{-\lambda_1t}dt\right]dt \tag{2.3.10}$$

即

$$y(t)=\underbrace{C_1\mathrm{e}^{\lambda_1 t}+C_2\mathrm{e}^{\lambda_2 t}}_{\text{齐次解}}+\underbrace{\mathrm{e}^{\lambda_2 t}\int \mathrm{e}^{(\lambda_1-\lambda_2)t}\left[\int x(t)\mathrm{e}^{-\lambda_1 t}\mathrm{d}t\right]\mathrm{d}t}_{\text{特解}} \tag{2.3.11}$$

式中，C_1 和 C_2 为任意常数，并且 $C_1=\dfrac{A_1}{\lambda_1-\lambda_2}$，$C_2=A_2$，$A_1$ 和 A_2 也为任意常数。

2. 当 λ_1 和 λ_2 为实数，并且 $\lambda_2=\lambda_1$ 时

由式(2.3.9)可得

$$[y(t)\mathrm{e}^{-\lambda_1 t}]'=A_1+\int x(t)\mathrm{e}^{-\lambda_1 t}\mathrm{d}t$$

即

$$y(t)=\underbrace{(C_1 t+C_2)\mathrm{e}^{\lambda_1 t}}_{\text{齐次解}}+\underbrace{\mathrm{e}^{\lambda_1 t}\int\left[\int x(t)\mathrm{e}^{-\lambda_1 t}\mathrm{d}t\right]\mathrm{d}t}_{\text{特解}} \tag{2.3.12}$$

式中，C_1 和 C_2 为任意常数，并且 $C_1=A_1$，A_1 也为任意常数。

3. 当 λ_1 和 λ_2 为一对共轭复根时

设 $\lambda_1=\alpha+\mathrm{j}\beta$，$\lambda_2=\lambda_1^*=\alpha-\mathrm{j}\beta$，则二阶线性常系数非齐次微分方程式(2.3.4)可写成

$$y''(t)-(\lambda_1+\lambda_1^*)y'(t)+\lambda_1\lambda_1^*y(t)=x(t) \tag{2.3.13}$$

考虑到式(2.3.10)，则二阶线性常系数非齐次微分方程式(2.3.13)的通解 $y_1(t)$ 可写成

$$y_1(t)=\frac{A_1}{\lambda_1-\lambda_1^*}\mathrm{e}^{\lambda_1 t}+A_2\mathrm{e}^{\lambda_1^* t}+y_{1p}(t) \tag{2.3.14}$$

式中，特解 $y_{1p}(t)=\mathrm{e}^{\lambda_1^* t}\int \mathrm{e}^{\mathrm{j}2\beta t}\left[\int x(t)\mathrm{e}^{-\lambda_1 t}\mathrm{d}t\right]\mathrm{d}t$。

既然 $y_1(t)$ 是二阶线性常系数非齐次微分方程式(2.3.13)的解，就应该满足方程，即

$$[y_1(t)]''-(\lambda_1+\lambda_1^*)[y_1(t)]'+\lambda_1\lambda_1^*y_1(t)=x(t) \tag{2.3.15}$$

对式(2.3.15)的等号两边分别取共轭，可得

$$[y_1^*(t)]''-(\lambda_1+\lambda_1^*)[y_1^*(t)]'+\lambda_1\lambda_1^*y_1^*(t)=x^*(t)=x(t) \tag{2.3.16}$$

对比式(2.3.16)和式(2.3.15)可知，$y_1(t)$ 的共轭 $y_1^*(t)$ 也是二阶线性常系数非齐次微分方程式(2.3.13)的解。

将式(2.3.15)和式(2.3.16)相加，再除以 2，可得

$$\left[\frac{y_1(t)+y_1^*(t)}{2}\right]''-(\lambda_1+\lambda_1^*)\left[\frac{y_1(t)+y_1^*(t)}{2}\right]'+\lambda_1\lambda_1^*\frac{y_1(t)+y_1^*(t)}{2}=x(t) \tag{2.3.17}$$

式(2.3.17)表明，$\frac{1}{2}[y_1(t)+y_1^*(t)]$ 仍然是二阶线性常系数非齐次微分方程式(2.3.13)的解。换言之，$y_1(t)$ 的实部仍然是二阶线性常系数非齐次微分方程式(2.3.4)的解。考虑到式(2.3.14)，则二阶线性常系数非齐次微分方程式(2.3.4)的通解可进一步写成

$$\begin{aligned}y(t)&=\frac{1}{2}[y_1(t)+y_1^*(t)]=\mathrm{Re}[y_1(t)]\\&=\mathrm{Re}\left[\frac{A_1}{\lambda_1-\lambda_1^*}\mathrm{e}^{\lambda_1 t}+A_2\mathrm{e}^{\lambda_1^* t}\right]+\mathrm{Re}[y_{1p}(t)]\\&=\mathrm{Re}\left[\frac{A_1}{2\beta\mathrm{j}}\mathrm{e}^{(\alpha+\mathrm{j}\beta)t}+A_2\mathrm{e}^{(\alpha-\mathrm{j}\beta)t}\right]+\mathrm{Re}[y_{1p}(t)]\\&=\mathrm{e}^{\alpha t}\,\mathrm{Re}\left[\frac{A_1}{2\beta\mathrm{j}}(\cos\beta t+\mathrm{j}\sin\beta t)+A_2(\cos\beta t-\mathrm{j}\sin\beta t)\right]+\mathrm{Re}[y_{1p}(t)]\\&=\underbrace{\mathrm{e}^{\alpha t}(C_1\cos\beta t+C_2\sin\beta t)}_{\text{齐次解}}+\underbrace{\mathrm{Re}[y_{1p}(t)]}_{\text{特解}}\end{aligned} \tag{2.3.18}$$

式中，C_1 和 C_2 为任意常数，并且 $C_1=A_2$，$C_2=\frac{A_1}{2\beta}$，A_1 和 A_2 也为任意常数。

如果 LTI 连续时间系统的激励 $f(t)=0$，那么线性常系数非齐次微分方程的右边恒为零，这类微分方程称为齐次微分方程。齐次微分方程的解称为齐次解。换言之，若 LTI 连续时间系统的激励 $f(t)=0$，则描述该系统的微分方程从非齐次微分方程退缩成齐次微分方程，其通解为齐次解。

分析表明，一个 LTI 连续时间系统在激励 $f(t)$的作用下，描述该系统的线性常系数非齐次微分方程的通解，由齐次解和特解两部分构成。这是一个容易理解的事实，LTI 连续时间系统的响应是激励和系统相互作用的结果。激励对响应的影响体现在特解上，系统对响应的影响体现在齐次解上。因此，利用微分方程解法求 LTI 连续时间系统的全响应时，可以通过下述 4 个步骤完成。

(1) 确定描述系统的非齐次微分方程对应的齐次微分方程的通解，即齐次解。

(2) 由给定的系统激励，确定满足非齐次微分方程的特解。

(3) 确定系统全响应的通解，即通解等于齐次解加上特解。

(4) 利用系统的初始状态，确定通解中的待定常数，即可得到系统的全响应。

综上所述，确定齐次微分方程的解是一个关键性的步骤，现假设 n 阶 LTI 连续时间系统转移算子 $H(p)$的分母为 $D(p)=\prod_{i=1}^{n}(p-\lambda_i)$，通常，称 $D(p)$为系统的特征多项式，称 $D(p)=0$ 为系统的特征方程，称 $D(p)=0$ 的根，即 $\lambda_i(i=1,2,\cdots,n)$为系统的特征根。根据系统的特征根的不同情况，可按下述方式来构建齐次微分方程的通解，即齐次解。

(1) 若 $D(p)=0$ 的 n 个根 $\lambda_i(i=1,2,\cdots,n)$ 为不相等的实根，则齐次微分方程的通解 $y_h(t)$为

$$y_h(t)=\sum_{i=1}^{n}C_i e^{\lambda_i t} \tag{2.3.19}$$

式中，$C_i(i=1,2,\cdots,n)$为任意常数。

(2) 若 $D(p)=0$ 的 n 个根中，有 m 个重根λ，其他为不相等的实根，则齐次微分方程的通解 $y_h(t)$为

$$y_h(t)=(C_1+C_2t+C_3t^2+\cdots+C_mt^{m-1})e^{\lambda t}+\sum_{i=m+1}^{n}C_i e^{\lambda_i t} \tag{2.3.20}$$

式中，$C_i(i=1,2,\cdots,m,m+1,\cdots,n)$为任意常数。

(3) 若 $D(p)=0$ 的 n 个根中，有 m 对共轭复根$\lambda_i=\alpha_i\pm j\beta_i(i=1,2,\cdots,m)$，其他为不相等的实根，则齐次微分方程的通解 $y_h(t)$为

$$y_h(t)=\sum_{i=1}^{m}e^{\alpha_i t}(C_{1i}\cos\beta_i t+C_{2i}\sin\beta_i t)+\sum_{i=2m+1}^{n}C_i e^{\lambda_i t} \tag{2.3.21}$$

式中，$C_{1i}(i=1,2,\cdots,m)$，$C_{2i}(i=1,2,\cdots,m)$和 $C_i(i=2m+1,2m+2,\cdots,n)$为任意常数。

例 2.3.1：设描述二阶 LTI 连续时间系统响应 $y(t)$与激励 $f(t)$关系的微分方程为

$$y''(t)+5y'(t)+6y(t)=f'(t)+4f(t) \tag{2.3.22}$$

已知系统的初始状态 $y(0_-)=1$，$y'(0_-)=3$，激励 $f(t)=2e^{-t}\varepsilon(t)$，试求 $t\geqslant 0$ 时系统的全响应 $y(t)$。

解：(1) 首先求齐次微分方程的通解

非齐次微分方程式(2.3.22)对应的齐次微分方程为

$$y''(t)+5y'(t)+6y(t)=0 \tag{2.3.23}$$

考虑到齐次微分方程式(2.3.23)，则系统的特征方程为 $D(p)=p^2+5p+6=0$。

显然，LTI 连续时间系统的特征根 $\lambda_1=-2$，$\lambda_2=-3$。

由于 LTI 连续时间系统的特征根是不相等的实根，因此可设齐次微分方程式(2.3.23)的通解为

$$y_h(t)=C_1\mathrm{e}^{-2t}+C_2\mathrm{e}^{-3t} \tag{2.3.24}$$

(2) 再求非齐次微分方程的特解

将激励 $f(t)=2\mathrm{e}^{-t}\varepsilon(t)$代入微分方程式(2.3.22)，可得

$$y''(t)+5y'(t)+6y(t)=[2\mathrm{e}^{-t}\varepsilon(t)]'+8\mathrm{e}^{-t}\varepsilon(t)=-2\mathrm{e}^{-t}\varepsilon(t)+2\mathrm{e}^{-t}\delta(t)+8\mathrm{e}^{-t}\varepsilon(t)$$

即

$$y''(t)+5y'(t)+6y(t)=2\delta(t)+6\mathrm{e}^{-t}\varepsilon(t) \tag{2.3.25}$$

从严格的数学意义上讲，二阶线性常系数非齐次微分方程式(2.3.25)的特解，应由该方程右边的 $2\delta(t)$和 $6\mathrm{e}^{-t}\varepsilon(t)$共同确定，即特解应该由两部分组成。为了便于讨论，这里采用缩区间解法，即首先缩掉 $t=0$ 点，暂不计入 $2\delta(t)$的效果。显然，当 $t>0$ 时，二阶线性常系数非齐次微分方程式(2.3.25)可写成

$$y''(t)+5y'(t)+6y(t)=6\mathrm{e}^{-t},\ t>0 \tag{2.3.26}$$

由于 $6\mathrm{e}^{-t}$ 中的系数 -1 不是系统的特征根，因此可设二阶线性常系数非齐次微分方程式(2.3.26)的特解为

$$y_p(t)=C_3\mathrm{e}^{-t},\ t>0$$

于是 $y_p'(t)=-C_3\mathrm{e}^{-t}$，$y_p''(t)=C_3\mathrm{e}^{-t}$。将 $y_p''(t)$、$y_p'(t)$和 $y_p(t)$代入二阶线性常系数非齐次微分方程式(2.3.26)，可得

$$(C_3-5C_3+6C_3)\mathrm{e}^{-t}=6\mathrm{e}^{-t}$$

$$2C_3=6，解得\ C_3=3$$

即特解为

$$y_p(t)=C_3\mathrm{e}^{-t}=3\mathrm{e}^{-t},\ t>0 \tag{2.3.27}$$

(3) 确定 LTI 连续时间系统的全响应的通解

考虑到式(2.3.24)及式(2.3.27)，则 LTI 连续时间系统全响应的通解为

$$y(t)=y_h(t)+y_p(t)=C_1\mathrm{e}^{-2t}+C_2\mathrm{e}^{-3t}+3\mathrm{e}^{-t},\ t>0 \tag{2.3.28}$$

遗憾的是，我们不能直接利用系统在 $t=0_-$ 时刻的初始状态 $y(0_-)$和 $y'(0_-)$来确定式(2.3.28)中的待定系数 C_1 和 C_2。这是由于此时系统全响应的解区间为 $t\in(0,+\infty)$，只有利用系统的初始条件 $y(0_+)$和 $y'(0_+)$才能确定通解中的待定系数 C_1 和 C_2。通常利用奇异函数平衡法来完成系统的初始状态到初始条件的转换。

设描述 n 阶 LTI 连续时间系统响应 $y(t)$与激励 $f(t)$关系的线性常系数非齐次微分方程为 $D(p)y(t)=N(p)f(t)$，将连续时间因果激励信号 $f(t)$代入该方程的右边，经过 $N(p)f(t)$运算后，将出现 $\delta(t)$项及 $\delta(t)$的各阶导数项。基于系统的初始状态 $y^{(i)}(0_-)(i=0,1,\cdots,n-1)$，通过平衡微分方程$D(p)y(t)=N(p)f(t)$两边的 $\delta(t)$项及 $\delta(t)$的各阶导数项，获得 $t=0$ 时刻的跳变值 $\Delta y^{(i)}(0)(i=0,1,\cdots,n-1)$，从而得到系统的初始条件 $y^{(i)}(0_+)(i=0,1,\cdots,n-1)$。这种将系统的初始状态转换成系统的初始条件的方法称为奇异函数平衡法。

由二阶线性常系数非齐次微分方程式(2.3.25)可知，方程右边包含了 $2\delta(t)$，如果方程左边 $y(t)$含有 $\delta(t)$项，那么 $y'(t)$将含有 $\delta'(t)$项，$y''(t)$将含有 $\delta''(t)$项。这样会导致微分方程两边的 $\delta^{(j)}(t)(j=0,1,2)$更加不平衡。因此，为使方程两边的 $\delta^{(j)}(t)(j=0,1,2)$平衡，正确的做法是应该从方程左边的最高阶导数项 $y''(t)$向低阶导数项 $y'(t)$和 $y(t)$项逐项考察。显然，$y''(t)$积分一次得到 $y'(t)$，而 $y'(t)$积分一次得到 $y(t)$。为使二阶线性常系数非齐次微分方程

式(2.3.25)两边的$\delta(t)$项平衡，现假设$y''(t)$中应含有$2\delta(t)$，那么$5y'(t)$中应含有$10\varepsilon(t)$，$6y(t)$中含有$12t\varepsilon(t)$。奇异函数平衡的过程表示如下：

$$y''(t)+5y'(t)+6y(t)=2\delta(t)+6e^{-t}\varepsilon(t)$$

$$2\delta(t)\to10\varepsilon(t)\to12t\varepsilon(t) \qquad [\text{平衡微分方程两边的}\delta(t)\text{项}]$$

跳变量　　2　　0

由于单位斜坡信号$r(t)=t\varepsilon(t)$在$t=0$处连续，$6y(t)$中含有$12t\varepsilon(t)$，意味着$y(t)$中含有$2t\varepsilon(t)$，即表明$y(t)$在$t=0$处的跳变量(增量值)$\Delta y(0)=0$。由于单位阶跃信号$\varepsilon(t)$在$t=0$处上跳1个单位，$5y'(t)$中含有$10\varepsilon(t)$，意味着$y'(t)$含有$2\varepsilon(t)$，即$y'(t)$在$t=0$处的跳变量(增量值)$\Delta y'(0)=2$，这样就得到了系统的初始条件，即

$$\begin{cases}y(0_+)=y(0_-)+\Delta y(0)=1+0=1\\ y'(0_+)=y'(0_-)+\Delta y'(0)=3+2=5\end{cases} \tag{2.3.29}$$

分析表明，二阶线性常系数非齐次微分方程式(2.3.25)右边的$2\delta(t)$，在$t=0$时刻对系统的贡献是：使$y'(t)$在$t=0$处出现了跳变，并且，其跳变量为$\Delta y'(0)=2$。

由于现已计入二阶线性常系数非齐次微分方程式(2.3.25)右边的$2\delta(t)$在$t=0$时刻的效果，因此系统全响应的通解式(2.3.28)的解区间，可从$t\in(0,+\infty)$修改为$t\in[0,+\infty)$，即系统全响应的通解为

$$y(t)=y_h(t)+y_p(t)=C_1e^{-2t}+C_2e^{-3t}+3e^{-t},\ t\geqslant0 \tag{2.3.30}$$

考虑到$y(0_+)=1$，$y'(0_+)=5$，由式(2.3.30)可得

$$\begin{cases}y(0_+)=C_1+C_2+3=1\\ y'(0_+)=-2C_1-3C_2-3=5\end{cases}，\text{解得}\begin{cases}C_1=2\\ C_2=-4\end{cases}$$

于是，LIT连续时间系统的全响应为

$$y(t)=3e^{-t}+2e^{-2t}-4e^{-3t},\ t\geqslant0 \tag{2.3.31}$$

结论1：

设描述LTI连续时间系统的微分方程为$D(p)y(t)=N(p)f(t)$，其中$D(p)$和$N(p)$分别为n次和m次多项式。

(1) 用经典法求解LTI连续时间系统的全响应，需要完成系统的初始状态到初始条件的转换。

由于系统的激励$f(t)$是因果信号，因此将激励$f(t)$代入微分方程的右边时，可能出现$\delta^{(j)}(t)(j=0,1,2,m-1)$项，导致系统的初始条件$y^{(i)}(0_+)(i=0,1,2,\cdots,n-1)$与系统的初始状态$y^{(i)}(0_-)(i=0,1,2,\cdots,n-1)$可能不相等。由于系统的全响应$y(t)$的解区间为$t\in[0,+\infty)$，因此必须用初始条件$y^{(i)}(0_+)(i=0,1,2,\cdots,n-1)$来确定全响应$y(t)$通解中的待定系数。通常利用奇异函数平衡法来确定微分方程右边的$\delta^{(j)}(t)(j=0,1,2,m-1)$项在$t=0$时刻所产生的跳变量。从而完成LTI连续时间系统的初始状态到初始条件的转换。

(2) 从本质上讲，用经典法求解LTI连续时间系统的全响应，属于缩区间解法。

虽然解区间为$t\in[0,+\infty)$，但是在求特解时缩掉了$t=0$点，真正求出的是$t>0$时的特解。再用奇异函数平衡法找出微分方程右边的$\delta^{(j)}(t)(j=0,1,2,m-1)$项在$t=0$时刻对系统的贡献，得到LTI连续时间系统的初始条件。最后求得$t\geqslant0$时LTI连续时间系统的全响应。

(3) 经典法适合求解LTI连续时间系统的零输入响应。

若激励$f(t)$为零，则微分方程右边不可能出现$\delta^{(j)}(t)(j=0,1,2,m-1)$项，自然就不会出现跳变量，即$\Delta y^{(i)}(0)=0(i=0,1,2,\cdots,n-1)$，$y^{(i)}(0_+)=y^{(i)}(0_-)(i=0,1,2,\cdots,n-1)$，因此用经

典法求解系统的零输入响应时，可以直接利用系统的初始状态 $y^{(i)}(0_-)(i=0,1,2,\cdots,n-1)$ 来确定齐次解中的待定系数。从这层意义上讲，它算是一种求解 LTI 连续时间系统零输入响应的好方法。

(4) 用经典法求解 LTI 连续时间系统的全响应时，存在局限性。

在分析例 2.3.1 的过程中提到，为使非齐次微分方程式(2.3.25)两边的 $2\delta(t)$ 平衡，等号左边的二阶导数 $y''(t)$ 中含有 $2\delta(t)$。从求解得到的结果，即式(2.3.31)来看，$y''(t)$ 中含有 $2\delta(t)$ 这一点无法得到证实。然而从分析过程可知，非齐次微分方程式(2.3.25)右边的 $2\delta(t)$ 是将激励 $f(t)=2e^{-t}\varepsilon(t)$ 代入微分方程式(2.3.22)时自动引入的。由于 LTI 连续时间系统的全响应可以表示成 $y(t)=y_x(t)+y_f(t)$，因此这应该是系统全响应 $y(t)$ 中的零状态响应 $y_f(t)$ 的二阶导数，即 $y_f''(t)$ 中含有 $2\delta(t)$。正是由于系统的全响应 $y(t)$ 将零输入响应 $y_x(t)$ 和零状态响应 $y_f(t)$ 用式(2.3.32)所示的分段函数笼统地表示，以致于无法证实 $y''(t)$ 中含有 $2\delta(t)$。

$$y(t)=\begin{cases}\text{未知}, & t<0\\ y(0_-), & t=0_-\\ \text{全响应表达式}, & t\geqslant 0\end{cases} \tag{2.3.32}$$

2.3.2 基于整体积分法的两种降阶解法

由例 2.3.1 的分析可知，LTI 连续时间系统全响应的经典解法，在求特解时，缩掉了 $t=0$ 点，不可避免地要用奇异函数平衡法来找出微分方程右边的 $\delta(t)$ 项及 $\delta(t)$ 的各阶导数项对系统的贡献，以便完成系统的初始状态到初始条件的转换。

如果通过一种方式找出了 n 阶 LTI 连续时间系统在整个时间区间 $t\in(-\infty,+\infty)$ 上的全响应的通解，则可直接用系统的初始状态 $y^{(i)}(0_-)(i=0,1,2,\cdots,n-1)$ 确定全响应通解中的待定系数，得到时间区间 $t\in[0_-,+\infty)$ 上的全响应，那么其子区间 $t\in[0,+\infty)$ 上的全响应就随之确定了，这种通过放大解区间来求解 LTI 连续时间系统全响应的方法，称为放区间解法。

1. 不定积分降阶法

对描述 n 阶 LTI 连续时间系统的微分方程，基于整体积分法，通过不定积分逐次降阶，获得整个时间区间 $t\in(-\infty,+\infty)$ 上的通解，再利用系统的初始状态 $y^{(i)}(0_-)(i=0,1,2,\cdots,n-1)$ 确定通解中的待定系数，从而获得系统的响应，这种求解系统响应的方法称为不定积分降阶法。

例 2.3.2：设描述二阶 LTI 连续时间系统响应 $y(t)$ 与激励 $f(t)$ 关系的微分方程为

$$y''(t)+5y'(t)+6y(t)=f'(t)+4f(t) \tag{2.3.33}$$

已知系统的初始状态 $y(0_-)=1$，$y'(0_-)=3$，激励 $f(t)=2e^{-t}\varepsilon(t)$，试求系统的全响应 $y(t)$。

解：将激励 $f(t)=2e^{-t}\varepsilon(t)$ 代入微分方程式(2.3.33)，可得

$$y''(t)+5y'(t)+6y(t)=[2e^{-t}\varepsilon(t)]'+8e^{-t}\varepsilon(t)=-2e^{-t}\varepsilon(t)+2e^{-t}\delta(t)+8e^{-t}\varepsilon(t)$$

即

$$[y'(t)+3y(t)]'+2[y'(t)+3y(t)]=2\delta(t)+6e^{-t}\varepsilon(t) \tag{2.3.34}$$

将式(2.3.34)的等号两边分别乘以 e^{2t}，可得

$$[y'(t)+3y(t)]'e^{2t}+2[y'(t)+3y(t)]e^{2t}=2e^{2t}\delta(t)+6e^{t}\varepsilon(t) \tag{2.3.35}$$

利用乘积求导法则，对式(2.3.35)的等号左边进行逆向改写，可得

$$\{[y'(t)+3y(t)]e^{2t}\}'=2\delta(t)+6e^{t}\varepsilon(t) \tag{2.3.36}$$

对式(2.3.36)的等号两边做不定积分，可得

$$[y'(t)+3y(t)]e^{2t}=C_1+2\varepsilon(t)+6(e^{t}-1)\varepsilon(t)=C_1+6e^{t}\varepsilon(t)-4\varepsilon(t)$$

即

$$y'(t)+3y(t)=C_1e^{-2t}+6e^{-t}\varepsilon(t)-4e^{-2t}\varepsilon(t)$$

同理，可得

$$y'(t)e^{3t}+3y(t)e^{3t}=C_1e^t+6e^{2t}\varepsilon(t)-4e^t\varepsilon(t)$$
$$[y(t)e^{3t}]'=C_1e^t+[3(e^{2t}-1)\varepsilon(t)-4(e^t-1)\varepsilon(t)]'$$
$$y(t)e^{3t}=C_2+C_1e^t+(3e^{2t}-4e^t+1)\varepsilon(t)$$

于是，系统全响应的通解为

$$y(t)=C_1e^{-2t}+C_2e^{-3t}+(3e^{-t}-4e^{-2t}+e^{-3t})\varepsilon(t),\ t\in(-\infty,+\infty) \quad (2.3.37)$$

考虑到系统的初始状态 $y(0_-)=1$，$y'(0_-)=3$，由式(2.3.37)可得

$$\begin{cases}y(0_-)=C_1+C_2=1\\ y'(0_-)=-2C_1-3C_2=3\end{cases}，解得\begin{cases}C_1=6\\ C_2=-5\end{cases}$$

于是，系统在 $t\geqslant 0_-$ 时的全响应为

$$y(t)=\underbrace{6e^{-2t}-5e^{-3t}}_{y_x(t)}+\underbrace{(3e^{-t}-4e^{-2t}+e^{-3t})\varepsilon(t)}_{y_f(t)},\ t\geqslant 0_- \quad (2.3.38)$$

由于区间$[0,+\infty)$是区间$[0_-,+\infty)$的子区间，因此由式(2.3.38)可得 $t\geqslant 0$ 时 LTI 连续时间系统的全响应，即

$$y(t)=\underbrace{6e^{-2t}-5e^{-3t}}_{y_x(t)}+\underbrace{(3e^{-t}-4e^{-2t}+e^{-3t})\varepsilon(t)}_{y_f(t)},\ t\geqslant 0$$

讨论：

由式(2.3.38)可得

$$y_x(0_+)=y_x(0_-)=6-5=1=y(0_-) \quad (2.3.39)$$
$$\Delta y_x(0)=y_x(0_+)-y_x(0_-)=0 \quad (2.3.40)$$
$$y_f(0_+)=3-4+1=0=y_f(0_-) \quad (2.3.41)$$
$$\Delta y_f(0)=y_f(0_+)-y_f(0_-)=0 \quad (2.3.42)$$

考虑到式(2.3.40)及式(2.3.42)，则有

$$\Delta y(0)=y(0_+)-y(0_-)=\Delta y_x(0)+\Delta y_f(0)=\Delta y_f(0)=0 \quad (2.3.43)$$

由式(2.3.38)可得

$$y'(t)=\underbrace{-12e^{-2t}+15e^{-3t}}_{y'_x(t)}+\underbrace{(-3e^{-t}+8e^{-2t}-3e^{-3t})\varepsilon(t)+(3e^{-t}-4e^{-2t}+e^{-3t})\delta(t)}_{y'_f(t)}$$
$$=\underbrace{-12e^{-2t}+15e^{-3t}}_{y'_x(t)}+\underbrace{(-3e^{-t}+8e^{-2t}-3e^{-3t})\varepsilon(t)}_{y'_f(t)},\quad t\geqslant 0_- \quad (2.3.44)$$

由式(2.3.44)可得

$$y'_x(0_+)=y'_x(0_-)=-12+15=3=y'(0_-) \quad (2.3.45)$$
$$\Delta y'_x(0)=y'_x(0_+)-y'_x(0_-)=0 \quad (2.3.46)$$
$$y'_f(0_+)=-3+8-3=2 \quad (2.3.47)$$
$$\Delta y'_f(0)=y'_f(0_+)-y'_f(0_-)=2-0=2 \quad (2.3.48)$$

考虑到式(2.3.46)及式(2.3.48)，则有

$$\Delta y'(0)=y'(0_+)-y'(0_-)=\Delta y'_x(0)+\Delta y'_f(0)=\Delta y'_f(0)=2 \quad (2.3.49)$$

由式(2.3.44)可得

$$y''(t)=\underbrace{24e^{-2t}-45e^{-3t}}_{y''_x(t)}+\underbrace{(3e^{-t}-16e^{-2t}+9e^{-3t})\varepsilon(t)+(-3e^{-t}+8e^{-2t}-3e^{-3t})\delta(t)}_{y''_f(t)}$$
$$=\underbrace{24e^{-2t}-45e^{-3t}}_{y''_x(t)}+\underbrace{(3e^{-t}-16e^{-2t}+9e^{-3t})\varepsilon(t)+2\delta(t)}_{y''_f(t)},\ t\geqslant 0_- \quad (2.3.50)$$

结论 2：

(1) 式(2.3.39)表明 $y_x(0_+)=y(0_-)$，式(2.3.45)表明 $y'_x(0_+)=y'(0_-)$。因此，可以直接利用二阶 LTI 连续时间系统的初始状态确定齐次解中的待定系数，得到系统的零输入响应。

这一结论可以推广到 n 阶 LTI 连续时间系统中。

(2) 式(2.3.42)表明 $\Delta y_f(0)=0$，式(2.3.48)表明 $\Delta y'_f(0)=2$。类似地，在求 n 阶 LTI 连续时间系统的零状态响应时，$y_f^{(i)}(t)(i=0,1,2,\cdots,n-1)$在 $t=0$ 时刻可能出现跳变。

(3) 式(2.3.49)表明 $\Delta y'(0)=\Delta y'_f(0)=2$。类似地，$n$ 阶 LTI 连续时间系统全响应 $y(t)$ 的各阶导数在 $t=0$ 时刻的跳变量 $\Delta y^{(i)}(0)=\Delta y_f^{(i)}(0)(i=0,1,2,\cdots,n-1)$。换言之，在 $t=0$ 时刻，零状态响应 $y_f(t)$各阶导数的跳变，对应引起全响应 $y(t)$各阶导数的跳变。

(4) 式(2.3.50)表明，$y''(t)$中的确含有 $2\delta(t)$，并且是由 $y''_f(t)$提供的。

(5) 从本质上讲，不定积分降阶法求解 LTI 连续时间系统的全响应，属于微分方程的放区间解法。

(6) 式(2.3.37)表明，在激励为因果信号时，基于整体积分法，利用不定积分降阶法求出的 LTI 连续时间系统全响应通解中的特解，正是系统的零状态响应 $y_f(t)$，并且自动表示成因果信号。从求解的过程可知，LTI 连续时间系统的零状态响应 $y_f(t)$的确与系统的初始状态无关，仅由激励和 LTI 连续时间系统共同决定。

2. 上限积分降阶法

对描述 n 阶 LTI 连续时间系统的微分方程，基于整体积分法，通过上限积分并结合系统的初始状态 $y^{(i)}(0_-)(i=0,1,2,\cdots,n-1)$逐次降阶，获得时间区间 $t\in[0_-,+\infty)$上的系统响应，这种求解系统响应的方法，称为上限积分降阶法。

例 2.3.3：设描述二阶 LTI 连续时间系统响应 $y(t)$与激励 $f(t)$关系的微分方程为

$$y''(t)+3y'(t)+2y(t)=2f'(t)+3f(t) \tag{2.3.51}$$

已知系统的初始状态 $y(0_-)=2$，$y'(0_-)=1$，激励 $f(t)=2e^{-3t}\varepsilon(t)$，试求系统的全响应 $y(t)$。

解：将激励 $f(t)=2e^{-3t}\varepsilon(t)$代入微分方程式(2.3.51)，可得

$$y''(t)+3y'(t)+2y(t)=2[2e^{-3t}\varepsilon(t)]'+6e^{-3t}\varepsilon(t)=-12e^{-3t}\varepsilon(t)+4e^{-3t}\delta(t)+6e^{-3t}\varepsilon(t)$$

即

$$[y'(t)+2y(t)]'+[y'(t)+2y(t)]=4\delta(t)-6e^{-3t}\varepsilon(t) \tag{2.3.52}$$

将式(2.3.52)的等号两边分别乘以 e^t，可得

$$[y'(t)+2y(t)]'e^t+[y'(t)+2y(t)]e^t=4e^t\delta(t)-6e^{-2t}\varepsilon(t) \tag{2.3.53}$$

利用乘积求导法则，对式(2.3.53)的等号左边进行逆向改写，可得

$$\{[y'(t)+2y(t)]e^t\}'=4\delta(t)-6e^{-2t}\varepsilon(t) \tag{2.3.54}$$

由式(2.3.54)可得

$$\{[y'(\tau)+2y(\tau)]e^\tau\}'=4\delta(\tau)-6e^{-2\tau}\varepsilon(\tau) \tag{2.3.55}$$

在区间 $\tau\in[0_-,t]$上，对式(2.3.55)的等号两边分别积分，可得

$$[y'(\tau)+2y(\tau)]e^\tau\Big|_{0_-}^{t}=[4\varepsilon(\tau)+3(e^{-2\tau}-1)\varepsilon(\tau)]\Big|_{0_-}^{t} \tag{2.3.56}$$

考虑到系统的初始状态 $y(0_-)=2$，$y'(0_-)=1$，由式(2.3.56)可得

$$[y'(t)+2y(t)]e^t-5=(3e^{-2t}+1)\varepsilon(t)$$
$$y'(t)+2y(t)=5e^{-t}+(3e^{-3t}+e^{-t})\varepsilon(t)$$

同理，可得

$$y'(t)e^{2t}+2y(t)e^{2t}=5e^t+[3e^{-t}\varepsilon(t)+e^t\varepsilon(t)]$$
$$[y(t)e^{2t}]'=5e^t+[-3(e^{-t}-1)\varepsilon(t)+(e^t-1)\varepsilon(t)]'$$
$$[y(\tau)e^{2\tau}]'=5e^\tau+[(e^\tau-3e^{-\tau}+2)\varepsilon(\tau)]'$$
$$y(\tau)e^{2\tau}\Big|_{0_-}^{t}=5e^\tau\Big|_{0_-}^{t}+(e^\tau-3e^{-\tau}+2)\varepsilon(\tau)\Big|_{0_-}^{t}$$

考虑到系统的初始状态 $y(0_-)=2$，则有

$$y(t)\mathrm{e}^{2t}-2=5\mathrm{e}^{t}-5+(\mathrm{e}^{t}-3\mathrm{e}^{-t}+2)\varepsilon(t)$$

即

$$y(t)=\underbrace{5\mathrm{e}^{-t}-3\mathrm{e}^{-2t}}_{y_x(t)}+\underbrace{(\mathrm{e}^{-t}+2\mathrm{e}^{-2t}-3\mathrm{e}^{-3t})\varepsilon(t)}_{y_f(t)},\ t\geqslant 0_- \tag{2.3.57}$$

由于区间$[0,+\infty)$是区间$[0_-,+\infty)$的子区间，因此由式(2.3.57)可得 $t\geqslant 0$ 时 LTI 连续时间系统的全响应，即

$$y(t)=\underbrace{5\mathrm{e}^{-t}-3\mathrm{e}^{-2t}}_{y_x(t)}+\underbrace{(\mathrm{e}^{-t}+2\mathrm{e}^{-2t}-3\mathrm{e}^{-3t})\varepsilon(t)}_{y_f(t)},\ t\geqslant 0$$

结论 3：

(1) 从本质上讲，上限积分降阶法求解 LTI 连续时间系统的全响应，属于微分方程的放区间解法。

(2) 上限积分降阶法与不定积分降阶法相比较，缺少了确定待定系数的步骤。

2.3.3 LTI 连续时间系统零状态响应的微分方程解法与线性卷积法的内在联系

设激励 $f(t)$为因果信号，即 $f(t)=f(t)\varepsilon(t)$，二阶 LTI 连续时间系统的转移算子描述为

$$y(t)=\frac{N(p)}{D(p)}f(t) \tag{2.3.58}$$

式中

$$D(p)=(p-\lambda_1)(p-\lambda_2),\ N(p)=b_1p+b_0$$

其中，b_1 和 b_0 为常数。

由式(2.3.58)可得

$$(p-\lambda_1)(p-\lambda_2)y(t)=(b_1p+b_0)f(t)$$

即

$$y''(t)-(\lambda_1+\lambda_2)y'(t)+\lambda_1\lambda_2y(t)=b_1f'(t)+b_0f(t) \tag{2.3.59}$$

令

$$x(t)=N(p)f(t)=b_1f'(t)+b_0f(t) \tag{2.3.60}$$

由于激励 $f(t)$为因果信号，由式(2.3.60)可知，信号 $x(t)$也为因果信号，因此 $x(t)$满足

$$x(t)=x(t)\varepsilon(t) \tag{2.3.61}$$

考虑到式(2.3.60)，则二阶线性常系数非齐次微分方程式(2.3.59)可写成

$$y''(t)-(\lambda_1+\lambda_2)y'(t)+\lambda_1\lambda_2y(t)=x(t) \tag{2.3.62}$$

二阶线性常系数非齐次微分方程式(2.3.62)又可写成

$$[y'(t)-\lambda_2y(t)]'-\lambda_1[y'(t)-\lambda_2y(t)]=x(t) \tag{2.3.63}$$

将式(2.3.63)的等号两边分别乘以 $\mathrm{e}^{-\lambda_1t}$，可得

$$[y'(t)-\lambda_2y(t)]'\mathrm{e}^{-\lambda_1t}-\lambda_1[y'(t)-\lambda_2y(t)]\mathrm{e}^{-\lambda_1t}=x(t)\mathrm{e}^{-\lambda_1t} \tag{2.3.64}$$

利用乘积求导法则，对式(2.3.64)的等号左边进行逆向改写，可得

$$\{[y'(t)-\lambda_2y(t)]\mathrm{e}^{-\lambda_1t}\}'=x(t)\mathrm{e}^{-\lambda_1t} \tag{2.3.65}$$

由式(2.3.65)可得

$$\{[y'(\tau)-\lambda_2y(\tau)]\mathrm{e}^{-\lambda_1\tau}\}'=x(\tau)\mathrm{e}^{-\lambda_1\tau} \tag{2.3.66}$$

在区间 $\tau\in[0_-,t]$上，对式(2.3.66)的等号两边分别积分，可得

$$[y'(\tau)-\lambda_2y(\tau)]\mathrm{e}^{-\lambda_1\tau}\Big|_{0_-}^{t}=\int_{0_-}^{t}x(\tau)\mathrm{e}^{-\lambda_1\tau}\mathrm{d}\tau$$

$$[y'(t)-\lambda_2y(t)]\mathrm{e}^{-\lambda_1t}-[y'(0_-)-\lambda_2y(0_-)]=\int_{0_-}^{t}x(\tau)\mathrm{e}^{-\lambda_1\tau}\mathrm{d}\tau \tag{2.3.67}$$

利用 $\varepsilon(t-\tau)$ 扩展积分的上限，则式(2.3.67)可写成

$$[y'(t)-\lambda_2 y(t)]e^{-\lambda_1 t}=y'(0_-)-\lambda_2 y(0_-)+\int_{0_-}^{+\infty}x(\tau)e^{-\lambda_1\tau}\varepsilon(t-\tau)d\tau \quad (2.3.68)$$

考虑到式(2.3.61)，则式(2.3.68)又可写成

$$y'(t)-\lambda_2 y(t)=[y'(0_-)-\lambda_2 y(0_-)]e^{\lambda_1 t}+\int_{-\infty}^{+\infty}x(\tau)\varepsilon(\tau)e^{\lambda_1(t-\tau)}\varepsilon(t-\tau)d\tau \quad (2.3.69)$$

令

$$w(t)=x(t)\varepsilon(t)*e^{\lambda_1 t}\varepsilon(t) \quad (2.3.70)$$

显然，$w(t)$ 是一个因果信号，即

$$w(t)=w(t)\varepsilon(t) \quad (2.3.71)$$

考虑到式(2.3.70)，则一阶线性常系数非齐次微分方程式(2.3.69)又可写成

$$y'(t)-\lambda_2 y(t)=[y'(0_-)-\lambda_2 y(0_-)]e^{\lambda_1 t}+w(t) \quad (2.3.72)$$

同理，可得

$$y'(t)e^{-\lambda_2 t}-\lambda_2 y(t)e^{-\lambda_2 t}=[y'(0_-)-\lambda_2 y(0_-)]e^{(\lambda_1-\lambda_2)t}+w(t)e^{-\lambda_2 t}$$

$$[y(t)e^{-\lambda_2 t}]'=[y'(0_-)-\lambda_2 y(0_-)]e^{(\lambda_1-\lambda_2)t}+w(t)e^{-\lambda_2 t}$$

$$[y(\tau)e^{-\lambda_2\tau}]'=[y'(0_-)-\lambda_2 y(0_-)]e^{(\lambda_1-\lambda_2)\tau}+w(\tau)e^{-\lambda_2\tau} \quad (2.3.73)$$

1. 当 λ_1 和 λ_2 为实数，并且 $\lambda_2\neq\lambda_1$ 时

在区间 $\tau\in[0_-,t]$ 上，对式(2.3.73)的等号两边分别积分，可得

$$y(\tau)e^{-\lambda_2\tau}\Big|_{0_-}^{t}=\frac{y'(0_-)-\lambda_2 y(0_-)}{\lambda_1-\lambda_2}e^{(\lambda_1-\lambda_2)\tau}\Big|_{0_-}^{t}+\int_{0_-}^{t}w(\tau)e^{-\lambda_2\tau}d\tau$$

$$y(t)e^{-\lambda_2 t}-y(0_-)=\frac{y'(0_-)-\lambda_2 y(0_-)}{\lambda_1-\lambda_2}(e^{(\lambda_1-\lambda_2)t}-1)+\int_{0_-}^{t}w(\tau)e^{-\lambda_2\tau}d\tau \quad (2.3.74)$$

利用 $\varepsilon(t-\tau)$ 扩展积分的上限，则式(2.3.74)可写成

$$y(t)e^{-\lambda_2 t}-y(0_-)=\frac{y'(0_-)-\lambda_2 y(0_-)}{\lambda_1-\lambda_2}(e^{(\lambda_1-\lambda_2)t}-1)+\int_{0_-}^{+\infty}w(\tau)e^{-\lambda_2\tau}\varepsilon(t-\tau)d\tau \quad (2.3.75)$$

考虑到式(2.3.71)，则式(2.3.75)又可写成

$$y(t)-y(0_-)e^{\lambda_2 t}=\frac{y'(0_-)-\lambda_2 y(0_-)}{\lambda_1-\lambda_2}(e^{\lambda_1 t}-e^{\lambda_2 t})+\int_{-\infty}^{+\infty}w(\tau)\varepsilon(\tau)e^{\lambda_2(t-\tau)}\varepsilon(t-\tau)d\tau$$

即

$$y(t)=\frac{y'(0_-)-\lambda_2 y(0_-)}{\lambda_1-\lambda_2}e^{\lambda_1 t}-\frac{y'(0_-)-\lambda_1 y(0_-)}{\lambda_1-\lambda_2}e^{\lambda_2 t}+w(t)*e^{\lambda_2 t}\varepsilon(t) \quad (2.3.76)$$

考虑到式(2.3.70)，则式(2.3.76)又可写成

$$y(t)=\underbrace{\frac{y'(0_-)-\lambda_2 y(0_-)}{\lambda_1-\lambda_2}e^{\lambda_1 t}-\frac{y'(0_-)-\lambda_1 y(0_-)}{\lambda_1-\lambda_2}e^{\lambda_2 t}}_{y_x(t)}+\underbrace{x(t)*e^{\lambda_1 t}\varepsilon(t)*e^{\lambda_2 t}\varepsilon(t)}_{y_f(t)},\ t\geqslant 0$$

$$(2.3.77)$$

2. 当 λ_1 和 λ_2 为实数，并且 $\lambda_2=\lambda_1$ 时

考虑到式(2.3.76)及式(2.3.70)，则有

$$y(t)=y'(0_-)\lim_{\lambda_2\to\lambda_1}\frac{e^{\lambda_2 t}-e^{\lambda_1 t}}{\lambda_2-\lambda_1}+y(0_-)\lim_{\lambda_2\to\lambda_1}\frac{\lambda_2 e^{\lambda_1 t}-\lambda_1 e^{\lambda_2 t}}{\lambda_2-\lambda_1}+\lim_{\lambda_2\to\lambda_1}w(t)*e^{\lambda_2 t}\varepsilon(t)$$

$$=y'(0_-)\lim_{\lambda_2\to\lambda_1}\frac{te^{\lambda_2 t}}{1}+y(0_-)\lim_{\lambda_2\to\lambda_1}\frac{e^{\lambda_1 t}-t\lambda_1 e^{\lambda_2 t}}{1}+w(t)*e^{\lambda_1 t}\varepsilon(t)$$

$$=y'(0_-)te^{\lambda_1 t}+y(0_-)(e^{\lambda_1 t}-t\lambda_1 e^{\lambda_1 t})+w(t)*e^{\lambda_1 t}\varepsilon(t)$$

即

$$y(t)=\underbrace{\{y(0_-)+[y'(0_-)-\lambda_1 y(0_-)]t\}e^{\lambda_1 t}}_{y_x(t)}+\underbrace{x(t)*e^{\lambda_1 t}\varepsilon(t)*e^{\lambda_1 t}\varepsilon(t)}_{y_f(t)},\ t\geqslant 0 \tag{2.3.78}$$

结论 4:

(1) 式(2.3.77)和式(2.3.78)表明，LTI 连续时间系统全响应 $y(t)$的微分方程解法求出的结果，仍然包含零输入响应 $y_x(t)$及零状态响应 $y_f(t)$两部分，$y_x(t)$仅与系统和初始状态有关；$y_f(t)$仅与系统和激励有关，并且可用线性卷积计算。

(2) 式(2.3.77)及式(2.3.78)再次表明，一个二阶 LTI 连续时间系统可以分解成两个一阶 LTI 连续时间系统的级联形式。

(3) 考虑到式(2.3.60)、式(2.3.70)及式(2.3.76)，则二阶 LTI 连续时间系统零状态响应的求解过程，可用图 2.3.1 所示的方框图来表示。

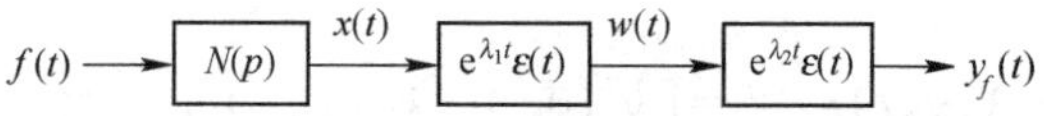

图 2.3.1 二阶 LTI 连续时间系统零状态响应的求解过程

(4) 图 2.3.1 所示的二阶 LTI 连续时间系统零状态响应的求解过程，是信号分解和叠加原理的综合体现，前级系统实现信号的分解，即激励 $f(t)$经过广义微分算子 $N(p)=b_1p+b_0$ 运算后，其输出信号 $x(t)$中包含两个信号分量，再将这两个信号分量送入后级的两个一阶 LTI 连续时间系统进行处理，最后利用 LTI 连续时间系统响应的可加性，获得了系统的零状态响应。

2.4 线性卷积的性质

1.4.9 节给出了线性卷积的定义，并介绍了线性卷积的图解步骤以及线性卷积的存在性。由 1.5.4 节的分析和讨论已经知道，时域求解 LTI 连续时间系统的零状态响应涉及线性卷积运算。式(1.4.13)定义的线性卷积既然是一种含有参变量的广义积分运算，就必然有其运算规律及性质，掌握并熟练运用这些规律及性质，可以使线性卷积的运算得以简化。

2.4.1 交换律

若 $f_1(t)$和 $f_2(t)$的线性卷积存在，则有

$$f_1(t)*f_2(t)=f_2(t)*f_1(t) \tag{2.4.1}$$

证明：考虑到线性卷积的定义式(1.4.13)，则有

$$f_1(t)*f_2(t)=\int_{-\infty}^{+\infty}f_1(\tau)f_2(t-\tau)d\tau \xlongequal{t-\tau=\lambda} -\int_{+\infty}^{-\infty}f_1(t-\lambda)f_2(\lambda)d\lambda$$

$$=\int_{-\infty}^{+\infty}f_2(\lambda)f_1(t-\lambda)d\lambda=f_2(t)*f_1(t)$$

线性卷积的交换律表明，激励与 LTI 连续时间系统的角色互换，可以得到相同的零状态响应，如图 2.4.1 所示。

图 2.4.1 激励与 LTI 连续时间系统的角色互换

2.4.2　分配律

若 $f_1(t)$ 和 $f_2(t)$ 以及 $f_1(t)$ 和 $f_3(t)$ 的线性卷积均存在，则有

$$[f_1(t)+f_2(t)]*f_3(t)=f_1(t)*f_3(t)+f_2(t)*f_3(t) \tag{2.4.2}$$

证明：考虑到线性卷积的定义式(1.4.13)，则有

$$\begin{aligned}[f_1(t)+f_2(t)]*f_3(t)&=\int_{-\infty}^{+\infty}[f_1(\tau)+f_2(\tau)]f_3(t-\tau)\mathrm{d}\tau\\&=\int_{-\infty}^{+\infty}f_1(\tau)f_3(t-\tau)\mathrm{d}\tau+\int_{-\infty}^{+\infty}f_2(\tau)f_3(t-\tau)\mathrm{d}\tau\\&=f_1(t)*f_3(t)+f_2(t)*f_3(t)\end{aligned}$$

(1) 线性卷积的分配律表明，LTI 连续时间系统的零状态响应具有可加性，如图 2.4.2 所示。

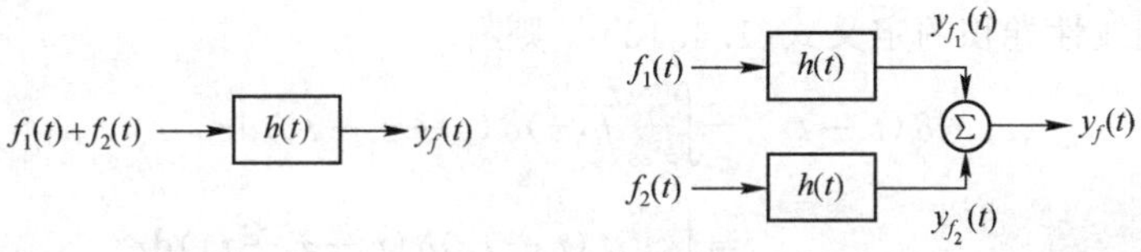

图 2.4.2　LTI 连续时间系统的零状态响应具有可加性

(2) 线性卷积的分配律表明，LTI 连续时间系统具有可分解性，如图 2.4.3 所示。

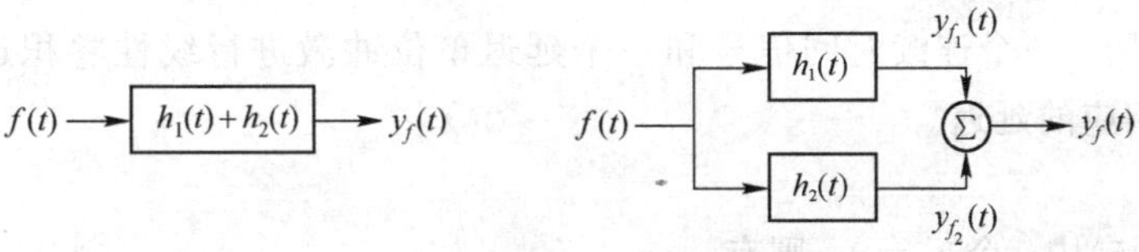

图 2.4.3　LTI 连续时间系统具有可分解性

2.4.3　结合律

若 $f_1(t)$、$f_2(t)$ 及 $f_3(t)$ 中任意两个信号的线性卷积均存在，则有

$$[f_1(t)*f_2(t)]*f_3(t)=f_1(t)*[f_2(t)*f_3(t)]=[f_1(t)*f_3(t)]*f_2(t) \tag{2.4.3}$$

证明：考虑到线性卷积的定义式(1.4.13)，则有

$$\begin{aligned}f_1(t)*[f_2(t)*f_3(t)]&=f_1(t)*\int_{-\infty}^{+\infty}f_2(\tau)f_3(t-\tau)\mathrm{d}\tau\\&=\int_{-\infty}^{+\infty}f_1(\lambda)\left[\int_{-\infty}^{+\infty}f_2(\tau)f_3(t-\lambda-\tau)\mathrm{d}\tau\right]\mathrm{d}\lambda\\&=\int_{-\infty}^{+\infty}f_2(\tau)\left[\int_{-\infty}^{+\infty}f_1(\lambda)f_3(t-\tau-\lambda)\mathrm{d}\lambda\right]\mathrm{d}\tau\\&=f_2(t)*\left[\int_{-\infty}^{+\infty}f_1(\lambda)f_3(t-\lambda)\mathrm{d}\lambda\right]\\&=f_2(t)*[f_1(t)*f_3(t)]\end{aligned}$$

线性卷积的结合律表明，级联的 LTI 连续时间系统与级联的顺序无关；级联的 LTI 连续时间系统可以等效于一个 LTI 连续时间系统，该系统的单位冲激响应为级联的两个 LTI 连续时间系统单位冲激响应的线性卷积，如图 2.4.4 所示。

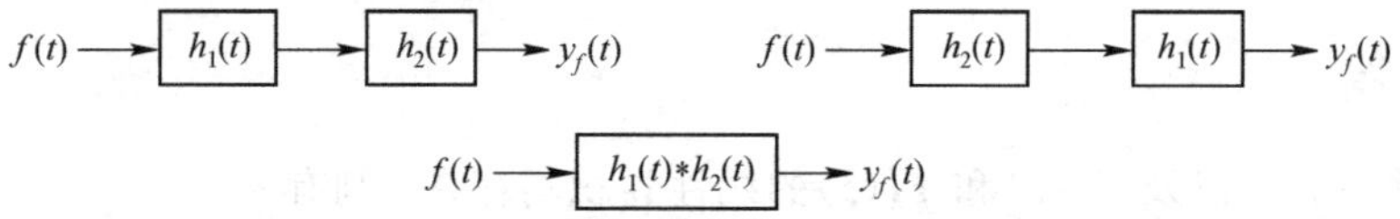

图 2.4.4　级联的 LTI 连续时间系统与级联的顺序无关

2.4.4　时移性质及相关问题的讨论

下面首先介绍线性卷积的时移性质，然后对相关的问题进行讨论。

1. 时移性质

若 $f_1(t)*f_2(t)=f(t)$，则有

$$f_1(t-t_1)*f_2(t-t_2)=f(t-t_1-t_2) \tag{2.4.4}$$

(1) 首先证明

$$f(t)*\delta(t-t_0)=f(t-t_0) \tag{2.4.5}$$

证明：考虑到线性卷积的定义式(1.4.13)，则有

$$\begin{aligned} f(t)*\delta(t-t_0) &= \int_{-\infty}^{+\infty} f(\tau)\delta(t-\tau-t_0)\mathrm{d}\tau \\ &= \int_{-\infty}^{+\infty} f(t-t_0)\delta(t-\tau-t_0)\mathrm{d}\tau \\ &= f(t-t_0)\int_{-\infty}^{+\infty}\delta(t-\tau-t_0)\mathrm{d}\tau \\ &= f(t-t_0) \end{aligned}$$

式(2.4.5)表明，一个连续时间信号和一个延迟单位冲激进行线性卷积运算，等价于将连续时间信号进行相应的延迟。

讨论：

① 在式(2.4.5)中，令 $t_0=0$，则有

$$f(t)*\delta(t)=f(t) \tag{2.4.6}$$

式(2.4.6)表明，一个连续时间实信号和一个单位冲激信号进行线性卷积运算，其结果是连续时间实信号自身；逆向来看，表明了一个连续时间实信号可以分解成延迟冲激的加权和，其加权值为 $f(\tau)$，即式(1.3.16)给出的分解表达式。

② 在式(2.4.6)中，令 $f(t)=\delta(t)$，则有

$$\delta(t)*\delta(t)=\delta(t) \tag{2.4.7}$$

式(2.4.7)表明，两个单位冲激信号进行线性卷积运算，其结果还是单位冲激信号。

③ 在式(2.4.5)中，令 $f(t)=\delta(t-t_1)$，令 $t_0=t_2$，则有

$$\delta(t-t_1)*\delta(t-t_2)=\delta(t-t_1-t_2) \tag{2.4.8}$$

式(2.4.8)表明，两个延迟单位冲激信号进行线性卷积运算，其结果还是延迟单位冲激信号，其延迟时间是两个延迟单位冲激信号延迟时间之和。

(2) 再证明式(2.4.4)

现在可以利用式(2.4.5)及式(2.4.8)来证明式(2.4.4)了。

考虑到式(2.4.5)及式(2.4.8)，则有

$$\begin{aligned} f_1(t-t_1)*f_2(t-t_2) &= f_1(t)*\delta(t-t_1)*f_2(t)*\delta(t-t_2) \\ &= f_1(t)*f_2(t)*\delta(t-t_1)*\delta(t-t_2) \\ &= f(t)*\delta(t-t_1-t_2) \\ &= f(t-t_1-t_2) \end{aligned}$$

2. 相关问题的讨论

无失真传输系统应具备的条件、相位补偿的方法以及常系数的数学模型的时不变性质等，都与线性卷积的时移性质有关。

(1) 式(2.4.5)揭示了无失真传输系统应具备的条件

实际工程中，常常需要实现信号的无失真传输。例如，高保真音响系统又称为 H_i-F_i(High Fidelity)系统，要求喇叭高保真地重现磁带或唱盘上录制的音乐；示波器应尽可能无失真显示信号波形等。显然，在时域上，无失真传输系统的零状态响应 $y_f(t)$应是激励 $f(t)$的准确复制品，虽然两者的大小和出现的时间可以不同，但是波形的变化规律(形状)应完全相同，即

$$y_f(t)=Kf(t-t_d) \tag{2.4.9}$$

式中，K 和 t_d 都为常数，K 为系统的增益，t_d 为延迟时间。

考虑到式(2.4.5)，则式(2.4.9)可写成

$$y_f(t)=f(t)*K\delta(t-t_d) \tag{2.4.10}$$

式(2.4.10)表明，无失真传输系统的单位冲激响应为

$$h(t)=K\delta(t-t_d) \tag{2.4.11}$$

因此，一个无失真传输系统可用图 2.4.5 表示。

分析表明，无失真传输系统对激励 $f(t)$最多做了三种变换：一是在时间上延迟 t_d；二是在幅度上放大或者缩小 K 倍；三是在时间上延迟 t_d 又在幅度上放大或者缩小 K 倍。通过系统对激励 $f(t)$所做的三种变换可知，系统零状态响应 $y_f(t)$的波形具有一个共同特征，即 $y_f(t)$与 $f(t)$的波形形状相同。

(2) 式(2.4.5)揭示了相位补偿的方法

一个连续时间信号 $f(t)$通过一个系统传输后，在时间上出现了 t_d 的延迟而成为 $f(t-t_d)$，即出现了相位滞后。可以设计一个单位冲激响应为 $h(t)=\delta(t+t_d)$的相位超前网络来补偿这种相位滞后，如图 2.4.6 所示。

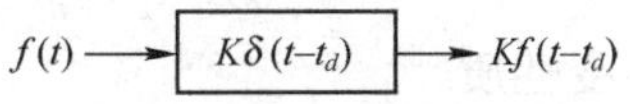

图 2.4.5　无失真传输系统

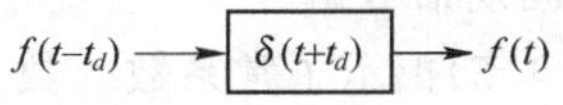

图 2.4.6　相位补偿的方法

显然，单位冲激响应为 $h(t)=\delta(t+t_d)$的相位超前网络是一个非因果系统，因此相位超前网络是一个物理上不可实现的系统。在实际工作中，通过近似或逼近的方式来进行相位补偿。

(3) 式(2.4.5)揭示了延迟网络与超前网络是一对互逆系统

考虑到式(2.4.5)，则图 2.4.6 可以改画成图 2.4.7。

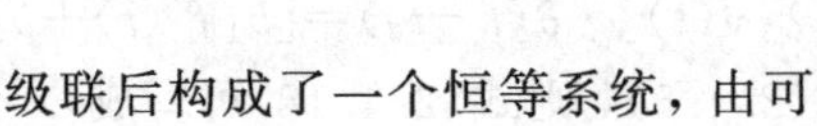

图 2.4.7　延迟网络与超前网络是一对互逆系统

由于延迟网络和超前网络级联后构成了一个恒等系统，由可逆系统的定义可知，延迟网络与超前网络是一对互逆系统。

(4) 式(2.4.5)揭示了连续时间周期信号可以表示成连续时间非周期信号的周期延拓

考虑到式(1.2.39)所定义的周期冲激信号及式(2.4.5)，则有

$$f_{T_0}(t)=f(t)*\delta_{T_0}(t)=f(t)*\sum_{m=-\infty}^{+\infty}\delta(t-mT_0)=\sum_{m=-\infty}^{+\infty}f(t-mT_0) \tag{2.4.12}$$

式(2.4.12)表明，对一个连续时间非周期信号 $f(t)$ 进行周期为 T_0 的周期延拓，将得到一个周期为 T_0 的周期信号 $f_{T_0}(t)$。

例 2.4.1：设连续时间非周期信号 $f(t)=e^{-t}\varepsilon(t)$，现对 $f(t)$ 进行周期为 $T_0=4$ 的周期延拓，试求连续时间周期信号 $f_{T_0}(t)$ 在一个周期 $t\in[0,T_0]$ 上的表达式。

解：由题意，并考虑到式(2.4.12)，则有

$$f_{T_0}(t)=e^{-t}\varepsilon(t)*\delta_4(t)=\sum_{m=-\infty}^{+\infty}e^{-(t-4m)}\varepsilon(t-4m) \tag{2.4.13}$$

记周期信号 $f_{T_0}(t)$ 在一个周期 $t\in[0,4]$ 上的表达式为 $x(t)$，则有

$$\begin{aligned}x(t)&=f_{T_0}(t)[\varepsilon(t)-\varepsilon(t-4)]=\left[\sum_{m=-\infty}^{+\infty}e^{-(t-4m)}\varepsilon(t-4m)\right][\varepsilon(t)-\varepsilon(t-4)]\\&=\sum_{m=-\infty}^{+\infty}e^{-(t-4m)}\varepsilon(t-4m)[\varepsilon(t)-\varepsilon(t-4)]\\&=\sum_{m=-\infty}^{0}e^{-(t-4m)}\varepsilon(t-4m)[\varepsilon(t)-\varepsilon(t-4)]\\&=\sum_{m=-\infty}^{0}e^{-(t-4m)}[\varepsilon(t)-\varepsilon(t-4)]\\&=e^{-t}\sum_{k=0}^{+\infty}e^{-4k}[\varepsilon(t)-\varepsilon(t-4)]\\&=\frac{e^{-t}}{1-e^{-4}}[\varepsilon(t)-\varepsilon(t-4)]\end{aligned} \tag{2.4.14}$$

考虑到式(2.4.14)，则式(2.4.13)又可写成

$$f_{T_0}(t)=e^{-t}\varepsilon(t)*\delta_4(t)=\frac{e^{-t}}{1-e^{-4}}[\varepsilon(t)-\varepsilon(t-4)]*\delta_4(t) \tag{2.4.15}$$

式(2.4.15)表明，两个具有一定关系但波形不完全相同的连续时间非周期信号，可以延拓成一个相同的周期信号。

(5) 式(2.4.5)揭示了常系数的数学模型具有时不变性质

下面，我们再次研究式(2.3.59)描述的二阶线性常系数非齐次微分方程，即

$$y''(t)-(\lambda_1+\lambda_2)y'(t)+\lambda_1\lambda_2 y(t)=b_1f'(t)+b_0f(t) \tag{2.4.16}$$

由于 $f(t)$ 是因果信号 $f(t)=f(t)\varepsilon(t)$，因此式(2.3.60)定义的 $x(t)=b_1f'(t)+b_0f(t)$ 也是因果信号。当 λ_1 和 λ_2 为实数，并且 $\lambda_2\neq\lambda_1$ 时，由式(2.3.77)可知，微分方程式(2.4.16)的解可写成

$$\begin{aligned}y(t)=&\underbrace{\frac{y'(0_-)-\lambda_2y(0_-)}{\lambda_1-\lambda_2}e^{\lambda_1t}-\frac{y'(0_-)-\lambda_1y(0_-)}{\lambda_1-\lambda_2}e^{\lambda_2t}}_{y_x(t)}\\&+\underbrace{\{b_1[f(t)\varepsilon(t)]'+b_0f(t)\varepsilon(t)\}*e^{\lambda_1t}\varepsilon(t)*e^{\lambda_2t}\varepsilon(t)}_{y_f(t)},\ t\geqslant0\end{aligned} \tag{2.4.17}$$

将式(2.4.16)的等号两边分别和 $\delta(t-t_0)$ 进行线性卷积运算，可得

$$[y''(t)-(\lambda_1+\lambda_2)y'(t)+\lambda_1\lambda_2y(t)]*\delta(t-t_0)=[b_1f'(t)+b_0f(t)]*\delta(t-t_0) \tag{2.4.18}$$

考虑到线性卷积的分配律及式(2.4.5)，则式(2.4.18)可写成

$$y''(t-t_0)-(\lambda_1+\lambda_2)y'(t-t_0)+\lambda_1\lambda_2y(t-t_0)=b_1f'(t-t_0)+b_0f(t-t_0) \tag{2.4.19}$$

当激励 $f(t)\varepsilon(t)$ 延迟 t_0 后，成为始点为 t_0 的有始信号 $f(t-t_0)\varepsilon(t-t_0)$ 时，$t=t_0$ 之前的一切外因(激励)对系统的贡献，可用初始状态 $y'(t_{0-})$ 和 $y(t_{0-})$ 表示，若 $y'(t_{0-})=y'(0_-)$，$y(t_{0-})=y(0_-)$，将式(2.4.17)的等号两边分别和 $\delta(t-t_0)$ 进行线性卷积运算，并考虑到线性卷积的结合律及式(2.4.5)，则有

$$y(t-t_0)=\underbrace{\frac{y'(t_{0-})-\lambda_2 y(t_{0-})}{\lambda_1-\lambda_2}\mathrm{e}^{\lambda_1(t-t_0)}-\frac{y'(t_{0-})-\lambda_1 y(t_{0-})}{\lambda_1-\lambda_2}\mathrm{e}^{\lambda_2(t-t_0)}}_{y_x(t-t_0)}$$

$$+\underbrace{\{b_1[f(t-t_0)\varepsilon(t-t_0)]'+b_0 f(t-t_0)\varepsilon(t-t_0)\}*\mathrm{e}^{\lambda_1 t}\varepsilon(t)*\mathrm{e}^{\lambda_2 t)}\varepsilon(t)}_{y_f(t-t_0)},\ t\geqslant t_0 \quad (2.4.20)$$

式(2.4.19)表明，对常系数的数学模型而言，由于激励延迟了 t_0，因此系统的零状态响应也延迟了 t_0，该数学模型的解，即式(2.4.20)，再次证实了这一结论。

由式(2.4.20)可知，若 LTI 连续时间系统 $t=t_{0-}$ 时刻的初始状态和 $t=0_-$ 时刻的初始状态相同，即 $y'(t_{0-})=y'(0_-)$，$y(t_{0-})=y(0_-)$，则系统的零输入响应延迟 t_0，若再将激励延迟 t_0，则系统的零状态响应延迟 t_0，系统的全响应也延迟 t_0。

由式(1.5.24)可知，若 LTI 连续时间系统在 $t=t_{0-}$ 时刻和 $t=0_-$ 时刻的初始状态相同，则系统的零输入响应相对于 $y_x(t)$ 延迟了 t_0，而成为 $y_x(t-t_0)$；由式(1.5.23)可知，若一阶 LTI 连续时间系统在 $t=0_-$ 时刻和 $t=t_{0-}$ 时刻的初始状态相同，激励延迟 t_0，则系统的零输入响应 $y_x(t)$ 及零状态响应 $y_f(t)$ 都延迟 t_0，即系统的零输入响应及零状态响应都具有时不变性质。其实，这些结论都已经囊括在式(2.4.20)中。

(6) 式(2.4.5)揭示了两个连续时间有始信号的线性卷积是一个连续时间有始信号

证明： 两个连续时间因果信号 $f_1(t)=f_1(t)\varepsilon(t)$ 和 $f_2(t)=f_2(t)\varepsilon(t)$ 的线性卷积可表示为

$$\begin{aligned}f_1(t)*f_2(t)&=f_1(t)\varepsilon(t)*f_2(t)\varepsilon(t)\\&=\int_{-\infty}^{+\infty}f_1(\tau)\varepsilon(\tau)f_2(t-\tau)\varepsilon(t-\tau)\mathrm{d}\tau\\&=\int_{-\infty}^{t}f_1(\tau)f_2(t-\tau)\varepsilon(\tau)\mathrm{d}\tau\end{aligned} \quad (2.4.21)$$

在式(2.4.21)中，虽然被积函数含有参变量 t，但对积分变量 τ 而言，被积函数是一个因果信号，由整体积分法可知，它的原函数应该是一个因果信号，记原函数为 $F(t,\tau)\varepsilon(\tau)$，那么式(2.4.21)可写成

$$f_1(t)\varepsilon(t)*f_2(t)\varepsilon(t)=F(t,\tau)\varepsilon(\tau)\Big|_{-\infty}^{t}=F(t,t)\varepsilon(t)$$

若令 $F(t,t)\varepsilon(t)=f(t)\varepsilon(t)$，则上式可写成

$$f_1(t)\varepsilon(t)*f_2(t)\varepsilon(t)=f(t)\varepsilon(t) \quad (2.4.22)$$

式(2.4.22)表明，两个连续时间因果信号 $f_1(t)=f_1(t)\varepsilon(t)$ 和 $f_2(t)=f_2(t)\varepsilon(t)$ 进行线性卷积运算，其结果是一个连续时间因果信号 $f(t)\varepsilon(t)$。

将式(2.4.22)的等号两边分别和 $\delta(t-t_1)$ 进行线性卷积运算，并考虑到线性卷积的结合律及式(2.4.5)，可得

$$f_1(t-t_1)\varepsilon(t-t_1)*f_2(t)\varepsilon(t)=f(t-t_1)\varepsilon(t-t_1) \quad (2.4.23)$$

将式(2.4.23)的等号两边分别和 $\delta(t-t_2)$ 进行线性卷积运算，并考虑到线性卷积的结合律及式(2.4.5)，可得

$$f_1(t-t_1)\varepsilon(t-t_1)*f_2(t-t_2)\varepsilon(t-t_2)=f(t-t_1-t_2)\varepsilon(t-t_1-t_2) \quad (2.4.24)$$

式(2.4.24)表明，两个连续时间有始信号 $f_1(t-t_1)\varepsilon(t-t_1)$ 和 $f_2(t-t_2)\varepsilon(t-t_2)$ 进行线性卷积运算，其结果是一个连续时间有始信号 $f(t-t_1-t_2)\varepsilon(t-t_1-t_2)$。并且，其始点为两个连续时间有始信号的始点之和。

2.4.5 标尺性质

若 $f_1(t)*f_2(t)=f(t)$，则有

$$f_1(at) * f_2(at)=\frac{1}{|a|}f(at) \tag{2.4.25}$$

证明：(1) 当 $a>0$ 时

考虑到线性卷积的定义式(1.4.13)，则有

$$\begin{aligned} f_1(at) * f_2(at) &= \int_{-\infty}^{+\infty} f_1(a\tau) f_2[a(t-\tau)]\mathrm{d}\tau \\ &\xlongequal{a\tau=\lambda} \frac{1}{a}\int_{-\infty}^{+\infty} f_1(\lambda) f_2(at-\lambda)\mathrm{d}\lambda \\ &= \frac{1}{a}f(at) \end{aligned}$$

(2) 当 $a<0$ 时

考虑到线性卷积的定义式(1.4.13)，则有

$$\begin{aligned} f_1(at) * f_2(at) &= \int_{-\infty}^{+\infty} f_1(a\tau) f_2[a(t-\tau)]\mathrm{d}\tau \\ &\xlongequal{a\tau=\lambda} \frac{1}{a}\int_{+\infty}^{-\infty} f_1(\lambda) f_2(at-\lambda)\mathrm{d}\lambda \\ &= -\frac{1}{a}\int_{-\infty}^{+\infty} f_1(\lambda) f_2(at-\lambda)\mathrm{d}\lambda \\ &= -\frac{1}{a}f(at) \end{aligned}$$

综合 $a>0$ 及 $a<0$ 两种情况，可得

$$f_1(at) * f_2(at)=\frac{1}{|a|}f(at)$$

特别地，当 $a=-1$ 时，可以得到线性卷积的反褶性质，即

$$f_1(-t) * f_2(-t)=f(-t) \tag{2.4.26}$$

式(2.4.26)表明，当两个连续时间信号反褶时，其线性卷积的结果也反褶。

结论 1：

考虑到两个连续时间因果信号线性卷积的结果是连续时间因果信号，由式(2.4.26)可知，两个连续时间反因果信号线性卷积的结果是连续时间反因果信号。

推论 1：

考虑到两个连续时间反因果信号线性卷积的结果是连续时间反因果信号，由线性卷积的时移性质可知，两个连续时间有终信号线性卷积的结果是连续时间有终信号。并且，其终点为两个连续时间有终信号的终点之和。

式(2.4.26)揭示了利用两个连续时间因果信号线性卷积来计算相应两个连续时间反因果信号线性卷积或连续时间反因果信号和连续时间有终信号线性卷积的方法。

例 2.4.2：已知连续时间信号 $f_1(t)=e^t\varepsilon(-t)$ 和 $f_2(t)=e^{2t}\varepsilon(1-t)$，试求线性卷积 $f_1(t) * f_2(t)$。

解：设 $f_1(t) * f_2(t)=f(t)$，考虑到式(2.4.26)、线性卷积的时移性质式(2.4.5)及式(1.4.14)，则有

$$\begin{aligned} f(-t) &= f_1(-t) * f_2(-t) = e^{-t}\varepsilon(t) * e^{-2t}\varepsilon(1+t) \\ &= e^2 e^{-t}\varepsilon(t) * e^{-2(t+1)}\varepsilon(1+t) \\ &= e^2 e^{-t}\varepsilon(t) * e^{-2t}\varepsilon(t) * \delta(t+1) \end{aligned}$$

$$=e^{2}(e^{-t}-e^{-2t})\varepsilon(t)*\delta(t+1)$$
$$=(e^{1-t}-e^{-2t})\varepsilon(t+1)$$

于是

$$f_1(t)*f_2(t)=f(t)=(e^{t+1}-e^{2t})\varepsilon(1-t)$$

例 2.4.3：试求线性卷积 $3e^{-|t|}*e^{-2|t|}$。

解：设 $f_1(t)=e^{-t}\varepsilon(t)$，$f_2(t)=e^{-2t}\varepsilon(t)$，考虑到式(1.4.14)，则有

$$f(t)=f_1(t)*f_2(t)=e^{-t}\varepsilon(t)*e^{-2t}\varepsilon(t)=(e^{-t}-e^{-2t})\varepsilon(t) \tag{2.4.27}$$

考虑到线性卷积的反褶性质式(2.4.26)，则有

$$e^{t}\varepsilon(-t)*e^{2t}\varepsilon(-t)=f_1(-t)*f_2(-t)=f(-t)=(e^{t}-e^{2t})\varepsilon(-t) \tag{2.4.28}$$

由式(1.4.16)，可知

$$e^{bt}\varepsilon(-t)*e^{at}\varepsilon(t)\xlongequal{\mathrm{Re}[b]>\mathrm{Re}[a]}\frac{1}{b-a}[e^{bt}\varepsilon(-t)+e^{at}\varepsilon(t)] \tag{2.4.29}$$

考虑到线性卷积的分配律、式(2.4.27)、式(2.4.28)及式(2.4.29)，可得

$$\begin{aligned}3e^{-|t|}*e^{-2|t|}&=3[e^{t}\varepsilon(-t)+e^{-t}\varepsilon(t)]*[e^{2t}\varepsilon(-t)+e^{-2t}\varepsilon(t)]\\&=3e^{t}\varepsilon(-t)*e^{2t}\varepsilon(-t)+3e^{t}\varepsilon(-t)*e^{-2t}\varepsilon(t)+3e^{-t}\varepsilon(t)*e^{2t}\varepsilon(-t)+3e^{-t}\varepsilon(t)*e^{-2t}\varepsilon(t)\\&=3(e^{t}-e^{2t})\varepsilon(-t)+[e^{t}\varepsilon(-t)+e^{-2t}\varepsilon(t)]+[e^{2t}\varepsilon(-t)+e^{-t}\varepsilon(t)]+3(e^{-t}-e^{-2t})\varepsilon(t)\\&=4e^{-|t|}-2e^{-2|t|}\end{aligned}$$

计算结果表明，两个连续时间偶信号线性卷积的结果是连续时间偶信号。其实，这不是偶然的结果，而是必然的结果。

例 2.4.4：设连续时间信号 $f_1(t)$和 $f_2(t)$分别满足 $f_1(t)=f_1(-t)$，$f_2(t)=f_2(-t)$，已知 $f(t)=f_1(t)*f_2(t)$，试证明 $f(t)=f(-t)$。

证明：考虑到 $f(t)=f_1(t)*f_2(t)$，由线性卷积的反褶性质式(2.4.26)，可得

$$f(-t)=f_1(-t)*f_2(-t)=f_1(t)*f_2(t)=f(t)$$

推论 2：

(1) 两个连续时间偶信号线性卷积的结果是连续时间偶信号。

(2) 两个连续时间奇信号线性卷积的结果是连续时间偶信号。

(3) 连续时间偶信号和连续时间奇信号线性卷积的结果是连续时间奇信号。

2.4.6 加权性质

若 $f_1(t)*f_2(t)=f(t)$，则有

$$[e^{at}f_1(t)]*[e^{at}f_2(t)]=e^{at}f(t) \tag{2.4.30}$$

证明：考虑到线性卷积的定义式(1.4.13)，则有

$$\begin{aligned}[e^{at}f_1(t)]*[e^{at}f_2(t)]&=\int_{-\infty}^{+\infty}e^{a\tau}f_1(\tau)e^{a(t-\tau)}f_2(t-\tau)d\tau\\&=e^{at}\int_{-\infty}^{+\infty}f_1(\tau)f_2(t-\tau)d\tau\\&=e^{at}[f_1(t)*f_2(t)]\\&=e^{at}f(t)\end{aligned}$$

例 2.4.5：试求线性卷积 $e^{-at}\varepsilon(t)*e^{-at}\varepsilon(t)$。

解：考虑到式(2.4.30)，则有

$$e^{-at}\varepsilon(t)*e^{-at}\varepsilon(t)=e^{-at}[\varepsilon(t)*\varepsilon(t)]=e^{-at}\int_{-\infty}^{+\infty}\varepsilon(\tau)\varepsilon(t-\tau)d\tau$$

即

$$e^{-at}\varepsilon(t) * e^{-at}\varepsilon(t) = e^{-at}\int_{-\infty}^{t}\varepsilon(\tau)d\tau = e^{-at}\tau\varepsilon(\tau)\Big|_{-\infty}^{t}$$

$$= te^{-at}\varepsilon(t) \tag{2.4.31}$$

2.4.7 交替加权性质

若 $f_1(t) * f_2(t) = f(t)$，则有

$$[tf_1(t)] * f_2(t) + f_1(t) * [tf_2(t)] = tf(t) \tag{2.4.32}$$

证明： 考虑到线性卷积的定义式(1.4.13)，则有

$$[tf_1(t)] * f_2(t) + f_1(t) * [tf_2(t)] = \int_{-\infty}^{+\infty}\tau f_1(\tau)f_2(t-\tau)d\tau + \int_{-\infty}^{+\infty}f_1(\tau)(t-\tau)f_2(t-\tau)d\tau$$

$$= \int_{-\infty}^{+\infty}(\tau + t - \tau)f_1(\tau)f_2(t-\tau)d\tau$$

$$= t\int_{-\infty}^{+\infty}f_1(\tau)f_2(t-\tau)d\tau$$

$$= t[f_1(t) * f_2(t)]$$

$$= tf(t)$$

例 2.4.6： 试求线性卷积$2e^{-at}\varepsilon(t) * te^{-at}\varepsilon(t)$。

解： 考虑到线性卷积的交换律及式(2.4.31)，则有

$$2e^{-at}\varepsilon(t) * te^{-at}\varepsilon(t) = te^{-at}\varepsilon(t) * e^{-at}\varepsilon(t) + e^{-at}\varepsilon(t) * te^{-at}\varepsilon(t)$$

$$= t[e^{-at}\varepsilon(t) * e^{-at}\varepsilon(t)]$$

$$= t^2e^{-at}\varepsilon(t)$$

2.4.8 微分性质

若 $f_1(t) * f_2(t) = f(t)$，则有

$$f'(t) = f_1'(t) * f_2(t) = f_1(t) * f_2'(t) \tag{2.4.33}$$

(1) 首先证明

$$f(t) * \delta'(t) = f'(t) \tag{2.4.34}$$

证明： 考虑到线性卷积的定义式(1.4.13)，则有

$$f(t) * \delta'(t) = \int_{-\infty}^{+\infty}f(t-\tau)\delta'(\tau)d\tau = \int_{-\infty}^{+\infty}f(t-\tau)d\delta(\tau)$$

$$= f(t-\tau)\delta(\tau)\Big|_{-\infty}^{+\infty} + \int_{-\infty}^{+\infty}f'(t-\tau)\delta(\tau)d\tau$$

$$= \int_{-\infty}^{+\infty}f'(t)\delta(\tau)d\tau = f'(t)\int_{-\infty}^{+\infty}\delta(\tau)d\tau$$

$$= f'(t)$$

式(2.4.34)表明，一个连续时间信号和一个单位冲激信号的导数进行线性卷积运算，等价于对该连续时间信号求导一次。

(2) 再证明式(2.4.33)

现在可以利用式(2.4.34)和线性卷积的结合律来证明式(2.4.33)了。

考虑到式(2.4.34)和线性卷积的结合律，则有

$$f'(t) = f(t) * \delta'(t) = f_1(t) * f_2(t) * \delta'(t) = f_1'(t) * f_2(t) = f_1(t) * f_2'(t)$$

结论 2：

(1) 式(2.4.34)揭示了微分器的单位冲激响应为 $h(t)=\delta'(t)$，如图 2.4.8 所示。

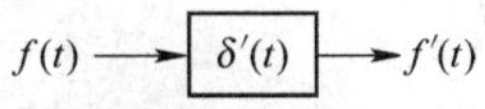

图 2.4.8　微分器的单位冲激响应

(2) 基于式(2.4.34)和线性卷积的结合律，考虑到 $y_f(t)=f(t)*h(t)$，则有

$$y_f'(t)=y_f(t)*\delta'(t)=f(t)*h(t)*\delta'(t)=f'(t)*h(t) \tag{2.4.35}$$

式(2.4.35)揭示了若激励进行微分运算，则 LTI 连续时间系统的零状态响应也进行微分运算。

例 2.4.7： 试证明式(2.3.77)中的二阶 LTI 连续时间系统的零状态响应，即

$$y_f(t)=[b_1f'(t)+b_0f(t)]*e^{\lambda_1 t}\varepsilon(t)*e^{\lambda_2 t}\varepsilon(t) \tag{2.4.36}$$

满足微分方程式(2.3.59)，即

$$y''(t)-(\lambda_1+\lambda_2)y'(t)+\lambda_1\lambda_2 y(t)=b_1f'(t)+b_0f(t) \tag{2.4.37}$$

证明： 考虑到式(2.4.34)，由式(2.4.36)可得

$$\begin{aligned}y_f'(t)&=y_f(t)*\delta'(t)=[b_1f'(t)+b_0f(t)]*e^{\lambda_1 t}\varepsilon(t)*e^{\lambda_2 t}\varepsilon(t)*\delta'(t)\\&=[b_1f'(t)+b_0f(t)]*e^{\lambda_1 t}\varepsilon(t)*[\lambda_2e^{\lambda_2 t}\varepsilon(t)+e^{\lambda_2 t}\delta(t)]\\&=[b_1f'(t)+b_0f(t)]*e^{\lambda_1 t}\varepsilon(t)*[\lambda_2e^{\lambda_2 t}\varepsilon(t)+\delta(t)]\\&=\lambda_2[b_1f'(t)+b_0f(t)]*e^{\lambda_1 t}\varepsilon(t)*e^{\lambda_2 t}\varepsilon(t)+[b_1f'(t)+b_0f(t)]*e^{\lambda_1 t}\varepsilon(t)\\&=\lambda_2y_f(t)+[b_1f'(t)+b_0f(t)]*e^{\lambda_1 t}\varepsilon(t)\end{aligned} \tag{2.4.38}$$

考虑到式(2.4.34)，由式(2.4.38)可得

$$\begin{aligned}y_f''(t)&=\lambda_2y_f'(t)+[b_1f'(t)+b_0f(t)]*[\lambda_1e^{\lambda_1 t}\varepsilon(t)+e^{\lambda_1 t}\delta(t)]\\&=\lambda_2y_f'(t)+[b_1f'(t)+b_0f(t)]*[\lambda_1e^{\lambda_1 t}\varepsilon(t)+\delta(t)]\\&=\lambda_2y_f'(t)+\lambda_1[y_f'(t)-\lambda_2y_f(t)]+b_1f'(t)+b_0f(t)\end{aligned} \tag{2.4.39}$$

考虑到式(2.4.39)，则有

$$y_f''(t)-(\lambda_1+\lambda_2)y_f'(t)+\lambda_1\lambda_2y_f(t)=b_1f'(t)+b_0f(t)$$

因此，通过求解微分方程式(2.4.37)，即微分方程式(2.3.59)，可以得到二阶 LTI 连续时间系统的零状态响应。

在 2.3.3 节，通过求解二阶 LTI 连续时间系统的微分方程式(2.3.59)，当 $\lambda_2\neq\lambda_1$ 时，得到了系统的全响应，即式(2.3.77)，其中，系统零状态响应 $y_f(t)$ 的微分方程解法转换为线性卷积法。这里又将系统零状态响应的线性卷积法转换为微分方程解法。因此，LTI 连续时间系统零状态响应的线性卷积法和微分方程解法是等价的，两者可以相互转换。

例 2.4.8： 设连续时间信号 $f(t)$ 满足线性卷积关系

$$f(t)*e^{-2t}\varepsilon(t)=(e^{-2t}-e^{-3t})\varepsilon(t) \tag{2.4.40}$$

试求连续时间信号 $f(t)$。

解： 考虑到式(2.4.40)，则有

$$f(t)*e^{-2t}\varepsilon(t)*\delta'(t)=(e^{-2t}-e^{-3t})\varepsilon(t)*\delta'(t) \tag{2.4.41}$$

考虑到式(2.4.34)，则式(2.4.41)可写成

$$f(t)*[-2e^{-2t}\varepsilon(t)+e^{-2t}\delta(t)]=(-2e^{-2t}+3e^{-3t})\varepsilon(t)+(e^{-2t}-e^{-3t})\delta(t)$$

即

$$f(t)*[-2e^{-2t}\varepsilon(t)+\delta(t)]=(-2e^{-2t}+3e^{-3t})\varepsilon(t) \tag{2.4.42}$$

考虑到式(2.4.40)，由式(2.4.42)可得

$$
\begin{aligned}
f(t)&=2f(t)*e^{-2t}\varepsilon(t)+(-2e^{-2t}+3e^{-3t})\varepsilon(t)\\
&=2(e^{-2t}-e^{-3t})\varepsilon(t)+(-2e^{-2t}+3e^{-3t})\varepsilon(t)\\
&=e^{-3t}\varepsilon(t)
\end{aligned}
$$

2.4.9 积分性质

若 $f_1(t)*f_2(t)=f(t)$，则有

$$f^{(-1)}(t)=f_1^{(-1)}(t)*f_2(t)=f_1(t)*f_2^{(-1)}(t) \tag{2.4.43}$$

(1) 首先证明

$$f(t)*\varepsilon(t)=\int_{-\infty}^{t}f(\tau)\mathrm{d}\tau=f^{(-1)}(t) \tag{2.4.44}$$

证明：考虑到线性卷积的定义式(1.4.13)，则有

$$f(t)*\varepsilon(t)=\int_{-\infty}^{+\infty}f(\tau)\varepsilon(t-\tau)\mathrm{d}\tau=\int_{-\infty}^{t}f(\tau)\mathrm{d}\tau=f^{(-1)}(t)$$

式(2.4.44)表明，一个连续时间信号和一个单位阶跃信号进行线性卷积运算，等价于对该连续时间信号积分一次。

特别地

$$\delta'(t)*\varepsilon(t)=\int_{-\infty}^{t}\delta'(\tau)\mathrm{d}\tau=\delta(t) \tag{2.4.45}$$

(2) 再证明式(2.4.43)

现在可以利用式(2.4.44)和线性卷积的结合律来证明式(2.4.43)了。

考虑到式(2.4.44)和线性卷积的结合律，则有

$$f^{(-1)}(t)=f(t)*\varepsilon(t)=f_1(t)*f_2(t)*\varepsilon(t)=f_1^{(-1)}(t)*f_2(t)=f_1(t)*f_2^{(-1)}(t)$$

结论 3：

(1) 式(2.4.44)揭示了积分器的单位冲激响应为 $h(t)=\varepsilon(t)$，如图 2.4.9 所示。

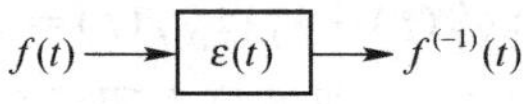

图 2.4.9 积分器的单位冲激响应

(2) 基于式(2.4.44)和线性卷积的结合律，考虑到 $y_f(t)=f(t)*h(t)$，则有

$$y^{(-1)}(t)=y_f(t)*\varepsilon(t)=f(t)*h(t)*\varepsilon(t)=f^{(-1)}(t)*h(t) \tag{2.4.46}$$

式(2.4.46)揭示了若激励进行积分运算，则 LTI 连续时间系统的零状态响应也进行积分运算。

(3) 考虑到式(2.4.6)、式(2.4.45)及线性卷积的结合律，则激励 $f(t)$ 可以表示成阶跃信号的叠加积分，或者说激励 $f(t)$ 可以分解成延迟阶跃信号的加权和，其加权值为 $f'(\tau)$，即

$$f(t)=f(t)*\delta(t)=f(t)*\delta'(t)*\varepsilon(t)=f'(t)*\varepsilon(t)=\int_{-\infty}^{+\infty}f'(\tau)\varepsilon(t-\tau)\mathrm{d}\tau \tag{2.4.47}$$

基于式(2.4.6)、式(2.4.45)、式(2.4.47)和线性卷积的结合律，考虑到 $y_f(t)=f(t)*h(t)$，则有

$$y_f(t)=y_f(t)*\delta'(t)*\varepsilon(t)=f(t)*\delta'(t)*h(t)*\varepsilon(t)=f'(t)*g(t) \tag{2.4.48}$$

式中，$g(t)$ 为 LTI 连续时间系统的单位阶跃响应，并且 $g(t)=h(t)*\varepsilon(t)$。

基于 LTI 连续时间系统的单位阶跃响应 $g(t)$，利用式(2.4.48)来计算 LTI 连续时间系统零状态响应的方法，称为杜阿米尔积分法。显然，该方法是基于激励表示成阶跃信号的叠加积分，而导出的一种求解 LTI 连续时间系统的零状态响应的方法。

例 2.4.9：连续时间信号 $f_1(t)=e^{-\lambda t}\varepsilon(t)$，试求线性卷积 $f(t)=f_1(t)*f_1(t)*f_1(t)*f_1(t)$。

解：考虑到式(2.4.30)及式(2.4.44)，则有

$$\begin{aligned}f(t)&=f_1(t)*f_1(t)*f_1(t)*f_1(t)\\&=e^{-\lambda t}\varepsilon(t)*e^{-\lambda t}\varepsilon(t)*e^{-\lambda t}\varepsilon(t)*e^{-\lambda t}\varepsilon(t)\\&=e^{-\lambda t}[\varepsilon(t)*\varepsilon(t)]*e^{-\lambda t}[\varepsilon(t)*\varepsilon(t)]\\&=e^{-\lambda t}[\varepsilon(t)*\varepsilon(t)*\varepsilon(t)*\varepsilon(t)]\\&=e^{-\lambda t}[t\varepsilon(t)*\varepsilon(t)*\varepsilon(t)]\\&=e^{-\lambda t}\left[\frac{1}{2}t^2\varepsilon(t)*\varepsilon(t)\right]\\&=\frac{1}{3!}t^3e^{-\lambda t}\varepsilon(t)\end{aligned}$$

例 2.4.10：设连续时间信号 $f(t)$满足 $f(t)*f'(t)=(1-t)e^{-t}\varepsilon(t)$，试求连续时间信号 $f(t)$。

解：考虑到式(2.4.31)，则有 $e^{-t}\varepsilon(t)*e^{-t}\varepsilon(t)=te^{-t}\varepsilon(t)$。

考虑到式(2.4.34)，即 $f(t)*\delta'(t)=f'(t)$，则有

$$f(t)*f'(t)=f(t)*f(t)*\delta'(t)=(1-t)e^{-t}\varepsilon(t)=e^{-t}\varepsilon(t)-e^{-t}\varepsilon(t)*e^{-t}\varepsilon(t)\tag{2.4.49}$$

考虑到式(2.4.6)及线性卷积的分配律，则式(2.4.49)可写成

$$f(t)*f(t)*\delta'(t)=e^{-t}\varepsilon(t)*[\delta(t)-e^{-t}\varepsilon(t)]\tag{2.4.50}$$

由式(2.4.50)可得

$$f(t)*f(t)*\delta'(t)*\varepsilon(t)=e^{-t}\varepsilon(t)*[\delta(t)-e^{-t}\varepsilon(t)]*\varepsilon(t)\tag{2.4.51}$$

考虑到式(2.4.45)、式(2.4.6)、式(2.4.44)及线性卷积的分配律，则式(2.4.51)可写成

$$\begin{aligned}f(t)*f(t)&=e^{-t}\varepsilon(t)*[\varepsilon(t)-e^{-t}\varepsilon(t)*\varepsilon(t)]\\&=e^{-t}\varepsilon(t)*\left[\varepsilon(t)-\int_{-\infty}^{t}e^{-\tau}\varepsilon(\tau)d\tau\right]\\&=e^{-t}\varepsilon(t)*[\varepsilon(t)+(e^{-\tau}-1)\varepsilon(\tau)|_{-\infty}^{t}]\\&=e^{-t}\varepsilon(t)*[\varepsilon(t)+(e^{-t}-1)\varepsilon(t)]\\&=e^{-t}\varepsilon(t)*e^{-t}\varepsilon(t)\end{aligned}$$

于是

$$f(t)=\pm e^{-t}\varepsilon(t)$$

2.4.10　线性卷积的恢复公式

若 $f_1(t)*f_2(t)=f(t)$，则有

$$f(t)=f(-\infty)+f_1^{(n)}(t)*f_2^{(-n)}(t)\tag{2.4.52}$$

式中，上标"(n)"表示 n 阶导数，上标"$(-n)$"表示 n 次积分。

证明：考虑到 $f_1(t)*f_2(t)=f(t)$，则有

$$f(t)*\delta'(t)=f_1(t)*f_2(t)*\delta'(t)\tag{2.4.53}$$

考虑到式(2.4.34)，则式(2.4.53)可写成

$$f'(t)=f_1'(t)*f_2(t)$$

$$f'(t)*\varepsilon(t)=f_1'(t)*f_2(t)*\varepsilon(t)\tag{2.4.54}$$

考虑到式(2.4.44)，则式(2.4.54)可写成

$$\int_{-\infty}^{t}f'(\tau)d\tau=f(\tau)\Big|_{-\infty}^{t}=f_1'(t)*f_2^{(-1)}(t)\tag{2.4.55}$$

由式(2.4.55)可得

$$f(t)=f(-\infty)+f_1'(t)*f_2^{(-1)}(t)$$

将上述过程再重复 $n-1$ 次即可得出结果。

讨论： 设 $f_1(t)*f_2(t)=f(t)$。

(1) 若 $f_1(t)$和 $f_2(t)$是连续时间因果信号或连续时间有始信号，则 $f(t)$是一个连续时间因果信号或连续时间有始信号，因此 $f(-\infty)=0$，于是

$$f(t)=f_1(t)*f_2(t)=f_1^{(n)}(t)*f_2^{(-n)}(t) \tag{2.4.56}$$

(2) 若 $f_1(t)$和 $f_2(t)$是连续时间反因果信号或连续时间有终信号，则 $f(t)$是一个连续时间反因果信号或连续时间有终信号，那么 $f(-\infty)$未必一定是 0。

设 $x_1(t)=f_1(-t)$，$x_2(t)=f_2(-t)$，则

$$x(t)=x_1(t)*x_2(t)=f_1(-t)*f_2(-t)$$

由此可知，$x(t)$是一个连续时间因果信号或连续时间有始信号。考虑到式(2.4.56)，则有

$$x(t)=x_1(t)*x_2(t)=x_1^{(n)}(t)*x_2^{(-n)}(t) \tag{2.4.57}$$

考虑到线性卷积的反褶性质式(2.4.26)，则有

$$f(t)=f_1(t)*f_2(t)=x(-t) \tag{2.4.58}$$

这样就可以先利用线性卷积的恢复公式，即按式(2.4.57)计算出 $x(t)$；再由式(2.4.58)确定 $f(t)$，即连续时间反因果信号或连续时间有终信号 $f_1(t)$和 $f_2(t)$的线性卷积的结果 $f(t)$由 $x(-t)$确定。

例 2.4.11： 已知连续时间信号 $f_1(t)=-t\varepsilon(-t)$，$f_2(t)=e^t\varepsilon(-t)$，试求 $f(t)=f_1(t)*f_2(t)$。

解： 设 $x_1(t)=f_1(-t)=t\varepsilon(t)$，$x_2(t)=f_2(-t)=e^{-t}\varepsilon(t)$，则有

$$x_1^{(2)}(t)=t\varepsilon(t)*\delta'(t)*\delta'(t)=\varepsilon(t)*\delta'(t)=\delta(t)$$

$$\begin{aligned}x_2^{(-2)}(t)&=e^{-t}\varepsilon(t)*\varepsilon(t)*\varepsilon(t)\\&=(1-e^{-t})\varepsilon(t)*\varepsilon(t)\\&=[\varepsilon(t)-e^{-t}\varepsilon(t)]*\varepsilon(t)\\&=\varepsilon(t)*\varepsilon(t)-e^{-t}\varepsilon(t)*\varepsilon(t)\\&=t\varepsilon(t)-(1-e^{-t})\varepsilon(t)\\&=(t-1+e^{-t})\varepsilon(t)\end{aligned}$$

又设 $x(t)=x_1(t)*x_2(t)$，则 $x(t)$是连续时间因果信号，由式(2.4.57)可得

$$x(t)=x_1(t)*x_2(t)=x_1^{(2)}(t)*x_2^{(-2)}(t)=(t-1+e^{-t})\varepsilon(t) \tag{2.4.59}$$

考虑到式(2.4.58)及式(2.4.59)，则有

$$f(t)=f_1(t)*f_2(t)=x_1(-t)*x_2(-t)=x(-t)=(e^t-t-1)\varepsilon(-t)$$

例 2.4.12： 试求线性卷积 $f(t)=\sin t\varepsilon(t)*\sin t\varepsilon(t)$。

解：方法 1 利用线性卷积的定义求解。

$$\begin{aligned}f(t)&=\int_{-\infty}^{+\infty}\sin\tau\varepsilon(\tau)\sin(t-\tau)\varepsilon(t-\tau)d\tau\\&=\int_{-\infty}^{t}\sin\tau\sin(t-\tau)\varepsilon(\tau)d\tau\\&=\int_{-\infty}^{t}\sin\tau(\sin t\cos\tau-\cos t\sin\tau)\varepsilon(\tau)d\tau\\&=\frac{1}{2}\sin t\int_{-\infty}^{t}\sin2\tau\varepsilon(\tau)d\tau-\cos t\int_{-\infty}^{t}\sin^2\tau\varepsilon(\tau)d\tau\\&=\frac{1}{2}\sin t\int_{-\infty}^{t}\sin2\tau\varepsilon(\tau)d\tau-\cos t\int_{-\infty}^{t}\frac{1-\cos2\tau}{2}\varepsilon(\tau)d\tau\end{aligned}$$

$$=\frac{1}{2}\sin t\ \frac{1-\cos 2\tau}{2}\varepsilon(\tau)\Big|_{-\infty}^{t}-\frac{1}{2}\cos t\tau\varepsilon(\tau)\Big|_{-\infty}^{t}+\frac{1}{4}\cos t\sin 2\tau\varepsilon(\tau)\Big|_{-\infty}^{t}$$

$$=\frac{1}{4}\sin t(1-\cos 2t)\varepsilon(t)-\frac{1}{2}t\cos t\varepsilon(t)+\frac{1}{4}\cos t\sin 2t\varepsilon(t)$$

$$=\frac{1}{4}\sin t\varepsilon(t)-\frac{1}{4}\sin t\cos 2t\varepsilon(t)+\frac{1}{4}\cos t\sin 2t\varepsilon(t)-\frac{1}{2}t\cos t\varepsilon(t)$$

$$=\frac{1}{4}\sin t\varepsilon(t)-\frac{1}{4}(\sin t\cos 2t-\cos t\sin 2t)\varepsilon(t)-\frac{1}{2}t\cos t\varepsilon(t)$$

$$=\frac{1}{4}\sin t\varepsilon(t)-\frac{1}{4}\sin(t-2t)\varepsilon(t)-\frac{1}{2}t\cos t\varepsilon(t)$$

$$=\frac{1}{2}(\sin t-t\cos t)\varepsilon(t)$$

方法 2　将线性卷积的运算转换成微分方程求解。

考虑到 $f(t)=\sin t\varepsilon(t)*\sin t\varepsilon(t)$，则有

$$\begin{aligned}f'(t)&=f(t)*\delta'(t)=\sin t\varepsilon(t)*\sin t\varepsilon(t)*\delta'(t)\\&=\sin t\varepsilon(t)*[\cos t\varepsilon(t)+\sin t\delta(t)]\\&=\sin t\varepsilon(t)*\cos t\varepsilon(t)\\f''(t)&=f'(t)*\delta'(t)=\sin t\varepsilon(t)*\cos t\varepsilon(t)*\delta'(t)\\&=\sin t\varepsilon(t)*[-\sin t\varepsilon(t)+\cos t\delta(t)]\\&=\sin t\varepsilon(t)*[-\sin t\varepsilon(t)+\delta(t)]\\&=-f(t)+\sin t\varepsilon(t)\end{aligned}$$

即

$$f''(t)+f(t)=\sin t\varepsilon(t)\tag{2.4.60}$$

首先求解线性常系数非齐次微分方程

$$y''(t)+y(t)=e^{jt}\varepsilon(t)\tag{2.4.61}$$

考虑到式(2.4.61)，则有

$$\begin{gathered}[y'(t)+jy(t)]'-j[y'(t)+jy(t)]=e^{jt}\varepsilon(t)\\ [y'(t)+jy(t)]'e^{-jt}-j[y'(t)+jy(t)]e^{-jt}=e^{jt}e^{-jt}\varepsilon(t)\\ \{[y'(t)+jy(t)]e^{-jt}\}'=\varepsilon(t)\end{gathered}$$

即

$$\{[y'(\tau)+jy(\tau)]e^{-j\tau}\}'=\varepsilon(\tau)\tag{2.4.62}$$

在区间 $\tau\in[0_-,t]$上，对式(2.4.62)的等号两边分别积分，可得

$$[y'(\tau)+jy(\tau)]e^{-j\tau}\Big|_{0_-}^{t}=\int_{0_-}^{t}\varepsilon(\tau)d\tau\tag{2.4.63}$$

考虑到 $y'(0_-)=y(0_-)=0$，由式(2.4.63)可得

$$y'(t)+jy(t)=te^{jt}\varepsilon(t)$$

同理，可得

$$\begin{gathered}y'(t)e^{jt}+jy(t)e^{jt}=te^{j2t}\varepsilon(t)\\ [y(t)e^{jt}]'=te^{j2t}\varepsilon(t)\end{gathered}$$

即

$$y(\tau)e^{j\tau}=\tau e^{j2\tau}\varepsilon(\tau)\tag{2.4.64}$$

在区间 $\tau\in[0_-,t]$上，对式(2.4.64)的等号两边分别积分，可得

$$y(\tau)e^{j\tau}\Big|_{0_-}^{t}=\int_{0_-}^{t}\tau e^{j2\tau}\varepsilon(\tau)d\tau=\frac{1}{2j}\int_{0_-}^{t}\tau\varepsilon(\tau)\,de^{j2\tau}$$
$$=\frac{1}{2j}\left[\tau\varepsilon(\tau)e^{j2\tau}\Big|_{0_-}^{t}-\int_{0_-}^{t}\varepsilon(\tau)e^{j2\tau}d\tau\right]$$
$$=\frac{1}{2j}\left[\tau\varepsilon(\tau)e^{j2\tau}\Big|_{0_-}^{t}-\frac{e^{j2\tau}-1}{2j}\varepsilon(\tau)\Big|_{0_-}^{t}\right] \tag{2.4.65}$$

考虑到 $y(0_-)=0$，由式(2.4.65)可得

$$y(t)=\frac{1}{2j}te^{jt}\varepsilon(t)+\frac{e^{jt}-e^{-jt}}{4}\varepsilon(t)=\frac{1}{2j}te^{jt}\varepsilon(t)+j\,\frac{1}{2}\sin t\varepsilon(t)$$
$$=\frac{1}{2}t(\sin t-j\cos t)\varepsilon(t)+j\,\frac{1}{2}\sin t\varepsilon(t) \tag{2.4.66}$$

考虑到微分方程式(2.4.60)和微分方程式(2.4.61)之间的关系，由式(2.4.66)可得

$$f(t)=\mathrm{Im}[y(t)]=\frac{1}{2}(\sin t-t\cos t)\varepsilon(t)$$

方法 3： 利用线性卷积的加权性质和微分性质求解。

考虑到

$$e^{jt}\varepsilon(t)*e^{jt}\varepsilon(t)=e^{jt}[\varepsilon(t)*\varepsilon(t)]=e^{jt}[t\varepsilon(t)]$$

则有

$$(\cos t+j\sin t)\varepsilon(t)*(\cos t+j\sin t)\varepsilon(t)=te^{jt}\varepsilon(t)$$

即

$$\cos t\varepsilon(t)*\cos t\varepsilon(t)-\sin t\varepsilon(t)*\sin t\varepsilon(t)+j2\cos t\varepsilon(t)*\sin t\varepsilon(t)=t\cos t\varepsilon(t)+jt\sin t\varepsilon(t)$$

考虑到等式两边的实部和虚部应该分别相等，则有

$$\cos t\varepsilon(t)*\cos t\varepsilon(t)-\sin t\varepsilon(t)*\sin t\varepsilon(t)=t\cos t\varepsilon(t) \tag{2.4.67}$$
$$\cos t\varepsilon(t)*\sin t\varepsilon(t)=\frac{1}{2}t\sin t\varepsilon(t) \tag{2.4.68}$$

由式(2.4.68)可得

$$\cos t\varepsilon(t)*\sin t\varepsilon(t)*\delta'(t)=\frac{1}{2}t\sin t\varepsilon(t)*\delta'(t)$$
$$\cos t\varepsilon(t)*[\cos t\varepsilon(t)+\sin t\delta(t)]=\frac{1}{2}[\sin t\varepsilon(t)+t\cos t\varepsilon(t)+t\sin t\delta(t)]$$

即

$$\cos t\varepsilon(t)*\cos t\varepsilon(t)=\frac{1}{2}(\sin t+t\cos t)\varepsilon(t) \tag{2.4.69}$$

由式(2.4.69)及式(2.4.67)可得

$$\sin t\varepsilon(t)*\sin t\varepsilon(t)=\frac{1}{2}(\sin t-t\cos t)\varepsilon(t) \tag{2.4.70}$$

例 2.4.13： 试求线性卷积 $f(t)=4e^{-t}t\sin t\varepsilon(t)*e^{-t}\sin t\varepsilon(t)$。

解： 考虑到线性卷积的加权性质式(2.4.30)、线性卷积的交替加权性质式(2.4.32)及式(2.4.70)，则有

$$\begin{aligned}f(t)&=4e^{-t}t\sin t\varepsilon(t)*e^{-t}\sin t\varepsilon(t)\\&=4e^{-t}[t\sin t\varepsilon(t)*\sin t\varepsilon(t)]\\&=2e^{-t}[t\sin t\varepsilon(t)*\sin t\varepsilon(t)+t\sin t\varepsilon(t)*\sin t\varepsilon(t)]\\&=2e^{-t}[t\sin t\varepsilon(t)*\sin t\varepsilon(t)+\sin t\varepsilon(t)*t\sin t\varepsilon(t)]\\&=2e^{-t}t[\sin t\varepsilon(t)*\sin t\varepsilon(t)]\\&=e^{-t}t(\sin t-t\cos t)\varepsilon(t)\end{aligned}$$

例 2.4.14：设连续时间信号 $f_1(t)*f_2(t)=\int_{t-1}^{t}f_2(\tau)\mathrm{d}\tau$，试求连续时间信号 $f_1(t)$。

解：方法 1　考虑到

$$f_1(t)*f_2(t)=\int_{t-1}^{t}f_2(\tau)\mathrm{d}\tau=\int_{-\infty}^{+\infty}f_2(\tau)\varepsilon[\tau-(t-1)]\varepsilon(t-\tau)\mathrm{d}\tau$$

则有

$$f_1(t-\tau)=\varepsilon[\tau-(t-1)]\varepsilon(t-\tau)=\varepsilon(\tau-t+1)\varepsilon(t-\tau)$$

$$f_1(x)=\varepsilon(1-x)\varepsilon(x)=[1-\varepsilon(x-1)]\varepsilon(x)=\varepsilon(x)-\varepsilon(x)\varepsilon(x-1)=\varepsilon(x)-\varepsilon(x-1)$$

$$f_1(t)=\varepsilon(t)-\varepsilon(t-1)$$

方法 2　考虑到

$$\begin{aligned}f_1(t)*f_2(t)&=\int_{t-1}^{t}f_2(\tau)\mathrm{d}\tau=\int_{-\infty}^{t}f_2(\tau)\mathrm{d}\tau-\int_{-\infty}^{t-1}f_2(\tau)\mathrm{d}\tau\\&=\int_{-\infty}^{t}f_2(\tau)\mathrm{d}\tau-\int_{-\infty}^{t}f_2(x-1)\mathrm{d}x=f_2(t)*\varepsilon(t)-f_2(t-1)*\varepsilon(t)\\&=f_2(t)*\varepsilon(t)-f_2(t)*\varepsilon(t-1)=f_2(t)*[\varepsilon(t)-\varepsilon(t-1)]\end{aligned}$$

则有

$$f_1(t)=\varepsilon(t)-\varepsilon(t-1)$$

方法 3　考虑到

$$\begin{aligned}f_1(t)*f_2(t)&=\int_{t-1}^{t}f_2(\tau)\mathrm{d}\tau=\int_{-\infty}^{t}f_2(\tau)\mathrm{d}\tau-\int_{-\infty}^{t-1}f_2(\tau)\mathrm{d}\tau\\&=\int_{-\infty}^{t}f_2(\tau)\mathrm{d}\tau-\left[\int_{-\infty}^{t}f_2(\tau)\mathrm{d}\tau\right]*\delta(t-1)\\&=f_2(t)*\varepsilon(t)-f_2(t)*\varepsilon(t)*\delta(t-1)\\&=f_2(t)*[\varepsilon(t)-\varepsilon(t-1)]\end{aligned}$$

则有

$$f_1(t)=\varepsilon(t)-\varepsilon(t-1)$$

方法 4　考虑到

$$f_1(t)*f_2(t)=\int_{t-1}^{t}f_2(\tau)\mathrm{d}\tau$$

令 $f_2(t)=\delta(t)$，则有

$$f_1(t)*\delta(t)=\int_{t-1}^{t}\delta(\tau)\mathrm{d}\tau=\varepsilon(\tau)\Big|_{t-1}^{t}=\varepsilon(t)-\varepsilon(t-1)$$

即

$$f_1(t)=\varepsilon(t)-\varepsilon(t-1)$$

2.5　LTI 连续时间系统零输入响应的时域求解方法

由 1.5.3 节的分析和讨论已经知道，LTI 连续时间系统的零输入响应是系统激励为零，仅由初始状态作用系统时所引起的响应。下面给出严格的定义。

一个 n 阶 LTI 连续时间系统的零输入响应 $y_x(t)$ 是描述 LTI 连续时间系统的线性常系数微分方程，在给定系统的初始状态 $x_i(0_-)(i=1,2,3,\cdots,n)$ 或 $y^{(i)}(0_-)(i=0,1,2,\cdots,n-1)$，并且激励 $f(t)=0$ 条件下的解。

2.5.1　不定积分降阶法

2.3.2 节介绍了不定积分降阶法，该方法也可用于求解 LTI 连续时间系统的零输入响应。

例 2.5.1：设描述 LTI 连续时间系统响应 $y(t)$ 与激励 $f(t)$ 关系的微分方程为

$$y''(t)+5y'(t)+6y(t)=2f'(t)+f(t)$$

已知系统的初始状态 $y'(0_-)=y(0_-)=1$，试求系统的零输入响应 $y_x(t)$。

解：(1) 首先求齐次微分方程的通解

由题意可知，齐次微分方程为

$$y''(t)+5y'(t)+6y(t)=0 \tag{2.5.1}$$

齐次微分方程式(2.5.1)可改写成

$$[y'(t)+3y(t)]'+2[y'(t)+3y(t)]=0 \tag{2.5.2}$$

将式(2.5.2)的等号两边分别乘以 e^{2t}，可得

$$[y'(t)+3y(t)]'e^{2t}+2[y'(t)+3y(t)]e^{2t}=0 \tag{2.5.3}$$

利用乘积求导法则，对式(2.5.3)的等号左边进行逆向改写，可得

$$\{[y'(t)+3y(t)]e^{2t}\}'=0 \tag{2.5.4}$$

对式(2.5.4)的等号两边分别做不定积分，可得

$$[y'(t)+3y(t)]e^{2t}=C_1$$

$$y'(t)+3y(t)=C_1e^{-2t}$$

同理，可得

$$y'(t)e^{3t}+3y(t)e^{3t}=C_1e^{t}$$

$$[y(t)e^{3t}]'=C_1e^{t}$$

$$y(t)e^{3t}=C_1e^{t}+C_2$$

即齐次微分方程式(2.5.1)的通解为

$$y(t)=C_1e^{-2t}+C_2e^{-3t},\ t\in(-\infty,+\infty) \tag{2.5.5}$$

(2) 再求 LTI 连续时间系统的零输入响应

考虑到式(2.5.5)，则有

$$\begin{cases}y(0_-)=C_1+C_2=1\\ y'(0_-)=-2C_1-3C_2=1\end{cases},\ 解得\ \begin{cases}C_1=4\\ C_2=-3\end{cases}$$

于是，LTI 连续时间系统的零输入响应为

$$y_x(t)=4e^{-2t}-3e^{-3t},\ t\geqslant 0$$

2.5.2　上限积分降阶法

2.3.2 节介绍了上限积分降阶法，该方法也可用于求解 LTI 连续时间系统的零输入响应。

例 2.5.2：设描述 LTI 连续时间系统响应 $y(t)$ 与激励 $f(t)$ 关系的微分方程为

$$y''(t)+2y'(t)+y(t)=f'(t)+2f(t)$$

已知系统的初始状态 $y'(0_-)=y(0_-)=1$，试求系统的零输入响应 $y_x(t)$。

解：由题意可知，齐次微分方程为

$$y''(t)+2y'(t)+y(t)=0 \tag{2.5.6}$$

齐次微分方程式(2.5.6)可改写成

$$[y'(t)+y(t)]'+[y'(t)+y(t)]=0 \tag{2.5.7}$$

将式(2.5.7)的等号两边分别乘以 e^{t}，可得

$$[y'(t)+y(t)]'e^t+[y'(t)+y(t)]e^t=0 \tag{2.5.8}$$

利用乘积求导法则，对式(2.5.8)的等号左边进行逆向改写，可得

$$\{[y'(t)+y(t)]e^t\}'=0 \tag{2.5.9}$$

由式(2.5.9)可得

$$\{[y'(\tau)+y(\tau)]e^\tau\}'=0 \tag{2.5.10}$$

在区间 $\tau\in[0_-,t]$上，对式(2.5.10)的等号两边分别积分，可得

$$[y'(\tau)+y(\tau)]e^\tau\Big|_{0_-}^{t}=0 \tag{2.5.11}$$

考虑到系统的初始状态 $y'(0_-)=y(0_-)=1$，由式(2.5.11)可得

$$y'(t)+y(t)=2e^{-t},\ t\geqslant 0$$

同理，可得

$$y'(t)e^t+y(t)e^t=2$$

$$[y(t)e^t]'=2 \tag{2.5.12}$$

由式(2.5.12)可得

$$[y(\tau)e^\tau]'=2 \tag{2.5.13}$$

在区间 $\tau\in[0_-,t]$上，对式(2.5.13)的等号两边分别积分，可得

$$y(\tau)e^\tau\Big|_{0_-}^{t}=2\tau\Big|_{0_-}^{t} \tag{2.5.14}$$

考虑到系统的初始状态 $y(0_-)=1$，由式(2.5.14)可得 LTI 连续时间系统的零输入响应，即

$$y_x(t)=(1+2t)e^{-t},\ t\geqslant 0$$

2.5.3 待定系数法

对描述 LTI 连续时间系统的微分方程，首先求解系统的特征方程，再根据系统的特征根的不同情况写出齐次微分方程的通解，最后由 LTI 连续时间系统的初始状态确定通解中的待定系数。这种求解 LTI 连续时间系统零输入响应的方法，称为待定系数法。

例 2.5.3：设描述 LTI 连续时间系统响应 $y(t)$与激励 $f(t)$关系的微分方程为

$$y''(t)+2y'(t)+5y(t)=2f'(t)+3f(t) \tag{2.5.15}$$

已知系统的初始状态 $y'(0_-)=y(0_-)=1$，试求系统的零输入响应 $y_x(t)$。

解：(1) 首先求齐次微分方程的通解

非齐次微分方程式(2.5.15)对应的齐次微分方程为

$$y''(t)+2y'(t)+5y(t)=0 \tag{2.5.16}$$

考虑到齐次微分方程式(2.5.16)，则系统的特征方程为 $p^2+2p+5=0$，因此 LTI 连续时间系统的特征根为 $\lambda_1=-1+2j$，$\lambda_2=-1-2j$。

由于 LTI 连续时间系统的特征根是一对共轭复根，因此可设齐次微分方程式(2.5.16)的通解为

$$y(t)=e^{-t}(C_1\cos 2t+C_2\sin 2t),\ t\in(-\infty,+\infty) \tag{2.5.17}$$

(2) 再求 LTI 连续时间系统的零输入响应

考虑到式(2.5.17)，则有

$$\begin{cases}y(0_-)=C_1=1\\ y'(0_-)=-C_1+2C_2=1\end{cases}，解得\begin{cases}C_1=1\\ C_2=1\end{cases}$$

于是，LTI 连续时间系统的零输入响应为

$$y_x(t)=e^{-t}(\cos 2t+\sin 2t),\ t\geqslant 0$$

2.5.4 直接截取法

由1.5.3节的分析和讨论已经知道，LTI连续时间系统在$t=0_-$时刻的状态，是$t=0_-$时刻之前的激励作用LTI连续时间系统的历史积累。换言之，是连续时间反因果信号$f(t)\varepsilon(-t)$对系统的贡献，即连续时间反因果信号激励系统，并在$t=0_-$时刻为LTI连续时间系统提供初始状态。

由例2.3.1的分析已经知道，由于描述二阶LTI连续时间系统的微分方程的右边存在$f'(t)$项，连续时间因果激励信号$f(t)\varepsilon(t)$代入微分方程右边后，将自动引入$\delta(t)$项。类似地，连续时间反因果激励信号$f(t)\varepsilon(-t)$代入描述n阶LTI系统的微分方程式(2.2.10)右边后，将自动引入$\delta^{(j)}(t)(j=0,1,2,\cdots,m-1)$项。若直接针对$t\geqslant0$的解区间求LTI连续时间系统的零输入响应，则必须用奇异函数平衡法找出微分方程右边各个$\delta^{(j)}(t)(j=0,1,2,\cdots,m-1)$项对系统的贡献。为避免寻找微分方程右边各个$\delta^{(j)}(t)(j=0,1,2,\cdots,m-1)$项对系统的贡献而带来的麻烦，可采用放区间解法，即基于整体积分法，首先求出连续时间反因果信号$f(t)\varepsilon(-t)$作用下，LTI连续时间系统在整个时间区间上的零状态响应，再截取出$t\geqslant0$的部分，即可得到LTI连续时间系统的零输入响应。

综上所述，针对LTI连续时间系统$t=0_-$时刻的初始状态未直接给出，而是给出了连续时间反因果信号来建立系统的初始状态的情况。基于整体积分法，首先求出连续时间反因果信号作用下，LTI连续时间系统在整个时间区间上的零状态响应，然后直接截取其中的$t\geqslant0$的部分，即可得到LTI连续时间系统的零输入响应。这种求解LTI连续时间系统零输入响应的方法称为直接截取法。

例2.5.4：设描述LTI连续时间系统响应$y(t)$与激励$f(t)$关系的微分方程为

$$y''(t)+3y'(t)+2y(t)=f'(t)+3f(t) \tag{2.5.18}$$

已知系统的起始状态$y'(-\infty)=y(-\infty)=0$，激励$f(t)=3e^t\varepsilon(-t)$。

(1) 试求系统在整个时间区间上的零状态响应$y_f(t)$。

(2) 试求$t\geqslant0$时系统的输入响应$y_x(t)$。

解：(1) 将激励$f(t)=3e^t\varepsilon(-t)$代入微分方程式(2.5.18)，可得

$$y''(t)+3y'(t)+2y(t)=3e^t\varepsilon(-t)-3e^t\delta(-t)+9e^t\varepsilon(-t) \tag{2.5.19}$$

非齐次微分方程式(2.5.19)可改写成

$$[y'(t)+2y(t)]'+[y'(t)+2y(t)]=12e^t\varepsilon(-t)-3\delta(t) \tag{2.5.20}$$

将式(2.5.20)的等号两边分别乘以e^t，可得

$$[y'(t)+2y(t)]'e^t+[y'(t)+2y(t)]e^t=12e^{2t}\varepsilon(-t)-3e^t\delta(t) \tag{2.5.21}$$

利用乘积求导法则，对式(2.5.21)的等号左边进行逆向改写，可得

$$\{[y'(t)+2y(t)]e^t\}'=12e^{2t}\varepsilon(-t)-3\delta(t) \tag{2.5.22}$$

由式(2.5.22)可得

$$\{[y'(\tau)+2y(\tau)]e^\tau\}'=12e^{2\tau}\varepsilon(-\tau)-3\delta(\tau) \tag{2.5.23}$$

在区间$\tau\in(-\infty,t]$上，对式(2.5.23)的等号两边分别积分，可得

$$[y'(\tau)+2y(\tau)]e^\tau\Big|_{-\infty}^{t}=[6(e^{2\tau}-1)\varepsilon(-\tau)-3\varepsilon(\tau)]\Big|_{-\infty}^{t} \tag{2.5.24}$$

考虑到系统的起始状态$y'(-\infty)=y(-\infty)=0$，由式(2.5.24)可得

$$[y'(t)+2y(t)]e^t=6(e^{2t}-1)\varepsilon(-t)+6-3\varepsilon(t)=6e^{2t}\varepsilon(-t)+3\varepsilon(t)$$

$$y'(t)+2y(t)=6e^t\varepsilon(-t)+3e^{-t}\varepsilon(t)$$

同理，可得

$$y'(t)\mathrm{e}^{2t}+y(t)\mathrm{e}^{2t}=6\mathrm{e}^{3t}\varepsilon(-t)+3\mathrm{e}^{t}\varepsilon(t)$$

$$[y(t)\mathrm{e}^{2t}]'=6\mathrm{e}^{3t}\varepsilon(-t)+3\mathrm{e}^{t}\varepsilon(t) \tag{2.5.25}$$

由式(2.5.25)可得

$$[y(\tau)\mathrm{e}^{2\tau}]'=6\mathrm{e}^{3\tau}\varepsilon(-\tau)+3\mathrm{e}^{\tau}\varepsilon(\tau) \tag{2.5.26}$$

在区间 $\tau\in[-\infty,t]$上，对式(2.5.26)的等号两边分别积分，可得

$$y(\tau)\mathrm{e}^{2\tau}\Big|_{-\infty}^{t}=[2(\mathrm{e}^{3\tau}-1)\varepsilon(-\tau)+3(\mathrm{e}^{\tau}-1)\varepsilon(\tau)]\Big|_{-\infty}^{t} \tag{2.5.27}$$

考虑到系统的初始状态 $y(-\infty)=0$，由式(2.5.27)可得

$$y(t)\mathrm{e}^{2t}=[2(\mathrm{e}^{3t}-1)\varepsilon(-t)+2+3(\mathrm{e}^{t}-1)\varepsilon(t)]=2\mathrm{e}^{3t}\varepsilon(-t)+(3\mathrm{e}^{t}-1)\varepsilon(t)$$

$$y_f(t)=2\mathrm{e}^{t}\varepsilon(-t)+(3\mathrm{e}^{-t}-\mathrm{e}^{-2t})\varepsilon(t) \tag{2.5.28}$$

(2) 考虑到式(2.5.28)，则 LTI 连续时间系统的零输入响应为

$$y_x(t)=\underset{t\geqslant 0}{\mathrm{qbf}}\,y_f(t)=3\mathrm{e}^{-t}-\mathrm{e}^{-2t},\ t\geqslant 0$$

式中，$\underset{t\geqslant 0}{\mathrm{qbf}}\,y_f(t)$表示取出 $y_f(t)$中 $t\geqslant 0$ 的部分。

2.5.5　基于 LTI 连续时间系统时域模型的分析方法举例

基于 LTI 连续时间系统的数学模型，前面已经介绍了四种求解 LTI 连续时间系统零输入响应的方法。对 LTI 连续时间系统的时域模型，采用这四种方法求解系统的零输入响应时，个别处存在一些细微差别，将通过下面的例题加以说明。

例 2.5.5：LTI 连续时间系统如图 2.5.1 所示，已知 $t<0$ 时系统处于稳态，当 $t=0$ 时刻，开关 S 从 1 转至 2，试求 $t\geqslant 0$ 时系统的零输入响应 $y_x(t)$。

解：设 $f(t)=2\varepsilon(-t)$ V，由题意可得图 2.5.1 所示系统的时域等效模型，如图 2.5.2 所示。

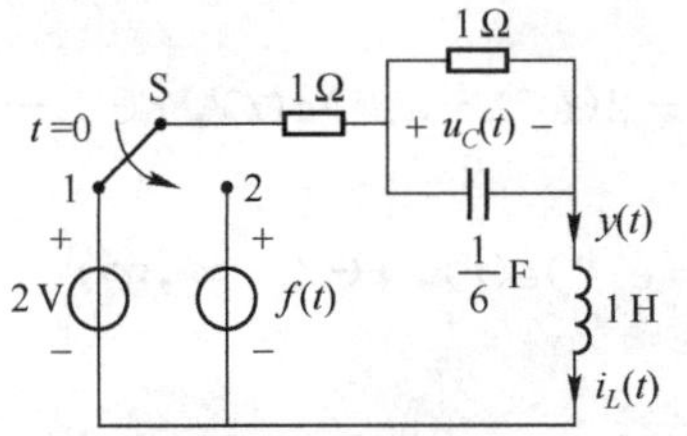

图 2.5.1　二阶 LTI 连续时间系统的时域模型

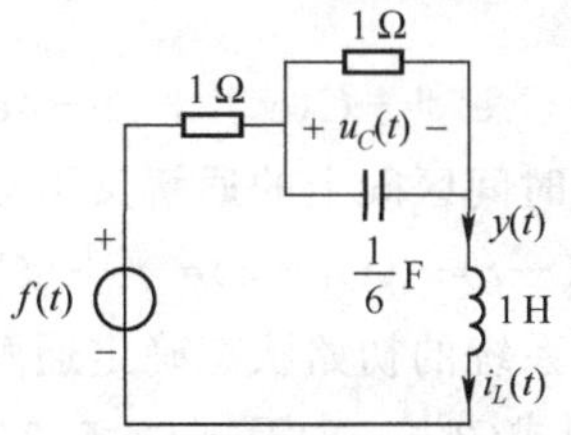

图 2.5.2　二阶 LTI 连续时间系统的时域等效模型

由图 2.5.2 可得

$$u_C(t)=-y(t)+f(t)-y'(t) \tag{2.5.29}$$

$$y(t)=u_C(t)+\frac{1}{6}u_C'(t) \tag{2.5.30}$$

将式(2.5.29)代入式(2.5.30)，可得

$$y(t)=-y(t)+f(t)-y'(t)+\frac{1}{6}[-y(t)+f(t)-y'(t)]'$$

$$=-y(t)+f(t)-y'(t)+\frac{1}{6}[-y'(t)+f'(t)-y''(t)]$$

即

$$y''(t)+7y'(t)+12y(t)=f'(t)+6f(t) \tag{2.5.31}$$

方法 1　采用不定积分降阶法求解。

(1) 确定 LTI 连续时间系统在 $t=0_-$ 时刻的初始状态

将连续时间反因果信号 $f(t)=2\varepsilon(-t)$ V 代入微分方程式(2.5.31)，可得

$$y''(t)+7y'(t)+12y(t)=[2\varepsilon(-t)]'+12\varepsilon(-t)=-2\delta(t)+12\varepsilon(-t) \tag{2.5.32}$$

当 $t\leqslant 0_-$ 时，微分方程式(2.5.32)可改写成

$$y''(t)+7y'(t)+12y(t)=12,\ t\leqslant 0_- \tag{2.5.33}$$

由微分方程式(2.5.33)可知，当 $t\leqslant 0_-$ 时，其稳态解是直流信号 $y(t)=1$ A。

那么 LTI 连续时间系统在 $t=0_-$ 时刻的初始状态为

$$\begin{cases} y(0_-)=1\ \text{A} \\ y'(0_-)=0\ \text{A/s} \end{cases} \tag{2.5.34}$$

(2) 确定微分方程式(2.5.32)的通解

二阶线性常系数非齐次微分方程式(2.5.32)可改写成

$$[y'(t)+4y(t)]'+3[y'(t)+4y(t)]=-2\delta(t)+12\varepsilon(-t) \tag{2.5.35}$$

将式(2.5.35)的等号两边分别乘以 e^{3t}，可得

$$[y'(t)+4y(t)]'e^{3t}+3[y'(t)+4y(t)]e^{3t}=-2e^{3t}\delta(t)+12e^{3t}\varepsilon(-t) \tag{2.5.36}$$

利用乘积求导法则，对式(2.5.36)的等号左边进行逆向改写，可得

$$\{[y'(t)+4y(t)]e^{3t}\}'=-2\delta(t)+12e^{3t}\varepsilon(-t) \tag{2.5.37}$$

对式(2.5.37)的等号两边分别做不定积分，可得

$$[y'(t)+4y(t)]e^{3t}=C_1-2\varepsilon(t)+4(e^{3t}-1)\varepsilon(-t)$$

$$y'(t)+4y(t)=C_1e^{-3t}-2e^{-3t}\varepsilon(t)+4(1-e^{-3t})\varepsilon(-t)$$

同理，可得

$$y'(t)e^{4t}+4y(t)e^{4t}=C_1e^{t}-2e^{t}\varepsilon(t)+4e^{4t}\varepsilon(-t)-4e^{t}\varepsilon(-t)$$

$$[y(t)e^{4t}]'=C_1e^{t}-2e^{t}\varepsilon(t)+4e^{4t}\varepsilon(-t)-4e^{t}\varepsilon(-t)$$

$$y(t)e^{4t}=C_2+C_1e^{t}-2(e^{t}-1)\varepsilon(t)+(e^{4t}-1)\varepsilon(-t)-4(e^{t}-1)\varepsilon(-t)$$

即

$$y(t)=C_1e^{-3t}+C_2e^{-4t}+(1-4e^{-3t}+3e^{-4t})\varepsilon(-t)-2(e^{-3t}-e^{-4t})\varepsilon(t),\ t\in(-\infty,\infty)$$

其实，整个时间区间上的通解又可以写成

$$y(t)=\varepsilon(-t)+(C_1-4)e^{-3t}+(C_2+3)e^{-4t}+(2e^{-3t}-e^{-4t})\varepsilon(t),\ t\in(-\infty,\infty) \tag{2.5.38}$$

(3) 由系统的初始状态确定通解中的待定系数

考虑到式(2.5.38)及式(2.5.34)，则有

$$\begin{cases} y(0_-)=1+C_1-4+C_2+3=1 \\ y'(0_-)=-3(C_1-4)-4(C_2+3)=0 \end{cases}，解得 \begin{cases} C_1=4 \\ C_2=-3 \end{cases}$$

于是

$$y(t)=\varepsilon(-t)+(2e^{-3t}-e^{-4t})\varepsilon(t)\ \text{A},\ t\in(-\infty,\infty) \tag{2.5.39}$$

考虑到式(2.5.39)，则 $t\geqslant 0$ 时 LTI 连续时间系统的零输入响应为

$$y_x(t)=\underset{t\geqslant 0}{\text{qbf}}\,y(t)=2e^{-3t}-e^{-4t}\ \text{A},\ t\geqslant 0$$

式中，$\underset{t\geqslant 0}{\text{qbf}}\,y(t)$ 表示取出 $y(t)$ 中 $t\geqslant 0$ 的部分。

方法 2 采用上限积分降阶法求解。

由式(2.5.37)可得

$$\{[y'(\tau)+4y(\tau)]e^{3\tau}\}'=-2\delta(\tau)+12e^{3\tau}\varepsilon(-\tau) \tag{2.5.40}$$

在区间 $\tau\in(-\infty,t]$ 上，对式(2.5.40)的等号两边分别积分，可得

$$[y'(\tau)+4y(\tau)]e^{3\tau}\Big|_{-\infty}^{t}=[-2\varepsilon(\tau)+4(e^{3\tau}-1)\varepsilon(-\tau)]\Big|_{-\infty}^{t}$$

$$[y'(t)+4y(t)]e^{3t}=-2\varepsilon(t)+4(e^{3t}-1)\varepsilon(-t)+4$$

$$[y'(t)+4y(t)]e^{3t}=4e^{3t}\varepsilon(-t)+2\varepsilon(t)$$

$$y'(t)+4y(t)=4\varepsilon(-t)+2e^{-3t}\varepsilon(t)$$

同理，可得

$$y'(t)e^{4t}+4y(t)e^{4t}=4e^{4t}\varepsilon(-t)+2e^{t}\varepsilon(t)$$

$$[y(t)e^{4t}]'=4e^{4t}\varepsilon(-t)+2e^{t}\varepsilon(t) \tag{2.5.41}$$

由式(2.5.41)可得

$$[y(\tau)e^{4\tau}]'=4e^{4\tau}\varepsilon(-\tau)+2e^{\tau}\varepsilon(\tau) \tag{2.5.42}$$

在区间 $\tau\in(-\infty,t]$上，对式(2.5.42)的等号两边分别积分，可得

$$y(\tau)e^{4\tau}\Big|_{-\infty}^{t}=[(e^{4\tau}-1)\varepsilon(-\tau)+2(e^{\tau}-1)\varepsilon(\tau)]\Big|_{-\infty}^{t}$$

$$y(t)e^{4t}=(e^{4t}-1)\varepsilon(-t)+1+2(e^{t}-1)\varepsilon(t)$$

$$y(t)e^{4t}=e^{4t}\varepsilon(-t)+(2e^{t}-1)\varepsilon(t)$$

$$y(t)=\varepsilon(-t)+(2e^{-3t}-e^{-4t})\varepsilon(t)\ \text{A},\ t\in(-\infty,+\infty) \tag{2.5.43}$$

考虑到式(2.5.43)，则 $t\geqslant0$ 时 LTI 连续时间系统的零输入响应为

$$y_x(t)=\underset{t\geqslant0}{\text{qbf}}\,y(t)=2e^{-3t}-e^{-4t}\ \text{A},\ t\geqslant0$$

式中，$\underset{t\geqslant0}{\text{qbf}}\,y(t)$表示取出 $y(t)$中 $t\geqslant0$ 的部分。

显然，由式(2.5.43)可得系统的初始条件，即

$$\begin{cases}y(0_+)=2-1=1\ \text{A}\\ y'(0_+)=-6+4=-2\ \text{A/s}\end{cases} \tag{2.5.44}$$

由此得到下述启发。

若通过其他方式求得 LTI 连续时间系统的初始条件 $y(0_+)$及 $y'(0_+)$，则可用待定系数法求解系统的零输入响应。

计算 LTI 连续时间系统在 $t=0_+$时刻的初始条件有两种方法，一是基于 LTI 连续时间系统时域模型的计算方法；二是 2.3.1 节介绍的基于系统微分方程的奇异函数平衡法。

方法 3　采用基于系统时域模型的待定系数法求解。

(1) 确定系统的初始条件 $y^{(i)}(0_+)(i=0,1)$

一般经历下述 4 步，就可以确定系统的初始条件。

① 计算换路前瞬间电容元件两端的电压和电感元件所通过的电流，即系统的初始状态。

由题意可知，$t<0$ 时系统处于稳态，电容元件及电感元件可分别进行开路处理和短路处理。因此，LTI 连续时间系统在 $t=0_-$时刻的时域等效模型如图 2.5.3 所示。

由图 2.5.3 可得

$$i_L(0_-)=y(0_-)=\frac{2}{1+1}=1\ \text{A}$$

$$u_C(0_-)=i_L(0_-)\times1=1\ \text{V}$$

$$y'(0_-)=i_L'(0_-)=\frac{u_L(0_-)}{L}=\frac{0}{1}=0\ \text{A/s}$$

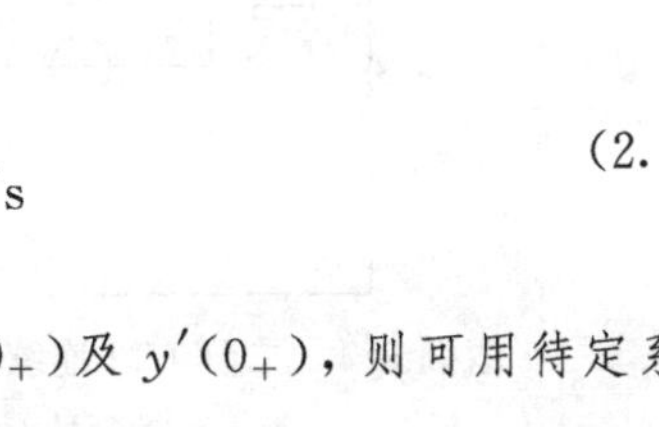

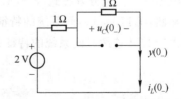

图 2.5.3　二阶 LTI 连续时间系统在 $t=0_-$时刻的时域等效模型

分析表明，LTI 连续时间系统的初始状态可以用状态变量 $u_C(t)$和 $i_L(t)$进行描述，即

$$u_C(0_-)=1\ \text{V},\ i_L(0_-)=1\ \text{A}$$

也可用解变量 $y(t)$进行描述，即

$$y(0_-)=1\ \text{A},\ y'(0_-)=0\ \text{A/s}$$

并且两者可以相互转换。

② 由换路定则可知 $u_C(0_+)=u_C(0_-)$，$i_L(0_+)=i_L(0_-)$。

③ 画出系统在 $t=0_+$ 时刻的时域等效模型。

此步骤可归纳为两个动作，第一个动作是开关按要求完成换路，第二个动作是用参数为 $u_C(0_+)$ 的理想电压源替代电容元件，用参数为 $i_L(0_+)$的理想电流源替代电感元件。LTI 连续时间系统在 $t=0_+$ 时刻的时域等效模型如图 2.5.4 所示。

④ 根据系统在 $t=0_+$ 时刻的时域等效模型，计算系统的初始条件。

由图 2.5.4 可得

$$y(0_+)=i_L(0_+)=1\text{ A}$$

$$y'(0_+)=i_L'(0_+)=\frac{u_L(0_+)}{L}$$

$$=\frac{-1-1\times1}{1}=-2\text{ A/s}$$

这样就得到了与式(2.5.44)相同的系统初始条件。

(2) 建立 $t\geqslant0$ 时描述系统的数学模型

当 $t\geqslant0$ 时，图 2.5.1 所示 LTI 连续时间系统的时域等效模型如图 2.5.5 所示。

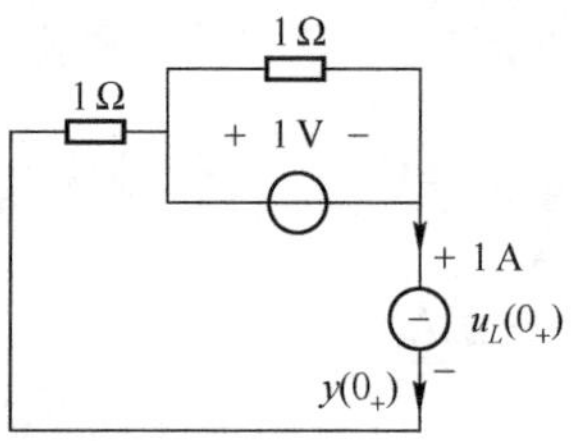

图 2.5.4　二阶 LTI 连续时间系统在 $t=0_+$ 时刻的时域等效模型

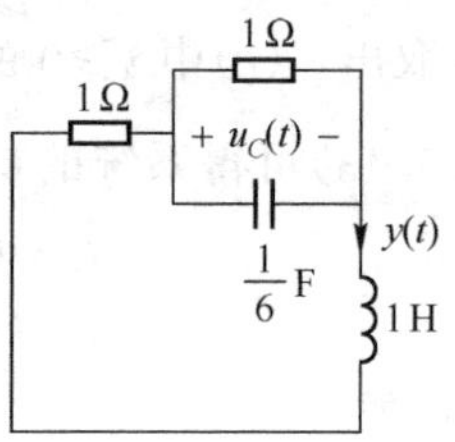

图 2.5.5　二阶 LTI 连续时间系统在 $t\geqslant0$ 时的时域等效模型

由图 2.5.5 可得

$$u_C(t)=-y(t)-y'(t) \tag{2.5.45}$$

$$y(t)=u_C(t)+\frac{1}{6}u_C'(t) \tag{2.5.46}$$

将式(2.5.45)代入式(2.5.46)，整理可得

$$y''(t)+7y'(t)+12y(t)=0,\ t\geqslant0 \tag{2.5.47}$$

(3) 求解系统的零输入响应 $y_x(t)$

考虑到齐次微分方程式(2.5.47)，则系统的特征方程为 $p^2+7p+12=0$。

显然，LTI 连续时间系统的特征根为 $\lambda_1=-3$，$\lambda_2=-4$。

由于 LTI 连续时间系统的特征根是不相等的实根，因此可设齐次微分方程式(2.5.47)的通解为

$$y(t)=C_1\mathrm{e}^{-3t}+C_2\mathrm{e}^{-4t},\ t\geqslant0 \tag{2.5.48}$$

考虑到式(2.5.48)及初始条件，则有

$$\begin{cases}y(0_+)=C_1+C_2=1\\y'(0_+)=-3C_1-4C_2=-2\end{cases}\text{，解得}\begin{cases}C_1=2\\C_2=-1\end{cases}$$

于是，LTI 连续时间系统的零输入响应为

$$y_x(t)=2\mathrm{e}^{-3t}-\mathrm{e}^{-4t}\text{ A},\ t\geqslant0$$

方法 4　采用基于数学模型的待定系数法求解。

由前面的分析可知，将连续时间反因果信号 $f(t)=2\varepsilon(-t)$ V 代入微分方程式(2.5.31)，可得微分方程式(2.5.32)，即

$$y''(t)+7y'(t)+12y(t)=[2\varepsilon(-t)]'+12\varepsilon(-t)=-2\delta(t)+12\varepsilon(-t) \tag{2.5.49}$$

(1) 确定 LTI 连续时间系统在 $t=0_-$ 时刻的初始状态

当 $t\leqslant 0_-$ 时，微分方程式(2.5.49)可写成

$$y''(t)+7y'(t)+12y(t)=12,\ t\leqslant 0_- \tag{2.5.50}$$

由微分方程式(2.5.50)可知，当 $t\leqslant 0_-$ 时，其稳态解是直流信号 $y(t)=1$ A。于是，LTI 连续时间系统在 $t=0_-$ 时刻的初始状态为 $y(0_-)=1$ A，$y'(0_-)=0$ A/s。

(2) 确定 LTI 连续时间系统在 $t=0_+$ 时刻的初始条件

显然，当 $t>0$ 时，非齐次微分方程式(2.5.49)退缩成齐次微分方程。为了计入微分方程式(2.5.49)右边的 $-2\delta(t)$ 在 $t=0$ 时刻对系统的贡献，可采用 2.3.1 节介绍的奇异函数平衡法来完成 LTI 连续时间系统的初始状态到初始条件的转换。

奇异函数的平衡过程如下：

$$y''(t)\ +\ 7y'(t)\ +\ 12y(t)=-2\delta(t)+12\varepsilon(-t)$$

$$-2\delta(t)\rightarrow -14\varepsilon(t)\rightarrow -24t\varepsilon(t) \qquad [\text{平衡微分方程两边的 } \delta(t) \text{ 项}]$$

跳变量 $\qquad -2 \qquad 0$

奇异函数的平衡总是从微分方程两边的高阶导数项向低阶导数项逐次进行的，由于微分方程右边存在 $-2\delta(t)$，为使微分方程两边的 $\delta(t)$ 项平衡，那么微分方程左边的 $y''(t)$ 中应含有 $-2\delta(t)$，$7y'(t)$ 中应含有 $-14\varepsilon(t)$，$12y(t)$ 中应含有 $-24t\varepsilon(t)$。

分析表明，在平衡微分方程两边的 $\delta(t)$ 项的过程中，二阶导数 $y''(t)$ 中含有 $-2\delta(t)$，一阶导数 $7y'(t)$ 中含有 $-14\varepsilon(t)$，即 $y'(t)$ 在 $t=0$ 处下跳 2 个单位，亦即跳变量为 -2；$12y(t)$ 中含有 $-24t\varepsilon(t)$，因为单位斜坡信号 $r(t)=t\varepsilon(t)$ 在 $t=0$ 处连续，故 $y(t)$ 在 $t=0$ 处的跳变量为 0。

综上所述，LTI 连续时间系统的初始条件为

$$\begin{cases} y(0_+)=y(0_-)+\Delta y(0)=1+0=1\text{ A} \\ y'(0_+)=y'(0_-)+\Delta y'(0)=0-2=-2\text{ A/s} \end{cases} \tag{2.5.51}$$

这样仍然得到了与式(2.5.44)相同的系统初始条件。

(3) 确定 LTI 连续时间系统的零输入响应

非齐次微分方程式(2.5.49)对应的齐次微分方程的通解为

$$y(t)=C_1\mathrm{e}^{-3t}+C_2\mathrm{e}^{-4t},\ t\geqslant 0 \tag{2.5.52}$$

考虑到式(2.5.51)及式(2.5.52)，则有

$$\begin{cases} y(0_+)=C_1+C_2=1 \\ y'(0_+)=-3C_1-4C_2=-2 \end{cases}，\text{解得} \begin{cases} C_1=2 \\ C_2=-1 \end{cases}$$

于是，LTI 连续时间系统的零输入响应为

$$y_x(t)=2\mathrm{e}^{-3t}-\mathrm{e}^{-4t}\ \text{A},\ t\geqslant 0$$

2.6 LTI 连续时间系统单位冲激响应的时域求解方法

由 1.5.3 节的分析和讨论已经知道，LTI 连续时间系统的单位冲激响应是系统的初始状态为零，仅由单位冲激信号作用系统时所引起的响应。下面给出严格的定义。

一个 n 阶 LTI 连续时间系统的单位冲激响应 $h(t)$ 是描述 LTI 连续时间系统的线性常系数非齐次微分方程，在初始状态 $h^{(i)}(0_-)=0(i=0,1,2,\cdots,n-1)$，并且激励 $f(t)=\delta(t)$ 条件下的解。

2.6.1 不定积分降阶法

2.3.2 节介绍了不定积分降阶法，该方法也可用于求解 LTI 连续时间系统的单位冲激响应。

例 2.6.1：设描述 LTI 连续时间系统响应 $y(t)$与激励 $f(t)$关系的微分方程为

$$y''(t)+5y'(t)+6y(t)=f'(t)+4f(t) \tag{2.6.1}$$

试求系统的单位冲激响应 $h(t)$。

解：考虑到非齐次微分方程式(2.6.1)，则有

$$h''(t)+5h'(t)+6h(t)=\delta'(t)+4\delta(t) \tag{2.6.2}$$

非齐次微分方程式(2.6.2)可改写成

$$[h'(t)+3h(t)]'+2[h'(t)+3h(t)]=\delta'(t)+4\delta(t) \tag{2.6.3}$$

将式(2.6.3)的等号两边分别乘以 e^{2t}，可得

$$[h'(t)+3h(t)]'e^{2t}+2[h'(t)+3h(t)]e^{2t}=\delta'(t)e^{2t}+4e^{2t}\delta(t) \tag{2.6.4}$$

利用乘积求导法则，对式(2.6.4)的等号左边进行逆向改写，可得

$$\{[h'(t)+3h(t)]e^{2t}\}'=[\delta(t)e^{2t}]'+2e^{2t}\delta(t)=[\delta(t)]'+2\delta(t) \tag{2.6.5}$$

对式(2.6.5)的等号两边分别做不定积分，可得

$$[h'(t)+3h(t)]e^{2t}=C_1+\delta(t)+2\varepsilon(t)$$

$$h'(t)+3h(t)=C_1e^{-2t}+e^{-2t}\delta(t)+2e^{-2t}\varepsilon(t)=C_1e^{-2t}+\delta(t)+2e^{-2t}\varepsilon(t)$$

同理，可得

$$h'(t)e^{3t}+3h(t)e^{3t}=C_1e^{t}+e^{3t}\delta(t)+2e^{t}\varepsilon(t)$$

$$[h(t)e^{3t}]'=C_1e^{t}+\delta(t)+2e^{t}\varepsilon(t)$$

$$h(t)e^{3t}=C_2+C_1e^{t}+\varepsilon(t)+2(e^{t}-1)\varepsilon(t)$$

即 LTI 连续时间系统的单位冲激响应的通解为

$$h(t)=C_1e^{-2t}+C_2e^{-3t}+(2e^{-2t}-e^{-3t})\varepsilon(t),\ t\in(-\infty,\infty) \tag{2.6.6}$$

考虑到式(2.6.6)，则有

$$\begin{cases}h(0_-)=C_1+C_2=0\\h'(0_-)=-2C_1-3C_2=0\end{cases}，解得\begin{cases}C_1=0\\C_2=0\end{cases}$$

于是，LTI 连续时间系统的单位冲激响应为

$$h(t)=(2e^{-2t}-e^{-3t})\varepsilon(t)$$

2.6.2 上限积分降阶法

2.3.2 节介绍了上限积分降阶法，该方法也可用于求解 LTI 连续时间系统的单位冲激响应。

例 2.6.2：设描述 LTI 连续时间系统响应 $y(t)$与激励 $f(t)$关系的微分方程为

$$y''(t)+4y'(t)+4y(t)=f'(t)+f(t) \tag{2.6.7}$$

试求系统的单位冲激响应 $h(t)$。

解：考虑到非齐次微分方程式(2.6.7)，则有

$$h''(t)+4h'(t)+4h(t)=\delta'(t)+\delta(t) \tag{2.6.8}$$

非齐次微分方程式(2.6.8)可改写成

$$[h'(t)+2h(t)]'+2[h'(t)+2h(t)]=\delta'(t)+\delta(t) \tag{2.6.9}$$

将式(2.6.9)的等号两边分别乘以 e^{2t}，可得

$$[h'(t)+2h(t)]'e^{2t}+2[h'(t)+2h(t)]e^{2t}=\delta'(t)e^{2t}+e^{2t}\delta(t) \tag{2.6.10}$$

利用乘积求导法则，对式(2.6.10)的等号左边进行逆向改写，可得

$$\{[h'(t)+2h(t)]\mathrm{e}^{2t}\}'=[\delta(t)\mathrm{e}^{2t}]'-\mathrm{e}^{2t}\delta(t)=[\delta(t)]'-\delta(t) \tag{2.6.11}$$

由式(2.6.11)可得

$$\{[h'(\tau)+2h(\tau)]\mathrm{e}^{2\tau}\}'=\delta'(\tau)-\delta(\tau) \tag{2.6.12}$$

在区间 $\tau\in[0_-,t]$上，对式(2.6.12)的等号两边分别积分，可得

$$[h'(\tau)+2h(\tau)]\mathrm{e}^{2\tau}\Big|_{0_-}^{t}=[\delta(\tau)-\varepsilon(\tau)]\Big|_{0_-}^{t} \tag{2.6.13}$$

考虑到系统的初始状态 $h'(0_-)=h(0_-)=0$，由式(2.6.13)可得

$$[h'(t)+2h(t)]\mathrm{e}^{2t}=\delta(t)-\varepsilon(t)$$

$$h'(t)+2h(t)=\mathrm{e}^{-2t}\delta(t)-\mathrm{e}^{-2t}\varepsilon(t)=\delta(t)-\mathrm{e}^{-2t}\varepsilon(t)$$

同理，可得

$$h'(t)\mathrm{e}^{2t}+2h(t)\mathrm{e}^{2t}=\mathrm{e}^{2t}\delta(t)-\varepsilon(t)=\delta(t)-\varepsilon(t)$$

$$[h(t)\mathrm{e}^{2t}]'=\delta(t)-\varepsilon(t) \tag{2.6.14}$$

由式(2.6.14)可得

$$[h(\tau)\mathrm{e}^{2\tau}]'=\delta(\tau)-\varepsilon(\tau) \tag{2.6.15}$$

在区间 $\tau\in[0_-,t]$上，对式(2.6.15)的等号两边分别积分，可得

$$h(\tau)\mathrm{e}^{2\tau}\Big|_{0_-}^{t}=[\varepsilon(\tau)-\tau\varepsilon(\tau)]\Big|_{0_-}^{t} \tag{2.6.16}$$

考虑到系统的初始状态 $h(0_-)=0$，由式(2.6.16)可得

$$h(t)\mathrm{e}^{2t}=(1-t)\varepsilon(t)$$

于是，LTI 连续时间系统的单位冲激响应为

$$h(t)=(1-t)\mathrm{e}^{-2t}\varepsilon(t)$$

2.6.3　待定系数法

1.5.3 节已经指出，系统单位冲激响应的解模式与描述系统的齐次微分方程的解模式相同，即 LTI 连续时间系统单位冲激响应的通解可表示为 $h(t)=y_h(t)\varepsilon(t)$，例 2.6.1 及例 2.6.2 的分析结果也证实了这一点。下面阐述其本质原因。

设描述 n 阶 LTI 连续时间系统算子形式的微分方程为

$$D(p)y(t)=N(p)f(t) \tag{2.6.17}$$

式中，特征多项式 $D(p)=p^n+\sum_{i=1}^{n}a_{n-i}p^{n-i}$，广义微分算子 $N(p)=\sum_{j=0}^{m}b_{m-j}p^{m-j}$，并且 $m<n$。

显然，$N(p)$是一个关于 p 的 m 次多项式，最高幂次的系数为 b_m，$D(p)$是一个关于 p 的 n 次多项式，最高幂次的系数 $a_n=1$。

由单位冲激响应的定义可知，n 阶 LTI 连续时间系统的单位冲激响应 $h(t)$是非齐次微分方程

$$D(p)h(t)=N(p)\delta(t) \tag{2.6.18}$$

在零初始状态条件下的解。

当 $t>0$ 时，非齐次微分方程式(2.6.18)退缩成齐次微分方程

$$D(p)h(t)=0 \tag{2.6.19}$$

由于 n 阶 LTI 连续时间系统的初始状态 $h^{(i)}(0_-)=0(i=0,1,2,\cdots,n-1)$，因此决定了 $h(t)$是一个连续时间因果信号；当 $t>0$ 时，线性常系数非齐次微分方程式(2.6.18)退缩成齐次微分方程式(2.6.19)。换言之，线性常系数非齐次微分方程式(2.6.18)的解 $h(t)$与对应的齐次微分方程式(2.6.19)的齐次解 $y_h(t)$的模式相同。基于这两点事实，则式(2.6.18)中 $h(t)$的通解可表示成

$$h(t)=y_h(t)\varepsilon(t) \tag{2.6.20}$$

将式(2.6.20)表示的 $h(t)$及 $h(t)$的各阶导数代入线性常系数非齐次微分方程式(2.6.18)，通

过比较方程两边 $\delta(t)$ 项和 $\delta(t)$ 各阶导数项的系数来确定齐次解 $y_h(t)$ 中的待定系数，从而得到 $h(t)$。这种求解 LTI 连续时间系统单位冲激响应的方法称为待定系数法。

例 2.6.3：设描述 LTI 连续时间系统响应 $y(t)$ 与激励 $f(t)$ 关系的微分方程为

$$y''(t)+3y'(t)+2y(t)=f'(t)+3f(t) \tag{2.6.21}$$

试求系统的单位冲激响应 $h(t)$。

解：考虑到微分方程式(2.6.21)，则有

$$h''(t)+3h'(t)+2h(t)=\delta'(t)+3\delta(t) \tag{2.6.22}$$

(1) 首先求齐次微分方程的通解

非微分方程式(2.6.22)对应的齐次微分方程为

$$h''(t)+3h'(t)+2h(t)=0 \tag{2.6.23}$$

考虑到齐次微分方程式(2.6.23)，则系统的特征方程为 $p^2+3p+2=0$。因此，LTI 连续时间系统的特征根为 $\lambda_1=-1$，$\lambda_2=-2$。

由于 LTI 连续时间系统的特征根是不相等的实根，因此可设齐次微分方程式(2.6.23)的通解为

$$y_h(t)=C_1\mathrm{e}^{-t}+C_2\mathrm{e}^{-2t},\quad t\in(-\infty,+\infty) \tag{2.6.24}$$

(2) 确定单位冲激响应的通解

考虑到式(2.6.20)，则有

$$h(t)=y_h(t)\varepsilon(t)=(C_1\mathrm{e}^{-t}+C_2\mathrm{e}^{-2t})\varepsilon(t) \tag{2.6.25}$$

式中，C_1 和 C_2 为待定系数。

(3) 确定 LTI 连续时间系统的单位冲激响应

考虑到式(2.6.25)，则有

$$h'(t)=(-C_1\mathrm{e}^{-t}-2C_2\mathrm{e}^{-2t})\varepsilon(t)+(C_1+C_2)\delta(t) \tag{2.6.26}$$

$$h''(t)=(C_1\mathrm{e}^{-t}+4C_2\mathrm{e}^{-2t})\varepsilon(t)-(C_1+2C_2)\delta(t)+(C_1+C_2)\delta'(t) \tag{2.6.27}$$

将式(2.6.27)、式(2.6.26)及式(2.6.25)代入微分方程式(2.6.22)，可得

$$(C_1+C_2)\delta'(t)+(2C_1+C_2)\delta(t)=\delta'(t)+3\delta(t) \tag{2.6.28}$$

考虑到式(2.6.28)等号两边的对应项的系数应该相等，则有

$$\begin{cases}C_1+C_2=1\\2C_1+C_2=3\end{cases}，解得 \begin{cases}C_1=2\\C_2=-1\end{cases}$$

于是，LTI 连续时间系统的单位冲激响应为

$$h(t)=(2\mathrm{e}^{-t}-\mathrm{e}^{-2t})\varepsilon(t)$$

分析表明，如果 $h(t)$ 的通解模式用式(2.6.20)表示，那么由式(2.6.26)可知，$h'(t)$ 中含有 $\delta(t)$ 项；由式(2.6.27)可知，$h''(t)$ 中含有 $\delta'(t)$ 项。对描述 n 阶 LTI 连续时间系统的微分方程而言，左边最高阶导数是 $h^{(n)}(t)$，若 $h(t)$ 的通解模式仍用式(2.6.20)表示，则 $h^{(n)}(t)$ 中含有 $\delta^{(n-1)}(t)$ 项。如果 $m\geqslant n$，那么将导致微分方程式(2.6.18)等号两边 $\delta(t)$ 的最高阶的导数项不平衡。因此，需要对式(2.6.20)加以修正。

(1) 若 $m=n$，则式(2.6.20)修正为

$$h(t)=y_h(t)\varepsilon(t)+C_{n+1}\delta(t) \tag{2.6.29}$$

式中，$y_h(t)$ 是 n 阶齐次微分方程 $D(p)y_h(t)=0$ 的解，并且 $y_h(t)$ 中有 n 个待定系数，C_{n+1} 也为待定系数。因为 $a_n=1$，所以 $C_{n+1}=b_m$。

(2) 若 $m=n+1$，则式(2.6.20)修正为

$$h(t)=y_h(t)\varepsilon(t)+C_{n+1}\delta(t)+C_{n+2}\delta'(t) \tag{2.6.30}$$

式中，$y_h(t)$是n阶齐次微分方程$D(p)y_h(t)=0$的解，并且$y_h(t)$中有n个待定系数，C_{n+1}和C_{n+2}也为待定系数。因为$a_n=1$，所以$C_{n+2}=b_m$。

一般地，当$m\geqslant n$时，则式(2.6.20)修正为

$$h(t)=y_h(t)\varepsilon(t)+\sum_{j=n}^{m}C_{j+1}\delta^{(j-n)}(t) \tag{2.6.31}$$

式中，$y_h(t)$是n阶齐次微分方程$D(p)y_h(t)=0$的解，并且$y_h(t)$中有n个待定系数，$C_{j+1}(j=n,n+1,\cdots,m)$也为待定系数。因为$a_n=1$，所以$C_{m+1}=b_m$。

例 2.6.4：设描述 LTI 连续时间系统响应$y(t)$与激励$f(t)$关系的微分方程为

$$y''(t)+3y'(t)+2y(t)=2f''(t)+f'(t)+3f(t) \tag{2.6.32}$$

试求系统的单位冲激响应$h(t)$。

解：考虑到微分方程式(2.6.32)，则有

$$h''(t)+3h'(t)+2h(t)=2\delta''(t)+\delta'(t)+3\delta(t) \tag{2.6.33}$$

(1) 首先求齐次微分方程的通解

非齐次微分方程式(2.6.33)对应的齐次微分方程为

$$h''(t)+3h'(t)+2h(t)=0 \tag{2.6.34}$$

考虑到齐次微分方程式(2.6.34)，则系统的特征方程为$p^2+3p+2=0$。因此，LTI 连续时间系统的特征根为$\lambda_1=-1$，$\lambda_2=-2$。

由于 LTI 连续时间系统的特征根是不相等的实根，因此可设齐次微分方程式(2.6.34)的通解为

$$y_h(t)=C_1\mathrm{e}^{-t}+C_2\mathrm{e}^{-2t},\ t\in(-\infty,+\infty) \tag{2.6.35}$$

(2) 确定单位冲激响应的通解

由于$m=n=2$，考虑到式(2.6.29)及式(2.6.35)，则 LTI 连续时间系统的单位冲激响应的通解为

$$h(t)=y_h(t)\varepsilon(t)+C_3\delta(t)=(C_1\mathrm{e}^{-t}+C_2\mathrm{e}^{-2t})\varepsilon(t)+C_3\delta(t) \tag{2.6.36}$$

式中，C_1、C_2和C_3为待定系数。

(3) 确定 LTI 连续时间系统的单位冲激响应

考虑到式(2.6.36)，则有

$$h'(t)=(-C_1\mathrm{e}^{-t}-2C_2\mathrm{e}^{-2t})\varepsilon(t)+(C_1+C_2)\delta(t)+C_3\delta'(t) \tag{2.6.37}$$

$$h''(t)=(C_1\mathrm{e}^{-t}+4C_2\mathrm{e}^{-2t})\varepsilon(t)-(C_1+2C_2)\delta(t)+(C_1+C_2)\delta'(t)+C_3\delta''(t) \tag{2.6.38}$$

将式(2.6.38)、式(2.6.37)及式(2.6.36)代入微分方程式(2.6.33)，可得

$$C_3\delta''(t)+(C_1+C_2+3C_3)\delta'(t)+(2C_1+C_2+2C_3)\delta(t)=2\delta''(t)+\delta'(t)+3\delta(t) \tag{2.6.39}$$

考虑到式(2.6.39)等号两边的对应项的系数应该相等，则有

$$\begin{cases}C_3=2\\C_1+C_2+3C_3=1\\2C_1+C_2+2C_3=3\end{cases}，解得\begin{cases}C_1=4\\C_2=-9\\C_3=2\end{cases}$$

于是，LTI 连续时间系统的单位冲激响应为

$$h(t)=2\delta(t)+(4\mathrm{e}^{-t}-9\mathrm{e}^{-2t})\varepsilon(t)$$

由微分方程式(2.6.32)可知

$$D(p)=p^2+3p+2,\ N(p)=2p^2+p+3$$

显然，$D(p)$是关于p的二次多项式，并且$a_2=1$；$N(p)$也是关于p的二次多项式，并且$b_2=2$。求解的结果表明，C_3的确与b_2相同，即$C_3=b_2=2$。因此，描述 LTI 连续时间系统单位冲激响应的通解式(2.6.36)，可直接假设为$h(t)=(C_1\mathrm{e}^{-t}+C_2\mathrm{e}^{-2t})\varepsilon(t)+2\delta(t)$，通过进行类似的

分析可得二元一次方程组$\begin{cases}C_1+C_2+6=1\\2C_1+C_2+4=3\end{cases}$，即线性方程组的未知变量数目自动减 1，同样可以求出二阶 LTI 连续时间系统的单位冲激响应 $h(t)$。

2.6.4 奇异函数平衡法

2.3.1 节介绍了奇异函数平衡法，该方法也可用于求解 LTI 连续时间系统的单位冲激响应。

例 2.6.5：设描述 LTI 连续时间系统响应 $y(t)$与激励 $f(t)$关系的微分方程为

$$y''(t)+4y'(t)+5y(t)=f'(t)+3f(t) \tag{2.6.40}$$

试求系统的单位冲激响应 $h(t)$。

解：考虑到微分方程式(2.6.40)，则有

$$h''(t)+4h'(t)+5h(t)=\delta'(t)+3\delta(t) \tag{2.6.41}$$

(1) 首先求齐次微分方程的通解

非齐次微分方程式(2.6.41)对应的齐次微分方程为

$$h''(t)+4h'(t)+5h(t)=0 \tag{2.6.42}$$

考虑到齐次微分方程式(2.6.42)，则系统的特征方程为 $p^2+4p+5=0$。因此，LTI 连续时间系统的特征根为 $\lambda_1=-2+\mathrm{j}$，$\lambda_2=-2-\mathrm{j}$。

由于 LTI 连续时间系统的特征根是一对共轭复根，因此可设齐次微分方程式(2.6.42)的通解为

$$y_h(t)=\mathrm{e}^{-2t}(C_1\cos t+C_2\sin t),\ t\in(-\infty,+\infty) \tag{2.6.43}$$

(2) 利用奇异函数平衡法，完成系统的初始状态到初始条件的转换

现在利用奇异函数平衡法来确定微分方程式(2.6.41)中的跳变量 $\Delta h'(0)$和 $\Delta h(0)$。奇异函数的平衡过程如下：

	$h''(t)+$	$4h'(t)+$	$5h(t)=\delta'(t)+3\delta(t)$	
	$\delta'(t)\to$	$4\delta(t)\to$	$5\varepsilon(t)$	[平衡微分方程两边的 $\delta'(t)$项]
	$-\delta(t)\to$	$-4\varepsilon(t)$		[平衡微分方程两边的 $\delta(t)$项]
跳变量		-1	1	

奇异函数的平衡总是从微分方程两边的高阶导数项向低阶导数项逐次进行的，由于微分方程右边存在 $\delta'(t)$，为使微分方程两边的 $\delta'(t)$项平衡，那么微分方程左边的 $h''(t)$中应该含有$\delta'(t)$，$4h'(t)$中应该含有 $4\delta(t)$，$5h(t)$中应该含有 $5\varepsilon(t)$。平衡微分方程两边的 $\delta'(t)$项之后，方程右边存在 $3\delta(t)$，而方程左边存在 $4\delta(t)$，即微分方程两边的 $\delta(t)$项不平衡。为使微分方程两边的 $\delta(t)$项平衡，那么微分方程左边的 $h''(t)$中应该还含有$-\delta(t)$，$4h'(t)$中应该还含有$-4\varepsilon(t)$。

分析表明，在平衡微分方程两边 $\delta'(t)$项和 $\delta(t)$项的过程中，二阶导数 $h''(t)$中含有 $\delta'(t)$和$-\delta(t)$，一阶导数 $4h'(t)$中含有 $4\delta(t)$和$-4\varepsilon(t)$，即 $h'(t)$在 $t=0$ 处下跳 1 个单位，亦即跳变量为-1；$5h(t)$中含有 $5\varepsilon(t)$，即 $h(t)$在 $t=0$ 处上跳 1 个单位，亦即跳变量为 1。

综上所述，LTI 连续时间系统的初始条件为

$$\begin{cases}h(0_+)=h(0_-)+\Delta h(0)=0+1=1\\h'(0_+)=h'(0_-)+\Delta h'(0)=0-1=-1\end{cases} \tag{2.6.44}$$

(3) 确定 LTI 连续时间系统单位冲激响应的通解

考虑到式(2.6.43)，则 LTI 连续时间系统单位冲激响应的通解为

$$h(t)=y_h(t)\varepsilon(t)=\mathrm{e}^{-2t}(C_1\cos t+C_2\sin t)\varepsilon(t) \tag{2.6.45}$$

式中，C_1 和 C_2 为待定系数。

(4) 确定 LTI 连续时间系统的单位冲激响应

考虑到式(2.6.44)及式(2.6.45)，则有

$$\begin{cases} h(0_+)=C_1=1 \\ h'(0_+)=-2C_1+C_2=-1 \end{cases}，解得 \begin{cases} C_1=1 \\ C_2=1 \end{cases}$$

于是，LTI 连续时间系统的单位冲激响应为

$$h(t)=\mathrm{e}^{-2t}(\cos t+\sin t)\varepsilon(t)$$

例 2.6.6：设描述 LTI 连续时间系统响应 $y(t)$ 与激励 $f(t)$ 关系的微分方程为

$$y''(t)+4y'(t)+5y(t)=f'''(t)+5f''(t)+10f'(t)+6f(t) \tag{2.6.46}$$

试求系统的单位冲激响应 $h(t)$。

解：考虑到微分方程式(2.6.46)，则有

$$h''(t)+4h'(t)+5h(t)=\delta'''(t)+5\delta''(t)+10\delta'(t)+6\delta(t) \tag{2.6.47}$$

(1) 首先求齐次微分方程的通解

非齐次微分方程式(2.6.47)对应的齐次微分方程为

$$h''(t)+4h'(t)+5h(t)=0 \tag{2.6.48}$$

考虑到齐次微分方程式(2.6.48)，则系统的特征方程为 $p^2+4p+5=0$。因此，LTI 连续时间系统的特征根为 $\lambda_1=-2+\mathrm{j}$，$\lambda_2=-2-\mathrm{j}$。

由于 LTI 连续时间系统的特征根是一对共轭复根，因此可设齐次微分方程式(2.6.48)的通解为

$$y_h(t)=\mathrm{e}^{-2t}(C_1\cos t+C_2\sin t),\ t\in(-\infty,+\infty) \tag{2.6.49}$$

(2) 利用奇异函数平衡法，完成系统的初始状态到初始条件的转换。

现在利用奇异函数平衡法来确定微分方程式(2.6.47)中的跳变量 $\Delta h'(0)$ 和 $\Delta h(0)$。奇异函数的平衡过程如下：

$$h''(t)+4h'(t)+5h(t)=\delta'''(t)+5\delta''(t)+10\delta'(t)+6\delta(t)$$

$\delta'''(t)\to 4\delta''(t)\to 5\delta'(t)$　　[平衡微分方程两边的 $\delta'''(t)$ 项]

$\delta''(t)\to 4\delta'(t)\to 5\delta(t)$　　[平衡微分方程两边的 $\delta''(t)$ 项]

$\delta'(t)\to 4\delta(t)\to 5\varepsilon(t)$　　[平衡微分方程两边的 $\delta'(t)$ 项]

$-3\delta(t)\to -12\varepsilon(t)$　　[平衡微分方程两边的 $\delta(t)$ 项]

跳变量　　-3　　1

奇异函数的平衡总是从微分方程两边的高阶导数项向低阶导数项逐次进行的，由于微分方程右边存在 $\delta'''(t)$，为使微分方程两边的 $\delta'''(t)$ 项平衡，那么微分方程左边的 $h''(t)$ 中应该含有 $\delta'''(t)$，$4h'(t)$ 中应该含有 $4\delta''(t)$，$5h(t)$ 中应该含有 $5\delta'(t)$。平衡微分方程两边的 $\delta'''(t)$ 项之后，方程右边存在 $5\delta''(t)$，而方程左边存在 $4\delta''(t)$，即微分方程两边的 $\delta''(t)$ 项不平衡。为使微分方程两边的 $\delta''(t)$ 项平衡，那么微分方程左边的 $h''(t)$ 中应该还含有 $\delta''(t)$，$4h'(t)$ 中应该还含有 $4\delta'(t)$，$5h(t)$ 中应该还含有 $5\delta(t)$。平衡微分方程两边的 $\delta''(t)$ 项之后，方程右边存在 $10\delta'(t)$，而方程左边存在 $9\delta'(t)$，即微分方程两边的 $\delta'(t)$ 项不平衡。为使微分方程两边的 $\delta'(t)$ 项平衡，那么微分方程左边的 $h''(t)$ 中应该还含有 $\delta'(t)$，$4h'(t)$ 中应该还含有 $4\delta(t)$，$5h(t)$ 中应该还含有 $5\varepsilon(t)$。平衡微分方程两边的 $\delta'(t)$ 项之后，方程右边存在 $6\delta(t)$，而方程左边存在 $9\delta(t)$，即微分方程两边的 $\delta(t)$ 项不平衡。为使微分方程两边的 $\delta(t)$ 项平衡，那么微分方程左边的 $h''(t)$ 中应该还含有 $-3\delta(t)$，$4h'(t)$ 中应该还含有 $-12\varepsilon(t)$。

分析表明，在平衡微分方程两边 $\delta'''(t)$ 项、$\delta''(t)$ 项、$\delta'(t)$ 项和 $\delta(t)$ 项的过程中，二阶导数

$h''(t)$中含有$\delta'''(t)$、$\delta''(t)$、$\delta'(t)$和$-3\delta(t)$；一阶导数$4h'(t)$中含有$4\delta''(t)$、$4\delta'(t)$、$4\delta(t)$和$-12\varepsilon(t)$，即$h'(t)$在$t=0$处下跳3个单位，亦即跳变量为-3；$5h(t)$中含有$5\delta'(t)$、$5\delta(t)$和$5\varepsilon(t)$，即$h(t)$中含有$\delta'(t)$和$\delta(t)$，并且$h(t)$在$t=0$处上跳1个单位，亦即跳变量为1。

综上所述，LTI连续时间系统的初始条件为

$$\begin{cases} h(0_+)=h(0_-)+\Delta h(0)=0+1=1 \\ h'(0_+)=h'(0_-)+\Delta h'(0)=0-3=-3 \end{cases} \tag{2.6.50}$$

(3) 确定LTI连续时间系统单位冲激响应的通解

基于上述分析，并考虑到式(2.6.49)，则LTI连续时间系统单位冲激响应的通解为

$$h(t)=y_h(t)\varepsilon(t)+\delta'(t)+\delta(t)=\delta'(t)+\delta(t)+\mathrm{e}^{-2t}(C_1\cos t+C_2\sin t)\varepsilon(t) \tag{2.6.51}$$

式中，C_1和C_2为待定系数。

(4) 确定LTI连续时间系统的单位冲激响应

考虑到式(2.6.50)及式(2.6.51)，则有

$$\begin{cases} h(0_+)=C_1=1 \\ h'(0_+)=-2C_1+C_2=-3 \end{cases}，解得 \begin{cases} C_1=1 \\ C_2=-1 \end{cases}$$

于是，LTI连续时间系统的单位冲激响应为

$$h(t)=\delta'(t)+\delta(t)+\mathrm{e}^{-2t}(\cos t-\sin t)\varepsilon(t)$$

2.6.5 叠加原理分析法

设n阶LTI连续时间系统转移算子描述为

$$y(t)=H(p)f(t)=\frac{N(p)}{D(p)}f(t) \tag{2.6.52}$$

式中，$D(p)$为n次多项式，$N(p)$为m次多项式。

考虑到式(2.6.52)，则有

$$h(t)=H(p)\delta(t)=\frac{N(p)}{D(p)}\delta(t) \tag{2.6.53}$$

根据2.2.3节的分析和讨论，可将式(2.6.53)描述的LTI连续时间系统进行级联分解，如图2.6.1所示。

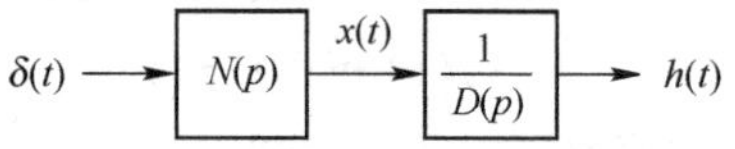

图2.6.1　利用叠加原理求解$h(t)$的方框图

图2.6.1表明，$\delta(t)$经过广义微分算子$N(p)$运算得到的连续时间信号$x(t)$中，包含了$m+1$个信号分量，经过转移算子为$1/D(p)$的LTI连续时间系统运算后，得到了对应的$m+1$个响应分量，利用LTI连续时间系统响应的可加性，将$m+1$个响应分量相加，就得到了LTI连续时间系统的单位冲激响应$h(t)$。

例2.6.7：设描述LTI连续时间系统响应$y(t)$与激励$f(t)$关系的微分方程为

$$y''(t)+3y'(t)+2y(t)=3f'(t)+4f(t) \tag{2.6.54}$$

试求系统的单位冲激响应$h(t)$。

解：考虑到微分方程式(2.6.54)，则有

$$h''(t)+3h'(t)+2h(t)=3\delta'(t)+4\delta(t) \tag{2.6.55}$$

(1) 首先求微分方程式(2.6.56)的解

$$h_1''(t)+3h_1'(t)+2h_1(t)=4\delta(t) \tag{2.6.56}$$

① 求齐次微分方程的通解

非齐次微分方程式(2.6.56)对应的齐次微分方程为

$$h_1''(t)+3h_1'(t)+2h_1(t)=0 \tag{2.6.57}$$

考虑到齐次微分方程式(2.6.57)，则系统的特征方程为 $p^2+3p+2=0$。因此，LTI 连续时间系统的特征根为 $\lambda_1=-1$，$\lambda_2=-2$。

由于 LTI 连续时间系统的特征根是不相等的实根，因此可设齐次微分方程式(2.6.57)的通解为

$$y_h(t)=C_1\mathrm{e}^{-t}+C_2\mathrm{e}^{-2t},\ t\in(-\infty,+\infty) \tag{2.6.58}$$

② 确定 LTI 连续时间系统单位冲激响应的通解

考虑到式(2.6.58)，则 LTI 连续时间系统单位冲激响应的通解为

$$h_1(t)=y_h(t)\varepsilon(t)=(C_1\mathrm{e}^{-t}+C_2\mathrm{e}^{-2t})\varepsilon(t) \tag{2.6.59}$$

③ 利用奇异函数平衡法，确定 LTI 连续时间系统的单位冲激响应 $h_1(t)$。

奇异函数的平衡过程如下：

$$h_1''(t)+3h_1'(t)+2h_1(t)=4\delta(t)$$

$4\delta(t)\rightarrow 12\varepsilon(t)\rightarrow 8t\varepsilon(t)$　　　　[平衡微分方程两边的 $\delta(t)$ 项]

跳变量　　4　　0

奇异函数的平衡总是从微分方程两边的高阶导数项向低阶导数项逐次进行的，由于微分方程右边存在 $4\delta(t)$，为使微分方程两边的 $\delta(t)$ 项平衡，那么微分方程左边的 $h_1''(t)$ 中应该含有 $4\delta(t)$，$3h_1'(t)$ 中应该含有 $12\varepsilon(t)$，$2h_1(t)$ 中应该含有 $8t\varepsilon(t)$。

分析表明，在平衡微分方程两边 $\delta(t)$ 项的过程中，二阶导数 $h_1''(t)$ 中含有 $4\delta(t)$，一阶导数 $3h_1'(t)$ 中含有 $12\varepsilon(t)$，即 $h_1'(t)$ 在 $t=0$ 处上跳 4 个单位，亦即跳变量为 4；$2h_1(t)$ 中含有 $8t\varepsilon(t)$，由于单位斜坡信号 $r(t)=t\varepsilon(t)$ 在 $t=0$ 处连续，因此 $h_1(t)$ 在 $t=0$ 处的跳变量为 0。

综上所述，式(2.6.56)描述的 LTI 连续时间系统的初始条件为

$$\begin{cases}h_1(0_+)=h_1(0_-)+\Delta h_1(0)=0+0=0\\ h_1'(0_+)=h_1'(0_-)+\Delta h_1'(0)=0+4=4\end{cases} \tag{2.6.60}$$

考虑到式(2.6.59)及式(2.6.60)，则有

$$\begin{cases}h_1(0_+)=C_1+C_2=0\\ h_1'(0_+)=-C_1-2C_2=4\end{cases}，解得\begin{cases}C_1=4\\ C_2=-4\end{cases}$$

于是，式(2.6.56)描述的 LTI 连续时间系统的单位冲激响应为

$$h_1(t)=4(\mathrm{e}^{-t}-\mathrm{e}^{-2t})\varepsilon(t) \tag{2.6.61}$$

(2) 再求微分方程式(2.6.62)的解

$$h_2''(t)+3h_2'(t)+2h_2(t)=3\delta'(t) \tag{2.6.62}$$

将微分方程式(2.6.56)与微分方程式(2.6.62)进行比较，可得

$$\begin{aligned}h_2(t)&=\frac{3}{4}h_1'(t)=3[(\mathrm{e}^{-t}-\mathrm{e}^{-2t})\varepsilon(t)]'\\&=3[(-\mathrm{e}^{-t}+2\mathrm{e}^{-2t})\varepsilon(t)+(\mathrm{e}^{-t}-\mathrm{e}^{-2t})\delta(t)]\\&=3(-\mathrm{e}^{-t}+2\mathrm{e}^{-2t})\varepsilon(t)\end{aligned} \tag{2.6.63}$$

(3) 确定所求 LTI 连续时间系统的单位冲激响应

考虑到式(2.6.61)及式(2.6.63)，则所求 LTI 连续时间系统的单位冲激响应为

$$h(t)=h_1(t)+h_2(t)=4(\mathrm{e}^{-t}-\mathrm{e}^{-2t})\varepsilon(t)+3(-\mathrm{e}^{-t}+2\mathrm{e}^{-2t})\varepsilon(t)=(\mathrm{e}^{-t}+2\mathrm{e}^{-2t})\varepsilon(t)$$

2.6.6　辅助方程法

设 n 阶 LTI 连续时间系统转移算子描述为

$$y(t)=H(p)f(t)=\frac{N(p)}{D(p)}f(t) \tag{2.6.64}$$

式中，$D(p)$为 n 次多项式，$N(p)$为 m 次多项式。

考虑到式(2.6.64)，则有

$$h(t)=H(p)\delta(t)=\frac{N(p)}{D(p)}\delta(t) \tag{2.6.65}$$

根据线性卷积的结合律，可以将图 2.6.1 中级联的 LTI 连续时间系统交换顺序，改画成图 2.6.2 所示的级联形式。

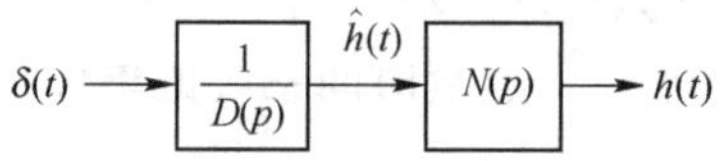

图 2.6.2　利用辅助方程法求解 $h(t)$的方框图

图 2.6.2 表明，$\delta(t)$经过转移算子为 $1/D(p)$的辅助系统运算，得到辅助系统的单位冲激响应$\hat{h}(t)$，即

$$\hat{h}(t)=\frac{1}{D(p)}\delta(t) \tag{2.6.66}$$

再对$\hat{h}(t)$进行 $N(p)$运算，就得到了所求 LTI 连续时间系统的单位冲激响应 $h(t)$，即

$$h(t)=N(p)\hat{h}(t) \tag{2.6.67}$$

这种首先按式(2.6.66)求解辅助系统的单位冲激响应$\hat{h}(t)$，再按式(2.6.67)求解 LTI 连续时间系统单位冲激响应 $h(t)$的方法，称为辅助方程法。

利用辅助方程法求解 LTI 连续时间系统的单位冲激响应 $h(t)$，无须寻找 LTI 连续时间系统算子微分方程 $D(p)h(t)=N(p)\delta(t)$右边的各个 $\delta^{(j)}(t)(j=1,2,\cdots,m)$项，在 $t=0$ 时刻对 LTI 连续时间系统的贡献，因此其求解过程相对简洁。

例 2.6.8：设描述 LTI 连续时间系统响应 $y(t)$与激励 $f(t)$关系的微分方程为

$$y''(t)+4y'(t)+3y(t)=2f'(t)+4f(t) \tag{2.6.68}$$

试求系统的单位冲激响应 $h(t)$。

解：考虑到微分方程式(2.6.68)，则有

$$h''(t)+4h'(t)+3h(t)=2\delta'(t)+4\delta(t) \tag{2.6.69}$$

因此，$D(p)=p^2+4p+3$，$N(p)=2p+4$。

(1) 首先利用不定积分降阶法求辅助系统的单位冲激响应

考虑到式(2.6.69)，由式(2.6.66)可知，辅助系统的单位冲激响应$\hat{h}(t)$是微分方程

$$\hat{h}''(t)+4\hat{h}'(t)+3\hat{h}(t)=\delta(t) \tag{2.6.70}$$

在零初始状态条件下的解。

非齐次微分方程式(2.6.70)可改写成

$$[\hat{h}'(t)+3\hat{h}(t)]'+[\hat{h}'(t)+3\hat{h}(t)]=\delta(t) \tag{2.6.71}$$

将式(2.6.71)的等号两边分别乘以 e^t，可得

$$[\hat{h}'(t)+3\hat{h}(t)]'e^t+[\hat{h}'(t)+3\hat{h}(t)]e^t=e^t\delta(t) \tag{2.6.72}$$

利用乘积求导法则，对式(2.6.72)的等号左边进行逆向改写，可得

$$\{[\hat{h}'(t)+3\hat{h}(t)]e^t\}'=\delta(t) \tag{2.6.73}$$

对式(2.6.73)的等号两边分别做不定积分，可得

$$[\hat{h}'(t)+3\hat{h}(t)]e^{t}=C_1+\varepsilon(t)$$

$$\hat{h}'(t)+3\hat{h}(t)=C_1e^{-t}+e^{-t}\varepsilon(t)$$

同理，可得

$$\hat{h}'(t)e^{3t}+3\hat{h}(t)e^{3t}=C_1e^{2t}+e^{2t}\varepsilon(t)$$

$$[\hat{h}(t)e^{3t}]'=C_1e^{2t}+e^{2t}\varepsilon(t)$$

$$\hat{h}(t)e^{3t}=C_2+\frac{1}{2}C_1e^{2t}+\frac{1}{2}(e^{2t}-1)\varepsilon(t)$$

$$\hat{h}(t)=\frac{1}{2}C_1e^{-t}+C_2e^{-3t}+\frac{1}{2}(e^{-t}-e^{-3t})\varepsilon(t),\ t\in(-\infty,\infty) \tag{2.6.74}$$

式中，C_1 和 C_2 为待定系数。

考虑到式(2.6.74)，则有

$$\begin{cases}\hat{h}(0_-)=\dfrac{1}{2}C_1+C_2=0\\ \hat{h}'(0_-)=-\dfrac{1}{2}C_1-3C_2=0\end{cases}，解得\begin{cases}C_1=0\\ C_2=0\end{cases}$$

于是，辅助系统的单位冲激响应为

$$\hat{h}(t)=\frac{1}{2}(e^{-t}-e^{-3t})\varepsilon(t) \tag{2.6.75}$$

(2) 确定所求 LTI 连续时间系统的单位冲激响应

考虑到式(2.6.67)及式(2.6.75)，则所求 LTI 连续时间系统的单位冲激响应为

$$\begin{aligned}h(t)&=N(p)\hat{h}(t)=(2p+4)\hat{h}(t)=(p+2)(e^{-t}-e^{-3t})\varepsilon(t)\\&=(-e^{-t}+3e^{-3t})\varepsilon(t)+(e^{-t}-e^{-3t})\delta(t)+2(e^{-t}-e^{-3t})\varepsilon(t)\\&=(e^{-t}+e^{-3t})\varepsilon(t)\end{aligned}$$

2.6.7　算子法

利用算子法求解 LTI 连续时间系统的单位冲激响应，首先需要解决转移算子的部分分式展开、算子恒等式以及利用一阶 LTI 连续时间因果系统的单位冲激响应来表示连续时间因果指数信号等问题。

1. LTI 连续时间系统转移算子的部分分式展开

我们知道真分式的和或差是真分式，逆向来看就是部分分式展开。因此，将一个分式进行部分分式展开的前提是这个分式是真分式，如遇假分式，首先利用长除法分离出整式，再将剩下的真分式进行部分分式展开。

例 2.6.9：描述二阶 LTI 连续时间系统的转移算子为 $H(p)=\dfrac{p+3}{(p+1)(p+2)}$，试将其展开成部分分式。

解：由题意可知，$H(p)$可写成

$$H(p)=\frac{p+3}{(p+1)(p+2)}=\frac{C_1}{p+1}+\frac{C_2}{p+2} \tag{2.6.76}$$

将式(2.6.76)中的$\frac{p+3}{(p+1)(p+2)}=\frac{C_1}{p+1}+\frac{C_2}{p+2}$的等号两边分别乘以因子 $p+1$，可得

$$\frac{p+3}{p+2}=C_1+\frac{C_2}{p+2}(p+1) \tag{2.6.77}$$

在式(2.6.77)中，令因子 $p+1=0$，可得

$$C_1=\left.\frac{p+3}{p+2}\right|_{p+1=0}=\frac{2}{1}=2$$

同理，可得

$$C_2=\left.\frac{p+3}{p+1}\right|_{p+2=0}=\frac{1}{-1}=-1$$

于是

$$H(p)=\frac{p+3}{(p+1)(p+2)}=\frac{2}{p+1}-\frac{1}{p+2}$$

结论 1：

真分式进行部分分式展开时，要计算部分分式展开式中某个因子的系数，先从真分式的分母中去掉该因子，再令该因子为零，计算的结果正是该因子在展开式中的系数。

例 2.6.10：描述三阶 LTI 连续时间系统的转移算子为 $H(p)=\frac{p+4}{(p+1)^2(p+2)}$，试将其展开成部分分式。

解：

$$\begin{aligned}H(p)&=\frac{p+4}{(p+1)^2(p+2)}=\frac{1}{p+1}\times\frac{p+4}{(p+1)(p+2)}=\frac{1}{p+1}\left(\frac{3}{p+1}-\frac{2}{p+2}\right)\\&=\frac{3}{(p+1)^2}-\frac{2}{(p+1)(p+2)}=\frac{3}{(p+1)^2}-2\left(\frac{1}{p+1}-\frac{1}{p+2}\right)\\&=\frac{3}{(p+1)^2}-\frac{2}{p+1}+\frac{2}{p+2}\end{aligned}$$

结论 2：

真分式进行部分分式展开时，分母如遇 l 阶重实根因子，则首先从分母中分离出 $l-1$ 阶重实根因子，将剩下的全由一阶因子构成的真分式进行部分分式展开，再利用乘法分配律，将各个分式的分母中的积因子逐步展开，最终可将含有 l 阶重实根因子的转移算子$H(p)$展开成部分分式。

例 2.6.11：设描述三阶 LTI 连续时间系统的转移算子为 $H(p)=\frac{p^2+7p+10}{(p+1)[(p+2)^2+1]}$，试将其展开成部分分式。

解：设

$$H(p)=\frac{p^2+7p+10}{(p+1)[(p+2)^2+1]}=\frac{C_1}{p+1}+Q(p) \tag{2.6.78}$$

则有

$$C_1=\left.\frac{p^2+7p+10}{(p+2)^2+1}\right|_{p+1=0}=\frac{1-7+10}{1+1}=\frac{4}{2}=2$$

由式(2.6.78)可得

$$Q(p)=H(p)-\frac{C_1}{p+1}=\frac{1}{p+1}\left(\frac{p^2+7p+10}{(p+2)^2+1}-2\right)$$

$$=\frac{1}{p+1}\frac{p^2+7p+10-2(p^2+4p+5)}{(p+2)^2+1}$$

$$=-\frac{1}{p+1}\frac{p^2+p}{(p+2)^2+1}=-\frac{p}{(p+2)^2+1}$$

于是

$$H(p)=\frac{p^2+7p+10}{(p+1)[(p+2)^2+1]}=\frac{C_1}{p+1}+Q(p)=\frac{2}{p+1}-\frac{p}{(p+2)^2+1}$$

结论 3：

真分式进行部分分式展开时，分母如遇共轭复根因子或重共轭复根因子，则首先求出展开式中单实根因子的系数，再通过减法运算，求出涉及共轭复根因子或重共轭复根因子的部分分式，最终可将含有共轭复根因子或重共轭复根因子的转移算子 $H(p)$ 展开成部分分式。

2. 利用一阶 LTI 连续时间因果系统的单位冲激响应来表示连续时间因果指数信号

例 2.6.12： 一阶 LTI 连续时间系统的转移算子描述如图 2.6.3 所示。试求系统的单位冲激响应 $h(t)$。

解： 由图 2.6.3 可知 $y(t)=\frac{1}{p-\lambda}f(t)$，那么一阶 LTI 连续时间系统的单位冲激响应可表示成

$$h(t)=\frac{1}{p-\lambda}\delta(t) \tag{2.6.79}$$

由式(2.6.79)可得

$$h'(t)-\lambda h(t)=\delta(t) \tag{2.6.80}$$

将式(2.6.80)的等号两边分别乘以 $e^{-\lambda t}$，可得

$$h'(t)e^{-\lambda t}-\lambda h(t)e^{-\lambda t}=e^{-\lambda t}\delta(t) \tag{2.6.81}$$

利用乘积求导法则，对式(2.6.81)的等号左边进行逆向改写，可得

$$[h(t)e^{-\lambda t}]'=\delta(t)$$

$$h(t)e^{-\lambda t}=C+\varepsilon(t)$$

那么一阶 LTI 连续时间系统单位冲激响应的通解为

$$h(t)=Ce^{\lambda t}+e^{\lambda t}\varepsilon(t) \tag{2.6.82}$$

考虑到 $h(0_-)=0$，由式(2.6.82)可知 $C=0$，并且

$$h(t)=e^{\lambda t}\varepsilon(t) \tag{2.6.83}$$

考虑到式(2.6.79)，则式(2.6.83)又可写成

$$h(t)=\frac{1}{p-\lambda}\delta(t)=e^{\lambda t}\varepsilon(t) \tag{2.6.84}$$

结论 4：

式(2.6.84)表明，可利用一阶 LTI 连续时间因果系统的单位冲激响应来表示一个连续时间因果指数信号，如图 2.6.4 所示。

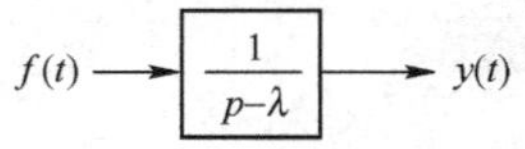

图 2.6.3　一阶 LTI 连续时间系统的转移算子描述

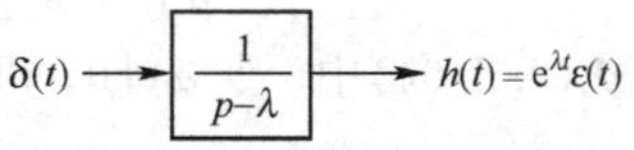

图 2.6.4　利用一阶 LTI 连续时间系统的 $h(t)$ 表示因果指数信号

3. 常用算子恒等式的导出

下面利用一令二分法来导出常用算子恒等式。

所谓"一令二分"法，是指基于一阶 LTI 连续时间因果系统单位冲激响应的算子恒等式，先令其特征根为复数，再对转移算子的分母有理化，依据等式两边的实部和虚部应该分别相等来导出具有共轭复根、重实根以及重共轭复根的常用算子恒等式的一种方法。

在式(2.6.84)中，令 $\lambda=-a+j\omega_0$，其中 a 和 ω_0 为实数，则有

$$\frac{1}{p+a-j\omega_0}\delta(t)=e^{(-a+j\omega_0)t}\varepsilon(t)$$

$$\frac{p+a+j\omega_0}{(p+a)^2+\omega_0^2}\delta(t)=e^{-at}(\cos\omega_0 t+j\sin\omega_0 t)\varepsilon(t) \tag{2.6.85}$$

考虑到等式两边的实部和虚部应该分别相等，由式(2.6.85)可得下述推论。

推论 1：

$$\frac{p+a}{(p+a)^2+\omega_0^2}\delta(t)=e^{-at}\cos\omega_0 t\varepsilon(t) \tag{2.6.86}$$

$$\frac{\omega_0}{(p+a)^2+\omega_0^2}\delta(t)=e^{-at}\sin\omega_0 t\varepsilon(t) \tag{2.6.87}$$

在式(2.6.86)及式(2.6.87)中，令 $a=0$，可得下述推论。

推论 2：

$$\frac{p}{p^2+\omega_0^2}\delta(t)=\cos\omega_0 t\varepsilon(t) \tag{2.6.88}$$

$$\frac{\omega_0}{p^2+\omega_0^2}\delta(t)=\sin\omega_0 t\varepsilon(t) \tag{2.6.89}$$

考虑到式(2.6.87)，可得下述推论。

推论 3：

$$\frac{1}{(p+a)^2}\delta(t)=\lim_{\omega_0\to 0}\frac{1}{(p+a)^2+\omega_0^2}\delta(t)=\lim_{\omega_0\to 0}\frac{\sin(\omega_0 t)}{\omega_0}e^{-at}\varepsilon(t)=te^{-at}\varepsilon(t) \tag{2.6.90}$$

在式(2.6.90)中，用 $-\lambda$ 代替 a，可得

$$\frac{1}{(p-\lambda)^2}\delta(t)=te^{\lambda t}\varepsilon(t) \tag{2.6.91}$$

在式(2.6.91)中，令 $\lambda=-a+j\omega_0$，其中 a 和 ω_0 为实数，则有

$$\frac{1}{(p+a-j\omega_0)^2}\delta(t)=te^{(-a+j\omega_0)t}\varepsilon(t)$$

即

$$\frac{(p+a+j\omega_0)^2}{[(p+a)^2+\omega_0^2]^2}\delta(t)=\frac{(p+a)^2-\omega_0^2+j2(p+a)\omega_0}{[(p+a)^2+\omega_0^2]^2}\delta(t)=te^{(-a+j\omega_0)t}\varepsilon(t) \tag{2.6.92}$$

考虑到等式两边的实部和虚部应该分别相等，由式(2.6.92)可得下述推论。

推论 4：

$$\frac{(p+a)^2-\omega_0^2}{[(p+a)^2+\omega_0^2]^2}\delta(t)=te^{-at}\cos\omega_0 t\varepsilon(t) \tag{2.6.93}$$

$$\frac{2(p+a)\omega_0}{[(p+a)^2+\omega_0^2]^2}\delta(t)=te^{-at}\sin\omega_0 t\varepsilon(t) \tag{2.6.94}$$

在式(2.6.93)及式(2.6.94)中，令 $a=0$，可得下述推论。

推论 5：

$$\frac{p^2-\omega_0^2}{(p^2+\omega_0^2)^2}\delta(t)=t\cos\omega_0 t\varepsilon(t) \tag{2.6.95}$$

$$\frac{2p\omega_0}{(p^2+\omega_0^2)^2}\delta(t)=t\sin\omega_0 t\varepsilon(t) \tag{2.6.96}$$

考虑到式(2.6.94)，可得下述推论。

推论 6：

$$\frac{2!}{(p+a)^3}\delta(t)=\lim_{\omega_0\to 0}\frac{2(p+a)}{[(p+a)^2+\omega_0^2]^2}\delta(t)=\lim_{\omega_0\to 0}\frac{\sin(\omega_0 t)}{\omega_0}t\mathrm{e}^{-at}\varepsilon(t)=t^2\mathrm{e}^{-at}\varepsilon(t) \tag{2.6.97}$$

在式(2.6.97)中，用$-\lambda$代替a，可得

$$\frac{2!}{(p-\lambda)^3}\delta(t)=t^2\mathrm{e}^{\lambda t}\varepsilon(t) \tag{2.6.98}$$

在式(2.6.98)中，令$\lambda=-a+\mathrm{j}\omega_0$，其中$a$和$\omega_0$为实数，则有

$$\frac{2!}{(p+a-\mathrm{j}\omega_0)^3}\delta(t)=t^2\mathrm{e}^{(-a+\mathrm{j}\omega_0)t}\varepsilon(t)$$

$$\begin{aligned}2!\frac{(p+a+\mathrm{j}\omega_0)^3}{[(p+a)^2+\omega_0^2]^3}\delta(t)&=2!\frac{(p+a)^3-3(p+a)\omega_0^2+\mathrm{j}[3(p+a)^2-\omega_0^2]\omega_0}{[(p+a)^2+\omega_0^2]^3}\delta(t)\\&=t^2\mathrm{e}^{(-a+\mathrm{j}\omega_0)t}\varepsilon(t)\end{aligned} \tag{2.6.99}$$

考虑到等式两边的实部和虚部应该分别相等，由式(2.6.99)可得下述推论。

推论 7：

$$2!\frac{(p+a)^3-3(p+a)\omega_0^2}{[(p+a)^2+\omega_0^2]^3}\delta(t)=t^2\mathrm{e}^{-at}\cos\omega_0 t\varepsilon(t) \tag{2.6.100}$$

$$2!\frac{[3(p+a)^2-\omega_0^2]\omega_0}{[(p+a)^2+\omega_0^2]^3}\delta(t)=t^2\mathrm{e}^{-at}\sin\omega_0 t\varepsilon(t) \tag{2.6.101}$$

在式(2.6.100)及式(2.6.101)中，令$a=0$，可得下述推论。

推论 8：

$$2!\frac{p^3-3p\omega_0^2}{(p^2+\omega_0^2)^3}\delta(t)=t^2\cos\omega_0 t\varepsilon(t) \tag{2.6.102}$$

$$2!\frac{(3p^2-\omega_0^2)\omega_0}{(p^2+\omega_0^2)^3}\delta(t)=t^2\sin\omega_0 t\varepsilon(t) \tag{2.6.103}$$

考虑到式(2.6.101)，可得

$$\frac{3!}{(p+a)^4}\delta(t)=\lim_{\omega_0\to 0}2!\frac{[3(p+a)^2-\omega_0^2]}{[(p+a)^2+\omega_0^2]^3}\delta(t)=\lim_{\omega_0\to 0}\frac{\sin(\omega_0 t)}{\omega_0}t^2\mathrm{e}^{-at}\varepsilon(t)=t^3\mathrm{e}^{-at}\varepsilon(t)$$

于是可得下述推论。

推论 9：

$$\frac{3!}{(p+a)^4}\delta(t)=t^3\mathrm{e}^{-at}\varepsilon(t) \tag{2.6.104}$$

一般地

$$\frac{n!}{(p+a)^{n+1}}\delta(t)=t^n\mathrm{e}^{-at}\varepsilon(t) \tag{2.6.105}$$

上述所有推论，为利用算子法求解特征根为实根、重实根、共轭复根以及重共轭复根的 LTI 连续时间因果系统的单位冲激响应，奠定了坚实基础。

4. 算子法

以一阶 LTI 连续时间系统单位冲激响应的转移算子表示为基础，若n阶 LTI 连续时间系统可分解成n个一阶 LTI 连续时间系统的并联形式，则n阶 LTI 连续时间系统的单位冲激响应$h(t)$为n个一阶 LTI 连续时间系统单位冲激响应之和，即

$$h(t)=H(p)\delta(t)=\left[\sum_{i=1}^{n}\frac{C_i}{p-\lambda_i}\right]\delta(t)=\sum_{i=1}^{n}\frac{C_i}{p-\lambda_i}\delta(t)=\sum_{i=1}^{n}C_i e^{\lambda_i t}\varepsilon(t),\ m<n \quad (2.6.106)$$

这种按式(2.6.106)来求解 LTI 连续时间系统单位冲激响应 $h(t)$ 的方法称为算子法。

例 2.6.13：设描述 LTI 连续时间系统响应 $y(t)$ 与激励 $f(t)$ 关系的转移算子方程为

$$y(t)=\frac{p+8}{(p+2)(p+4)}f(t) \quad (2.6.107)$$

试求系统的单位冲激响应 $h(t)$。

解：考虑到式(2.6.107)，则有

$$h(t)=\frac{p+8}{(p+2)(p+4)}\delta(t) \quad (2.6.108)$$

式(2.6.108)表明，对 $\delta(t)$ 进行 $H(p)=\dfrac{p+8}{(p+2)(p+4)}$ 的运算，得到 LTI 连续时间系统的单位冲激响应 $h(t)$，如图 2.6.5 所示。

对图 2.6.5 所示的 LTI 连续时间系统进行并联分解，可得图 2.6.6 所示的并联形式。该图表明，两个一阶 LTI 连续时间系统单位冲激响应 $h_1(t)$ 与 $h_2(t)$ 之和，即为所求的单位冲激响应 $h(t)$。

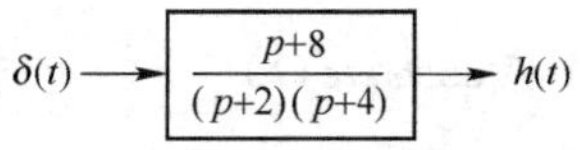

图 2.6.5 利用 LTI 连续时间系统的 $H(p)$ 描述 $h(t)$

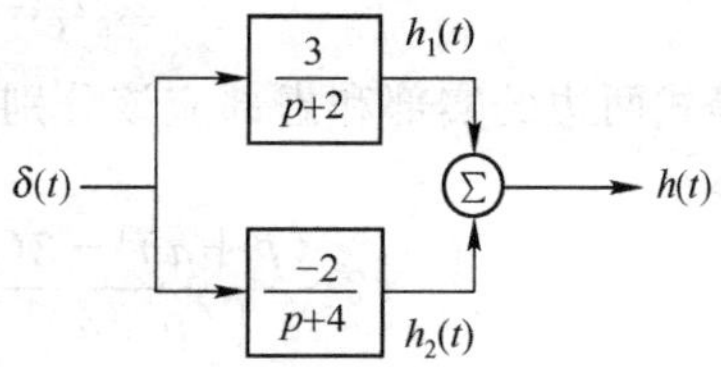

图 2.6.6 LTI 连续时间系统的并联分解

将上述分析过程写成数学算式如下：

$$\begin{aligned}h(t)&=\frac{p+8}{(p+2)(p+4)}\delta(t)=\underbrace{\left(\frac{3}{p+2}+\frac{-2}{p+4}\right)}_{\text{LTI系统进行并联分解}}\delta(t)\\&=\underbrace{\frac{3}{p+2}\delta(t)}_{\delta(t)\text{单独作用于系统1}}+\underbrace{\frac{-2}{p+4}\delta(t)}_{\delta(t)\text{单独作用于系统2}}\\&=\underbrace{3e^{-2t}\varepsilon(t)}_{h_1(t)}+\underbrace{(-2)e^{-4t}\varepsilon(t)}_{h_2(t)}\\&=(3e^{-2t}-2e^{-4t})\varepsilon(t)\end{aligned}$$

例 2.6.14：设描述 LTI 连续时间系统响应 $y(t)$ 与激励 $f(t)$ 关系的微分方程为

$$y''(t)+4y'(t)+5y(t)=f'''(t)+5f''(t)+10f'(t)+6f(t) \quad (2.6.109)$$

试求系统的单位冲激响应 $h(t)$。

解：考虑到式(2.6.109)，则有

$$\begin{aligned}h(t)&=\frac{p^3+5p^2+10p+6}{p^2+4p+5}\delta(t)=\frac{(p^3+4p^2+5p)+(p^2+4p+5)+p+1}{p^2+4p+5}\delta(t)\\&=\left[p+1+\frac{p+1}{(p+2)^2+1}\right]\delta(t)=\left[p+1+\frac{p+2}{(p+2)^2+1^2}-\frac{1}{(p+2)^2+1^2}\right]\delta(t)\\&=p\delta(t)+\delta(t)+\frac{p+2}{(p+2)^2+1^2}\delta(t)-\frac{1}{(p+2)^2+1^2}\delta(t)\\&=\delta'(t)+\delta(t)+e^{-2t}\cos t\,\varepsilon(t)-e^{-2t}\sin t\,\varepsilon(t)\\&=\delta'(t)+\delta(t)+e^{-2t}(\cos t-\sin t)\varepsilon(t)\end{aligned}$$

由此可见，该例与例 2.6.6 的计算结果相同，但是算子法比奇异函数平衡法的求解过程要简洁得多。

例 2.6.15：级联 LTI 连续时间系统的方框图如图 2.6.7 所示。已知子系统的单位冲激响应分别为 $h_1(t)=\mathrm{e}^{-t}\varepsilon(t)$，$h_2(t)=\mathrm{e}^{-2t}\varepsilon(t)$，试求系统的单位冲激响应 $h(t)$。

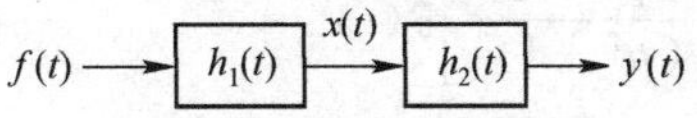

图 2.6.7　级联 LTI 连续时间系统的方框图

解：由图 2.6.7 可得

$$y(t)=h_2(t)*x(t)=h_2(t)*h_1(t)*f(t)=\underbrace{h_2(t)*h_1(t)}_{h(t)}*f(t)$$

$$=H_2(p)x(t)=H_2(p)H_1(p)f(t)=\underbrace{H_2(p)H_1(p)}_{H(p)}f(t) \tag{2.6.110}$$

分析表明，级联的 LTI 连续时间系统可以等效为一个 LTI 连续时间系统，该系统的单位冲激响应为级联的各个 LTI 连续时间系统单位冲激响应的线性卷积；该系统的转移算子为级联的各个 LTI 连续时间系统转移算子之积。

考虑到式(2.6.110)，则有

$$h(t)=h_2(t)*h_1(t)=\underbrace{H_2(p)H_1(p)}_{H(p)}\delta(t)=\left(\frac{1}{p+2}\times\frac{1}{p+1}\right)\delta(t)$$

$$=\left(\frac{1}{p+1}-\frac{1}{p+2}\right)\delta(t)=\frac{1}{p+1}\delta(t)-\frac{1}{p+2}\delta(t)$$

$$=\mathrm{e}^{-t}\varepsilon(t)-\mathrm{e}^{-2t}\varepsilon(t)=(\mathrm{e}^{-t}-\mathrm{e}^{-2t})\varepsilon(t)$$

例 2.6.16：二阶 LTI 连续时间系统的转移算子描述如图 2.6.8所示。试分别求下列三种情况时系统的单位冲激响应 $h(t)$。

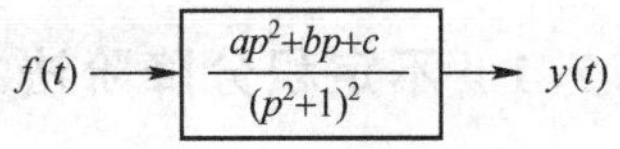

图 2.6.8　二阶 LTI 连续时间系统的转移算子描述

(1) $a=1$，$b=c=0$

(2) $b=1$，$a=c=0$

(3) $c=1$，$a=b=0$

解：(1) 当 $a=1$，$b=c=0$ 时，考虑到式(2.6.88)、式(2.6.89)及式(2.6.95)，则有

$$h(t)=h_1(t)*h_2(t)=\cos t\varepsilon(t)*\cos t\varepsilon(t)=\frac{p}{p^2+1}\delta(t)*\frac{p}{p^2+1}\delta(t)$$

$$=\frac{p^2}{(p^2+1)^2}\delta(t)=\frac{1}{2}\frac{p^2+1+p^2-1}{(p^2+1)^2}\delta(t)=\frac{1}{2}\left[\frac{1}{p^2+1}+\frac{p^2-1}{(p^2+1)^2}\right]\delta(t)$$

$$=\frac{1}{2}\left[\frac{1}{p^2+1}\delta(t)+\frac{p^2-1}{(p^2+1)^2}\delta(t)\right]=\frac{1}{2}[\sin t\varepsilon(t)+t\cos t\varepsilon(t)]$$

$$=\frac{1}{2}(\sin t+t\cos t)\varepsilon(t)$$

(2) 当 $b=1$，$a=c=0$ 时，考虑到式(2.6.88)、式(2.6.89)及式(2.6.96)，则有

$$h(t)=h_1(t)*h_2(t)=\cos t\varepsilon(t)*\sin t\varepsilon(t)=\frac{p}{p^2+1}\delta(t)*\frac{1}{p^2+1}\delta(t)$$

$$=\frac{p}{(p^2+1)^2}\delta(t)=\frac{1}{2}t\sin t\varepsilon(t)$$

(3) 当 $c=1$，$a=b=0$ 时，考虑到式(2.6.89)及式(2.6.95)，则有

$$h(t)=h_1(t)*h_2(t)=\sin t\varepsilon(t)*\sin t\varepsilon(t)=\frac{1}{p^2+1}\delta(t)*\frac{1}{p^2+1}\delta(t)$$

$$=\frac{1}{(p^2+1)^2}\delta(t)=\frac{1}{2}\frac{p^2+1-(p^2-1)}{(p^2+1)^2}\delta(t)$$

$$=\frac{1}{2}\left[\frac{1}{p^2+1}-\frac{p^2-1}{(p^2+1)^2}\right]\delta(t)$$

$$=\frac{1}{2}\left[\frac{1}{p^2+1}\delta(t)-\frac{p^2-1}{(p^2+1)^2}\delta(t)\right]$$

$$=\frac{1}{2}[\sin t\varepsilon(t)-t\cos t\varepsilon(t)]$$

$$=\frac{1}{2}(\sin t-t\cos t)\varepsilon(t)$$

由此可见，该例与例 2.4.12 的求解方法 3 中计算 $\cos t\varepsilon(t)*\cos t\varepsilon(t)$、$\cos t\varepsilon(t)*\sin t\varepsilon(t)$ 及 $\sin t\varepsilon(t)*\sin t\varepsilon(t)$得到的结果是相同的。

2.7 LTI 连续时间系统零状态响应的时域求解方法

由 1.5.3 节的分析和讨论已经知道，LTI 连续时间系统的零状态响应是系统的初始状态为零，仅由激励作用于系统时所引起的响应。下面给出严格的定义。

一个 n 阶 LTI 连续时间系统的零状态响应 $y_f(t)$是描述 LTI 连续时间系统的线性常系数非齐次微分方程，在给定激励 $f(t)$，并且系统的初始状态 $x_i(0_-)=0(i=1,2,\cdots,n)$或 $y^{(i)}(0_-)=0(i=0,1,2,\cdots,n-1)$条件下的解。

2.7.1 不定积分降阶法

2.3.2 节介绍了不定积分降阶法，该方法也可用于求解 LTI 连续时间系统的零状态响应。

例 2.7.1：设描述 LTI 连续时间系统响应 $y(t)$与激励 $f(t)$关系的微分方程为

$$y''(t)+5y'(t)+6y(t)=f'(t)+5f(t) \tag{2.7.1}$$

已知系统的激励 $f(t)=e^{-t}\varepsilon(t)$，试求系统的零状态响应 $y_f(t)$。

解：将激励 $f(t)=e^{-t}\varepsilon(t)$代入微分方程式(2.7.1)，可得

$$y''(t)+5y'(t)+6y(t)=-e^{-t}\varepsilon(t)+e^{-t}\delta(t)+5e^{-t}\varepsilon(t) \tag{2.7.2}$$

微分方程式(2.7.2)可改写成

$$[y'(t)+3y(t)]'+2[y'(t)+3y(t)]=\delta(t)+4e^{-t}\varepsilon(t) \tag{2.7.3}$$

将式(2.7.3)的等号两边分别乘以 e^{2t}，可得

$$[y'(t)+3y(t)]'e^{2t}+2[y'(t)+3y(t)]e^{2t}=e^{2t}\delta(t)+4e^{t}\varepsilon(t) \tag{2.7.4}$$

利用乘积求导法则，对式(2.7.4)的等号左边进行逆向改写，可得

$$\{[y'(t)+3y(t)]e^{2t}\}'=\delta(t)+4e^{t}\varepsilon(t) \tag{2.7.5}$$

对式(2.7.5)的等号两边分别做不定积分，可得

$$[y'(t)+3y(t)]e^{2t}=C_1+\varepsilon(t)+4(e^{t}-1)\varepsilon(t)$$

$$y'(t)+3y(t)=C_1e^{-2t}+(4e^{-t}-3e^{-2t})\varepsilon(t)$$

同理，可得

$$y'(t)e^{3t}+3y(t)e^{3t}=C_1e^{t}+(4e^{2t}-3e^{t})\varepsilon(t)$$

$$[y(t)e^{3t}]'=C_1e^{t}+(4e^{2t}-3e^{t})\varepsilon(t)$$

$$y(t)e^{3t}=C_2+C_1e^{t}+2(e^{2t}-1)\varepsilon(t)-3(e^{t}-1)\varepsilon(t)$$

$$y(t)=C_1e^{-2t}+C_2e^{-3t}+(2e^{-t}-3e^{-2t}+e^{-3t})\varepsilon(t),\ t\in(-\infty,\infty) \tag{2.7.6}$$

考虑到式(2.7.6)，则有

$$\begin{cases}y(0_-)=C_1+C_2=0\\y'(0_-)=-2C_1-3C_2=0\end{cases}，解得\begin{cases}C_1=0\\C_2=0\end{cases}$$

于是，LTI 连续时间系统的零状态响应为

$$y_f(t)=(2e^{-t}-3e^{-2t}+e^{-3t})\varepsilon(t)$$

2.7.2　上限积分降阶法

2.3.2 节介绍了上限积分降阶法，该方法也可用于求解 LTI 连续时间系统的零状态响应。

例 2.7.2：设描述 LTI 连续时间系统响应 $y(t)$与激励 $f(t)$关系的微分方程为

$$y''(t)+2y'(t)+y(t)=f'(t)+3f(t) \tag{2.7.7}$$

已知系统的激励 $f(t)=e^{-2t}\varepsilon(t)$，试求系统的零状态响应 $y_f(t)$。

解：将激励 $f(t)=e^{-2t}\varepsilon(t)$代入微分方程式(2.7.7)，可得

$$y''(t)+2y'(t)+y(t)=-2e^{-2t}\varepsilon(t)+e^{-2t}\delta(t)+3e^{-2t}\varepsilon(t) \tag{2.7.8}$$

微分方程式(2.7.8)可改写成

$$[y'(t)+y(t)]'+[y'(t)+y(t)]=\delta(t)+e^{-2t}\varepsilon(t) \tag{2.7.9}$$

将式(2.7.9)的等号两边分别乘以 e^{t}，可得

$$[y'(t)+y(t)]'e^{t}+[y'(t)+y(t)]e^{t}=e^{t}\delta(t)+e^{-t}\varepsilon(t) \tag{2.7.10}$$

利用乘积求导法则，对式(2.7.10)的等号左边进行逆向改写，可得

$$\{[y'(t)+y(t)]e^{t}\}'=\delta(t)+e^{-t}\varepsilon(t) \tag{2.7.11}$$

由式(2.7.11)可得

$$\{[y'(\tau)+y(\tau)]e^{\tau}\}'=\delta(\tau)+e^{-\tau}\varepsilon(\tau) \tag{2.7.12}$$

在区间 $\tau\in[0_-,t]$上，对式(2.7.12)的等号两边分别积分，可得

$$[y'(\tau)+y(\tau)]e^{\tau}\Big|_{0_-}^{t}=[\varepsilon(\tau)-(e^{-\tau}-1)\varepsilon(\tau)]\Big|_{0_-}^{t} \tag{2.7.13}$$

考虑到系统的初始状态 $y'(0_-)=y(0_-)=0$，由式(2.7.13)可得

$$[y'(t)+y(t)]e^{t}=(2-e^{-t})\varepsilon(t)$$

$$y'(t)+y(t)=(2e^{-t}-e^{-2t})\varepsilon(t)$$

同理，可得

$$y'(t)e^{t}+y(t)e^{t}=(2-e^{-t})\varepsilon(t)$$

$$[y(t)e^{t}]'=(2-e^{-t})\varepsilon(t) \tag{2.7.14}$$

由式(2.7.14)可得

$$[y(\tau)e^{\tau}]'=(2-e^{-\tau})\varepsilon(\tau) \tag{2.7.15}$$

在区间 $\tau\in[0_-,t]$上，对式(2.7.15)的等号两边分别积分，可得

$$y(\tau)e^{\tau}\Big|_{0_-}^{t}=[2\tau\varepsilon(\tau)+(e^{-\tau}-1)\varepsilon(\tau)]\Big|_{0_-}^{t} \tag{2.7.16}$$

考虑到系统的初始状态 $y(0_-)=0$，由式(2.7.16)可得

$$y(t)e^{t}=[(2t-1)+e^{-t}]\varepsilon(t)$$

于是，LTI 连续时间系统的零状态响应为

$$y_f(t)=[(2t-1)e^{-t}+e^{-2t}]\varepsilon(t)$$

2.7.3 待定系数法

待定系数法不仅可用于求解LTI连续时间系统的零输入响应和单位冲激响应，而且也可用于求解LTI连续时间系统的零状态响应，但是存在细微的差别，下面加以说明。

设描述n阶LTI连续时间系统算子形式的微分方程为

$$D(p)y(t)=N(p)f(t) \tag{2.7.17}$$

式中，特征多项式$D(p)=p^n+\sum_{i=1}^{n}a_{n-i}p^{n-i}$，广义微分算子$N(p)=\sum_{j=0}^{m}b_{m-j}p^{m-j}$，并且$m\leqslant n$。

由零状态响应的定义可知，n阶LTI连续时间系统的零状态响应$y_f(t)$是非齐次微分方程

$$D(p)y(t)=N(p)f(t) \tag{2.7.18}$$

在零初始状态条件下的解。

由于n阶LTI连续时间系统的初始状态$y^{(i)}(0_-)=0(i=0,1,2,\cdots,n-1)$，因此决定了零状态响应$y_f(t)$是一个连续时间因果信号。并且，零状态响应$y_f(t)$的通解可表示为

$$y_f(t)=[\underbrace{y_h(t)}_{\text{齐次解}}+\underbrace{y_p(t)}_{\text{特解}}]\varepsilon(t) \tag{2.7.19}$$

将式(2.7.19)表示的$y_f(t)$及$y_f(t)$的各阶导数代入微分方程式(2.7.18)，通过比较方程两边$\delta(t)$项和$\delta(t)$的各阶导数项的系数来确定齐次解$y_h(t)$中的待定系数，从而得到$y_f(t)$。这种求解LTI连续时间系统零状态响应的方法称为待定系数法。

其实，式(2.7.19)又可以写成

$$y_f(t)=y_h(t)\varepsilon(t)+y_p(t)\varepsilon(t) \tag{2.7.20}$$

式(2.7.20)表明，不必找出整个时间区间$t\in(-\infty,+\infty)$上的齐次解和特解，只需要找出$t>0$时的齐次解和特解即可。

例2.7.3：设描述LTI连续时间系统响应$y(t)$与激励$f(t)$关系的微分方程为

$$y''(t)+3y'(t)+2y(t)=f'(t)+5f(t) \tag{2.7.21}$$

已知系统的激励$f(t)=e^{-3t}\varepsilon(t)$，试求系统的零状态响应$y_f(t)$。

解：(1) 首先求齐次微分方程的通解

非齐次微分方程式(2.7.21)对应的齐次微分方程为

$$y''(t)+3y'(t)+2y(t)=0 \tag{2.7.22}$$

考虑到齐次微分方程式(2.7.22)，则系统的特征方程为$p^2+3p+2=0$。因此，LTI连续时间系统的特征根为$\lambda_1=-1$，$\lambda_2=-2$。

由于LTI连续时间系统的特征根是不相等的实根，因此可设齐次微分方程式(2.7.22)的通解为

$$y_h(t)=C_1e^{-t}+C_2e^{-2t},\ t\in(-\infty,+\infty) \tag{2.7.23}$$

(2) 再求特解

将激励$f(t)=e^{-3t}\varepsilon(t)$代入微分方程式(2.7.21)，可得

$$y''(t)+3y'(t)+2y(t)=-3e^{-3t}\varepsilon(t)+e^{-3t}\delta(t)+5e^{-3t}\varepsilon(t) \tag{2.7.24}$$

微分方程式(2.7.24)可写成

$$y''(t)+3y'(t)+2y(t)=\delta(t)+2e^{-3t}\varepsilon(t) \tag{2.7.25}$$

显然，当$t>0$时，微分方程式(2.7.25)可写成

$$y''(t)+3y'(t)+2y(t)=2e^{-3t},\ t>0 \tag{2.7.26}$$

由于$2e^{-3t}$中的系数-3不是系统的特征根，因此可设非齐次微分方程式(2.7.26)的特解为

$$y_p(t)=C\mathrm{e}^{-3t},\ t>0$$

于是 $y'_p(t)=-3C\mathrm{e}^{-3t}$，$y''_p(t)=9C\mathrm{e}^{-3t}$。将 $y''_p(t)$、$y'_p(t)$及 $y_p(t)$代入非齐次微分方程式(2.7.26)，可得

$$(9C-9C+2C)\mathrm{e}^{-3t}=2\mathrm{e}^{-3t}$$

即 $2C=2$，解得 $C=1$，因此特解为

$$y_p(t)=C\mathrm{e}^{-3t}=\mathrm{e}^{-3t},\ t>0 \tag{2.7.27}$$

(3) 确定 LTI 连续时间系统零状态响应的通解

考虑到式(2.7.23)及式(2.7.27)，由式(2.7.19)可知 LTI 连续时间系统零状态响应的通解为

$$y_f(t)=[y_h(t)+y_p(t)]\varepsilon(t)=(C_1\mathrm{e}^{-t}+C_2\mathrm{e}^{-2t}+\mathrm{e}^{-3t})\varepsilon(t) \tag{2.7.28}$$

(4) 确定 LTI 连续时间系统的零状态响应

考虑到式(2.7.28)，则有

$$y'_f(t)=(-C_1\mathrm{e}^{-t}-2C_2\mathrm{e}^{-2t}-3\mathrm{e}^{-3t})\varepsilon(t)+(C_1+C_2+1)\delta(t) \tag{2.7.29}$$

$$y''_f(t)=(C_1\mathrm{e}^{-t}+4C_2\mathrm{e}^{-2t}+9\mathrm{e}^{-3t})\varepsilon(t)-(C_1+2C_2+3)\delta(t)+(C_1+C_2+1)\delta'(t) \tag{2.7.30}$$

将式(2.7.30)、式(2.7.29)及式(2.7.28)代入非齐次微分方程式(2.7.25)，可得

$$(C_1+C_2+1)\delta'(t)+(2C_1+C_2)\delta(t)+2\mathrm{e}^{-3t}\varepsilon(t)=\delta(t)+2\mathrm{e}^{-3t}\varepsilon(t) \tag{2.7.31}$$

考虑到式(2.7.31)等号两边的对应项的系数应该相等，则有

$$\begin{cases}C_1+C_2+1=0\\2C_1+C_2=1\end{cases}，解得 \begin{cases}C_1=2\\C_2=-3\end{cases}$$

于是，LTI 连续时间系统的零状态响应为

$$y_f(t)=(2\mathrm{e}^{-t}-3\mathrm{e}^{-2t}+\mathrm{e}^{-3t})\varepsilon(t)$$

分析表明，如果 $y_f(t)$的通解模式用式(2.7.19)表示，那么由式(2.7.29)可知，$y'_f(t)$中 $\delta(t)$项的系数为 0；由式(2.7.30)可知，$y''_f(t)$中 $\delta'(t)$项的系数为 0，$\delta(t)$项的系数为 1。对描述 n 阶 LTI 连续时间系统的微分方程而言，左边最高阶导数是 $y_f^{(n)}(t)$，若 $y_f(t)$的通解模式仍用式(2.7.19)表示，则 $y_f^{(n)}(t)$中含有 $\delta^{(n-1)}(t)$项，当 $m\geqslant n+1$ 时将导致微分方程式(2.7.18)两边 $\delta(t)$的最高阶导数项不平衡，因此需要对式(2.7.19)加以修正。

(1) 若 $m=n+1$，激励 $f(t)$为单个连续时间因果实指数信号，则式(2.7.19)修正为

$$y_f(t)=[y_h(t)+y_p(t)]\varepsilon(t)+C_{n+1}\delta(t) \tag{2.7.32}$$

式中，$y_h(t)$是 n 阶齐次微分方程 $D(p)y_h(t)=0$ 的解，并且 $y_h(t)$中有 n 个待定系数，C_{n+1}也为待定系数，$y_p(t)$是非齐次微分方程式(2.7.18)的特解。

(2) 若 $m=n+2$，激励 $f(t)$为单个连续时间因果实指数信号，则式(2.7.19)修正为

$$y_f(t)=[y_h(t)+y_p(t)]\varepsilon(t)+C_{n+1}\delta(t)+C_{n+2}\delta'(t) \tag{2.7.33}$$

式中，$y_h(t)$是 n 阶齐次微分方程 $D(p)y_h(t)=0$ 的解，并且 $y_h(t)$中有 n 个待定系数，C_{n+1}及 C_{n+2}也为待定系数，$y_p(t)$是非齐次微分方程式(2.7.18)的特解。

一般地，当 $m\geqslant n+1$ 时，激励 $f(t)$为单个连续时间因果实指数信号，则式(2.7.19)修正为

$$y_f(t)=[y_h(t)+y_p(t)]\varepsilon(t)+\sum_{j=n+1}^{m}C_j\delta^{(j-n-1)}(t) \tag{2.7.34}$$

式中，$y_h(t)$是 n 阶齐次微分方程 $D(p)y_h(t)=0$ 的解，并且 $y_h(t)$中有 n 个待定系数，

$C_j(j=n+1,n+2,\cdots,m)$也为待定系数，$y_p(t)$是非齐次微分方程式(2.7.18)的特解。

例 2.7.4：设描述 LTI 连续时间系统响应 $y(t)$与激励 $f(t)$关系的微分方程为

$$y'(t)+2y(t)=2f''(t)+10f'(t)+13f(t) \tag{2.7.35}$$

已知系统的激励 $f(t)=e^{-3t}\varepsilon(t)$，试求系统的零状态响应 $y_f(t)$。

解：(1) 首先求齐次微分方程的通解

非齐次微分方程式(2.7.35)对应的齐次微分方程为

$$y'(t)+2y(t)=0 \tag{2.7.36}$$

考虑到齐次微分方程式(2.7.36)，则系统的特征方程为 $p+2=0$。

显然，LTI 连续时间系统的特征根为 $\lambda=-2$，因此可设齐次微分方程式(2.7.36)的通解为

$$y_h(t)=C_1e^{-2t},\ t\in(-\infty,+\infty) \tag{2.7.37}$$

(2) 再求非齐次微分方程的特解

考虑到 $f(t)=e^{-3t}\varepsilon(t)$，则有

$$f'(t)=-3e^{-3t}\varepsilon(t)+\delta(t)$$
$$f''(t)=9e^{-3t}\varepsilon(t)-3\delta(t)+\delta'(t)$$

将 $f''(t)$、$f'(t)$及 $f(t)$代入非齐次微分方程式(2.7.35)，可得

$$y'(t)+2y(t)=2f''(t)+10f'(t)+13f(t)=2\delta'(t)+4\delta(t)+e^{-3t}\varepsilon(t) \tag{2.7.38}$$

显然，当 $t>0$ 时，非齐次微分方程式(2.7.38)可写成

$$y'(t)+2y(t)=e^{-3t},\ t>0 \tag{2.7.39}$$

由于 e^{-3t}中的系数-3 不是系统的特征根，因此可设非齐次微分方程式(2.7.39)的特解为

$$y_p(t)=Ce^{-3t},\ t>0$$

于是

$$y_p'(t)=-3Ce^{-3t}$$

将 $y_p'(t)$和 $y_p(t)$代入非齐次微分方程式(2.7.39)，可得

$$(-3C+2C)e^{-3t}=e^{-3t}$$

即$-C=1$，解得 $C=-1$，因此特解为

$$y_p(t)=Ce^{-3t}=-e^{-3t},\ t>0 \tag{2.7.40}$$

(3) 确定 LTI 连续时间系统零状态响应的通解

考虑到(2.7.37)及式(2.7.40)，由式(2.7.32)可知 LTI 连续时间系统零状态响应的通解为

$$y_f(t)=[y_h(t)+y_p(t)]\varepsilon(t)+C_2\delta(t)=(C_1e^{-2t}-e^{-3t})\varepsilon(t)+C_2\delta(t) \tag{2.7.41}$$

(4) 确定 LTI 连续时间系统零状态响应

考虑到式(2.7.41)，则有

$$y_f'(t)=(-2C_1e^{-2t}+3e^{-3t})\varepsilon(t)+(C_1-1)\delta(t)+C_2\delta'(t) \tag{2.7.42}$$

将式(2.7.42)及式(2.7.41)代入非齐次微分方程式(2.7.38)，可得

$$C_2\delta'(t)+(C_1+2C_2-1)\delta(t)+e^{-3t}\varepsilon(t)=2\delta'(t)+4\delta(t)+e^{-3t}\varepsilon(t) \tag{2.7.43}$$

考虑到式(2.7.43)等号两边的对应项的系数应该相等，则有

$$\begin{cases}C_2=2\\C_1+2C_2-1=4\end{cases}，解得\begin{cases}C_1=1\\C_2=2\end{cases}$$

于是，LTI 连续时间系统的零状态响应为

$$y_f(t)=2\delta(t)+(e^{-2t}-e^{-3t})\varepsilon(t)$$

2.7.4 奇异函数平衡法

2.3.1 节介绍了奇异函数平衡法，该方法也可用于求解 LTI 连续时间系统的零状态响应。

例 2.7.5：设描述 LTI 连续时间系统响应 $y(t)$ 与激励 $f(t)$ 关系的微分方程为

$$y''(t)+2y'(t)+2y(t)=f'(t)+4f(t) \tag{2.7.44}$$

已知系统的激励 $f(t)=e^{-2t}\varepsilon(t)$，试求系统的零状态响应 $y_f(t)$。

解：(1) 首先求齐次微分方程的通解

非齐次微分方程式(2.7.44)对应的齐次微分方程为

$$y''(t)+2y'(t)+2y(t)=0 \tag{2.7.45}$$

考虑到齐次微分方程式(2.7.45)，则系统的特征方程为 $p^2+2p+2=0$。

因此，LTI 连续时间系统的特征根为 $\lambda_1=-1+j$，$\lambda_2=-1-j$。

由于 LTI 连续时间系统的特征根是一对共轭复根，因此可设齐次微分方程式(2.7.45)的通解为

$$y_h(t)=e^{-t}(C_1\cos t+C_2\sin t),\ t\in(-\infty,+\infty) \tag{2.7.46}$$

(2) 再求非齐次微分方程的特解

将激励 $f(t)=e^{-2t}\varepsilon(t)$ 代入非齐次微分方程式(2.7.44)，可得

$$y''(t)+2y'(t)+2y(t)=[e^{-2t}\varepsilon(t)]'+4e^{-2t}\varepsilon(t)=\delta(t)+2e^{-2t}\varepsilon(t) \tag{2.7.47}$$

显然，当 $t>0$ 时，非齐次微分方程式(2.7.47)可写成

$$y''(t)+2y'(t)+2y(t)=2e^{-2t},\ t>0 \tag{2.7.48}$$

由于$2e^{-3t}$中的系数-3不是系统的特征根，因此可设非齐次微分方程式(2.7.48)的特解为

$$y_p(t)=Ce^{-2t},\ t>0$$

于是 $y_p'(t)=-2Ce^{-2t}$，$y_p''(t)=4Ce^{-2t}$。将 $y_p''(t)$、$y_p'(t)$ 及 $y_p(t)$ 代入非齐次微分方程式(2.7.48)，可得

$$(4C-4C+2C)e^{-2t}=2e^{-2t}$$

即 $2C=2$，解得 $C=1$，因此特解为

$$y_p(t)=Ce^{-2t}=e^{-2t},\ t>0 \tag{2.7.49}$$

(3) 利用奇异函数平衡法，完成系统的初始状态到初始条件的转换。

现在利用奇异函数平衡法来确定微分方程式(2.7.47)中的跳变量 $\Delta y'(0)$ 和 $\Delta y(0)$。奇异函数的平衡过程如下：

$$y''(t)+2y'(t)+2y(t)=\delta(t)+2e^{-2t}\varepsilon(t)$$

$\delta(t)\ \rightarrow 2\varepsilon(t)\ \rightarrow 2t\varepsilon(t)$　　　　[平衡微分方程两边的 $\delta(t)$ 项]

跳变量　　　1　　　0

分析表明，在平衡微分方程两边 $\delta(t)$ 项的过程中，二阶导数 $y''(t)$ 中含有 $\delta(t)$，一阶导数 $2y'(t)$ 中含有 $2\varepsilon(t)$，即 $y'(t)$ 在 $t=0$ 处上跳 1 个单位，亦即跳变量为 1；$2y(t)$ 中含有 $2t\varepsilon(t)$，由于单位斜坡信号 $r(t)=t\varepsilon(t)$ 在 $t=0$ 处连续，即 $y(t)$ 在 $t=0$ 处的跳变量为 0。

综上所述，LTI 连续时间系统的初始条件为

$$\begin{cases}y(0_+)=y(0_-)+\Delta y(0)=0+0=0\\ y'(0_+)=y'(0_-)+\Delta y'(0)=0+1=1\end{cases} \tag{2.7.50}$$

(4) 确定 LTI 连续时间系统零状态响应的通解

考虑到式(2.7.46)及式(2.7.49)，由式(2.7.19)可知，LTI 连续时间系统零状态响应的通解为

$$y_f(t)=[y_h(t)+y_p(t)]\varepsilon(t)=[\mathrm{e}^{-t}(C_1\cos t+C_2\sin t)+\mathrm{e}^{-2t}]\varepsilon(t) \qquad (2.7.51)$$

式中，C_1 和 C_2 为待定系数。

(5) 确定 LTI 连续时间系统的零状态响应

考虑到式(2.7.50)及式(2.7.51)，则有

$$\begin{cases}y(0_+)=y_f(0_+)=C_1+1=0\\ y'(0_+)=y_f'(0_+)=-C_1+C_2-2=1\end{cases}，解得 \begin{cases}C_1=-1\\ C_2=2\end{cases}$$

于是，LTI 连续时间系统的零状态响应为

$$y_f(t)=[\mathrm{e}^{-2t}-\mathrm{e}^{-t}(\cos t-2\sin t)]\varepsilon(t)$$

例 2.7.6：设描述 LTI 连续时间系统响应 $y(t)$ 与激励 $f(t)$ 关系的微分方程为

$$y''(t)+4y'(t)+5y(t)=f'''(t)+5f''(t)+10f'(t)+8f(t) \qquad (2.7.52)$$

已知系统的激励 $f(t)=\mathrm{e}^{-t}\varepsilon(t)$，试求系统的零状态响应 $y_f(t)$。

解：(1) 首先求齐次微分方程的通解

非齐次微分方程式(2.7.52)对应的齐次微分方程为

$$y''(t)+4y'(t)+5y(t)=0 \qquad (2.7.53)$$

考虑到齐次微分方程式(2.7.53)，则系统的特征方程为 $p^2+4p+5=0$。因此，LTI 连续时间系统的特征根为 $\lambda_1=-2+\mathrm{j}$，$\lambda_2=-2-\mathrm{j}$。

由于 LTI 连续时间系统的特征根是一对共轭复根，因此可设齐次微分方程式(2.7.53)的通解为

$$y_h(t)=\mathrm{e}^{-2t}(C_1\cos t+C_2\sin t)，t\in(-\infty,+\infty) \qquad (2.7.54)$$

(2) 再求非齐次微分方程的特解

考虑到 $f(t)=\mathrm{e}^{-t}\varepsilon(t)$，则有

$$f'(t)=-\mathrm{e}^{-t}\varepsilon(t)+\delta(t)$$
$$f''(t)=\mathrm{e}^{-t}\varepsilon(t)-\delta(t)+\delta'(t)$$
$$f'''(t)=-\mathrm{e}^{-t}\varepsilon(t)+\delta(t)-\delta'(t)+\delta''(t)$$

将 $f'''(t)$、$f''(t)$、$f'(t)$ 及 $f(t)$ 代入非齐次微分方程式(2.7.52)，可得

$$\begin{aligned}y''(t)+4y'(t)+5y(t)&=f'''(t)+5f''(t)+10f'(t)+8f(t)\\&=\delta''(t)+4\delta'(t)+6\delta(t)+2\mathrm{e}^{-t}\varepsilon(t)\end{aligned} \qquad (2.7.55)$$

显然，当 $t>0$ 时，非齐次微分方程式(2.7.55)可写成

$$y''(t)+4y'(t)+5y(t)=2\mathrm{e}^{-t}，t>0 \qquad (2.7.56)$$

由于 e^{-t} 中的系数 -1 不是系统的特征根，因此可设非齐次微分方程式(2.7.56)的特解为

$$y_p(t)=C\mathrm{e}^{-t}，t>0$$

于是 $y_p'(t)=-C\mathrm{e}^{-t}$，$y_p''(t)=C\mathrm{e}^{-t}$。将 $y_p''(t)$、$y_p'(t)$ 及 $y_p(t)$ 代入非齐次微分方程式(2.7.56)，可得

$$(C-4C+5C)\mathrm{e}^{-t}=2\mathrm{e}^{-t}$$

即 $2C=2$，解得 $C=1$，因此特解为

$$y_p(t)=C\mathrm{e}^{-t}=\mathrm{e}^{-t}，t>0 \qquad (2.7.57)$$

(3) 利用奇异函数平衡法，完成系统的初始状态到初始条件的转换

现在利用奇异函数平衡法来确定微分方程式(2.7.55)中的跳变量 $\Delta y'(0)$ 和 $\Delta y(0)$。奇异函数的平衡过程如下：

$$y''(t)+4y'(t)+5y(t)=\delta''(t)+4\delta'(t)+6\delta(t)+2e^{-t}\varepsilon(t)$$

$\delta''(t)\to 4\delta'(t)\to 5\delta(t)$　　［平衡微分方程两边的 $\delta''(t)$ 项和 $\delta'(t)$ 项］

$\delta(t)\to 4\varepsilon(t)\to 5t\varepsilon(t)$　　［平衡微分方程两边的 $\delta(t)$ 项］

跳变量　　1　　0

分析表明，在平衡微分方程两边 $\delta''(t)$ 项的过程中，二阶导数 $y''(t)$ 中含有 $\delta''(t)$，一阶导数 $4y'(t)$ 中含有 $4\delta'(t)$，$5y(t)$ 中含有 $5\delta(t)$，即 $y(t)$ 中含有 $\delta(t)$，并且微分方程两边的 $\delta'(t)$ 项，即 $4\delta'(t)$ 自动平衡；在平衡微分方程两边 $\delta(t)$ 项的过程中，二阶导数 $y''(t)$ 中含有 $\delta(t)$，一阶导数 $4y'(t)$ 中含有 $4\varepsilon(t)$，即 $y'(t)$ 在 $t=0$ 处上跳 1 个单位，亦即跳变量为 1，而 $5y(t)$ 中含有 $5t\varepsilon(t)$，由于单位斜坡信号 $r(t)=t\varepsilon(t)$ 在 $t=0$ 处连续，即 $y(t)$ 在 $t=0$ 处的跳变量为 0。

综上所述，LTI 连续时间系统的初始条件为

$$\begin{cases}y(0_+)=y(0_-)+\Delta y(0)=0+0=0\\ y'(0_+)=y'(0_-)+\Delta y'(0)=0+1=1\end{cases}\tag{2.7.58}$$

(4) 确定 LTI 连续时间系统零状态响应的通解

奇异函数平衡过程表明 $y(t)$ 中含有 $\delta(t)$，即 $y_f(t)$ 中含有 $\delta(t)$。考虑到式(2.7.19)、式(2.7.54)及式(2.7.57)，则 LTI 连续时间系统零状态响应的通解为

$$y_f(t)=\delta(t)+[y_h(t)+y_p(t)]\varepsilon(t)=\delta(t)+[e^{-2t}(C_1\cos t+C_2\sin t)+e^{-t}]\varepsilon(t)\tag{2.7.59}$$

式中，C_1 和 C_2 为待定系数。

(5) 确定 LTI 连续时间系统的零状态响应

考虑到式(2.7.58)及式(2.7.59)，则有

$$\begin{cases}y(0_+)=y_f(0_+)=C_1+1=0\\ y'(0_+)=y'_f(0_+)=-2C_1+C_2-1=1\end{cases}，解得\begin{cases}C_1=-1\\ C_2=0\end{cases}$$

于是，LTI 连续时间系统的零状态响应为

$$y_f(t)=\delta(t)+(e^{-t}-e^{-2t}\cos t)\varepsilon(t)$$

2.7.5　叠加原理分析法

设 n 阶 LTI 连续时间系统转移算子描述为

$$y(t)=H(p)f(t)=\frac{N(p)}{D(p)}f(t)\tag{2.7.60}$$

式中，$D(p)$ 为 n 次多项式，$N(p)$ 为 m 次多项式。

根据 2.2.3 节的分析和讨论，可将式(2.7.60)描述的 LTI 连续时间系统进行级联分解，如图 2.7.1 所示。

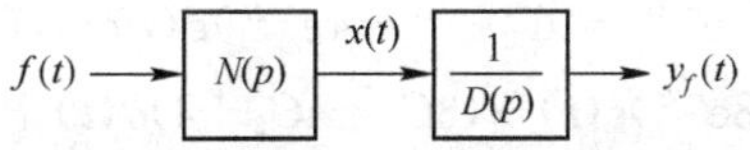

图 2.7.1　利用叠加原理求解 $y_f(t)$ 的方框图

图 2.7.1 表明，在 $f(t)$ 经过广义微分算子 $N(p)$ 运算得到的连续时间信号 $x(t)$ 中，包含了 $m+1$ 个信号分量，经过转移算子为 $1/D(p)$ 的 LTI 连续时间系统运算后，得到了对应的 $m+1$ 个响应分量，利用 LTI 连续时间系统响应的可加性，将 $m+1$ 个响应分量相加，就得到了 LTI 连续时间系统的零状态响应 $y_f(t)$。

例 2.7.7：设描述 LTI 连续时间系统响应 $y(t)$ 与激励 $f(t)$ 关系的微分方程为

$$y''(t)+7y'(t)+12y(t)=f'(t)+6f(t) \tag{2.7.61}$$

已知系统的激励 $f(t)=\mathrm{e}^{-2t}\varepsilon(t)$，试求系统的零状态响应 $y_f(t)$。

解：将激励 $f(t)=\mathrm{e}^{-2t}\varepsilon(t)$ 代入微分方程式(2.7.61)，可得

$$y''(t)+7y'(t)+12y(t)=[\mathrm{e}^{-2t}\varepsilon(t)]'+6\mathrm{e}^{-2t}\varepsilon(t)=\delta(t)+4\mathrm{e}^{-2t}\varepsilon(t) \tag{2.7.62}$$

(1) 首先求微分方程式(2.7.63)的解 $y_{f1}(t)$

$$y''(t)+7y'(t)+12y(t)=f_1(t)=4\mathrm{e}^{-2t}\varepsilon(t) \tag{2.7.63}$$

① 先求齐次微分方程的通解

非齐次微分方程式(2.7.63)对应的齐次微分方程为

$$y''(t)+7y'(t)+12y(t)=0 \tag{2.7.64}$$

考虑到齐次微分方程式(2.7.64)，则系统的特征方程为 $p^2+7p+12=0$。因此，LTI 连续时间系统的特征根为 $\lambda_1=-3$，$\lambda_2=-4$。

由于 LTI 连续时间系统的特征根是不相等的实根，因此可设齐次微分方程式(2.7.64)的通解为

$$y_h(t)=C_1\mathrm{e}^{-3t}+C_2\mathrm{e}^{-4t},\ t\in(-\infty,+\infty) \tag{2.7.65}$$

② 再求非齐次微分方程的特解

显然，当 $t>0$ 时，非齐次微分方程式(2.7.63)可写成

$$y''(t)+7y'(t)+12y(t)=4\mathrm{e}^{-2t},\ t>0 \tag{2.7.66}$$

由于$4\mathrm{e}^{-2t}$中的系数 -2 不是系统的特征根，因此可设非齐次微分方程式(2.7.66)的特解为

$$y_p(t)=C\mathrm{e}^{-2t},\ t>0$$

于是 $y_p'(t)=-2C\mathrm{e}^{-2t}$，$y_p''(t)=4C\mathrm{e}^{-2t}$。将 $y_p''(t)$、$y_p'(t)$ 及 $y_p(t)$ 代入非齐次微分方程式(2.7.66)，可得

$$(4C-14C+12C)\mathrm{e}^{-2t}=4\mathrm{e}^{-2t}$$

即 $2C=4$，解得 $C=2$，因此特解为

$$y_p(t)=C\mathrm{e}^{-2t}=2\mathrm{e}^{-2t},\ t>0 \tag{2.7.67}$$

③ 确定 LTI 连续时间系统零状态响应 $y_{f1}(t)$ 的通解

考虑到式(2.7.65)及式(2.7.67)，由式(2.7.19)可知，LTI 连续时间系统零状态响应 $y_{f1}(t)$ 的通解为

$$y_{f1}(t)=[y_h(t)+y_p(t)]\varepsilon(t)=(C_1\mathrm{e}^{-3t}+C_2\mathrm{e}^{-4t}+2\mathrm{e}^{-2t})\varepsilon(t) \tag{2.7.68}$$

④ 利用待定系数法，确定 LTI 连续时间系统的零状态响应 $y_{f1}(t)$

考虑到式(2.7.68)，则有

$$y_{f1}'(t)=(-3C_1\mathrm{e}^{-3t}-4C_2\mathrm{e}^{-4t}-4\mathrm{e}^{-2t})\varepsilon(t)+(C_1+C_2+2)\delta(t) \tag{2.7.69}$$

$$y_{f1}''(t)=(9C_1\mathrm{e}^{-3t}+16C_2\mathrm{e}^{-4t}+8\mathrm{e}^{-2t})\varepsilon(t)-(3C_1+4C_2+4)\delta(t)+(C_1+C_2+2)\delta'(t) \tag{2.7.70}$$

将式(2.7.70)、式(2.7.69)及式(2.7.68)代入非齐次微分方程式(2.7.63)，可得

$$(C_1+C_2+2)\delta'(t)+(4C_1+3C_2+10)\delta(t)+4\mathrm{e}^{-2t}\varepsilon(t)=4\mathrm{e}^{-2t}\varepsilon(t) \tag{2.7.71}$$

考虑到式(2.7.71)等号两边的对应项的系数应该相等，则有

$$\begin{cases}C_1+C_2+2=0\\4C_1+3C_2+10=0\end{cases}，解得 \begin{cases}C_1=-4\\C_2=2\end{cases}$$

于是，式(2.7.63)描述的 LTI 连续时间系统的零状态响应为

$$y_{f1}(t)=(2e^{-2t}-4e^{-3t}+2e^{-4t})\varepsilon(t) \tag{2.7.72}$$

(2) 再求微分方程式(2.7.73)的解 $y_{f2}(t)$

$$y''(t)+7y'(t)+12y(t)=f_2(t)=\delta(t) \tag{2.7.73}$$

考虑到 $f_1'(t)=[4e^{-2t}\varepsilon(t)]'=-8e^{-2t}\varepsilon(t)+4\delta(t)=-2f_1(t)+4\delta(t)$，则有

$$f_2(t)=\delta(t)=\frac{1}{4}[f_1'(t)+2f_1(t)]$$

于是

$$\begin{aligned}y_{f2}(t)&=\frac{1}{4}[y_{f1}'(t)+2y_{f1}(t)]\\&=\frac{1}{4}\{[(2e^{-2t}-4e^{-3t}+2e^{-4t})\varepsilon(t)]'+2(2e^{-2t}-4e^{-3t}+2e^{-4t})\varepsilon(t)\}\\&=\frac{1}{4}\{(-4e^{-2t}+12e^{-3t}-8e^{-4t})\varepsilon(t)+(4e^{-2t}-8e^{-3t}+4e^{-4t})\varepsilon(t)\}\\&=(e^{-3t}-e^{-4t})\varepsilon(t)\end{aligned} \tag{2.7.74}$$

(3) 确定所求 LTI 连续时间系统的零状态响应

考虑到式(2.7.72)及式(2.7.74)，则所求 LTI 连续时间系统的零状态响应为

$$\begin{aligned}y_f(t)&=y_{f1}(t)+y_{f2}(t)\\&=(2e^{-2t}-4e^{-3t}+2e^{-4t})\varepsilon(t)+(e^{-3t}-e^{-4t})\varepsilon(t)\\&=(2e^{-2t}-3e^{-3t}+e^{-4t})\varepsilon(t)\end{aligned}$$

2.7.6 辅助方程法

设 n 阶 LTI 连续时间系统转移算子描述为

$$y(t)=H(p)f(t)=\frac{N(p)}{D(p)}f(t) \tag{2.7.75}$$

式中，$D(p)$为 n 次多项式，$N(p)$为 m 次多项式。

根据线性卷积的结合律，可以将图 2.7.1 中级联的 LTI 连续时间系统交换顺序改画成图 2.7.2 所示的级联形式。

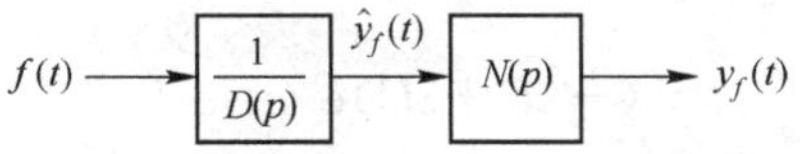

图 2.7.2 利用辅助方程法求解 $y_f(t)$的方框图

图 2.7.2 表明，$f(t)$经过转移算子为 $1/D(p)$的辅助系统运算，得到了辅助系统的零状态响应$\hat{y}_f(t)$，即

$$\hat{y}_f(t)=\frac{1}{D(p)}f(t) \tag{2.7.76}$$

再对$\hat{y}_f(t)$进行 $N(p)$运算，就得到了所求 LTI 连续时间系统的零状态响应 $y_f(t)$，即

$$y_f(t)=N(p)\hat{y}_f(t) \tag{2.7.77}$$

这种首先按式(2.7.76)求解辅助系统的零状态响应$\hat{y}_f(t)$，再按式(2.7.77)求解 LTI 连续时间系统零状态响应 $y_f(t)$的方法，称为辅助方程法。

利用辅助方程法求解 LTI 连续时间系统的零状态响应 $y_f(t)$，无须寻找 LTI 连续时间系统算子微分方程 $D(p)y_f(t)=N(p)f(t)$右边的 $\delta^{(j)}(t)(j=0,1,2,\cdots,m-1)$项，在 $t=0$ 时刻对

LTI 连续时间系统的贡献，因此其求解过程相对简洁。

例 2.7.8：设描述 LTI 连续时间系统响应 $y(t)$与激励 $f(t)$关系的微分方程为

$$y''(t)+3y'(t)+2y(t)=f'(t)+3f(t) \tag{2.7.78}$$

已知系统的激励 $f(t)=e^{-t}\varepsilon(t)$，试求系统的零状态响应 $y_f(t)$。

解：考虑到微分方程式(2.7.78)，则有

$$y(t)=\frac{N(p)}{D(p)}f(t)=\frac{p+3}{p^2+3p+2}f(t) \tag{2.7.79}$$

式中，$D(p)=p^2+3p+2$，$N(p)=p+3$。

(1) 首先确定辅助系统的零状态响应

考虑到式(2.79)，由式(2.7.76)可知，辅助系统的零状态响应$\hat{y}_f(t)$是微分方程

$$y''(t)+3y'(t)+2y(t)=f(t)=e^{-t}\varepsilon(t) \tag{2.7.80}$$

在零初始状态条件下的解。

① 先求齐次微分方程的通解

非齐次微分方程式(2.7.80)对应的齐次微分方程为

$$y''(t)+3y'(t)+2y(t)=0 \tag{2.7.81}$$

考虑到齐次微分方程式(2.7.81)，则系统的特征方程为 $p^2+3p+2=0$。因此，LTI 连续时间系统的特征根为 $\lambda_1=-1$，$\lambda_2=-2$。

由于 LTI 连续时间系统的特征根是不相等的实根，因此可设齐次微分方程式(2.7.81)的通解为

$$y_h(t)=C_1e^{-t}+C_2e^{-2t},\ t\in(-\infty,+\infty) \tag{2.7.82}$$

② 再求非齐次微分方程的特解

显然，当 $t>0$ 时，非齐次微分方程式(2.7.80)可写成

$$y''(t)+3y'(t)+2y(t)=e^{-t},\ t>0 \tag{2.7.83}$$

由于 e^{-t} 中的系数-1 是系统的特征根，因此可设非齐次微分方程式(2.7.83)的特解为

$$y_p(t)=Cte^{-t},\ t>0$$

于是 $y'_p(t)=Ce^{-t}-Cte^{-t}$，$y''_p(t)=-2Ce^{-t}+Cte^{-t}$。将 $y''_p(t)$、$y'_p(t)$及 $y_p(t)$代入非齐次微分方程式(2.7.83)，可得

$$(-2C+3C)e^{-t}=e^{-t}$$

即$-2C+3C=1$，解得 $C=1$，因此特解为

$$y_p(t)=Cte^{-t}=te^{-t},\ t>0 \tag{2.7.84}$$

③ 确定 LTI 连续时间辅助系统零状态响应$\hat{y}_f(t)$的通解

考虑到式(2.7.82)及式(2.7.84)，由式(2.7.19)可知 LTI 连续时间辅助系统零状态响应$\hat{y}_f(t)$的通解为

$$\hat{y}_f(t)=[y_h(t)+y_p(t)]\varepsilon(t)=(C_1e^{-t}+C_2e^{-2t}+te^{-t})\varepsilon(t) \tag{2.7.85}$$

④ 利用待定系数法，确定 LTI 连续时间辅助系统的零状态响应$\hat{y}_f(t)$。

考虑到式(2.7.85)，则有

$$\hat{y}'_f(t)=[(1-t-C_1)e^{-t}-2C_2e^{-2t}]\varepsilon(t)+(C_1+C_2)\delta(t) \tag{2.7.86}$$

$$\hat{y}''_f(t)=[(C_1-2+t)e^{-t}+4C_2e^{-2t}]\varepsilon(t)-(C_1+2C_2-1)\delta(t)+(C_1+C_2)\delta'(t) \tag{2.7.87}$$

将式(2.7.87)、式(2.7.86)及式(2.7.85)代入非齐次微分方程式(2.7.80)，可得

$$(C_1+C_2)\delta'(t)+(2C_1+C_2+1)\delta(t)+e^{-t}\varepsilon(t)=e^{-t}\varepsilon(t) \tag{2.7.88}$$

考虑到式(2.7.88)等号两边的对应项的系数应该相等，则有

$$\begin{cases}C_1+C_2=0\\2C_1+C_2+1=0\end{cases}，解得 \begin{cases}C_1=-1\\C_2=1\end{cases}$$

于是，LTI 连续时间辅助系统的零状态响应为

$$\hat{y}_f(t)=[(t-1)e^{-t}+e^{-2t}]\varepsilon(t) \tag{2.7.89}$$

(2) 再确定所求 LTI 连续时间系统的零状态响应

考虑到式(2.7.89)，由式(2.7.77)可得 LTI 连续时间系统的零状态响应，即

$$\begin{aligned}y_f(t)&=N(p)\hat{y}_f(t)=(p+3)[(t-1)e^{-t}+e^{-2t}]\varepsilon(t)\\&=[e^{-t}-(t-1)e^{-t}-2e^{-2t}]\varepsilon(t)+3[(t-1)e^{-t}+e^{-2t}]\varepsilon(t)\\&=[(2t-1)e^{-t}+e^{-2t}]\varepsilon(t)\end{aligned}$$

2.7.7　线性卷积法

线性卷积法是指利用激励 $f(t)$和 LTI 连续时间系统单位冲激响应 $h(t)$的线性卷积来计算 LTI 连续时间系统零状态响应 $y_f(t)$的方法。

例 2.7.9：设描述 LTI 连续时间系统响应 $y(t)$与激励 $f(t)$关系的微分方程为

$$y''(t)+4y'(t)+3y(t)=3f'(t)+f(t) \tag{2.7.90}$$

已知系统的激励 $f(t)=e^{-t}\varepsilon(t)$，试求系统的零状态响应 $y_f(t)$。

解：(1) 首先计算 LTI 连续时间系统的单位冲激响应

考虑到微分方程式(2.7.90)，则有

$$h''(t)+4h'(t)+3h(t)=3\delta'(t)+\delta(t) \tag{2.7.91}$$

① 先求齐次微分方程的通解

非齐次微分方程式(2.7.91)对应的齐次微分方程为

$$h''(t)+4h'(t)+3h(t)=0 \tag{2.7.92}$$

考虑到齐次微分方程式(2.7.92)，则系统的特征方程为 $p^2+4p+3=0$。因此，LTI 连续时间系统的特征根为 $\lambda_1=-1$，$\lambda_2=-3$。

由于 LTI 连续时间系统的特征根是不相等的实根，因此齐次微分方程式(2.7.92)的通解为

$$y_h(t)=(C_1e^{-t}+C_2e^{-3t})，t\in(-\infty,+\infty) \tag{2.7.93}$$

② 利用奇异函数平衡法，完成系统的初始状态到初始条件的转换。

现在利用奇异函数平衡法来确定微分方程式(2.7.91)中的跳变量 $\Delta h'(0)$和 $\Delta h(0)$。奇异函数平衡过程如下：

$$h''(t)+\quad 4h'(t)\ +\quad 3h(t)=3\delta'(t)+\delta(t)$$

$$3\delta'(t)\rightarrow\ 12\delta(t)\ \rightarrow\ 9\varepsilon(t)\qquad [平衡微分方程两边的 \delta'(t) 项]$$

$$-11\delta(t)\rightarrow -44\varepsilon(t)\qquad [平衡微分方程两边的 \delta(t) 项]$$

跳变量　　　　　-11　　　　3

分析表明，在平衡微分方程两边 $\delta'(t)$项和 $\delta(t)$项的过程中，二阶导数 $h''(t)$中含有 $3\delta'(t)$和 $-11\delta(t)$，一阶导数 $4h'(t)$中含有 $12\delta(t)$和 $-44\varepsilon(t)$，即 $h'(t)$在 $t=0$ 处下跳 11 个单位，亦即跳变量为 -11；$3h(t)$中含有 $9\varepsilon(t)$，即 $h(t)$在 $t=0$ 处上跳 3 个单位，亦即跳变量为 3。

综上所述，LTI 连续时间系统的初始条件为

$$\begin{cases}h(0_+)=h(0_-)+\Delta h(0)=0+3=3\\h'(0_+)=h'(0_-)+\Delta h'(0)=0-11=-11\end{cases} \tag{2.7.94}$$

③ 确定 LTI 连续时间系统单位冲激响应的通解

考虑到式(2.7.93)，由式(2.6.20)可知，LTI 连续时间系统单位冲激响应的通解为

$$h(t)=y_h(t)\varepsilon(t)=(C_1\mathrm{e}^{-t}+C_2\mathrm{e}^{-3t})\varepsilon(t) \tag{2.7.95}$$

式中，C_1 和 C_2 为待定系数。

④ 确定 LTI 连续时间系统的单位冲激响应

考虑到式(2.7.94)及式(2.7.95)，则有

$$\begin{cases}h(0_+)=C_1+C_2=3\\ h'(0_+)=-C_1-3C_2=-11\end{cases}，解得 \begin{cases}C_1=-1\\ C_2=4\end{cases}$$

于是，LTI 连续时间系统的单位冲激响应为

$$h(t)=(4\mathrm{e}^{-3t}-\mathrm{e}^{-t})\varepsilon(t)$$

(2) 再计算 LTI 连续时间系统的零状态响应

$$\begin{aligned}y_f(t)&=f(t)*h(t)=\mathrm{e}^{-t}\varepsilon(t)*(4\mathrm{e}^{-3t}-\mathrm{e}^{-t})\varepsilon(t)\\&=\int_{-\infty}^{+\infty}\mathrm{e}^{-\tau}\varepsilon(\tau)[4\mathrm{e}^{-3(t-\tau)}-\mathrm{e}^{-(t-\tau)}]\varepsilon(t-\tau)\mathrm{d}\tau\\&=\mathrm{e}^{-3t}\int_{-\infty}^{t}4\mathrm{e}^{2\tau}\varepsilon(\tau)\mathrm{d}\tau-\mathrm{e}^{-t}\int_{-\infty}^{t}\varepsilon(\tau)\mathrm{d}\tau\\&=2\mathrm{e}^{-3t}(\mathrm{e}^{2\tau}-1)\varepsilon(\tau)\Big|_{-\infty}^{t}-\mathrm{e}^{-t}\tau\varepsilon(\tau)\Big|_{-\infty}^{t}\\&=2\mathrm{e}^{-3t}(\mathrm{e}^{2t}-1)\varepsilon(t)-t\mathrm{e}^{-t}\varepsilon(t)\\&=[(2-t)\mathrm{e}^{-t}-2\mathrm{e}^{-3t}]\varepsilon(t)\end{aligned}$$

2.7.8 算子法

设 LTI 连续时间系统的激励和响应分别可以利用转移算子 $H_f(p)$和 $H(p)$表示成

$$f(t)=H_f(p)\delta(t)=\Big[\sum_{j=1}^{m}H_j(p)\Big]\delta(t) \tag{2.7.96}$$

$$y(t)=H(p)f(t)=\Big[\sum_{i=1}^{n}H_i(p)\Big]f(t) \tag{2.7.97}$$

考虑到式(2.7.96)及式(2.7.97)，则 LTI 连续时间系统的零状态响应可用式(2.7.98)进行计算，即

$$y_f(t)=H(p)f(t)=[H(p)H_f(p)]\delta(t)=\Big[\sum_{i=1}^{m+n}H_{eqi}(p)\Big]\delta(t)=\sum_{i=1}^{m+n}h_{eqi}(t) \tag{2.7.98}$$

这种基于式(2.7.96)及式(2.7.97)，按式(2.7.98)来计算 LTI 连续时间系统零状态响应 $y_f(t)$的方法，称为算子法。

利用算子法计算 LTI 连续时间系统零状态响应的步骤如下：

(1) 利用转移算子为 $H_f(p)$的 LTI 连续时间因果系统的单位冲激响应来表示系统的激励，即 $f(t)=H_f(p)\delta(t)$；

(2) 将激励为 $\delta(t)$，转移算子为 $H_f(p)$和 $H(p)$级联的 LTI 连续时间系统，等效为一个转移算子为 $H_f(p)H(p)$的 LTI 连续时间系统；

(3) 将转移算子为 $H_f(p)H(p)$的 LTI 连续时间系统，分解成一阶或二阶 LTI 连续时间系统的并联形式；

(4) 以一阶或二阶 LTI 连续时间系统单位冲激响应的转移算子表示，即算子恒等式为依据，利用 LTI 连续时间系统响应的可加性来计算系统的零状态响应。

例 2.7.10：二阶 LTI 连续时间系统的转移算子描述如图 2.7.3 所示。已知系统的激励 $f(t)=\sin t\varepsilon(t)$，试求 LTI 连续时间系统的零状态响应 $y_f(t)$。

解：(1) 利用 LTI 连续时间系统的单位冲激响应表示激励

由式(2.6.89)可知

$$\frac{\omega_0}{p^2+\omega_0^2}\delta(t)=\sin\omega_0 t\varepsilon(t) \tag{2.7.99}$$

考虑到式(2.7.99)，则 LTI 连续时间系统的激励可表示成

$$f(t)=\sin t\varepsilon(t)=\frac{1}{p^2+1}\delta(t) \tag{2.7.100}$$

考虑到式(2.7.100)，则图 2.7.3 可画成图 2.7.4。

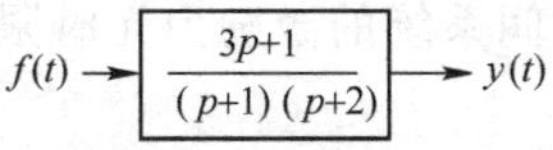

图 2.7.3　二阶 LTI 连续时间系统的转移算子描述

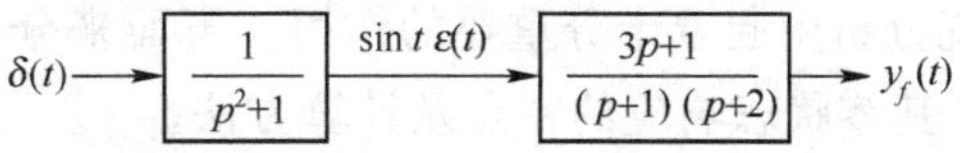

图 2.7.4　利用单位冲激响应表示激励

(2) 级联的 LTI 连续时间系统等效成一个 LTI 连续时间系统

由于级联的 LTI 连续时间系统可以等效成一个 LTI 连续时间系统，其转移算子为级联的 LTI 连续时间系统转移算子之积，因此可将图 2.7.4 画成图 2.7.5。该图表明，将二阶 LTI 连续时间系统的零状态响应转化成了一个四阶 LTI 连续时间系统的单位冲激响应。

(3) 将转移算子为 $H_f(p)H(p)$ 的 LTI 连续时间系统分解成一阶或二阶 LTI 连续时间系统的并联形式

将四阶 LTI 连续时间系统分解成并联形式，如图 2.7.6 所示。该图表明，三个 LTI 连续时间系统的单位冲激响应 $h_1(t)$、$h_2(t)$ 及 $h_3(t)$ 之和，即为所求的系统零状态响应 $y_f(t)$。

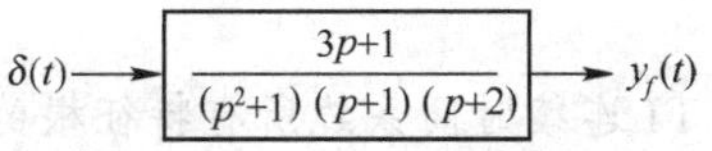

图 2.7.5　级联的 LTI 连续时间系统等效成一个 LTI 连续时间系统

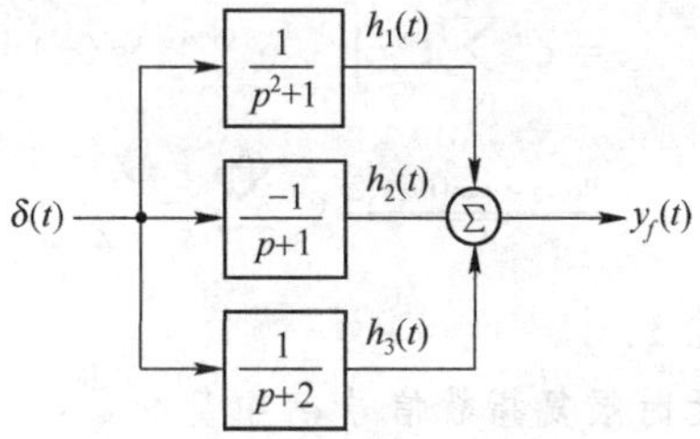

图 2.7.6　LTI 连续时间系统的并联分解

(4) 以算子恒等式为依据，利用 LTI 连续时间系统的可加性计算系统的零状态响应

将上述分析过程，写成数学算式如下：

$$
\begin{aligned}
y_f(t)&=\frac{3p+1}{(p+1)(p+2)}f(t)=\frac{3p+1}{(p+1)(p+2)}\underbrace{\frac{1}{p^2+1}\delta(t)}_{\text{利用}H_f(p)\text{表示激励}}\\
&=\underbrace{\frac{3p+1}{(p^2+1)(p+1)(p+2)}}_{\text{级联的LTI系统等效成一个LTI系统}}\delta(t)=\underbrace{\left(\frac{1}{p^2+1}+\frac{-1}{p+1}+\frac{1}{p+2}\right)}_{\text{LTI系统进行并联分解}}\delta(t)\\
&=\underbrace{\frac{1}{p^2+1}\delta(t)}_{\delta(t)\text{单独作用于系统1}}+\underbrace{\frac{-1}{p+1}\delta(t)}_{\delta(t)\text{单独作用于系统2}}+\underbrace{\frac{1}{p+2}\delta(t)}_{\delta(t)\text{单独作用于系统3}}\\
&=\underbrace{\sin t\varepsilon(t)}_{h_1(t)}+\underbrace{(-1)\mathrm{e}^{-t}\varepsilon(t)}_{h_2(t)}+\underbrace{\mathrm{e}^{-2t}\varepsilon(t)}_{h_3(t)}\\
&=(\sin t-\mathrm{e}^{-t}+\mathrm{e}^{-2t})\varepsilon(t)
\end{aligned}
$$

2.8 无时限复指数信号及周期信号通过LTI连续时间系统的时域分析

本节讨论无时限复指数信号及周期信号通过LTI连续时间系统时，其零状态响应的特点及计算方法。

2.8.1 无时限复指数信号通过LTI连续时间系统的时域分析

在分析LTI连续时间系统的零输入响应 $y_x(t)$ 和单位冲激响应 $h(t)$ 时，已发现指数信号在系统分析中起着十分重要的作用。下面来分析LTI连续时间系统的激励为无时限复指数信号时，其零状态响应的特点及计算方法。

设LTI连续时间系统的转移算子为(这并不失问题的一般性)

$$H(p)=\frac{N(p)}{D(p)}=\sum_{i=1}^{n}\frac{C_i}{p-\lambda_i} \tag{2.8.1}$$

即LTI连续时间系统的特征根 $\lambda_i(i=1,2,\cdots,n)$ 为单根，其单位冲激响应为

$$h(t)=H(p)\delta(t)=\sum_{i=1}^{n}\frac{C_i}{p-\lambda_i}\delta(t)=\sum_{i=1}^{n}C_i\mathrm{e}^{\lambda_i t}\varepsilon(t) \tag{2.8.2}$$

激励 $f(t)=\mathrm{e}^{st}$，其中 $s=\sigma+\mathrm{j}\omega$。于是，LTI连续时间系统的零状态响应可表示为

$$\begin{aligned}y_f(t)&=\mathrm{e}^{st}*h(t)=\int_{-\infty}^{+\infty}\mathrm{e}^{s(t-\tau)}\Big[\sum_{i=1}^{n}C_i\mathrm{e}^{\lambda_i\tau}\varepsilon(\tau)\Big]\mathrm{d}\tau=\mathrm{e}^{st}\int_{-\infty}^{+\infty}\Big[\sum_{i=1}^{n}C_i\mathrm{e}^{-(s-\lambda_i)\tau}\varepsilon(\tau)\Big]\mathrm{d}\tau\\&=\mathrm{e}^{st}\sum_{i=1}^{n}C_i\int_{-\infty}^{+\infty}\mathrm{e}^{-(s-\lambda_i)\tau}\varepsilon(\tau)\mathrm{d}\tau=\mathrm{e}^{st}\sum_{i=1}^{n}C_i\left.\frac{\mathrm{e}^{-(s-\lambda_i)\tau}-1}{-(s-\lambda_i)}\varepsilon(\tau)\right|_{-\infty}^{+\infty}\\&\xlongequal{\mathrm{Re}[s]>\max\{\mathrm{Re}[\lambda_i]\}}\mathrm{e}^{st}\sum_{i=1}^{n}\frac{C_i}{s-\lambda_i}=H(p)\big|_{p=s}\mathrm{e}^{st}=H(s)\mathrm{e}^{st}\end{aligned} \tag{2.8.3}$$

结论1：

若无时限复指数信号 e^{st} 中复变量 s 的实部大于LTI连续时间系统所有特征根的实部，即满足主导条件 $\mathrm{Re}[s]>\max\{\mathrm{Re}[\lambda_i]\}(i=1,2,\cdots,n)$，则无时限复指数信号 e^{st} 通过LTI连续时间系统时，其零状态响应 $y_f(t)$ 是一个与激励同复频率 $s(s=\sigma+\mathrm{j}\omega)$ 的无时限复指数信号，并且可以用式(2.8.3)来计算系统的零状态响应。

例2.8.1： 已知LTI连续时间系统的单位冲激响应 $h(t)=\mathrm{e}^{-t}\varepsilon(t)$，激励 $f(t)=2\mathrm{e}^{t}$，试求系统的零状态响应 $y_f(t)$。

解： 考虑到 $h(t)=\mathrm{e}^{-t}\varepsilon(t)=\dfrac{1}{p+1}\delta(t)=H(p)\delta(t)$，则有

$$H(p)=\frac{1}{p+1}$$

考虑到式(2.8.3)，则有

$$y_f(t)=H(p)f(t)=H(p)2\mathrm{e}^{t}=\frac{1}{p+1}2\mathrm{e}^{t}\xlongequal{1>-1}H(1)\times 2\mathrm{e}^{t}=\frac{1}{1+1}\times 2\mathrm{e}^{t}=\mathrm{e}^{t}$$

例2.8.2： 设连续时间信号 $y(t)=f_1(t)*f_2(t)$，其中 $f_1(t)=\mathrm{e}^{bt}\varepsilon(-t)$，$f_2(t)=\mathrm{e}^{at}\varepsilon(t)$，并且满足条件 $\mathrm{Re}[b]>\mathrm{Re}[a]$，试求连续时间信号 $y(t)$。

解： 考虑到式(2.8.3)，则有

$$\begin{aligned}y(t)&=e^{at}\varepsilon(t)*e^{bt}\varepsilon(-t)=H(p)e^{bt}\varepsilon(-t)\\&=\frac{1}{p-a}e^{bt}\varepsilon(-t)=\frac{1}{p-a}e^{bt}[1-\varepsilon(t)]\\&=\frac{1}{p-a}e^{bt}-\frac{1}{p-a}e^{bt}\varepsilon(t)\\&=\frac{1}{p-a}e^{bt}-\frac{1}{(p-a)(p-b)}\delta(t)\\&\xlongequal{\mathrm{Re}[b]>\mathrm{Re}[a]}\frac{1}{b-a}e^{bt}-\frac{1}{b-a}\left(\frac{1}{p-b}-\frac{1}{p-a}\right)\delta(t)\\&=\frac{1}{b-a}e^{bt}-\frac{1}{b-a}(e^{bt}-e^{at})\varepsilon(t)\\&=\frac{1}{b-a}[e^{bt}\varepsilon(-t)+e^{at}\varepsilon(t)]\end{aligned}$$

例 2.8.3：设描述二阶 LTI 连续时间系统响应 $y(t)$与激励 $f(t)$的关系的微分方程为

$$y''(t)+7y'(t)+12y(t)=f'(t)+6f(t)$$

已知系统的激励 $f(t)=2\varepsilon(-t)$，试求系统的零状态响应 $y_f(t)$。

解：考虑到式(2.8.3)，则有

$$\begin{aligned}y_f(t)&=H(p)f(t)=\frac{p+6}{(p+3)(p+4)}2\varepsilon(-t)\\&=\frac{p+6}{(p+3)(p+4)}2[1-\varepsilon(t)]\\&=\frac{p+6}{(p+3)(p+4)}2e^{0t}-\frac{p+6}{(p+3)(p+4)}2\varepsilon(t)\\&\xlongequal{0>-3}\frac{12}{3\times 4}e^{0t}-\frac{p+6}{(p+3)(p+4)}\frac{2}{p}\delta(t)\\&=1-\frac{2(p+6)}{p(p+3)(p+4)}\delta(t)\\&=1-\left(\frac{1}{p}-\frac{2}{p+3}+\frac{1}{p+4}\right)\delta(t)\\&=1-(1-2e^{-3t}+e^{-4t})\varepsilon(t)\\&=\varepsilon(-t)+(2e^{-3t}-e^{-4t})\varepsilon(t)\end{aligned}$$

例 2.8.4：已知 LTI 连续时间系统的单位冲激响应 $h(t)=e^{-t}\varepsilon(t)$，激励 $f(t)=2e^{t}$，试证明 LTI 连续时间系统的零状态响应 $y_f(t)=e^{-|t|}$。

证明：

$$\begin{aligned}y_f(t)&=H(p)f(t)=\frac{1}{p+1}2e^{t}\varepsilon(-t)\\&=\frac{1}{p+1}2e^{t}[1-\varepsilon(t)]\\&=\frac{1}{p+1}2e^{t}-\frac{1}{p+1}2e^{t}\varepsilon(t)\\&\xlongequal{1>-1}\frac{1}{1+1}2e^{t}-\frac{2}{(p+1)(p-1)}\delta(t)\\&=e^{t}-\left(\frac{1}{p-1}-\frac{1}{p+1}\right)\delta(t)\end{aligned}$$

$$=e^{t}-(e^{t}-e^{-t})\varepsilon(t)$$
$$=e^{t}\varepsilon(-t)+e^{-t}\varepsilon(t)$$
$$=e^{-|t|}$$

结论 2：

连续时间反因果信号通过 LTI 连续时间因果系统时，若将连续时间反因果信号分解成无时限信号与因果信号之差，采用算子法并充分利用满足主导条件的结论，则是一种解决其系统零状态响应计算问题的较好方法。

2.8.2 周期信号通过 LTI 连续时间稳定系统的时域分析

连续时间信号可以分为非周期信号和周期信号，前面详细介绍了非周期信号，特别是因果指数信号通过 LTI 连续时间系统的分析方法。下面将介绍周期信号通过 LTI 连续时间稳定系统时，其零状态响应的特点及计算方法。

一个连续时间周期信号可以表示成非周期信号的周期延拓，即

$$f_{T_0}(t)=f(t)*\delta_{T_0}(t)=\sum_{m=-\infty}^{+\infty}f(t-mT_0) \tag{2.8.4}$$

周期信号 $f_{T_0}(t)$通过单位冲激响应为 $h(t)$的 LTI 连续时间稳定系统时，其零状态响应 $y_f(t)$可用线性卷积来计算，即

$$y_f(t)=f_{T_0}(t)*h(t)=f(t)*h(t)*\delta_{T_0}(t)=f(t)*h(t)*\sum_{m=-\infty}^{+\infty}\delta(t-mT_0) \tag{2.8.5}$$

考虑到式(2.8.5)，并注意到 $\delta_{T_0}(t)$是周期为 T_0 的周期信号，则有

$$y_f(t-T_0)=y_f(t)*\delta(t-T_0)=f(t)*h(t)*\delta_{T_0}(t)*\delta(t-T_0)$$
$$=f(t)*h(t)*\delta_{T_0}(t-T_0)=f(t)*h(t)*\delta_{T_0}(t)$$
$$=y_f(t) \tag{2.8.6}$$

由式(2.8.6)可得下述结论。

结论 3：

连续时间周期信号 $f_{T_0}(t)$通过 LTI 连续时间稳定系统时，其零状态响应 $y_f(t)$是一个与激励同周期的连续时间周期信号。

例 2.8.5： 已知 LTI 连续时间稳定系统的单位冲激响应 $h(t)=G_2(t-1)$，激励为周期信号

$$f_{T_0}(t)=\sum_{m=-\infty}^{+\infty}G_2(t-1-4m)$$

试画出系统零状态响应 $y_f(t)$的波形。

解： 由于

$$f_{T_0}(t)=\sum_{m=-\infty}^{+\infty}G_2(t-1-4m)=G_2(t-1)*\sum_{m=-\infty}^{+\infty}\delta(t-4m)=G_2(t-1)*\delta_4(t) \tag{2.8.7}$$

考虑到式(2.8.7)，则系统的零状态响应可表示成

$$y_f(t)=f_{T_0}(t)*h(t)=G_2(t-1)*\delta_4(t)*G_2(t-1)$$
$$=G_2(t-1)*G_2(t-1)*\delta_4(t)$$
$$=[\varepsilon(t)-\varepsilon(t-2)]*[\varepsilon(t)-\varepsilon(t-2)]*\delta_4(t)$$
$$=\varepsilon(t)*[\delta(t)-\delta(t-2)]*\varepsilon(t)*[\delta(t)-\delta(t-2)]*\delta_4(t)$$
$$=\varepsilon(t)*\varepsilon(t)*[\delta(t)-\delta(t-2)]*[\delta(t)-\delta(t-2)]*\delta_4(t)$$
$$=t\varepsilon(t)*[\delta(t)-2\delta(t-2)+\delta(t-4)]*\delta_4(t) \tag{2.8.8}$$

式(2.8.8)表明，系统的零状态响应 $y_f(t)$ 是一个周期为 4 的周期三角波信号，其波形如图 2.8.1 所示。

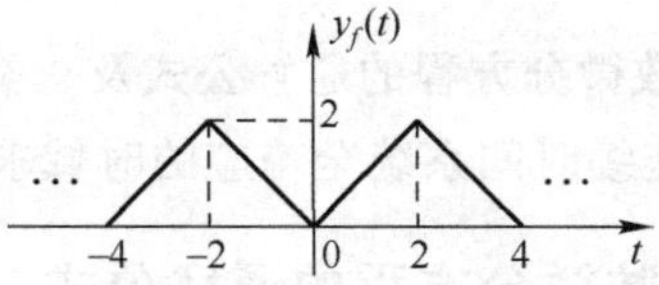

图 2.8.1　周期三角波信号

例 2.8.6：已知 LTI 连续时间稳定系统的单位冲激响应为 $h(t)=e^{-t}\varepsilon(t)$，激励为周期信号 $f_{T_0}(t)=G_4(t-2)*\delta_8(t)$，试求系统的零状态响应 $y_f(t)$ 在区间[0,8]上的表达式 $y_0(t)$ 及系统的零状态响应 $y_f(t)$。

解：考虑到

$$\begin{aligned}y_f(t)&=f_{T_0}(t)*h(t)=G_4(t-2)*\delta_8(t)*e^{-t}\varepsilon(t)\\&=[\varepsilon(t)-\varepsilon(t-4)]*e^{-t}\varepsilon(t)*\delta_8(t)\\&=[\delta(t)-\delta(t-4)]*\varepsilon(t)*e^{-t}\varepsilon(t)*\delta_8(t)\\&=[\delta(t)-\delta(t-4)]*(1-e^{-t})\varepsilon(t)*\delta_8(t)\\&=[(1-e^{-t})\varepsilon(t)-(1-e^{-(t-4)})\varepsilon(t-4)]*\delta_8(t)\\&=\sum_{m=-\infty}^{+\infty}[(1-e^{-(t-8m)})\varepsilon(t-8m)-(1-e^{-(t-4-8m)})\varepsilon(t-4-8m)]\end{aligned}$$

则有

$$\begin{aligned}y_0(t)&=y_f(t)[\varepsilon(t)-\varepsilon(t-8)]\\&=\left\{\sum_{m=-\infty}^{+\infty}[(1-e^{-(t-8m)})\varepsilon(t-8m)-(1-e^{-(t-4-8m)})\varepsilon(t-4-8m)]\right\}[\varepsilon(t)-\varepsilon(t-8)]\\&=\sum_{m=-\infty}^{0}[(1-e^{-(t-8m)})-(1-e^{-(t-4-8m)})][\varepsilon(t)-\varepsilon(t-8)]+(1-e^{-(t-4)})[\varepsilon(t)-\varepsilon(t-4)]\\&=\left[\sum_{m=-\infty}^{0}(e^{-(t-4-8m)}-e^{-(t-8m)})\right][\varepsilon(t)-\varepsilon(t-8)]+(1-e^{-(t-4)})[\varepsilon(t)-\varepsilon(t-4)]\\&=\left[(e^{-(t-4)}-e^{-t})\sum_{m=-\infty}^{0}e^{8m}\right][\varepsilon(t)-\varepsilon(t-8)]+(1-e^{-(t-4)})[\varepsilon(t)-\varepsilon(t-4)]\\&=\frac{e^{-(t-4)}-e^{-t}}{1-e^{-8}}[\varepsilon(t)-\varepsilon(t-8)]+(1-e^{-(t-4)})[\varepsilon(t)-\varepsilon(t-4)]\\&=\left(\frac{e^{-(t-4)}-e^{-t}}{1-e^{-8}}+1-e^{-(t-4)}\right)[\varepsilon(t)-\varepsilon(t-4)]+\frac{e^4-1}{1-e^{-8}}e^{-t}[\varepsilon(t-4)-\varepsilon(t-8)]\\&=\left(1-\frac{e^{-t}}{1+e^{-4}}\right)[\varepsilon(t)-\varepsilon(t-4)]+\frac{e^4-1}{1-e^{-8}}e^{-t}[\varepsilon(t-4)-\varepsilon(t-8)]\end{aligned}$$

于是，LTI 连续时间系统的零状态响应为

$$y_f(t)=y_0(t)*\delta_8(t)=\left\{\left(1-\frac{e^{-t}}{1+e^{-4}}\right)[\varepsilon(t)-\varepsilon(t-4)]+\frac{e^4-1}{1-e^{-8}}e^{-t}[\varepsilon(t-4)-\varepsilon(t-8)]\right\}*\delta_8(t)$$

2.9 线性时变连续时间系统的时域分析

本节首先介绍一阶线性变系数微分方程的通解公式及一类可解的二阶线性变系数微分方程的通解公式，然后介绍线性时变连续时间系统全响应的时域求解方法。

2.9.1 一阶及二阶线性变系数微分方程的通解公式

下面首先导出一阶线性变系数微分方程的通解公式，再用不定积分降阶法导出二阶线性变系数微分方程的通解公式。

1. 一阶线性变系数微分方程的通解公式

设一阶线性变系数非齐次微分方程为

$$y'(t)-\lambda(t)y(t)=f(t) \tag{2.9.1}$$

将式(2.9.1)的等号两边分别乘以 $e^{-\int\lambda(t)dt}$，可得

$$y'(t)e^{-\int\lambda(t)dt}-\lambda(t)y(t)e^{-\int\lambda(t)dt}=f(t)e^{-\int\lambda(t)dt} \tag{2.9.2}$$

利用乘积求导法则，对式(2.9.2)的等号左边进行逆向改写，可得

$$[y(t)e^{-\int\lambda(t)dt}]'=f(t)e^{-\int\lambda(t)dt} \tag{2.9.3}$$

对式(2.9.3)的等号两边分别做不定积分，可得

$$y(t)e^{-\int\lambda(t)dt}=C+\int f(t)e^{-\int\lambda(t)dt}dt \tag{2.9.4}$$

由式(2.9.4)可得一阶线性变系数非齐次微分方程的通解公式，即

$$y(t)=e^{\int\lambda(t)dt}\left[C+\int f(t)e^{-\int\lambda(t)dt}dt\right] \tag{2.9.5}$$

式中，C 为任意常数。

式(2.9.5)可写成

$$y(t)=\underbrace{Ce^{\int\lambda(t)dt}}_{\text{齐次解}}+\underbrace{e^{\int\lambda(t)dt}\int f(t)e^{-\int\lambda(t)dt}dt}_{\text{特解}} \tag{2.9.6}$$

式中，C 为任意常数。

2. 二阶线性变系数微分方程的通解公式

设二阶线性变系数非齐次微分方程为

$$y''(t)-[\lambda_1(t)+\lambda_2(t)]y'(t)-[\lambda_2'(t)-\lambda_1(t)\lambda_2(t)]y(t)=f(t) \tag{2.9.7}$$

二阶线性变系数非齐次微分方程式(2.9.7)可写成

$$[y'(t)-\lambda_2(t)y(t)]'-\lambda_1(t)[y'(t)-\lambda_2(t)y(t)]=f(t) \tag{2.9.8}$$

令

$$y'(t)-\lambda_2(t)y(t)=x(t) \tag{2.9.9}$$

考虑到式(2.9.9)，则式(2.9.8)可写成

$$x'(t)-\lambda_1(t)x(t)=f(t) \tag{2.9.10}$$

考虑到式(2.9.5)，则一阶线性变系数非齐次微分方程式(2.9.10)的通解 $x(t)$ 可表示成

$$x(t)=e^{\int\lambda_1(t)dt}\left[C_1+\int f(t)e^{-\int\lambda_1(t)dt}dt\right] \tag{2.9.11}$$

考虑式(2.9.5)及式(2.9.11)，则一阶线性变系数非齐次微分方程式(2.9.9)的通解 $y(t)$，即二阶线性变系数非齐次微分方程式(2.9.7)的通解 $y(t)$，可表示成

$$y(t)=e^{\int\lambda_2(t)dt}\left[C_2+\int x(t)e^{-\int\lambda_2(t)dt}dt\right]$$
$$=e^{\int\lambda_2(t)dt}\left\{C_2+\int e^{\int\lambda_1(t)dt}\left[C_1+\int f(t)e^{-\int\lambda_1(t)dt}dt\right]e^{-\int\lambda_2(t)dt}dt\right\}$$
$$=C_2e^{\int\lambda_2(t)dt}+e^{\int\lambda_2(t)dt}\int e^{\int[\lambda_1(t)-\lambda_2(t)]dt}\left[C_1+\int f(t)e^{-\int\lambda_1(t)dt}dt\right]dt$$
$$=\underbrace{C_2e^{\int\lambda_2(t)dt}+C_1e^{\int\lambda_2(t)dt}\int e^{\int[\lambda_1(t)-\lambda_2(t)]dt}dt}_{\text{齐次解}}+\underbrace{e^{\int\lambda_2(t)dt}\int e^{\int[\lambda_1(t)-\lambda_2(t)]dt}\left[\int f(t)e^{-\int\lambda_1(t)dt}dt\right]dt}_{\text{特解}}\qquad(2.9.12)$$

式中，C_1 和 C_2 为任意常数。

2.9.2　线性时变连续时间系统全响应的时域求解方法

下面采用举例的方式，来介绍线性时变连续时间系统全响应的时域求解方法。

例 2.9.1：设描述一阶线性时变连续时间系统响应 $y(t)$ 与激励 $f(t)$ 关系的微分方程为

$$y'(t)+\cos t\, y(t)=f(t)\qquad(2.9.13)$$

已知系统的初始状态 $y(0_-)=2$，激励 $f(t)=e^{-\sin t-t}\varepsilon(t)$，试求系统的零输入响应 $y_x(t)$、零状态响应 $y_f(t)$ 及全响应 $y(t)$。

解：方法 1　利用公式(2.9.5)直接进行求解。

由式(2.9.13)可知，$\lambda(t)=-\cos t$，考虑到式(2.9.5)，则有

$$y(t)=e^{\int\lambda(t)dt}\left[C+\int f(t)e^{-\int\lambda(t)dt}dt\right]$$
$$=e^{-\int\cos t dt}\left[C+\int e^{-\sin t-t}\varepsilon(t)e^{\int\cos t dt}dt\right]$$
$$=e^{-\sin t}\left[C+\int e^{-\sin t-t}\varepsilon(t)e^{\sin t}dt\right]$$
$$=e^{-\sin t}\left[C+\int e^{-t}\varepsilon(t)dt\right]$$
$$=Ce^{-\sin t}+e^{-\sin t}(1-e^{-t})\varepsilon(t)\qquad(2.9.14)$$

考虑到系统的初始状态 $y(0_-)=2$，由式(2.9.14)可得

$$y(0_-)=C=2$$

于是，线性时变连续时间系统的全响应为

$$y(t)=2e^{-\sin t}+e^{-\sin t}(1-e^{-t})\varepsilon(t),\ t\geqslant 0$$

显然，线性时变连续时间系统的零输入响应 $y_x(t)$ 及零状态响应 $y_f(t)$ 分别为

$$y_x(t)=2e^{-\sin t},\ t\geqslant 0$$
$$y_f(t)=e^{-\sin t}(1-e^{-t})\varepsilon(t)$$

方法 2　采用上限积分法求解。

将式(2.9.13)的等号两边分别乘以 $e^{\sin t}$，可得

$$y'(t)e^{\sin t}+\cos t\, y(t)e^{\sin t}=f(t)e^{\sin t}\qquad(2.9.15)$$

利用乘积求导法则，对式(2.9.15)的等号左边进行逆向改写，可得

$$[y(t)e^{\sin t}]'=f(t)e^{\sin t}=e^{-\sin t-t}\varepsilon(t)e^{\sin t}=e^{-t}\varepsilon(t)\qquad(2.9.16)$$

由式(2.9.16)可得

$$[y(\tau)e^{\sin\tau}]'=e^{-\tau}\varepsilon(\tau)\qquad(2.9.17)$$

在区间 $\tau\in[0_-,t]$ 上，对式(2.9.17)的等号两边分别积分，可得

$$y(\tau)e^{\sin\tau}\Big|_{0_-}^{t}=(1-e^{-\tau})\varepsilon(\tau)\Big|_{0_-}^{t}\qquad(2.9.18)$$

考虑到系统的初始状态 $y(0_-)=2$，由式(2.9.18)可得

$$y(t)e^{\sin t}-2=(1-e^{-t})\varepsilon(t)$$

于是，线性时变连续时间系统的全响应为

$$y(t)=2e^{-\sin t}+e^{-\sin t}(1-e^{-t})\varepsilon(t),\ t\geqslant 0$$

显然，线性时变连续时间系统的零输入响应 $y_x(t)$ 及零状态响应 $y_f(t)$ 分别为

$$y_x(t)=2e^{-\sin t},\ t\geqslant 0$$

$$y_f(t)=e^{-\sin t}(1-e^{-t})\varepsilon(t)$$

例 2.9.2：设描述二阶线性时变连续时间系统响应 $y(t)$ 与激励 $f(t)$ 关系的微分方程为

$$y''(t)+(2t+1)y'(t)+2(t+1)y(t)=f(t) \tag{2.9.19}$$

已知系统的初始状态 $y(0_-)=2$，$y'(0_-)=0$，激励 $f(t)=2e^{-t}\varepsilon(t)-\delta(t)$，试求系统的零输入响应 $y_x(t)$、零状态响应 $y_f(t)$ 及全响应 $y(t)$。

解：方法 1　利用公式(2.9.12)直接进行求解。

二阶线性变系数非齐次微分方程式(2.9.19)可写成

$$[y'(t)+2ty(t)]'+[y'(t)+2ty(t)]=f(t) \tag{2.9.20}$$

将微分方程式(2.9.20)与微分方程式(2.9.8)进行比较，可知

$$\lambda_2(t)=-2t,\ \lambda_1(t)=-1$$

为了便于计算，令

$$p(t)=\int e^{\int[\lambda_1(t)-\lambda_2(t)]dt}dt \tag{2.9.21}$$

则有

$$p(t)=\int e^{\int[\lambda_1(t)-\lambda_2(t)]dt}dt=\int e^{\int(2t-1)dt}dt=\int e^{t^2-t}dt \tag{2.9.22}$$

令

$$q(t)=\int e^{\int[\lambda_1(t)-\lambda_2(t)]dt}\left[\int f(t)e^{-\int\lambda_1(t)dt}dt\right]dt \tag{2.9.23}$$

则有

$$\begin{aligned}
q(t)&=\int e^{\int(2t-1)dt}\left\{\int[2e^{-t}\varepsilon(t)-\delta(t)]e^{\int dt}dt\right\}dt\\
&=\int e^{t^2-t}\left\{\int[2\varepsilon(t)-e^{t}\delta(t)]dt\right\}dt\\
&=\int e^{t^2-t}\left\{\int[2\varepsilon(t)-\delta(t)]dt\right\}dt\\
&=\int e^{t^2-t}(2t-1)\varepsilon(t)dt\\
&=(e^{t^2-t}-1)\varepsilon(t)
\end{aligned} \tag{2.9.24}$$

考虑到式(2.9.21)至式(2.9.24)，则式(2.9.12)可写成

$$\begin{aligned}
y(t)&=C_2e^{\int\lambda_2(t)dt}+C_1e^{\int\lambda_2(t)dt}p(t)+e^{\int\lambda_2(t)dt}q(t)\\
&=C_2e^{-\int 2tdt}+C_1e^{-\int 2tdt}p(t)+e^{-\int 2tdt}(e^{t^2-t}-1)\varepsilon(t)\\
&=C_2e^{-t^2}+C_1e^{-t^2}p(t)+e^{-t^2}(e^{t^2-t}-1)\varepsilon(t)\\
&=C_2e^{-t^2}+C_1e^{-t^2}p(t)+(e^{-t}-e^{-t^2})\varepsilon(t)
\end{aligned} \tag{2.9.25}$$

由式(2.9.25)，并考虑到式(2.9.22)，可得

$$\begin{aligned}
y'(t)&=-2tC_2e^{-t^2}-2tC_1e^{-t^2}p(t)+C_1e^{-t^2}p'(t)+(2te^{-t^2}-e^{-t})\varepsilon(t)\\
&=-2tC_2e^{-t^2}-2tC_1e^{-t^2}p(t)+C_1e^{-t^2}e^{t^2-t}+(2te^{-t^2}-e^{-t})\varepsilon(t)\\
&=-2tC_2e^{-t^2}-2tC_1e^{-t^2}p(t)+C_1e^{-t}+(2te^{-t^2}-e^{-t})\varepsilon(t)
\end{aligned} \tag{2.9.26}$$

考虑到式(2.9.26)，则有 $y'(0_-)=C_1=0$。考虑到式(2.9.25)，则有 $y(0_-)=C_2+C_1p(0_-)=C_2=2$。

将 $C_1=0$ 和 $C_2=2$ 代入式(2.9.25)，可得线性时变连续时间系统的全响应

$$y(t)=2e^{-t^2}+(e^{-t}-e^{-t^2})\varepsilon(t),\ t\geqslant 0$$

显然，线性时变连续时间系统的零输入响应 $y_x(t)$ 及零状态响应 $y_f(t)$ 分别为

$$y_x(t)=2e^{-t^2},\ t\geqslant 0$$
$$y_f(t)=(e^{-t}-e^{-t^2})\varepsilon(t)$$

方法 2　采用上限积分降阶法求解。

将激励 $f(t)=2e^{-t}\varepsilon(t)-\delta(t)$ 代入微分方程式(2.9.20)，可得

$$[y'(t)+2ty(t)]'+[y'(t)+2ty(t)]=f(t)=2e^{-t}\varepsilon(t)-\delta(t) \tag{2.9.27}$$

将式(2.9.27)的等号两边分别乘以 e^t，可得

$$[y'(t)+2ty(t)]'e^t+[y'(t)+2ty(t)]e^t=2\varepsilon(t)-e^t\delta(t) \tag{2.9.28}$$

利用乘积求导法则，对式(2.9.28)的等号左边进行逆向改写，可得

$$\{[y'(t)+2ty(t)]e^t\}'=2\varepsilon(t)-\delta(t) \tag{2.9.29}$$

由式(2.9.29)可得

$$\{[y'(\tau)+2\tau y(\tau)]e^\tau\}'=2\varepsilon(\tau)-\delta(\tau) \tag{2.9.30}$$

在区间 $\tau\in[0_-,t]$上，对式(2.9.30)的等号两边分别积分，可得

$$[y'(\tau)+2\tau y(\tau)]e^\tau\Big|_{0_-}^{t}=[2\tau\varepsilon(\tau)-\varepsilon(\tau)]\Big|_{0_-}^{t} \tag{2.9.31}$$

考虑到系统的初始状态 $y(0_-)=2$，$y'(0_-)=0$，由式(2.9.31)可得

$$[y'(t)+2ty(t)]e^t=(2t-1)\varepsilon(t)$$
$$y'(t)+2ty(t)=e^{-t}(2t-1)\varepsilon(t) \tag{2.9.32}$$

将式(2.9.32)的等号两边分别乘以 e^{t^2}，可得

$$y'(t)e^{t^2}+2ty(t)e^{t^2}=e^{t^2}e^{-t}(2t-1)\varepsilon(t) \tag{2.9.33}$$

利用乘积求导法则，对式(2.9.33)的等号左边进行逆向改写，可得

$$[y(t)e^{t^2}]'=e^{t^2-t}(2t-1)\varepsilon(t) \tag{2.9.34}$$

由式(2.9.34)可得

$$[y(\tau)e^{\tau^2}]'=e^{\tau^2-\tau}(2\tau-1)\varepsilon(\tau) \tag{2.9.35}$$

在区间 $\tau\in[0_-,t]$上，对式(2.9.35)的等号两边分别积分，可得

$$y(\tau)e^{\tau^2}\Big|_{0_-}^{t}=\int_{0_-}^{t}e^{\tau^2-\tau}(2\tau-1)\varepsilon(\tau)d\tau \tag{2.9.36}$$

考虑到系统的初始状态 $y(0_-)=2$，由式(2.9.36)可得

$$\begin{aligned}y(t)e^{t^2}-2&=\int_{0_-}^{t}e^{\tau^2-\tau}(2\tau-1)\varepsilon(\tau)d\tau\\&=\int_{0_-}^{t}e^{\tau^2-\tau}\varepsilon(\tau)d(\tau^2-\tau)\\&=(e^{\tau^2-\tau}-1)\varepsilon(\tau)\Big|_{0_-}^{t}\\&=(e^{t^2-t}-1)\varepsilon(t)\end{aligned}$$

于是，线性时变连续时间系统的全响应为

$$y(t)=2e^{-t^2}+(e^{-t}-e^{-t^2})\varepsilon(t),\ t\geqslant 0$$

显然，线性时变连续时间系统的零输入响应 $y_x(t)$ 及零状态响应 $y_f(t)$ 分别为

$$y_x(t)=2e^{-t^2},\ t\geqslant 0$$

$$y_f(t)=(e^{-t}-e^{-t^2})\varepsilon(t)$$

习题

2.1　单项选择题

(1) 仅由 LTI 连续时间系统激励所引起的响应是系统的(　　)。

A. 零输入响应　B. 零状态响应　C. 全响应　D. 稳态响应

(2) 仅由 LTI 连续时间系统的初始状态所引起的响应是系统的(　　)。

A. 零输入响应　B. 零状态响应　C. 全响应　D. 暂态响应

(3) 在 LTI 连续时间系统的初始状态为(　　)时，单位冲激信号 $\delta(t)$ 作用于系统时的响应，称为系统的单位冲激响应 $h(t)$。

A. 零　B. 非零　C. 零或非零　D. 任意值

(4) 一个 LTI 连续时间系统的零输入响应由(　　)确定。

A. 初始状态　B. 系统结构　C. 元件参数　D. 前述三者

(5) 一个 LTI 连续时间系统的零状态响应由(　　)确定。

A. 激励　B. 系统结构　C. 元件参数　D. 前述三者

(6) 一个 LTI 连续时间系统的单位冲激响应由(　　)确定。

A. 激励　B. 系统结构

C. 系统结构和元件参数　D. 系统结构和激励

(7) 线性卷积分析法仅适用于求解(　　)的零状态响应。

A. 线性系统　B. 时不变系统　C. 线性时不变系统　D. 线性时变系统

(8) 一个 LTI 连续时间系统的转移算子由(　　)共同确定。

A. 激励　B. 系统结构

C. 元件参数　D. 系统结构和元件参数

(9) 一个稳定的 LTI 连续时间系统对直流信号的响应是(　　)。

A. 直流信号　B. 正弦交流信号　C. 指数衰减信号　D. 周期信号

(10) 一个稳定的 LTI 连续时间系统对正弦交流信号的响应是(　　)。

A. 直流信号　B. 正弦交流信号　C. 指数衰减信号　D. 周期信号

(11) 一个稳定的 LTI 连续时间系统对连续时间周期信号的响应是(　　)。

A. 直流信号　B. 正弦交流信号　C. 指数衰减信号　D. 周期信号

(12) LTI 连续时间系统的响应除了划分为零输入响应及零状态响应，还有两种划分方式。一是基于线性微分方程的解结构，即齐次解加特解，将齐次解和特解分别划分为自然响应和强迫响应；二是暂态响应和稳态响应。因此，线性系统响应的分解特性应满足(　　)。

A. 若系统的激励为零，则零输入响应与强迫响应相等

B. 若系统的初始状态为零，则零输入响应与自然响应相等

C. 若系统的零状态响应为零，则强迫响应也为零

D. 若系统的初始状态为零，则零状态响应与强迫响应相等

(13) 若将连续时间实信号分解为延迟冲激的加权和，即 $f(t)=f(t)*\delta(t)$，则可导出 LTI 连续时间系统的零状态响应 $y_f(t)=f(t)*h(t)$，$h(t)$称为系统的(　　)响应。

A. 单位冲激　　B. 单位阶跃　　C. 单位斜坡　　D. 单位冲激偶

(14) 若将连续时间实信号分解为延迟阶跃信号的加权和，即 $f(t)=f'(t)*\varepsilon(t)$，则可导出 LTI 连续时间系统的零状态响应 $y_f(t)=f'(t)*g(t)$，$g(t)$称为系统的单位阶跃响应，并且有(　　)。

A. $g(t)=h'(t)$　　B. $g(t)=h''(t)$　　C. $g(t)=h^{(-1)}(t)$　　D. $g(t)=h^{(-2)}(t)$

(15) 若将连续时间实信号分解为延迟斜坡信号的加权和，即 $f(t)=f''(t)*t\varepsilon(t)$，则可导出 LTI 连续时间系统的零状态响应 $y_f(t)=f''(t)*q(t)$，$q(t)$称为系统的单位斜坡响应，并且有(　　)。

A. $q(t)=h'(t)$　　B. $q(t)=h''(t)$　　C. $q(t)=h^{(-1)}(t)$　　D. $q(t)=h^{(-2)}(t)$

(16) 一个转移算子为 $H(p)$的 LTI 连续时间因果系统，在激励 $e^{-at}\varepsilon(t)$的作用下，系统的零状态响应等于转移算子为(　　)的 LTI 连续时间因果系统的单位冲激响应。

A. $\dfrac{H(p)}{p+a}$　　B. $\dfrac{H(p)}{p-a}$　　C. $H(p)(p+a)$　　D. $H(p)(p-a)$

(17) 一个 LTI 连续时间因果系统在复指数信号 e^{st}的作用下，当满足主导条件，即 s 的实部大于系统所有特征根的实部时，其零状态响应等于系统的转移函数 $H(s)$与复指数信号 e^{st}的(　　)。

A. 和　　B. 差　　C. 积　　D. 卷积

(18) LTI 连续时间非因果系统在 $\delta(t-\tau)$的作用下的零状态响应 $y_f(t)=\varepsilon(t)-\varepsilon(t-\tau)$，其中 τ 为正实数。若激励 $f(t)=\varepsilon(t)-\varepsilon(t-\tau)$，则系统的零状态响应是(　　)。

A. 对称三角波　　B. 对称梯形波　　C. 双边偶信号　　D. 双边奇信号

(19) 若 $f(t)*\delta(t-1)=\delta(t)$，则 $f(t)$为(　　)。

A. $\delta(t+1)$　　B. $\delta(t)$　　C. $\varepsilon(t)$　　D. $t\varepsilon(t)$

(20) 若 $f(t)*\delta'(t)=\delta(t)$，则 $f(t)$为(　　)。

A. $\delta(t)$　　B. $\delta(t-1)$　　C. $\varepsilon(t)$　　D. $t\varepsilon(t)$

(21) 若 $t\varepsilon(t)*f(t)=\delta(t)$，则 $f(t)$为(　　)。

A. $\delta(t)$　　B. $\delta'(t)$　　C. $\delta''(t)$　　D. $\varepsilon(t)$

(22) $\int_{-\infty}^{t}f(\tau)d\tau=f(t)*(\quad)$。

A. $\delta(t)$　　B. $\delta'(t)$　　C. $\varepsilon(t)$　　D. $t\varepsilon(t)$

(23) $\varepsilon(t)*\varepsilon(t)=(\quad)$。

A. $\delta(t)$　　B. $\delta'(t)$　　C. $\varepsilon(t)$　　D. $t\varepsilon(t)$

(24) $\dfrac{d}{dt}[\cos t\delta(t)]*f(t)=(\quad)$。

A. $f(t)$　　B. $-f(t)$　　C. $f'(t)$　　D. $f^{(-1)}(t)$

(25) $\left[\int_{-\infty}^{t}\tau^2\delta'(\tau-1)d\tau\right]*\delta(t+1)=(\quad)$。

A. $\delta(t)-2\varepsilon(t)$　　B. $\delta(t)-\varepsilon(t+1)$　　C. $\delta(t)-\varepsilon(t-1)$　　D. $\delta(t)+\varepsilon(t)$

2.2　多项选择题

(1) 对于一个 LTI 连续时间系统，下述结论正确的有(　　)。

A. 系统的零输入响应的通解模式由系统结构和元件参数确定

B. 系统的零输入响应与自然响应的通解模式相同

C. 系统的单位冲激响应与零输入响应的通解模式相同

D. 系统的单位冲激响应与系统结构和元件参数有关

E. 若系统的单位冲激响应 $h(t)$满足绝对可积条件，则系统为稳定系统

F. 若系统的单位冲激响应 $h(t)$为因果信号，则系统为因果系统

G. 系统的零状态响应的模式由激励、系统结构和元件参数共同确定

H. 系统的零状态响应可用激励 $f(t)$和系统的单位冲激响应 $h(t)$的线性卷积计算

I. 若系统的激励增大一倍，则系统的零状态响应响应也增大一倍

J. 若系统的激励进行微分运算，则系统的零状态响应也进行微分运算

K. 若系统的激励进行上限积分运算，则系统的零状态响应也进行上限积分运算

L. 系统的算子方程是代数方程

(2) 若 $f_1(t)*f_2(t)=f(t)$，则下述结论正确的有(　　)。

A. $f_1(t-t_1)*f_2(t-t_2)=f(t-t_1-t_2)$　B. $f_1(at)*f_2(at)=\dfrac{1}{|a|}f(at)$

C. $[e^{at}f_1(t)]*[e^{at}f_2(t)]=e^{at}f(t)$　D. $[tf_1(t)]*f_2(t)+f_1(t)*[tf_2(t)]=tf(t)$

E. $f'(t)=f_1'(t)*f_2(t)=f_1(t)*f_2'(t)$　F. $f^{(-1)}(t)=f_1^{(-1)}(t)*f_2(t)=f_1(t)*f_2^{(-1)}(t)$

G. $f(t)=f(-\infty)+f_1^{(n)}(t)*f_2^{(-n)}(t)$，其中上标“$(n)$”和“$(-n)$”分别表示 n 阶导数和 n 次积分。

(3) 因果正弦半波整流信号 $f(t)$如图题 2.2.1 所示，其等价表达式有(　　)。

A. $f(t)=\{\sin\pi t[\varepsilon(t)-\varepsilon(t-1)]\}*\sum\limits_{m=0}^{+\infty}\delta(t-2m)$

B. $f(t)=[\sin\pi t\varepsilon(t)+\sin\pi(t-1)\varepsilon(t-1)]*\sum\limits_{m=0}^{+\infty}\delta(t-2m)$

C. $f(t)=\sin\pi t\varepsilon(t)*[\delta(t)+\delta(t-1)]*\sum\limits_{m=0}^{+\infty}\delta(t-2m)$

D. $f(t)=\sin\pi t\varepsilon(t)*\sum\limits_{m=0}^{+\infty}[\delta(t-2m)+\delta(t-1-2m)]$

E. $f(t)=\sin\pi t\varepsilon(t)*\sum\limits_{m=0}^{+\infty}\delta(t-m)$

F. $f(t)=\sum\limits_{m=0}^{+\infty}\sin\pi(t-m)\varepsilon(t-m)$

(4) 对称三角波信号 $f(t)$如图题 2.2.2 所示，其等价表达式有(　　)。

A. $f(t)=\begin{cases}t+1, & -1\leqslant t<0\\ 1-t, & 0\leqslant t<1\\ 0, & |t|>1\end{cases}$

B. $f(t)=(1-|t|)[\varepsilon(t+1)-\varepsilon(t-1)]$

C. $f(t)=(1+|t|)[\varepsilon(t+1)-\varepsilon(t-1)]$

D. $f(t)=(1+|t|)[\varepsilon(t+1)+\varepsilon(t-1)]$

E. $f(t)=(t+1)\varepsilon(t+1)-2t\varepsilon(t)+(t-1)\varepsilon(t-1)$

F. $f(t)=t\varepsilon(t)*[\delta(t+1)-2\delta(t)+\delta(t-1)]$

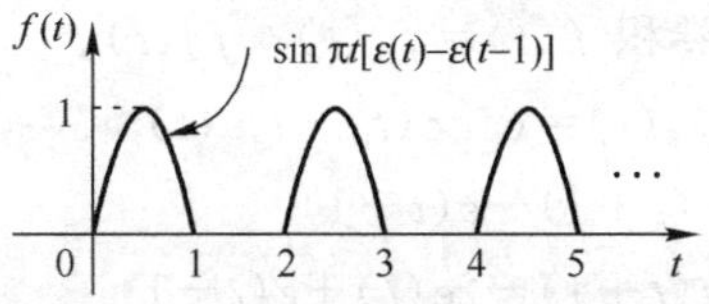

图题 2.2.1　正弦半波整流信号的波形

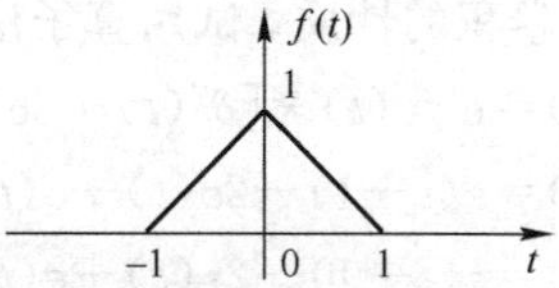

图题 2.2.2　连续时间对称三角波信号的波形

(5) 若信号 $f(t)$ 满足 $f(t)*\dfrac{\mathrm{d}f(t)}{\mathrm{d}t}=(1-t)\mathrm{e}^{-t}\varepsilon(t)$，则信号 $f(t)$ 为(　　)。

A. $\mathrm{e}^{-t}\varepsilon(t)$　　B. $-\mathrm{e}^{-t}\varepsilon(t)$　　C. $\pm\mathrm{e}^{-t}\varepsilon(t)$　　D. $\mathrm{e}^{-2t}\varepsilon(t)$

(6) 若信号 $f(t)$ 满足 $f(t)*f^{(-1)}(t)=[1-(1+t)\mathrm{e}^{-t}]\varepsilon(t)$，则信号 $f(t)$ 为(　　)。

A. $\mathrm{e}^{-t}\varepsilon(t)$　　B. $-\mathrm{e}^{-t}\varepsilon(t)$　　C. $\pm\mathrm{e}^{-t}\varepsilon(t)$　　D. $\mathrm{e}^{-2t}\varepsilon(t)$

2.3　证明题

(1) $[\mathrm{e}^{-t}\delta^{(n)}(t-t_0)]*f(t)=\mathrm{e}^{-t_0}\sum\limits_{i=0}^{n}C_n^i f^{(i)}(t-t_0)$，其中 $C_n^i=\dfrac{n!}{i!(n-i)!}$。

(2) $\int_{-\infty}^{t}\mathrm{e}^{-\tau}\delta^{(n)}(\tau-t_0)\mathrm{d}\tau*f(t)=\mathrm{e}^{-t_0}\sum\limits_{i=0}^{n}C_n^i f^{(i-1)}(t-t_0)$，其中 $C_n^i=\dfrac{n!}{i!(n-i)!}$。

(3) 若 $f_1(t)=\varepsilon(t)+\varepsilon(t-1)-\varepsilon(t-2)-\varepsilon(t-3)$，$f_2(t)*\varepsilon(t)=\sum\limits_{m=0}^{+\infty}\sin\pi(t-m)\varepsilon(t-m)$，

则 $f_1(t)*f_2(t)=|\sin\pi t|[\varepsilon(t)-\varepsilon(t-2)]$。

(4) 若两个 LTI 连续时间系统的单位冲激响应为 $h_1(t)=\mathrm{e}^{-at}\varepsilon(t)$ 和 $h_2(t)=\delta'(t)+a\delta(t)$，其中 a 为常数，则两个系统互为逆系统。

2.4　试求下列各题中两个连续时间信号的线性卷积，并画出线性卷积的波形。

(1) $f_1(t)=t\varepsilon(t)*[\delta(t+1)-2\delta(t)+\delta(t-1)]$，$f_2(t)=\delta(t+1)+\delta(t)+\delta(t-1)$

(2) $f_3(t)=\sin\pi t\varepsilon(t)$，$f_4(t)=\delta(t)+\delta(t-1)$

(3) $f_5(t)=2[\varepsilon(t+3)-\varepsilon(t+1)]$，$f_6(t)=3[\varepsilon(t-4)-\varepsilon(t-5)]$

(4) $f_7(t)=2[\varepsilon(t+3)-\varepsilon(t+2)]$，$f_8(t)=2[\varepsilon(t-2)-\varepsilon(t-3)]$

(5) $f_9(t)=\pi\sin\pi t[\varepsilon(t)-\varepsilon(t-1)]$，$f_{10}(t)=\varepsilon(t)-\varepsilon(t-1)$

(6) $f_{11}(t)=\pi\cos\pi t[\varepsilon(t)-\varepsilon(t-1)]$，$f_{12}(t)=\varepsilon(t)-\varepsilon(t-1)$

2.5　四个连续时间信号如图题 2.5 所示，试完成六种组合情况下各对信号的线性卷积的计算。

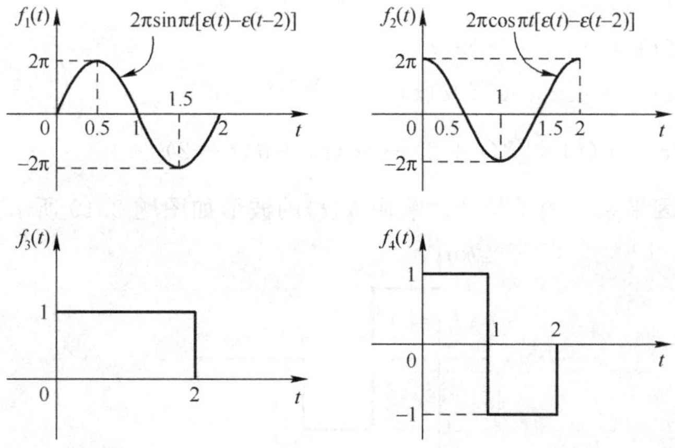

图题 2.5　连续时间信号 $f_1(t)$ 至 $f_4(t)$ 的波形

2.6 结合线性卷积的性质，试用算子法计算下列线性卷积 $f(t)=f_1(t)*f_2(t)$。

(1) $f_1(t)=e^{-t}\varepsilon(t)*[\delta''(t)+3\delta'(t)+2\delta(t)]$，$f_2(t)=e^{-2t}\varepsilon(t)*t^n\varepsilon(t)$

(2) $f_1(t)=\varepsilon(t+1)-2\varepsilon(t)+\varepsilon(t-1)$，$f_2(t)=\varepsilon(t+1)-\varepsilon(t-1)$

(3) $f_1(t)=\varepsilon(t+1)-2\varepsilon(t)+\varepsilon(t-1)$，$f_2(t)=\varepsilon(t+1)-2\varepsilon(t)+\varepsilon(t-1)$

(4) $f_1(t)=e^{-3t}\varepsilon(t)$，$f_2(t)=3\varepsilon(t-1)$

(5) $f_1(t)=e^{-t}\varepsilon(t-1)$，$f_2(t)=e^{-t}\varepsilon(t-2)$

(6) $f_1(t)=e^{-(t-1)}\varepsilon(t-1)$，$f_2(t)=t\varepsilon(t)$

(7) $f_1(t)=\sin t\varepsilon(t)$，$f_2(t)=t\varepsilon(t)*\delta'(t)$

(8) $f_1(t)=2\cos t\varepsilon(t)*\varepsilon(t)$，$f_2(t)=e^{-t}\varepsilon(t)*\delta'(t)$

(9) $f_1(t)=2\sin(t+1)\varepsilon(t+1)$，$f_2(t)=e^{-(t-1)}\varepsilon(t-1)$

(10) $f_1(t)=2e^{-t}\sin t\varepsilon(t)$，$f_2(t)=e^{-t}\cos t\varepsilon(t)$

(11) $f_1(t)=2te^{-t}\sin t\varepsilon(t)$，$f_2(t)=2e^{-t}\sin t\varepsilon(t)$

(12) $f_1(t)=2te^{-t}\cos t\varepsilon(t)$，$f_2(t)=2e^{-t}\cos t\varepsilon(t)$

2.7 结合主导条件，试用算子法计算线性卷积 $f(t)=f_1(t)*f_2(t)$。

(1) $f_1(t)=e^{t}\varepsilon(-t)$，$f_2(t)=2e^{-t}\varepsilon(t)$

(2) $f_1(t)=e^{3t}\varepsilon(-t)$，$f_2(t)=4e^{-t}\varepsilon(t)$

(3) $f_1(t)=\varepsilon(t)$，$f_2(t)=2e^{2t}\varepsilon(1-t)$

(4) $f_1(t)=2\cos t$，$f_2(t)=e^{-t}\varepsilon(t)$

(5) $f_1(t)=2\sin t$，$f_2(t)=e^{-t}\varepsilon(t)$

(6) $f_1(t)=2\cos^2 t$，$f_2(t)=4e^{-2t}\varepsilon(t)-\delta(t)$

2.8 设 $f(t)=f_1(t)*f_2(t)$，其中，连续时间信号 $f_1(t)$ 及 $f(t)$ 的波形如图题 2.8 所示，试求连续时间信号 $f_2(t)$。

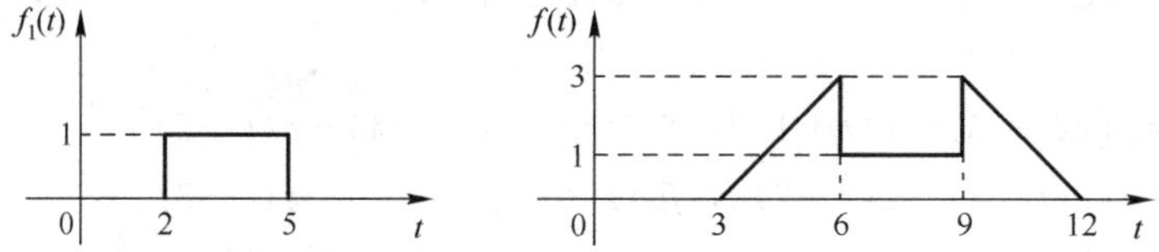

图题 2.8　连续时间信号 $f_1(t)$ 及 $f(t)$ 的波形

2.9 试求下列各题中的连续时间信号 $f(t)$。

(1) $f(t)*f(t-1)=(t-1)e^{-(t-1)}\varepsilon(t-1)$

(2) $f(t)*f(2t)=(e^{-t}-e^{-2t})\varepsilon(t)$

(3) $f(t)*e^{-t}\varepsilon(t)=(e^{-t}-e^{-2t})\varepsilon(t)$

(4) $\int_{t-1}^{t+1}f(\tau)d\tau=t\varepsilon(t)*[\delta(t+2)-2\delta(t)+\delta(t-2)]$

2.10 LTI 连续时间因果系统的单位冲激响应 $h(t)$ 的波形如图题 2.10 所示。

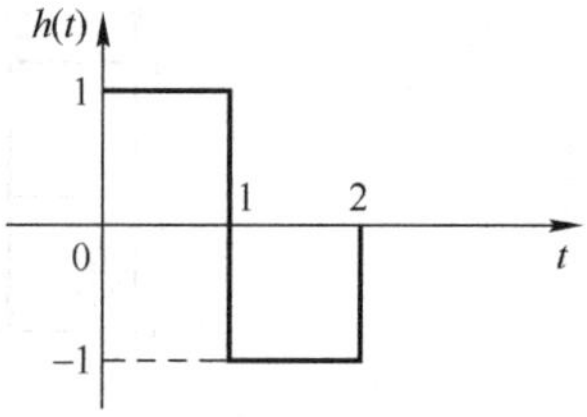

图题 2.10　LTI 连续时间因果系统的单位冲激响应的波形

(1) 试求系统的单位阶跃响应 $g(t)$。

(2) 已知系统的激励 $f(t)=\varepsilon(t+1)-\varepsilon(t-1)$，试求系统的零状态响应 $y_f(t)$。

(3) 试画出系统的单位阶跃响应 $g(t)$ 及零状态响应 $y_f(t)$ 的波形。

2.11 LTI 连续时间因果系统在激励 $f(t)$ 的作用下，系统的零状态响应 $y_f(t)$ 的波形如图题 2.11 所示。

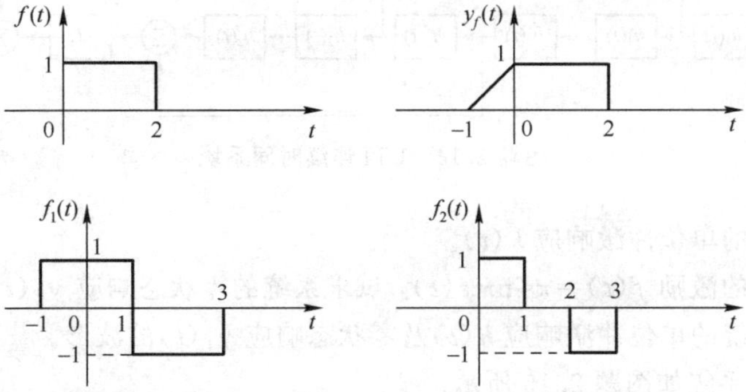

图题 2.11　LTI 连续时间因果系统的激励及零状态响应的波形

(1) 试分别求出连续时间信号 $f_1(t)$ 及 $f_2(t)$ 的作用下，系统的零状态响应 $y_{f_1}(t)$ 及 $y_{f_2}(t)$。

(2) 试分别画出系统零状态响应 $y_{f_1}(t)$ 及 $y_{f_2}(t)$ 的波形。

2.12 LTI 连续时间因果系统在激励 $f_1(t)$ 的作用下，系统的零状态响应 $y_{f_1}(t)$ 的波形如图题 2.12 所示。

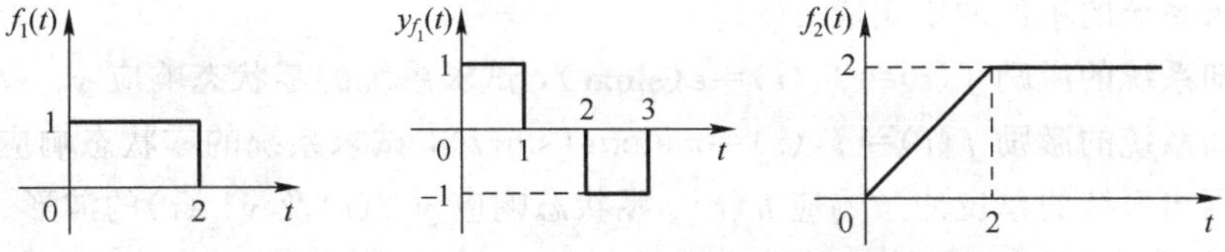

图题 2.12　LTI 连续时间因果系统的激励及零状态响应的波形

(1) 试求在连续时间信号 $f_2(t)$ 的作用下，系统的零状态响应 $y_{f_2}(t)$，并画出 $y_{f_2}(t)$ 的波形。

(2) 试求系统的单位冲激响应 $h(t)$。

2.13 LTI 连续时间因果系统在激励 $f_1(t)$ 的作用下，系统的零状态响应 $y_{f_1}(t)$ 的波形如图题 2.13 所示。

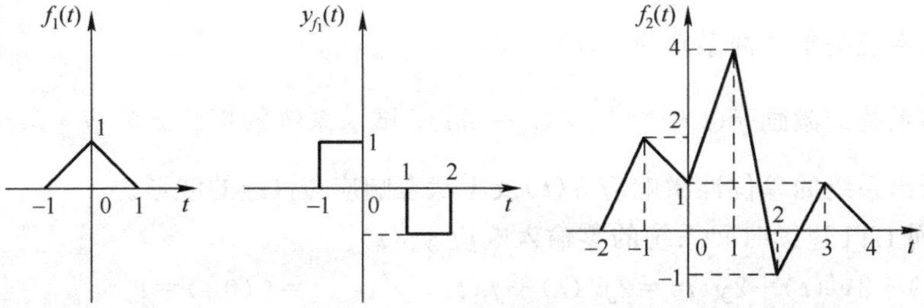

图题 2.13　LTI 连续时间因果系统的激励及零状态响应的波形

(1) 试用激励 $f_1(t)$ 表示激励 $f_2(t)$。

(2) 试用激励 $f_1(t)$ 的作用下的系统零状态响应 $y_{f_1}(t)$ 来表示激励 $f_2(t)$ 的作用下的系统零状态响应 $y_{f_2}(t)$。

(3) 试求系统的单位冲激响应 $h(t)$及单位阶跃响应 $g(t)$。

2.14 在图题 2.14 所示的 LTI 连续时间系统中，$h_1(t)=\varepsilon(t)$（积分器），$h_2(t)=\delta(t-1)$（单位延迟器），$h_3(t)=-\delta(t)$（倒相器）。

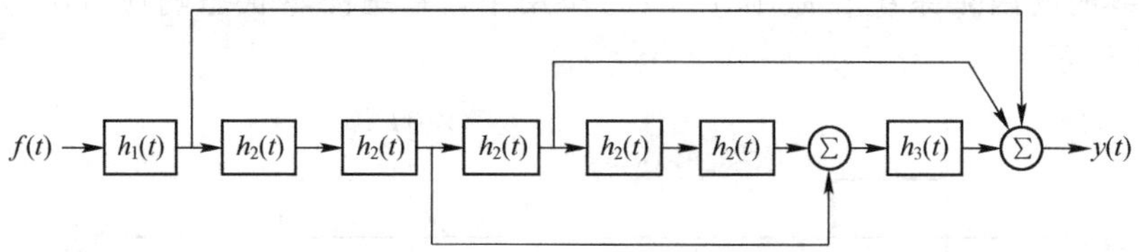

图题 2.14 LTI 连续时间系统

(1) 试求系统的单位冲激响应 $h(t)$。

(2) 已知系统的激励 $f(t)=\pi\sin\pi t\varepsilon(t)$，试求系统的零状态响应 $y_f(t)$。

(3) 试画出系统的单位冲激响应 $h(t)$及零状态响应 $y_f(t)$的波形。

2.15 LTI 连续时间系统如图题 2.15 所示。

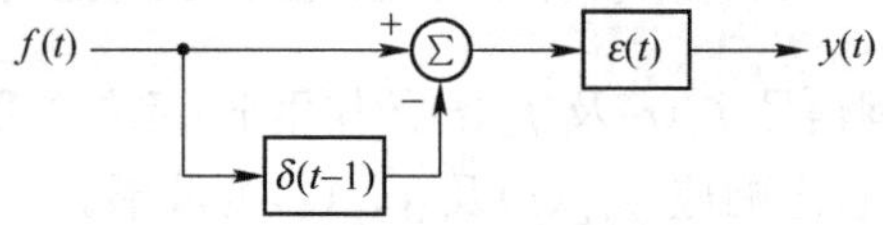

图题 2.15 LTI 连续时间系统

(1) 试求系统的单位冲激响应 $h(t)$。

(2) 已知系统的激励 $f(t)=f_1(t)=\varepsilon(\sin\pi t)$，试求系统的零状态响应 $y_{f_1}(t)$。

(3) 已知系统的激励 $f(t)=f_2(t)=\pi\sin\pi t\varepsilon(\sin\pi t)$，试求系统的零状态响应 $y_{f_2}(t)$。

(4) 试画出系统的单位冲激响应 $h(t)$、零状态响应 $y_{f_1}(t)$及 $y_{f_2}(t)$的波形。

2.16 LTI 连续时间系统如图题 2.16 所示。

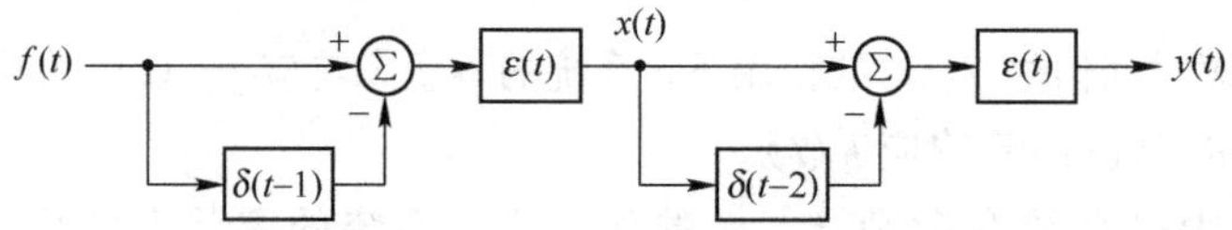

图题 2.16 LTI 连续时间系统

(1) 试求系统的单位冲激响应 $h(t)$。

(2) 已知系统的激励 $f(t)=\sum\limits_{m=-\infty}^{+\infty}\delta(t-3m)$，试求系统的零状态响应 $y_f(t)$。

(3) 试画出系统的单位冲激响应 $h(t)$及零状态响应 $y_f(t)$的波形。

2.17 试求下列 LTI 连续时间系统的零输入响应 $y_x(t)$。

(1) $y''(t)+3y'(t)+2y(t)=2f'(t)+f(t)$，$y'(0_-)=y(0_-)=1$

(2) $y''(t)+2y'(t)+y(t)=f'(t)+2f(t)$，$y'(0_-)=y(0_-)=1$

(3) $y''(t)+2y'(t)+2y(t)=f'(t)+3f(t)$，$y'(0_-)=y(0_-)=1$

2.18 试求下列 LTI 连续时间系统的零输入响应 $y_x(t)$。

(1) $y''(t)+5y'(t)+6y(t)=f(t)$，$y(0_-)=1$，$y'(0_-)=-1$

(2) $y''(t)+2y'(t)+y(t)=f(t)$，$y(0_-)=1$，$y'(0_-)=0$

(3) $y'''(t)+3y''(t)+2y'(t)=f(t)$，$y(0_-)=0$，$y'(0_-)=2$，$y''(0_-)=0$

2.19 利用加法器、标量乘法器及积分器模拟的二阶 LTI 连续时间系统如图题 2.19 所示。

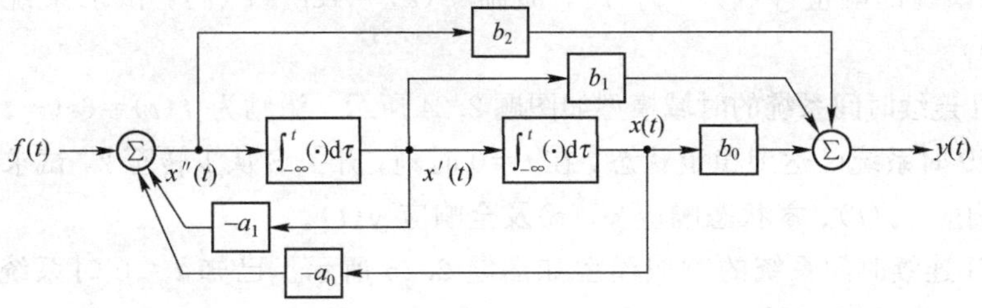

图题 2.19　二阶 LTI 连续时间系统的时域模拟方框图

(1) 试建立描述变量 $x(t)$与激励 $f(t)$关系的微分方程。

(2) 试用转移算子来描述变量 $x(t)$与激励 $f(t)$的关系。

(3) 试用转移算子来描述系统响应 $y(t)$与激励 $f(t)$的关系。

(4) 已知 $b_2=1$，$b_1=5$，$b_0=6$，$a_1=3$，$a_0=2$，试求系统的单位冲激响应 $h(t)$。

2.20 二阶 LTI 连续时间系统的时域模型如图题 2.20 所示。

(1) 以 $y_1(t)$、$y_2(t)$及 $y_3(t)$为系统的响应，试分别用相应的转移算子来描述系统的响应与激励的关系。

(2) 选取系统的响应 $y(t)=y_3(t)$，激励 $f(t)=e^{-3t}\varepsilon(t)$，试求系统的零状态响应 $y_f(t)$。

2.21 二阶 LTI 连续时间系统的时域模型如图题 2.21 所示。

(1) 以 $y_1(t)$、$y_2(t)$及 $y_3(t)$为系统的响应，试分别用相应的转移算子来描述系统的响应与激励的关系。

(2) 选取系统的响应 $y(t)=y_3(t)$，激励 $f(t)=e^{-2t}\varepsilon(t)$，试求系统的零状态响应 $y_f(t)$。

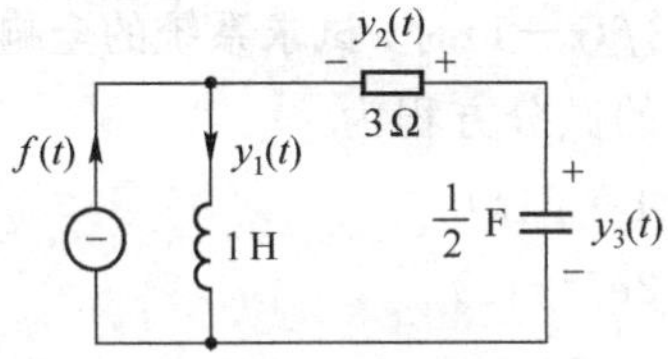

图题 2.20　二阶 LTI 连续时间系统的时域模型

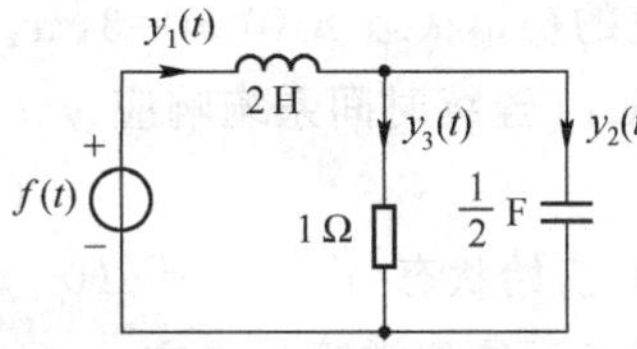

图题 2.21　二阶 LTI 连续时间系统的时域模型

2.22 二阶 LTI 连续时间系统的时域模型如图题 2.22 所示。

(1) 以 $y_1(t)$、$y_2(t)$及 $y_3(t)$为系统的响应，试分别用相应的转移算子来描述系统的响应与激励的关系。

(2) 选取系统的响应 $y(t)=y_2(t)$，激励 $f(t)=e^{-t}\varepsilon(t)$，试求系统的零状态响应 $y_f(t)$。

2.23 四阶 LTI 连续时间系统的时域模型如图题 2.23 所示。

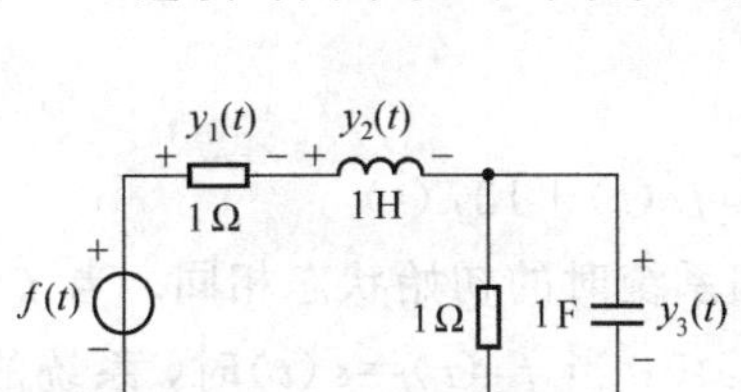

图题 2.22　二阶 LTI 连续时间系统的时域模型

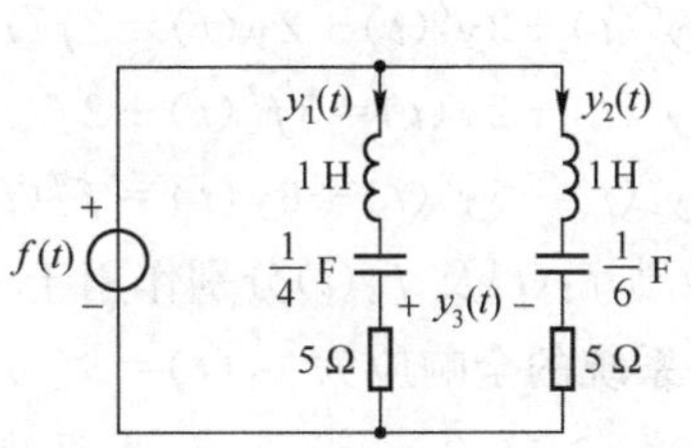

图题 2.23　四阶 LTI 连续时间系统的时域模型

(1) 以 $y_1(t)$、$y_2(t)$及 $y_3(t)$为系统的响应，试分别用相应的转移算子来描述系统的响应与激励的关系。

(2) 选取系统的响应 $y(t)=y_3(t)$，激励 $f(t)=12\mathrm{e}^{-5t}\varepsilon(t)$，试求系统的零状态响应 $y_f(t)$。

2.24 二阶 LTI 连续时间系统的时域模型如图题 2.24 所示。激励为 $f(t)=6\varepsilon(-t)+2\mathrm{e}^{-t}\varepsilon(t)$ V，已知 $t<0$ 时系统已达到稳定状态，在 $t=0$ 时刻，开关 S 从 1 转至 2，试求 $t\geqslant 0$ 时系统的零输入响应 $y_x(t)$、零状态响应 $y_f(t)$及全响应 $y(t)$。

2.25 三阶 LTI 连续时间系统的时域模型如图题 2.25 所示。已知 $t<0$ 时系统已达到稳定状态，在 $t=0$ 时刻，开关 S 从 1 转至 2，激励为 $f(t)=\mathrm{e}^{3t}\varepsilon(t)$ V，试求 $t\geqslant 0$ 时系统的零输入响应 $y_x(t)$、零状态响应 $y_f(t)$及全响应 $y(t)$。

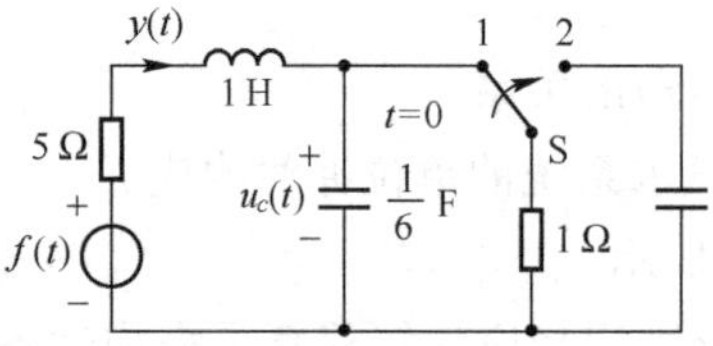

图题 2.24　二阶 LTI 连续时间系统的时域模型

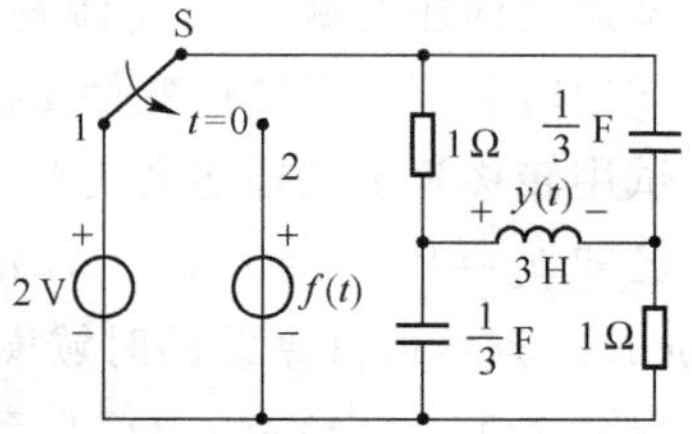

图题 2.25　三阶 LTI 连续时间系统的时域模型

2.26 LTI 连续时间系统的状态变量用 $x_1(t)$和 $x_2(t)$表示，在 $t=0_-$ 时，系统的初始状态用 $x_1(0_-)$和 $x_2(0_-)$表示。

当初始状态 $x_1(0_-)=1$，$x_2(0_-)=0$ 时，系统的零输入响应为 $y_{x1}(t)=\mathrm{e}^{-t}+\mathrm{e}^{-2t}$，$t\geqslant 0$。

当初始状态 $x_1(0_-)=0$，$x_2(0_-)=1$ 时，系统的零输入响应为 $y_{x2}(t)=\mathrm{e}^{-t}-\mathrm{e}^{-2t}$，$t\geqslant 0$。

当初始状态 $x_1(0_-)=x_2(0_-)=1$，激励为 $f(t)$时，系统的全响应为 $y(t)=2+\mathrm{e}^{-t}$，$t\geqslant 0$。

当系统的初始状态 $x_1(0_-)=3$，$x_2(0_-)=2$，激励为 $2f(t-1)$时，试求系统的全响应 $y(t)$。

2.27 描述 LTI 连续时间系统响应 $y(t)$与激励 $f(t)$关系的微分方程为

$$y''(t)+3y'(t)+2y(t)=f(t)$$

系统的初始状态 $y'(0_-)=y(0_-)=1$，激励 $f(t)=2\mathrm{e}^{-3t}\varepsilon(t)$。

(1) 试求系统的零输入响应 $y_x(t)$。

(2) 试求系统的零状态响应 $y_f(t)$。

(3) 试求系统的全响应 $y(t)$。

2.28 LTI 连续时间因果稳定系统的转移算子为 $H(p)=\dfrac{4(p+3)}{p^2+6p+5}$，系统的初始状态 $y(0_-)=2$，$y'(0_-)=2$，激励 $f(t)=\mathrm{e}^{-3t}\varepsilon(t)$，试求系统的全响应 $y(t)$。

2.29 试求下列 LTI 连续时间系统的单位冲激响应 $h(t)$及单位阶跃响应 $g(t)$。

(1) $y''(t)+3y'(t)+2y(t)=2f(t)$

(2) $y'(t)+2y(t)=3f'(t)+2f(t)$

(3) $y''(t)+5y'(t)+6y(t)=f'''(t)+2f''(t)+4f'(t)+12f(t)$

2.30 设激励 $f_1(t)$及 $f_2(t)$分别作用于 LTI 连续时间系统时的初始状态相同。当 $f_1(t)=\delta(t)$时，系统的全响应为 $y_1(t)=\delta(t)+\mathrm{e}^{-t}\varepsilon(t)$，$t\geqslant 0$；当 $f_2(t)=\varepsilon(t)$时，系统的全响应为 $y_2(t)=3\mathrm{e}^{-t}\varepsilon(t)$，$t\geqslant 0$，试求系统的单位冲激响应 $h(t)$。

2.31 LTI 连续时间系统的时域模拟方框图如图题 2.31.1 所示。其中，LTI 连续时间子系统的

单位冲激响应 $h_1(t)$ 和 $h_2(t)$，以及整个系统的单位冲激响应 $h(t)$ 的波形如图题 2.31.2 所示。试求 LTI 连续时间子系统的单位冲激响应 $h_3(t)$，并画出 $h_3(t)$ 的波形。

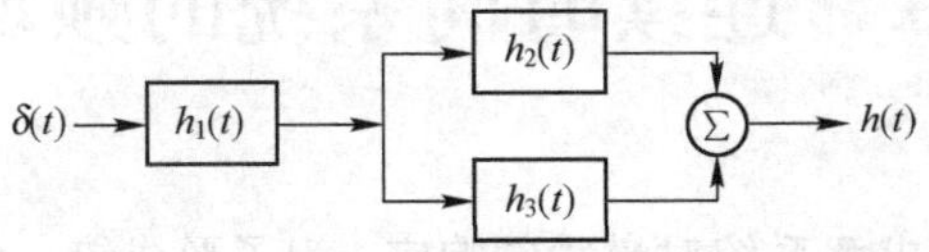

图题 2.31.1　LTI 连续时间系统的时域模拟方框图

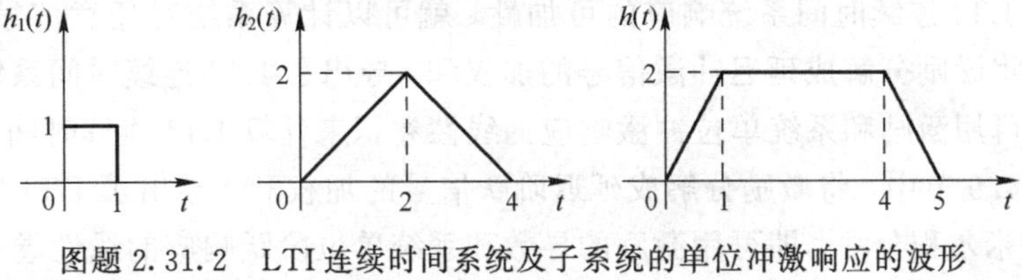

图题 2.31.2　LTI 连续时间系统及子系统的单位冲激响应的波形

2.32 LTI 连续时间系统的单位冲激响应 $h(t)=3e^{-t}\varepsilon(t)-\delta(t)$。

(1) 试求描述系统响应 $y(t)$ 与激励 $f(t)$ 关系的微分方程。

(2) 已知系统的激励 $f(t)=e^{2t}\varepsilon(-t)$，试求系统的零状态响应 $y_f(t)$。

(3) 已知系统的激励 $f(t)=e^{-2|t|}$，试求系统的零状态响应 $y_f(t)$。

2.33 二阶 LTI 连续时间因果稳定系统，在因果激励 $f(t)=e^{-t}\varepsilon(t)$ 的作用下，系统的零状态响应为 $y_f(t)=(e^{-t}-2e^{-2t}+e^{-3t})\varepsilon(t)$。

(1) 试验证系统的零状态响应 $y_f(t)$ 和激励 $f(t)$ 满足微分方程

$$y''(t)+5y'(t)+6y(t)=2f(t)$$

(2) 试求系统的单位冲激响应 $h(t)$。

(3) 已知系统的激励 $f(t)=e^{-4t}\varepsilon(t)$，试求系统的零状态响应 $y_f(t)$。

2.34 在加性高斯白噪声信道的最佳接收机中，采用了匹配滤波器解调器。匹配滤波器的单位冲激响应 $h(t)$ 与激励 $f(t)$ 满足关系式 $h(t)=f(T-t)$，其中 T 为激励 $f(t)$ 的延续时间。

(1) 已知系统的激励 $f(t)=f_1(t)=\varepsilon(t)-\varepsilon(t-T)$，试求匹配滤波器的零状态响应 $y_{f_1}(t)$。

(2) 已知系统的激励 $f(t)=f_2(t)=2\sin(\pi t/T)[\varepsilon(t)-\varepsilon(t-T)]$，试求匹配滤波器的零状态响应 $y_{f2}(t)$。

2.35 LTI 连续时间系统的单位冲激响应 $h(t)=e^{-2t}\varepsilon(t)$。

(1) 已知系统的激励 $f(t)=e^{-t}[\varepsilon(t)-\varepsilon(t-2)]+\beta\delta(t-2)$，其中 β 为常数。试求系统的零状态响应 $y_f(t)$。

(2) 已知系统的激励 $f(t)=x(t)[\varepsilon(t)-\varepsilon(t-2)]+\beta\delta(t-2)$，其中 $x(t)$ 是 t 的任意一个函数，要求系统的零状态响应在 $t>2$ 时为零，试确定常数 β 的值。

2.36 描述线性时变系统响应 $y(t)$ 与激励 $f(t)$ 关系的微分方程为 $y'(t)+3t^2y(t)=f(t)$，系统的激励 $f(t)=(3t^2-1)e^{-t}\varepsilon(t)$，试求系统的零状态响应 $y_f(t)$。

第 3 章　连续时间系统的频域分析

系统分析的基本任务是求解系统对激励的响应，为了形成统一的分析方法以适应各种各样的激励情况，可以将激励分解成一些基本信号的叠加(积分)。在计算出系统对这些基本信号的响应之后，利用 LTI 连续时间系统响应的可加性，就可以计算系统对任意信号的响应。例如，在 1.5.4 节中，将激励分解成延迟冲激信号的加权和，导出了 LTI 连续时间系统零状态响应的线性卷积法，即可用激励和系统单位冲激响应的线性卷积来计算 LTI 连续时间系统的零状态响应。又如，在 2.4.9 节中，将激励分解成延迟阶跃信号的加权和，导出了 LTI 连续时间系统零状态响应的杜阿米尔积分法，即可用激励的导数和系统单位阶跃响应的线性卷积来计算系统的零状态响应。基本信号的选择不是唯一的，除了单位冲激信号和单位阶跃信号，单位三角函数 $\sin\omega t$，$\cos\omega t$ 和纯虚数指数信号 $e^{j\omega t}$ 等都可以作为基本信号。如果选择三角函数或纯虚数指数信号作为基本信号，就意味着将激励分解成一系列 $\sin\omega t$ 和 $\cos\omega t$ 或 $e^{j\omega t}$ 的叠加(积分)。由于在分解时 ω 是变化的量，而且是(角)频率，因此这种分解又称为信号的频域分解。

在 2.8.1 节已经知道，若满足主导条件，则 e^{st} 通过 LTI 连续时间系统的零状态响应为 $H(s)e^{st}$，那么 $e^{j\omega t}$ 通过稳定的 LTI 连续时间系统，其零状态响应为 $H(j\omega)e^{j\omega t}$，这时联系激励与响应关系的是系统的频率特性 $H(j\omega)$。激励分解成一系列 $e^{j\omega t}$ 的叠加时，响应也是 $H(j\omega)e^{j\omega t}$ 的叠加，由于分析系统的独立变量是(角)频率 ω，因此称这种系统分析方法为频域分析。

本章主要讨论连续时间周期信号和非周期信号的频谱分析，LTI 连续时间系统的频域分析方法以及频谱分析在通信等领域的应用。

3.1　信号在正交函数空间的分解

既然 LTI 连续时间系统的分析方法是基于将激励分解成基本信号的加权和而导出的，那么应该如何寻找基本信号？激励分解成基本信号的加权和是否唯一？这些都将成为信号与系统分析中最关键的问题。

矢量的正交分解，不仅为我们寻找基本信号提供了思路和方法，而且解决了激励分解成基本信号加权和的唯一性问题。正因为如此，本节首先回顾矢量的正交与分解，然后引入函数正交的概念，最后讨论任意信号如何分解成正交信号之和。

3.1.1　矢量的正交与分解

两个矢量 $\boldsymbol{V}_1$ 和 $\boldsymbol{V}_2$ 的点积定义为

$$\boldsymbol{V}_1\cdot\boldsymbol{V}_2=|\boldsymbol{V}_1||\boldsymbol{V}_2|\cos(\boldsymbol{V}_1,\boldsymbol{V}_2) \tag{3.1.1}$$

式中，$(\boldsymbol{V}_1,\boldsymbol{V}_2)$ 表示 $\boldsymbol{V}_1$ 与 $\boldsymbol{V}_2$ 夹角，$|\boldsymbol{V}_1|$ 和 $|\boldsymbol{V}_2|$ 分别为 $\boldsymbol{V}_1$ 和 $\boldsymbol{V}_2$ 的模。若 $(\boldsymbol{V}_1,\boldsymbol{V}_2)=90°$，则称矢量 $\boldsymbol{V}_1$ 和 $\boldsymbol{V}_2$ 正交。

在二维矢量空间(即平面)中，任意平面矢量 $\boldsymbol{V}$ 可以用两个相互正交的矢量来表示，即

$$\boldsymbol{V}=c_x\boldsymbol{V}_x+c_y\boldsymbol{V}_y \tag{3.1.2}$$

式中，$\boldsymbol{V}_x$ 与 $\boldsymbol{V}_y$ 是相互正交的矢量，即两者的点积 $\boldsymbol{V}_x\cdot\boldsymbol{V}_y=0$，$c_x$ 和 c_y 是标量系数。式(3.1.2)可用平面的矢量图来表示，如图 3.1.1 所示。

由式(3.1.2)可得

$$\boldsymbol{V}\cdot\boldsymbol{V}_x=c_x\boldsymbol{V}_x\cdot\boldsymbol{V}_x+c_y\boldsymbol{V}_y\cdot\boldsymbol{V}_x=c_x\boldsymbol{V}_x\cdot\boldsymbol{V}_x=c_x\,|\boldsymbol{V}_x|^2$$

即

$$c_x=\boldsymbol{V}\cdot\boldsymbol{V}_x/|\boldsymbol{V}_x|^2 \tag{3.1.3}$$

同理，可得

$$c_y=\boldsymbol{V}\cdot\boldsymbol{V}_y/|\boldsymbol{V}_y|^2 \tag{3.1.4}$$

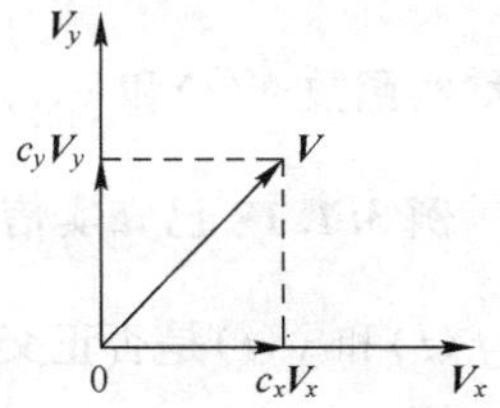

图 3.1.1　矢量的正交分解

因此，可以利用式(3.1.3)及式(3.1.4)来计算式(3.1.2)中的分解系数 c_x 和 c_y。

矢量的正交分解可以推广到三维立体空间和 n 维矢量空间。换言之，n 维矢量空间的任意矢量 $\boldsymbol{V}$ 都可以分解成 n 个正交分量的线性组合，即

$$\boldsymbol{V}=c_1\boldsymbol{V}_1+c_2\boldsymbol{V}_2+\cdots+c_n\boldsymbol{V}_n=\sum_{i=1}^{n}c_i\boldsymbol{V}_i \tag{3.1.5}$$

式中，$c_i(i=1,2,\cdots,n)$是标量系数。$\boldsymbol{V}_1,\boldsymbol{V}_2,\cdots,\boldsymbol{V}_n$ 是 n 个相互正交的矢量，即它们的点积满足

$$\boldsymbol{V}_i\cdot\boldsymbol{V}_j=\boldsymbol{V}_i^{\mathrm{T}}\boldsymbol{V}_j=\begin{cases}0, & i\neq j\\ K_i, & i=j\end{cases} \tag{3.1.6}$$

式中，$\boldsymbol{V}_i$ 的上标 T 表示转置，K_i 为有限常数。

式(3.1.5)中的标量系数 $c_i(i=1,2,\cdots,n)$可用式(3.1.7)计算，即

$$c_i=\boldsymbol{V}\cdot\boldsymbol{V}_i/|\boldsymbol{V}_i|^2=\boldsymbol{V}\cdot\boldsymbol{V}_i/K_i \tag{3.1.7}$$

例如，取矢量 $\boldsymbol{V}_1=[1\ \ 0\ \ 0\ \ \cdots\ \ 0]^{\mathrm{T}}$，$\boldsymbol{V}_2=[0\ \ 1\ \ 0\ \ \cdots\ \ 0]^{\mathrm{T}}$，$\boldsymbol{V}_3=[0\ \ 0\ \ 1\ \ \cdots\ \ 0]^{\mathrm{T}}$，$\cdots$，$\boldsymbol{V}_n=[0\ \ 0\ \ 0\ \ \cdots\ \ 1]^{\mathrm{T}}$，则满足式(3.1.6)且 $K_i=1$。那么任意 n 维矢量 $\boldsymbol{V}=[a_1\ \ a_2\ \ a_3\ \ \cdots\ \ a_n]^{\mathrm{T}}$ 都可以用式(3.1.5)表示，并且 $c_i=a_i(i=1,2,\cdots,n)$。

3.1.2　正交函数集

矢量正交的概念可以推广到函数或信号。

1. 两个实函数的内积

两个实函数 $f(t)$和 $y(t)$在区间(t_1,t_2)内的内积(点积)定义为

$$\langle f(t),y(t)\rangle=\int_{t_1}^{t_2}f(t)y(t)\mathrm{d}t \tag{3.1.8}$$

特别地，若 $y(t)=f(t)$，则实函数 $f(t)$在区间(t_1,t_2)内的自内积(点积)定义为

$$\langle f(t),f(t)\rangle=\int_{t_1}^{t_2}f(t)f(t)\mathrm{d}t=\int_{t_1}^{t_2}f^2(t)\mathrm{d}t \tag{3.1.9}$$

式(3.1.9)表明，实信号 $f(t)$的内积正是信号在区间(t_1,t_2)内的能量。

2. 两个复函数的内积

两个复函数 $f(t)$和 $y(t)$在区间(t_1,t_2)内的内积(点积)定义为

$$\langle f(t),y(t)\rangle=\int_{t_1}^{t_2}f(t)y^*(t)\mathrm{d}t \tag{3.1.10}$$

式中，$y(t)$的上标“$*$”表示取共轭。

特别地，若 $y(t)=f(t)$，则复函数 $f(t)$在区间(t_1,t_2)内的自内积(点积)定义为

$$\langle f(t),f(t)\rangle=\int_{t_1}^{t_2}f(t)f^*(t)\mathrm{d}t=\int_{t_1}^{t_2}|f(t)|^2\mathrm{d}t \tag{3.1.11}$$

式(3.1.11)表明，复信号 $f(t)$的内积正是信号在区间(t_1,t_2)内的能量。

3. 正交实函数

若两个实函数 $f(t)$和 $y(t)$在区间(t_1,t_2)内的内积为零，即

$$\langle f(t),y(t)\rangle=0 \tag{3.1.12}$$

则称实函数 $f(t)$和 $y(t)$在该区间内正交。具有正交特性的两个实函数称为正交实函数。

例 3.1.1：已知实信号 $f(t)=\begin{cases}1, & t\in[0,\pi)\\ -1, & t\in(\pi,2\pi]\end{cases}$，$y(t)=\cos t$，试问在区间$(0,2\pi)$内，实信号 $f(t)$和 $y(t)$是否正交?

解：由于

$$\langle f(t),y(t)\rangle=\int_0^{2\pi} f(t)\cos t\,\mathrm{d}t=\int_0^{\pi}\cos t\,\mathrm{d}t+\int_{\pi}^{2\pi}(-\cos t)\,\mathrm{d}t=0$$

因此信号 $f(t)$和 $y(t)$在区间$(0,2\pi)$内是相互正交的。

4. 正交复函数

若两个复函数 $f(t)$和 $y(t)$在区间 (t_1,t_2)内的内积为零，即

$$\langle f(t),y(t)\rangle=0 \tag{3.1.13}$$

则称复函数 $f(t)$和 $y(t)$在该区间内正交。具有正交特性的两个复函数称为正交复函数。

考虑到

$$\begin{aligned}\int_{t_1}^{t_2}[f(t)-k^*y(t)]^2\mathrm{d}t&=\int_{t_1}^{t_2}[f(t)-k^*y(t)][f(t)-k^*y(t)]^*\mathrm{d}t\\&=\int_{t_1}^{t_2}[f(t)f^*(t)-k^*y(t)f^*(t)-kf(t)y^*(t)+|k|^2y(t)y^*(t)]\mathrm{d}t\\&=\langle f(t),f(t)\rangle+|k|^2\langle y(t),y(t)\rangle-k^*\langle f(t),y(t)\rangle^*\\&\quad-k\langle f(t),y(t)\rangle\end{aligned} \tag{3.1.14}$$

式中，k 为任意复常数。

若令 $k^*=\langle f(t),y(t)\rangle/\langle y(t),y(t)\rangle$，则 k 必定满足式(3.1.14)。因此，将 k 代入式(3.1.14)，可得

$$\langle f(t),f(t)\rangle-\frac{|\langle f(t),y(t)\rangle|^2}{\langle y(t),y(t)\rangle}\geqslant 0 \tag{3.1.15}$$

由式(3.1.15)可以得到施瓦兹(Schwartz)不等式，即

$$|\langle f(t),y(t)\rangle|^2\leqslant\langle f(t),f(t)\rangle\langle y(t),y(t)\rangle \tag{3.1.16}$$

5. 正交实函数集

在区间(t_1,t_2)内，若实函数集$\{g_i(t)\}(i=1,2,\cdots,n)$内各个函数的内积(点积)满足

$$\langle g_i(t),g_j(t)\rangle=\int_{t_1}^{t_2}g_i(t)g_j(t)\,\mathrm{d}t=\begin{cases}0, & i\neq j\\ K_i, & i=j\end{cases} \tag{3.1.17}$$

式中，K_i为有限常数，则称$\{g_i(t)\}$为区间(t_1,t_2)内的正交函数集。若 $K_i=1$，则称函数集$\{g_i(t)\}$ 为区间(t_1,t_2)内的单位正交函数集，或归一化正交函数集。

例 3.1.2：试判断在区间$(0,2\pi/\omega_0)$内，三角函数集合$\{\cos n\omega_0 t\}(n=0,1,2,\cdots)$是否为正交函数集。

解：由于

$$\begin{aligned}\int_0^{\frac{2\pi}{\omega_0}}\cos n\omega_0 t\cos m\omega_0 t\,\mathrm{d}t&=\frac{1}{2}\int_0^{\frac{2\pi}{\omega_0}}\cos(n-m)\omega_0 t\,\mathrm{d}t+\frac{1}{2}\int_0^{\frac{2\pi}{\omega_0}}\cos(n+m)\omega_0 t\,\mathrm{d}t\\&=\begin{cases}0, & n\neq m\\ \dfrac{\pi}{\omega_0}, & n=m\end{cases}\end{aligned}$$

满足式(3.1.17)的定义，因此三角函数集合$\{\cos n\omega_0 t\}(n=0,1,2,\cdots)$在区间$(0,2\pi/\omega_0)$内是正

交函数集。

除此之外，三角函数集合$\{\sin n\omega_0 t\}$($n=1,2,3,\cdots$)在区间$(0,2\pi/\omega_0)$内是正交函数集；勒让德(Legendre)多项式构成的集合$\left\{p_n(t)=\frac{1}{2^n n!}\frac{d^n}{dt^n}(t^2-1)^n\right\}$($n=0,1,2,\cdots$)在区间(0,1)内是正交函数集；沃尔什(Walsh)函数集在区间(0,1)内是正交函数集。沃尔什函数可以从不同的途径推导出来，每种方法都有它的特点，这里只给出用三角函数定义的沃尔什函数表示方法，即$\mathrm{Wal}(n,t)=\prod_{r=0}^{p-1}\mathrm{sgn}[\cos(n_r 2^r \pi t)]$ $(0\leqslant t<1)$，其中非负整数n为沃尔什函数编号。n的二进制表示为$n=\sum_{r=0}^{p-1}n_r 2^r$，其中$n_r$为$n$的二进制表示式中各位二进数字的值，$n_r$的取值为0或1，$p$为$n$的二进制表示式的位数。

6. 正交复函数集

在区间(t_1,t_2)内，若复函数集$\{g_i(t)\}$($i=1,2,\cdots,n$)内各个函数的内积(点积)满足

$$\langle g_i(t),g_j(t)\rangle=\int_{t_1}^{t_2}g_i(t)g_j^*(t)\mathrm{d}t=\begin{cases}0, & i\neq j\\ K_i, & i=j\end{cases}\tag{3.1.18}$$

式中，K_i为有限常数，则称$\{g_i(t)\}$为区间(t_1,t_2)内的正交函数集。若$K_i=1$，则称复函数集$\{g_i(t)\}$为区间(t_1,t_2)内的单位正交函数集，或归一化正交函数集。

例 3.1.3：试判断在区间$(0,2\pi/\omega_0)$内，复函数集合$\{e^{jn\omega_0 t}\}$($n=0,\pm1,\pm2,\cdots$)是否为正交函数集。

解：由于

$$\int_0^{\frac{2\pi}{\omega_0}}e^{jn\omega_0 t}\ (e^{jm\omega_0 t})^*\,dt=\int_0^{\frac{2\pi}{\omega_0}}e^{jn\omega_0 t}e^{-jm\omega_0 t}dt=\int_0^{\frac{2\pi}{\omega_0}}e^{j(n-m)\omega_0 t}dt=\begin{cases}0, & n\neq m\\ \dfrac{2\pi}{\omega_0}, & n=m\end{cases}$$

满足式(3.1.18)的定义，因此复函数集合$\{e^{jn\omega_0 t}\}$($n=0,\pm1,\pm2,\cdots$)在区间$(0,2\pi/\omega_0)$内是正交函数集。

7. 完备正交实函数集

设$\{g_i(t)\}$是区间(t_1,t_2)内的正交实函数集，若在正交实函数集$\{g_i(t)\}$之外，不存在$x(t)\left(0<\int_{t_1}^{t_2}x^2(t)\mathrm{d}t<\infty\right)$满足$\int_{t_1}^{t_2}x(t)g_i(t)\mathrm{d}t=0$，则称$\{g_i(t)\}$为完备正交实函数集。

要证明一个正交函数集是完备正交函数集比较困难，但要证明一个正交函数集是不完备正交函数集比较容易。例如，例 3.1.2 的正交函数集$\{\cos n\omega_0 t\}$($n=0,1,2,\cdots$)就是不完备正交函数集，因为从$\{\sin n\omega_0 t\}$($n=1,2,3,\cdots$)中取任一个$\sin n\omega_0 t$，都与函数集$\{\cos n\omega_0 t\}$内的函数在区间$(0,2\pi/\omega_0)$内正交，即

$$\int_0^{\frac{2\pi}{\omega_0}}\cos n\omega_0 t\sin m\omega_0 t\,\mathrm{d}t=\frac{1}{2}\int_0^{\frac{2\pi}{\omega_0}}\sin(n+m)\omega_0 t\,\mathrm{d}t-\frac{1}{2}\int_0^{\frac{2\pi}{\omega_0}}\sin(n-m)\omega_0 t\,\mathrm{d}t=0$$

若将它们合并为一个函数集$\{1,\ \cos n\omega_0 t,\sin n\omega_0 t\}$($n=1,2,3,\cdots$)，则这个函数集就是一个在区间$(0,2\pi/\omega_0)$内的完备正交实函数集。

8. 完备正交复函数集

设$\{g_i(t)\}$是区间(t_1,t_2)内的正交复函数集，若在正交复函数集$\{g_i(t)\}$之外，不存在$x(t)\left(0<\int_{t_1}^{t_2}|x(t)|^2\mathrm{d}t<\infty\right)$满足$\int_{t_1}^{t_2}x(t)g_i^*(t)\mathrm{d}t=0$，则称$\{g_i(t)\}$为完备正交复函数集。

人们已经证明$\{e^{jn\omega_0 t}\}(n=0,\pm1,\pm2,\cdots)$是一个在区间$(0,2\pi/\omega_0)$内的完备正交复函数集。

3.1.3 利用完备正交函数集表示信号

n个正交矢量构成一个n维矢量空间，该矢量空间中任意矢量都可按式(3.1.5)进行分解，这也可以推广到函数空间。由完备正交函数集$\{g_i(t)\}(i=1,2,3,\cdots)$构成一个函数空间，任意函数都可以分解为$\{g_i(t)\}(i=1,2,3,\cdots)$的线性组合。

在区间(t_1,t_2)内，设$\{g_i(t)\}(i=1,2,\cdots,n)$是满足式(3.1.17)的正交实函数集，则任意实函数$f(t)$可用正交实函数集内各个函数的线性组合来近似，即

$$f(t)\approx\sum_{i=1}^{n}c_i g_i(t) \tag{3.1.19}$$

并且均方误差为

$$\overline{\varepsilon^2}=\frac{1}{t_2-t_1}\int_{t_1}^{t_2}\left[f(t)-\sum_{i=1}^{n}c_i g_i(t)\right]^2\mathrm{d}t \tag{3.1.20}$$

为使均方误差最小，应该满足$\dfrac{\mathrm{d}\overline{\varepsilon^2}}{\mathrm{d}c_i}=0(i=1,2,\cdots,n)$。

在区间(t_1,t_2)内，考虑到$\{g_i(t)\}(i=1,2,\cdots,n)$是正交实函数集，则有

$$\begin{aligned}\frac{\mathrm{d}\overline{\varepsilon^2}}{\mathrm{d}c_i}&=\frac{\mathrm{d}}{\mathrm{d}c_i}\left\{\frac{1}{t_2-t_1}\int_{t_1}^{t_2}\left[f(t)-\sum_{i=1}^{n}c_i g_i(t)\right]^2\mathrm{d}t\right\}\\&=\frac{1}{t_2-t_1}\frac{\mathrm{d}}{\mathrm{d}c_i}\int_{t_1}^{t_2}\left\{f^2(t)-2f(t)\sum_{i=1}^{n}c_i g_i(t)+\left[\sum_{i=1}^{n}c_i g_i(t)\right]^2\right\}\mathrm{d}t\\&=\frac{1}{t_2-t_1}\frac{\mathrm{d}}{\mathrm{d}c_i}\int_{t_1}^{t_2}\left[f^2(t)-2f(t)\sum_{i=1}^{n}c_i g_i(t)+\sum_{i=1}^{n}c_i^2 g_i^2(t)\right]\mathrm{d}t\\&=\frac{1}{t_2-t_1}\int_{t_1}^{t_2}\left[-2f(t)g_i(t)+2c_i g_i^2(t)\right]\mathrm{d}t\\&=\frac{2}{t_2-t_1}\left[c_i\int_{t_1}^{t_2}g_i^2(t)\mathrm{d}t-\int_{t_1}^{t_2}f(t)g_i(t)\mathrm{d}t\right]\end{aligned}$$

令$\dfrac{\mathrm{d}\overline{\varepsilon^2}}{\mathrm{d}c_i}=0$，可得

$$c_i=\frac{\langle f(t),g_i(t)\rangle}{\langle g_i(t),g_i(t)\rangle}=\frac{1}{K_i}\int_{t_1}^{t_2}f(t)g_i(t)\mathrm{d}t \tag{3.1.21}$$

式中

$$K_i=\langle g_i(t),g_i(t)\rangle=\int_{t_1}^{t_2}g_i^2(t)\mathrm{d}t \tag{3.1.22}$$

例 3.1.4：已知信号$f(t)=\begin{cases}1, & t\in[0,\pi)\\-1, & t\in(\pi,2\pi]\end{cases}$，$g_1(t)=\sin t$，在区间$(0,2\pi)$内，试用$g_1(t)$近似表示信号$f(t)$，使均方误差最小，并求均方误差。

解：由式(3.1.21)可得

$$c_1=\frac{\int_0^{2\pi}f(t)g_1(t)\mathrm{d}t}{\int_0^{2\pi}g_1^2(t)\mathrm{d}t}=\frac{\int_0^{2\pi}f(t)\sin t\,\mathrm{d}t}{\int_0^{2\pi}\sin^2 t\,\mathrm{d}t}=\frac{\int_0^{\pi}\sin t\,\mathrm{d}t+\int_{\pi}^{2\pi}(-\sin t)\mathrm{d}t}{\frac{1}{2}\int_0^{2\pi}(1-\cos 2t)\mathrm{d}t}=\frac{4}{\pi}$$

于是$f(t)\approx c_1 g_1(t)=\dfrac{4}{\pi}\sin t$。并且，均方误差为

$$\overline{\varepsilon^2}=\frac{1}{2\pi}\int_0^{2\pi}\left[f(t)-\frac{4}{\pi}\sin t\right]^2\mathrm{d}t=\frac{1}{2\pi}\left[\int_0^{\pi}\left(1-\frac{4}{\pi}\sin t\right)^2\mathrm{d}t+\int_{\pi}^{2\pi}\left(-1-\frac{4}{\pi}\sin t\right)^2\mathrm{d}t\right]$$

$$=\frac{1}{2\pi}\left\{\int_0^{\pi}\left(1-\frac{4}{\pi}\sin t\right)^2\mathrm{d}t+\int_0^{\pi}\left[-1-\frac{4}{\pi}\sin(x+\pi)\right]^2\mathrm{d}x\right\}$$

$$=\frac{1}{\pi}\int_0^{\pi}\left(1-\frac{4}{\pi}\sin t\right)^2\mathrm{d}t=\frac{1}{\pi}\int_0^{\pi}\left[1-\frac{8}{\pi}\sin t+\frac{16}{\pi^2}\frac{1-\cos 2t}{2}\right]\mathrm{d}t$$

$$=\frac{1}{\pi}\left[\left(1+\frac{8}{\pi^2}\right)t+\frac{8}{\pi}\cos t-\frac{4}{\pi^2}\sin 2t\right]\Bigg|_0^{\pi}$$

$$=1-\frac{8}{\pi^2}$$

考虑到式(3.1.21)及式(3.1.22)，则式(3.1.20)可进一步写成

$$\overline{\varepsilon^2}=\frac{1}{t_2-t_1}\int_{t_1}^{t_2}\left[f(t)-\sum_{i=1}^{n}c_ig_i(t)\right]^2\mathrm{d}t$$

$$=\frac{1}{t_2-t_1}\int_{t_1}^{t_2}\left[f^2(t)+\sum_{i=1}^{n}c_i^2g_i^2(t)-2f(t)\sum_{i=1}^{n}c_ig_i(t)\right]\mathrm{d}t$$

$$=\frac{1}{t_2-t_1}\left[\int_{t_1}^{t_2}f^2(t)\mathrm{d}t+\sum_{i=1}^{n}c_i^2\int_{t_1}^{t_2}g_i^2(t)\mathrm{d}t-2\sum_{i=1}^{n}c_i\int_{t_1}^{t_2}f(t)g_i(t)\mathrm{d}t\right]$$

$$=\frac{1}{t_2-t_1}\left[\int_{t_1}^{t_2}f^2(t)\mathrm{d}t+\sum_{i=1}^{n}c_i^2K_i-2\sum_{i=1}^{n}c_iK_ic_i\right]$$

$$=\frac{1}{t_2-t_1}\left[\int_{t_1}^{t_2}f^2(t)\mathrm{d}t-\sum_{i=1}^{n}c_i^2K_i\right] \tag{3.1.23}$$

由式(3.1.23)可以计算出利用式(3.1.19)来近似表示实信号时的均方误差。

由于$\overline{\varepsilon^2}$的被积函数是误差函数的平方，因此$\overline{\varepsilon^2}\geqslant 0$。由式(3.1.23)可以看出，用正交实函数近似(或逼近)实函数 $f(t)$时，所取的项数越多，即 n 越大，均方误差$\overline{\varepsilon^2}$就越小。当$\{g_i(t)\}$是完备正交实函数集且 $n\to\infty$时，则有$\overline{\varepsilon^2}\to 0$。那么式(3.1.19)可写成等式，即

$$f(t)=\sum_{i=1}^{+\infty}c_ig_i(t) \tag{3.1.24}$$

式中，系数 c_i 按式(3.1.21)计算。

由于$\overline{\varepsilon^2}\to 0$，由式(3.1.23)可得

$$\int_{t_1}^{t_2}f^2(t)\mathrm{d}t=\sum_{i=1}^{+\infty}c_i^2K_i \tag{3.1.25}$$

对复信号 $f(t)$进行类似分析，可得

$$\int_{t_1}^{t_2}|f(t)|^2\mathrm{d}t=\sum_{i=1}^{+\infty}|c_i|^2K_i \tag{3.1.26}$$

分析表明，用完备的正交函数集来表示信号，可使其均方误差$\overline{\varepsilon^2}=0$。式(3.1.25)及式(3.1.26)是著名的 Parseval 定理。

综上所述，我们可以得到如下的命题。

在区间(t_1,t_2)内，设$\{g_i(t)\}(i=1,2,3,\cdots)$是一个完备的正交实函数集，则任意一个实函数 $f(t)$可分解为$\{g_i(t)\}$的线性组合，即

$$f(t)=\sum_{i=1}^{+\infty}c_ig_i(t) \tag{3.1.27}$$

式中，系数

$$c_i=\frac{\langle f(t),g_i(t)\rangle}{\langle g_i(t),g_i(t)\rangle}=\frac{1}{K_i}\int_{t_1}^{t_2}f(t)g_i(t)\mathrm{d}t \tag{3.1.28}$$

其中，$K_i=\int_{t_1}^{t_2}g_i^2(t)\mathrm{d}t$。

这一命题对完备的正交复函数集$\{g_i(t)\}(i=1,2,3,\cdots)$仍然成立，结论形式也相同，只是$c_i$和$K_i$的计算式分别变为

$$c_i=\frac{1}{K_i}\int_{t_1}^{t_2}f(t)g_i^*(t)\mathrm{d}t \tag{3.1.29}$$

$$K_i=\int_{t_1}^{t_2}g_i(t)g_i^*(t)\mathrm{d}t \tag{3.1.30}$$

将要讨论的傅里叶级数就是该命题选择$\{g_i(t)\}(i=1,2,3,\cdots)$为三角函数完备正交函数集$\{1,\cos n\omega_0 t,\sin n\omega_0 t\}(n=1,2,3,\cdots)$或复指数函数完备正交函数集$\{\mathrm{e}^{\mathrm{j}n\omega_0 t}\}(n=0,\pm1,\pm2,\cdots)$来表示周期信号的应用典范。

3.2 连续时间周期信号的分解——傅里叶级数

1807年，法国科学家傅里叶(J. Fourier，1768—1830)，将三角函数用于热传导的研究，并断言任何周期函数都可以用三角函数表示。但是，他的研究成果在当时并未得到广泛认可。例如，著名的数学家拉格朗日(Lagrange)认为三角函数是连续的，只有连续的周期信号才能用三角函数表示。狄里赫利(Dirichlet)于1829年导出了傅里叶级数的收敛条件，证明了虽然并非如傅里叶所断言的，任何周期函数都可以用三角函数表示，但傅里叶级数的收敛条件是十分宽松的，足以囊括绝大部分实用信号，从而推动了傅里叶级数的研究。在20世纪20年代，由于无线电技术的发展，出现了谐波分析仪，从实验方面证实了傅里叶级数的存在性，因此才使傅里叶级数的研究和应用进入了飞速发展阶段。

由于三角函数和指数函数是自然界中最常见、最基本的函数，三角函数和指数函数的导数仍然是三角函数和指数函数，并考虑到简谐信号容易产生、传输和处理，因此用三角函数和复指数函数来表示信号，自然建立了时间和频率这两个物理量的联系。正因为如此，在众多的完备正交函数集中，我们选择了完备正交三角函数集和完备正交复指数函数集来分解周期信号。

3.2.1 傅里叶级数的导出

下面首先介绍狄里赫利条件，再从数学意义上证明连续时间周期冲激信号复指数傅里叶级数分解的正确性，最后通过对非周期信号进行周期延拓，导出连续时间周期信号的傅里叶级数展开式。

1. 狄里赫利条件

狄里赫利条件是指一个周期函数满足：

(1) 一个周期内函数的间断点数目有限；

(2) 一个周期内函数的极大值和极小值的数目有限；

(3) 一个周期内绝对可积。

2. 连续时间周期信号的傅里叶级数

设连续时间周期信号

$$f_{T_0}(t)=\sum_{m=\infty}^{+\infty}f_a(t-mT_0),\ m\text{ 为整数} \tag{3.2.1}$$

若满足狄里赫利条件，则可展开成连续时间傅里叶级数(Continuous Time Fourier Series,CTFS)，即

$$f_{T_0}(t)=\frac{a_0}{2}+\sum_{n=1}^{+\infty}(a_n\cos n\omega_0 t+b_n\sin n\omega_0 t),\ \omega_0=\frac{2\pi}{T_0} \tag{3.2.2}$$

$$a_n=\frac{\langle f_{T_0}(t),\cos n\omega_0 t\rangle}{\langle\cos n\omega_0 t,\cos n\omega_0 t\rangle}=\frac{\int_{t_0}^{t_0+T_0}f_{T_0}(t)\cos n\omega_0 t\,dt}{\int_{t_0}^{t_0+T_0}(\cos n\omega_0 t)^2\,dt}=\frac{2}{T_0}\int_{t_0}^{t_0+T_0}f_{T_0}(t)\cos n\omega_0 t\,dt,\ n=0,1,2,\cdots$$

$$b_n=\frac{\langle f_{T_0}(t),\sin n\omega_0 t\rangle}{\langle\sin n\omega_0 t,\sin n\omega_0 t\rangle}=\frac{\int_{t_0}^{t_0+T_0}f_{T_0}(t)\sin n\omega_0 t\,dt}{\int_{t_0}^{t_0+T_0}(\sin n\omega_0 t)^2\,dt}=\frac{2}{T_0}\int_{t_0}^{t_0+T_0}f_{T_0}(t)\sin n\omega_0 t\,dt,\ n=1,2,3,\cdots$$

式中，t_0 为任意时刻。

证明：设

$$x_{T_0}(t)=\sum_{n=0}^{+\infty}e^{jn\omega_0 t},\ \omega_0=\frac{2\pi}{T_0} \tag{3.2.3}$$

式(3.2.3)可写成

$$x_{T_0}(t)=1+\sum_{n=1}^{+\infty}e^{jn\omega_0 t}=1+\sum_{m=0}^{+\infty}e^{j(m+1)\omega_0 t}=1+e^{j\omega_0 t}x_{T_0}(t) \tag{3.2.4}$$

由式(3.2.3)可知，$x_{T_0}(t)$是一个周期为 T_0 的连续时间周期信号，并且 $t=mT_0$(m 为整数)时，将出现冲激信号。于是式(3.2.4)可写成

$$x_{T_0}(t)=\underbrace{\frac{1}{1-e^{j\omega_0 t}}}_{t\neq mT_0}+\underbrace{A\sum_{m=-\infty}^{+\infty}\delta(t-mT_0)}_{t=mT_0} \tag{3.2.5}$$

由式(3.2.5)可知，连续时间周期信号 $x_{T_0}(t)$的表达式由两部分组成，第一部分是周期为 T_0 的连续时间周期信号，但是 $t\neq mT_0$(m 为整数)；第二部分是周期为 T_0 的连续时间周期冲激信号，冲激出现的时刻为 $t=mT_0$(m 为整数)。显然，第二部分是第一部分 $t\to mT_0$ 时的结果。由 1.2.4 节的分析可知，一个函数在逼近冲激函数的过程中，具有保面积性。换言之，式(3.2.5)中第一部分在一个周期内的积分值，正是第二部分中的冲激强度 A，即

$$A=\int_{-\frac{T_0}{2}}^{\frac{T_0}{2}}\frac{1}{1-e^{j\omega_0 t}}dt=\int_{-\frac{T_0}{2}}^{\frac{T_0}{2}}\frac{e^{-j\frac{\omega_0 t}{2}}}{e^{-j\frac{\omega_0 t}{2}}-e^{j\frac{\omega_0 t}{2}}}dt=\int_{-\frac{T_0}{2}}^{\frac{T_0}{2}}\frac{1}{2}dt=\frac{T_0}{2} \tag{3.2.6}$$

考虑到式(3.2.3)、式(3.2.5)及式(3.2.6)，则有

$$\begin{aligned}\sum_{n=-\infty}^{+\infty}e^{jn\omega_0 t}&=x_{T_0}(-t)+x_{T_0}(t)-1\\&=\frac{1}{1-e^{-j\omega_0 t}}+\frac{1}{1-e^{j\omega_0 t}}-1+T_0\sum_{m=-\infty}^{+\infty}\delta(t-mT_0)\\&=\frac{e^{j\omega_0 t}}{e^{j\omega_0 t}-1}+\frac{1}{1-e^{j\omega_0 t}}-1+T_0\sum_{m=-\infty}^{+\infty}\delta(t-mT_0)\\&=T_0\sum_{m=-\infty}^{+\infty}\delta(t-mT_0)\end{aligned}$$

这样就证明了连续时间周期冲激信号可以分解成复指数形式的傅里叶级数，即

$$\delta_{T_0}(t)=\sum_{m=-\infty}^{+\infty}\delta(t-mT_0)=\frac{1}{T_0}\sum_{n=-\infty}^{+\infty}\mathrm{e}^{\mathrm{j}n\omega_0 t} \tag{3.2.7}$$

考虑到式(3.2.1)及式(3.2.7)，则有

$$\begin{aligned}
f_{T_0}(t)&=f_a(t)*\delta_{T_0}(t)\\
&=\int_{-\infty}^{+\infty}f_a(\tau)\delta_{T_0}(t-\tau)\mathrm{d}\tau\\
&=\int_{-\infty}^{+\infty}f_a(\tau)\left[\frac{1}{T_0}\sum_{n=-\infty}^{+\infty}\mathrm{e}^{\mathrm{j}n\omega_0(t-\tau)}\right]\mathrm{d}\tau\\
&=\sum_{n=-\infty}^{+\infty}\left[\frac{1}{T_0}\int_{-\infty}^{+\infty}f_a(\tau)\mathrm{e}^{-\mathrm{j}n\omega_0\tau}\mathrm{d}\tau\right]\mathrm{e}^{\mathrm{j}n\omega_0 t}\\
&=\sum_{n=-\infty}^{+\infty}F(n\omega_0)\mathrm{e}^{\mathrm{j}n\omega_0 t}
\end{aligned} \tag{3.2.8}$$

式(3.2.8)表明，可将连续时间周期信号 $f_{T_0}(t)$分解成虚指数信号 $\mathrm{e}^{\mathrm{j}n\omega_0 t}$ 的加权和，其加权值为 $F(n\omega_0)$。该式称为连续时间周期信号 $f_{T_0}(t)$复指数形式的傅里叶级数，又称为傅里叶系数 $F(n\omega_0)$的逆变换，并记为 $f_{T_0}(t)=\mathrm{ICTFS}[F(n\omega_0)]$。

由式(3.2.8)可知，其中的傅里叶系数 $F(n\omega_0)$可表示为

$$\begin{aligned}
F(n\omega_0)&=\frac{1}{T_0}\int_{-\infty}^{+\infty}f_a(\tau)\mathrm{e}^{-\mathrm{j}n\omega_0\tau}\mathrm{d}\tau\\
&=\frac{1}{T_0}\sum_{m=-\infty}^{+\infty}\int_{t_0+mT_0}^{t_0+(m+1)T_0}f_a(\tau)\mathrm{e}^{-\mathrm{j}n\omega_0\tau}\mathrm{d}\tau\\
&=\frac{1}{T_0}\sum_{m=-\infty}^{+\infty}\int_{t_0}^{t_0+T_0}f_a(t+mT_0)\mathrm{e}^{-\mathrm{j}n\omega_0(t+mT_0)}\mathrm{d}t\\
&=\frac{1}{T_0}\int_{t_0}^{t_0+T_0}\left[\sum_{m=-\infty}^{+\infty}f_a(t+mT_0)\right]\mathrm{e}^{-\mathrm{j}n\omega_0 t}\mathrm{d}t\\
&=\frac{1}{T_0}\int_{t_0}^{t_0+T_0}f_{T_0}(t)\mathrm{e}^{-\mathrm{j}n\omega_0 t}\mathrm{d}t
\end{aligned} \tag{3.2.9}$$

式中，t_0 为任意时刻。

式(3.2.9)表明，已知连续时间周期信号时，则可用该式计算连续时间周期信号的傅里叶级数展开式中的系数 $F(n\omega_0)$，并记为 $F(n\omega_0)=\mathrm{CTFS}[f_{T_0}(t)]$。

当一个连续时间周期信号 $f_{T_0}(t)$在一个周期内满足狄里赫利条件时，意味着 $f_{T_0}(t)$在一个周期内绝对可积，由式(3.2.9)可知，它的傅里叶系数 $F(n\omega_0)$存在；由式(3.2.8)可知，不但它的傅里叶级数存在，而且还收敛于原来的连续时间周期信号 $f_{T_0}(t)$。换言之，由于连续时间周期信号 $f_{T_0}(t)$和傅里叶系数 $F(n\omega_0)$是相互表示的，因此连续时间周期信号 $f_{T_0}(t)$的傅里叶级数分解具有唯一性。

若连续时间周期信号 $f_{T_0}(t)$是周期实信号，考虑到欧拉公式，即式(1.3.6)，则式(3.2.9)又可写成

$$F(n\omega_0)=\frac{1}{T_0}\int_{t_0}^{t_0+T_0}f_{T_0}(t)\mathrm{e}^{-\mathrm{j}n\omega_0 t}\mathrm{d}t=\frac{a_n-\mathrm{j}b_n}{2} \tag{3.2.10}$$

式中

$$a_n=\frac{2}{T_0}\int_{t_0}^{t_0+T_0}f_{T_0}(t)\cos n\omega_0 t\,\mathrm{d}t,\ n=0,1,2,\cdots \tag{3.2.11}$$

$$b_n=\frac{2}{T_0}\int_{t_0}^{t_0+T_0} f_{T_0}(t)\sin n\omega_0 t\,\mathrm{d}t,\ n=1,2,3,\cdots \tag{3.2.12}$$

显然

$$a_n=a_{-n} \tag{3.2.13}$$

$$b_n=-b_{-n} \tag{3.2.14}$$

考虑到式(3.2.13)及式(3.2.14)，则式(3.2.8)可写成

$$\begin{aligned}
f_{T_0}(t)&=\sum_{n=-\infty}^{+\infty}F(n\omega_0)\mathrm{e}^{\mathrm{j}n\omega_0 t}=\sum_{n=-\infty}^{+\infty}\frac{a_n-\mathrm{j}b_n}{2}\mathrm{e}^{\mathrm{j}n\omega_0 t}\\
&=\sum_{n=-\infty}^{-1}\frac{a_n-\mathrm{j}b_n}{2}\mathrm{e}^{\mathrm{j}n\omega_0 t}+\frac{a_0}{2}+\sum_{n=1}^{+\infty}\frac{a_n-\mathrm{j}b_n}{2}\mathrm{e}^{\mathrm{j}n\omega_0 t}\\
&=\sum_{m=1}^{+\infty}\frac{a_{-m}-\mathrm{j}b_{-m}}{2}\mathrm{e}^{-\mathrm{j}m\omega_0 t}+\frac{a_0}{2}+\sum_{n=1}^{+\infty}\frac{a_n-\mathrm{j}b_n}{2}\mathrm{e}^{\mathrm{j}n\omega_0 t}\\
&=\sum_{n=1}^{+\infty}\frac{a_{-n}-\mathrm{j}b_{-n}}{2}\mathrm{e}^{-\mathrm{j}n\omega_0 t}+\frac{a_0}{2}+\sum_{n=1}^{+\infty}\frac{a_n-\mathrm{j}b_n}{2}\mathrm{e}^{\mathrm{j}n\omega_0 t}\\
&=\frac{a_0}{2}+\sum_{n=1}^{+\infty}\frac{a_n+\mathrm{j}b_n}{2}\mathrm{e}^{-\mathrm{j}n\omega_0 t}+\sum_{n=1}^{+\infty}\frac{a_n-\mathrm{j}b_n}{2}\mathrm{e}^{\mathrm{j}n\omega_0 t}\\
&=\frac{a_0}{2}+\sum_{n=1}^{+\infty}(a_n\cos n\omega_0 t+b_n\sin n\omega_0 t)
\end{aligned}$$

这样就得到了连续时间周期实信号三角函数形式的傅里叶级数。

由式(3.2.8)可知，连续时间周期实信号 $f_{T_0}(t)$ 复指数形式的傅里叶级数是将周期信号分解成直流分量 $F(0)$ 和一系列角频率为 $\pm n\omega_0(n=1,2,\cdots)$ 的复指数函数 $F(n\omega_0)\mathrm{e}^{\mathrm{j}n\omega_0 t}$ 之和。并且，由式(3.2.10)可知 $F(0)=a_0/2$，负频率 $-n\omega_0(n=1,2,\cdots)$ 可以理解为：将 $\mathrm{e}^{\mathrm{j}n\omega_0 t}$ 和 $\mathrm{e}^{-\mathrm{j}n\omega_0 t}$ 分别视为以角速度 $n\omega_0$ 逆时针旋转和顺时针旋转的两个矢量，这两个矢量的合成矢量始终位于实轴上，即构成了一个实三角函数谐波分量。这种说法已从三角函数形式傅里叶级数的导出过程得以证实。

然而，可将连续时间周期实信号 $f_{T_0}(t)$ 的傅里叶级数中的正弦分量和余弦分量合二为一，统一表示为各次谐波 $A_n\cos(n\omega_0 t+\varphi_n)(n=1,2,3,\cdots$，当 $n=1$ 时称为基波)之和，即

$$f_{T_0}(t)=\frac{a_0}{2}+\sum_{n=1}^{+\infty}A_n\cos(n\omega_0 t+\varphi_n) \tag{3.2.15}$$

式中，n 次谐波的角频率为 $n\omega_0$，振幅 A_n 及初相 φ_n 分别为

$$A_n=\sqrt{a_n^2+b_n^2} \tag{3.2.16}$$

$$\varphi_n=-\arctan\frac{b_n}{a_n} \tag{3.2.17}$$

显然

$$A_n=A_{-n} \tag{3.2.18}$$

$$\varphi_n=-\varphi_{-n} \tag{3.2.19}$$

考虑到式(3.2.13)及式(3.2.14)，由式(3.2.10)可得

$$F^*(-n\omega_0)=\left(\frac{a_{-n}-\mathrm{j}b_{-n}}{2}\right)^*=\frac{a_{-n}+\mathrm{j}b_{-n}}{2}=\frac{a_n-\mathrm{j}b_n}{2}=F(n\omega_0) \tag{3.2.20}$$

式(3.2.20)表明，一个连续时间周期实信号的傅里叶级数分解式中的系数是共轭对称的。

记 $F(n\omega_0)=|F(n\omega_0)|\mathrm{e}^{\mathrm{j}\theta_n}$，并考虑到式(3.2.16)及式(3.2.17)，由式(3.2.10)可得

$$|F(n\omega_0)|=\left|\frac{a_n-\mathrm{j}b_n}{2}\right|=\frac{A_n}{2} \tag{3.2.21}$$

$$\theta_n=-\arctan\frac{b_n}{a_n}=\varphi_n \tag{3.2.22}$$

综上所述，一个连续时间周期实信号 $f_{T_0}(t)$的傅里叶系数 $F(n\omega_0)$的模$|F(n\omega_0)|$和实部 $a_n/2$ 是 n 的偶序列，$F(n\omega_0)$的相角 θ_n 和虚部$-b_n/2$ 是 n 的奇序列。

3.2.2 连续时间周期信号的频谱特征

式(3.2.8)及式(3.2.15)说明，连续时间周期实信号可分解成各次谐波(频率为 $n\omega_0$)分量的叠加，而傅里叶系数 A_n 和$|F(n\omega_0)|$反映了不同谐波分量的幅度，φ_n 和 θ_n 反映了不同谐波分量的相位。将它们沿频率轴 ω 分布的图画出，该图称为连续时间周期信号的频谱(Spectrum)图。其中，$A_n\sim\omega$ 和$|F(n\omega_0)|\sim\omega$ 称为幅度频谱，$\varphi_n\sim\omega$ 和 $\theta_n\sim\omega$ 称为相位频谱。这种图形清晰地表现了连续时间周期实信号的频域特性，从频域角度反映了该信号携带的全部信息。

例 3.2.1：将连续时间周期实信号 $f_{T_0}(t)$进行奇偶分解，即 $f_{T_0}(t)=f_e(t)+f_o(t)$，其中 $f_e(t)$为偶分量，$f_o(t)$为奇分量；将其频谱进行代数式分解，即 $F(n\omega_0)=R(n\omega_0)+\mathrm{j}X(n\omega_0)$。试证明

$$\mathrm{CTFS}[f_e(t)]=R(n\omega_0)=\frac{1}{T_0}\int_{-\frac{T_0}{2}}^{\frac{T_0}{2}}f_e(t)\cos n\omega_0t\,\mathrm{d}t \tag{3.2.23}$$

$$\mathrm{CTFS}[f_o(t)]=\mathrm{j}X(n\omega_0)=-\mathrm{j}\frac{1}{T_0}\int_{-\frac{T_0}{2}}^{\frac{T_0}{2}}f_o(t)\sin n\omega_0t\,\mathrm{d}t \tag{3.2.24}$$

证明：考虑到 $f_{T_0}(t)=f_e(t)+f_o(t)$，则有

$$\begin{aligned}F(n\omega_0)&=\mathrm{CTFS}[f_{T_0}(t)]=\mathrm{CTFS}[f_e(t)]+\mathrm{CTFS}[f_o(t)]\\&=\frac{1}{T_0}\int_{-\frac{T_0}{2}}^{\frac{T_0}{2}}f_e(t)\mathrm{e}^{-\mathrm{j}n\omega_0t}\mathrm{d}t+\frac{1}{T_0}\int_{-\frac{T_0}{2}}^{\frac{T_0}{2}}f_o(t)\mathrm{e}^{-\mathrm{j}n\omega_0t}\mathrm{d}t\\&=\frac{1}{T_0}\int_{-\frac{T_0}{2}}^{\frac{T_0}{2}}f_e(t)(\cos n\omega_0t-\mathrm{j}\sin n\omega_0t)\mathrm{d}t+\frac{1}{T_0}\int_{-\frac{T_0}{2}}^{\frac{T_0}{2}}f_o(t)(\cos n\omega_0t-\mathrm{j}\sin n\omega_0t)\mathrm{d}t\\&=\frac{1}{T_0}\int_{-\frac{T_0}{2}}^{\frac{T_0}{2}}f_e(t)\cos n\omega_0t\,\mathrm{d}t-\mathrm{j}\frac{1}{T_0}\int_{-\frac{T_0}{2}}^{\frac{T_0}{2}}f_o(t)\sin n\omega_0t\,\mathrm{d}t\\&=R(n\omega_0)+\mathrm{j}X(n\omega_0)\end{aligned}$$

显然

$$\mathrm{CTFS}[f_e(t)]=R(n\omega_0)=\frac{1}{T_0}\int_{-\frac{T_0}{2}}^{\frac{T_0}{2}}f_e(t)\cos n\omega_0t\,\mathrm{d}t$$

$$\mathrm{CTFS}[f_o(t)]=\mathrm{j}X(n\omega_0)=-\mathrm{j}\frac{1}{T_0}\int_{-\frac{T_0}{2}}^{\frac{T_0}{2}}f_o(t)\sin n\omega_0t\,\mathrm{d}t$$

由式(3.2.23)及式(3.2.24)，可以分别得到

$$R(n\omega_0)=R(-n\omega_0) \tag{3.2.25}$$

$$X(n\omega_0)=-X(-n\omega_0) \tag{3.2.26}$$

由式(3.2.25)可知，连续时间周期实偶信号 $f_{T_0}(t)=f_e(t)$对应实偶频谱 $F(n\omega_0)=R(n\omega_0)$；由式(3.2.26)可知，连续时间周期实奇信号 $f_{T_0}(t)=f_o(t)$对应虚奇频谱 $F(n\omega_0)=\mathrm{j}X(n\omega_0)$。

例 3.2.2：设连续时间周期实信号 $f_{T_0}(t)=A\left[\varepsilon\left(t+\frac{\tau}{2}\right)-\varepsilon\left(t-\frac{\tau}{2}\right)\right]*\sum_{m=-\infty}^{+\infty}\delta(t-mT_0)$，其中，$\tau<T_0$，$A$ 为常数，τ 为脉冲宽度。

(1) 试将连续时间周期实信号 $f_{T_0}(t)$ 分解成傅里叶级数。

(2) 试画出频谱 $F(n\omega_0)$ 随频率变化的图形。

解：(1) 考虑到式(3.2.9)，则有

$$F(n\omega_0)=\frac{1}{T_0}\int_{-\frac{T_0}{2}}^{\frac{T_0}{2}}f_{T_0}(t)\mathrm{e}^{-\mathrm{j}n\omega_0 t}\mathrm{d}t=\frac{1}{T_0}\int_{-\frac{\tau}{2}}^{\frac{\tau}{2}}A\mathrm{e}^{-\mathrm{j}n\omega_0 t}\mathrm{d}t$$

$$=\frac{2A}{T_0}\int_0^{\frac{\tau}{2}}\cos n\omega_0 t\,\mathrm{d}t=\frac{2A}{T_0}\left.\frac{\sin n\omega_0 t}{n\omega_0}\right|_0^{\tau/2}$$

$$=\frac{2A}{T_0}\frac{\sin\frac{n\omega_0\tau}{2}}{n\omega_0}=\frac{A\tau}{T_0}\mathrm{Sa}\left(\frac{n\omega_0\tau}{2}\right)$$

于是

$$f_{T_0}(t)=\sum_{n=-\infty}^{+\infty}\frac{A\tau}{T_0}\mathrm{Sa}\left(\frac{n\omega_0\tau}{2}\right)\mathrm{e}^{\mathrm{j}n\omega_0 t}=\frac{A\tau}{T_0}+\sum_{n=1}^{+\infty}2\frac{A\tau}{T_0}\mathrm{Sa}\left(\frac{n\omega_0\tau}{2}\right)\cos n\omega_0 t$$

(2) 考虑到

$$F(n\omega_0)=\frac{A\tau}{T_0}\mathrm{Sa}\left(\frac{n\omega_0\tau}{2}\right)$$

当 $\frac{n\omega_0\tau}{2}=k\pi$，即 $n=k\frac{2\pi}{\omega_0\tau}=k\frac{T_0}{\tau}$ 时，$F(n\omega_0)=0$。

令 $T_0=4\tau$，即 $n=4k$，$(k=\pm1,\pm2,\pm3\cdots)$ 时，有 $F(n\omega_0)=0$。

因此，频谱 $F(n\omega_0)$ 随频率变化的图形如图 3.2.1 所示。频谱图上相应各谐波频率的竖线称为谱线，通常将连接各谱线顶点的曲线(虚线)称为包络。

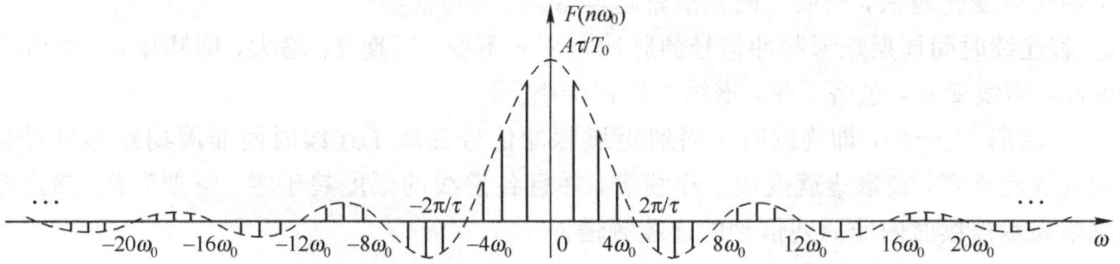

图 3.2.1　当 $T_0=4\tau$ 时，$F(n\omega_0)$ 随 ω 变化的图形

由于 $F(n\omega_0)$ 是实数，故没有单独画出相位谱。显然，以 ω 为轴，将频谱 $F(n\omega_0)$ 负向的图形反褶至正向，就得到了幅度频谱 $|F(n\omega_0)|$ 的图形，幅度谱的谱线可以直观地表示出信号所含有的各次谐波分量幅度的大小。

从图 3.2.1 可知，频谱 $F(n\omega_0)$ 由直流分量、基波 ω_0 和无穷多次谐波 $n\omega_0$ 组成，谐波次数 n 越高，其幅度越小。因此，直流分量和低次谐波分量构成了连续时间周期矩形脉冲信号时域波形的基本框架结构，高次谐波分量起到调节作用，使得合成波形更加接近原来的连续时间周期矩形脉冲信号。

一般地，满足狄里赫利条件的连续时间周期信号的频谱具有以下特征。

① 离散性：谱线沿频率轴离散分布。

② 谐波性：各谱线间呈现等距分布，两个相邻谱线间的距离正好等于基波频率。即周期信号只包含基波整数倍的谐波成分，而不包含非基波频率整数倍的其他频率成分。

③ 收敛性：随着 $n \to \infty$，$|F(n\omega_0)|$ 或 A_n 会趋于零。

基于连续时间周期信号频谱的收敛性，在实际工作中，通常利用有限项的傅里叶级数来近似表示周期信号，即

$$f_{T_0}(t) \approx \hat{f}_{T_0}(t) = \sum_{n=-N}^{N} F(n\omega_0)\mathrm{e}^{\mathrm{j}n\omega_0 t} \tag{3.2.27}$$

因此，随着项数 $N \to \infty$，则有 $\hat{f}_{T_0}(t) \to f_{T_0}(t)$，并且均方误差 $\overline{\varepsilon^2} \to 0$。

合成波形包含的谐波分量越多，除间断点外，就越接近原来的连续时间周期矩形脉冲信号。在间断点附近将出现起伏波动。随着谐波次数 N 的增加，起伏的峰部会更加靠近间断点，但是峰值的大小并不下降，大约等于原来函数在间断点跳变值的 9%，这个起伏在间断点两侧呈衰减振荡形式。这种现象被美国物理学家米切尔森(Michelson)于 1898 年首次发现，并由吉布斯(Gibbs)于 1899 年首先证明，称为吉布斯现象。由于吉布斯现象的存在，因此连续时间周期信号进行傅里叶级数分解时，要求周期信号在一个周期内只具有有限个间断点。

下面进一步讨论连续时间周期矩形脉冲信号的频谱，希望得到更有意义的结果。

① 虽然连续时间周期矩形脉冲信号含有无限多个频率分量，但各个分量的幅度随着谐波次数的增加而减小，其信号的功率主要集中在频谱第一个零值点的频率范围内(ω 在 $0 \sim 2\pi/\tau$ 范围内，f 在 $0 \sim 1/\tau$ 范围内)。在允许信号波形有一定失真的情况下，只须传输这一频率范围内的频率分量即可，这个频率范围称为信号的频带宽度，记为

$$\Delta f = \frac{1}{\tau} \tag{3.2.28}$$

② 若连续时间周期矩形脉冲信号的周期 T_0 不变，脉冲宽度 τ 减小，即时域信号变化加快，则由其频谱图 3.2.1 可知，第一个零值点($\omega = 2\pi/\tau$)右移，谱线间隔(ω_0)不变，收敛变慢，即当 n 取较大值时，$F(n\omega_0)$ 仍有较大的幅度，这意味着用有限项的傅里叶级数近似表示连续时间周期矩形脉冲信号时，在精度要求范围内，取的项数越多，所包含的频率成分就越丰富。简言之，时域上的信号变化越快，频域上的频谱就越丰富。

③ 若连续时间周期矩形脉冲信号的脉冲宽度 τ 不变，周期 T_0 增大，则基波 ω_0 减小，谱线间隔变小，谱线变密，包络不变，谱线的振幅变小。

④ 若周期 $T_0 \to \infty$，即连续时间周期矩形脉冲信号变成了连续时间非周期矩形脉冲信号，则谱线间隔趋于零，离散谱就变成了连续谱，并且各谱线的幅度趋于零，需要利用“频谱密度”的概念来表示连续时间非周期信号的连续频谱。

综上所述，可得下述结论。

结论 1：

时域上的连续时间周期实信号波形变化越快，频域上的频谱就越丰富；当连续时间周期实信号的周期 T_0 趋于无穷大时，时域上的连续时间周期实信号就变成了连续时间非周期实信号，频域上的频谱就从离散谱变成了连续谱。

3.2.3　连续时间周期信号波形的对称性与含有信号分量的关系

式(3.2.20)揭示了连续时间实周期信号的频谱 $F(n\omega_0)$ 是共轭对称的。如果 $f_{T_0}(t)$ 的波形还具有一些对称性，那么它的频谱还具有另外一些性质。

下面分析将连续时间周期实信号反褶或时移半个周期，其频谱 $F(n\omega_0)$ 如何变化。

考虑到式(3.2.8)及式(3.2.20)，则有

$$f_{T_0}(-t) = \sum_{n=-\infty}^{+\infty} F(n\omega_0)\mathrm{e}^{-\mathrm{j}n\omega_0 t} = \sum_{n=-\infty}^{+\infty} F(-n\omega_0)\mathrm{e}^{\mathrm{j}n\omega_0 t} = \sum_{n=-\infty}^{+\infty} F^*(n\omega_0)\mathrm{e}^{\mathrm{j}n\omega_0 t} \tag{3.2.29}$$

式(3.2.29)表明，时域上的连续时间周期实信号反褶，频域上等价于频谱取共轭。

考虑到式(3.2.8)，则有

$$f_{T_0}\left(t-\frac{T_0}{2}\right)=\sum_{n=-\infty}^{+\infty}F(n\omega_0)\mathrm{e}^{\mathrm{j}n\omega_0\left(t-\frac{T_0}{2}\right)}=\sum_{n=-\infty}^{+\infty}(-1)^n F(n\omega_0)\mathrm{e}^{\mathrm{j}n\omega_0 t} \tag{3.2.30}$$

式(3.2.30)表明，时域上的连续时间周期实信号时移半个周期，频域上等价于频谱被$(-1)^n$加权。

1. 偶对称

若连续时间周期实信号$f_{T_0}(t)$是偶信号$f_{T_0}(t)=f_{T_0}(-t)$，考虑到式(3.2.8)及式(3.2.29)，通过比较傅里叶级数的系数，则可得

$$F(n\omega_0)=F^*(n\omega_0)$$

即

$$\frac{a_n-\mathrm{j}b_n}{2}=\left(\frac{a_n-\mathrm{j}b_n}{2}\right)^*=\frac{a_n+\mathrm{j}b_n}{2}$$

亦即

$$a_n=\frac{4}{T_0}\int_0^{\frac{T_0}{2}}f_{T_0}(t)\cos n\omega_0 t\,\mathrm{d}t,\ n=0,1,2,\cdots$$

$$b_n=0,\ n=1,2,3,\cdots$$

分析表明，满足狄里赫利条件的连续时间周期实偶信号，其傅里叶级数中仅含有直流分量和余弦分量。

2. 奇对称

若连续时间周期实信号$f_{T_0}(t)$是奇信号$f_{T_0}(t)=-f_{T_0}(-t)$，考虑到式(3.2.8)及式(3.2.29)，通过比较傅里叶级数的系数，则可得

$$F(n\omega_0)=-F^*(n\omega_0)$$

即

$$\frac{a_n-\mathrm{j}b_n}{2}=-\left(\frac{a_n-\mathrm{j}b_n}{2}\right)^*=-\frac{a_n+\mathrm{j}b_n}{2}$$

亦即

$$b_n=\frac{4}{T_0}\int_0^{\frac{T_0}{2}}f_{T_0}(t)\sin n\omega_0 t\,\mathrm{d}t,\ n=1,2,3,\cdots$$

$$a_n=0,\ n=0,1,2,\cdots$$

分析表明，满足狄里赫利条件的连续时间周期实奇信号，其傅里叶级数中仅含有正弦分量。

3. 半波偶对称

若连续时间周期实信号$f_{T_0}(t)$满足

$$f_{T_0}(t)=f_{T_0}\left(t-\frac{T_0}{2}\right) \tag{3.2.31}$$

则称其为半波偶对称函数，又称为偶谐函数或偶谐信号。

将式(3.2.8)及式(3.2.30)代入式(3.2.31)，通过比较傅里叶级数的系数，可得

$$F(n\omega_0)=(-1)^n F(n\omega_0)$$

显然

$$F[(2m+1)\omega_0]=0,\ m=0,\pm1,\pm2,\cdots$$

分析表明，满足狄里赫利条件的连续时间半波偶对称周期信号，其傅里叶级数中仅含有正弦和余弦的偶次谐波分量。因此，将满足式(3.2.31)的连续时间周期实信号称为偶谐信号。其实，由式(3.2.31)可知，连续时间周期实信号$f_{T_0}(t)$的最小周期已不是T_0，而是$T_0/2$，即周期减半，其角频率将加倍。因此角频率分量从ω_0，$2\omega_0$，$3\omega_0$，… 变成了$2\omega_0$，$4\omega_0$，$6\omega_0$，…，亦

即偶谐信号的傅里叶级数中仅含有正弦和余弦的偶次谐波分量。

4. 半波奇对称

若连续时间周期实信号 $f_{T_0}(t)$满足

$$f_{T_0}(t)=-f_{T_0}\left(t-\frac{T_0}{2}\right) \tag{3.2.32}$$

则称其为半波奇对称函数，又称为奇谐函数或奇谐信号。

将式(3.2.8)及式(3.2.30)代入式(3.2.32)，通过比较傅里叶级数的系数，可得

$$F(n\omega_0)=-(-1)^n F(n\omega_0)$$

显然

$$F(2m\omega_0)=0,\ m=0,\pm1,\pm2,\cdots$$

分析表明，满足狄里赫利条件的连续时间半波奇对称周期信号，其傅里叶级数中仅含有正弦和余弦的奇次谐波分量。因此，将满足式(3.2.32)的连续时间周期实信号称为奇谐信号或奇谐函数。

例 3.2.3：周期 $T_0=2$ 的两个连续时间周期实信号 $f_{T01}(t)$和 $f_{T02}(t)$如图 3.2.2 所示，试分别指出各自包含的信号分量。

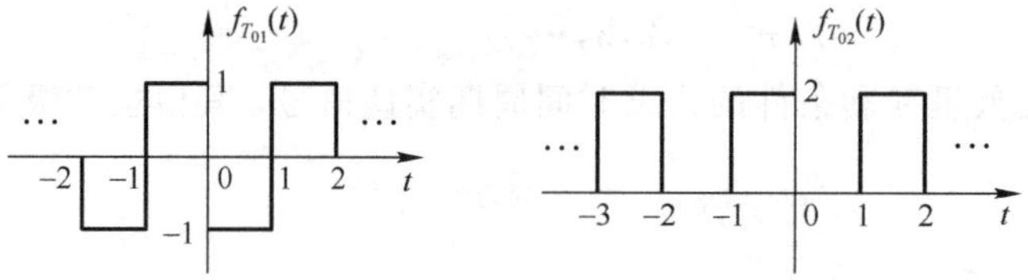

图 3.2.2 连续时间周期实信号 $f_{T01}(t)$和 $f_{T02}(t)$的波形

解：由于连续时间周期实信号 $f_{T01}(t)$满足 $f_{T01}(t)=-f_{T01}(-t)$，即它是奇函数，因此它的傅里叶级数中仅含有正弦分量。$f_{T01}(t)$也满足 $f_{T01}(t)=-f_{T01}(t-1)$，即它又是奇谐函数，它的傅里叶级数中仅含有奇次谐波分量。简言之，$f_{T_{01}}(t)$的傅里叶级数中仅含有正弦的奇次谐波分量。

由于 $f_{T02}(t)=1+f_{T01}(t)$，因此 $f_{T02}(t)$的傅里叶级数中含有直流分量和正弦的奇次谐波分量。

3.2.4 连续时间周期信号的功率——Parseval 定理

Parseval 定理为

$$\frac{1}{T_0}\int_{t_0}^{t_0+T_0}|f_{T_0}(t)|^2\mathrm{d}t=\sum_{n=-\infty}^{+\infty}|F(n\omega_0)|^2 \tag{3.2.33}$$

证明：

$$\begin{aligned}\frac{1}{T_0}\int_{t_0}^{t_0+T_0}|f_{T_0}(t)|^2\mathrm{d}t&=\frac{1}{T_0}\int_{t_0}^{t_0+T_0}f_{T_0}(t)f_{T_0}^*(t)\mathrm{d}t\\&=\frac{1}{T_0}\int_{t_0}^{t_0+T_0}f_{T_0}(t)\left[\sum_{n=-\infty}^{+\infty}F(n\omega_0)\mathrm{e}^{\mathrm{j}n\omega_0t}\right]^*\mathrm{d}t\\&=\sum_{n=-\infty}^{+\infty}F^*(n\omega_0)\left[\frac{1}{T_0}\int_{t_0}^{t_0+T_0}f_{T_0}(t)\mathrm{e}^{-\mathrm{j}n\omega_0t}\mathrm{d}t\right]\\&=\sum_{n=-\infty}^{+\infty}F^*(n\omega_0)F(n\omega_0)\\&=\sum_{n=-\infty}^{+\infty}|F(n\omega_0)|^2\end{aligned}$$

考虑到式(3.2.10)及式(3.2.16)，则式(3.2.33)又可写成

$$\begin{aligned}\frac{1}{T_0}\int_{t_0}^{t_0+T_0}|f_{T_0}(t)|^2\mathrm{d}t&=\sum_{n=-\infty}^{+\infty}|F(n\omega_0)|^2=\sum_{n=-\infty}^{+\infty}\left|\frac{a_n-\mathrm{j}b_n}{2}\right|^2\\&=\sum_{n=-\infty}^{+\infty}\frac{a_n^2+b_n^2}{4}=\left(\frac{a_0}{2}\right)^2+\sum_{n=1}^{+\infty}\frac{a_n^2+b_n^2}{2}\\&=\left(\frac{a_0}{2}\right)^2+\sum_{n=1}^{+\infty}\left(\frac{A_n}{\sqrt{2}}\right)^2\end{aligned}\tag{3.2.34}$$

Parseval 定理是功率守恒原理的体现，即连续时间周期信号的功率既可以在时域上计算，又可以在频域上计算，并且计算结果是相等的。

结论 2:

(1) 式(3.2.33)表明，连续时间周期实信号的功率等于各次谐波功率之和，这是连续时间周期信号进行正交分解的必然结果。

(2) 式(3.2.34)表明，连续时间周期实信号的有效值的平方等于各次谐波有效值的平方和。

例 3.2.4: 设连续时间周期实信号 $f_{T_0}(t)=\left(1-\frac{2}{T_0}|t|\right)G_{T_0}(t)*\sum\limits_{m=-\infty}^{+\infty}\delta(t-mT_0)$。

(1) 试计算连续时间周期实信号 $f_{T_0}(t)$的频谱 $F(n\omega_0)$。

(2) 试用 Parseval 定理证明 p-级数 $\sum\limits_{n=1}^{+\infty}\frac{1}{n^p}$，当 $p=4$ 时，$\sum\limits_{n=1}^{+\infty}\frac{1}{n^4}=\frac{\pi^4}{90}$。

解: (1) 考虑到式(3.2.9)，则有

$$\begin{aligned}F(n\omega_0)&=\frac{1}{T_0}\int_{-\frac{T_0}{2}}^{\frac{T_0}{2}}f_{T_0}(t)\mathrm{e}^{-\mathrm{j}n\omega_0 t}\mathrm{d}t=\frac{1}{T_0}\int_{-\frac{T_0}{2}}^{\frac{T_0}{2}}\left(1-\frac{2}{T_0}|t|\right)\mathrm{e}^{-\mathrm{j}n\omega_0 t}\mathrm{d}t\\&=\frac{1}{T_0}\int_{-\frac{T_0}{2}}^{\frac{T_0}{2}}\left(1-\frac{2}{T_0}|t|\right)\cos n\omega_0 t\,\mathrm{d}t=\frac{2}{T_0}\int_0^{\frac{T_0}{2}}\left(1-\frac{2}{T_0}t\right)\cos n\omega_0 t\,\mathrm{d}t\\&=\frac{2}{n\omega_0 T_0}\int_0^{\frac{T_0}{2}}\left(1-\frac{2}{T_0}t\right)\mathrm{d}\sin n\omega_0 t=\frac{1}{n\pi}\left[\left(1-\frac{2}{T_0}t\right)\sin n\omega_0 t\Big|_0^{T_0/2}+\frac{2}{T_0}\int_0^{\frac{T_0}{2}}\sin n\omega_0 t\,\mathrm{d}t\right]\\&=\frac{1}{n\pi}\left(0-\frac{1}{n\pi}\cos n\omega_0 t\Big|_0^{T_0/2}\right)=\frac{1-\cos n\pi}{(n\pi)^2}=\frac{1}{2}\mathrm{Sa}^2\left(\frac{n\pi}{2}\right)\end{aligned}$$

(2) 考虑到

$$\begin{aligned}\frac{1}{T_0}\int_{-\frac{T_0}{2}}^{\frac{T_0}{2}}|f_{T_0}(t)|^2\mathrm{d}t&=\frac{1}{T_0}\int_{-\frac{T_0}{2}}^{\frac{T_0}{2}}\left(1-\frac{2}{T_0}|t|\right)^2\mathrm{d}t=\frac{2}{T_0}\int_0^{\frac{T_0}{2}}\left(1-\frac{2}{T_0}t\right)^2\mathrm{d}t\\&=\frac{2}{T_0}\int_{-\frac{T_0}{2}}^{0}\left[1-\frac{2}{T_0}\left(x+\frac{T_0}{2}\right)\right]^2\mathrm{d}x=\frac{2}{T_0}\int_{-\frac{T_0}{2}}^{0}\left(-\frac{2}{T_0}x\right)^2\mathrm{d}x\\&=\left(\frac{2}{T_0}\right)^3\int_{-\frac{T_0}{2}}^{0}x^2\mathrm{d}x=\left(\frac{2}{T_0}\right)^3\frac{1}{3}x^3\Big|_{-\frac{T_0}{2}}^{0}=\frac{1}{3}\end{aligned}$$

考虑到 Parseval 定理式(3.2.33)，则有

$$\sum_{n=-\infty}^{+\infty}\left[\frac{1}{2}\mathrm{Sa}^2\left(\frac{n\pi}{2}\right)\right]^2=\frac{1}{3}$$

即

$$\sum_{n=-\infty}^{+\infty}\mathrm{Sa}^4\left(\frac{n\pi}{2}\right)=\frac{4}{3}$$

亦即

$$1+32\sum_{n=1,3,5,\cdots}^{+\infty}\frac{1}{(n\pi)^4}=\frac{4}{3}$$

于是

$$\sigma_1=\sum_{n=1,3,5,\cdots}^{+\infty}\frac{1}{n^4}=\frac{\pi^4}{3\times 32}$$

又设 $\sigma_2=\sum\limits_{n=2,4,6,\cdots}^{+\infty}\frac{1}{n^4}$，则有 $\sigma_2=\frac{1}{2^4}(\sigma_1+\sigma_2)$，即 $\sigma_2=\frac{1}{15}\sigma_1$。

那么

$$\sum_{n=1}^{+\infty}\frac{1}{n^4}=\sigma_1+\sigma_2=\sigma_1+\frac{1}{15}\sigma_1=\frac{16}{15}\sigma_1=\frac{16}{15}\times\frac{\pi^4}{3\times 32}=\frac{\pi^4}{90}$$

例 3.2.5：设连续时间信号 $f_1(t)=\frac{1}{2}[\varepsilon(t+1)-\varepsilon(t-1)]$，定义 p 个 $f_1(t)$的线性卷积为

$$f_p(t)=f_{p-1}(t)*f_1(t),\ p=2,3,4,\cdots \tag{3.2.35}$$

(1) 试证明

$$f_p(t)=\frac{t^{p-1}\varepsilon(t)}{2^p(p-1)!}*\sum_{r=0}^{p}C_p^r(-1)^r\delta(t+p-2r),\ p=2,3,4,\cdots \tag{3.2.36}$$

式中，$C_p^r=\frac{p!}{r!(p-r)!}$。

(2) 试证明

$$f_p(t)*\delta_4(t)=\sum_{n=-\infty}^{+\infty}\frac{1}{4}\mathrm{Sa}^p\left(\frac{n\pi}{2}\right)\mathrm{e}^{\mathrm{j}\frac{n\pi t}{2}} \tag{3.2.37}$$

(3) 试求 $\sum\limits_{n=1}^{+\infty}\frac{1}{n^6}$ 的值。

证明：(1) 采用数学归纳法来证明

① 当 $p=2$ 时，由式(3.2.35)，可得

$$\begin{aligned}f_2(t)=f_1(t)*f_1(t)&=\frac{1}{2^2}[\varepsilon(t+1)-\varepsilon(t-1)]*[\varepsilon(t+1)-\varepsilon(t-1)]\\&=\frac{1}{2^2}\varepsilon(t)*[\delta(t+1)-\delta(t-1)]*\varepsilon(t)*[\delta(t+1)-\delta(t-1)]\\&=\frac{1}{2^2}\varepsilon(t)*\varepsilon(t)*[\delta(t+1)-\delta(t-1)]*[\delta(t+1)-\delta(t-1)]\\&=\frac{t\varepsilon(t)}{2^2}*[\delta(t+2)-2\delta(t)+\delta(t-2)]\\&=\frac{t\varepsilon(t)}{2^2}*\sum_{r=0}^{2}C_2^r(-1)^r\delta(t+2-2r)\end{aligned} \tag{3.2.38}$$

由式(3.2.38)可知，当 $p=2$ 时，式(3.2.36)成立。

② 设 $p=k$ 时，式(3.2.36)成立，即

$$f_k(t)=\frac{t^{k-1}\varepsilon(t)}{2^k(k-1)!}*\sum_{r=0}^{k}C_k^r(-1)^r\delta(t+k-2r) \tag{3.2.39}$$

③ 当 $p=k+1$ 时，考虑到式(3.2.35)及式(3.2.39)，则有

$$\begin{aligned}f_{k+1}(t)&=f_k(t)*f_1(t)\\&=\frac{1}{2}\varepsilon(t)*[\delta(t+1)-\delta(t-1)]*\frac{t^{k-1}\varepsilon(t)}{2^k(k-1)!}*\sum_{r=0}^{k}C_k^r(-1)^r\delta(t+k-2r)\end{aligned}$$

$$=\frac{t^{k-1}\varepsilon(t)}{2^{k+1}(k-1)!}*\varepsilon(t)*[\delta(t+1)-\delta(t-1)]*\sum_{r=0}^{k}C_k^r(-1)^r\delta(t+k-2r)$$

$$=\frac{t^k\varepsilon(t)}{2^{k+1}k(k-1)!}*\left[\sum_{r=0}^{k}C_k^r(-1)^r\delta(t+1+k-2r)-\sum_{r=0}^{k}C_k^r(-1)^r\delta(t-1+k-2r)\right]$$

$$=\frac{t^k\varepsilon(t)}{2^{k+1}k!}*\left[\sum_{r=0}^{k}C_k^r(-1)^r\delta(t+1+k-2r)-\sum_{m=1}^{k+1}C_k^{m-1}(-1)^{m-1}\delta(t+1+k-2m)\right]$$

$$=\frac{t^k\varepsilon(t)}{2^{k+1}k!}*\left[\sum_{r=0}^{k}C_k^r(-1)^r\delta(t+1+k-2r)+\sum_{r=1}^{k+1}C_k^{r-1}(-1)^r\delta(t+1+k-2r)\right] \quad (3.2.40)$$

考虑到

$$C_{k+1}^r=\frac{(k+1)!}{r!(k+1-r)!}=\frac{k+1}{k+1-r}\times\frac{k!}{r!(k-r)!}=\frac{k+1}{k+1-r}C_k^r$$

则有

$$C_k^r=\frac{k+1-r}{k+1}C_{k+1}^r=\left(1-\frac{r}{k+1}\right)C_{k+1}^r \quad (3.2.41)$$

考虑到

$$C_{k+1}^r=\frac{(k+1)!}{r!(k+1-r)!}=\frac{k+1}{r}\times\frac{k!}{(r-1)![k-(r-1)]!}=\frac{k+1}{r}C_k^{r-1}$$

则有

$$C_k^{r-1}=\frac{r}{k+1}C_{k+1}^r \quad (3.2.42)$$

考虑到式(3.2.41)及式(3.2.42)，则式(3.2.40)又可写成

$$f_{k+1}(t)=\frac{t^k}{2^{k+1}k!}\varepsilon(t)*\left[\sum_{r=0}^{k}C_k^r(-1)^r\delta(t+1+k-2r)+\sum_{r=1}^{k+1}C_k^{r-1}(-1)^r\delta(t+1+k-2r)\right]$$

$$=\frac{t^k\varepsilon(t)}{2^{k+1}k!}*\left[\sum_{r=0}^{k}\left(1-\frac{r}{k+1}\right)C_{k+1}^r(-1)^r\delta(t+1+k-2r)+\sum_{r=1}^{k+1}\frac{r}{k+1}C_{k+1}^r(-1)^r\delta(t+1+k-2r)\right]$$

$$=\frac{t^k\varepsilon(t)}{2^{k+1}k!}*\sum_{r=0}^{k+1}C_{k+1}^r(-1)^r\delta(t+1+k-2r) \quad (3.2.43)$$

由式(3.2.43)可知，当 $p=k+1$ 时，式(3.2.36)成立。因此，由数学归纳法可知，式(3.2.36)成立。

(2) 仍然采用数学归纳法来证明

考虑到式(3.2.7)，即

$$\delta_{T_0}(t)=\sum_{m=-\infty}^{+\infty}\delta(t-mT_0)=\sum_{n=-\infty}^{+\infty}\frac{1}{T_0}e^{jn\omega_0 t} \quad (3.2.44)$$

当周期 $T_0=4$ 时，则式(3.2.44)可写成

$$\delta_4(t)=\sum_{m=-\infty}^{+\infty}\delta(t-4m)=\sum_{n=-\infty}^{+\infty}\frac{1}{4}e^{j\frac{n\pi t}{2}} \quad (3.2.45)$$

① 当 $p=1$ 时，考虑到式(3.2.45)，则有

$$f_1(t)*\delta_4(t)=\delta_4(t)*\frac{1}{2}[\varepsilon(t+1)-\varepsilon(t-1)]$$

$$=\frac{1}{2}\left[\int_{-\infty}^{t+1}\delta_4(\tau)d\tau-\int_{-\infty}^{t-1}\delta_4(\tau)d\tau\right]$$

$$=\frac{1}{2}\int_{t-1}^{t+1}\left[\sum_{n=-\infty}^{+\infty}\frac{1}{4}e^{j\frac{n\pi\tau}{2}}\right]d\tau=\frac{1}{4}\sum_{n=-\infty}^{+\infty}\frac{e^{j\frac{n\pi\tau}{2}}}{n\pi j}\Bigg|_{t-1}^{t+1}$$

$$=\frac{1}{4}\sum_{n=-\infty}^{+\infty}\frac{e^{j\frac{n\pi}{2}(t+1)}-e^{j\frac{n\pi}{2}(t-1)}}{n\pi j}=\frac{1}{4}\sum_{n=-\infty}^{+\infty}\frac{e^{j\frac{n\pi}{2}t}(e^{j\frac{n\pi}{2}}-e^{-j\frac{n\pi}{2}})}{n\pi j}$$

$$=\frac{1}{4}\sum_{n=-\infty}^{+\infty}\frac{2j\sin\frac{n\pi}{2}}{n\pi j}e^{j\frac{n\pi}{2}t}=\sum_{n=-\infty}^{+\infty}\frac{1}{4}Sa\left(\frac{n\pi}{2}\right)e^{j\frac{n\pi}{2}t} \tag{3.2.46}$$

由式(3.2.46)可知，当 $p=1$ 时，式(3.2.37)成立。

② 设 $p=k$ 时，式(3.2.37)成立，即

$$f_k(t)*\delta_4(t)=\sum_{n=-\infty}^{+\infty}\frac{1}{4}Sa^k\left(\frac{n\pi}{2}\right)e^{j\frac{n\pi t}{2}} \tag{3.2.47}$$

③ 当 $p=k+1$ 时，则有

$$\begin{aligned}f_{k+1}(t)*\delta_4(t)&=f_k(t)*f_1(t)*\delta_4(t)=f_k(t)*\delta_4(t)*f_1(t)\\&=\sum_{n=-\infty}^{+\infty}\frac{1}{4}Sa^k\left(\frac{n\pi}{2}\right)e^{j\frac{n\pi}{2}t}*\frac{1}{2}[\varepsilon(t+1)-\varepsilon(t-1)]\\&=\frac{1}{8}\sum_{n=-\infty}^{+\infty}Sa^k\left(\frac{n\pi}{2}\right)\left[\int_{-\infty}^{t+1}e^{j\frac{n\pi}{2}\tau}d\tau-\int_{-\infty}^{t-1}e^{j\frac{n\pi}{2}\tau}d\tau\right]\\&=\frac{1}{8}\sum_{n=-\infty}^{+\infty}Sa^k\left(\frac{n\pi}{2}\right)\left[\int_{t-1}^{t+1}e^{j\frac{n\pi}{2}\tau}d\tau\right]\\&=\frac{1}{4}\sum_{n=-\infty}^{+\infty}Sa^k\left(\frac{n\pi}{2}\right)\left[\frac{e^{j\frac{n\pi\tau}{2}}}{n\pi j}\bigg|_{t-1}^{t+1}\right]\\&=\frac{1}{4}\sum_{n=-\infty}^{+\infty}Sa^k\left(\frac{n\pi}{2}\right)\frac{e^{j\frac{n\pi}{2}(t+1)}-e^{j\frac{n\pi}{2}(t-1)}}{n\pi j}\\&=\frac{1}{4}\sum_{n=-\infty}^{+\infty}Sa^{k+1}\left(\frac{n\pi}{2}\right)e^{j\frac{n\pi}{2}t}\end{aligned} \tag{3.2.48}$$

由式(3.2.48)可知，当 $p=k+1$ 时，式(3.2.37)成立。因此，由数学归纳法可知，式(3.2.37)成立。

(3) 由于 $f_1(t)$是时限于区间 $t\in[-1,1]$的偶信号，所以 $f_p(t)$是时限于区间 $t\in[-p,p]$的偶信号。当 $p\geqslant 3$ 时，对 $f_p(t)$进行周期为 4 的延拓，$f_p(t)*\delta_4(t)$各周的波形将出现重叠，即使如此，$f_p(t)*\delta_4(t)$还是一个周期为 4 的周期信号，并且由式(3.2.37)可知，它同样可以分解成傅里叶级数。

式(3.2.36)又可以写成

$$f_p(t)=\frac{1}{2^p(p-1)!}\sum_{r=0}^{p}C_p^r(-1)^r(t+p-2r)^{p-1}\varepsilon(t+p-2r) \tag{3.2.49}$$

由式(3.2.37)可得

$$\sum_{n=-\infty}^{+\infty}Sa^p\left(\frac{n\pi}{2}\right)=4f_p(t)*\delta_4(t)\big|_{t=0}=\left[4\sum_{m=-\infty}^{+\infty}f_p(t-4m)\right]\bigg|_{t=0}=4\sum_{m=-\infty}^{+\infty}f_p(4m) \tag{3.2.50}$$

考虑到式(3.2.49)，由式(3.2.50)可得

$$\begin{aligned}\sum_{n=-\infty}^{+\infty}Sa^6\left(\frac{n\pi}{2}\right)&=4\sum_{m=-\infty}^{+\infty}f_6(4m)\\&=4[f_6(-4)+f_6(0)+f_6(4)]\\&=4[f_6(0)+2f_6(4)]\end{aligned}$$

$$=\frac{4}{2^6\times 5!}\sum_{r=0}^{6}C_6^r(-1)^r(6-2r)^5\varepsilon(6-2r)+\frac{8}{2^6\times 5!}\sum_{r=0}^{6}C_6^r(-1)^r(10-2r)^5\varepsilon(10-2r)$$

$$=\frac{2}{5!}\sum_{r=0}^{2}C_6^r(-1)^r(3-r)^5+\frac{4}{5!}\sum_{r=0}^{4}C_6^r(-1)^r(5-r)^5$$

$$=\frac{2}{5!}(3^5-6\times 2^5+15\times 1^5)+\frac{4}{5!}(5^5-6\times 4^5+15\times 3^5-20\times 2^5+15\times 1^5)$$

$$=\frac{2}{5!}\times 66+\frac{4}{5!}\times 1=\frac{17}{15}$$

即

$$1+2^7\sum_{n=1,3,5,\cdots}^{+\infty}\frac{1}{(n\pi)^6}=\frac{17}{15}$$

亦即

$$\sigma_1=\sum_{n=1,3,5,\cdots}^{+\infty}\frac{1}{n^6}=\frac{\pi^6}{15\times 64}$$

若设 $\sigma_2=\sum\limits_{n=2,4,6,\cdots}^{+\infty}\frac{1}{n^6}$，则有 $\sigma_2=\frac{1}{2^6}(\sigma_1+\sigma_2)$，即 $2^6\sigma_2=\sigma_1+\sigma_2$，亦即 $\sigma_2=\frac{1}{63}\sigma_1$，于是

$$\sum_{n=1}^{+\infty}\frac{1}{n^6}=\sigma_1+\sigma_2=\sigma_1+\frac{1}{63}\sigma_1=\frac{64}{63}\sigma_1=\frac{64}{63}\times\frac{\pi^6}{15\times 64}=\frac{\pi^6}{945}$$

3.3　连续时间非周期信号的分解——傅里叶逆变换

除了连续时间周期信号，连续时间非周期信号也是自然界广泛存在的信号，如通信中的语音信号、放射性随时间的衰减呈现的指数信号等。由 3.2 节的分析和讨论可知，连续时间非周期信号的频谱是连续谱，对连续谱的描述和定量分析是本节要研究和解决的主要问题。

3.3.1　傅里叶变换的导出

考虑到式(3.2.7)，则有

$$\frac{1}{2\pi}\int_{-\infty}^{+\infty}e^{j\omega t}d\omega=\sum_{n=-\infty}^{+\infty}\frac{1}{2\pi}\int_{\left(n-\frac{1}{2}\right)\omega_0}^{\left(n+\frac{1}{2}\right)\omega_0}e^{j\omega t}d\omega=\frac{1}{2\pi}\sum_{n=-\infty}^{+\infty}\frac{e^{j\omega t}}{jt}\Bigg|_{\left(n-\frac{1}{2}\right)\omega_0}^{\left(n+\frac{1}{2}\right)\omega_0}$$

$$=\frac{1}{2\pi}\sum_{n=-\infty}^{+\infty}\frac{e^{jn\omega_0 t}\left(e^{j\frac{\omega_0}{2}t}-e^{-j\frac{\omega_0}{2}t}\right)}{jt}=\frac{\sin\frac{\omega_0 t}{2}}{\pi t}\sum_{n=-\infty}^{+\infty}e^{jn\omega_0 t}$$

$$=\frac{\sin\frac{\omega_0 t}{2}}{\pi t}T_0\delta_{T_0}(t)=\mathrm{Sa}\left(\frac{\omega_0 t}{2}\right)\sum_{m=-\infty}^{+\infty}\delta(t-mT_0)$$

$$=\sum_{m=-\infty}^{+\infty}\mathrm{Sa}\left(\frac{\omega_0 t}{2}\right)\delta(t-mT_0)=\sum_{m=-\infty}^{+\infty}\mathrm{Sa}\left(\frac{m\omega_0 T_0}{2}\right)\delta(t-mT_0)$$

$$=\sum_{m=-\infty}^{+\infty}\mathrm{Sa}(m\pi)\delta(t-mT_0)$$

$$=\delta(t)\tag{3.3.1}$$

考虑到式(3.3.1)，则连续时间傅里叶逆变换(Inverse Continuous Time Fourier Transform,

ICTFT)为

$$\begin{aligned} f_a(t) &= f_a(t) * \delta(t) = \int_{-\infty}^{+\infty} f_a(\tau)\delta(t-\tau)\mathrm{d}\tau \\ &= \int_{-\infty}^{+\infty} f_a(\tau)\left[\frac{1}{2\pi}\int_{-\infty}^{+\infty} \mathrm{e}^{\mathrm{j}\omega(t-\tau)}\mathrm{d}\omega\right]\mathrm{d}\tau \\ &= \frac{1}{2\pi}\int_{-\infty}^{+\infty}\left[\int_{-\infty}^{+\infty} f_a(\tau)\mathrm{e}^{-\mathrm{j}\omega\tau}\mathrm{d}\tau\right]\mathrm{e}^{\mathrm{j}\omega t}\mathrm{d}\omega \\ &= \frac{1}{2\pi}\int_{-\infty}^{+\infty} F_a(\mathrm{j}\omega)\mathrm{e}^{\mathrm{j}\omega t}\mathrm{d}\omega \end{aligned} \tag{3.3.2}$$

式中，连续时间傅里叶变换(Continuous Time Fourier Transform，CTFT)为

$$F_a(\mathrm{j}\omega) = \int_{-\infty}^{+\infty} f_a(\tau)\mathrm{e}^{-\mathrm{j}\omega\tau}\mathrm{d}\tau = \int_{-\infty}^{+\infty} f_a(t)\mathrm{e}^{-\mathrm{j}\omega t}\mathrm{d}t \tag{3.3.3}$$

式(3.3.2)表明，可将连续时间非周期信号 $f_a(t)$ 分解成虚指数信号数 $\mathrm{e}^{\mathrm{j}\omega t}$ 的加权和，其加权值为 $F_a(\mathrm{j}\omega)/(2\pi)$。该式称为连续时间非周期信号 $f_a(t)$ 的傅里叶逆变换(ICTFT)，并记为 $f_a(t)=\mathrm{ICTFT}[F_a(\mathrm{j}\omega)]$。式(3.3.3)称为连续时间非周期信号 $f_a(t)$ 的傅里叶变换(CTFT)，也是 $f_a(t)$ 的频谱密度函数(简称频谱)$F_a(\mathrm{j}\omega)$ 的计算公式，并记为 $F_a(\mathrm{j}\omega)=\mathrm{CTFT}[f_a(t)]$。

由于连续时间非周期信号 $f_a(t)$ 与频谱 $F_a(\mathrm{j}\omega)$ 是相互表示的，因此连续时间非周期信号 $f_a(t)$ 的傅里叶变换(CTFT)具有唯一性。一般可简记为

$$f_a(t) \longleftrightarrow F_a(\mathrm{j}\omega)$$

考虑到 $\omega=2\pi f$，在工程和技术领域，通常傅里叶变换也采用频域(以 Hz 为单位)的定义，即

$$F_a(\mathrm{j}f) = \int_{-\infty}^{+\infty} f_a(t)\mathrm{e}^{-\mathrm{j}2\pi ft}\mathrm{d}t \tag{3.3.4}$$

$$f_a(t) = \int_{-\infty}^{+\infty} F_a(\mathrm{j}f)\mathrm{e}^{\mathrm{j}2\pi ft}\mathrm{d}f \tag{3.3.5}$$

因此，式(3.3.4)称为傅里叶变换，式(3.3.5)称为傅里叶逆变换。

两种不同定义下的频谱密度可以互相转换，定义的不同并不影响对信号的分析和处理。

3.3.2 连续时间非周期信号与相应连续时间周期信号频谱之间的关系

考虑到式(3.2.9)，即

$$F(n\omega_0) = \frac{1}{T_0}\int_{-\infty}^{+\infty} f_a(\tau)\mathrm{e}^{-\mathrm{j}n\omega_0\tau}\mathrm{d}\tau = \frac{1}{T_0}\int_{t_0}^{t_0+T_0} f_{T_0}(t)\mathrm{e}^{-\mathrm{j}n\omega_0 t}\mathrm{d}t \tag{3.3.6}$$

式中，t_0 为任意时刻。

将式(3.3.6)与式(3.3.3)进行比较，可得

$$F(n\omega_0) = \frac{1}{T_0}F_a(\mathrm{j}\omega)\bigg|_{\omega=n\omega_0} \tag{3.3.7}$$

或者写成

$$F_a(\mathrm{j}\omega) = \frac{F(n\omega_0)}{1/T_0}\bigg|_{n\omega_0=\omega} = \frac{F(n\omega_0)}{f_0}\bigg|_{n\omega_0=\omega} \tag{3.3.8}$$

式(3.3.7)表明，连续时间周期信号的频谱 $F(n\omega_0)$ 可以通过相应的连续时间非周期信号的频谱 $F_a(\mathrm{j}\omega)$ 按该式代换求得，这是无须讨论连续时间周期信号傅里叶级数性质的原因之一。

式(3.3.8)表明，连续时间非周期信号的频谱 $F_a(\mathrm{j}\omega)$ 是单位频率对应的幅度谱，显然具有频谱密度的含义，因此称 $F_a(\mathrm{j}\omega)$ 为频谱密度函数，简称为频谱函数或频谱。并且，连续时间非周期信号的频谱可以通过相应的连续时间周期信号的频谱按该式代换求得。

总之，傅里叶级数和傅里叶变换两者之间既有联系，又存在本质区别，如表 3.3.1 所示。

表 3.3.1　傅里叶级数与傅里叶变换的比较

	傅里叶级数	傅里叶变换
分析对象	周期信号	非周期信号
频率定义域	离散频率，谐波频率处	连续频率，整个频率轴
函数值意义	频率分量的数值	频谱分量的密度值

3.3.3　傅里叶变换存在的充分条件

若连续时间非周期信号 $f_a(t)$满足绝对可积条件，即

$$\int_{-\infty}^{+\infty}|f_a(t)|\,\mathrm{d}t<\infty \tag{3.3.9}$$

则有

$$|F_a(\mathrm{j}\omega)|\leqslant\int_{-\infty}^{+\infty}|f_a(t)\mathrm{e}^{-\mathrm{j}\omega t}|\,\mathrm{d}t=\int_{-\infty}^{+\infty}|f_a(t)|\,\mathrm{d}t<\infty$$

于是，连续时间非周期信号 $f_a(t)$的傅里叶变换 $F_a(\mathrm{j}\omega)$存在。

因此，连续时间非周期信号 $f_a(t)$满足绝对可积条件是其傅里叶变换 $F_a(\mathrm{j}\omega)$存在的充分条件，并非是必要条件。

虽然一些信号并不满足绝对可积条件，但是其傅里叶变换仍然存在，只不过需要借助冲激函数来表示这些信号的傅里叶变换。

例 3.3.1：已知连续时间信号 $f(t)=\delta(t-t_0)$，试求连续时间信号 $f(t)$的频谱 $F(\mathrm{j}\omega)$。

解：考虑到 CTFT 的定义式(3.3.3)，则有

$$\begin{aligned}F(\mathrm{j}\omega)&=\int_{-\infty}^{+\infty}\delta(t-t_0)\mathrm{e}^{-\mathrm{j}\omega t}\,\mathrm{d}t=\int_{-\infty}^{+\infty}\mathrm{e}^{-\mathrm{j}\omega t_0}\delta(t-t_0)\,\mathrm{d}t\\&=\mathrm{e}^{-\mathrm{j}\omega t_0}\int_{-\infty}^{+\infty}\delta(t-t_0)\,\mathrm{d}t\\&=\mathrm{e}^{-\mathrm{j}\omega t_0}\end{aligned}$$

于是得到傅里叶变换对，即

$$\delta(t-t_0)\longleftrightarrow\mathrm{e}^{-\mathrm{j}\omega t_0} \tag{3.3.10}$$

特别地，若 $t_0=0$，则有

$$\delta(t)\longleftrightarrow 1 \tag{3.3.11}$$

例 3.3.2：已知连续时间信号 $f(t)=\delta'(t-t_0)$，试求连续时间信号 $f(t)$的频谱 $F(\mathrm{j}\omega)$。

解：考虑到 CTFT 的定义式(3.3.3)，则有

$$\begin{aligned}F(\mathrm{j}\omega)&=\int_{-\infty}^{+\infty}\delta'(t-t_0)\mathrm{e}^{-\mathrm{j}\omega t}\,\mathrm{d}t=\int_{-\infty}^{+\infty}\mathrm{e}^{-\mathrm{j}\omega t}\,\mathrm{d}\delta(t-t_0)\\&=\mathrm{e}^{-\mathrm{j}\omega t}\delta(t-t_0)\Big|_{-\infty}^{+\infty}-\int_{-\infty}^{+\infty}(-\mathrm{j}\omega)\mathrm{e}^{-\mathrm{j}\omega t}\delta(t-t_0)\,\mathrm{d}t\\&=\mathrm{j}\omega\,\mathrm{e}^{-\mathrm{j}\omega t_0}\end{aligned}$$

于是得到傅里叶变换对，即

$$\delta'(t-t_0)\longleftrightarrow\mathrm{j}\omega\,\mathrm{e}^{-\mathrm{j}\omega t_0} \tag{3.3.12}$$

特别地，若 $t_0=0$，则有

$$\delta'(t)\longleftrightarrow\mathrm{j}\omega \tag{3.3.13}$$

例 3.3.3：已知连续时间信号 $f(t)=\mathrm{e}^{-at}\varepsilon(t)(a>0)$，试求连续时间信号 $f(t)$的频谱$F(\mathrm{j}\omega)$。

解：考虑到 CTFT 的定义式(3.3.3)，则有

$$F(\mathrm{j}\omega)=\int_{-\infty}^{+\infty}\mathrm{e}^{-at}\varepsilon(t)\mathrm{e}^{-\mathrm{j}\omega t}\mathrm{d}t=\int_{-\infty}^{+\infty}\mathrm{e}^{-(a+\mathrm{j}\omega)t}\varepsilon(t)\mathrm{d}t$$
$$=\frac{\mathrm{e}^{-(a+\mathrm{j}\omega)t}-1}{-(a+\mathrm{j}\omega)}\varepsilon(t)\Bigg|_{-\infty}^{+\infty}$$
$$=\frac{1}{a+\mathrm{j}\omega}$$

于是得到傅里叶变换对，即

$$\mathrm{e}^{-at}\varepsilon(t)\xleftrightarrow{a>0}\frac{1}{a+\mathrm{j}\omega} \tag{3.3.14}$$

例 3.3.4：已知连续时间信号 $f(t)=G_\tau(t)$，试求连续时间信号 $f(t)$ 的频谱 $F(\mathrm{j}\omega)$。

解：考虑到 CTFT 的定义式(3.3.3)，则有

$$F(\mathrm{j}\omega)=\int_{-\infty}^{+\infty}G_\tau(t)\mathrm{e}^{-\mathrm{j}\omega t}\mathrm{d}t=\int_{-\frac{\tau}{2}}^{\frac{\tau}{2}}\mathrm{e}^{-\mathrm{j}\omega t}\mathrm{d}t=2\int_0^{\frac{\tau}{2}}\cos\omega t\,\mathrm{d}t$$
$$=2\frac{\sin\omega t}{\omega}\Bigg|_0^{\tau/2}=\frac{\sin\omega\tau/2}{\omega/2}$$
$$=\tau\,\mathrm{Sa}\left(\frac{\omega\tau}{2}\right)$$

于是得到傅里叶变换对，即

$$G_\tau(t)\longleftrightarrow\tau\,\mathrm{Sa}\left(\frac{\omega\tau}{2}\right) \tag{3.3.15}$$

讨论：

考虑到式(3.3.15)，则有

$$G_2(t)\longleftrightarrow 2\mathrm{Sa}(\omega) \tag{3.3.16}$$

考虑到傅里叶逆变换式(3.3.2)，对式(3.3.16)取 ICTFT，则有

$$\frac{1}{2\pi}\int_{-\infty}^{+\infty}2\mathrm{Sa}(\omega)\mathrm{e}^{\mathrm{j}\omega t}\mathrm{d}\omega=G_2(t)$$

即

$$\int_{-\infty}^{+\infty}\mathrm{Sa}(\omega)\mathrm{d}\omega=\pi G_2(0)=\pi \tag{3.3.17}$$

于是得到下述的格雷积分，即

$$\int_{-\infty}^{0}\mathrm{Sa}(t)\mathrm{d}t=\int_0^{+\infty}\mathrm{Sa}(t)\mathrm{d}t=\frac{\pi}{2} \tag{3.3.18}$$

考虑到式(3.3.18)，则有

$$\int_{-\infty}^{+\infty}\frac{\sin bt}{t}\mathrm{d}t=\pi\,\mathrm{sgn}(b)=\pi[2\varepsilon(b)-1] \tag{3.3.19}$$

例 3.3.5：已知连续时间信号 $f(t)=\mathrm{Sa}(t)$，试求连续时间信号 $f(t)$ 的频谱 $F(\mathrm{j}\omega)$。

解：考虑到 CTFT 的定义式(3.3.3)及式(3.3.19)，则有

$$F(\mathrm{j}\omega)=\int_{-\infty}^{+\infty}\mathrm{Sa}(t)\mathrm{e}^{-\mathrm{j}\omega t}\mathrm{d}t=\int_{-\infty}^{+\infty}\mathrm{Sa}(t)\cos\omega t\,\mathrm{d}t$$
$$=\int_{-\infty}^{+\infty}\frac{\sin t\cos\omega t}{t}\mathrm{d}t=\frac{1}{2}\int_{-\infty}^{+\infty}\frac{2\sin t\cos\omega t}{t}\mathrm{d}t$$
$$=\frac{1}{2}\int_{-\infty}^{+\infty}\frac{\sin(\omega+1)t}{t}\mathrm{d}t-\frac{1}{2}\int_{-\infty}^{+\infty}\frac{\sin(\omega-1)t}{t}\mathrm{d}t$$
$$=\frac{\pi}{2}[2\varepsilon(\omega+1)-1]-\frac{\pi}{2}[2\varepsilon(\omega-1)-1]$$

$$=\pi[\varepsilon(\omega+1)-\varepsilon(\omega-1)]$$
$$=\pi G_2(\omega)$$

于是得到傅里叶变换对，即

$$\mathrm{Sa}(t)\longleftrightarrow \pi G_2(\omega) \tag{3.3.20}$$

对式(3.3.20)取傅里叶逆变换，则有

$$\mathrm{Sa}(t)=\frac{1}{2\pi}\int_{-\infty}^{+\infty}\pi G_2(\omega)\mathrm{e}^{\mathrm{j}\omega t}\mathrm{d}\omega=\frac{1}{2}\int_{-\infty}^{+\infty}G_2(\lambda)\mathrm{e}^{\mathrm{j}\lambda t}\mathrm{d}\lambda \tag{3.3.21}$$

例 3.3.6：已知连续时间信号 $f(t)=\mathrm{Sa}^2(t)$，试求连续时间信号 $f(t)$的频谱 $F(\mathrm{j}\omega)$。

解：方法 1　考虑到 CTFT 的定义式(3.3.3)、式(3.3.21)及式(3.3.20)，则有

$$\begin{aligned}F(\mathrm{j}\omega)&=\int_{-\infty}^{+\infty}\mathrm{Sa}^2(t)\mathrm{e}^{-\mathrm{j}\omega t}\mathrm{d}t\\&=\frac{1}{2}\int_{-\infty}^{+\infty}\mathrm{Sa}(t)\left[\int_{-\infty}^{+\infty}G_2(\lambda)\mathrm{e}^{\mathrm{j}\lambda t}\mathrm{d}\lambda\right]\mathrm{e}^{-\mathrm{j}\omega t}\mathrm{d}t\\&=\frac{1}{2}\int_{-\infty}^{+\infty}G_2(\lambda)\left[\int_{-\infty}^{+\infty}\mathrm{Sa}(t)\mathrm{e}^{-\mathrm{j}(\omega-\lambda)t}\mathrm{d}t\right]\mathrm{d}\lambda\\&=\frac{\pi}{2}\int_{-\infty}^{+\infty}G_2(\lambda)G_2(\omega-\lambda)\mathrm{d}\lambda\\&=\frac{\pi}{2}G_2(\omega)*G_2(\omega)\end{aligned}$$

于是

$$\int_{-\infty}^{+\infty}\mathrm{Sa}^2(t)\mathrm{d}t=\frac{\pi}{2}G_2(\omega)*G_2(\omega)\big|_{\omega=0}=\pi \tag{3.3.22}$$

$$\int_{-\infty}^{+\infty}\frac{\sin^2 bt}{t^2}\mathrm{d}t=\pi b\,\mathrm{sgn}(b)=\pi b[2\varepsilon(b)-1] \tag{3.3.23}$$

方法 2　考虑到 CTFT 的定义式(3.3.3)、式(3.3.22)及式(3.3.23)，则有

$$\begin{aligned}F(\mathrm{j}\omega)&=\int_{-\infty}^{+\infty}\mathrm{Sa}^2(t)\mathrm{e}^{-\mathrm{j}\omega t}\mathrm{d}t=\int_{-\infty}^{+\infty}\mathrm{Sa}^2(t)\cos\omega t\,\mathrm{d}t=\int_{-\infty}^{+\infty}\mathrm{Sa}^2(t)\left[2\cos^2\frac{\omega t}{2}-1\right]\mathrm{d}t\\&=2\int_{-\infty}^{+\infty}\mathrm{Sa}^2(t)\cos^2\frac{\omega t}{2}\mathrm{d}t-\pi=4\int_{-\infty}^{+\infty}\mathrm{Sa}^2(2x)\cos^2(\omega x)\mathrm{d}x-\pi\\&=\int_{-\infty}^{+\infty}\frac{(\sin 2t\cos\omega t)^2}{t^2}\mathrm{d}t-\pi=\frac{1}{4}\int_{-\infty}^{+\infty}\frac{[\sin(\omega+2)t-\sin(\omega-2)t]^2}{t^2}\mathrm{d}t-\pi\\&=\frac{\pi}{4}\{\omega\,\mathrm{sgn}(\omega)*[\delta(\omega+2)+\delta(\omega-2)]\}-\frac{1}{4}\int_{-\infty}^{+\infty}\frac{2\sin(\omega+2)t\sin(\omega-2)t}{t^2}\mathrm{d}t-\pi\\&=\frac{\pi}{2}[(\omega+2)\varepsilon(\omega+2)+(\omega-2)\varepsilon(\omega-2)]-\frac{\pi\omega}{2}-\pi+\frac{1}{4}\int_{-\infty}^{+\infty}\frac{\cos 2\omega t-\cos 4t}{t^2}\mathrm{d}t\\&=\frac{\pi}{2}[(\omega+2)\varepsilon(\omega+2)+(\omega-2)\varepsilon(\omega-2)]-\frac{\pi\omega}{2}-\pi+\frac{1}{4}\int_{-\infty}^{+\infty}\frac{2\sin^2 2t-2\sin^2\omega t}{t^2}\mathrm{d}t\\&=\frac{\pi}{2}[(\omega+2)\varepsilon(\omega+2)+(\omega-2)\varepsilon(\omega-2)]-\frac{\pi\omega}{2}-\pi+\frac{1}{2}[2\pi\,\mathrm{sgn}(2)-\pi\omega\,\mathrm{sgn}(\omega)]\\&=\frac{\pi}{2}[(\omega+2)\varepsilon(\omega+2)+(\omega-2)\varepsilon(\omega-2)]-\frac{\pi\omega}{2}[1+\mathrm{sgn}(\omega)]\\&=\frac{\pi}{2}[(\omega+2)\varepsilon(\omega+2)+(\omega-2)\varepsilon(\omega-2)]-\pi\omega\varepsilon(\omega)\\&=\frac{\pi}{2}G_2(\omega)*G_2(\omega)\end{aligned}$$

于是得到傅里叶变换对，即

$$\mathrm{Sa}^2(t) \longleftrightarrow \frac{\pi}{2}G_2(\omega) * G_2(\omega) \tag{3.3.24}$$

3.4 傅里叶变换的性质

3.3 节导出了连续时间非周期信号的傅里叶变换(CTFT)。我们已经知道，CTFT 不仅建立了一个连续时间非周期信号时域与频域之间的联系，而且时域上的信号与频域上的频谱可以相互表示，即 CTFT 具有唯一性。然而，按傅里叶变换的定义式来计算连续时间非周期信号的频谱，即 CTFT，其过程十分冗长，有时还需要利用恒等式代换才能解决问题。由于 CTFT 是通过广义积分来定义的，因此它必然存在一些性质和定理，充分运用这些性质和定理，可使连续时间非周期信号的傅里叶变换及逆变换的计算得以简化。

3.4.1 线性性质

若 $\mathrm{CTFT}[f_1(t)]=F_1(\mathrm{j}\omega)$，$\mathrm{CTFT}[f_2(t)]=F_2(\mathrm{j}\omega)$，则有

$$\mathrm{CTFT}[C_1f_1(t)+C_2f_2(t)]=C_1F_1(\mathrm{j}\omega)+C_2F_2(\mathrm{j}\omega) \tag{3.4.1}$$

式中，C_1 和 C_2 为任意常数。

证明：考虑到 CTFT 的定义式(3.3.3)，则有

$$\begin{aligned}\mathrm{CTFT}[C_1f_1(t)+C_2f_2(t)]&=\int_{-\infty}^{+\infty}[C_1f_1(t)+C_2f_2(t)]\mathrm{e}^{-\mathrm{j}\omega t}\mathrm{d}t\\&=C_1\int_{-\infty}^{+\infty}f_1(t)\mathrm{e}^{-\mathrm{j}\omega t}\mathrm{d}t+C_2\int_{-\infty}^{+\infty}f_2(t)\mathrm{e}^{-\mathrm{j}\omega t}\mathrm{d}t\\&=C_1F_1(\mathrm{j}\omega)+C_2F_2(\mathrm{j}\omega)\end{aligned}$$

式(3.4.1)表明，时域上连续时间信号进行线性组合，频域上其频谱具有相同的线性组合形式。

例 3.4.1：已知连续时间信号 $f(t)=\delta(t+2)+\delta(t-2)$，试求连续时间信号 $f(t)$ 的频谱 $F(\mathrm{j}\omega)$。

解：考虑到式(3.3.10)，即 $\mathrm{CTFT}[\delta(t-t_0)]=\mathrm{e}^{-\mathrm{j}\omega t_0}$，则有

$$F(\mathrm{j}\omega)=\mathrm{CTFT}[\delta(t+2)+\delta(t-2)]=\mathrm{e}^{\mathrm{j}2\omega}+\mathrm{e}^{-\mathrm{j}2\omega}=2\cos 2\omega$$

3.4.2 时域共轭性质

1.3.5 节介绍了连续时间共轭对称信号和共轭反对称信号，以及连续时间复信号在时域的两种分解形式，下面介绍在时域的两种分解形式下，在频域的对应性质。

1. 连续时间复信号的共轭信号的傅里叶变换

若 $f(t)\longleftrightarrow F(\mathrm{j}\omega)$，则有

$$f^*(t)\longleftrightarrow F^*(-\mathrm{j}\omega) \tag{3.4.2}$$

证明：考虑到 CTFT 的定义式(3.3.3)，则有

$$\mathrm{CTFT}[f^*(t)]=\int_{-\infty}^{+\infty}f^*(t)\mathrm{e}^{-\mathrm{j}\omega t}\mathrm{d}t=\left[\int_{-\infty}^{+\infty}f(t)\mathrm{e}^{\mathrm{j}\omega t}\mathrm{d}t\right]^*=F^*(-\mathrm{j}\omega)$$

式(3.4.2)表明，连续时间复信号的共轭信号的频谱等于复信号频谱的反褶再取共轭。

推论 1：

考虑到$\frac{1}{2}[f(t)+f^*(t)]\longleftrightarrow\frac{1}{2}[F(\mathrm{j}\omega)+F^*(-\mathrm{j}\omega)]$，则有

$$\mathrm{Re}[f(t)] \longleftrightarrow F_e(\mathrm{j}\omega) \tag{3.4.3}$$

式(3.4.3)表明，连续时间复信号的实部分量的频谱等于复信号频谱的共轭对称分量。

推论 2：

考虑到$\frac{1}{2}[f(t)-f^*(t)] \longleftrightarrow \frac{1}{2}[F(\mathrm{j}\omega)-F^*(-\mathrm{j}\omega)]$，则有

$$\mathrm{jIm}[f(t)] \longleftrightarrow F_o(\mathrm{j}\omega) \tag{3.4.4}$$

式(3.4.4)表明，连续时间复信号的 $\mathrm{jIm}[f(t)]$的频谱等于复信号频谱的共轭反对称分量。

讨论：

若 $f(t)$是连续时间实信号，则 $f(t)$满足

$$f^*(t)=f(t) \tag{3.4.5}$$

对式(3.4.5)的等号两边分别取 CTFT，并考虑到式(3.4.2)，则有

$$F^*(-\mathrm{j}\omega)=F(\mathrm{j}\omega) \tag{3.4.6}$$

对式(3.4.6)的等号两边分别取共轭，可得

$$F(-\mathrm{j}\omega)=F^*(\mathrm{j}\omega) \tag{3.4.7}$$

式(3.4.7)表明，连续时间实信号频谱的反褶与频谱取共轭等价。

考虑到式(3.4.6)及式(3.4.7)，则有

$$\begin{aligned}\mathrm{Re}[F(\mathrm{j}\omega)]&=\frac{1}{2}[F(\mathrm{j}\omega)+F^*(\mathrm{j}\omega)]\\&=\frac{1}{2}[F^*(-\mathrm{j}\omega)+F(-\mathrm{j}\omega)]\\&=\mathrm{Re}[F(-\mathrm{j}\omega)]\end{aligned} \tag{3.4.8}$$

同理，可得

$$\mathrm{Im}[F(\mathrm{j}\omega)]=-\mathrm{Im}[F(-\mathrm{j}\omega)] \tag{3.4.9}$$

令 $F(\mathrm{j}\omega)=|F(\mathrm{j}\omega)|\mathrm{e}^{\mathrm{j}\theta(\omega)}$，考虑到式(3.4.8)及式(3.4.9)，则有

$$|F(\mathrm{j}\omega)|=|F(-\mathrm{j}\omega)| \tag{3.4.10}$$

$$\theta(\omega)=-\theta(-\omega) \tag{3.4.11}$$

推论 3：

连续时间实信号 $f(t)$的频谱 $F(\mathrm{j}\omega)$的实部 $\mathrm{Re}[F(\mathrm{j}\omega)]$及幅度频谱$|F(\mathrm{j}\omega)|$是 ω 的偶函数，虚部 $\mathrm{Im}[F(\mathrm{j}\omega)]$及相位频谱 $\theta(\omega)$是 ω 的奇函数。

2. 连续时间复信号的共轭反褶信号的傅里叶变换

若 $f(t) \longleftrightarrow F(\mathrm{j}\omega)$，则有

$$f^*(-t) \longleftrightarrow F^*(\mathrm{j}\omega) \tag{3.4.12}$$

证明：考虑到 CTFT 的定义式(3.3.3)，则有

$$\begin{aligned}\mathrm{CTFT}[f^*(-t)]&=\int_{-\infty}^{+\infty} f^*(-t)\mathrm{e}^{-\mathrm{j}\omega t}\mathrm{d}t=-\int_{+\infty}^{-\infty} f^*(\tau)\mathrm{e}^{\mathrm{j}\omega\tau}\mathrm{d}\tau\\&=\int_{-\infty}^{+\infty} f^*(\tau)\mathrm{e}^{\mathrm{j}\omega\tau}\mathrm{d}\tau=\left[\int_{-\infty}^{+\infty} f(\tau)\mathrm{e}^{-\mathrm{j}\omega\tau}\mathrm{d}\tau\right]^*\\&=F^*(\mathrm{j}\omega)\end{aligned}$$

式(3.4.12)表明，连续时间复信号的共轭反褶信号的频谱等于复信号频谱的共轭。

推论 4：

考虑到$\frac{1}{2}[f(t)+f^*(-t)] \longleftrightarrow \frac{1}{2}[F(\mathrm{j}\omega)+F^*(\mathrm{j}\omega)]$，则有

$$f_e(t) \longleftrightarrow \mathrm{Re}[F(\mathrm{j}\omega)] \tag{3.4.13}$$

式(3.4.13)表明，连续时间复信号的共轭对称分量的频谱等于复信号频谱的实部。

推论 5：

考虑到$\frac{1}{2}[f(t)-f^*(-t)] \longleftrightarrow \frac{1}{2}[F(\mathrm{j}\omega)-F^*(\mathrm{j}\omega)]$，则有

$$f_o(t) \longleftrightarrow \mathrm{jIm}[F(\mathrm{j}\omega)] \tag{3.4.14}$$

式(3.4.14)表明，连续时间复信号的共轭反对称分量的频谱等于 $\mathrm{jIm}[F(\mathrm{j}\omega)]$。

推论 6：

由推论 4 及推论 5 可知，连续时间实信号进行奇偶分解时，奇分量和偶分量对应的频谱如图 3.4.1 所示。

$$\begin{array}{ccccc} f(t)= & f_e(t) & + & f_o(t) \\ \updownarrow & \updownarrow & & \updownarrow \\ F(\mathrm{j}\omega)= & \mathrm{Re}[F(\mathrm{j}\omega)] & + & \mathrm{jIm}[F(\mathrm{j}\omega)] \end{array}$$

图 3.4.1　连续时间实信号的奇分量和偶分量对应的频谱

推论 6 表明，连续时间实信号进行奇偶分解时，由一对傅里叶变换可以推出奇分量和偶分量对应的两对傅里叶变换。

推论 7：

由推论 6 及推论 3 可知，连续时间实偶信号对应实偶频谱，实奇信号对应虚奇频谱。

例 3.4.2： 已知连续时间实信号 $f(t)=\mathrm{e}^{-a|t|}(a>0)$，试求连续时间实信号 $f(t)$ 的频谱 $F(\mathrm{j}\omega)$。

解： 由式(3.3.14)可知

$$\mathrm{CTFT}[\mathrm{e}^{-at}\varepsilon(t)]=\frac{1}{a+\mathrm{j}\omega},\ a>0$$

由推论 6 可知，连续时间实信号 $2\mathrm{e}^{-at}\varepsilon(t)(a>0)$进行奇偶分解时，奇分量和偶分量对应的频谱如图 3.4.2 所示。

$$\begin{array}{ccccc} 2\mathrm{e}^{-at}\varepsilon(t) & = & \mathrm{e}^{-a|t|} & + & \mathrm{e}^{-a|t|}\mathrm{sgn}(t) \\ \updownarrow a>0 & & \updownarrow & & \updownarrow \\ \frac{2}{a+\mathrm{j}\omega} & = & \frac{2a}{a^2+\omega^2} & + & \frac{-\mathrm{j}2\omega}{a^2+\omega^2} \end{array}$$

图 3.4.2　因果实指数信号的奇分量和偶分量对应的频谱

由图 3.4.2 可得所求连续时间信号 $f(t)$的频谱，即

$$F(\mathrm{j}\omega)=\mathrm{CTFT}[f(t)]=\mathrm{CTFT}[\mathrm{e}^{-a|t|}]=\frac{2a}{a^2+\omega^2},\ a>0$$

也可以写成傅里叶变换对，即

$$\mathrm{e}^{-a|t|} \xleftrightarrow{a>0} \frac{2a}{a^2+\omega^2} \tag{3.4.15}$$

由图 3.4.2 还可得到另一个傅里叶变换对，即

$$\mathrm{e}^{-a|t|}\mathrm{sgn}(t) \xleftrightarrow{a>0} \frac{-\mathrm{j}2\omega}{a^2+\omega^2} \tag{3.4.16}$$

讨论：

(1) 考虑到式(3.4.15)，则有

$$1=\lim_{a\to 0}\mathrm{e}^{-a|t|}\longleftrightarrow\lim_{a\to 0}\frac{2a}{a^2+\omega^2}=A\delta(\omega)$$

式中，冲激强度 A 为

$$A=\int_{-\infty}^{+\infty}\frac{2a}{a^2+\omega^2}\mathrm{d}\omega=4\int_0^{+\infty}\frac{1}{1+\left(\frac{\omega}{a}\right)^2}\mathrm{d}\left(\frac{\omega}{a}\right)=4\arctan\frac{\omega}{a}\bigg|_0^{+\infty}=2\pi$$

这样就得到了常数 1 的傅里叶变换，即

$$1\longleftrightarrow 2\pi\delta(\omega)\tag{3.4.17}$$

虽然常数 1 不满足绝对可积条件，但是式(3.4.17)表明，其傅里叶变换是存在的，只不过需要用零频点的冲激函数，即 $2\pi\delta(\omega)$来表示。这种表示与先修"电路分析基础"课程中建立的概念一致，即直流信号等价于频率为零的交流信号。

(2) 考虑到式(3.4.16)，则有

$$\mathrm{sgn}(t)=\lim_{a\to 0}\mathrm{e}^{-a|t|}\mathrm{sgn}(t)\longleftrightarrow\lim_{a\to 0}\frac{-\mathrm{j}2\omega}{a^2+\omega^2}=\frac{2}{\mathrm{j}\omega}$$

于是可得符号函数 $\mathrm{sgn}(t)$的傅里叶变换，即

$$\mathrm{sgn}(t)\longleftrightarrow\frac{2}{\mathrm{j}\omega}\tag{3.4.18}$$

基于式(3.4.17)及式(3.4.18)，利用 CTFT 的线性性质，可得单位阶跃信号的傅里叶变换，即

$$\varepsilon(t)=\frac{1+\mathrm{sgn}(t)}{2}\longleftrightarrow\pi\delta(\omega)+\frac{1}{\mathrm{j}\omega}\tag{3.4.19}$$

将式(3.4.17)写成等式，则有

$$\mathrm{CTFT}[1]=\int_{-\infty}^{+\infty}\mathrm{e}^{-\mathrm{j}\omega t}\mathrm{d}t=2\pi\delta(\omega)\tag{3.4.20}$$

从数学意义上，可以解释为利用式(3.4.20)定义了一个 $2\pi\delta(\omega)$的函数，于是

$$\mathrm{CTFT}[\mathrm{e}^{\mathrm{j}\omega_0 t}]=\int_{-\infty}^{+\infty}\mathrm{e}^{\mathrm{j}\omega_0 t}\mathrm{e}^{-\mathrm{j}\omega t}\mathrm{d}t=\int_{-\infty}^{+\infty}\mathrm{e}^{-\mathrm{j}(\omega-\omega_0)t}\mathrm{d}t=2\pi\delta(\omega-\omega_0)\tag{3.4.21}$$

式(3.4.21)也可以写成傅里叶变换对，即

$$\mathrm{e}^{\mathrm{j}\omega_0 t}\longleftrightarrow 2\pi\delta(\omega-\omega_0)\tag{3.4.22}$$

考虑到式(3.4.22)，则有

$$\mathrm{e}^{-\mathrm{j}\omega_0 t}\longleftrightarrow 2\pi\delta(\omega+\omega_0)\tag{3.4.23}$$

(3) 基于式(3.4.22)及式(3.4.23)，可得连续时间周期正弦信号 $\sin\omega_0 t$ 和余弦信号 $\cos\omega_0 t$ 的傅里叶变换对。

考虑到欧拉公式，即式(1.3.6)，则有

$$\sin\omega_0 t=\frac{1}{2\mathrm{j}}(\mathrm{e}^{\mathrm{j}\omega_0 t}-\mathrm{e}^{-\mathrm{j}\omega_0 t})\longleftrightarrow\frac{\pi}{\mathrm{j}}[\delta(\omega-\omega_0)-\delta(\omega+\omega_0)]\tag{3.4.24}$$

$$\cos\omega_0 t=\frac{1}{2}(\mathrm{e}^{\mathrm{j}\omega_0 t}+\mathrm{e}^{-\mathrm{j}\omega_0 t})\longleftrightarrow\pi[\delta(\omega-\omega_0)+\delta(\omega+\omega_0)]\tag{3.4.25}$$

式(3.4.24)及式(3.4.25)分别表明了余弦信号 $\cos\omega_0 t$ 和正弦信号 $\sin\omega_0 t$ 是位于 $\omega=\omega_0$ 处的单频信号。在 $\omega=-\omega_0$ 处出现冲激是由于在数学上定义的傅里叶逆变换的积分区间为整个频率轴。

(4) 基于式(3.4.22)，可得连续时间周期冲激信号 $\delta_{T_0}(t)$和连续时间周期信号 $f_{T_0}(t)$的傅里叶变换对。

考虑到式(3.2.7)，则有

$$\delta_{T_0}(t)=\frac{1}{T_0}\sum_{n=-\infty}^{+\infty}\mathrm{e}^{\mathrm{j}n\omega_0 t}\longleftrightarrow\frac{2\pi}{T_0}\sum_{n=-\infty}^{+\infty}\delta(\omega-n\omega_0)=\omega_0\delta_{\omega_0}(\omega)\tag{3.4.26}$$

考虑到式(3.2.8)，则有

$$f_{T_0}(t)=\sum_{n=-\infty}^{+\infty}F(n\omega_0)\mathrm{e}^{\mathrm{j}n\omega_0 t}\longleftrightarrow 2\pi\sum_{n=-\infty}^{+\infty}F(n\omega_0)\delta(\omega-n\omega_0)\tag{3.4.27}$$

式(3.4.26)表明，连续时间周期冲激信号 $\delta_{T_0}(t)$的频谱在频域上是一个周期为 ω_0 且强度为 ω_0 的周期冲激频谱。它具有特殊性，即时域的信号和频域的频谱属于同一类型的函数，具有这一特征的信号还有连续时间高斯信号，即高斯信号的频谱是高斯谱。

式(3.4.27)表明，连续时间周期信号 $f_{T_0}(t)$的频谱是位于 $\omega=\pm n\omega_0$(n 为整数)处的冲激函数，即其频谱具有离散性和谐波性，这与傅里叶级数分析得出的结论是一致的。因此，周期信号的频谱(CTFS)完全可以置于 CTFT 的框架之下进行分析，这也是无须讨论 CTFS 性质的原因之二。式(3.3.7)已经揭示了无须讨论 CTFS 性质的原因之一，即 CTFS 可利用相应的 CTFT 代换得到。

综上所述，连续时间单位直流信号 1、单位阶跃信号 $\varepsilon(t)$、连续时间周期正弦信号 $\sin\omega_0 t$、余弦信号 $\cos\omega_0 t$、周期冲激信号 $\delta_{T_0}(t)$和周期信号 $f_{T_0}(t)$等，虽然它们不满足绝对可积条件，但是它们的傅里叶变换是存在的，只是要用冲激函数来表示。负频率轴上出现冲激是由于在数学上定义的傅里叶逆变换的积分区间为整个频率轴。

3.4.3 时移性质

若 $f(t)\longleftrightarrow F(\mathrm{j}\omega)$，则有

$$f(t-t_0)\longleftrightarrow F(\mathrm{j}\omega)\mathrm{e}^{-\mathrm{j}\omega t_0}\tag{3.4.28}$$

证明：考虑到 CTFT 的定义式(3.3.3)，则有

$$\text{CTFT}[f(t-t_0)]=\int_{-\infty}^{+\infty}f(t-t_0)\mathrm{e}^{-\mathrm{j}\omega t}\mathrm{d}t=\int_{-\infty}^{+\infty}f(\tau)\mathrm{e}^{-\mathrm{j}\omega(\tau+t_0)}\mathrm{d}\tau=\mathrm{e}^{-\mathrm{j}\omega t_0}F(\mathrm{j}\omega)$$

式(3.4.28)表明，信号的时移仅引起相移，改变了信号的相位频谱，而振幅频谱保持不变。

例 3.4.3：若连续时间信号 $f(t)=G_\tau(t)=\varepsilon\left(t+\frac{\tau}{2}\right)-\varepsilon\left(t-\frac{\tau}{2}\right)$，试求连续时间信号 $f(t)$ 的频谱 $F(\mathrm{j}\omega)$。

解：由式(3.4.19)可知

$$\varepsilon(t)\longleftrightarrow\pi\delta(\omega)+\frac{1}{\mathrm{j}\omega}$$

考虑到 CTFT 的时移性质式(3.4.28)，则有

$$\varepsilon\left(t+\frac{\tau}{2}\right)\longleftrightarrow\left[\pi\delta(\omega)+\frac{1}{\mathrm{j}\omega}\right]\mathrm{e}^{\mathrm{j}\frac{\omega\tau}{2}}$$

$$\varepsilon\left(t-\frac{\tau}{2}\right)\longleftrightarrow\left[\pi\delta(\omega)+\frac{1}{\mathrm{j}\omega}\right]\mathrm{e}^{-\mathrm{j}\frac{\omega\tau}{2}}$$

于是

$$\begin{aligned}F(\mathrm{j}\omega)&=\text{CTFT}[G_\tau(t)]=\text{CTFT}\left[\varepsilon\left(t+\frac{\tau}{2}\right)-\varepsilon\left(t-\frac{\tau}{2}\right)\right]\\&=\left[\pi\delta(\omega)+\frac{1}{\mathrm{j}\omega}\right]\left[\mathrm{e}^{\mathrm{j}\frac{\omega\tau}{2}}-\mathrm{e}^{-\mathrm{j}\frac{\omega\tau}{2}}\right]=\frac{\mathrm{e}^{\mathrm{j}\frac{\omega\tau}{2}}-\mathrm{e}^{-\mathrm{j}\frac{\omega\tau}{2}}}{\mathrm{j}\omega}\\&=\tau\mathrm{Sa}\left(\frac{\omega\tau}{2}\right)\end{aligned}$$

单位门信号 $G_\tau(t)$ 的波形及其频谱如图 3.4.3 所示。

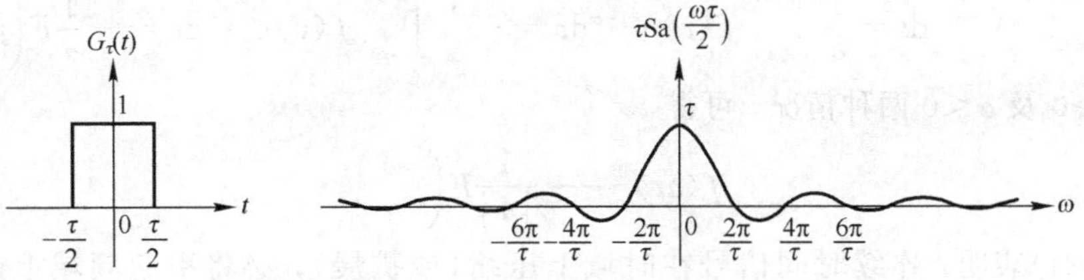

图 3.4.3　单位门信号的波形及其频谱

讨论：

在连续时间信号 $f(t)$ 的 CTFT 定义式(3.3.3)中，令 $\omega=0$，可得

$$F(\mathrm{j}0)=\int_{-\infty}^{+\infty} f(t)\mathrm{d}t \tag{3.4.29}$$

式(3.4.29)表明，连续时间信号 $f(t)$ 的频谱 $F(\mathrm{j}\omega)$ 在 $\omega=0$ 处的值 $F(\mathrm{j}0)$ 是连续时间信号 $f(t)$ 曲线下的面积。

同理，在频谱 $F(\mathrm{j}\omega)$ 的 ICTFT 定义式(3.3.2)中，令 $t=0$，可得

$$f(0)=\frac{1}{2\pi}\int_{-\infty}^{+\infty} F(\mathrm{j}\omega)\mathrm{d}\omega=\int_{-\infty}^{+\infty} F(\mathrm{j}2\pi f)\mathrm{d}f \tag{3.4.30}$$

式(3.4.30)表明，连续时间信号 $f(t)$ 在 $t=0$ 处的值 $f(0)$ 是其频谱 $F(\mathrm{j}2\pi f)$ 曲线下的面积。

若 $f(0)\tau=F(\mathrm{j}0)$，则 $\tau=\dfrac{F(\mathrm{j}0)}{f(0)}$，通常称 τ 为连续时间信号的等效脉宽。

若 $F(\mathrm{j}0)B_f=f(0)$，则 $B_f=\dfrac{f(0)}{F(\mathrm{j}0)}$，通常称 B_f 为信号的等效带宽。

显然 $B_f\tau=1$，即信号的等效脉宽与等效带宽成反比。

结论：

(1) 矩形脉冲信号 $G_\tau(t)$ 的频谱函数为 $F(\mathrm{j}\omega)=\tau\mathrm{Sa}\left(\dfrac{\omega\tau}{2}\right)$，它在原点的函数值 $F(\mathrm{j}0)=\tau$ 在数值上等于矩形脉冲信号 $G_\tau(t)$ 曲线下的面积。

(2) 矩形脉冲信号 $G_\tau(t)$ 的频谱函数过零值点的位置为 $\omega=\dfrac{2k\pi}{\tau}(k=\pm1,\pm2,\pm3,\cdots)$。

(3) 矩形脉冲信号 $G_\tau(t)$ 的能量主要集中在频谱函数 $\tau\mathrm{Sa}\left(\dfrac{\omega\tau}{2}\right)$ 过第一个零值点所对应的角频率区间 $\left[-\dfrac{2\pi}{\tau},\dfrac{2\pi}{\tau}\right]$ 上。在一定的误差范围内，我们认为该信号的频率分量主要集中在该区间上。因此，矩形脉冲信号 $G_\tau(t)$ 的带宽为 $B_\omega=\dfrac{2\pi}{\tau}$，$B_f=\dfrac{1}{\tau}$。

3.4.4 标尺性质

若 $f(t)\longleftrightarrow F(\mathrm{j}\omega)$，则有

$$f(at)\longleftrightarrow \frac{1}{|a|}F\left(\mathrm{j}\frac{\omega}{a}\right) \tag{3.4.31}$$

证明：(1) 当 $a>0$ 时，考虑到 CTFT 的定义式(3.3.3)，则有

$$\int_{-\infty}^{+\infty} f(at)\mathrm{e}^{-\mathrm{j}\omega t}\mathrm{d}t=\frac{1}{a}\int_{-\infty}^{+\infty} f(\tau)\mathrm{e}^{-\mathrm{j}\frac{\omega}{a}\tau}\mathrm{d}\tau=\frac{1}{a}F\left(\mathrm{j}\frac{\omega}{a}\right)$$

(2) 当 $a<0$ 时，考虑到 CTFT 的定义式(3.3.3)，则有

$$\int_{-\infty}^{+\infty} f(at)\mathrm{e}^{-\mathrm{j}\omega t}\mathrm{d}t=\frac{1}{a}\int_{+\infty}^{-\infty} f(\tau)\mathrm{e}^{-\mathrm{j}\frac{\omega}{a}\tau}\mathrm{d}\tau=-\frac{1}{a}\int_{-\infty}^{+\infty} f(\tau)\mathrm{e}^{-\mathrm{j}\frac{\omega}{a}\tau}\mathrm{d}\tau=-\frac{1}{a}F\left(\mathrm{j}\,\frac{\omega}{a}\right)$$

综合 $a>0$ 及 $a<0$ 两种情况，可得

$$f(at)\longleftrightarrow\frac{1}{|a|}F\left(\mathrm{j}\,\frac{\omega}{a}\right)$$

式(3.4.31)表明，连续时间信号在时域上压缩(或扩展)，必将引起频域上的扩展(或压缩)，反之亦然。另外，由于信号在时域上被压缩(或扩展)，其能量会成比例地下降(或增加)，因此频谱幅度需要乘以因子 $1/|a|$。图 3.4.4 直观地描述了对单位门信号 $G_\tau(t)$进行标尺变换时，其频谱 $\mathrm{DTFT}[G_\tau(t)]=\tau\mathrm{Sa}\left(\frac{\omega\tau}{2}\right)$的这些特点。

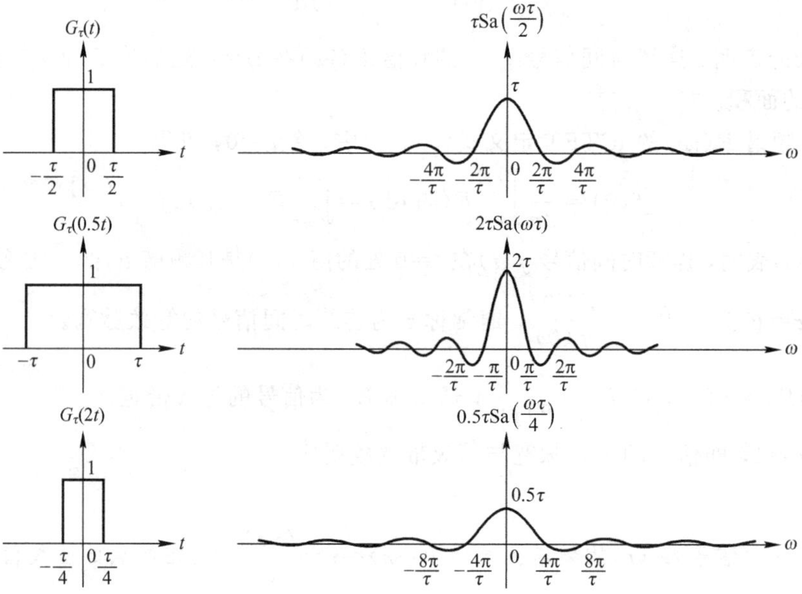

图 3.4.4 标尺变换时域波形和频域频谱示意图

特别地，在式(3.4.31)中，令 $a=-1$ 时，可得到 CTFT 的时域反褶性质，即

$$f(-t)\longleftrightarrow F(-\mathrm{j}\omega) \tag{3.4.32}$$

式(3.4.32)表明，连续时间实信号反褶，其频谱也反褶，并且 $F(-\mathrm{j}\omega)$还可以写成

$$\begin{aligned}F(-\mathrm{j}\omega)&=\mathrm{Re}[F(-\mathrm{j}\omega)]+\mathrm{j}\mathrm{Im}[F(-\mathrm{j}\omega)]\\&=\mathrm{Re}[F(\mathrm{j}\omega)]-\mathrm{j}\mathrm{Im}[F(\mathrm{j}\omega)]\\&=F^*(\mathrm{j}\omega)\end{aligned} \tag{3.4.33}$$

式(3.4.33)再次表明，连续时间实信号频谱的反褶与其频谱取共轭等价。

例 3.4.4：已知连续时间信号 $f(t)$的频谱为 $F(\mathrm{j}\omega)$，试求连续时间信号 $f(at+b)$的频谱。

解：方法 1 由题意可知

$$f(t)\longleftrightarrow F(\mathrm{j}\omega)$$

考虑到 CTFT 的时移性质式(3.4.28)，则有

$$f(t+b)\longleftrightarrow F(\mathrm{j}\omega)\mathrm{e}^{\mathrm{j}\omega b}$$

考虑到 CTFT 的时域标尺性质式(3.4.31)，则有

$$f(at+b) \longleftrightarrow \frac{1}{|a|}F\left(\mathrm{j}\frac{\omega}{a}\right)\mathrm{e}^{\mathrm{j}\frac{\omega}{a}b}$$

方法 2　由题意可知

$$f(t) \longleftrightarrow F(\mathrm{j}\omega)$$

考虑到 CTFT 的时域标尺性质式(3.4.31)，则有

$$f(at) \longleftrightarrow \frac{1}{|a|}F\left(\mathrm{j}\frac{\omega}{a}\right)$$

考虑到 CTFT 的时移性质式(3.4.28)，则有

$$f(at+b)=f\left[a\left(t+\frac{b}{a}\right)\right] \longleftrightarrow \frac{1}{|a|}F\left(\mathrm{j}\frac{\omega}{a}\right)\mathrm{e}^{\mathrm{j}\frac{\omega}{a}b} \tag{3.4.34}$$

例 3.4.5：若连续时间信号 $f(t)=\varepsilon(-t)$，试求连续时间信号 $f(t)$ 的频谱 $F(\mathrm{j}\omega)$。

解：由式(3.4.19)可知

$$\varepsilon(t) \longleftrightarrow \pi\delta(\omega)+\frac{1}{\mathrm{j}\omega}$$

考虑到 CTFT 的时域反褶性质式(3.4.32)，则有

$$\varepsilon(-t) \longleftrightarrow \pi\delta(-\omega)-\frac{1}{\mathrm{j}\omega}=\pi\delta(\omega)-\frac{1}{\mathrm{j}\omega}$$

即

$$F(\mathrm{j}\omega)=\mathrm{CTFT}[\varepsilon(-t)]=\pi\delta(\omega)-\frac{1}{\mathrm{j}\omega}$$

显然，还可以得到

$$\mathrm{CTFT}[1]=\mathrm{CTFT}[\varepsilon(-t)+\varepsilon(t)]=2\pi\delta(\omega)$$

例 3.4.6：已知连续时间信号 $f(t)=\mathrm{e}^{-a|t|}\ (a>0)$，试求连续时间信号 $f(t)$ 的频谱 $F(\mathrm{j}\omega)$。

解：由式(3.3.14)可知

$$\mathrm{e}^{-at}\varepsilon(t) \xleftrightarrow{a>0} \frac{1}{a+\mathrm{j}\omega}$$

考虑到 CTFT 的时域反褶性质式(3.4.32)，则有

$$\mathrm{e}^{at}\varepsilon(-t) \xleftrightarrow{a>0} \frac{1}{a-\mathrm{j}\omega}$$

于是

$$F(\mathrm{j}\omega)=\mathrm{CTFT}[f(t)]=\mathrm{CTFT}[\mathrm{e}^{at}\varepsilon(-t)+\mathrm{e}^{-at}\varepsilon(t)]=\frac{1}{a-\mathrm{j}\omega}+\frac{1}{a+\mathrm{j}\omega}=\frac{2a}{a^2+\omega^2},\ a>0$$

例 3.4.7：已知连续时间信号 $f(t)=\mathrm{e}^{2t}\varepsilon(-t+3)$，试求连续时间信号 $f(t)$ 的频谱 $F(\mathrm{j}\omega)$。

解：由式(3.3.14)可知

$$\mathrm{e}^{-at}\varepsilon(t) \xleftrightarrow{a>0} \frac{1}{a+\mathrm{j}\omega}$$

考虑到 CTFT 的时移性质式(3.4.28)，则有

$$\mathrm{e}^{-2(t+3)}\varepsilon(t+3) \longleftrightarrow \frac{1}{2+\mathrm{j}\omega}\mathrm{e}^{\mathrm{j}3\omega}$$

即

$$\mathrm{e}^{-2t}\varepsilon(t+3) \longleftrightarrow \frac{1}{2+\mathrm{j}\omega}\mathrm{e}^{3(2+\mathrm{j}\omega)}$$

考虑到 CTFT 的时域反褶性质式(3.4.32)，则有

$$e^{2t}\varepsilon(-t+3)\longleftrightarrow\frac{1}{2-j\omega}e^{3(2-j\omega)}$$

于是

$$F(j\omega)=\text{CTFT}[f(t)]=\text{CTFT}[e^{2t}\varepsilon(-t+3)]=\frac{1}{2-j\omega}e^{3(2-j\omega)}$$

通常，利用 CTFT 的时域反褶性质来计算连续时间反因果信号频谱的傅里叶逆变换。

例 3.4.8：已知频谱 $F(j\omega)=\dfrac{6(j\omega+1)}{(1-j\omega)(2+j\omega)(3+j\omega)}$，试求连续时间信号 $f(t)$。

解：(1) 首先对频谱 $F(j\omega)$进行部分分式展开，即

$$F(j\omega)=\frac{6(j\omega+1)}{(1-j\omega)(2+j\omega)(3+j\omega)}=\frac{1}{1-j\omega}-\frac{2}{2+j\omega}+\frac{3}{3+j\omega}$$

(2) 再求频谱 $F(j\omega)$的傅里叶逆变换。

通常，采用时域反褶三步法来计算连续时间反因果信号频谱的傅里叶逆变换。

第一步：记下连续时间反因果信号的傅里叶变换对。

设

$$f_1(t)\longleftrightarrow F_1(j\omega)=\frac{1}{1-j\omega}$$

第二步：利用 CTFT 的时域反褶性质，将其频谱转换成连续时间因果信号的频谱，并计算出相应的连续时间因果信号，即

$$f_1(-t)\longleftrightarrow F_1(-j\omega)=\frac{1}{1+j\omega}$$

于是

$$f_1(-t)=\text{ICTFT}[F_1(-j\omega)]=\text{ICTFT}\left[\frac{1}{1+j\omega}\right]=e^{-t}\varepsilon(t)$$

第三步：再对连续时间因果信号反褶，得到所求的连续时间反因果信号。

$$f_1(t)=e^{t}\varepsilon(-t)$$

又设

$$f_2(t)\longleftrightarrow F_2(j\omega)=\frac{2}{2+j\omega}-\frac{3}{3+j\omega}$$

则有

$$f_2(t)=\text{ICTFT}[F_2(j\omega)]=\text{ICTFT}\left[\frac{2}{2+j\omega}-\frac{3}{3+j\omega}\right]=(2e^{-2t}-3e^{-3t})\varepsilon(t)$$

考虑到 $F(j\omega)=F_1(j\omega)-F_2(j\omega)$，则有

$$f(t)=\text{ICTFT}[F(j\omega)]=f_1(t)-f_2(t)=e^{t}\varepsilon(-t)-(2e^{-2t}-3e^{-3t})\varepsilon(t)$$

3.4.5 对偶性质

若 $f(t)\longleftrightarrow F(j\omega)$，则有

$$F(jt)\longleftrightarrow 2\pi f(-\omega) \tag{3.4.35}$$

$$F(-jt)\longleftrightarrow 2\pi f(\omega) \tag{3.4.36}$$

证明：考虑到 CTFT 的定义式(3.3.3)，即

$$F(j\omega)=\int_{-\infty}^{+\infty}f(t)e^{-j\omega t}dt$$

则有

$$F(\mathrm{j}\lambda)=\int_{-\infty}^{+\infty} f(t)\mathrm{e}^{-\mathrm{j}\lambda t}\,\mathrm{d}t=-\int_{+\infty}^{-\infty} f(-\omega)\mathrm{e}^{\mathrm{j}\omega\lambda}\,\mathrm{d}\omega=\int_{-\infty}^{+\infty} f(-\omega)\mathrm{e}^{\mathrm{j}\omega\lambda}\,\mathrm{d}\omega$$

即

$$F(\mathrm{j}t)=\frac{1}{2\pi}\int_{-\infty}^{+\infty} 2\pi f(-\omega)\mathrm{e}^{\mathrm{j}\omega t}\,\mathrm{d}\omega$$

亦即

$$F(\mathrm{j}t)\longleftrightarrow 2\pi f(-\omega)$$

考虑到 CTFT 的时域反褶性质式(3.4.32)，则有

$$F(-\mathrm{j}t)\longleftrightarrow 2\pi f(\omega)$$

式(3.4.35)或式(3.4.36)的这种对应关系称为 CTFT 的对偶性质(Duality)，其实前面已出现过这种关系，例如 DTFT[$\delta(t)$]=1 和 DTFT[1]=$2\pi\delta(\omega)$，这两对傅里叶变换就是 CTFT 的对偶性质的体现。利用 CTFT 的对偶性质不仅可以简化某些运算，而且还可以直观地导出一些非常有用的结果。CTFT 的对偶性质的代换关系及运用步骤概括如下：

(1) 频域变量 ω 用时域变量 t 代换，即 $\omega\to t$。

(2) 时域变量 t 用频域变量 $-\omega$ 代换，即 $t\to-\omega$。

(3) 时域上的定点 τ 用频域上的定点 ω_c 代换，即 $\tau\to\omega_c$。

例 3.4.9：已知连续时间信号 $f(t)=\omega_c\mathrm{Sa}\left(\dfrac{\omega_c t}{2}\right)$，试求连续时间信号 $f(t)$的频谱 $F(\mathrm{j}\omega)$。

解：由式(3.3.15)可知

$$G_\tau(t)\longleftrightarrow \tau\mathrm{Sa}\left(\frac{\omega\tau}{2}\right)$$

考虑到 CTFT 的对偶性质式(3.4.35)，则有

$$\tau\mathrm{Sa}\left(\frac{t\tau}{2}\right)\longleftrightarrow 2\pi G_\tau(-\omega)=2\pi G_\tau(\omega)$$

令 $\tau=\omega_c$，可得

$$\omega_c\mathrm{Sa}\left(\frac{\omega_c t}{2}\right)\longleftrightarrow 2\pi G_{\omega_c}(\omega) \tag{3.4.37}$$

于是

$$F(\mathrm{j}\omega)=\mathrm{CTFT}[f(t)]=\mathrm{CTFT}\left[\omega_c\mathrm{Sa}\left(\frac{\omega_c t}{2}\right)\right]=2\pi G_{\omega_c}(\omega)$$

可见，抽样信号 $f(t)=\omega_c\mathrm{Sa}\left(\dfrac{\omega_c t}{2}\right)$的傅里叶变换是一个高度为 2π 且宽度为 ω_c 的门函数。它的波形及其频谱如图 3.4.5 所示。

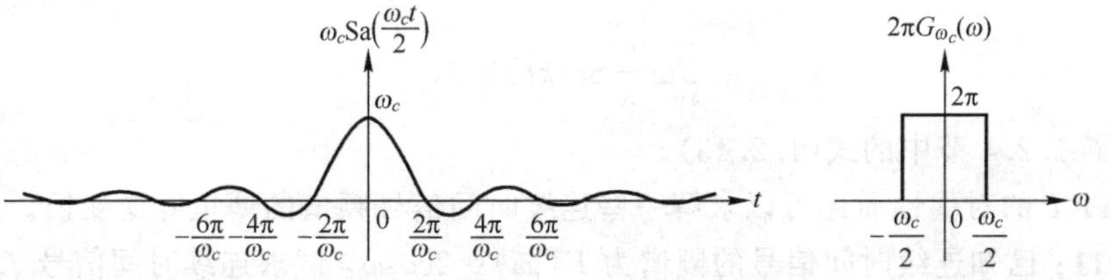

图 3.4.5　抽样信号的波形及其频谱

通常，将式(3.4.37)作为公式使用。

例 3.4.10：已知连续时间信号 $f(t)=\mathrm{Sa}(t)$，试求连续时间信号 $f(t)$的频谱 $F(\mathrm{j}\omega)$。

解：由式(3.4.37)可知

$$\omega_c \mathrm{Sa}\left(\frac{\omega_c t}{2}\right) \longleftrightarrow 2\pi G_{\omega_c}(\omega)$$

令 $\omega_c=2$，则有

$$2\mathrm{Sa}(t) \longleftrightarrow 2\pi G_2(\omega)$$

即

$$F(\mathrm{j}\omega)=\mathrm{CTFT}[\mathrm{Sa}(t)]=\int_{-\infty}^{+\infty}\mathrm{Sa}(t)\mathrm{e}^{-\mathrm{j}\omega t}\mathrm{d}t=\pi G_2(\omega)$$

还可以得到

$$\int_{-\infty}^{+\infty}\mathrm{Sa}(t)\mathrm{d}t=\pi G_2(0)=\pi$$

以及格雷积分

$$\int_{-\infty}^{0}\mathrm{Sa}(t)\mathrm{d}t=\int_{0}^{+\infty}\mathrm{Sa}(t)\mathrm{d}t=\frac{\pi}{2}$$

讨论：

在式(3.4.37)中，令$\frac{\omega_c}{2}=k$，则有

$$2k\mathrm{Sa}(kt) \longleftrightarrow 2\pi G_{2k}(\omega)$$

即

$$\frac{k}{\pi}\mathrm{Sa}(kt) \longleftrightarrow G_{2k}(\omega)$$

可见，抽样信号$\frac{k}{\pi}\mathrm{Sa}(kt)$的傅里叶变换是一个高度为 1 且宽度为 $2k$ 的方波函数，它的波形及其频谱如图 3.4.6 所示。

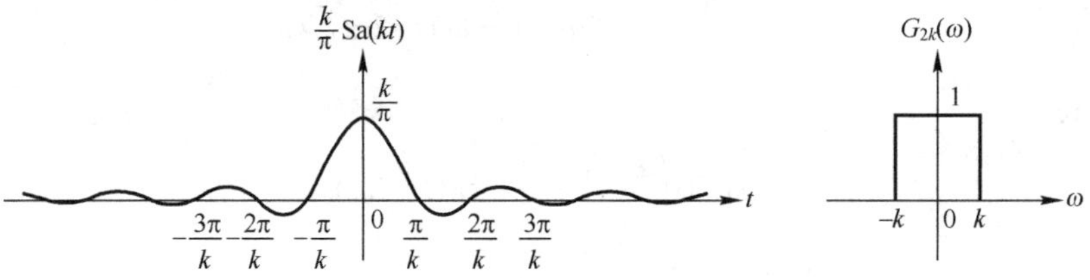

图 3.4.6 抽样信号$\frac{k}{\pi}\mathrm{Sa}(kt)$的波形及其频谱

由图 3.4.6 可得

$$\lim_{k\to\infty}\frac{k}{\pi}\mathrm{Sa}(kt) \longleftrightarrow \lim_{k\to\infty}G_{2k}(\omega)=1$$

即

$$\lim_{k\to\infty}\frac{k}{\pi}\mathrm{Sa}(kt)=\delta(t)$$

这样就得到了 1.2.4 节中的式(1.2.13)。

利用 CTFT 的对偶性质还可以求解一些连续时间信号频谱的傅里叶逆变换。

例 3.4.11： 已知连续时间信号的频谱为 $F(\mathrm{j}\omega)=2\cos\omega$，试求连续时间信号 $f(t)$。

解： 由式(3.4.25)可知

$$\cos\omega_0 t \longleftrightarrow \pi[\delta(\omega+\omega_0)+\delta(\omega-\omega_0)]$$

于是

$$2\cos t \longleftrightarrow 2\pi[\delta(\omega+1)+\delta(\omega-1)]$$

考虑到 CTFT 的对偶性质式(3.4.35)，则有

$$2\pi[\delta(t+1)+\delta(t-1)] \longleftrightarrow 2\pi\times 2\cos(-\omega)=4\pi\cos\omega$$

即

$$\delta(t+1)+\delta(t-1) \longleftrightarrow 2\cos\omega$$

亦即

$$f(t)=\mathrm{ICTFT}[F(\mathrm{j}\omega)]=\mathrm{ICTFT}[2\cos\omega]=\delta(t+1)+\delta(t-1)$$

3.4.6 时域线性卷积定理

若 $\mathrm{CTFT}[f_1(t)]=F_1(\mathrm{j}\omega)$，$\mathrm{CTFT}[f_2(t)]=F_2(\mathrm{j}\omega)$，则有

$$\mathrm{CTFT}[f_1(t)*f_2(t)]=F_1(\mathrm{j}\omega)F_2(\mathrm{j}\omega) \tag{3.4.38}$$

证明： 考虑到 CTFT 的定义式(3.3.3)及 CTFT 的时移性质式(3.4.28)，则有

$$\begin{aligned}
\mathrm{CTFT}[f_1(t)*f_2(t)] &= \int_{-\infty}^{+\infty}[f_1(t)*f_2(t)]\mathrm{e}^{-\mathrm{j}\omega t}\mathrm{d}t \\
&= \int_{-\infty}^{+\infty}\left[\int_{-\infty}^{+\infty}f_1(\tau)f_2(t-\tau)\mathrm{d}\tau\right]\mathrm{e}^{-\mathrm{j}\omega t}\mathrm{d}t \\
&= \int_{-\infty}^{+\infty}f_1(\tau)\left[\int_{-\infty}^{+\infty}f_2(t-\tau)\mathrm{e}^{-\mathrm{j}\omega t}\mathrm{d}t\right]\mathrm{d}\tau \\
&= \int_{-\infty}^{+\infty}f_1(\tau)F_2(\mathrm{j}\omega)\mathrm{e}^{-\mathrm{j}\omega\tau}\mathrm{d}\tau \\
&= F_2(\mathrm{j}\omega)\int_{-\infty}^{+\infty}f_1(\tau)\mathrm{e}^{-\mathrm{j}\omega\tau}\mathrm{d}\tau \\
&= F_1(\mathrm{j}\omega)F_2(\mathrm{j}\omega)
\end{aligned}$$

式(3.4.38)表明，时域上两个连续时间信号的线性卷积运算，在频域上转化成了两个信号频谱的乘积运算。

下面来分析时域线性卷积定理零频点恒等式的实质。

若 $f(t)=f_1(t)*f_2(t)$，则有

$$F(\mathrm{j}\omega)=F_1(\mathrm{j}\omega)F_2(\mathrm{j}\omega)$$

特别地，若取 $\omega=0$，则可得零频点恒等式，即

$$F(\mathrm{j}0)=F_1(\mathrm{j}0)F_2(\mathrm{j}0)$$

亦即

$$\int_{-\infty}^{+\infty}f(t)\mathrm{d}t=\int_{-\infty}^{+\infty}f_1(t)\mathrm{d}t\int_{-\infty}^{+\infty}f_2(t)\mathrm{d}t \tag{3.4.39}$$

式(3.4.39)表明，时域线性卷积定理零频点恒等式的实质是线性卷积所得信号曲线下的面积等于进行线性卷积的两个连续时间信号各自曲线下的面积之积。

例 3.4.12： 已知连续时间单位三角波信号 $f_\Delta(t)=\frac{1}{\tau}G_\tau(t)*G_\tau(t)$，试求连续时间单位三角波信号 $f_\Delta(t)$ 的频谱 $F_\Delta(\mathrm{j}\omega)$。

解： 由式(3.3.15)可知

$$G_\tau(t) \longleftrightarrow \tau\mathrm{Sa}\left(\frac{\omega\tau}{2}\right)$$

考虑到 CTFT 的时域线性卷积定理式(3.4.38)，则有

$$f_\Delta(t)=\frac{1}{\tau}G_\tau(t)*G_\tau(t) \longleftrightarrow \tau\mathrm{Sa}^2\left(\frac{\omega\tau}{2}\right) \tag{3.4.40}$$

即

$$F_{\Delta}(j\omega)=\tau \mathrm{Sa}^2\left(\frac{\omega\tau}{2}\right)$$

单位三角波信号的波形及其频谱如图 3.4.7 所示。

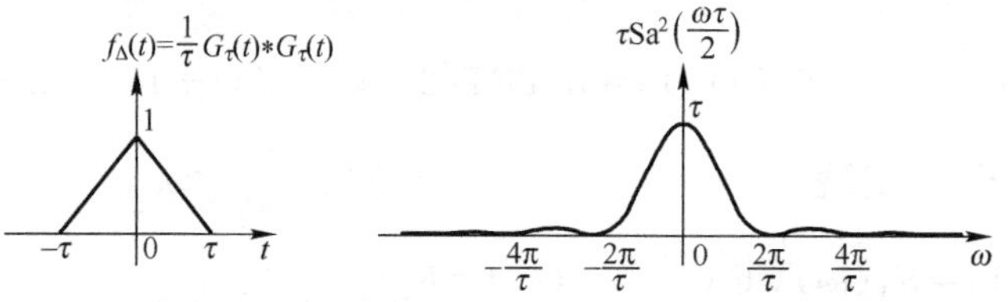

图 3.4.7　单位三角波信号的波形及其频谱

例 3.4.13：已知连续时间信号 $f(t)=\omega_c \mathrm{Sa}^2\left(\frac{\omega_c t}{2}\right)$，试求连续时间信号 $f(t)$的频谱 $F(j\omega)$。

解：由式(3.4.40)可知

$$f_{\Delta}(t)=\frac{1}{\tau}G_{\tau}(t)*G_{\tau}(t)\longleftrightarrow \tau \mathrm{Sa}^2\left(\frac{\omega\tau}{2}\right)$$

由 CTFT 的对偶性质，并考虑到线性卷积的反褶性质式(2.4.26)，可得

$$\tau \mathrm{Sa}^2\left(\frac{t\tau}{2}\right)\longleftrightarrow 2\pi f_{\Delta}(-\omega)=2\pi\frac{1}{\tau}G_{\tau}(-\omega)*G_{\tau}(-\omega)=2\pi\frac{1}{\tau}G_{\tau}(\omega)*G_{\tau}(\omega)$$

令 $\tau=\omega_c$，则有

$$\omega_c \mathrm{Sa}^2\left(\frac{\omega_c t}{2}\right)\longleftrightarrow 2\pi\frac{1}{\omega_c}G_{\omega_c}(\omega)*G_{\omega_c}(\omega) \tag{3.4.41}$$

于是

$$F(j\omega)=\mathrm{CTFT}[f(t)]=\mathrm{CTFT}\left[\omega_c \mathrm{Sa}^2\left(\frac{\omega_c t}{2}\right)\right]=\frac{2\pi}{\omega_c}G_{\omega_c}(\omega)*G_{\omega_c}(\omega)$$

可见，抽样平方信号 $f(t)=\omega_c \mathrm{Sa}^2\left(\frac{\omega_c t}{2}\right)$的傅里叶变换是一个高度为 2π 且宽度为 $2\omega_c$ 的三角波函数，它的波形及其频谱如图 3.4.8 所示。

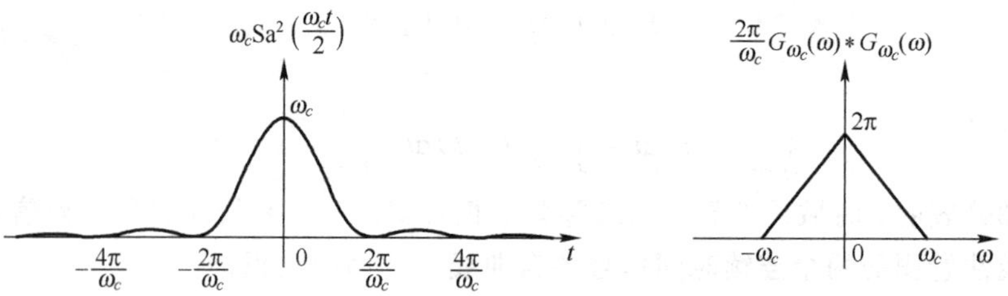

图 3.4.8　抽样平方信号的波形及其频谱

通常，也将式(3.4.41)作为公式使用。

例 3.4.14：已知连续时间信号 $f(t)=\mathrm{Sa}^2(t)$，试求连续时间信号 $f(t)$的频谱 $F(j\omega)$。

解：由式(3.4.41)可知

$$\omega_c \mathrm{Sa}^2\left(\frac{\omega_c t}{2}\right)\longleftrightarrow 2\pi\frac{1}{\omega_c}G_{\omega_c}(\omega)*G_{\omega_c}(\omega)$$

令 $\omega_c=2$，则有

$$2\mathrm{Sa}^2(t) \longleftrightarrow 2\pi \frac{1}{2} G_2(\omega) * G_2(\omega)$$

即

$$F(\mathrm{j}\omega) = \mathrm{CTFT}[\mathrm{Sa}^2(t)] = \int_{-\infty}^{+\infty} \mathrm{Sa}^2(t)\mathrm{e}^{-\mathrm{j}\omega t}\mathrm{d}t = \frac{\pi}{2} G_2(\omega) * G_2(\omega)$$

还可以得到

$$\int_{-\infty}^{+\infty} \mathrm{Sa}^2(t)\mathrm{d}t = \frac{\pi}{2} G_2(\omega) * G_2(\omega)\Big|_{\omega=0} = \pi$$

讨论：

在式(3.4.41)中，令$\frac{\omega_c}{2}=k$，则有

$$2k\,\mathrm{Sa}^2(kt) \longleftrightarrow \frac{\pi}{k} G_{2k}(\omega) * G_{2k}(\omega)$$

即

$$\frac{k}{\pi}\mathrm{Sa}^2(kt) \longleftrightarrow \frac{1}{2k} G_{2k}(\omega) * G_{2k}(\omega)$$

可见，抽样平方信号$\frac{k}{\pi}\mathrm{Sa}^2(kt)$的傅里叶变换是一个高度为 1 且宽度为 $4k$ 的三角波函数，它的波形及其频谱如图 3.4.9 所示。

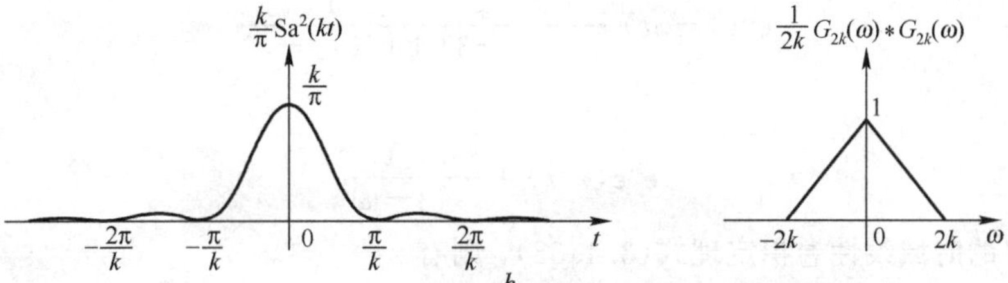

图 3.4.9　抽样平方信号$\frac{k}{\pi}\mathrm{Sa}^2(kt)$的波形及其频谱

由图 3.4.9 可得

$$\lim_{k\to\infty}\frac{k}{\pi}\mathrm{Sa}^2(kt) \longleftrightarrow \lim_{k\to\infty}\frac{1}{2k} G_{2k}(\omega) * G_{2k}(\omega) = 1$$

即

$$\lim_{k\to\infty}\frac{k}{\pi}\mathrm{Sa}^2(kt) = \delta(t)$$

这样就得到了 1.2.4 节中的式(1.2.14)。

例 3.4.15：对连续时间非周期信号 $f_a(t)$进行周期为 T_0 的周期延拓，可得周期信号 $f_{T_0}(t)$。试证明周期信号 $f_{T_0}(t)$的频谱 $F(n\omega_0)$与相应非周期信号 $f_a(t)$的频谱 $F_a(\mathrm{j}\omega)$具有下述关系：

$$F(n\omega_0) = \frac{1}{T}F_a(\mathrm{j}n\omega_0) = \frac{1}{T}F_a(\mathrm{j}\omega)\Big|_{\omega=n\omega_0}$$

证明：由式(3.4.26)可知

$$\delta_{T_0}(t) \longleftrightarrow \omega_0 \sum_{n=-\infty}^{+\infty}\delta(\omega - n\omega_0)$$

由题意可知

$$f_{T_0}(t) = f_a(t) * \delta_{T_0}(t)$$

考虑到 CTFT 的时域线性卷积定理式(3.4.38)，则有

$$\mathrm{CTFT}[f_{T_0}(t)] = \mathrm{CTFT}[f_a(t)]\mathrm{CTFT}[\delta_{T_0}(t)] = \sum_{n=-\infty}^{+\infty}\frac{2\pi}{T_0}F_a(\mathrm{j}n\omega_0)\delta(\omega - n\omega_0)$$

即

$$\mathrm{CTFT}[f_{T_0}(t)]=\sum_{n=-\infty}^{+\infty}\frac{2\pi}{T_0}F_a(\mathrm{j}n\omega_0)\delta(\omega-n\omega_0)$$

考虑到式(3.4.22)，即$\mathrm{CTFT}[\mathrm{e}^{\mathrm{j}\omega_0 t}]=2\pi\delta(\omega-\omega_0)$，对上式的等号两边分别取 ICTFT，可得

$$f_{T_0}(t)=\sum_{n=-\infty}^{+\infty}\frac{1}{T_0}F_a(\mathrm{j}n\omega_0)\mathrm{e}^{\mathrm{j}n\omega_0 t}=\sum_{n=-\infty}^{+\infty}F(n\omega_0)\mathrm{e}^{\mathrm{j}n\omega_0 t}$$

于是

$$F(n\omega_0)=\frac{1}{T}F_a(\mathrm{j}n\omega_0)=\frac{1}{T}F_a(\mathrm{j}\omega)\Big|_{\omega=n\omega_0}$$

例 3.4.16：试求连续时间信号的线性卷积 $f(t)=\mathrm{e}^{3t}\varepsilon(-t)*4\mathrm{e}^{-t}\varepsilon(t)$。

解：由式(3.3.14)可知

$$\mathrm{e}^{-at}\varepsilon(t)\xleftrightarrow{a>0}\frac{1}{a+\mathrm{j}\omega}$$

于是

$$\mathrm{e}^{-t}\varepsilon(t)\longleftrightarrow\frac{1}{1+\mathrm{j}\omega}$$

考虑到 CTFT 的时域标尺性质式(3.4.31)，则有

$$\mathrm{e}^{3t}\varepsilon(-3t)\longleftrightarrow\frac{1}{|-3|}\frac{1}{1+\mathrm{j}(\omega/-3)}$$

即

$$\mathrm{e}^{3t}\varepsilon(-t)\longleftrightarrow\frac{1}{3-\mathrm{j}\omega}$$

考虑到 CTFT 的时域线性卷积定理式(3.4.38)，则有

$$F(\mathrm{j}\omega)=\mathrm{CTFT}[\mathrm{e}^{3t}\varepsilon(-t)*4\mathrm{e}^{-t}\varepsilon(t)]=\frac{1}{3-\mathrm{j}\omega}\frac{4}{1+\mathrm{j}\omega}=\frac{1}{3-\mathrm{j}\omega}+\frac{1}{1+\mathrm{j}\omega}$$

于是

$$f(t)=\mathrm{ICTFT}[F(\mathrm{j}\omega)]=\mathrm{ICTFT}\left[\frac{1}{3-\mathrm{j}\omega}+\frac{1}{1+\mathrm{j}\omega}\right]=\mathrm{e}^{3t}\varepsilon(-t)+\mathrm{e}^{-t}\varepsilon(t)$$

CTFT 的时域线性卷积定理提供了一种实现解卷积(又称为卷积反演)运算的有效方法。

例 3.4.17：设两个连续时间信号 $f_1(t)*f_2(t)=\mathrm{e}^{-|t|}$，并且 $f_2(t)=2\mathrm{e}^{-t}\varepsilon(t)$，试求连续时间信号 $f_1(t)$。

解：由式(3.3.14)可知

$$\mathrm{e}^{-at}\varepsilon(t)\xleftrightarrow{a>0}\frac{1}{a+\mathrm{j}\omega}$$

于是

$$\mathrm{e}^{-t}\varepsilon(t)\longleftrightarrow\frac{1}{1+\mathrm{j}\omega}$$

考虑到 $f_2(t)=2\mathrm{e}^{-t}\varepsilon(t)$，则有

$$F_2(\mathrm{j}\omega)=\mathrm{CTFT}[f_2(t)]=\mathrm{CTFT}[2\mathrm{e}^{-t}\varepsilon(t)]=\frac{2}{1+\mathrm{j}\omega}$$

考虑到 CTFT 的时域反褶性质式(3.4.32)，可得

$$\mathrm{e}^{t}\varepsilon(t)\longleftrightarrow\frac{1}{1-\mathrm{j}\omega}$$

设 $f(t)=f_1(t)*f_2(t)=\mathrm{e}^{-|t|}$，对该式中的各项分别取 CTFT，并考虑到 CTFT 的时域线性卷积定理式(3.4.38)，则有

$$F(\mathrm{j}\omega)=F_1(\mathrm{j}\omega)F_2(\mathrm{j}\omega)=\mathrm{DTFT}[\mathrm{e}^{-|t|}]=\mathrm{DTFT}[\mathrm{e}^{t}\varepsilon(-t)+\mathrm{e}^{-t}\varepsilon(t)]$$
$$=\frac{1}{1-\mathrm{j}\omega}+\frac{1}{1+\mathrm{j}\omega}=\frac{2}{(1-\mathrm{j}\omega)(1+\mathrm{j}\omega)}=\frac{1}{(1-\mathrm{j}\omega)}F_2(\mathrm{j}\omega)$$

即

$$F_1(\mathrm{j}\omega)=\frac{F(\mathrm{j}\omega)}{F_2(\mathrm{j}\omega)}=\frac{1}{1-\mathrm{j}\omega}$$

于是

$$f_1(t)=\mathrm{ICTFT}[F_1(\mathrm{j}\omega)]=\mathrm{ICTFT}\left[\frac{1}{1-\mathrm{j}\omega}\right]=\mathrm{e}^{t}\varepsilon(-t)$$

3.4.7　时域微分性质

若 $f(t)\longleftrightarrow F(\mathrm{j}\omega)$，则有

$$f'(t)=f(t)*\delta'(t)\longleftrightarrow \mathrm{j}\omega F(\mathrm{j}\omega) \tag{3.4.42}$$

$$\frac{\mathrm{d}^n f(t)}{\mathrm{d}t^n}\longleftrightarrow (\mathrm{j}\omega)^n F(\mathrm{j}\omega) \tag{3.4.43}$$

证明： 由式(3.3.13)可知

$$\delta'(t)\longleftrightarrow \mathrm{j}\omega$$

考虑到 CTFT 的时域线性卷积定理式(3.4.38)，则有

$$f'(t)=f(t)*\delta'(t)\longleftrightarrow \mathrm{j}\omega F(\mathrm{j}\omega)$$
$$f''(t)=f'(t)*\delta'(t)\longleftrightarrow (\mathrm{j}\omega)^2 F(\mathrm{j}\omega)$$

将此过程再重复 $n-2$ 次，即可得到式(3.4.43)。

式(3.4.42)表明，在时域上对一个连续时间信号微分，在频域上其频谱被 $\mathrm{j}\omega$ 加权，即连续时间信号 $f(t)$通过微分器 $h(t)=\delta'(t)$，其高端频谱得以提升；式(3.4.43)表明，在时域上对一个连续时间信号 n 次微分，在频域上其频谱被$(\mathrm{j}\omega)^n$ 加权。

例 3.4.18： 已知连续时间信号 $f(t)=\mathrm{e}^{at}\varepsilon(-t)(a>0)$，试求连续时间信号 $f(t)$的频谱 $F(\mathrm{j}\omega)$。

解： 考虑到 $f(t)=\mathrm{e}^{at}\varepsilon(-t)(a>0)$，则有

$$f'(t)=a\mathrm{e}^{at}\varepsilon(-t)-\mathrm{e}^{at}\delta(-t)=af(t)-\mathrm{e}^{at}\delta(t)=af(t)-\delta(t),\ a>0$$

即

$$f'(t)=af(t)-\delta(t),\ a>0$$

考虑到 CTFT 的时域微分性质式(3.4.42)，对上式的等号两边分别取 CTFT，可得

$$\mathrm{j}\omega F(\mathrm{j}\omega)=aF(\mathrm{j}\omega)-1$$

即

$$F(\mathrm{j}\omega)=\frac{1}{a-\mathrm{j}\omega},\ a>0$$

例 3.4.19： 已知连续时间信号 $f(t)=\sin t[\varepsilon(t)-\varepsilon(t-\pi)]$，试求连续时间信号 $f(t)$的频谱 $F(\mathrm{j}\omega)$。

解： 考虑到 $f(t)=\sin t[\varepsilon(t)-\varepsilon(t-\pi)]$，则有

$$f'(t)=\cos t[\varepsilon(t)-\varepsilon(t-\pi)]+\sin t[\delta(t)-\delta(t-\pi)]=\cos t[\varepsilon(t)-\varepsilon(t-\pi)]$$
$$f''(t)=-\sin t[\varepsilon(t)-\varepsilon(t-\pi)]+\cos t[\delta(t)-\delta(t-\pi)]=-f(t)+\delta(t)+\delta(t-\pi)$$

即

$$f''(t)=-f(t)+\delta(t)+\delta(t-\pi)$$

考虑到 CTFT 的时域微分性质式(3.4.43)，对上式的等号两边分别取 CTFT，可得

$$(\mathrm{j}\omega)^2F(\mathrm{j}\omega)=-F(\mathrm{j}\omega)+1+\mathrm{e}^{-\mathrm{j}\omega\pi}$$

即

$$F(\mathrm{j}\omega)=\frac{1+\mathrm{e}^{-\mathrm{j}\omega\pi}}{1-\omega^2}$$

例 3.4.20：已知连续时间信号 $f(t)=\dfrac{1}{\pi t^2}$，试求连续时间信号 $f(t)$的频谱 $F(\mathrm{j}\omega)$。

解：由式(3.4.18)可知

$$\mathrm{sgn}(t)\longleftrightarrow\frac{2}{\mathrm{j}\omega}$$

考虑到 CTFT 的对偶性质式(3.4.35)，则有

$$\frac{2}{\mathrm{j}t}\longleftrightarrow 2\pi\mathrm{sgn}(-\omega)=-2\pi\mathrm{sgn}(\omega)$$

即

$$\frac{1}{\pi t}\longleftrightarrow -\mathrm{j}\mathrm{sgn}(\omega) \tag{3.4.44}$$

考虑到 CTFT 的时域微分性质式(3.4.42)，由式(3.4.44)可得

$$\left(\frac{1}{\pi t}\right)'\longleftrightarrow(\mathrm{j}\omega)[-\mathrm{j}\mathrm{sgn}(\omega)]=|\omega|$$

即

$$\frac{1}{\pi t^2}\longleftrightarrow -|\omega|$$

亦即

$$F(\mathrm{j}\omega)=\mathrm{CTFT}[f(t)]=\mathrm{CTFT}\left[\frac{1}{\pi t^2}\right]=-|\omega|$$

3.4.8 时域积分性质

若 $f(t)\longleftrightarrow F(\mathrm{j}\omega)$，则有

$$\int_{-\infty}^{t}f(\tau)\mathrm{d}\tau=f(t)*\varepsilon(t)\longleftrightarrow\frac{F(\mathrm{j}\omega)}{\mathrm{j}\omega}+\pi F(\mathrm{j}0)\delta(\omega) \tag{3.4.45}$$

证明：由式(3.4.19)可知

$$\varepsilon(t)\longleftrightarrow\pi\delta(\omega)+\frac{1}{\mathrm{j}\omega}$$

考虑到 CTFT 的时域线性卷积定理式(3.4.38)，则有

$$\int_{-\infty}^{t}f(\tau)\mathrm{d}\tau=f(t)*\varepsilon(t)\longleftrightarrow\frac{F(\mathrm{j}\omega)}{\mathrm{j}\omega}+\pi F(\mathrm{j}0)\delta(\omega)$$

式(3.4.45)表明，时域上一个连续时间信号积分，在频域上其频谱被 $1/\mathrm{j}\omega$ 加权，即连续时间信号 $f(t)$通过积分器 $h(t)=\varepsilon(t)$，其低端频谱得以提升。

例 3.4.21：已知连续时间信号 $f(t)=G_\tau(t)$，试求连续时间信号 $f(t)$的频谱 $F(\mathrm{j}\omega)$。

解：由式(3.3.10)可知

$$\delta(t-t_0)\longleftrightarrow\mathrm{e}^{-\mathrm{j}\omega t_0}$$

于是

$$\delta\left(t+\frac{\tau}{2}\right)-\delta\left(t-\frac{\tau}{2}\right)\longleftrightarrow e^{j\omega\frac{\tau}{2}}-e^{-j\omega\frac{\tau}{2}}$$

考虑到 CTFT 的时域积分性质式(3.4.45)，则有

$$\left[\delta\left(t+\frac{\tau}{2}\right)-\delta\left(t-\frac{\tau}{2}\right)\right]*\varepsilon(t)\longleftrightarrow\left[e^{j\omega\frac{\tau}{2}}-e^{-j\omega\frac{\tau}{2}}\right]\left[\pi\delta(\omega)+\frac{1}{j\omega}\right]$$

即

$$\varepsilon\left(t+\frac{\tau}{2}\right)-\varepsilon\left(t-\frac{\tau}{2}\right)\longleftrightarrow\frac{e^{j\omega\frac{\tau}{2}}-e^{-j\omega\frac{\tau}{2}}}{j\omega}$$

亦即

$$G_\tau(t)\longleftrightarrow\tau\mathrm{Sa}\left(\frac{\omega\tau}{2}\right)$$

于是

$$F(j\omega)=\mathrm{CTFT}[f(t)]=\mathrm{CTFT}[G_\tau(t)]=\tau\mathrm{Sa}\left(\frac{\omega\tau}{2}\right)$$

推论 1：

若 $f'(t)\longleftrightarrow F_1(j\omega)$，则有

$$f(t)\longleftrightarrow\pi[f(-\infty)+f(+\infty)]\delta(\omega)+\frac{F_1(j\omega)}{j\omega}\tag{3.4.46}$$

证明：考虑到 $f'(t)\longleftrightarrow F_1(j\omega)$，则有

$$\begin{aligned}\mathrm{CTFT}[f'(t)*\varepsilon(t)]&=F_1(j\omega)\left[\pi\delta(\omega)+\frac{1}{j\omega}\right]=\pi F_1(j0)\delta(\omega)+\frac{F_1(j\omega)}{j\omega}\\&=\pi\left[\int_{-\infty}^{+\infty}f'(t)\mathrm{d}t\right]\delta(\omega)+\frac{F_1(j\omega)}{j\omega}\\&=\pi[f(+\infty)-f(-\infty)]\delta(\omega)+\frac{F_1(j\omega)}{j\omega}\end{aligned}$$

也可以写成傅里叶变换对，即

$$\int_{-\infty}^{t}f'(\tau)\mathrm{d}\tau=f'(t)*\varepsilon(t)\longleftrightarrow\pi[f(+\infty)-f(-\infty)]\delta(\omega)+\frac{F_1(j\omega)}{j\omega}$$

亦即

$$f(t)-f(-\infty)\longleftrightarrow\pi[f(+\infty)-f(-\infty)]\delta(\omega)+\frac{F_1(j\omega)}{j\omega}$$

考虑到 $1\longleftrightarrow 2\pi\delta(\omega)$，则有

$$f(t)\longleftrightarrow\pi[f(-\infty)+f(+\infty)]\delta(\omega)+\frac{F_1(j\omega)}{j\omega}$$

通常称式(3.4.46)为 CTFT 的时域恢复公式 1。

推论 2：

若 $f^{(n)}(t)\longleftrightarrow F_n(j\omega)$，并且 $\lim\limits_{t\to\pm\infty}f^{(k)}(t)=0(k=1,2,\cdots,n-1)$，则有

$$f(t)\longleftrightarrow\pi[f(-\infty)+f(+\infty)]\delta(\omega)+\frac{F_n(j\omega)}{(j\omega)^n}\tag{3.4.47}$$

证明：考虑到 $f^{(n)}(t)\longleftrightarrow F_n(j\omega)$，由式(3.4.46)，即 CTFT 的时域恢复公式 1，可得

$$f^{(n-1)}(t)\longleftrightarrow\pi[f^{(n-1)}(-\infty)+f^{(n-1)}(+\infty)]\delta(\omega)+\frac{F_n(j\omega)}{j\omega}=\frac{F_n(j\omega)}{j\omega}=F_{n-1}(j\omega)$$

即

$$f^{(n-1)}(t) \longleftrightarrow F_{n-1}(\mathrm{j}\omega)=\frac{F_n(\mathrm{j}\omega)}{\mathrm{j}\omega}$$

将上述过程重复 $n-1$ 次，可得

$$f^{[n-(n-1)]}(t) \longleftrightarrow F_{n-(n-1)}(\mathrm{j}\omega)=\frac{F_n(\mathrm{j}\omega)}{(\mathrm{j}\omega)^{n-1}}$$

即

$$f'(t) \longleftrightarrow F_1(\mathrm{j}\omega)=\frac{F_n(\mathrm{j}\omega)}{(\mathrm{j}\omega)^{n-1}}$$

亦即

$$f(t) \longleftrightarrow \pi[f(-\infty)+f(+\infty)]\delta(\omega)+\frac{F_1(\mathrm{j}\omega)}{\mathrm{j}\omega}=\pi[f(-\infty)+f(+\infty)]\delta(\omega)+\frac{F_n(\mathrm{j}\omega)}{(\mathrm{j}\omega)^n}$$

通常称式(3.4.47)为 CTFT 的时域恢复公式 2。

对于经过一次或几次微分后出现冲激的一类信号，利用式(3.4.46)及式(3.4.47)来计算傅里叶变换，会使运算变得较为简单，我们称此方法为微分冲激法。

例 3.4.22：连续时间单位三角波信号 $f_\Delta(t)=\frac{1}{\tau}G_\tau(t)*G_\tau(t)$，试求连续时间单位三角波信号 $f_\Delta(t)$的频谱 $F_\Delta(\mathrm{j}\omega)$。

解：考虑到 $f(t)=f_\Delta(t)=\frac{1}{\tau}G_\tau(t)*G_\tau(t)$，则有

$$f''(t)=f_\Delta(t)*\delta''(t)=\frac{1}{\tau}G_\tau(t)*\delta'(t)*G_\tau(t)*\delta'(t)$$

即

$$f''(t)=\frac{1}{\tau}\left[\delta\left(t+\frac{\tau}{2}\right)-\delta\left(t-\frac{\tau}{2}\right)\right]*\left[\delta\left(t+\frac{\tau}{2}\right)-\delta\left(t-\frac{\tau}{2}\right)\right]$$

对上式的等号两边分别取 CTFT，并考虑到 CTFT 的时域线性卷积定理式(3.4.38)，则有

$$F_2(\mathrm{j}\omega)=\frac{1}{\tau}(\mathrm{e}^{\mathrm{j}\frac{\omega\tau}{2}}-\mathrm{e}^{-\mathrm{j}\frac{\omega\tau}{2}})^2$$

考虑到式(3.4.47)，即 CTFT 的时域恢复公式 2，则有

$$F_\Delta(\mathrm{j}\omega)=\pi[f(-\infty)+f(+\infty)]\delta(\omega)+\frac{F_2(\mathrm{j}\omega)}{(\mathrm{j}\omega)^2}=\frac{F_2(\mathrm{j}\omega)}{(\mathrm{j}\omega)^2}=\frac{(\mathrm{e}^{\mathrm{j}\frac{\omega\tau}{2}}-\mathrm{e}^{-\mathrm{j}\frac{\omega\tau}{2}})^2}{\tau(\mathrm{j}\omega)^2}=\tau\mathrm{Sa}^2\left(\frac{\omega\tau}{2}\right)$$

下面基于傅里叶变换的对偶性质，采用翻译三步法来导出与时域性质相对应的频域性质：

第一步：首先利用 CTFT 的对偶性质翻译条件；

第二步：利用 CTFT 的时域性质得出频域上的频谱关系式；

第三步：再利用 CTFT 的对偶性质进行逆向翻译，可得与 CTFT 的时域性质相对应的频域性质。

3.4.9 频域线性卷积定理

若 $\mathrm{CTFT}[f_1(t)]=F_1(\mathrm{j}\omega)$，$\mathrm{CTFT}[f_2(t)]=F_2(\mathrm{j}\omega)$，则有

$$f_1(t)f_2(t) \longleftrightarrow \frac{1}{2\pi}F_1(\mathrm{j}\omega)*F_2(\mathrm{j}\omega) \tag{3.4.48}$$

证明：(1) 由于

$$f_1(t) \longleftrightarrow F_1(\mathrm{j}\omega)$$
$$f_2(t) \longleftrightarrow F_2(\mathrm{j}\omega)$$

考虑到 CTFT 的对偶性质式(3.4.35)，则有

$$F_1(\mathrm{j}t) \longleftrightarrow 2\pi f_1(-\omega)$$
$$F_2(\mathrm{j}t) \longleftrightarrow 2\pi f_2(-\omega)$$

(2) 考虑到 CTFT 的时域线性卷积定理式(3.4.38)，则有

$$F_1(\mathrm{j}t) * F_2(\mathrm{j}t) \longleftrightarrow (2\pi)^2 f_1(-\omega) f_2(-\omega)$$

(3) 考虑到 CTFT 的对偶性质式(3.4.36)，则有

$$(2\pi)^2 f_1(t) f_2(t) \longleftrightarrow 2\pi F_1(\mathrm{j}\omega) * F_2(\mathrm{j}\omega)$$

即

$$f_1(t) f_2(t) \longleftrightarrow \frac{1}{2\pi} F_1(\mathrm{j}\omega) * F_2(\mathrm{j}\omega)$$

在频域(以 Hz 为单位)上，即用频率变量来表示，可以写成

$$f_1(t) f_2(t) \longleftrightarrow F_1(\mathrm{j}f) * F_2(\mathrm{j}f) \tag{3.4.49}$$

式(3.4.48)表明，时域上两个连续时间信号的乘积运算，在频域上转化成了两个信号频谱的线性卷积运算。

例 3.4.23：已知连续时间信号 $f_1(t)=\mathrm{e}^{-t}\varepsilon(t)$，$f_2(t)=\mathrm{e}^{-2t}\varepsilon(t)$，$f(t)=f_1(t)f_2(t)$，试求连续时间信号 $f(t)$的频谱 $F(\mathrm{j}\omega)$。

解：方法 1　考虑到 $f(t)=f_1(t)f_2(t)=\mathrm{e}^{-3t}\varepsilon(t)$，则有

$$F(\mathrm{j}\omega)=\mathrm{CTFT}[f(t)]=\mathrm{CTFT}[\mathrm{e}^{-3t}\varepsilon(t)]=\frac{1}{3+\mathrm{j}\omega}$$

方法 2　考虑到 $f_1(t)=\mathrm{e}^{-t}\varepsilon(t)$，则有

$$F_1(\mathrm{j}\omega)=\frac{1}{1+\mathrm{j}\omega}$$

考虑到 $f_2(t)=\mathrm{e}^{-2t}\varepsilon(t)$，则有

$$F_2(\mathrm{j}\omega)=\frac{1}{2+\mathrm{j}\omega}$$

考虑到 CTFT 的频域线性卷积定理式(3.4.48)，则有

$$\begin{aligned}
F(\mathrm{j}\omega)&=\mathrm{CTFT}[f_1(t)f_2(t)]=\frac{1}{2\pi}F_1(\mathrm{j}\omega) * F_2(\mathrm{j}\omega)\\
&=\frac{1}{2\pi}\int_{-\infty}^{+\infty}\frac{1}{1+\mathrm{j}\lambda}\,\frac{1}{2+\mathrm{j}(\omega-\lambda)}\mathrm{d}\lambda\\
&=\frac{1}{2\pi(3+\mathrm{j}\omega)}\int_{-\infty}^{+\infty}\left[\frac{1}{1+\mathrm{j}\lambda}+\frac{1}{2+\mathrm{j}(\omega-\lambda)}\right]\mathrm{d}\lambda\\
&=\frac{1}{2\pi(3+\mathrm{j}\omega)}\left[\int_{-\infty}^{+\infty}\frac{1}{1+\mathrm{j}\lambda}\mathrm{d}\lambda+\int_{-\infty}^{+\infty}\frac{1}{2-\mathrm{j}x}\mathrm{d}x\right]\\
&=\frac{1}{2\pi(3+\mathrm{j}\omega)}\left[\int_{-\infty}^{+\infty}\frac{1-\mathrm{j}\lambda}{1+\lambda^2}\mathrm{d}\lambda+\int_{-\infty}^{+\infty}\frac{2+\mathrm{j}x}{4+x^2}\mathrm{d}x\right]\\
&=\frac{1}{\pi(3+\mathrm{j}\omega)}\left[\int_{0}^{+\infty}\frac{1}{1+\lambda^2}\mathrm{d}\lambda+\int_{0}^{+\infty}\frac{2}{4+x^2}\mathrm{d}x\right]\\
&=\frac{1}{\pi(3+\mathrm{j}\omega)}\left[\arctan\lambda\Big|_0^{+\infty}+\arctan\frac{x}{2}\Big|_0^{+\infty}\right]\\
&=\frac{1}{3+\mathrm{j}\omega}
\end{aligned}$$

例 3.4.24：已知连续时间信号 $f(t)=\mathrm{Sa}^2(t)$，试求连续时间信号 $f(t)$ 的频谱 $F(\mathrm{j}\omega)$。

解：由式(3.3.15)可知

$$G_\tau(t) \longleftrightarrow \tau\mathrm{Sa}\left(\frac{\omega\tau}{2}\right)$$

考虑到 CTFT 的对偶性质式(3.4.35)，则有

$$\omega_c\mathrm{Sa}\left(\frac{\omega_c t}{2}\right) \longleftrightarrow 2\pi G_{\omega_c}(\omega)$$

令 $\frac{\omega_c}{2}=1$，则有

$$\mathrm{Sa}(t) \longleftrightarrow \pi G_2(\omega)$$

考虑到 CTFT 的频域线性卷积定理式(3.4.48)，则有

$$F(\mathrm{j}\omega)=\mathrm{CTFT}[\mathrm{Sa}^2(t)]=\frac{1}{2\pi}\pi G_2(\omega)*\pi G_2(\omega)=\frac{\pi}{2}G_2(\omega)*G_2(\omega)$$

$$=\frac{\pi}{2}\omega\varepsilon(\omega)*[\delta(\omega+2)-2\delta(\omega)+\delta(\omega-2)]$$

例 3.4.25：已知连续时间信号 $f(t)=\cos tG_\pi(t)$，试求连续时间信号 $f(t)$ 的频谱 $F(\mathrm{j}\omega)$。

解：由式(3.3.15)可知

$$G_\tau(t) \longleftrightarrow \tau\mathrm{Sa}\left(\frac{\omega\tau}{2}\right)$$

于是

$$G_\pi(t) \longleftrightarrow \pi\mathrm{Sa}\left(\frac{\omega\pi}{2}\right)$$

考虑到式(3.4.25)及 CTFT 的频域线性卷积定理式(3.4.48)，则有

$$F(\mathrm{j}\omega)=\mathrm{CTFT}[f(t)]=\mathrm{CTFT}[\cos tG_\pi(t)]$$

$$=\frac{1}{2\pi}\pi[\delta(\omega+1)+\delta(\omega-1)]*\pi\mathrm{Sa}\left(\frac{\omega\pi}{2}\right)$$

$$=\frac{\pi}{2}\left[\mathrm{Sa}\left(\frac{\omega+1}{2}\pi\right)+\mathrm{Sa}\left(\frac{\omega-1}{2}\pi\right)\right]$$

$$=\frac{2\cos(\omega\pi/2)}{1-\omega^2}$$

1. 频域线性卷积定理零频点恒等式的实质

若 $\mathrm{CTFT}[f_1(t)]=F_1(\mathrm{j}\omega)$，$\mathrm{CTFT}[f_2(t)]=F_2(\mathrm{j}\omega)$，则有

$$\mathrm{CTFT}[f_1(t)f_2(t)]=\int_{-\infty}^{+\infty}f_1(t)f_2(t)\mathrm{e}^{-\mathrm{j}\omega t}\mathrm{d}t=\frac{1}{2\pi}F_1(\mathrm{j}\omega)*F_2(\mathrm{j}\omega)$$

即

$$\int_{-\infty}^{+\infty}f_1(t)f_2(t)\mathrm{d}t=\frac{1}{2\pi}F_1(\mathrm{j}\omega)*F_2(\mathrm{j}\omega)\Big|_{\omega=0} \tag{3.4.50}$$

式(3.4.50)表明，频域线性卷积定理零频点恒等式的实质是频域线性卷积在零频点的值等于时域上两个连续时间信号的积信号曲线下的面积再乘以 2π。

2. Parseval 定理

(1) 连续时间信号 $f(t)$ 为实信号

设 $\mathrm{CTFT}[f(t)]=F(\mathrm{j}\omega)$，考虑到式(3.4.50)，则有

$$\int_{-\infty}^{+\infty} f^2(t)\mathrm{d}t = \frac{1}{2\pi}F(\mathrm{j}\omega) * F(\mathrm{j}\omega)\Big|_{\omega=0} = \left\{\frac{1}{2\pi}\int_{-\infty}^{+\infty} F(\mathrm{j}\lambda)F[\mathrm{j}(\omega-\lambda)]\mathrm{d}\lambda\right\}\Big|_{\omega=0}$$

$$= \frac{1}{2\pi}\int_{-\infty}^{+\infty} F(\mathrm{j}\lambda)F(-\mathrm{j}\lambda)\mathrm{d}\lambda = \frac{1}{2\pi}\int_{-\infty}^{+\infty} F(\mathrm{j}\omega)F(-\mathrm{j}\omega)\mathrm{d}\omega$$

$$= \frac{1}{2\pi}\int_{-\infty}^{+\infty} F(\mathrm{j}\omega)F^*(\mathrm{j}\omega)\mathrm{d}\omega = \frac{1}{2\pi}\int_{-\infty}^{+\infty} |F(\mathrm{j}\omega)|^2\mathrm{d}\omega$$

即

$$\int_{-\infty}^{+\infty} f^2(t)\mathrm{d}t = \frac{1}{2\pi}\int_{-\infty}^{+\infty} |F(\mathrm{j}\omega)|^2\mathrm{d}\omega \tag{3.4.51}$$

(2) 连续时间信号 $f(t)$为复信号

设 $\mathrm{CTFT}[f(t)] = F(\mathrm{j}\omega)$，考虑到式(3.4.2)及式(3.4.50)，则有

$$\int_{-\infty}^{+\infty} |f(t)|^2\mathrm{d}t = \int_{-\infty}^{+\infty} f(t)f^*(t)\mathrm{d}t = \frac{1}{2\pi}F(\mathrm{j}\omega) * F^*(-\mathrm{j}\omega)|_{\omega=0}$$

$$= \frac{1}{2\pi}\int_{-\infty}^{+\infty} F(\mathrm{j}\omega)F^*(\mathrm{j}\omega)\mathrm{d}\omega = \frac{1}{2\pi}\int_{-\infty}^{+\infty} |F(\mathrm{j}\omega)|^2\mathrm{d}\omega$$

即

$$\int_{-\infty}^{+\infty} |f(t)|^2\mathrm{d}t = \frac{1}{2\pi}\int_{-\infty}^{+\infty} |F(\mathrm{j}\omega)|^2\mathrm{d}\omega \tag{3.4.52}$$

式(3.4.51)及式(3.4.52)都称为 Parseval 定理，它表明连续时间信号 $f(t)$在时域计算的能量和在频域上计算的能量是相等的，这里的 Parseval 定理是能量守恒原理的体现。连续时间信号 $f(t)$的能量只与幅度谱$|F(\mathrm{j}\omega)|$有关，而与相位谱无关。通常，称$|F(\mathrm{j}\omega)|^2$ 为连续时间信号 $f(t)$的能谱密度函数。

例 3.4.26：已知连续时间信号 $f(t)=\mathrm{Sa}(t)$，试求该信号的能量 E。

解：由式(3.3.15)可知

$$G_\tau(t) \longleftrightarrow \tau\mathrm{Sa}\left(\frac{\omega\tau}{2}\right)$$

考虑到 CTFT 的对偶性质式(3.4.35)，则有

$$\omega_c\mathrm{Sa}\left(\frac{\omega_c t}{2}\right) \longleftrightarrow 2\pi G_{\omega_c}(\omega)$$

令 $\omega_c=2$，则有

$$f(t)=\mathrm{Sa}(t) \longleftrightarrow \pi G_2(\omega)=F(\mathrm{j}\omega)$$

考虑到 CTFT 形式的 Parseval 定理式(3.4.51)，则有

$$E = \int_{-\infty}^{+\infty} f^2(t)\mathrm{d}t = \frac{1}{2\pi}\int_{-\infty}^{+\infty} |F(\mathrm{j}\omega)|^2\mathrm{d}\omega = \frac{1}{2\pi}\int_{-1}^{1} \pi^2\mathrm{d}\omega = \pi$$

例 3.4.27：试计算广义积分$\int_{-\infty}^{+\infty} \mathrm{Sa}^3(t)\mathrm{d}t$。

解：设 $f_1(t)=\mathrm{Sa}(t)$，$f_2(t)=\mathrm{Sa}^2(t)$

由式(3.3.15)可知

$$G_\tau(t) \longleftrightarrow \tau\mathrm{Sa}\left(\frac{\omega\tau}{2}\right)$$

考虑到 CTFT 的对偶性质式(3.4.35)，则有

$$\omega_c\mathrm{Sa}\left(\frac{\omega_c t}{2}\right) \longleftrightarrow 2\pi G_{\omega_c}(\omega)$$

令 $\omega_c=2$，则有

$$\mathrm{Sa}(t)\longleftrightarrow \pi G_2(\omega)$$

即

$$F_1(\mathrm{j}\omega)=\mathrm{CTFT}[f_1(t)]=\mathrm{CTFT}[\mathrm{Sa}(t)]=\pi G_2(\omega)$$

考虑到 CTFT 的频域线性卷积定理式(3.4.48)，则有

$$F_2(\mathrm{j}\omega)=\mathrm{CTFT}[f_2(t)]=\mathrm{CTFT}[\mathrm{Sa}^2(t)]=\frac{1}{2\pi}\pi G_2(\omega)*\pi G_2(\omega)=\frac{\pi}{2}G_2(\omega)*G_2(\omega)$$

连续时间信号 $f_1(t)=\mathrm{Sa}(t)$ 和 $f_2(t)=\mathrm{Sa}^2(t)$ 的频谱 $F_1(\mathrm{j}\omega)$ 和 $F_2(\mathrm{j}\omega)$ 如图 3.4.10 所示。根据式(3.4.50)，并考虑到图 3.4.10 所示的频谱图，可得

$$\begin{aligned}\int_{-\infty}^{+\infty}\mathrm{Sa}^3(t)\mathrm{d}t&=\frac{1}{2\pi}F_1(\mathrm{j}\omega)*F_2(\mathrm{j}\omega)\bigg|_{\omega=0}\\&=\frac{1}{2\pi}\int_{-\infty}^{+\infty}F_1(\mathrm{j}\omega)F_2(-\mathrm{j}\omega)\mathrm{d}\omega\\&=\frac{2}{2\pi}\frac{\frac{\pi^2}{2}+\pi^2}{2}\times 1=\frac{3\pi}{4}\end{aligned}$$

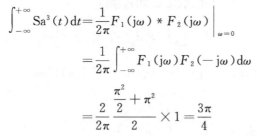

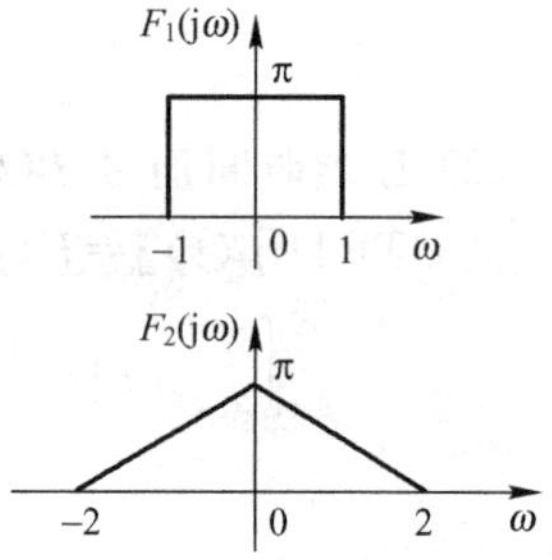

图 3.4.10 连续时间信号 $\mathrm{Sa}(t)$ 和 $\mathrm{Sa}^2(t)$ 的频谱图

下面研究有关函数 $\mathrm{Sa}^p(t)(p=1,2,3,\cdots)$ 的广义积分计算问题。

设 $f_1(t)=\frac{1}{2}\varepsilon(t)*[\delta(t+1)-\delta(t-1)]$，则有 $f_1(t)\longleftrightarrow \mathrm{Sa}(\omega)$。若 $f_p(t)=f_{p-1}(t)*f_1(t)$ $(p=2,3,4,\cdots)$，则有 $f_p(t)\longleftrightarrow \mathrm{Sa}^p(\omega)$。

由 CTFT 的对偶性质可得

$$\mathrm{Sa}^p(-t)\longleftrightarrow 2\pi f_p(\omega),\ \omega\in[-p,p]$$

将上式写成等式，可得

$$\int_{-\infty}^{+\infty}\mathrm{Sa}^p(-t)\mathrm{e}^{-\mathrm{j}\omega t}\mathrm{d}t=\int_{-\infty}^{+\infty}\mathrm{Sa}^p(t)\cos\omega t\,\mathrm{d}t=\begin{cases}2\pi f_p(\omega), & \omega<p\\0, & \omega\geqslant p\end{cases}\tag{3.4.53}$$

即

$$\int_{-\infty}^{+\infty}\mathrm{Sa}^p(t)\mathrm{d}t=2\pi f_p(0)\tag{3.4.54}$$

式中，$f_p(0)$ 可利用式(3.2.36)计算，即

$$f_p(0)=\frac{1}{2^p(p-1)!}\sum_{r=0}^{p}\mathrm{C}_p^r(-1)^r(p-2r)^{p-1}\varepsilon(p-2r),\ p=2,3,4,\cdots\tag{3.4.55}$$

式中

$$\mathrm{C}_p^r=\frac{p!}{r!(p-r)!}$$

例如，若 $p=5$，则有

$$\int_{-\infty}^{+\infty}\mathrm{Sa}^5(t)\mathrm{d}t=2\pi f_5(0)=\frac{2\pi}{2^5\times 4!}(5^4-5\times 3^4+10\times 1^4)=\frac{115\pi}{192}$$

3.4.10 频移性质

若 $f(t)\longleftrightarrow F(\mathrm{j}\omega)$，则有

$$f(t)\mathrm{e}^{\mathrm{j}\omega_0 t}\longleftrightarrow F[\mathrm{j}(\omega-\omega_0)]\tag{3.4.56}$$

证明：(1) 由于

$$f(t) \longleftrightarrow F(\mathrm{j}\omega)$$

考虑到 CTFT 的对偶性质式(3.4.35)，则有

$$F(\mathrm{j}t) \longleftrightarrow 2\pi f(-\omega)$$

(2) 考虑到 CTFT 的时移性质式(3.4.28)，则有

$$F[\mathrm{j}(t-t_0)] \longleftrightarrow 2\pi f(-\omega)\mathrm{e}^{-\mathrm{j}\omega t_0}$$

(3) 考虑到 CTFT 的对偶性质式(3.4.36)，则有

$$2\pi f(t)\mathrm{e}^{\mathrm{j}tt_0} \longleftrightarrow 2\pi F[\mathrm{j}(\omega-t_0)]$$

令 $t_0=\omega_0$，则有

$$2\pi f(t)\mathrm{e}^{\mathrm{j}\omega_0 t} \longleftrightarrow 2\pi F[\mathrm{j}(\omega-\omega_0)]$$

即

$$f(t)\mathrm{e}^{\mathrm{j}\omega_0 t} \longleftrightarrow F[\mathrm{j}(\omega-\omega_0)]$$

式(3.4.56)表明，信号频谱要搬移 ω_0，则时域信号 $f(t)$就要乘以虚指数信号 $\mathrm{e}^{\mathrm{j}\omega_0 t}$。当然，实际中常用 $f(t)$与正弦或余弦信号相乘，以实现频谱的搬移。

例 3.4.28：已知连续时间信号 $f(t)=\mathrm{e}^{-at}\cos\omega_0 t\varepsilon(t)(a>0)$，试求连续时间信号 $f(t)$的频谱$F(\mathrm{j}\omega)$。

解：由式(3.3.14)可知

$$\mathrm{e}^{-at}\varepsilon(t) \xleftrightarrow{a>0} \frac{1}{a+\mathrm{j}\omega}$$

考虑到 CTFT 的频移性质式(3.4.56)，则有

$$\mathrm{e}^{\mathrm{j}\omega_0 t}\mathrm{e}^{-at}\varepsilon(t) \xleftrightarrow{a>0} \frac{1}{a+\mathrm{j}(\omega-\omega_0)}$$

$$\mathrm{e}^{-\mathrm{j}\omega_0 t}\mathrm{e}^{-at}\varepsilon(t) \xleftrightarrow{a>0} \frac{1}{a+\mathrm{j}(\omega+\omega_0)}$$

于是

$$F(\mathrm{j}\omega)=\mathrm{CTFT}[f(t)]=\mathrm{CTFT}[\mathrm{e}^{-at}\cos\omega_0 t\varepsilon(t)]=\mathrm{CTFT}\left[\frac{\mathrm{e}^{\mathrm{j}\omega_0 t}+\mathrm{e}^{-\mathrm{j}\omega_0 t}}{2}\mathrm{e}^{-at}\varepsilon(t)\right]$$

$$=\frac{1}{2}\left[\frac{1}{a+\mathrm{j}(\omega-\omega_0)}+\frac{1}{a+\mathrm{j}(\omega+\omega_0)}\right]=\frac{a+\mathrm{j}\omega}{(a+\mathrm{j}\omega)^2+\omega_0^2}$$

即

$$\mathrm{e}^{-at}\cos\omega_0 t\varepsilon(t) \xleftrightarrow{a>0} \frac{a+\mathrm{j}\omega}{(a+\mathrm{j}\omega)^2+\omega_0^2} \tag{3.4.57}$$

同理，可得

$$\mathrm{e}^{-at}\sin\omega_0 t\varepsilon(t) \xleftrightarrow{a>0} \frac{\omega_0}{(a+\mathrm{j}\omega)^2+\omega_0^2} \tag{3.4.58}$$

例 3.4.29：已知连续时间信号的频谱 $F(\mathrm{j}\omega)=-\mathrm{j}\operatorname{sgn}(\omega)G_8(\omega)$，试求连续时间信号 $f(t)$。

解：由式(3.3.15)可知

$$G_\tau(t) \longleftrightarrow \tau\mathrm{Sa}\left(\frac{\omega\tau}{2}\right)$$

考虑到 CTFT 的对偶性质式(3.4.35)，则有

$$\omega_c\mathrm{Sa}\left(\frac{\omega_c t}{2}\right) \longleftrightarrow 2\pi G_{\omega_c}(\omega)$$

令 $\omega_c=4$，则有

$$4\mathrm{Sa}(2t) \longleftrightarrow 2\pi G_4(\omega)$$

考虑到 $F(\mathrm{j}\omega)=-\mathrm{j}\,\mathrm{sgn}(\omega)G_8(\omega)=\mathrm{j}G_4(\omega+2)-\mathrm{j}G_4(\omega-2)$，则有

$$\begin{aligned} f(t)&=\mathrm{ICTFT}[F(\mathrm{j}\omega)]=\mathrm{ICTFT}[\mathrm{j}G_4(\omega+2)-\mathrm{j}G_4(\omega-2)] \\ &=\mathrm{j}\frac{2}{\pi}\mathrm{Sa}(2t)\mathrm{e}^{-\mathrm{j}2t}-\mathrm{j}\frac{2}{\pi}\mathrm{Sa}(2t)\mathrm{e}^{\mathrm{j}2t}=-\mathrm{j}\frac{2}{\pi}\mathrm{Sa}(2t)(\mathrm{e}^{\mathrm{j}2t}-\mathrm{e}^{-\mathrm{j}2t}) \\ &=\frac{4}{\pi}\mathrm{Sa}(2t)\sin 2t=\frac{2}{\pi t}\sin^2 2t \end{aligned}$$

例 3.4.30：已知连续时间信号 $f(t)$的频谱为 $F(\mathrm{j}\omega)$，$y(t)=f(t)\cos\omega_0 t$，试用 $F(\mathrm{j}\omega)$来表示连续时间信号 $y(t)$的频谱 $Y(\mathrm{j}\omega)$。

解：考虑到

$$y(t)=f(t)\cos\omega_0 t$$

即

$$y(t)=f(t)\frac{\mathrm{e}^{\mathrm{j}\omega_0 t}+\mathrm{e}^{-\mathrm{j}\omega_0 t}}{2}$$

对上式的等号两边分别取 CTFT，并注意到 CTFT 的频移性质式(3.4.56)，则有

$$Y(\mathrm{j}\omega)=\frac{1}{2}F[\mathrm{j}(\omega+\omega_0)]+\frac{1}{2}F[\mathrm{j}(\omega-\omega_0)]$$

即

$$f(t)\cos\omega_0 t \longleftrightarrow \frac{1}{2}F[\mathrm{j}(\omega+\omega_0)]+\frac{1}{2}F[\mathrm{j}(\omega-\omega_0)] \tag{3.4.59}$$

同理，可得

$$f(t)\sin\omega_0 t \longleftrightarrow \frac{\mathrm{j}}{2}F[\mathrm{j}(\omega+\omega_0)]-\frac{\mathrm{j}}{2}F[\mathrm{j}(\omega-\omega_0)] \tag{3.4.60}$$

式(3.4.59)及式(3.4.60)通常称为调制定理。

3.4.11 频域微分性质

若 $f(t) \longleftrightarrow F(\mathrm{j}\omega)$，则有

$$-\mathrm{j}tf(t) \longleftrightarrow \frac{\mathrm{d}F(\mathrm{j}\omega)}{\mathrm{d}\omega} \tag{3.4.61}$$

$$(-\mathrm{j}t)^n f(t) \longleftrightarrow \frac{\mathrm{d}^n F(\mathrm{j}\omega)}{\mathrm{d}\omega^n} \tag{3.4.62}$$

证明：(1) 由于

$$f(t) \longleftrightarrow F(\mathrm{j}\omega)$$

考虑到 CTFT 的对偶性质式(3.4.35)，则有

$$F(\mathrm{j}t) \longleftrightarrow 2\pi f(-\omega)$$

(2) 考虑到 CTFT 的时域微分性质式(3.4.42)，则有

$$\frac{\mathrm{d}F(\mathrm{j}t)}{\mathrm{d}t} \longleftrightarrow \mathrm{j}\omega 2\pi f(-\omega)$$

(3) 考虑到 CTFT 的对偶性质式(3.4.36)，则有

$$-\mathrm{j}t2\pi f(t) \longleftrightarrow 2\pi\frac{\mathrm{d}F(\mathrm{j}\omega)}{\mathrm{d}\omega}$$

即

$$-\mathrm{j}tf(t) \longleftrightarrow \frac{\mathrm{d}F(\mathrm{j}\omega)}{\mathrm{d}\omega}$$

显然，有

$$(-\mathrm{j}t)^n f(t) \longleftrightarrow \frac{\mathrm{d}^n F(\mathrm{j}\omega)}{\mathrm{d}\omega^n}$$

式(3.4.61)表明，在频域上对连续时间信号 $f(t)$的频谱 $F(\mathrm{j}\omega)$进行微分运算，则相当于在时域上连续时间信号 $f(t)$被$-\mathrm{j}t$ 加权；式(3.4.62)表明，在频域上对连续时间信号 $f(t)$的频谱 $F(\mathrm{j}\omega)$进行 n 次微分运算，则相当于在时域上连续时间信号 $f(t)$被$(-\mathrm{j}t)^n$ 加权。

例 3.4.31：试求下列连续时间信号的频谱。

(1) $f_1(t)=t\varepsilon(t)$　(2) $f_2(t)=t$　(3) $f_3(t)=t^n$　(4) $f_4(t)=|t|$

解：(1) 由式(3.4.19)可知

$$\varepsilon(t) \longleftrightarrow \pi\delta(\omega)+\frac{1}{\mathrm{j}\omega}$$

考虑到 CTFT 的频域微分性质式(3.4.61)，则有

$$-\mathrm{j}t\varepsilon(t) \longleftrightarrow \pi\delta'(\omega)+\mathrm{j}\frac{1}{\omega^2}$$

即

$$t\varepsilon(t) \longleftrightarrow \mathrm{j}\pi\delta'(\omega)-\frac{1}{\omega^2} \tag{3.4.63}$$

亦即

$$F_1(\mathrm{j}\omega)=\mathrm{CTFT}[f_1(t)]=\mathrm{CTFT}[t\varepsilon(t)]=\mathrm{j}\pi\delta'(\omega)-\frac{1}{\omega^2}$$

(2) 由式(3.4.17)可知

$$1 \longleftrightarrow 2\pi\delta(\omega)$$

考虑到 CTFT 的频域微分性质式(3.4.61)，则有

$$-\mathrm{j}t \longleftrightarrow 2\pi\delta'(\omega)$$

即

$$t \longleftrightarrow \mathrm{j}2\pi\delta'(\omega) \tag{3.4.64}$$

亦即

$$F_2(\mathrm{j}\omega)=\mathrm{CTFT}[f_2(t)]=\mathrm{CTFT}[t]=\mathrm{j}2\pi\delta'(\omega)$$

(3) 由式(3.4.17)可知

$$1 \longleftrightarrow 2\pi\delta(\omega)$$

考虑到 CTFT 的频域微分性质式(3.4.62)，则有

$$(-\mathrm{j}t)^n\times 1 \longleftrightarrow 2\pi\delta^{(n)}(\omega)$$

即

$$t^n \longleftrightarrow \mathrm{j}^n 2\pi\delta^{(n)}(\omega) \tag{3.4.65}$$

亦即

$$F_3(\mathrm{j}\omega)=\mathrm{CTFT}[f_3(t)]=\mathrm{CTFT}[t^n]=\mathrm{j}^n 2\pi\delta^{(n)}(\omega)$$

(4) **方法 1**　根据式(3.4.63)，并考虑到 CTFT 的时域反褶性质式(3.4.32)，则有

$$-t\varepsilon(-t) \longleftrightarrow \mathrm{j}\pi\delta'(-\omega)-\frac{1}{(-\omega)^2}=-\mathrm{j}\pi\delta'(\omega)-\frac{1}{\omega^2}$$

即

$$F_4(\mathrm{j}\omega)=\mathrm{CTFT}[f_4(t)]=\mathrm{CTFT}[|t|]=\mathrm{CTFT}[-t\varepsilon(-t)+t\varepsilon(t)]=-\frac{2}{\omega^2}$$

方法 2 由式(3.4.18)可知

$$\mathrm{sgn}(t) \longleftrightarrow \frac{2}{\mathrm{j}\omega}$$

考虑到 CTFT 的频域微分性质式(3.4.61)，则有

$$-\mathrm{j}t\,\mathrm{sgn}(t) \longleftrightarrow \frac{\mathrm{d}}{\mathrm{d}\omega}\left(\frac{2}{\mathrm{j}\omega}\right)=\mathrm{j}\,\frac{2}{\omega^2}$$

即

$$|t|=t\,\mathrm{sgn}(t) \longleftrightarrow -\frac{2}{\omega^2} \tag{3.4.66}$$

亦即

$$F_4(\mathrm{j}\omega)=\mathrm{CTFT}[f_4(t)]=\mathrm{CTFT}[\,|t|\,]=\mathrm{CTFT}[t\,\mathrm{sgn}(t)]=-\frac{2}{\omega^2}$$

例 3.4.32：连续时间单位三角波信号 $f_\Delta(t)=\frac{1}{\tau}G_\tau(t)*G_\tau(t)$，试求连续时间单位三角波信号 $f_\Delta(t)$的频谱 $F_\Delta(\mathrm{j}\omega)$。

解：考虑到

$$\begin{aligned}f_\Delta(t)&=\frac{1}{\tau}G_\tau(t)*G_\tau(t)=\frac{1}{\tau}\left[\varepsilon\left(t+\frac{\tau}{2}\right)-\varepsilon\left(t-\frac{\tau}{2}\right)\right]*\left[\varepsilon\left(t+\frac{\tau}{2}\right)-\varepsilon\left(t-\frac{\tau}{2}\right)\right]\\&=\frac{1}{\tau}\varepsilon(t)*\left[\delta\left(t+\frac{\tau}{2}\right)-\delta\left(t-\frac{\tau}{2}\right)\right]*\varepsilon(t)*\left[\delta\left(t+\frac{\tau}{2}\right)-\delta\left(t-\frac{\tau}{2}\right)\right]\\&=\frac{1}{\tau}\varepsilon(t)*\varepsilon(t)*\left[\delta\left(t+\frac{\tau}{2}\right)-\delta\left(t-\frac{\tau}{2}\right)\right]*\left[\delta\left(t+\frac{\tau}{2}\right)-\delta\left(t-\frac{\tau}{2}\right)\right]\end{aligned}$$

即

$$f_\Delta(t)=\frac{1}{\tau}t\varepsilon(t)*[\delta(t+\tau)-2\delta(t)+\delta(t-\tau)]$$

对上式的等号两边分别取 CTFT，并注意到 CTFT 的时域线性卷积定理式(3.4.38)、式(3.3.10)给出的 $\mathrm{CTFT}[\delta(t-t_0)]=\mathrm{e}^{-\mathrm{j}\omega t_0}$，以及式(3.4.63)，则有

$$\begin{aligned}F_\Delta(\mathrm{j}\omega)&=\frac{1}{\tau}\left[\mathrm{j}\pi\delta'(\omega)-\frac{1}{\omega^2}\right][\mathrm{e}^{\mathrm{j}\omega\tau}-2+\mathrm{e}^{-\mathrm{j}\omega\tau}]=\frac{1}{\tau}\left[\mathrm{j}\pi\delta'(\omega)-\frac{1}{\omega^2}\right][2\cos\omega\tau-2]\\&=\frac{\mathrm{j}2\pi}{\tau}\delta'(\omega)(\cos\omega\tau-1)+\frac{2}{\omega^2\tau}(1-\cos\omega\tau)\\&=\frac{\mathrm{j}2\pi}{\tau}\{[\delta(\omega)(\cos\omega\tau-1)]'-\delta(\omega)(\cos\omega\tau-1)'\}+\frac{2}{\omega^2\tau}\left[1-\left(1-2\sin^2\frac{\omega\tau}{2}\right)\right]\\&=\frac{\mathrm{j}2\pi}{\tau}\tau\delta(\omega)\sin\omega\tau+\frac{4\sin^2\dfrac{\omega\tau}{2}}{\omega^2\tau}\\&=\tau\mathrm{Sa}^2\left(\frac{\omega\tau}{2}\right)\end{aligned}$$

例 3.4.33：设连续时间信号 $f(t)$满足 $f(t)*f'(t)=(1-t)\mathrm{e}^{-t}\varepsilon(t)$，试求连续时间信号 $f(t)$。

解：**方法 1** 由式(3.3.14)可知

$$\mathrm{e}^{-at}\varepsilon(t) \xleftrightarrow{a>0} \frac{1}{a+\mathrm{j}\omega}$$

于是

$$\mathrm{e}^{-t}\varepsilon(t) \longleftrightarrow \frac{1}{1+\mathrm{j}\omega}$$

考虑到 CTFT 的频域微分性质式(3.4.61)，则有

$$-\mathrm{j}t\mathrm{e}^{-t}\varepsilon(t)\longleftrightarrow\frac{-\mathrm{j}}{(1+\mathrm{j}\omega)^2}$$

即

$$t\mathrm{e}^{-t}\varepsilon(t)\longleftrightarrow\frac{1}{(1+\mathrm{j}\omega)^2}$$

考虑到 CTFT 的时域线性卷积定理式(3.4.38)和 CTFT 的时域微分性质式(3.4.42)，对 $f(t)*f'(t)=(1-t)\mathrm{e}^{-t}\varepsilon(t)$的等号两边分别取 CTFT，可得

$$F(\mathrm{j}\omega)[\mathrm{j}\omega F(\mathrm{j}\omega)]=\frac{1}{1+\mathrm{j}\omega}-\frac{1}{(1+\mathrm{j}\omega)^2}=\frac{\mathrm{j}\omega}{(1+\mathrm{j}\omega)^2}$$

即

$$F^2(\mathrm{j}\omega)=\frac{1}{(1+\mathrm{j}\omega)^2}$$

亦即

$$F(\mathrm{j}\omega)=\pm\frac{1}{1+\mathrm{j}\omega}$$

于是

$$f(t)=\pm\mathrm{e}^{-t}\varepsilon(t)$$

方法 2　考虑到

$$\begin{aligned}f(t)*f'(t)&=(1-t)\mathrm{e}^{-t}\varepsilon(t)=\mathrm{e}^{-t}\varepsilon(t)-\mathrm{e}^{-t}t\varepsilon(t)\\&=\mathrm{e}^{-t}\varepsilon(t)-\mathrm{e}^{-t}[\varepsilon(t)*\varepsilon(t)]\\&=\mathrm{e}^{-t}\varepsilon(t)-\mathrm{e}^{-t}\varepsilon(t)*\mathrm{e}^{-t}\varepsilon(t)\end{aligned}$$

即

$$f(t)*f'(t)=\mathrm{e}^{-t}\varepsilon(t)-\mathrm{e}^{-t}\varepsilon(t)*\mathrm{e}^{-t}\varepsilon(t)$$

对上式的等号两边分别取 CTFT，并注意到 CTFT 的时域线性卷积定理式(3.4.38)和 CTFT 时域微分性质式(3.4.42)，则有

$$F(\mathrm{j}\omega)[\mathrm{j}\omega F(\mathrm{j}\omega)]=\frac{1}{1+\mathrm{j}\omega}-\frac{1}{1+\mathrm{j}\omega}\times\frac{1}{1+\mathrm{j}\omega}=\frac{\mathrm{j}\omega}{(1+\mathrm{j}\omega)^2}$$

即

$$F^2(\mathrm{j}\omega)=\frac{1}{(1+\mathrm{j}\omega)^2}$$

亦即

$$F(\mathrm{j}\omega)=\pm\frac{1}{1+\mathrm{j}\omega}$$

于是

$$f(t)=\pm\mathrm{e}^{-t}\varepsilon(t)$$

例 3.4.34： 已知连续时间信号 $f(t)=t^n\mathrm{e}^{-at}\varepsilon(t)(a>0)$，试证连续时间信号 $f(t)$满足绝对可积条件。

解： 由式(3.3.14)可知

$$\mathrm{e}^{-at}\varepsilon(t)\xleftrightarrow{a>0}\frac{1}{a+\mathrm{j}\omega}$$

考虑到 CTFT 的频域微分性质式(3.4.61)，则有

$$-\mathrm{j}t\mathrm{e}^{-at}\varepsilon(t)\xleftrightarrow{a>0}\frac{\mathrm{d}}{\mathrm{d}\omega}\left(\frac{1}{a+\mathrm{j}\omega}\right)=\frac{-\mathrm{j}}{(a+\mathrm{j}\omega)^2}$$

同理，可得

$$(-\mathrm{j}t)^2\mathrm{e}^{-at}\varepsilon(t)\xleftrightarrow{a>0}\frac{\mathrm{d}}{\mathrm{d}\omega}\left[\frac{-\mathrm{j}}{(a+\mathrm{j}\omega)^2}\right]=\frac{(-\mathrm{j})(-2\mathrm{j})}{(a+\mathrm{j}\omega)^3}$$

一般地

$$t^n e^{-at}\varepsilon(t) \xleftrightarrow{a>0} \frac{n!}{(a+j\omega)^{n+1}} \tag{3.4.67}$$

于是

$$F(j\omega)=\text{DTFT}[f(t)]=\text{DTFT}[t^n e^{-at}\varepsilon(t)]=\frac{n!}{(a+j\omega)^{n+1}},\ a>0$$

$$\int_{-\infty}^{+\infty}|t^n e^{-at}\varepsilon(t)|\,dt=\int_{-\infty}^{+\infty}t^n e^{-at}\varepsilon(t)\,dt=F(j0)=\frac{n!}{a^{n+1}}$$

由于连续时间信号 $f(t)=t^n e^{-at}\varepsilon(t)(a>0)$取绝对值后的积分存在，因此连续时间信号 $f(t)$满足绝对可积条件。

3.4.12 频域积分性质

若 $f(t)\longleftrightarrow F(j\omega)$，则有

$$\pi f(0)\delta(t)-\frac{f(t)}{jt}\longleftrightarrow F^{(-1)}(j\omega)=F(j\omega)*\varepsilon(\omega) \tag{3.4.68}$$

证明：(1) 由于

$$f(t)\longleftrightarrow F(j\omega)$$

考虑到 CTFT 的对偶性质式(3.4.35)，则有

$$F(jt)\longleftrightarrow 2\pi f(-\omega)$$

(2) 考虑到 CTFT 的时域积分性质式(3.4.45)，则有

$$F(jt)*\varepsilon(t)\longleftrightarrow 2\pi f(-\omega)\left[\pi\delta(\omega)+\frac{1}{j\omega}\right]$$

(3) 考虑到 CTFT 的对偶性质式(3.4.36)，则有

$$2\pi f(t)\left[\pi\delta(-t)-\frac{1}{jt}\right]\longleftrightarrow 2\pi F(j\omega)*\varepsilon(\omega)$$

即

$$\pi f(0)\delta(t)-\frac{f(t)}{jt}\longleftrightarrow F(j\omega)*\varepsilon(\omega)$$

式(3.4.68)表明，在频域上对连续时间信号 $f(t)$的频谱 $F(j\omega)$进行积分运算，则在时域上连续时间信号 $f(t)$不仅被$-1/jt$ 加权，而且还要加一个修正分量 $\pi f(0)\delta(t)$。

例 3.4.35：已知连续时间信号 $f(t)=\omega_c \text{Sa}\left(\frac{\omega_c t}{2}\right)$，试求连续时间信号 $f(t)$的频谱 $F(j\omega)$。

解：由式(3.4.22)可知

$$e^{j\omega_0 t}\longleftrightarrow 2\pi\delta(\omega-\omega_0)$$

于是

$$e^{-j\frac{\omega_c t}{2}}\longleftrightarrow 2\pi\delta\left(\omega+\frac{\omega_c}{2}\right)$$

$$e^{j\frac{\omega_c t}{2}}\longleftrightarrow 2\pi\delta\left(\omega-\frac{\omega_c}{2}\right)$$

考虑到 CTFT 的频域积分性质式(3.4.68)，则有

$$\left[e^{-j\frac{\omega_c t}{2}}-e^{j\frac{\omega_c t}{2}}\right]\left[\pi\delta(t)-\frac{1}{jt}\right]\longleftrightarrow 2\pi\left[\delta\left(\omega+\frac{\omega_c}{2}\right)-\delta\left(\omega-\frac{\omega_c}{2}\right)\right]*\varepsilon(\omega)$$

即

$$\frac{e^{j\frac{\omega_c t}{2}}-e^{-j\frac{\omega_c t}{2}}}{jt}\longleftrightarrow 2\pi\left[\varepsilon\left(\omega+\frac{\omega_c}{2}\right)-\varepsilon\left(\omega-\frac{\omega_c}{2}\right)\right]$$

亦即

$$\omega_c \mathrm{Sa}\left(\frac{\omega_c t}{2}\right) \longleftrightarrow 2\pi G_{\omega_c}(\omega)$$

于是

$$F(\mathrm{j}\omega)=\mathrm{CTFT}[f(t)]=\mathrm{CTFT}\left[\omega_c \mathrm{Sa}\left(\frac{\omega_c t}{2}\right)\right]=2\pi G_{\omega_c}(\omega)$$

推论 1：

若 $f_1(t) \longleftrightarrow \dfrac{\mathrm{d}F(\mathrm{j}\omega)}{\mathrm{d}\omega}$，则有

$$\frac{1}{2}[F(-\mathrm{j}\infty)+F(+\mathrm{j}\infty)]\delta(t)-\frac{f_1(t)}{\mathrm{j}t} \longleftrightarrow F(\mathrm{j}\omega) \tag{3.4.69}$$

证明：(1) 由于

$$f_1(t) \longleftrightarrow \frac{\mathrm{d}F(\mathrm{j}\omega)}{\mathrm{d}\omega}$$

考虑到 CTFT 的对偶性质式(3.4.35)，则有

$$\frac{\mathrm{d}F(\mathrm{j}t)}{\mathrm{d}t} \longleftrightarrow 2\pi f_1(-\omega)$$

(2) 考虑到式(3.4.46)，即 CTFT 的时域恢复公式 1，则有

$$F(\mathrm{j}t) \longleftrightarrow \pi[F(-\mathrm{j}\infty)+F(+\mathrm{j}\infty)]\delta(\omega)+\frac{2\pi f_1(-\omega)}{\mathrm{j}\omega}$$

(3) 考虑到 CTFT 的对偶性质式(3.4.36)，则有

$$\pi[F(-\mathrm{j}\infty)+F(+\mathrm{j}\infty)]\delta(-t)-\frac{2\pi f_1(t)}{\mathrm{j}t} \longleftrightarrow 2\pi F(\mathrm{j}\omega)$$

即

$$\frac{1}{2}[F(-\mathrm{j}\infty)+F(+\mathrm{j}\infty)]\delta(t)-\frac{f_1(t)}{\mathrm{j}t} \longleftrightarrow F(\mathrm{j}\omega)$$

通常称式(3.4.69)为 CTFT 的频域恢复公式 1。

推论 2：

若 $f_n(t) \longleftrightarrow F^{(n)}(\mathrm{j}\omega)$，并且 $\lim\limits_{\omega\to\pm\infty} F^{(k)}(\mathrm{j}\omega)=0(k=1,2,\cdots,n-1)$，则有

$$\frac{1}{2}[F(-\mathrm{j}\infty)+F(+\mathrm{j}\infty)]\delta(t)+\frac{f_n(t)}{(-\mathrm{j}t)^n} \longleftrightarrow F(\mathrm{j}\omega) \tag{3.4.70}$$

证明：(1) 由于

$$f_n(t) \longleftrightarrow F^{(n)}(\mathrm{j}\omega)，并且 \lim_{\omega\to\pm\infty} F^{(k)}(\mathrm{j}\omega)=0(k=1,2,\cdots,n-1)$$

考虑到 CTFT 的对偶性质式(3.4.35)，则有

$$F^{(n)}(\mathrm{j}t) \longleftrightarrow 2\pi f_n(-\omega)，并且满足 \lim_{t\to\pm\infty} F^{(k)}(\mathrm{j}t)=0(k=1,2,\cdots,n-1)$$

(2) 考虑到式(3.4.47)，即 CTFT 的时域恢复公式 2，则有

$$F(\mathrm{j}t) \longleftrightarrow \pi[F(-\mathrm{j}\infty)+F(+\mathrm{j}\infty)]\delta(\omega)+\frac{2\pi f_n(-\omega)}{(\mathrm{j}\omega)^n}$$

(3) 考虑到 CTFT 的对偶性质式(3.4.36)，则有

$$\pi[F(-\mathrm{j}\infty)+F(+\mathrm{j}\infty)]\delta(-t)+\frac{2\pi f_n(t)}{(-\mathrm{j}t)^n} \longleftrightarrow 2\pi F(\mathrm{j}\omega)$$

即

$$\frac{1}{2}[F(-\mathrm{j}\infty)+F(+\mathrm{j}\infty)]\delta(t)+\frac{f_n(t)}{(-\mathrm{j}t)^n} \longleftrightarrow F(\mathrm{j}\omega)$$

通常称式(3.4.70)为 CTFT 的频域恢复公式 2。

例 3.4.36：已知连续时间信号 $f(t)$ 的频谱 $F(\mathrm{j}\omega)=\frac{2\pi}{\omega_c}G_{\omega_c}(\omega)*G_{\omega_c}(\omega)$，试求连续时间信号 $f(t)$。

解：考虑到 $F(\mathrm{j}\omega)=\frac{2\pi}{\omega_c}G_{\omega_c}(\omega)*G_{\omega_c}(\omega)$，则有

$$\begin{aligned}F''(\mathrm{j}\omega)&=F(\mathrm{j}\omega)*\delta''(\omega)=\frac{2\pi}{\omega_c}G_{\omega_c}(\omega)*\delta'(\omega)*G_{\omega_c}(\omega)*\delta'(\omega)\\&=\frac{2\pi}{\omega_c}\left[\delta\left(\omega+\frac{\omega_c}{2}\right)-\delta\left(\omega-\frac{\omega_c}{2}\right)\right]*\left[\delta\left(\omega+\frac{\omega_c}{2}\right)-\delta\left(\omega-\frac{\omega_c}{2}\right)\right]\\&=\frac{2\pi}{\omega_c}[\delta(\omega+\omega_c)-2\delta(\omega)+\delta(\omega-\omega_c)]\end{aligned}$$

由式(3.4.22)可知

$$\mathrm{e}^{\mathrm{j}\omega_0 t}\longleftrightarrow 2\pi\delta(\omega-\omega_0)$$

于是

$$f_2(t)=\mathrm{ICTFT}[F''(\mathrm{j}\omega)]=\frac{1}{\omega_c}(\mathrm{e}^{-\mathrm{j}\omega_c t}-2+\mathrm{e}^{\mathrm{j}\omega_c t})=\frac{1}{\omega_c}(\mathrm{e}^{-\mathrm{j}\frac{\omega_c t}{2}}-\mathrm{e}^{\mathrm{j}\frac{\omega_c t}{2}})^2$$

考虑到式(3.4.70)，即 CTFT 的频域恢复公式 2，则有

$$\frac{1}{2}[F(-\mathrm{j}\infty)+F(+\mathrm{j}\infty)]\delta(t)+\frac{f_2(t)}{(-\mathrm{j}t)^2}\longleftrightarrow F(\mathrm{j}\omega)$$

即

$$\begin{aligned}f(t)&=\mathrm{ICTFT}[F(\mathrm{j}\omega)]\\&=\frac{1}{2}[F(-\mathrm{j}\infty)+F(+\mathrm{j}\infty)]\delta(t)+\frac{f_2(t)}{(-\mathrm{j}t)^2}\\&=\frac{f_2(t)}{(-\mathrm{j}t)^2}=\frac{1}{\omega_c}\left(\frac{\mathrm{e}^{-\mathrm{j}\frac{\omega_c t}{2}}-\mathrm{e}^{\mathrm{j}\frac{\omega_c t}{2}}}{-\mathrm{j}t}\right)^2\\&=\frac{1}{\omega_c}\left(\frac{2\sin\frac{\omega_c t}{2}}{t}\right)^2=\omega_c\mathrm{Sa}^2\left(\frac{\omega_c t}{2}\right)\end{aligned}$$

3.5　周期冲激信号频谱表示的同一性及相关问题的讨论

周期冲激信号的频谱存在两种表示形式：一是基于复指数形式的傅里叶级数和常数 1 的频谱，利用 CTFT 的频移性质得到的频谱；二是基于周期冲激信号的时域表示，利用 CTFT 的时移性质得到的频谱。周期冲激信号从两条路径得到的频谱是否相同？在实际工作中，涉及的周期信号是因果形式的周期信号，简称为因果周期信号，其频谱又如何表示？如何计算？本节将解决这些问题。

3.5.1　周期冲激信号频谱表示的同一性

由式(1.2.39)可知，周期冲激信号 $\delta_{T_0}(t)$ 的时域表达式为

$$\delta_{T_0}(t)=\sum_{m=-\infty}^{+\infty}\delta(t-mT_0)\tag{3.5.1}$$

由式(3.4.26)可知，周期冲激信号 $\delta_{T_0}(t)$ 的频域表达式为

$$\mathrm{CTFT}[\delta_{T_0}(t)]=\mathrm{CTFT}\left[\frac{1}{T_0}\sum_{n=-\infty}^{+\infty}\mathrm{e}^{\mathrm{j}n\omega_0 t}\right]=\frac{2\pi}{T_0}\sum_{n=-\infty}^{+\infty}\delta(\omega-n\omega_0)=\omega_0\delta_{\omega_0}(\omega)\tag{3.5.2}$$

基于式(3.5.1)，利用 CTFT 的时移性质，可以得到

$$\mathrm{CTFT}[\delta_{T_0}(t)]=\mathrm{CTFT}\left[\sum_{m=-\infty}^{+\infty}\delta(t-mT_0)\right]=\sum_{m=-\infty}^{+\infty}\mathrm{e}^{-\mathrm{j}\omega mT_0} \tag{3.5.3}$$

周期冲激信号 $\delta_{T_0}(t)$的频谱表达式，即式(3.5.2)与式(3.5.3)是否相同？下面首先来解决这一问题。

证明：方法1 假设

$$F_{\omega_0}(\mathrm{j}\omega)=\sum_{m=-\infty}^{+\infty}\mathrm{e}^{-\mathrm{j}\omega mT_0},\ \omega_0=\frac{2\pi}{T_0} \tag{3.5.4}$$

显然，有

$$F_{\omega_0}(\mathrm{j}\omega)=\sum_{m=-\infty}^{+\infty}\mathrm{e}^{-\mathrm{j}\omega mT_0}=\sum_{n+1=-\infty}^{+\infty}\mathrm{e}^{-\mathrm{j}\omega(n+1)T_0}=\mathrm{e}^{-\mathrm{j}\omega T_0}\sum_{n=-\infty}^{+\infty}\mathrm{e}^{-\mathrm{j}\omega nT_0}=\mathrm{e}^{-\mathrm{j}\omega T_0}F_{\omega_0}(\mathrm{j}\omega) \tag{3.5.5}$$

由式(3.5.5)可得

$$F_{\omega_0}(\mathrm{j}\omega)(1-\mathrm{e}^{-\mathrm{j}\omega T_0})\equiv 0 \tag{3.5.6}$$

考虑到式(3.5.4)，则有

$$F_{\omega_0}[\mathrm{j}(\omega-\omega_0)]=\sum_{m=-\infty}^{+\infty}\mathrm{e}^{-\mathrm{j}(\omega-\omega_0)mT_0}=\sum_{m=-\infty}^{+\infty}\mathrm{e}^{-\mathrm{j}(\omega mT_0-2m\pi)}=F_{\omega_0}(\mathrm{j}\omega) \tag{3.5.7}$$

由式(3.5.6)可知，当 $\omega\neq n\omega_0$(n 为整数)时，$F_{\omega_0}(\mathrm{j}\omega)\equiv 0$。因此，$F_{\omega_0}(\mathrm{j}\omega)$仅定义在 $\omega=n\omega_0$(n 为整数)处；由式(3.5.7)可知，$F_{\omega_0}(\mathrm{j}\omega)$是频域上周期为 ω_0 的周期函数。并且，由式(3.5.4)可知，当 $\omega=n\omega_0$(n 为整数)时，$F_{\omega_0}(\mathrm{j}n\omega_0)=\infty$。换言之，在 $\omega=n\omega_0$(n 为整数)处，$F_{\omega_0}(\mathrm{j}\omega)$将出现冲激函数。

分析表明，$F_{\omega_0}(\mathrm{j}\omega)$是频域上周期为 ω_0 的周期冲激函数，并可以表示成

$$F_{\omega_0}(\mathrm{j}\omega)=\sum_{m=-\infty}^{+\infty}\mathrm{e}^{-\mathrm{j}\omega mT_0}=A\sum_{n=-\infty}^{+\infty}\delta(\omega-n\omega_0) \tag{3.5.8}$$

在区间 $\omega\in\left[-\frac{\omega_0}{2},\frac{\omega_0}{2}\right]$上，对式(3.5.8)中的 $\sum_{m=-\infty}^{+\infty}\mathrm{e}^{-\mathrm{j}\omega mT_0}=A\sum_{n=-\infty}^{+\infty}\delta(\omega-n\omega_0)$ 等号两边分别积分，可得

$$\int_{-\frac{\omega_0}{2}}^{\frac{\omega_0}{2}}\left[\sum_{m=-\infty}^{+\infty}\mathrm{e}^{-\mathrm{j}\omega mT_0}\right]\mathrm{d}\omega=\int_{-\frac{\omega_0}{2}}^{\frac{\omega_0}{2}}\left[A\sum_{n=-\infty}^{+\infty}\delta(\omega-n\omega_0)\right]\mathrm{d}\omega=A\int_{-\frac{\omega_0}{2}}^{\frac{\omega_0}{2}}\delta(\omega)\mathrm{d}\omega=A$$

即

$$\begin{aligned}A&=\int_{-\frac{\omega_0}{2}}^{\frac{\omega_0}{2}}\left[\sum_{m=-\infty}^{+\infty}\mathrm{e}^{-\mathrm{j}\omega mT_0}\right]\mathrm{d}\omega=\int_{-\frac{\omega_0}{2}}^{\frac{\omega_0}{2}}\left[1+2\sum_{m=1}^{+\infty}\cos\omega mT_0\right]\mathrm{d}\omega\\&=\omega_0+2\sum_{m=1}^{+\infty}\left[\int_{-\frac{\omega_0}{2}}^{\frac{\omega_0}{2}}\cos\omega mT_0\mathrm{d}\omega\right]=\omega_0+2\sum_{m=1}^{+\infty}\left[\frac{\sin\omega mT_0}{mT_0}\bigg|_{-\frac{\omega_0}{2}}^{\frac{\omega_0}{2}}\right]\\&=\omega_0\end{aligned}$$

综上所述，周期冲激信号 $\delta_{T_0}(t)$的频谱表达式，即式(3.5.2)与式(3.5.3)是相同的，故两者具有同一性。换言之，周期冲激信号 $\delta_{T_0}(t)$的频谱是频域上周期为 ω_0，并且冲激强度也为 ω_0 的周期冲激频谱。

方法2 假设

$$X_{\omega_0}(\mathrm{j}\omega)=\sum_{m=0}^{+\infty}\mathrm{e}^{-\mathrm{j}\omega mT_0},\ \omega_0=\frac{2\pi}{T_0} \tag{3.5.9}$$

则式(3.5.9)可写成

$$X_{\omega_0}(\mathrm{j}\omega)=1+\sum_{m=1}^{+\infty}\mathrm{e}^{-\mathrm{j}\omega mT_0}=1+\sum_{n=0}^{+\infty}\mathrm{e}^{-\mathrm{j}\omega(n+1)T_0}=1+\mathrm{e}^{-\mathrm{j}\omega T_0}X_{\omega_0}(\mathrm{j}\omega) \tag{3.5.10}$$

由式(3.5.9)可知，$X_{\omega_0}(\mathrm{j}\omega)$是频域上周期为 ω_0 的周期函数，并且在 $\omega=n\omega_0$(n 为整数)处，

将出现冲激函数，于是式(3.5.10)可写成

$$X_{\omega_0}(\mathrm{j}\omega)=\underbrace{\frac{1}{1-\mathrm{e}^{-\mathrm{j}\omega T_0}}}_{\omega\neq n\omega_0}+\underbrace{B\sum_{n=-\infty}^{+\infty}\delta(\omega-n\omega_0)}_{\omega=n\omega_0} \tag{3.5.11}$$

由式(3.5.11)可知，周期频谱 $X_{\omega_0}(\mathrm{j}\omega)$ 由两部分组成：第一部分是连续频率的周期频谱，但是 $\omega\neq n\omega_0$(n 为整数)；第二部分是周期为 ω_0，并且冲激出现在 $\omega=n\omega_0$(n 为整数)处的周期冲激频谱。显然，第二部分是第一部分 $\omega\to n\omega_0$ 时的结果。基于 1.2.4 节的分析，已知一个函数逼近冲激函数的过程中，具有保面积性。换言之，式(3.511)中的第一部分在一个周期内的积分值，正是第二部分中的冲激强度 B，即

$$B=\int_{-\frac{\omega_0}{2}}^{\frac{\omega_0}{2}}\frac{1}{1-\mathrm{e}^{-\mathrm{j}\omega T_0}}\mathrm{d}\omega=\int_{-\frac{\omega_0}{2}}^{\frac{\omega_0}{2}}\frac{\mathrm{e}^{\mathrm{j}\frac{\omega T_0}{2}}}{\mathrm{e}^{\mathrm{j}\frac{\omega T_0}{2}}-\mathrm{e}^{-\mathrm{j}\frac{\omega T_0}{2}}}\mathrm{d}\omega=\int_{-\frac{\omega_0}{2}}^{\frac{\omega_0}{2}}\frac{1}{2}\mathrm{d}\omega=\frac{\omega_0}{2} \tag{3.5.12}$$

考虑到式(3.5.9)、式(3.5.11)及式(3.5.12)，则有

$$\begin{aligned}\sum_{m=-\infty}^{+\infty}\mathrm{e}^{-\mathrm{j}\omega mT_0}&=X_{\omega_0}(-\mathrm{j}\omega)+X_{\omega_0}(\mathrm{j}\omega)-1\\&=\frac{1}{1-\mathrm{e}^{\mathrm{j}\omega T_0}}+\frac{1}{1-\mathrm{e}^{-\mathrm{j}\omega T_0}}-1+\omega_0\sum_{n=-\infty}^{+\infty}\delta(\omega-n\omega_0)\\&=\frac{\mathrm{e}^{-\mathrm{j}\omega T_0}}{\mathrm{e}^{-\mathrm{j}\omega T_0}-1}+\frac{1}{1-\mathrm{e}^{-\mathrm{j}\omega T_0}}-1+\omega_0\sum_{n=-\infty}^{+\infty}\delta(\omega-n\omega_0)\\&=\omega_0\sum_{n=-\infty}^{+\infty}\delta(\omega-n\omega_0)\end{aligned}$$

综上所述，周期冲激信号 $\delta_{T_0}(t)$ 的频谱表达式，即式(3.5.2)与式(3.5.3)是相同的，故两者具有同一性。换言之，周期冲激信号 $\delta_{T_0}(t)$ 的频谱 $\omega_0\delta_{\omega_0}(\omega)$ 是频域上周期为 ω_0，并且冲激强度也为 ω_0 的周期冲激频谱。

3.5.2 因果周期冲激信号的频谱

为了表示因果周期冲激信号，首先定义一个 $\varepsilon(t-0_-)$，即

$$\varepsilon(t-0_-)=\begin{cases}0, & t<0_-\\1, & t>0_-\end{cases} \tag{3.5.13}$$

式中，$0_-=0-\Delta$，Δ 为非负无穷小量。这样就保证了当 $t=0$ 时，$\varepsilon(t-0_-)=1$。

利用式(3.5.13)，因果周期冲激信号可表示为 $\delta_{T_0}(t)\varepsilon(t-0_-)$，并且可写成

$$\delta_{T_0}(t)\varepsilon(t-0_-)=\sum_{m=0}^{+\infty}\delta(t-mT_0) \tag{3.5.14}$$

对式(3.5.14)的等号两边分别取 CTFT，并考虑到式(3.5.9)、式(3.5.11)及式(3.5.12)，则有

$$\begin{aligned}\mathrm{CTFT}[\delta_{T_0}(t)\varepsilon(t-0_-)]&=\mathrm{CTFT}\Big[\sum_{m=0}^{+\infty}\delta(t-mT_0)\Big]=\sum_{m=0}^{+\infty}\mathrm{e}^{-\mathrm{j}\omega mT_0}=X_{\omega_0}(\mathrm{j}\omega)\\&=\frac{1}{1-\mathrm{e}^{-\mathrm{j}\omega T_0}}+\frac{\omega_0}{2}\sum_{n=-\infty}^{+\infty}\delta(\omega-n\omega_0)\end{aligned} \tag{3.5.15}$$

式(3.5.15)表明，因果周期冲激信号 $\delta_{T_0}(t)\varepsilon(t-0_-)$ 的频谱仍然是频域周期为 ω_0 的周期函数，它的频谱由两部分组成：第一部分是周期为 ω_0 的连续频谱，但是 $\omega\neq n\omega_0$(n 为整数)；第二部分是周期为 ω_0 并且冲激出现在 $\omega=n\omega_0$(n 为整数)处的周期冲激频谱 $\frac{\omega_0}{2}\delta_{\omega_0}(\omega)$，其冲激强度 $\frac{\omega_0}{2}$ 仅为周期冲激信号 $\delta_{T_0}(t)$ 的频谱 $\omega_0\delta_{\omega_0}(\omega)$(即周期冲激频谱)强度 ω_0 的一半。这一点比较容易理解，因为在时域上因果周期冲激信号也只取了周期冲激信号中冲激数目的一半。

3.5.3 因果周期信号的频谱

利用式(3.5.13)，因果周期可表示为 $f_{T_0}(t)\varepsilon(t-0_-)$，并且可写成

$$f_{T_0}(t)\varepsilon(t-0_-)=\sum_{m=0}^{+\infty}f_a(t-mT_0) \tag{3.5.16}$$

式(3.5.16)又可以写成

$$f_{T_0}(t)\varepsilon(t-0_-)=\sum_{m=0}^{+\infty}f_a(t-mT_0)=f_a(t)*\sum_{m=0}^{+\infty}\delta(t-mT_0)=f_a(t)*\delta_{T_0}(t)\varepsilon(t-0_-)$$

即

$$f_{T_0}(t)\varepsilon(t-0_-)=f_a(t)*\delta_{T_0}(t)\varepsilon(t-0_-) \tag{3.5.17}$$

对式(3.5.17)的等号两边分别取 CTFT，并考虑到 CTFT 的时域线性卷积定理、式(3.5.15)及式(3.3.7)，则有

$$\begin{aligned}\text{CTFT}[f_{T_0}(t)\varepsilon(t-0_-)]&=F_a(\text{j}\omega)\text{CTFT}[\delta_{T_0}(t)\varepsilon(t-0_-)]\\&=F_a(\text{j}\omega)\left[\frac{1}{1-\text{e}^{-\text{j}\omega T_0}}+\frac{\omega_0}{2}\sum_{n=-\infty}^{+\infty}\delta(\omega-n\omega_0)\right]\\&=\frac{F_a(\text{j}\omega)}{1-\text{e}^{-\text{j}\omega T_0}}+\frac{\omega_0}{2}\sum_{n=-\infty}^{+\infty}F_a(\text{j}n\omega_0)\delta(\omega-n\omega_0)\\&=\frac{F_a(\text{j}\omega)}{1-\text{e}^{-\text{j}\omega T_0}}+\sum_{n=-\infty}^{+\infty}\pi F(n\omega_0)\delta(\omega-n\omega_0)\end{aligned} \tag{3.5.18}$$

由式(3.4.27)可知,周期信号 $f_{T_0}(t)$的频谱为 $2\pi\sum\limits_{n=-\infty}^{+\infty}F(n\omega_0)\delta(\omega-n\omega_0)$。式(3.5.18)表明，因果周期信号 $f_{T_0}(t)\varepsilon(t-0_-)$的频谱由两部分组成：第一部分是连续频谱，但 $\omega\neq n\omega_0$(n 为整数)；第二部分是出现在 $\omega=n\omega_0$(n 为整数)处的冲激频谱,即 $\sum\limits_{n=-\infty}^{+\infty}\pi F(n\omega_0)\delta(\omega-n\omega_0)$，其中冲激强度 $\pi F(n\omega_0)$(n 为整数)仅为周期信号 $f_{T_0}(t)$的冲激频谱的冲激强度$2\pi F(n\omega_0)$(n 为整数)的一半。这一点比较容易理解，因为在时域上因果周期信号也只取了周期信号中波形数目的一半。

例 3.5.1：已知连续时间信号 $f(t)=\cos\omega_0 t\varepsilon(t)$，试求连续时间信号 $f(t)$的频谱 $F(\text{j}\omega)$。

解：方法 1 考虑到式(3.4.25)及 CTFT 的频域线性卷积定理，对 $f(t)=\cos\omega_0 t\varepsilon(t)$的等号两边分别取 CTFT，可得

$$\begin{aligned}F(\text{j}\omega)&=\text{CTFT}[f(t)]=\text{CTFT}[\cos\omega_0 t\varepsilon(t)]\\&=\frac{1}{2\pi}\pi[\delta(\omega+\omega_0)+\delta(\omega-\omega_0)]*\left[\pi\delta(\omega)+\frac{1}{\text{j}\omega}\right]\\&=\frac{\pi}{2}[\delta(\omega+\omega_0)+\delta(\omega-\omega_0)]+\frac{1}{2}[\delta(\omega+\omega_0)+\delta(\omega-\omega_0)]*\frac{1}{\text{j}\omega}\\&=\frac{\pi}{2}[\delta(\omega+\omega_0)+\delta(\omega-\omega_0)]+\frac{1}{2\text{j}}\left(\frac{1}{\omega+\omega_0}+\frac{1}{\omega-\omega_0}\right)\\&=\frac{\pi}{2}[\delta(\omega+\omega_0)+\delta(\omega-\omega_0)]+\frac{\text{j}\omega}{\omega_0^2-\omega^2}\end{aligned} \tag{3.5.19}$$

同理可得：

$$\begin{aligned}\text{CTFT}[\sin\omega_0 t\varepsilon(t)]&=\frac{1}{2\pi}\text{j}\pi[\delta(\omega+\omega_0)-\delta(\omega-\omega_0)]*\left[\pi\delta(\omega)+\frac{1}{\text{j}\omega}\right]\\&=\frac{\text{j}\pi}{2}[\delta(\omega+\omega_0)-\delta(\omega-\omega_0)]+\frac{\omega_0}{\omega_0^2-\omega^2}\end{aligned} \tag{3.5.20}$$

方法 2 考虑到

$$f(t)=\cos\omega_0 t[\varepsilon(t)-\varepsilon(t-T_0)]*\sum_{m=0}^{+\infty}\delta(t-mT_0)$$

对上式等号两边分别取 CTFT，并注意到式(3.4.25)、CTFT 的时域线性卷积定理及频域线性卷积定理，则有

$$\begin{aligned}
F(\mathrm{j}\omega)&=\left\{\frac{1}{2\pi}\pi[\delta(\omega+\omega_0)+\delta(\omega-\omega_0)]*T_0\mathrm{Sa}\left(\frac{\omega T_0}{2}\right)\mathrm{e}^{-\mathrm{j}\frac{\omega T_0}{2}}\right\}\left[\frac{1}{1-\mathrm{e}^{-\mathrm{j}\omega T_0}}+\frac{\omega_0}{2}\sum_{n=-\infty}^{+\infty}\delta(\omega-n\omega_0)\right]\\
&=\frac{T_0}{2}\left[\mathrm{Sa}\left(\frac{\omega+\omega_0}{2}T_0\right)\mathrm{e}^{-\mathrm{j}\frac{\omega+\omega_0}{2}T_0}+\mathrm{Sa}\left(\frac{\omega-\omega_0}{2}T_0\right)\mathrm{e}^{-\mathrm{j}\frac{\omega-\omega_0}{2}T_0}\right]\left[\frac{1}{1-\mathrm{e}^{-\mathrm{j}\omega T_0}}+\frac{\omega_0}{2}\sum_{n=-\infty}^{+\infty}\delta(\omega-n\omega_0)\right]\\
&=-\frac{T_0}{2}\left[\mathrm{Sa}\left(\frac{\omega+\omega_0}{2}T_0\right)+\mathrm{Sa}\left(\frac{\omega-\omega_0}{2}T_0\right)\right]\left[\frac{\mathrm{e}^{-\mathrm{j}\frac{\omega}{2}T_0}}{1-\mathrm{e}^{-\mathrm{j}\omega T_0}}+\frac{\omega_0}{2}\sum_{n=-\infty}^{+\infty}\mathrm{e}^{-\mathrm{j}\frac{\omega}{2}T_0}\delta(\omega-n\omega_0)\right]\\
&=-\frac{T_0}{2}\left[\mathrm{Sa}\left(\frac{\omega+\omega_0}{2}T_0\right)+\mathrm{Sa}\left(\frac{\omega-\omega_0}{2}T_0\right)\right]\left[\frac{1}{2\mathrm{j}\sin\frac{\omega T_0}{2}}+\frac{\omega_0}{2}\sum_{n=-\infty}^{+\infty}\mathrm{e}^{-\mathrm{j}\frac{\omega}{2}T_0}\delta(\omega-n\omega_0)\right]\\
&=\frac{T_0}{4\mathrm{j}}\left(\frac{1}{\frac{\omega+\omega_0}{2}T_0}+\frac{1}{\frac{\omega-\omega_0}{2}T_0}\right)-\frac{\omega_0T_0}{4}\sum_{n=-\infty}^{+\infty}\mathrm{e}^{\mathrm{j}n\pi}\{\mathrm{Sa}[(n+1)\pi]+\mathrm{Sa}[(n-1)\pi]\}\delta(\omega-n\omega_0)\\
&=\frac{1}{2\mathrm{j}}\left(\frac{1}{\omega+\omega_0}+\frac{1}{\omega-\omega_0}\right)-\frac{\pi}{2}\sum_{n=-\infty}^{+\infty}\mathrm{e}^{\mathrm{j}n\pi}\{\mathrm{Sa}[(n+1)\pi]+\mathrm{Sa}[(n-1)\pi]\}\delta(\omega-n\omega_0)\\
&=\frac{\mathrm{j}\omega}{\omega_0^2-\omega^2}+\frac{\pi}{2}[\delta(\omega+\omega_0)+\delta(\omega-\omega_0)]
\end{aligned}$$

3.6 LTI 连续时间系统的频域分析

由第 2 章 LTI 连续时间系统的时域分析已经知道，一个 LTI 连续时间系统可用线性常系数非齐次微分程描述，也可用转移算子描述，还可用单位冲激响应描述，并且这三种描述方式可以相互转换。3.2 节讨论了连续时间周期信号的频域分解(CTFS)，3.3 节讨论了非周期信号的频域分解(ICTFT)，并引出了连续时间信号的频域描述，即连续时间信号的频谱(CTFT)，3.4 节详细地讨论了 CTFT 的性质和定理。本节首先介绍 LTI 连续时间系统的频域描述，再介绍 LTI 连续时间系统的频域分析方法。

3.6.1 LTI 连续时间系统的频域描述

由 2.8.1 节的分析已经知道，无时限复指数信号 $f(t)=\mathrm{e}^{st}$(复变量 $s=\sigma+\mathrm{j}\omega$)通过转移算子为$H(p)$ 的 LTI 连续时间系统时，只要满足主导条件，即复变量 s 的实部大于 LTI 连续时间系统所有特征根的实部，亦即 $\mathrm{Re}[s]>\max\{\mathrm{Re}[\lambda_i]\}(i=1,2,\cdots,n)$，其中 n 为系统的阶数。那么 LTI 连续时间系统的零状态响应可用式(2.8.3)计算，即

$$y_f(t)=\mathrm{e}^{st}*h(t)=H(p)\big|_{p=s}\mathrm{e}^{st}\tag{3.6.1}$$

特别地，当 $\sigma=0$，即激励 $f(t)=\mathrm{e}^{\mathrm{j}\omega t}$时，只要满足主导条件

$$\max\{\mathrm{Re}[\lambda_i]\}<0,\ i=1,2,\cdots,n\tag{3.6.2}$$

即 LTI 连续时间系统所有特征根的实部都小于零。那么 LTI 连续时间系统的零状态响应可用式(3.6.3)计算，即

$$y_f(t)=\mathrm{e}^{\mathrm{j}\omega t}*h(t)=H(p)\big|_{p=\mathrm{j}\omega}\mathrm{e}^{\mathrm{j}\omega t}=H(\mathrm{j}\omega)\mathrm{e}^{\mathrm{j}\omega t}\tag{3.6.3}$$

分析表明，若 LTI 连续时间系统所有特征根的实部小于零，即满足主导条件式(3.6.2)，则 LTI 连续时间系统的 $H(\mathrm{j}\omega)$可由 $H(p)$代换得到，即

$$H(\mathrm{j}\omega)=H(p)\big|_{p=\mathrm{j}\omega} \tag{3.6.4}$$

一个 LTI 连续时间系统的 $H(\mathrm{j}\omega)$究竟是什么含义？下面我们来回答这一问题。

我们知道，连续时间非周期信号 $f(t)$可以分解成 $\mathrm{e}^{\mathrm{j}\omega t}$的加权和，即

$$f(t)=\frac{1}{2\pi}\int_{-\infty}^{+\infty}F(\mathrm{j}\omega)\mathrm{e}^{\mathrm{j}\omega t}\mathrm{d}\omega \tag{3.6.5}$$

而一个 LTI 连续时间系统的零状态响应可用线性卷积计算，即

$$\begin{aligned}
y_f(t)=f(t)*h(t)&=\int_{-\infty}^{+\infty}h(\tau)f(t-\tau)\mathrm{d}\tau\\
&=\int_{-\infty}^{+\infty}h(\tau)\left[\frac{1}{2\pi}\int_{-\infty}^{+\infty}F(\mathrm{j}\omega)\mathrm{e}^{\mathrm{j}\omega(t-\tau)}\mathrm{d}\omega\right]\mathrm{d}\tau\\
&=\frac{1}{2\pi}\int_{-\infty}^{+\infty}F(\mathrm{j}\omega)\left[\int_{-\infty}^{+\infty}h(\tau)\mathrm{e}^{-\mathrm{j}\omega\tau}\mathrm{d}\tau\right]\mathrm{e}^{\mathrm{j}\omega t}\mathrm{d}\omega\\
&=\frac{1}{2\pi}\int_{-\infty}^{+\infty}F(\mathrm{j}\omega)H(\mathrm{j}\omega)\mathrm{e}^{\mathrm{j}\omega t}\mathrm{d}\omega\\
&=\frac{1}{2\pi}\int_{-\infty}^{+\infty}Y_f(\mathrm{j}\omega)\mathrm{e}^{\mathrm{j}\omega t}\mathrm{d}\omega
\end{aligned} \tag{3.6.6}$$

式中

$$H(\mathrm{j}\omega)=\int_{-\infty}^{+\infty}h(\tau)\mathrm{e}^{-\mathrm{j}\omega\tau}\mathrm{d}\tau=\int_{-\infty}^{+\infty}h(t)\mathrm{e}^{-\mathrm{j}\omega t}\mathrm{d}t \tag{3.6.7}$$

$$Y_f(\mathrm{j}\omega)=F(\mathrm{j}\omega)H(\mathrm{j}\omega) \tag{3.6.8}$$

式(3.6.7)表明，$H(\mathrm{j}\omega)$是 LTI 连续时间系统单位冲激响应 $h(t)$的傅里叶变换。对可实现的 LTI 连续时间系统，即因果系统而言，满足主导条件式(3.6.2)，就意味着它的单位冲激响应 $h(t)$是因果衰减信号。显然，$h(t)$满足绝对可积条件，由 LTI 连续时间因果稳定系统的时域判据，即式(1.6.2)可知，这一类 LTI 连续时间因果系统是稳定系统。$h(t)$满足绝对可积条件，也意味着 $h(t)$的傅里叶变换 $H(\mathrm{j}\omega)$存在。因此，只有稳定的 LTI 连续时间系统，其 $H(\mathrm{j}\omega)$才存在，并称 $H(\mathrm{j}\omega)$为 LTI 连续时间系统的频率特性，或频率响应。

式(3.6.8)所揭示的关系，正是在时域上将激励 $f(t)$分解成虚指数信号 $\mathrm{e}^{\mathrm{j}\omega t}$的加权和，系统零状态响应 $y_f(t)$在频域上的体现，即将时域上的线性卷积运算转化成了频域上的乘积运算。这不仅是我们早就知道的结果，而且它将作为 LTI 连续时间系统频域分析的依据。利用该式所揭示的关系，通常将 LTI 连续时间系统的频率特性定义为

$$H(\mathrm{j}\omega)=\frac{Y_f(\mathrm{j}\omega)}{F(\mathrm{j}\omega)} \tag{3.6.9}$$

一个 LTI 连续时间系统的频率特性 $H(\mathrm{j}\omega)$由系统自身唯一确定。频率特性 $H(\mathrm{j}\omega)$也可以写成模和相角的形式，即

$$H(\mathrm{j}\omega)=|H(\mathrm{j}\omega)|\mathrm{e}^{\mathrm{j}\varphi(\omega)} \tag{3.6.10}$$

式中，$|H(\mathrm{j}\omega)|$称为 LTI 连续时间系统的幅频特性，它影响着系统零状态响应信号的幅度；$\varphi(\omega)$称为 LTI 连续时间系统的相频特性，它影响着系统零状态响应信号的相位。

现在回顾一下正弦稳态电路的分析，设激励 $f(t)=A\sin\omega_0 t$，其中 A 为常数。考虑到式(3.6.3)及式(3.6.10)，则一个 LTI 连续时间因果稳定系统的零状态响应可表示为

$$y_f(t)=A\sin\omega_0 t*h(t)=\frac{A}{2\mathrm{j}}(\mathrm{e}^{\mathrm{j}\omega_0 t}-\mathrm{e}^{-\mathrm{j}\omega_0 t})*h(t)$$
$$=\frac{A}{2\mathrm{j}}[H(\mathrm{j}\omega_0)\mathrm{e}^{\mathrm{j}\omega_0 t}-H(-\mathrm{j}\omega_0)\mathrm{e}^{-\mathrm{j}\omega_0 t}]$$
$$=\frac{A}{2\mathrm{j}}[H(\mathrm{j}\omega_0)\mathrm{e}^{\mathrm{j}\omega_0 t}-H^*(\mathrm{j}\omega_0)\mathrm{e}^{-\mathrm{j}\omega_0 t}]$$
$$=\frac{A}{2\mathrm{j}}\left\{|H(\mathrm{j}\omega_0)|\mathrm{e}^{\mathrm{j}[\omega_0 t+\varphi(\omega_0)]}-|H(\mathrm{j}\omega_0)|\mathrm{e}^{-\mathrm{j}[\omega_0 t+\varphi(\omega_0)]}\right\}$$
$$=A|H(\mathrm{j}\omega_0)|\sin[\omega_0 t+\varphi(\omega_0)] \tag{3.6.11}$$

式(3.6.11)表明，一个连续时间正弦信号 $f(t)=A\sin\omega_0 t$ 通过 LTI 连续时间因果稳定系统时，其零状态响应是一个与激励同频的连续时间正弦信号，即频率保持不变。这一结论又称为保频定理。正弦稳态电路的相量分析法，正是基于保频定理而提出来的一种分析正弦稳态电路的方法。

3.6.2　确定 LTI 连续时间系统频率特性的方法

从前面的分析和讨论可知，确定 LTI 连续时间稳定系统的频率特性有四种方法：一是利用 LTI 连续时间系统的转移算子代换关系得到频率特性；二是对 LTI 连续时间系统的单位冲激响应取 CTFT 得到频率特性；三是先对描述 LTI 连续时间系统的微分方程取 CTFT，再利用定义式(3.6.9)得到频率特性；四是在 LTI 连续时间系统的频域模型中，先找出零状态响应的频谱与激励的频谱之间的关系，再利用定义式(3.6.9)得到系统的频率特性。

例 3.6.1：设描述 LTI 连续时间系统响应 $y(t)$与激励 $f(t)$关系的微分方程为

$$y''(t)+5y'(t)+6y(t)=f'(t)+5f(t) \tag{3.6.12}$$

试求系统的频率特性 $H(\mathrm{j}\omega)$。

解：方法 1　(1) 先求 LTI 连续时间系统的转移算子

考虑到式(3.6.12)，则描述 LTI 连续时间系统的转移算子为

$$H(p)=\frac{p+5}{p^2+5p+6}=\frac{p+5}{(p+2)(p+3)} \tag{3.6.13}$$

(2) 再求 LTI 连续时间系统的频率特性

由式(3.6.13)可知，LTI 连续时间系统的特征根为 $\lambda_1=-2$，$\lambda_2=-3$，即满足主导条件 $\max\{\mathrm{Re}[\lambda_i]\}<0(i=1,2)$，因此由式(3.6.4)可得

$$H(\mathrm{j}\omega)=H(p)|_{p=\mathrm{j}\omega}=\left.\frac{p+5}{(p+2)(p+3)}\right|_{p=\mathrm{j}\omega}=\frac{\mathrm{j}\omega+5}{(\mathrm{j}\omega+2)(\mathrm{j}\omega+3)}$$

方法 2　(1) 先求 LTI 连续时间系统的单位冲激响应

考虑到式(3.6.13)，则有

$$h(t)=H(p)\delta(t)=\frac{p+5}{(p+2)(p+3)}\delta(t)=\left(\frac{3}{p+2}-\frac{2}{p+3}\right)\delta(t)=(3\mathrm{e}^{-2t}-2\mathrm{e}^{-3t})\varepsilon(t)$$

(2) 再求 LTI 连续时间系统的频率特性

由式(3.3.14)可知

$$\mathrm{e}^{-at}\varepsilon(t)\xleftrightarrow{a>0}\frac{1}{a+\mathrm{j}\omega}$$

于是

$$H(j\omega)=\text{CTFT}[h(t)]=\text{CTFT}[3e^{-2t}\varepsilon(t)-2e^{-3t}\varepsilon(t)]$$
$$=\frac{3}{2+j\omega}-\frac{2}{3+j\omega}=\frac{j\omega+5}{(2+j\omega)(3+j\omega)}$$

方法 3　(1) 先找出 LTI 连续时间系统零状态响应的频谱与激励的频谱之间的关系

显然，LTI 连续时间系统零状态响应 $y_f(t)$应该满足微分方程式(3.6.12)，即

$$y''_f(t)+5y'_f(t)+6y_f(t)=f'(t)+5f(t) \tag{3.6.14}$$

考虑到 CTFT 的时域微分性质式(3.4.43)，对式(3.6.14)的等号两边分别取 CTFT，可得

$$[(j\omega)^2+5j\omega+6]Y_f(j\omega)=(j\omega+5)F(j\omega) \tag{3.6.15}$$

(2) 再求 LTI 连续时间系统的频率特性

考虑到式(3.6.15)，由 LTI 连续时间系统的频率特性的定义式(3.6.9)，可得

$$H(j\omega)=\frac{Y_f(j\omega)}{F(j\omega)}=\frac{j\omega+5}{(j\omega)^2+5j\omega+6}=\frac{j\omega+5}{(j\omega+2)(j\omega+3)}$$

结论：

若 n 阶 LTI 连续时间系统的转移算子描述为 $y(t)=\dfrac{b_mp^m+b_{m-1}p^{m-1}+\cdots+b_1p+b_0}{p^n+a_{n-1}p^{n-1}+\cdots+a_1p+a_0}f(t)$，当其特征根满足 $\max\{\text{Re}[\lambda_i]\}<0(i=1,2,\cdots,n)$，则系统的频率特性为

$$H(j\omega)=\frac{b_m(j\omega)^m+b_{m-1}(j\omega)^{m-1}+\cdots+b_1(j\omega)+b_0}{(j\omega)^n+a_{n-1}(j\omega)^{n-1}+\cdots+a_1(j\omega)+a_0}$$

可见，一个 n 阶 LTI 连续时间系统的频率特性 $H(j\omega)$由系统自身唯一确定。

例 3.6.2：三阶 LTI 连续时间系统的时域模型如图 3.6.1所示。已知 $R=6\ \Omega$，$L_1=1\text{H}$，$L_2=12.5\text{H}$，$C=0.12\text{F}$，试求 LTI 连续时间系统的频率特性 $H(j\omega)$。

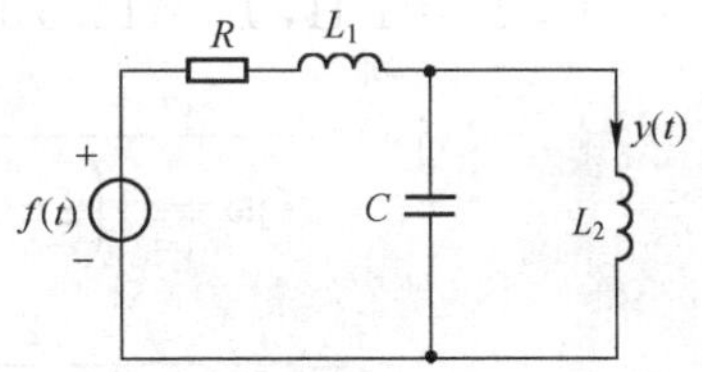

图 3.6.1　LTI 连续时间系统的时域模型

解：(1) 首先揭示电阻元件、电感元件和电容元件在频域中的电压和电流约束关系

由于电阻元件 R 的电压 $u_R(t)$与电流 $i_R(t)$关联时 $u_R(t)=Ri_R$，对该式等号两边分别取 CTFT，可得

$$U_R(j\omega)=RI_R(j\omega) \tag{3.6.16}$$

由于电感元件 L 的电压 $u_L(t)$与电流 $i_L(t)$关联时 $u_L(t)=L\dfrac{di_L(t)}{dt}$，对该式等号两边分别取CTFT，并考虑到 CTFT 的时域微分性质式(3.4.42)，可得

$$U_L(j\omega)=j\omega LI_L(j\omega) \tag{3.6.17}$$

由于电容元件 C 的电压 $u_C(t)$与电流 $i_C(t)$关联时 $i_C(t)=C\dfrac{du_C(t)}{dt}$，对该式等号两边分别取CTFT，并考虑到 CTFT 的时域微分性质式(3.4.42)，可得

$$U_C(j\omega)=\frac{1}{j\omega C}I_C(j\omega) \tag{3.6.18}$$

式(3.6.16)、式(3.6.17)及式(3.6.18)分别是电阻元件、电感元件和电容元件在频域中的电压和电流约束关系，其中 R、$j\omega L$ 和$\dfrac{1}{j\omega C}$分别称为电阻元件、电感元件和电容元件的复阻抗。

(2) 画出 LTI 连续时间系统的频域模型

依据 LTI 连续时间系统的时域模型，画出 LTI 连续时间系统的频域模型，其步骤可以归纳为两个动作：将时域模型中所有的电压和电流信号用相应的频谱表示；将时域模型中所有的元

件用相应的复阻抗表示。这样就得到了 LTI 连续时间系统的频域模型,如图 3.6.2 所示。可以利用分压公式、分流公式、网络方程法和等效变换法对 LTI 连续时间系统的频域模型进行分析。

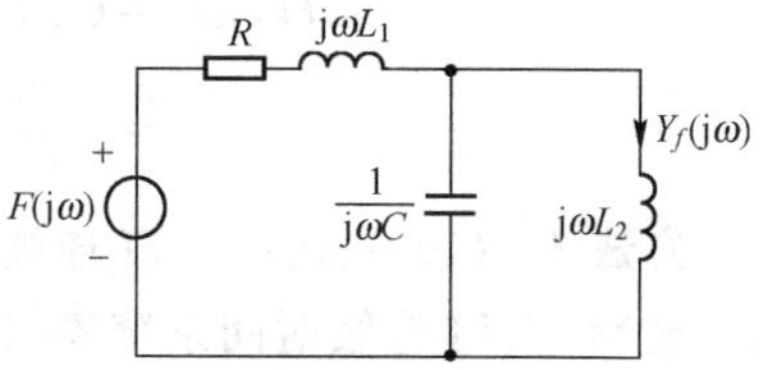

图 3.6.2 LTI 连续时间系统的频域模型

(3) 再求 LTI 连续时间系统的频率特性

在图 3.6.2 所示的频域模型中,利用分流公式可得

$$Y_f(\mathrm{j}\omega)=\frac{F(\mathrm{j}\omega)}{R+\mathrm{j}\omega L_1+\dfrac{\mathrm{j}\omega L_2\dfrac{1}{\mathrm{j}\omega C}}{\mathrm{j}\omega L_2+\dfrac{1}{\mathrm{j}\omega C}}}\,\frac{\dfrac{1}{\mathrm{j}\omega C}}{\mathrm{j}\omega L_2+\dfrac{1}{\mathrm{j}\omega C}}$$

$$=\frac{F(\mathrm{j}\omega)}{R+\mathrm{j}\omega L_1+\dfrac{\mathrm{j}\omega L_2}{1-\omega^2 L_2 C}}\,\frac{1}{1-\omega^2 L_2 C}$$

$$=\frac{F(\mathrm{j}\omega)}{(R+\mathrm{j}\omega L_1)(1-\omega^2 L_2 C)+\mathrm{j}\omega L_2}$$

于是

$$H(\mathrm{j}\omega)=\frac{Y_f(\mathrm{j}\omega)}{F(\mathrm{j}\omega)}=\frac{1}{(R+\mathrm{j}\omega L_1)(1-\omega^2 L_2 C)+\mathrm{j}\omega L_2} \tag{3.6.19}$$

将 $R=6\,\Omega$, $L_1=1$ H, $L_2=12.5$ H, $C=0.12$ F 代入式(3.6.19),可得

$$H(\mathrm{j}\omega)=\frac{1}{(\mathrm{j}\omega+6)\left(1-\omega^2\dfrac{25}{2}\times\dfrac{6}{50}\right)+\mathrm{j}\dfrac{25}{2}\omega}=\frac{1}{(\mathrm{j}\omega+6)\left(1-\omega^2\dfrac{3}{2}\right)+\mathrm{j}\dfrac{25}{2}\omega}$$

$$=\frac{2/3}{(\mathrm{j}\omega+6)\left(\dfrac{2}{3}-\omega^2\right)+\mathrm{j}\dfrac{25}{3}\omega}=\frac{2/3}{(\mathrm{j}\omega)^3+6\,(\mathrm{j}\omega)^2+9\mathrm{j}\omega+4}$$

$$=\frac{2/3}{(\mathrm{j}\omega+1)^2(\mathrm{j}\omega+4)} \tag{3.6.20}$$

由前面的分析和讨论可知,如果系统不稳定,即 $\max\{\mathrm{Re}[\lambda_i]\}>0(i=1,2,\cdots,n)$,其中 n 为系统的阶数,则 $H(\mathrm{j}\omega)$不存在,这类系统就不能用频域分析方法进行分析。但有一类特殊的不稳定系统,称为临界稳定系统,除了存在有限个特征根满足 $\mathrm{Re}[\lambda_i]=0$,其余特征根全都满足$\mathrm{Re}[\lambda_i]<0$。由于傅里叶变换存在的条件可放宽到奇异函数,因此临界稳定系统仍然可以用频域分析方法进行分析。

例 3.6.3:在例 3.6.2 中,令电阻 $R=0\,\Omega$,其他元件参数不变,试求 LTI 连续时间系统的频率特性。

解:由式(3.6.19)可知,由于电阻 $R=0\,\Omega$,当角频率 $\omega=0$ rad/s 时,$H(\mathrm{j}0)=\infty$;当 $\omega^2=\dfrac{L_1+L_2}{L_1L_2C}$,即 $\omega^2=\dfrac{1+12.5}{1\times12.5\times0.12}$,亦即 $\omega=\pm3$ rad/s 时,$H(\pm\mathrm{j}3)=\infty$。确定 LTI 连续时间系统频率特性 $H(\mathrm{j}\omega)$在 $\omega=0$ rad/s 处及 $\omega=\pm3$ rad/s 处的冲激强度就成为关键问题。解决该问题的一种有效方法是先求出 LTI 连续时间系统的单位冲激响应 $h(t)$,再对 $h(t)$取 CTFT。

当电阻 $R=0\,\Omega$ 时,考虑到式(3.6.19),则描述 LTI 连续时间系统响应 $y(t)$与激励 $f(t)$关系的微分方程为

$$L_1L_2Cy'''(t)+(L_1+L_2)y'(t)=f(t) \tag{3.6.21}$$

将 $L_1=1$ H，$L_2=12.5$ H，$C=0.12$ F 代入式(3.6.21)，可得

$$y'''(t)+9y'(t)=\frac{2}{3}f(t) \tag{3.6.22}$$

考虑到式(3.6.22)，则有

$$\begin{aligned}h(t)&=\frac{\frac{2}{3}}{p^3+9p}\delta(t)=\frac{\frac{2}{3}}{p(p^2+3^2)}\delta(t)=\frac{2}{27}\left(\frac{1}{p}-\frac{p}{p^2+3^2}\right)\delta(t)\\&=\frac{2}{27}\left[\frac{1}{p}\delta(t)-\frac{p}{p^2+3^2}\delta(t)\right]=\frac{2}{27}(1-\cos 3t)\varepsilon(t)\end{aligned}$$

由式(3.5.19)可知，$\text{CTFT}[\cos\omega_0 t\varepsilon(t)]=\frac{\pi}{2}[\delta(\omega+\omega_0)+\delta(\omega-\omega_0)]+\frac{j\omega}{\omega_0^2-\omega^2}$，于是

$$\begin{aligned}H(j\omega)&=\text{CTFT}[h(t)]=\frac{2}{27}\text{CTFT}[\varepsilon(t)-\cos 3t\varepsilon(t)]\\&=\frac{2}{27}\left\{\pi\delta(\omega)+\frac{1}{j\omega}-\frac{\pi}{2}[\delta(\omega+3)+\delta(\omega-3)]-\frac{j\omega}{3^2-\omega^2}\right\}\\&=\frac{2\pi}{27}\delta(\omega)-\frac{\pi}{27}[\delta(\omega+3)+\delta(\omega-3)]+\frac{2/3}{j\omega(9-\omega^2)}\end{aligned} \tag{3.6.23}$$

3.6.3　常用 LTI 连续时间系统的频率特性

下面将介绍几个常用 LTI 连续时间系统的频率特性。

1. 微分器的频率特性

顾名思义，微分器完成的功能是对激励进行微分运算，即微分器的零状态响应 $y_f(t)$ 与激励 $f(t)$ 之间的关系为

$$y_f(t)=f'(t) \tag{3.6.24}$$

考虑到 CTFT 的时域微分性质式(3.4.42)，对式(3.6.24)等号两边分别取 CTFT，可得

$$Y_f(j\omega)=j\omega F(j\omega)$$

即

$$H(j\omega)=\frac{Y_f(j\omega)}{F(j\omega)}=j\omega \tag{3.6.25}$$

显然，微分器的幅频特性 $|H(j\omega)|$ 及相频特性 $\varphi(\omega)$ 分别为

$$|H(j\omega)|=|\omega| \tag{3.6.26}$$

$$\varphi(\omega)=\frac{\pi}{2} \tag{3.6.27}$$

式(3.6.26)表明，连续时间信号通过微分器时，可使连续时间信号的高频分量的幅度得以加强。例如，图像信号通过微分器时，可使图像的轮廓更加清晰。

式(3.6.27)表明，连续时间信号通过微分器时，将对每一个频率分量的信号产生一个固定的 $\frac{\pi}{2}$ 相移。例如，一个单频的正弦信号通过微分器时，其输出就是一个余弦信号。

2. 积分器的频率特性

顾名思义，积分器完成的功能是对激励进行积分运算，即积分器的零状态响应 $y_f(t)$ 与激励 $f(t)$ 之间的关系为

$$y_f(t)=\int_{-\infty}^{t}f(\tau)\mathrm{d}\tau=f(t)*\varepsilon(t) \tag{3.6.28}$$

考虑到 CTFT 的时域积分性质式(3.4.45)，对 $y_f(t)=f(t)*\varepsilon(t)$ 等号两边分别取

CTFT，可得

$$Y_f(\mathrm{j}\omega)=F(\mathrm{j}\omega)\left[\pi\delta(\omega)+\frac{1}{\mathrm{j}\omega}\right]$$

即

$$H(\mathrm{j}\omega)=\frac{Y_f(\mathrm{j}\omega)}{F(\mathrm{j}\omega)}=\pi\delta(\omega)+\frac{1}{\mathrm{j}\omega} \tag{3.6.29}$$

显然，积分器的幅频特性$|H(\mathrm{j}\omega)|$及相频特性$\varphi(\omega)$分别为

$$|H(\mathrm{j}\omega)|=\begin{cases}\pi\delta(\omega), & \omega=0\\ \dfrac{1}{|\omega|}, & \omega\neq 0\end{cases} \tag{3.6.30}$$

$$\varphi(\omega)=\begin{cases}0, & \omega=0\\ -\dfrac{\pi}{2}, & \omega\neq 0\end{cases} \tag{3.6.31}$$

式(3.6.30)表明，直流信号通过积分器时，其响应是无界的，无直流分量的连续时间信号通过积分器时，可使连续时间信号的低频分量的幅度得以加强。例如，在模拟通信中，可以在调制器的前端设置一个积分器(低通滤波器)，对调制信号进行加重处理或者预滤波处理。

式(3.6.31)表明，直流信号通过积分器时不产生相移，无直流分量的连续时间信号通过积分器时，将对每一个频率分量的信号产生一个固定的$-\frac{\pi}{2}$相移。例如，一个单频的余弦信号通过积分器时，其输出就是一个正弦信号。

3. 全通系统的频率特性

顾名思义，全通系统就是让激励的各个频率分量能够“一视同仁”地顺利通过系统，即对激励各个频率分量的信号幅度进行相同的放大或缩小处理，换言之，全通系统的幅频特性是一个常数，即

$$|H(\mathrm{j}\omega)|=\left|\frac{N(\mathrm{j}\omega)}{D(\mathrm{j}\omega)}\right|=C \tag{3.6.32}$$

式中，C为正的常数。

显然，若一个LTI连续时间因果稳定系统频率特性$H(\mathrm{j}\omega)$的分子$N(\mathrm{j}\omega)$与分母$D(\mathrm{j}\omega)$满足关系$N(\mathrm{j}\omega)=D^*(\mathrm{j}\omega)$，则该系统为全通系统。

由于LTI连续时间因果稳定全通系统的幅频特性为常数，相频特性不受约束，因此信号通过LTI连续时间因果稳定全通系统时，不影响信号的幅度频谱，仅影响信号的相位频谱。在传输系统中，通常利用LTI连续时间因果稳定全通系统进行相位校正(如作为相位均衡器)。

例 3.6.4：LTI连续时间系统的时域模型如图3.6.3所示。试证明该LTI连续时间系统为一个全通系统。

证明：(1) 画出LTI连续时间系统的频域模型，如图3.6.4所示。

(2) 确定LTI连续时间系统的频率特性。

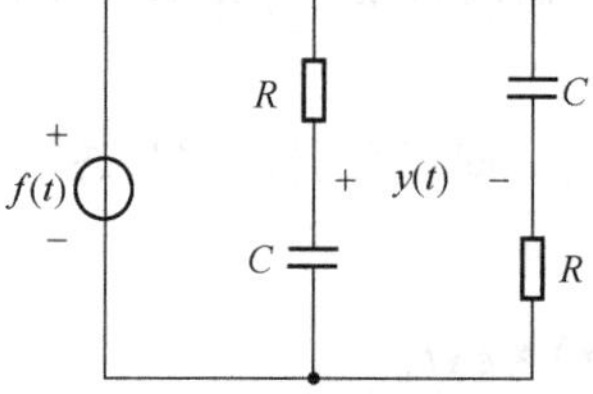

图3.6.3　LTI连续时间系统的时域模型

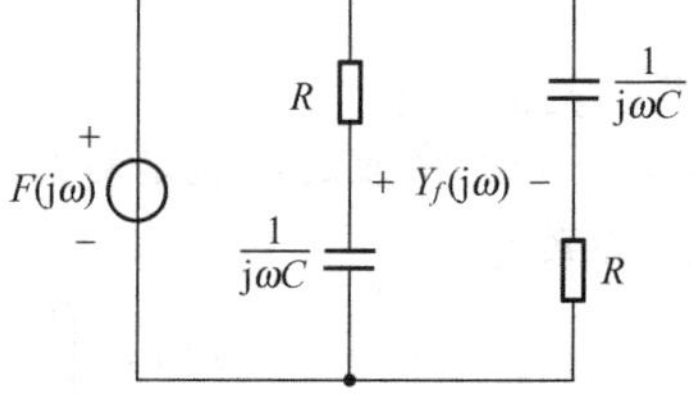

图3.6.4　LTI连续时间系统的频域模型

在图 3.6.4 所示的频域模型中，利用分压公式可得

$$Y_f(\mathrm{j}\omega)=\frac{\frac{1}{\mathrm{j}\omega C}}{R+\frac{1}{\mathrm{j}\omega C}}F(\mathrm{j}\omega)-\frac{R}{R+\frac{1}{\mathrm{j}\omega C}}F(\mathrm{j}\omega)=\frac{1-\mathrm{j}\omega RC}{1+\mathrm{j}\omega RC}F(\mathrm{j}\omega)$$

于是

$$H(\mathrm{j}\omega)=\frac{Y_f(\mathrm{j}\omega)}{F(\mathrm{j}\omega)}=\frac{1-\mathrm{j}\omega RC}{1+\mathrm{j}\omega RC}$$

由于$|H(\mathrm{j}\omega)|=\left|\frac{1-\mathrm{j}\omega RC}{1+\mathrm{j}\omega RC}\right|=1$，因此该 LTI 连续时间系统为全通系统。

4. 无失真传输系统的频率特性

顾名思义，在时域上，无失真传输系统的零状态响应 $y_f(t)$应是 $f(t)$的准确复制品，两者的大小和出现的时间可以不同，但波形的变化规律(形状)应完全一样，即

$$y_f(t)=Kf(t-t_d) \tag{3.6.33}$$

式中，K 和 t_d 都为常数，K 为系统的增益，t_d 为延迟时间。

考虑到 CTFT 的时移性质式(3.4.28)，对式(3.6.33)的等号两边分别取 CTFT，可得

$$Y_f(\mathrm{j}\omega)=K\mathrm{e}^{-\mathrm{j}\omega t_d}F(\mathrm{j}\omega)$$

即

$$H(\mathrm{j}\omega)=\frac{Y_f(\mathrm{j}\omega)}{F(\mathrm{j}\omega)}=K\mathrm{e}^{-\mathrm{j}\omega t_d} \tag{3.6.34}$$

显然，无失真传输系统的幅频特性$|H(\mathrm{j}\omega)|$和相频特性 $\varphi(\omega)$分别为

$$|H(\mathrm{j}\omega)|=K \tag{3.6.35}$$

$$\varphi(\omega)=-\omega t_d \tag{3.6.36}$$

无失真传输系统的幅频特性$|H(\mathrm{j}\omega)|$及相频特性 $\varphi(\omega)$分别如图 3.6.5 和图 3.6.6 所示。

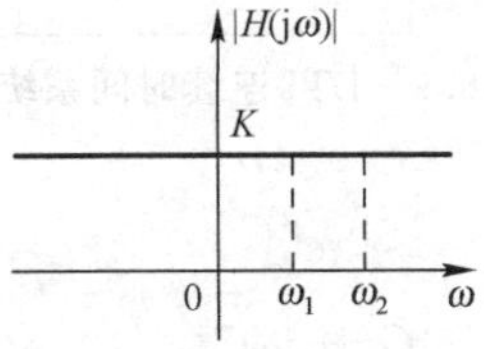

图 3.6.5　无失真传输系统的幅频特性

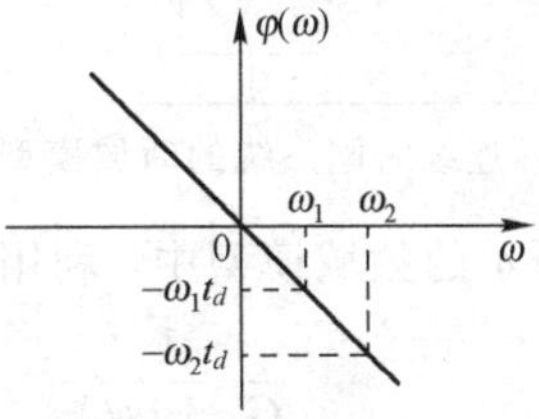

图 3.6.6　无失真传输系统的相频特性

若 $t_d=0$，则输出波形无延迟，即 $y(t)=Kf(t)$。由图 3.6.5 可知，无失真传输系统只对激励 $f(t)$中各个频率分量信号的幅度进行“一视同仁”的处理，即将激励 $f(t)$中各个频率分量信号的幅度放大或缩小 K 倍，于是叠加而得的零状态响应信号也放大或缩小 K 倍，因此输出波形不失真。反之，如果系统的幅频特性不是常数，而是随着频率变化，这意味着对激励 $f(t)$中各个频率分量信号的幅度放大或缩小的倍数各不相同，导致输出波形失真，即系统传输信号出现了幅度失真。若 $K=1$，则输出波形既不放大又不缩小，即 $y(t)=f(t-t_d)$。由图 3.6.6 可知，无失真传输系统只对激励 $f(t)$中各个频率分量信号的相位进行“一视同仁”的处理，即将激励 $f(t)$中各个频率分量信号在时间上均延迟 t_d，于是叠加而得的零状态响应信号也延迟 t_d，因此输出波形不失真。反之，如果系统的相频特性不是过原点的直线，而是过原点的曲线，由于曲线的斜率 $k\neq -t_d$，即 k 不是常数，而是随着频率变化，这意味着对激励 $f(t)$中各个频率分量信号在时间上的延迟各不相同，导致输出波形失真，即系统传输信号出现了相位失真。

综上所述，无论是出现幅度失真，还是相位失真，系统零状态响应的波形与激励的波形都

不一样，即波形的形状发生了变化，亦即出现了失真。因此，一个无失真传输系统应具备的条件如下所述。

(1) 无失真传输系统是一个全通系统，即系统的幅频特性是常数，以保证对激励各个频率分量的信号有相同的放大倍数，或缩小倍数。

(2) 无失真传输系统是一个线性相位系统，即系统的相频响应是通过原点的一条直线，以保证对激励各个频率分量的信号有相同的延迟。

显然，上述两个条件应同时满足，否则传输信号将会出现波形失真。当然，在实际应用中，根据信号频率特性的具体情况，以上条件可适当放宽。例如，在传输频带受限信号时，只要在信号的占有频带范围内满足以上两个条件即可。

在实际工作中，如果系统 $H_1(\mathrm{j}\omega)$ 不满足无失真传输的相位条件，则可后置一个 LTI 连续时间全通系统 $H_2(\mathrm{j}\omega)$，用于相位均衡，使得 $H_1(\mathrm{j}\omega)H_2(\mathrm{j}\omega)$ 具有线性相位，避免了传输信号出现相位失真。因此，一个基于相位均衡的无失真传输 LTI 连续时间系统如图 3.6.7 所示。

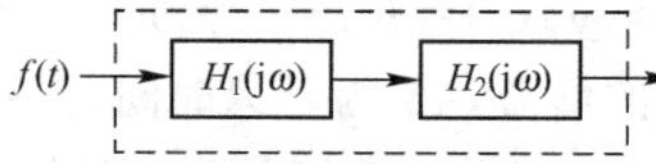

图 3.6.7　基于相位均衡的无失真传输 LTI 连续时间系统

例 3.6.5：LTI 连续时间系统的时域模型如图 3.6.8 所示。当满足条件 $R_1C_1=R_2C_2$ 时，试证明该 LTI 连续时间系统为一个无失真传输系统。

证明：(1) 画出 LTI 连续时间系统的频域模型，如图 3.6.9 所示。

(2) 确定 LTI 连续时间系统的频率特性。

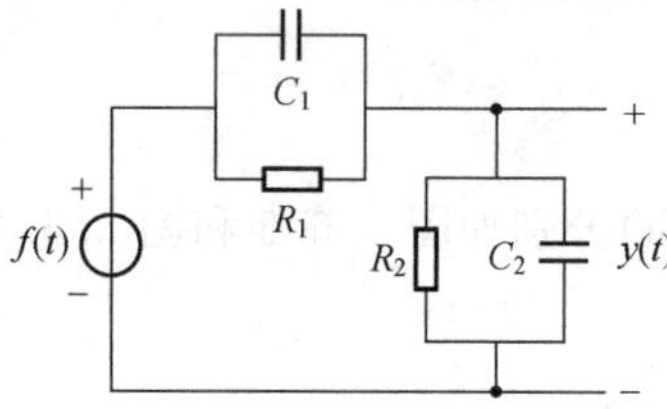

图 3.6.8　LTI 连续时间系统的时域模型

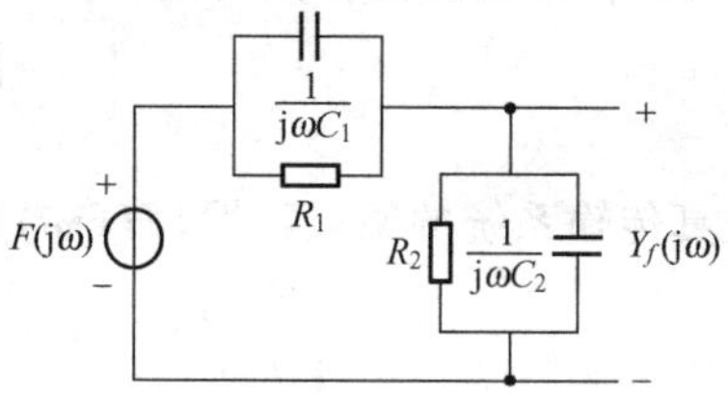

图 3.6.9　LTI 连续时间系统的频域模型

在图 3.6.9 所示的频域模型中，利用分压公式可得

$$Y_f(\mathrm{j}\omega)=\frac{\dfrac{1}{G_2+\mathrm{j}\omega C_2}}{\dfrac{1}{G_1+\mathrm{j}\omega C_1}+\dfrac{1}{G_2+\mathrm{j}\omega C_2}}F(\mathrm{j}\omega)=\frac{G_1+\mathrm{j}\omega C_1}{G_1+\mathrm{j}\omega C_1+G_2+\mathrm{j}\omega C_2}F(\mathrm{j}\omega)\tag{3.6.37}$$

考虑到式(3.6.37)及 $R_1C_1=R_2C_2$，则有

$$\begin{aligned}H(\mathrm{j}\omega)&=\frac{Y_f(\mathrm{j}\omega)}{F(\mathrm{j}\omega)}=\frac{G_1+\mathrm{j}\omega C_1}{G_1+\mathrm{j}\omega C_1+G_2+\mathrm{j}\omega C_2}=\frac{G_1+\mathrm{j}\omega C_1}{G_1+\mathrm{j}\omega C_1+G_2+\mathrm{j}\omega\dfrac{G_2}{G_1}C_1}\\&=\frac{G_1(G_1+\mathrm{j}\omega C_1)}{G_1(G_1+G_2)+\mathrm{j}\omega G_1C_1+\mathrm{j}\omega G_2C_1}=\frac{G_1}{G_1+G_2}\times\frac{G_1+\mathrm{j}\omega C_1}{G_1+\mathrm{j}\omega C_1}\\&=\frac{R_2}{R_1+R_2}\end{aligned}$$

由于 $|H(\mathrm{j}\omega)|=\dfrac{R_2}{R_1+R_2}$，$\varphi(\omega)=0$，因此该系统为无失真传输系统。

5. 零阶保持系统的频率特性

常用的零阶保持系统如图 3.6.10 所示。

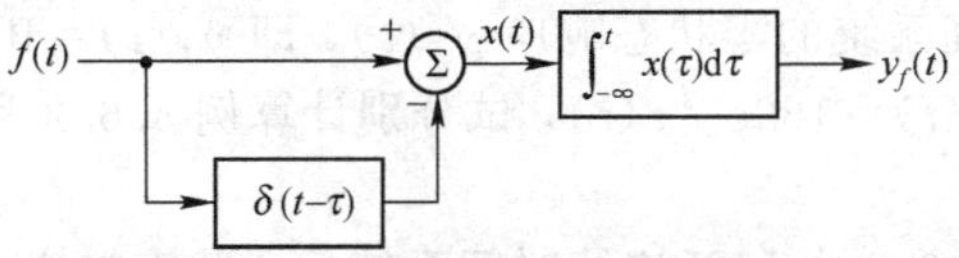

图 3.6.10　零阶保持系统

由图 3.6.10 可得

$$y_f(t)=\int_{-\infty}^{t}x(\tau)\mathrm{d}\tau=\int_{-\infty}^{t}[f(\tau)-f(t-\tau)]\mathrm{d}\tau$$

显然

$$h(t)=\int_{-\infty}^{t}[\delta(\tau)-\delta(t-\tau)]\mathrm{d}\tau=\varepsilon(t)-\varepsilon(t-\tau)\tag{3.6.38}$$

若激励 $f(t)$是由延迟冲激的加权和组成，即 $f(t)=\sum\limits_{k=-\infty}^{+\infty}a_k\delta(t-kT)$，则有

$$y_f(t)=f(t)*h(t)=\sum_{k=-\infty}^{+\infty}a_k[\varepsilon(t-kT)-\varepsilon(t-kT-\tau)]\tag{3.6.39}$$

式(3.6.39)表明，零阶保持系统的作用是将激励 $f(t)$中 $t=kT$(k 为任意整数）处的冲激强度 a_k 保持 τ 秒。这就是“保持系统”名称的由来。通过 4.5 节的分析将会知道，该系统无极点，即系统无阶，亦即系统是零阶系统，因此又称为零阶保持系统。

考虑到式(3.6.38)，则有

$$\begin{aligned}H(\mathrm{j}\omega)&=\mathrm{CTFT}[h(t)]=\mathrm{CTFT}[\varepsilon(t)-\varepsilon(t-\tau)]\\&=\left[\pi\delta(\omega)+\frac{1}{\mathrm{j}\omega}\right][1-\mathrm{e}^{-\mathrm{j}\omega\tau}]\\&=\tau\mathrm{Sa}\left(\frac{\omega\tau}{2}\right)\mathrm{e}^{-\mathrm{j}\omega\tau/2}\end{aligned}\tag{3.6.40}$$

显然，零阶保持系统的幅频特性$|H(\mathrm{j}\omega)|$及相频特性 $\varphi(\omega)$分别为

$$|H(\mathrm{j}\omega)|=\left|\tau\mathrm{Sa}\left(\frac{\omega\tau}{2}\right)\right|\tag{3.6.41}$$

$$\varphi(\omega)=\begin{cases}-\omega\tau/2, & 4m\pi/\tau<|\omega|<2\pi(2m+1)/\tau\\ \pi-\omega\tau/2, & 2\pi(2m+1)/\tau<|\omega|<2\pi(2m+2)/\tau\end{cases}，m\ 为任意正整数\tag{3.6.42}$$

3.6.4　LTI 连续时间系统的频域分析法

我们已经知道，对于 LTI 连续时间系统的零状态响应，在时域上可以表示为激励和系统单位冲激响应的线性卷积，线性卷积运算在频域上可以转化成乘积运算，如图 3.6.11 所示。

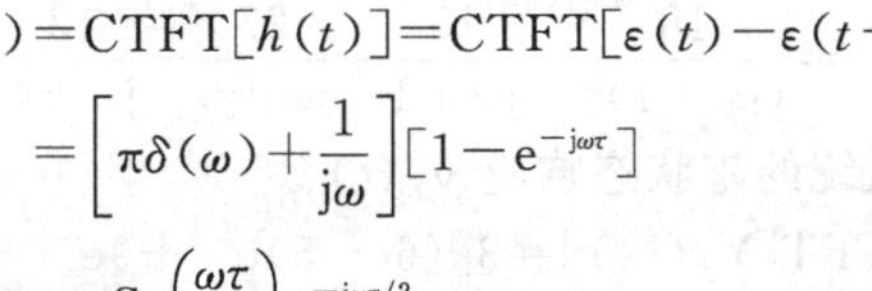

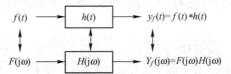

图 3.6.11　LTI 连续时间系统时域运算与频域运算的关系

由图 3.6.11 可知，利用频域分析方法计算 LTI 连续时间系统零状态响应的步骤如下所述。

(1) 计算激励信号 $f(t)$的频谱 $F(\mathrm{j}\omega)$。

(2) 计算 LTI 连续时间系统的频率特性 $H(\mathrm{j}\omega)$。

(3) 计算 LTI 连续时间系统的零状态响应 $y_f(t)$的频谱 $Y_f(\mathrm{j}\omega)$，即 $Y_f(\mathrm{j}\omega)=H(\mathrm{j}\omega)F(\mathrm{j}\omega)$。

(4) 计算 LTI 连续时间系统的零状态响应 $y_f(t)$，即 $y_f(t)=\text{ICTFT}[Y_f(\text{j}\omega)]$。

例 3.6.6：已知激励 $f(t)=162\text{e}^{-3t}\varepsilon(t)$，试分别计算例 3.6.2 和例 3.6.3 中 LTI 连续时间系统的零状态响应 $y_f(t)$。

解：(1) 首先计算例 3.6.2 中 LTI 连续时间系统的零状态响应

① 由式(3.3.14)可知

$$\text{e}^{-at}\varepsilon(t)\xleftrightarrow{a>0}\frac{1}{a+\text{j}\omega}$$

于是

$$F(\text{j}\omega)=\text{CTFT}[f(t)]=\text{CTFT}[162\text{e}^{-3t}\varepsilon(t)]=\frac{162}{3+\text{j}\omega}$$

② 由式(3.6.20)可知

$$H(\text{j}\omega)=\frac{2/3}{(\text{j}\omega+1)^2(\text{j}\omega+4)}$$

③ 计算 LTI 连续时间系统的零状态响应的频谱 $Y_f(\text{j}\omega)$

$$\begin{aligned}Y_f(\text{j}\omega)=H(\text{j}\omega)F(\text{j}\omega)&=\frac{108}{(\text{j}\omega+1)^2(\text{j}\omega+3)(\text{j}\omega+4)}\\&=\frac{1}{(\text{j}\omega+1)}\left(\frac{18}{\text{j}\omega+1}-\frac{54}{\text{j}\omega+3}+\frac{36}{\text{j}\omega+4}\right)\\&=\frac{18}{(\text{j}\omega+1)^2}-27\left(\frac{1}{\text{j}\omega+1}-\frac{1}{\text{j}\omega+3}\right)+12\left(\frac{1}{\text{j}\omega+1}-\frac{1}{\text{j}\omega+4}\right)\\&=\frac{18}{(\text{j}\omega+1)^2}-\frac{15}{\text{j}\omega+1}+\frac{27}{\text{j}\omega+3}-\frac{12}{\text{j}\omega+4}\end{aligned}$$

④ 计算 LTI 连续时间系统的零状态响应 $y_f(t)$

$$y_f(t)=\text{ICTFT}[Y_f(\text{j}\omega)]=3[(6t-5)\text{e}^{-t}+9\text{e}^{-3t}-4\text{e}^{-4t}]\varepsilon(t)$$

(2) 再计算例 3.6.3 中 LTI 连续时间系统的零状态响应

① 由式(3.3.14)可知

$$\text{e}^{-at}\varepsilon(t)\xleftrightarrow{a>0}\frac{1}{a+\text{j}\omega}$$

于是

$$F(\text{j}\omega)=\text{CTFT}[f(t)]=\text{CTFT}[162\text{e}^{-3t}\varepsilon(t)]=\frac{162}{3+\text{j}\omega}$$

② 由式(3.6.23)可知

$$H(\text{j}\omega)=\frac{2\pi}{27}\delta(\omega)-\frac{\pi}{27}[\delta(\omega+3)+\delta(\omega-3)]+\frac{2/3}{\text{j}\omega(9-\omega^2)}$$

③ 计算 LTI 连续时间系统的零状态响应的频谱 $Y_f(\text{j}\omega)$

$$\begin{aligned}Y_f(\text{j}\omega)=H(\text{j}\omega)F(\text{j}\omega)&=\left\{\frac{2\pi}{27}\delta(\omega)-\frac{\pi}{27}[\delta(\omega+3)+\delta(\omega-3)]+\frac{2/3}{\text{j}\omega(9-\omega^2)}\right\}\frac{162}{\text{j}\omega+3}\\&=\frac{12\pi}{\text{j}\omega+3}\delta(\omega)-\frac{6\pi}{\text{j}\omega+3}[\delta(\omega+3)+\delta(\omega-3)]+\frac{108}{\text{j}\omega(\text{j}\omega+3)}\times\frac{1}{9-\omega^2}\\&=4\pi\delta(\omega)-\frac{6\pi}{\text{j}\omega+3}[\delta(\omega+3)+\delta(\omega-3)]+36\left(\frac{1}{\text{j}\omega}-\frac{1}{\text{j}\omega+3}\right)\frac{1}{9-\omega^2}\\&=4\pi\delta(\omega)-\frac{6\pi}{\text{j}\omega+3}[\delta(\omega+3)+\delta(\omega-3)]+4\left(\frac{1}{\text{j}\omega}-\frac{\text{j}\omega}{9-\omega^2}\right)-2\left(\frac{1}{\text{j}\omega+3}-\frac{\text{j}\omega-3}{9-\omega^2}\right)\\&=4\pi\delta(\omega)+\frac{4}{\text{j}\omega}-\frac{2}{\text{j}\omega+3}-\pi(1+\text{j})\delta(\omega+3)-\pi(1-\text{j})\delta(\omega-3)-\frac{2(\text{j}\omega+3)}{9-\omega^2}\end{aligned}$$

④ 计算 LTI 连续时间系统的零状态响应 $y_f(t)$

由式(3.5.19)及式(3.5.20)可知

$$\mathrm{CTFT}[\cos\omega_0 t\varepsilon(t)]=\frac{\pi}{2}[\delta(\omega+\omega_0)+\delta(\omega-\omega_0)]+\frac{\mathrm{j}\omega}{\omega_0^2-\omega^2}$$

$$\mathrm{CTFT}[\sin\omega_0 t\varepsilon(t)]=\frac{\mathrm{j}\pi}{2}[\delta(\omega+\omega_0)-\delta(\omega-\omega_0)]+\frac{\omega_0}{\omega_0^2-\omega^2}$$

于是

$$\mathrm{CTFT}[\cos 3t\varepsilon(t)]=\frac{\pi}{2}[\delta(\omega+3)+\delta(\omega-3)]+\frac{\mathrm{j}\omega}{9-\omega^2}$$

$$\mathrm{CTFT}[\sin 3t\varepsilon(t)]=\frac{\mathrm{j}\pi}{2}[\delta(\omega+3)-\delta(\omega-3)]+\frac{\omega_0}{9-\omega^2}$$

那么 LTI 连续时间系统的零状态响应为

$$\begin{aligned}y_f(t)&=\mathrm{ICTFT}[Y_f(\mathrm{j}\omega)]\\&=\mathrm{ICTFT}\left[4\pi\delta(\omega)+\frac{4}{\mathrm{j}\omega}-\frac{2}{\mathrm{j}\omega+3}-\pi(1+\mathrm{j})\delta(\omega+3)-\pi(1-\mathrm{j})\delta(\omega-3)-\frac{2(\mathrm{j}\omega+3)}{9-\omega^2}\right]\\&=2[2-\mathrm{e}^{-3t}-(\cos 3t+\sin 3t)]\varepsilon(t)\end{aligned}$$

3.6.5　理想低通滤波器的单位阶跃响应

下面首先介绍理想低通滤波器的频率特性，再介绍单位阶跃信号通过理想低通滤波器表现出来的吉布斯现象。

1. 理想低通滤波器的频率特性

理想低通滤波器的频率特性定义为

$$H(\mathrm{j}\omega)=G_{2\omega_c}(\omega)\mathrm{e}^{-\mathrm{j}\omega t_d} \tag{3.6.43}$$

式中，ω_c 为截止角频率，t_d 为延迟时间。

考虑到式(3.6.43)、式(3.4.37)及式(3.4.28)，则理想低通滤波器的单位冲激响应为

$$h(t)=\mathrm{ICTFT}[H(\mathrm{j}\omega)]=\mathrm{ICTFT}[G_{2\omega_c}(\omega)\mathrm{e}^{-\mathrm{j}\omega t_d}]=\frac{\omega_c}{\pi}\mathrm{Sa}[\omega_c(t-t_d)] \tag{3.6.44}$$

连续时间信号 $f(t)$通过理想低通滤波器，其零状态响应的频谱可表示为

$$Y_f(\mathrm{j}\omega)=F(\mathrm{j}\omega)H(\mathrm{j}\omega)=F(\mathrm{j}\omega)G_{2\omega_c}(\omega)\mathrm{e}^{-\mathrm{j}\omega t_d} \tag{3.6.45}$$

(1) 式(3.6.45)表明，连续时间信号通过理想低通滤波器时，其低端频谱能够顺利通过理想低通滤波器，高端频谱得以抑制，理想低通滤波器的响应信号是一个低频信号。

(2) 式(3.6.43)表明，若理想低通滤波器的截止频率 $\omega_c\to\infty$，则 $H(\mathrm{j}\omega)=\mathrm{e}^{-\mathrm{j}\omega t_d}$，即理想低通滤波器逼近一个延迟系统，亦即 $h(t)=\delta(t-t_d)$。

(3) 式(3.6.44)表明，理想低通滤波器的单位冲激响应 $h(t)$为非因果信号，因此理想低通滤波器是物理上不可实现的系统，正因为如此，称其为理想低通滤波器。

2. 理想低通滤波器的单位阶跃响应

考虑到式(3.6.44)及格雷积分式(3.3.18)，则有

$$\begin{aligned}g(t)&=h(t)*\varepsilon(t)=\int_{-\infty}^{t}h(\tau)\mathrm{d}\tau=\frac{\omega_c}{\pi}\int_{-\infty}^{t}\frac{\sin\omega_c(\tau-t_d)}{\omega_c(\tau-t_d)}\mathrm{d}\tau\\&=\frac{1}{\pi}\int_{-\infty}^{\omega_c(t-t_d)}\frac{\sin x}{x}\mathrm{d}x=\frac{1}{2}+\frac{1}{\pi}\int_{0}^{\omega_c(t-t_d)}\mathrm{Sa}(x)\mathrm{d}x\\&=\frac{1}{2}+\frac{1}{\pi}S_i[\omega_c(t-t_d)]\end{aligned} \tag{3.6.46}$$

式中利用了正弦积分函数，即

$$S_i(y)=\int_0^y\mathrm{Sa}(x)\mathrm{d}x \tag{3.6.47}$$

从数学手册中可查出 $S_i(y)$的值，于是可直接利用式(3.6.46)画出理想低通滤波器的过

渡曲线(即单位阶跃响应)。理想低通滤波器的单位冲激响应 $h(t)$ 和单位阶跃响应 $g(t)$ 如图 3.6.12 所示。

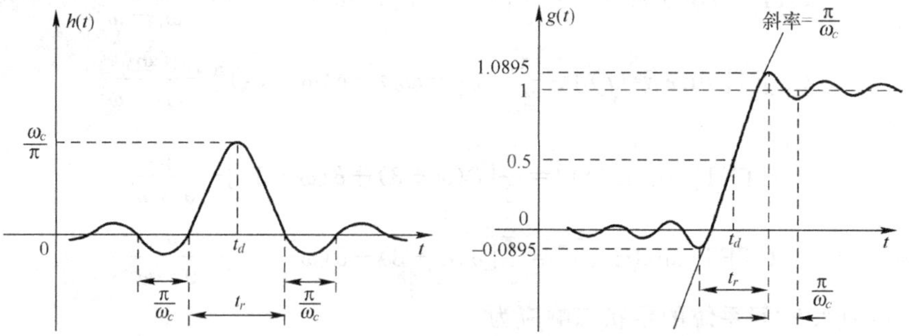

图 3.6.12 理想低通滤波器的 $h(t)$ 和 $g(t)$ 的波形

讨论：

若 $\omega_c(t-t_d)=m\pi$(m 为任意整数)，即 $t=t_d+\dfrac{m\pi}{\omega_c}$，则 $h(t)=0$。

由于

$$\frac{dg(t)}{dt}=\frac{1}{\pi}\frac{dS_i[\omega_c(t-t_d)]}{dt}=\frac{\omega_c}{\pi}\frac{\sin\omega_c(t-t_d)}{\omega_c(t-t_d)}$$

显然：① 若 $\dfrac{dg(t)}{dt}=0$，则 $\omega_c(t-t_d)=m\pi$(m 为整数)，即 $t=t_d+\dfrac{m\pi}{\omega_c}$。

② 对 $t=t_d$ 轴而言，当 m 为奇数时，$g(t)$ 获得极大值；当 m 为偶数时，$g(t)$ 获得极小值。

从图 3.6.12 中 $g(t)$ 的波形可知，理想低通滤波器的过渡特性不只是阶跃输入信号延迟了时间 t_d，而且还有一段上升时间 t_r。在实际工作中，上升时间 t_r 通常有以下几种定义方式。

① 将 $g(t)$ 从 0.1 到 0.9 所需的时间定义为上升时间。若采用这种定义方式，则 $t_r=\dfrac{2.8}{\omega_c}$。

② 将 $g(t)$ 从最小值到最大值所需的时间定义为上升时间。若采用这种定义方式，则 $t_r=\dfrac{2\pi}{\omega_c}$。

③ 将 $g(t)$ 在 $t=t_d$ 处斜率的倒数定义为上升时间。

因为 $\left.\dfrac{dg(t)}{dt}\right|_{t=t_d}=\left.\dfrac{\omega_c}{\pi}\mathrm{Sa}[\omega_c(t-t_d)]\right|_{t=t_d}=\dfrac{\omega_c}{\pi}$，所以 $t_r=\dfrac{\pi}{\omega_c}=\dfrac{1}{2f_c}$，即 $t_rf_c=\dfrac{1}{2}$。

由此可见，系统的上升时间 t_r 与带宽 f_c 之积为常数。

结论：

(1) $g(t)$ 与 $h(t)$ 相同的是起伏的角频率均为 ω_c，不同的是其起伏的幅度与 ω_c 无关。$g(t)$ 起伏的最大值在 $t=t_d+\pi/\omega_c$ 处，此时 $g(t)$ 值为最大值 $g_{\max}$，并且由式(3.6.46)可得

$$g_{\max}=\frac{1}{2}+\frac{1}{\pi}S_i[\omega_c(t-t_d)]\bigg|_{t=t_d+\pi/\omega_c}=\frac{1}{2}+\frac{1}{\pi}S_i(\pi)=1.0895 \tag{3.6.48}$$

$g_{\max}$ 与 ω_c 无关，即与理想低通滤波器的带宽无关。增大 ω_c，可使 $g(t)$ 的上升时间 t_r 缩短，但不能减小起伏的幅度(大约 9%)。这就是著名的吉布斯现象。

(2) 系统的上升时间与带宽之积等于常数，即系统的上升时间 t_r 与带宽 f_c 成反比。

(3) 理想低通滤波器的通带在 $\omega=\omega_c$ 处突然截断，从而引起吉布斯现象(振荡现象)，并一直延伸至 $t=\pm\infty$ 处，若在系统的通带与阻带之间加一个渐变的过渡带，则一方面可以减弱振荡现象，另一方面可使低通滤波器成为物理上可以实现的系统。

(4) 当理想低通滤波器的截止频率 ω_c 趋于无穷大时，理想低通滤波器逼近一个延迟系统，即 $h(t)=\delta(t-t_d)$。

例 3.6.7：已知激励 $f(t)=\cos\omega_0 t$，理想低通滤波器的单位冲激响应 $h(t)=\frac{\omega_c}{\pi}\mathrm{Sa}[\omega_c(t-t_d)]$，试求理想低通滤波器的零状态响应 $y_f(t)$。

解：方法 1　由式(3.4.25)可知 $\cos\omega_0 t\longleftrightarrow\pi[\delta(\omega-\omega_0)+\delta(\omega+\omega_0)]$，于是

$$F(\mathrm{j}\omega)=\mathrm{CTFT}[f(t)]=\mathrm{CTFT}[\cos\omega_0 t]=\pi[\delta(\omega-\omega_0)+\delta(\omega+\omega_0)]$$

由式(3.4.37)可知 $\omega_c\mathrm{Sa}\left(\frac{\omega_c t}{2}\right)\longleftrightarrow 2\pi G_{\omega_c}(\omega)$，即 $2\omega_c\mathrm{Sa}(\omega_c t)\longleftrightarrow 2\pi G_{2\omega_c}(\omega)$，于是

$$H(\mathrm{j}\omega)=\mathrm{CTFT}[h(t)]=\mathrm{CTFT}\left\{\frac{\omega_c}{\pi}Sa[\omega_c(t-t_d)]\right\}=G_{2\omega_c}(\omega)\mathrm{e}^{-\mathrm{j}\omega t_d}$$

考虑到

$$\begin{aligned}Y_f(\mathrm{j}\omega)&=F(\mathrm{j}\omega)H(\mathrm{j}\omega)=\pi[\delta(\omega+\omega_0)+\delta(\omega-\omega_0)]G_{2\omega_c}(\omega)\mathrm{e}^{-\mathrm{j}\omega t_d}\\&=\pi G_{2\omega_c}(\omega)\mathrm{e}^{-\mathrm{j}\omega t_d}\delta(\omega+\omega_0)+\pi G_{2\omega_c}(\omega)\mathrm{e}^{-\mathrm{j}\omega t_d}\delta(\omega-\omega_0)\\&=\pi G_{2\omega_c}(-\omega_0)\mathrm{e}^{\mathrm{j}\omega_0 t_d}\delta(\omega+\omega_0)+\pi G_{2\omega_c}(\omega_0)\mathrm{e}^{-\mathrm{j}\omega_0 t_d}\delta(\omega-\omega_0)\\&=\pi G_{2\omega_c}(\omega_0)\mathrm{e}^{\mathrm{j}\omega_0 t_d}\delta(\omega+\omega_0)+\pi G_{2\omega_c}(\omega_0)\mathrm{e}^{-\mathrm{j}\omega_0 t_d}\delta(\omega-\omega_0)\\&=\pi[\delta(\omega+\omega_0)\mathrm{e}^{\mathrm{j}\omega_0 t_d}+\delta(\omega-\omega_0)\mathrm{e}^{-\mathrm{j}\omega_0 t_d}]G_{2\omega_c}(\omega_0)\end{aligned}$$

则有

$$y_f(t)=\mathrm{ICTFT}[Y_f(\mathrm{j}\omega)]=[\frac{1}{2}\mathrm{e}^{-\mathrm{j}\omega_0(t-t_d)}+\frac{1}{2}\mathrm{e}^{\mathrm{j}\omega_0(t-t_d)}]G_{2\omega_c}(\omega_0)=\cos\omega_0(t-t_d)G_{2\omega_c}(\omega_0)$$

方法 2　考虑到(3.3.19)，即 $\int_{-\infty}^{+\infty}\frac{\sin bt}{t}\mathrm{d}t=\pi\mathrm{sgn}(b)=\pi[2\varepsilon(b)-1]$，则有

$$\begin{aligned}y_f(t)&=f(t)*h(t)\\&=\cos\omega_0 t*\frac{\omega_c}{\pi}\mathrm{Sa}[\omega_c(t-t_d)]\\&=\frac{1}{\pi}\int_{-\infty}^{+\infty}\frac{\cos\omega_0(t-\tau)\sin\omega_c(\tau-t_d)}{\tau-t_d}\mathrm{d}\tau\\&=\frac{1}{\pi}\int_{-\infty}^{+\infty}\frac{\cos\omega_0(t-t_d-\lambda)\sin\omega_c\lambda}{\lambda}\mathrm{d}\lambda\\&=\frac{1}{\pi}\int_{-\infty}^{+\infty}\frac{\cos\omega_0(t-t_d)\cos\omega_0\lambda}{\lambda}\sin\omega_c\lambda\,\mathrm{d}\lambda+\frac{1}{\pi}\int_{-\infty}^{+\infty}\frac{\sin\omega_0(t-t_d)\sin\omega_0\lambda}{\lambda}\sin\omega_c\lambda\,\mathrm{d}\lambda\\&=\frac{1}{\pi}\int_{-\infty}^{+\infty}\frac{\cos\omega_0(t-t_d)\cos\omega_0\lambda}{\lambda}\sin\omega_c\lambda\,\mathrm{d}\lambda\\&=\frac{1}{2\pi}\cos\omega_0(t-t_d)\int_{-\infty}^{+\infty}\frac{\sin(\omega_0+\omega_c)\lambda-\sin(\omega_0-\omega_c)\lambda}{\lambda}\mathrm{d}\lambda\\&=\frac{1}{2}\cos\omega_0(t-t_d)[\mathrm{sgn}(\omega_0+\omega_c)-\mathrm{sgn}(\omega_0-\omega_c)]\\&=\frac{1}{2}\cos\omega_0(t-t_d)\{[2\varepsilon(\omega_0+\omega_c)-1]-[2\varepsilon(\omega_0-\omega_c)-1]\}\\&=\cos\omega_0(t-t_d)G_{2\omega_c}(\omega_0)\\&=\begin{cases}\cos\omega_0(t-t_d),&\omega_0<\omega_c\\0,&\omega_0>\omega_c\end{cases}\end{aligned}\tag{3.6.49}$$

式(3.6.49)表明，当连续时间周期余弦信号 $f(t)=\cos\omega_0 t$ 的角频率小于理想低通滤波器的截止角频率($\omega_0<\omega_c$)时，连续时间周期余弦信号 $f(t)=\cos\omega_0 t$ 能够顺利通过理想低通滤波器；否则，该信号无法通过理想低通滤波器，即该信号将被理想低通滤波器滤除。

3.6.6　模拟信号的滤波

由前面的分析和讨论已经知道，模拟滤波器的作用是选择需要频率分量的信号，滤除不需要频率分量的信号。因此，我们通常将模拟滤波器称为频率选择性滤波器。这里首先介绍模拟滤波器的分类，最后进行例题分析。

1. 模拟滤波器的分类

模拟滤波器的分类方式很多，按通阻带的情况可分为：模拟低通滤波器、模拟高通滤波器、模拟带通滤波器和模拟带阻滤波器。

(1) 理想模拟低通滤波器的频率特性为

$$H_{LP}(\mathrm{j}\omega)=G_{2\omega_c}(\omega) \tag{3.6.50}$$

式中，ω_c 为截止角频率。

(2) 理想模拟高通滤波器的频率特性为

$$H_{HP}(\mathrm{j}\omega)=1-H_{LP}(\mathrm{j}\omega)=1-G_{2\omega_c}(\omega) \tag{3.6.51}$$

式中，ω_c 为截止角频率。

(3) 理想模拟带通滤波器的频率特性为

$$H_{BP}(\mathrm{j}\omega)=H_{LP_2}(\mathrm{j}\omega)-H_{LP_1}(\mathrm{j}\omega)=G_{2\omega_{c_2}}(\omega)-G_{2\omega_{c_1}}(\omega),\ \omega_{c_2}>\omega_{c_1} \tag{3.6.52}$$

式中，ω_{c_2} 为上截止角频率；ω_{c_1} 为下截止角频率。

(4) 理想模拟带阻滤波器的频率特性为

$$H_{BR}(\mathrm{j}\omega)=1-H_{BP}(\mathrm{j}\omega) \tag{3.6.53}$$

可见，模拟高通滤波器、模拟带通滤波器、模拟带阻滤波器均可用模拟通低通滤波器来实现。因此，在模拟滤波器的设计中，一般主要讨论模拟低通滤波器的设计。常用的模拟低通滤波器有巴特沃思(Butterworth)滤波器、切比雪夫(Chebyshev)滤波器和椭圆(Elliptic)滤波器，这三种模拟低通滤波器的设计在数字信号处理技术的相关著作或教材中都会介绍，这里不进行讨论。

2. 例题分析

例 3.6.8： 利用理想运算放大器和电阻元件构成了一个迟滞比较器，由该迟滞比较器和模拟带通滤波器构成的级联系统如图 3.6.13 所示。

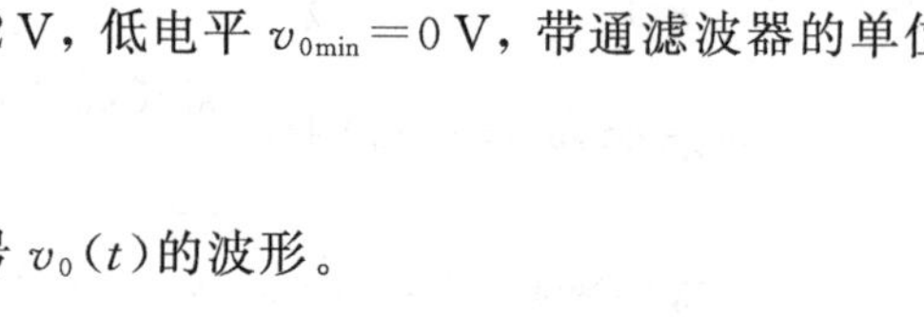

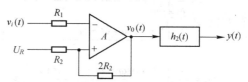

图 3.6.13　迟滞比较器和带通滤波器构成的级联系统

已知系统的激励 $v_i(t)=4\sin\left(t-\dfrac{\pi}{3}\right)$ V，参考电平 $U_R=-3$ V，迟滞比较器输出的高电平 $v_{0\max}=12$ V，低电平 $v_{0\min}=0$ V，带通滤波器的单位冲激响应 $h_2(t)=5\mathrm{Sa}\left(\dfrac{t}{2}\right)\mathrm{Sa}\left(\dfrac{3t}{2}\right)\cos 5t$。

(1) 试画出迟滞比较器的传输特性及输出信号 $v_0(t)$ 的波形。

(2) 试画出带通滤波器的频率特性 $H_2(\mathrm{j}\omega)$。

(3) 试求整个系统的零状态响应 $y_f(t)$。

解： (1) 首先研究迟滞比较器的传输特性

① 假设 $v_i(t)$ 是一个幅度很高的负向电平，即 $v_i(t)<0$ V，并且绝对值很大。由于 $v_i(t)$ 在理想运算放大器的反相输入端，因此输出 $v_0(t)$ 应为高电平，即 $v_0(t)=v_{0\max}=12$ V。那么，理想运算放大器的同相输入端的电平 V_+ 应该是参考电平 U_R 和输出 $v_{0\max}$ 共同贡献的结果。考虑到理想运算放大器的输入阻抗为无穷大，利用叠加原理及分压公式，可得

$$V_+=\frac{2R_2}{R_2+2R_2}U_R+\frac{R_2}{R_2+2R_2}v_{0\max}=\frac{2}{3}U_R+\frac{1}{3}v_{0\max}=2\ \mathrm{V}$$

当 $v_i(t)$ 从负向电平向正向电平逐渐增加到 $V_- = V_+ = 2\,\text{V}$ 时，比较器工作，状态发生变化，输出 $v_0(t)$ 从高电平变成低电平，即 $v_0(t)=0\,\text{V}$，并且当 $v_i(t)$ 继续增加时，这一状态保持不变。

② 假设 $v_i(t)$ 是一个幅度很高的正向电平，即 $v_i(t)>0\,\text{V}$，并且值很大。由于 $v_i(t)$ 在理想运算放大器的反相输入端，因此输出 $v_0(t)$ 应为低电平，即 $v_0(t)=0\,\text{V}$。那么，理想运算放大器的同相输入端的电平 V_+ 仅是参考电平 U_R 贡献的结果。考虑到理想运算放大器的输入阻抗为无穷大，利用分压公式，可得

$$V_+ = \frac{2R_2}{R_2+2R_2}U_R = \frac{2}{3}U_R = -2\,\text{V}$$

当 $v_i(t)$ 从正向电平向负向电平逐渐减小到 $V_- = V_+ = -2\,\text{V}$ 时，比较器工作，状态发生变化，输出 $v_0(t)$ 从低电平变成高电平，即 $v_0(t)=v_{0\max}=12\,\text{V}$，并且当 $v_i(t)$ 继续减小时，这一状态保持不变。

基于上述分析，可以画出迟滞比较器的传输特性，如图 3.6.14 所示。并且，由该图可知，$v_i(t)$ 增加到 2 V 或者超过 2 V，即 $v_i(t)\geqslant 2\,\text{V}$ 时，$v_0(t)=0\,\text{V}$；$v_i(t)$ 减小到 $-2\,\text{V}$ 或者低于 $-2\,\text{V}$，即 $v_i(t)\leqslant -2\,\text{V}$ 时，$v_0(t)=12\,\text{V}$。

显然，当 $t=2k\pi+\dfrac{\pi}{2}$（k 为整数）时，$v_i\left(2k\pi+\dfrac{\pi}{2}\right)=4\sin\left(2k\pi+\dfrac{\pi}{2}-\dfrac{\pi}{3}\right)=4\sin\dfrac{\pi}{6}=2\,\text{V}$。

当 $t=2k\pi-\dfrac{\pi}{2}$（k 为整数）时，$v_i\left(2k\pi-\dfrac{\pi}{2}\right)=4\sin\left(2k\pi-\dfrac{\pi}{2}-\dfrac{\pi}{3}\right)=-4\sin\dfrac{5\pi}{6}=-2\,\text{V}$。

因此，当 $t=2k\pi\pm\dfrac{\pi}{2}$（k 为整数）时，迟滞比较器的状态发生改变，这样就能得到激励 $v_i(t)$ 作用下迟滞比较器的输出波形 $v_0(t)$，如图 3.6.15 所示。

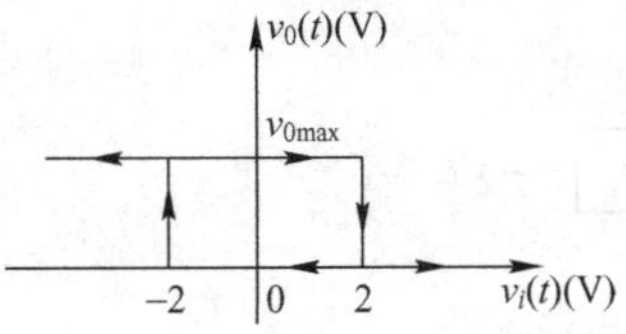

图 3.6.14　迟滞比较器的传输特性

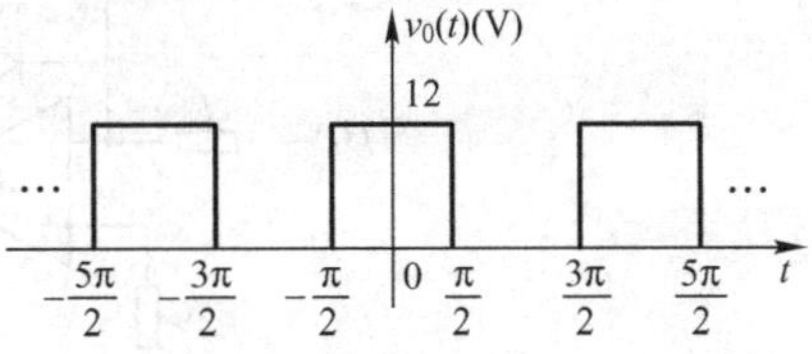

图 3.6.15　迟滞比较器的输出波形

(2) 考虑到

$$\omega_c \mathrm{Sa}\left(\frac{\omega_c t}{2}\right) \longleftrightarrow 2\pi G_{\omega_c}(\omega)$$

则有

$$\mathrm{Sa}\left(\frac{t}{2}\right) \longleftrightarrow 2\pi G_1(\omega)$$

$$\mathrm{Sa}\left(\frac{3t}{2}\right) \longleftrightarrow \frac{2\pi}{3}G_3(\omega)$$

考虑到

$$h_2(t)=5\mathrm{Sa}\left(\frac{t}{2}\right)\mathrm{Sa}\left(\frac{3t}{2}\right)\cos 5t$$

对上式的等号两边分别取 CTFT，并注意到 CTFT 的频域线性卷积定理式(3.4.48)及 CTFT 的调制定理式(3.4.59)，则有

$$H_2(\mathrm{j}\omega)=\mathrm{CTFT}[h_2(t)]=\frac{5}{2\pi}\left[2\pi G_1(\omega) * \frac{2\pi}{3}G_3(\omega)\right] * \frac{1}{2}[\delta(\omega+5)+\delta(\omega-5)]$$

考虑到上式，则可以画出模拟带通滤波器的频率特性 $H_2(j\omega)$的图形，如图 3.6.16 所示。

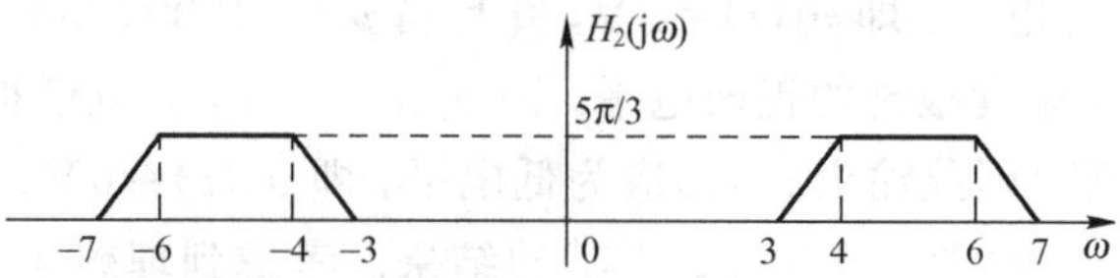

图 3.6.16　模拟带通滤波器的频率特性

(3) 考虑到 $v_0(t)=12\left[\varepsilon\left(t+\frac{\pi}{2}\right)-\varepsilon\left(t-\frac{\pi}{2}\right)\right]*\sum_{m=-\infty}^{+\infty}\delta(t-2m\pi)$，则有

$$V_0(j\omega)=\text{CTFT}[v_0(t)]=12\pi\text{Sa}\left(\frac{\omega\pi}{2}\right)\sum_{n=-\infty}^{+\infty}\delta(\omega-n)=\sum_{n=-\infty}^{+\infty}12\pi\text{Sa}\left(\frac{n\pi}{2}\right)\delta(\omega-n)$$

$$Y_f(j\omega)=V_0(j\omega)H_2(j\omega)=\left[\sum_{n=-\infty}^{+\infty}12\pi\text{Sa}\left(\frac{n\pi}{2}\right)\delta(\omega-n)\right]H_2(j\omega)=8\pi[\delta(\omega+5)+\delta(\omega-5)]$$

于是，系统的零状态响应为

$$y_f(t)=\text{ICTFT}[Y_f(j\omega)]=\text{ICTFT}\{8\pi[\delta(\omega+5)+\delta(\omega-5)]\}=8\cos5t$$

分析表明，在题设条件下，模拟带通滤波器选择了连续时间周期信号 $v_0(t)$中的第 5 次谐波输出，其他次谐波分量被滤除。相对于激励 $f(t)$而言，整个系统完成了五倍频功能，因此该系统又称为五倍频器。

例 3.6.9：利用理想运算放大器、理想二极管 D_1 及 D_2 构成了一个半波整流电路，由该半波整流电路和单位冲激响应为 $h(t)=\text{Sa}(t)\cos4t$ 的模拟带通滤波器构成的级联系统如图 3.6.17 所示。已知系统的激励 $f(t)=15\cos t$，试求系统的零状态响应 $y_f(t)$。

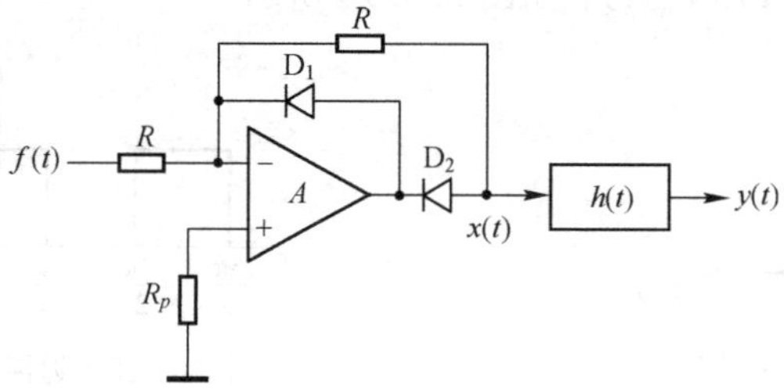

图 3.6.17　由半波整流电路和模拟带通滤波器构成的级联系统

解：由于系统的激励 $f(t)$从理想运算放大器的反相输入端送入，当 $f(t)<0$ 时，理想运算放大器输出高电平，二极管 D_2 截止，使得 $x(t)=0$，二极管 D_1 导通，引入强烈的负反馈，确保 $x(t)=0$；当 $f(t)>0$ 时，理想运算放大器输出低电平，二极管 D_1 截止，二极管 D_2 导通，考虑到反相比例放大器的输出与输入的关系，则有 $x(t)=-\frac{R}{R}f(t)=-f(t)$。

综合上述的两种输入情况，则有

$$x(t)=\begin{cases}0, & f(t)<0\\ -f(t), & f(t)>0\end{cases}$$

即信号 $x(t)$是激励 $f(t)$经过半波整流后再倒相的结果。

考虑到

$$G_\pi(t)\longleftrightarrow\pi\text{Sa}\left(\frac{\omega\pi}{2}\right)$$

$$\sum_{m=-\infty}^{+\infty}\delta(t-2m\pi)\longleftrightarrow\sum_{n=-\infty}^{+\infty}\delta(\omega-n)$$

并且

$$x(t)=[-15\cos tG_{\pi}(t)]*\sum_{m=-\infty}^{+\infty}\delta(t-2m\pi)$$

对上式的等号两边分别取 CTFT，并注意到 CTFT 的调制定理式(3.4.59)及 CTFT 的时域线性卷积定理式(3.4.38)，则有

$$\begin{aligned}X(\mathrm{j}\omega)&=\left\{-15\pi\mathrm{Sa}\left(\frac{\omega\pi}{2}\right)*\frac{1}{2}[\delta(\omega+1)+\delta(\omega-1)]\right\}\sum_{n=-\infty}^{+\infty}\delta(\omega-n)\\&=-\frac{15}{2}\pi\left[\mathrm{Sa}\left(\frac{\omega+1}{2}\pi\right)+\mathrm{Sa}\left(\frac{\omega-1}{2}\pi\right)\right]\sum_{n=-\infty}^{+\infty}\delta(\omega-n)\\&=-\frac{15}{2}\pi\sum_{n=-\infty}^{+\infty}\left[\mathrm{Sa}\left(\frac{n+1}{2}\pi\right)+\mathrm{Sa}\left(\frac{n-1}{2}\pi\right)\right]\delta(\omega-n)\end{aligned}$$

考虑到 $\omega_c\mathrm{Sa}\left(\frac{\omega_c t}{2}\right)\longleftrightarrow 2\pi G_{\omega_c}(\omega)$，令 $\omega_c=2$，可得 $2\mathrm{Sa}(t)\longleftrightarrow 2\pi G_2(\omega)$，因此有

$$H(\mathrm{j}\omega)=\mathrm{CTFT}[h(t)]=\mathrm{CTFT}[\mathrm{Sa}(t)\cos 4t]=\frac{\pi}{2}[G_2(\omega+4)+G_2(\omega-4)]$$

于是

$$\begin{aligned}Y_f(\mathrm{j}\omega)&=X(\mathrm{j}\omega)H(\mathrm{j}\omega)\\&=\left\{-\frac{15}{2}\pi\sum_{n=-\infty}^{+\infty}\left[\mathrm{Sa}\left(\frac{n+1}{2}\pi\right)+\mathrm{Sa}\left(\frac{n-1}{2}\pi\right)\right]\delta(\omega-n)\right\}\frac{\pi}{2}[G_2(\omega+4)+G_2(\omega-4)]\\&=-15\left(\frac{\pi}{2}\right)^2\sum_{n=-\infty}^{+\infty}\left[\mathrm{Sa}\left(\frac{n+1}{2}\pi\right)+\mathrm{Sa}\left(\frac{n-1}{2}\pi\right)\right][G_2(\omega+4)+G_2(\omega-4)]\delta(\omega-n)\\&=-15\left(\frac{\pi}{2}\right)^2\sum_{n=-\infty}^{+\infty}\left[\mathrm{Sa}\left(\frac{n+1}{2}\pi\right)+\mathrm{Sa}\left(\frac{n-1}{2}\pi\right)\right][G_2(n+4)+G_2(n-4)]\delta(\omega-n)\\&=-15\left(\frac{\pi}{2}\right)^2\left(\frac{\sin\frac{5\pi}{2}}{\frac{5\pi}{2}}+\frac{\sin\frac{3\pi}{2}}{\frac{3\pi}{2}}\right)[\delta(\omega+4)+\delta(\omega-4)]\\&=-15\,\frac{\pi}{2}\left(\frac{1}{5}-\frac{1}{3}\right)[\delta(\omega+4)+\delta(\omega-4)]\\&=\pi[\delta(\omega+4)+\delta(\omega-4)]\end{aligned}$$

那么系统的零状态响应为

$$y_f(t)=\mathrm{ICTFT}[Y_f(\mathrm{j}\omega)]=\mathrm{ICTFT}\{\pi[\delta(\omega+4)+\delta(\omega-4)]\}=\cos 4t$$

分析表明，在题设条件下，模拟带通滤波器选择了连续时间周期信号 $x(t)$中的第 4 次谐波输出，其他次谐波分量被滤除。相对于激励 $f(t)$而言，整个系统完成了四倍频功能，因此该系统又称为四倍频器。

3.6.7 模拟信号的调制与解调

所谓调制，就是用一个信号去控制另一个信号某一参数的过程。例如，一个周期正弦信号 $f(t)=A\sin(\omega t+\varphi)$有 3 个参数，即振幅 A、角频率 ω 和初相位 φ。若被控参数是 A，则称为幅度调制，简称调幅(AM)；若被控参数是 ω，则称为频率调制，简称调频(FM)；若被控参数是 φ，则称为相位调制，简称调相(PM)。控制信号又称为调制信号，被控制的信号又称为载波信号。在实际工作中，通常使用周期正弦信号作为载波信号，也使用周期矩形脉冲信号等其他信号作为载波信号。

按照电磁场理论，若天线的几何尺寸与电磁波的波长可以比拟时，则电磁波能够在空间有效地进行传播。若将话音信号在空间传播，则需要上百公里长的天线，因此难以实现；听众需

要按自己的主观愿望来选择电台节目。基于这两个原因，需要对信号进行调制。即将携带了调制信号信息的已调制的载波信号(简称为已调信号)通过一定尺寸的天线辐射出去，在接收端通过解调，把已调制的载波信号中的信息恢复出来。

下面只介绍 AM 的调制和解调。关于 FM 和 PM 的调制和解调，可以查阅通信原理的相关著作或教材。

1. 幅度调制

幅度调制通常利用模拟乘法器来实现，其信号的产生原理方框图如图 3.6.18 所示。其中，$f(t)$为调制信号，$\cos\omega_0 t$ 为本地载波，ω_0 为载波角频率，$y_1(t)$为已调信号，符号“⊗”为模拟乘法器。

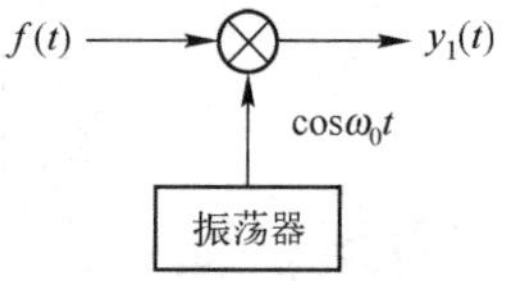

图 3.6.18 AM 信号的产生原理方框图

考虑到

$$y_1(t)=f(t)\cos\omega_0 t$$

对上式的等号两边分别取 CTFT，由 CTFT 的调制定理式(3.4.59)，可得

$$Y_1(\mathrm{j}\omega)=\frac{1}{2}F[\mathrm{j}(\omega+\omega_0)]+\frac{1}{2}F[\mathrm{j}(\omega-\omega_0)] \tag{3.6.54}$$

设调制信号 $f(t)$的频谱 $F(\mathrm{j}\omega)$如图 3.6.19 所示，考虑到式(3.6.54)，则可画出已调信号 $y_1(t)$的频谱 $Y_1(\mathrm{j}\omega)$，如图 3.6.20 所示。

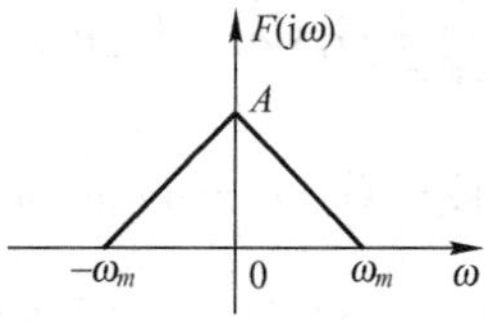

图 3.6.19 调制信号的频谱

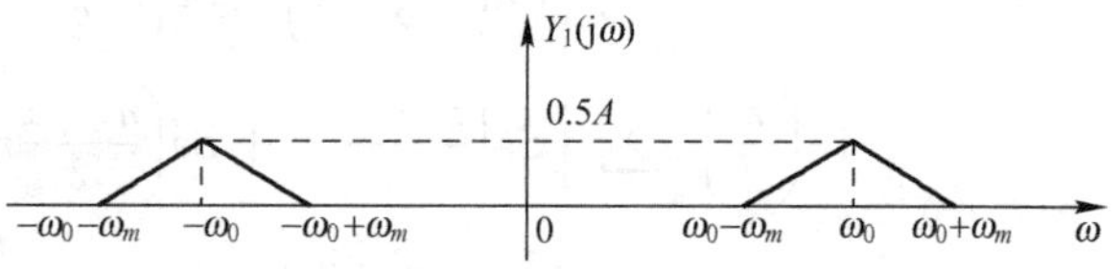

图 3.6.20 已调信号的频谱

分析表明，信号的调制实现了信号的频谱从低频端到高频端的搬移。并且，通常将载波频率之上，即 $\omega_0\sim\omega_0+\omega_m$ 范围内的频谱称为上边带(Upper Side Band，USB)；将载波频率之下，即 $\omega_0-\omega_m\sim\omega_0$ 范围内的频谱称为下边带(Lower Side Band，LSB)。由于已调信号存在两个边带，因此这种调制方式又称为双边带(Double Side Band，DSB)调制方式。

2. 幅度解调

幅度调制是利用模拟乘法器将 $f(t)$的频谱搬移到载波频率的位置，解调就应该将已调信号的频谱搬回到 $f(t)$频谱的位置，这也可以利用模拟乘法器来实现，其信号的解调原理方框图如图 3.6.21 所示，其中，$y_1(t)$为已调信号，$\cos\omega_0 t$ 为本地载波，ω_0 为载波角频率，符号“⊗”为模拟乘法器。

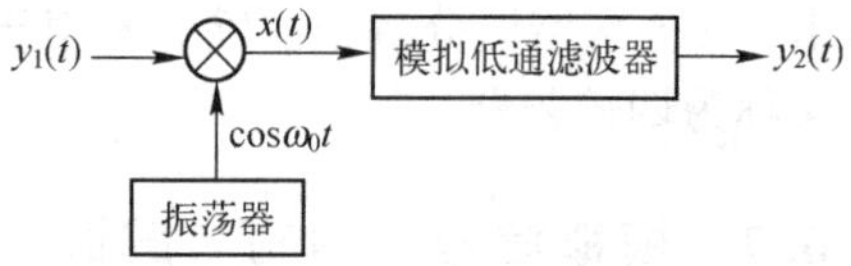

图 3.6.21 AM 信号的解调原理方框图

考虑到

$$x(t)=y_1(t)\cos\omega_0 t$$

即

$$x(t)=\frac{1}{2}y_1(t)[\mathrm{e}^{\mathrm{j}\omega_0 t}+\mathrm{e}^{-\mathrm{j}\omega_0 t}]$$

对上式等号两边分别取 CTFT，并注意到 CTFT 的频移性质式(3.4.56)，则有

$$X(\mathrm{j}\omega)=\frac{1}{2}Y_1[\mathrm{j}(\omega+\omega_0)]+\frac{1}{2}Y_1[\mathrm{j}(\omega-\omega_0)] \tag{3.6.55}$$

基于图 3.6.20，并考虑到式(3.6.55)，则可画出信号 $x(t)$的频谱 $X(\mathrm{j}\omega)$，如图 3.6.22 所示。

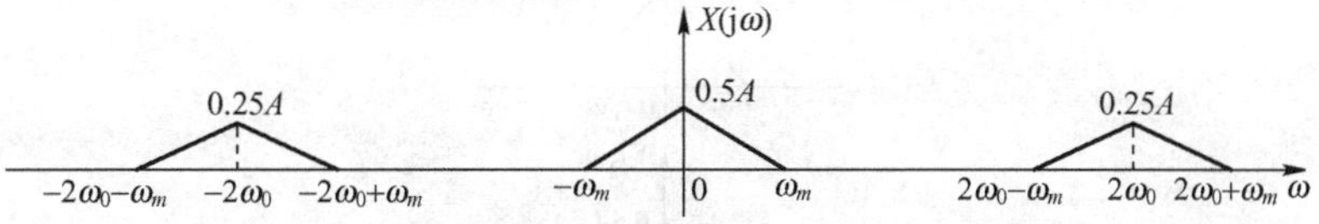

图 3.6.22　信号 $x(t)$的频谱

假设模拟低通滤波器的截止频率 ω_c 在调制信号的最高频率 ω_m 和 $2\omega_0-\omega_m$ 之间，即满足 $\omega_m \leqslant \omega_c \leqslant 2\omega_0-\omega_m$，如图 3.6.23 所示。模拟乘法器的输出信号 $x(t)$经过模拟低通滤波器的滤波后，解调信号 $y_2(t)$的频谱如图 3.6.24 所示。这样就得到了原来的调制信号，只不过幅度小了一半，即 $y_2(t)=\mathrm{ICTFT}[Y_2(\mathrm{j}\omega)]=0.5f(t)$。

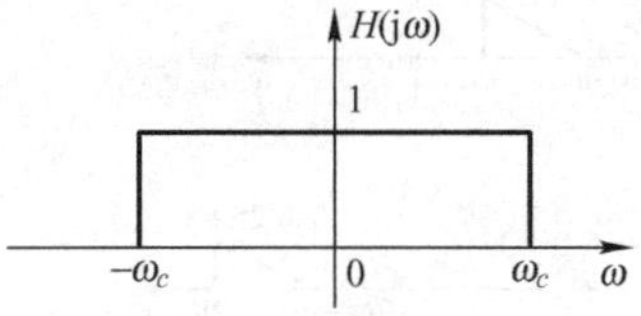

图 3.6.23　模拟低通滤波器的频率特性

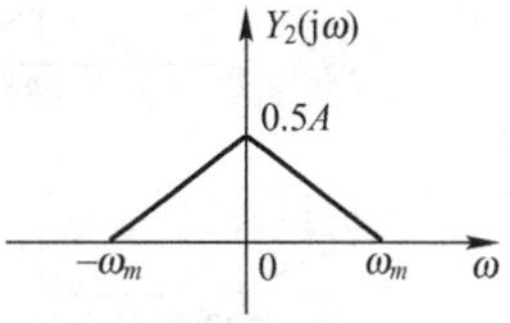

图 3.6.24　解调信号 $y_2(t)$的频谱

分析表明，信号的解调实现了信号的频谱从高频端到低频端的搬移。

3. SSB 信号的产生与解调

利用调制可以通过一个信道传送多个信号而互不干扰，这就是通信系统中广泛采用的“多路复用技术”。为了在同一信道上传输多个信号，即提高频率利用率，可以在同一信道上传送已调信号的一个边带(上边带或下边带)即可。上边带(USB)或下边带(LSB)统称为单边带(Single Side Band，SSB)。通常用边带滤除法或正交相移法来实现 SSB 调制。一种用边带滤除法来实现下边带(LSB)调制与解调的原理方框图如图 3.6.25 所示，其中，模拟信号 $f(t)$的最高角频率为 ω_m，模拟边带滤波器的频率特性为 $H_1(\mathrm{j}\omega)=G_{2\omega_0}(\omega)$，低通滤波器的频率特性为 $H_2(\mathrm{j}\omega)=G_{2\omega_c}(\omega)$，并且满足 $\omega_m \leqslant \omega_c \leqslant 2\omega_0-\omega_m$。

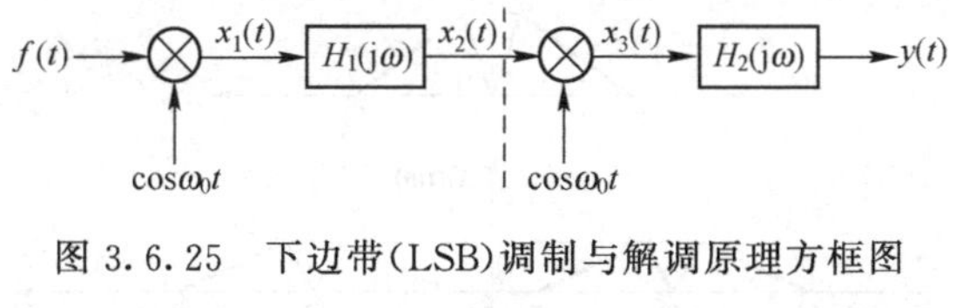

图 3.6.25　下边带(LSB)调制与解调原理方框图

在图 3.6.25 所示的下边带(LSB)调制信号的产生和解调原理方框图中，各点信号的频谱，如图 3.6.26 所示。其中，$X_2(\mathrm{j}\omega)$为下边带(LSB)调制信号 $x_2(t)$的频谱。显然，解调系统的输出信号为 $y(t)=\mathrm{ICTFT}[Y(\mathrm{j}\omega)]=0.25f(t)$。

3.6.8　倒频器

顾名思义，倒频器就是将信号频谱低端与高端相互交换，从而增强通信的保密性。倒频器的实现原理方框图如图 3.6.27所示，其中，模拟信号 $f(t)$的最高角频率为 ω_m，$H_{\mathrm{HP}}(\mathrm{j}\omega)=1-G_{2\omega_0}(\omega)$，$H_{\mathrm{LP}}(\mathrm{j}\omega)=G_{2\omega_c}(\omega)$，$\omega_m<\omega_c<2\omega_0+\omega_m$。

在图 3.6.27 所示的倒频器原理方框图中，各点信号的频谱如图 3.6.28 所示。

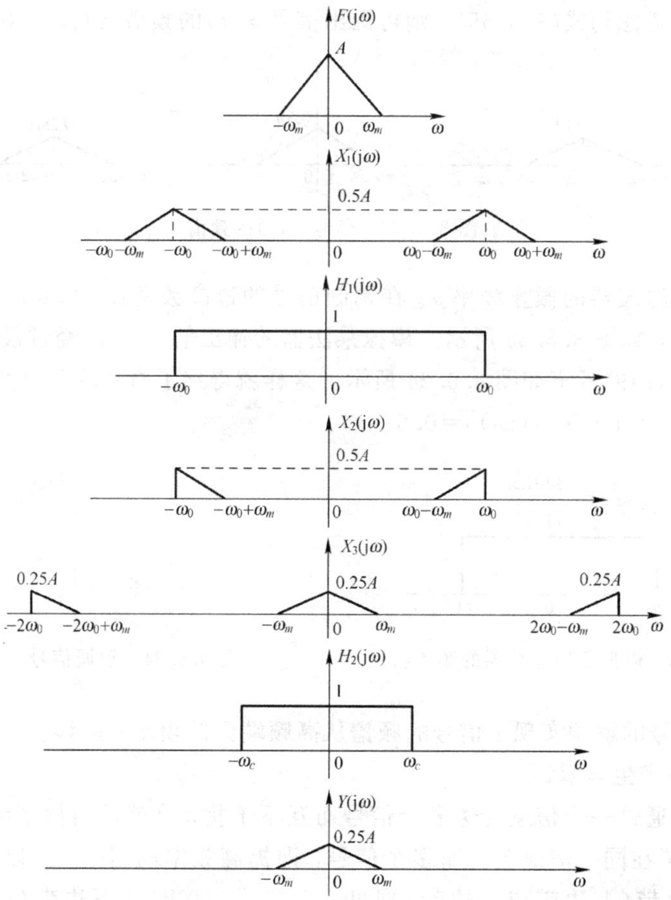

图 3.6.26 下边带(LSB)调制信号的产生和解调各点信号的频谱

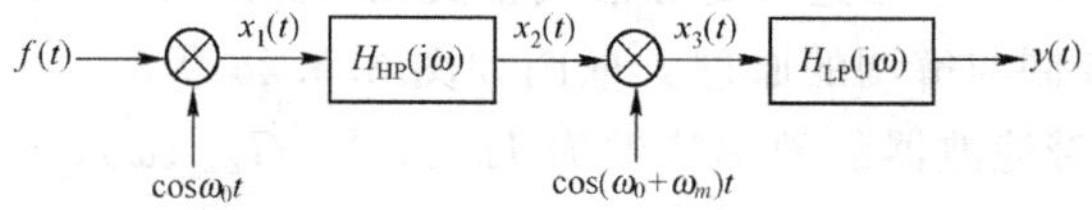

图 3.6.27 倒频器的原理方框图

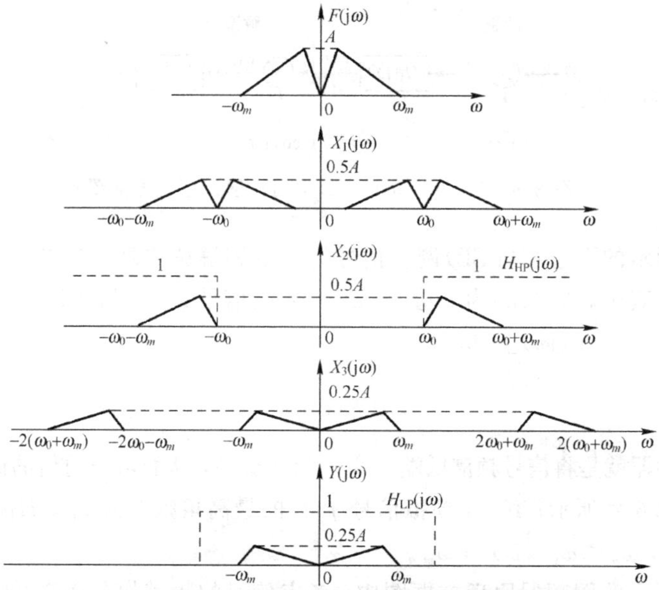

图 3.6.28 倒频器的原理方框图中的各点信号的频谱

3.7　抽样定理

数字系统具有精度高、可靠性强和便于调节系统参数等优势。为利用数字系统的优势，人们习惯于首先将模拟信号通过抽样、量化和编码变换成数字信号，再送给数字系统处理。抽样定理，不仅从频域上直观回答了无失真恢复信号的充要条件、措施和方法等一系列问题，而且还是时分多路通信(时分复用)的重要依据。

3.7.1　理想抽样

抽样就是从连续时间信号 $f(t)$ 中获取样值信号 $f_s(t)$，常用模拟乘法器来实现。理想抽样器的模型如图 3.7.1 所示。

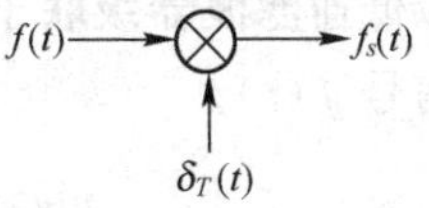

图 3.7.1　理想抽样器模型

1．频谱关系

设 $f(t)\longleftrightarrow F(\mathrm{j}\omega)$，考虑到式(3.4.26)，则有

$$\delta_T(t)\longleftrightarrow \omega_s\sum_{n=-\infty}^{+\infty}(\omega-n\omega_s)=\omega_s\delta_{\omega_s}(\omega),\ \omega_s=2\pi/T \tag{3.7.1}$$

考虑到样值信号 $f_s(t)=f(t)\delta_T(t)$，由 CTFT 的频域线性卷积定理可得

$$\begin{aligned}F_s(\mathrm{j}\omega)&=\frac{1}{2\pi}F(\mathrm{j}\omega)*\omega_s\delta_{\omega_s}(\omega)=\frac{1}{2\pi}F(\mathrm{j}\omega)*\frac{2\pi}{T}\sum_{n=-\infty}^{+\infty}\delta(\omega-n\omega_s)\\&=\sum_{n=-\infty}^{+\infty}\frac{1}{T}F[\mathrm{j}(\omega-n\omega_s)]\end{aligned} \tag{3.7.2}$$

各信号的时域波形关系如图 3.7.2 所示，各信号的频域频谱关系如图 3.7.3 所示。

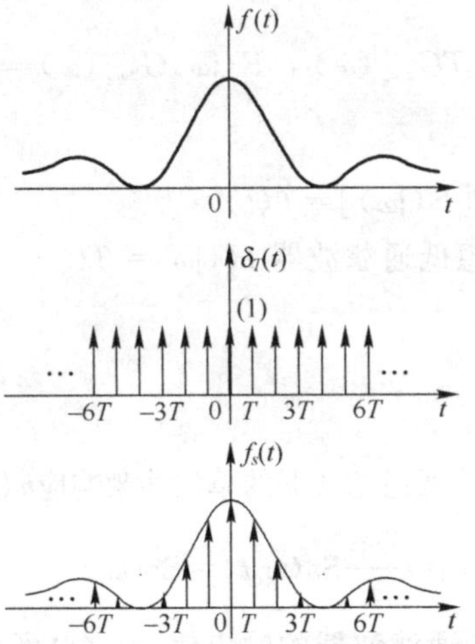

图 3.7.2　各信号的时域波形关系

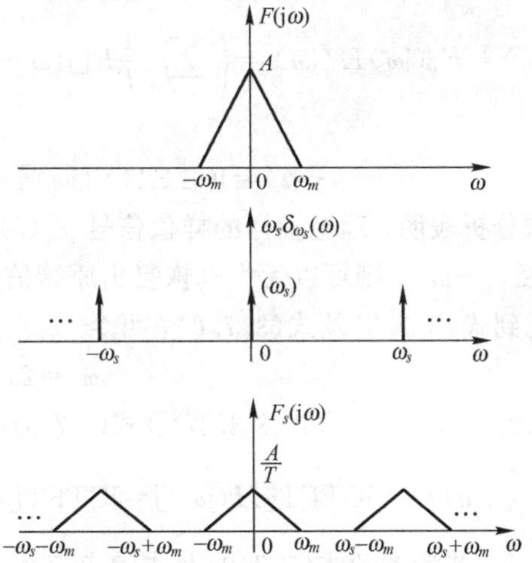

图 3.7.3　各信号的频域频谱关系

可见，时域上对信号抽样，频域上对信号的频谱进行周期延拓。

2. 样值信号的频谱不出现混叠的条件

样值信号 $f_s(t)$ 的频谱 $F_s(\mathrm{j}\omega)$ 不出现混叠的条件包括：

(1) 必要条件：连续时间信号 $f(t)$ 是带限于 ω_m 的一个带限信号。

(2) 充分条件：抽样速率 ω_s 应满足条件 $\omega_s-\omega_m\geqslant\omega_m$，即

$$\omega_s\geqslant 2\omega_m \tag{3.7.3}$$

$$\frac{2\pi}{T}\geqslant 2\omega_m$$

亦即

$$T \leqslant \frac{\pi}{\omega_m} \tag{3.7.4}$$

通常将最低的抽样速率 $\omega_s = 2\omega_m$ 称为奈奎斯特抽样速率；将最大的抽样间隔 $T=\frac{\pi}{\omega_m}$ 称为奈奎斯特抽样间隔。

3. 从样值信号中恢复原始信号

假设图 3.7.4 中的理想模拟低通滤波器的截止频率满足条件 $\omega_m \leqslant \omega_c \leqslant \omega_s - \omega_m$，现将该理想模拟低通滤波器级联于抽样器之后，如图 3.7.5 所示，即可从样值信号 $f_s(t)$ 中恢复或重构原始信号 $f(t)$。

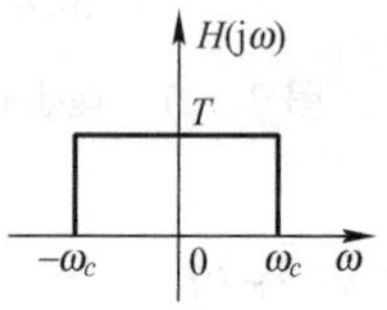

图 3.7.4 理想低通滤波器的频率特性

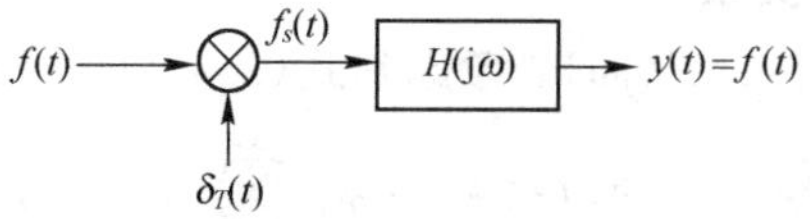

图 3.7.5 原始信号的恢复

证明：对于频带受限于 ω_m 的连续时间信号 $f(t)$，其频谱可以表示成

$$F(j\omega) = F(j\omega) G_{2\omega_m}(\omega) \tag{3.7.5}$$

由图 3.7.4 可知，理想模拟低通滤波器的频率特性可写成

$$H(j\omega) = TG_{2\omega_c}(\omega),\ \omega_m \leqslant \omega_c \leqslant \omega_s - \omega_m \tag{3.7.6}$$

由图 3.7.5，并考虑到式(3.7.6)及式(3.7.5)，则连续时间信号 $y(t)$ 的频谱可写成

$$Y(j\omega) = F_s(j\omega)H(j\omega) = \left\{\sum_{n=-\infty}^{+\infty} \frac{1}{T} F[j(\omega - n\omega_s)]\right\} TG_{2\omega_c}(\omega) = F(j\omega)G_{2\omega_c}(\omega) = F(j\omega)$$

即

$$y(t) = \text{ICTFT}[Y(j\omega)] = \text{ICTFT}[F(j\omega)] = f(t) \tag{3.7.7}$$

频域分析表明，理想抽样的样值信号 $f_s(t)$ 通过理想低通滤波器 $H(j\omega) = TG_{2\omega_c}(\omega)$，其中 $\omega_m \leqslant \omega_c \leqslant \omega_s - \omega_m$，则可以无失真恢复出原始信号 $f(t)$。

考虑到式(3.7.3)及式(3.7.6)，可令

$$\omega_s = 2\omega_m = 2\omega_c \tag{3.7.8}$$

考虑到式(3.7.6)，由式(3.4.37)及式(3.7.8)可知，理想低通滤波器的单位冲激响应 $h(t)$ 可写成

$$h(t) = \text{ICTFT}[H(j\omega)] = \text{ICTFT}[TG_{2\omega_c}(\omega)] = \frac{2\omega_c}{\omega_s}\text{Sa}(\omega_c t) = \text{Sa}(\omega_c t) \tag{3.7.9}$$

由图 3.7.5，并考虑到式(3.7.9)及式(3.7.7)，则理想低通滤波器的输出信号 $y(t)$ 可表示成

$$\begin{aligned} y(t) &= f_s(t) * h(t) \\ &= [f(t)\delta_T(t)] * \text{Sa}(\omega_c t) \\ &= \left[\sum_{k=-\infty}^{+\infty} f(kT)\delta(t-kT)\right] * \text{Sa}(\omega_c t) \\ &= \sum_{k=-\infty}^{+\infty} f(kT)\text{Sa}[\omega_c(t-kT)] \\ &= f(t) \end{aligned} \tag{3.7.10}$$

结论：

① 在抽样点上 $y(t)|_{t=kT}=f(kT)$。

② 在抽样点之间是利用 $y(t)$ 中的无个穷多个延迟函数 $\mathrm{Sa}[\omega_c(t-kT)]$ 的加权和来逼近连续时间信号 $f(t)$ 的，因此函数 $\mathrm{Sa}(\omega_c t)$ 又称为内插函数。

4. 抽样定理

对一个频带受限于 ω_m 的信号进行等间隔抽样时，若抽样的速率满足 $\omega_s \geqslant 2\omega_m$，则该信号可由其抽样值唯一地确定。

3.7.2　平顶抽样

由图 3.7.2 可知，在理想抽样时，其样值信号 $f_s(t)$ 由一系列加权的延迟冲激组成，它仅在相应的抽样点处非零。在实际工作中，为了顺利完成后续的量化和编码，需要将抽样点处的样值保持 τ 秒，形成一个平顶抽样信号 $f_{s_1}(t)$ 的波形，如图 3.7.6 所示。显然，平顶抽样可在理想抽样的基础上后置一个单位冲激响应为 $h_0(t)=\varepsilon(t)-\varepsilon(t-\tau)$ 的零阶保持系统来实现，其原理方框图如图 3.7.7 所示。

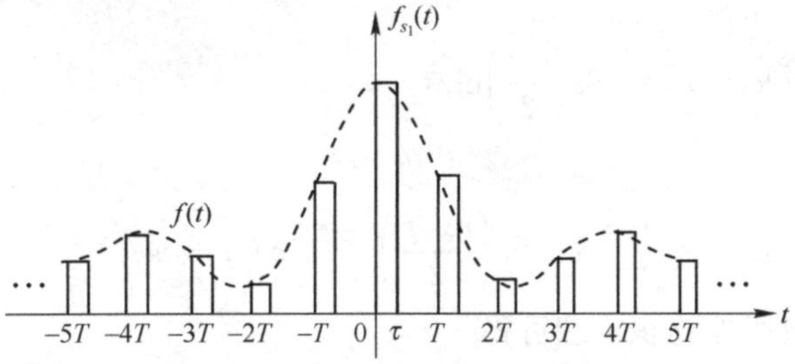

图 3.7.6　平顶抽样的信号波形

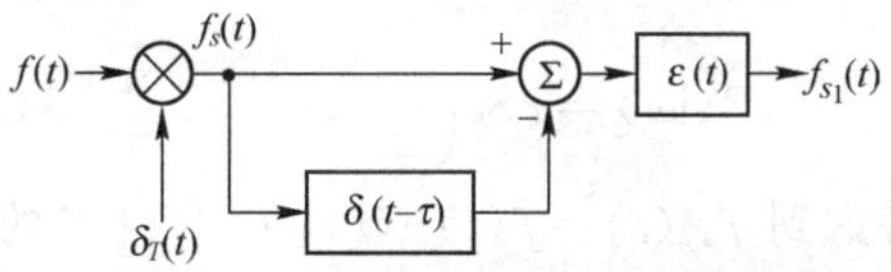

图 3.7.7　平顶抽样实现的原理方框图

1. 频谱关系

考虑到 $h_0(t)=\varepsilon(t)-\varepsilon(t-\tau)=G_\tau(t-\tau/2)$，则有

$$H_0(\mathrm{j}\omega)=\mathrm{CTFT}[h_0(t)]=\mathrm{CTFT}[G_\tau(t-\tau/2)]=\tau\mathrm{Sa}\left(\frac{\omega\tau}{2}\right)\mathrm{e}^{-\mathrm{j}\frac{\omega\tau}{2}} \tag{3.7.11}$$

考虑到 $f_{s_1}(t)=f_s(t)*h_0(t)$，则有

$$F_{s_1}(\mathrm{j}\omega)=\mathrm{CTFT}[f_{s_1}(t)]=F_s(\mathrm{j}\omega)H_0(\mathrm{j}\omega)=F_s(\mathrm{j}\omega)\tau\mathrm{Sa}\left(\frac{\omega\tau}{2}\right)\mathrm{e}^{-\mathrm{j}\frac{\omega\tau}{2}} \tag{3.7.12}$$

2. 恢复低通滤波器的频率特性

基于图 3.7.5 的分析，若希望从图 3.7.7 中的平顶样值信号 $f_{s_1}(t)$ 中无失真恢复原始信号 $f(t)$，则需要设计一个零阶保持系统 $H_0(\mathrm{j}\omega)$ 的逆系统 $1/H_0(\mathrm{j}\omega)$，并置于零阶保持系统之后，这样逆系统的输出信号就为 $f_s(t)$。再从 $f_s(t)$ 中无失真恢复 $f(t)$，这已经是理想抽样模型中讨论过的原始信号恢复问题了。换言之，从平顶样值信号 $f_{s_1}(t)$ 中恢复原始信号 $f(t)$，同样要求 $f(t)$ 是一个频带受限于 ω_m 的带限信号，抽样速率 $\omega_s \geqslant 2\omega_m$。并且，恢复低通滤波器 $H_1(\mathrm{j}\omega)$ 由零阶保持系统的逆系统 $1/H_0(\mathrm{j}\omega)$ 和理想低通滤波器 $H(\mathrm{j}\omega)$ 级联构成。考虑到式(3.7.6)及式(3.7.11)，则恢复低通滤波器的频率特性 $H_1(\mathrm{j}\omega)$ 可表示为

$$H_1(\mathrm{j}\omega)=\frac{1}{H_0(\mathrm{j}\omega)}H(\mathrm{j}\omega)=\frac{T\mathrm{e}^{\mathrm{j}\frac{\omega\tau}{2}}}{\tau\mathrm{Sa}\left(\frac{\omega\tau}{2}\right)}G_{2\omega_c}(\omega) \tag{3.7.13}$$

式中，$\omega_m \leqslant \omega_c \leqslant \omega_s-\omega_m$。

3.7.3 曲顶(自然)抽样

在图 3.7.1 所示的理想抽样器模型中，$\delta_T(t)$是周期冲激信号，实际工作的信号产生器虽然无法实现 $\delta_T(t)$，但可以产生周期窄脉冲信号 $p(t)$，这样通过模拟乘法器可以得到曲顶样值信号 $f_{s_2}(t)$的波形，如图 3.7.8 所示。曲顶抽样实现的原理方框图如图 3.7.9 所示。

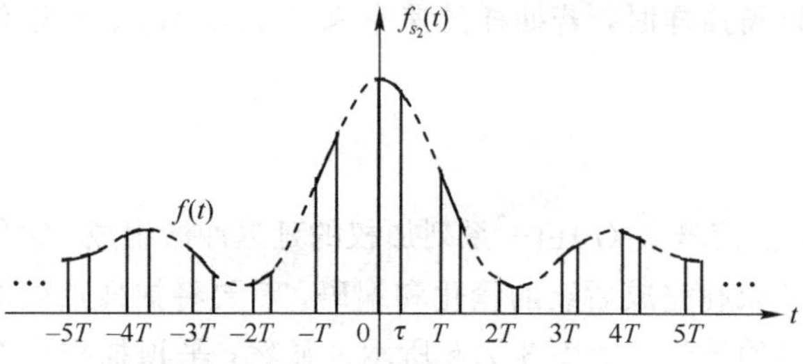

图 3.7.8　曲顶样值信号的波形

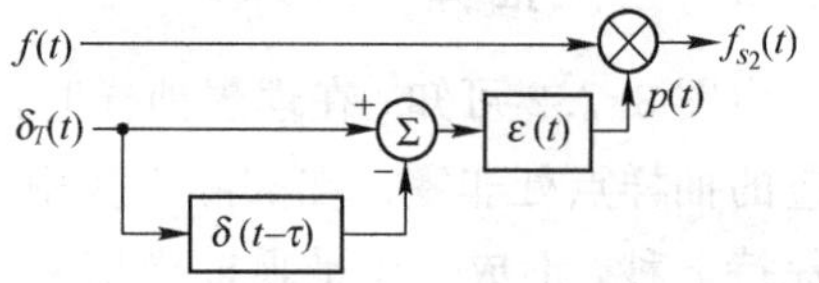

图 3.7.9　曲顶抽样实现的原理方框图

1. 频谱关系

假设 $h_0(t)=\varepsilon(t)-\varepsilon(t-\tau)$，则有

$$H_0(\mathrm{j}\omega)=\mathrm{CTFT}[h_0(t)]=\tau\mathrm{Sa}\left(\frac{\omega\tau}{2}\right)\mathrm{e}^{-\mathrm{j}\frac{\omega\tau}{2}}$$

考虑到 $p(t)=\delta_T(t)*h_0(t)$，则有

$$P(\mathrm{j}\omega)=\tau\mathrm{Sa}\left(\frac{\omega\tau}{2}\right)\mathrm{e}^{-\mathrm{j}\frac{\omega\tau}{2}}\omega_s\sum_{n=-\infty}^{+\infty}\delta(\omega-n\omega_s)=\sum_{n=-\infty}^{+\infty}\omega_s\tau\mathrm{Sa}\left(\frac{n\omega_s\tau}{2}\right)\mathrm{e}^{-\mathrm{j}\frac{n\omega_s\tau}{2}}\delta(\omega-n\omega_s)$$

考虑到 $f_{s_2}(t)=f(t)p(t)$，由 CTFT 的频域线性卷积定理可得

$$\begin{aligned}F_{s_2}(\mathrm{j}\omega)&=\frac{1}{2\pi}F(\mathrm{j}\omega)*P(\mathrm{j}\omega)\\&=\frac{1}{2\pi}F(\mathrm{j}\omega)*\sum_{n=-\infty}^{+\infty}\omega_s\tau\mathrm{Sa}\left(\frac{n\omega_s\tau}{2}\right)\mathrm{e}^{-\mathrm{j}\frac{n\omega_s\tau}{2}}\delta(\omega-n\omega_s)\\&=\sum_{n=-\infty}^{+\infty}\frac{\tau}{T}\mathrm{Sa}\left(\frac{n\omega_s\tau}{2}\right)\mathrm{e}^{-\mathrm{j}\frac{n\omega_s\tau}{2}}F[\mathrm{j}(\omega-n\omega_s)]\end{aligned}\tag{3.7.14}$$

式(3.7.14)表明，曲顶样值信号 $f_{s_2}(t)$的频谱 $F_{s_2}(\mathrm{j}\omega)$是信号 $f(t)$的频谱 $F(\mathrm{j}\omega)$的加权周期延拓，其加权值为$\frac{\tau}{T}\mathrm{Sa}\left(\frac{n\omega_s\tau}{2}\right)\mathrm{e}^{-\mathrm{j}\frac{n\omega_s\tau}{2}}$。

2. 恢复低通滤波器的频率特性

基于图 3.7.5 的分析，由式(3.7.14)可知，若希望从曲顶样值信号 $f_{s_2}(t)$中无失真恢复原始信号 $f(t)$，则同样要求 $f(t)$是一个频带受限于 ω_m 的带限信号，抽样速率 $\omega_s\geqslant2\omega_m$。与理想抽样的样值信号频谱 $F_s(\mathrm{j}\omega)$相比，曲顶样值信号的频谱 $F_{s_2}(\mathrm{j}\omega)$中 $n=0$ 这一项，$F(\mathrm{j}\omega)$的加权值从 $1/T$ 变成了 τ/T。考虑到式(3.7.6)，则恢复低通滤波器的频率特性 $H_2(\mathrm{j}\omega)$可表示为

$$H_2(\mathrm{j}\omega)=\frac{1}{\tau}H(\mathrm{j}\omega)=\frac{T}{\tau}G_{2\omega_c}(\omega)\tag{3.7.15}$$

式中，$\omega_m\leqslant\omega_c\leqslant\omega_s-\omega_m$。

3.7.4 斜顶抽样

将理想抽样得到的样值信号 $f_s(t)$的相邻点的样值依次以线段相连，就得到了斜顶样值信号 $f_{s_3}(t)$的波形，如图 3.7.10 所示。

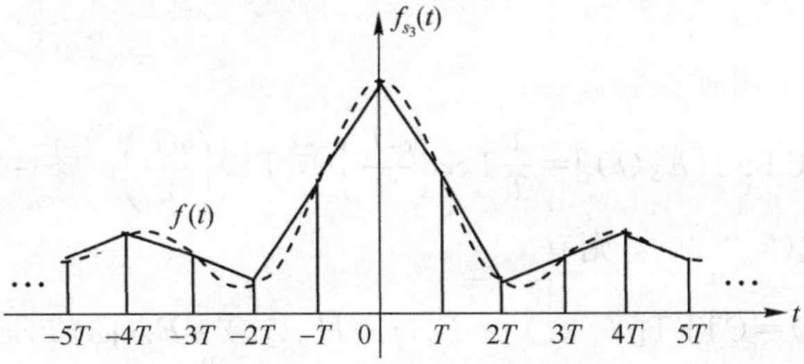

图 3.7.10　斜顶样值信号的波形

1. 寻找 $f_{s_3}(t)$ 与 $f_s(t)$ 的关系

由图 3.7.10 可得

$$\begin{aligned}
f'_{s_3}(t) &= \sum_{k=-\infty}^{+\infty} \frac{f(kT+T)-f(kT)}{T}[\varepsilon(t-kT)-\varepsilon(t-kT-T)] \\
&= \sum_{k=-\infty}^{+\infty} \frac{f(kT+T)}{T}[\varepsilon(t-kT)-\varepsilon(t-kT-T)] - \sum_{k=-\infty}^{+\infty} \frac{f(kT)}{T}[\varepsilon(t-kT)-\varepsilon(t-kT-T)] \\
&= \sum_{m=-\infty}^{+\infty} \frac{f(mT)}{T}[\varepsilon(t-mT+T)-\varepsilon(t-mT)] - \sum_{k=-\infty}^{+\infty} \frac{f(kT)}{T}[\varepsilon(t-kT)-\varepsilon(t-kT-T)] \\
&= \sum_{k=-\infty}^{+\infty} \frac{f(kT)}{T}[\varepsilon(t-kT+T)-2\varepsilon(t-kT)+\varepsilon(t-kT-T)] \\
&= \left\{\sum_{k=-\infty}^{+\infty} f(kT)\delta(t-kT)\right\} * \frac{1}{T}[\varepsilon(t+T)-2\varepsilon(t)+\varepsilon(t-T)] \\
&= f_s(t) * \frac{1}{T}\varepsilon(t) * [\delta(t+T)-2\delta(t)+\delta(t-T)]
\end{aligned} \tag{3.7.16}$$

考虑到式(3.7.16)，则有

$$f_{s_3}(t) = f'_{s_3}(t) * \varepsilon(t) = f_s(t) * [\delta(t+T)-2\delta(t)+\delta(t-T)] * \frac{1}{T}\varepsilon(t) * \varepsilon(t) \tag{3.7.17}$$

2. 斜顶抽样的实现

考虑到式(3.7.17)，则斜顶抽样实现的原理方框图如图 3.7.11 所示。

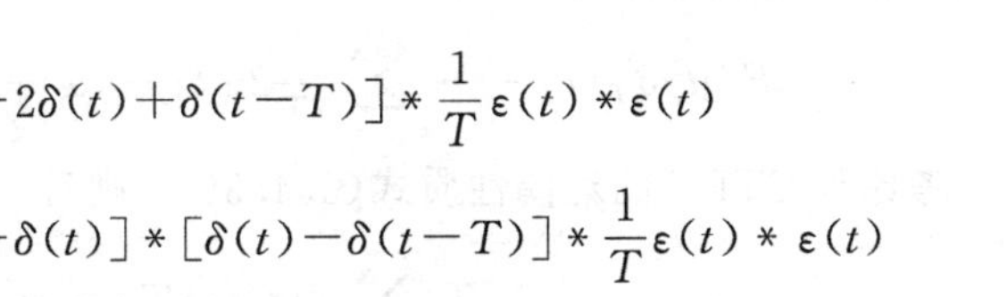

图 3.7.11　斜顶抽样实现的原理方框图

假设

$$h_\Delta(t) = \frac{1}{T}G_T\left(t+\frac{T}{2}\right) * G_T\left(t-\frac{T}{2}\right) \tag{3.7.18}$$

于是，式(3.7.17)可写成

$$\begin{aligned}
f_{s_3}(t) &= f_s(t) * [\delta(t+T)-2\delta(t)+\delta(t-T)] * \frac{1}{T}\varepsilon(t) * \varepsilon(t) \\
&= f_s(t) * [\delta(t+T)-\delta(t)] * [\delta(t)-\delta(t-T)] * \frac{1}{T}\varepsilon(t) * \varepsilon(t) \\
&= f_s(t) * \frac{1}{T}[\varepsilon(t+T)-\varepsilon(t)] * [\varepsilon(t)-\varepsilon(t-T)] \\
&= f_s(t) * h_\Delta(t)
\end{aligned} \tag{3.7.19}$$

式(3.7.19)表明，斜顶抽样是在理想抽样的基础上，后置了两级零阶保持系统，并且每级零阶保持系统的保持时间均为 T 秒，其中一级零阶保持系统不仅在时间上超前了 T 秒，而且幅度上被 $1/T$ 加权。

3. 频谱关系

考虑到式(3.7.18)，则有

$$H_{\Delta}(\mathrm{j}\omega)=\mathrm{CTFT}[h_{\Delta}(t)]=\frac{1}{T}T\mathrm{Sa}\left(\frac{\omega T}{2}\right)\mathrm{e}^{\mathrm{j}\frac{\omega T}{2}}T\mathrm{Sa}\left(\frac{\omega T}{2}\right)\mathrm{e}^{-\mathrm{j}\frac{\omega T}{2}}=T\mathrm{Sa}^2\left(\frac{\omega T}{2}\right) \tag{3.7.20}$$

考虑到式(3.7.19)及式(3.7.20)，则有

$$F_{s_3}(\mathrm{j}\omega)=\mathrm{CTFT}[f_{s_3}(t)]=F_s(\mathrm{j}\omega)H_{\Delta}(\mathrm{j}\omega)=F_s(\mathrm{j}\omega)T\mathrm{Sa}^2\left(\frac{\omega T}{2}\right) \tag{3.7.21}$$

4. 恢复低通滤波器的频率特性

基于图3.7.5的分析，若希望从图3.7.11的斜顶样值信号 $f_{s_3}(t)$ 中无失真恢复原始信号 $f(t)$，则需要设计一个两级零阶保持系统 $H_{\Delta}(\mathrm{j}\omega)$ 的逆系统 $1/H_{\Delta}(\mathrm{j}\omega)$，并将逆系统置于两级零阶保持系统之后，这样逆系统的输出信号就为 $f_s(t)$。再从 $f_s(t)$ 中无失真恢复 $f(t)$，这已经是理想抽样模型中讨论过的原始信号恢复问题了。换言之，从斜顶样值信号 $f_{s_3}(t)$ 中恢复原始信号 $f(t)$，同样要求 $f(t)$ 是一个频带受限于 ω_m 的带限信号，抽样速率 $\omega_s \geqslant 2\omega_m$。并且，恢复低通滤波器 $H_3(\mathrm{j}\omega)$ 由两级零阶保持系统的逆系统 $1/H_{\Delta}(\mathrm{j}\omega)$ 和理想低通滤波器 $H(\mathrm{j}\omega)$ 级联构成。考虑到式(3.7.6)及式(3.7.20)，则恢复低通滤波器的频率特性 $H_3(\mathrm{j}\omega)$ 可表示为

$$H_3(\mathrm{j}\omega)=\frac{1}{H_{\Delta}(\mathrm{j}\omega)}H(\mathrm{j}\omega)=\frac{1}{H_{\Delta}(\mathrm{j}\omega)}TG_{2\omega_c}(\omega)=\frac{1}{\mathrm{Sa}^2\left(\frac{\omega T}{2}\right)}G_{2\omega_c}(\omega) \tag{3.7.22}$$

式中，$\omega_m \leqslant \omega_c \leqslant \omega_s-\omega_m$。

3.7.5 频域抽样定理

由于CTFT存在对偶性质，有时域抽样定理，当然也有频域抽样定理。频域抽样定理的内容如下：

一个时限于 t_m 的时限信号 $f(t)$，若满足条件 $\omega_s \leqslant \pi/t_m$，则它可由其频谱 $F(\mathrm{j}\omega)$ 的均匀样值 $F(\mathrm{j}n\omega_s)$ 唯一地确定。

证明：采用三步翻译法来证明。

由于

$$f(t),\ t\in(-t_m,t_m)\longleftrightarrow F(\mathrm{j}\omega)$$

考虑到CTFT的对偶性质式(3.4.35)，则有

$$F(\mathrm{j}t)\longleftrightarrow 2\pi f(-\omega),\ \omega\in(-\omega_m,\omega_m)$$

由时域抽样定理可得

$$F(\mathrm{j}t)\delta_T(t)\longleftrightarrow\sum_{n=-\infty}^{+\infty}\frac{1}{T}2\pi f[-(\omega-n\omega_s)]=\omega_s\sum_{k=-\infty}^{+\infty}f(-\omega-k\omega_s)$$

考虑到CTFT的对偶性质式(3.4.36)，则有

$$T\sum_{k=-\infty}^{+\infty}f(t-kT)\longleftrightarrow 2\pi F(\mathrm{j}\omega)\delta_{\omega_s}(\omega)$$

即

$$\frac{T}{2\pi}f(t)*\sum_{k=-\infty}^{+\infty}\delta(t-kT)\longleftrightarrow F(\mathrm{j}\omega)\delta_{\omega_s}(\omega)$$

亦即

$$f_T(t)=f(t)*\frac{1}{\omega_s}\delta_T(t)\longleftrightarrow F(\mathrm{j}\omega)\delta_{\omega_s}(\omega)=\sum_{n=-\infty}^{+\infty}F(\mathrm{j}n\omega_s)\delta(\omega-n\omega_s) \tag{3.7.23}$$

式(3.7.23)表明，若在频域上，以等间隔 ω_s 对连续时间信号 $f(t)$ 的频谱 $F(j\omega)$ 抽样，则在时域上，连续时间信号 $f(t)$ 将以 T 为周期进行周期延拓，得到连续时间周期信号 $f_T(t)$，若满足 $T\geqslant 2t_m$ 或 $\omega_s\leqslant \pi/t_m$，利用一个 $\omega_s G_T(t)$ 的选通门，则可以从周期延拓信号 $f_T(t)$ 中无失真恢复(或重构)原信号 $f(t)$。

3.7.6　时域抽样定理的应用

时域抽样定理的应用领域十分广泛，例如，在数字通信和数字信号处理中都用到了时域抽样定理。下面介绍利用时域抽样定理怎样求 p-级数的收敛和，并用例子说明利用时域抽样定理怎样实现抽样示波器。

1. 利用时域抽样定理求 p-级数的收敛和

设连续时间信号 $f_1(t)=\dfrac{1}{2}[\varepsilon(t+1)-\varepsilon(t-1)]$，定义 p 个 $f_1(t)$ 的线性卷积为

$$f_p(t)=f_{p-1}(t)*f_1(t),\ p=2,3,4,\cdots$$

考虑到

$$f_1(t)=\frac{1}{2}[\varepsilon(t+1)-\varepsilon(t-1)]\longleftrightarrow \mathrm{Sa}(\omega)$$

则有

$$f_p(t)=f_{p-1}(t)*f_1(t)\longleftrightarrow \mathrm{Sa}^p(\omega)$$

由 CTFT 的对偶性质可得

$$\mathrm{Sa}^p(t)\longleftrightarrow 2\pi f_p(-\omega),\ \omega\in[-p,p]$$

由时域抽样定理可得

$$\mathrm{Sa}^p(t)\delta_{\frac{\pi}{2}}(t)\longleftrightarrow 4\sum_{m=-\infty}^{+\infty}f_p(-\omega+4m)$$

即

$$\int_{-\infty}^{+\infty}\mathrm{Sa}^p(t)\delta_{\frac{\pi}{2}}(t)\mathrm{e}^{-\mathrm{j}\omega t}\mathrm{d}t=4\sum_{m=-\infty}^{+\infty}f_p(-\omega+4m)$$

$$\int_{-\infty}^{+\infty}\left[\sum_{n=-\infty}^{+\infty}\mathrm{Sa}^p\left(\frac{n\pi}{2}\right)\delta\left(t-n\frac{\pi}{2}\right)\right]\mathrm{d}t=4\sum_{m=-\infty}^{+\infty}f_p(-\omega+4m)\Big|_{\omega=0}$$

亦即

$$\sum_{n=-\infty}^{+\infty}\mathrm{Sa}^p\left(\frac{n\pi}{2}\right)=4\sum_{m=-\infty}^{+\infty}f_p(4m)\tag{3.7.24}$$

这样，就可以利用式(3.7.24)来求 p-级数的收敛和了。

例 3.7.1：设 p-级数为 $\sum_{n=1}^{+\infty}\dfrac{1}{n^p}$，试求 $p=4$ 时的收敛和。

解：考虑到式(3.2.49)，由式(3.7.24)可得

$$\begin{aligned}\sum_{n=-\infty}^{+\infty}\mathrm{Sa}^4\left(\frac{n\pi}{2}\right)&=4\sum_{m=-\infty}^{+\infty}f_4(4m)=4[f_4(-4)+f_4(0)+f_4(4)]=4[f_4(0)+2f_4(4)]\\&=\frac{4}{2^4 3!}\sum_{r=0}^{4}\mathrm{C}_4^r(-1)^r(4-2r)^3\varepsilon(4-2r)+\frac{8}{2^4 3!}\sum_{r=0}^{4}\mathrm{C}_4^r(-1)^r(8-2r)^3\varepsilon(8-2r)\\&=\frac{4}{2\times 3!}\sum_{r=0}^{1}\mathrm{C}_4^r(-1)^r(2-r)^3+\frac{4}{3!}\sum_{r=0}^{3}\mathrm{C}_4^r(-1)^r(4-r)^3\\&=\frac{2}{3!}(2^3-4\times 1^3)+\frac{4}{3!}(4^3-4\times 3^3+6\times 2^3-4\times 1^3)\\&=\frac{4}{3}\end{aligned}$$

即

$$1+2^5\sum_{n=1,3,5,\cdots}^{+\infty}\frac{1}{(n\pi)^4}=\frac{4}{3}$$

亦即

$$\sigma_1=\sum_{n=1,3,5,\cdots}^{+\infty}\frac{1}{n^4}=\frac{\pi^4}{3\times 32}$$

若设 $\sigma_2=\sum\limits_{n=2,4,6,\cdots}^{+\infty}\frac{1}{n^4}$，则有

$$\sum_{n=1}^{+\infty}\frac{1}{n^4}=\sigma_1+\sigma_2=\sigma_1+\frac{1}{15}\sigma_1=\frac{16}{15}\sigma_1=\frac{16}{15}\times\frac{\pi^4}{32\times 3}=\frac{\pi^4}{90}$$

同理，可得

$$\sum_{n=1}^{+\infty}\frac{1}{n^2}=\frac{\pi^2}{6},\ \sum_{n=1}^{+\infty}\frac{1}{n^6}=\frac{\pi^6}{945},\ \sum_{n=1}^{+\infty}\frac{1}{n^8}=\frac{\pi^8}{9450},\ \sum_{n=1}^{+\infty}\frac{1}{n^{10}}=\frac{\pi^{10}}{93555}$$

2. 利用抽样定理实现抽样示波器

由连续时间周期信号的傅叶级数的分析可知，周期信号的频谱具有离散性、谐波性和收敛性。基于收敛性，可以用有限项的傅里叶级数近似表示周期信号。时域对周期信号抽样时，频域的频谱将进行周期延拓。由于周期信号的频谱具有离散性和谐波性，频谱进行周期延拓时，可在相邻谐波之间将谱线依次等间隔重新插值，经过低通滤波器滤波后，等价于周期信号的频谱被压缩，那么时域上的波形被扩展了，这就是抽样示波器的工作原理。

例 3.7.2：在图 3.7.12 所示的系统中，设 $f_{T_0}(t)=\sum\limits_{n=-10}^{10}F(n\omega_0)e^{jn\omega_0 t}$，$\delta_T(t)=\sum\limits_{m=-\infty}^{+\infty}\delta(t-mT)$，$\omega_0=100.025\omega_s$，$\omega_s=\frac{2\pi}{T}$，其中，理想低通滤波器的频率特性 $H(j\omega)=TG_{\omega_s}(\omega)$。试证明 $y(t)=f_{T_0}(kt)$，$k=\frac{1}{4001}$。

证明：设 $f_{T_0}(t)\longleftrightarrow F_{T_0}(j\omega)$，$f_s(t)\longleftrightarrow F_s(j\omega)$，则有

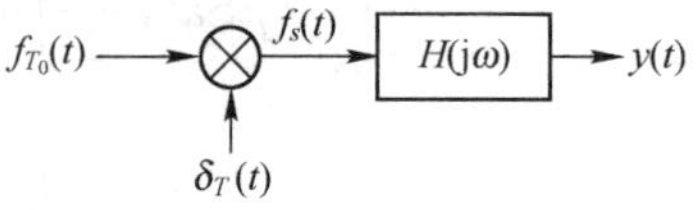

图 3.7.12 抽样示波器实现的原理方框图

$$F_{T_0}(j\omega)=\sum_{n=-10}^{10}2\pi F(n\omega_0)\delta(\omega-n\omega_0)$$

$$F_s(j\omega)=\frac{1}{2\pi}F_{T_0}(j\omega)*\omega_s\sum_{m=-\infty}^{+\infty}\delta(\omega-m\omega_s)$$

即

$$F_s(j\omega)=\omega_s\sum_{m=-\infty}^{+\infty}\sum_{n=-10}^{10}F(n\omega_0)\delta(\omega-n\omega_0-m\omega_s)$$

为保证周期信号频谱 $F(n\omega_0)$的 21 根谱线，即 ω 从 $-10\omega_0$ 到 $10\omega_0$，与 $m\omega_s$ 线性组合后能够顺利地通过低通滤波器，n 与 m 的取值必须满足下述要求：

$$10\omega_0-1000\omega_s=1000.25\omega_s-1000\omega_s=0.25\omega_s$$
$$9\omega_0-900\omega_s=900.225\omega_s-900\omega_s=0.225\omega_s$$
$$8\omega_0-800\omega_s=800.2\omega_s-800\omega_s=0.2\omega_s$$
$$7\omega_0-700\omega_s=700.175\omega_s-700\omega_s=0.175\omega_s$$
$$6\omega_0-600\omega_s=600.15\omega_s-600\omega_s=0.15\omega_s$$
$$5\omega_0-500\omega_s=500.125\omega_s-500\omega_s=0.125\omega_s$$

$$4\omega_0-400\omega_s=400.1\omega_s-400\omega_s=0.1\omega_s$$
$$3\omega_0-300\omega_s=300.075\omega_s-300\omega_s=0.075\omega_s$$
$$2\omega_0-200\omega_s=200.05\omega_s-200\omega_s=0.05\omega_s$$
$$\omega_0-100\omega_s=100.025\omega_s-100\omega_s=0.025\omega_s$$

显然，当 n 和 m 分别对应取上述 10 种情况的相反数时，可得负频率轴上的 10 根新谱线；当 $n=m$ 时，可得 $\omega=0$ 处的 1 根新谱线。

综上所述，线性组合后的 21 根新谱线以 $\Delta\omega=0.025\omega_s$ 为间隔，均匀地分布在频率轴的区间 $\left[-\frac{1}{4}\omega_s,\frac{1}{4}\omega_s\right]$ 上。考虑到 $Y(j\omega)=F_s(j\omega)H(j\omega)$，则有

$$Y(j\omega)=\omega_s T\sum_{n=-10}^{+10}F(n\omega_0)\delta(\omega-n\Delta\omega)=2\pi\sum_{n=-10}^{10}F(n\omega_0)\delta(\omega-0.025\omega_s n)$$
$$=2\pi\sum_{n=-10}^{10}F(n\omega_0)\delta\left(\omega-n\frac{\omega_0}{100.025}\times\frac{1}{40}\right)=2\pi\sum_{n=-10}^{10}F(n\omega_0)\delta\left(\omega-n\frac{\omega_0}{4001}\right)$$

于是，示波器的输出信号为

$$y(t)=\sum_{n=-10}^{10}F(n\omega_0)e^{j\frac{n\omega_0}{4001}t}=f_{T_0}\left(\frac{1}{4001}t\right)=f_{T_0}(kt)$$

式中，$k=\frac{1}{4001}$。

3.8　相关函数及相关定理

3.1 节介绍了正交函数集，由于正交函数集内的任意两个函数是相互正交的，因此彼此不能相互表示，从而保证了用正交函数集来表示任意信号时具有唯一性。相反，在实际工作中需要关心两个信号波形的相似性问题，如果两个信号非常相似，就可以相互近似表示。而且，经常会遇到这样的情况：信号 $f(t)$ 和 $y(t)$ 由于一些原因产生了时差，例如雷达站收到两个不同距离的目标反射信号，这样就需要专门研究两个信号在时移中的相似性，即相关性，亦即相关函数。

连续时间信号可分为能量信号和功率信号，下面分别介绍它们的互相关函数和自相关函数。

3.8.1　能量信号的相关函数及相关定理

若连续时间复信号和实信号的能量为有限值，则分别称其为能量复信号和能量实信号，也统称为能量信号。首先介绍能量信号的互相关函数及自相关函数的定义，再介绍相关定理。

1. 能量信号的互相关函数和自相关函数的定义

若连续时间复信号 $f(t)$ 和 $y(t)$ 是能量信号，则它们的互相关函数定义为

$$R_{fy}(\tau)=\int_{-\infty}^{+\infty}f(t)y^*(t-\tau)dt \tag{3.8.1}$$

$$R_{yf}(\tau)=\int_{-\infty}^{+\infty}y(t)f^*(t-\tau)dt \tag{3.8.2}$$

式中，上标“*”表示取共轭。

显然，能量复信号的互相关函数是两个能量复信号时差 τ 的函数。若能量复信号 $f(t)$ 和 $y(t)$ 不是同一信号，则 $R_{fy}(\tau)$ 和 $R_{yf}(\tau)$ 称为互相关函数；否则称为自相关函数，并记为 $R_{ff}(\tau)$ 或 $R_f(\tau)$，即

$$R_f(\tau)=R_{ff}(\tau)=\int_{-\infty}^{+\infty}f(t)f^*(t-\tau)\mathrm{d}t \tag{3.8.3}$$

式(3.8.3)表明，能量复信号的自相关函数 $R_f(\tau)$ 反映了能量复信号 $f(t)$ 与自身的延迟信号 $f(t-\tau)$ 之间的相似程度。

考虑到式(3.8.3)，则有

$$R_f(0)=R_{ff}(0)=\int_{-\infty}^{+\infty}f(t)f^*(t)\mathrm{d}t=\int_{-\infty}^{+\infty}|f(t)|^2\mathrm{d}t=E_f \tag{3.8.4}$$

式(3.8.4)表明，能量复信号的自相关函数在 $\tau=0$ 时的值，正是复信号的能量。

在实际工作中，涉及的连续时间能量信号 $f(t)$ 和 $y(t)$ 是实信号，因此式(3.8.1)、式(3.8.2)及式(3.8.3)分别可写成

$$R_{fy}(\tau)=\int_{-\infty}^{+\infty}f(t)y(t-\tau)\mathrm{d}t \tag{3.8.5}$$

$$R_{yf}(\tau)=\int_{-\infty}^{+\infty}y(t)f(t-\tau)\mathrm{d}t \tag{3.8.6}$$

$$R_f(\tau)=R_{ff}(\tau)=\int_{-\infty}^{+\infty}f(t)f(t-\tau)\mathrm{d}t \tag{3.8.7}$$

从以上三个式子可以看出，能量实信号的互相关函数和自相关函数，仅是能量复信号的互相关函数和自相关函数的特殊情况。

式(3.8.5)表明，计算能量实信号的互相关函数 $R_{fy}(\tau)$ 时，$f(t)$ 不动，$y(t)$ 移动，当 $\tau>0$，$y(t)$ 右移 τ 个单位；当 $\tau<0$ 时，$y(t)$ 左移 $|\tau|$ 个单位，再将 $f(t)$ 与 $y(t-\tau)$ 对应相乘，最后求乘积曲线下的面积。换言之，计算能量实信号 $f(t)$ 和 $y(t)$ 的互相关函数时，两个能量实信号都不反褶，只需要将 $y(t)$ 在时间轴上移动后与 $f(t)$ 相乘再积分即可。

考虑到式(3.8.7)，则有

$$R_f(0)=R_{ff}(0)=\int_{-\infty}^{+\infty}f(t)f(t)\mathrm{d}t=\int_{-\infty}^{+\infty}f^2(t)\mathrm{d}t=E_f \tag{3.8.8}$$

式(3.8.8)表明，能量实信号的自相关函数在 $\tau=0$ 时的值，正是实信号的能量。

2. 能量信号的互相关函数和自相关函数与线性卷积的关系

按照线性卷积的定义，式(3.8.1)、式(3.8.2)及式(3.8.3)分别可写成

$$R_{fy}(\tau)=\int_{-\infty}^{+\infty}f(t)y^*(t-\tau)\mathrm{d}t=\int_{-\infty}^{+\infty}f(t)y^*[-(\tau-t)]\mathrm{d}t=f(\tau)*y^*(-\tau) \tag{3.8.9}$$

$$R_{yf}(\tau)=\int_{-\infty}^{+\infty}y(t)f^*(t-\tau)\mathrm{d}t=\int_{-\infty}^{+\infty}y(t)f^*[-(\tau-t)]\mathrm{d}t=y(\tau)*f^*(-\tau) \tag{3.8.10}$$

$$R_f(\tau)=\int_{-\infty}^{+\infty}f(t)f^*(t-\tau)\mathrm{d}t=\int_{-\infty}^{+\infty}f(t)f^*[-(\tau-t)]\mathrm{d}t=f(\tau)*f^*(-\tau) \tag{3.8.11}$$

前面已经提及计算两个能量实信号的互相关函数时，两个能量实信号都无须进行反褶运算，而计算两个能量实信号的线性卷积时，则需要将一个实信号反褶后再移动，为了用线性卷积来计算能量实信号的互自相关函数，则需要将其中一个能量实信号预先反褶一次，进行线性卷积时再反褶一次，两次反褶等于没有反褶，对能量复信号情况也是如此。这就是式(3.8.9)及式(3.8.10)的线性卷积表示式中，第二个能量信号需要预先反褶一次的原因。显然，用线性卷积表示自相关函数时，应进行类似处理。

例 3.8.1：已知连续时间能量实信号 $f(t)=\mathrm{e}^{-at}\varepsilon(t)(a>0)$，试求自相关函数 $R_f(\tau)$。

解：考虑到式(1.4.16)，则有

$$R_f(\tau)=f(\tau)*f(-\tau)=\mathrm{e}^{-a\tau}\varepsilon(\tau)*\mathrm{e}^{a\tau}\varepsilon(-\tau)=\frac{1}{2a}[\mathrm{e}^{a\tau}\varepsilon(-\tau)+\mathrm{e}^{-a\tau}\varepsilon(\tau)]=\frac{1}{2a}\mathrm{e}^{-a|\tau|}$$

由此可见，连续时间能量实信号的自相关函数 $R_f(\tau)$ 是一个偶函数。

例 3.8.2：设连续时间能量实信号 $f(t)$ 和 $y(t)$ 满足关系 $y(t)=f(t-t_0)$，试证明两个连续时间能量实信号的自相关函数满足 $R_y(\tau)=R_f(\tau)$。

证明：基于 $y(t)=f(t-t_0)=f(t)*\delta(t-t_0)$，考虑到线性卷积的反褶性质式(2.4.26)及单位冲激信号的标尺变换性质式(1.2.29)，则有

$$y(-t)=f(-t)*\delta(-t-t_0)=f(-t)*\delta(t+t_0)$$

于是

$$R_y(\tau)=y(\tau)*y(-\tau)=f(\tau)*\delta(\tau-t_0)*f(-\tau)*\delta(\tau+t_0)=f(\tau)*f(-\tau)=R_f(\tau)$$

可见，能量信号时移之后，其自相关函数保持不变，这正是能量信号的自相关函数定义为时间差的函数所致。

3. 能量信号的相关函数的性质

能量信号的相关函数的性质，包括互相关函数和自相函数的性质。

性质 1：若 $f(t)$ 和 $y(t)$ 是能量复信号，则有

$$R_{fy}^*(-\tau)=R_{yf}(\tau) \tag{3.8.12}$$

证明：基于 $R_{fy}(\tau)=f(\tau)*y^*(-\tau)$，考虑到线性卷积的反褶性质式(2.4.26)，则有

$$R_{fy}^*(-\tau)=[f(-\tau)*y^*(\tau)]^*=y(\tau)*f^*(-\tau)=R_{yf}(\tau)$$

特别地

① 若 $y(t)=f(t)$，则有 $R_f^*(-\tau)=R_f(\tau)$，即能量复信号的自相关函数 $R_f(\tau)$ 是共轭对称的。

② 若能量信号 $f(t)$ 和 $y(t)$ 是实信号，则有 $R_{fy}(-\tau)=R_{yf}(\tau)$。

③ 若能量信号 $f(t)$ 是实信号，则有 $R_f(\tau)=R_f(-\tau)$，即能量实信号的自相关函数 $R_f(\tau)$ 是偶函数。

性质 2：$R_{fy}(\tau)$ 满足

$$|R_{fy}(\tau)|\leqslant\sqrt{R_f(0)R_y(0)}=\sqrt{E_fE_y} \tag{3.8.13}$$

证明：对两个能量复信号 $f(t)$ 和 $y(t)$，考虑到式(3.1.16)，即施瓦兹(Schwartz)不等式，则有

$$|\langle f(t),y(t)\rangle|^2\leqslant\langle f(t),f(t)\rangle\langle y(t),y(t)\rangle$$

于是

$$|R_{fy}(\tau)|=|\langle f(t),y(t-\tau)\rangle|\leqslant\sqrt{\langle f(t),f(t)\rangle\langle y(t-\tau),y(t-\tau)\rangle}=\sqrt{R_f(0)R_y(0)}$$

特别地

① 若 $y(t)=f(t)$，则有 $|R_f(\tau)|\leqslant R_f(0)$，即 $R_f(\tau)$ 随 $|\tau|$ 的增大而幅度越来越小。

② 若能量信号 $f(t)$ 是实信号，则有 $R_f(\tau)\leqslant R_f(0)$，即 $R_f(0)$ 是 $R_f(\tau)$ 的最大值。

性质 3：若 $f(t)$ 和 $y(t)$ 都是能量信号，则有

$$\lim_{\tau\to\infty}R_{fy}(\tau)=0 \tag{3.8.14}$$

式(3.8.14)表明，将能量信号 $y(t)$ 相对于 $f(t)$ 移至无穷远处，两者已无相关性。从能量信号的定义及互相关函数的定义，不难理解这一结果的正确性。

特别地，若 $f(t)$ 和 $y(t)$ 都是能量信号，并且 $y(t)=f(t)$，则 $\lim_{\tau\to\infty}R_f(\tau)=0$。即将能量信号 $f(t)$ 相对自身移至无穷远处，已无相关性。这是由于 $|R_f(\tau)|\leqslant R_f(0)$，即 $R_f(\tau)$ 随 $|\tau|$ 的增大而幅度越来越小，因此当 τ 趋于无穷大时，已经变得不相关了。

4. 能量信号的相关定理

若 $\text{CTFT}[f(\tau)]=F(\text{j}\omega)$，$\text{CTFT}[y(\tau)]=Y(\text{j}\omega)$，则

$$R_{fy}(\tau)=f(\tau)*y^*(-\tau)\longleftrightarrow F(\text{j}\omega)Y^*(\text{j}\omega) \tag{3.8.15}$$

证明：由式(3.4.12)可知

$$y^*(-t) \longleftrightarrow Y^*(\mathrm{j}\omega)$$

考虑到CTFT的时域线性卷积定理式(3.4.38)，则有

$$R_{fy}(\tau)=f(\tau)*y^*(-\tau) \longleftrightarrow F(\mathrm{j}\omega)Y^*(\mathrm{j}\omega)$$

式(3.8.15)表明，两个能量信号相关的程度取决于两个能量信号共有频率分量的程度。

若$y(t)=f(t)$，则式(3.8.15)可写成

$$R_f(\tau)=f(\tau)*f^*(-\tau) \longleftrightarrow F(\mathrm{j}\omega)F^*(\mathrm{j}\omega)=|F(\mathrm{j}\omega)|^2 \tag{3.8.16}$$

式(3.8.16)表明，一个能量信号的自相关函数与其能谱构成一对傅里叶变换，即

$$R_f(\tau)=\frac{1}{2\pi}\int_{-\infty}^{+\infty}|F(\mathrm{j}\omega)|^2\mathrm{e}^{\mathrm{j}\omega\tau}\mathrm{d}\omega \tag{3.8.17}$$

考虑到式(3.8.4)及式(3.8.17)，则有

$$R_f(0)=\int_{-\infty}^{+\infty}|f(\tau)|^2\mathrm{d}\tau=\frac{1}{2\pi}\int_{-\infty}^{+\infty}|F(\mathrm{j}\omega)|^2\mathrm{d}\omega \tag{3.8.18}$$

式(3.8.18)是著名的Parseval定理，表明一个能量信号在时域和频域计算的能量是相等的，这正是能量守恒原理的体现。

3.8.2　功率信号的相关函数及相关定理

如果连续时间信号$f(t)$的能量是无限的，我们可以首先截取$f(t)$在区间$\left[-\frac{T}{2},\frac{T}{2}\right]$上的一部分来计算其能量，再计算该区间上的功率，为了全面地反映信号$f(t)$在整个时间区间上的功率，取极限运算是必要的，从而得到了式(1.1.7)或式(1.1.11)的功率计算公式。若连续时间复信号和实信号的功率为有限值，则分别其称为功率复信号和功率实信号，也统称为功率信号。类似地，我们来定义功率信号的互相关函数和自相关函数。

1. 功率信号的互相关函数和自相关函数的定义

若连续时间复信号$f(t)$和$y(t)$是功率信号，则它们的互相关函数定义为

$$R_{fy}(\tau)=\lim_{T\to\infty}\frac{1}{T}\int_{-\frac{T}{2}}^{\frac{T}{2}}f(t)y^*(t-\tau)\mathrm{d}t \tag{3.8.19}$$

$$R_{yf}(\tau)=\lim_{T\to\infty}\frac{1}{T}\int_{-\frac{T}{2}}^{\frac{T}{2}}y(t)f^*(t-\tau)\mathrm{d}t \tag{3.8.20}$$

式中，上标“$*$”表示取共轭。

显然，功率复信号的互相关函数是两个功率复信号时差τ的函数，若功率复信号$f(t)$和$y(t)$不是同一信号，则$R_{fy}(\tau)$和$R_{yf}(\tau)$称为互相关函数；否则称为自相关函数，并记为$R_{ff}(\tau)$或$R_f(\tau)$，即

$$R_f(\tau)=\lim_{T\to\infty}\frac{1}{T}\int_{-\frac{T}{2}}^{\frac{T}{2}}f(t)f^*(t-\tau)\mathrm{d}t \tag{3.8.21}$$

式(3.8.21)表明，功率复信号的自相关函数$R_f(\tau)$反映了功率复信号$f(t)$与自身的延迟信号$f(t-\tau)$之间的相似程度。

考虑到式(3.8.21)，则有

$$R_f(0)=R_{ff}(0)=\lim_{T\to\infty}\frac{1}{T}\int_{-\frac{T}{2}}^{\frac{T}{2}}f(t)f^*(t)\mathrm{d}t=\lim_{T\to\infty}\frac{1}{T}\int_{-\frac{T}{2}}^{\frac{T}{2}}|f(t)|^2\mathrm{d}t=P_f \tag{3.8.22}$$

式(3.8.22)表明，功率复信号的自相关函数在$\tau=0$时的值，正是复信号的功率。

2. 功率信号的相关函数的性质

功率信号的相关函数的性质，包括互相关函数和自相函数的性质。

性质 1：若 $f(t)$ 和 $y(t)$ 是功率复信号，则有

$$R_{fy}^*(-\tau)=R_{yf}(\tau) \tag{3.8.23}$$

证明：考虑到功率复信号的互相关函数是两个功率复信号时差 τ 的函数，由式(3.8.19)可得

$$\begin{aligned}R_{fy}^*(-\tau)&=\left[\lim_{T\to\infty}\int_{-\frac{T}{2}}^{\frac{T}{2}} f(t)y^*(t+\tau)\mathrm{d}t\right]^*=\lim_{T\to\infty}\frac{1}{T}\int_{-\frac{T}{2}}^{\frac{T}{2}} f^*(t)y(t+\tau)\mathrm{d}t\\&=\lim_{T\to\infty}\frac{1}{T}\int_{-\frac{T}{2}}^{\frac{T}{2}} y(t+\tau)f^*(t)\mathrm{d}t=R_{yf}[(t+\tau)-t]\\&=R_{yf}(\tau)\end{aligned}$$

特别地

① 若 $y(t)=f(t)$，则有 $R_f^*(-\tau)=R_f(\tau)$，即功率复信号的自相关函数 $R_f(\tau)$ 是共轭对称的。

② 若功率信号 $f(t)$ 和 $y(t)$ 是实信号，则有 $R_{fy}(-\tau)=R_{yf}(\tau)$。

③ 若功率信号 $f(t)$ 是实信号，则有 $R_f(\tau)=R_f(-\tau)$，即功率实信号的自相关函数 $R_f(\tau)$ 是偶函数。

性质 2：$R_{fy}(\tau)$ 满足

$$|R_{fy}(\tau)|\leqslant\sqrt{R_f(0)R_y(0)}=\sqrt{E_fE_y} \tag{3.8.24}$$

证明：对两个功率复信号 $f(t)$ 和 $y(t)$，考虑到式(3.1.16)，即施瓦兹(Schwartz)不等式，则有

$$|\langle f(t),y(t)\rangle|^2\leqslant\langle f(t),f(t)\rangle\langle y(t),y(t)\rangle$$

于是

$$\left|\lim_{T\to\infty}\frac{1}{T}\int_{-\frac{T}{2}}^{\frac{T}{2}} f(t)y^*(t-\tau)\mathrm{d}t\right|^2\leqslant\lim_{T\to\infty}\frac{1}{T}\int_{-\frac{T}{2}}^{\frac{T}{2}} f(t)f^*(t)\mathrm{d}t\ \lim_{T\to\infty}\frac{1}{T}\int_{-\frac{T}{2}}^{\frac{T}{2}} y(t-\tau)y^*(t-\tau)\mathrm{d}t$$

即

$$|R_{fy}(\tau)|\leqslant\sqrt{R_f(0)R_y(0)}$$

特别地

① 若 $y(t)=f(t)$，则有 $|R_f(\tau)|\leqslant R_f(0)$，即 $R_f(\tau)$ 随 $|\tau|$ 的增大而幅度越来越小。

② 若功率信号 $f(t)$ 是实信号，则有 $R_f(\tau)\leqslant R_f(0)$，即 $R_f(0)$ 是 $R_f(\tau)$ 的最大值。

性质 3：若 $f(t)$ 和 $y(t)$ 都是功率信号，则有

$$\lim_{\tau\to\infty}R_{fy}(\tau)=0 \tag{3.8.25}$$

式(3.8.25)表明，将功率信号 $y(t)$ 相对于 $f(t)$ 移至无穷远处，两者已无相关性。从功率信号的定义及互相关函数的定义，不难理解这一结果的正确性。

特别地，若 $f(t)$ 和 $y(t)$ 都是功率信号，并且 $y(t)=f(t)$，则 $\lim\limits_{\tau\to\infty}R_f(\tau)=0$。换言之，将功率信号 $f(t)$ 相对自身移至无穷远处，已无相关性。这是由于 $|R_f(\tau)|\leqslant R_f(0)$，即 $R_f(\tau)$ 随 $|\tau|$ 的增大而幅度越来越小，因此当 τ 趋于无穷大时，已经变得不相关了。

3. Parseval 定理

若 $f(t)$ 是功率复信号，则有

$$P_f=R_f(0)=\lim_{T\to\infty}\frac{1}{T}\int_{-\frac{T}{2}}^{\frac{T}{2}}|f(t)|^2\mathrm{d}t=\frac{1}{2\pi}\int_{-\infty}^{+\infty}\Phi_f(\omega)\mathrm{d}\omega \tag{3.8.26}$$

式中，$\Phi_f(\omega)=\lim\limits_{T\to\infty}\dfrac{|F_0(\mathrm{j}\omega)|^2}{T}$ 为功率谱密度函数，并且 $F_0(\mathrm{j}\omega)=\mathrm{CTFT}[f(t)G_T(t)]$。

式(3.8.26)称为 Parseval 定理，表明一个功率复信号在时域和频域计算的功率是相等的。

这里的 Parseval 定理是功率守恒原理的体现。显然，对功率实信号有同样的结果。

证明：设复信号 $f_0(t)=f(t)G_T(t)$，由于复信号 $f_0(t)$是时限信号，因此 $F_0(\mathrm{j}\omega)=\mathrm{CTFT}[f(t)G_T(t)]$存在，既然复信号 $f_0(t)$是时限信号，那么它一定是能量有限信号，考虑到式(3.8.18)，则有

$$E_0=\int_{-\frac{T}{2}}^{\frac{T}{2}}|f_0(t)|^2\mathrm{d}t=\int_{-\infty}^{+\infty}|f_0(t)|^2\mathrm{d}t=\frac{1}{2\pi}\int_{-\infty}^{+\infty}|F_0(\mathrm{j}\omega)|^2\mathrm{d}\omega \tag{3.8.27}$$

考虑到式(3.8.27)，则有

$$\begin{aligned}P_f&=\lim_{T\to\infty}\frac{1}{T}\int_{-\frac{T}{2}}^{\frac{T}{2}}|f(t)|^2\mathrm{d}t=\lim_{T\to\infty}\frac{1}{T}\int_{-\infty}^{+\infty}|f(t)G_T(t)|^2\mathrm{d}t\\&=\lim_{T\to\infty}\frac{1}{T}\int_{-\infty}^{+\infty}|f_0(t)|^2\mathrm{d}t=\frac{1}{2\pi}\int_{-\infty}^{+\infty}\lim_{T\to\infty}\frac{|F_0(\mathrm{j}\omega)|^2}{T}\mathrm{d}\omega\\&=\frac{1}{2\pi}\int_{-\infty}^{+\infty}\Phi_f(\omega)\mathrm{d}\omega\end{aligned}$$

式中

$$\Phi_f(\omega)=\lim_{T\to\infty}\frac{|F_0(\mathrm{j}\omega)|^2}{T} \tag{3.8.28}$$

4. 功率信号的自相关函数与功率谱之间的关系

Parseval 定理式(3.8.26)揭示了 $R_f(0)$与功率谱 $\Phi_f(\omega)$之间的广义积分关系，那么$R_f(\tau)$与 $\Phi_f(\omega)$之间是什么关系呢？这正是我们下面要研究的问题。

考虑到式(3.8.21)，由式(3.8.28)可得

$$\begin{aligned}\Phi_f(\omega)&=\lim_{T\to\infty}\frac{|F_0(\mathrm{j}\omega)|^2}{T}=\lim_{T\to\infty}\frac{1}{T}\int_{-\frac{T}{2}}^{\frac{T}{2}}f_0(t_1)\mathrm{e}^{-\mathrm{j}\omega t_1}\mathrm{d}t_1\int_{-\frac{T}{2}}^{\frac{T}{2}}f_0^*(t_2)\mathrm{e}^{\mathrm{j}\omega t_2}\mathrm{d}t_2\\&=\lim_{T\to\infty}\frac{1}{T}\int_{-\frac{T}{2}}^{\frac{T}{2}}\left[\int_{-\frac{T}{2}}^{\frac{T}{2}}f_0(t_1)f_0^*(t_2)\mathrm{e}^{-\mathrm{j}\omega(t_1-t_2)}\mathrm{d}t_1\right]\mathrm{d}t_2\\&\xlongequal{t_1=t,t_1-t_2=\tau}\lim_{T\to\infty}\frac{1}{T}\int_{t+\frac{T}{2}}^{t-\frac{T}{2}}\left[\int_{-\frac{T}{2}}^{\frac{T}{2}}f_0(t)f_0^*(t-\tau)\mathrm{e}^{-\mathrm{j}\omega\tau}\mathrm{d}t\right](-\mathrm{d}\tau)\\&=\lim_{T\to\infty}\frac{1}{T}\int_{t-\frac{T}{2}}^{t+\frac{T}{2}}\left[\int_{-\frac{T}{2}}^{\frac{T}{2}}f_0(t)f_0^*(t-\tau)\mathrm{d}t\right]\mathrm{e}^{-\mathrm{j}\omega\tau}\mathrm{d}\tau\\&=\int_{-\infty}^{+\infty}\left[\lim_{T\to\infty}\frac{1}{T}\int_{-\frac{T}{2}}^{\frac{T}{2}}f_0(t)f_0^*(t-\tau)\mathrm{d}t\right]\mathrm{e}^{-\mathrm{j}\omega\tau}\mathrm{d}\tau\\&=\int_{-\infty}^{+\infty}R_f(\tau)\mathrm{e}^{-\mathrm{j}\omega\tau}\mathrm{d}\tau\end{aligned} \tag{3.8.29}$$

式(3.8.29)揭示的结果，称为 Wiener-Khintchine 定理，即维纳-辛钦定理，又称为自相关定理，它表明功率复信号的自相关函数与其功率谱构成一对傅里叶变换关系。显然，功率实信号的自相关函数与其功率谱也构成一对傅里叶变换关系。

5. 功率信号的互相关定理

若连续时间复信号 $f(t)$和 $y(t)$是功率信号，通过类似于自相关定理式(3.8.29)的推导，则可以得到功率复信号的互相关定理，即

$$R_{fy}(\tau)\longleftrightarrow\Phi_{fy}(\omega) \tag{3.8.30}$$

式中

$$\Phi_{fy}(\omega)=\lim_{T\to\infty}\frac{F_0(\mathrm{j}\omega)Y_0^*(\mathrm{j}\omega)}{T}=\lim_{T\to\infty}\frac{\mathrm{CTFT}[f(t)G_T(t)]\{\mathrm{CTFT}[y(t)G_T(t)]\}^*}{T}$$

显然，对连续时间功率实信号 $f(t)$和 $y(t)$，有同样的结果。

3.8.3 连续时间周期信号的相关函数及相关定理

连续时间周期复信号和周期实信号都属于功率信号，因此式(1.1.12)和式(1.1.8)定义的连续时

间周期复信号和周期实信号的功率，只需在连续时间周期复信号和周期实信号的一个周期上积分，无须再取极限。类似地，可以定义连续时间周期复信号和周期实信号的互相关函数及自相关函数。

1. 连续时间周期信号的互相关函数和自相关函数的定义

连续时间周期复信号 $f_{T_0}(t)$和 $y_{T_0}(t)$的互相关函数定义为

$$R_{fy}(\tau)=\frac{1}{T_0}\int_{-\frac{T_0}{2}}^{\frac{T_0}{2}} f_{T_0}(t)y_{T_0}^*(t-\tau)\mathrm{d}t \tag{3.8.31}$$

$$R_{yf}(\tau)=\frac{1}{T_0}\int_{-\frac{T_0}{2}}^{\frac{T_0}{2}} y_{T_0}(t)f_{T_0}^*(t-\tau)\mathrm{d}t \tag{3.8.32}$$

特别地，若连续时间周期复信号 $y_{T_0}(t)=f_{T_0}(t)$，则有

$$R_f(\tau)=R_{ff}(\tau)=\frac{1}{T_0}\int_{-\frac{T_0}{2}}^{\frac{T_0}{2}} f_{T_0}(t)f_{T_0}^*(t-\tau)\mathrm{d}t \tag{3.8.33}$$

考虑到式(3.8.33)，则有

$$R_f(0)=R_{ff}(0)=\frac{1}{T_0}\int_{-\frac{T_0}{2}}^{\frac{T_0}{2}} f_{T_0}(t)f_{T_0}^*(t)\mathrm{d}t=\frac{1}{T_0}\int_{-\frac{T_0}{2}}^{\frac{T_0}{2}} |f_{T_0}(t)|^2\mathrm{d}t=P_f \tag{3.8.34}$$

式(3.8.34)表明，连续时间周期复信号的自相关函数在 $\tau=0$ 时的值，正是连续时间周期复信号的功率。

由于连续时间周期实信号是连续时间周期复信号的特殊情况，因此也可以分别利用式(3.8.31) 至式(3.8.33)来计算两个连续时间周期实信号的互相关函数，以及一个连续时间周期实信号的自相关函数，连续时间周期实信号的共轭仍是其自身。

例 3.8.3：已知连续时间周期实信号 $f_{T_0}(t)=A\cos\omega_0 t$，试求自相关函数 $R_f(\tau)$。

解：考虑到式(3.8.33)，则有

$$\begin{aligned}R_f(\tau)&=\frac{1}{T_0}\int_{-\frac{T_0}{2}}^{\frac{T_0}{2}} f_{T_0}(t)f_{T_0}^*(t-\tau)\mathrm{d}t=\frac{A^2}{T_0}\int_{-\frac{T_0}{2}}^{\frac{T_0}{2}}\cos\omega_0 t\cos\omega_0(t-\tau)\mathrm{d}t\\&=\frac{A^2}{2T_0}\int_{-\frac{T_0}{2}}^{\frac{T_0}{2}}[\cos\omega_0\tau+\cos\omega_0(2t-\tau)]\mathrm{d}t=0.5A^2\cos\omega_0\tau\end{aligned}$$

2. 连续时间周期信号的相关函数与线性卷积的关系

考虑到式(3.8.31)，则有

$$\begin{aligned}R_{fy}(\tau)&=\frac{1}{T_0}\int_{-\frac{T_0}{2}}^{\frac{T_0}{2}} f_{T_0}(t)y_{T_0}^*(t-\tau)\mathrm{d}t\\&=\frac{1}{T_0}\int_{-\infty}^{+\infty} f_{T_0}(t)G_{T_0}(t)y_{T_0}^*[-(\tau-t)]\mathrm{d}t\\&=\frac{1}{T_0}[f_{T_0}(\tau)G_{T_0}(\tau)]*y_{T_0}^*(-\tau)\end{aligned} \tag{3.8.35}$$

连续时间周期复信号可以表示成一周内的信号(非周期信号)进行周期延拓，即

$$y_{T_0}(t)=[y_{T_0}(t)G_{T_0}(t)]*\delta_{T_0}(t) \tag{3.8.36}$$

考虑到式(3.8.36)及线性卷积的反褶性质式(2.4.26)，则式(3.8.35)可进一步写成

$$\begin{aligned}R_{fy}(\tau)&=\frac{1}{T_0}[f_{T_0}(\tau)G_{T_0}(\tau)]*y_{T_0}^*(-\tau)\\&=\frac{1}{T_0}[f_{T_0}(\tau)G_{T_0}(\tau)]*[y_{T_0}(-\tau)G_{T_0}(-\tau)*\delta_{T_0}(-\tau)]^*\\&=\frac{1}{T_0}[f_{T_0}(\tau)G_{T_0}(\tau)]*[y_{T_0}^*(-\tau)G_{T_0}(\tau)]*\delta_{T_0}(\tau)\end{aligned} \tag{3.8.37}$$

同理，可得

$$R_{yf}(\tau)=\frac{1}{T_0}\int_{-\frac{T_0}{2}}^{\frac{T_0}{2}} y_{T_0}(t)f_{T_0}^*(t-\tau)\mathrm{d}t$$
$$=\frac{1}{T_0}[y_{T_0}(\tau)G_{T_0}(\tau)]*f_{T_0}^*(-\tau)$$
$$=\frac{1}{T_0}[y_{T_0}(\tau)G_{T_0}(\tau)]*[f_{T_0}^*(-\tau)G_{T_0}(\tau)]*\delta_{T_0}(\tau) \tag{3.8.38}$$

$$R_f(\tau)=R_{ff}(\tau)=\frac{1}{T_0}\int_{-\frac{T_0}{2}}^{\frac{T_0}{2}} f_{T_0}(t)f_{T_0}^*(t-\tau)\mathrm{d}t$$
$$=\frac{1}{T_0}[f_{T_0}(\tau)G_{T_0}(\tau)]*f_{T_0}^*(-\tau)$$
$$=\frac{1}{T_0}[f_{T_0}(\tau)G_{T_0}(\tau)]*[f_{T_0}^*(-\tau)G_{T_0}(\tau)]*\delta_{T_0}(\tau) \tag{3.8.39}$$

分析表明，连续时间周期复信号的互相关函数和自相关函数，仍是一个同周期的连续时间周期复信号。

对连续时间周期实信号的互相关函数和自相关函数进行类似的分析，可以得到类似的结论，即连续时间周期实信号的互相关函数和自相关函数，仍是一个同周期的连续时间周期实信号。

3. 连续时间周期信号的相关函数的性质

连续时间周期信号的相关函数的性质，包括互相关函数和自相函数的性质。

性质 1：若 $f_{T_0}(t)$和 $y_{T_0}(t)$是连续时间周期复信号，则有

$$R_{fy}^*(-\tau)=R_{yf}(\tau) \tag{3.8.40}$$

证明：考虑到线性卷积的反褶性质式(2.4.26)，并注意到式(3.8.38)，由式(3.8.37)可得

$$R_{fy}^*(-\tau)=[R_{fy}(-\tau)]^*=\left\{\frac{1}{T_0}[f_{T_0}(-\tau)G_{T_0}(-\tau)]*[y_{T_0}^*(\tau)G_{T_0}(-\tau)]*\delta_{T_0}(-\tau)\right\}^*$$
$$=\frac{1}{T_0}[f_{T_0}^*(-\tau)G_{T_0}(\tau)]*[y_{T_0}(\tau)G_{T_0}(\tau)]*\delta_{T_0}(\tau)$$
$$=\frac{1}{T_0}[y_{T_0}(\tau)G_{T_0}(\tau)]*[f_{T_0}^*(-\tau)G_{T_0}(\tau)]*\delta_{T_0}(\tau)$$
$$=R_{yf}(\tau)$$

特别地

① 若 $y_{T_0}(t)=f_{T_0}(t)$，则有 $R_f^*(-\tau)=R_f(\tau)$，即连续时间周期复信号的自相关函数 $R_f(\tau)$是共轭对称的。

② 若 $f_{T_0}(t)$和 $y_{T_0}(t)$是连续时间周期实信号，则有 $R_{fy}(-\tau)=R_{yf}(\tau)$。

③ 若 $f_{T_0}(t)$是连续时间周期实信号，则有 $R_f(\tau)=R_f(-\tau)$，即连续时间周期实信号的自相关函数 $R_f(\tau)$是偶函数。

性质 2：$R_{fy}(\tau)$满足

$$|R_{fy}(\tau)|\leqslant\sqrt{R_f(0)R_y(0)}=\sqrt{E_fE_y} \tag{3.8.41}$$

证明：对连续时间周期复信号 $f_{T_0}(t)$和 $y_{T_0}(t)$，考虑到式(3.1.16)，即施瓦兹(Schwartz)不等式，则有

$$|\langle f(t),y(t)\rangle|^2\leqslant\langle f(t),f(t)\rangle\langle y(t),y(t)\rangle$$

于是

$$\left|\frac{1}{T_0}\int_{-\frac{T_0}{2}}^{\frac{T_0}{2}} f_{T_0}(t)y_{T_0}^*(t-\tau)\mathrm{d}t\right|^2\leqslant\frac{1}{T_0}\int_{-\frac{T_0}{2}}^{\frac{T_0}{2}} f_{T_0}(t)f_{T_0}^*(t)\mathrm{d}t\ \frac{1}{T_0}\int_{-\frac{T_0}{2}}^{\frac{T_0}{2}} y_{T_0}(t-\tau)y_{T_0}^*(t-\tau)\mathrm{d}t$$

即

$$|R_{fy}(\tau)|\leqslant\sqrt{R_f(0)R_y(0)}$$

特别地

① 若 $y_{T_0}(t)=f_{T_0}(t)$，则有 $|R_f(\tau)|\leqslant R_f(0)$，即 $R_f(\tau)$ 随 $|\tau|$ 的增大而幅度越来越小。

② 若 $f_{T_0}(t)$ 是连续时间周期实信号，则有 $R_f(\tau)\leqslant R_f(0)$，即 $R_f(0)$ 是 $R_f(\tau)$ 的最大值。

性质 3：对连续时间周期复信号 $f_{T_0}(t)$ 和 $y_{T_0}(t)$，则有

$$\lim_{\tau\to\infty}R_{fy}(\tau)=0 \tag{3.8.42}$$

式(3.8.42)表明，将连续时间周期复信号 $y_{T_0}(t)$ 相对于 $f_{T_0}(t)$ 移至无穷远处，两者已无相关性。从连续时间周期复信号功率的定义及互相关函数的定义，不难理解这一结果的正确性。

特别地，若连续时间周期复信号 $f_{T_0}(t)$ 和 $y_{T_0}(t)$ 满足 $y_{T_0}(t)=f_{T_0}(t)$，则 $\lim\limits_{\tau\to\infty}R_f(\tau)=0$。换言之，将 $f_{T_0}(t)$ 相对自身移至无穷远处，已无相关性。这是由于 $|R_f(\tau)|\leqslant R_f(0)$，即 $R_f(\tau)$ 随 $|\tau|$ 的增大而幅度越来越小，因此当 τ 趋于无穷大时，已经变得不相关了。

5. 连续时间周期信号的相关定理

若

$$\mathrm{CTFT}[f_{T_0}(\tau)]=\sum_{n=-\infty}^{+\infty}2\pi F(n\omega_0)\delta(\omega-n\omega_0)$$

$$\mathrm{CTFT}[y_{T_0}(\tau)]=\sum_{n=-\infty}^{+\infty}2\pi Y(n\omega_0)\delta(\omega-n\omega_0)$$

则有

$$R_{fy}(\tau)=\frac{1}{T_0}[f_{T_0}(\tau)G_{T_0}(\tau)]*y_{T_0}^*(-\tau)\longleftrightarrow\sum_{n=-\infty}^{+\infty}2\pi F(n\omega_0)Y^*(n\omega_0)\delta(\omega-n\omega_0) \tag{3.8.43}$$

证明：令 $f_a(t)=f_{T_0}(t)G_{T_0}(t)$，$y_a(t)=y_{T_0}(t)G_{T_0}(t)$，则式(3.8.37)可写成

$$\begin{aligned}R_{fy}(\tau)&=\frac{1}{T_0}[f_{T_0}(\tau)G_{T_0}(\tau)]*y_{T_0}^*(-\tau)\\&=\frac{1}{T_0}[f_{T_0}(\tau)G_{T_0}(\tau)]*[y_{T_0}(-\tau)G_{T_0}(-\tau)*\delta_{T_0}(-\tau)]^*\\&=\frac{1}{T_0}f_a(\tau)*y_a^*(-\tau)*\delta_{T_0}(\tau)\end{aligned}$$

即

$$R_{fy}(\tau)=\frac{1}{T_0}f_a(\tau)*y_a^*(-\tau)*\delta_{T_0}(\tau) \tag{3.8.44}$$

对式(3.8.44)的等号两边分别取 CTFT，并注意到 CTFS 与 CTFT 的代换关系式(3.3.7)，则有

$$\begin{aligned}\mathrm{CTFT}[R_{fy}(\tau)]&=\frac{1}{T_0}F_a(\mathrm{j}\omega)Y_a^*(\mathrm{j}\omega)\omega_0\sum_{n=-\infty}^{+\infty}\delta(\omega-n\omega_0)\\&=\sum_{n=-\infty}^{+\infty}2\pi\frac{F_a(\mathrm{j}\omega)}{T_0}\frac{Y_a^*(\mathrm{j}\omega)}{T_0}\delta(\omega-n\omega_0)\\&=\sum_{n=-\infty}^{+\infty}2\pi\frac{F_a(\mathrm{j}n\omega_0)}{T_0}\frac{Y_a^*(\mathrm{j}n\omega_0)}{T_0}\delta(\omega-n\omega_0)\\&=\sum_{n=-\infty}^{+\infty}2\pi F(n\omega_0)Y^*(n\omega_0)\delta(\omega-n\omega_0)\end{aligned}$$

特别地，若 $y_{T_0}(t)=f_{T_0}(t)$，则有

$$R_f(\tau)=\frac{1}{T_0}[f_{T_0}(\tau)G_{T_0}(\tau)]*f_{T_0}^*(-\tau)\longleftrightarrow\sum_{n=-\infty}^{+\infty}2\pi|F(n\omega_0)|^2\delta(\omega-n\omega_0)=\Phi_f(\omega) \tag{3.8.45}$$

式(3.8.45)表明，连续时间周期复信号的自相关函数 $R_f(\tau)$ 与功率谱 $\Phi_f(\omega)$ 构成一对傅里叶变换关系，即

$$R_f(\tau)=\frac{1}{2\pi}\int_{-\infty}^{+\infty}\Phi_f(\omega)\mathrm{e}^{\mathrm{j}\omega\tau}\mathrm{d}\omega \tag{3.8.46}$$

式中

$$\Phi_f(\omega)=\sum_{n=-\infty}^{+\infty}2\pi\,|F(n\omega_0)|^2\delta(\omega-n\omega_0) \tag{3.8.47}$$

考虑到式(3.8.46)，则有

$$R_f(0)=\frac{1}{2\pi}\int_{-\infty}^{+\infty}\Phi_f(\omega)\mathrm{d}\omega \tag{3.8.48}$$

考虑到式(3.8.34)、式(3.8.48)及式(3.8.47)，则有

$$\begin{aligned}P_f&=\frac{1}{T_0}\int_{-\frac{T_0}{2}}^{\frac{T_0}{2}}|f_{T_0}(t)|^2\mathrm{d}t=\frac{1}{T_0}\int_{-\frac{T_0}{2}}^{\frac{T_0}{2}}f_{T_0}(t)f_{T_0}^*(t)\mathrm{d}t=R_f(0)\\&=\frac{1}{2\pi}\int_{-\infty}^{+\infty}\Big[\sum_{n=-\infty}^{+\infty}2\pi\,|F(n\omega_0)|^2\delta(\omega-n\omega_0)\Big]\mathrm{d}\omega\\&=\sum_{n=-\infty}^{+\infty}|F(n\omega_0)|^2\end{aligned}$$

即

$$P_f=\frac{1}{T_0}\int_{-\frac{T_0}{2}}^{\frac{T_0}{2}}|f_{T_0}(t)|^2\mathrm{d}t=\sum_{n=-\infty}^{+\infty}|F(n\omega_0)|^2 \tag{3.8.49}$$

式(3.8.49)是著名的 Parseval 定理。这里的 Parseval 定理是功率守恒原理的体现。

例 3.8.4：已知连续时间周期实信号 $f_{T_0}(t)=A\cos\omega_0 t$，试求自相关函数 $R_f(\tau)$。

解：考虑到 $f_{T_0}(t)=\sum\limits_{n=-\infty}^{+\infty}F(n\omega_0)\mathrm{e}^{\mathrm{j}n\omega_0 t}=0.5A(\mathrm{e}^{\mathrm{j}\omega_0 t}+\mathrm{e}^{-\mathrm{j}\omega_0 t})$，则有 $F(\pm\omega_0)=0.5A$，于是

$$\begin{aligned}\Phi_f(\omega)&=2\pi\sum_{n=-\infty}^{+\infty}|F(n\omega_0)|^2\delta(\omega-n\omega_0)\\&=2\pi[0.25A^2\delta(\omega+\omega_0)+0.25A^2\delta(\omega-\omega_0)]\\&=0.5\pi A^2[\delta(\omega+\omega_0)+\delta(\omega-\omega_0)]\end{aligned}$$

那么

$$R_f(\tau)=\mathrm{ICTFT}[\Phi_f(\omega)]=0.5A^2\cos\omega_0\tau$$

3.8.4 信号通过 LTI 连续时间系统的相关函数及相关定理

激励 $f(t)$通过 LTI 连续时间系统，利用线性卷积法可以求得系统的零状态响应 $y_f(t)$。下面研究激励 $f(t)$与系统的零状态响应 $y_f(t)$之间的互相关函数以及 $y_f(t)$的自相关函数的时域关系和频域关系。

1. 能量信号通过 LTI 连续时间系统的互相关函数及自相关函数

(1) 时域关系

考虑到 $y_f(t)=f(t)*h(t)$及线性卷积的反褶性质式(2.4.26)，则有

$$R_{fy_f}(\tau)=f(\tau)*y_f^*(-\tau)=f(\tau)*[f(-\tau)*h(-\tau)]^*=R_f(\tau)*h^*(-\tau) \tag{3.8.50}$$

$$R_{y_ff}(\tau)=y_f(\tau)*f^*(-\tau)=f(\tau)*h(\tau)*f^*(-\tau)=R_f(\tau)*h(\tau) \tag{3.8.51}$$

$$R_{y_f}(\tau)=y_f(\tau)*y_f^*(-\tau)=[f(\tau)*h(\tau)]*[f(-\tau)*h(-\tau)]^*=R_f(\tau)*R_h(\tau) \tag{3.8.52}$$

(2) 频域关系

考虑到式(3.8.50)，则有

$$\mathrm{CTFT}[R_{fy_f}(\tau)]=|F(\mathrm{j}\omega)|^2H^*(\mathrm{j}\omega) \tag{3.8.53}$$

考虑到式(3.8.51)，则有

$$\mathrm{CTFT}[R_{y_ff}(\tau)]=|F(\mathrm{j}\omega)|^2H(\mathrm{j}\omega) \tag{3.8.54}$$

考虑到式(3.8.52)，则有

$$\mathrm{CTFT}[R_{y_f}(\tau)]=|F(\mathrm{j}\omega)|^2\ |H(\mathrm{j}\omega)|^2 \tag{3.8.55}$$

即

$$R_{y_f}(\tau)=\frac{1}{2\pi}\int_{-\infty}^{+\infty}|F(\mathrm{j}\omega)|^2\ |H(\mathrm{j}\omega)|^2\mathrm{e}^{\mathrm{j}\omega\tau}\mathrm{d}\omega$$

亦即

$$R_{y_f}(0)=\int_{-\infty}^{+\infty}|y_f(\tau)|^2\mathrm{d}\tau=\frac{1}{2\pi}\int_{-\infty}^{+\infty}|F(\mathrm{j}\omega)|^2\ |H(\mathrm{j}\omega)|^2\mathrm{d}\omega=\frac{1}{2\pi}\int_{-\infty}^{+\infty}|Y_f(\mathrm{j}\omega)|^2\mathrm{d}\omega=E_{y_f} \tag{3.8.56}$$

2. 周期信号通过 LTI 连续时间系统的互相关函数及自相关函数

(1) 时域关系

设 LTI 连续时间系统的激励为

$$f_{T_0}(t)=f_a(t)*\delta_{T_0}(t) \tag{3.8.57}$$

若 LTI 连续时间系统的单位冲激响应为 $h(t)$，则系统的零状态响应可表示为

$$y_f(t)=f_{T_0}(t)*h(t)=f_a(t)*\delta_{T_0}(t)*h(t)=y_{T_0}(t) \tag{3.8.58}$$

考虑到式(3.8.57)及式(3.8.58)，并注意到线性卷积的反褶性质式(2.4.26)，由式(3.8.37)可得

$$\begin{aligned}
R_{fy_f}(\tau)&=\frac{1}{T_0}[f_{T_0}(\tau)G_{T_0}(\tau)]*y_{T_0}^*(-\tau)\\
&=\frac{1}{T_0}[f_{T_0}(\tau)G_{T_0}(\tau)]*[f_a(-\tau)*\delta_{T_0}(-\tau)*h(-\tau)]^*\\
&=\frac{1}{T_0}[f_{T_0}(\tau)G_{T_0}(\tau)]*\delta_{T_0}(\tau)*f_a^*(-\tau)*h^*(-\tau)\\
&=\frac{1}{T_0}f_{T_0}(\tau)*f_a^*(-\tau)*h^*(-\tau)\\
&=\frac{1}{T_0}f_a(\tau)*\delta_{T_0}(\tau)*f_a^*(-\tau)*h^*(-\tau)\\
&=\frac{1}{T_0}f_a(\tau)*f_a^*(-\tau)*h^*(-\tau)*\delta_{T_0}(\tau)
\end{aligned}$$

即

$$R_{fy_f}(\tau)=\frac{1}{T_0}f_a(\tau)*f_a^*(-\tau)*h^*(-\tau)*\delta_{T_0}(\tau) \tag{3.8.59}$$

同理，可得

$$\begin{aligned}
R_{y_ff}(\tau)&=\frac{1}{T_0}[y_{T_0}(\tau)G_{T_0}(\tau)]*f_{T_0}^*(-\tau)\\
&=\frac{1}{T_0}[y_{T_0}(\tau)G_{T_0}(\tau)]*[f_a(-\tau)*\delta_{T_0}(-\tau)]^*\\
&=\frac{1}{T_0}[y_{T_0}(\tau)G_{T_0}(\tau)]*\delta_{T_0}(\tau)*f_a^*(-\tau)\\
&=\frac{1}{T_0}y_{T_0}(\tau)*f_a^*(-\tau)\\
&=\frac{1}{T_0}f_a(\tau)*\delta_{T_0}(\tau)*h(\tau)*f_a^*(-\tau)\\
&=\frac{1}{T_0}f_a(\tau)*f_a^*(-\tau)*h(\tau)*\delta_{T_0}(\tau)
\end{aligned}$$

即

$$R_{y_f f}(\tau)=\frac{1}{T_0}f_a(\tau)*f_a^*(-\tau)*h(\tau)*\delta_{T_0}(\tau) \tag{3.8.60}$$

显然，LTI连续时间系统零状态响应的自相关函数可表示成

$$\begin{aligned}R_{y_f}(\tau)&=\frac{1}{T_0}[y_{T_0}(\tau)G_{T_0}(\tau)]*y_{T_0}^*(-\tau)\\&=\frac{1}{T_0}[y_{T_0}(\tau)G_{T_0}(\tau)]*[f_a(-\tau)*\delta_{T_0}(-\tau)*h(-\tau)]^*\\&=\frac{1}{T_0}[y_{T_0}(\tau)G_{T_0}(\tau)]*\delta_{T_0}(\tau)*f_a^*(-\tau)*h^*(-\tau)\\&=\frac{1}{T_0}y_{T_0}(\tau)*f_a^*(-\tau)*h^*(-\tau)\\&=\frac{1}{T_0}f_a(\tau)*\delta_{T_0}(\tau)*h(\tau)*f_a^*(-\tau)*h^*(-\tau)\\&=\frac{1}{T_0}f_a(\tau)*f_a^*(-\tau)*h(\tau)*h^*(-\tau)*\delta_{T_0}(\tau)\end{aligned}$$

即

$$R_{y_f}(\tau)=\frac{1}{T_0}f_a(\tau)*f_a^*(-\tau)*h(\tau)*h^*(-\tau)*\delta_{T_0}(\tau) \tag{3.8.61}$$

(2) 频域关系

对式(3.8.59)的等号两边分别取CTFT，并注意到CTFS与CTFT的代换关系式(3.3.7)，则有

$$\begin{aligned}\text{CTFT}[R_{fy_f}(\tau)]&=\frac{1}{T_0}F_a(\mathrm{j}\omega)F_a^*(\mathrm{j}\omega)H^*(\mathrm{j}\omega)\omega_0\sum_{n=-\infty}^{+\infty}\delta(\omega-n\omega_0)\\&=\sum_{n=-\infty}^{+\infty}2\pi\frac{F_a(\mathrm{j}n\omega_0)}{T_0}\frac{F_a^*(\mathrm{j}n\omega_0)}{T_0}H^*(\mathrm{j}n\omega_0)\delta(\omega-n\omega_0)\\&=\sum_{n=-\infty}^{+\infty}2\pi\,|F(n\omega_0)|^2H^*(\mathrm{j}n\omega_0)\delta(\omega-n\omega_0)\end{aligned} \tag{3.8.62}$$

对式(3.8.60)的等号两边分别取CTFT，并注意到CTFS与CTFT的代换关系式(3.3.7)，则有

$$\begin{aligned}\text{CTFT}[R_{y_f f}(\tau)]&=\frac{1}{T_0}F_a(\mathrm{j}\omega)F_a^*(\mathrm{j}\omega)H(\mathrm{j}\omega)\omega_0\sum_{n=-\infty}^{+\infty}\delta(\omega-n\omega_0)\\&=\sum_{n=-\infty}^{+\infty}2\pi\frac{F_a(\mathrm{j}n\omega_0)}{T_0}\frac{F_a^*(\mathrm{j}n\omega_0)}{T_0}H(\mathrm{j}n\omega_0)\delta(\omega-n\omega_0)\\&=\sum_{n=-\infty}^{+\infty}2\pi\,|F(n\omega_0)|^2H(\mathrm{j}n\omega_0)\delta(\omega-n\omega_0)\end{aligned} \tag{3.8.63}$$

对式(3.8.61)的等号两边分别取CTFT，并注意到CTFS与CTFT的代换关系式(3.3.7)，则有

$$\begin{aligned}\text{CTFT}[R_{y_f}(\tau)]&=\frac{1}{T_0}F_a(\mathrm{j}\omega)F_a^*(\mathrm{j}\omega)H(\mathrm{j}\omega)H^*(\mathrm{j}\omega)\omega_0\sum_{n=-\infty}^{+\infty}\delta(\omega-n\omega_0)\\&=\sum_{n=-\infty}^{+\infty}2\pi\frac{F_a(\mathrm{j}n\omega_0)}{T_0}\frac{F_a^*(\mathrm{j}n\omega_0)}{T_0}H(\mathrm{j}n\omega_0)H^*(\mathrm{j}n\omega_0)\delta(\omega-n\omega_0)\\&=\sum_{n=-\infty}^{+\infty}2\pi\,|F(n\omega_0)|^2\,|H(\mathrm{j}n\omega_0)|^2\delta(\omega-n\omega_0)\end{aligned} \tag{3.8.64}$$

例3.8.5：已知LTI连续时间系统的单位冲激响应$h(t)=4\mathrm{e}^{-2t}\varepsilon(t)$，激励为连续时间周期实信号$f_{T_0}(t)=2\mathrm{e}^{t}\varepsilon(-t)*\delta_4(t)$，试求系统零状态响应$y_f(t)$的自相关函数$R_{y_f}(\tau)$和功率谱$\Phi_{y_f}(\omega)$。

解：由式(3.8.61)，并利用式(1.4.16)，可得

$$R_{y_f}(\tau)=\frac{1}{T_0}f_a(\tau)*f_a^*(-\tau)*h(\tau)*h^*(-\tau)*\delta_{T_0}(\tau)$$

$$=\frac{1}{4}\times 2\mathrm{e}^{\tau}\varepsilon(-\tau)*2\mathrm{e}^{-\tau}\varepsilon(\tau)*4\mathrm{e}^{-2\tau}\varepsilon(\tau)*4\mathrm{e}^{2\tau}\varepsilon(-\tau)*\delta_4(\tau)$$

$$=2\mathrm{e}^{-|\tau|}*\mathrm{e}^{-2|\tau|}*\delta_4(\tau)$$

$$=\frac{4}{3}(2\mathrm{e}^{-|\tau|}-\mathrm{e}^{-2|\tau|})*\delta_4(\tau)$$

对自相关函数 $R_{y_f}(\tau)$取 CTFT，可得功率谱 $\Phi_{y_f}(\omega)$，即

$$\Phi_{y_f}(\omega)=\mathrm{CTFT}[R_{y_f}(\tau)]=2\times\frac{2}{1+\omega^2}\times\frac{4}{4+\omega^2}\,\frac{\pi}{2}\sum_{n=-\infty}^{+\infty}\delta\left(\omega-\frac{n\pi}{2}\right)$$

$$=\sum_{n=-\infty}^{+\infty}\frac{8\pi}{\left[1+\left(\frac{n\pi}{2}\right)^2\right]\left[4+\left(\frac{n\pi}{2}\right)^2\right]}\delta\left(\omega-\frac{n\pi}{2}\right)$$

$$=\sum_{n=-\infty}^{+\infty}\frac{128\pi}{[4+(n\pi)^2][16+(n\pi)^2]}\delta\left(\omega-\frac{n\pi}{2}\right)$$

3.9　连续时间信号的希尔伯特变换及应用

希尔伯特(Hilbert)变换是信号分析中的重要工具，一个连续时间因果实信号 $f(t)$的傅里叶变换的实部与虚部存在着希尔伯特变换关系。利用该变换关系可以构造相应的解析信号，使其仅包含正频率成分，从而降低信号的抽样率。借助希尔伯特变换器，还可以利用正交相移法产生 SSB 调制信号等。

3.9.1　连续时间信号希尔伯特变换的定义

连续时间信号 $f(t)$的希尔伯特变换(Hilbert Transform，HT)定义为

$$\hat{f}(t)=\mathrm{HT}[f(t)]=\frac{1}{\pi}\int_{-\infty}^{+\infty}\frac{f(\tau)}{t-\tau}\mathrm{d}\tau=f(t)*\frac{1}{\pi t}\tag{3.9.1}$$

若一个系统的单位冲激响应 $h(t)=\dfrac{1}{\pi t}$，则称该系统为希尔伯特变换器。由式(3.9.1)可知，$\hat{f}(t)$可以看成 $f(t)$通过一个希尔伯特变换器的输出，如图 3.9.1 所示。

由式(3.4.44)可知，希尔伯特变换器的频率特性为

$$H(\mathrm{j}\omega)=\mathrm{CTFT}\left[\frac{1}{\pi t}\right]=-\mathrm{j}\,\mathrm{sgn}(\omega)\tag{3.9.2}$$

图 3.9.1　希尔伯特变换器

若记 $H(\mathrm{j}\omega)=|H(\mathrm{j}\omega)|\mathrm{e}^{\mathrm{j}\varphi(\omega)}$，则有

$$|H(\mathrm{j}\omega)|=1\tag{3.9.3}$$

$$\varphi(\omega)=\begin{cases}-\pi/2, & \omega>0\\ \pi/2, & \omega<0\end{cases}\tag{3.9.4}$$

这就是说，希尔伯特变换器是幅频特性为 1 的全通系统，连续时间信号 $f(t)$通过希尔伯特变换器后，其负频成分进行 $\pi/2$ 相移，其正频成分进行 $-\pi/2$ 相移。

考虑到

$$\frac{1}{\pi t} * \frac{1}{\pi t} \longleftrightarrow -\mathrm{j}\operatorname{sgn}(\omega)(-\mathrm{j})\operatorname{sgn}(\omega) = -1$$

则有

$$\frac{1}{\pi t} * \frac{1}{\pi t} = -\delta(t) \tag{3.9.5}$$

考虑到式(3.9.1)及式(3.9.5)，则有

$$\mathrm{HT}[\hat{f}(t)] = \hat{f}(t) * \frac{1}{\pi t} = \left[f(t) * \frac{1}{\pi t}\right] * \frac{1}{\pi t} = -f(t) \tag{3.9.6}$$

由式(3.9.6)可得希尔伯特逆变换公式，即

$$f(t) = \mathrm{IHT}[\hat{f}(t)] = -\mathrm{HT}[\hat{f}(t)] = -\hat{f}(t) * \frac{1}{\pi t} = -\frac{1}{\pi}\int_{-\infty}^{+\infty} \frac{\hat{f}(\tau)}{t-\tau}\mathrm{d}\tau \tag{3.9.7}$$

例 3.9.1：已知连续时间信号 $f(t)=\cos\omega_0 t$，试求 $\mathrm{HT}[f(t)]$。

解：由式(3.4.25)可知

$$\cos\omega_0 t \longleftrightarrow \pi[\delta(\omega+\omega_0)+\delta(\omega-\omega_0)]$$

考虑到式(3.9.2)，则有

$$\mathrm{HT}[f(t)] = \cos\omega_0 t * \frac{1}{\pi t} \longleftrightarrow \pi[\delta(\omega+\omega_0)+\delta(\omega-\omega_0)](-\mathrm{j})\operatorname{sgn}(\omega)$$

即

$$\mathrm{HT}[f(t)] = \cos\omega_0 t * \frac{1}{\pi t} \longleftrightarrow \mathrm{j}\pi[\delta(\omega+\omega_0)-\delta(\omega-\omega_0)]$$

考虑到式(3.4.24)，则有

$$\hat{f}(t) = \mathrm{HT}[f(t)] = \mathrm{HT}[\cos\omega_0 t] = \sin\omega_0 t \tag{3.9.8}$$

同理，可得

$$\mathrm{HT}[\sin\omega_0 t] = -\cos\omega_0 t \tag{3.9.9}$$

讨论：

考虑到式(3.9.8)及式(3.9.9)，则有

$$\begin{aligned}\mathrm{HT}[\cos(\omega_0 t+\varphi)] &= \mathrm{HT}[\cos\omega_0 t\cos\varphi - \sin\omega_0 t\sin\varphi] \\ &= \mathrm{HT}[\cos\omega_0 t]\cos\varphi - \mathrm{HT}[\sin\omega_0 t]\sin\varphi \\ &= \sin\omega_0 t\cos\varphi + \cos\omega_0 t\sin\varphi \\ &= \sin(\omega_0 t+\varphi)\end{aligned} \tag{3.9.10}$$

同理，可得

$$\mathrm{HT}[\sin(\omega_0 t+\varphi)] = -\cos(\omega_0 t+\varphi) \tag{3.9.11}$$

例 3.9.2：已知连续时间信号 $f(t)=a(t)\cos\omega_0 t$，其中 $a(t)$为低频信号，其频谱 $A(\mathrm{j}\omega)$满足条件 $A(\mathrm{j}\omega)=A(\mathrm{j}\omega)G_{2\omega_m}(\omega)$，并且 $\omega_m<\omega_0$，试求 $\mathrm{HT}[f(t)]$。

解：考虑到 $f(t)=a(t)\cos\omega_0 t$，由 CTFT 的频移性质可得

$$\begin{aligned}F(\mathrm{j}\omega) &= \frac{1}{2}\{A[\mathrm{j}(\omega+\omega_0)]+A[\mathrm{j}(\omega-\omega_0)]\} \\ &= \frac{1}{2}\{A[\mathrm{j}(\omega+\omega_0)]G_{2\omega_m}(\omega+\omega_0)+A[\mathrm{j}(\omega-\omega_0)]G_{2\omega_m}(\omega-\omega_0)\}\end{aligned}$$

$$\begin{aligned}\hat{F}(\mathrm{j}\omega) &= \mathrm{CTFT}[\hat{f}(t)] = F(\mathrm{j}\omega)[-\mathrm{j}\operatorname{sgn}(\omega)] \\ &= \frac{-\mathrm{j}}{2}\{A[\mathrm{j}(\omega+\omega_0)]G_{2\omega_m}(\omega+\omega_0)\operatorname{sgn}(\omega)+A[\mathrm{j}(\omega-\omega_0)]G_{2\omega_m}(\omega-\omega_0)\operatorname{sgn}(\omega)\}\end{aligned}$$

$$=\frac{-\mathrm{j}}{2}\{-A[\mathrm{j}(\omega+\omega_0)]G_{2\omega_m}(\omega+\omega_0)+A[\mathrm{j}(\omega-\omega_0)]G_{2\omega_m}(\omega-\omega_0)\}$$

$$=\frac{\mathrm{j}}{2}\{A[\mathrm{j}(\omega+\omega_0)]-A[\mathrm{j}(\omega-\omega_0)]\}$$

于是

$$\mathrm{HT}[a(t)\cos\omega_0 t]=a(t)\cos\omega_0 t*\frac{1}{\pi t}=\hat{f}(t)=\mathrm{ICTFT}[\hat{F}(\mathrm{j}\omega)]=a(t)\sin\omega_0 t \quad (3.9.12)$$

同理，可得

$$\mathrm{HT}[a(t)\sin\omega_0 t]=-a(t)\cos\omega_0 t \quad (3.9.13)$$

讨论：

考虑到式(3.9.12)及式(3.9.13)，则有

$$\begin{aligned}\mathrm{HT}[a(t)\cos(\omega_0 t+\varphi)]&=\mathrm{HT}[a(t)\cos\omega_0 t\cos\varphi-a(t)\sin\omega_0 t\sin\varphi)]\\&=\mathrm{HT}[a(t)\cos\omega_0 t]\cos\varphi-\mathrm{HT}[a(t)\sin\omega_0 t]\sin\varphi\\&=a(t)\sin\omega_0 t\cos\varphi+a(t)\cos\omega_0 t\sin\varphi\\&=a(t)\sin(\omega_0 t+\varphi)\end{aligned} \quad (3.9.14)$$

同理，可得

$$\mathrm{HT}[a(t)\sin(\omega_0 t+\varphi)]=-a(t)\cos(\omega_0 t+\varphi) \quad (3.9.15)$$

推论：

若 $a(t)$ 与 $\varphi(t)$ 都为低频信号，则有

$$\mathrm{HT}\{a(t)\cos[\omega_0 t+\varphi(t)]\}=a(t)\sin[\omega_0 t+\varphi(t)] \quad (3.9.16)$$

$$\mathrm{HT}\{a(t)\sin[\omega_0 t+\varphi(t)]\}=-a(t)\cos[\omega_0 t+\varphi(t)] \quad (3.9.17)$$

3.9.2　连续时间信号希尔伯特变换的性质

连续时间信号的希尔伯特变换具有许多有用的性质，下面分别进行介绍。

性质 1： 连续时间信号 $f(t)$ 通过希尔伯特变换器后，连续时间信号的幅度频谱不发生变化。

此性质是显而易见的。因为希尔伯特变换器是一个全通系统，所以引起变化的只是连续时间信号的相位频谱。

性质 2： 连续时间信号 $f(t)$ 与 $\hat{f}(t)$ 是正交的，即

$$\int_{-\infty}^{+\infty} f(t)\,\hat{f}(t)\mathrm{d}t=0 \quad (3.9.18)$$

证明： 记 $\hat{F}(\mathrm{j}\omega)=\mathrm{CTFT}[\hat{f}(t)]$，考虑到式(3.4.50)，则有

$$\begin{aligned}\int_{-\infty}^{+\infty} f(t)\,\hat{f}(t)\mathrm{d}t&=\frac{1}{2\pi}F(\mathrm{j}\omega)*\hat{F}(\mathrm{j}\omega)\big|_{\omega=0}=\frac{1}{2\pi}\int_{-\infty}^{+\infty}F(\mathrm{j}\lambda)\,\hat{F}(-\mathrm{j}\lambda)\mathrm{d}\lambda\\&=\frac{1}{2\pi}\int_{-\infty}^{+\infty}F(\mathrm{j}\lambda)\,\hat{F}^*(\mathrm{j}\lambda)\mathrm{d}\lambda=\frac{1}{2\pi}\int_{-\infty}^{+\infty}F(\mathrm{j}\omega)\,\hat{F}^*(\mathrm{j}\omega)\mathrm{d}\omega\\&=\frac{1}{2\pi}\int_{-\infty}^{+\infty}F(\mathrm{j}\omega)\,[-\mathrm{j}\,\mathrm{sgn}(\omega)F(\mathrm{j}\omega)]^*\mathrm{d}\omega\\&=\frac{\mathrm{j}}{2\pi}\int_{-\infty}^{+\infty}\mathrm{sgn}(\omega)\,|F(\mathrm{j}\omega)|^2\mathrm{d}\omega=0\end{aligned}$$

性质 3： 希尔伯特变换不改变连续时间信号的能量，即连续时间信号 $\hat{f}(t)$ 与 $f(t)$ 的能量是相等的，亦即

$$\int_{-\infty}^{+\infty} |\hat{f}(t)|^2 \mathrm{d}t = \int_{-\infty}^{+\infty} |f(t)|^2 \mathrm{d}t \tag{3.9.19}$$

证明：记$\hat{F}(\mathrm{j}\omega)=\mathrm{CTFT}[\hat{f}(t)]$，考虑到 Parseval 定理，则有

$$\begin{aligned}\int_{-\infty}^{+\infty} |\hat{f}(t)|^2 \mathrm{d}t &= \frac{1}{2\pi}\int_{-\infty}^{+\infty} |\hat{F}(\mathrm{j}\omega)|^2 \mathrm{d}\omega = \frac{1}{2\pi}\int_{-\infty}^{+\infty} |-\mathrm{j}\mathrm{sgn}(\omega)F(\mathrm{j}\omega)|^2 \mathrm{d}\omega \\ &= \frac{1}{2\pi}\int_{-\infty}^{+\infty} |F(\mathrm{j}\omega)|^2 \mathrm{d}\omega = \int_{-\infty}^{+\infty} |f(t)|^2 \mathrm{d}t\end{aligned}$$

性质 4：若 $f(t)=f_1(t)*f_2(t)$，则有

$$\hat{f}(t)=\hat{f}_1(t)*f_2(t)=f_1(t)*\hat{f}_2(t) \tag{3.9.20}$$

式中，$\hat{f}(t)$、$\hat{f}_1(t)$及$\hat{f}_2(t)$分别是 $f(t)$、$f_1(t)$及 $f_2(t)$的希尔伯特变换。

证明：考虑到 $f(t)=f_1(t)*f_2(t)$，则有

$$f(t)*\frac{1}{\pi t}=f_1(t)*f_2(t)*\frac{1}{\pi t}$$

即

$$\hat{f}(t)=\hat{f}_1(t)*f_2(t)=f_1(t)*\hat{f}_2(t)$$

性质 5：连续时间信号 $f(t)$进行希尔伯特变换后再延迟，与连续时间信号 $f(t)$延迟后再进行希尔伯特变换，是等价的，即

$$\hat{f}(t-t_0)=f(t-t_0)*\frac{1}{\pi t} \tag{3.9.21}$$

证明：考虑到$\hat{f}(t)=f(t)*\frac{1}{\pi t}$，则有

$$\hat{f}(t-t_0)=\hat{f}(t)*\delta(t-t_0)=f(t)*\frac{1}{\pi t}*\delta(t-t_0)=f(t-t_0)*\frac{1}{\pi t}$$

性质 6：连续时间信号 $f(t)$进行希尔伯特变换后再微分，与连续时间信号 $f(t)$微分后再进行希尔伯特变换，是等价的，即

$$\frac{\mathrm{d}\hat{f}(t)}{\mathrm{d}t}=\frac{\mathrm{d}f(t)}{\mathrm{d}t}*\frac{1}{\pi t} \tag{3.9.22}$$

证明：考虑到$\hat{f}(t)=f(t)*\frac{1}{\pi t}$，则有

$$\frac{\mathrm{d}\hat{f}(t)}{\mathrm{d}t}=\hat{f}(t)*\delta'(t)=f(t)*\frac{1}{\pi t}*\delta'(t)=\frac{\mathrm{d}f(t)}{\mathrm{d}t}*\frac{1}{\pi t}$$

性质 7：连续时间信号 $f(t)$进行希尔伯特变换后再积分，与连续时间信号 $f(t)$积分后再进行希尔伯特变换，是等价的，即

$$\hat{f}^{(-1)}(t)=f^{(-1)}(t)*\frac{1}{\pi t} \tag{3.9.23}$$

证明：考虑到$\hat{f}(t)=f(t)*\frac{1}{\pi t}$，则有

$$\hat{f}^{(-1)}(t)=\hat{f}(t)*\varepsilon(t)=f(t)*\frac{1}{\pi t}*\varepsilon(t)=f^{(-1)}(t)*\frac{1}{\pi t}$$

性质 8：连续时间偶信号 $f(t)$的希尔伯特变换$\hat{f}(t)$是连续时间奇信号，连续时间奇信号 $f(t)$的希尔伯特变换$\hat{f}(t)$是连续时间偶信号，即

(1) 若 $f(t)=f(-t)$，则有

$$\hat{f}(-t)=-\hat{f}(t) \tag{3.9.24}$$

(2) 若 $f(t)=-f(-t)$，则有

$$\hat{f}(-t)=\hat{f}(t) \tag{3.9.25}$$

证明：基于

$$\hat{f}(t)=f(t)*\frac{1}{\pi t}$$

(1) 若 $f(t)=f(-t)$，考虑到线性卷积的反褶性质式(2.4.26)，则有

$$\hat{f}(-t)=f(-t)*\frac{1}{\pi(-t)}=-f(-t)*\frac{1}{\pi t}=-f(t)*\frac{1}{\pi t}=-\hat{f}(t)$$

(2) 若 $f(t)=-f(-t)$，考虑到线性卷积的反褶性质式(2.4.26)，则有

$$\hat{f}(-t)=f(-t)*\frac{1}{\pi(-t)}=-f(-t)*\frac{1}{\pi t}=f(t)*\frac{1}{\pi t}=\hat{f}(t)$$

性质 9：连续时间信号 $f(t)$进行希尔伯特变换后的自相关函数与连续时间信号 $f(t)$的自相关函数相等，即

$$R_{\hat{f}}(\tau)=R_f(\tau) \tag{3.9.26}$$

证明：基于

$$\hat{f}(\tau)=f(\tau)*\frac{1}{\pi\tau}$$

考虑到线性卷积的反褶性质式(2.4.26)，则有

$$\hat{f}(-\tau)=f(-\tau)*\frac{1}{\pi(-\tau)}=-f(-\tau)*\frac{1}{\pi\tau}$$

考虑到连续时间实信号自相关函数的定义式(3.8.7)及式(3.9.5)，则有

$$\begin{aligned}R_{\hat{f}}(\tau)&=\hat{f}(\tau)*\hat{f}(-\tau)=f(\tau)*\frac{1}{\pi\tau}*\left[f(-\tau)*\frac{1}{\pi(-\tau)}\right]\\&=f(\tau)*f(-\tau)*\left[-\frac{1}{\pi\tau}*\frac{1}{\pi\tau}\right]\\&=f(\tau)*f(-\tau)*\delta(\tau)\\&=R_f(\tau)\end{aligned}$$

性质 10：连续时间信号的希尔伯特变换 $\hat{f}(t)$和自身 $f(t)$的互相关函数 $R_{\hat{f}f}(\tau)$与连续时间信号 $f(t)$的自相关函数的希尔伯特变换 $\hat{R}_f(\tau)$相等，即

$$R_{\hat{f}f}(\tau)=\hat{R}_f(\tau) \tag{3.9.27}$$

证明：考虑到 $R_f(\tau)=R_{ff}(\tau)=f(\tau)*f(-\tau)$，则有

$$R_{\hat{f}f}(\tau)=\hat{f}(\tau)*f(-\tau)=\frac{1}{\pi\tau}*f(\tau)*f(-\tau)=\frac{1}{\pi\tau}*R_f(\tau)=\hat{R}_f(\tau)$$

推论：

(1) 考虑到连续时间实信号互相关函数的定义式(3.8.5)，则有

$$R_{f\hat{f}}(\tau)=f(\tau)*\hat{f}(-\tau)=f(\tau)*f(-\tau)*\frac{1}{\pi(-\tau)}=-R_f(\tau)*\frac{1}{\pi\tau}=-\hat{R}_f(\tau) \tag{3.9.28}$$

(2) 考虑到连续时间实信号互相关函数的定义式(3.8.5)、式(3.9.28)及式(3.9.27)，则有

$$R_{\hat{f}f}(-\tau)=\hat{f}(-\tau)*f(\tau)=R_{f\hat{f}}(\tau)=-\hat{R}_f(\tau)=-R_{\hat{f}f}(\tau) \tag{3.9.29}$$

(3) 考虑到式(3.9.28)，则有

$$R_{ff}(-\tau)=f(-\tau)*\hat{f}(\tau)=f(-\tau)*f(\tau)*\frac{1}{\pi\tau}=R_f(\tau)*\frac{1}{\pi\tau}=\hat{R}_f(\tau)=-R_{ff}(\tau) \tag{3.9.30}$$

由式(3.9.30)可知，$R_{ff}(0)=0$，即 $f(t)$与$\hat{f}(t)$在同一时刻是正交的。

3.9.3 因果实信号傅里叶变换的实部与虚部的相互约束关系

连续时间因果实信号 $f(t)$可以分解成偶分量 $f_e(t)$与奇分量 $f_o(t)$之和，即

$$f(t)=f_e(t)+f_o(t) \tag{3.9.31}$$

式(1.3.14)及式(1.3.15)已经揭示了连续时间因果实信号 $f(t)$的偶分量 $f_e(t)$与奇分量 $f_o(t)$之间的时域相互约束关系，即

$$f_e(t)=f_o(t)\text{sgn}(t) \tag{3.9.32}$$

$$f_o(t)=f_e(t)\text{sgn}(t) \tag{3.9.33}$$

设 $f(t)\longleftrightarrow F(\text{j}\omega)=R(\omega)+\text{j}X(\omega)$，由 CTFT 的奇偶虚实性质，可得

$$f_e(t)\longleftrightarrow R(\omega) \tag{3.9.34}$$

$$f_o(t)\longleftrightarrow \text{j}X(\omega) \tag{3.9.35}$$

对式(3.9.32)的等号两边分别取 CTFT，并考虑到 CTFT 的频域线性卷积定理、式(3.9.34)及式(3.9.35)，则有

$$R(\omega)=\frac{1}{2\pi}[\text{j}X(\omega)]*\frac{2}{\text{j}\omega}=X(\omega)*\frac{1}{\pi\omega} \tag{3.9.36}$$

对式(3.9.33)的等号两边分别取 CTFT，并考虑到 CTFT 的频域线性卷积定理、式(3.9.34)及式(3.9.35)，则有

$$\text{j}X(\omega)=\frac{1}{2\pi}R(\omega)*\frac{2}{\text{j}\omega}$$

即

$$X(\omega)=-R(\omega)*\frac{1}{\pi\omega} \tag{3.9.37}$$

式(3.9.36)及式(3.9.37)还可以通过下述方式得到。

考虑到连续时间信号 $f(t)$是因果实信号，则有

$$f(t)=f(t)\varepsilon(t) \tag{3.9.38}$$

对式(3.9.38)的等号两边分别取 CTFT，并考虑到 CTFT 的频域线性卷积定理，可得

$$F(\text{j}\omega)=\frac{1}{2\pi}F(\text{j}\omega)*\left[\pi\delta(\omega)+\frac{1}{\text{j}\omega}\right]=\frac{1}{2}F(\text{j}\omega)+\frac{1}{2}F(\text{j}\omega)*\frac{1}{\text{j}\pi\omega}$$

即

$$F(\text{j}\omega)=F(\text{j}\omega)*\frac{1}{\text{j}\pi\omega}$$

亦即

$$R(\omega)+\text{j}X(\omega)=[R(\omega)+\text{j}X(\omega)]*\frac{1}{\text{j}\pi\omega}=X(\omega)*\frac{1}{\pi\omega}-\text{j}R(\omega)*\frac{1}{\pi\omega}$$

于是

$$R(\omega)=X(\omega)*\frac{1}{\pi\omega},\ X(\omega)=-R(\omega)*\frac{1}{\pi\omega}$$

结论：

连续时间因果实信号傅里叶变换的实部和虚部受希尔伯特变换对的约束。

例 3.9.3： 已知连续时间因果实信号 $f(t)=e^{-at}\varepsilon(t)(a>0)$，试验证 $f(t)$的傅里叶变换的实部和虚部满足希尔伯特变换对的约束。

解： 考虑到 $f(t)=e^{-at}\varepsilon(t)$，则有

$$F(j\omega)=\text{CTFT}[f(t)]=\text{CTFT}[e^{-at}\varepsilon(t)]=\frac{1}{a+j\omega}=\frac{a}{a^2+\omega^2}+j\frac{-\omega}{a^2+\omega^2}$$

显然

$$R(\omega)=\frac{a}{a^2+\omega^2},\ X(\omega)=\frac{-\omega}{a^2+\omega^2}$$

于是

$$\begin{aligned}
X(\omega)*\frac{1}{\pi\omega}&=\frac{-\omega}{a^2+\omega^2}*\frac{1}{\pi\omega}\\
&=\frac{1}{\pi}\int_{-\infty}^{+\infty}\frac{-\lambda}{a^2+\lambda^2}\frac{1}{\omega-\lambda}d\lambda=\frac{1}{\pi}\int_{-\infty}^{+\infty}\frac{1}{a^2+\omega^2}\left[\frac{\omega}{\lambda-\omega}+\frac{a^2-\lambda\omega}{a^2+\lambda^2}\right]d\lambda\\
&=\frac{1}{(a^2+\omega^2)\pi}\left[\omega\int_{-\infty}^{+\infty}\frac{1}{\lambda-\omega}d\lambda+\int_{-\infty}^{+\infty}\frac{a^2}{a^2+\lambda^2}d\lambda-\omega\int_{-\infty}^{+\infty}\frac{\lambda}{a^2+\lambda^2}d\lambda\right]\\
&=\frac{1}{(a^2+\omega^2)\pi}\int_{-\infty}^{+\infty}\frac{a^2}{a^2+\lambda^2}d\lambda=\frac{2a}{(a^2+\omega^2)\pi}\arctan\frac{\lambda}{a}\Bigg|_0^{+\infty}\\
&=\frac{a}{a^2+\omega^2}=R(\omega)
\end{aligned}$$

$$\begin{aligned}
-R(\omega)*\frac{1}{\pi\omega}&=\frac{-a}{a^2+\omega^2}*\frac{1}{\pi\omega}\\
&=\frac{1}{\pi}\int_{-\infty}^{+\infty}\frac{-a}{a^2+\lambda^2}\frac{1}{\omega-\lambda}d\lambda=\frac{a}{\pi}\int_{-\infty}^{+\infty}\frac{1}{a^2+\omega^2}\left[\frac{1}{\lambda-\omega}-\frac{\lambda+\omega}{a^2+\lambda^2}\right]d\lambda\\
&=\frac{-a\omega}{(a^2+\omega^2)\pi}\int_{-\infty}^{+\infty}\frac{1}{a^2+\lambda^2}d\lambda=\frac{-2\omega}{(a^2+\omega^2)\pi}\arctan\frac{\lambda}{a}\Bigg|_0^{+\infty}\\
&=\frac{-\omega}{a^2+\omega^2}=X(\omega)
\end{aligned}$$

分析表明，所给连续时间信号 $f(t)$的傅里叶变换的实部和虚部满足希尔伯特变换对的约束。

3.9.4　连续时间信号希尔伯特变换的应用

连续时间信号的希尔伯特变换的应用十分广泛，下面给出的例子仅涉及通信和信号处理。

1. 由希尔伯特变换构造解析信号

我们已经知道，连续时间因果信号频谱的实部和虚部彼此受希尔伯特变换对的约束，由傅里叶变换的对偶性质可知，若希望得到因果形式的频谱，则时域上应该是一个复信号，并且复信号的实部和虚部彼此受希尔伯特变换对的约束，这样的复信号称为解析信号。

设$\hat{f}(t)$是 $f(t)$的希尔伯特变换，可以构造解析信号，即

$$y(t)=f(t)+j\hat{f}(t)\tag{3.9.39}$$

对式(3.9.39)的等号两边分别取 CTFT，并考虑到式(3.9.2)，则有

$$\begin{aligned}
Y(j\omega)&=F(j\omega)+jF(j\omega)(-j)\text{sgn}(\omega)\\
&=F(j\omega)[1+\text{sgn}(\omega)]\\
&=2F(j\omega)\varepsilon(\omega)
\end{aligned}\tag{3.9.40}$$

式(3.9.40)表明，由希尔伯特变换构造的解析信号只含有正频率分量，幅度是原信号正频率分量的两倍。由抽样定理可知，对带限于 ω_m 的连续时间信号 $f(t)$，若满足 $\omega_s \geqslant 2\omega_m$，则可从 $f(t)$ 的样值信号 $f_s(t)$ 中无失真恢复出原信号 $f(t)$。利用 $f(t)$ 构成解析信号后，由于解析信号 $y(t)$ 的频谱中仅含有正频率分量，最高频率仍为 ω_m，这时只需要抽样频率满足 $\omega_s \geqslant \omega_m$，即可从解析信号 $y(t)$ 的样值信号 $y_s(t)$ 中无失真恢复出原始信号 $y(t)$，从而可以得到连续时间信号 $f(t)$，并且由式(3.9.39)可知 $f(t)=\mathrm{Re}[y(t)]$。

例 3.9.4：已知连续时间信号 $f(t)=\cos\omega_0 t$，试求解析信号 $y(t)$。

解：考虑到

$$\hat{f}(t)=\mathrm{HT}[\cos\omega_0 t]=\sin\omega_0 t$$

则解析信号为

$$y(t)=f(t)+\mathrm{j}\,\hat{f}(t)=\cos\omega_0 t+\mathrm{j}\sin\omega_0 t=\mathrm{e}^{\mathrm{j}\omega_0 t}$$

2. 利用希尔伯特变换器产生 SSB 调制信号

3.6.7 节介绍了利用边带滤波法来产生单边带(SSB)调制信号。由于边带滤波器存在过渡带，即通带和阻带区分不明显。因此，存在滤除边带不彻底，即存在残留边带的问题，从而增加了解调 SSB 信号的难度。在实际工作中，通常用正交相移法来产生 SSB 调制信号，即利用希尔伯特变换器相移 π/2 的特性，去抵消双边带(DSB)调制信号中的一个边带，使其成为一个单边带(SSB)调制信号。

例 3.9.5：单边带(SSB)调制系统的原理方框图如图 3.9.2 所示，假设调制信号 $f(t)$ 的频谱 $F(\mathrm{j}\omega)$ 如图 3.9.3所示，试画出已调信号 $y(t)$ 的频谱 $Y(\mathrm{j}\omega)$。

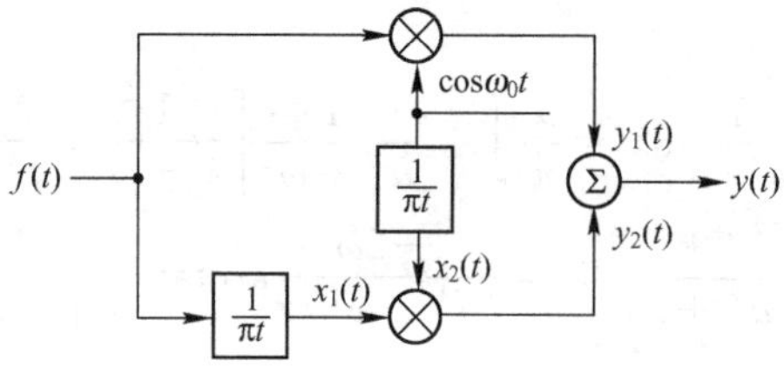

图 3.9.2　单边带调制系统的原理方框图

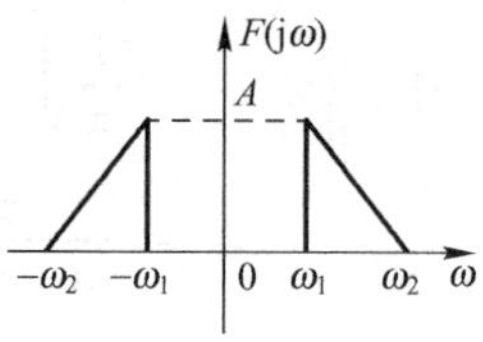

图 3.9.3　调制信号 $f(t)$ 的频谱

解：考虑到

$$f(t)\longleftrightarrow F(\mathrm{j}\omega)$$

$$\cos\omega_0 t\longleftrightarrow \pi[\delta(\omega+\omega_0)+\delta(\omega-\omega_0)]$$

$$y_1(t)=f(t)\cos\omega_0 t$$

则有

$$Y_1(\mathrm{j}\omega)=\frac{1}{2}F[\mathrm{j}(\omega+\omega_0)]+\frac{1}{2}F[\mathrm{j}(\omega-\omega_0)]$$

考虑到 $x_1(t)=f(t)*\dfrac{1}{\pi t}$，$x_2(t)=\cos\omega_0 t*\dfrac{1}{\pi t}$，$\mathrm{CTFT}\left[\dfrac{1}{\pi t}\right]=-\mathrm{j}\,\mathrm{sgn}(\omega)$，则有

$$X_1(\mathrm{j}\omega)=F(\mathrm{j}\omega)(-\mathrm{j})\mathrm{sgn}(\omega)=-\mathrm{j}F(\mathrm{j}\omega)\mathrm{sgn}(\omega)$$

$$X_2(\mathrm{j}\omega)=\pi[\delta(\omega+\omega_0)+\delta(\omega-\omega_0)](-\mathrm{j})\mathrm{sgn}(\omega)=\mathrm{j}\pi[\delta(\omega+\omega_0)-\delta(\omega-\omega_0)]$$

考虑到 $y_2(t)=x_1(t)x_2(t)$，则有

$$Y_2(\mathrm{j}\omega)=\frac{1}{2\pi}X_1(\mathrm{j}\omega)*X_2(\mathrm{j}\omega)$$

$$=\frac{1}{2\pi}[-\mathrm{j}F(\mathrm{j}\omega)\mathrm{sgn}(\omega)]*\mathrm{j}\pi[\delta(\omega+\omega_0)-\delta(\omega-\omega_0)]$$

$$=\frac{1}{2}F[\mathrm{j}(\omega+\omega_0)]\mathrm{sgn}(\omega+\omega_0)-\frac{1}{2}F[\mathrm{j}(\omega-\omega_0)]\mathrm{sgn}(\omega-\omega_0)$$

依据上述频谱关系，可以画出连续时间信号 $y_1(t)$、$x_1(t)$、$y_2(t)$及 $y(t)$的频谱 $Y_1(\mathrm{j}\omega)$、$X_1(\mathrm{j}\omega)$、$Y_2(\mathrm{j}\omega)$及 $Y(\mathrm{j}\omega)$，分别如图 3.9.4至图 3.9.7 所示。

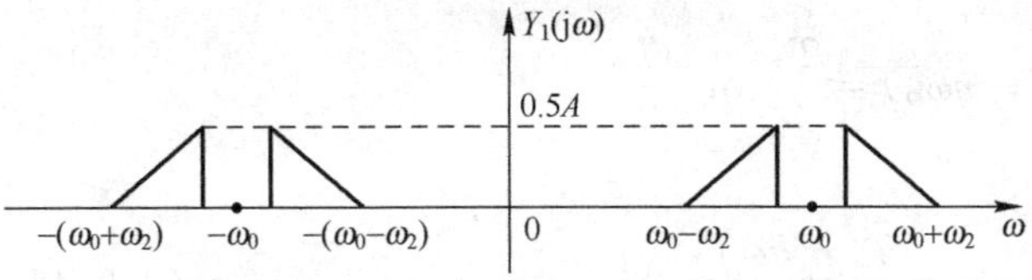

图 3.9.4　双边带调制信号 $y_1(t)$的频谱

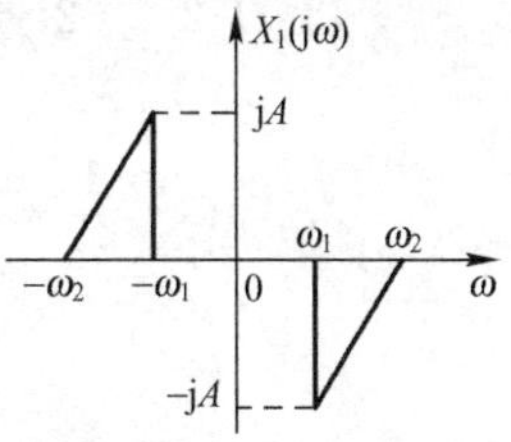

图 3.9.5　希尔伯特变换器输出信号 $x_1(t)$的频谱

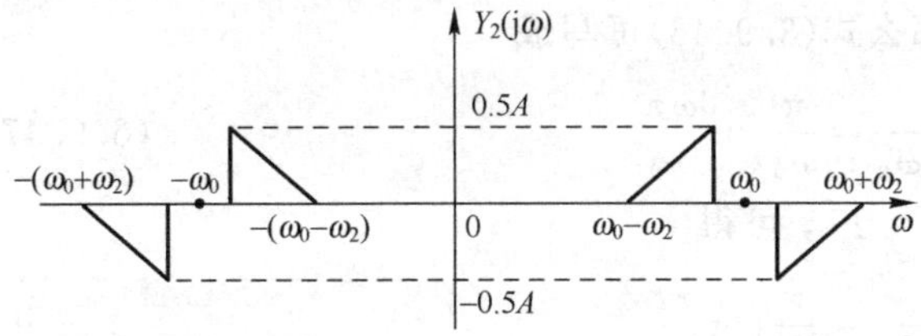

图 3.9.6　相移 $\pi/2$ 后已调信号 $y_2(t)$的频谱

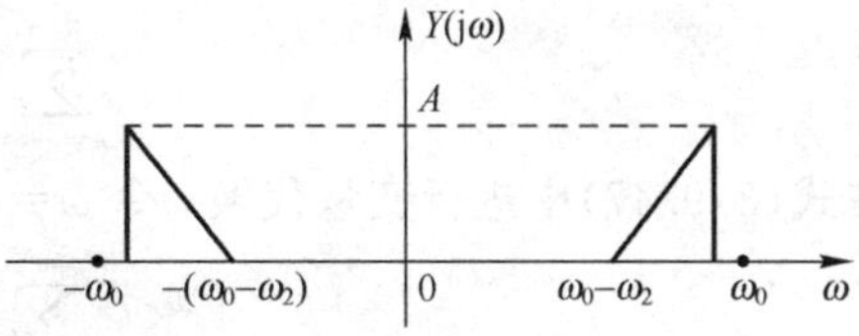

图 3.9.7　下边带已调信号 $y(t)$的频谱

可见，利用正交相移法得到了载频之下的一个边带，即获得了一个下边带调制的信号。

3. 希尔伯特变换相关问题的讨论

3.5.2 节讨论了连续时间因果周期冲激信号和因果周期信号的频谱问题，并且式(3.5.15)给出了因果周期冲激信号 $\delta_{T_0}(t)\varepsilon(t-0_-)$的频谱表达式，即

$$\mathrm{CTFT}[\delta_{T_0}(t)\varepsilon(t-0_-)]=\frac{1}{1-\mathrm{e}^{-\mathrm{j}\omega T_0}}+\frac{\omega_0}{2}\sum_{n=-\infty}^{+\infty}\delta(\omega-n\omega_0)\tag{3.9.41}$$

式中，$\omega_0=2\pi/T_0$。

式(3.9.41)可以改写成

$$\mathrm{CTFT}[\delta_{T_0}(t)\varepsilon(t-0_-)]=\frac{\mathrm{e}^{\mathrm{j}\frac{\omega T_0}{2}}}{\mathrm{e}^{\mathrm{j}\frac{\omega T_0}{2}}-\mathrm{e}^{-\mathrm{j}\frac{\omega T_0}{2}}}+\frac{\omega_0}{2}\sum_{n=-\infty}^{+\infty}\delta(\omega-n\omega_0)$$

$$=\frac{\cos\frac{\omega T_0}{2}+\mathrm{j}\sin\frac{\omega T_0}{2}}{2\mathrm{j}\sin\frac{\omega T_0}{2}}+\frac{\omega_0}{2}\sum_{n=-\infty}^{+\infty}\delta(\omega-n\omega_0)$$

$$=\frac{1}{2}+\frac{\omega_0}{2}\sum_{n=-\infty}^{+\infty}\delta(\omega-n\omega_0)-\mathrm{j}\frac{1}{2}\cot\frac{\omega T_0}{2}$$

$$=R(\omega)+\mathrm{j}X(\omega)\tag{3.9.42}$$

式中

$$R(\omega)=\frac{1}{2}+\frac{\omega_0}{2}\sum_{n=-\infty}^{+\infty}\delta(\omega-n\omega_0)\tag{3.9.43}$$

$$X(\omega)=-\frac{1}{2}\cot\frac{\omega T_0}{2}\tag{3.9.44}$$

考虑到因果周期冲激信号是因果实信号，则其频谱的实部 $R(\omega)$和虚部 $X(\omega)$应受希尔伯特变换对的约束，即

$$-R(\omega)*\frac{1}{\pi\omega}=X(\omega) \tag{3.9.45}$$

将式(3.9.43)及式(3.9.44)代入式(3.9.45)，可得

$$-\left[\frac{1}{2}+\frac{\omega_0}{2}\sum_{n=-\infty}^{+\infty}\delta(\omega-n\omega_0)\right]*\frac{1}{\pi\omega}=-\frac{1}{2}\cot\frac{\omega T_0}{2}$$

即

$$\frac{1}{\omega}*\sum_{n=-\infty}^{+\infty}\delta(\omega-n\omega_0)=\frac{T_0}{2}\cot\frac{\omega T_0}{2}$$

亦即

$$\sum_{n=-\infty}^{+\infty}\frac{1}{\omega-n\omega_0}=\frac{T_0}{2}\cot\frac{\omega T_0}{2} \tag{3.9.46}$$

(1) 获得周期余切信号的途径和方法

考虑到 $\omega_0=2\pi/T_0$，则有 $T_0=2\pi/\omega_0$，那么式(3.9.46)可写成

$$\sum_{n=-\infty}^{+\infty}\frac{1}{\omega-n\omega_0}=\frac{\pi}{\omega_0}\cot\frac{\omega\pi}{\omega_0} \tag{3.9.47}$$

在式(3.9.47)中进行变量代换，令 $\omega=t$ 和 $\omega_0=T_0$，可得

$$\sum_{n=-\infty}^{+\infty}\frac{1}{t-nT_0}=\frac{\pi}{T_0}\cot\frac{\pi t}{T_0}$$

即

$$\frac{1}{\pi t}*\sum_{n=-\infty}^{+\infty}\delta(t-nT_0)=\frac{1}{T_0}\cot\frac{\pi t}{T_0} \tag{3.9.48}$$

式(3.9.48)表明，周期冲激信号 $\delta_{T_0}(t)$通过希尔伯特变换器时，其输出是周期为 T_0 的余切信号，如图 3.9.8 所示。

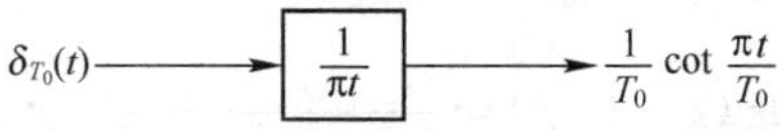

图 3.9.8　利用希尔伯特变换器产生周期余切信号

结论：

利用式(3.9.48)不仅可以产生周期余切信号，而且再次证实了对连续时间非周期信号进行周期开拓，其结果是一个同周期的连续时间周期信号。

(2) p-级数的收敛和

利用式(3.9.46)可以求 p-级数的收敛和。

例 3.9.6：设 p-级数为 $\sum_{n=1}^{+\infty}\frac{1}{n^p}$，试求 $p=2$ 时的收敛和。

解：对式(3.9.46)的等号两边分别求导，可得

$$\sum_{n=-\infty}^{+\infty}\frac{-1}{(\omega-n\omega_0)^2}=-\frac{T_0}{2}\frac{1}{\sin^2\frac{\omega T_0}{2}}\frac{T_0}{2} \tag{3.9.49}$$

在式(3.9.49)中，令 $\omega=\frac{\omega_0}{4}$，可得

$$\sum_{n=-\infty}^{+\infty}\frac{1}{\left(\frac{\omega_0}{4}-n\omega_0\right)^2}=\left(\frac{T_0}{2}\right)^2\left(\frac{1}{\sin\frac{\omega_0T_0}{8}}\right)^2$$

即

$$\sum_{n=-\infty}^{+\infty}\frac{1}{(1-4n)^2}=\left(\frac{\omega_0 T_0}{8}\right)^2\left(\frac{1}{\sin\frac{\omega_0 T_0}{8}}\right)^2=\left(\frac{\pi}{4}\right)^2\left(\frac{1}{\sin\frac{\pi}{4}}\right)^2=\frac{\pi^2}{8}$$

亦即

$$\sigma_1=\sum_{n=1,3,5,\cdots}^{+\infty}\frac{1}{n^2}=\frac{\pi^2}{8}\tag{3.9.50}$$

设 $\sigma_2=\sum\limits_{n=2,4,6,\cdots}^{+\infty}\frac{1}{n^2}$，则有 $\sigma_2=\frac{1}{4}(\sigma_1+\sigma_2)$，即 $\sigma_2=\frac{1}{3}\sigma_1$，于是

$$\sum_{n=1}^{+\infty}\frac{1}{n^2}=\sigma_1+\sigma_2=\frac{4}{3}\sigma_1=\frac{\pi^2}{6}$$

(3) 以实例检验时域抽样定理中利用内插函数重构原始信号的效果

3.7.1 节讨论了无失真恢复原始信号的问题，式(3.7.10)表明，在时域上，可以利用内插函数，即 $\mathrm{Sa}(\omega_c t)$的插值作用来恢复原始信号。由图 3.7.5 可知，其实，该式给出的结果是基于频域上对样值信号 $f_s(t)$的频谱 $F_s(\mathrm{j}\omega)$进行低通滤波，得到 $Y(\mathrm{j}\omega)=H(\mathrm{j}\omega)F_s(\mathrm{j}\omega)=F(\mathrm{j}\omega)$，通过求傅里叶逆变换，依据 CTFT 具有唯一性得出的。下面以一个实例来检验时域抽样定理中利用内插函数的插值作用来重构原始信号的效果。

例 3.9.7：已知连续时间信号 $f(t)=\mathrm{Sa}^2(t)$，其频谱 $F(\mathrm{j}\omega)$如图 3.9.9 所示。对该信号以均匀间隔 T 进行抽样，得到样值信号 $f_s(t)$。通过对 $f_s(t)$进行低通滤波处理，可以恢复原始信号 $f(t)$，如图 3.9.10 所示。要求从时域上，检验抽样定理中利用内插函数来重构原始信号的效果。

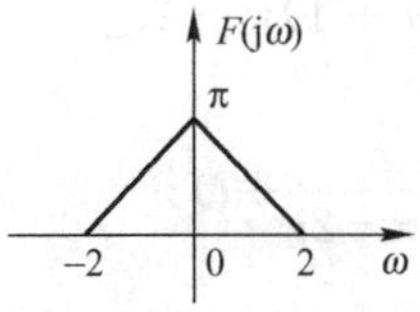

图 3.9.9　频带受限信号的频谱

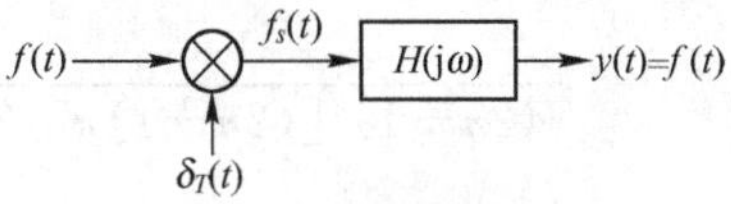

图 3.9.10　原始信号的恢复

解：由图 3.9.9 可知，频带受限信号 $f(t)$的最高角频率 $\omega_m=2$ rad/s，按抽样定理的要求，则抽样角频率 $\omega_s\geqslant 2\omega_m$，现取 $\omega_s=2\omega_m=4$ rad/s，抽样间隔 $T=\frac{2\pi}{\omega_s}=\frac{\pi}{2}$ s。显然，模拟低通滤波器的截止角频率 $\omega_c=\omega_m=2$ rad/s，其频率特性 $H(\mathrm{j}\omega)=TG_{2\omega_c}(\omega)=\frac{\pi}{2}G_4(\omega)$。

考虑到 $G_\tau(t)\longleftrightarrow \tau\mathrm{Sa}\left(\frac{\omega\tau}{2}\right)$，由 CTFT 的对偶性质可得 $\omega_c\mathrm{Sa}\left(\frac{\omega_c t}{2}\right)\longleftrightarrow 2\pi G_{\omega_c}(-\omega)$。令 $\omega_c=4$ rad/s，则有 $4\mathrm{Sa}(2t)\longleftrightarrow 2\pi G_4(\omega)$，于是模拟低通滤波器的单位冲激响应应为

$$h(t)=\mathrm{ICTFT}[H(\mathrm{j}\omega)]=\mathrm{ICTFT}\left[\frac{\pi}{2}G_4(\omega)\right]=\mathrm{Sa}(2t)$$

模拟低通滤波器的输出信号为

$$\begin{aligned}y(t)&=f_s(t)*h(t)=[f(t)\delta_T(t)]*h(t)\\&=[\mathrm{Sa}^2(t)\delta_{\frac{\pi}{2}}(t)]*\mathrm{Sa}(2t)\\&=\left[\sum_{k=-\infty}^{+\infty}\mathrm{Sa}^2\left(\frac{k\pi}{2}\right)\delta\left(t-k\frac{\pi}{2}\right)\right]*\mathrm{Sa}(2t)\\&=\sum_{k=-\infty}^{+\infty}\mathrm{Sa}^2\left(\frac{k\pi}{2}\right)\mathrm{Sa}\left[2\left(t-\frac{k\pi}{2}\right)\right]\end{aligned}\tag{3.9.51}$$

在式(3.9.47)中，令 $\omega_0=2\pi$ rad/s，则有

$$\sum_{n=-\infty}^{+\infty}\frac{1}{\omega-2n\pi}=\frac{1}{2}\cot\frac{\omega}{2} \tag{3.9.52}$$

在式(3.9.52)中，令 $\omega=2t-\pi$，则有

$$\sum_{n=-\infty}^{+\infty}\frac{1}{2t-\pi-2n\pi}=\frac{1}{2}\cot\frac{2t-\pi}{2}=\frac{1}{2}\cot\left(t-\frac{\pi}{2}\right)$$

即

$$\sum_{n=-\infty}^{+\infty}\frac{1}{(2n+1)\pi-2t}=\frac{1}{2}\tan t \tag{3.9.53}$$

考虑到式(3.9.53)，则式(3.9.51)可以写成

$$\begin{aligned}
y(t)&=\sum_{k=-\infty}^{+\infty}\mathrm{Sa}^2\left(\frac{k\pi}{2}\right)\mathrm{Sa}\left[2\left(t-\frac{k\pi}{2}\right)\right]\\
&=\sum_{k=-\infty}^{+\infty}\mathrm{Sa}^2\left(\frac{k\pi}{2}\right)\mathrm{Sa}(k\pi-2t)\\
&=\mathrm{Sa}(2t)+\sum_{n=-\infty}^{+\infty}\mathrm{Sa}^2\left(\frac{2n+1}{2}\pi\right)\mathrm{Sa}[(2n+1)\pi-2t]\\
&=\mathrm{Sa}(2t)+\sum_{n=-\infty}^{+\infty}\frac{\sin^2\left(n\pi+\frac{\pi}{2}\right)\sin(2n\pi+\pi-2t)}{(2n+1)^2\left(\frac{\pi}{2}\right)^2[(2n+1)\pi-2t]}\\
&=\mathrm{Sa}(2t)+\left(\frac{2}{\pi}\right)^2\sin 2t\sum_{n=-\infty}^{+\infty}\frac{1}{(2n+1)^2[(2n+1)\pi-2t]}
\end{aligned} \tag{3.9.54}$$

设

$$\frac{1}{(2n+1)^2[(2n+1)\pi-2t]}=\frac{A_1}{(2n+1)\pi-2t}+Q$$

则有

$$\frac{1}{(2n+1)^2}=A_1+Q[(2n+1)\pi-2t]$$

令 $(2n+1)\pi-2t=0$，即 $2n+1=\dfrac{2t}{\pi}$，那么

$$A_1=\frac{1}{(2n+1)^2}\bigg|_{(2n+1)\pi-2t=0}=\left(\frac{\pi}{2t}\right)^2$$

于是

$$\frac{1}{(2n+1)^2[(2n+1)\pi-2t]}=\frac{\left(\frac{\pi}{2t}\right)^2}{(2n+1)\pi-2t}+Q$$

式中

$$\begin{aligned}
Q&=\frac{1}{(2n+1)^2[(2n+1)\pi-2t]}-\frac{\left(\frac{\pi}{2t}\right)^2}{(2n+1)\pi-2t}=\frac{1-\left(\frac{\pi}{2t}\right)^2(2n+1)^2}{(2n+1)^2[(2n+1)\pi-2t]}\\
&=\left(\frac{1}{2t}\right)^2\frac{[2t-(2n+1)\pi][2t+(2n+1)\pi]}{(2n+1)^2[(2n+1)\pi-2t]}=-\left(\frac{1}{2t}\right)^2\frac{2t+(2n+1)\pi}{(2n+1)^2}\\
&=\frac{-\frac{1}{2t}}{(2n+1)^2}-\frac{\left(\frac{1}{2t}\right)^2\pi}{2n+1}
\end{aligned}$$

因此

$$\frac{1}{(2n+1)^2[(2n+1)\pi-2t]}=\frac{\left(\frac{\pi}{2t}\right)^2}{(2n+1)\pi-2t}-\frac{\frac{1}{2t}}{(2n+1)^2}-\frac{\left(\frac{1}{2t}\right)^2\pi}{2n+1} \tag{3.9.55}$$

将式(3.9.55)代入式(3.9.54)可得

$$\begin{aligned}y(t)&=\mathrm{Sa}(2t)+\left(\frac{2}{\pi}\right)^2\sin 2t\sum_{n=-\infty}^{+\infty}\frac{1}{(2n+1)^2[(2n+1)\pi-2t]}\\&=\mathrm{Sa}(2t)+\left(\frac{2}{\pi}\right)^2\sin 2t\left\{\sum_{n=-\infty}^{+\infty}\left[\frac{\left(\frac{\pi}{2t}\right)^2}{(2n+1)\pi-2t}-\frac{\frac{1}{2t}}{(2n+1)^2}-\frac{\left(\frac{1}{2t}\right)^2\pi}{2n+1}\right]\right\}\\&=\mathrm{Sa}(2t)+\left(\frac{2}{\pi}\right)^2\sin 2t\left[\sum_{n=-\infty}^{+\infty}\frac{\left(\frac{\pi}{2t}\right)^2}{(2n+1)\pi-2t}-\sum_{n=-\infty}^{+\infty}\frac{\frac{1}{2t}}{(2n+1)^2}-\sum_{n=-\infty}^{+\infty}\frac{\left(\frac{1}{2t}\right)^2\pi}{2n+1}\right]\end{aligned} \tag{3.9.56}$$

考虑到奇序列在对称区间上求和为零，则有

$$\sum_{n=-\infty}^{+\infty}\frac{1}{2n+1}=0 \tag{3.9.57}$$

利用式(3.9.50)，可以得到

$$\begin{aligned}\sum_{n=-\infty}^{+\infty}\frac{1}{(2n+1)^2}&=\sum_{n=-\infty}^{-1}\frac{1}{(2n+1)^2}+\sum_{n=0}^{+\infty}\frac{1}{(2n+1)^2}=\sum_{n=1}^{+\infty}\frac{1}{(1-2n)^2}+\sum_{n=0}^{+\infty}\frac{1}{(2n+1)^2}\\&=\sum_{m=0}^{+\infty}\frac{1}{[1-2(m+1)]^2}+\sum_{n=0}^{+\infty}\frac{1}{(2n+1)^2}=\sum_{m=0}^{+\infty}\frac{1}{(2m+1)^2}+\sum_{n=0}^{+\infty}\frac{1}{(2n+1)^2}\\&=2\sum_{n=0}^{+\infty}\frac{1}{(2n+1)^2}=2\sum_{n=1,3,5,\cdots}^{+\infty}\frac{1}{n^2}=2\,\frac{\pi^2}{8}=\frac{\pi^2}{4}\end{aligned} \tag{3.9.58}$$

将式(3.9.53)、式(3.9.57)及式(3.9.58)代入式(3.9.56)，可得

$$y(t)=\mathrm{Sa}(2t)+\left(\frac{2}{\pi}\right)^2\sin 2t\left[\left(\frac{\pi}{2t}\right)^2\frac{1}{2}\tan t-\frac{1}{2t}\times\frac{\pi^2}{4}\right]=\mathrm{Sa}(2t)+\mathrm{Sa}^2(t)-\mathrm{Sa}(2t)=\mathrm{Sa}^2(t)$$

结论：

分析结果表明，在时域上，利用内插函数的插值作用的确可以精确重构原始信号。

习题

3.1　单项选择题

(1) 满足狄里赫利条件的连续时间周期信号，其频谱具有(　　)。

A. 离散性　　B. 谐波性　　C. 收敛性　　D. 离散性、谐波性和收敛性

(2) 若周期信号 $f_{T_0}(t)$满足 $f_{T_0}(t)=f_{T_0}\left(t-\frac{T_0}{2}\right)$，则其傅里叶级数的系数 $F(n\omega_0)|_{n=5}$为(　　)。

A. -1　　B. 0　　C. 1　　D. 2

(3) 若周期信号 $f_{T_0}(t)$满足 $f_{T_0}(t)=-f_{T_0}\left(t-\frac{T_0}{2}\right)$，则其傅里叶级数的系数 $F(n\omega_0)|_{n=6}$为(　　)。

A. -1　　B. 0　　C. 1　　D. 2

(4) 若周期信号 $f_{T_0}(t)$同时满足 $f_{T_0}(t)=f_{T_0}(-t)$及 $f_{T_0}(t)=f_{T_0}\left(t-\frac{T_0}{2}\right)$，则其傅里叶级数展式中含有直流分量和(　　)谐波分量。

A. 正弦的奇次　B. 正弦的偶次　C. 余弦的奇次　D. 余弦的偶次

(5) 若周期信号 $f_{T_0}(t)$同时满足 $f_{T_0}(t)=f_{T_0}(-t)$及 $f_{T_0}(t)=-f_{T_0}\left(t-\frac{T_0}{2}\right)$，则其傅里叶级数展式中仅含有(　　)谐波分量。

A. 正弦的奇次　　B. 正弦的偶次

C. 余弦的奇次　　D. 余弦的偶次

(6) 若周期信号 $f_{T_0}(t)$同时满足 $f_{T_0}(t)=-f_{T_0}(-t)$及 $f_{T_0}(t)=f_{T_0}\left(t-\frac{T_0}{2}\right)$，则其傅里叶级数展式中仅含有(　　)谐波分量。

A. 正弦的奇次　　B. 正弦的偶次

C. 余弦的奇次　　D. 余弦的偶次

(7) 若周期信号 $f_{T_0}(t)$同时满足 $f_{T_0}(t)=-f_{T_0}(-t)$及 $f_{T_0}(t)=-f_{T_0}\left(t-\frac{T_0}{2}\right)$，则其傅里叶级数展式中仅含有(　　)谐波分量。

A. 正弦的奇次　　B. 正弦的偶次

C. 余弦的奇次　　D. 余弦的偶次

(8) 连续时间非周期信号，其频谱是(　　)的频谱。

A. 连续周期　　B. 连续非周期

C. 离散周期　　D. 离散非周期

(9) 在时域上连续时间信号的时移，在频域上将引起(　　)的变化。

A. 幅度频谱　　B. 相位频谱

C. 幅度频谱或相位频谱　　D. 幅度频谱和相位频谱

(10) 在时域上对连续时间信号压缩，在频域上其频谱将(　　)。

A. 压缩　　B. 扩展

C. 反褶　　D. 保持不变

(11) 在时域上对连续时间信号进行等间隔抽样，在频域上其频谱将(　　)。

A. 压缩　　B. 扩展

C. 压缩或扩展　　D. 周期延拓

(12) 在时域上对连续时间信号 $f(t)=\left[\mathrm{Sa}\left(\frac{\pi}{2}t\right)+\mathrm{Sa}(2\pi t)\right]^n$ 进行等间隔抽样，则奈奎斯特抽样频率为(　　)。

A. n　B. $2n$　C. $3n$　D. $4n$

(13) 在频域上对一个信号的频谱进行等间隔抽样，在时域上该信号的波形将(　　)。

A. 压缩　　B. 扩展

C. 压缩或扩展　　D. 周期延拓

(14) 设连续时间信号 $f(t)=\mathrm{e}^{-|t-2|}$，若频谱 $F(\mathrm{j}\omega)=|F(\mathrm{j}\omega)|\mathrm{e}^{\mathrm{j}\varphi(\omega)}$，则 $\varphi(\omega)$为(　　)。

A. 2ω　　B. -2ω

C. $\pi+2\omega$　　D. $\pi-2\omega$

(15) 设 CTFT$[f(t)]=F(\mathrm{j}\omega)$，则 $\int_{-\infty}^{+\infty}\omega^2F(\mathrm{j}\omega)\mathrm{d}\omega=$(　　)。

A. -1　　B. 0

C. 1　　D. $-2\pi f''(0)$

(16) 设 CTFT$[f_1(t)]=F_1(\mathrm{j}\omega)$，CTFT$[f_2(t)]=F_2(\mathrm{j}\omega)$，则 CTFT$[f_1(t)*f_2(t)]=$(　　)。

A. $F_1(\mathrm{j}\omega)+F_2(\mathrm{j}\omega)$　　B. $F_1(\mathrm{j}\omega)-F_2(\mathrm{j}\omega)$

C. $F_1(\mathrm{j}\omega)\pm F_2(\mathrm{j}\omega)$　　D. $F_1(\mathrm{j}\omega)F_2(\mathrm{j}\omega)$

(17) 设 CTFT$[f_1(t)]=F_1(\mathrm{j}\omega)$，CTFT$[f_2(t)]=F_2(\mathrm{j}\omega)$，则 CTFT$[f_1(t)f_2(t)]=$(　　)。

A. $F_1(\mathrm{j}\omega)+F_2(\mathrm{j}\omega)$　　B. $F_1(\mathrm{j}\omega)-F_2(\mathrm{j}\omega)$

C. $F_1(\mathrm{j}\omega)F_2(\mathrm{j}\omega)$　　D. $\frac{1}{2\pi}F_1(\mathrm{j}\omega)*F_2(\mathrm{j}\omega)$

(18) 设 CTFT$[f(t)]=F(\mathrm{j}\omega)$，则 CTFT$[2f(t)\cos\omega_0 t]=$(　　)。

A. $F(\mathrm{j}\omega)*[\delta(\omega+\omega_0)-\delta(\omega-\omega_0)]$

B. $F(\mathrm{j}\omega)*[\delta(\omega+\omega_0)+\delta(\omega-\omega_0)]$

C. $F(\mathrm{j}\omega)[\delta(\omega+\omega_0)+\delta(\omega-\omega_0)]$

D. $F(\mathrm{j}\omega)[\delta(\omega+\omega_0)-\delta(\omega-\omega_0)]$

(19) LTI 连续时间系统传输信号不失真的条件是其频率特性 $H(\mathrm{j}\omega)=$(　　)，其中 K 为常数。

A. $K\mathrm{e}^{-\mathrm{j}\varphi(\omega)}$　　B. $K\mathrm{e}^{\mathrm{j}\varphi(\omega)}$　　C. $|H(\mathrm{j}\omega)|\mathrm{e}^{\mathrm{j}\varphi(\omega)}$　　D. $K\mathrm{e}^{-\mathrm{j}\omega t_d}$

(20) 设连续时间周期信号 $f_{T_0}(t)$的周期 $T_0=2$，并且满足 $f_{T_0}(t)=-f_{T_0}(t-1)$，将该周期信号通过下截止频率 $\omega_{c_1}=2\pi$ rad/s 和上截止频率 $\omega_{c_2}=4\pi$ rad/s 的理想带通滤波器后，其输出的频率成分是(　　)。

A. π　　B. $\pm\pi$　　C. 3π　　D. $\pm 3\pi$

3.2　多项选择题

(1) 若连续时间周期冲激信号 $f(t)=\sum_{m=-\infty}^{+\infty}\delta(t-2m)$，则其等价表达式有(　　)。

A. $f(t)=\sum_{m=-\infty}^{+\infty}[\delta(t-4m)+\delta(t-2-4m)]$　　B. $f(t)=\sum_{m=-\infty}^{+\infty}\frac{1+(-1)^m}{2}\delta(t-m)$

C. $f(t)=\sum_{m=-\infty}^{+\infty}\frac{1-(-1)^m}{2}\delta(t-m)$　　D. $f(t)=\frac{1}{2}\sum_{n=-\infty}^{+\infty}\mathrm{e}^{\mathrm{j}n\pi t}$

(2) 若连续时间信号 $f(t)$的频谱为 $F(\mathrm{j}\omega)$，则连续时间信号 $y(t)=f(t)\delta(t-1)$的频谱 $Y(\mathrm{j}\omega)$为(　　)。

A. $f(1)\mathrm{e}^{\mathrm{j}\omega}$　　B. $f(1)\mathrm{e}^{-\mathrm{j}\omega}$　　C. $\frac{1}{2\pi}F(\mathrm{j}\omega)*\mathrm{e}^{-\mathrm{j}\omega}$

D. $\frac{1}{2\pi}\int_{-\infty}^{+\infty}F(\mathrm{j}\lambda)\mathrm{e}^{-\mathrm{j}(\omega-\lambda)}\mathrm{d}\lambda$　E. $\frac{\mathrm{e}^{-\mathrm{j}\omega}}{2\pi}\int_{-\infty}^{+\infty}F(\mathrm{j}\lambda)\mathrm{e}^{\mathrm{j}\lambda}\mathrm{d}\lambda$　　F. $\frac{\mathrm{e}^{-\mathrm{j}\omega}}{2\pi}\int_{-\infty}^{+\infty}F(\mathrm{j}\omega)\mathrm{e}^{\mathrm{j}\omega}\mathrm{d}\omega$

(3) 若连续时间实信号 $f(t)$的频谱为 $F(\mathrm{j}\omega)$，并且 $\ln|f(t)|=-|t|$，则频谱 $F(\mathrm{j}\omega)$为(　　)。

A. $\frac{2}{1+\omega^2}$　　B. $\frac{2}{1+\omega^2}*\frac{1}{\mathrm{j}\pi\omega}$　　C. $\frac{2}{\mathrm{j}\pi\omega(1+\omega^2)}$　　D. $\frac{2}{1+\omega^2}\mathrm{e}^{-|\omega|}$

(4) 若连续时间实信号 $f(t)$的频谱为 $F(\mathrm{j}\omega)$，并且 $\ln|F(\mathrm{j}\omega)|=-|\omega|$，则连续时间信号 $f(t)$为(　　)。

A. $\dfrac{1}{\pi(1+t^2)}$ B. $\dfrac{1}{\pi(1+t^2)}*\dfrac{1}{\pi t}$ C. $\dfrac{1}{\pi^2 t(1+t^2)}$ D. $\dfrac{1}{\pi(1+t^2)}\mathrm{sgn}(t)$

3.3 试判断下列每一对信号 $f_1(t)$及 $f_2(t)$在区间(0,4)内是否正交。

(1) $f_1(t)=\sin\pi t[\varepsilon(t)-\varepsilon(t-4)]$, $f_2(t)=\cos\pi t[\varepsilon(t)-\varepsilon(t-4)]$

(2) $f_1(t)=\varepsilon(t)-\varepsilon(t-4)$, $f_2(t)=\varepsilon(t)-2\varepsilon(t-2)+\varepsilon(t-4)$

(3) $f_1(t)=\varepsilon(t)-\varepsilon(t-4)$, $f_2(t)=\varepsilon(t)-2\varepsilon(t-1)+2\varepsilon(t-2)-2\varepsilon(t-3)+\varepsilon(t-4)$

(4) $f_1(t)=\varepsilon(t)-2\varepsilon(t-2)+\varepsilon(t-4)$, $f_2(t)=\varepsilon(t)-2\varepsilon(t-1)+2\varepsilon(t-3)-\varepsilon(t-4)$

3.4 试求图题 3.4 中各个连续时间周期信号的傅里叶级数。

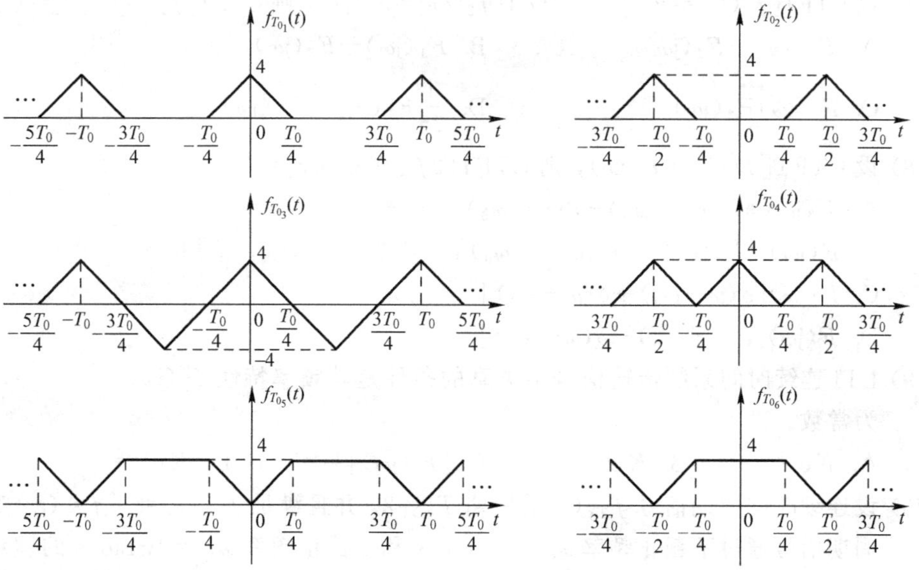

图题 3.4 连续时间周期信号 $f_{T_{01}}(t)$至 $f_{T_{06}}(t)$的波形

3.5 四个连续时间周期信号如图题 3.5 所示。

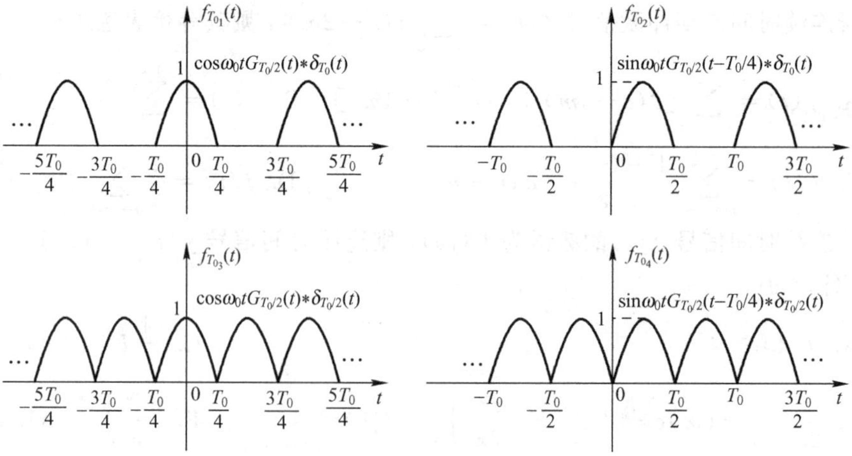

图题 3.5 连续时间周期信号 $f_{T_{01}}(t)$至 $f_{T_{04}}(t)$的波形

(1) 试分别将连续时间周期信号展成傅里叶级数。

(2) 利用 $f_{T_{01}}(t)$的傅里叶级数，证明 $f_{T_{01}}(t)-f_{T_{01}}(t-T_0/2)=\cos\omega_0 t$。

3.6 试将下列连续时间周期信号展成傅里叶级数。

(1) $f_{T_{01}}(t)=2[2\delta(t)-\delta(t-1)]*\delta_2(t)$ (2) $f_{T_{02}}(t)=tG_2(t)*\delta_2(t)$

(3) $f_{T_{03}}(t)=2\mathrm{e}^{-t}G_2(t)*\delta_2(t)$ (4) $f_{T_{04}}(t)=3[r(t+2)-3r(t)+2r(t-1)]*\delta_3(t)$

(5) $f_{T_{05}}(t)=\sqrt{2}\cos\dfrac{\pi}{4}(t-1)$ (6) $f_{T_{06}}(t)=\sin\pi tG_2(t-1)*\delta_4(t)$

(7) $f_{T_{07}}(t)=5[2G_5(t)-G_3(t)-G_1(t)]*\delta_5(t)$

(8) $f_{T_{08}}(t)=[G_2(t+2)-G_2(t-2)]*\delta_6(t)$

3.7 试求下列连续时间信号的傅里叶变换。

(1) $f_1(t)=\varepsilon(t)$ (2) $f_2(t)=G_\tau(t)$ (3) $f_3(t)=\cos t$

(4) $f_4(t)=\sin t$ (5) $f_5(t)=\mathrm{e}^{-t}\varepsilon(t)$ (6) $f_6(t)=\mathrm{e}^{-t}\cos t\varepsilon(t)$

(7) $f_7(t)=\mathrm{e}^{-t}\sin t\varepsilon(t)$ (8) $f_8(t)=\mathrm{Sa}(t)$ (9) $f_9(t)=\mathrm{sgn}(t)$

(10) $f_{10}(t)=\dfrac{1}{\pi t}$ (11) $f_{11}(t)=8\pi\mathrm{Sa}^2(2\pi t)$ (12) $f_{12}(t)=\mathrm{e}^{-t^2}$

3.8 试求下列连续时间信号的傅里叶变换。

(1) $f_1(t)=1+\varepsilon(t-1)$ (2) $f_2(t)=G_\tau(t+t_0)+G_\tau(t-t_0)$

(3) $f_3(t)=\sqrt{2}\cos\left(\omega_0 t-\dfrac{\pi}{4}\right)$ (4) $f_4(t)=\sqrt{2}\sin\left(\omega_0 t-\dfrac{\pi}{4}\right)$

(5) $f_5(t)=\sqrt{2}\mathrm{e}^{-t}\cos t\varepsilon\left(t-\dfrac{\pi}{4}\right)$ (6) $f_6(t)=[2-(1-|t-1|)]G_2(t-1)$

(7) $f_7(t)=2\mathrm{Sa}[2(t-2)]$ (8) $f_8(t)=8\pi\mathrm{Sa}^2[2\pi(t-2)]$

3.9 设 CTFT$[f(t)]=F(\mathrm{j}\omega)$，CTFT$[x(t)]=X(\mathrm{j}\omega)$，试用 $F(\mathrm{j}\omega)$、$X(\mathrm{j}\omega)$或 $f(-\omega)$表示下列连续时间信号的傅里叶变换。

(1) $f_1(t)=f(t-1)$ (2) $f_2(t)=f(2t)$ (3) $f_3(t)=f(2t-1)$

(4) $f_4(t)=F(\mathrm{j}t)$ (5) $f_5(t)=f(t)\mathrm{e}^{\mathrm{j}2t}$ (6) $f_6(t)=f'(t)$

(7) $f_7(t)=f^{(-1)}(t)$ (8) $f_8(t)=tf(t)$ (9) $f_9(t)=f(t)*x(t)$

(10) $f_{10}(t)=f(t)x(t)$

3.10 设 CTFT$[f(t)]=F(\mathrm{j}\omega)$，试用 $F(\mathrm{j}\omega)$表示下列连续时间信号的傅里叶变换。

(1) $f_1(t)=tf\left(\dfrac{t}{2}\right)$ (2) $f_2(t)=2tf(2t-4)$ (3) $f_3(t)=(1-t)f(1-t)$

(4) $f_4(t)=2(t-1)f(-2t)$ (5) $f_5(t)=t\dfrac{\mathrm{d}f(t)}{\mathrm{d}t}$ (6) $f_6(t)=tf^{(-1)}(t)$

3.11 试求下列连续时间信号的频谱。

(1) $f_1(t)=\mathrm{e}^{-t}[\varepsilon(t)-\varepsilon(t-1)]$ (2) $f_2(t)=f_1(t)+f_1(-t)$

(3) $f_3(t)=f_1(t)-f_1(-t)$ (4) $f_4(t)=tf_1(t)$

(5) $f_5(t)=f_1(t+1)+f_1(t)$ (6) $f_6(t)=f_1(1-t)+f_1(t)$

3.12 试求下列连续时间信号的频谱。

(1) $f_1(t)=\mathrm{e}^{2+t}\varepsilon(1-t)$ (2) $f_2(t)=\sin\pi t[\varepsilon(t)-\varepsilon(t-2)]$

(3) $f_3(t)=3\varepsilon(t-1)-2\varepsilon(t-2)-\varepsilon(t-6)$ (4) $f_4(t)=tG_2(t)+\varepsilon(t-1)-\varepsilon(t-2)$

(5) $f_5(t)=(t+4)G_2(t+3)-(t-4)G_2(t-3)$ (6) $f_6(t)=\varepsilon(t)-r(t-1)+r(t-2)$

3.13 试求下列连续时间信号的频谱。

(1) $f_1(t)=(1+\cos\pi t)G_2(t)$ (2) $f_2(t)=(1-t^2)G_2(t)$

(3) $f_3(t)=t\mathrm{e}^{-2t}\sin 4t\varepsilon(t)$ (4) $f_4(t)=2\mathrm{Sa}(t)\cos 4t$

(5) $f_5(t)=1+r(t)-r(t-1)$　　(6) $f_6(t)=t\mathrm{e}^{-t}\varepsilon(t)$

(7) $f_7(t)=t^2\mathrm{e}^{-|t|}$　　(8) $f_8(t)=4\pi\mathrm{Sa}(\pi t)\mathrm{Sa}[2\pi(t-1)]$

3.14 试求图题 3.14 中各个连续时间信号的频谱。

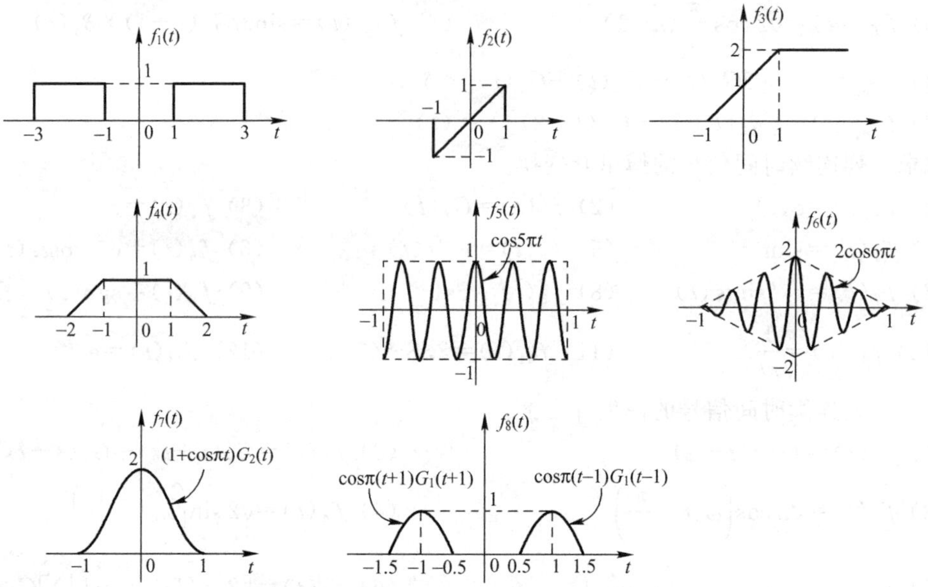

图题 3.14　连续时间信号 $f_1(t)$ 至 $f_8(t)$ 的波形

3.15 试求图题 3.15 中各个连续时间信号的频谱。

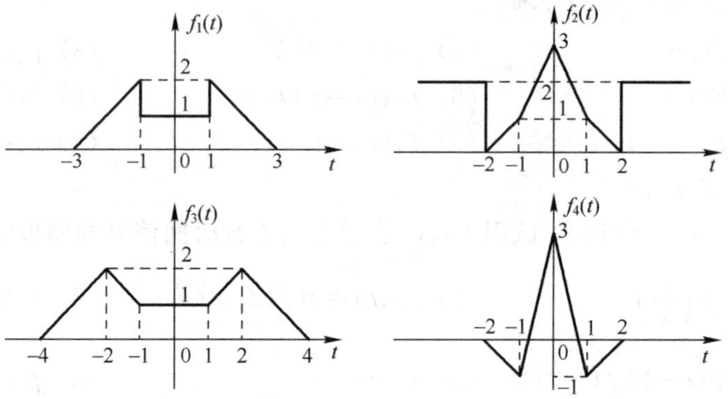

图题 3.15　连续时间信号 $f_1(t)$ 至 $f_4(t)$ 的波形

3.16 连续时间信号 $f(t)$ 的傅里叶变换 $F(\mathrm{j}\omega)$ 有许多有用的性质，现在给出部分性质，即

① $\mathrm{Re}[F(\mathrm{j}\omega)]=0$　　② $\int_{-\infty}^{+\infty}F(\mathrm{j}\omega)\mathrm{d}\omega=0$

③ $\mathrm{Im}[F(\mathrm{j}\omega)]=0$　　④ $\int_{-\infty}^{+\infty}\omega F(\mathrm{j}\omega)\mathrm{d}\omega=0$

⑤ 存在一个实数 a，使得 $\mathrm{e}^{\mathrm{j}a\omega}F(\mathrm{j}\omega)$ 为实数　　⑥ $F(\mathrm{j}\omega)$ 是周期函数

假设连续时间信号分别为：

$f_1(t)=2\delta(t-1)$； $f_2(t)=\delta(t+T)+\delta(t-T)$； $f_3(t)=\sum_{k=0}^{+\infty}a^k\delta(t-kT)$，$|a|<1$

$f_4(t)=\sin2\pi t[\varepsilon(t+3)-\varepsilon(t-3)]$； $f_5(t)=t[\varepsilon(t+2)-\varepsilon(t-2)]$； $f_6(t)=|t|\mathrm{e}^{-|t|}$。

(1) 试分别判断上述各个连续时间信号的傅里叶变换满足所列性质中的哪些性质。

(2) 试分别求上述各个连续时间信号的傅里叶变换，并且检查计算的结果与你预判的结果是否一致。

3.17 试求下列连续时间周期信号的频谱。

(1) $f_{T_{01}}(t)=\delta_2(t-1)$　　(2) $f_{T_{02}}(t)=2\delta_2(t)+\delta_2(t-1)$

(3) $f_{T_{03}}(t)=\mathrm{e}^{-t}[\varepsilon(t)-\varepsilon(t-1)]*\delta_2(t)$　　(4) $f_{T_{04}}(t)=\mathrm{e}^{-t}\varepsilon(t)*\delta_2(t)$

(5) $f_{T_{05}}(t)=\mathrm{e}^{t}\varepsilon(-t)*\delta_2(t)$　　(6) $f_{T_{06}}(t)=\mathrm{e}^{-|t|}*\delta_2(t)$

(7) $f_{T_{07}}(t)=\left[\cos\dfrac{\pi t}{T_0}G_{T_0}(t)\right]*\delta_{T_0}(t)$　　(8) $f_{T_{08}}(t)=2[G_2(t)*\delta_4(t)]\cos\pi t$

(9) $f_{T_{09}}(t)=\cot\dfrac{\pi}{T_0}t=\dfrac{T_0}{\pi t}*\sum\limits_{m=-\infty}^{+\infty}\delta(t-mT_0)$

(10) $f_{T_{010}}(t)=[r(t)-2r(t-1)+2r(t-3)-r(t-4)]*\delta_4(t)$

3.18 证明题

(1) 若连续时间实信号 $f(t)$ 的频谱为 $F(\mathrm{j}\omega)=R(\omega)+\mathrm{j}X(\omega)$，并且 $f_0(t)=f(t)+f(-t)$，$y(t)=[f_0(t+1)+f_0(t-1)]$，则 $Y(\mathrm{j}\omega)=4R(\omega)\cos\omega$。

(2) 若连续时间因果信号 $f(t)$ 的频谱为 $F(\mathrm{j}\omega)$，则 $F(\mathrm{j}\omega)=\dfrac{1}{\mathrm{j}\pi}\displaystyle\int_{-\infty}^{+\infty}\dfrac{F(\mathrm{j}\lambda)}{\omega-\lambda}\mathrm{d}\lambda$。

(3) 若连续时间信号 $f(t)$ 的频谱为 $F(\mathrm{j}\omega)$，则 $\mathrm{CTFT}\left[f'(t)*\dfrac{1}{\pi t}\right]=|\omega|F(\mathrm{j}\omega)$。

(4) 若 $\mathrm{CTFT}[f_1(t)]=F_1(\mathrm{j}\omega)$，$\mathrm{CTFT}[f_2(t)]=F_2(\mathrm{j}\omega)$，$\mathrm{CTFT}[f(t)]=F(\mathrm{j}\omega)$，连续时间实信号 $f_1(t)=f(t)+f(-t)$，$f_2(t)=f(t)+f(2-t)$，则 $F_2(\mathrm{j}n\pi)=F_1(\mathrm{j}n\pi)$，其中 n 为整数。

(5) 若连续时间信号 $f(t)$ 的频谱为 $F(\mathrm{j}\omega)$，则 $\sum\limits_{k=-\infty}^{+\infty}f(kT)=\dfrac{1}{T}\sum\limits_{n=-\infty}^{+\infty}F(\mathrm{j}n\omega_s)$，其中 $\omega_s=\dfrac{2\pi}{T}$。

(6) 若连续时间周期实信号 $f_{T_0}(t)=\dfrac{1}{\pi t}*\sum\limits_{m=-\infty}^{+\infty}\delta(t-mT_0)$，则 $f_{T_0}(t)=\dfrac{1}{T_0}\cot\dfrac{\pi t}{T_0}$。

3.19 试求下列频谱对应的连续时间信号。

(1) $F_1(\mathrm{j}\omega)=2\pi\delta(\omega)$　　(2) $F_2(\mathrm{j}\omega)=\pi\delta(\omega)+\dfrac{1}{\mathrm{j}\omega}$

(3) $F_3(\mathrm{j}\omega)=\mathrm{j}\pi\delta'(\omega)-\dfrac{1}{\omega^2}$　　(4) $F_4(\mathrm{j}\omega)=\dfrac{1}{1+\mathrm{j}\omega}$

(5) $F_5(\mathrm{j}\omega)=\dfrac{1}{(1+\mathrm{j}\omega)^2+1}$　　(6) $F_6(\mathrm{j}\omega)=\dfrac{1+\mathrm{j}\omega}{(1+\mathrm{j}\omega)^2+1}$

(7) $F_7(\mathrm{j}\omega)=\pi[\delta(\omega+\omega_0)+\delta(\omega-\omega_0)]$　　(8) $F_8(\mathrm{j}\omega)=\mathrm{j}\pi[\delta(\omega+\omega_0)-\delta(\omega-\omega_0)]$

(9) $F_9(\mathrm{j}\omega)=2\pi G_{\omega_c}(\omega)$　　(10) $F_{10}(\mathrm{j}\omega)=2\pi\left(1-\dfrac{|\omega|}{\omega_c}\right)G_{2\omega_c}(\omega)$

3.20 试求下列频谱对应的连续时间信号。

(1) $F_1(\mathrm{j}\omega)=2\pi\delta(\omega-\omega_0)$　　(2) $F_2(\mathrm{j}\omega)=2\cos\omega$

(3) $F_3(\mathrm{j}\omega)=2\sqrt{2}\cos\left(4\omega+\dfrac{\pi}{4}\right)$　　(4) $F_4(\mathrm{j}\omega)=2\mathrm{Sa}(\omega)$

(5) $F_5(\mathrm{j}\omega)=6\mathrm{Sa}[3(\omega-2)]$　　(6) $F_6(\mathrm{j}\omega)=4\mathrm{Sa}(\omega)\cos2\omega$

(7) $F_7(j\omega)=4\mathrm{Sa}^2(\omega)$　　(8) $F_8(j\omega)=\omega^2$

(9) $F_9(j\omega)=\dfrac{2}{\omega^2}$　　(10) $F_{10}(j\omega)=2\pi e^{-\omega}\varepsilon(\omega)$

(11) $F_{11}(j\omega)=-j\pi\mathrm{sgn}(\omega)G_2(\omega)$　　(12) $F_{12}(j\omega)=j\pi\mathrm{sgn}(\omega)\cos\omega$

3.21 试求下列频谱对应的连续时间信号。

(1) $F_1(j\omega)=3\pi\delta(\omega)+\dfrac{3}{j\omega(j\omega+3)}$　　(2) $F_2(j\omega)=\pi\delta(\omega)-\dfrac{1}{j\omega(j\omega-1)}$

(3) $F_3(j\omega)=6\pi\delta(\omega)+\dfrac{5}{(j\omega-2)(j\omega+3)}$　　(4) $F_4(j\omega)=\dfrac{1}{(j\omega)^2+3j\omega+2}$

(5) $F_5(j\omega)=\dfrac{j\omega}{(j\omega+1)^2}$　　(6) $F_6(j\omega)=\dfrac{e^{-j\omega}}{(j\omega+2)(j\omega+1)}$

(7) $F_7(j\omega)=\dfrac{e^{-j\omega}}{(j\omega+2)(j\omega+1)^2}$　　(8) $F_8(j\omega)=\dfrac{8-\omega^2+5j\omega}{5-\omega^2+6j\omega}$

(9) $F_9(j\omega)=\pi|\omega|G_2(\omega)$　　(10) $F_{10}(j\omega)=4\mathrm{Sa}^2(\omega)-\mathrm{Sa}^2\left(\dfrac{\omega}{2}\right)-2\mathrm{Sa}(\omega)$

(11) $F_{11}(j\omega)=\pi[r(\omega+2)-2r(\omega)+r(\omega-2)]$

(12) $F_{12}(j\omega)=-\varepsilon(\omega+3)+r(\omega+2)-r(\omega+1)+r(\omega-1)-r(\omega-2)-\varepsilon(\omega-3)$

3.22 连续时间信号 $f(t)$ 如图题 3.22 所示，其中，$\mathrm{CTFT}[f(t)]=F(j\omega)=|F(j\omega)|e^{j\varphi(\omega)}$。试求：

(1) $F(j\omega)$　　(2) $|F(j\omega)|$

(3) $\varphi(\omega)$　　(4) $F(j0)$

(5) $\int_{-\infty}^{+\infty}F(j\omega)d\omega$　　(6) $\int_{-\infty}^{+\infty}F(j\omega)e^{j\omega}d\omega$

(7) $\int_{-\infty}^{+\infty}F(j\omega)e^{j\omega}\cos\omega d\omega$　　(8) $\int_{-\infty}^{+\infty}2F(j\omega)\mathrm{Sa}(\omega)e^{j2\omega}d\omega$

(9) $\int_{-\infty}^{+\infty}|F(j\omega)|^2d\omega$

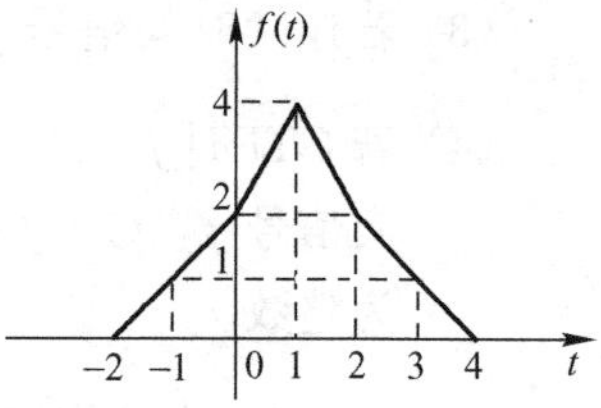

图题 3.22　连续时间信号 $f(t)$ 的波形

3.23 若连续时间信号 $f_1(t)=e^{-|t|}$，$f_2(t)=\dfrac{2}{1+t^2}$。

(1) 试求连续时间信号 $f_1(t)$ 的频谱 $F_1(j\omega)$。

(2) 基于 $\mathrm{CTFT}[f_1(t)]=F_1(j\omega)$，利用傅里叶变换的对偶性质，试求连续时间信号 $f_2(t)$ 的频谱 $F_2(j\omega)$。

3.24 已知连续时间信号 $f(t)$ 的傅里叶变换 $F(j\omega)$ 的模满足 $\ln|F(j\omega)|=-|\omega|$。

(1) 当 $f(t)$ 为偶信号时，试求 $f(t)$。

(2) 当 $f(t)$ 为奇信号时，试求 $f(t)$。

3.25 试计算下列的线性卷积。

(1) $f(t)=2\mathrm{Sa}(t)*\mathrm{Sa}(2t)$　　(2) $f(t)=4\mathrm{Sa}(2\pi t)*\mathrm{Sa}(4\pi t)$

(3) $f(t)=4\mathrm{Sa}^2(2\pi t)*\mathrm{Sa}(4\pi t)$　　(4) $f(t)=8\mathrm{Sa}^2(2\pi t)*\mathrm{Sa}(2\pi t)$

3.26 按要求完成下列各题。

(1) 已知非负的连续时间实信号 $f(t)$ 的傅里叶变换为 $F(j\omega)$，并且 $\int_{-\infty}^{+\infty}|F(j\omega)|^2d\omega=6\pi$，频谱 $(1+j\omega)F(j\omega)$ 的傅里叶逆变换为 $Ae^{-2t}\varepsilon(t)$，试确定常数 A 的值和 $f(t)$ 的表达式。

(2) 已知连续时间因果信号 $f(t)$ 的傅里叶变换为 $F(j\omega)=R(\omega)+jX(\omega)$，并且 $F(j\omega)$ 的实部 $R(\omega)=\pi(4-|\omega|)G_8(\omega)$，试求连续时间因果信号 $f(t)$ 及其奇分量 $f_o(t)$。

(3) 已知连续时间信号 $f(t)$ 的频谱 $F(\mathrm{j}\omega)=3\pi(2-|\omega|)G_4(\omega)+\mathrm{j}\pi G_2(\omega+2)-\mathrm{j}\pi G_2(\omega-2)$。

① 试求连续时间信号 $f(t)$ 及其偶分量 $f_e(t)$ 和奇分量 $f_o(t)$。

② 试分别求 $f(0)$、$\int_{-\infty}^{+\infty} f(t)\mathrm{d}t$ 及 $\int_{-\infty}^{+\infty} f^2(t)\mathrm{d}t$ 的值。

(4) 已知连续时间信号 $f(t)$ 的频谱 $F(\mathrm{j}\omega)=16\mathrm{Sa}^3(\omega)$。

① 试求连续时间信号 $f(t)$。

② 试分别求 $f(0)$、$f(4)$、$\int_{-\infty}^{+\infty} f(t)\mathrm{d}t$ 及 $\int_{-\infty}^{+\infty} f^2(t)\mathrm{d}t$ 的值。

3.27 按要求完成下列各题。

(1) 已知连续时间周期信号 $f_{T_0}(t)=\dfrac{1}{\cos\omega_0 t-1}$，其中 $\omega_0=\dfrac{2\pi}{T_0}$，试求连续时间周期信号 $f_{T_0}(t)$ 的频谱 $F_{T_0}(\mathrm{j}\omega)$。

(2) 已知连续时间信号 $f(t)=\sum_{m=-\infty}^{+\infty}|m|\delta(t-mT_0)$，试求连续时间信号 $f(t)$ 的频谱 $F(\mathrm{j}\omega)$。

(3) 已知连续时间实信号 $f_s(t)=\sum_{k=-\infty}^{+\infty}\dfrac{\sin(k\pi/4)}{k\pi/4}\delta(t-k\pi/4)=\dfrac{\sin t}{\pi t}s(t)$

① 试确定 $s(t)$ 的表达式，并讨论 $s(t)$ 的周期性。

② 试确定 $f_s(t)$ 的频谱 $F_s(\mathrm{j}\omega)$，并讨论 $F_s(\mathrm{j}\omega)$ 的周期性。

(4) 已知连续时间信号 $f_1(t)=G_T(t)$，$f_2(t)=\left(1+\cos\dfrac{2\pi}{T}t\right)G_T(t)$。

① 试分别求连续时间信号 $f_1(t)$ 及 $f_2(t)$ 的频谱 $F_1(\mathrm{j}\omega)$ 及 $F_2(\mathrm{j}\omega)$ 的表达式。

② 定义 $F_1(\mathrm{j}\omega)$ 及 $F_2(\mathrm{j}\omega)$ 在正、负频率轴上第一个过零点的频率间隔分别为连续信号 $f_1(t)$ 及 $f_2(t)$ 的频带宽度 B_{1f} 及 B_{2f}，试分别求出 B_{1f} 及 B_{2f}，并指出 B_{2f} 与 B_{1f} 之间的关系。

3.28 LTI 连续时间系统的响应 $y(t)$ 与激励 $f(t)$ 满足关系

$$\frac{\mathrm{d}y(t)}{\mathrm{d}t}+2y(t)=\int_{-\infty}^{+\infty} f(\tau)x(t-\tau)\mathrm{d}\tau-f(t)\text{，其中，}x(t)=\mathrm{e}^{-t}\varepsilon(t)+\delta(t)$$

(1) 试求系统的频率特性 $H(\mathrm{j}\omega)$。

(2) 试求系统的单位冲激响应 $h(t)$。

(3) 已知系统的激励 $f(t)=\mathrm{e}^{-2t}\varepsilon(t)$，试求系统的零状态响应 $y_f(t)$。

3.29 LTI 连续时间系统的时域模型如图题 3.29 所示。

(1) 试求系统的频率特性 $H(\mathrm{j}\omega)$。

(2) 试判断系统是否为全通系统。

(3) 已知 $R=\sqrt{3}\ \Omega$，$C=1/3\ \mathrm{F}$，系统的激励 $f(t)=\cos t$，试求系统的零状态响应 $y_f(t)$，并求出系统对激励的相移。

3.30 理想模拟低通滤波器的频率特性为 $H_{\mathrm{LP}}(\mathrm{j}\omega)=G_8(\omega)\mathrm{e}^{-\mathrm{j}\omega}$。

(1) 试求理想模拟低通滤波器的单位冲激响应 $h_{\mathrm{LP}}(t)$。

(2) 在激励 $f(t)=\mathrm{e}^{-at}\varepsilon(t)$ 的作用下，要求理想模拟低通滤波器的零状态响应 $y_f(t)$ 的能量是激励 $f(t)$ 能量的一半，试求 a 值。

(3) 利用 $H_{\mathrm{LP}}(\mathrm{j}\omega)$ 构成的连续时间系统如图题 3.30所示，其中，$h_1(t)=\dfrac{1}{4\pi t}$，$h_2(t)=\delta'(t)$。

① 试求系统的频率特性 $H(\mathrm{j}\omega)$。

② 试求系统的单位冲激响应 $h(t)$。

③ 已知系统的激励 $f(t)=4\mathrm{Sa}(2t)$，试求系统的零状态响应 $y_f(t)$。

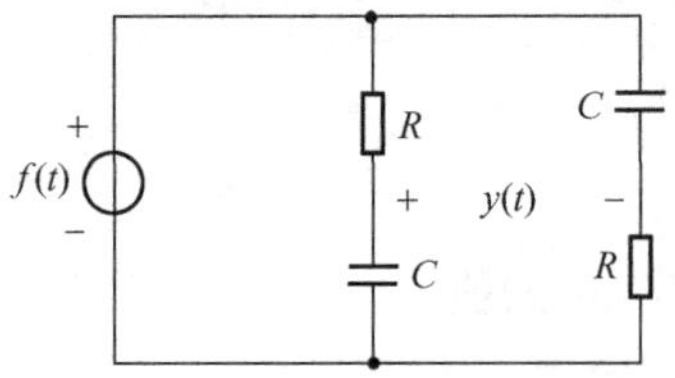

图题 3.29　LTI 连续时间系统的时域模型

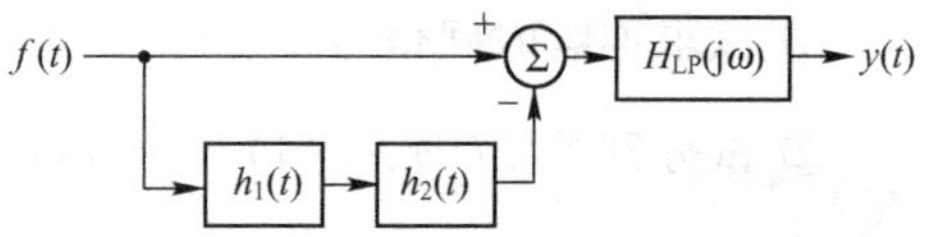

图题 3.30　连续时间系统的方框图

3.31 LTI 连续时间系统的级联如图题 3.31 所示，其中，系统 1 和系统 2 的单位冲激响应分别为 $h_1(t)=15\pi\cos\pi(t-1)G_1(t)$ 和 $h_2(t)=\mathrm{Sa}(\pi t)\cos4\pi t$，激励 $f(t)=\sum\limits_{m=-\infty}^{+\infty}\delta(t-2m)$ 。

(1) 试求系统 1 的零状态响应 $x(t)$ 的频谱 $X(\mathrm{j}\omega)$。

(2) 试求整个系统的零状态响应 $y_f(t)$。

(3) 将周期信号 $x(t)$ 展成傅里叶级数 $x(t)=\sum\limits_{n=-\infty}^{+\infty}C_n\mathrm{e}^{\mathrm{j}n\pi t}$ ，试证明 $C_n=\dfrac{15}{n^2-1}\cos\dfrac{n\pi}{2}$。

3.32 线性时变连续时间系统的级联如图题 3.32 所示。其中，系统 A 满足关系 $x_1(t)=f\left(\dfrac{t}{2}\right)$，模拟带通滤波器的单位冲激响应 $h_1(t)=5[3\mathrm{Sa}(3t)-1.8\mathrm{Sa}(1.8t)]*\delta(t-2)$，系统 B 满足关系 $y(t)=x_2(2t)$，系统的激励 $f(t)=\varepsilon(\cos t)$。

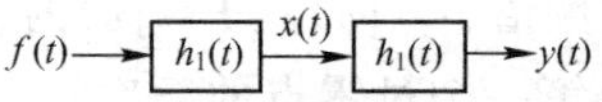

图题 3.31　LTI 连续时间系统的级联

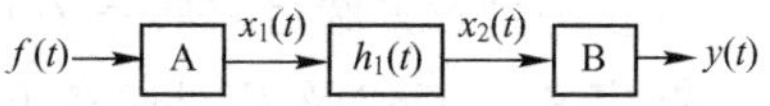

图题 3.32　线性时变连续时间系统的级联

(1) 试求模拟带通滤波器的频率特性 $H_1(\mathrm{j}\omega)$，并指出模拟带通滤波器的下截止角频率 ω_{L_1}、中心角频率 ω_{0_1} 和上截止角频率 ω_{H_1}。

(2) 试求整个系统的单位冲激响应 $h(t)$。

(3) 试求整个系统的频率特性 $H(\mathrm{j}\omega)$，并指出带通滤波器的下截止角频率 ω_L、中心角频率 ω_0 和上截止角频率 ω_H。你会得出什么结论？

(4) 试求系统的零状态响应 $y_f(t)$。

(5) 若将系统 A 与系统 B 交换位置，再求整个系统的频率特性 $H(\mathrm{j}\omega)$、单位冲激响应 $h(t)$ 及零状态响应 $y_f(t)$。整个系统的性能改变了吗？为什么？

3.33 实现连续时间信号平顶抽样的系统如图题 3.33 所示。

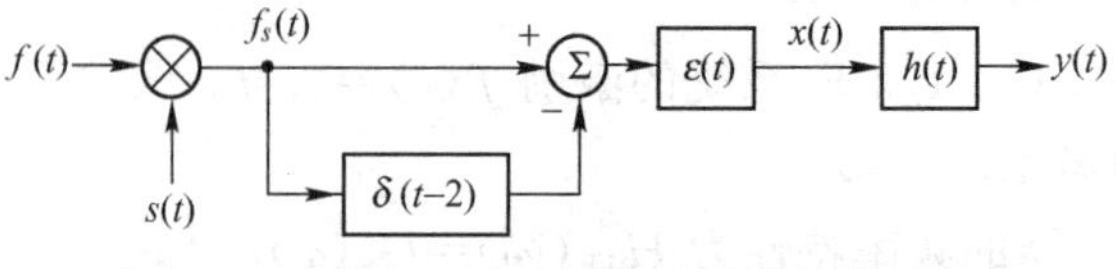

图题 3.33　实现连续时间信号平顶抽样的系统

设连续时间信号 $f(t)$ 满足 $\int_{t-1}^{t+1}f(\tau)\mathrm{d}\tau=\mathrm{Sa}^2\left(\dfrac{\pi t}{4}\right)*[\varepsilon(t+1)-\varepsilon(t-1)]$，连续时间信号 $s(t)$ 满足 $\int_{-\infty}^{+\infty}x(t)\mathrm{e}^{-\mathrm{j}n\pi t}\mathrm{d}t=\sum\limits_{k=-\infty}^{+\infty}\int_{2k-1}^{2k+1}x(\tau)\mathrm{e}^{-\mathrm{j}n\pi\tau}\mathrm{d}\tau=\int_{-1}^{+1}[x(t)*s(t)]\mathrm{e}^{-\mathrm{j}n\pi t}\mathrm{d}t$ 。

(1) 试求连续时间信号 $f(t)$ 和 $s(t)$，并画出样值信号 $f_s(t)$ 和连续时间信号 $x(t)$ 的波形。

(2) 试分别画出连续时间信号 $f(t)$ 的频谱 $F(j\omega)$ 和样值信号 $f_s(t)$ 的频谱 $F_s(j\omega)$ 的图形。

(3) 为了从连续时间信号 $x(t)$ 中无失真恢复原始信号 $f(t)$，试求恢复低通滤波器的频率特性 $H(j\omega)$。

3.34 已知连续时间信号 $f(t)$ 是一个频率受限于区间 $[\omega_1, \omega_2]$ 的带限信号，其频谱表达式为 $F(j\omega)=r(\omega+\omega_2)-2r(\omega+\omega_0)+r(\omega+\omega_1)+r(\omega-\omega_1)-2r(\omega-\omega_0)+r(\omega-\omega_2)$，其中，$\omega_0=\dfrac{\omega_1+\omega_2}{2}$，$r(\omega)=\omega\varepsilon(\omega)$。

(1) 试画出连续时间信号 $f(t)$ 的频谱 $F(j\omega)$ 的图形。

(2) 设 $\omega_2=2\omega_1$，$\omega_s=\omega_2$，试画出理想抽样的样值信号 $f_s(t)$ 的频谱 $F_s(j\omega)$ 的图形。

(3) 利用抽样定理说明，当 $\omega_2=2\omega_1$ 时，最低抽样角频率只要等于 ω_2 就可以使样值信号 $f_s(t)$ 的频谱 $F_s(j\omega)$ 不出现混叠。

(4) 试画出理想抽样的样值信号 $f_s(t)$ 的频谱 $F_s(j\omega)$ 不出现混叠的图形；并证明带通抽样定理，即为使样值信号 $f_s(t)$ 的频谱 $F_s(j\omega)$ 不出现混叠，则要求最低抽样角频率 ω_s 满足关系式 $\omega_s=\dfrac{2\omega_2}{m}$，其中，$m$ 为不超过 $\dfrac{\omega_2}{\omega_2-\omega_1}$ 的最大整数。

3.35 在如图题 3.35 所示的连续时间系统中，系统 A 的输出与输入关系为 $x_2(t)=x_1^2(t)$，系统 B 的单位冲激响应 $h_B(t)=3\mathrm{Sa}(t)\mathrm{Sa}(3t)\cos 10^7 t$，系统的激励 $f(t)=\mathrm{Sa}^2(t)$。

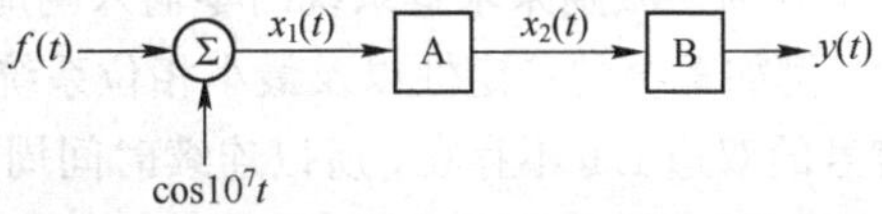

图题 3.35　连续时间系统的时域方框图

(1) 试求系统 B 的频率特性 $H_B(j\omega)$。

(2) 试问系统 B 是什么类型的滤波器？

(3) 试求整个系统的零状态响应 $y_f(t)$。

(4) 试问整个系统完成了什么功能？

3.36 在如图题 3.36 所示的 AM 调制系统中，调制信号 $f(t)=8\mathrm{Sa}^2(4\times10^3\pi t)$ V，$R_1=100\,\Omega$，$C_1=0.01\,\mu\mathrm{F}$，$L=100\,\mu\mathrm{H}$，设模拟乘法器的标尺系数 $K_m=1$，两个运算放大器均是理想运算放大器。

(1) 写出连续时间信号 $x_1(t)$ 的表达式。

(2) 设连续时间信号 $x_2(t)=\cos\omega_0 t$，试求角频率 ω_0。

(3) 试求已调信号 $x_3(t)$ 的频谱 $X_3(j\omega)$，并画出调制信号 $f(t)$ 的频谱 $F(j\omega)$ 和已调信号 $x_3(t)$ 的频谱 $X_3(j\omega)$ 的图形。

(4) 为使已调信号 $x_3(t)$ 能够顺利地通过 L 及 C_2 构成的选频网络，获得连续时间信号 $y(t)$，试求 C_2 的值及 R_4 的最小值。

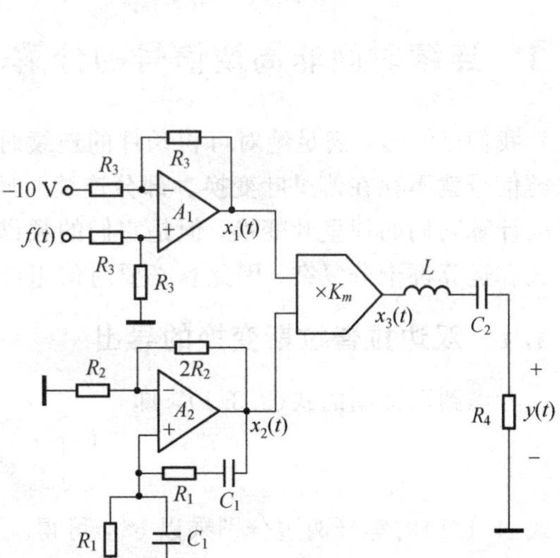

图题 3.36　AM 调制系统

第4章 连续时间系统的复频域分析

由于 LTI 连续时间系统具有可分解性，并且系统的响应具有可加性，才使得信号分解和系统分解真正成为一件有意义的事情。第 1 章介绍了将激励分解成延迟冲激 $\delta(t)$的加权和，导出了求解 LTI 连续时间系统零状态响应的线性卷积求解方法；第 2 章介绍了基于 LTI 连续时间系统时域分析的经典微分方程求解方法，利用 LTI 连续时间系统的可分解性和系统响应的可加性，推演出了求解高阶 LTI 连续时间系统单位冲激响应的七种处理方式、系统零状态响应的八种具体求解方法，并重点介绍了系统零状态响应的微分方程求解方法、线性卷积求解方法和基于系统转移算子的求解方法。第 3 章介绍了将激励分解成虚指数信号 $e^{j\omega t}$ 的加权和，导出了 LTI 连续时间系统的频域分析方法。本章将介绍基于激励分解成复指数信号 e^{st} $(s=\sigma+j\omega)$的加权和，而导出的 LTI 连续时间系统的复频域分析方法。与时域分析方法和频域分析方法相比，复频域分析方法更具有一些优点，一是分析处理的信号和系统更广泛，特别是可以用于分析不稳定的系统；二是可以利用单边拉普拉斯变换(Laplace Transform，LT)的微分性质和积分性质，不仅能够同时求出 LTI 连续时间系统的零输入响应和零状态响应，而且无须完成 LTI 连续时间系统的初始状态到初始条件的转换，即复频域分析方法采用了放区间的方式，直接利用 LTI 连续时间系统在 $t=0_-$ 时刻的初始状态和因果激励来求解系统的零输入响应和零状态响应；三是有利于揭示 LTI 连续时间系统的属性，例如系统的稳定性以及最小相位系统的性质等。复频分析方法也有缺点，一是因为周期冲激信号的双边 LT 不存在，所以连续时间周期信号的双边 LT 不能通过抽样用计算机来计算，二是因为无时限复指数信号及周期信号的双边 LT 不存在，所以无时限指数信号或周期信号激励 LTI 连续时间系统时，不能直接利用复频域分析方法来求解系统的零状态响应。针对这两种激励信号，本章将介绍一种间接的复频域分析方法。

4.1 连续时间非周期信号的分解——拉普拉斯逆变换

我们已知道，满足绝对可积条件的连续时间信号才存在傅里叶变换，例如，$e^{at}\varepsilon(t)(a>0)$这类信号就不存在傅里叶变换。部分连续时间信号虽然不满足绝对可积条件，引入冲激函数后可以计算它们的傅里叶变换，但是它们的频谱中包含冲激和冲激的导数，这使得傅里叶变换的形式和运算都十分复杂，因此有必要对傅里叶变换加以改进。

4.1.1 双边拉普拉斯变换的导出

考虑到已证明的式(3.3.1)，即

$$\frac{1}{2\pi}\int_{-\infty}^{+\infty} e^{j\omega t}\,d\omega=\delta(t) \tag{4.1.1}$$

将式(4.1.1)的等号两边分别乘以 $e^{\sigma t}$，可得

$$\frac{1}{2\pi}\int_{-\infty}^{+\infty} e^{(\sigma+j\omega)t}\,d\omega=e^{\sigma t}\delta(t)=\delta(t) \tag{4.1.2}$$

若定义复变量 $s=\sigma+j\omega$，则式(4.1.2)可写成

$$\frac{1}{2\pi j}\int_{\sigma-j\infty}^{\sigma+j\infty} e^{st}\,ds=\delta(t) \tag{4.1.3}$$

考虑到式(4.1.3)，则可得连续时间信号 $f(t)$的拉普拉斯逆变换(Inverse Laplace Transform，ILT)，即

$$
\begin{aligned}
f(t) &= f(t) * \delta(t) = \int_{-\infty}^{+\infty} f(\tau)\delta(t-\tau)\mathrm{d}\tau \\
&= \int_{-\infty}^{+\infty} f(\tau)\left[\frac{1}{2\pi \mathrm{j}}\int_{\sigma-\mathrm{j}\infty}^{\sigma+\mathrm{j}\infty} \mathrm{e}^{s(t-\tau)}\mathrm{d}s\right]\mathrm{d}\tau \\
&= \frac{1}{2\pi \mathrm{j}}\int_{\sigma-\mathrm{j}\infty}^{\sigma+\mathrm{j}\infty}\left[\int_{-\infty}^{+\infty} f(\tau)\mathrm{e}^{-s\tau}\mathrm{d}\tau\right]\mathrm{e}^{st}\mathrm{d}s \\
&= \frac{1}{2\pi \mathrm{j}}\int_{\sigma-\mathrm{j}\infty}^{\sigma+\mathrm{j}\infty} F(s)\mathrm{e}^{st}\mathrm{d}s
\end{aligned} \tag{4.1.4}
$$

式中，实变量 σ 应在 $F(s)$ 的收敛域 $\alpha<\sigma<\beta$ 内取值，并且

$$
F(s) = \int_{-\infty}^{+\infty} f(\tau)\mathrm{e}^{-s\tau}\mathrm{d}\tau = \int_{-\infty}^{+\infty} f(t)\mathrm{e}^{-st}\mathrm{d}t \tag{4.1.5}
$$

式(4.1.4)表明，我们可以将连续时间信号 $f(t)$ 分解成复指数信号 $\mathrm{e}^{st}(s=\sigma+\mathrm{j}\omega)$ 的加权和，其加权值为 $F(s)/(2\pi\mathrm{j})$。该式称为连续时间信号 $f(t)$ 的拉普拉斯逆变换(ILT)式，并记为 $f(t)=\mathrm{ILT}[F(s)]$。式(4.1.5)称为连续时间信号 $f(t)$ 的拉普拉斯变换(Laplace Transform，LT)式，又称为连续时间信号 $f(t)$ 的象函数 $F(s)$ 的计算式，并记为 $F(s)=\mathrm{LT}[f(t)]$。

由于连续时间信号 $f(t)$ 与象函数 $F(s)$ 是相互表示的，因此连续时间信号 $f(t)$ 的 LT 具有唯一性。一般可简记为

$$
f(t) \longleftrightarrow F(s),\ \alpha<\sigma<\beta
$$

4.1.2　单边拉普拉斯变换的导出

若连续时间信号是因果信号 $f(t)=f(t)\varepsilon(t)$，则其拉普拉斯变换可用单边拉普拉斯变换表示。

单边拉普拉斯变换为

$$
\mathrm{LT}[f(t)] = \int_{-\infty}^{+\infty} f(t)\varepsilon(t)\mathrm{e}^{-st}\mathrm{d}t = \int_{0_-}^{+\infty} f(t)\varepsilon(t)\mathrm{e}^{-st}\mathrm{d}t = F(s) \tag{4.1.6}
$$

单边拉普拉斯逆变换为

$$
\mathrm{ILT}[F(s)] = \frac{1}{2\pi \mathrm{j}}\int_{\sigma-\mathrm{j}\infty}^{\sigma+\mathrm{j}\infty} F(s)\mathrm{e}^{st}\mathrm{d}t = f(t)\varepsilon(t) \tag{4.1.7}
$$

式中，实变量 σ 应在 $F(s)$ 的收敛域 $\alpha<\sigma\leqslant\infty$ 内取值。

由于连续时间因果信号 $f(t)$ 与象函数 $F(s)$ 是相互表示的，因此连续时间因果信号 $f(t)$ 的 LT 具有唯一性。一般可简记为

$$
f(t) \longleftrightarrow F(s),\ \alpha<\sigma\leqslant\infty
$$

显然，若连续时间信号为因果信号，则其单边拉普拉斯变换与双边拉普拉斯变换等价。

4.1.3　拉普拉斯变换的收敛域

由拉普拉斯变换式(4.1.5)或式(4.1.6)可知，它们是对时间变量 t 的广义积分，积分的结果是复变量 $s=\sigma+\mathrm{j}\omega$ 的函数，即复函数。对于不同的 σ，可以得到不同的 $F(s)$。当然，σ 的取值不是任意的，否则广义积分发散，导致 $F(s)$ 不存在，也无法利用拉普拉斯逆变换式(4.1.4)或式(4.1.7)来计算时域信号 $f(t)$。如果乘积信号 $f(t)\mathrm{e}^{-\sigma t}$ 满足绝对可积条件，即

$$
\int_{-\infty}^{+\infty} |f(t)\mathrm{e}^{-\sigma t}|\mathrm{d}t < \infty \tag{4.1.8}
$$

那么，由式(4.1.5)可以得到

$$
|F(s)| \leqslant \int_{-\infty}^{+\infty} |f(t)\mathrm{e}^{-st}|\mathrm{d}t = \int_{-\infty}^{+\infty} |f(t)\mathrm{e}^{-(\sigma+\mathrm{j}\omega)t}|\mathrm{d}t = \int_{-\infty}^{+\infty} |f(t)\mathrm{e}^{-\sigma t}|\mathrm{d}t < \infty \tag{4.1.9}
$$

式(4.1.9)表明，若满足式(4.1.8)的条件，则连续时间信号 $f(t)$ 的拉普拉斯变换 $F(s)$ 存在，即定义连续时间信号 $f(t)$ 的拉普拉斯变换 $F(s)$ 的广义积分收敛。由此可以给出连续时间信号 $f(t)$ 的拉普拉斯变换 $F(s)$ 的收敛域的定义，即

对任何一个 σ，保证 $f(t)\mathrm{e}^{-\sigma t}$ 满足绝对可积条件的 σ 取值范围，称为连续时间信号 $f(t)$ 的拉普拉斯变换 $F(s)$ 的收敛域。

例 4.1.1：已知连续时间信号 $f(t)=\delta(t-t_0)$，试求连续时间信号 $f(t)$ 的拉普拉斯变换 $F(s)$，并标明收敛域。

解：考虑到双边 LT 的定义式(4.1.5)，则有

$$\begin{aligned}F(s)&=\int_{-\infty}^{+\infty}f(t)\mathrm{e}^{-st}\,\mathrm{d}t=\int_{-\infty}^{+\infty}\delta(t-t_0)\mathrm{e}^{-st}\,\mathrm{d}t\\&=\int_{-\infty}^{+\infty}\delta(t-t_0)\mathrm{e}^{-st_0}\,\mathrm{d}t=\mathrm{e}^{-st_0}\int_{-\infty}^{+\infty}\delta(t-t_0)\,\mathrm{d}t\\&=\mathrm{e}^{-st_0}\end{aligned}$$

讨论：

(1) 若 $t_0<0$，则 $F(s)=\mathrm{e}^{-st_0}$ 的收敛域为 $-\infty\leqslant\sigma<\infty$，即

$$\delta(t-t_0)\xleftrightarrow{t_0<0}\mathrm{e}^{-st_0},\ -\infty\leqslant\sigma<\infty \tag{4.1.10}$$

(2) 若 $t_0=0$，则 $F(s)=1$ 的收敛域为 $-\infty\leqslant\sigma\leqslant\infty$，即

$$\delta(t)\longleftrightarrow 1,\ -\infty\leqslant\sigma\leqslant\infty \tag{4.1.11}$$

可见，单位冲激信号 $f(t)=\delta(t)$ 的拉普拉斯变换 $F(s)$ 的收敛域为全 s 平面。

(3) 若 $t_0>0$，则 $F(s)=\mathrm{e}^{-st_0}$ 的收敛域为 $-\infty<\sigma\leqslant\infty$，即

$$\delta(t-t_0)\xleftrightarrow{t_0>0}\mathrm{e}^{-st_0},\ -\infty<\sigma\leqslant\infty \tag{4.1.12}$$

分析表明，延迟单位冲激信号 $f(t)=\delta(t-t_0)$ 的拉普拉斯变换 $F(s)$ 的收敛域为有限全 s 平面。

例 4.1.2：已知连续时间信号 $f(t)=\delta'(t-t_0)$，试求连续时间信号 $f(t)$ 的拉普拉斯变换 $F(s)$，并标明收敛域。

解：考虑到双边 LT 的定义式(4.1.5)，则有

$$\begin{aligned}F(s)&=\int_{-\infty}^{+\infty}\delta'(t-t_0)\mathrm{e}^{-st}\,\mathrm{d}t=\int_{-\infty}^{+\infty}\mathrm{e}^{-st}\,\mathrm{d}\delta(t-t_0)\\&=\mathrm{e}^{-st}\delta(t-t_0)\Big|_{-\infty}^{+\infty}-\int_{-\infty}^{+\infty}(-s)\mathrm{e}^{-st}\delta(t-t_0)\,\mathrm{d}t\\&=s\int_{-\infty}^{+\infty}\mathrm{e}^{-st_0}\delta(t-t_0)\,\mathrm{d}t=s\mathrm{e}^{-st_0}\int_{-\infty}^{+\infty}\delta(t-t_0)\,\mathrm{d}t\\&=s\mathrm{e}^{-st_0}\end{aligned}$$

讨论：

(1) 若 $t_0<0$，则 $F(s)=s\mathrm{e}^{-st_0}$ 的收敛域为 $-\infty\leqslant\sigma<\infty$，即

$$\delta'(t-t_0)\xleftrightarrow{t_0<0}s\mathrm{e}^{-st_0},\ -\infty\leqslant\sigma<\infty \tag{4.1.13}$$

(2) 若 $t_0=0$，则 $F(s)=s$ 的收敛域为 $-\infty<\sigma<\infty$，即

$$\delta'(t)\longleftrightarrow s,\ -\infty<\sigma<\infty \tag{4.1.14}$$

(3) 若 $t_0>0$，则 $F(s)=s\mathrm{e}^{-st_0}$ 的收敛域为 $-\infty<\sigma\leqslant\infty$，即

$$\delta(t-t_0)\xleftrightarrow{t_0>0}s\mathrm{e}^{-st_0},\ -\infty<\sigma\leqslant\infty \tag{4.1.15}$$

分析表明，连续时间信号 $f(t)=\delta'(t-t_0)$ 拉普拉斯变换 $F(s)$ 的收敛域为有限全 s 平面。

例 4.1.3：已知连续时间信号 $f(t)=\mathrm{e}^{\lambda t}[\varepsilon(t-t_1)-\varepsilon(t-t_2)]$，$t_1<t_2$，试求连续时间信号 $f(t)$ 的拉普拉斯变换 $F(s)$，并标明收敛域。

解：考虑到双边 LT 的定义式(4.1.5)，则有

$$F(s)=\int_{-\infty}^{+\infty}f(t)e^{-st}dt=\int_{-\infty}^{+\infty}e^{\lambda t}[\varepsilon(t-t_1)-\varepsilon(t-t_2)]e^{-st}dt$$

$$=\int_{t_1}^{t_2}e^{-(s-\lambda)t}dt=\frac{e^{-(s-\lambda)t}}{-(s-\lambda)}\Bigg|_{t_1}^{t_2}$$

$$=\frac{e^{-(s-\lambda)t_1}-e^{-(s-\lambda)t_2}}{s-\lambda}$$

讨论：

(1) 若 $t_1<t_2<0$，则 $F(s)$的收敛域为$-\infty\leqslant\sigma<\infty$，即

$$e^{\lambda t}[\varepsilon(t-t_1)-\varepsilon(t-t_2)]\xleftrightarrow{t_1<t_2<0}\frac{e^{-(s-\lambda)t_1}-e^{-(s-\lambda)t_2}}{s-\lambda},\ -\infty\leqslant\sigma<\infty \quad (4.1.16)$$

(2) 若 $t_1<0<t_2$，则 $F(s)$的收敛域为$-\infty<\sigma<\infty$，即

$$e^{\lambda t}[\varepsilon(t-t_1)-\varepsilon(t-t_2)]\xleftrightarrow{t_1<0<t_2}\frac{e^{-(s-\lambda)t_1}-e^{-(s-\lambda)t_2}}{s-\lambda},\ -\infty<\sigma<\infty \quad (4.1.17)$$

(3) 若 $0<t_1<t_2$，则 $F(s)$的收敛域为$-\infty<\sigma\leqslant\infty$，即

$$e^{\lambda t}[\varepsilon(t-t_1)-\varepsilon(t-t_2)]\xleftrightarrow{0<t_1<t_2}\frac{e^{-(s-\lambda)t_1}-e^{-(s-\lambda)t_2}}{s-\lambda},\ -\infty<\sigma\leqslant\infty \quad (4.1.18)$$

分析表明，连续时间时限信号 $f(t)=e^{\lambda t}[\varepsilon(t-t_1)-\varepsilon(t-t_2)]$的拉普拉斯变换 $F(s)$的收敛域为有限全 s 平面。

例 4.1.4：已知连续时间信号 $f_1(t)=e^{\lambda t}\varepsilon(t)$，试求连续时间信号 $f_1(t)$的拉普拉斯变换 $F_1(s)$，并标明收敛域。

解：考虑到双边 LT 的定义式(4.1.5)，则有

$$F_1(s)=\int_{-\infty}^{+\infty}f_1(t)e^{-st}dt=\int_{-\infty}^{+\infty}e^{\lambda t}\varepsilon(t)e^{-st}dt$$

$$=\int_{-\infty}^{+\infty}e^{-(s-\lambda)t}\varepsilon(t)dt=\frac{e^{-(s-\lambda)t}-1}{-(s-\lambda)}\varepsilon(t)\Bigg|_{-\infty}^{+\infty}$$

$$=\frac{1}{s-\lambda},\ 0<\mathrm{Re}[s-\lambda]\leqslant\infty$$

即

$$F_1(s)=\frac{1}{s-\lambda},\ \mathrm{Re}[\lambda]<\sigma\leqslant\infty$$

显然，$\lim\limits_{s\to\lambda}F_1(s)=\lim\limits_{s\to\lambda}\dfrac{1}{s-\lambda}=\infty$，因此将 $s=\lambda$ 称为象函数 $F_1(s)$的极点，在 s 平面上用"×"表示极点。虚直线 $\sigma=\mathrm{Re}[\lambda]$称为收敛边界，收敛域为收敛边界 $\sigma=\mathrm{Re}[\lambda]$以右的范围，即 s 平面右半开面，如图 4.1.1所示。

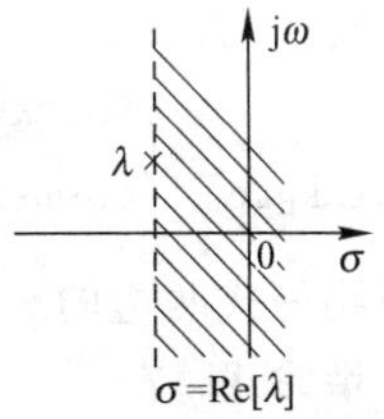

图 4.1.1　因果复指数信号LT的收敛域

于是，得到

$$F_1(s)=\mathrm{LT}[f_1(t)]=\mathrm{LT}[e^{\lambda t}\varepsilon(t)]=\frac{1}{s-\lambda},\ \mathrm{Re}[\lambda]<\sigma\leqslant\infty \quad (4.1.19)$$

特别地，当 $\lambda=0$ 时，由式(4.1.19)可得

$$\mathrm{LT}[\varepsilon(t)]=\frac{1}{s},\ 0<\sigma\leqslant\infty \quad (4.1.20)$$

讨论：

下面利用一令二分法来导出常用连续时间因果信号的LT。

这里的一令二分法是指基于连续时间因果指数信号的LT，先令其象函数的极点为复数，再对象函数的分母有理化，依据等式两边的对应项应该分别相等来获得象函数具有共轭复极点、重实极点以及重共轭复极点的常用连续时间因果信号的LT的一种方法。

在式(4.1.19)中，令$\lambda=-a+j\omega_0$，其中a和ω_0为实数，则有

$$\mathrm{LT}[\mathrm{e}^{(-a+j\omega_0)t}\varepsilon(t)]=\frac{1}{s+a-j\omega_0},\ -a<\sigma\leqslant\infty$$

$$\mathrm{LT}[\mathrm{e}^{-at}(\cos\omega_0 t+j\sin\omega_0 t)\varepsilon(t)]=\frac{s+a+j\omega_0}{(s+a)^2+\omega_0^2},\ -a<\sigma\leqslant\infty \tag{4.1.21}$$

考虑到等式两边的对应项应该分别相等，由式(4.1.21)可得下述推论。

推论1：

$$\mathrm{LT}[\mathrm{e}^{-at}\cos\omega_0 t\varepsilon(t)]=\frac{s+a}{(s+a)^2+\omega_0^2},\ -a<\sigma\leqslant\infty \tag{4.1.22}$$

$$\mathrm{LT}[\mathrm{e}^{-at}\sin\omega_0 t\varepsilon(t)]=\frac{\omega_0}{(s+a)^2+\omega_0^2},\ -a<\sigma\leqslant\infty \tag{4.1.23}$$

在式(4.1.22)及式(4.1.23)中，令$a=0$，可得下述推论。

推论2：

$$\mathrm{LT}[\cos\omega_0 t\varepsilon(t)]=\frac{s}{s^2+\omega_0^2},\ 0<\sigma\leqslant\infty \tag{4.1.24}$$

$$\mathrm{LT}[\sin\omega_0 t\varepsilon(t)]=\frac{\omega_0}{s^2+\omega_0^2},\ 0<\sigma\leqslant\infty \tag{4.1.25}$$

考虑到式(4.1.23)，可得下述推论。

推论3：

$$\mathrm{LT}[t\mathrm{e}^{-at}\varepsilon(t)]=\mathrm{LT}\left[\lim_{\omega_0\to 0}\mathrm{e}^{-at}\frac{\sin\omega_0 t}{\omega_0}\varepsilon(t)\right]=\lim_{\omega_0\to 0}\frac{1}{(s+a)^2+\omega_0^2}$$

$$=\frac{1}{(s+a)^2},\ -a<\sigma\leqslant\infty \tag{4.1.26}$$

在式(4.1.26)中，用$-\lambda$代替a，可得

$$\mathrm{LT}[t\mathrm{e}^{\lambda t}\varepsilon(t)]=\frac{1}{(s-\lambda)^2},\ \mathrm{Re}[\lambda]<\sigma\leqslant\infty \tag{4.1.27}$$

在式(4.1.27)中，令$\lambda=-a+j\omega_0$，其中a和ω_0为实数，则有

$$\mathrm{LT}[t\mathrm{e}^{(-a+j\omega_0)t}\varepsilon(t)]=\frac{1}{(s+a-j\omega_0)^2},\ -a<\sigma\leqslant\infty$$

$$\mathrm{LT}[t\mathrm{e}^{-at}(\cos\omega_0 t+j\sin\omega_0 t)\varepsilon(t)]=\frac{(s+a)^2-\omega_0^2+j2(s+a)\omega_0}{[(s+a)^2+\omega_0^2]^2},\ -a<\sigma\leqslant\infty \tag{4.1.28}$$

考虑到等式两边的对应项应该分别相等，由式(4.1.28)可得下述推论。

推论4：

$$\mathrm{LT}[t\mathrm{e}^{-at}\cos\omega_0 t\varepsilon(t)]=\frac{(s+a)^2-\omega_0^2}{[(s+a)^2+\omega_0^2]^2},\ -a<\sigma\leqslant\infty \tag{4.1.29}$$

$$\mathrm{LT}[t\mathrm{e}^{-at}\sin\omega_0 t\varepsilon(t)]=\frac{2(s+a)\omega_0}{[(s+a)^2+\omega_0^2]^2},\ -a<\sigma\leqslant\infty \tag{4.1.30}$$

在式(4.1.29)及式(4.1.30)中，令$a=0$，可得下述推论。

推论5：

$$\mathrm{LT}[t\cos\omega_0 t\varepsilon(t)]=\frac{s^2-\omega_0^2}{(s^2+\omega_0^2)^2},\ 0<\sigma\leqslant\infty \tag{4.1.31}$$

$$\mathrm{LT}[t\sin\omega_0 t\varepsilon(t)]=\frac{2s\omega_0}{(s^2+\omega_0^2)^2},\ 0<\sigma\leqslant\infty \tag{4.1.32}$$

例 4.1.5：已知连续时间信号 $f_2(t)=-\mathrm{e}^{\lambda t}\varepsilon(-t)$，试求连续时间信号 $f_2(t)$ 的拉普拉斯变换 $F_2(s)$，并标明收敛域。

解：考虑到双边 LT 的定义式(4.1.5)，则有

$$\begin{aligned}F_2(s)&=\int_{-\infty}^{+\infty}f_2(t)\mathrm{e}^{-st}\mathrm{d}t=-\int_{-\infty}^{+\infty}\mathrm{e}^{\lambda t}\varepsilon(-t)\mathrm{e}^{-st}\mathrm{d}t\\&=-\int_{-\infty}^{+\infty}\mathrm{e}^{-(s-\lambda)t}\varepsilon(-t)\mathrm{d}t\\&=\frac{\mathrm{e}^{-(s-\lambda)t}-1}{s-\lambda}\varepsilon(-t)\Big|_{-\infty}^{+\infty}\\&=\frac{1}{s-\lambda},\ -\infty\leqslant\mathrm{Re}[s-\lambda]<0\end{aligned}$$

即

$$F_2(s)=\frac{1}{s-\lambda},\ -\infty\leqslant\sigma<\mathrm{Re}[\lambda]$$

显然，$\lim\limits_{s\to\lambda}F_2(s)=\lim\limits_{s\to\lambda}\frac{1}{s-\lambda}=\infty$，因此将 $s=\lambda$ 称为象函数 $F_2(s)$ 的极点，在 s 平面上用“×”表示极点。虚直线 $\sigma=\mathrm{Re}[\lambda]$ 称为收敛边界，收敛域为收敛边界 $\sigma=\mathrm{Re}[\lambda]$ 以左的范围，即 s 平面左半开面，如图 4.1.2 所示。

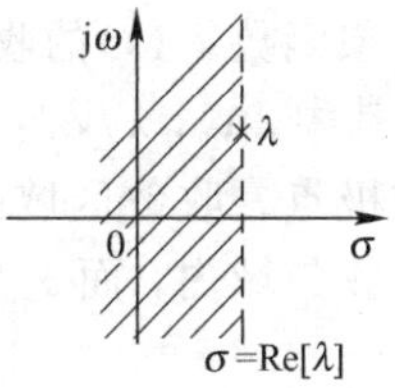

图 4.1.2　反因果复指数信号 LT 的收敛域

于是，得到

$$F_2(s)=\mathrm{LT}[f_2(t)]=\mathrm{LT}[-\mathrm{e}^{\lambda t}\varepsilon(-t)]=\frac{1}{s-\lambda},\ -\infty\leqslant\sigma<\mathrm{Re}[\lambda] \tag{4.1.33}$$

特别地，当 $\lambda=0$ 时，由式(4.1.33)可得

$$\mathrm{LT}[\varepsilon(-t)]=-\frac{1}{s},\ -\infty\leqslant\sigma<0 \tag{4.1.34}$$

讨论：

(1) 由式(4.1.19)及式(4.1.33)可知，虽然连续时间因果信号 $f_1(t)=\mathrm{e}^{\lambda t}\varepsilon(t)$ 的象函数 $F_1(s)$ 与连续时间反因果信号 $f_2(t)=-\mathrm{e}^{\lambda t}\varepsilon(-t)$ 的象函数 $F_2(s)$ 相同，但是彼此的收敛域不同。

(2) 由式(4.1.34)及式(4.1.20)可知，虽然 $1=\varepsilon(-t)+\varepsilon(t)$，但是连续时间信号 $\varepsilon(-t)$ 及连续时间信号 $\varepsilon(t)$ 的 LT 无公共收敛域，即找不到一个 σ 值，使 $1\cdot\mathrm{e}^{-\sigma t}$ 满足绝对可积条件，因此常数 1 的双边 LT 不存在。同理，符号函数 $\mathrm{sgn}(t)=\varepsilon(t)-\varepsilon(-t)$ 及连续时间无时限复指数信号 $f(t)=\mathrm{e}^{\lambda t}=\mathrm{e}^{\lambda t}\varepsilon(-t)+\mathrm{e}^{\lambda t}\varepsilon(t)$ 的双边 LT 也不存在。

例 4.1.6：已知连续时间信号 $f(t)=\mathrm{e}^{-a|t|}\ (a>0)$，试求连续时间信号 $f(t)$ 的拉普拉斯变换 $F(s)$，并标明收敛域。

解：考虑到

$$f(t)=\mathrm{e}^{-a|t|}=\mathrm{e}^{at}\varepsilon(-t)+\mathrm{e}^{-at}\varepsilon(t)$$

由式(4.1.33)及式(4.1.19)可得

$$\begin{aligned}F(s)&=\mathrm{LT}[f(t)]\\&=\mathrm{LT}[\mathrm{e}^{at}\varepsilon(-t)]+\mathrm{LT}[\mathrm{e}^{-at}\varepsilon(t)]\\&=\underbrace{\frac{-1}{s-a}}_{-\infty\leqslant\sigma<a}+\underbrace{\frac{1}{s+a}}_{-a<\sigma\leqslant\infty}\\&=\frac{2a}{a^2-s^2},\ -a<\sigma<a\end{aligned}$$

由此可见，连续时间双边信号 $f(t)=e^{-a|t|}\,(a>0)$ 的拉普拉斯变换 $F(s)$ 的收敛域为收敛边界 $\sigma=-a$ 和 $\sigma=a$ 之间的范围，即平行于 s 平面上虚轴的一个带状域，如图 4.1.3 所示。

于是，得到

$$e^{-a|t|}\xleftrightarrow{a>0}\underbrace{\frac{-1}{s-a}}_{-\infty\leqslant\sigma<a}+\underbrace{\frac{1}{s+a}}_{-a<\sigma\leqslant\infty}=\frac{2a}{a^2-s^2},\ -a<\sigma<a \tag{4.1.35}$$

对式(4.1.35)进行推广，假设连续时间双边信号 $f(t)=\sum_{l=1}^{n}C_l e^{\lambda_l t}\varepsilon(t)+\sum_{r=1}^{m}C_r e^{\lambda'_r t}\varepsilon(-t)$，其中，等号右边第一部分为连续时间因果指数信号的线性组合，第二部分为连续时间反因果指数信号的线性组合，则可以得到

$$\begin{aligned}F(s)&=\mathrm{LT}[f(t)]=\mathrm{LT}\Big[\sum_{l=1}^{n}C_l e^{\lambda_l t}\varepsilon(t)+\sum_{r=1}^{m}C_r e^{\lambda'_r t}\varepsilon(-t)\Big]\\&=\sum_{l=1}^{n}\frac{C_l}{s-\lambda_l}-\sum_{r=1}^{m}\frac{C_r}{s-\lambda'_r},\ \alpha<\sigma<\beta\end{aligned} \tag{4.1.36}$$

式中，$\alpha=\max\{\mathrm{Re}[\lambda_l]\}(l=1,2,\cdots,n)$，$\beta=\min\{\mathrm{Re}[\lambda'_r]\}(r=1,2,\cdots,m)$。

象函数 $F(s)$ 的收敛域如图 4.1.4 所示。图中设 $F(s)$ 的孤立极点为 λ_1，λ_2，λ_3 及 λ'_1，λ'_2，λ'_3，其中，λ_1，λ_2，λ_3 位于收敛区域左边，称为区左极点；λ'_1，λ'_2，λ'_3 位于收敛区域右边，称为区右极点。收敛区域的左边界 $\alpha=\sigma=\mathrm{Re}[\lambda_1]=\mathrm{Re}[\lambda_2]$ 和右边界 $\beta=\sigma=\mathrm{Re}[\lambda'_1]$ 均为直线，不包括在收敛域内，而 α 为区左极点实部的最大值，β 为区右极点实部的最小值。

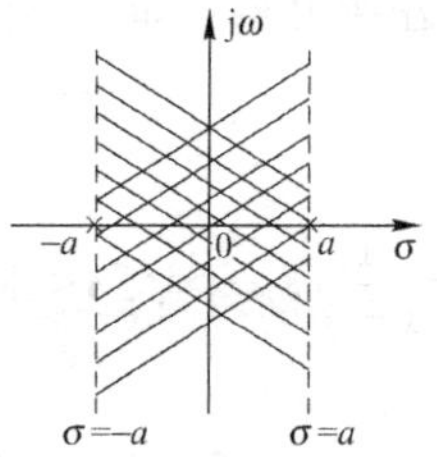

图 4.1.3　双边实指数信号 LT 的收敛域

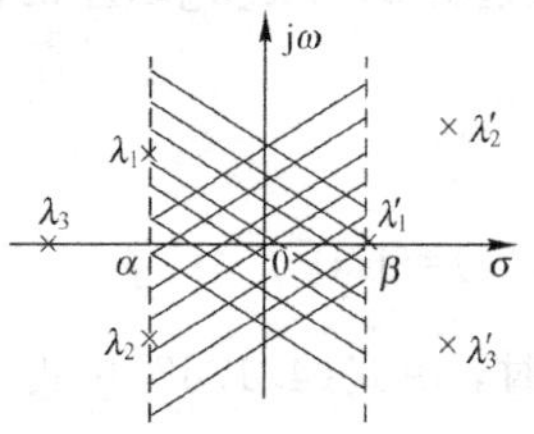

图 4.1.4　双边信号 LT 的收敛域

4.1.4　拉普拉斯变换收敛域的共性结论

综上所述，可得以下结论：

(1) 时域上两个不同的连续时间信号，虽然它们可能具有相同的象函数，但其收敛域不可能相同。因此，在求一个连续时间信号的拉普拉斯变换时，一定要标明收敛域；反之，一个象函数伴随一个收敛域，才能唯一地确定一个时域上的连续时间信号。

(2) 连续时间信号 $f(t)$ 的双边 LT，象函数 $F(s)$ 的收敛域为 s 平面上一个平行于 jω 轴(虚轴)的带状域 $\alpha<\sigma<\beta$，$F(s)$ 既有区左极点 $\lambda_l(l=1,2,\cdots,n)$，又有区右极点 $\lambda'_r(r=1,2,\cdots,m)$，而且 $F(s)$ 的区左极点取决于信号 $f(t)$ 的因果信号部分 $f(t)\varepsilon(t)$，区右极点取决于信号 $f(t)$ 的反因果信号部分 $f(t)\varepsilon(-t)$。

(3) 连续时间因果信号 $f(t)=f(t)\varepsilon(t)$ 的 LT，象函数 $F(s)$ 的收敛域为 s 平面上的右半开面 $\alpha<\sigma\leqslant\infty$，$F(s)$ 的极点均为区左极点 $\lambda_l(l=1,2,\cdots,n)$，收敛边界 $\alpha=\max\{\mathrm{Re}[\lambda_l]\}(l=1,2,\cdots,n)$。

(4) 连续时间反因果信号 $f(t)=f(t)\varepsilon(-t)$ 的 LT，象函数 $F(s)$ 的收敛域为 s 平面上的左半开面 $-\infty\leqslant\sigma<\beta$，$F(s)$ 的极点均为区右极点 $\lambda'_r(r=1,2,\cdots,m)$，收敛边界 $\beta=\min\{\mathrm{Re}[\lambda'_r]\}(r=1,2,\cdots,m)$。

(5) 连续时间时限信号 $f(t)$ 的 LT，象函数 $F(s)$ 的收敛域为有限全 s 平面。

4.1.5　拉普拉斯变换与傅里叶变换之间的关系

由前面的分析可知，连续时间信号 $f(t)$ 不满足绝对可积条件，其傅里叶变换 $F(\mathrm{j}\omega)$ 不存

在，通过对连续时间信号 $f(t)$ 乘以收敛因子 $e^{-\sigma t}$ 后，再计算傅里叶变换，即 $\mathrm{CTFT}[f(t)e^{-\sigma t}]$，并且只要满足式(4.1.8)的条件，其广义傅里叶变换 $F(\sigma+j\omega)$ 就存在，即

$$\mathrm{CTFT}[f(t)e^{-\sigma t}]=\int_{-\infty}^{+\infty} f(t)e^{-\sigma t}e^{-j\omega t}dt=\int_{-\infty}^{+\infty} f(t)e^{-(\sigma+j\omega)t}dt=F(\sigma+j\omega)=F(s) \tag{4.1.37}$$

式(4.1.37)表明，一个连续时间信号 $f(t)$ 乘以收敛因子 $e^{-\sigma t}$ 后的广义傅里叶变换，就是该信号 $f(t)$ 的拉普拉斯变换，因此可得如下结论：

(1) LT 是 CTFT 的推广，即

$$F(s)=\mathrm{LT}[f(t)]=\mathrm{CTFT}[f(t)e^{-\sigma t}]=F(\sigma+j\omega) \tag{4.1.38}$$

(2) 若 LT 的收敛域包含 $\sigma=0$ 轴(虚轴)，则 CTFT 是 LT 在 $\sigma=0$ 时的特殊情况，即

$$F(j\omega)=\mathrm{CTFT}[f(t)]=\mathrm{CTFT}[f(t)e^{-\sigma t}]\big|_{\sigma=0}=F(\sigma+j\omega)\big|_{\sigma=0}=F(s)\big|_{s=j\omega} \tag{4.1.39}$$

4.2　拉普拉斯变换的性质

我们已经知道，LT 不仅建立了连续时间非周期信号时域与复频域(s 域)之间的联系，而且时域上的信号与复频域上的象函数可以相互表示，即 LT 具有唯一性。然而，按拉普拉斯变换的定义来计算连续时间非周期信号的 LT，其过程十分烦琐。由于 LT 是通过广义积分来定义的，因此它必然存在一些性质和定理，充分运用这些性质和定理，可使连续时间非周期信号拉普拉斯变换及逆变换的计算得以简化。

4.2.1　线性性质

若 $\mathrm{LT}[f_1(t)]=F_1(s)$，$\alpha_1<\sigma<\beta_1$；$\mathrm{LT}[f_2(t)]=F_2(s)$，$\alpha_2<\sigma<\beta_2$，则有

$$\mathrm{LT}[C_1f_1(t)+C_2f_2(t)]=C_1F_1(s)+C_2F_2(s),\ \max(\alpha_1,\alpha_2)<\sigma<\min(\beta_1,\beta_2) \tag{4.2.1}$$

式中，C_1 和 C_2 为任意常数。

一般地，线性组合后的信号，其 LT 的收敛域将会缩小；若组合后的信号是时限信号，则其收敛域扩大成有限全 s 平面。

注意：若 $F_1(s)$ 和 $F_2(s)$ 无公共收敛域，则 $\mathrm{LT}[C_1f_1(t)+C_2f_2(t)]$ 不存在。

证明：考虑到双边 LT 的定义式(4.1.5)，则有

$$\begin{aligned}\mathrm{LT}[C_1f_1(t)+C_2f_2(t)]&=\int_{-\infty}^{+\infty}[C_1f_1(t)+C_2f_2(t)]e^{-st}dt\\&=C_1\int_{-\infty}^{+\infty}f_1(t)e^{-st}dt+C_2\int_{-\infty}^{+\infty}f_2(t)e^{-st}dt\\&=C_1F_1(s)+C_2F_2(s),\ \max(\alpha_1,\alpha_2)<\sigma<\min(\beta_1,\beta_2)\end{aligned}$$

式(4.2.1)表明，时域上的连续时间信号进行线性组合，复频域上的象函数具有相同的线性组合形式。

例 4.2.1：已知连续时间信号 $f(t)=e^{2t}\varepsilon(-t)+e^{-t}\cos 2t\varepsilon(t)$，试求连续时间信号 $f(t)$ 的拉普拉斯变换 $F(s)$，并标明收敛域。

解：由式(4.1.22)可知

$$\mathrm{LT}[e^{-at}\cos\omega_0 t\varepsilon(t)]=\frac{s+a}{(s+a)^2+\omega_0^2},\ -a<\sigma\leqslant\infty$$

于是

$$\mathrm{LT}[e^{-t}\cos 2t\varepsilon(t)]=\frac{s+1}{(s+1)^2+4},\ -1<\sigma\leqslant\infty$$

由式(4.1.33)可知

$$\mathrm{LT}[\mathrm{e}^{\lambda t}\varepsilon(-t)]=\frac{-1}{s-\lambda},\ -\infty\leqslant\sigma<\mathrm{Re}[\lambda]$$

于是

$$\mathrm{LT}[\mathrm{e}^{2t}\varepsilon(-t)]=\frac{1}{2-s},\ -\infty\leqslant\sigma<2$$

考虑到 $f(t)=\mathrm{e}^{2t}\varepsilon(-t)+\mathrm{e}^{-t}\cos 2t\varepsilon(t)$，则有

$$F(s)=\mathrm{LT}[\mathrm{e}^{2t}\varepsilon(-t)]+\mathrm{LT}[\mathrm{e}^{-t}\cos 2t\varepsilon(t)]=\frac{1}{2-s}+\frac{s+1}{(s+1)^2+4},\ -1<\sigma<2$$

4.2.2 时移性质

若 $f(t)\longleftrightarrow F(s)$，$\alpha<\sigma<\beta$，则有

$$f(t-t_0)\longleftrightarrow F(s)\mathrm{e}^{-st_0},\ \alpha<\sigma<\beta \tag{4.2.2}$$

证明：考虑到双边 LT 的定义式(4.1.5)，则有

$$\int_{-\infty}^{+\infty}f(t-t_0)\mathrm{e}^{-st}\mathrm{d}t=\int_{-\infty}^{+\infty}f(\tau)\mathrm{e}^{-s(\tau+t_0)}\mathrm{d}\tau=\mathrm{e}^{-st_0}\int_{-\infty}^{+\infty}f(\tau)\mathrm{e}^{-s\tau}\mathrm{d}\tau=F(s)\mathrm{e}^{-st_0}$$

结论 1：

(1) 若 $f(t)$是连续时间因果信号，则 $F(s)$的收敛域为 $\alpha<\sigma\leqslant\infty$，当 $t_0<0$ 时，则 $f(t-t_0)$的双边拉普拉斯变换 $F(s)\mathrm{e}^{-st_0}$ 在 $s=\infty$处不收敛。

(2) 若 $f(t)$是连续时间反因果信号，则 $F(s)$的收敛域为 $-\infty\leqslant\sigma<\beta$，当 $t_0>0$ 时，则 $f(t-t_0)$的双边拉普拉斯变换 $F(s)\mathrm{e}^{-st_0}$ 在 $s=-\infty$处不收敛。

推论 1：

若 $f(t)$是连续时间双边信号，其双边拉普拉斯变换 $F(s)$的收敛域为 $\alpha<\sigma<\beta$，则有

(1) 连续时间双边信号 $f(t)$的时移信号 $f(t-t_0)$，其双边拉普拉斯变换 $F(s)\mathrm{e}^{-st_0}$ 的收敛域保持不变，仍为 $\alpha<\sigma<\beta$。

(2) 连续时间因果信号 $f(t)\varepsilon(t)$的右移信号 $f(t-t_0)\varepsilon(t-t_0)$，其双边拉普拉斯变换 $F(s)\mathrm{e}^{-st_0}$ 的收敛域保持不变，仍为 $\alpha<\sigma\leqslant\infty$。

(3) 连续时间反因果信号 $f(t)\varepsilon(-t)$的左移信号 $f(t-t_0)\varepsilon(t_0-t)$，其双边拉普拉斯变换 $F(s)\mathrm{e}^{-st_0}$ 的收敛域保持不变，仍为 $-\infty\leqslant\sigma<\beta$。

例 4.2.2：已知连续时间信号 $f_1(t)=\mathrm{e}^{-t}\varepsilon(t)$，$f_2(t)=\mathrm{e}^{-t}\varepsilon(t-1)$，$f(t)=f_1(t)-f_2(t)$，试求连续时间信号 $f(t)$的拉普拉斯变换 $F(s)$，并标明收敛域。

解：由式(4.1.19)可知

$$\mathrm{LT}[\mathrm{e}^{\lambda t}\varepsilon(t)]=\frac{1}{s-\lambda},\ \mathrm{Re}[\lambda]<\sigma\leqslant\infty$$

于是

$$\mathrm{LT}[\mathrm{e}^{-at}\varepsilon(t)]=\frac{1}{s+a},\ -a<\sigma\leqslant\infty \tag{4.2.3}$$

$$F_1(s)=\mathrm{LT}[f_1(t)]=\mathrm{LT}[\mathrm{e}^{-t}\varepsilon(t)]=\frac{1}{s+1},\ -1<\sigma\leqslant\infty$$

考虑到双边 LT 的时移性质式(4.2.2)，则有

$$\mathrm{LT}[\mathrm{e}^{-(t-1)}\varepsilon(t-1)]=\frac{\mathrm{e}^{-s}}{s+1},\ -1<\sigma\leqslant\infty$$

于是

$$F_2(s)=\mathrm{LT}[f_2(t)]=\mathrm{LT}[\mathrm{e}^{-t}\varepsilon(t-1)]=\frac{\mathrm{e}^{-(s+1)}}{s+1},\ -1<\sigma\leqslant\infty$$

考虑到 $f(t)=f_1(t)-f_2(t)$，则有

$$F(s)=F_1(s)-F_2(s)=\frac{1-\mathrm{e}^{-(s+1)}}{s+1},\ -\infty<\sigma\leqslant\infty \tag{4.2.4}$$

令 $1-\mathrm{e}^{-(s+1)}=0$，则有 $\mathrm{e}^{-(s+1)}=1=\mathrm{e}^{\pm \mathrm{j}2n\pi}$，即 $s=-1\pm \mathrm{j}2n\pi\,(n=0,1,2,\cdots)$，于是式(4.2.4)可写成

$$F(s)=\frac{1-\mathrm{e}^{-(s+1)}}{s+1}=\frac{(s+1)\prod_{n=1}^{+\infty}[(s+1)^2+(2n\pi)^2]}{s+1}$$

$$=\prod_{n=1}^{+\infty}[(s+1)^2+(2n\pi)^2],\ -\infty<\sigma\leqslant\infty$$

可见，在式(4.2.4)中，象函数 $F(s)$的收敛域扩大成有限全 s 平面，这是由于 $s=-1$ 既是 $F(s)$的极点，又是 $F(s)$的零点，出现了零点和极点抵消所致。其本质原因是线性组合的结果，使得 $f(t)$成为时限信号，即

$$f(t)=\mathrm{e}^{-t}\varepsilon(t)-\mathrm{e}^{-t}\varepsilon(t-1)=\mathrm{e}^{-t}[\varepsilon(t)-\varepsilon(t-1)]$$

例 4.2.3：已知连续时间信号 $f(t)=\sum_{m=0}^{+\infty}\delta(t-mT_0)$，试求连续时间信号 $f(t)$的拉普拉斯变换 $F(s)$，并标明收敛域。

解：由式(4.1.11)可知

$$\mathrm{LT}[\delta(t)]=1,\ -\infty\leqslant\sigma\leqslant\infty$$

考虑到双边 LT 的时移性质式(4.2.2)，则有

$$\mathrm{LT}\left[\sum_{m=0}^{+\infty}\delta(t-mT_0)\right]=\sum_{m=0}^{+\infty}\mathrm{e}^{-smT_0}=\frac{1}{1-\mathrm{e}^{-sT_0}},\ 0<\sigma\leqslant\infty$$

即

$$F(s)=\mathrm{LT}[f(t)]=\mathrm{LT}\left[\sum_{m=0}^{+\infty}\delta(t-mT_0)\right]=\frac{1}{1-\mathrm{e}^{-sT_0}},\ 0<\sigma\leqslant\infty \tag{4.2.5}$$

4.2.3 标尺性质

若 $f(t)\longleftrightarrow F(s)$，$\alpha<\sigma<\beta$，则有

$$f(at)\longleftrightarrow\frac{1}{|a|}F\left(\frac{s}{a}\right),\ \alpha<\frac{\sigma}{a}<\beta \tag{4.2.6}$$

证明：(1) 当 $a>0$ 时

考虑到双边 LT 的定义式(4.1.5)，则有

$$\int_{-\infty}^{+\infty}f(at)\mathrm{e}^{-st}\,\mathrm{d}t=\frac{1}{a}\int_{-\infty}^{+\infty}f(\tau)\mathrm{e}^{-\frac{s}{a}\tau}\,\mathrm{d}\tau=\frac{1}{a}F\left(\frac{s}{a}\right)$$

(2) 当 $a<0$ 时

考虑到双边 LT 的定义式(4.1.5)，则有

$$\int_{-\infty}^{+\infty}f(at)\mathrm{e}^{-st}\,\mathrm{d}t=\frac{1}{a}\int_{+\infty}^{-\infty}f(\tau)\mathrm{e}^{-\frac{s}{a}\tau}\,\mathrm{d}\tau=-\frac{1}{a}\int_{-\infty}^{+\infty}f(\tau)\mathrm{e}^{-\frac{s}{a}\tau}\,\mathrm{d}\tau=-\frac{1}{a}F\left(\frac{s}{a}\right)$$

综合 $a>0$ 及 $a<0$ 两种情况，可得

$$f(at)\longleftrightarrow\frac{1}{|a|}F\left(\frac{s}{a}\right),\ \alpha<\frac{\sigma}{a}<\beta$$

特别地，当 $a=-1$ 时，可得双边 LT 的时域反褶性质，即

$$f(-t)\longleftrightarrow F(-s),\ -\beta<\sigma<-\alpha \tag{4.2.7}$$

例 4.2.4：设连续时间信号 $f(t)$ 的象函数 $F(s)=\dfrac{1}{(2-s)(s+3)}$，$-3<\sigma<2$，连续时间信号 $x(t)=f(-2t+4)$，试求连续时间信号 $x(t)$ 的拉普拉斯变换 $X(s)$，并标明收敛域。

解：

方法 1 考虑到双边 LT 的时移性质式(4.2.2)，则有

$$f(t+4)\longleftrightarrow F(s)e^{4s}=\frac{e^{4s}}{(2-s)(s+3)},\ -3<\sigma<2$$

考虑到双边 LT 的标尺性质式(4.2.6)，则有

$$f(-2t+4)\longleftrightarrow\frac{1}{|-2|}F\left(\frac{s}{-2}\right)e^{4\frac{s}{-2}}=\frac{1}{2}\frac{e^{-2s}}{\left(2+\frac{s}{2}\right)\left(-\frac{s}{2}+3\right)},\ -3<\frac{\sigma}{-2}<2$$

即

$$X(s)=\mathrm{LT}[x(t)]=\mathrm{LT}[f(-2t+4)]=\frac{2e^{-2s}}{(s+4)(6-s)},\ -4<\sigma<6$$

方法 2 考虑到双边 LT 的标尺性质式(4.2.6)，则有

$$f(-2t)\longleftrightarrow\frac{1}{|-2|}F\left(\frac{s}{-2}\right)=\frac{1}{2}\frac{1}{\left(2+\frac{s}{2}\right)\left(-\frac{s}{2}+3\right)},\ -3<\frac{\sigma}{-2}<2$$

即

$$f(-2t)\longleftrightarrow\frac{2}{(4+s)(6-s)},\ -4<\sigma<6$$

考虑到双边 LT 的时移性质式(4.2.2)，则有

$$f[-2(t-2)]\longleftrightarrow\frac{2e^{-2s}}{(4+s)(6-s)},\ -4<\sigma<6$$

即

$$X(s)=\mathrm{LT}[x(t)]=\mathrm{LT}[f(-2t+4)]=\frac{2e^{-2s}}{(s+4)(6-s)},\ -4<\sigma<6$$

例 4.2.5：已知连续时间信号 $f(t)=e^{-a|t|}(a>0)$，试求连续时间信号 $f(t)$ 的拉普拉斯变换 $F(s)$，并标明收敛域。

解：由式(4.2.3)可知

$$\mathrm{LT}[e^{-at}\varepsilon(t)]=\frac{1}{s+a},\ -a<\sigma\leqslant\infty$$

考虑到双边 LT 的时域反褶性质式(4.2.7)，则有

$$\mathrm{LT}[e^{at}\varepsilon(t)]=\frac{1}{-s+a},\ -a<-\sigma\leqslant\infty$$

即

$$\mathrm{LT}[e^{at}\varepsilon(t)]=\frac{1}{a-s},\ -\infty\leqslant\sigma<a$$

考虑到 $f(t)=e^{-a|t|}[\varepsilon(-t)+\varepsilon(t)]=e^{at}\varepsilon(-t)+e^{-at}\varepsilon(t)(a>0)$，则有

$$F(s)=\mathrm{LT}[f(t)]=\frac{1}{a-s}+\frac{1}{s+a}=\frac{2a}{a^2-s^2}\ ,\ -a<\sigma<a$$

结论 2：

以连续时间因果信号的 LT 对为依据，借助双边 LT 的时域反褶性质，可求出连续时间反因果信号的双边 LT，再借助线性性质，可求出连续时间双边信号的双边 LT。

例 4.2.6： 已知连续时间信号 LT 的象函数 $F(s)=\dfrac{1}{(s+1)(s+2)}$，试求连续时间信号 $f(t)$。

解： (1) 当象函数 $F(s)$ 的收敛域为 $-1<\sigma\leqslant\infty$ 时

考虑到 $F(s)=\dfrac{1}{(s+1)(s+2)}=\dfrac{1}{s+1}-\dfrac{1}{s+2}$，$-1<\sigma\leqslant\infty$，则有 $f(t)=(\mathrm{e}^{-t}-\mathrm{e}^{-2t})\varepsilon(t)$。

(2) 当象函数 $F(s)$ 的收敛域为 $-2<\sigma<-1$ 时

下面基于连续时间因果信号的 LT 对，采用时域反褶三步法来求解连续时间反因果信号 $f(t)$ 的象函数 $F(s)$ 的逆变换，具体做法如下：

第一步：首先记下连续时间反因果信号的 LT 对。

第二步：由双边 LT 的时域反褶性质，得到相应连续时间因果信号的 LT 对，并求出 ILT。

第三步：再对连续时间因果信号反褶，即得到连续时间反因果信号的象函数的 ILT。

① 首先记下连续时间反因果信号的 LT 对，设

$$f_1(t)\longleftrightarrow F_1(s)=\frac{1}{s+1},\ -\infty\leqslant\sigma<-1$$

② 由双边 LT 的时域反褶性质，可得

$$f_1(-t)\longleftrightarrow F_1(-s)=\frac{1}{1-s},\ -\infty\leqslant-\sigma<-1$$

即

$$f_1(-t)\longleftrightarrow F_1(-s)=\frac{-1}{s-1},\ 1<\sigma\leqslant\infty$$

于是

$$f_1(-t)=\mathrm{ILT}[F_1(-s)]=-\mathrm{e}^{t}\varepsilon(t)$$

③ 再对连续时间因果信号反褶，可得

$$f_1(t)=-\mathrm{e}^{-t}\varepsilon(-t)$$

又设 $f_2(t)\longleftrightarrow F_2(s)=\dfrac{1}{s+2}$，$-2<\sigma\leqslant\infty$，则有

$$f_2(t)=\mathrm{e}^{-2t}\varepsilon(t)$$

考虑到

$$F(s)=\frac{1}{(s+1)(s+2)}=\frac{1}{s+1}-\frac{1}{s+2}=F_1(s)-F_2(s),\ -2<\sigma<-1$$

则有

$$f(t)=\mathrm{ILT}[F(s)]=\mathrm{ILT}[F_1(s)-F_2(s)]=f_1(t)-f_2(t)=-\mathrm{e}^{-t}\varepsilon(-t)-\mathrm{e}^{-2t}\varepsilon(t)$$

(3) 当象函数 $F(s)$ 的收敛域为 $-\infty\leqslant\sigma<-2$ 时

① 首先记下连续时间反因果信号的 LT 对，设

$$f(t)\longleftrightarrow F(s)=\frac{1}{(s+1)(s+2)}=\frac{1}{s+1}-\frac{1}{s+2},\ -\infty\leqslant\sigma<-2$$

② 由双边 LT 的时域反褶性质，可得

$$f(-t) \longleftrightarrow F(-s)=\frac{1}{-s+1}-\frac{1}{-s+2},\ -\infty \leqslant -\sigma < -2$$

即

$$f(-t) \longleftrightarrow F(-s)=\frac{-1}{s-1}+\frac{1}{s-2},\ 2<\sigma \leqslant \infty$$

于是

$$f(-t)=\mathrm{ILT}[F(-s)]=(-\mathrm{e}^{t}+\mathrm{e}^{2t})\varepsilon(t)$$

③ 再对连续时间因果信号反褶，可得

$$f(t)=(\mathrm{e}^{-2t}-\mathrm{e}^{-t})\varepsilon(-t)$$

结论 3：

利用双边 LT 的时域反褶性质，并借助连续时间因果信号的 LT 对，可以较好地解决涉及连续时间反因果信号或连续时间非因果信号的象函数的逆变换(ILT)计算问题。

4.2.4 时域共轭性质

3.4.2 节介绍了连续时间复信号时域的两种分解形式下，频域的对应性质，下面介绍其复频域的对应性质。

1. 连续时间复信号的共轭信号的双边 LT

若 $f(t) \longleftrightarrow F(s)$，$\alpha<\sigma<\beta$，则有

$$f^{*}(t) \longleftrightarrow F^{*}(s^{*}),\ \alpha<\sigma<\beta \tag{4.2.8}$$

证明：考虑到双边 LT 的定义式(4.1.5)，则有

$$\mathrm{LT}[f^{*}(t)]=\int_{-\infty}^{+\infty} f^{*}(t)\mathrm{e}^{-st}\mathrm{d}t=\left[\int_{-\infty}^{+\infty} f(t)\mathrm{e}^{-s^{*}t}\mathrm{d}t\right]^{*}=F^{*}(s^{*}),\ \alpha<\mathrm{Re}[s^{*}]=\sigma<\beta$$

式(4.2.8)表明，连续时间复信号的共轭信号的双边 LT 等于共轭变量的双边 LT，再取共轭。

推论 2：

$$\mathrm{Re}[f(t)]=\frac{1}{2}[f(t)+f^{*}(t)] \longleftrightarrow \frac{1}{2}[F(s)+F^{*}(s^{*})],\ \alpha<\sigma<\beta \tag{4.2.9}$$

推论 3：

$$\mathrm{Im}[f(t)]=\frac{1}{2\mathrm{j}}[f(t)-f^{*}(t)] \longleftrightarrow \frac{1}{2\mathrm{j}}[F(s)-F^{*}(s^{*})],\ \alpha<\sigma<\beta \tag{4.2.10}$$

讨论：

若 $f(t)$是连续时间实信号，则 $f(t)$满足

$$f^{*}(t)=f(t) \tag{4.2.11}$$

对式(4.2.11)的等号两边分别取双边 LT，并考虑到式(4.2.8)，则有

$$F^{*}(s^{*})=F(s),\ \alpha<\sigma<\beta \tag{4.2.12}$$

对式(4.2.12)的等号两边分别取共轭，可得

$$F(s^{*})=F^{*}(s),\ \alpha<\sigma<\beta \tag{4.2.13}$$

式(4.2.13)表明，连续时间实信号共轭变量的双边 LT 与双边 LT 的共轭等价。

若 $F(s_0^{*})=0$，则称 $s=s_0^{*}$ 为 $F(s)$的复数零点，简称复零点；若 $F(s_0^{*})=\infty$，则称 $s=s_0^{*}$ 为 $F(s)$的复数极点，简称复极点。

结论 4：

式(4.2.13)表明，对连续时间实信号 $f(t)$的双边 LT，象函数 $F(s)$的复零点(或复极点)以共轭形式成对出现，即对连续时间实信号 $f(t)$的双边 LT，象函数 $F(s)$的复零点(或复极点)关于 s 平面的实轴呈镜像分布。

2. 连续时间复信号的共轭反褶信号的双边 LT

若 $f(t)\longleftrightarrow F(s)$，$\alpha<\sigma<\beta$，则有

$$f^*(-t)\longleftrightarrow F^*(-s^*),\ -\beta<\sigma<-\alpha \tag{4.2.14}$$

证明：考虑到双边 LT 的定义式(4.1.5)，则有

$$\begin{aligned}\mathrm{LT}[f^*(-t)]&=\int_{-\infty}^{+\infty}f^*(-t)\mathrm{e}^{-st}\mathrm{d}t=-\int_{+\infty}^{-\infty}f^*(\tau)\mathrm{e}^{s\tau}\mathrm{d}\tau\\&=\int_{-\infty}^{+\infty}f^*(\tau)\mathrm{e}^{s\tau}\mathrm{d}\tau=\left[\int_{-\infty}^{+\infty}f(\tau)\mathrm{e}^{s^*\tau}\mathrm{d}\tau\right]^*\\&=F^*(-s^*),\ \alpha<\mathrm{Re}[-s^*]<\beta\\&=F^*(-s^*),\ -\beta<\sigma<-\alpha\end{aligned}$$

式(4.2.14)表明，连续时间复信号的共轭反褶信号的双边 LT 等于共轭变量的双边 LT 的反褶，再取共轭。

推论 4：

$$f_e(t)=\frac{1}{2}[f(t)+f^*(-t)]\longleftrightarrow\frac{1}{2}[F(s)+F^*(-s^*)],\ \max(\alpha,-\beta)<\sigma<\min(\beta,-\alpha) \tag{4.2.15}$$

推论 5：

$$f_o(t)=\frac{1}{2}[f(t)-f^*(-t)]\longleftrightarrow\frac{1}{2}[F(s)-F^*(-s^*)],\ \max(\alpha,-\beta)<\sigma<\min(\beta,-\alpha) \tag{4.2.16}$$

讨论：

若 $f(t)$是连续时间实偶信号，则 $f(t)$满足

$$f^*(-t)=f(t) \tag{4.2.17}$$

对式(4.2.17)的等号两边分别取双边 LT，并考虑到式(4.2.14)，则有

$$F^*(-s^*)=F(s),\ \max(\alpha,-\beta)<\sigma<\min(\beta,-\alpha) \tag{4.2.18}$$

对式(4.2.18)的等号两边分别取共轭，可得

$$F(-s^*)=F^*(s),\ \max(\alpha,-\beta)<\sigma<\min(\beta,-\alpha) \tag{4.2.19}$$

式(4.2.19)表明，连续时间实偶信号共轭反褶变量的双边 LT 与双边 LT 的共轭等价。

同理，若 $f(t)$是连续时间实奇信号，则有

$$F(-s^*)=-F^*(s),\ \max(\alpha,-\beta)<\sigma<\min(\beta,-\alpha) \tag{4.2.20}$$

式(4.2.19)及式(4.2.20)表明，若 $s=s_0$ 是 $F(s)$的零点(或极点)，则 $s=-s_0^*$ 也是 $F(s)$的零点(或极点)，即象函数 $F(s)$的复零点(或复极点)关于 s 平面的虚轴呈镜像分布。我们已经知道，对于连续时间实信号 $f(t)$的双边 LT，象函数 $F(s)$的复零点(或复极点)关于 s 平面的实轴呈镜像分布，因此可得下述结论。

结论 5：

对于连续时间实偶信号或实奇信号 $f(t)$的双边 LT，象函数 $F(s)$的实数零点(或极点)关于 s 平面的虚轴呈镜像分布；复零点(或复极点)关于 s 平面的实轴和虚轴呈镜像分布。

例 4.2.7：已知连续时间信号 $f(t)=\mathrm{e}^{-3|t|}\cos 4t$，试求连续时间信号 $f(t)$的拉普拉斯变换 $F(s)$，并标明收敛域。

解：由式(4.1.22)可知

$$\mathrm{LT}[\mathrm{e}^{-at}\cos\omega_0 t\varepsilon(t)]=\frac{s+a}{(s+a)^2+\omega_0^2},\ -a<\sigma\leqslant\infty$$

于是

$$\mathrm{LT}[\mathrm{e}^{-3t}\cos 4t\varepsilon(t)]=\frac{s+3}{(s+3)^2+4^2},\ -3<\sigma\leqslant\infty$$

考虑到双边 LT 的时域反褶性质式(4.2.7)，则有

$$\mathrm{LT}[\mathrm{e}^{3t}\cos(-4t)\varepsilon(-t)]=\frac{3-s}{(3-s)^2+4^2},\ -3<-\sigma\leqslant\infty$$

即

$$\mathrm{LT}[\mathrm{e}^{3t}\cos 4t\varepsilon(-t)]=\frac{3-s}{(3-s)^2+4^2},\ -\infty\leqslant\sigma<3$$

考虑到

$$f(t)=\mathrm{e}^{-3|t|}\cos 4t=\mathrm{e}^{-3|t|}\cos 4t[\varepsilon(-t)+\varepsilon(t)]=\mathrm{e}^{3t}\cos 4t\varepsilon(-t)+\mathrm{e}^{-3t}\cos 4t\varepsilon(t)$$

则有

$$\begin{aligned}F(s)&=\mathrm{LT}[f(t)]=\mathrm{LT}[\mathrm{e}^{3t}\cos 4t\varepsilon(-t)]+\mathrm{LT}[\mathrm{e}^{-3t}\cos 4t\varepsilon(t)]\\&=\frac{3-s}{(3-s)^2+4^2}+\frac{s+3}{(s+3)^2+4^2}\\&=\frac{(3-s)[(s+3)^2+4^2]+(s+3)[(s-3)^2+4^2]}{[(s-3)^2+4^2][(s+3)^2+4^2]}\\&=\frac{(s+3)(s-3)(-s-3+s-3)+4^2(3-s+s+3)}{[(s-3)^2+4^2][(s+3)^2+4^2]}\\&=\frac{-6[(s+3)(s-3)-4^2]}{[(s-3)^2+4^2][(s+3)^2+4^2]}\\&=\frac{-6(s+5)(s-5)}{[(s-3)^2+4^2][(s+3)^2+4^2]},\ -3<\sigma<3\end{aligned}\tag{4.2.21}$$

由式(4.2.21)可知，实偶信号 LT 的象函数 $F(s)$ 的一对实数零点 $s=\pm5$，关于 s 平面的虚轴呈镜像分布；两对复数极点 $s=-3\pm\mathrm{j}4$，$s=3\pm\mathrm{j}4$，关于 s 平面的实轴和虚轴呈镜像分布。

4.2.5　时域线性卷积定理

若 $\mathrm{LT}[f_1(t)]=F_1(s)$，$\alpha_1<\sigma<\beta_1$；$\mathrm{LT}[f_2(t)]=F_2(s)$，$\alpha_2<\sigma<\beta_2$，则有

$$\mathrm{LT}[f_1(t)*f_2(t)]=F_1(s)F_2(s),\ \max(\alpha_1,\alpha_2)<\sigma<\min(\beta_1,\beta_2)\tag{4.2.22}$$

证明：考虑到双边 LT 的定义式(4.1.5)及双边 LT 的时移性质式(4.2.2)，可得

$$\begin{aligned}\int_{-\infty}^{+\infty}[f_1(t)*f_2(t)]\mathrm{e}^{-st}\,\mathrm{d}t&=\int_{-\infty}^{+\infty}\left[\int_{-\infty}^{+\infty}f_1(\tau)f_2(t-\tau)\mathrm{d}\tau\right]\mathrm{e}^{-st}\,\mathrm{d}t\\&=\int_{-\infty}^{+\infty}f_1(\tau)\left[\int_{-\infty}^{+\infty}f_2(t-\tau)\mathrm{e}^{-st}\,\mathrm{d}t\right]\mathrm{d}\tau\\&=\int_{-\infty}^{+\infty}f_1(\tau)F_2(s)\mathrm{e}^{-s\tau}\,\mathrm{d}\tau\\&=F_2(s)\int_{-\infty}^{+\infty}f_1(\tau)\mathrm{e}^{-s\tau}\,\mathrm{d}\tau\\&=F_1(s)F_2(s),\ \max(\alpha_1,\alpha_2)<\sigma<\min(\beta_1,\beta_2)\end{aligned}$$

由于象函数 $F_1(s)$ 和 $F_2(s)$ 是积的形式，因此 $f_1(t)$ 和 $f_2(t)$ 线性卷积的双边 LT 的收敛域为两个象函数收敛域的重叠部分，即 $\max(\alpha_1,\alpha_2)<\sigma<\min(\beta_1,\beta_2)$。

注意：若 $F_1(s)$ 和 $F_2(s)$ 无公共收敛域，则 $\mathrm{LT}[f_1(t)*f_2(t)]$ 不存在。那么 $f_1(t)$ 和 $f_2(t)$ 的线性卷积不存在，即 $f_1(t)*f_2(t)$ 不存在。

例 4.2.8：试求线性卷积 $f(t)=\mathrm{e}^{bt}\varepsilon(-t)*\mathrm{e}^{at}\varepsilon(t)$，其中 $\mathrm{Re}[b]>\mathrm{Re}[a]$。

解：由式(4.1.19)可知

$$\mathrm{LT}[e^{\lambda t}\varepsilon(t)]=\frac{1}{s-\lambda},\ \mathrm{Re}[\lambda]<\sigma\leqslant\infty$$

于是

$$\mathrm{LT}[e^{at}\varepsilon(t)]=\frac{1}{s-a},\ \mathrm{Re}[a]<\sigma\leqslant\infty$$

由式(4.1.33)可知

$$\mathrm{LT}[e^{\lambda t}\varepsilon(-t)]=\frac{1}{\lambda-s},\ -\infty\leqslant\sigma<\mathrm{Re}[\lambda]$$

于是

$$\mathrm{LT}[e^{bt}\varepsilon(-t)]=\frac{1}{b-s},\ -\infty\leqslant\sigma<\mathrm{Re}[b]$$

考虑到双边 LT 的时域线性卷积定理式(4.2.22)，则有

$$\begin{aligned}F(s)&=\mathrm{LT}[f(t)]=\mathrm{LT}[e^{bt}\varepsilon(-t)]\mathrm{LT}[e^{at}\varepsilon(t)]\\&=\frac{1}{(b-s)(s-a)},\ \mathrm{Re}[a]<\sigma<\mathrm{Re}[b]\\&=\frac{1}{b-a}\left(\frac{1}{b-s}+\frac{1}{s-a}\right),\ \mathrm{Re}[a]<\sigma<\mathrm{Re}[b]\end{aligned}$$

于是

$$\begin{aligned}f(t)&=e^{bt}\varepsilon(-t)*e^{at}\varepsilon(t)=\mathrm{ILT}[F(s)]\\&=\mathrm{ILT}\Bigg[\underbrace{\frac{1}{b-a}\left(\frac{1}{b-s}+\frac{1}{s-a}\right)}_{\mathrm{Re}[a]<\sigma<\mathrm{Re}[b]}\Bigg]\\&=\frac{1}{b-a}[e^{bt}\varepsilon(-t)+e^{at}\varepsilon(t)]\end{aligned}$$

例 4.2.9：设因果周期信号 $f_{T_0}(t)\varepsilon(t-0_-)=f_0(t)*\sum\limits_{m=0}^{+\infty}\delta(t-mT_0)$，其中，时限信号 $f_0(t)=f_0(t)[\varepsilon(t)-\varepsilon(t-T_0)]$，并且 $\mathrm{LT}[f_0(t)]=F_0(s)$，$-\infty<\sigma<\infty$，试求因果周期信号的拉普拉斯变换 $F_{T_0}(s)$，并标明收敛域。

解：由式(4.2.5)可知

$$\mathrm{LT}\left[\sum_{m=0}^{+\infty}\delta(t-mT_0)\right]=\frac{1}{1-e^{-sT_0}},\ 0<\sigma\leqslant\infty$$

考虑到 $f_{T_0}(t)\varepsilon(t-0_-)=f_0(t)*\sum\limits_{m=0}^{+\infty}\delta(t-mT_0)$，由双边 LT 的时域线性卷积定理可得

$$F_{T_0}(s)=\mathrm{LT}[f_{T_0}(t)\varepsilon(t-0_-)]=\frac{F_0(s)}{1-e^{-sT_0}},\ 0<\sigma\leqslant\infty \tag{4.2.23}$$

结论 6：

连续时间因果周期信号 $f_{T_0}(t)\varepsilon(t-0_-)$的双边 LT 等于第一个周期内的连续时间信号 $f_0(t)$的双边 LT 除以因子 $1-e^{-sT_0}$，并且其双边 LT 的收敛域为 $0<\sigma\leqslant\infty$。

推论 6：

(1) 虽然 $\delta_{T_0}(t)=\delta_{T_0}(t)\varepsilon(-t-0_-)+\delta_{T_0}(t)\varepsilon(t-0_-)$，但是连续时间因果周期冲激信号 $\delta_{T_0}(t)\varepsilon(t-0_-)$和连续时间反因果周期冲激信号 $\delta_{T_0}(t)\varepsilon(-t-0_-)$的双边 LT 不存在公共的收敛域，因此周期冲激信号 $\delta_{T_0}(t)$的双边 LT 不存在。

(2) 虽然连续时间周期信号 $f_{T_0}(t)$可以表示成连续时间非周期信号 $f_a(t)$的周期延拓，即 $f_{T_0}(t)=f_a(t)*\delta_{T_0}(t)$，但是周期冲激信号 $\delta_{T_0}(t)$的双边 LT 不存在，由双边 LT 的时域线性卷积定理可知，连续时间周期信号 $f_{T_0}(t)$的双边 LT 不存在。

例 4.2.10：已知连续时间因果正弦半波整流信号，如图 4.2.1 所示，试求连续时间因果正弦半波整流信号 $f_{T_0}(t)\varepsilon(t-0_-)$的拉普拉斯变换 $F_{T_0}(s)$，并标明收敛域。

解：由图 4.2.1 可知

$$\begin{aligned}f_0(t)&=\sin t[\varepsilon(t)-\varepsilon(t-\pi)]=\sin t\varepsilon(t)-\sin t\varepsilon(t-\pi)\\&=\sin t\varepsilon(t)-\sin(t-\pi+\pi)\varepsilon(t-\pi)\\&=\sin t\varepsilon(t)+\sin(t-\pi)\varepsilon(t-\pi)\end{aligned}$$

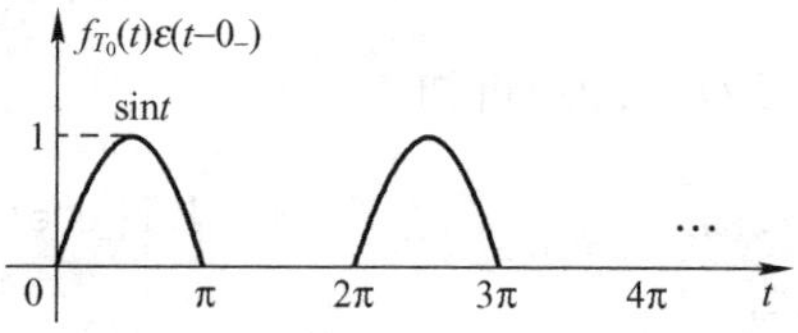

图 4.2.1 连续时间因果正弦半波整流信号

由式(4.1.25)可知

$$\mathrm{LT}[\sin\omega_0 t\varepsilon(t)]=\frac{\omega_0}{s^2+\omega_0^2},\ 0<\sigma\leqslant\infty$$

于是

$$\mathrm{LT}[\sin t\varepsilon(t)]=\frac{1}{s^2+1},\ 0<\sigma\leqslant\infty$$

考虑到双边 LT 的时移性质式(4.2.2)，则有

$$\mathrm{LT}[\sin(t-\pi)\varepsilon(t-\pi)]=\frac{\mathrm{e}^{-s\pi}}{s^2+1},\ 0<\sigma\leqslant\infty$$

于是

$$F_0(s)=\mathrm{LT}[f_0(t)]=\mathrm{LT}[\sin t\varepsilon(t)+\sin(t-\pi)\varepsilon(t-\pi)]=\frac{1+\mathrm{e}^{-s\pi}}{s^2+1},\ -\infty<\sigma\leqslant\infty$$

考虑到式(4.2.23)，则有

$$F_{T_0}(s)=\mathrm{LT}[f_{T_0}(t)\varepsilon(t-0_-)]=\frac{F_0(s)}{1-\mathrm{e}^{-sT_0}}=\frac{1}{(s^2+1)(1-\mathrm{e}^{-s\pi})},\ 0<\sigma\leqslant\infty$$

4.2.6 复频域卷积定理

若 $\mathrm{LT}[f_1(t)]=F_1(s)$，$\alpha_1<\sigma<\beta_1$；$\mathrm{LT}[f_2(t)]=F_2(s)$，$\alpha_2<\sigma<\beta_2$，则有

$$\mathrm{LT}[f_1(t)f_2(t)]=\frac{1}{2\pi\mathrm{j}}F_1(s)*F_2(s),\ \alpha_1+\alpha_2<\sigma<\beta_1+\beta_2 \tag{4.2.24}$$

证明：令 $w=\lambda+\mathrm{j}\omega$，考虑到双边 LT 的定义式(4.1.5)及双边 ILT 的定义式(4.1.4)，则有

$$\begin{aligned}\int_{-\infty}^{+\infty}f_1(t)f_2(t)\mathrm{e}^{-st}\mathrm{d}t&=\int_{-\infty}^{+\infty}f_1(t)\left[\frac{1}{2\pi\mathrm{j}}\int_{\sigma-\mathrm{j}\infty}^{\sigma+\mathrm{j}\infty}F_2(s)\mathrm{e}^{st}\mathrm{d}s\right]\mathrm{e}^{-st}\mathrm{d}t\\&=\int_{-\infty}^{+\infty}f_1(t)\left[\frac{1}{2\pi\mathrm{j}}\int_{\lambda-\mathrm{j}\infty}^{\lambda+\mathrm{j}\infty}F_2(w)\mathrm{e}^{wt}\mathrm{d}w\right]\mathrm{e}^{-st}\mathrm{d}t\\&=\frac{1}{2\pi\mathrm{j}}\int_{\lambda-\mathrm{j}\infty}^{\lambda+\mathrm{j}\infty}F_2(w)\left[\int_{-\infty}^{+\infty}f_1(t)\mathrm{e}^{-(s-w)t}\mathrm{d}t\right]\mathrm{d}w\\&=\frac{1}{2\pi\mathrm{j}}\int_{\lambda-\mathrm{j}\infty}^{\lambda+\mathrm{j}\infty}F_2(w)F_1(s-w)\mathrm{d}w\\&=\frac{1}{2\pi\mathrm{j}}F_1(s)*F_2(s)\end{aligned} \tag{4.2.25}$$

考虑到 $\alpha_1<\mathrm{Re}[s-w]<\beta_1$，$\alpha_2<\mathrm{Re}[w]=\lambda<\beta_2$，则有

$$\alpha_1+\alpha_2<\mathrm{Re}[s]<\beta_1+\beta_2$$

即

$$\alpha_1+\alpha_2<\sigma<\beta_1+\beta_2$$

按复频域卷积定理计算积信号的双边 LT，涉及围线积分引理和留数定理。

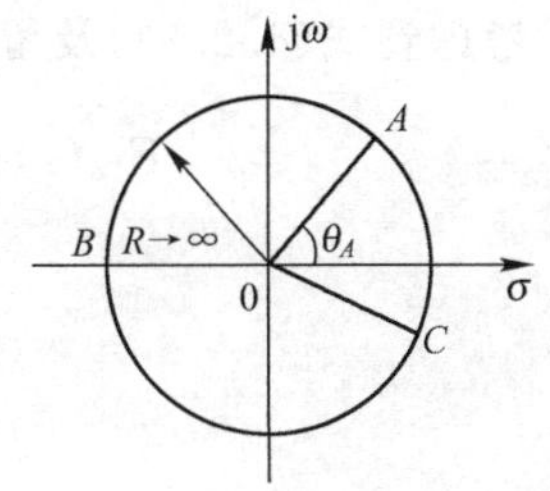

图 4.2.2　围线积分引理示意图

1. 围线积分引理

设 C_R 是 s 平面上半径为 $|s|=R$ 的圆周，C_{ABC} 是 C_R 上的任意一段圆弧，如图 4.2.2 所示。

若函数 $F(s)$ 在圆弧 C_{ABC} 上连续，并且满足条件

$$\lim_{s\to\infty} sF(s)=0 \tag{4.2.26}$$

则有

$$\lim_{|s|=R\to+\infty}\int_{C_{ABC}} F(s)\,\mathrm{d}s=0 \tag{4.2.27}$$

证明：在圆弧 C_{ABC} 上，令 $s=R\mathrm{e}^{\mathrm{j}\theta}$，则 $\mathrm{d}s=\mathrm{j}\,R\mathrm{e}^{\mathrm{j}\theta}\,\mathrm{d}\theta$，考虑到 $\lim\limits_{s\to\infty} sF(s)=0$，所以对任意的 $\varepsilon>0$，存在充分大的正数 R_0，当 $|s|=R>R_0$ 时，有

$$|sF(s)|=|F(R\mathrm{e}^{\mathrm{j}\theta})R\mathrm{e}^{\mathrm{j}\theta}|<\varepsilon \tag{4.2.28}$$

考虑到式(4.2.28)，则有

$$\int_{C_{ABC}} F(s)\,\mathrm{d}s\leqslant\left|\int_{C_{ABC}} F(s)\,\mathrm{d}s\right|<\int_{\theta_A}^{\theta_C}|F(R\mathrm{e}^{\mathrm{j}\theta})\mathrm{j}R\mathrm{e}^{\mathrm{j}\theta}|\,\mathrm{d}\theta<(\theta_C-\theta_A)\varepsilon \tag{4.2.29}$$

考虑到式(4.2.29)，则式(4.2.27)得证。

结论 7：

若函数 $F(s)$ 在 C_R 上连续且 $\lim\limits_{s\to\infty} sF(s)=0$，则有

$$\lim_{|s|=R\to+\infty}\oint_{C_R} F(s)\,\mathrm{d}s=0 \tag{4.2.30}$$

显然，对于有理分式函数 $F(s)$，当 $F(s)$ 的分子幂次比分母幂次至少小 2 时，就满足了围线积分引理的条件，即式(4.2.26)。

2. 利用围线积分引理及留数定理计算复频域卷积积分

在式(4.2.25)中，令 $G(w)=F_1(w)F_2(s-w)$，$\lambda=\lambda_0$，则该式可以写成

$$F_{12}(s)=\mathrm{LT}[f_1(t)f_2(t)]=\frac{1}{2\pi\mathrm{j}}\int_{\lambda_0-\mathrm{j}\infty}^{\lambda_0+\mathrm{j}\infty} F_1(w)F_2(s-w)\,\mathrm{d}w=\frac{1}{2\pi\mathrm{j}}\int_{\lambda_0-\mathrm{j}\infty}^{\lambda_0+\mathrm{j}\infty} G(w)\,\mathrm{d}w \tag{4.2.31}$$

式中

$$w=\lambda+\mathrm{j}\omega,\ s=\sigma+\mathrm{j}\omega,\ G(w)=F_1(w)F_2(s-w)$$

考虑到 $\alpha_1<\lambda<\beta_1$，$\alpha_2<\sigma-\lambda<\beta_2$，则有 $\alpha_1+\alpha_2<\sigma<\beta_1+\beta_2$。$\lambda_0$ 位于 $G(w)$ 的收敛域 $\lambda_1<\lambda<\lambda_2$ 内，其中，$\lambda_1=\max(\alpha_1,\sigma-\beta_2)$，$\lambda_2=\min(\beta_1,\sigma-\alpha_2)$。

设 C_R 是 w 平面上半径 $|w|=R$ 的圆周，C_{ABC}(C_{ADC})是 C_R 上逆时针(顺时针)方向的一段弧，如图 4.2.3 所示。

由围线积分引理可知，若函数 $G(w)$ 在 C_R 上连续，并且满足条件

$$\lim_{w\to\infty} wG(w)=0 \tag{4.2.32}$$

则有

$$\lim_{|w|=R\to+\infty}\int_{C_{ABC}} G(w)\,\mathrm{d}w=0 \tag{4.2.33}$$

$$\lim_{|w|=R\to+\infty}\int_{C_{ADC}} G(w)\,\mathrm{d}w=0 \tag{4.2.34}$$

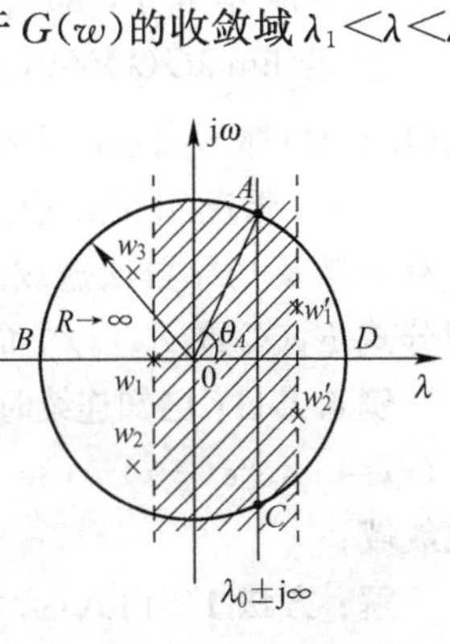

图 4.2.3　复频域卷积围线积分路径示意图

考虑到式(4.2.33)及留数定理，则式(4.2.31)可写成

$$F_{12}(s)=\lim_{|w|\to+\infty}\frac{1}{2\pi j}\left[\int_{\lambda_0-j\infty}^{\lambda_0+j\infty}G(w)dw+\int_{C_{ABC}}G(w)dw\right]$$
$$=\lim_{|w|\to+\infty}\frac{1}{2\pi j}\oint_{ABCA}G(w)dw$$
$$=\sum_{l=1}^{p_1}\mathrm{Res}[G(w)]_{w=w_l}\tag{4.2.35}$$

式中，$w_l(l=1,2,\cdots,p_1)$是象函数$G(w)$的区左极点($\mathrm{Re}[w_l]\leqslant\lambda_1$的极点)。

考虑到式(4.2.34)及留数定理，则式(4.2.31)可写成

$$F_{12}(s)=\lim_{|w|\to+\infty}\frac{1}{2\pi j}\left[\int_{\lambda_0-j\infty}^{\lambda_0+j\infty}G(w)dw+\int_{C_{ADC}}G(w)dw\right]$$
$$=\lim_{|w|\to+\infty}\frac{1}{2\pi j}\oint_{ADCA}G(w)dw$$
$$=-\sum_{r=1}^{p_2}\mathrm{Res}[G(w)]_{w=w'_r}\tag{4.2.36}$$

式中，$w'_r(r=1,2,\cdots,p_2)$是象函数$G(w)$的区右极点($\mathrm{Re}[w'_r]\geqslant\lambda_2$的极点)，负号是由于围线绕行方向为负向(顺时针方向)的缘故。

当$G(w)$的区右极点数目较少时适合用式(4.2.36)计算$F_{12}(s)$；否则适合用式(4.2.35)计算$F_{12}(s)$。

综上所述，计算复频域卷积积分$F_{12}(s)$的步骤如下。

第一步：在w平面上，画出布拉米奇路径$\lambda_0\pm j\infty$，并且λ_0位于$G(w)$的收敛域内，可选择$ABCA$的逆时针积分闭合路径，也可选择$ADCA$的顺时针积分闭合路径，如图4.2.3所示。

第二步：检查是否满足条件式(4.2.32)，具体情况如下所示。

(1) 满足条件式(4.2.32)是最可能发生的。这时可选用式(4.2.35)，也可选用式(4.2.36)计算$F_{12}(s)$。

(2) 当不满足条件式(4.2.32)时，涉及如下三种情况：

令$w=\lambda$，便于进一步分析，在圆周C_R上，$\lim\limits_{w\to\infty}wG(w)$不满足条件式(4.2.32)的原因，即$\lim\limits_{w\to\infty}wG(w)\neq0$的原因。

① 若$\lim\limits_{\lambda\to-\infty}\lambda G(\lambda)=0$，而$\lim\limits_{\lambda\to+\infty}\lambda G(\lambda)\neq0$，即在$w$平面的正实轴上$\lim\limits_{w\to\infty}wG(w)\neq0$，使得式(4.2.34)不成立，那么这种情况下，只能用式(4.2.35)来计算$F_{12}(s)$。

② 若$\lim\limits_{\lambda\to+\infty}\lambda G(\lambda)=0$，而$\lim\limits_{\lambda\to-\infty}\lambda G(\lambda)\neq0$，即在$w$平面的负实轴上$\lim\limits_{w\to\infty}wG(w)\neq0$，使得式(4.2.33)不成立，那么这种情况下，只能用式(4.2.36)来计算$F_{12}(s)$。

③ 若$\lim\limits_{\lambda\to\pm\infty}\lambda G(\lambda)\neq0$，即在$w$平面的负实轴和正实轴上$\lim\limits_{w\to\infty}wG(w)\neq0$，使得式(4.2.33)及式(4.2.34)都不成立，那么这种情况下，既不能用式(4.2.35)又不能用式(4.2.36)来计算$F_{12}(s)$。

其实，情况①和情况②是$F_1(s)$或$F_2(s)$具有延迟因子$e^{\pm st_0}$造成的；情况③是$f_1(t)$或$f_2(t)$含有冲激及其导数项造成的，可以先将$f_1(t)$或$f_2(t)$包含的冲激及其导数项分离出来，即先将假分式$F_1(s)$或$F_2(s)$中的整式分离出来，然后再处理即可。

例 4.2.11：已知连续时间信号$f(t)=f_1(t)f_2(t)$，其中$f_1(t)=(33e^{2t}-30e^{3t})\varepsilon(-t)+4e^{-t}\varepsilon(t)$，$f_2(t)=-4e^{4t}\varepsilon(-t)-(8e^{-2t}-5e^{-3t})\varepsilon(t)$，试求连续时间信号$f(t)$的拉普拉斯变换$F(s)$，并标明收敛域。

解：方法1　由式(4.2.3)可知

$$\mathrm{LT}[e^{-at}\varepsilon(t)]=\frac{1}{s+a},\ -a<\sigma\leqslant\infty$$

考虑到

$$\begin{aligned} f(t) &= f_1(t)f_2(t) \\ &= [(33e^{2t}-30e^{3t})\varepsilon(-t)+4e^{-t}\varepsilon(t)][-4e^{4t}\varepsilon(-t)-(8e^{-2t}-5e^{-3t})\varepsilon(t)] \\ &= -4e^{4t}\varepsilon(-t)(33e^{2t}-30e^{3t})\varepsilon(-t)-4e^{-t}\varepsilon(t)(8e^{-2t}-5e^{-3t})\varepsilon(t) \\ &= -4(33e^{6t}-30e^{7t})\varepsilon(-t)-4(8e^{-3t}-5e^{-4t})\varepsilon(t) \end{aligned}$$

则有

$$F(s)=\text{LT}[f(t)]=\text{LT}[f_1(t)f_2(t)]=-4\left(\frac{33}{6-s}-\frac{30}{7-s}+\frac{8}{s+3}-\frac{5}{s+4}\right),\ -3<\sigma<6$$

方法 2　由式(4.2.3)可知

$$\text{LT}[e^{-at}\varepsilon(t)]=\frac{1}{s+a},\ -a<\sigma\leqslant\infty$$

考虑到 $f_1(t)=(33e^{2t}-30e^{3t})\varepsilon(-t)+4e^{-t}\varepsilon(t)$，则有

$$F_1(s)=\text{LT}[f_1(t)]=\frac{33}{2-s}-\frac{30}{3-s}+\frac{4}{s+1},\ -1<\sigma<2 \tag{4.2.37}$$

考虑到 $f_2(t)=-4e^{4t}\varepsilon(-t)-(8e^{-2t}-5e^{-3t})\varepsilon(t)$，则有

$$F_2(s)=\text{LT}[f_2(t)]=-\frac{4}{4-s}-\frac{8}{s+2}+\frac{5}{s+3},\ -2<\sigma<4 \tag{4.2.38}$$

于是

$$G(w)=F_1(w)F_2(s-w)=\left(\frac{4}{w+1}-\frac{33}{w-2}+\frac{30}{w-3}\right)\left(-\frac{8}{s-w+2}+\frac{5}{s-w+3}+\frac{4}{s-w-4}\right)$$

$$\lim_{w\to\infty}wG(w)=\lim_{w\to\infty}\left(\frac{4w}{w+1}-\frac{33w}{w-2}+\frac{30w}{w-3}\right)\left(-\frac{8}{s-w+2}+\frac{5}{s-w+3}+\frac{4}{s-w-4}\right)=0$$

考虑到式(4.2.37)，则有

$$-1<\lambda<2 \tag{4.2.39}$$

考虑到式(4.2.38)，则有

$$-2<\sigma-\lambda<4 \tag{4.2.40}$$

于是

$$-3<\sigma<6$$

考虑到式(4.2.39)，则有

$$-1<\lambda<2<3 \tag{4.2.41}$$

考虑到式(4.2.40)，则有

$$\sigma-4<\lambda<\sigma+2<\sigma+3 \tag{4.2.42}$$

由式(4.2.41)及式(4.2.42)可知，$G(w)$有 2 个区左极点 $w_1=-1$，$w_2=s-4$；有 4 个区右极点 $w_1'=2$，$w_2'=3$，$w_3'=s+2$，$w_4'=s+3$，由式(4.2.35)可得

$$\begin{aligned} F(s) &= F_{12}(s)=\text{Res}[G(w)]_{w=-1}+\text{Res}[G(w)]_{w=s-4} \\ &= \text{Res}\left[\left(\frac{4}{w+1}-\frac{33}{w-2}+\frac{30}{w-3}\right)\left(-\frac{8}{s-w+2}+\frac{5}{s-w+3}+\frac{4}{s-w-4}\right)\right]_{w=-1} \\ &\quad +\text{Res}\left[\left(\frac{4}{w+1}-\frac{33}{w-2}+\frac{30}{w-3}\right)\left(-\frac{8}{s-w+2}+\frac{5}{s-w+3}+\frac{4}{s-w-4}\right)\right]_{w=s-4} \\ &= 4\left(-\frac{8}{s+3}+\frac{5}{s+4}+\frac{4}{s-3}\right)+\left(\frac{4}{s-3}-\frac{33}{s-6}+\frac{30}{s-7}\right)\times(-4) \\ &= -4\left(\frac{8}{s+3}-\frac{5}{s+4}-\frac{33}{s-6}+\frac{30}{s-7}\right),\ -3<\sigma<6 \end{aligned}$$

显然，也可以用式(4.2.36)来计算 $F(s)=F_{12}(s)$，只不过要计算 4 次留数。

例 4.2.12：已知 $F_1(s)=\dfrac{e^s}{s+2}$，$-2<\sigma<\infty$，$F_2(s)=\dfrac{1}{s+1}$，$-1<\sigma\leqslant\infty$，试求 $F_{12}(s)$。

解：方法 1 考虑到 $G(w)=F_1(w)F_2(s-w)=\dfrac{e^w}{(w+2)(s-w+1)}$，则有

$$\lim_{w\to\infty} wG(w)=\lim_{w\to\infty}\frac{w e^w}{(w+2)(s-w+1)}\neq 0$$

由于 $\lim\limits_{\lambda\to-\infty}\lambda G(\lambda)=\lim\limits_{\lambda\to-\infty}\dfrac{\lambda e^\lambda}{(\lambda+2)(s-\lambda+1)}=0$，因此可以用式(4.2.35)来计算 $F_{12}(s)$。

由题意可知，$-2<\lambda<\infty$，$-1<\sigma-\lambda\leqslant\infty$，于是 $-3<\sigma\leqslant\infty$，并且 λ 满足 $-2<\lambda<\sigma+1$，即 $G(w)$ 有 1 个区左极点 $w_1=-2$ 和 1 个区右极点 $w_1'=s+1$。于是，由式(4.2.35)可得

$$F_{12}(s)=\text{Res}[G(w)]_{w=-2}=\text{Res}\left[\frac{e^w}{(w+2)(s-w+1)}\right]_{w=-2}=\frac{e^{-2}}{s+3},\quad -3<\sigma\leqslant\infty$$

方法 2 由于复频域卷积满足交换律，即 $F_{12}(s)=F_{21}(s)$，因此可以计算 $F_{21}(s)$。

设 $Q(w)=F_2(w)F_1(s-w)=\dfrac{e^{s-w}}{(w+1)(s-w+2)}$，则有

$$\lim_{\lambda\to-\infty}\lambda Q(\lambda)=\lim_{\lambda\to-\infty}\frac{\lambda e^{s-\lambda}}{(\lambda+1)(s-\lambda+2)}\neq 0$$

由于 $\lim\limits_{w\to\infty} wQ(w)=\lim\limits_{w\to\infty}\dfrac{w e^{s-w}}{(w+1)(s-w+2)}=0$，因此可以用式(4.2.36)来计算 $F_{21}(s)$。

由题意可知，$-1<\lambda\leqslant\infty$，$-2<\sigma-\lambda<\infty$，于是 $-3<\sigma\leqslant\infty$，并且 λ 满足 $-1<\lambda<\sigma+2$，即 $Q(w)$ 有 1 个区左极点 $w_1=-1$ 和 1 个区右极点 $w_1'=s+2$。于是，由式(4.2.36)可得

$$F_{21}(s)=-\text{Res}[Q(w)]_{w=s+2}=-\text{Res}\left[\frac{e^{s-w}}{(w+1)(s-w+2)}\right]_{w=s+2}=\frac{e^{-2}}{s+3},\quad -3<\sigma\leqslant\infty$$

方法 3 由式(4.2.3)可知

$$\text{LT}[e^{-at}\varepsilon(t)]=\frac{1}{s+a},\quad -a<\sigma\leqslant\infty$$

考虑到 $F_1(s)=\dfrac{e^s}{s+2}$，$-2<\sigma<\infty$，则有

$$f_1(t)=e^{-2(t+1)}\varepsilon(t+1)$$

考虑到 $F_2(s)=\dfrac{1}{s+1}$，$-1<\sigma\leqslant\infty$，则有

$$f_2(t)=e^{-t}\varepsilon(t)$$

因为

$$f_1(t)f_2(t)=e^{-2(t+1)}\varepsilon(t+1)e^{-t}\varepsilon(t)=e^{-2}e^{-3t}\varepsilon(t)$$

所以

$$F_{12}(s)=\text{LT}[f_1(t)f_2(t)]=\text{LT}[e^{-2}e^{-3t}\varepsilon(t)]=\frac{e^{-2}}{s+3},\quad -3<\sigma\leqslant\infty$$

例 4.2.13：已知 $F_1(s)=\dfrac{2}{s+1}$，$-1<\sigma\leqslant\infty$，$F_2(s)=\dfrac{s+3}{s+2}$，$-2<\sigma\leqslant\infty$，试求 $F_{12}(s)$。

解：方法 1 由式(4.2.3)可知

$$\text{LT}[e^{-at}\varepsilon(t)]=\frac{1}{s+a},\quad -a<\sigma\leqslant\infty$$

考虑到 $F_1(s)=\frac{2}{s+1}$，$-1<\sigma\leqslant\infty$，则有

$$f_1(t)=2\mathrm{e}^{-t}\varepsilon(t)$$

显然

$$f_1(0)=\frac{1}{2}[f_1(0_-)+f_1(0_+)]=\frac{1}{2}(0+2)=1$$

考虑到 $F_2(s)=\frac{s+3}{s+2}$，$-2<\sigma\leqslant\infty$，则有

$$f_2(t)=\delta(t)+\mathrm{e}^{-2t}\varepsilon(t)$$

因为

$$f_1(t)f_2(t)=f_1(t)[\delta(t)+\mathrm{e}^{-2t}\varepsilon(t)]=f_1(0)\delta(t)+2\mathrm{e}^{-t}\varepsilon(t)\mathrm{e}^{-2t}\varepsilon(t)=\delta(t)+2\mathrm{e}^{-3t}\varepsilon(t)$$

所以

$$F_{12}(s)=\mathrm{LT}[f_1(t)f_2(t)]=\mathrm{LT}[\delta(t)+2\mathrm{e}^{-3t}\varepsilon(t)]=1+\frac{2}{s+3},\ -3<\sigma\leqslant\infty$$

方法 2　考虑到 $G(w)=F_1(w)F_2(s-w)=\frac{2[(s-w)+3]}{(w+1)(s-w+2)}$，则有

$$\lim_{w\to\infty}wG(w)=\lim_{w\to\infty}\frac{2w[(s-w)+3]}{(w+1)(s-w+2)}\neq 0\text{，并且}\lim_{\lambda\to\pm\infty}\lambda G(\lambda)=\lim_{\lambda\to\pm\infty}\frac{2\lambda[(s-\lambda)+3]}{(\lambda+1)(s-\lambda+2)}\neq 0$$

因此，式(4.2.35)及式(4.2.36)都不能用来计算 $F_{12}(s)$。

考虑到

$$F_2(s)=\frac{s+3}{s+2}=\underbrace{1}_{F_{2A}(s)}+\underbrace{\frac{1}{s+2}}_{F_{2B}(s)},\ -2<\sigma\leqslant\infty$$

设 $G_B(w)=F_{12B}(s)=F_1(w)F_{2B}(s-w)=\frac{2}{(w+1)(s-w+2)}$，则有

$$\lim_{w\to\infty}wG_B(w)=\lim_{w\to\infty}\frac{2w}{(w+1)(s-w+2)}=0$$

因此，式(4.2.35)及式(4.2.36)都可用来计算 $F_{12B}(s)$，我们用式(4.2.36)来计算 $F_{12B}(s)$。

由题意可知，$-1<\lambda\leqslant\infty$，$-2<\sigma-\lambda\leqslant\infty$，于是 $-3<\sigma\leqslant\infty$，并且 λ 满足 $-1<\lambda<\sigma+2$，即 $G_B(w)$ 有 1 个区左极点 $w_1=-1$ 和 1 个区右极点 $w_1'=s+2$。那么，由式(4.2.36)可得

$$\begin{aligned}F_{12}(s)&=\frac{1}{2\pi\mathrm{j}}F_1(s)*F_2(s)=\frac{1}{2\pi\mathrm{j}}F_1(s)*[F_{2A}(s)+F_{2B}(s)]\\&=\frac{1}{2\pi\mathrm{j}}F_1(s)*F_{2A}(s)+\frac{1}{2\pi\mathrm{j}}F_1(s)*F_{2B}(s)\\&=\mathrm{LT}[f_1(t)f_{2A}(t)]+F_{12B}(s)\\&=\mathrm{LT}[f_1(t)\delta(t)]-\mathrm{Res}[G_B(w)]_{w=s+2}\\&=\mathrm{LT}[f_1(0)\delta(t)]-\mathrm{Res}[G_B(w)]_{w=s+2}\\&=\mathrm{LT}[\delta(t)]-\mathrm{Res}\left[\frac{2}{(w+1)(s-w+2)}\right]_{w=s+2}\\&=1+\frac{2}{s+3},\ -3<\sigma\leqslant\infty\end{aligned}$$

4.2.7　时域微分性质

时域微分性质涉及双边 LT 和单边 LT 的时域微分性质。

1. 双边 LT 的时域微分性质

若 $f(t) \longleftrightarrow F(s)$，$\alpha<\sigma<\beta$，则有

$$\frac{\mathrm{d}f(t)}{\mathrm{d}t}=f(t)*\delta'(t) \longleftrightarrow sF(s) \tag{4.2.43}$$

$$\frac{\mathrm{d}^n f(t)}{\mathrm{d}t^n}=f(t)*\delta^{(n)}(t) \longleftrightarrow s^n F(s) \tag{4.2.44}$$

证明：由式(4.1.14)可知

$$\delta'(t) \longleftrightarrow s,\ -\infty<\sigma<\infty$$

考虑到双边 LT 的时域线性卷积定理式(4.2.22)，则有

$$f'(t)=f(t)*\delta'(t) \longleftrightarrow sF(s)$$

$$f''(t)=f'(t)*\delta'(t) \longleftrightarrow s^2F(s)$$

将此过程再重复 $n-2$ 次，即可得到式(4.2.44)。

若连续时间信号 $f(t)$的象函数 $F(s)$在 $s=0$ 处无 n 阶极点，则连续时间信号 $f^{(n)}(t)$的双边 LT 的收敛域与连续时间信号 $f(t)$的双边 LT 的收敛域相同，否则，其收敛域可能会扩大。

例 4.2.14：已知连续时间信号 $x(t)=f'(t)$，其中 $f(t)=(1-\mathrm{e}^{-t})\varepsilon(t)$，试求连续时间信号 $x(t)$的拉普拉斯变换 $X(s)$，并标明收敛域。

解：方法 1　由式(4.2.3)可知

$$\mathrm{LT}[\mathrm{e}^{-at}\varepsilon(t)]=\frac{1}{s+a},\ -a<\sigma\leqslant\infty$$

考虑到 $x(t)=f'(t)=\mathrm{e}^{-t}\varepsilon(t)+(1-\mathrm{e}^{-t})\delta(t)=\mathrm{e}^{-t}\varepsilon(t)$，则有

$$X(s)=\mathrm{LT}[x(t)]=\mathrm{LT}[\mathrm{e}^{-t}\varepsilon(t)]=\frac{1}{s+1},\ -1<\sigma\leqslant\infty$$

方法 2　由式(4.2.3)可知

$$\mathrm{LT}[\mathrm{e}^{-at}\varepsilon(t)]=\frac{1}{s+a},\ -a<\sigma\leqslant\infty$$

考虑到 $f(t)=(1-\mathrm{e}^{-t})\varepsilon(t)=\varepsilon(t)-\mathrm{e}^{-t}\varepsilon(t)$，则有

$$F(s)=\mathrm{LT}[f(t)]=\mathrm{LT}[\varepsilon(t)-\mathrm{e}^{-t}\varepsilon(t)]=\frac{1}{s}-\frac{1}{s+1}=\frac{1}{s(s+1)},\ 0<\sigma\leqslant\infty$$

考虑到 $x(t)=f'(t)$，由双边 LT 的时域微分性质式(4.2.43)，可得

$$X(s)=sF(s)=\frac{1}{s+1},\ -1<\sigma\leqslant\infty$$

可见，由于 $sF(s)$中 $s=0$ 的一阶零点和极点相消，因此收敛域扩大成$-1<\sigma\leqslant\infty$。

例 4.2.15：试求线性卷积 $f(t)=(\mathrm{e}^{-t}-\mathrm{e}^{-2t})\varepsilon(t)*[\delta''(t)+3\delta'(t)+2\delta(t)]$。

解：由式(4.2.3)可知

$$\mathrm{LT}[\mathrm{e}^{-at}\varepsilon(t)]=\frac{1}{s+a},\ -a<\sigma\leqslant\infty$$

考虑到双边 LT 的时域线性卷积定理式(4.2.22)和双边 LT 的时域微分性质式(4.2.44)，则有

$$\begin{aligned}F(s)&=\mathrm{LT}[f(t)]=\mathrm{LT}[\mathrm{e}^{-t}\varepsilon(t)-\mathrm{e}^{-2t}\varepsilon(t)]\mathrm{LT}[\delta''(t)+3\delta'(t)+2\delta(t)]\\&=\left(\frac{1}{s+1}-\frac{1}{s+2}\right)(s^2+3s+2)=\frac{s^2+3s+2}{(s+1)(s+2)}=1,\ -\infty\leqslant\sigma\leqslant\infty\end{aligned}$$

由式(4.1.11)可知

$$\mathrm{LT}[\delta(t)]=1,\ -\infty\leqslant\sigma\leqslant\infty$$

于是

$$f(t)=\mathrm{ILT}[F(s)]=\mathrm{ILT}\Big[\underbrace{1}_{-\infty\leqslant\sigma\leqslant\infty}\Big]=\delta(t)$$

即

$$f(t)=(\mathrm{e}^{-t}-\mathrm{e}^{-2t})\varepsilon(t)*[\delta''(t)+3\delta'(t)+2\delta(t)]=\delta(t)$$

2. 单边 LT 的时域微分性质

若连续时间因果信号 $f(t)\longleftrightarrow F(s)$，$\alpha<\sigma\leqslant\infty$，则有

$$\frac{\mathrm{d}f(t)}{\mathrm{d}t}\longleftrightarrow sF(s)-f(0_-) \tag{4.2.45}$$

$$\frac{\mathrm{d}^n f(t)}{\mathrm{d}t^n}\longleftrightarrow s^nF(s)-\sum_{i=0}^{n-1}s^{n-1-i}f^{(i)}(0_-) \tag{4.2.46}$$

证明： 考虑到单边 LT 的定义式(4.1.6)，则有

$$\int_{0_-}^{+\infty}\frac{\mathrm{d}f(t)}{\mathrm{d}t}\mathrm{e}^{-st}\mathrm{d}t=\int_{0_-}^{+\infty}\mathrm{e}^{-st}\mathrm{d}f(t)=f(t)\mathrm{e}^{-st}\Big|_{0_-}^{+\infty}+s\int_{0_-}^{+\infty}f(t)\mathrm{e}^{-st}\mathrm{d}t=sF(s)-f(0_-)$$

式中，当 s 取值满足 $\mathrm{Re}[s]=\sigma>\alpha$ 时，$\lim\limits_{t\to\infty}f(t)\mathrm{e}^{-st}=0$。

讨论：

设 $f'(t)=f_1(t)\longleftrightarrow F_1(s)=sF(s)-f(0_-)$，则有

$$f''(t)=f_1'(t)=f_2(t)\longleftrightarrow F_2(s)=sF_1(s)-f_1(0_-)=s^2F(s)-sf(0_-)-f'(0_-)$$

$$f^{(3)}(t)=f_2'(t)=f_3(t)\longleftrightarrow F_3(s)=sF_2(s)-f_2(0_-)=s^3F(s)-s^2f(0_-)-sf'(0_-)-f''(0_-)$$

将此过程再重复 $n-3$ 次，即可得到式(4.2.46)。

若连续时间因果信号 $f(t)$的象函数 $F(s)$在 $s=0$ 处无 n 阶极点，则连续时间因果信号 $f^{(n)}(t)$的单边 LT 的收敛域与连续时间因果信号 $f(t)$的单边 LT 的收敛域相同，否则，其收敛域可能会扩大。

例 4.2.16： 设描述一阶 LTI 连续时间系统响应 $y(t)$与激励 $f(t)$关系的微分方程为

$$y'(t)+y(t)=f(t) \tag{4.2.47}$$

已知系统的初始状态 $y(0_-)=2$，激励 $f(t)=\mathrm{e}^{-2t}\varepsilon(t)$，试求系统的全响应 $y(t)$。

解： 由式(4.2.3)可知

$$\mathrm{LT}[\mathrm{e}^{-at}\varepsilon(t)]=\frac{1}{s+a},\ -a<\sigma\leqslant\infty$$

于是

$$F(s)=\mathrm{LT}[f(t)]=\mathrm{LT}[\mathrm{e}^{-2t}\varepsilon(t)]=\frac{1}{s+2},\ -2<\sigma\leqslant\infty$$

对微分方程式(4.2.47)的等号两边分别取单边 LT，并考虑到单边 LT 的时域微分性质式(4.2.45)，则有

$$sY(s)-y(0_-)+Y(s)=F(s)$$

即

$$(s+1)Y(s)-y(0_-)=F(s)$$

于是

$$Y(s)=\frac{y(0_-)}{s+1}+\frac{1}{s+1}F(s)=\frac{2}{s+1}+\frac{1}{s+1}\frac{1}{s+2}=\frac{2}{s+1}+\left(\frac{1}{s+1}-\frac{1}{s+2}\right),\ -1<\sigma\leqslant\infty$$

那么 LTI 连续时间系统的全响应为

$$y(t)=2e^{-t}+(e^{-t}-e^{-2t})\varepsilon(t),\ t\geqslant 0$$

可见，利用单边LT的微分性质，不仅同时求出了LTI连续时间系统的零输入响应及零状态响应，即系统的全响应，而且无须完成LTI连续时间系统的初始状态 $y(0_-)$ 到初始条件 $y(0_+)$ 的转换。由于省略了时域微分方程解法中完成系统的初始状态到初始条件转换的步骤，因此拉普拉斯变换法优于时域微分方程解法，即经典法；由于拉普拉斯变换法可用于求解LTI连续时间系统的零输入响应，因此拉普拉斯变换法又优于傅里叶变换法。

4.2.8 时域积分性质

时域积分性质涉及双边LT和单边LT的时域积分性质。

1. 双边LT的时域积分性质

若 $f(t)\longleftrightarrow F(s)$，$\alpha<\sigma<\beta$，则有

$$f^{(-1)}(t)=f(t)*\varepsilon(t)\longleftrightarrow\frac{F(s)}{s},\ \max(0,\alpha)<\sigma<\beta \tag{4.2.48}$$

$$f^{(-n)}(t)=f^{(n-1)}(t)*\varepsilon(t)\longleftrightarrow\frac{F(s)}{s^n},\ \max(0,\alpha)<\sigma<\beta \tag{4.2.49}$$

证明：由式(4.1.20)可知

$$\mathrm{LT}[\varepsilon(t)]=\frac{1}{s},\ 0<\sigma\leqslant\infty$$

考虑到双边LT的时域线性卷积定理式(4.2.22)，则有

$$f^{(-1)}(t)=f(t)*\varepsilon(t)\longleftrightarrow\frac{F(s)}{s},\ \max(0,\alpha)<\sigma<\beta$$

$$f^{(-2)}(t)=f^{(-1)}(t)*\varepsilon(t)\longleftrightarrow\frac{F(s)}{s^2},\ \max(0,\alpha)<\sigma<\beta$$

将此过程再重复 $n-2$ 次，即可得到式(4.2.49)。

若连续时间信号 $f(t)$ 的象函数 $F(s)$ 在 $s=0$ 处有 n 阶零点，则连续时间信号 $f^{(-n)}(t)$ 的双边LT的收敛域与连续时间信号 $f(t)$ 的双边LT的收敛域相同，否则其收敛域可能会缩小；若收敛域 $\alpha<\sigma<\beta$ 与 $0<\sigma\leqslant\infty$ 无公共部分，则 $f^{(-n)}(t)$ 的双边LT不存在。

例4.2.17：设连续时间信号 $x(t)=f^{(-1)}(t)$，其中 $f(t)=e^{-t}\varepsilon(t)$，试求连续时间信号 $x(t)$ 的拉普拉斯变换 $X(s)$，并标明收敛域。

解：方法1 由式(4.2.3)可知

$$\mathrm{LT}[e^{-at}\varepsilon(t)]=\frac{1}{s+a},\ -a<\sigma\leqslant\infty$$

考虑到

$$x(t)=f^{(-1)}(t)=\int_{-\infty}^{t}f(\tau)d\tau=\int_{-\infty}^{t}e^{-\tau}\varepsilon(\tau)d\tau=(1-e^{-\tau})\varepsilon(\tau)\Big|_{-\infty}^{t}=(1-e^{-t})\varepsilon(t)$$

则有

$$X(s)=\mathrm{LT}[x(t)]=\mathrm{LT}[(1-e^{-t})\varepsilon(t)]=\mathrm{LT}[\varepsilon(t)-e^{-t}\varepsilon(t)]=\frac{1}{s}-\frac{1}{s+1}=\frac{1}{s(s+1)},\ 0<\sigma\leqslant\infty$$

方法2 由式(4.2.3)可知

$$\mathrm{LT}[e^{-at}\varepsilon(t)]=\frac{1}{s+a},\ -a<\sigma\leqslant\infty$$

考虑到 $f(t)=e^{-t}\varepsilon(t)$，则有

$$F(s)=\text{LT}[f(t)]=\text{LT}[\text{e}^{-t}\varepsilon(t)]=\frac{1}{s+1},\ -1<\sigma\leqslant\infty$$

考虑到 $x(t)=f^{(-1)}(t)$，由双边 LT 的时域积分性质式(4.2.48)，可得

$$X(s)=\frac{F(s)}{s}=\frac{1}{s(s+1)},\ 0<\sigma\leqslant\infty$$

可见，由于$\frac{F(s)}{s}$在 $s=0$ 处增加了一个一阶极点，因此收敛域缩小成 $0<\sigma\leqslant\infty$。

例 4.2.18：已知连续时间信号 $f(t)=t^3\varepsilon(t)$，试求连续时间信号 $f(t)$的拉普拉斯变换 $F(s)$，并标明收敛域。

解：由式(4.1.20)可知

$$\text{LT}[\varepsilon(t)]=\frac{1}{s},\ 0<\sigma\leqslant\infty$$

考虑到双边 LT 的时域积分性质式(4.2.48)，则有

$$t\varepsilon(t)=\varepsilon(t)*\varepsilon(t)\longleftrightarrow\frac{1}{s^2},\ 0<\sigma\leqslant\infty$$

$$\frac{1}{2}t^2\varepsilon(t)=t\varepsilon(t)*\varepsilon(t)\longleftrightarrow\frac{1}{s^3},\ 0<\sigma\leqslant\infty$$

$$\frac{1}{2\times3}t^3\varepsilon(t)=\frac{1}{2}t^2\varepsilon(t)*\varepsilon(t)\longleftrightarrow\frac{1}{s^4},\ 0<\sigma\leqslant\infty$$

即

$$F(s)=\text{LT}[f(t)]=\text{LT}[t^3\varepsilon(t)]=\frac{3!}{s^4},\ 0<\sigma\leqslant\infty$$

一般地，可以得到

$$t^n\varepsilon(t)\longleftrightarrow\frac{n!}{s^{n+1}},\ 0<\sigma\leqslant\infty \tag{4.2.50}$$

2. 单边 LT 的时域积分性质

若连续时间因果信号 $f(t)\longleftrightarrow F(s)$，$\alpha<\sigma\leqslant\infty$，则有

$$f^{(-1)}(t)\longleftrightarrow\frac{f^{(-1)}(0_-)}{s}+\frac{F(s)}{s},\ \max(0,\alpha)<\sigma\leqslant\infty \tag{4.2.51}$$

证明：**方法 1**　考虑到单边 LT 的定义式(4.1.6)，则有

$$\begin{aligned}\int_{0_-}^{+\infty}f^{(-1)}(t)\text{e}^{-st}\,\text{d}t&=-\frac{1}{s}\int_{0_-}^{+\infty}f^{(-1)}(t)\,\text{d}\text{e}^{-st}\\&=\frac{1}{-s}\left[f^{(-1)}(t)\text{e}^{-st}\Big|_{0_-}^{+\infty}-\int_{0_-}^{+\infty}f(t)\text{e}^{-st}\,\text{d}t\right]\\&=-\frac{1}{s}[-f^{(-1)}(0_-)-F(s)]\\&=\frac{f^{(-1)}(0_-)}{s}+\frac{F(s)}{s}\end{aligned}$$

方法 2　设 $f^{(-1)}(t)=\int_{-\infty}^{t}f(\tau)\,\text{d}\tau=y(t)$，则有

$$y'(t)=f(t) \tag{4.2.52}$$

对微分方程式(4.2.52)的等号两边分别取单边 LT，并考虑到单边 LT 的时域微分性质式(4.2.45)，可得

$$sY(s)-y(0_-)=F(s)$$

于是

$$\mathrm{LT}[f^{(-1)}(t)]=Y(s)=\frac{y(0_-)}{s}+\frac{F(s)}{s}=\frac{f^{(-1)}(0_-)}{s}+\frac{F(s)}{s}$$

若连续时间因果信号 $f(t)$ 的象函数 $F(s)$ 在 $s=0$ 处有一阶零点，则连续时间因果信号 $f^{(-1)}(t)$ 的单边 LT 的收敛域与连续时间因果信号 $f(t)$ 的单边 LT 的收敛域相同，否则其收敛域可能会缩小。

例 4.2.19：设线性时不变电容元件的电压 $u_C(t)$ 与电流 $i_C(t)$ 关联，试求电容元件的电压 $u_C(t)$ 与电流 $i_C(t)$ 的象函数关系。

解：考虑到

$$i_C(t)=C\frac{\mathrm{d}u_C(t)}{\mathrm{d}t} \tag{4.2.53}$$

则有

$$u_C(t)=\frac{1}{C}i_C^{(-1)}(t) \tag{4.2.54}$$

对积分方程式(4.2.54)的等号两边分别取单边 LT，并考虑到单边 LT 的时域积分性质式(4.2.51)，可得

$$U_C(s)=\frac{1}{C}\left[\frac{i_C^{(-1)}(0_-)}{s}+\frac{I_C(s)}{s}\right]$$

即

$$U_C(s)=\frac{u_C(0_-)}{s}+\frac{I_C(s)}{sC} \tag{4.2.55}$$

值得提及的是：

(1) 式(4.2.55)是带初始状态的电容元件电压与电流象函数之间的约束关系式。

(2) 考虑到单边 LT 的时域微分性质，若对式(4.2.53)的等号两边分别取单边 LT，则同样可以得到式(4.2.55)。

例 4.2.20：设线性时不变电感元件的电压 $u_L(t)$ 与电流 $i_L(t)$ 关联，试求电感元件的电压 $u_L(t)$ 与电流 $i_L(t)$ 的象函数关系。

解：考虑到

$$u_L(t)=L\frac{\mathrm{d}i_L(t)}{\mathrm{d}t} \tag{4.2.56}$$

则有

$$i_L(t)=\frac{u_L^{(-1)}(t)}{L} \tag{4.2.57}$$

对积分方程式(4.2.57)的等号两边分别取单边 LT，并考虑到单边 LT 的时域积分性质式(4.2.51)，可得

$$I_L(s)=\frac{1}{L}\left[\frac{u_L^{(-1)}(0_-)}{s}+\frac{U_L(s)}{s}\right]$$

即

$$I_L(s)=\frac{i_L(0_-)}{s}+\frac{U_L(s)}{sL} \tag{4.2.58}$$

值得提及的是：

(1) 式(4.2.58)是带初始状态的电感元件电流与电压象函数之间的约束关系式。

(2) 考虑到单边 LT 的时域微分性质，若对式(4.2.56)的等号两边分别取单边 LT，则同样可以得到式(4.2.58)。

4.2.9　复频移性质

若 $f(t) \longleftrightarrow F(s)$，$\alpha<\sigma<\beta$，则有

$$f(t)\mathrm{e}^{s_0 t} \longleftrightarrow F(s-s_0),\ \alpha+\sigma_0<\sigma<\beta+\sigma_0 \tag{4.2.59}$$

证明：考虑到双边 LT 的定义式(4.1.5)，则有

$$\int_{-\infty}^{+\infty} f(t)\mathrm{e}^{s_0 t}\mathrm{e}^{-st}\,\mathrm{d}t=\int_{-\infty}^{+\infty} f(t)\mathrm{e}^{-(s-s_0)t}\,\mathrm{d}t=F(s-s_0)$$

考虑到 $\alpha<\mathrm{Re}[s-s_0]<\beta$，则有 $\alpha<\sigma-\sigma_0<\beta$，于是 $\alpha+\sigma_0<\sigma<\beta+\sigma_0$。

推论 7：

若 $f(t) \longleftrightarrow F(s)$，$\alpha<\sigma<\beta$，则有

$$f(t)\cos\omega_0 t \longleftrightarrow \frac{1}{2}[F(s-\mathrm{j}\omega_0)+F(s+\mathrm{j}\omega_0)],\ \alpha<\sigma<\beta \tag{4.2.60}$$

$$f(t)\sin\omega_0 t \longleftrightarrow \frac{1}{2\mathrm{j}}[F(s-\mathrm{j}\omega_0)-F(s+\mathrm{j}\omega_0)],\ \alpha<\sigma<\beta \tag{4.2.61}$$

例 4.2.21：已知连续时间信号 $f(t)=t^n\mathrm{e}^{-at}\varepsilon(t)$，试求连续时间信号 $f(t)$的拉普拉斯变换 $F(s)$，并标明收敛域。

解：由式(4.2.50)可知

$$t^n\varepsilon(t) \longleftrightarrow \frac{n!}{s^{n+1}},\ 0<\sigma\leqslant\infty$$

考虑到双边 LT 的复频移性质式(4.2.59)，则有

$$t^n\mathrm{e}^{-at}\varepsilon(t) \longleftrightarrow \frac{n!}{(s+a)^{n+1}},\ -a<\sigma\leqslant\infty \tag{4.2.62}$$

于是

$$F(s)=\mathrm{LT}[f(t)]=\mathrm{LT}[t^n\mathrm{e}^{-at}\varepsilon(t)]=\frac{n!}{(s+a)^{n+1}},\ -a<\sigma\leqslant\infty$$

例 4.2.22：已知连续时间信号 $f(t)=\mathrm{e}^{-at}\cos\omega_0 t\varepsilon(t)$，试求连续时间信号 $f(t)$的拉普拉斯变换 $F(s)$，并标明收敛域。

解：由式(4.2.3)可知

$$\mathrm{LT}[\mathrm{e}^{-at}\varepsilon(t)]=\frac{1}{s+a},\ -a<\sigma\leqslant\infty$$

考虑到双边 LT 的复频移性质的推论式(4.2.60)，则有

$$\mathrm{e}^{-at}\cos\omega_0 t\varepsilon(t) \longleftrightarrow \frac{1}{2}\left(\frac{1}{s+\mathrm{j}\omega_0+a}+\frac{1}{s-\mathrm{j}\omega_0+a}\right),\ -a<\sigma\leqslant\infty$$

即

$$\mathrm{e}^{-at}\cos\omega_0 t\varepsilon(t) \longleftrightarrow \frac{s+a}{(s+a)^2+\omega_0^2},\ -a<\sigma\leqslant\infty$$

亦即

$$F(s)=\mathrm{LT}[f(t)]=\mathrm{LT}[\mathrm{e}^{-at}\cos\omega_0 t\varepsilon(t)]=\frac{s+a}{(s+a)^2+\omega_0^2},\ -a<\sigma\leqslant\infty$$

同理，可得

$$\mathrm{e}^{-at}\sin\omega_0 t\varepsilon(t) \longleftrightarrow \frac{a}{(s+a)^2+\omega_0^2},\ -a<\sigma\leqslant\infty$$

例 4.2.23：已知连续时间信号 $f(t)=\mathrm{e}^{-t}\left\{[\varepsilon(t)-\varepsilon(t-1)]*\sum_{m=0}^{+\infty}\delta(t-2m)\right\}$，试求连续

时间信号 $f(t)$ 的拉普拉斯变换 $F(s)$，并标明收敛域。

解：由式(4.1.20)可知

$$\mathrm{LT}[\varepsilon(t)]=\frac{1}{s},\ 0<\sigma\leqslant\infty$$

考虑到双边 LT 的时移性质式(4.2.2)，则有

$$\mathrm{LT}[\varepsilon(t-1)]=\frac{1}{s}\mathrm{e}^{-s},\ 0<\sigma\leqslant\infty$$

于是

$$\mathrm{LT}[\varepsilon(t)-\varepsilon(t-1)]=\frac{1-\mathrm{e}^{-s}}{s},\ -\infty<\sigma\leqslant\infty$$

由式(4.2.5)可知

$$\mathrm{LT}\left[\sum_{m=0}^{+\infty}\delta(t-mT_0)\right]=\frac{1}{1-\mathrm{e}^{-sT_0}},\ 0<\sigma\leqslant\infty$$

设 $x(t)=[\varepsilon(t)-\varepsilon(t-1)]*\sum_{m=0}^{+\infty}\delta(t-2m)$，则有

$$X(s)=\mathrm{LT}[x(t)]=\frac{1-\mathrm{e}^{-s}}{s(1-\mathrm{e}^{-2s})}=\frac{1}{s(1+\mathrm{e}^{-s})},\ 0<\sigma\leqslant\infty$$

考虑到 $f(t)=\mathrm{e}^{-t}x(t)$，由双边 LT 的复频移性质式(4.2.59)，可得

$$F(s)=\mathrm{LT}[f(t)]=X(s+1)=\frac{1}{(s+1)[1+\mathrm{e}^{-(s+1)}]},\ -1<\sigma\leqslant\infty$$

4.2.10 复频域微分性质

若 $f(t)\longleftrightarrow F(s)$，$\alpha<\sigma<\beta$，则有

$$-tf(t)\longleftrightarrow\frac{\mathrm{d}F(s)}{\mathrm{d}s},\ \alpha<\sigma<\beta \tag{4.2.63}$$

证明：考虑到 $F(s)=\int_{-\infty}^{+\infty}f(t)\mathrm{e}^{-st}\mathrm{d}t$，则有

$$\frac{\mathrm{d}F(s)}{\mathrm{d}s}=\int_{-\infty}^{+\infty}(-t)f(t)\mathrm{e}^{-st}\mathrm{d}t$$

于是

$$-tf(t)\longleftrightarrow\frac{\mathrm{d}F(s)}{\mathrm{d}s},\ \alpha<\sigma<\beta$$

例 4.2.24：已知连续时间信号 $f(t)=t^n\mathrm{e}^{-at}\varepsilon(t)$，试求连续时间信号 $f(t)$的拉普拉斯变换 $F(s)$，并标明收敛域。

解：由式(4.2.3)可知

$$\mathrm{LT}[\mathrm{e}^{-at}\varepsilon(t)]=\frac{1}{s+a},\ -a<\sigma\leqslant\infty$$

考虑到双边 LT 的复频域微分性质式(4.2.63)，则有

$$-t\mathrm{e}^{-at}\varepsilon(t)\longleftrightarrow\frac{-1}{(s+a)^2},\ -a<\sigma\leqslant\infty$$

$$(-t)^2\mathrm{e}^{-at}\varepsilon(t)\longleftrightarrow\frac{-1\times(-2)}{(s+a)^3},\ -a<\sigma\leqslant\infty$$

$$(-t)^3\mathrm{e}^{-at}\varepsilon(t)\longleftrightarrow\frac{-1\times(-2)(-3)}{(s+a)^4},\ -a<\sigma\leqslant\infty$$

将此过程再重复 $n-3$ 次，可得

$$t^n e^{-at}\varepsilon(t) \longleftrightarrow \frac{n!}{(s+a)^{n+1}},\ -a<\sigma\leqslant\infty$$

即

$$F(s)=\mathrm{LT}[f(t)]=\mathrm{LT}[t^n e^{-at}\varepsilon(t)]=\frac{n!}{(s+a)^{n+1}},\ -a<\sigma\leqslant\infty$$

例 4.2.25：设连续时间信号 $f(t)$满足

$$f(t)*\frac{\mathrm{d}f(t)}{\mathrm{d}t}=(1-t)e^{-t}\varepsilon(t) \tag{4.2.64}$$

试求连续时间信号 $f(t)$。

解：方法 1　由式(4.2.3)可知

$$\mathrm{LT}[e^{-at}\varepsilon(t)]=\frac{1}{s+a},\ -a<\sigma\leqslant\infty$$

于是

$$\mathrm{LT}[e^{-t}\varepsilon(t)]=\frac{1}{s+1},\ -1<\sigma\leqslant\infty$$

考虑到双边 LT 的复频域微分性质式(4.2.63)，则有

$$\mathrm{LT}[-te^{-t}\varepsilon(t)]=\frac{-1}{(s+1)^2},\ -1<\sigma\leqslant\infty$$

对式(4.2.64)的等号两边分别取双边 LT，并考虑到双边 LT 的时域线性卷积定理式(4.2.22)和双边 LT 的时域微分性质式(4.2.43)，则有

$$sF^2(s)=\frac{1}{s+1}-\frac{1}{(s+1)^2},\ -1<\sigma\leqslant\infty$$

即

$$sF^2(s)=\frac{s}{(s+1)^2},\ -1<\sigma\leqslant\infty$$

亦即

$$F(s)=\pm\frac{1}{s+1},\ -1<\sigma\leqslant\infty$$

于是

$$f(t)=\pm e^{-t}\varepsilon(t)$$

方法 2　由式(4.2.3)可知

$$\mathrm{LT}[e^{-at}\varepsilon(t)]=\frac{1}{s+a},\ -a<\sigma\leqslant\infty$$

于是

$$\mathrm{LT}[e^{-t}\varepsilon(t)]=\frac{1}{s+1},\ -1<\sigma\leqslant\infty$$

考虑到式(2.4.31)，即 $e^{-at}\varepsilon(t)*e^{-at}\varepsilon(t)=te^{-at}\varepsilon(t)$，则式(4.2.64)可写成

$$f(t)*\frac{\mathrm{d}f(t)}{\mathrm{d}t}=e^{-t}\varepsilon(t)-e^{-t}\varepsilon(t)*e^{-t}\varepsilon(t) \tag{4.2.65}$$

对式(4.2.65)的等号两边分别取双边 LT，并考虑双边 LT 的时域线性卷积定理式(4.2.22)和双边 LT 的时域微分性质式(4.2.43)，则有

$$sF^2(s)=\frac{1}{s+1}-\frac{1}{(s+1)^2},\ -1<\sigma\leqslant\infty$$

即

$$sF^2(s)=\frac{s}{(s+1)^2},\ -1<\sigma\leqslant\infty$$

亦即

$$F(s)=\pm\frac{1}{s+1},\ -1<\sigma\leqslant\infty$$

于是

$$f(t)=\pm e^{-t}\varepsilon(t)$$

4.2.11 复频域积分性质

复频域积分性质涉及连续时间因果信号 LT 和连续时间反因果信号 LT 的复频域积分性质。

1. 连续时间因果信号 LT 的复频域积分性质

若连续时间因果信号 $f(t)\varepsilon(t)\longleftrightarrow F(s)$，$\alpha<\sigma\leqslant\infty$，则有

$$\frac{f(t)\varepsilon(t)}{t}\longleftrightarrow\int_s^{+\infty}F(w)\mathrm{d}w,\ \alpha<\sigma\leqslant\infty \tag{4.2.66}$$

证明：考虑到单边 LT 的定义式(4.1.6)，则有

$$F(s)=\int_{0-}^{+\infty}f(t)\varepsilon(t)e^{-st}\mathrm{d}t$$

于是

$$\begin{aligned}\int_s^{+\infty}F(w)\mathrm{d}w&=\int_s^{+\infty}\left[\int_{0-}^{+\infty}f(t)\varepsilon(t)e^{-wt}\mathrm{d}t\right]\mathrm{d}w\\&=\int_{0-}^{+\infty}f(t)\varepsilon(t)\left[\int_s^{+\infty}e^{-wt}\mathrm{d}w\right]\mathrm{d}t\\&=\int_{0-}^{+\infty}f(t)\varepsilon(t)\left[\frac{e^{-wt}}{-t}\bigg|_s^{+\infty}\right]\mathrm{d}t\\&=\int_{0-}^{+\infty}\frac{f(t)\varepsilon(t)}{t}e^{-st}\mathrm{d}t\end{aligned}$$

即

$$\frac{f(t)\varepsilon(t)}{t}\longleftrightarrow\int_s^{+\infty}F(w)\mathrm{d}w,\ \alpha<\sigma\leqslant\infty$$

2. 连续时间反因果信号 LT 的复频域积分性质

若连续时间反因果信号 $f(t)\varepsilon(-t)\longleftrightarrow F(s)$，$-\infty\leqslant\sigma<\beta$，则有

$$\frac{f(t)\varepsilon(-t)}{-t}\longleftrightarrow\int_{-\infty}^{s}F(w)\mathrm{d}w,\ -\infty\leqslant\sigma<\beta \tag{4.2.67}$$

证明：采用翻译三步法来证明。

第一步：利用双边 LT 的时域反褶性质，翻译条件。

考虑到

$$f(t)\varepsilon(-t)\longleftrightarrow F(s),\ -\infty\leqslant\sigma<\beta$$

由双边 LT 的时域反褶性质式(4.2.7)，可得

$$f(-t)\varepsilon(t)\longleftrightarrow F(-s),\ -\infty\leqslant-\sigma<\beta$$

即

$$f(-t)\varepsilon(t)\longleftrightarrow F(-s),\ -\beta<\sigma\leqslant\infty \tag{4.2.68}$$

第二步：利用连续时间因果信号 LT 的复频域积分性质，得出连续时间因果信号对应的 LT 对。

由于式(4.2.68)描述的已经是连续时间因果信号的 LT 对，即满足式(4.2.66)所需要的条件，因此由式(4.2.66)可得

$$\frac{f(-t)\varepsilon(t)}{t} \longleftrightarrow \int_{s}^{+\infty} F(-w)\mathrm{d}w,\ -\beta<\sigma\leqslant\infty$$

即

$$\frac{f(-t)\varepsilon(t)}{t} \longleftrightarrow \int_{s}^{+\infty} F(-w)\mathrm{d}w=\int_{s}^{+\infty} F(-\lambda)\mathrm{d}\lambda,\ -\beta<\sigma\leqslant\infty \qquad (4.2.69)$$

第三步：再利用双边 LT 的时域反褶性质式(4.2.7)，即可得到需要的结果。

考虑到式(4.2.69)，则有

$$\frac{f(t)\varepsilon(-t)}{-t} \longleftrightarrow \int_{-s}^{+\infty} F(-\lambda)\mathrm{d}\lambda,\ -\beta<-\sigma\leqslant\infty$$

即

$$\frac{f(t)\varepsilon(-t)}{-t} \longleftrightarrow \int_{-s}^{+\infty} F(-\lambda)\mathrm{d}\lambda=\int_{-\infty}^{s} F(w)\mathrm{d}w,\ -\infty\leqslant\sigma<\beta$$

例 4.2.26：已知连续时间信号 $f_1(t)=\mathrm{Sa}(t)\varepsilon(-t)$，试求连续时间信号 $f_1(t)$ 的拉普拉斯变换 $F_1(s)$，并标明收敛域。

解：方法 1　由式(4.1.25)可知

$$\mathrm{LT}[\sin\omega_0 t\varepsilon(t)]=\frac{\omega_0}{s^2+\omega_0^2},\ 0<\sigma\leqslant\infty$$

于是

$$\mathrm{LT}[\sin t\varepsilon(t)]=\frac{1}{s^2+1},\ 0<\sigma\leqslant\infty$$

考虑到双边 LT 的时域反褶性质式(4.2.7)，则有

$$F(s)=\mathrm{LT}[-\sin t\varepsilon(-t)]=\frac{1}{s^2+1},\ -\infty\leqslant\sigma<0$$

考虑到连续时间反因果信号 LT 的复频域积分性质式(4.2.67)，则有

$$\mathrm{LT}\left[\frac{-\sin t}{-t}\varepsilon(-t)\right]=\int_{-\infty}^{s} F(w)\mathrm{d}w=\int_{-\infty}^{s}\frac{1}{w^2+1}\mathrm{d}w=\int_{0}^{\frac{1}{s}}\frac{1}{\left(\frac{1}{\theta}\right)^2+1}\left[-\frac{1}{\theta^2}\mathrm{d}\theta\right]$$

$$=\int_{\frac{1}{s}}^{0}\frac{1}{1+\theta^2}\mathrm{d}\theta=\arctan\theta\Big|_{\frac{1}{s}}^{0}=-\arctan\frac{1}{s},\ -\infty\leqslant\sigma<0$$

即

$$f_1(t)=\mathrm{Sa}(t)\varepsilon(-t)\longleftrightarrow F_1(s)=-\arctan\frac{1}{s},\ -\infty\leqslant\sigma<0$$

方法 2　考虑到

$$F(s)=\mathrm{LT}[\sin t\varepsilon(t)]=\frac{1}{s^2+1},\ 0<\sigma\leqslant\infty$$

由连续时间因果信号 LT 的复频域积分性质式(4.2.66)，可得

$$\mathrm{LT}\left[\frac{\sin t\varepsilon(t)}{t}\right]=\int_{s}^{+\infty} F(w)\mathrm{d}w=\int_{s}^{+\infty}\frac{1}{w^2+1}\mathrm{d}w=\int_{\frac{1}{s}}^{0}\frac{1}{\left(\frac{1}{\theta}\right)^2+1}\left[-\frac{1}{\theta^2}\mathrm{d}\theta\right]$$

$$=\int_{0}^{\frac{1}{s}}\frac{1}{1+\theta^2}\mathrm{d}\theta=\arctan\theta\Big|_{0}^{\frac{1}{s}}=\arctan\frac{1}{s},\ 0<\sigma\leqslant\infty$$

即

$$f_2(t)=\mathrm{Sa}(t)\varepsilon(t)\longleftrightarrow F_2(s)=\arctan\frac{1}{s},\ 0<\sigma\leqslant\infty$$

考虑到 $f_1(t)=f_2(-t)$，对该式的等号两边分别取双边 LT，并注意到双边 LT 的时域反褶性质式(4.2.7)，则有

$$F_1(s)=F_2(-s)=-\arctan\frac{1}{s},\ -\infty\leqslant\sigma<0$$

虽然连续时间信号 $\mathrm{Sa}(t)=\mathrm{Sa}(t)\varepsilon(-t)+\mathrm{Sa}(t)\varepsilon(t)=f_1(t)+f_2(t)$，但是连续时间信号 $f_1(t)$和 $f_2(t)$的双边 LT 不存在公共的收敛域，因此连续时间信号 $\mathrm{Sa}(t)$的双边 LT 不存在。

结论 8：

连续时间信号 $\mathrm{Sa}(\omega_c t)$及其导数 $\mathrm{Sa}^{(n)}(\omega_c t)$($n$ 为正整数)的双边 LT 不存在。

例 4.2.27： 已知连续时间信号 $f(t)=\frac{\sin^2 t}{t}\varepsilon(t)$，试求连续时间信号 $f(t)$的拉普拉斯变换 $F(s)$，并标明收敛域。

解： 由式(4.1.20)可知

$$\mathrm{LT}[\varepsilon(t)]=\frac{1}{s},\ 0<\sigma\leqslant\infty$$

由式(4.1.24)可知

$$\mathrm{LT}[\cos\omega_0 t\varepsilon(t)]=\frac{s}{s^2+\omega_0^2},\ 0<\sigma\leqslant\infty$$

于是

$$\mathrm{LT}[\cos 2t\varepsilon(t)]=\frac{s}{s^2+4},\ 0<\sigma\leqslant\infty$$

考虑到

$$f(t)=\frac{\sin^2 t}{t}\varepsilon(t)$$

即

$$f(t)=\frac{1-\cos 2t}{2t}\varepsilon(t)$$

对上式的等号两边分别取单边 LT，并注意到连续时间因果信号 LT 的复频域积分性质式(4.2.66)，则有

$$\begin{aligned}F(s)&=\mathrm{LT}\left[\frac{1-\cos 2t}{2t}\varepsilon(t)\right]=\frac{1}{2}\int_s^{+\infty}\left[\frac{1}{w}-\frac{w}{w^2+4}\right]\mathrm{d}w\\&=\frac{1}{2}\left[\ln w-\frac{1}{2}\ln(w^2+4)\right]\Bigg|_s^{+\infty}=\frac{1}{4}\ln\frac{w^2}{w^2+4}\Bigg|_s^{+\infty}\\&=-\frac{1}{4}\ln\frac{s^2}{s^2+4}=\frac{1}{4}\ln\left(1+\frac{4}{s^2}\right),\ 0<\sigma\leqslant\infty\end{aligned}$$

4.2.12　初值定理

我们已经知道，若因果信号 $f(t)$中不包含冲激，则其象函数 $F(s)$是真分式；若因果信号 $f(t)$中包含冲激及其导数项，则其象函数 $F(s)$是假分式，必须将 $F(s)$的整式 $N(s)$分离出来，

才能通过真分式 $F_1(s)$ 确定 $f(t)$ 的初始值 $f(0_+)$。

(1) 若连续时间因果信号 $f(t) \longleftrightarrow F(s)$，$\alpha<\sigma\leqslant\infty$，并且 $F(s)$ 是真分式，则有

$$f(0_+)=\lim_{s\to\infty}sF(s) \tag{4.2.70}$$

(2) 若连续时间因果信号 $f(t) \longleftrightarrow F(s)$，$\alpha<\sigma<\infty$，并且 $F(s)$ 为假分式，则它可分成整式 $N(s)$ 与真分式 $F_1(s)$ 之和，即 $F(s)=N(s)+F_1(s)$，于是

$$f(0_+)=\lim_{s\to\infty}sF_1(s) \tag{4.2.71}$$

证明：考虑到单边 LT 的时域微分性质式(4.2.45)，即

$$\frac{\mathrm{d}f(t)}{\mathrm{d}t} \longleftrightarrow sF(s)-f(0_-),\ \alpha<\sigma<\infty \tag{4.2.72}$$

考虑到单边 LT 的定义式(4.1.6)，则式(4.2.72)可写成

$$\int_{0-}^{+\infty}\left[\frac{\mathrm{d}f(t)}{\mathrm{d}t}\right]\mathrm{e}^{-st}\,\mathrm{d}t=\int_{0-}^{+\infty}\mathrm{e}^{-st}\,\mathrm{d}f(t)=\int_{0-}^{0+}\mathrm{e}^{-st}\,\mathrm{d}f(t)+\int_{0+}^{+\infty}\mathrm{e}^{-st}\,\mathrm{d}f(t) \tag{4.2.73}$$

若 $F(s)$ 是真分式，则 $F(s)$ 对应的连续时间因果信号 $f(t)$ 在 $t=0$ 时刻无冲激和冲激的导数项，考虑到在时间区间 $(0_-,0_+)$ 内，$\mathrm{e}^{-st}=1$，则式(4.2.73)可写成

$$\int_{0-}^{+\infty}\left[\frac{\mathrm{d}f(t)}{\mathrm{d}t}\right]\mathrm{e}^{-st}\,\mathrm{d}t=f(0_+)-f(0_-)+\int_{0+}^{+\infty}\mathrm{e}^{-st}\,\mathrm{d}f(t) \tag{4.2.74}$$

比较式(4.2.72)及式(4.2.74)，可得

$$sF(s)=f(0_+)+\int_{0+}^{+\infty}\mathrm{e}^{-st}\,\mathrm{d}f(t) \tag{4.2.75}$$

当 $s\to\infty$ 时，在时间区间 $(0_+,\infty)$ 上，$\lim\limits_{s\to\infty}\mathrm{e}^{-st}=0$，即 $\lim\limits_{s\to\infty}\int_{0+}^{+\infty}\mathrm{e}^{-st}\,\mathrm{d}f(t)=0$，因此，对式(4.2.75)的等号两边分别取极限，可得

$$\lim_{s\to\infty}sF(s)=f(0_+)$$

例 4.2.28：已知连续时间因果信号 $f(t)$ 的象函数为 $F(s)=\dfrac{s^2+3s+5}{s+1}$，$-1<\sigma\leqslant\infty$，试求初值 $f(0_+)$。

解：**方法 1**　考虑到所给象函数 $F(s)$ 是假分式，则有

$$F(s)=\frac{s^2+3s+5}{s+1}=s+2+\frac{3}{s+1}=s+2+F_1(s)$$

其中

$$F_1(s)=\frac{3}{s+1}$$

由式(4.2.71)可得

$$f(0_+)=\lim_{s\to\infty}sF_1(s)=\lim_{s\to\infty}\frac{3s}{s+1}=3$$

方法 2　考虑到 $F(s)=\dfrac{s^2+3s+5}{s+1}=s+2+\dfrac{3}{s+1}$，$-1<\sigma\leqslant\infty$，则有

$$f(t)=\delta'(t)+2\delta(t)+3\mathrm{e}^{-t}\varepsilon(t)$$

于是

$$f(0_+)=3$$

4.2.13　终值定理

对连续时间因果信号 $f(t) \longleftrightarrow F(s)$，$\alpha<\sigma\leqslant\infty$，若 $sF(s)$在 s 平面的 $\sigma=0$ 处收敛或其收敛域包含 s 平面的虚轴，则有

$$f(\infty)=\lim_{s\to 0}sF(s) \tag{4.2.76}$$

证明：对式(4.2.75)的等号两边分别取极限，可得

$$\begin{aligned}\lim_{s\to 0}sF(s)&=f(0_+)+\lim_{s\to 0}\int_{0+}^{+\infty}e^{-st}\,df(t)\\&=f(0_+)+\int_{0+}^{+\infty}df(t)\\&=f(0_+)+f(\infty)-f(0_+)\\&=f(\infty)\end{aligned}$$

例 4.2.29：已知连续时间因果信号 $f(t)$的象函数为 $F(s)=\dfrac{10(s+2)}{s(s+5)}$，$0<\sigma\leqslant\infty$，试求终值 $f(\infty)$。

解：因为 $sF(s)=\dfrac{10(s+2)}{s+5}$，$-5<\sigma\leqslant\infty$，所以 $sF(s)$在 $\sigma=0$ 处收敛，于是

$$f(\infty)=\lim_{s\to 0}sF(s)=\lim_{s\to 0}\frac{10(s+2)}{s+5}=4$$

例 4.2.30：已知连续时间因果信号 $f(t)$的象函数为 $F(s)=\dfrac{3\,(s+1)^2}{(s-1)(s+2)(s+3)}$，$1<\sigma\leqslant\infty$，试求终值 $f(\infty)$。

解：方法 1　因为 $sF(s)=\dfrac{3s\,(s+1)^2}{(s-1)(s+2)(s+3)}$，$1<\sigma\leqslant\infty$，所以 $sF(s)$在 $\sigma=0$ 处不收敛，于是 $f(\infty)$不存在，即 $f(\infty)=\infty$。

方法 2　考虑到 $F(s)=\dfrac{3\,(s+1)^2}{(s-1)(s+2)(s+3)}=\dfrac{1}{s-1}-\dfrac{1}{s+2}+\dfrac{3}{s+3}$，$1<\sigma\leqslant\infty$，则有

$$f(t)=(e^{t}-e^{-2t}+3e^{-3t})\varepsilon(t)$$

因此 $f(\infty)=\infty$。

4.2.14　线性相关定理

若

$$\mathrm{LT}[f(t)]=F(s),\ \alpha<\sigma<\beta;\ \mathrm{LT}[y(t)]=Y(s),\ \lambda<\sigma<\eta$$

则有

$$R_{fy}(\tau)=f(\tau)*y^*(-\tau) \longleftrightarrow F(s)Y^*(-s^*),\ \max(\alpha,-\eta)<\sigma<\min(\beta,-\lambda) \tag{4.2.77}$$

证明：由式(4.2.14)可知

$$y^*(-\tau) \longleftrightarrow Y^*(-s^*),\ -\eta<\sigma<-\lambda$$

考虑到双边 LT 的时域线性卷积定理式(4.2.22)，则有

$$R_{fy}(\tau)=f(\tau)*y^*(-\tau) \longleftrightarrow F(s)Y^*(-s^*),\ \max(\alpha,-\eta)<\sigma<\min(\beta,-\lambda)$$

特别地，若

$$y(t)=f(t),\ \mathrm{LT}[f(t)]=F(s),\ \alpha<\sigma<\beta$$

其中 $\alpha<0<\beta$，则有

$$R_f(\tau)=f(\tau)*f^*(-\tau)\longleftrightarrow F(s)F^*(-s^*),\ \max(\alpha,-\beta)<\sigma<\min(\beta,-\alpha) \tag{4.2.78}$$

式(4.2.78)表明，能量信号 $f(t)$的自相关函数 $R_f(\tau)$的双边 LT 的收敛域，必定包含 s 平面上的虚轴。

4.3 拉普拉斯逆变换的计算

连续时间信号 ILT 的计算有三种方法：一是直接法，即利用 ILT 的定义式(4.1.4)或式(4.1.7)直接进行计算，直接法涉及 Jordan 引理；二是部分分式展开法，即与 ICTFT 的计算方法类似，通常利用 LT 的唯一性，将象函数分解成部分分式，再结合熟知的 LT 变换对或 LT 的性质来计算 ILT，这是常用的灵活计算方法；三是代换法，即利用连续时间信号的 CTFT 与 LT 的关系间接计算 ILT。本节只介绍前两种方法，第三种方法将在下一节中介绍。

4.3.1 部分分式展开法

象函数的收敛域涉及三种情况，一是 s 平面上的右半开面，即仅存在区左极点，对应的是连续时间因果信号；二是 s 平面上的左半开面，即仅存在区右极点，对应的是连续时间反因果信号；三是 s 平面上平行于虚轴的带状域，即既存在区左极点，又存在区右极点，对应的是连续时间双边信号。

1. 象函数的极点是实根的情况

例 4.3.1：已知连续时间信号 $f(t)$的象函数为 $F(s)=\dfrac{s^3+3}{s^2+3s+2}$，$-1<\sigma\leqslant\infty$，试求连续时间信号 $f(t)$。

解：考虑到部分分式展开的前提是真分式，因此需要通过长除法或拼凑的方式将整式分离出来，再将真分式进行部分分式展开，即

$$\begin{aligned}F(s)&=\frac{s^3+3}{s^2+3s+2}=\frac{s(s^2+3s+2)-3(s^2+3s+2)+7s+9}{s^2+3s+2}\\&=s-3+\frac{7s+9}{(s+1)(s+2)}=s-3+\frac{2}{s+1}+\frac{5}{s+2},\ -1<\sigma\leqslant\infty\end{aligned}$$

于是

$$f(t)=\mathrm{ILT}[F(s)]=\delta'(t)-3\delta(t)+(2e^{-t}+5e^{-2t})\varepsilon(t)$$

例 4.3.2：已知连续时间信号 $f(t)$的象函数为 $F(s)=\dfrac{s}{(s+2)(s+1)^2}$，$-1<\sigma\leqslant\infty$，试求连续时间信号 $f(t)$。

解：方法 1　考虑到

$$e^{-t}\varepsilon(t)\longleftrightarrow\frac{1}{s+1},\ -1<\sigma\leqslant\infty$$

由双边 LT 的复频域微分性质，可得

$$-te^{-t}\varepsilon(t)\longleftrightarrow\frac{d}{ds}\left(\frac{1}{s+1}\right)=\frac{-1}{(s+1)^2},\ -1<\sigma\leqslant\infty$$

考虑到

$$F(s)=\frac{s}{(s+2)(s+1)^2}=\left(\frac{2}{s+2}-\frac{1}{s+1}\right)\frac{1}{s+1}=2\left(\frac{1}{s+1}-\frac{1}{s+2}\right)-\frac{1}{(s+1)^2},\ -1<\sigma\leqslant\infty$$

则有

$$f(t)=\text{ILT}[F(s)]=[(2-t)\mathrm{e}^{-t}-2\mathrm{e}^{-2t}]\varepsilon(t)$$

方法 2　将 $F(s)$ 展成部分分式，可得

$$F(s)=\frac{s}{(s+2)(s+1)^2}=\left(\frac{2}{s+2}-\frac{1}{s+1}\right)\frac{1}{s+1}=2\left(\frac{1}{s+1}-\frac{1}{s+2}\right)-\frac{1}{(s+1)^2},\ -1<\sigma\leqslant\infty$$

考虑到双边 LT 的时域线性卷积定理和线性卷积的加权性质，则有

$$\begin{aligned}f(t)=\text{ILT}[F(s)]&=2(\mathrm{e}^{-t}-\mathrm{e}^{-2t})\varepsilon(t)-\mathrm{e}^{-t}\varepsilon(t)*\mathrm{e}^{-t}\varepsilon(t)\\&=2(\mathrm{e}^{-t}-\mathrm{e}^{-2t})\varepsilon(t)-\mathrm{e}^{-t}[\varepsilon(t)*\varepsilon(t)]\\&=2(\mathrm{e}^{-t}-\mathrm{e}^{-2t})\varepsilon(t)-t\mathrm{e}^{-t}\varepsilon(t)\\&=[(2-t)\mathrm{e}^{-t}-2\mathrm{e}^{-2t}]\varepsilon(t)\end{aligned}$$

方法 3　设 $x(t)\longleftrightarrow X(s)=\dfrac{1}{(s+2)(s+1)^2}$，$-1<\sigma\leqslant\infty$，则有 $F(s)=sX(s)$。

考虑到

$$X(s)=\frac{1}{(s+2)(s+1)^2}=\left(\frac{1}{s+1}-\frac{1}{s+2}\right)\frac{1}{s+1}=\frac{1}{(s+1)^2}-\left(\frac{1}{s+1}-\frac{1}{s+2}\right),\ -1<\sigma\leqslant\infty$$

则有

$$x(t)=\text{ILT}[X(s)]=[(t-1)\mathrm{e}^{-t}+\mathrm{e}^{-2t}]\varepsilon(t)$$

于是

$$\begin{aligned}f(t)=x'(t)&=[\mathrm{e}^{-t}-(t-1)\mathrm{e}^{-t}-2\mathrm{e}^{-2t}]\varepsilon(t)+[(t-1)\mathrm{e}^{-t}+\mathrm{e}^{-2t}]\delta(t)\\&=[(2-t)\mathrm{e}^{-t}-2\mathrm{e}^{-2t}]\varepsilon(t)\end{aligned}$$

2. 象函数的极点存在共轭复根的情况

例 4.3.3：已知连续时间信号 $f(t)$ 的象函数为 $F(s)=\dfrac{4}{(s+1)(s^2+1)}$，$0<\sigma\leqslant\infty$，试求连续时间信号 $f(t)$。

解：方法 1　采用部分分式展开法求解。

设

$$F(s)=\frac{4}{(s+1)(s^2+1)}=\frac{4}{(s+1)(s-\mathrm{j})(s+\mathrm{j})}=\frac{C_1}{s+1}+\frac{C_2}{s-\mathrm{j}}+\frac{C_3}{s+\mathrm{j}},\ 0<\sigma\leqslant\infty$$

则有

$$C_1=(s+1)F(s)\big|_{s+1=0}=\frac{4}{s^2+1}\bigg|_{s+1=0}=2$$

$$C_2=(s-\mathrm{j})F(s)\big|_{s-\mathrm{j}=0}=\frac{4}{(s+1)(s+\mathrm{j})}\bigg|_{s=\mathrm{j}}=\frac{4}{(\mathrm{j}+1)2\mathrm{j}}=\frac{2}{-1+\mathrm{j}}=-1-\mathrm{j}$$

$$C_3=(s+\mathrm{j})F(s)\big|_{s+\mathrm{j}=0}=\frac{4}{(s+1)(s-\mathrm{j})}\bigg|_{s=-\mathrm{j}}=\frac{4}{(-\mathrm{j}+1)(-2\mathrm{j})}=\frac{2}{-1-\mathrm{j}}=-1+\mathrm{j}$$

可见，对分子和分母都是实系数的真分式进行部分分式展开时，共轭复根分式的系数也满足共轭关系，因此仅需计算一个共轭复根分式的系数即可确定另一个共轭复根分式的系数。

考虑到

$$F(s)=\frac{4}{(s+1)(s^2+1)}=\frac{2}{s+1}+\frac{-1-\mathrm{j}}{s-\mathrm{j}}+\frac{-1+\mathrm{j}}{s+\mathrm{j}}$$

$$=\frac{2}{s+1}-\left(\frac{1}{s-\mathrm{j}}+\frac{1}{s+\mathrm{j}}\right)-\mathrm{j}\left(\frac{1}{s-\mathrm{j}}-\frac{1}{s+\mathrm{j}}\right),\ 0<\sigma\leqslant\infty$$

则有

$$f(t)=\mathrm{ILT}[F(s)]=2\mathrm{e}^{-t}\varepsilon(t)-(\mathrm{e}^{\mathrm{j}t}+\mathrm{e}^{-\mathrm{j}t})\varepsilon(t)-\mathrm{j}(\mathrm{e}^{\mathrm{j}t}-\mathrm{e}^{-\mathrm{j}t})\varepsilon(t)=2(\mathrm{e}^{-t}-\cos t+\sin t)\varepsilon(t)$$

方法 2　共轭复根因子作为一个整体保留，不必分解。设

$$F(s)=\frac{4}{(s+1)(s^2+1)}=\frac{C}{s+1}+Q(s),\ 0<\sigma\leqslant\infty$$

则有

$$C=(s+1)F(s)\Big|_{s+1=0}=\frac{4}{s^2+1}\Big|_{s+1=0}=2$$

即

$$F(s)=\frac{4}{(s+1)(s^2+1)}=\frac{2}{s+1}+Q(s),\ 0<\sigma\leqslant\infty$$

其中

$$Q(s)=\frac{4}{(s+1)(s^2+1)}-\frac{2}{s+1}=2\,\frac{2-(s^2+1)}{(s^2+1)(s+1)}=2\,\frac{1-s}{s^2+1}$$

于是

$$F(s)=\frac{4}{(s+1)(s^2+1)}=\frac{2}{s+1}+2\,\frac{1-s}{s^2+1}=2\left(\frac{1}{s+1}+\frac{1}{s^2+1}-\frac{s}{s^2+1}\right),\ 0<\sigma\leqslant\infty$$

考虑到$\mathrm{LT}[\cos t\varepsilon(t)]=\frac{s}{s^2+1}$，$0<\sigma\leqslant\infty$，$\mathrm{LT}[\sin t\varepsilon(t)]=\frac{1}{s^2+1}$，$0<\sigma\leqslant\infty$，则有

$$f(t)=\mathrm{ILT}[F(s)]=2(\mathrm{e}^{-t}+\sin t-\cos t)\varepsilon(t)$$

例 4.3.4：已知连续时间信号 $f(t)$的象函数为 $F(s)=\frac{2}{(s+1)[(s+1)^2+1]^2}$，$-1<\sigma\leqslant\infty$，试求连续时间信号 $f(t)$。

解：设 $x(t)\longleftrightarrow X(s)=\frac{2}{s(s^2+1)^2}$，$0<\sigma\leqslant\infty$，则有

$$F(s)=X(s+1),\ -1<\sigma\leqslant\infty$$

又设

$$X(s)=\frac{2}{s(s^2+1)^2}=\frac{C}{s}+Q(s),\ 0<\sigma\leqslant\infty$$

则有

$$C=sX(s)\Big|_{s=0}=\frac{2}{(s^2+1)^2}\Big|_{s=0}=2$$

$$Q(s)=\frac{2}{s(s^2+1)^2}-\frac{2}{s}=2\,\frac{1-(s^2+1)^2}{s(s^2+1)^2}=-2\,\frac{(s^2+2)s^2}{s(s^2+1)^2}$$

$$=-2s\left[\frac{1}{s^2+1}+\frac{1}{(s^2+1)^2}\right]=-\frac{2s}{s^2+1}-\frac{2s}{(s^2+1)^2}$$

于是

$$X(s)=\frac{2}{s(s^2+1)^2}=\frac{2}{s}-\frac{2s}{s^2+1}-\frac{2s}{(s^2+1)^2},\ 0<\sigma\leqslant\infty$$

考虑到 $\mathrm{LT}[\cos t\varepsilon(t)]=\frac{s}{s^2+1}$，$0<\sigma\leqslant\infty$，$\mathrm{LT}[\sin t\varepsilon(t)]=\frac{1}{s^2+1}$，$0<\sigma\leqslant\infty$，由双边 LT 的复频域微分性质可得

$$-t\sin t\varepsilon(t)\longleftrightarrow\frac{\mathrm{d}}{\mathrm{d}s}\left(\frac{1}{s^2+1}\right)=\frac{-2s}{(s^2+1)^2},\ 0<\sigma\leqslant\infty$$

于是

$$x(t)=\mathrm{ILT}[X(s)]=2\varepsilon(t)-2\cos t\varepsilon(t)-t\sin t\varepsilon(t)=[2(1-\cos t)-t\sin t]\varepsilon(t)$$

考虑到

$$F(s)=X(s+1),\ -1<\sigma\leqslant\infty$$

则有

$$f(t)=\mathrm{ILT}[F(s)]=\mathrm{ILT}[X(s+1)]=\mathrm{e}^{-t}x(t)=\mathrm{e}^{-t}[2(1-\cos t)-t\sin t]\varepsilon(t)$$

例 4.3.5：已知连续时间信号 $f(t)$ 的象函数为 $F(s)=\frac{-1}{s(s^2+1)}$，$-\infty\leqslant\sigma<0$，试求连续时间信号 $f(t)$。

解：由于 $F(s)$ 的收敛域为 s 平面上的左半开面，即仅存在区右极点 $s_1=0$，$s_2=\mathrm{j}$ 和 $s_3=-\mathrm{j}$，对应的是连续时间反因果信号，因此可采用 4.2.3 节中介绍的时域反褶三步法来计算 ILT。

① 首先记下连续时间反因果信号的 LT 对。设

$$f(t)\longleftrightarrow F(s)=\frac{-1}{s(s^2+1)}=\frac{s}{s^2+1}-\frac{1}{s},\ -\infty\leqslant\sigma<0$$

② 由双边 LT 的时域反褶性质，可得

$$f(-t)\longleftrightarrow F(-s)=\frac{1}{s}-\frac{s}{s^2+1},\ 0<\sigma\leqslant\infty$$

于是

$$f(-t)=\mathrm{ILT}[F(-s)]=(1-\cos t)\varepsilon(t)$$

③ 再对连续时间因果信号反褶，可得

$$f(t)=(1-\cos t)\varepsilon(-t)$$

例 4.3.6：已知连续时间信号 $f(t)$ 的象函数为 $F(s)=\frac{2s+3}{(1-s)[(s+1)^2+1]}$，$-1<\sigma<1$，试求连续时间信号 $f(t)$。

解：由于 $F(s)$ 的收敛域为 s 平面上平行于虚轴的带状域，即既存在区右极点 $s_1=1$，又存在区左极点 $s_2=-1+\mathrm{j}$ 和 $s_3=-1-\mathrm{j}$，对应的是连续时间双边信号。设

$$F(s)=\frac{2s+3}{(1-s)[(s+1)^2+1)]}=\frac{C}{s-1}+Q(s),\ -1<\sigma<1$$

则有

$$C=(s-1)F(s)\Big|_{s=1}=-\frac{2s+3}{(s+1)^2+1}\Big|_{s=1}=-1$$

$$Q(s)=\frac{2s+3}{(1-s)[(s+1)^2+1)]}+\frac{1}{s-1}=\frac{1}{(s-1)}\left[1-\frac{2s+3}{(s+1)^2+1}\right]$$

$$=\frac{1}{(s-1)}\frac{s^2-1}{(s+1)^2+1}=\frac{s+1}{(s+1)^2+1}$$

于是

$$F(s)=\frac{2s+3}{(1-s)[(s+1)^2+1)]}=\frac{-1}{s-1}+\frac{s+1}{(s+1)^2+1},\ -1<\sigma<1$$

这里，仍然采用时域反褶三步法来计算 $F(s)$ 中区右极点 $s_1=1$ 所对应的 ILT。

① 首先记下连续时间反因果信号的 LT 对。设

$$f_1(t) \longleftrightarrow F_1(s)=\frac{-1}{s-1},\ -\infty\leqslant\sigma<1$$

② 考虑到双边 LT 的时域反褶性质，则有

$$f_1(-t) \longleftrightarrow F_1(-s)=\frac{1}{s+1},\ -1<\sigma\leqslant\infty$$

于是

$$f_1(-t)=\mathrm{ILT}[F_1(-s)]=\mathrm{e}^{-t}\varepsilon(t)$$

③ 再对连续时间因果信号反褶，可得

$$f_1(t)=\mathrm{e}^{t}\varepsilon(-t)$$

又设

$$f_2(t) \longleftrightarrow F_2(s)=\frac{s+1}{(s+1)^2+1},\ -1<\sigma\leqslant\infty$$

则有

$$f_2(t)=\mathrm{ILT}[F_2(s)]=\mathrm{e}^{-t}\cos t\varepsilon(t)$$

考虑到

$$F(s)=F_1(s)+F_2(s),\ -1<\sigma<1$$

则有

$$f(t)=f_1(t)+f_2(t)=\mathrm{e}^{t}\varepsilon(-t)+\mathrm{e}^{-t}\cos t\varepsilon(t)$$

3. 象函数是无理函数的情况

象函数是无理函数的情况下，只有用 ILT 的定义式来计算 ILT，但有些特殊情况下也可以不用定义式，而用 LT 的性质来计算 ILT。

例 4.3.7：已知连续时间信号 $f(t)$ 的象函数为 $F(s)=\dfrac{\mathrm{e}^{-s}}{(s+1)(s+2)}$，$-1<\sigma\leqslant\infty$，试求连续时间信号 $f(t)$。

解：设

$$X(s)=\frac{1}{(s+1)(s+2)}=\frac{1}{s+1}-\frac{1}{s+2},\ -1<\sigma<\infty$$

则有

$$x(t)=(\mathrm{e}^{-t}-\mathrm{e}^{-2t})\varepsilon(t)$$

考虑到

$$F(s)=X(s)\mathrm{e}^{-s},\ -1<\sigma\leqslant\infty$$

则有

$$f(t)=\mathrm{ILT}[F(s)]=\mathrm{ILT}[X(s)\mathrm{e}^{-s}]=x(t-1)=[\mathrm{e}^{-(t-1)}-\mathrm{e}^{-2(t-1)}]\varepsilon(t-1)$$

例 4.3.8：已知连续时间信号 $f(t)$ 的象函数为 $F(s)=\dfrac{1}{s(\mathrm{e}^{s}+\mathrm{e}^{-s})}$，$0<\sigma\leqslant\infty$，试求连续时间信号 $f(t)$。

解：考虑到

$$\sum_{m=0}^{+\infty}\delta(t-mT_0) \longleftrightarrow \frac{1}{1-\mathrm{e}^{-sT_0}},\ 0<\sigma\leqslant\infty$$

则有

$$\sum_{m=0}^{+\infty}\delta(t-4m)\longleftrightarrow\frac{1}{1-e^{-4s}},\ 0<\sigma\leqslant\infty$$

设

$$x(t)\longleftrightarrow X(s)=\frac{1}{s}(e^{-s}-e^{-3s}),\ -\infty<\sigma\leqslant\infty$$

则有

$$x(t)=\mathrm{ILT}[X(s)]=\varepsilon(t-1)-\varepsilon(t-3)$$

考虑到

$$F(s)=\frac{1}{s(e^{s}+e^{-s})}=\frac{e^{-s}}{s(1+e^{-2s})}=\frac{e^{-s}(1-e^{-2s})}{s(1-e^{-4s})}=\frac{X(s)}{1-e^{-4s}},\ 0<\sigma\leqslant\infty$$

则有

$$f(t)=x(t)*\sum_{m=0}^{+\infty}\delta(t-4m)=\sum_{m=0}^{+\infty}[\varepsilon(t-1-4m)-\varepsilon(t-3-4m)]$$

4.3.2 基于 Jordan 引理的留数计算方法

从理论上讲，利用式(4.1.4)或式(4.1.7)计算 ILT 时，在象函数 $F(s)$的收敛域 $\alpha<\sigma<\beta$ 或 $\alpha<\sigma\leqslant\infty$ 内，选择从 $\sigma-j\infty$ 至 $\sigma+j\infty$ 的直线路径或曲线路径来完成积分运算都是允许的，但是为了便于计算，一般在 $F(s)$的收敛域 $\alpha<\sigma<\beta$ 或 $\alpha<\sigma\leqslant\infty$ 内，取一个 σ_0 值，即 $\alpha<\sigma_0<\beta$ 或 $\alpha<\sigma_0\leqslant\infty$，选择从 $\sigma_0-j\infty$ 至 $\sigma_0+j\infty$ 直线路径作为积分路径。并将直线 $\sigma=\sigma_0$ 称为布拉米奇线，将 $\sigma_0\pm j\infty$ 对应的直线路径称为布拉米奇路径。

1. Jordan 引理

设 s 平面上半径为 $|s|=R$ 的圆周 C_R 与布拉米奇路径 $\sigma_0\pm j\infty$ 分别交于 A 点和 C 点，C_{ABC} 是 C_R 上逆时针方向的一段弧，C_{ADC} 是 C_R 上顺时针方向的一段弧，如图 4.3.1 所示。

Jordan 引理：若函数 $F(s)$在 C_R 上连续，并满足条件

$$\lim_{s\to\infty}F(s)=0 \tag{4.3.1}$$

则无论布拉米奇线 $\sigma=\sigma_0$ 位于 s 平面左半平面($\sigma_0<0$)，位于虚轴($\sigma_0=0$)上，还是位于右半平面($\sigma_0>0$)，均可得下述结论。

$$\lim_{|s|=R\to+\infty}\int_{C_{ABC}}F(s)e^{st}ds=0,\ t>0 \tag{4.3.2}$$

$$\lim_{|s|=R\to+\infty}\int_{C_{ADC}}F(s)e^{st}ds=0,\ t<0 \tag{4.3.3}$$

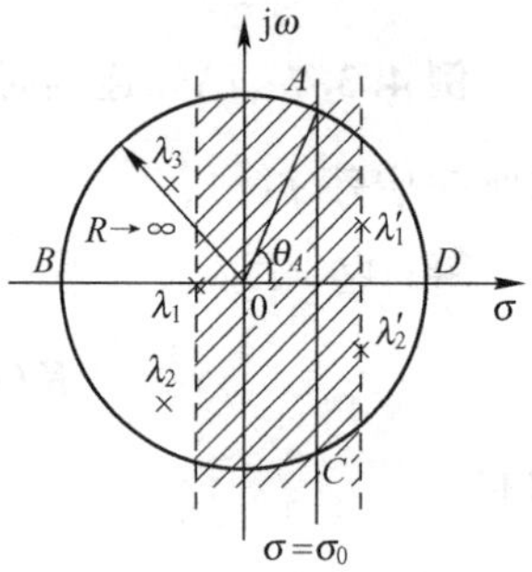

图 4.3.1 Jordan 引理积分围线路径示意图

对于有理分式函数 $F(s)$，若 $F(s)$的分子幂次比分母幂次至少小 2，则满足围线积分引理的条件，即式(4.2.26)。由式(4.3.2)及式(4.3.3)可知，被积函数不是 $F(s)$而是 $F(s)e^{st}$，由此带来的不同有两点：一是放宽了条件，对于有理分式函数 $F(s)$，若 $F(s)$的分子幂次比分母幂次至少小 1，则满足Jordan 引理的条件，即式(4.3.1)；二是由于式(4.3.2)及式(4.3.3)是含有参变量 t 的积分，因此Jordan 引理不仅涉及 $\sigma_0<0$，$\sigma_0=0$ 和 $\sigma_0>0$ 三种情况，而且每种情况中还涉及$t>0$和 $t<0$ 两种情形。换言之，如果要证明Jordan 引理，就需要按照六种具体情况逐一加以证明。

2. 利用 Jordan 引理及留数定理计算 ILT

设象函数 $F(s)$的奇异点，仅为极点，并且 $F(s)$的收敛域为 $\alpha<\sigma<\beta$，在 s 平面上画出布拉米奇路径 $\sigma=\sigma_0\pm j\infty$，其中 $\alpha<\sigma_0<\beta$，分别与圆周 C_R 交于 A 点和 C 点，如图 4.3.1 所示。若 $F(s)$满足Jordan 引理的条件式(4.3.1)，考虑到式(4.3.2)及式(4.3.3)，则有

$$f(t)=\left[\frac{1}{2\pi j}\int_{\sigma_0-j\infty}^{\sigma_0+j\infty}F(s)e^{st}ds\right][\varepsilon(-t)+\varepsilon(t)]$$
$$=\left[\lim_{|s|\to\infty}\frac{1}{2\pi j}\oint_{ABCA}F(s)e^{st}ds\right]\varepsilon(t)+\left[\lim_{|s|\to\infty}\frac{1}{2\pi j}\oint_{ADCA}F(s)e^{st}ds\right]\varepsilon(-t)$$
$$=\left\{\sum_{l=1}^{p1}\text{Res}\,[F(s)e^{st}]_{s=\lambda_l}\right\}\varepsilon(t)-\left\{\sum_{r=1}^{p2}\text{Res}\,[F(s)e^{st}]_{s=\lambda'_r}\right\}\varepsilon(-t)\quad(4.3.4)$$

在式(4.3.4)中，$\lambda_l(l=1,2,\cdots,p_1)$是象函数$F(s)$的第$l$个区左极点($\text{Re}[\lambda_l]\leqslant\alpha$的极点)；$\lambda'_r(r=1,2,\cdots,p_2)$是象函数$F(s)$的第$r$个区右极点($\text{Re}[\lambda'_r]\geqslant\beta$的极点)。第二部分的负号是由于围线的绕行方向为负向(顺时针方向)的缘故。

例 4.3.9：已知连续时间信号$f(t)$的象函数为$F(s)=\dfrac{(s+1)(s+5)}{(1-s)(s+2)(s+3)}$，$-2<\sigma<1$，试求连续时间信号$f(t)$。

解：考虑到$F(s)$是真分式，则$F(s)$满足Jordan引理的条件式(4.3.1)。$F(s)$不仅有区左极点$\lambda_1=-3$，$\lambda_2=-2$，而且有区右极点$\lambda'_1=1$，由式(4.3.4)可得

$$f(t)=-\text{Res}[F(s)e^{st}]_{s=1}\varepsilon(-t)+\{\text{Res}[F(s)e^{st}]_{s=-2}+\text{Res}[F(s)e^{st}]_{s=-3}\}\varepsilon(t)$$
$$=-\text{Res}\left[\frac{(s+1)(s+5)}{(1-s)(s+2)(s+3)}e^{st}\right]_{s=1}\varepsilon(-t)$$
$$+\left\{\text{Res}\left[\frac{(s+1)(s+5)}{(1-s)(s+2)(s+3)}e^{st}\right]_{s=-2}+\text{Res}\left[\frac{(s+1)(s+5)}{(1-s)(s+2)(s+3)}e^{st}\right]_{s=-2}\right\}\varepsilon(t)$$
$$=\left[\frac{(s+1)(s+5)}{(s+2)(s+3)}e^{st}\right]_{s=1}\varepsilon(-t)+\left\{\left[\frac{(s+1)(s+5)}{(1-s)(s+3)}e^{st}\right]_{s=-2}+\left[\frac{(s+1)(s+5)}{(1-s)(s+2)}e^{st}\right]_{s=-3}\right\}\varepsilon(t)$$
$$=e^{t}\varepsilon(-t)-(e^{-2t}-e^{-3t})\varepsilon(t)$$

例 4.3.10：已知连续时间信号$f(t)$的象函数为$F(s)=\dfrac{e^s-1}{s}$，$-\infty\leqslant\sigma<\infty$，试求连续时间信号$f(t)$。

解：虽然$\lim\limits_{s\to\infty}F(s)\neq0$，但是令$s=\sigma$时，$\lim\limits_{\sigma\to-\infty}F(\sigma)=0$，即只能对左半圆周进行围线积分，并且$\lim\limits_{|s|=R\to+\infty}\int_{C_{ABC}}F(s)e^{st}ds=0$。若记$F_1(s)=\dfrac{e^s}{s}$，$F_2(s)=\dfrac{1}{s}$，则有$F(s)=\underbrace{F_1(s)}_{0<\sigma<\infty}-\underbrace{F_2(s)}_{0<\sigma\leqslant\infty}$，即$F(s)$中的两部分都仅有区左极点$s=0$。考虑到式(4.3.4)，则有

$$f(t)=\frac{1}{2\pi j}\int_{\sigma_0-j\infty}^{\sigma_0+j\infty}F(s)e^{st}ds$$
$$=\left[\frac{1}{2\pi j}\int_{\sigma_0-j\infty}^{\sigma_0+j\infty}\frac{1}{s}e^{s(t+1)}ds\right][\varepsilon(-t-1)+\varepsilon(t+1)]-\left[\frac{1}{2\pi j}\int_{\sigma_0-j\infty}^{\sigma_0+j\infty}\frac{1}{s}e^{st}ds\right][\varepsilon(-t)+\varepsilon(t)]$$
$$=\text{Res}\left[\frac{1}{s}e^{s(t+1)}\right]_{s=0}\varepsilon(t+1)-\text{Res}\left[\frac{1}{s}e^{st}\right]_{s=0}\varepsilon(t)=\varepsilon(t+1)-\varepsilon(t)$$

4.3.3　基于等效 Jordan 引理的留数计算方法

在求象函数$F(s)$的ILT时，虽然$F(s)$有无限个极点，但是s平面上的这些极点都分布在有限半径R的圆周C_R以内，因此Jordan引理仍然适用；如果$F(s)$的所有极点并不都分布在有限半径R的圆周C_R以内。例如，象函数$F(s)=1/(s\cosh s)$，其一阶极点分布在s平面的$\lambda=0$和$\lambda_n=\pm j\,\dfrac{2n-1}{2}\pi(n=1,2,3,\cdots)$处，那么在这种情况下不能直接应用Jordan引理。因为在半

径 R 为无穷大的圆周 C_R 上积分时，需要满足 Jordan 引理条件，即 $\lim\limits_{s\to\infty}F(s)=0$。既然有无限个极点等间隔(间隔为 π)地分布在 s 平面的虚轴上，随着 $|s|=R\to\infty$，当圆周 C_R 通过极点时，其上至少有一点 λ_n，使 $F(s)$ 周期性地变为无穷大，即 $F(\lambda_n)=\infty$。这意味着 $F(s)$ 在圆周 C_R 上不连续，因此不能直接应用 Jordan 引理。需要对 Jordan 引理加以修正，其具体做法如下。

例如，对象函数 $F(s)=1/(s\cosh s)$，以 $R_n=(|\lambda_{n+1}|+|\lambda_n|)/2=n\pi(n=1,2,\cdots)$ 为半径，在 s 平面上画出半径为 R_1，R_2，…，R_n，…的不连续圆周序列 C_{R_1}，C_{R_2}，…，C_{R_n}，…。在 C_{R_n} 上，复变量 $s=s_n=R_n e^{j\theta}$，复数列为 $F(s_n)$，显然 $\lim\limits_{n\to\infty}R_n\to\infty$，$\lim\limits_{n\to\infty}s_n\to\infty$。若圆周序列 C_{R_n} 与布拉米奇路径 $\sigma_0\pm j\infty$ 分别交于 A 点和 C 点，C_{ABC} 是 C_{R_n} 上逆时针方向的一段弧，C_{ADC} 是 C_{R_n} 上顺时针方向的一段弧，如图 4.3.2 所示。

在 s 平面上，圆周序列 C_{R_n} 和 $j\omega$ 轴的交点 $(0,jn\pi)(n=1,2,\cdots)$ 处，由于 $\cosh(\pm jn\pi)=\pm1$，$|F(\pm jn\pi)|=1/|n\pi|$，因此 $1/\cosh s$ 和 $F(s)$ 在圆周序列 $C_{R_n}(n=1,2,\cdots)$ 上不仅是有界的连续函数，而且沿着 $j\omega$ 轴正向和负向的衰减速度与 $|1/s|$ 的衰减速度相同。当 $n\to\infty$，即 $R_n\to\infty$ 时，有 $\lim\limits_{n\to\infty}F(s_n)=0$，即满足 Jordan 引理的条件。因此，对沿着 $j\omega$ 轴等间隔分布无限个极点的象函数 $F(s)$，可以利用等效 Jordan 引理求解其 ILT。

1. 等效 Jordan 引理

在圆周序列 C_{R_n} 上，若函数 $F(s)$ 连续，并且复数列 $F(s_n)$ 满足条件

$$\lim_{s_n\to\infty}F(s_n)=0 \tag{4.3.5}$$

则无论布拉米奇路径 $\sigma_0\pm j\infty$ 位于 s 平面左半平面($\sigma_0<0$)，还是右半平面($\sigma_0>0$)，均可得下述结论。

$$\lim_{|s_n|\to+\infty}\int_{C_{ABC}}F(s)e^{st}ds=0,\ t>0 \tag{4.3.6}$$

$$\lim_{|s_n|\to+\infty}\int_{C_{ADC}}F(s)e^{st}ds=0,\ t<0 \tag{4.3.7}$$

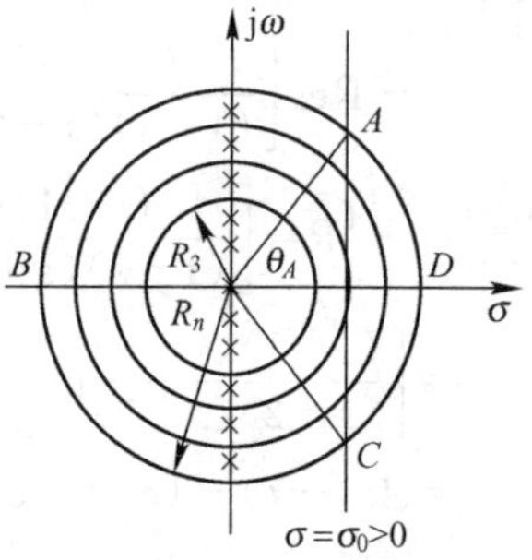

图 4.3.2 等效 Jordan 引理的圆周序列示意图

2. 等效 Jordan 引理的证明

为了便于分析和讨论，这里先给出证明过程中需要用到的不等式，即

$$\sin\theta\geqslant\frac{2}{\pi}\theta \tag{4.3.8}$$

$$\left|\int_{C_{ABC}}F(s)e^{st}ds\right|<R\varepsilon\int_{\theta_A}^{2\pi-\theta_A}e^{R\cos\theta t}d\theta \tag{4.3.9}$$

$$\left|\int_{C_{ADC}}F(s)e^{st}ds\right|<R\varepsilon\int_{-\theta_A}^{\theta_A}e^{R\cos\theta t}d\theta \tag{4.3.10}$$

证明：设 $f(\theta)=\dfrac{\sin\theta}{\theta}$，若 $0<\theta<\dfrac{\pi}{2}$，则有

$$f'(\theta)=\frac{\theta\cos\theta-\sin\theta}{\theta^2}=\frac{\cos\theta(\theta-\tan\theta)}{\theta^2}<0$$

因此，函数 $f(\theta)$ 在区间 $\left(0,\dfrac{\pi}{2}\right)$ 内单调递减，即在 $0\leqslant\theta\leqslant\dfrac{\pi}{2}$ 上，$f(\theta)\geqslant f\left(\dfrac{\pi}{2}\right)$，$\sin\theta\geqslant\dfrac{2}{\pi}\theta$。

在圆周序列 C_{R_n} 上，令 $s=s_n=R_n e^{j\theta}$，考虑到式(4.3.5)，即 $\lim\limits_{s_n\to\infty}F(s_n)=0$，所以对任意的 $\varepsilon>0$，存在充分大的正数 N 和 R_0，当 $n>N$，即 $|s|=|s_n|=R_n>R_0$ 时，有

$$|F(s_n)|=|F(R_n e^{j\theta})|<\varepsilon \tag{4.3.11}$$

考虑到 $s=s_n=R_n e^{j\theta}$，积分的绝对值小于绝对值的积分及式(4.3.11)，则有

$$\left|\int_{C_{ABC}} F(s)e^{st}\,ds\right| = \left|\int_{\theta_A}^{2\pi-\theta_A} F(R_n e^{j\theta})e^{R_n(\cos\theta+j\sin\theta)t}R_n\, je^{j\theta}\,d\theta\right|$$
$$< R_n\varepsilon\int_{\theta_A}^{2\pi-\theta_A} e^{R_n\cos\theta t}\,d\theta$$

同理，可得

$$\left|\int_{C_{ADC}} F(s)e^{st}\,ds\right| < R_n\varepsilon\int_{-\theta_A}^{\theta_A} e^{R_n\cos\theta t}\,d\theta$$

等效 Jordan 引理涉及下列四种具体情况，需按情况逐一加以证明。

(1) 布拉米奇路径位于 s 平面右半平面

布拉米奇路径位于 s 平面右半平面，如图 4.3.3 所示。

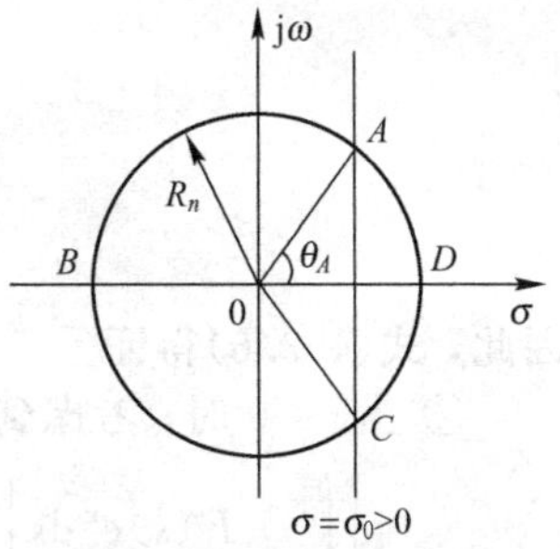

图 4.3.3　$\sigma_0>0$ 时的布拉米奇路径

证明：考虑到 $\sigma_0>0$，由图 4.3.3 可知 $0<\theta_A<\dfrac{\pi}{2}$，$0<\dfrac{\pi}{2}-\theta_A<\dfrac{\pi}{2}$，$\sin\left(\dfrac{\pi}{2}-\theta_A\right)=\dfrac{\sigma_0}{R_n}$，当 R_n 充分大时，则有

$$\frac{\pi}{2}-\theta_A=\arcsin\frac{\sigma_0}{R_n}\approx\frac{\sigma_0}{R_n} \tag{4.3.12}$$

① 当 $t>0$ 时，考虑到式(4.3.8)及式(4.3.12)，则式(4.3.9)可写成

$$\begin{aligned}\left|\int_{C_{ABC}} F(s)e^{st}\,ds\right| &< R_n\varepsilon\left(\int_{\theta_A}^{\frac{\pi}{2}} e^{R_n\cos\theta t}\,d\theta+\int_{\frac{\pi}{2}}^{\frac{3\pi}{2}} e^{R_n\cos\theta t}\,d\theta+\int_{\frac{3\pi}{2}}^{2\pi-\theta_A} e^{R_n\cos\theta t}\,d\theta\right)\\ &= R_n\varepsilon\left(\int_{\theta_A}^{\frac{\pi}{2}} e^{R_n\cos\theta t}\,d\theta+\int_{-\frac{\pi}{2}}^{\frac{\pi}{2}} e^{R_n\cos(x+\pi)t}\,dx-\int_{\frac{\pi}{2}}^{\theta_A} e^{R_n\cos(2\pi-y)t}\,dy\right)\\ &= 2R_n\varepsilon\left(\int_{\theta_A}^{\frac{\pi}{2}} e^{R_n\cos\theta t}\,d\theta+\int_{0}^{\frac{\pi}{2}} e^{-R_n\sin\theta t}\,d\theta\right)\\ &\leqslant 2R_n\varepsilon\left(\int_{\theta_A}^{\frac{\pi}{2}} e^{\sigma_0 t}\,d\theta+\int_{0}^{\frac{\pi}{2}} e^{-R_n\frac{2}{\pi}\theta t}\,d\theta\right)\\ &\approx \left[2\sigma_0 e^{\sigma_0 t}+\frac{\pi}{t}(1-e^{-R_n t})\right]\varepsilon\end{aligned} \tag{4.3.13}$$

因此，式(4.3.6)得证。

② 当 $t<0$ 时，考虑到式(4.3.8)及式(4.3.12)，则式(4.3.10)可写成

$$\begin{aligned}\left|\int_{C_{ADC}} F(s)e^{st}\,ds\right| &< R_n\varepsilon\left(\int_{-\theta_A}^{0} e^{R_n\cos\theta t}\,d\theta+\int_{0}^{\theta_A} e^{R_n\cos\theta t}\,d\theta\right)\\ &= 2R_n\varepsilon\int_{\frac{\pi}{2}-\theta_A}^{\frac{\pi}{2}} e^{R_n\sin\theta t}\,d\theta\leqslant 2R_n\varepsilon\int_{\frac{\pi}{2}-\theta_A}^{\frac{\pi}{2}} e^{R_n\frac{2}{\pi}\theta t}\,d\theta\\ &\approx \frac{\pi}{-t}\left(e^{\frac{2\sigma_0}{\pi}t}-e^{R_n t}\right)\varepsilon\end{aligned} \tag{4.3.14}$$

因此，式(4.3.7)得证。

(2) 布拉米奇路径位于 s 平面左半平面

布拉米奇路径位于 s 平面左半平面，如图 4.3.4 所示。

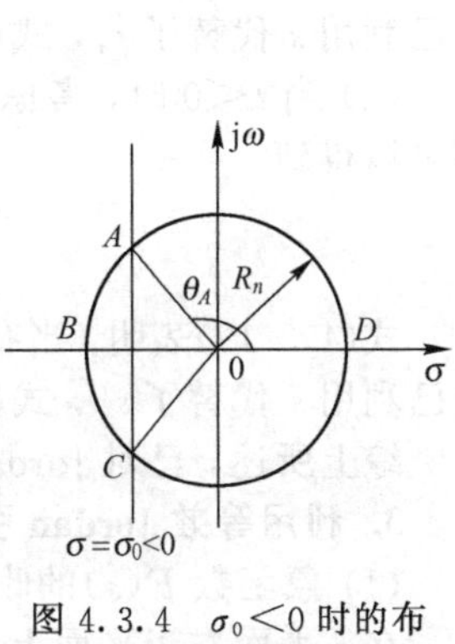

图 4.3.4　$\sigma_0<0$ 时的布拉米奇路径

证明：考虑到 $\sigma_0<0$，由图 4.3.4 可知 $\dfrac{\pi}{2}<\theta_A<\pi$，$0<\theta_A-\dfrac{\pi}{2}<\dfrac{\pi}{2}$，$\sin\left(\theta_A-\dfrac{\pi}{2}\right)=\dfrac{-\sigma_0}{R_n}$，当 R_n 充分大时，则有

$$\theta_A-\frac{\pi}{2}=\arcsin\left(-\frac{\sigma_0}{R_n}\right)\approx-\frac{\sigma_0}{R_n} \tag{4.3.15}$$

① 当 $t>0$ 时，考虑到式(4.3.8)及式(4.3.15)，则式(4.3.9)可写成

$$\begin{aligned}
\left|\int_{C_{ABC}}F(s)e^{st}ds\right| &< R_n\varepsilon\left(\int_{\theta_A}^{\pi}e^{R_n\cos\theta t}d\theta+\int_{\pi}^{2\pi-\theta_A}e^{R_n\cos\theta t}d\theta\right)\\
&=R_n\varepsilon\left(\int_{\theta_A-\frac{\pi}{2}}^{\frac{\pi}{2}}e^{R_n\cos(\frac{\pi}{2}+x)t}dx-\int_{\frac{\pi}{2}}^{\theta_A-\frac{\pi}{2}}e^{R_n\cos(\frac{3\pi}{2}-y)t}dy\right)\\
&=2R_n\varepsilon\int_{\theta_A-\frac{\pi}{2}}^{\frac{\pi}{2}}e^{-R_n\sin\theta t}d\theta\leqslant 2R_n\varepsilon\int_{\theta_A-\frac{\pi}{2}}^{\frac{\pi}{2}}e^{-R_n\frac{2}{\pi}\theta t}d\theta\\
&\approx\frac{\pi}{t}\left(e^{\frac{2\sigma_0}{\pi}t}-e^{-R_nt}\right)\varepsilon
\end{aligned} \tag{4.3.16}$$

因此，式(4.3.6)得证。

② 当 $t<0$ 时，考虑到式(4.3.8)及式(4.3.15)，则式(4.3.10)可写成

$$\begin{aligned}
\left|\int_{C_{ADC}}F(s)e^{st}ds\right| &< R_n\varepsilon\left(\int_{-\theta_A}^{-\frac{\pi}{2}}e^{R_n\cos\theta t}d\theta+\int_{-\frac{\pi}{2}}^{\frac{\pi}{2}}e^{R_n\cos\theta t}d\theta+\int_{\frac{\pi}{2}}^{\theta_A}e^{R_n\cos\theta t}d\theta\right)\\
&=R_n\varepsilon\left(\int_{\pi-\theta_A}^{\frac{\pi}{2}}e^{R_n\cos(x-\pi)t}dx-2\int_{\frac{\pi}{2}}^{0}e^{R_n\cos\left(\frac{\pi}{2}-y\right)t}dy-\int_{\frac{\pi}{2}}^{\pi-\theta_A}e^{R_n\cos(\pi-z)t}dz\right)\\
&=2R_n\varepsilon\left(\int_{\pi-\theta_A}^{\frac{\pi}{2}}e^{-R_n\cos\theta t}d\theta+\int_{0}^{\frac{\pi}{2}}e^{R_n\sin\theta t}d\theta\right)\\
&\leqslant 2R_n\varepsilon\left(\int_{\pi-\theta_A}^{\frac{\pi}{2}}e^{\sigma_0t}d\theta+\int_{0}^{\frac{\pi}{2}}e^{R_n\frac{2}{\pi}\theta t}d\theta\right)\\
&\approx-\left[2\sigma_0e^{\sigma_0t}+\frac{\pi}{t}(1-e^{R_nt})\right]\varepsilon
\end{aligned} \tag{4.3.17}$$

因此，式(4.3.7)得证。

至此，对等效 Jordan 引理涉及的四种具体情况，逐一进行了证明。

假设象函数 $F(s)$在 s 平面的虚轴上无极点分布，并且 $F(s)$的所有极点都分布在有限半径 R 的圆周 C_R 以内，即回到了 Jordan 引理适用的范围。用圆周 C_R 代替圆周序列 C_{R_n}，用 R 代替 R_n，用 s 代替 s_n，对 Jordan 引理涉及的前述四种具体情况，不仅可用类似的思路和方法逐一进行证明，而且还能得到类似的结果，即利用 R 代替 R_n 而得的结果。由于 $F(s)$在 s 平面的虚轴上无极点分布，因此布拉米奇路径可以位于 s 平面的虚轴($\sigma_0=0$)上，这种情况又分下述两种情形。

(1) 当 $t>0$ 时，考虑到 $\sigma_0=0$，并注意到已利用 R 代替了 R_n，由式(4.3.13)或式(4.3.16)都可以得到

$$\left|\int_{C_{ABC}}F(s)e^{st}ds\right|<\frac{\pi}{t}(1-e^{-Rt})\varepsilon \tag{4.3.18}$$

式(4.3.18)表明，当布拉米奇路径位于 s 平面的虚轴($\sigma_0=0$)上时，式(4.3.6)仍然成立。由于已利用 s 代替了 s_n，式(4.3.6)成立，等价于式(4.3.2)成立。

(2) 当 $t<0$ 时，考虑到 $\sigma_0=0$，并注意到已利用 R 代替了 R_n，由式(4.3.14)或式(4.3.17)都可以得到

$$\left|\int_{C_{ADC}}F(s)e^{st}ds\right|<\frac{\pi}{-t}(1-e^{Rt})\varepsilon \tag{4.3.19}$$

式(4.3.19)表明，当布拉米奇路径位于 s 平面的虚轴($\sigma_0=0$)上时，式(4.3.7)仍然成立。由于已利用 s 代替了 s_n，式(4.3.7)成立，等价于式(4.3.3)成立。

综上所述，已对 Jordan 引理涉及的六种具体情况，间接逐一进行了证明。

3. 利用等效 Jordan 引理及留数定理计算 ILT

(1) 象函数 $F(s)$的收敛域属于 $0<\sigma<\beta$ 的情形

在 s 平面右半平面上，画出布拉米奇路径 $\sigma=\sigma_0\pm j\infty(0<\sigma_0<\beta)$，分别与圆周 C_{R_n} 交于 A 点和 C 点，如图 4.3.3 所示。在圆周 C_{R_n} 上，若函数 $F(s)$连续，并且复数列 $F(s_n)$满足等效

Jordan 引理的条件式(4.3.5)，考虑到式(4.3.6)及式(4.3.7)，则有

$$\begin{aligned}f(t)&=\left[\frac{1}{2\pi j}\int_{\sigma_0-j\infty}^{\sigma_0+j\infty}F(s)e^{st}ds\right][\varepsilon(-t)+\varepsilon(t)]\\&=\left[\lim_{|s_n|\to\infty}\frac{1}{2\pi j}\oint_{ABCA}F(s)e^{st}ds\right]\varepsilon(t)+\left[\lim_{|s_n|\to\infty}\frac{1}{2\pi j}\oint_{ADCA}F(s)e^{st}ds\right]\varepsilon(-t)\\&=\left\{\sum_{l=-\infty}^{+\infty}\text{Res}\left[F(s)e^{st}\right]_{s=\lambda_l}\right\}\varepsilon(t)-\left\{\sum_{r=1}^{p_2}\text{Res}\left[F(s)e^{st}\right]_{s=\lambda'_r}\right\}\varepsilon(-t)\end{aligned}\tag{4.3.20}$$

在式(4.3.20)中，$\lambda_l(l=0,\pm1,\pm2,\cdots)$是象函数 $F(s)$的第 l 个区左极点($\text{Re}[\lambda_l]\leqslant 0$ 的极点)，$\lambda'_r(r=1,2,\cdots,p_2)$是象函数 $F(s)$的第 r 个区右极点($\text{Re}[\lambda'_r]\geqslant\beta$ 的极点)。第二部分的负号是由于围线的绕行方向为负向(顺时针方向)的缘故。

(2) 象函数 $F(s)$的收敛域属于 $\alpha<\sigma<0$ 的情形

在 s 平面左半平面上，画出布拉米奇路径 $\sigma=\sigma_0\pm j\infty(\alpha<\sigma_0<0)$，分别与圆周 C_{R_n} 交于 A 点和 C 点，如图 4.3.4 所示。在圆周 C_{R_n} 上，若函数 $F(s)$连续，并且复数列 $F(s_n)$满足等效 Jordan 引理的条件式(4.3.5)，考虑到式(4.3.6)及式(4.3.7)，则有

$$\begin{aligned}f(t)&=\left[\frac{1}{2\pi j}\int_{\sigma_0-j\infty}^{\sigma_0+j\infty}F(s)e^{st}ds\right][\varepsilon(-t)+\varepsilon(t)]\\&=\left[\lim_{|s_n|\to\infty}\frac{1}{2\pi j}\oint_{ABCA}F(s)e^{st}ds\right]\varepsilon(t)+\left[\lim_{|s_n|\to\infty}\frac{1}{2\pi j}\oint_{ADCA}F(s)e^{st}ds\right]\varepsilon(-t)\\&=\left\{\sum_{l=1}^{p1}\text{Res}\left[F(s)e^{st}\right]_{s=\lambda_l}\right\}\varepsilon(t)-\left\{\sum_{r=-\infty}^{+\infty}\text{Res}\left[F(s)e^{st}\right]_{s=\lambda'_r}\right\}\varepsilon(-t)\end{aligned}\tag{4.3.21}$$

在式(4.3.21)中，$\lambda_l(l=1,2,\cdots,p_1)$是象函数 $F(s)$的第 l 个区左极点($\text{Re}[\lambda_l]\leqslant\alpha$ 的极点)，$\lambda'_r(r=0,\pm1,\pm2,\cdots)$是象函数 $F(s)$的第 r 个区右极点($\text{Re}[\lambda'_r]\geqslant 0$ 的极点)。第二部分的负号是由于围线的绕行方向为负向(顺时针方向)的缘故。

例 4.3.11： 已知连续时间信号 $f(t)$的象函数为 $F(s)=\dfrac{1}{1-e^{-sT}}$，$0<\sigma\leqslant\infty$，试求连续时间信号 $f(t)$。

解：方法 1　考虑到复数列 $F(s_n)=F(s)|_{s=s_n}$ 不满足等效 Jordan 引理的条件式(4.3.5)，不能直接用等效 Jordan 引理求解，为此，对 $F(s)$进行分解，即

$$F(s)=1+F_1(s),\ 0<\sigma\leqslant\infty\tag{4.3.22}$$

式中

$$F_1(s)=\frac{1}{e^{sT}-1},\ 0<\sigma\leqslant\infty$$

考虑到 $\lim\limits_{s_n\to\infty}F_1(s_n)=0$，则复数列 $F_1(s_n)$满足等效 Jordan 引理的条件式(4.3.5)。

令 $e^{sT}-1=0$，则 $e^{sT}=e^{j2l\pi}$，于是象函数 $F_1(s)$的一阶极点分别为

$$\lambda_l=jl\frac{2\pi}{T}=jl\omega_s,\ l=0,\pm1,\pm2,\cdots$$

考虑到象函数 $F_1(s)$仅有区左极点，无区右极点，由式(4.3.20)，并注意到式(3.2.7)，可得

$$\begin{aligned}f_1(t)&=\left\{\sum_{l=-\infty}^{+\infty}\text{Res}\left[F_1(s)e^{st}\right]_{s=\lambda_l}\right\}\varepsilon(t)=\left\{\sum_{l=-\infty}^{+\infty}\left.\frac{e^{st}}{\dfrac{d}{ds}(e^{sT}-1)}\right|_{s=jl\omega_s}\right\}\varepsilon(t)=\left\{\frac{1}{T}\sum_{l=-\infty}^{+\infty}e^{jl\omega_s t}\right\}\varepsilon(t)\\&=\underbrace{\sum_{k=-\infty}^{+\infty}\delta(t-kT)}_{t>0}=\sum_{k=1}^{+\infty}\delta(t-kT)\end{aligned}$$

考虑到式(4.3.22)，则有

$$f(t)=\mathrm{ILT}[F(s)]=\mathrm{ILT}[1]+\mathrm{ILT}[F_1(s)]=\delta(t)+f_1(t)=\sum_{k=0}^{+\infty}\delta(t-kT)$$

方法 2　考虑到$F(s)$的收敛域为$0<\sigma\leqslant\infty$，则时域信号$f(t)$应为因果信号，即$f(t)$中t的取值满足$0\leqslant t\leqslant\infty$，若令$t=kT$，则有$0\leqslant kT\leqslant\infty$，即$0\leqslant k\leqslant\infty$。由拉普拉斯逆变换的定义式，令$w=s+\mathrm{j}k\omega_s$，$z=\mathrm{e}^{sT}$，并考虑到式(3.2.7)及$\omega_s T=2\pi$，则有

$$\begin{aligned}f(t)&=\frac{1}{2\pi\mathrm{j}}\int_{\sigma_0-\mathrm{j}\infty}^{\sigma_0+\mathrm{j}\infty}F(w)\mathrm{e}^{wt}\mathrm{d}w=\frac{1}{2\pi\mathrm{j}}\int_{\sigma_0-\mathrm{j}\infty}^{\sigma_0+\mathrm{j}\infty}\frac{1}{1-\mathrm{e}^{-wT}}\mathrm{e}^{wt}\mathrm{d}w=\sum_{n=-\infty}^{+\infty}\frac{1}{2\pi\mathrm{j}}\int_{\sigma_0+\mathrm{j}\left(n-\frac{1}{2}\right)\omega_s}^{\sigma_0+\mathrm{j}\left(n+\frac{1}{2}\right)\omega_s}\frac{1}{1-\mathrm{e}^{-wT}}\mathrm{e}^{wt}\mathrm{d}w\\&=\sum_{n=-\infty}^{+\infty}\frac{1}{2\pi\mathrm{j}}\int_{\sigma_0-\mathrm{j}\frac{\omega_s}{2}}^{\sigma_0+\mathrm{j}\frac{\omega_s}{2}}\frac{1}{1-\mathrm{e}^{-(s+\mathrm{j}n\omega_s)T}}\mathrm{e}^{(s+\mathrm{j}n\omega_s)t}\mathrm{d}s=\frac{1}{2\pi\mathrm{j}}\int_{\sigma_0-\mathrm{j}\frac{\omega_s}{2}}^{\sigma_0+\mathrm{j}\frac{\omega_s}{2}}\frac{\mathrm{e}^{st}}{1-\mathrm{e}^{-sT}}\left[\sum_{n=-\infty}^{+\infty}\mathrm{e}^{\mathrm{j}n\omega_s t}\right]\mathrm{d}s\\&=\frac{1}{2\pi\mathrm{j}}\int_{\sigma_0-\mathrm{j}\frac{\omega_s}{2}}^{\sigma_0+\mathrm{j}\frac{\omega_s}{2}}\frac{\mathrm{e}^{st}}{1-\mathrm{e}^{-sT}}\left[T\sum_{k=-\infty}^{+\infty}\delta(t-kT)\right]\mathrm{d}s=\frac{1}{2\pi\mathrm{j}}\int_{\sigma_0-\mathrm{j}\frac{\omega_s}{2}}^{\sigma_0+\mathrm{j}\frac{\omega_s}{2}}\frac{1}{1-\mathrm{e}^{-sT}}\left[T\sum_{k=-\infty}^{+\infty}\mathrm{e}^{skT}\delta(t-kT)\right]\mathrm{d}s\\&=\sum_{k=-\infty}^{+\infty}\left[\frac{1}{2\pi\mathrm{j}}\oint_{|z|=\mathrm{e}^{\sigma_0 T}}\frac{z^k}{z-1}\mathrm{d}z\right]\delta(t-kT)=\sum_{k=0}^{+\infty}\left[\mathrm{Res}\left(\frac{z^k}{z-1}\right)_{z=1}\right]\delta(t-kT)\\&=\sum_{k=0}^{+\infty}\delta(t-kT)\end{aligned}$$

方法 3　考虑到$f_s(t)=f_a(t)\delta_T(t)=\sum\limits_{k=-\infty}^{+\infty}f_a(kT)\delta(t-kT)$，则有

$$F_s(s)=\mathrm{LT}[f_s(t)]=\sum_{k=-\infty}^{+\infty}f_a(kT)\mathrm{e}^{-skT}=\sum_{k=-\infty}^{+\infty}f(k)z^{-k}=F(z)\tag{4.3.23}$$

式中，$f(k)=f_a(kT)$，$z=\mathrm{e}^{sT}$。

现在来研究闭曲线积分

$$\frac{1}{2\pi\mathrm{j}}\oint_c\frac{1}{(z-z_0)^n}\mathrm{d}z\tag{4.3.24}$$

式中，c是以$z=z_0$为中心，半径为ρ的正向圆周曲线，n为正整数。

设$z-z_0=\rho\mathrm{e}^{\mathrm{j}\theta}$，则$\mathrm{d}z=\mathrm{j}\rho\mathrm{e}^{\mathrm{j}\theta}\mathrm{d}\theta$，于是式(4.3.24)可写成

$$\frac{1}{2\pi\mathrm{j}}\oint_c\frac{1}{(z-z_0)^n}\mathrm{d}z=\frac{1}{2\pi\mathrm{j}}\int_{-\pi}^{+\pi}\frac{\mathrm{j}\rho\mathrm{e}^{\mathrm{j}\theta}}{\rho^n\mathrm{e}^{\mathrm{j}n\theta}}\mathrm{d}\theta=\frac{1}{2\pi\rho^{n-1}}\int_{-\pi}^{+\pi}\mathrm{e}^{\mathrm{j}(1-n)\theta}\mathrm{d}\theta\tag{4.3.25}$$

由式(4.3.25)可得

$$\frac{1}{2\pi\mathrm{j}}\oint_c\frac{1}{(z-z_0)^n}\mathrm{d}z=\begin{cases}1,\ n=1\\0,\ n\neq1\end{cases}\tag{4.3.26}$$

设$F_s(s)=\dfrac{1}{1-\mathrm{e}^{-sT}}$，$0<\sigma\leqslant\infty$，令$z=|z|\mathrm{e}^{\mathrm{j}\Omega}$，考虑到式(4.3.23)，则有下述代换关系，即

$$\begin{aligned}F(z)&=F_s(s)\big|_{s=\frac{1}{T}\ln z}=\frac{1}{1-\mathrm{e}^{-sT}}\bigg|_{s=\frac{1}{T}\ln z,\ 0<\mathrm{Re}[s]=\mathrm{Re}\left[\frac{1}{T}\ln z\right]=\mathrm{Re}\left[\frac{1}{T}(\ln|z|+\mathrm{j}\Omega)\right]\leqslant\infty}\\&=\frac{1}{1-z^{-1}},\ 1<|z|\leqslant\infty\end{aligned}\tag{4.3.27}$$

考虑到式(4.3.23)，则式(4.3.27)可写成

$$\sum_{k=-\infty}^{+\infty}f(k)z^{-k}=F(z)=\frac{1}{1-z^{-1}},\ 1<|z|\leqslant\infty\tag{4.3.28}$$

考虑到式(4.3.26)，由式(4.3.28)可得

$$\begin{aligned}\frac{1}{2\pi\mathrm{j}}\oint_c\frac{1}{1-z^{-1}}z^{k-1}\mathrm{d}z&=\frac{1}{2\pi\mathrm{j}}\oint_c F(z)z^{k-1}\mathrm{d}z=\frac{1}{2\pi\mathrm{j}}\oint_c\left[\sum_{m=-\infty}^{+\infty}f(m)z^{k-m-1}\right]\mathrm{d}z\\&=\sum_{m=-\infty}^{+\infty}f(m)\left[\frac{1}{2\pi\mathrm{j}}\oint_c\frac{1}{z^{m-k+1}}\mathrm{d}z\right]=f(k)\end{aligned}\tag{4.3.29}$$

考虑到 $F_s(s)$的收敛域为 $0<\sigma\leqslant\infty$，则 $f_s(t)$为连续时间因果信号，那么被抽样的连续时间信号 $f_a(t)$也应该为连续时间因果信号，抽样而得的样值序列 $f_a(kT)=f(k)$也应该是因果序列，即 k 的取值满足 $0\leqslant k\leqslant\infty$。在 $F(z)$的收敛域 $1<|z|\leqslant\infty$内，取一条正向圆周曲线 c，由式(4.3.29)可得

$$f_a(kT)=f(k)=\frac{1}{2\pi \mathrm{j}}\oint_c \frac{1}{1-z^{-1}}z^{k-1}\mathrm{d}z=\mathrm{Res}\left[\frac{z^k}{z-1}\right]_{z=1}=1^k,\ 0\leqslant k\leqslant\infty$$

于是

$$f_s(t)=\sum_{k=-\infty}^{+\infty}f_a(kT)\delta(t-kT)=\sum_{k=0}^{+\infty}\delta(t-kT)$$

例 4.3.12：已知连续时间信号 $f(t)$的象函数为 $F(s)=\dfrac{-1}{(s+1)\mathrm{sh}s}$，$-1<\sigma<0$，试求连续时间信号 $f(t)$。

解：考虑到 $\lim\limits_{s_n\to\infty}F(s_n)=0$，则复数列 $F(s_n)$满足等效 Jordan 引理的条件式(4.3.5)。令 $(s+1)(\mathrm{e}^s-\mathrm{e}^{-s})=0$，得到 $F(s)$的区左极点 $\lambda_1=-1$，区右极点 $\lambda_r'=\mathrm{j}r\pi(r=0,\pm1,\pm2,\cdots)$，由式(4.3.21)可得

$$\begin{aligned}f(t)&=\mathrm{Res}\left[\frac{-\mathrm{e}^{st}}{(s+1)\mathrm{sh}s}\right]_{s=-1}\varepsilon(t)-\left\{\sum_{r=-\infty}^{+\infty}\mathrm{Res}\left[\frac{-\mathrm{e}^{st}}{(s+1)\mathrm{sh}s}\right]_{s=\lambda_r'}\right\}\varepsilon(-t)\\&=\frac{-2\mathrm{e}^{-t}}{(\mathrm{e}^{-1}-\mathrm{e})}\varepsilon(t)+\left\{\sum_{r=-\infty}^{+\infty}\left.\frac{\mathrm{e}^{st}}{\dfrac{\mathrm{d}[(s+1)\mathrm{sh}s]}{\mathrm{d}s}}\right|_{s=\mathrm{j}r\pi}\right\}\varepsilon(-t)\\&=\left\{1+\sum_{r=1}^{+\infty}\frac{2(-1)^r[\cos(r\pi t)+r\pi\sin(r\pi t)]}{1+(r\pi)^2}\right\}\varepsilon(-t)+\frac{2\mathrm{e}^{1-t}}{\mathrm{e}^2-1}\varepsilon(t)\end{aligned}$$

4.4　拉普拉斯变换与傅里叶变换的相互计算方法

由 4.1 节的分析和讨论已经知道，一个连续时间信号 $f(t)$乘以收敛因子 $\mathrm{e}^{-\sigma t}$后的广义 CTFT，就是该信号 $f(t)$的 LT。即 LT 是 CTFT 的推广，并且可以表示为

$$\mathrm{LT}[f(t)]=\mathrm{CTFT}[f(t)\mathrm{e}^{-\sigma t}]=F(\sigma+\mathrm{j}\omega)=F(s)=F(\mathrm{j}\omega)|_{\mathrm{j}\omega=s}\tag{4.4.1}$$

若 LT 的收敛域包含虚轴($\sigma=0$)，则 CTFT 是 LT 在 $\sigma=0$ 的特殊情况，并且可以表示为

$$F(\mathrm{j}\omega)=\mathrm{CTFT}[f(t)]=\mathrm{CTFT}[f(t)\mathrm{e}^{-\sigma t}]|_{\sigma=0}=F(\sigma+\mathrm{j}\omega)|_{\sigma=0}=F(s)|_{s=\mathrm{j}\omega}\tag{4.4.2}$$

可见，若 LT 的收敛域包含虚轴，则存在式(4.4.2)的简单代换关系。这里有两个问题，一是式(4.4.1)成立的前提条件是什么？二是当式(4.4.1)及式(4.4.2)成立的前提条件不满足时，$F(s)$与 $F(\mathrm{j}\omega)$应该如何相互表示？如何相互计算？这些都是本节要研究的主要问题。

4.4.1　双边拉普拉斯变换的解析性

为了理解双边 LT 的解析性，这里先对一些必要的知识进行回顾。

1. 函数一致连续的定义

设函数 $f(x)$在区间 X(或开，或闭，或半开半闭)内满足：对于任意的 $\varepsilon>0$，可找到只与 ε 有关而与 X 内的点 x 无关的 $\delta>0$，使得对 X 内的任意两点 x_1 及 x_2，当 $|x_2-x_1|<\delta$ 时，总有 $|f(x_2)-f(x_1)|<\varepsilon$，则称 $f(x)$在 X 内一致连续。

推论 1:

闭区间$[a,b]$上连续的函数$f(x)$，一定在闭区间$[a,b]$上一致连续。

推论 2:

对于开区间(a,b)内连续的函数$f(x)$，只要在端点a和b处，函数$f(x)$具有单侧极限$f(a_+)$和$f(b_-)$，就可以断言函数$f(x)$在开区间(a,b)内一致连续。

推论 3:

对于无穷区间$(-\infty,+\infty)$上的连续函数$f(x)$，如果当$x\to\pm\infty$时，函数$f(x)$具有有限极限，那么函数$f(x)$是无穷区间$(-\infty,+\infty)$上的一致连续函数。

2. 含有参变量的积分的连续性定理

设$f(x,y)$在矩形区域$[a,b;c,d]$上连续

$$I(y)=\int_a^b f(x,y)\mathrm{d}x \tag{4.4.3}$$

则$I(y)$是区间$[c,d]$上的连续函数。

证明: 若y及$y+\Delta y$都属于区间$[c,d]$，则有

$$I(y+\Delta y)-I(y)=\int_a^b[f(x,y+\Delta y)-f(x,y)]\mathrm{d}x$$

因为$f(x,y)$在矩形区域$[a,b;c,d]$上连续，与推论1类似，$f(x,y)$在该区域一致连续。因此，对于任意的$\varepsilon>0$，存在$\delta>0$，使得对$[a,b;c,d]$内的任意两点(x_1,y_1)及(x_2,y_2)，当$|x_2-x_1|<\delta$，$|y_2-y_1|<\delta$时，总有$|f(x_2,y_2)-f(x_1,y_1)|<\varepsilon$，然而在这个定理中，只要$|\Delta y|<\delta$，那么对一切$x$，$|f(x,y+\Delta y)-f(x,y)|<\varepsilon$恒成立，于是

$$|I(y+\Delta y)-I(y)|<\int_a^b|f(x,y+\Delta y)-f(x,y)|\mathrm{d}x<\varepsilon\int_a^b\mathrm{d}x=\varepsilon(b-a)$$

所以$I(y)$在区间$[c,d]$上连续。

结论 1:

此定理表明，在闭区间上一致连续的函数，极限运算与积分运算可以交换顺序，即

$$\lim_{y\to y_0}\int_a^b f(x,y)\mathrm{d}x=\int_a^b\lim_{y\to y_0}f(x,y)\mathrm{d}x \tag{4.4.4}$$

3. 含有参变量的积分的可微性定理

设$f(x,y)$及$f_y(x,y)$在矩形区域$[a,b;c,d]$上连续，则

$$\frac{\mathrm{d}I(y)}{\mathrm{d}y}=\int_a^b f_y(x,y)\mathrm{d}x \tag{4.4.5}$$

证明: 对区间$[c,d]$上的任意一点y，设$y+\Delta y$也属于区间$[c,d]$，那么

$$\frac{I(y+\Delta y)-I(y)}{\Delta y}=\int_a^b\frac{f(x,y+\Delta y)-f(x,y)}{\Delta y}\mathrm{d}x \tag{4.4.6}$$

利用拉格朗日中值定理，式(4.4.6)可写成

$$\frac{I(y+\Delta y)-I(y)}{\Delta y}=\int_a^b f_y(x,y+\theta\Delta y)\mathrm{d}x,\ 0<\theta<1 \tag{4.4.7}$$

当$\Delta y\to 0$，由式(4.4.7)及结论1可得

$$\frac{\mathrm{d}I(y)}{\mathrm{d}y}=\frac{\mathrm{d}}{\mathrm{d}y}\int_a^b f(x,y)\mathrm{d}x=\int_a^b f_y(x,y)\mathrm{d}x=\int_a^b\frac{\partial f(x,y)}{\partial y}\mathrm{d}x$$

结论 2:

此定理表明，在闭区间上一致连续的函数，求导运算与积分运算可以交换顺序。

4. 解析函数的定义

若复变函数 $f(s)$在 s_0 及 s_0 的邻域内处处可导，则称 $f(s)$在 s_0 处解析；若 $f(s)$在区域 D 内每一点解析，则称 $f(s)$在 D 内解析，或称 $f(s)$是 D 内的一个解析函数。

推论 4：

由解析函数的定义可知，复变函数 $f(s)$在区域内解析与复变函数 $f(s)$在区域内可导是等价的。

5. 双边 LT 的解析性

若函数 $f(t)$是一个连续时间函数，则含有参变量 s 的函数 $f(s,t)=f(t)\mathrm{e}^{-st}$也是一个连续时间函数，由推论 3 可知，含有参变量 s 的函数 $f(s,t)$是区间$(-\infty,+\infty)$上的一致连续函数，满足含有参变量的积分的连续性定理及可微分性定理的条件。

依据含有参变量 s 的积分的可微性定理，即结论 2，考虑到双边 LT 的定义式(4.1.5)，则有

$$\frac{\mathrm{d}F(s)}{\mathrm{d}s}=\int_{-\infty}^{+\infty}\frac{\partial}{\partial s}[f(t)\mathrm{e}^{-st}]\mathrm{d}t=\int_{-\infty}^{+\infty}(-t)f(t)\mathrm{e}^{-st}\mathrm{d}t \tag{4.4.8}$$

式(4.4.8)表明，象函数 $F(s)$在其收敛域 $\alpha<\sigma<\beta$ 内是处处可微的。因此，由推论 4 可知，$F(s)$在其收敛域 $\alpha<\sigma<\beta$ 内是解析的，即 $F(s)$在其收敛域 $\alpha<\sigma<\beta$ 内是一个解析函数。

式(4.4.8)正是在 4.2.9 节中导出双边 LT 的复频域微分性质式(4.2.63)的依据。

4.4.2　利用拉普拉斯变换计算傅里叶变换

设连续时间信号 $f(t)$的双边拉普拉斯变换 $F(s)$的收敛域为 $\alpha<\sigma<\beta$，若 $F(s)$的极点 λ_l 满足 $\mathrm{Re}[\lambda_l]\leqslant\alpha$，则称 λ_l 为 $F(s)$的区左极点；若 $F(s)$的极点 λ_r'满足 $\mathrm{Re}[\lambda_r']\geqslant\beta$，则称 λ_r'为 $F(s)$的区右极点。由 4.3 节的分析已经知道，象函数 $F(s)$的区左极点及区右极点分别对应连续时间信号 $f(t)$中的因果信号及反因果信号。

1. 若象函数 $F(s)$的收敛域满足条件 $\alpha<0<\beta$

考虑到象函数 $F(s)$的收敛域满足条件 $\alpha<0<\beta$，则 $F(s)$的收敛域 $\alpha<\sigma<\beta$ 包含 s 平面上的 $\mathrm{j}\omega$ 轴，即虚轴($\sigma=0$)，那么 s 可在虚轴上取值，令 $\sigma=0$，则有 $s=\mathrm{j}\omega$，于是就得到了相应信号 $f(t)$的傅里叶变换，即

$$F(\mathrm{j}\omega)=F(s)\big|_{s=\mathrm{j}\omega} \tag{4.4.9}$$

例 4.4.1： 已知象函数 $F(s)=\dfrac{3}{(s+1)(2-s)}$，$-1<\sigma<2$，试求傅里叶变换 $F(\mathrm{j}\omega)$。

解： 因为象函数 $F(s)$的收敛域为 $-1<\sigma<2$，所以象函数 $F(s)$的收敛域包含 s 平面上的 $\mathrm{j}\omega$ 轴。考虑到式(4.4.9)，则有

$$F(\mathrm{j}\omega)=F(s)\big|_{s=\mathrm{j}\omega}=\frac{3}{(\mathrm{j}\omega+1)(2-\mathrm{j}\omega)}$$

2. 若象函数 $F(s)$在虚轴上存在极点

假设象函数 $F(s)$是有理真分式，象函数 $F(s)$在虚轴上存在极点，涉及两种情况 $0<\sigma<\beta$ 及 $\alpha<\sigma<0$，首先通过部分分式展开，将 $F(s)$在虚轴上的极点分离出来，再进行分析和研究[1]。

(1) 若 $0<\sigma<\beta$，则 $F(s)$可写成

$$F(s)=\underbrace{F_a(s)}_{\substack{\alpha_a<\sigma<\beta\\(\alpha_a<0<\beta)}}+\underbrace{F_b(s)}_{0<\sigma\leqslant\infty} \tag{4.4.10}$$

由式(4.4.10)可知，将 $F(s)$在虚轴上的极点分离出来，使 $F_a(s)$的收敛域扩大，并且包含虚轴；$F_b(s)$仅存在区左极点 $\lambda_l(l=1,2,\cdots,p)$，并且满足 $\mathrm{Re}[\lambda_l]=0$，$F_b(s)$的区左极点也是

$F(s)$的区左极点，并且$F_b(s)$对应的连续时间信号$f_b(t)$为因果信号。

① 若$F(s)$在虚轴上仅存在区左一阶极点$\lambda_l=\mathrm{j}\omega_l(l=1,2,\cdots,p)$，则(4.4.10)可写成

$$F(s)=F_a(s)+\sum_{l=1}^{p}\frac{C_l}{s-\mathrm{j}\omega_l} \tag{4.4.11}$$

式中，系数$C_l(l=1,2,\cdots,p)$可利用留数定理进行计算，即

$$C_l=\mathrm{Res}\,[F(s)]_{s=\mathrm{j}\omega_l}=(s-\mathrm{j}\omega_l)F(s)|_{s=\mathrm{j}\omega_l} \tag{4.4.12}$$

在式(4.4.11)中，将s用$\mathrm{j}\omega$代换，可得

$$F(s)|_{s=\mathrm{j}\omega}=F_a(\mathrm{j}\omega)+\sum_{l=1}^{p}\frac{C_l}{\mathrm{j}\omega-\mathrm{j}\omega_l} \tag{4.4.13}$$

对式(4.4.11)的等号两边分别取ILT，可得

$$f(t)=f_a(t)+\sum_{l=1}^{p}C_l\mathrm{e}^{\mathrm{j}\omega_l t}\varepsilon(t) \tag{4.4.14}$$

对式(4.4.14)的等号两边分别取CTFT，并考虑到式(4.4.13)，可得

$$F_F(\mathrm{j}\omega)=F_a(\mathrm{j}\omega)+\sum_{l=1}^{p}C_l\left[\pi\delta(\omega-\omega_l)+\frac{1}{\mathrm{j}(\omega-\omega_l)}\right]=F(s)|_{s=\mathrm{j}\omega}+\pi\sum_{l=1}^{p}C_l\delta(\omega-\omega_l) \tag{4.4.15}$$

式中，系数C_l利用式(4.4.12)进行计算。

② 若$F(s)$在虚轴上仅存在区左$n(n\geqslant 2)$重极点$\lambda_k=\mathrm{j}\omega_k$，则式(4.4.10)可写成

$$F(s)=F_a(s)+\sum_{i=1}^{n}\frac{C_i}{(s-\mathrm{j}\omega_k)^{n+1-i}} \tag{4.4.16}$$

式中，系数$C_i(i=1,2,\cdots,n)$可利用式(4.4.17)进行计算，即

$$C_i=\frac{1}{(i-1)!}\frac{\mathrm{d}^{i-1}[(s-\mathrm{j}\omega_k)^nF(s)]}{\mathrm{d}s^{i-1}}\bigg|_{s=\mathrm{j}\omega_k} \tag{4.4.17}$$

在式(4.4.16)中，将s用$\mathrm{j}\omega$代换，可得

$$F(s)|_{s=\mathrm{j}\omega}=F_a(\mathrm{j}\omega)+\sum_{i=1}^{n}\frac{C_i}{(\mathrm{j}\omega-\mathrm{j}\omega_k)^{n+1-i}} \tag{4.4.18}$$

对式(4.4.16)的等号两边分别取ILT，可得

$$f(t)=f_a(t)+\sum_{i=1}^{n}C_i\frac{t^{n-i}}{(n-i)!}\mathrm{e}^{\mathrm{j}\omega_k t}\varepsilon(t) \tag{4.4.19}$$

对式(4.4.19)的等号两边分别取CTFT，并考虑到式(4.4.18)，可得

$$\begin{aligned}F_F(\mathrm{j}\omega)&=F_a(\mathrm{j}\omega)+\sum_{i=1}^{n}C_i\left\{\pi\frac{1}{(n-i)!}(\mathrm{j})^{n-i}\delta^{(n-i)}(\omega-\omega_k)+\frac{1}{[\mathrm{j}(\omega-\omega_k)]^{n+1-i}}\right\}\\&=F(s)|_{s=\mathrm{j}\omega}+\pi\sum_{i=1}^{n}\frac{C_i}{(n-i)!}(\mathrm{j})^{n-i}\delta^{(n-i)}(\omega-\omega_k)\end{aligned} \tag{4.4.20}$$

式中，系数$C_i(i=1,2,\cdots,n)$利用式(4.4.17)进行计算。

③ 若$F(s)$在虚轴上既存在区左一阶极点$\lambda_l=\mathrm{j}\omega_l$，又存在区左$n(n\geqslant 2)$重极点$\lambda_k=\mathrm{j}\omega_k$，则式(4.4.10)可写成

$$F(s)=F_a(s)+\sum_{l=1}^{p}\frac{C_l}{s-\mathrm{j}\omega_l}+\sum_{i=1}^{n}\frac{C_i}{(s-\mathrm{j}\omega_k)^{n+1-i}} \tag{4.4.21}$$

显然，其傅里叶变换可表示成

$$F_F(\mathrm{j}\omega)=F(s)|_{s=\mathrm{j}\omega}+\pi\sum_{l=1}^{p}C_l\delta(\omega-\omega_l)+\pi\sum_{i=1}^{n}\frac{C_i}{(n-i)!}(\mathrm{j})^{n-i}\delta^{(n-i)}(\omega-\omega_k) \tag{4.4.22}$$

式中，系数 $C_l(l=1,2,\cdots,p)$ 和 $C_i(i=1,2,\cdots,n)$ 分别利用式(4.4.12)及式(4.4.17)进行计算。

例 4.4.2：已知象函数 $F(s)=\dfrac{1}{s\cosh s}$，$0<\sigma\leqslant\infty$，试求傅里叶变换 $F(\mathrm{j}\omega)$。

解：方法 1　令 $s\cosh s=s\dfrac{e^s+e^{-s}}{2}=0$，则有 $s(e^{2s}+1)=0$，从而可得区左极点 $s_0=0$，当 $e^{2s}=-1=e^{\mathrm{j}(2l-1)\pi}$ 时，可得区左极点 $\lambda_l=\mathrm{j}\dfrac{2l-1}{2}\pi(l=0,\pm1,\pm2,\cdots)$。由于 $F(s)$ 的极点都是区左极点，并且都是一阶极点，因此应该选用式(4.4.15)来计算 $F(\mathrm{j}\omega)$。

利用式(4.4.12)，首先计算 C_{s_0} 和 $C_l(l=0,\pm1,\pm2,\cdots)$，即

$$C_{s_0}=\mathrm{Res}\left[F(s)\right]_{s=s_0}=sF(s)\big|_{s=0}=\frac{1}{\cosh s}\bigg|_{s=0}=1$$

$$C_l=\mathrm{Res}\left[F(s)\right]_{s=\lambda_l}=(s-\lambda_l)F(s)\big|_{s=\lambda_l}=\frac{1}{\dfrac{\mathrm{d}(s\cosh s)}{\mathrm{d}s}}\Bigg|_{s=\lambda_l}=\frac{1}{\cosh s+s(\mathrm{sh}s)}\bigg|_{s=\lambda_l}$$

$$=\frac{1}{\mathrm{j}\dfrac{2l-1}{2}\pi\left(\mathrm{j}\sin\dfrac{2l-1}{2}\pi\right)}=\frac{1}{\dfrac{2l-1}{2}\pi\cos(l\pi)}=\frac{1}{\dfrac{2l-1}{2}\pi(-1)^l}$$

由于 $s_0=0$，所以 $\omega_{s_0}=0$，考虑到 $\lambda_l=\mathrm{j}\omega_l$，由于 $\lambda_l=\mathrm{j}\dfrac{2l-1}{2}\pi(l=0,\pm1,\pm2,\cdots)$，所以 $\omega_l=\dfrac{2l-1}{2}\pi(l=0,\pm1,\pm2,\cdots)$，那么，由式(4.4.15)可得

$$\begin{aligned}F(\mathrm{j}\omega)&=F_F(\mathrm{j}\omega)=F(s)\big|_{s=\mathrm{j}\omega}+\pi\left[C_{s_0}\delta(\omega-\omega_{s_0})+\sum_{l=-\infty}^{+\infty}C_l\delta(\omega-\omega_l)\right]\\&=\frac{1}{\mathrm{j}\omega\cosh(\mathrm{j}\omega)}+\pi\left[\delta(\omega)+\sum_{l=-\infty}^{+\infty}\frac{2(-1)^l}{(2l-1)\pi}\delta\left(\omega-\frac{2l-1}{2}\pi\right)\right]\\&=\frac{1}{\mathrm{j}\omega\cos\omega}+\pi\left[\delta(\omega)+\sum_{l=-\infty}^{+\infty}\frac{2(-1)^l}{(2l-1)\pi}\delta\left(\omega-\frac{2l-1}{2}\pi\right)\right]\end{aligned}$$

方法 2　由式(3.5.15)可知

$$\mathrm{CTFT}\left[\sum_{m=0}^{+\infty}\delta(t-mT_0)\right]=\frac{1}{1-e^{-\mathrm{j}\omega T_0}}+\frac{\omega_0}{2}\sum_{n=-\infty}^{+\infty}\delta(\omega-n\omega_0)$$

于是

$$\mathrm{CTFT}\left[\sum_{m=0}^{+\infty}\delta(t-4m)\right]=\frac{1}{1-e^{-\mathrm{j}4\omega}}+\frac{\pi}{4}\sum_{n=-\infty}^{+\infty}\delta\left(\omega-n\frac{\pi}{2}\right)$$

考虑到

$$\begin{aligned}F(s)&=\frac{1}{s\cosh s}=\frac{2}{s(e^s+e^{-s})}=\frac{2e^{-s}}{s(1+e^{-2s})}=\frac{2e^{-s}(1-e^{-2s})}{s(1-e^{-4s})}\\&=\frac{2(e^{-s}-e^{-3s})}{s(1-e^{-4s})}=\frac{2(e^{-s}-e^{-3s})}{s}\times\frac{1}{1-e^{-4s}},\ 0<\sigma\leqslant\infty\end{aligned}$$

则有

$$f(t)=2\left[\varepsilon(t-1)-\varepsilon(t-3)\right]*\sum_{m=0}^{+\infty}\delta(t-4m)$$

于是，所求的 $F(\mathrm{j}\omega)$ 可表示成

$$F(\mathrm{j}\omega)=\mathrm{CTFT}[f(t)]=\mathrm{CTFT}\left\{2[\varepsilon(t-1)-\varepsilon(t-3)]*\sum_{m=0}^{+\infty}\delta(t-4m)\right\}$$

$$=\mathrm{CTFT}\{2[\varepsilon(t-1)-\varepsilon(t-3)]\}\mathrm{CTFT}\left[\sum_{m=0}^{+\infty}\delta(t-4m)\right]$$

$$=4\mathrm{Sa}(\omega)\mathrm{e}^{-\mathrm{j}2\omega}\left[\frac{1}{1-\mathrm{e}^{-\mathrm{j}4\omega}}+\frac{\pi}{4}\sum_{n=-\infty}^{+\infty}\delta\left(\omega-n\frac{\pi}{2}\right)\right]$$

$$=\frac{4\mathrm{Sa}(\omega)\mathrm{e}^{-\mathrm{j}2\omega}}{1-\mathrm{e}^{-\mathrm{j}4\omega}}+\frac{\pi}{4}\sum_{n=-\infty}^{+\infty}4\mathrm{Sa}(\omega)\mathrm{e}^{-\mathrm{j}2\omega}\delta\left(\omega-\frac{n\pi}{2}\right)$$

$$=\frac{4\mathrm{Sa}(\omega)}{2\mathrm{j}\sin 2\omega}+\pi\sum_{n=-\infty}^{+\infty}\mathrm{Sa}\left(\frac{n\pi}{2}\right)\mathrm{e}^{-\mathrm{j}n\pi}\delta\left(\omega-\frac{n\pi}{2}\right)$$

$$=\frac{1}{\mathrm{j}\omega\cos\omega}+\pi\left[\delta(\omega)+\sum_{l=-\infty}^{+\infty}\mathrm{Sa}\left(\frac{2l-1}{2}\pi\right)(-1)^{2l-1}\delta\left(\omega-\frac{2l-1}{2}\pi\right)\right]$$

$$=\frac{1}{\mathrm{j}\omega\cos\omega}+\pi\left[\delta(\omega)+\sum_{l=-\infty}^{+\infty}\frac{\cos(l\pi)}{\frac{2l-1}{2}\pi}\delta\left(\omega-\frac{2l-1}{2}\pi\right)\right]$$

$$=\frac{1}{\mathrm{j}\omega\cos\omega}+\pi\left[\delta(\omega)+\sum_{l=-\infty}^{+\infty}\frac{2(-1)^{l}}{(2l-1)\pi}\delta\left(\omega-\frac{2l-1}{2}\pi\right)\right]$$

(2) 若 $\alpha<\sigma<0$，则 $F(s)$可写成

$$F(s)=\underbrace{F_a(s)}_{\substack{\alpha<\sigma<\beta_a\\(\alpha<0<\beta_a)}}+\underbrace{F_b(s)}_{-\infty\leqslant\alpha<0} \tag{4.4.23}$$

由式(4.4.23)可知，将 $F(s)$在虚轴上的极点分离出来，使 $F_a(s)$的收敛域扩大，并且包含虚轴；$F_b(s)$仅存在区右极点 $\lambda_r'(r=1,2,\cdots,q)$，并且满足 $\mathrm{Re}[\lambda_r']=0$，$F_b(s)$的区右极点也是 $F(s)$的区右极点，并且 $F_b(s)$对应的连续时间信号 $f_b(t)$为反因果信号。

若 $F(s)$在虚轴上既存在区右一阶极点 $\lambda_r'=\mathrm{j}\omega_r(r=1,2,\cdots,p)$，又存在区右 $n(n\geqslant2)$重极点$\lambda_k'=\mathrm{j}\omega_k$，则式(4.4.23)可写成

$$F(s)=F_a(s)+\sum_{r=1}^{p}\frac{C_r}{s-\mathrm{j}\omega_r}+\sum_{i=1}^{n}\frac{C_i}{(s-\mathrm{j}\omega_k)^{n+1-i}} \tag{4.4.24}$$

进行类似推导后，可得到其傅里叶变换的表示式，即

$$F_F(\mathrm{j}\omega)=F(s)|_{s=\mathrm{j}\omega}-\pi\sum_{r=1}^{p}C_r\delta(\omega-\omega_r)-\pi\sum_{i=1}^{n}\frac{C_i}{(n-i)!}(\mathrm{j})^{n-i}\delta^{(n-i)}(\omega-\omega_k) \tag{4.4.25}$$

式中，系数 $C_i(i=1,2,\cdots,n)$利用式(4.4.17)进行计算，系数 $C_r(r=1,2,\cdots,p)$可利用留数定理进行计算，即

$$C_r=\mathrm{Res}[F(s)]|_{s=\mathrm{j}\omega_r}=(s-\mathrm{j}\omega_r)F(s)|_{s=\mathrm{j}\omega_r} \tag{4.4.26}$$

例 4.4.3：已知象函数 $F(s)=-\dfrac{1}{1-\mathrm{e}^{-sT_0}}$，$-\infty\leqslant\sigma<0$，试求傅里叶变换 $F(\mathrm{j}\omega)$。

解：令 $1-\mathrm{e}^{-sT_0}=0$，则 $\mathrm{e}^{sT_0}=1=\mathrm{e}^{\mathrm{j}2r\pi}$，亦即 $F(s)$的区右一阶极点为

$$\lambda_r'=\mathrm{j}2r\pi/T_0=\mathrm{j}r\omega_0,\ r=0,\pm1,\pm2,\cdots$$

由式(4.4.26)可得

$$C_r=\mathrm{Res}[F(s)]|_{s=s_r}=\mathrm{Res}\left[\frac{-1}{1-\mathrm{e}^{-sT_0}}\right]\Bigg|_{s=s_r}=\frac{-1}{\frac{\mathrm{d}}{\mathrm{d}s}(1-\mathrm{e}^{-sT_0})}\Bigg|_{s=s_r}=\frac{-1}{T_0\mathrm{e}^{-sT_0}}\Bigg|_{s=s_r}=-\frac{1}{T_0}$$

由式(4.4.25)可得

$$F(\mathrm{j}\omega)=F_F(\mathrm{j}\omega)=F(s)\big|_{s=\mathrm{j}\omega}-\pi\sum_{r=-\infty}^{+\infty}C_r\delta(\omega-r\omega_0)=\frac{-1}{1-\mathrm{e}^{-\mathrm{j}\omega T_0}}+\frac{\omega_0}{2}\sum_{r=-\infty}^{+\infty}\delta(\omega-r\omega_0)$$

3. 若满足条件 $\alpha<\sigma<\beta<0$

考虑到 $\alpha<\sigma<\beta<0$，将 $F(s)$展成部分分式时，则至少有一项 $F_r(s)$的极点 λ_r'为 $F(s)$的区右极点，并且其实部满足 $\mathrm{Re}[\lambda_r']=\beta<0$。当 $\sigma=0$，即 $s=\mathrm{j}\omega$ 时，虽然 $F_r(s)$对应的连续时间反因果信号 $f_r(t)$是指数级函数，即 $|f_r(t)|\leqslant M_r\mathrm{e}^{\beta t}\varepsilon(-t)$，但是 $f_r(t)$不满足绝对可积条件，使得

$$|F_r(\mathrm{j}\omega)|\leqslant\int_{-\infty}^{+\infty}|f_r(t)\mathrm{e}^{-\mathrm{j}\omega t}|\mathrm{d}t=\int_{-\infty}^{+\infty}|f_r(t)|\mathrm{d}t\leqslant M_r\int_{-\infty}^{0}\mathrm{e}^{\beta t}\mathrm{d}t=\infty \tag{4.4.27}$$

由式(4.4.27)可知，$F_r(\mathrm{j}\omega)$不存在，因此 $F(\mathrm{j}\omega)$不存在。

4. 若满足条件 $0<\alpha<\sigma<\beta$

考虑到 $0<\alpha<\sigma<\beta$，将 $F(s)$展成部分分式时，则至少有一项 $F_l(s)$的极点 λ_l 为 $F(s)$的区左极点，并且其实部满足 $\mathrm{Re}[\lambda_l]=\alpha>0$。令 $\sigma=0$，即 $s=\mathrm{j}\omega$ 时，虽然 $F_l(s)$对应的连续时间因果信号 $f_l(t)$是指数级函数，即 $|f_l(t)|\leqslant M_l\mathrm{e}^{\alpha t}\varepsilon(t)$，但是 $f_l(t)$不满足绝对可积条件，使得

$$|F_l(\mathrm{j}\omega)|\leqslant\int_{-\infty}^{+\infty}|f_l(t)\mathrm{e}^{-\mathrm{j}\omega t}|\mathrm{d}t=\int_{-\infty}^{+\infty}|f_l(t)|\mathrm{d}t\leqslant M_l\int_{0}^{+\infty}\mathrm{e}^{\alpha t}\mathrm{d}t=\infty \tag{4.4.28}$$

由式(4.4.28)可知，$F_l(\mathrm{j}\omega)$不存在，因此 $F(\mathrm{j}\omega)$不存在。

4.4.3 利用傅里叶变换计算拉普拉斯变换

式(4.4.8)表明，象函数 $F(s)$在其收敛域 $\alpha<\sigma<\beta$ 内是处处可微的，因此 $F(s)$在其收敛域 $\alpha<\sigma<\beta$ 内是解析的，即 $F(s)$在其收敛域 $\alpha<\sigma<\beta$ 内是一个解析函数。

可见，能否利用连续时间信号的傅里叶变换 $F(\mathrm{j}\omega)$来计算拉普拉斯变换 $F(s)$，取决于 $F(\mathrm{j}\omega)$是否在 $\mathrm{j}\omega$ 轴上解析[2]。

1. 若 $F(\mathrm{j}\omega)$在 $\mathrm{j}\omega$ 轴上解析

函数 $F(\mathrm{j}\omega)$在 $\mathrm{j}\omega$ 轴上解析，即表明函数 $F(\mathrm{j}\omega)$在 $\mathrm{j}\omega$ 轴上处处可导，亦即说明函数 $F(\mathrm{j}\omega)$的导函数满足 $\left|\frac{\mathrm{d}F(\mathrm{j}\omega)}{\mathrm{d}\omega}\right|<\infty$，因此函数 $F(\mathrm{j}\omega)$在 $\mathrm{j}\omega$ 轴上解析，意味着 $\mathrm{j}\omega$ 轴应包括在 $F(s)$的收敛域 $\alpha<\sigma<\beta$ 内，即 α 及 β 应满足 $\alpha<0<\beta$，当然可以直接将 $\mathrm{j}\omega$ 换成 s，即

$$F(s)=F(\mathrm{j}\omega)\big|_{\mathrm{j}\omega=s},\ \alpha<\sigma<\beta \tag{4.4.29}$$

当获得 $F(s)$后，其收敛域由一条与虚轴重合但能左右移动的直线搜索决定。向左搜索遇到 $F(s)$的第一个极点，就是收敛域的左边界轴 $\sigma=\alpha$，向右搜索遇到 $F(s)$的第一个极点，就是收敛域的右边界轴 $\sigma=\beta$。

例 4.4.4：已知傅里叶变换 $F(\mathrm{j}\omega)=\frac{1}{1+\omega^2}$，试求拉普拉斯变换 $F(s)$。

解：考虑到 $\frac{\mathrm{d}F(\mathrm{j}\omega)}{\mathrm{d}\omega}=\frac{-2\omega}{(1+\omega^2)^2}$，即 $\left|\frac{\mathrm{d}F(\mathrm{j}\omega)}{\mathrm{d}\omega}\right|<\infty$，亦即函数 $F(\mathrm{j}\omega)$在 $\mathrm{j}\omega$ 轴上解析，于是有

$$F(s)=F(\mathrm{j}\omega)\big|_{\mathrm{j}\omega=s}=\frac{1}{1-s^2},-1<\sigma<1$$

由于 $F(s)$只有两个极点 $\lambda_1=-1$ 和 $\lambda_2=1$，用一条与虚轴重合的直线，向左搜索遇到 $F(s)$的第一个极点是 $\lambda_1=-1$，向右搜索遇到 $F(s)$的第一个极点是 $\lambda_2=1$，因此 $F(s)$的收敛域为 $-1<\sigma<1$。

2. 若 $F(\mathrm{j}\omega)$ 在 $\mathrm{j}\omega$ 轴上不解析

因为函数 $F(\mathrm{j}\omega)$ 在 $\mathrm{j}\omega$ 轴上不解析，所以 $\mathrm{j}\omega$ 轴应在 $F(s)$ 的收敛域以外，不能直接将 $\mathrm{j}\omega$ 换成 s。双边拉普拉斯变换 $F(s)$ 可能不存在，也可能存在。即使存在，$\mathrm{j}\omega$ 轴($\sigma=0$)也会是 $F(s)$ 收敛域的边界轴，$F(s)$ 收敛域的可能形式是 $0<\sigma<\beta$ 或 $\alpha<\sigma<0$。否则，连 $F(\mathrm{j}\omega)$ 都不存在。

首先通过部分分式展开，将 $F(\mathrm{j}\omega)$ 分成在 $\mathrm{j}\omega$ 轴上解析的 $F_c(\mathrm{j}\omega)$ 和在 $\mathrm{j}\omega$ 轴上不解析的 $F_d(\mathrm{j}\omega)$ 两部分，再进行分析和研究，即

$$F(\mathrm{j}\omega)=F_c(\mathrm{j}\omega)+F_d(\mathrm{j}\omega) \tag{4.4.30}$$

(1) 若 $F(\mathrm{j}\omega)$ 在 $\mathrm{j}\omega$ 轴上不解析的部分 $F_d(\mathrm{j}\omega)$ 是由冲激函数及其导数构成

① 若 $F(\mathrm{j}\omega)$ 在 $\mathrm{j}\omega$ 轴上不解析的部分 $F_d(\mathrm{j}\omega)$ 具有式(4.4.22)的形式，则有

$$F(s)=F_c(\mathrm{j}\omega)\big|_{\mathrm{j}\omega=s},\ 0<\sigma<\beta \tag{4.4.31}$$

例 4.4.5: 已知傅里叶变换 $F(\mathrm{j}\omega)=\dfrac{\mathrm{j}\omega}{\omega_0^2-\omega^2}+\dfrac{\pi}{2}[\delta(\omega+\omega_0)+\delta(\omega-\omega_0)]$，试求拉普拉斯变换 $F(s)$。

解: 考虑到 $F_c(\mathrm{j}\omega)=\dfrac{\mathrm{j}\omega}{\omega_0^2-\omega^2}$，$F_d(\mathrm{j}\omega)=\dfrac{\pi}{2}[\delta(\omega+\omega_0)+\delta(\omega-\omega_0)]$，由于 $F(\mathrm{j}\omega)$ 在 $\mathrm{j}\omega$ 轴上不解析的部分 $F_d(\mathrm{j}\omega)$ 具有式(4.4.22)的形式，因此有

$$F(s)=F_c(\mathrm{j}\omega)\big|_{\mathrm{j}\omega=s}=\frac{s}{s^2+\omega_0^2},\ 0<\sigma\leqslant\infty$$

② 若 $F(\mathrm{j}\omega)$ 在 $\mathrm{j}\omega$ 轴上不解析的部分 $F_d(\mathrm{j}\omega)$ 具有式(4.4.25)的形式，则有

$$F(s)=F_c(\mathrm{j}\omega)\big|_{\mathrm{j}\omega=s},\ \alpha<\sigma<0 \tag{4.4.32}$$

例 4.4.6: 已知傅里叶变换 $F(\mathrm{j}\omega)=\dfrac{2}{\mathrm{j}\omega^3}-\pi\delta''(\omega)$，试求拉普拉斯变换 $F(s)$。

解: 考虑到 $F(\mathrm{j}\omega)=\dfrac{2}{\mathrm{j}\omega^3}-\pi\delta''(\omega)$，则 $F_c(\mathrm{j}\omega)=\dfrac{2}{\mathrm{j}\omega^3}$，$F_d(\mathrm{j}\omega)=-\pi\delta''(\omega)$，由于 $F(\mathrm{j}\omega)$ 在 $\mathrm{j}\omega$ 轴上不解析的部分 $F_d(\mathrm{j}\omega)$ 具有式(4.4.25)的形式，因此有

$$F(s)=F_c(\mathrm{j}\omega)\big|_{\mathrm{j}\omega=s}=-\frac{2}{s^3},\ -\infty\leqslant\sigma<0$$

(2) 若 $F(\mathrm{j}\omega)$ 在 $\mathrm{j}\omega$ 轴上仅存在不解析的部分，即 $F(\mathrm{j}\omega)=F_d(\mathrm{j}\omega)$，则 $F(s)$ 不存在。

考虑到直流信号、周期信号 $f_{T_0}(t)$ 、符号函数 $\mathrm{sgn}(t)$ 和 $\mathrm{Sa}^n(t)$(n 为正整数)等连续时间信号的傅里叶变换 $F(\mathrm{j}\omega)$ 在 $\mathrm{j}\omega$ 轴上仅存在不解析的部分，即 $F(\mathrm{j}\omega)=F_d(\mathrm{j}\omega)$，因此这些信号的双边拉普拉斯变换 $F(s)$ 不存在。

4.5　LTI 连续时间系统的复频域分析

本章前面讨论了非周期信号 $f(t)$ 的 ILT 形式的分解，引出了连续时间非周期信号 $f(t)$ 的复频域描述 $F(s)$，即连续时间非周期信号 $f(t)$ 的 LT，并详细介绍了 LT 的性质和定理及计算 ILT 的方法。本节首先介绍 LTI 连续时间系统的复频域描述，再介绍 LTI 连续时间系统的复频域分析方法。

4.5.1　LTI 连续时间系统的转移函数

由 2.8.1 节的分析可知，无时限复指数信号 $f(t)=\mathrm{e}^{st}$(其中，复变量 $s=\sigma+\mathrm{j}\omega$)通过转移算子为 $H(p)$ 的 n 阶 LTI 连续时间系统时，只要满足主导条件，即复变量 s 的实部大于 LTI 连续时间系统所有特征根的实部，亦即

$$\mathrm{Re}[s]>\max\{\mathrm{Re}[\lambda_i]\},\ i=1,2,\cdots,n \tag{4.5.1}$$

那么 LTI 连续时间系统的零状态响应可用式(2.8.3)计算，即

$$y_f(t)=\mathrm{e}^{st}*h(t)=H(p)|_{p=s}\mathrm{e}^{st}=H(s)\mathrm{e}^{st} \tag{4.5.2}$$

可见，只要满足主导条件式(4.5.1)，LTI 连续时间系统的 $H(s)$就可由 $H(p)$代换得到，即

$$H(s)=H(p)|_{p=s} \tag{4.5.3}$$

一个 LTI 连续时间系统的 $H(s)$究竟是什么含义？下面我们来回答这一问题。

我们知道，连续时间非周期信号 $f(t)$ 可以分解成 e^{st}的加权和，即

$$f(t)=\frac{1}{2\pi\mathrm{j}}\int_{\sigma-\mathrm{j}\infty}^{\sigma+\mathrm{j}\infty}F(s)\mathrm{e}^{st}\mathrm{d}s \tag{4.5.4}$$

而一个 LTI 连续时间系统的零状态响应可用线性卷积计算，即

$$\begin{aligned}y_f(t)&=f(t)*h(t)=\int_{-\infty}^{+\infty}h(\tau)f(t-\tau)\mathrm{d}\tau\\&=\int_{-\infty}^{+\infty}h(\tau)\left[\frac{1}{2\pi\mathrm{j}}\int_{\sigma-\mathrm{j}\infty}^{\sigma+\mathrm{j}\infty}F(s)\mathrm{e}^{s(t-\tau)}\mathrm{d}s\right]\mathrm{d}\tau\\&=\frac{1}{2\pi\mathrm{j}}\int_{\sigma-\mathrm{j}\infty}^{\sigma+\mathrm{j}\infty}F(s)\left[\int_{-\infty}^{+\infty}h(\tau)\mathrm{e}^{-s\tau}\mathrm{d}\tau\right]\mathrm{e}^{st}\mathrm{d}s\\&=\frac{1}{2\pi\mathrm{j}}\int_{\sigma-\mathrm{j}\infty}^{\sigma+\mathrm{j}\infty}F(s)H(s)\mathrm{e}^{st}\mathrm{d}s\\&=\frac{1}{2\pi\mathrm{j}}\int_{\sigma-\mathrm{j}\infty}^{\sigma+\mathrm{j}\infty}Y_f(s)\mathrm{e}^{st}\mathrm{d}s\end{aligned} \tag{4.5.5}$$

式中，σ 在 $F(s)$和 $H(s)$的公共收敛域内取值，并且

$$H(s)=\int_{-\infty}^{+\infty}h(\tau)\mathrm{e}^{-s\tau}\mathrm{d}\tau=\int_{-\infty}^{+\infty}h(t)\mathrm{e}^{-st}\mathrm{d}t,\ \alpha<\sigma<\beta \tag{4.5.6}$$

$$Y_f(s)=F(s)H(s) \tag{4.5.7}$$

式(4.5.6)表明，LTI 连续时间系统的 $H(s)$是 LTI 连续时间系统单位冲激响应 $h(t)$的双边 LT，对可实现 LTI 连续时间系统，即因果系统而言，$H(s)$的收敛域为 $\alpha<\sigma\leqslant\infty$，其中 $\alpha=\max\{\mathrm{Re}[\lambda_i]\}(i=1,2,\cdots,n)$，满足主导条件式(4.5.1)，就意味着连续时间无时限复指数信号 $f(t)=\mathrm{e}^{st}$的 s 一定位于 $H(s)$的收敛域内。通常称 $H(s)$为 LTI 连续时间系统的转移函数，或系统函数。

式(4.5.7)所揭示的关系，正是在时域上将激励 $f(t)$分解成复指数信号 e^{st} 的加权和，系统零状态响应 $y_f(t)$在复频域上的体现，即将时域上的线性卷积运算转化成了复频域上的乘积运算，如图 4.5.1 所示。这不仅是我们早就知道的结果，而且它将作为 LTI 连续时间系统复频域分析的依据。

利用式(4.5.7)所揭示的关系，通常将 LTI 连续时间系统的转移函数定义为

$$H(s)=\frac{Y_f(s)}{F(s)} \tag{4.5.8}$$

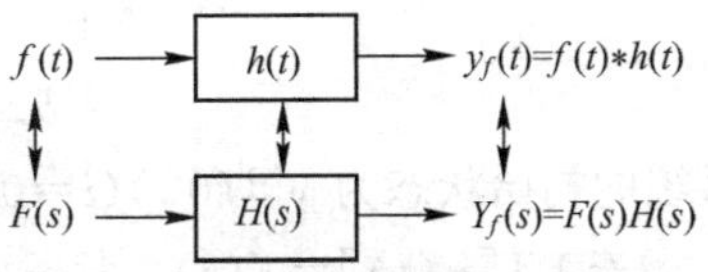

图 4.5.1　LTI 连续时间系统时域运算与复频域运算的关系

由于 $H(s)=\mathrm{LT}[h(t)]$，与 $h(t)$一样，一个 LTI 连续时间系统的转移函数 $H(s)$由系统自身唯一确定。

一般地，若一个 n 阶 LTI 连续时间因果系统的转移算子描述为

$$y(t)=\frac{b_mp^m+b_{m-1}p^{m-1}+\cdots+b_1p+b_0}{p^n+a_{n-1}p^{n-1}+\cdots+a_1p+a_0}f(t)$$

其中，系统的特征根为$\lambda_i(i=1,2,\cdots,n)$，则LTI连续时间因果系统的转移函数$H(s)$可以通过转移算子$H(p)$代换得到，即

$$H(s)=H(p)\big|_{p=s}=\frac{b_m s^m+b_{m-1}s^{m-1}+\cdots+b_1 s+b_0}{s^n+a_{n-1}s^{n-1}+\cdots+a_1 s+a_0},\ \alpha<\sigma\leqslant\infty \tag{4.5.9}$$

式中，$\alpha=\max\{\mathrm{Re}[\lambda_i]\}(i=1,2,\cdots,n)$。

可见，一个n阶LTI连续时间系统的转移函数$H(s)$的确由系统自身唯一确定。

一般来说，求解LTI连续时间系统转移函数有下述五种方法：

① 通过LTI连续时间系统的转移算子代换关系得到转移函数；

② 对LTI连续时间系统的单位冲激响应取双边LT得到转移函数；

③ 先对描述LTI连续时间系统的微分方程取双边LT，再利用定义式(4.5.8)得到转移函数；

④ 在LTI连续时间系统的复频域模型中，先找出零状态响应的LT与激励的LT的关系，再利用定义式(4.5.8)得到转移函数；

⑤ 在LTI连续时间系统的复频域模拟方框图或信号流图中，利用Mason规则得到系统的转移函数。

特别地，对LTI连续时间稳定系统，还可以通过LTI连续时间系统的频率特性代换关系得到系统的转移函数，即

$$H(s)=H(\mathrm{j}\omega)\big|_{\mathrm{j}\omega=s} \tag{4.5.10}$$

例4.5.1：由式(3.6.38)可知，零阶保持系统的单位冲激响应为$h(t)=\varepsilon(t)-\varepsilon(t-\tau)$，试求零阶保持系统的转移函数$H(s)$。

解：考虑到$h(t)=\varepsilon(t)-\varepsilon(t-\tau)$，则有

$$H(s)=\mathrm{LT}[h(t)]=\frac{1-\mathrm{e}^{-s\tau}}{s},\ -\infty<\sigma\leqslant\infty$$

由于$\lim\limits_{s\to0}H(s)=\lim\limits_{s\to0}\dfrac{1-\mathrm{e}^{-s\tau}}{s}=\lim\limits_{s\to0}\dfrac{\tau\mathrm{e}^{-s\tau}}{1}=\tau\neq\infty$，因此$s=0$不是系统转移函数$H(s)$的极点，即系统的转移函数$H(s)$的收敛域为有限全$s$平面。

由于系统的转移函数$H(s)$无极点，即系统无阶，故将其称为零阶保持系统。

4.5.2　利用单边LT求解LTI连续时间系统的全响应

在实际工作中，由于激励$f(t)$是因果信号，单位冲激响应为$h(t)$的系统是物理上可实现的系统，即因果信号$f(t)$的象函数$F(s)$和因果系统的转移函数$H(s)$一定存在公共的收敛域，亦即LTI连续时间系统一定可以用复频域方法进行分析。

设描述n阶LTI连续时间因果系统响应$y(t)$与激励$f(t)$关系的微分方程为

$$\begin{aligned}&y^{(n)}(t)+a_{n-1}y^{(n-1)}(t)+\cdots+a_1y'(t)+a_0y(t)\\&=b_mf^{(m)}(t)+b_{m-1}f^{(m-1)}(t)+\cdots+b_1f'(t)+b_0f(t)\end{aligned} \tag{4.5.11}$$

系统的初始状态为$y^{(i)}(0_-)(i=0,1,\cdots,n-1)$，激励$f(t)$为因果信号，并且$\mathrm{LT}[f(t)]=F(s)$。

若$\mathrm{LT}[y(t)]=Y(s)$，考虑到单边LT的时域微分性质式(4.2.46)，则有

$$\frac{\mathrm{d}^ny(t)}{\mathrm{d}t^n}\longleftrightarrow s^nY(s)-\sum_{i=0}^{n-1}s^{n-1-i}y^{(i)}(0_-) \tag{4.5.12}$$

对式(4.5.11)的等号两边分别取单边LT，并考虑到式(4.5.12)，可得

$$\begin{aligned}&s^nY(s)-\sum_{i=0}^{n-1}s^{n-1-i}y^{(i)}(0_-)+a_{n-1}[s^{n-1}Y(s)-\sum_{i=0}^{n-2}s^{n-2-i}y^{(i)}(0_-)]+\cdots\\&\quad+a_1[sY(s)-y(0_-)]+a_0Y(s)=(b_ms^m+b_{m-1}s^{m-1}+\cdots+b_1s+b_0)F(s)\end{aligned} \tag{4.5.13}$$

整理后，可得

$$Y(s)=\frac{M(s)}{D(s)}+\frac{N(s)}{D(s)}F(s) \tag{4.5.14}$$

式中，$D(s)=s^n+a_{n-1}s^{n-1}+\cdots+a_1s+a_0$，$N(s)=b_ms^m+b_{m-1}s^{m-1}+\cdots+b_1s+b_0$，并且

$$M(s)=\sum_{i=0}^{n-1}s^{n-1-i}y^{(i)}(0_-)+a_{n-1}\sum_{i=0}^{n-2}s^{n-2-i}y^{(i)}(0_-)+\cdots+a_1y(0_-)$$

在式(4.5.14)中，令

$$Y_x(s)=\frac{M(s)}{D(s)} \tag{4.5.15}$$

由于 $M(s)$ 只与 $t=0_-$ 时刻系统的初始状态有关，而与激励无关，因此 $Y_x(s)$ 是系统零输入响应 $y_x(t)$ 的 LT。

在式(4.5.14)中，令

$$Y_f(s)=\frac{N(s)}{D(s)}F(s) \tag{4.5.16}$$

由于 $Y_f(s)$ 只与激励 $f(t)$ 的象函数 $F(s)$ 有关，而与系统的初始状态无关，因此 $Y_f(s)$ 是系统零状态响应 $y_f(t)$ 的 LT。

考虑到式(4.5.15)及式(4.5.16)，则式(4.5.14)可写成

$$Y(s)=Y_x(s)+Y_f(s) \tag{4.5.17}$$

对式(4.5.17)的等号两边分别取 ILT，可得系统的全响应，即

$$y(t)=\text{ILT}[Y(s)]=\text{ILT}[Y_x(s)]+\text{ILT}[Y_f(s)]=y_x(t)+y_f(t),\ t\geqslant 0$$

这种利用单边 LT 求解 LTI 连续时间系统响应的方法，不仅将时域微分方程求解转化成了 s 域代数方程求解，而且直接代入系统的初始状态就可以求解出系统的全响应。因此，该方法具有直接、简便、规范和高效的特点。

例 4.5.2：设描述二阶 LTI 连续时间因果系统响应 $y(t)$ 与激励 $f(t)$ 关系的微分方程为

$$y''(t)+5y'(t)+6y(t)=2f(t) \tag{4.5.18}$$

已知系统的初始状态 $y(0_-)=1$，$y'(0_-)=2$，激励 $f(t)=\mathrm{e}^{-t}\varepsilon(t)$，试求系统的全响应 $y(t)$。

解：对微分方程式(4.5.18)的等号两边分别取单边 LT，可得

$$s^2Y(s)-sy(0_-)-y'(0_-)+5[sY(s)-y(0_-)]+6Y(s)=2F(s)$$

即

$$(s^2+5s+6)Y(s)=y'(0_-)+(s+5)y(0_-)+2F(s)$$

亦即

$$Y(s)=\frac{y'(0_-)+(s+5)y(0_-)}{(s+2)(s+3)}+\frac{2}{(s+2)(s+3)}F(s) \tag{4.5.19}$$

考虑到式(4.2.3)，则有

$$F(s)=\text{LT}[f(t)]=\text{LT}[\mathrm{e}^{-t}\varepsilon(t)]=\frac{1}{s+1},\ -1<\sigma\leqslant\infty \tag{4.5.20}$$

将系统的初始状态 $y(0_-)=1$，$y'(0_-)=2$ 及式(4.5.20)代入式(4.5.19)，可得

$$Y(s)=\frac{2+(s+5)\times 1}{(s+2)(s+3)}+\frac{2}{(s+2)(s+3)}\times\frac{1}{s+1}$$

$$=\frac{5}{s+2}-\frac{4}{s+3}+\left(\frac{1}{s+1}-\frac{2}{s+2}+\frac{1}{s+3}\right),-1<\sigma\leqslant\infty$$

于是，LTI连续时间系统的全响应为

$$y(t)=\mathrm{ILT}[Y(s)]=5\mathrm{e}^{-2t}-4\mathrm{e}^{-3t}+(\mathrm{e}^{-t}-2\mathrm{e}^{-2t}+\mathrm{e}^{-3t})\varepsilon(t),\ t\geqslant 0$$

4.5.3　LTI连续时间系统的 s 域模型图分析法

LTI连续时间系统的 s 域模型图分析法简称 s 域模型图法。该方法是LTI连续时间系统的相量分析法或频域模型法的推广，是基于LTI连续时间系统的 s 域模型，并利用网络方程法或等效变换法来求解LTI连续时间系统响应的一种方法。

1. 元件的 s 域模型

这里只介绍线性时不变电阻元件、电容元件和电感元件的 s 域模型。

(1) 线性时不变电阻元件的 s 域模型

线性时不变电阻元件的时域模型如图4.5.2所示。在该图中，由于线性时不变电阻元件电压与电流关联，因此由欧姆定律可得

$$u_R(t)=i_R(t)R \tag{4.5.21}$$

对式(4.5.21)的等号两边分别取单边LT，可得线性时不变电阻元件 s 域的电压和电流的约束关系，即

$$U_R(s)=I_R(s)R \tag{4.5.22}$$

考虑到式(4.5.22)，则线性时不变电阻元件的 s 域模型如图4.5.3所示。

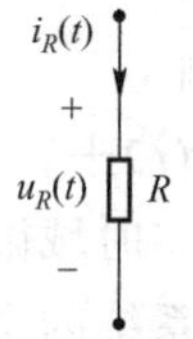

图4.5.2　线性时不变电阻元件R的时域模型

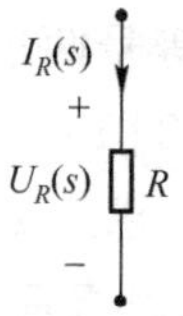

图4.5.3　线性时不变电阻元件R的 s 域模型

(2) 线性时不变电容元件的 s 域模型

线性时不变电容元件的时域模型如图4.5.4所示。在该图中，考虑到线性时不变电容元件电压与电流关联，则有

$$i_C(t)=C\frac{\mathrm{d}u_C(t)}{\mathrm{d}t} \tag{4.5.23}$$

式(4.2.55)已揭示了线性时不变电容元件 s 域电压和电流的约束关系，即

$$U_C(s)=\frac{u_C(0_-)}{s}+\frac{I_C(s)}{sC} \tag{4.5.24}$$

考虑到式(4.5.24)，则线性时不变电容元件的 s 域模型如图4.5.5所示。

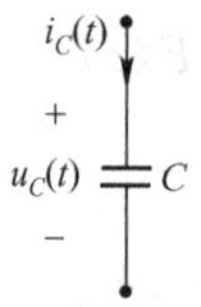

图4.5.4　线性时不变电容元件C的时域模型

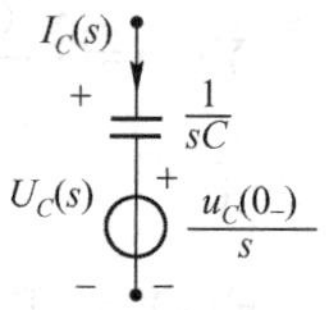

图4.5.5　线性时不变电容元件C的 s 域模型

由于电容元件是记忆元件，其初始状态 $u_C(0_-)$ 是对 $t<0$ 时作用于电容元件的电流的历史积累，因此由 $u_C(0_-)$ 构成的象函数 $u_C(0_-)/s$ 的极性应与端口上电压象函数 $U_c(s)$ 的极性相同。

(3) 线性时不变电感元件的 s 域模型

线性时不变电感元件的时域模型如图4.5.6所示。在该图中，考虑到线性时不变电感元件

电压与电流关联，则有

$$u_L(t)=L\frac{\mathrm{d}i_L(t)}{\mathrm{d}t} \tag{4.5.25}$$

式(4.2.58)已揭示了线性时不变电感元件 s 域电流和电压的约束关系，即

$$I_L(s)=\frac{i_L(0_-)}{s}+\frac{U_L(s)}{sL} \tag{4.5.26}$$

考虑到式(4.5.26)，则线性时不变电感元件的 s 域模型如图 4.5.7 所示。

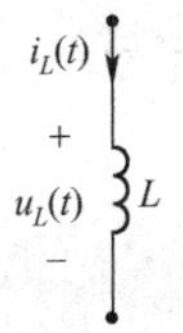

图 4.5.6　线性时不变电感元件 L 的时域模型

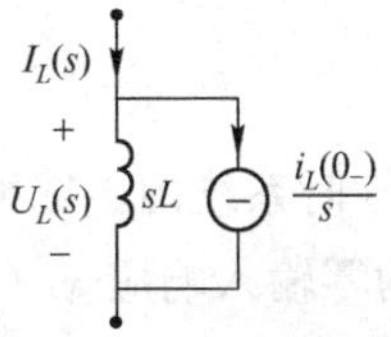

图 4.5.7　线性时不变电感元件 L 的 s 域模型

由于电感元件是记忆元件，其初始状态 $i_L(0_-)$是对 $t<0$ 时作用于电感元件的电压的历史积累，因此由 $i_L(0_-)$构成的象函数 $i_L(0_-)/s$ 的流向应与端口上电流象函数 $I_L(s)$的流向相同。

2. LTI 连续时间系统的 s 域模型图法

LTI 连续时间系统的 s 域模型图法省去了建立系统方程的步骤，因而具有分析简单、直观和高效等特点。利用 LTI 连续时间系统的 s 域模型图法来分析和求解 LTI 连续时间系统响应包括以下 4 个步骤。

(1) 建立 LTI 连续时间系统的 s 域模型

这一步骤可以归纳如下：

① 将系统的激励和响应都用相应的象函数表示。

② 将系统中的所有元件利用带有初始状态的 s 域模型表示。

(2) 求系统的零输入响应 $y_x(t)$

① 依据叠加原理，画出求解系统零输入响应象函数 $Y_x(s)$的 s 域模型。

② 用分析线性电路类似的方法，计算象函数 $Y_x(s)$。

③ 求零输入响应象函数 $Y_x(s)$的 ILT，得到 $y_x(t)$。

(3) 求系统的零状态响应 $y_f(t)$

① 依据叠加原理，画出求解系统零状态响应象函数 $Y_f(s)$的 s 域模型。

② 用分析线性电路类似的方法，计算系统的转移函数 $H(s)$。

③ 计算激励信号 $f(t)$的象函数 $F(s)$。

④ 计算零状态响应的象函数 $Y_f(s)$，即 $Y_f(s)=F(s)H(s)$。

⑤ 求零状态响应象函数 $Y_f(s)$的 ILT，得到 $y_f(t)$。

(4) 求系统的全响应 $y(t)$，即

$$y(t)=y_x(t)+y_f(t)$$

例 4.5.3： 二阶 LTI 连续时间系统如图 4.5.8 所示。已知 $t<0$ 时系统处于稳态，在 $t=0$ 时刻，开关 S 从 1 转至 2。系统的激励 $f(t)=2\mathrm{e}^{-t}\varepsilon(t)$ V，试求系统的全响应 $y(t)$。

解： (1) 确定系统的初始状态

考虑到 $t<0$ 时系统处于稳态，则电感元件和电容元件应该分别进行短路和开路处理，于是 LTI 连续时间系统在 $t=0_-$ 时刻的等效模型如图 4.5.9 所示。

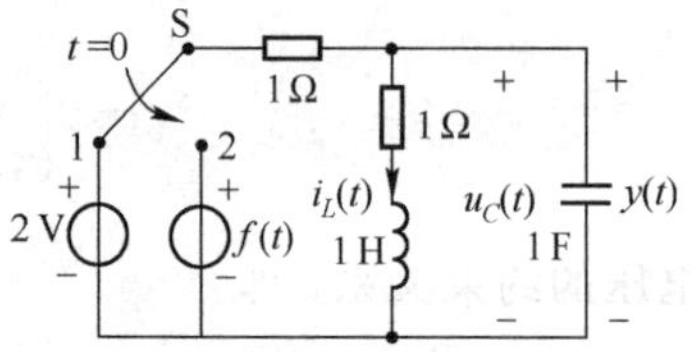

图 4.5.8　LTI 连续时间系统的时域模型

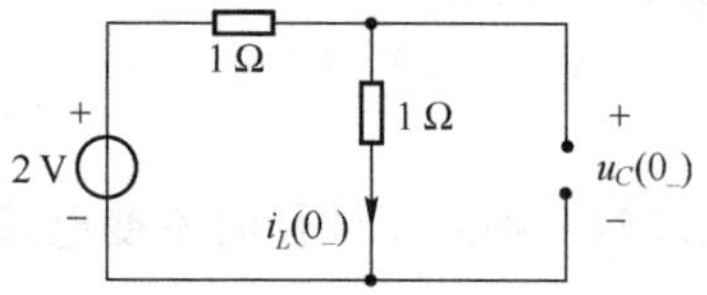

图 4.5.9　LTI 连续时间系统在 $t=0_-$ 时刻的等效模型

由图 4.5.9 可得

$$i_L(0_-)=\frac{2}{1+1}=1\ \text{A},\ u_C(0_-)=\frac{1}{1+1}\times 2=1\ \text{V}$$

(2) 画出 $t\geqslant 0$ 时系统的 s 域模型，如图 4.5.10 所示

(3) 求系统的零输入响应 $y_x(t)$

求解系统零输入响应 $y_x(t)$的 s 域模型，如图 4.5.11 所示。可将图 4.5.11 中的电流源转换成电压源，如图 4.5.12 所示。

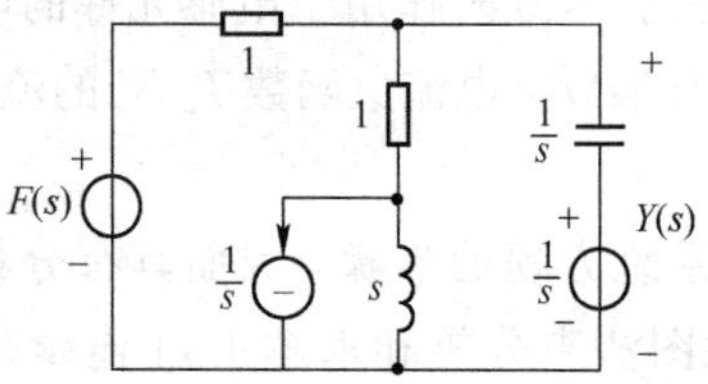

图 4.5.10　LTI 连续时间系统在 $t\geqslant 0$ 时的 s 域模型

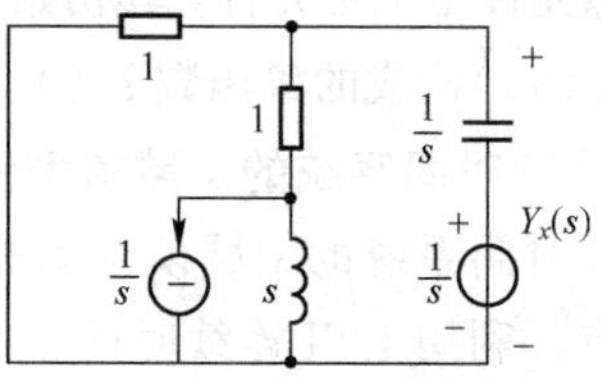

图 4.5.11　求解 LTI 连续时间系统零输入响应的 s 域模型

在图 4.5.12 中，再次将两个电压源转换成电流源，利用总电流除以总复导纳可得系统零输入响应的象函数，即

$$Y_x(s)=\frac{\frac{1}{s}\times s-\frac{1}{s+1}}{1+s+\frac{1}{s+1}}=\frac{1-\frac{1}{s+1}}{1+s+\frac{1}{s+1}}=\frac{s+1}{(s+1)^2+1}-\frac{1}{(s+1)^2+1},\ -1<\sigma\leqslant\infty$$

于是，LTI 连续时间系统的零输入响应为

$$y_x(t)=\text{ILT}[Y_x(s)]=\text{e}^{-t}\cos t-\text{e}^{-t}\sin t=\text{e}^{-t}(\cos t-\sin t)\ \text{V},\ t\geqslant 0$$

(4) 求系统的零状态响应 $y_f(t)$

求解系统零状态响应 $y_f(t)$的 s 域模型如图 4.5.13 所示。

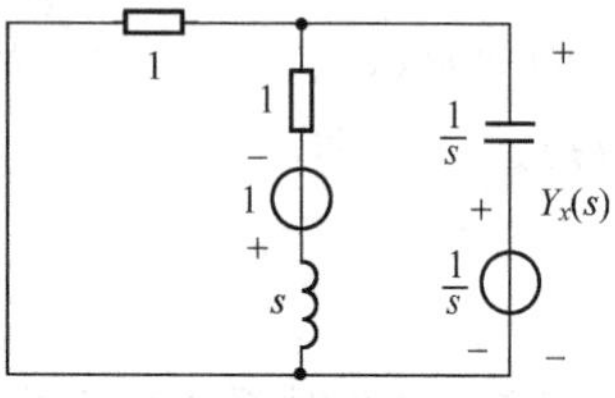

图 4.5.12　求解 LTI 连续时间系统零输入响应的 s 域等效模型

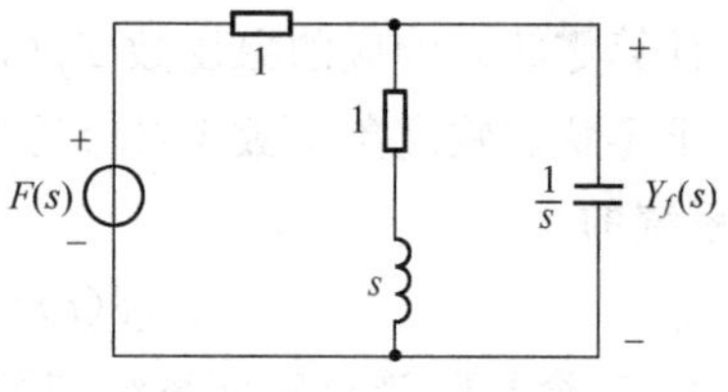

图 4.5.13　求解 LTI 连续时间系统零状态响应的 s 域模型

在图 4.5.13 中，将电压源转换成电流源，利用总电流除以总复导纳可得系统零状态响应的象函数，即

$$Y_f(s)=\frac{F(s)/1}{1+s+\dfrac{1}{s+1}}=\frac{2/(s+1)}{1+s+\dfrac{1}{s+1}}=\frac{2}{(s+1)^2+1},\ -1<\sigma\leqslant\infty$$

于是，LTI 连续时间系统的零状态响应为

$$y_f(t)=\text{ILT}[Y_f(s)]=2\mathrm{e}^{-t}\sin t\varepsilon(t)\ \text{V}$$

(5) 求 LTI 连续时间系统的全响应 $y(t)$

$$y(t)=y_x(t)+y_f(t)=\mathrm{e}^{-t}(\cos t-\sin t)+2\mathrm{e}^{-t}\sin t\varepsilon(t)\ \text{V},\ t\geqslant 0$$

例 4.5.4：二阶 LTI 连续时间系统如图 4.5.14 所示。已知 $t<0$ 时系统处于稳态，在 $t=0$ 时刻，开关 S 从 1 转至 2。

(1) 试求系统的零输入响应 $y_x(t)$。

(2) 已知系统的三个激励 $f_1(t)=\mathrm{e}^{-3t}\varepsilon(t)$ A，$f_2(t)=3\mathrm{e}^{-4t}\varepsilon(t)$ V，$f_3(t)=\text{Sa}(t)\varepsilon(t)$ V，试求系统的零状态响应 $y_f(t)$。

解：(1) 求解系统的零输入响应 $y_x(t)$

① 确定系统的初始状态

考虑到 $t<0$ 时系统处于稳态，则电感元件和电容元件应该分别进行短路和开路处理，于是 LTI 连续时间系统在 $t=0_-$ 时刻的等效模型如图 4.5.15 所示。

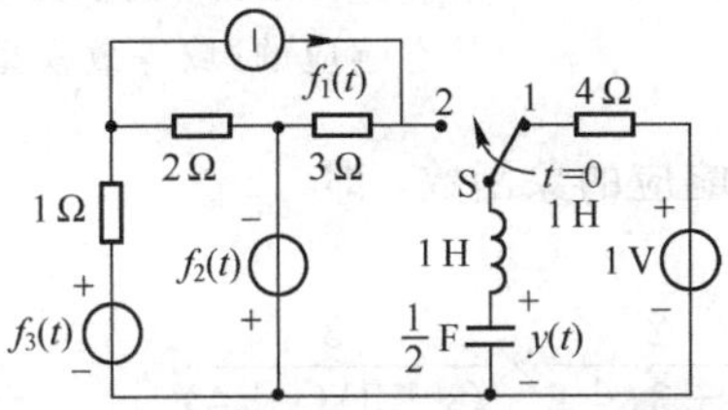

图 4.5.14　LTI 连续时间系统的时域模型

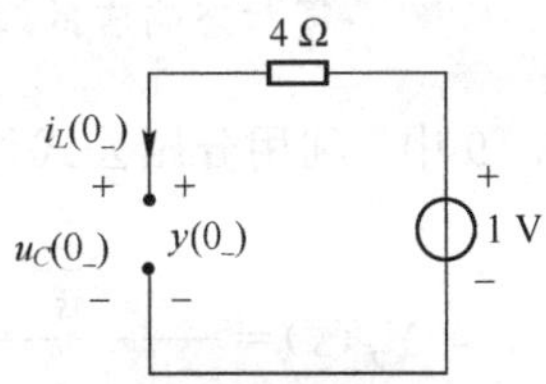

图 4.5.15　LTI 连续时间系统在 $t=0_-$ 时刻的等效模型

由图 4.5.15 可得

$$u_C(0_-)=y(0_-)=1\ \text{V},\ i_L(0_-)=0\ \text{A}$$

② 画出 $t\geqslant 0$ 时系统的 s 域模型，如图 4.5.16 所示。

③ 求系统的零输入响应 $y_x(t)$

求解系统零输入响应 $y_x(t)$ 的 s 域模型，如图 4.5.17 所示。

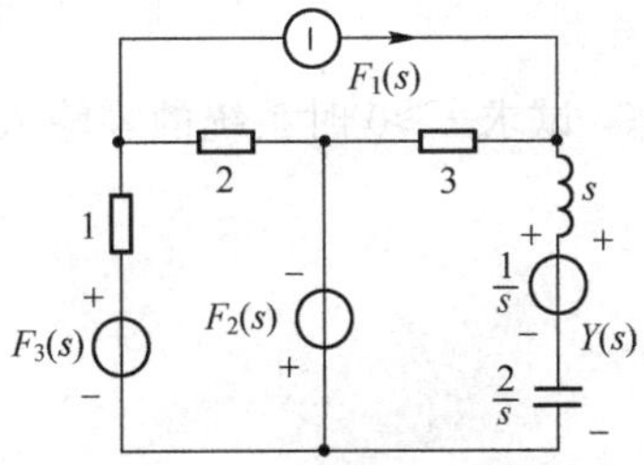

图 4.5.16　LTI 连续时间系统在 $t\geqslant 0$ 时的 s 域模型

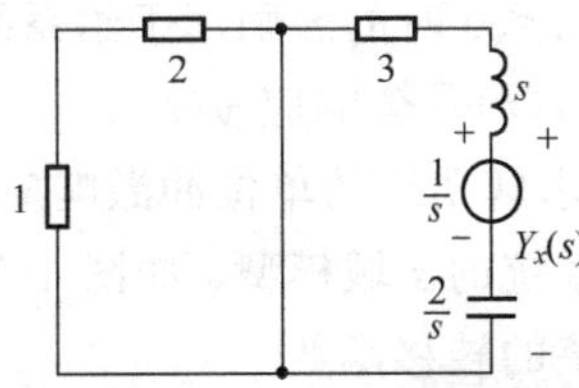

图 4.5.17　求解 LTI 连续时间系统零输入响应的 s 域模型

在图 4.5.17 中，利用分压公式可得系统零输入响应的象函数，即

$$Y_x(s)=\frac{s+3}{3+s+\dfrac{2}{s}}\times\frac{1}{s}=\frac{s+3}{(s+1)(s+2)}=\frac{2}{s+1}-\frac{1}{s+2},\ -1<\sigma\leqslant\infty$$

于是，LTI 连续时间系统的零输入响应为

$$y_x(t)=\mathrm{ILT}[Y_x(s)]=2\mathrm{e}^{-t}-\mathrm{e}^{-2t}\ \mathrm{V},\ t\geqslant 0$$

(2) 求系统的零状态响应 $y_f(t)$

求解系统零状态响应 $y_f(t)$的 s 域模型，如图 4.5.18 所示。

在图 4.5.18 中，a 和 b 两端的开路电压的象函数 $U_{oc}(s)$和等效电压源的内阻 $Z_0(s)$分别为

$$U_{oc}(s)=U_{abk}(s)=3F_1(s)-F_2(s)=3\frac{1}{s+3}-\frac{3}{s+4}=\frac{3}{(s+3)(s+4)},\ -3<\sigma\leqslant\infty$$

$$Z_0(s)=3$$

利用等效电压源定理，可将图 4.5.18 等效成图 4.5.19。

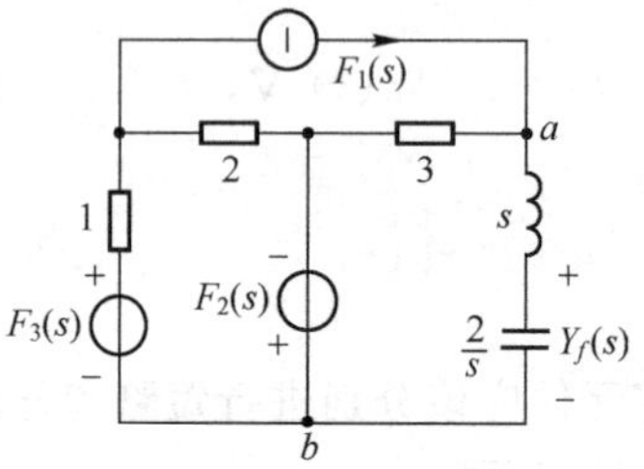

图 4.5.18　求解 LTI 连续时间系统零状态响应的 s 域模型

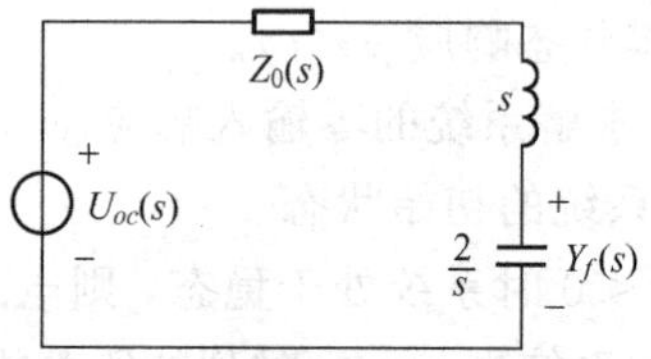

图 4.5.19　求解 LTI 连续时间系统零状态响应的 s 域等效模型

在图 4.5.19 中，利用分压公式可得系统零状态响应的象函数，即

$$Y_f(s)=\frac{\frac{2}{s}}{Z_0(s)+s+\frac{2}{s}}U_{oc}(s)=\frac{2}{s^2+3s+2}\times\frac{3}{(s+3)(s+4)}$$

$$=\frac{1}{s+1}-\frac{3}{s+2}+\frac{3}{s+3}-\frac{1}{s+4},\ -1<\sigma\leqslant\infty$$

于是，LTI 连续时间系统的零状态响应为

$$y_f(t)=\mathrm{ILT}[Y_f(s)]=(\mathrm{e}^{-t}-3\mathrm{e}^{-2t}+3\mathrm{e}^{-3t}-\mathrm{e}^{-4t})\varepsilon(t)\ \mathrm{V}$$

例 4.5.5：LTI 连续时间系统如图 4.5.20 所示，已知激励 $f(t)=15\mathrm{e}^{-2|t|}$ A，系统的起始状态 $y(-\infty)=0$ V，$y'(-\infty)=0$ V/s。

(1) 试求系统的单位冲激响应 $h(t)$。

(2) 试求 $t\geqslant-\infty$时系统的零状态响应 $y_f(t)$。

(3) 若将 $t<0$ 时的激励用于给系统建立初始状态，试求 $t\geqslant 0$ 时系统的零输入响应 $y_x(t)$、零状态响应 $y_f(t)$及全响应 $y(t)$。

解：(1) 求解系统的单位冲激响应 $h(t)$。

① 画出系统的 s 域模型，如图 4.5.21 所示。

② 求系统的转移函数

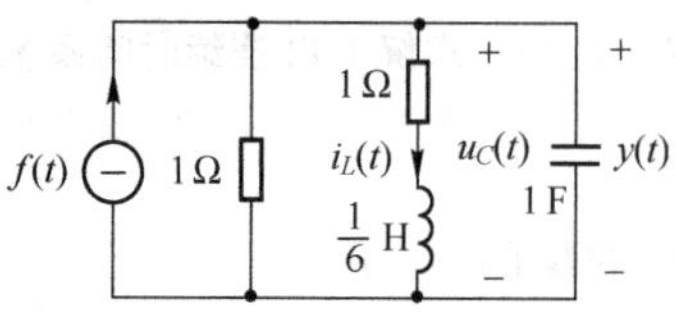

图 4.5.20　LTI 连续时间系统的时域模型

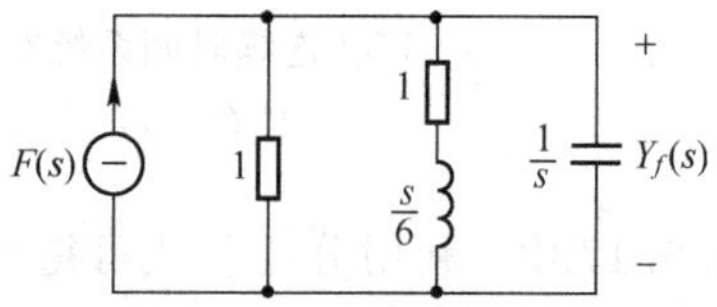

图 4.5.21　求解 LTI 连续时间系统零状态响应的 s 域模型

在图 4.5.21 中，利用总电流除以总复导纳可得系统零状态响应的象函数，即

$$Y_f(s)=\frac{F(s)}{1+s+\dfrac{1}{1+s/6}}=\frac{F(s)}{1+s+\dfrac{6}{s+6}}=\frac{s+6}{s^2+7s+12}F(s) \tag{4.5.27}$$

于是

$$H(s)=\frac{Y_f(s)}{F(s)}=\frac{s+6}{s^2+7s+12}=\frac{s+6}{(s+3)(s+4)},\ -3<\sigma\leqslant\infty \tag{4.5.28}$$

③ 求系统的单位冲激响应 $h(t)$

考虑到

$$H(s)=\frac{s+6}{(s+3)(s+4)}=\frac{3}{s+3}-\frac{2}{s+4},\ -3<\sigma\leqslant\infty$$

则有

$$h(t)=\text{ILT}[H(s)]=(3e^{-3t}-2e^{-4t})\varepsilon(t)\ \text{V}$$

(2) 求解 $t\geqslant-\infty$ 时的系统的零状态响应 $y_f(t)$

设 $f_1(t)=15e^{2t}\varepsilon(-t)$ A，$f_2(t)=15e^{-2t}\varepsilon(t)$ A，则有 $f(t)=15e^{-2|t|}=f_1(t)+f_2(t)$。

考虑到式(4.5.28)，则有

$$\begin{aligned}Y_f(s)&=F(s)H(s)=F_1(s)H(s)+F_2(s)H(s)\\&=\underbrace{\frac{15}{2-s}}_{-\infty\leqslant\sigma<2}\times\underbrace{\frac{s+6}{(s+3)(s+4)}}_{-3<\sigma\leqslant\infty}+\underbrace{\frac{15}{s+2}}_{-2<\sigma\leqslant\infty}\times\underbrace{\frac{s+6}{(s+3)(s+4)}}_{-3<\sigma\leqslant\infty}\\&=\underbrace{\frac{15(s+6)}{(2-s)(s+3)(s+4)}}_{-3<\sigma<2}+\underbrace{\frac{15(s+6)}{(s+2)(s+3)(s+4)}}_{-2<\sigma\leqslant\infty}\\&=\underbrace{\frac{4}{2-s}+\frac{9}{s+3}-\frac{5}{s+4}}_{-3<\sigma<2}+\underbrace{15\left(\frac{2}{s+2}-\frac{3}{s+3}+\frac{1}{s+4}\right)}_{-2<\sigma\leqslant\infty}\end{aligned}$$

于是，LTI 连续时间系统的零状态响应为

$$y_f(t)=\text{ILT}[Y_f(s)]=4e^{2t}\varepsilon(-t)+(9e^{-3t}-5e^{-4t})\varepsilon(t)+15(2e^{-2t}-3e^{-3t}+e^{-4t})\varepsilon(t)\ \text{V}$$

显然，LTI 连续时间系统的全响应为

$$y(t)=y_f(t)=4e^{2t}\varepsilon(-t)+(9e^{-3t}-5e^{-4t})\varepsilon(t)+15(2e^{-2t}-3e^{-3t}+e^{-4t})\varepsilon(t)\ \text{V} \tag{4.5.29}$$

讨论：

在系统的起始状态 $y(-\infty)=0$ V，$y'(-\infty)=0$ V/s 的条件下，由式(4.5.29)可知：

① 若 $f_1(t)=0$，则有

$$y(t)=y_{f2}(t)=15(2e^{-2t}-3e^{-3t}+e^{-4t})\varepsilon(t)\ \text{V} \tag{4.5.30}$$

② 若 $f_2(t)=0$，则有

$$y(t)=y_{f1}(t)=4e^{2t}\varepsilon(-t)+(9e^{-3t}-5e^{-4t})\varepsilon(t)\ \text{V} \tag{4.5.31}$$

③ 在 $t=0_-$ 时刻，反因果信号 $f_1(t)$ 为 LTI 连续时间系统提供的初始状态为

$$y(0_-)=y_{f1}(0_-)=4\ \text{V},\ y'(0_-)=y'_{f1}(0_-)=4\times2=8\ \text{V/s}$$

④ 在 $t=0_+$ 时刻，反因果信号 $f_1(t)$ 为 LTI 连续时间系统提供的初始条件为

$$y(0_+)=y_{f1}(0_+)=9-5=4\ \text{V},\ y'(0_+)=y'_{f1}(0_+)=-3\times9+5\times4=-7\ \text{V/s}$$

显然，存在 $y'(0_+)\neq y'(0_-)$ 的问题。

(3) 求 $t\geqslant0$ 时系统的零输入响应 $y_x(t)$、零状态响应 $y_f(t)$ 及全响应 $y(t)$。

方法 1　由题意，考虑到直接截取法，可得 LTI 连续时间系统的零输入响应，即

$$y_x(t)=\underset{t\geqslant 0}{\text{qbf}}\, y_{f1}(t)=9e^{-3t}-5e^{-4t}\ \text{V},\ t\geqslant 0$$

式中，符号$\underset{t\geqslant 0}{\text{qbf}}\, y_{f1}(t)$表示取出 $y_{f1}(t)$中 $t\geqslant 0$ 的部分。

显然，LTI 连续时间系统的零状态响应及全响应分别为

$$y_f(t)=y_{f2}(t)=15(2e^{-2t}-3e^{-3t}+e^{-4t})\varepsilon(t)\ \text{V}$$

$$y(t)=y_x(t)+y_f(t)=9e^{-3t}-5e^{-4t}+15(2e^{-2t}-3e^{-3t}+e^{-4t})\varepsilon(t)\ \text{V},\ t\geqslant 0$$

方法 2 ① 确定系统的初始状态

在图(4.5.20)中，考虑到 $u_C(t)=y(t)$，则有 $u_C(0_-)=y(0_-)=4$ V。

考虑到 $i_L(t)=f(t)-y(t)-y'(t)$，则有

$$i_L(0_-)=f(0_-)-y(0_-)-y'(0_-)=f_1(0_-)-y(0_-)-y'(0_-)=15-4-8=3\ \text{A}$$

② 画出 $t\geqslant 0$ 时 LTI 连续时间系统的 s 域模型

考虑到 LTI 连续时间系统的初始状态 $u_C(0_-)=4$ V，$i_L(0_-)=3$ A，由换路定则可得

$$u_C(0_+)=u_C(0_-)=4\ \text{V}$$

$$i_L(0_+)=i_L(0_-)=3\ \text{A}$$

于是，可画出 $t\geqslant 0$ 时 LTI 连续时间系统的 s 域模型，如图 4.5.22 所示。

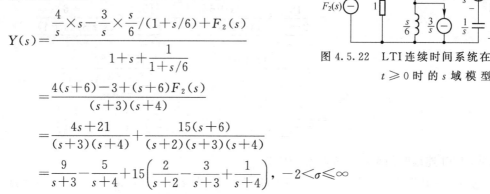

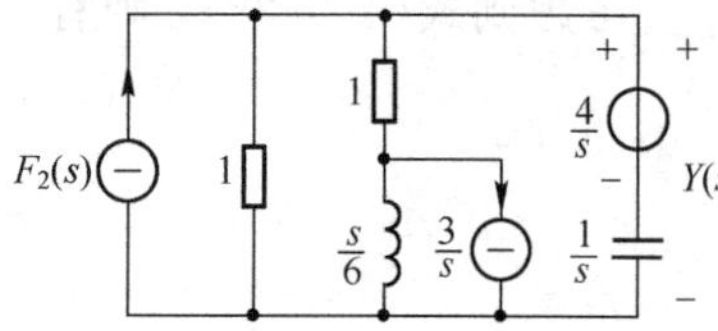

图 4.5.22 LTI 连续时间系统在 $t\geqslant 0$ 时的 s 域模型

在图 4.5.22 中，利用等效电源互换法，可得 LTI 连续时间系统全响应的象函数，即

$$Y(s)=\frac{\frac{4}{s}\times s-\frac{3}{s}\times\frac{s}{6}/(1+s/6)+F_2(s)}{1+s+\frac{1}{1+s/6}}$$

$$=\frac{4(s+6)-3+(s+6)F_2(s)}{(s+3)(s+4)}$$

$$=\frac{4s+21}{(s+3)(s+4)}+\frac{15(s+6)}{(s+2)(s+3)(s+4)}$$

$$=\frac{9}{s+3}-\frac{5}{s+4}+15\left(\frac{2}{s+2}-\frac{3}{s+3}+\frac{1}{s+4}\right),\ -2<\sigma\leqslant\infty$$

于是，LTI 连续时间系统的全响应、零输入响应及零状态响应分别为

$$y(t)=9e^{-3t}-5e^{-4t}+15(2e^{-2t}-3e^{-3t}+e^{-4t})\varepsilon(t)\ \text{V},\ t\geqslant 0$$

$$y_x(t)=9e^{-3t}-5e^{-4t}\ \text{V},\ t\geqslant 0$$

$$y_f(t)=15(2e^{-2t}-3e^{-3t}+e^{-4t})\varepsilon(t)\ \text{V}$$

方法 3 由式(4.5.27)可知，描述图 4.5.20 所示 LTI 连续时间系统响应 $y(t)$与激励 $f(t)$的关系的微分方程为

$$y''(t)+7y'(t)+12y(t)=f'(t)+6f(t),\ t\in(-\infty,+\infty) \tag{4.5.32}$$

对式(4.5.32)的等号两边分别取单边 LT，可得

$$s^2Y(s)-sy(0_-)-y'(0_-)+7[sY(s)-y(0_-)]+12Y(s)=sF(s)-f(0_-)+6F(s)$$

即

$$(s^2+7s+12)Y(s)=(s+7)y(0_-)+y'(0_-)-f_1(0_-)+(s+6)F_2(s)$$

亦即

$$Y(s)=\frac{(s+7)y(0_-)+y'(0_-)-f_1(0_-)}{(s+3)(s+4)}+\frac{s+6}{(s+3)(s+4)}F_2(s) \tag{4.5.33}$$

将 $y(0_-)=4$ V，$y'(0_-)=8$ V/s，$f_1(0_-)=15$ V 及 $F_2(s)=\dfrac{15}{s+2}$代入式(4.5.33)，可得

$$Y(s)=\frac{4s+21}{(s+3)(s+4)}+\frac{15(s+6)}{(s+2)(s+3)(s+4)}$$
$$=\frac{9}{s+3}-\frac{5}{s+4}+15(\frac{2}{s+2}-\frac{3}{s+3}+\frac{1}{(s+3)}),\ -2<\sigma\leqslant\infty$$

于是，LTI连续时间系统的全响应、零输入响应及零状态响应分别为

$$y(t)=9e^{-3t}-5e^{-4t}+15(2e^{-2t}-3e^{-3t}+e^{-4t})\varepsilon(t)\text{ V},\ t\geqslant0$$
$$y_x(t)=9e^{-3t}-5e^{-4t}\text{ V},\ t\geqslant0$$
$$y_f(t)=15(2e^{-2t}-3e^{-3t}+e^{-4t})\varepsilon(t)\text{ V}$$

方法4 (1) 首先求 $t\geqslant0$ 时LTI连续时间系统的零状态响应 $y_f(t)$

考虑到

$$Y_f(s)=H(s)F_2(s)=\frac{s+6}{(s+3)(s+4)}\times\frac{15}{s+2}=15\left(\frac{2}{s+2}-\frac{3}{s+3}+\frac{1}{s+4}\right),\ -2<\sigma\leqslant\infty$$

于是，LTI连续时间系统的零状态响应为

$$y_f(t)=15(2e^{-2t}-3e^{-3t}+e^{-4t})\varepsilon(t)\text{ V}$$

(2) 再求 $t\geqslant0$ 时LTI连续时间系统的零输入响应 $y_x(t)$

处理方式1

① 确定求解 $y_x(t)$ 的微分方程

由题意可知，求解 $y_x(t)$ 的微分方程为

$$y''(t)+7y'(t)+12y(t)=f_1'(t)+6f_1(t) \tag{4.5.34}$$

$y_x(t)$ 正是微分方程式(4.5.34)在区间 $t\in[0,+\infty)$ 上的解。

② 确定微分方程式(4.5.34)右边的 $\delta(t)$ 项对系统的贡献

考虑到 $f_1(t)$ 在 $t=0$ 时突然截断，并且式(4.5.34)右边存在 $f_1(t)$ 的导数项，因此式(4.5.34)右边必定存在 $\delta(t)$ 项，将 $f_1(t)=15e^{2t}\varepsilon(-t)$ A代入微分方程式(4.5.34)，可得

$$y''(t)+7y'(t)+12y(t)=[15e^{2t}\varepsilon(-t)]'+90e^{2t}\varepsilon(-t)=-15\delta(t)+120e^{2t}\varepsilon(-t) \tag{4.5.35}$$

当 $t\geqslant0$ 时，微分方程式(4.5.35)可写成

$$y''(t)+7y'(t)+12y(t)=-15\delta(t) \tag{4.5.36}$$

对式(4.5.36)的等号两边分别取单边LT，可得

$$s^2Y(s)-sy(0_-)-y'(0_-)+7[sY(s)-y(0_-)]+12Y(s)=-15$$

即

$$Y(s)=\frac{(s+7)y(0_-)+y'(0_-)-15}{(s+3)(s+4)} \tag{4.5.37}$$

将 $y(0_-)=4$ V，$y'(0_-)=8$ V/s代入式(4.5.37)可得

$$Y(s)=\frac{4s+21}{(s+3)(s+4)}=\frac{9}{s+3}-\frac{5}{s+4},\ -3<\sigma\leqslant\infty$$

于是，LTI连续时间系统的零输入响应为

$$y_x(t)=9e^{-3t}-5e^{-4t}\text{ V},\ t\geqslant0$$

处理方式2

① 确定求解 $y_x(t)$ 的微分方程

由处理方式1可知，$y_x(t)$ 正是微分方程

$$y''(t)+7y'(t)+12y(t)=-15\delta(t) \tag{4.5.38}$$

在给定初始状态 $y(0_-)=4$ V，$y'(0_-)=8$ V/s 的条件下，在区间 $t\in[0,+\infty)$ 上的解。

② 确定系统的初始条件 $y(0_+)$ 及 $y'(0_+)$

首先利用奇异函数平衡法确定跳变量，异函数平衡的过程如下：

$y''(t)$	+	$7y'(t)$	+	$12y(t)$	$=-15\delta(t)$
$-15\delta(t)$	→	$-15\times7\varepsilon(t)$	→	$15\times12t\varepsilon(t)$	[平衡微分方程两边的 $\delta(t)$ 项]
跳变量		-15		0	

再确定系统的初始条件 $y(0_+)$ 及 $y'(0_+)$，即

$$\begin{cases}y(0_+)=y(0_-)+\Delta y(0)=4+0=4\ \text{V}\\ y'(0_+)=y'(0_-)+\Delta' y(0)=8-15=-7\ \text{V/s}\end{cases}$$

可见，造成 $y'(0_+)\neq y'(0_-)$ 的原因是 $f_1(t)$ 在 $t=0$ 时突然截断，微分方程式(4.5.34)右边存在 $\delta(t)$ 项所致。

③ 确定 $t\geqslant0$ 时系统的零输入响应 $y_x(t)$ 的通解

由微分方程式(4.5.38)可知，可设 LTI 连续时间系统的零输入响应的通解为

$$y_x(t)=C_1\mathrm{e}^{-3t}+C_2\mathrm{e}^{-4t},\ t\geqslant0$$

于是

$$\begin{cases}y(0_+)=y_x(0_+)=C_1+C_2=4\\ y'(0_+)=y_x'(0_+)=-3C_1-4C_2=-7\end{cases},\ \text{解得}\ \begin{cases}C_1=9\\ C_2=-5\end{cases}$$

那么 LTI 连续时间系统的零输入响应为

$$y_x(t)=9\mathrm{e}^{-3t}-5\mathrm{e}^{-4t}\ \text{V},\ t\geqslant0$$

处理方式 3

① 确定系统的初始状态 $u_C(0_-)$ 及 $i_L(0_-)$

在图(4.5.20)中，考虑到 $u_C(t)=y(t)$，则有 $u_C(0_-)=y(0_-)=4$ V。

考虑到 $i_L(t)=f(t)-y(t)-y'(t)$，则有

$$i_L(0_-)=f(0_-)-y(0_-)-y'(0_-)=f_1(0_-)-y(0_-)-y'(0_-)=15-4-8=3\ \text{A}$$

② 确定 $u_C(0_+)$ 及 $i_L(0_+)$

由换路定则可得

$$u_C(0_+)=u_C(0_-)=4\ \text{V},\ i_L(0_+)=i_L(0_-)=3\ \text{A}$$

③ 画出 $t=0_+$ 时刻的等效模型

LTI 连续时间系统在 $t=0_+$ 时刻的等效模型如图 4.5.23 所示。

由图 4.5.23 可得

$$y(0_+)=u_C(0_+)=4\ \text{V}$$

$$y'(0_+)=\frac{i_C(0_+)}{C}=\frac{-3-4/1}{1}=-7\ \text{V/s}$$

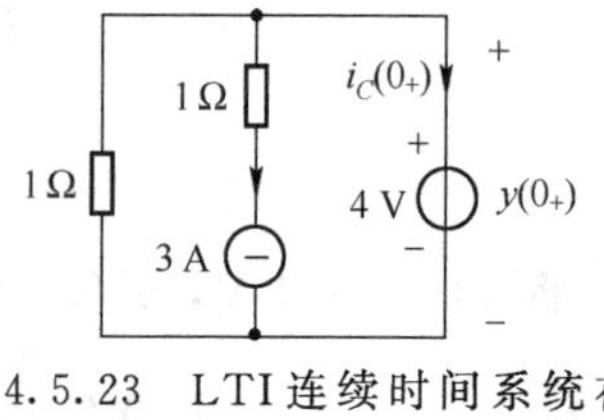

图 4.5.23　LTI 连续时间系统在 $t=0_+$ 时刻的等效模型

④ 确定 $t\geqslant0$ 时系统的零输入响应 $y_x(t)$

由微分方程式(4.5.38)可知，可设 LTI 连续时间系统的零输入响应的通解为

$$y_x(t)=C_1\mathrm{e}^{-3t}+C_2\mathrm{e}^{-4t},\ t\geqslant0$$

于是

$$\begin{cases}y(0_+)=y_x(0_+)=C_1+C_2=4\\ y'(0_+)=y_x'(0_+)=-3C_1-4C_2=-7\end{cases},\ \text{解得}\ \begin{cases}C_1=9\\ C_2=-5\end{cases}$$

那么 LTI 连续时间系统的零输入响应为

$$y_x(t)=9\mathrm{e}^{-3t}-5\mathrm{e}^{-4t}\ \text{V},\ t\geqslant0$$

于是，LTI 连续时间系统的全响应为

$$y(t)=y_x(t)+y_f(t)=9\mathrm{e}^{-3t}-5\mathrm{e}^{-4t}+15(2\mathrm{e}^{-2t}-3\mathrm{e}^{-3t}+\mathrm{e}^{-4t})\varepsilon(t)\ \mathrm{V},\ t\geqslant 0$$

通过此题的求解，再一次表明了 LTI 连续时间系统的复频域分析法优于时域分析法。

例 4.5.6：LTI 连续时间系统如图 4.5.24 所示。已知 $t<-1$ 时系统处于稳态，在 $t=-1$ 时刻，开关 S 从 1 转至 2。激励为 $f(t)=\mathrm{e}^{-(t-1)}\varepsilon(t-1)$ V，试求 $t\geqslant -1$ 时系统的全响应 $y(t)$。

解：(1) 确定系统的初始状态

考虑到 $t<-1$ 时 LTI 连续时间系统处于稳态，则电感元件和电容元件应该分别进行短路和开路处理，于是 LTI 连续时间系统在 $t=-1_-$ 时刻的等效模型如图 4.5.25 所示。

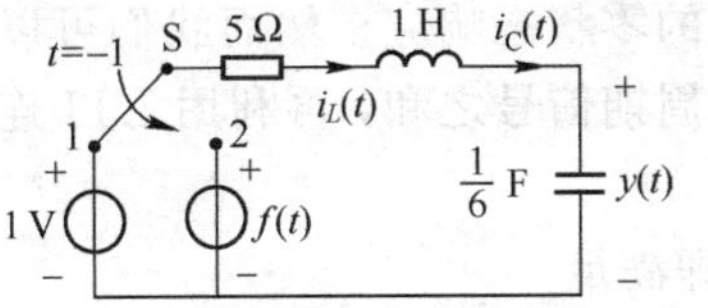

图 4.5.24　LTI 连续时间系统的时域模型

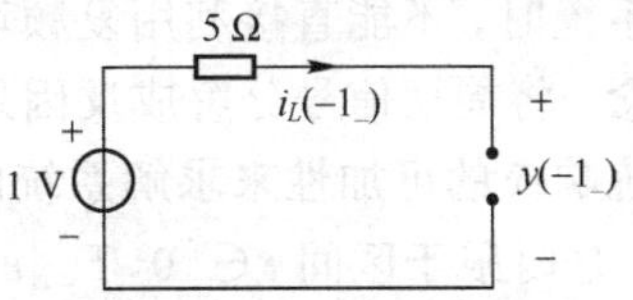

图 4.5.25　LTI 连续时间系统在 $t=-1_-$ 时刻的等效模型

由图 4.5.25 可得

$$y(-1_-)=1\ \mathrm{V},\ i_L(-1_-)=0\ \mathrm{A}$$

(2) 确定系统的全响应

考虑到 $i_C=C\dfrac{\mathrm{d}y(t)}{\mathrm{d}t}=\dfrac{1}{6}\dfrac{\mathrm{d}y(t)}{\mathrm{d}t}$，则以 $t=-1$ 作为时间起点的单边 LT 为

$$\begin{aligned}I_C(s)&=\int_{-1_-}^{+\infty}\left[\frac{1}{6}\frac{\mathrm{d}y(t)}{\mathrm{d}t}\right]\mathrm{e}^{-st}\mathrm{d}t=\frac{1}{6}\int_{-1_-}^{+\infty}\mathrm{e}^{-st}\mathrm{d}y(t)\\&=\frac{1}{6}\left[y(t)\mathrm{e}^{-st}\Big|_{-1_-}^{+\infty}+s\int_{-1_-}^{+\infty}y(t)\mathrm{e}^{-st}\mathrm{d}t\right]\\&=\frac{1}{6}[sY(s)-y(-1_-)\mathrm{e}^{s}]\end{aligned}$$

即

$$Y(s)=\frac{6}{s}I_C(s)+\frac{y(-1_-)\mathrm{e}^{s}}{s}=\frac{6}{s}I_C(s)+\frac{\mathrm{e}^{s}}{s}$$

于是，LTI 连续时间系统在 $t\geqslant -1$ 时的 s 域模型，如图 4.5.26 所示。

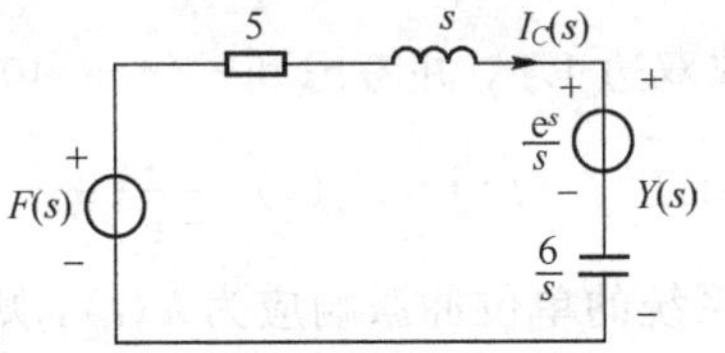

图 4.5.26　LTI 连续时间系统在 $t\geqslant -1$ 时的 s 域模型

在图 4.5.26 中，利用叠加原理，可以得到 LTI 连续时间系统全响应的象函数，即

$$\begin{aligned}Y(s)&=\frac{s+5}{s+5+6/s}\times\frac{\mathrm{e}^{s}}{s}+\frac{6/s}{s+5+6/s}F(s)\\&=\frac{(s+5)\mathrm{e}^{s}}{s^2+5s+6}+\frac{6}{s^2+5s+6}\times\frac{\mathrm{e}^{-s}}{s+1}\\&=\frac{(s+5)\mathrm{e}^{s}}{(s+2)(s+3)}+\frac{6\mathrm{e}^{-s}}{(s+1)(s+2)(s+3)}\\&=\left(\frac{3}{s+2}-\frac{2}{s+3}\right)\mathrm{e}^{s}+3\left(\frac{1}{s+1}-\frac{2}{s+2}+\frac{1}{s+3}\right)\mathrm{e}^{-s},\ -1<\sigma\leqslant\infty\end{aligned}$$

于是，LTI 连续时间系统的全响应为

$$y(t)=3e^{-2(t+1)}-2e^{-3(t+1)}+3(e^{-(t-1)}-2e^{-2(t-1)}+e^{-3(t-1)})\varepsilon(t-1)\ \mathrm{V},\ t\geqslant -1$$

其实，根据 LTI 连续时间系统的时不变性质，此题可先以 $t=0$ 作为时间起点，对 LTI 连续时间系统的零输入响应及零状态响应进行求解，再将求解的结果中的零输入响应及零状态响应分别左移和右移一个单位即可。

4.5.4 周期信号通过 LTI 连续时间稳定系统的间接复频域分析法

我们已经知道，连续时间周期信号的双边 LT 不存在。因此，当周期信号通过 LTI 连续时间因果稳定系统时，不能直接利用复频域分析法求解系统的零状态响应。然而我们可以利用信号分解的概念，将周期信号分解成反因果周期信号与因果周期信号之和，再利用 LTI 连续时间因果稳定系统响应的可加性来求解系统的零状态响应。

设 $f_0(t)$是时限于区间 $t\in[0,T_0]$的连续时间信号，即满足

$$f_0(t)=f_0(t)[\varepsilon(t)-\varepsilon(t-T_0)] \tag{4.5.39}$$

显然，连续时间时限信号 $f_0(t)$的双边 LT 的收敛域为有限全 s 平面，即

$$\mathrm{LT}[f_0(t)]=F_0(s),\ -\infty<\sigma\leqslant\infty \tag{4.5.40}$$

又设

$$f_1(t)=f_0(t)*\sum_{m=-\infty}^{-1}\delta(t-mT_0) \tag{4.5.41}$$

$$f_2(t)=f_0(t)*\sum_{m=0}^{+\infty}\delta(t-mT_0) \tag{4.5.42}$$

则周期为 T_0 的连续时间周期信号 $f_{T_0}(t)$可表示成

$$f_{T_0}(t)=f_1(t)+f_2(t) \tag{4.5.43}$$

式中，$f_1(t)$为反因果周期信号，$f_2(t)$为因果周期信号。

对式(4.5.41)的等号两边分别取双边 LT，并考虑到式(4.5.40)，则有

$$F_1(s)=\mathrm{LT}[f_1(t)]=F_0(s)\left(\frac{1}{1-e^{sT_0}}-1\right),\ |e^{sT_0}|<1 \tag{4.5.44}$$

式(4.5.44)又可以表示成

$$F_1(s)=\mathrm{LT}[f_1(t)]=F_0(s)\frac{-1}{1-e^{-sT_0}},\ -\infty\leqslant\sigma<0 \tag{4.5.45}$$

对式(4.5.42)的等号两边分别取双边 LT，并考虑到式(4.5.40)，则有

$$F_2(s)=\mathrm{LT}[f_2(t)]=F_0(s)\frac{1}{1-e^{-sT_0}},\ 0<\sigma\leqslant\infty \tag{4.5.46}$$

设 n 阶 LTI 连续时间因果系统的单位冲激响应为 $h(t)$，则系统转移函数 $H(s)$的收敛域为 s 平面右半开面，即

$$\mathrm{LT}[h(t)]=H(s),\ \alpha<\sigma\leqslant\infty \tag{4.5.47}$$

式中，$\alpha=\max\{\mathrm{Re}[\lambda_i]\}(i=1,2,\cdots,n)$。

由式(1.6.2)可知，一个 LTI 连续时间因果稳定系统应具备的时域充要条件是系统的单位冲激响应为一个满足绝对可积条件的因果信号，由 4.3 节介绍的计算象函数的 ILT 可知，必有 $\alpha<0$，因此保证了 $H(s)$与 $F_1(s)$存在公共的收敛域。

考虑到

$$y_f(t)=f_{T_0}(t)*h(t)=f_1(t)*h(t)+f_2(t)*h(t) \tag{4.5.48}$$

则有

$$Y_f(s)=\underbrace{F_1(s)H(s)}_{\alpha<\sigma<0}+\underbrace{F_2(s)H(s)}_{0<\sigma\leqslant\infty} \tag{4.5.49}$$

式(4.5.49)是基于将连续时间周期信号分解成反因果周期信号与因果周期信号之和，间接利用复频域分析法来求解连续时间周期信号通过 LTI 连续时间因果稳定系统时的零状态响应的依据。

例4.5.7：设零阶保持系统的单位冲激响应为 $h(t)=\varepsilon(t)-\varepsilon(t-1)$，激励为连续时间周期信号 $f_{T_0}(t)=f_0(t)*\sum\limits_{m=-\infty}^{+\infty}\delta(t-2m)$，其中 $f_0(t)=\varepsilon(t)-\varepsilon(t-1)$，试求零阶保持系统的零状态响应 $y_f(t)$。

解：方法 1　利用时域线性卷积法求解，即

$$\begin{aligned}y_f(t)&=f_{T_0}(t)*h(t)=[\varepsilon(t)-\varepsilon(t-1)]*[\varepsilon(t)-\varepsilon(t-1)]*\sum_{m=-\infty}^{+\infty}\delta(t-2m)\\&=t\varepsilon(t)*[\delta(t)-2\delta(t-1)+\delta(t-2)]*\sum_{m=-\infty}^{+\infty}\delta(t-2m)\end{aligned}\tag{4.5.50}$$

式(4.5.50)表明，零阶保持系统在连续时间周期方波信号作用下的零状态响应 $y_f(t)$是高度为 1、宽度为 2 且周期为 2 的周期性三角波信号。

方法 2　考虑到 $h(t)=\varepsilon(t)-\varepsilon(t-1)$，则有

$$\mathrm{LT}[h(t)]=H(s)=\frac{1-\mathrm{e}^{-s}}{s},\ -\infty<\sigma\leqslant\infty$$

考虑到 $f_0(t)=\varepsilon(t)-\varepsilon(t-1)$，则有

$$F_0(s)=\mathrm{LT}[f_0(t)]=\frac{1-\mathrm{e}^{-s}}{s},\ -\infty<\sigma\leqslant\infty$$

于是，由式(4.5.45)及式(4.5.46)，分别可得

$$F_1(s)=\mathrm{LT}[f_1(t)]=F_0(s)\frac{-1}{1-\mathrm{e}^{-sT_0}}=-\frac{1-\mathrm{e}^{-s}}{s(1-\mathrm{e}^{-2s})}=-\frac{1}{s(1+\mathrm{e}^{-s})},\ -\infty\leqslant\sigma<0$$

$$F_2(s)=\mathrm{LT}[f_2(t)]=F_0(s)\frac{1}{1-\mathrm{e}^{-sT_0}}=\frac{1-\mathrm{e}^{-s}}{s(1-\mathrm{e}^{-2s})}=\frac{1}{s(1+\mathrm{e}^{-s})},\ 0<\sigma\leqslant\infty$$

考虑到式(4.5.49)，则零阶保持系统零状态响应的象函数为

$$Y_f(s)=\underbrace{F_1(s)H(s)}_{\alpha<\sigma<0}+\underbrace{F_2(s)H(s)}_{0<\sigma\leqslant\infty}=-\underbrace{\frac{1-\mathrm{e}^{-s}}{s^2(1+\mathrm{e}^{-s})}}_{-\infty\leqslant\sigma<0}+\underbrace{\frac{1-\mathrm{e}^{-s}}{s^2(1+\mathrm{e}^{-s})}}_{0<\sigma\leqslant\infty}\tag{4.5.51}$$

显然，$s=0$ 是象函数 $Y_f(s)$的二阶极点。令 $1+\mathrm{e}^{-s}=0$，即 $\mathrm{e}^s=\mathrm{e}^{\mathrm{j}(2l-1)\pi}$（$l$ 为整数），可以得到象函数 $Y_f(s)$的一阶极点 $\lambda_l=\mathrm{j}(2l-1)\pi\ (l=0,\pm1,\pm2,\cdots)$。

式(4.5.51)中的最后两项分别都满足等效 Jordan 引理条件式(4.3.5)，因此对 $Y_f(s)$和这两项分别取 ILT，可得系统的零状态响应，即

$$\begin{aligned}y_f(t)&=-\mathrm{Res}\left[-\frac{1-\mathrm{e}^{-s}}{s^2(1+\mathrm{e}^{-s})}\mathrm{e}^{st}\right]\Bigg|_{s=0,\lambda_l}\varepsilon(-t)+\mathrm{Res}\left[\frac{1-\mathrm{e}^{-s}}{s^2(1+\mathrm{e}^{-s})}\mathrm{e}^{st}\right]\Bigg|_{s=0,\lambda_l}\varepsilon(t)\\&=\mathrm{Res}\left[\frac{1-\mathrm{e}^{-s}}{s^2(1+\mathrm{e}^{-s})}\mathrm{e}^{st}\right]\Bigg|_{s=0,\lambda_l}=\frac{\mathrm{d}}{\mathrm{d}s}\left(\frac{1-\mathrm{e}^{-s}}{1+\mathrm{e}^{-s}}\mathrm{e}^{st}\right)\Bigg|_{s=0}+\sum_{l=-\infty}^{+\infty}\left[\frac{1-\mathrm{e}^{-s}}{\frac{\mathrm{d}}{\mathrm{d}s}[s^2(1+\mathrm{e}^{-s})]}\mathrm{e}^{st}\right]\Bigg|_{s=\lambda_l}\\&=\left\{\left[\frac{2\mathrm{e}^{-s}}{(1+\mathrm{e}^{-s})^2}+t\frac{1-\mathrm{e}^{-s}}{1+\mathrm{e}^{-s}}\right]\mathrm{e}^{st}\right\}\Bigg|_{s=0}+\sum_{l=-\infty}^{+\infty}\left[\frac{1-\mathrm{e}^{-s}}{2s(1+\mathrm{e}^{-s})+s^2(-\mathrm{e}^{-s})}\mathrm{e}^{st}\right]\Bigg|_{s=\lambda_l=\mathrm{j}(2l-1)\pi}\\&=\frac{1}{2}-2\sum_{l=-\infty}^{+\infty}\frac{\mathrm{e}^{\mathrm{j}(2l-1)\pi t}}{[(2l-1)\pi]^2}\\&=\frac{1}{2}-4\sum_{n=1}^{+\infty}\frac{\cos[(2n-1)\pi t]}{[(2n-1)\pi]^2}\end{aligned}\tag{4.5.52}$$

式(4.5.52)正是式(4.5.50)表示的周期性三角波信号三角函数形式的傅里叶级数展开式。

例 4.5.8：设连续时间周期信号为 $f_{T_0}(t)=2\sin t$，一阶 LTI 连续时间因果稳定系统的单位

冲激响应为 $h(t)=e^{-t}\varepsilon(t)$，试求系统在连续时间周期信号作用下的零状态响应 $y_f(t)$。

解：考虑到 $\sin t\varepsilon(t)\longleftrightarrow\frac{1}{s^2+1}$，$0<\sigma\leqslant\infty$，则有

$$-\sin t\varepsilon(-t)\longleftrightarrow\frac{1}{s^2+1},\ -\infty\leqslant\sigma<0$$

考虑到 $\cos t\varepsilon(t)\longleftrightarrow\frac{s}{s^2+1}$，$0<\sigma\leqslant\infty$，则有

$$\cos t\varepsilon(-t)\longleftrightarrow\frac{-s}{s^2+1},\ -\infty\leqslant\sigma<0$$

考虑到一阶 LTI 连续时间因果稳定系统的单位冲激响应 $h(t)=e^{-t}\varepsilon(t)$，则有

$$H(s)=\mathrm{LT}[h(t)]=\frac{1}{s+1},\ -1<\sigma\leqslant\infty$$

考虑到 $y_f(t)=f(t)*h(t)=2\sin t*h(t)=2\sin t\varepsilon(-t)*h(t)+2\sin t\varepsilon(t)*h(t)$，则有

$$Y_f(s)=\underbrace{-\frac{2}{s^2+1}H(s)}_{-1<\sigma<0}+\underbrace{\frac{2}{s^2+1}H(s)}_{0<\sigma\leqslant\infty}=\underbrace{-\frac{2}{(s+1)(s^2+1)}}_{-1<\sigma<0}+\underbrace{\frac{2}{(s+1)(s^2+1)}}_{0<\sigma\leqslant\infty}$$

即

$$Y_f(s)=\underbrace{-\frac{1}{s+1}+\frac{s-1}{s^2+1}}_{-1<\sigma<0}+\underbrace{\frac{1}{s+1}-\frac{s-1}{s^2+1}}_{0<\sigma\leqslant\infty}$$

对上式的等号两边分别取 ILT，可得 LTI 连续时间因果稳定系统的零状态响应，即

$$y_f(t)=-e^{-t}\varepsilon(t)+(\sin t-\cos t)\varepsilon(-t)+e^{-t}\varepsilon(t)+(\sin t-\cos t)\varepsilon(t)=\sin t-\cos t$$

4.5.5　无时限复指数信号通过 LTI 连续时间系统的间接复频域分析法

我们已经知道，连续时间无时限复指数信号的双边 LT 不存在。因此，当连续时间无时限复指数信号通过 LTI 连续时间因果系统时，不能直接利用复频域分析法求解系统的零状态响应。然而我们可以利用信号分解的概念，将连续时间无时限复指数信号分解成反因果信号与因果信号之和，再利用 LTI 连续时间因果系统响应的可加性来求解系统的零状态响应。

例 4.5.9：设连续时间无时限复指数信号为 $f(t)=5e^{(1+j)t}$，一阶 LTI 连续时间因果系统的单位冲激响应为 $h(t)=e^{-t}\varepsilon(t)$，试求系统在连续时间无时限复指数信号作用下的零状态响应 $y_f(t)$。

解：由式(4.1.19)可知 $\mathrm{LT}[e^{\lambda t}\varepsilon(t)]=\frac{1}{s-\lambda}$，$\mathrm{Re}[\lambda]<\sigma\leqslant\infty$，于是

$$5e^{(1+j)t}\varepsilon(t)\longleftrightarrow\frac{5}{s-1-j},\ 1<\sigma\leqslant\infty$$

$$5e^{-(1+j)t}\varepsilon(t)\longleftrightarrow\frac{5}{s+1+j},\ -1<\sigma\leqslant\infty$$

考虑到双边 LT 的时域反褶性质式(4.2.7)，则有

$$5e^{(1+j)t}\varepsilon(-t)\longleftrightarrow\frac{5}{1+j-s},\ -\infty\leqslant\sigma<1$$

考虑到 $h(t)=e^{-t}\varepsilon(t)$，则有

$$H(s)=\mathrm{LT}[h(t)]=\frac{1}{s+1},\ -1<\sigma\leqslant\infty$$

考虑到 $y_f(t)=5e^{(1+j)t}*h(t)=5e^{(1+j)t}\varepsilon(-t)*h(t)+5e^{(1+j)t}\varepsilon(t)*h(t)$，则有

$$Y_f(s)=\underbrace{\frac{5}{1+j-s}H(s)}_{-1<\sigma<1}+\underbrace{\frac{5}{s-1-j}H(s)}_{1<\sigma\leqslant\infty}=\underbrace{\frac{5}{(s+1)(1+j-s)}}_{-1<\sigma<1}+\underbrace{\frac{5}{(s+1)(s-1-j)}}_{1<\sigma\leqslant\infty}$$

即

$$Y_f(s)=\underbrace{-\frac{j-2}{s+1}-\frac{2-j}{s-1-j}}_{-1<\sigma<1}+\underbrace{\frac{j-2}{s+1}+\frac{2-j}{s-1-j}}_{1<\sigma\leqslant\infty}$$

对上式的等号两边分别取 ILT，可得 LTI 连续时间因果系统的零状态响应，即

$$y_f(t)=(2-j)e^{-t}\varepsilon(t)+(2-j)e^{(1+j)t}\varepsilon(-t)+(j-2)e^{-t}\varepsilon(t)+(2-j)e^{(1+j)t}\varepsilon(t)=(2-j)e^{(1+j)t}$$

亦即

$$y_f(t)=f(t)*h(t)=5e^{(1+j)t}*e^{-t}\varepsilon(t)=(2-j)e^{(1+j)t}$$

显然

$$5e^t\cos t*e^{-t}\varepsilon(t)=\mathrm{Re}[y_f(t)]=e^t(2\cos t+\sin t)$$

$$5e^t\sin t*e^{-t}\varepsilon(t)=\mathrm{Im}[y_f(t)]=e^t(2\sin t-\cos t)$$

4.6　LTI 连续时间系统的零点和极点分析及稳定性判据

本节将首先介绍 LTI 连续时间系统的零点、极点及零极图的概念，然后讨论系统转移函数 $H(s)$的零极点分布与系统时域特性的关系，最后介绍系统的稳定性判据。

4.6.1　LTI 连续时间系统的零点和极点

由式(4.5.9)可知，一个 n 阶 LTI 连续时间系统的转移函数 $H(s)$的一般形式为

$$H(s)=\frac{N(s)}{D(s)}=\frac{b_ms^m+b_{m-1}s^{m-1}+\cdots+b_1s+b_0}{s^n+a_{n-1}s^{n-1}\cdots+a_1s+a_0}\tag{4.6.1}$$

式中，$a_i(i=0,1,2,\cdots,n-1)$和 $b_j(j=0,1,2,\cdots,m)$均为常数。

若对 LTI 连续时间系统转移函数 $H(s)$的分子多项式和分母多项式进行因式分解，则式(4.6.1)可写成

$$H(s)=\frac{b_m\prod_{l=1}^{m}(s-r_l)}{\prod_{i=1}^{n}(s-\lambda_i)},\ \max\{\mathrm{Re}[\lambda_i]\}<\sigma\leqslant\infty\tag{4.6.2}$$

显然，$\lim\limits_{s\to r_l}H(s)=0$，而$\lim\limits_{s\to\lambda_i}H(s)=\infty$，$r_l(l=1,2,\cdots,m)$和 $\lambda_i(i=1,2,\cdots,n)$分别称为 LTI 连续时间系统的零点和极点，并且它们完全由系统的结构和元件参数确定。

反之，由式(4.6.2)可以看出，只要已知 $r_l(l=1,2,\cdots,m)$、$\lambda_i(i=1,2,\cdots,n)$及常数因子 b_m，就可以完全确定 LTI 连续时间系统的转移函数 $H(s)$。

4.6.2　LTI 连续时间系统的零极图

若在 s(复)平面上，分别用“∘”和“×”表示 LTI 连续时间系统转移函数 $H(s)$的零点和极点，则可得系统的零极图。对于高阶零点和极点，可在图的相应位置标明阶数。

例 4.6.1： 已知一个六阶 LTI 连续时间系统的转移函数为 $H(s)=\dfrac{s^3(s-1)}{(s+2)^4(s^2+2s+2)}$，试画出系统的零极图。

解： 令 $D(s)=(s+2)^4(s^2+2s+2)=0$，得到 LTI 连续时间系统的四阶极点 $\lambda_1=-2$，以及一对共轭复极点 $\lambda_2=-1+j$，$\lambda_3=-1-j$；令$N(s)=s^3(s-1)=0$，得到 LTI 连续时间系统的三阶零点 $r_1=0$ 和一阶零点 $r_2=1$，于是 LTI 连续时间系统的零极图如图 4.6.1 所示。

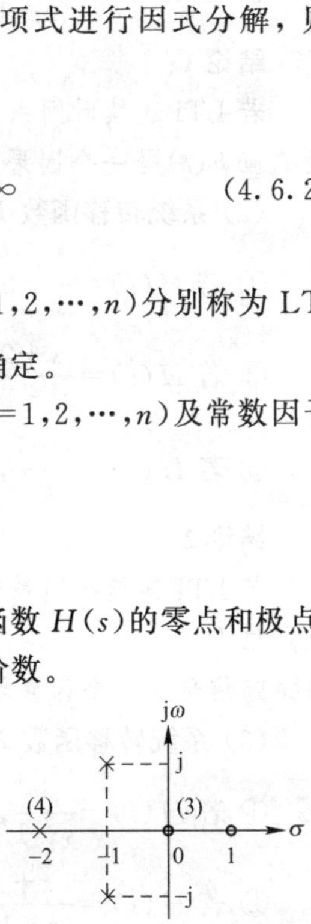

图 4.6.1　LTI 连续时间系统的零极图

4.6.3 LTI 连续时间系统的零极点分布与系统时域特性的关系

为了便于分析和讨论，设 n 阶 LTI 连续时间系统转移函数 $H(s)$ 的极点均为一阶极点，通过部分分式展开，则式(4.6.2)可以写成

$$H(s)=\frac{b_m\prod_{l=1}^{m}(s-r_l)}{\prod_{i=1}^{n}(s-\lambda_i)}=\sum_{i=1}^{n}\frac{C_i}{s-\lambda_i},\ \max\{\mathrm{Re}[\lambda_i]\}<\sigma\leqslant\infty \tag{4.6.3}$$

于是，n 阶 LTI 连续时间系统的单位冲激响应可表示成

$$h(t)=\sum_{i=1}^{n}C_i e^{\lambda_i t}\varepsilon(t) \tag{4.6.4}$$

式(4.6.4)表明，LTI 连续时间系统转移函数 $H(s)$ 的极点 $\lambda_i(i=1,2,\cdots,n)$ 确定了 $h(t)$ 中各项的模式 $e^{\lambda_i t}\varepsilon(t)$；LTI 连续时间系统转移函数 $H(s)$ 的零点、极点及常数因子 b_m 共同确定了 $h(t)$ 中各项的系数 $C_i(i=1,2,\cdots,n)$，即确定了 $h(t)$ 的具体表达式。

讨论：

(1) 系统转移函数 $H(s)$ 的极点位于 s 平面左半平面

① 若 $H(s)=\frac{1}{s+1}$，$-1<\sigma\leqslant\infty$，则 $h(t)=e^{-t}\varepsilon(t)$。

② 若 $H(s)=\frac{s+2}{(s+1)^2}$，$-1<\sigma\leqslant\infty$，则 $h(t)=(1+t)e^{-t}\varepsilon(t)$。

③ 若 $H(s)=\frac{s+3}{(s+1)^2+2^2}$，$-1<\sigma\leqslant\infty$，则 $h(t)=e^{-t}(\cos 2t+\sin 2t)\varepsilon(t)$。

结论 1：

若 LTI 连续时间系统转移函数 $H(s)$ 的所有极点均位于 s 平面左半平面，则系统的单位冲激响应 $h(t)$ 是一个因果衰减信号。

(2) 系统转移函数 $H(s)$ 的极点位于 s 平面的虚轴上

① 若 $H(s)=\frac{1}{s}$，$0<\sigma\leqslant\infty$，则 $h(t)=\varepsilon(t)$。

② 若 $H(s)=\frac{s+2}{s^2+2^2}$，$0<\sigma\leqslant\infty$，则 $h(t)=(\cos 2t+\sin 2t)\varepsilon(t)$。

③ 若 $H(s)=\frac{s+1}{s^2}$，$0<\sigma\leqslant\infty$，则 $h(t)=(1+t)\varepsilon(t)$。

结论 2：

若 LTI 连续时间系统转移函数 $H(s)$ 分别仅有一阶实极点、一对一阶共轭复极点及高阶实极点位于 s 平面的虚轴上，则系统的单位冲激响应 $h(t)$ 分别是一个因果等幅信号、一个因果等幅振荡信号及一个因果增长信号。

(3) 系统转移函数 $H(s)$ 的极点位于 s 平面右半平面

① 若 $H(s)=\frac{1}{s-1}$，$1<\sigma\leqslant\infty$，则 $h(t)=e^{t}\varepsilon(t)$。

② 若 $H(s)=\frac{s+2}{(s-1)^2}$，$1<\sigma\leqslant\infty$，则 $h(t)=(1+3t)e^{t}\varepsilon(t)$。

③ 若 $H(s)=\frac{s+3}{(s-1)^2+2^2}$，$1<\sigma\leqslant\infty$，则 $h(t)=e^{t}(\cos 2t+2\sin 2t)\varepsilon(t)$。

结论 3：

若 LTI 连续时间系统转移函数 $H(s)$的所有极点均位于 s 平面右半平面，则系统的单位冲激响应 $h(t)$是一个因果增长信号。

对于 n 阶 LTI 连续时间系统的转移函数 $H(s)$的极点，进行类似分析，可得下述结论。

结论 4：

若 n 阶 LTI 连续时间系统的转移函数 $H(s)$的所有极点均位于 s 平面左半平面，则 $h(t)$的模式是随时间衰减的因果信号；若所有极点均位于 s 平面右半平面，则 $h(t)$的模式是随时间增长的因果信号；若转移函数 $H(s)$仅有一阶实极点或一阶共轭复极点，并且位于 s 平面的虚轴上，则 $h(t)$的模式是因果等幅信号或因果等幅振荡信号。LTI 连续时间系统转移函数 $H(s)$的极点分布位置与单位冲激响应 $h(t)$的模式之间的对应关系如图 4.6.2 所示。

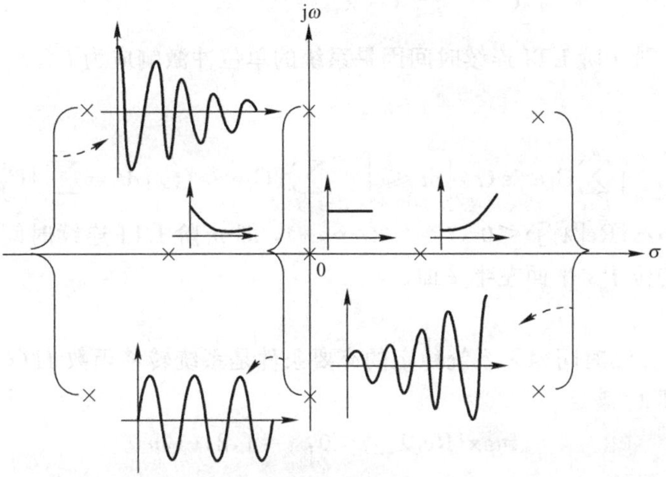

图 4.6.2　LTI 连续时间系统转移函数的极点分布位置与单位冲激响应的模式之间的对应关系

4.6.4　LTI 连续时间系统的稳定性及判据

下面首先来回顾连续时间系统稳定性时域判据的演变过程。

1. 连续时间系统稳定性的时域判据

连续时间系统稳定性最初是采用行为定义给出的，即所谓的 BIBO 稳定条件。

(1) BIBO 稳定条件

若连续时间系统对任意的有界激励，其响应都是有界的，则称连续时间系统为稳定系统。因此，对于一个连续时间稳定系统，若$|f(t)|\leqslant M<\infty$，则有$|y(t)|\leqslant N<\infty$。

(2) LTI 连续时间稳定系统应具备的时域充要条件

LTI 连续时间稳定系统应具备的时域充要条件是系统的单位冲激响应 $h(t)$满足绝对可积条件，即

$$\int_{-\infty}^{+\infty}|h(t)|\,\mathrm{d}t<\infty \tag{4.6.5}$$

(3) LTI 连续时间因果稳定系统应具备的时域充要条件

LTI 连续时间因果稳定系统应具备的时域充要条件是系统的单位冲激响应 $h(t)$为一个满足绝对可积条件的因果信号，即

$$\begin{cases} h(t)=h(t)\varepsilon(t) \\ \int_{-\infty}^{+\infty}|h(t)|\,\mathrm{d}t<\infty \end{cases} \tag{4.6.6}$$

2. LTI连续时间系统稳定性的复频域判据

基于LTI连续时间系统稳定性的时域判据，以及系统转移函数$H(s)$的极点分布位置与单位冲激响应$h(t)$的模式之间的对应关系，下面给出LTI连续时间系统稳定性的复频域判据。

判据1：

若一个n阶LTI连续时间因果系统转移函数$H(s)$的收敛域为$\alpha<\sigma\leqslant\infty$，则该系统稳定的充要条件是$\alpha<0$。

证明：基于4.6.3节的分析和讨论以及式(4.6.6)可知，判据1的充分性是显然的，因此仅证明必要性。

考虑到式(4.6.2)，则一个n阶LTI连续时间因果系统的转移函数$H(s)$可写成

$$H(s)=\frac{N(s)}{D(s)}=\sum_{i=1}^{n}\frac{C_i}{s-\lambda_i},\ \max\{\mathrm{Re}[\lambda_i]\}<\sigma\leqslant\infty \tag{4.6.7}$$

考虑到式(4.6.7)，则n阶LTI连续时间因果系统的单位冲激响应为$h(t)=\sum\limits_{i=1}^{n}C_i\mathrm{e}^{\lambda_i t}\varepsilon(t)$。

为使

$$\int_{-\infty}^{+\infty}|h(t)|\mathrm{d}t=\int_{-\infty}^{+\infty}\left|\sum_{i=1}^{n}C_i\mathrm{e}^{\lambda_i t}\varepsilon(t)\right|\mathrm{d}t\leqslant\int_{-\infty}^{+\infty}\sum_{i=1}^{n}|C_i\mathrm{e}^{\lambda_i t}\varepsilon(t)|\mathrm{d}t=\sum_{i=1}^{n}|C_i|\int_{0_-}^{+\infty}\mathrm{e}^{\lambda_i t}\mathrm{d}t<\infty$$

成立，则必有$\alpha=\max\{\mathrm{Re}[\lambda_i]\}<0\ (i=1,2,\cdots,n)$，即$n$阶LTI连续时间因果系统转移函数$H(s)$的$n$个极点均位于$s$平面左半平面。

判据2：

一个n阶LTI连续时间因果系统稳定的充要条件是系统转移函数$H(s)$的所有极点均位于s平面左半平面，即λ_i满足

$$\max\{\mathrm{Re}[\lambda_i]\}<0,\ i=1,2,\cdots,n \tag{4.6.8}$$

推论1：

由判据1，并考虑到双边LT的时域反褶性质式(4.2.7)，可以推出：若一个n阶LTI连续时间反因果系统转移函数$H(s)$的收敛域为$-\infty\leqslant\sigma<\beta$，则该系统稳定的充要条件是$0<\beta$。

推论2：

由判据1和推论1可知，若一个n阶LTI连续时间非因果系统转移函数$H(s)$的收敛域为$\alpha<\sigma<\beta$，则该系统稳定的充要条件是$\alpha<0<\beta$。

推论3：

对于一个稳定的LTI连续时间系统，无论是因果系统、反因果系统，还是非因果系统，其转移函数$H(s)$在s平面的虚轴上均无极点分布，即系统的转移函数$H(s)$的收敛域应包含s平面的虚轴($\sigma=0$)。

通常，可以将n阶LTI连续时间因果系统的稳定性情况分为三种类型：满足条件$\max\{\mathrm{Re}[\lambda_i]\}<0(i=1,2,\cdots,n)$的LTI连续时间系统是稳定系统；若$n$阶LTI连续时间系统的转移函数$H(s)$至少有一个一阶极点位于$s$平面的虚轴上，其余极点均位于$s$平面左半平面，则称这类系统为临界稳定系统，其单位冲激响应$h(t)$中除包含绝对可积项外，还有$\varepsilon(t)$、$\sin\omega_0 t\varepsilon(t)$和$\cos\omega_0 t\varepsilon(t)$等项；若$H(s)$至少有一个极点位于$s$平面右半平面，或者在虚轴上有高阶极点，则称这类系统为不稳定系统。

例4.6.2：已知LTI连续时间因果系统的转移函数$H(s)=\dfrac{s+6}{(s+2)[(s+1)^2+9]}$，$-1<\sigma\leqslant\infty$，试判断该系统是否为稳定系统。

解：令$D(s)=(s+2)[(s+1)^2+9]=0$，可得LTI连续时间系统转移函数$H(s)$的极点

$\lambda_1=-2$，$\lambda_2=-1+\mathrm{j}3$，$\lambda_3=-1-\mathrm{j}3$。由于 $\max\{\mathrm{Re}[\lambda_i]\}=-1<0(i=1,2,3)$，即 LTI 连续时间因果系统转移函数 $H(s)$ 的所有极点均位于 s 平面左半平面，因此该系统是稳定系统。

显然，判断 LTI 连续时间因果系统的稳定性，需要对系统的特征多项式 $D(s)$ 进行因式分解，以便确定系统的特征根或系统的极点，再根据极点的分布情况对 LTI 连续时间系统的稳定性进行判断。寻找系统转移函数 $H(s)$ 的极点，对高阶系统来说有时是非常困难的，但是 Routh-Hurwitz(R-H)准则给出了一种无须寻找 $H(s)$ 的极点就能直接判断 LTI 连续时间系统是否稳定的方法。

3. 罗斯-霍尔维茨(R-H)准则

(1) LTI 连续时间系统稳定的必要条件是转移函数 $H(s)=N(s)/D(s)$ 中，$D(s)$ 不缺项且各项系数均为正实数，或负实数。

我们已经知道，若一个 n 阶 LTI 连续时间因果系统是稳定系统，则 $D(s)=0$ 的根均位于 s 平面左半平面，即 $\max\{\mathrm{Re}[\lambda_i]\}<0(i=1,2,\cdots,n)$，对于一个实系数的多项式 $D(s)$ 而言，$D(s)=0$ 的根，只能有下述两种类型：

① $s=\lambda_i$（λ_i 为负实数，即 $\lambda_i<0$）

② $s=\alpha_i\pm \mathrm{j}\beta_i$（$\alpha_i$ 和 β_i 分别为负实数和正实数，即 $\alpha_i<0$，$\beta_i>0$）

于是

$$D(s)=k\prod_{i=1}^{n_1}[(s-\alpha_i)^2+\beta_i^2]\prod_{i=1}^{n-2n_1}(s-\lambda_i)=a_ns^n+a_{n-1}s^{n-1}+\cdots+a_1s+a_0$$

可见，若 k 为正，则 $a_i(i=0,1,2,\cdots,n)$ 均为正实数；若 k 为负，则 $a_i(i=0,1,2,\cdots,n)$ 均为负实数。

显然，满足必要条件的一阶或二阶 LTI 连续时间因果系统一定是稳定系统；不满足必要条件的 LTI 连续时间因果系统一定是不稳定系统。

(2) LTI 连续时间因果系统稳定的充要条件是 $D(s)$ 的偶次项之和 $D_e(s)$ 与奇次项之和 $D_o(s)$ 辗转相除[或 $D_o(s)$ 与 $D_e(s)$ 辗转相除]，所得商的系数均为正值，即

$$\frac{D_e(s)}{D_o(s)}=q_1s+\cfrac{1}{q_2s+\cfrac{1}{q_3s+\cfrac{1}{\ddots+\cfrac{1}{q_ns}}}}$$

式中，$q_i>0(i=1,2,\cdots,n)$。

上述 LTI 连续时间因果稳定系统的充要条件可通过无源网络的阻抗函数性质间接得到证实。

设 $Z(s)=\dfrac{D_e(s)}{D_o(s)}$，则 $Z(s)$ 为图 4.6.3 所示的纯电抗二端网络的复阻抗。将该网络的输入阻抗 $Z(s)$ 与 1Ω 的电阻串联得 $Z_1(s)$，即

$$Z_1(s)=1+Z(s)=1+\frac{D_e(s)}{D_0(s)}=\frac{D(s)}{D_0(s)}$$

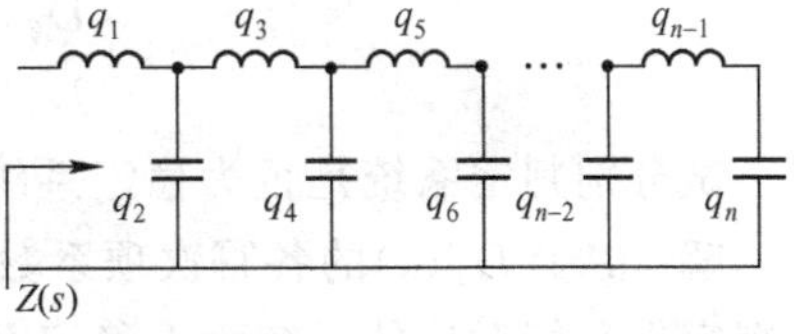

图 4.6.3　纯电抗二端网络

考虑到 $Z_1(s)$ 是一个无源网络的阻抗函数，它具有一条重要的性质：$Z_1(s)$ 的所有零点，即 $D(s)=0$ 的根 $\lambda_i(i=1,2,\cdots,n)$，一定位于 s 平面左半闭面，故有 $\mathrm{Re}[\lambda_i]\leqslant 0(i=1,2,\cdots,n)$。现已知 $Z_1(s)$ 中有 1 Ω 的电阻，因此 $Z_1(\mathrm{j}\omega)$ 不可能为零，即 $\mathrm{Re}[\lambda_i](i=1,2,\cdots,n)$ 不能为零，那么 $\mathrm{Re}[\lambda_i]<0(i=1,2,\cdots,n)$。于是，LTI 连续时间因果系统是稳定系统。

4. 罗斯-霍尔维茨(R-H)准则阵列形式

R-H 准则中的充要条件要求的辗转相除仍然是十分烦琐的，通常充要条件的判定是通过

R-H 阵列来实现的。R-H 准则的阵列形式使用起来较为方便，它是上述辗转相除求 q_i 方法的一种变形。其具体做法如下。

(1) 先将 $D(s)=a_n s^n+a_{n-1}s^{n-1}+\cdots+a_1 s+a_0$ 各幂次的系数排成如下两行：

$$
\begin{array}{c|ccccc}
s^n & a_n & a_{n-2} & a_{n-4} & \cdots & a_1 \\
s^{n-1} & a_{n-1} & a_{n-3} & a_{n-5} & \cdots & a_0
\end{array}
$$

(2) 然后计算如下 R-H 阵列：

$$
\begin{array}{c|ccccc}
s^n & a_n & a_{n-2} & a_{n-4} & \cdots & a_1 \\
s^{n-1} & a_{n-1} & a_{n-3} & a_{n-5} & \cdots & a_0 \\
s^{n-2} & b_1 & b_2 & b_3 & \cdots & \\
s^{n-3} & c_1 & c_2 & c_3 & \cdots & \\
s^{n-4} & d_1 & d_2 & d_3 & \cdots & \\
\vdots & \vdots & \vdots & \vdots & &
\end{array}
$$

式中

$$
b_1=\frac{\begin{vmatrix} a_n & a_{n-2} \\ a_{n-1} & a_{n-3} \end{vmatrix}}{-a_{n-1}} \quad b_2=\frac{\begin{vmatrix} a_n & a_{n-4} \\ a_{n-1} & a_{n-5} \end{vmatrix}}{-a_{n-1}} \quad b_3=\frac{\begin{vmatrix} a_n & a_{n-6} \\ a_{n-1} & a_{n-7} \end{vmatrix}}{-a_{n-1}} \quad \cdots
$$

$$
c_1=\frac{\begin{vmatrix} a_{n-1} & a_{n-3} \\ b_1 & b_2 \end{vmatrix}}{-b_1} \quad c_2=\frac{\begin{vmatrix} a_{n-1} & a_{n-5} \\ b_1 & b_3 \end{vmatrix}}{-b_1} \quad c_3=\frac{\begin{vmatrix} a_{n-1} & a_{n-7} \\ b_1 & b_4 \end{vmatrix}}{-b_1} \quad \cdots
$$

$$
d_1=\frac{\begin{vmatrix} b_1 & b_2 \\ c_1 & c_2 \end{vmatrix}}{-c_1} \quad d_2=\frac{\begin{vmatrix} b_1 & b_3 \\ c_1 & c_3 \end{vmatrix}}{-c_1} \quad d_3=\frac{\begin{vmatrix} b_1 & b_4 \\ c_1 & c_4 \end{vmatrix}}{-c_1} \quad \cdots
$$

$$\vdots$$

以此类推，一直计算到最后一行元素全部为零时为止。

若 R-H 阵列中第 1 列元素的符号完全相同，则 LTI 连续时间因果系统是稳定系统；否则系统是不稳定系统。若第 1 列元素有正有负，则相邻两个元素符号改变的总次数，等于 $D(s)=0$ 的根位于 s 平面右半平面的数目。

例 4.6.3：已知三个 LTI 连续时间因果系统转移函数的分母多项式分别为

$$D_1(s)=s^5+s^4-s^3+s^2+s+1$$

$$D_2(s)=s^5+2s^4+s^2+s+2$$

$$D_3(s)=2s^4+s^3+12s^2+8s+2$$

试分别判定系统是否为稳定系统？

解：由于 $D_1(s)$的各幂次项系数有正有负，$D_2(s)$中 s^3 的系数为零，由 R-H 准则的必要条件判定出它们对应的系统为不稳定系统。$D_3(s)$的各次幂项系数均为正数，对应的系统可能稳定，也可能不稳定，需要列写 R-H 阵列进一步判定。

R-H 阵列为

$$
\begin{array}{c|ccc}
s^4 & 2 & 12 & 2 \\
s^3 & 1 & 8 & 0 \\
s^2 & -4 & 2 & 0 \\
s^1 & 8.5 & 0 & \\
s^0 & 2 & 0 &
\end{array}
$$

由于 R-H 阵列中的第 1 列元素有正有负，因此 $D_3(s)$对应的系统为不稳定系统。由于第 1 列元素两次改变符号($1\rightarrow -4$，$-4\rightarrow 8.5$)，因此系统有两个极点位于 s 平面右半平面。

例 4.6.4：已知 $D(s)=(s-1)(s+2)(s-3)$，试列写出 R-H 阵列，并间接检查 R-H 准则的正确性。

解：考虑到 $D(s)=(s-1)(s+2)(s-3)=(s^2+s-2)(s-3)=s^3-2s^2-5s+6$，则 R-H 阵列为

$$\begin{array}{c|cc}
s^3 & 1 & -5 \\
s^2 & -2 & 6 \\
s^1 & \dfrac{\begin{vmatrix}1 & -5\\ -2 & 6\end{vmatrix}}{2}=-2 & 0 \\
s^0 & \dfrac{\begin{vmatrix}-2 & 6\\ -2 & 0\end{vmatrix}}{2}=6 & 0
\end{array}$$

可见，R-H 阵列中的第 1 列元素为 1，-2，-2，6。元素的符号，由正到负，再由负到正，元素的符号总共改变两次，因此 $D(s)=0$ 有两个根位于 s 平面右半平面。此结论从题目所给的条件得到了证实。

4.6.5　R-H 准则

虽然前面介绍了 R-H 准则，但是还遗留了一些问题。例如，在 R-H 阵列中，某一行的首元素为 0 时，如何完成 R-H 阵列的计算？某一行的元素全部为 0 时，这是由什么原因造成的？又该如何完成 R-H 阵列的计算？接下来先证明 R-H 准则，再解决一些遗留的问题。

设 n 次多项式 $D(s)$为

$$D(s)=a_n s^n+a_{n-1}s^{n-1}+\cdots+a_1 s+a_0=a_n\prod_{i=1}^{n}(s-\lambda_i) \tag{4.6.9}$$

考虑到式(4.6.9)，则有

$$D(-s)=a_n\prod_{i=1}^{n}(-s-\lambda_i) \tag{4.6.10}$$

式(4.6.10)表明，$D(-s)=0$ 的根与 $D(s)=0$ 的根在 s 平面上关于虚轴互为镜像关系。

为了分析和讨论问题方便起见，将 $D(s)$和 $D(-s)$的比定义为 $W(s)$，即

$$W(s)=\frac{D(s)}{D(-s)} \tag{4.6.11}$$

如果将 $D(s)=0$ 的根均位于 s 平面左半平面的多项式 $D(s)$称为**霍尔维茨多项式**，那么可得到引理Ⅰ。

引理Ⅰ：

$D(s)$为霍尔维茨多项式的充要条件是

$$|W(s)|\begin{cases}<1, & \sigma<0\\ =1, & \sigma=0\\ >1, & \sigma>0\end{cases} \tag{4.6.12}$$

证明：首先证明充分性：若 $D(s)$是霍尔维茨多项式，则式(4.6.12)成立。

考虑到式(4.6.9)及式(4.6.10)，则式(4.6.11)可写成

$$W(s)=\prod_{i=1}^{n}\frac{s-\lambda_i}{-s-\lambda_i}=\prod_{i=1}^{n}W_i(s) \tag{4.6.13}$$

式中，$W_i(s)=\dfrac{s-\lambda_i}{-s-\lambda_i}$。

若λ_i与λ_{i+1}是$D(s)=0$的一对共轭复根，则$W_i(s)$与$W_{i+1}(s)$之积可表示成

$$W_i(s)W_{i+1}(s)=\frac{(s-\lambda_i)(s-\lambda_{i+1})}{(-s-\lambda_{i+1})(-s-\lambda_i)}=\frac{(s-\lambda_i)(s-\lambda_{i+1})}{(-s-\lambda_i^*)(-s-\lambda_{i+1}^*)} \tag{4.6.14}$$

考虑到式(4.6.14)，则$W_i(s)$可表示成

$$W_i(s)=\frac{s-\lambda_i}{-s-\lambda_i^*} \tag{4.6.15}$$

设$\lambda_i=\alpha_i+\mathrm{j}\beta_i$，如遇实根，则取$\beta_i=0$，考虑到$s=\sigma+\mathrm{j}\omega$，由式(4.6.15)可得

$$|W_i(s)|^2=\frac{(\sigma-\alpha_i)^2+(\omega-\beta_i)^2}{(\sigma+\alpha_i)^2+(\omega-\beta_i)^2} \tag{4.6.16}$$

由于$D(s)$是霍尔维茨多项式，即$\alpha_i=\mathrm{Re}[\lambda_i]<0(i=1,2,\cdots,n)$，则有

$$|W_i(s)|\begin{cases}<1,\ \sigma<0\\=1,\ \sigma=0\\>1,\ \sigma>0\end{cases} \tag{4.6.17}$$

考虑到式(4.6.17)，由式(4.6.13)可得

$$|W(s)|=\prod_{i=1}^{n}|W_i(s)|\begin{cases}<1,\ \sigma<0\\=1,\ \sigma=0\\>1,\ \sigma>0\end{cases}$$

分析表明，$D(s)$是霍尔维茨多项式，式(4.6.12)成立。

再证明必要性：若满足式(4.6.12)，则$D(s)$是霍尔维茨多项式。

我们采用反证法来证明。

不妨设$D(s)$不是霍尔维茨多项式，那么$D(s)=0$在s平面右半平面内有根，由式(4.6.10)可知，$D(-s)=0$在s平面左半平面内有根，由式(4.6.11)可知，$W(s)$在s平面左半平面($\sigma<0$)内必有极点，在极点的邻域内，$|W(s)|>1$，这与式(4.6.12)相矛盾，因此式(4.6.12)是$D(s)$为霍尔维茨多项式的充要条件。

再将$D_e(s)$和$D_o(s)$之比定义为$Q(s)$，即

$$Q(s)=\frac{D_e(s)}{D_o(s)}=\frac{D(s)+D(-s)}{D(s)-D(-s)} \tag{4.6.18}$$

由于$Q(s)$是偶次项之和$D_e(s)$与奇次项之和$D_o(s)$之比，因此$Q(s)$的分子和分母最高次幂相差1。当n为偶数时，$s=0$和$s=\infty$均为$Q(s)$的一阶极点；当n为奇数时，$s=0$和$s=\infty$分别为$Q(s)$的一阶极点和一阶零点。令$s=\mathrm{j}\omega$，无论n为偶数还是奇数，$Q(\mathrm{j}\omega)$都是ω的虚奇函数。

考虑到式(4.6.11)，则式(4.6.18)可表示成

$$Q(s)=\frac{D_e(s)}{D_o(s)}=\frac{D(s)+D(-s)}{D(s)-D(-s)}=\frac{W(s)+1}{W(s)-1} \tag{4.6.19}$$

引理Ⅱ：

$D(s)$为霍尔维茨多项式的充要条件是

$$\mathrm{Re}[Q(s)]\begin{cases}<0,\ \sigma<0\\=0,\ \sigma=0\\>0,\ \sigma>0\end{cases} \tag{4.6.20}$$

证明：首先证明充分性：若$D(s)$是霍尔维茨多项式，则式(4.6.20)成立。

将 $W(s)$ 用极坐标表示，即

$$W(s)=|W(s)|e^{j\theta(s)}=|W(s)|\cos\theta(s)+j|W(s)|\sin\theta(s) \tag{4.6.21}$$

考虑到式(4.6.21)，由式(4.6.19)可得

$$\begin{aligned}\mathrm{Re}[Q(s)]&=\mathrm{Re}\left[\frac{W(s)+1}{W(s)-1}\right]=\mathrm{Re}\left\{\frac{[W(s)+1][W^*(s)-1]}{[W(s)-1][W^*(s)-1]}\right\}\\&=\mathrm{Re}\left\{\frac{|W(s)|^2-W(s)+W^*(s)-1}{|W(s)|^2-W(s)-W^*(s)+1}\right\}\\&=\frac{|W(s)|^2-1}{|W(s)|^2-2|W(s)|\cos\theta(s)+1}\\&=\frac{|W(s)|^2-1}{[|W(s)|\cos\theta(s)-1]^2+|W(s)|^2\sin^2\theta(s)}\end{aligned} \tag{4.6.22}$$

考虑到式(4.6.12)，由式(4.6.22)可得

$$\mathrm{Re}[Q(s)]\begin{cases}<0,\ \sigma<0\\=0,\ \sigma=0\\>0,\ \sigma>0\end{cases}$$

因此，$D(s)$ 是霍尔维茨多项式，式(4.6.20)成立。

再证明必要性：若满足式(4.6.20)，则 $D(s)$ 是霍尔维茨多项式。

我们采用反证法来证明。

不妨设 $D(s)$ 不是霍尔维茨多项式，那么 $D(s)=0$ 在 s 平面右半平面内有根，由式(4.6.10)可知，$D(-s)=0$ 在 s 平面左半平面内有根，由式(4.6.11)可知，$W(s)$ 在 s 平面左半平面($\sigma<0$)内必有极点，在极点的邻域内，$|W(s)|>1$，由式(4.6.22)可知，$\mathrm{Re}[Q(s)]>0$，这与式(4.6.20)相矛盾，因此式(4.6.20)是 $D(s)$ 为霍尔维茨多项式的充要条件。

引理Ⅲ：

$D(s)$ 为霍尔维茨多项式的充要条件是 $Q(s)$ 仅在 s 平面的 $j\omega$ 轴上有一阶极点，并且有实的正留数。

证明：

首先证明充分性：若 $D(s)$ 是霍尔维茨多项式，则 $Q(s)$ 仅在 s 平面的 $j\omega$ 轴上有一阶极点，并且有实的正留数。

设 $Q(s)$ 在 $s=s_0$ 处有 m 阶极点，则在 s_0 的邻域内，可用下式任意地逼近 $Q(s)$，即

$$Q(s)=\frac{ke^{j\theta}}{(s-s_0)^m} \tag{4.6.23}$$

式中，$k>0$，θ 为实数，m 为正整数。

又设 $s-s_0=\rho e^{j\varphi}(0\leqslant\varphi\leqslant 2\pi)$，则有

$$\mathrm{Re}[Q(s)]=k\rho^{-m}\cos(\theta-m\varphi) \tag{4.6.24}$$

由式(4.6.24)可知，在以 s_0 为圆心，ρ 为半径的圆周上，$\mathrm{Re}[Q(s)]$ 的符号随着 $m\varphi$ 的变化而变化。由式(4.6.20)可知，如果 $D(s)$ 是霍尔维茨多项式，则在 s 平面左半平面内或右半平面内，$\mathrm{Re}[Q(s)]$ 的符号是不变的。因此，$Q(s)$ 的极点 s_0 不能位于 s 平面左半平面内或右半平面内，只能位于 s 平面的 $j\omega$ 轴上。

$Q(s)$ 在 $j\omega$ 轴上的极点 s_0 是否允许为多重极点？这是我们要解决的一个问题。考虑到在以 s_0 为圆心，ρ 为半径的圆周上，$-\pi/2<\varphi<\pi/2$ 与 $\sigma>0$ 等价，$\pi/2<\varphi<3\pi/2$ 与 $\sigma<0$ 等价，则式(4.6.20)可写成

$$\text{Re}[Q(s)]\begin{cases}<0,\ \pi/2<\varphi<3\pi/2\\ >0,\ -\pi/2<\varphi<\pi/2\end{cases} \tag{4.6.25}$$

在式(4.6.24)中，若 $m>1$，即取 m 是大于 1 的整数，则 $\text{Re}[Q(s)]$在以 s_0 为圆心，ρ 为半径的圆周上，将至少变四次符号，这与式(4.6.25)相违背。因此，在 $\text{j}\omega$ 轴上不允许 $Q(s)$有多重极点。若 $m=1$，则满足式(4.6.25)的 θ 的唯一允许值为

$$\theta=0 \tag{4.6.26}$$

由式(4.6.23)可知，由于 s_0 是 $Q(s)$在虚轴上的一阶极点，则 $k\text{e}^{\text{j}\theta}$是它的留数。这样就证明了 $D(s)$为霍尔维茨多项式，则 $Q(s)$仅在 s 平面的 $\text{j}\omega$ 轴上有一阶极点，并且有实的正留数。

再证明必要性：若 $Q(s)$仅在 s 平面的 $\text{j}\omega$ 轴上有实的正留数的一阶极点，则 $D(s)$是霍尔维茨多项式。

假设 n 为偶数，则式(4.6.18)可写成

$$Q(s)=k_\infty s+\frac{k_0}{s}+\sum_{i=1}^{p}\left(\frac{k_i}{s+\text{j}\omega_i}+\frac{k_i}{s-\text{j}\omega_i}\right),\ p=\frac{n-2}{2} \tag{4.6.27}$$

式中，k_∞、k_0 及 $k_i(i=1,2,\cdots,p)$分别为 $Q(s)$在 $\text{j}\omega$ 轴上 $s=\infty$、$s=0$ 及 $s=\pm\text{j}\omega_i$ 处的留数，并且均为正实数。

考虑到 $s=\sigma+\text{j}\omega$，由式(4.6.27)可得

$$\text{Re}[Q(s)]=k_\infty\sigma+\frac{\sigma k_0}{\sigma^2+\omega^2}+\sum_{i=1}^{p}\left[\frac{\sigma k_i}{\sigma^2+(\omega+\omega_i)^2}+\frac{\sigma k_i}{\sigma^2+(\omega-\omega_i)^2}\right]=C\sigma,\ C>0 \tag{4.6.28}$$

显然，式(4.6.28)满足式(4.6.20)，也满足式(4.6.12)。

这样就证明了 $D(s)$为霍尔维茨多项式的充要条件是 $Q(s)$仅在 s 平面的 $\text{j}\omega$ 轴上有实的正留数的一阶极点。

引理Ⅲ可作为检验的基础，即列出 $Q(s)$并确定其极点位置，这些极点必是 $\text{j}\omega$ 轴上的一阶极点，并且留数为正实数，但仍需通过对 $Q(s)$的分母进行因式分解，才能确定 $\text{j}\omega$ 轴上的这些一阶极点。

引理Ⅳ：$D(s)$为霍尔维茨多项式的充要条件是$\dfrac{1}{Q(s)}$仅在 s 平面的 $\text{j}\omega$ 轴上有一阶极点，并且有实的正留数。

证明：考虑到$\dfrac{1}{Q(s)}=\dfrac{1}{\text{Re}[Q(s)]+\text{j}\text{Im}[Q(s)]}$，则有

$$\text{Re}\left[\frac{1}{Q(s)}\right]=\frac{\text{Re}[Q(s)]}{\{\text{Re}[Q(s)]\}^2+\{\text{Im}[Q(s)]\}^2} \tag{4.6.29}$$

由式(4.6.29)可知，$\text{Re}[\dfrac{1}{Q(s)}]$与 $\text{Re}[Q(s)]$符号相同，因此由引理Ⅲ可知，引理Ⅳ成立。

1. 霍尔维茨准则

设

$$G(s)=\begin{cases}Q(s),\ n\ \text{为偶数}\\ \dfrac{1}{Q(s)},\ n\ \text{为奇数}\end{cases} \tag{4.6.30}$$

由式(4.6.30)可知，$G(s)$总可写成

$$G(s)=C_1s+G_1(s) \tag{4.6.31}$$

若 $D(s)$为霍尔维茨多项式，由引理Ⅲ可知，$C_1>0$，并且 $G_1(s)$可写成

$$G_1(s)=\begin{cases}\dfrac{k_0}{s}+\sum\limits_{i=1}^{p}\left(\dfrac{k_i}{s+\mathrm{j}\omega_i}+\dfrac{k_i}{s-\mathrm{j}\omega_i}\right),\ p=\dfrac{n-2}{2},\ n\text{ 为偶数}\\ \sum\limits_{i=1}^{p}\left(\dfrac{k_i}{s+\mathrm{j}\omega_i}+\dfrac{k_i}{s-\mathrm{j}\omega_i}\right),\quad p=\dfrac{n-1}{2},\ n\text{ 为奇数}\end{cases}\tag{4.6.32}$$

式中，$k_0>0$，$k_i>0$。

由式(4.6.30)及式(4.6.31)可知，若将 $G_1(s)$ 写成两个多项式之比，则分母多项式的次数只能比分子多项式的次数高一次，则 $1/G_1(s)$ 总可写成

$$\frac{1}{G_1(s)}=C_2s+G_2(s)\tag{4.6.33}$$

式(4.6.32)表明 $G_1(s)$ 也仅在 s 平面的 $\mathrm{j}\omega$ 轴上有一阶极点，并且留数为正实数。由引理Ⅳ可知，式(4.6.33)中的 $C_2>0$，并且要求 $G_2(s)$ 也仅在 s 平面的 $\mathrm{j}\omega$ 轴上有一阶极点，并且留数为正实数。

同理，

$$\frac{1}{G_2(s)}=C_3s+G_3(s),\ C_3>0$$

$$\vdots$$

$$\frac{1}{G_{n-1}(s)}=C_ns,\qquad C_n>0$$

综上所述，若 n 阶 LTI 连续时间因果系统是稳定系统，则保证 n 次多项式 $D(s)=0$ 的根均位于 s 平面左半平面的充要条件是：$D(s)$ 的偶次多项式之和 $D_e(s)$ 与奇次多项式之和 $D_o(s)$ 辗转相除，得到的 n 个商 $C_i(i=1,2,\cdots,n)$ 均为正值。反之，若 $D(s)=0$ 的根均位于 s 平面右半平面，则由引理Ⅰ和引理Ⅱ可知，式(4.6.24)中的 θ 和 m 只能分别取 π 和 1，由引理Ⅲ和引理Ⅳ可知，$Q(s)$ 和 $1/Q(s)$ 仅在 s 平面的 $\mathrm{j}\omega$ 轴上有一阶极点，并且有实的负留数，$D(s)$ 的偶次多项式之和 $D_e(s)$ 与奇次多项式之和 $D_o(s)$ 辗转相除，得到的 n 个商 $C_i(i=1,2,\cdots,n)$ 均为负值。可见，$C_i(i=1,2,\cdots,n)$ 为正值、负值的数目与 $D(s)=0$ 的根位于 s 平面左半平面、右半平面的数目相对应。

2. 罗斯准则

将霍尔维茨准则用阵列表示即构成了罗斯准则，又称为 R-H 准则。

考虑到式(4.6.30)，则有

$$G(s)=\frac{a_ns^n+a_{n-2}s^{n-2}+a_{n-4}s^{n-4}+a_{n-6}s^{n-6}+\cdots}{a_{n-1}s^{n-1}+a_{n-3}s^{n-3}+a_{n-5}s^{n-5}+a_{n-7}s^{n-7}+\cdots}=\begin{cases}Q(s)=\dfrac{D_e(s)}{D_o(s)},\ n\text{ 为偶数}\\ \dfrac{1}{Q(s)}=\dfrac{D_o(s)}{D_e(s)},\ n\text{ 为奇数}\end{cases}$$

第一次长除为

$$\begin{array}{r|l} & \dfrac{a_n}{a_{n-1}}s \\ \hline a_{n-1}s^{n-1}+a_{n-3}s^{n-3}+a_{n-5}s^{n-5}+a_{n-7}s^{n-7}+\cdots & a_ns^n+a_{n-2}s^{n-2}+a_{n-4}s^{n-4}+a_{n-6}s^{n-6}+\cdots \\ & a_ns^n+\dfrac{a_na_{n-3}}{a_{n-1}}s^{n-2}+\dfrac{a_na_{n-5}}{a_{n-1}}s^{n-4}+\dfrac{a_na_{n-7}}{a_{n-1}}s^{n-6}+\cdots \\ \hline & b_1s^{n-2}+b_2s^{n-4}+b_3s^{n-6}+\cdots \end{array}$$

显然，$b_1=\dfrac{\begin{vmatrix}a_n & a_{n-2}\\ a_{n-1} & a_{n-3}\end{vmatrix}}{-a_{n-1}}$，$b_2=\dfrac{\begin{vmatrix}a_n & a_{n-4}\\ a_{n-1} & a_{n-5}\end{vmatrix}}{-a_{n-1}}$，$b_3=\dfrac{\begin{vmatrix}a_n & a_{n-6}\\ a_{n-1} & a_{n-7}\end{vmatrix}}{-a_{n-1}}$，…。

第二次长除(辗转相除，用除数除以余数)为

$$\begin{array}{r|l} & \frac{a_{n-1}}{b_1}s \\ b_1s^{n-2}+b_2s^{n-4}+b_3s^{n-6}+b_4s^{n-8}+\cdots & a_{n-1}s^{n-1}+a_{n-3}s^{n-3}+a_{n-5}s^{n-5}+a_{n-7}s^{n-7}+\cdots \\ & a_{n-1}s^{n-1}+\frac{a_{n-1}b_2}{b_1}s^{n-3}+\frac{a_{n-1}b_3}{b_1}s^{n-5}+\frac{a_{n-1}b_4}{b_1}s^{n-7}\cdots \\ \hline & c_1s^{n-3}+c_2s^{n-5}+c_3s^{n-7}+\cdots \end{array}$$

显然，$c_1=\dfrac{\begin{vmatrix} a_{n-1} & a_{n-3} \\ b_1 & b_2 \end{vmatrix}}{-b_1}$，$c_2=\dfrac{\begin{vmatrix} a_{n-1} & a_{n-5} \\ b_1 & b_3 \end{vmatrix}}{-b_1}$，$c_3=\dfrac{\begin{vmatrix} a_{n-1} & a_{n-7} \\ b_1 & b_4 \end{vmatrix}}{-b_1}$，…

$\vdots$

以此类推，一直计算到最后一行元素全部为零时为止。

由此得到罗斯阵列或 R-H 阵列，即

$$\begin{array}{c|ccccc} s^n & a_n & a_{n-2} & a_{n-4} & a_{n-6} & \cdots \\ s^{n-1} & a_{n-1} & a_{n-3} & a_{n-5} & a_{n-7} & \cdots \\ s^{n-2} & b_1 & b_2 & b_3 & b_4 & \cdots \\ s^{n-3} & c_1 & c_2 & c_3 & \cdots & \\ \vdots & \vdots & \vdots & \vdots & & \end{array}$$

这个阵列的第一行和第二行是多项式 $D(s)$各幂次系数的交替排列，其余各行是通过辗转相除运算后得到的，第一行除以第二行的商为 $C_1s(C_1=a_n/a_{n-1})$，所得的余部构成阵列的第三行，并且第三行的列元素比前两行的列元素少 1；第二行除以第三行的商为 $C_2s(C_2=a_{n-1}/b_1)$，所得的余部构成阵列的第四行，并且第四行的列元素又自动减 1，直到构成 $n+1$ 行为止，其中 n 个 $C_i(i=1,2,\cdots,n)$值为 R-H 阵列中第 1 列的 $n+1$ 个元素交替之比。可见，n 个 $C_i(i=1,2,\cdots,n)$值为正值的等效判据是 R-H 阵列中第 1 列的元素应具有相同的符号。同时，由霍尔维茨准则的结论可知，若 R-H 阵列中的第 1 列的元素有正有负，则相邻两个元素符号改变的总次数正好是$D(s)=0$的根位于 s 平面右半平面的数目。

3. R-H 阵列中特殊情况的处理

(1) 某行的第一个元素为零，而其余元素不全为零，可用下述三种方法进行处理

① 将此行的第一个元素用无穷小量 ε 代替，并继续排完整个 R-H 阵列。可以证明，第 1 列元素符号改变的总次数与 ε 的符号(正与负)无关。

② 将 R-H 阵列对应的多项式 $D(s)$乘以因子$(s+1)$得到 $D_{n+1}(s)$，展开 $D_{n+1}(s)$再构成新的 R-H 阵列进行检验，就可以避免出现上述情况，然而 $D_{n+1}(s)=0$ 与 $D(s)=0$ 在 s 平面右半平面的根的数目相同。

③ 由 $D(s)$构成一个相伴的倒数多项式 $D^{@}(s)=s^nD(s^{-1})$，对 $D^{@}(s)$用 R-H 阵列进行检验，就可以避免出现上述情况。由复变函数的映射理论可知，$D^{@}(s)=0$ 与 $D(s)=0$ 在 s 平面右半平面的根的数目相同。

(2) R-H 阵列中出现全零行

这种情况发生在两个相邻行对应元素成比例的时候，其实质是因为 $D_e(s)$与 $D_o(s)$中有公因子 $A(s)$所致，R-H 阵列中全零行的上一行就是这个公因子。若将多项式 $D(s)$的最高幂次置于 R-H 阵列的第一行之前，并依次在下一行中降低幂次，则可以将公因子 $A(s)$找出来。由于 $A(s)$是 $D_e(s)$与 $D_o(s)$的公因子，而 $D_e(s)$是全偶多项式，那么 $A(s)$一定也是全偶多项式。$A(s)=0$的根一定是关于原点对称分布的，并且 $A(s)=0$ 的根是 $D(s)=0$ 的根的一部分。因此，R-H 阵列中出现全零行是 $D(s)=0$ 有零实部共轭复根的必要条件(但非充分条件)，为了确

定 $D(s)=0$ 在 s 平面右半平面的根的数目，相应地也有下述三种处理方法。

① 可用偶次多项式 $A(s)$ 的导数 $A'(s)$ 的系数代替全零行，以便完成整个 R-H 阵列的计算。利用 Rouché 定理可以证明，多项式 $A(s)+A'(s)$ 并没有比多项式 $A(s)$ 增加位于 s 平面右半平面的根的数目。

② 从 R-H 阵列中找出 $A(s)$ 之后，那么 $D(s)=A(s)D_A(s)$，根据 $A(s)$ 及 $A(s)$ 之前的各行中的第一个元素，便可确定 $D_A(s)=0$ 的根的数目及其分布，而 $A(s)=0$ 的根可用因式分解给出。

③ 从 R-H 阵列中找出 $A(s)$ 之后，对一些特殊的偶次多项式 $A(s)$ 而言，先令 $A(s)$ 中的 $s=\sqrt{p}$ 构成多项式 $A_0(p)$，再用 R-H 准则确定 $A_0(p)=0$ 的根在 p 平面上的分布，最后结合 $A(s)=0$ 的根具有关于原点对称分布的特点，可以确定 $A(s)=0$ 的根在 s 平面上的分布。

例 4.6.5：已知 $D(s)=s^8+3s^7+4s^6+6s^5+6s^4+6s^3+5s^2+3s+2$，试确定 $D(s)=0$ 的根的分布情况。

解：R-H 阵列为

$$\begin{array}{c|ccccc} s^8 & 1 & 4 & 6 & 5 & 2 \\ s^7 & 3 & 6 & 6 & 3 & 0 \\ s^6 & 2 & 4 & 4 & 2 & \\ s^5 & 0 & 0 & 0 & 0 & \text{（出现全零行）} \end{array}$$

于是 $A(s)=2s^6+4s^4+4s^2+2$，$D(s)=A(s)D_A(s)$，$C_1=\frac{1}{3}$，$C_2=\frac{3}{2}$。

显然

$$\begin{array}{r} \frac{1}{2}s^2+\frac{3}{2}s+1 \\ 2s^6+4s^4+4s^2+2\overline{\big)\, s^8+3s^7+4s^6+6s^5+6s^4+6s^3+5s^2+3s+2} \\ \underline{s^8+2s^6+2s^4+s^2 \qquad\qquad\qquad\qquad} \\ 3s^7+2s^6+6s^5+4s^4+6s^3+4s^2+3s+2 \\ \underline{3s^7+6s^5+6s^3+3s \qquad\qquad\qquad} \\ 2s^6+4s^4+4s^2+2 \qquad\qquad \\ \underline{2s^6+4s^4+4s^2+2} \qquad\qquad \\ 0 \qquad\qquad\qquad\qquad \end{array}$$

即 $D_A(s)=\frac{1}{2}s^2+\frac{3}{2}s+1=0.5s^2+1.5s+1$。多项式 $D_A(s)$ 的 R-H 阵列如下：

$$\begin{array}{c|cc} s^2 & 0.5 & 1 \\ s^1 & 1.5 & 0 \\ s^0 & 1 & 0 \end{array}$$

于是 $C_{1A}=\frac{0.5}{1.5}=\frac{1}{3}$，$C_{2A}=\frac{1.5}{1}=\frac{3}{2}$。

可见，多项式 $D_A(s)$ 的 R-H 阵列中第 1 列的元素符号相同，故 $D_A(s)=0$ 的两个根均位于 s 平面的左半平面。

分析表明，从多项式 $D(s)$ 的 R-H 阵列中得到的 C_1 和 C_2 的值与从多项式 $D_A(s)$ 的 R-H 阵列中得到的 C_{1A} 和 C_{2A} 的值相同，因此可直接采用多项式 $D(s)$ 构成的 R-H 阵列中得到的 C_1 和 C_2 的值来确定 $D_A(s)=0$ 的根的分布情况。

综上所述，为了确定 $D(s)=0$ 的根的分布情况，确定 $A(s)=0$ 的根的分布情况就成了关键问题。解决 $A(s)=0$ 的根的分布问题，通常有下述三种方法。

方法 1　用 $A(s)$ 的导数 $A'(s)$ 的系数代替全零行，继续完成整个 R-H 阵列的计算。

R-H 阵列为

s^8	1	4	6	5	2	
s^7	3	6	6	3	0	
s^6	1	2	2	1		[0.5$A(s)$的系数]
s^5	6	8	4	0		[0.5$A'(s)$的系数]
s^4	2	4	3			(乘以 3 以后的系数)
s^3	−4	−5	0			
s^2	1	2				(乘以 2/3 以后的系数)
s^1	3	0				
s^0	2					

注意： 由于 R-H 阵列中的运算是行列式运算，某行乘以或除以一个正数，仅影响下一行各元素的大小而不影响各元素的符号。

由于 R-H 阵列中第 1 列元素的符号改变了两次，故 $D(s)=A(s)D_A(s)=0$ 有两个根位于 s 平面右半平面，又因为 $D_A(s)=0$ 的两个根均位于 s 平面左半平面，故 $A(s)=0$ 有两个根位于 s 平面右半平面。

方法 2　先用 $s=\sqrt{p}$ 代入公因子偶次多项式 $A(s)$，构成多项式 $A_0(p)$，再用 R-H 准则确定 $A_0(p)=0$ 的根在 p 平面上的分布，最后结合 $A(s)=0$ 的根具有关于原点对称分布的特点，确定 $A(s)=0$ 的根在 s 平面上的分布。

考虑到 $A(s)=2s^6+4s^4+4s^2+2$，则有

$$A_0(p)=2p^3+4p^2+4p+2$$

R-H 阵列为

p^3	2	4
p^2	4	2
p^1	3	0
p^0	2	

因为 R-H 阵列中第 1 列的元素符号相同，故 $A_0(p)=0$ 的根均位于 p 平面左半平面，又因为 $A_0(p)$ 是三次(奇次)多项式，故 $A_0(p)=0$ 一定有一个负实根，那么 $A(s)=0$ 在 s 平面的 $\mathrm{j}\omega$ 轴上一定有一对共轭虚根。考虑到 $A(s)$ 是六次多项式及 $A(s)=0$ 的根是关于原点对称分布的，那么 $A(s)=0$ 在 s 平面右半平面上一定有一对共轭复根。

方法 3　通过对公因子偶次多项式 $A(s)$ 进行因式分解来确定其根在 s 平面上的分布。

考虑到

$$\begin{aligned}A(s)&=2s^6+4s^4+4s^2+2=2(s^2+1)(s^4+s^2+1)=2(s^2+1)\left[\left(s^2+\frac{1}{2}\right)^2+\left(\frac{\sqrt{3}}{2}\right)^2\right]\\&=2(s^2+1)\left(s^2+\frac{1}{2}+\mathrm{j}\frac{\sqrt{3}}{2}\right)\left(s^2+\frac{1}{2}-\mathrm{j}\frac{\sqrt{3}}{2}\right)=2(s^2+1)(s^2+\mathrm{e}^{\mathrm{j}\frac{\pi}{3}})(s^2+\mathrm{e}^{-\mathrm{j}\frac{\pi}{3}})\\&=2(s^2+1)(s^2-\mathrm{e}^{-\mathrm{j}\frac{2\pi}{3}})(s^2-\mathrm{e}^{\mathrm{j}\frac{2\pi}{3}})=2(s^2+1)(s+\mathrm{e}^{-\mathrm{j}\frac{\pi}{3}})(s-\mathrm{e}^{-\mathrm{j}\frac{\pi}{3}})(s+\mathrm{e}^{\mathrm{j}\frac{\pi}{3}})(s-\mathrm{e}^{\mathrm{j}\frac{\pi}{3}})\\&=2(s-\mathrm{e}^{\mathrm{j}\frac{\pi}{2}})(s-\mathrm{e}^{-\mathrm{j}\frac{\pi}{2}})(s-\mathrm{e}^{\mathrm{j}\frac{2\pi}{3}})(s-\mathrm{e}^{-\mathrm{j}\frac{\pi}{3}})(s-\mathrm{e}^{-\mathrm{j}\frac{2\pi}{3}})(s-\mathrm{e}^{\mathrm{j}\frac{\pi}{3}})\end{aligned}$$

则有

$$s_1=\mathrm{e}^{\mathrm{j}\frac{\pi}{2}},\ s_2=\mathrm{e}^{-\mathrm{j}\frac{\pi}{2}},\ s_3=\mathrm{e}^{\mathrm{j}\frac{\pi}{3}},\ s_4=\mathrm{e}^{-\mathrm{j}\frac{\pi}{3}},\ s_5=\mathrm{e}^{\mathrm{j}\frac{2\pi}{3}},\ s_6=\mathrm{e}^{-\mathrm{j}\frac{2\pi}{3}}$$

可见，$A(s)=0$ 的根在 s 平面上的分布不仅关于原点对称，而且有一对共轭复根位于 s 平面右半平面。

4.7　LTI 连续时间因果稳定全通系统和因果稳定最小相位系统

本节首先介绍 LTI 连续时间系统的频率特性，再介绍 LTI 连续时间因果稳定全通系统应具备的条件及 LTI 连续时间因果稳定最小相位系统的性质。

4.7.1　LTI 连续时间稳定系统频率特性的几何作图

考虑到式(4.6.2)，则 n 阶 LTI 连续时间因果系统的转移函数可写成

$$H(s)=C\frac{\prod_{l=1}^{m}(s-r_l)}{\prod_{i=1}^{n}(s-\lambda_i)},\ \max\{\mathrm{Re}[\lambda_i]\}<\sigma\leqslant\infty,\ m\leqslant n,\ C\ 为常数 \tag{4.7.1}$$

若 $\max\{\mathrm{Re}[\lambda_i]\}<0(i=1,2,\cdots,n)$，则因果系统转移函数 $H(s)$ 的收敛域包含 s 平面的虚轴，令 $s=\mathrm{j}\omega$，可得

$$H(\mathrm{j}\omega)=H(s)\big|_{s=\mathrm{j}\omega}=C\frac{\prod_{l=1}^{m}(\mathrm{j}\omega-r_l)}{\prod_{i=1}^{n}(\mathrm{j}\omega-\lambda_i)} \tag{4.7.2}$$

$H(\mathrm{j}\omega)$ 称为 LTI 连续时间因果系统的频率特性，它是系统单位冲激响应的傅里叶变换，并且它由系统自身唯一确定。显然，若 $\alpha>0$，则 LTI 连续时间因果系统转移函数 $H(s)$ 的收敛域不包含 s 平面的虚轴，从而其频率特性不存在。因此，一个稳定的 LTI 连续时间因果系统才具有频率特性，其频率特性包括幅频特性 $|H(\mathrm{j}\omega)|$ 和相频特性 $\varphi(\omega)$。

下面介绍 LTI 连续时间稳定系统在固定频率点 $\omega=\omega_0$ 的频率特性的几何作图。

在 s 平面上，分别由转移函数 $H(s)$ 的零点 r_l 和极点 λ_i 向 $\mathrm{j}\omega$ 轴上的固定点 $\mathrm{j}\omega_0$ 作矢量 $\boldsymbol{A}_l$ 和 $\boldsymbol{B}_i$，分别称矢量 $\boldsymbol{A}_l$ 和矢量 $\boldsymbol{B}_i$ 为零矢量和极矢量。零矢量 $\boldsymbol{A}_l$ 和极矢量 $\boldsymbol{B}_i$ 的长度分别为 A_l 和 B_i，与实轴正向的夹角分别为 α_l 和 β_i，如图 4.7.1 所示。

由图 4.7.1 可知

$$r_l+\boldsymbol{A}_l=\mathrm{j}\omega_0,\ \lambda_i+\boldsymbol{B}_i=\mathrm{j}\omega_0$$

那么

$$\mathrm{j}\omega_0-r_l=\boldsymbol{A}_l=A_l\mathrm{e}^{\mathrm{j}\alpha_l},\ \mathrm{j}\omega_0-\lambda_i=\boldsymbol{B}_i=B_i\mathrm{e}^{\mathrm{j}\beta_i}$$

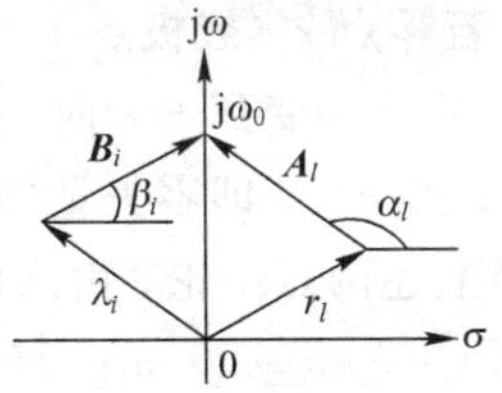

图 4.7.1　LTI 连续时间稳定系统在固定频率点的频率特性的几何作图

考虑到 $\omega=\omega_0$，由式(4.7.2)可得

$$H(\mathrm{j}\omega_0)=C\frac{\prod_{l=1}^{m}(\mathrm{j}\omega_0-r_l)}{\prod_{i=1}^{n}(\mathrm{j}\omega_0-\lambda_i)} \tag{4.7.3}$$

那么，$H(\mathrm{j}\omega_0)$ 的模 $|H(\mathrm{j}\omega_0)|$ 及相角 $\varphi(\omega_0)$ 分别可表示为

$$|H(\mathrm{j}\omega_0)|=|C|\frac{\prod_{l=1}^{m}|\mathrm{j}\omega_0-r_l|}{\prod_{i=1}^{n}|\mathrm{j}\omega_0-\lambda_i|}=|C|\frac{\prod_{l=1}^{m}A_l}{\prod_{i=1}^{n}B_i} \tag{4.7.4}$$

$$\varphi(\omega_0)=\arg C+\sum_{l=1}^{m}\alpha_l-\sum_{i=1}^{n}\beta_i \tag{4.7.5}$$

显然，当 ω_0 从 $-\infty$ 变化到 $+\infty$ 时，通过几何作图的方法，可以得到 LTI 连续时间稳定系统的幅频特性 $|H(\mathrm{j}\omega)|$ 及相频特性 $\varphi(\omega)$。

4.7.2 LTI 连续时间稳定系统零极点分布对相频特性的影响

由于 LTI 连续时间稳定系统的单位冲激响应 $h(t)$ 是实信号，因此式(4.7.2)中的常数 C 是实数(正数或负数)，它对幅角只引入固定值(0 或 π 弧度)，所以我们可以研究对 C 归一化的频率特性 $H(\mathrm{j}\omega)/C$。若利用 ω 代替式(4.7.4)及式(4.7.5)中的 ω_0，则分别可得 LTI 连续时间稳定系统对 C 归一化的幅频特性和相频特性，即

$$|H(\mathrm{j}\omega)/C|=\frac{\prod_{l=1}^{m}|\mathrm{j}\omega-r_l|}{\prod_{i=1}^{n}|\mathrm{j}\omega-\lambda_i|}=\frac{\prod_{l=1}^{m}A_l(\omega)}{\prod_{i=1}^{n}B_i(\omega)} \tag{4.7.6}$$

$$\arg[H(\mathrm{j}\omega)/C]=\sum_{l=1}^{m}\alpha_l(\omega)-\sum_{i=1}^{n}\beta_i(\omega) \tag{4.7.7}$$

式(4.7.6)表明，对 C 归一化的幅频特性等于各零矢量模的连乘积除以各极矢量模的连乘积；式(4.7.7)表明，对 C 归一化的相频特性等于各零矢量幅角之和减去各极矢量幅角之和。

若用 m_k(或 n_k)及 m_0(或 n_0)分别表示 LTI 连续时间系统位于 s 平面左半平面及右半平面的零点(或极点)数目，考虑到式(4.7.1)，则有

$$m=m_k+m_0 \tag{4.7.8}$$

$$n=n_k+n_0 \tag{4.7.9}$$

考虑到 $h(t)$ 是实信号，则相频特性 $\arg[H(\mathrm{j}\omega)/C]$ 是角频率 ω 的奇函数，于是 ω 从 $-\infty$ 变到 $+\infty$ 与 ω 从 0 变到 $+\infty$ 时，$\arg[H(\mathrm{j}\omega)/C]$ 的变化规律是一致的。因此，为了便于分析和讨论，我们研究 ω 从 $-\infty$ 变到 $+\infty$ 时，$\arg[H(\mathrm{j}\omega)/C]$ 的变化规律。

(1) 若零点 r_l(或极点 λ_i)位于 s 平面左半平面

当 ω 从 $-\infty$ 变到 $+\infty$ 时，即该零点(或极点)对应的零矢量(或极矢量)与实轴正向的夹角，从 $-\pi/2$ 变到 $\pi/2$，即零矢量(或极矢量)的幅角度变化 π 弧度。

(2) 若零点 r_l(或极点 λ_i)位于 s 平面右半平面

当 ω 从 $-\infty$ 变到 $+\infty$ 时，即该零点(或极点)对应的零矢量(或极矢量)与实轴正向的夹角，从 $3\pi/2$ 变到 $\pi/2$，即零矢量(或极矢量)的幅角度变化 $-\pi$ 弧度。

基于上述两点结论，由式(4.7.7)可得

$$\arg[H(\mathrm{j}\omega)/C]\big|_{\Delta\omega\to\infty}=\pi(m_k-m_0)-\pi(n_k-n_0) \tag{4.7.10}$$

讨论：

(1) LTI 连续时间系统为因果稳定系统

考虑到系统为因果稳定系统，则系统转移函数 $H(s)$ 的全部极点位于 s 平面左半平面，于是 $n=n_k$，$n_0=0$，那么式(4.7.10)可写成

$$\arg[H(\mathrm{j}\omega)/C]\big|_{\Delta\omega\to\infty}=-\pi[n-(m_k-m_0)] \tag{4.7.11}$$

考虑到 $m\leqslant n$ 及式(4.7.8)，由式(4.7.11)可知，当 ω 从 $-\infty$ 增加时，因果稳定系统的幅角变化为负，故称为相位延迟系统，或相位滞后系统，又分为下述两种情况。

① 系统转移函数 $H(s)$ 的全部零点位于 s 平面左半平面

由于 $m=m_k$，$m_0=0$，考虑到式(4.7.11)，则有

$$\arg[H(\mathrm{j}\omega)/C]|_{\Delta\omega\to\infty}=-\pi(n-m) \tag{4.7.12}$$

由式(4.7.12)可知，系统的相位变化最小，这种系统称为最小相位延迟系统。

② 系统转移函数 $H(s)$的全部零点位于 s 平面右半平面

由于 $m=m_0$，$m_k=0$，考虑到式(4.7.11)，则有

$$\arg[H(\mathrm{j}\omega)/C]|_{\Delta\omega\to\infty}=-\pi(n+m) \tag{4.7.13}$$

由式(4.7.13)可知，系统的相位变化最大，这种系统称为最大相位延迟系统。

(2) LTI 连续时间系统为反因果稳定系统

考虑到系统为反因果稳定系统，则系统转移函数 $H(s)$的全部极点位于 s 平面右半平面，于是 $n=n_0$，$n_k=0$，那么式(4.7.10)可写成

$$\arg[H(\mathrm{j}\omega)/C]|_{\Delta\omega\to\infty}=\pi(n+m_k-m_0) \tag{4.7.14}$$

考虑到 $m\leqslant n$ 及式(4.7.8)，由式(4.7.14)可知，当 ω 从 $-\infty$ 增加时，反因果稳定系统的幅角变化为正，故称为相位超前系统，或相位领先系统，又分为下述两种情况。

① 系统转移函数 $H(s)$的全部零点位于 s 平面左半平面

由于 $m=m_k$，$m_0=0$，考虑到式(4.7.14)，则有

$$\arg[H(\mathrm{j}\omega)/C]|_{\Delta\omega\to\infty}=\pi(n+m) \tag{4.7.15}$$

由式(4.7.15)可知，系统的相位变化最大，这种系统称为最大相位超前系统。

② 系统转移函数 $H(s)$的全部零点位于 s 平面右半平面

由于 $m=m_0$，$m_k=0$，考虑到式(4.7.14)，则有

$$\arg[H(\mathrm{j}\omega)/C]|_{\Delta\omega\to\infty}=\pi(n-m) \tag{4.7.16}$$

由式(4.7.16)可知，系统的相位变化最小，这种系统称为最小相位超前系统。

4.7.3　LTI 连续时间因果稳定全通系统应具备的条件

3.6.3 节给出了 LTI 连续时间因果稳定全通系统的定义，即若一个 LTI 连续时间因果稳定系统的幅频特性满足

$$|H(\mathrm{j}\omega)|=C \tag{4.7.17}$$

式中，C 为正的常数，则称该系统为全通系统。

由式(4.7.17)，并结合 LTI 连续时间稳定系统频率特性的几何作图法可知，一个 LTI 连续时间因果稳定全通系统应具备的充要条件如下：

(1) 系统转移函数 $H(s)$的极点均位于 s 平面左半平面；

(2) 系统转移函数 $H(s)$的零点均位于 s 平面右半平面；

(3) 系统转移函数 $H(s)$的零点与极点关于虚轴互为镜像关系。

设 $\lambda_i=\alpha_i+\mathrm{j}\beta_i(\alpha_i<0)$是 n 阶 LTI 连续时间因果稳定全通系统转移函数 $H(s)$的第 i 个极点，与之互为镜像的第 i 个零点可写成 $r_i=-\alpha_i+\mathrm{j}\beta_i=-\lambda_i^*$，则一个 n 阶 LTI 连续时间因果稳定全通系统的转移函数 $H(s)$可写成

$$H(s)=\frac{N(s)}{D(s)}=C\frac{E(s)}{D(s)}=C\prod_{i=1}^{n}\frac{s+\lambda_i^*}{s-\lambda_i},\ \max\{\mathrm{Re}[\lambda_i]\}<0 \tag{4.7.18}$$

式中，$N(s)=CE(s)$，C 为常数。

由于 n 阶 LTI 连续时间因果稳定系统转移函数 $H(s)$的分母 $D(s)$是一个实系数的多项式，所以 $D(s)=0$ 的根只能为如下两种情况。

① $s=\lambda_i(i=1,2,\cdots,n-2n_1)$，其中$\lambda_i$为负实数，$n_1$为正整数。

② $s=\alpha_i\pm j\beta_i(i=1,2,\cdots,n_1)$，其中$\alpha_i$为负实数，$\beta_i$为正实数，$n_1$为正整数。

于是$D(s)$可以写成

$$D(s)=\prod_{i=1}^{n-2n_1}(s-\lambda_i)\prod_{i=1}^{n_1}[(s-\alpha_i)^2+\beta_i^2] \tag{4.7.19}$$

考虑到式(4.7.18)及式(4.7.19)，则$E(s)$可以写成

$$\begin{aligned}E(s)&=\prod_{i=1}^{n-2n_1}(s+\lambda_i)\prod_{i=1}^{n_1}[(s+\alpha_i)^2+\beta_i^2]\\&=(-1)^{n-2n_1}\prod_{i=1}^{n-2n_1}(-s-\lambda_i)(-1)^{2n_1}\prod_{i=1}^{n_1}[(-s-\alpha_i)^2+\beta_i^2]\\&=(-1)^n\prod_{i=1}^{n-2n_1}(-s-\lambda_i)\prod_{i=1}^{n_1}[(-s-\alpha_i)^2+\beta_i^2]\\&=(-1)^nD(-s)\end{aligned} \tag{4.7.20}$$

考虑到式(4.7.20)，则有

$$E(j\omega)=(-1)^nD(-j\omega)=(-1)^nD^*(j\omega) \tag{4.7.21}$$

考虑到式(4.7.18)及式(4.7.21)，则系统的频率特性可写成

$$H(j\omega)=H(s)\big|_{s=j\omega}=C\frac{E(j\omega)}{D(j\omega)}=C(-1)^n\frac{D^*(j\omega)}{D(j\omega)} \tag{4.7.22}$$

分析表明，对式(4.7.18)描述的n阶LTI连续时间因果稳定系统，当分子多项式$E(s)$与分母多项式$D(s)$满足关系式(4.7.20)时，由式(4.7.22)可知，该系统是一个全通系统。

由于LTI连续时间因果稳定全通系统的幅频特性为常数，相频特性不受约束，因此信号通过LTI连续时间因果稳定全通系统时，不影响信号的幅度频谱，仅影响信号的相位频谱。在传输系统中，通常利用LTI连续时间因果稳定全通系统进行相位校正，例如用其作为相位均衡器。

4.7.4　LTI连续时间因果稳定最小相位系统的性质

由4.7.2节的分析可知，若LTI连续时间因果稳定系统转移函数$H(s)$的零点均位于s平面左半平面，则该系统具有最小的相位延迟，称其为最小相位延迟系统或最小相位系统。下面介绍LTI连续时间因果稳定最小相位系统的性质。

性质1：

在幅频特性相同的LTI连续时间因果稳定系统中，LTI连续时间因果稳定最小相位系统相对于零相位具有最小的相位偏移。

性质2：

若定义LTI连续时间因果系统单位冲激响应$h(t)$的累积能量为

$$\mathrm{E}(T)=\int_{0-}^{T}h^2(t)\mathrm{d}t,\ 0<T<\infty \tag{4.7.23}$$

则具有相同幅频特性的LTI连续时间因果稳定系统中，最小相位系统$h_{\min}(t)$的累积能量最大，即

$$\int_{0-}^{T}h_{\min}^2(t)\mathrm{d}t\geqslant\int_{0-}^{T}h^2(t)\mathrm{d}t \tag{4.7.24}$$

证明：设LTI连续时间因果稳定最小相位系统的转移函数为

$$H_{\min}(s)=Q(s)(s+a),\ a\text{ 为正实数} \tag{4.7.25}$$

式中，$Q(s)$是一个LTI连续时间因果稳定最小相位系统，由于单位冲激响应$h_{\min}(t)$和$q(t)$是

因果信号，因此可分别表示成 $h_{\min}(t)=h_{\min}(t)\varepsilon(t)$ 及 $q(t)=q(t)\varepsilon(t)$。

在具有相同幅频特性的 LTI 连续时间因果稳定系统中，构造与 $H_{\min}(s)$ 只有一个实零点不同的 LTI 连续时间系统 $H(s)$，该系统将原零点 $s=-a$ 变换成与虚轴互为镜像的零点 $s=a$，因此系统的转移函数可写成

$$H(s)=Q(s)(s-a)\text{，}a\text{ 为正实数} \tag{4.7.26}$$

由式(4.7.25)可得

$$h_{\min}(t)=q'(t)+aq(t) \tag{4.7.27}$$

考虑到式(4.7.27)，则有

$$h_{\min}^2(t)=[q'(t)+aq(t)]^2=[q'(t)]^2+2aq'(t)q(t)+a^2q^2(t) \tag{4.7.28}$$

由式(4.7.26)可得

$$h(t)=q'(t)-aq(t) \tag{4.7.29}$$

考虑到式(4.7.29)，则有

$$h^2(t)=[q'(t)-aq(t)]^2=[q'(t)]^2-2aq'(t)q(t)+a^2q^2(t) \tag{4.7.30}$$

由式(4.7.28)及式(4.7.30)可得

$$h_{\min}^2(t)-h^2(t)=4aq'(t)q(t) \tag{4.7.31}$$

考虑到式(4.7.31)，则有

$$\begin{aligned}\int_{0_-}^{T}h_{\min}^2(t)\mathrm{d}t-\int_{0_-}^{T}h^2(t)\mathrm{d}t&=\int_{0_-}^{T}[h_{\min}^2(t)-h^2(t)]\mathrm{d}t=4a\int_{0_-}^{T}q'(t)q(t)\mathrm{d}t\\&=4a\int_{0_-}^{T}q(t)\mathrm{d}q(t)=2aq^2(t)\Big|_{0_-}^{T}=2aq^2(T)\geqslant 0\end{aligned}$$

由 Parseval 定理可知，因为频域的幅频特性相同，所以时域的总能量也应该相等。但是该性质指出，最小相位系统的单位冲激响应的能量集中在 t 为较小值的范围内，即在具有相同幅频特性的 LTI 连续时间因果稳定系统中，最小相位系统的单位冲激响应 $h(t)$ 具有最小的延迟，因此 $h_{\min}(t)$ 又称为最小延迟信号。

性质 3：

由于 LTI 连续时间因果稳定最小相位系统的单位冲激响应 $h(t)$ 是因果信号，因此其傅里叶变换 $H(\mathrm{j}\omega)$ 的实部 $H_R(\omega)$ 和虚部 $H_I(\omega)$，构成一对希尔伯特变换，即

$$\begin{cases}H_R(\omega)=H_I(\omega)*\dfrac{1}{\pi\omega}\\[2ex] H_I(\omega)=-H_R(\omega)*\dfrac{1}{\pi\omega}\end{cases} \tag{4.7.32}$$

证明： 考虑到

$$h(t)=h(t)\varepsilon(t) \tag{4.7.33}$$

对式(4.7.33)的等号两边分别取 CTFT，并考虑到 CTFT 的频域卷积定理，则有

$$H(\mathrm{j}\omega)=\frac{1}{2\pi}H(\mathrm{j}\omega)*\left[\pi\delta(\omega)+\frac{1}{\mathrm{j}\omega}\right]=\frac{1}{2}H(\mathrm{j}\omega)+\frac{1}{2\pi}H(\mathrm{j}\omega)*\frac{1}{\mathrm{j}\omega} \tag{4.7.34}$$

考虑到式(4.7.34)，则有

$$\begin{aligned}H_R(\omega)+\mathrm{j}H_I(\omega)&=\frac{1}{\pi}[H_R(\omega)+\mathrm{j}H_I(\omega)]*\frac{1}{\mathrm{j}\omega}\\&=H_I(\omega)*\frac{1}{\pi\omega}-\mathrm{j}H_R(\omega)*\frac{1}{\pi\omega}\end{aligned} \tag{4.7.35}$$

由式(4.7.35)可知，式(4.7.32)成立。

性质 4:

LTI 连续时间因果稳定最小相位系统的幅频特性$|H(\mathrm{j}\omega)|$的自然对数和相频特性$\varphi(\omega)$构成一对希尔伯特变换，即

$$\begin{cases}\ln|H(\mathrm{j}\omega)|=\varphi(\omega)*\dfrac{1}{\pi\omega}\\ \varphi(\omega)=-\ln|H(\mathrm{j}\omega)|*\dfrac{1}{\pi\omega}\end{cases}\tag{4.7.36}$$

证明: 设 LTI 连续时间因果稳定最小相位系统的单位冲激响应为$h(t)$，其转移函数为$H(s)$，则有

$$h(t)\longleftrightarrow H(s),\ \max\{\mathrm{Re}[\lambda_i]\}<\sigma\leqslant\infty\tag{4.7.37}$$

式中，$\max\{\mathrm{Re}[\lambda_i]\}<0(i=1,2,\cdots,n)$，并且

$$H(s)=N(s)/D(s)\tag{4.7.38}$$

记

$$\breve{h}(t)\longleftrightarrow \breve{H}(s)=\ln H(s)\tag{4.7.39}$$

考虑到双边 LT 的复频域微分性质式(4.2.63)，则有

$$-t\breve{h}(t)\longleftrightarrow\frac{\mathrm{d}[\ln H(s)]}{\mathrm{d}s}\tag{4.7.40}$$

考虑到式(4.7.38)，则有

$$\begin{aligned}\frac{\mathrm{d}[\ln H(s)]}{\mathrm{d}s}&=\frac{1}{H(s)}\frac{\mathrm{d}H(s)}{\mathrm{d}s}=\frac{D(s)}{N(s)}\frac{\mathrm{d}[N(s)/D(s)]}{\mathrm{d}s}\\&=\frac{D(s)}{N(s)}\frac{N'(s)D(s)-N(s)D'(s)}{D^2(s)}\\&=\frac{N'(s)D(s)-N(s)D'(s)}{N(s)D(s)}\end{aligned}\tag{4.7.41}$$

由于 LTI 连续时间因果稳定最小相位系统转移函数$H(s)$的零点[$N(s)=0$ 的根]和极点[$D(s)=0$ 的根]均分布在 s 平面左半平面，因此由式(4.7.41)可知，$\dfrac{\mathrm{d}[\ln H(s)]}{\mathrm{d}s}$的极点[$N(s)D(s)=0$ 的根]均分布在 s 平面左半平面。由式(4.7.40)可知，$-t\breve{h}(t)$是一个因果衰减信号，于是保证了$\breve{h}(t)$描述的系统是一个因果稳定系统，因此其傅里叶变换$\breve{H}(\mathrm{j}\omega)$存在，并有

$$\breve{h}(t)\longleftrightarrow\breve{H}(\mathrm{j}\omega)=\breve{H}(s)|_{s=\mathrm{j}\omega}=[\ln H(s)]|_{s=\mathrm{j}\omega}=\ln H(\mathrm{j}\omega)\tag{4.7.42}$$

考虑到 $\ln H(\mathrm{j}\omega)=\ln[|H(\mathrm{j}\omega)|\mathrm{e}^{\mathrm{j}\varphi(\omega)}]=\breve{H}_{\mathrm{R}}(\omega)+\mathrm{j}\,\breve{H}_{\mathrm{I}}(\omega)$，则有

$$\breve{H}_{\mathrm{R}}(\mathrm{j}\omega)=\ln|H(\mathrm{j}\omega)|\tag{4.7.43}$$

$$\breve{H}_{\mathrm{I}}(\mathrm{j}\omega)=\varphi(\omega)\tag{4.7.44}$$

分析表明，对于一个 LTI 连续时间因果稳定最小相位系统，$\ln H(\mathrm{j}\omega)$存在，其傅里叶逆变换$\breve{h}(t)$描述的系统是一个因果稳定系统，正因为如此，一般将$\breve{h}(t)$称为 $h(t)$的复倒谱。

考虑到$\breve{h}(t)$描述的系统是一个因果稳定系统，那么$\breve{h}(t)$是一个因果信号，由式(4.7.32)可知，$\breve{h}(t)$的傅里叶变换 $\ln H(\mathrm{j}\omega)$的实部$\breve{H}_{\mathrm{R}}(\mathrm{j}\omega)=\ln|H(\mathrm{j}\omega)|$(幅频特性的自然对数)及虚部$\breve{H}_{\mathrm{I}}(\mathrm{j}\omega)=\varphi(\omega)$(相频特性)应该受希尔伯特变换对的约束，这样就得到了式(4.7.36)。

性质 5:

给定一个 LTI 连续时间因果稳定系统 $H(s)=\dfrac{N(s)}{D(s)}$，定义其逆系统

$$H_{\mathrm{IV}}(s)=\frac{1}{H(s)}=\frac{D(s)}{N(s)}\tag{4.7.45}$$

当且仅当 $H(s)$是 LTI 连续时间因果稳定最小相位系统时，$H_{\mathrm{IV}}(s)$才是 LTI 连续时间因果稳定系统，即物理可实现的稳定系统，并且 $H_{\mathrm{IV}}(s)$也是一个 LTI 连续时间因果稳定最小相位系统。

性质 6：

LTI 连续时间因果稳定非最小相位系统可以分解成 LTI 连续时间因果稳定最小相位系统和 LTI 连续时间因果稳定全通系统的级联，即

$$H(s)=H_{\min}(s)H_{ap}(s) \tag{4.7.46}$$

证明： 设 LTI 连续时间因果稳定非最小相位系统的转移函数 $H(s)$有一对共轭复零点在 s 平面右半平面，即 $s=\alpha_l\pm j\beta_l(\alpha_l>0)$，其余的零极点均在 s 平面左半平面，则 LTI 连续时间因果稳定非最小相位系统的转移函数 $H(s)$可写成

$$H(s)=H_1(s)[(s-\alpha_l)^2+\beta_l^2] \tag{4.7.47}$$

式中，$H_1(s)$的零点和极点均分布在 s 平面左半平面，即 $H_1(s)$是一个 LTI 连续时间因果稳定最小相位系统。

考虑到式(4.7.47)，则有

$$H(s)=H_1(s)[(s+\alpha_l)^2+\beta_l^2]\frac{(s-\alpha_l)^2+\beta_l^2}{(s+\alpha_l)^2+\beta_l^2}=H_{\min}(s)H_{ap}(s) \tag{4.7.48}$$

由于 $\alpha_l>0$，所以 $H_{\min}(s)=H_1(s)[(s+\alpha_l)^2+\beta_l^2]$是一个 LTI 连续时间因果稳定最小相位系统，而 $H_{ap}(s)=\dfrac{(s-\alpha_l)^2+\beta_l^2}{(s+\alpha_l)^2+\beta_l^2}$是一个 LTI 连续时间因果稳定全通系统，上述做法的结果是将 $H(s)$在 s 平面右半平面的一对共轭复零点 $s=\alpha_l\pm j\beta_l$，分别镜像映射到 s 平面左半平面的 $s=-\alpha_l\pm j\beta_l$ 处，使之成为 $H_{\min}(s)$的一对共轭复零点，同时 $H(s)$与 $H_{\min}(s)$具有相同的幅频特性。这为我们提供了将一个 LTI 连续时间因果稳定非最小相位系统分解成一个 LTI 连续时间因果稳定最小相位系统和一个 LTI 连续时间因果稳定全通系统级联的方法。

4.8　LTI 连续时间系统的模拟及信号流图

本节首先介绍 LTI 连续时间系统的模拟及信号流图，再介绍从克莱默法则到 Mason 规则的推演及 Mason 规则的应用，最后简单介绍 LTI 连续时间系统的设计。

4.8.1　LTI 连续时间系统的模拟

为了研究连续时间系统的特性，有时需要通过实验的方式对系统进行模拟。这里所说的模拟(Simulation)，含有模仿之意，是指数学意义上的模仿，使模拟系统与实际系统具有相同的数学模型。通常利用加法器、标量乘法器和积分器来模拟连续时间系统。

由式(4.6.1)可知，一个 n 阶 LTI 连续时间系统的转移函数 $H(s)$的一般形式为

$$H(s)=\frac{N(s)}{D(s)}=\frac{b_ms^m+b_{m-1}s^{m-1}+\cdots+b_1s+b_0}{s^n+a_{n-1}s^{n-1}+\cdots+a_1s+a_0} \tag{4.8.1}$$

式中，$a_i(i=0,1,2,\cdots,n-1)$和 $b_j(j=0,1,2,\cdots,m)$均为常数。

考虑到式(4.8.1)，则描述 n 阶 LTI 连续时间系统响应 $y(t)$与激励 $f(t)$的微分方程为

$$y^{(n)}(t)+\sum_{i=1}^{n}a_{n-i}y^{(n-i)}(t)=\sum_{j=0}^{m}b_{m-j}f^{(m-j)}(t),\ m\leqslant n \tag{4.8.2}$$

对 n 阶线性常系数微分方程式(4.8.2)两边进行 n 次积分，可得

$$y(t)=\sum_{j=0}^{m}b_{m-j}f^{(-n+m-j)}(t)-\sum_{i=1}^{n}a_{n-i}y^{(-i)}(t)=x(t)-\sum_{i=1}^{n}a_{n-i}y^{(-i)}(t) \qquad (4.8.3)$$

式中

$$x(t)=\sum_{j=0}^{m}b_{m-j}f^{(-n+m-j)}(t) \qquad (4.8.4)$$

利用加法器、标量乘法器和积分器，对积分方程式(4.8.3)和式(4.8.4)在时域上直接进行模拟，可用图4.8.1所示的时域模拟方框图来表示。在该图中，前级实现对积分方程式(4.8.4)的模拟，后级实现对积分方程式(4.8.3)的模拟。

考虑到LTI连续时间系统的级联与顺序无关，因此可将图4.8.1所示的时域直接模拟方框图中级联的两级LTI连续时间系统交换顺序，并将对应的积分器合并，即可得到图4.8.2所示的积分器最少的时域模拟方框图，即卡尔曼形式。复频域卡尔曼形式的模拟方框图，如图4.8.3所示。

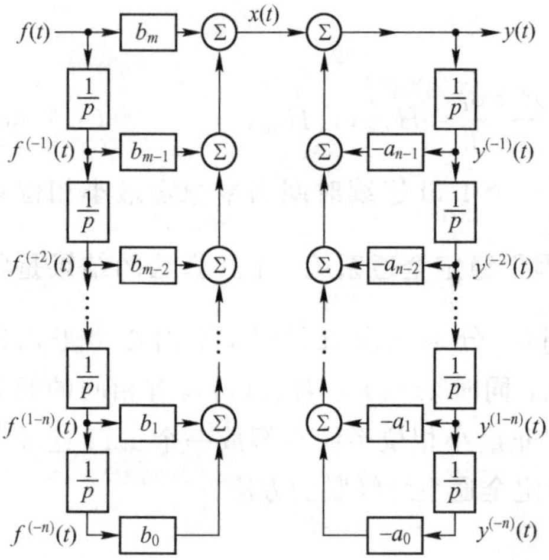

图4.8.1 当$m=n$时LTI连续时间系统的时域直接模拟方框图

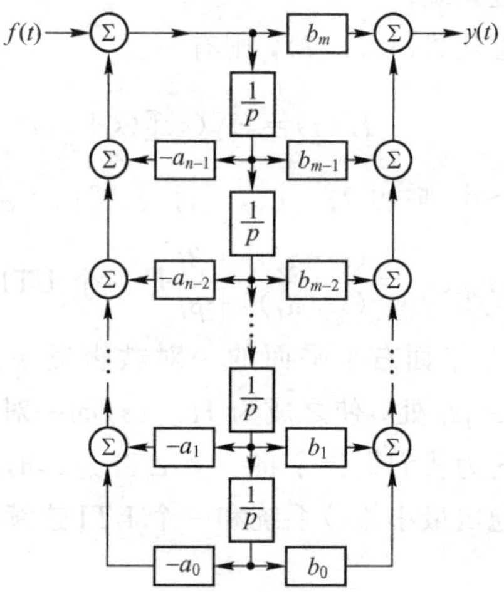

图4.8.2 当$m=n$时LTI连续时间系统时域卡尔曼形式的模拟方框图

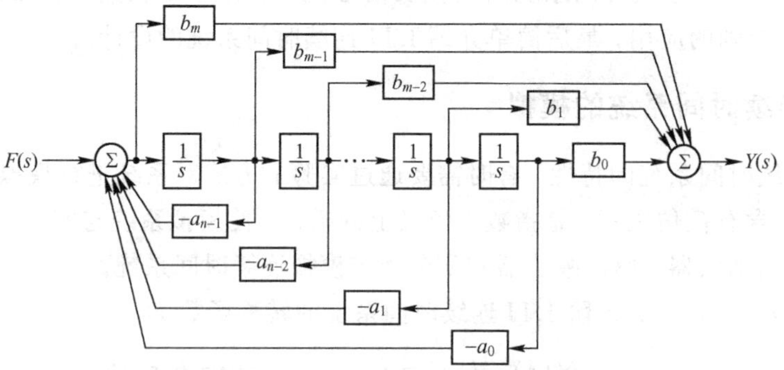

图4.8.3 当$m=n$时LTI连续时间系统复频域卡尔曼形式的模拟方框图

4.8.2 LTI连续时间系统的信号流图

由图4.8.3所示系统的复频域模拟方框图可知，系统的转移函数完全由各子系统的转移函数以及连接方式决定，因此可将系统模拟方框图进行简化：用一条有方向的线段替代子系统的方框图，将转移函数写在线段旁，取消求和符号“Σ”，用“·”代替，两条有向线段指向一点就表示相加，如遇相减则将减号移到子系统的转移函数之前，这样构成的图形称为 LTI 连续时间系统的信号流图。LTI 连续时间系统复频域卡尔曼形式的模拟方框图(图 4.8.3)对应的信号流图，如图 4.8.4 所示。

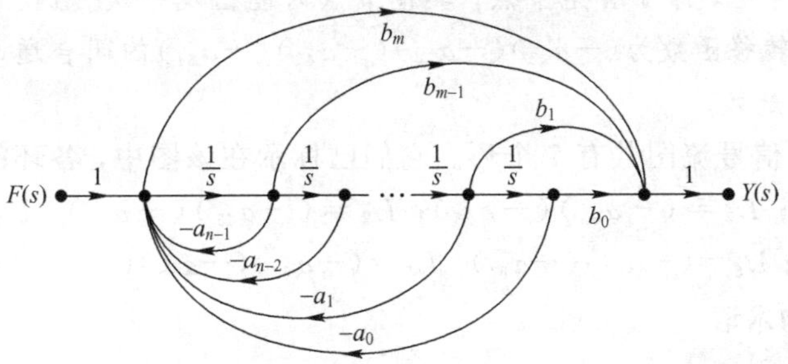

图 4.8.4　LTI 连续时间系统复频域卡尔曼形式的模拟方框图(图 4.8.3)对应的信号流图

显然，系统的信号流图与系统的复频域模拟方框图相比，既简洁又保留了系统的复频域模拟方框图的全部特征。

1. 信号流图中的名词

(1) 节点

每一个节点代表一个信号(变量)。如图 4.8.5 中的 F，X_1，X_2，X_3，X_4，X_5，X_6，X_7，Y 等都是节点。F 称为源节点(或独立节点)，它仅有流出支路，从源点流出的任意一条支路的信号都是 F；变量 Y 称为阱点，它仅有流入支路；源点以外的节点统称为非独立节点，非独立节点代表的信号，等于流入此节点全部信号的代数和，而与流出支路无关。

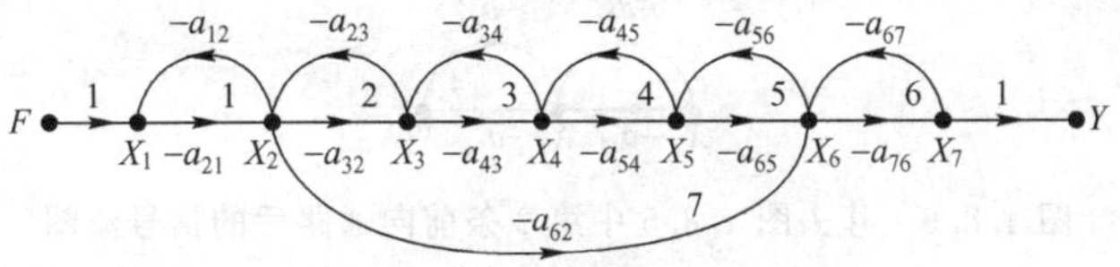

图 4.8.5　信号流图

(2) 支路

节点之间的连线称为支路。支路具有方向性，信号只能沿着支路的箭头方向流动。每条支路旁标的系数(或函数)代表支路的转移函数。如果一条支路的转移函数为 1，则通常只需标出该条支路的信号流向，无须标出该条支路的转移函数。

(3) 通路

一条或连续几条同方向的支路序列(顺序组合)称为通路，通路中支路转移函数的乘积就是通路的转移函数。

(4) 前向通路

从源点至阱点的一条通路，称为前向通路。

注意： 一条前向通路中所涉及的每个节点，全部只能出现一次。

由前向通路的定义可知，在图 4.8.5 所示的信号流图中，仅存在两条前向通路，其中第 1 条前向通路为 $F\to X_1\to X_2\to X_3\to X_4\to X_5\to X_6\to X_7\to Y$，其转移函数为

$$T_1=1\times(-a_{21})(-a_{32})(-a_{43})(-a_{54})(-a_{65})(-a_{76})\times 1=a_{21}a_{32}a_{43}a_{54}a_{65}a_{76} \tag{4.8.5}$$

第 2 条前向通路为 $F\to X_1\to X_2\to X_6\to X_7\to Y$，其转移函数为

$$T_2=1\times(-a_{21})(-a_{62})(-a_{76})\times 1=-a_{21}a_{62}a_{76} \tag{4.8.6}$$

(5) 环

一条闭合的通路称为环，又称为环路。

注意：在一个环路中，除了首尾节点，其他节点只能出现一次。例如，在图 4.8.5 所示的信号流图中，考虑到转移函数为$(-a_{43})(-a_{54})(-a_{45})(-a_{34})$的闭合通路经过节点 X_4 两次，因此这一闭合通路不是环。

图 4.8.5 所示的信号流图共有 7 个环。它们已标示在该图中，各环的转移函数 L 分别为 $L_1=(-a_{21})(-a_{12})$；$L_2=(-a_{32})(-a_{23})$；$L_3=(-a_{43})(-a_{34})$；$L_4=(-a_{54})(-a_{45})$；$L_5=(-a_{65})(-a_{56})$；$L_6=(-a_{76})(-a_{67})$；$L_7=(-a_{62})(-a_{56})(-a_{45})(-a_{34})(-a_{23})$。

2. 信号流图中的术语

(1) 接触

两个有公共节点的前向通路(或环)，称为接触前向通路(或环)，反之，称为不接触的前向通路(或环)。

在图 4.8.5 所示的信号流图中，虽然没有不接触的前向通路，但有不接触的环，其分布如下。

互不接触的环对：　1,3；1,4；1,5；1,6；2,4；2,5；2,6；3,5；3,6；4,6

互不接触的三环组：　1,3,5；1,3,6；1,4,6；2,4,6

(2) 移去

移去一个节点意味着切断与该节点相连的全部支路；移去一条前向通路(支路或环)意味着移去该前向通路(支路或环)中所有的节点。

在图 4.8.5 所示的信号流图中，移去第 2 条前向通路后所剩下的图形(子图)如图 4.8.6 所示。

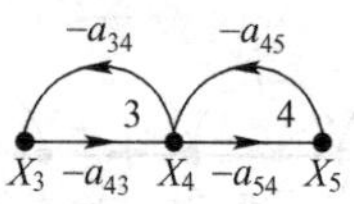

图 4.8.6　移去图 4.8.5 中第 2 条前向通路后的信号流图

4.8.3　从 Cramer 法则到 Mason 规则的推演

在图 4.8.5 所示的信号流图中，各个信号之间满足下述关系：

$$\begin{cases}X_1=F-a_{12}X_2\\X_2=-a_{21}X_1-a_{23}X_3\\X_3=-a_{32}X_2-a_{34}X_4\\X_4=-a_{43}X_3-a_{45}X_5\\X_5=-a_{54}X_4-a_{56}X_6\\X_6=-a_{65}X_5-a_{67}X_7-a_{62}X_2\\X_7=-a_{76}X_6\end{cases}\quad\text{或}\quad\begin{cases}X_1+a_{12}X_2=F\\a_{21}X_1+X_2+a_{23}X_3=0\\a_{32}X_2+X_3+a_{34}X_4=0\\a_{43}X_3+X_4+a_{45}X_5=0\\a_{54}X_4+X_5+a_{56}X_6=0\\a_{62}X_2+a_{65}X_5+X_6+a_{67}X_7=0\\a_{76}X_6+X_7=0\end{cases} \tag{4.8.7}$$

式(4.8.7)是一个七变量的线性方程组。

1. 描述信号流图的线性方程组的系数行列式与环路转移函数的关系

由式(4.8.7)可知，描述信号流图的线性方程组的系数行列式为

$$\Delta=\begin{vmatrix}1 & a_{12} & 0 & 0 & 0 & 0 & 0\\ a_{21} & 1 & a_{23} & 0 & 0 & 0 & 0\\ 0 & a_{32} & 1 & a_{34} & 0 & 0 & 0\\ 0 & 0 & a_{43} & 1 & a_{45} & 0 & 0\\ 0 & 0 & 0 & a_{54} & 1 & a_{56} & 0\\ 0 & a_{62} & 0 & 0 & a_{65} & 1 & a_{67}\\ 0 & 0 & 0 & 0 & 0 & a_{76} & 1\end{vmatrix}\xlongequal{r_2-a_{21}r_1}\begin{vmatrix}1 & a_{12} & 0 & 0 & 0 & 0 & 0\\ 0 & 1-L_1 & a_{23} & 0 & 0 & 0 & 0\\ 0 & a_{32} & 1 & a_{34} & 0 & 0 & 0\\ 0 & 0 & a_{43} & 1 & a_{45} & 0 & 0\\ 0 & 0 & 0 & a_{54} & 1 & a_{56} & 0\\ 0 & a_{62} & 0 & 0 & a_{65} & 1 & a_{67}\\ 0 & 0 & 0 & 0 & 0 & a_{76} & 1\end{vmatrix}$$

$$\xlongequal{\text{按第 1 列展开}}\begin{vmatrix}1-L_1 & a_{23} & 0 & 0 & 0 & 0\\ a_{32} & 1 & a_{34} & 0 & 0 & 0\\ 0 & a_{43} & 1 & a_{45} & 0 & 0\\ 0 & 0 & a_{54} & 1 & a_{56} & 0\\ a_{62} & 0 & 0 & a_{65} & 1 & a_{67}\\ 0 & 0 & 0 & 0 & a_{76} & 1\end{vmatrix}\xlongequal{r_5-a_{67}r_6}\begin{vmatrix}1-L_1 & a_{23} & 0 & 0 & 0 & 0\\ a_{32} & 1 & a_{34} & 0 & 0 & 0\\ 0 & a_{43} & 1 & a_{45} & 0 & 0\\ 0 & 0 & a_{54} & 1 & a_{56} & 0\\ a_{62} & 0 & 0 & a_{65} & 1-L_6 & 0\\ 0 & 0 & 0 & 0 & a_{76} & 1\end{vmatrix}$$

$$\xlongequal{\text{按第 6 列展开}}\begin{vmatrix}1-L_1 & a_{23} & 0 & 0 & 0\\ a_{32} & 1 & a_{34} & 0 & 0\\ 0 & a_{43} & 1 & a_{45} & 0\\ 0 & 0 & a_{54} & 1 & a_{56}\\ a_{62} & 0 & 0 & a_{65} & 1-L_6\end{vmatrix}$$

$$\xlongequal{\text{按第 1 行展开}}(1-L_1)\begin{vmatrix}1 & a_{34} & 0 & 0\\ a_{43} & 1 & a_{45} & 0\\ 0 & a_{54} & 1 & a_{56}\\ 0 & 0 & a_{65} & 1-L_6\end{vmatrix}-a_{23}\begin{vmatrix}a_{32} & a_{34} & 0 & 0\\ 0 & 1 & a_{45} & 0\\ 0 & a_{54} & 1 & a_{56}\\ a_{62} & 0 & a_{65} & 1-L_6\end{vmatrix}$$

$$=(1-L_1)\begin{vmatrix}1 & a_{34} & 0 & 0\\ 0 & 1-L_3 & a_{45} & 0\\ 0 & a_{54} & 1 & a_{56}\\ 0 & 0 & a_{65} & 1-L_6\end{vmatrix}-L_2\begin{vmatrix}1 & a_{45} & 0\\ a_{54} & 1 & a_{56}\\ 0 & a_{65} & 1-L_6\end{vmatrix}+a_{23}a_{34}\begin{vmatrix}0 & a_{45} & 0\\ 0 & 1 & a_{56}\\ a_{62} & a_{65} & 1-L_6\end{vmatrix}$$

$$=(1-L_1)\begin{vmatrix}1-L_3 & a_{45} & 0\\ a_{54} & 1 & a_{56}\\ 0 & a_{65} & 1-L_6\end{vmatrix}-L_2\begin{vmatrix}1 & a_{45} & 0\\ 0 & 1-L_4 & a_{56}\\ 0 & a_{65} & 1-L_6\end{vmatrix}+a_{23}a_{34}a_{62}\begin{vmatrix}a_{45} & 0\\ 1 & a_{56}\end{vmatrix}$$

$$=(1-L_1)(1-L_3)\begin{vmatrix}1 & \dfrac{a_{45}}{1-L_3} & 0\\ 0 & 1-\dfrac{L_4}{1-L_3} & a_{56}\\ 0 & a_{65} & 1-L_6\end{vmatrix}-L_2\begin{vmatrix}1-L_4 & a_{56}\\ a_{65} & 1-L_6\end{vmatrix}+a_{23}a_{34}a_{45}a_{56}a_{62}$$

$$=(1-L_1)(1-L_3)\begin{vmatrix}1-\dfrac{L_4}{1-L_3} & a_{56}\\ a_{65} & 1-L_6\end{vmatrix}-L_2[(1-L_4)(1-L_6)-L_5]-L_7$$

$$=(1-L_1)(1-L_3)\left[\left(1-\frac{L_4}{1-L_3}\right)(1-L_6)-L_5\right]-L_2[(1-L_4)(1-L_6)-L_5]-L_7$$

$$=(1-L_1)[(1-L_3-L_4)(1-L_6)-L_5(1-L_3)]-L_2[(1-L_4)(1-L_6)-L_5]-L_7$$

式中，r_i 代表第 i 行。

显然，上式又可写成

$$\Delta = 1 - \sum_{i=1}^{7} L_i + \left[L_1 \sum_{i=3}^{6} L_i + L_2 \sum_{i=4}^{6} L_i + L_3 \sum_{i=5}^{6} L_i + L_4 L_6 \right] - \left[L_1 L_3 \sum_{i=5}^{6} L_i + L_1 L_4 L_6 + L_2 L_4 L_6 \right] \tag{4.8.8}$$

结论 1：

式(4.8.8)表明，图 4.8.5 所示的信号流图的 Δ 值由四个部分组成，并且各部分之间的符号总是交替出现的。其中，第一部分为常数 1，后面三部分与信号流图中环的数目和环的分布有关；第二部分是各环转移函数之和；第三部分是所有互不接触的环对转移函数乘积之和；第四部分是所有互不接触的三环组转移函数乘积之和。

2. 移去前向通路后，描述信号流图的线性方程组的系数行列式与环路转移函数的关系

为了便于分析和讨论，我们先来分析移去信号流图 4.8.5 中的第二条前向通路后，描述信号流图的线性方程组的系数行列式与环路转移函数的关系。

由信号流图的子图，即图 4.8.6 可知，信号 X_3、X_4 及 X_5 满足下述关系：

$$\begin{cases} X_3 = -a_{34} X_4 \\ X_4 = -a_{43} X_3 - a_{45} X_5 \\ X_5 = -a_{54} X_4 \end{cases} \quad \text{或} \quad \begin{cases} X_3 + a_{34} X_4 = 0 \\ a_{43} X_3 + X_4 + a_{45} X_5 = 0 \\ a_{54} X_4 + X_5 = 0 \end{cases} \tag{4.8.9}$$

若将信号 X_3、X_4 及 X_5 构成的齐次方程组，即式(4.8.9)的系数行列式 Δ 记为 Δ_2，则有

$$\Delta_2 = \Delta = \begin{vmatrix} 1 & a_{34} & 0 \\ a_{43} & 1 & a_{45} \\ 0 & a_{54} & 1 \end{vmatrix} = \begin{vmatrix} 1 & a_{34} & 0 \\ 0 & 1-L_3 & a_{45} \\ 0 & a_{54} & 1 \end{vmatrix} = \begin{vmatrix} 1-L_3 & a_{45} \\ a_{54} & 1 \end{vmatrix} = 1 - L_3 - L_4 = 1 - \sum_{i=3}^{4} L_i \tag{4.8.10}$$

结论 2：

式(4.8.10)表明，移去信号流图 4.8.5 中的第二条前向通路后，描述信号流图(子图)的线性方程组的系数行列式 Δ_2 与环路转移函数的关系，同样遵循式(4.8.8)所揭示的规律。其实，任意信号流图中 Δ 值的计算，都遵循式(4.8.8)揭示的规律。

考虑到移去信号流图 4.8.5 中的第一条前向通路后所得的信号流图(子图)无环，根据式(4.8.8)计算的 Δ 值等于 1，记为

$$\Delta_1 = 1 \tag{4.8.11}$$

3. 信号流图中的响应信号对应的分子行列式与环路和前向通路转移函数的关系

由信号流图 4.8.5 可知，系统的激励为 F，响应为 Y，即 X_7。因此，应该关心的是分子行列式 Δ_7 与环路和前向通路转移函数的关系。由式(4.8.7)，并注意到式(4.8.5)、式(4.8.6)、式(4.8.10)及式(4.8.11)，可以得到

$$\Delta_7 = \begin{vmatrix} 1 & a_{12} & 0 & 0 & 0 & 0 & F \\ a_{21} & 1 & a_{23} & 0 & 0 & 0 & 0 \\ 0 & a_{32} & 1 & a_{34} & 0 & 0 & 0 \\ 0 & 0 & a_{43} & 1 & a_{45} & 0 & 0 \\ 0 & 0 & 0 & a_{54} & 1 & a_{56} & 0 \\ 0 & a_{62} & 0 & 0 & a_{65} & 1 & 0 \\ 0 & 0 & 0 & 0 & 0 & a_{76} & 0 \end{vmatrix} \xlongequal{\text{按第 7 列展开}} F \begin{vmatrix} a_{21} & 1 & a_{23} & 0 & 0 & 0 \\ 0 & a_{32} & 1 & a_{34} & 0 & 0 \\ 0 & 0 & a_{43} & 1 & a_{45} & 0 \\ 0 & 0 & 0 & a_{54} & 1 & a_{56} \\ 0 & a_{62} & 0 & 0 & a_{65} & 1 \\ 0 & 0 & 0 & 0 & 0 & a_{76} \end{vmatrix}$$

$$\xlongequal{\text{按第 6 行展开}} a_{76}F\begin{vmatrix} a_{21} & 1 & a_{23} & 0 & 0 \\ 0 & a_{32} & 1 & a_{34} & 0 \\ 0 & 0 & a_{43} & 1 & a_{45} \\ 0 & 0 & 0 & a_{54} & 1 \\ 0 & a_{62} & 0 & 0 & a_{65} \end{vmatrix} \xlongequal{\text{按第 1 列展开}} a_{21}a_{76}F\begin{vmatrix} a_{32} & 1 & a_{34} & 0 \\ 0 & a_{43} & 1 & a_{45} \\ 0 & 0 & a_{54} & 1 \\ a_{62} & 0 & 0 & a_{65} \end{vmatrix}$$

$$\xlongequal{\text{按第 1 列展开}} Fa_{21}a_{32}a_{43}a_{54}a_{65}a_{76} - Fa_{21}a_{76}a_{62}\begin{vmatrix} 1 & a_{34} & 0 \\ a_{43} & 1 & a_{45} \\ 0 & a_{54} & 1 \end{vmatrix} = F(T_1\Delta_1 + T_2\Delta_2) \tag{4.8.12}$$

考虑到式(4.8.8)及式(4.8.12)，由Cramer 法则，可以得到

$$Y = X_7 = \frac{\Delta_7}{\Delta} = \frac{F\sum_{k=1}^{2} T_k \Delta_k}{\Delta} \tag{4.8.13}$$

由式(4.8.13)可知，对于利用图 4.8.5 的信号流图所描述的系统，其转移函数可表示为

$$T_{FY} = \frac{Y}{F} = \frac{X_7}{F} = \frac{1}{\Delta}\sum_{k=1}^{2} T_k \Delta_k \tag{4.8.14}$$

对式(4.8.14)进行推广，即可得到 Mason 规则。

4. Mason 规则

通过观察系统的信号流图，利用 Mason 规则来确定系统的转移函数，避免了列写描述系统的方程组再联立求解的烦琐过程。Mason 规则的具体内容如下。

在信号流图中，任何一个非独立节点 $Y(s)$ 与任何一个独立节点 $F(s)$ 之间的转移函数 $T_{FY}(s)$ 的计算公式为

$$T_{FY}(s) = \frac{Y(s)}{F(s)} = H(s) = \frac{1}{\Delta}\sum_{k=1}^{n} T_k \Delta_k \tag{4.8.15}$$

式中

$$\Delta = 1 - \sum_a L_a + \sum_{bc} L_b L_c - \sum_{def} L_d L_e L_f + \sum_{ghij} L_g L_h L_i L_j - \cdots$$

其中，$\sum_a L_a$ 为信号流图中全部环路转移函数之和；$\sum_{bc} L_b L_c$ 为信号流图中所有互不接触环对转移函数乘积之和；$\sum_{def} L_d L_e L_f$ 为信号流图中所有互不接触三环组转移函数乘积之和；$\sum_{ghij} L_g L_h L_i L_j$ 为信号流图中所有互不接触四环组转移函数乘积之和；T_k 为信号流图中从 $F(s)$ 到 $Y(s)$ 的第 k 条前向通路的转移函数；Δ_k 为信号流图中移去第 k 条前向通路所涉及的节点和支路后所得信号流图(子图)的 Δ 值。

例 4.8.1：已知 LTI 连续时间系统的复频域模拟方框图如图 4.8.7 所示。

(1) 试画出 LTI 连续时间系统复频域模拟方框图对应的信号流图。

(2) 试用 Mason 规则确定 LTI 连续时间系统的转移函数 $H(s)$。

(3) 试画出 LTI 连续时间系统的卡尔曼形式的信号流图。

(4) 试画出 LTI 连续时间系统的级联形式的信号流图。

(5) 试画出 LTI 连续时间系统的并联形式的信号流图。

解：(1) LTI 连续时间系统复频域模拟方框图对应的信号流图如图 4.8.8 所示。

(2) 由图 4.8.8 可知，在系统的信号流图中有两个环，其转移函数分别为

$$L_1=1\times\frac{-3}{s}=-\frac{3}{s},\ L_2=\frac{1}{s}\times1\times\frac{1}{s}\times(-2)=-\frac{2}{s^2}$$

并且，两个环为接触环。

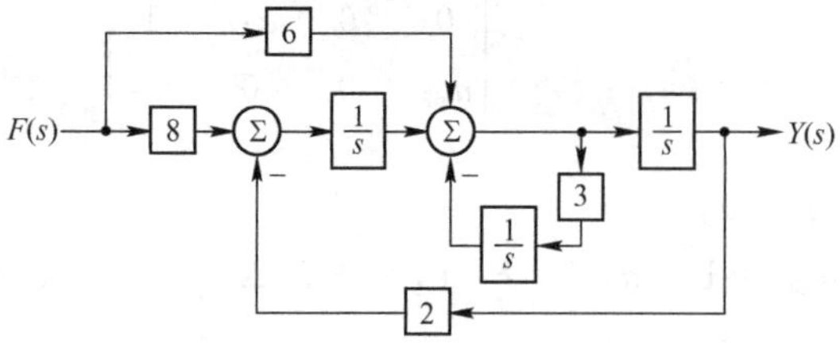

图 4.8.7　LTI 连续时间系统的复频域模拟方框图

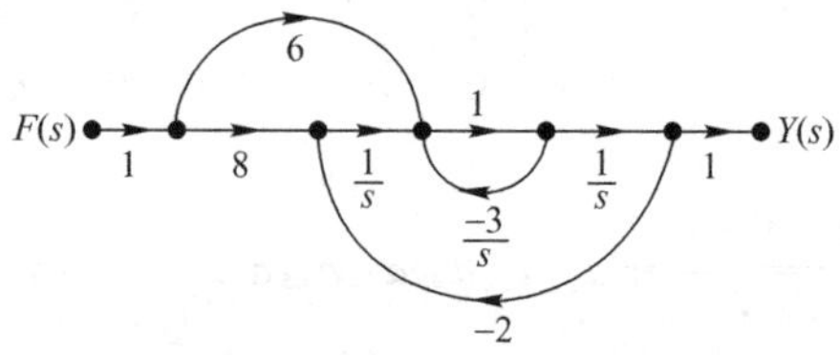

图 4.8.8　LTI 连续时间系统的复频域模拟方框图对应的信号流图

在系统的信号流图中，有两条前向通路，其转移函数分别为

$$T_1=1\times6\times1\times\frac{1}{s}\times1=\frac{6}{s},\ T_2=1\times8\times\frac{1}{s}\times1\times\frac{1}{s}\times1=\frac{8}{s^2}$$

由于移去 T_1 对应的前向通路后，所得信号流图无环，因此 $\Delta_1=1$；由于移去 T_2 对应的前向通路后，所得信号流图也无环，因此 $\Delta_2=1$。

由 Mason 规则可得

$$H(s)=\frac{1}{\Delta}\sum_{k=1}^{n}T_k\Delta_k=\frac{T_1+T_2}{1-(L_1+L_2)}=\frac{\frac{6}{s}+\frac{8}{s^2}}{1-\left(-\frac{3}{s}-\frac{2}{s^2}\right)}=\frac{6s+8}{s^2+3s+2}$$

(3) 考虑到 LTI 连续时间系统的转移函数为 $H(s)=\dfrac{6s+8}{s^2+3s+2}$，则描述 LTI 连续时间系统卡尔曼形式的信号流图如图 4.8.9 所示。

(4) 考虑到 $H(s)=\dfrac{6s+8}{s^2+3s+2}=\dfrac{6s+8}{(s+1)(s+2)}$，则 $H(s)$ 可表示成 $H(s)=H_1(s)H_2(s)$，其中 $H_1(s)=\dfrac{X(s)}{F(s)}=\dfrac{6s+8}{s+1}$，$H_2(s)=\dfrac{Y(s)}{X(s)}=\dfrac{1}{s+2}$，分别画出各子系统卡尔曼形式的信号流图，再级联起来即可。

转移函数为 $H_1(s)$ 和 $H_2(s)$ 的子系统的卡尔曼形式的信号流图，分别如图 4.8.10 和图 4.8.11 所示。将转移函数为 $H_1(s)$ 和 $H_2(s)$ 的子系统卡尔曼形式的信号流图级联起来，可得到描述 LTI 连续时间系统级联形式Ⅰ的信号流图，如图 4.8.12 所示。

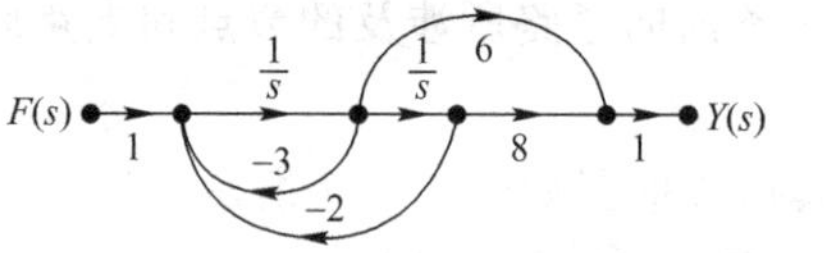

图 4.8.9　LTI 连续时间系统卡尔曼形式的信号流图

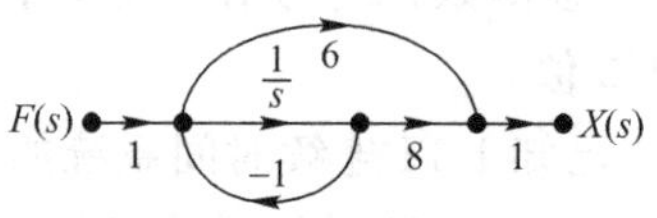

图 4.8.10　转移函数为 $H_1(s)$ 的子系统的卡尔曼形式的信号流图

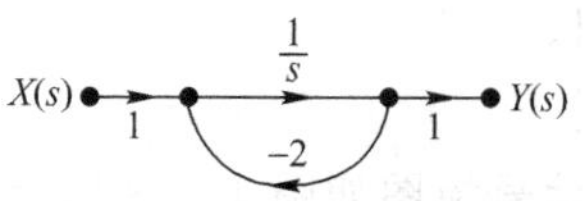

图 4.8.11　转移函数为 $H_2(s)$ 的子系统的卡尔曼形式的信号流图

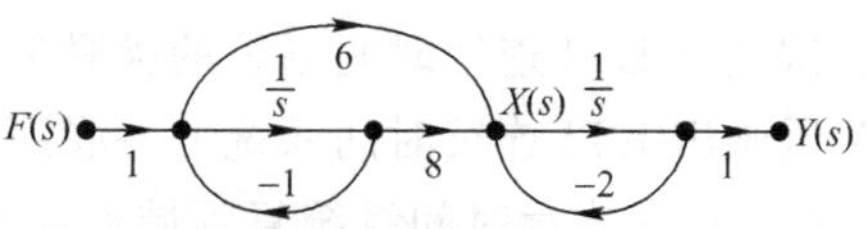

图 4.8.12　描述 LTI 连续时间系统级联形式Ⅰ的信号流图

显然，$H_1(s)$和$H_2(s)$的这种假设不是唯一的，多项式$6s+8$也可以作为$H_2(s)$的分子，那么描述 LTI 连续时间系统级联形式Ⅱ的信号流图如图 4.8.13 所示。

由于 LTI 连续时间系统的级联与顺序无关，因此题设条件的二阶 LTI 连续时间系统有四种级联形式。

一般地，一个n阶 LTI 连续时间系统，若$N(s)$与$D(s)$的幂次相同或者$N(s)$比$D(s)$低一次幂，并且$N(s)=0$和$D(s)=0$的根都是实根，则共有$(n!)^2$种级联形式的信号流图。

(5) 考虑到$H(s)=\dfrac{6s+8}{(s+1)(s+2)}=\dfrac{2}{s+1}+\dfrac{4}{s+2}$，则描述 LTI 连续时间系统并联形式的信号流图如图 4.8.14 所示。

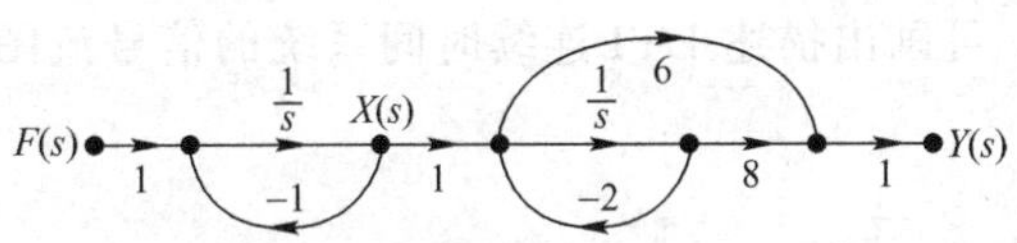

图 4.8.13　描述 LTI 连续时间系统级联形式Ⅱ的信号流图

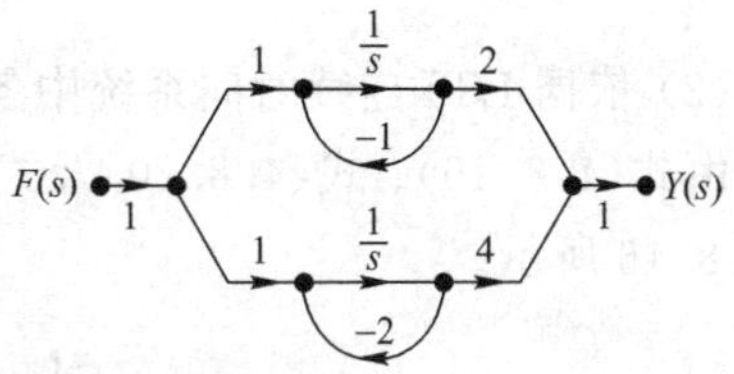

图 4.8.14　描述 LTI 连续时间系统并联形式的信号流图

例 4.8.2：由电阻元件、电容元件和理想运算放大器构成的 LTI 连续时间系统如图 4.8.15 所示。已知$R_3=R_4=1\,\text{M}\Omega$，$C_1=C_2=1\,\mu\text{F}$，激励$f(t)=2e^{-t}\varepsilon(t)$ V，系统的初始状态$u_{C_1}(0_-)=u_{C_2}(0_-)=1$ V，试求系统的全响应$y(t)$。

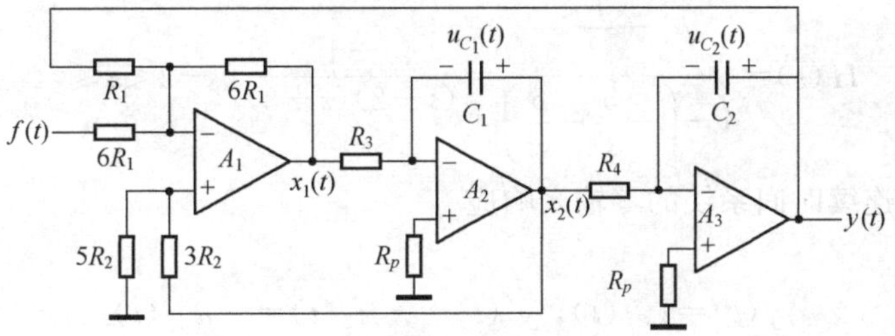

图 4.8.15　LTI 连续时间系统的时域模型

解：(1) 确定 LTI 连续时间系统中各点信号之间的象函数关系

考虑到加法器的输出与输入电压之间的关系及叠加原理，则有

$$x_1(t)=-\frac{6R_1}{6R_1}f(t)+\left[1+\frac{6R_1}{\dfrac{6R_1\times R_1}{6R_1+R_1}}\right]\frac{5R_2}{5R_2+3R_2}x_2(t)-\frac{6R_1}{R_1}y(t)$$

即

$$x_1(t)=-f(t)+5x_2(t)-6y(t) \tag{4.8.16}$$

考虑到反相积分器的输出与输入电压之间的关系，可得

$$x_2(t)=-\frac{1}{R_3C_1}\int_{-\infty}^{t}x_1(\tau)\mathrm{d}\tau=-\int_{-\infty}^{t}x_1(\tau)\mathrm{d}\tau$$

即

$$x_2(t)=-\int_{-\infty}^{t}x_1(\tau)\mathrm{d}\tau \tag{4.8.17}$$

$$y(t)=-\frac{1}{R_4C_2}\int_{-\infty}^{t}x_2(\tau)\mathrm{d}\tau=-\int_{-\infty}^{t}x_2(\tau)\mathrm{d}\tau$$

即

$$y(t)=-\int_{-\infty}^{t}x_2(\tau)\mathrm{d}\tau \tag{4.8.18}$$

对式(4.8.16)、式(4.8.17)及式(4.8.18)的等号两边分别取双边 LT，可得

$$X_1(s)=-F(s)+5X_2(s)-6Y(s) \tag{4.8.19}$$

$$X_2(s)=-\frac{1}{s}X_1(s) \tag{4.8.20}$$

$$Y(s)=-\frac{1}{s}X_2(s) \tag{4.8.21}$$

(2) 依据 LTI 连续时间系统中各点信号之间的象函数关系构建描述系统的信号流图

由式(4.8.19)、式(4.8.20)及式(4.8.21)，可画出描述 LTI 连续时间系统的信号流图，如图 4.8.16 所示。

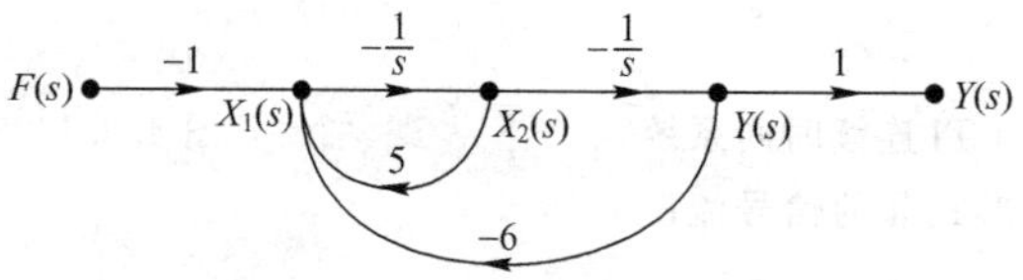

图 4.8.16　LTI 连续时间系统的信号流图

(3) 利用 Mason 规则确定 LTI 连续时间系统的转移函数

考虑到 Mason 规则，由图 4.8.16 可得

$$H(s)=\frac{-\frac{1}{s^2}}{1-\left(-\frac{5}{s}-\frac{6}{s^2}\right)}=\frac{-1}{(s+2)(s+3)},\ -2<\sigma\leqslant\infty \tag{4.8.22}$$

(4) 确定 LTI 连续时间系统的零输入响应

考虑到

$$y(t)=u_{C_2}(t),\ y'(t)=-x_2(t)=-u_{C_1}(t)$$

则有

$$y(0_-)=u_{C_2}(0_-)=1\ \mathrm{V},\ y'(0_-)=-u_{C_1}(0_-)=-1\ \mathrm{V/s}$$

由式(4.8.22)可知，可设 LTI 连续时间系统的零输入响应的通解为

$$y_x(t)=C_1\mathrm{e}^{-2t}+C_2\mathrm{e}^{-3t},\ t\geqslant0$$

于是

$$\begin{cases}y(0_-)=C_1+C_2=1\\y'(0_-)=-2C_1-3C_2=-1\end{cases}，解得\begin{cases}C_1=2\\C_2=-1\end{cases}$$

那么 LTI 连续时间系统的零输入响应为

$$y_x(t)=2\mathrm{e}^{-2t}-\mathrm{e}^{-3t}\ \mathrm{V},\ t\geqslant0$$

(5) 确定 LTI 连续时间系统的零状态响应

考虑到

$$Y_f(s)=H(s)F(s)=\frac{-1}{(s+2)(s+3)}\frac{2}{s+1}=-\frac{1}{s+1}+\frac{2}{s+2}-\frac{1}{s+3},\ -1<\sigma\leqslant\infty$$

则 LTI 连续时间系统的零状态响应为

$$y_f(t)=\mathrm{ILT}[Y_f(s)]=(2\mathrm{e}^{-2t}-\mathrm{e}^{-t}-\mathrm{e}^{-3t})\varepsilon(t)\ \mathrm{V}$$

(6) 确定 LTI 连续时间系统的全响应 $y(t)$

$$y(t)=y_x(t)+y_f(t)=2e^{-2t}-e^{-3t}+(2e^{-2t}-e^{-t}-e^{-3t})\varepsilon(t)\ \mathrm{V},\ t\geqslant 0$$

4.8.4 Mason 规则的应用

下面介绍依据系统模型直接构建信号流图的方法，并利用 Mason 规则来确定负反馈放大器和有源滤波器的转移函数。

1. 依据连续时间系统的 s 域模型直接构建信号流图的方法

依据连续时间系统的 s 域模型直接构建信号流图的方法及步骤如下。

(1) 在 LTI 连续时间系统的 s 域模型中，只需要交替标记必要的电压变量和电流变量。

标记必要的电压变量和电流变量是为了使中间信号(变量)的数目尽量少。例如，在图 4.8.17 中标记 $F(s)$、$I_1(s)$、$V_1(s)$、$I_2(s)$、$V_2(s)$、$I_3(s)$和 $Y(s)$等。

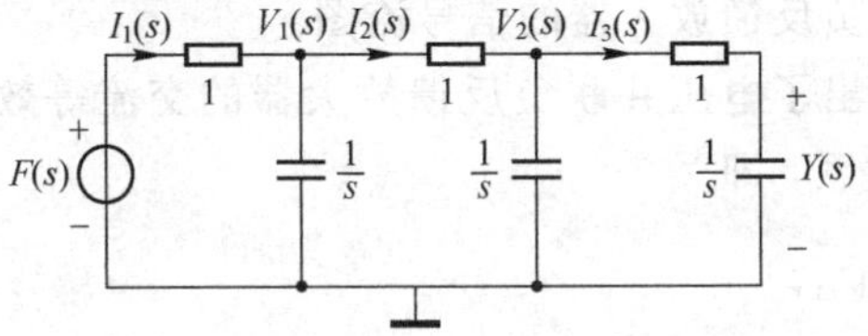

图 4.8.17　LTI 连续时间系统的 s 域模型

(2) 画一条线段，等距标出实点，并依次放置所标记的电压信号和电流信号的象函数，如图 4.8.18 所示。

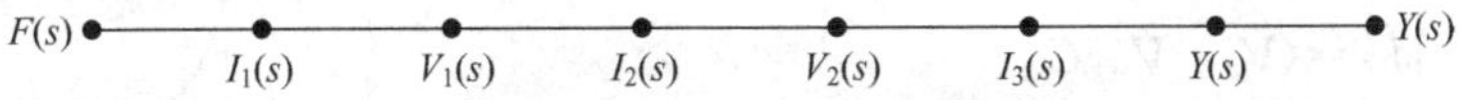

图 4.8.18　依次放置所标记的电压信号和电流信号的象函数

(3) 依据 LTI 连续时间系统的 s 域模型，寻找第一个电压信号或电流信号与相邻信号的关系，构建局部信号流图。

例如，考虑到 $I_1(s)=[F(s)-V_1(s)]/1$，则可以构建电流信号的象函数 $I_1(s)$的局部信号流图，如图 4.8.19 所示。

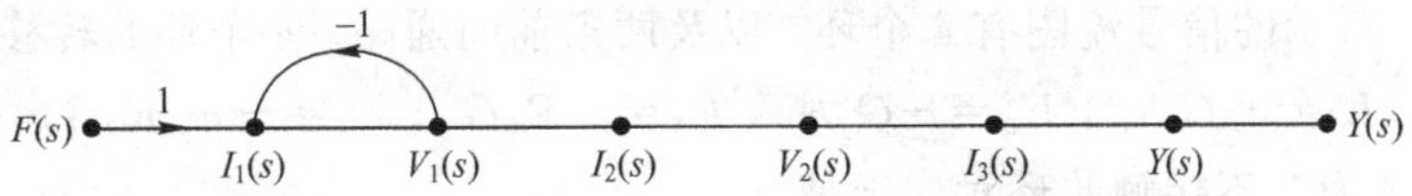

图 4.8.19　电流信号的象函数 $I_1(s)$的局部信号流图

(4) 依据 LTI 连续时间系统的 s 域模型，依次画出各电压信号和电流信号的象函数的局部信号流图，则可得到描述 LTI 连续时间系统的信号流图，如图 4.8.20 所示。

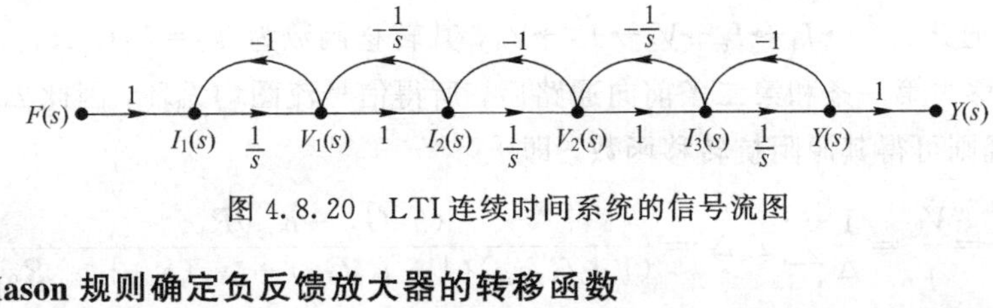

图 4.8.20　LTI 连续时间系统的信号流图

2. 利用 Mason 规则确定负反馈放大器的转移函数

例 4.8.3：电压并联负反馈放大器的原理电路如图 4.8.21 所示，试求其源阻抗转移函数 $\dot{K}_{rs}=\dot{V}_0/\dot{I}_s$。

解：(1) 画出电压并联负反馈放大器的交流等效电路，并标记出必要的电压信号和电流信号。

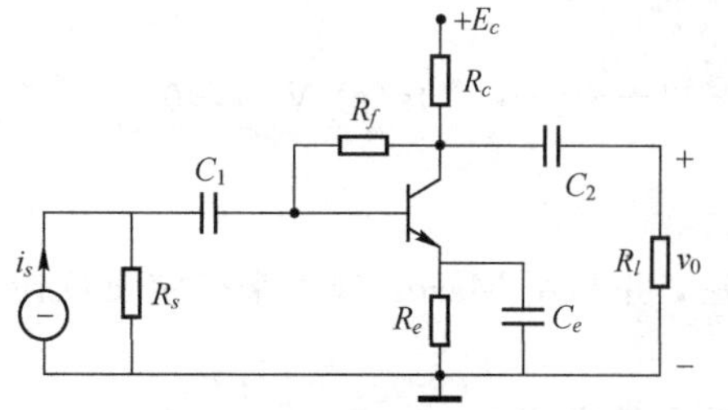

图 4.8.21 电压并联负反馈放大器的原理电路

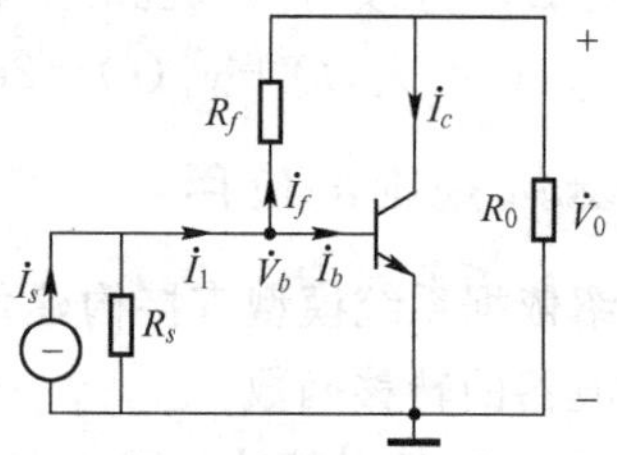

图 4.8.22 电压并联负反馈放大器的交流等效电路

将电压并联负反馈放大器原理电路图 4.8.21 中的电容元件 C_1、C_2 及 C_e 短路，可得其交流等效电路，如图 4.8.22 所示。在该图中已标记必要的电压信号和电流信号，并且电阻 R_c 和 R_l 的并联用 R_0 表示，即 $R_0=1/(G_c+G_l)$。

(2) 构建描述电压并联负反馈放大器的信号流图。

为了便于理解，下面列出了电压并联负反馈放大器的交流等效电路图 4.8.22 中的各个电压信号和电流信号之间的关系，即

$$\begin{cases}\dot{I}_1=\dot{I}_s-\dot{V}_bG_s\\ \dot{V}_b=\dot{I}_bh_{ie}\\ \dot{I}_b=\dot{I}_1-\dot{I}_f\\ \dot{I}_c=h_{fe}\dot{I}_b\\ \dot{I}_f=(\dot{V}_b-\dot{V}_0)G_f\\ \dot{V}_0=(\dot{I}_f-\dot{I}_c)R_0\end{cases}$$

依据上述各电压信号和电流信号之间的关系，可以画出电压并联负反馈放大器的交流等效电路的信号流图，如图 4.8.23 所示。

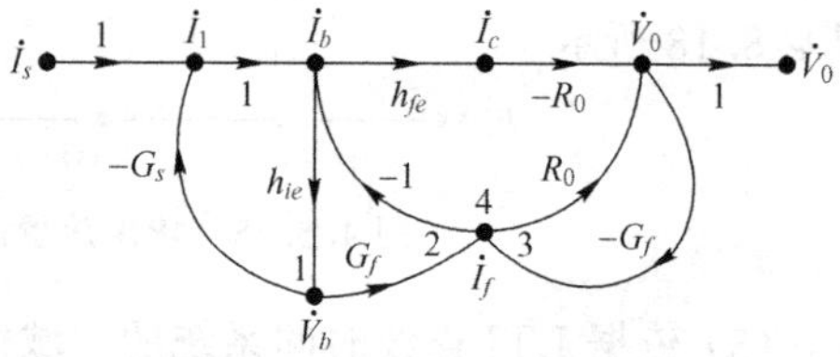

图 4.8.23 电压并联负反馈放大器的交流等效电路的信号流图

(3) 利用 Mason 规则确定电压并联负反馈放大器的源阻抗转移函数$\dot{K}_{rs}=\dot{V}_0/\dot{I}_s$。

如图 4.8.23 所示的信号流图有 4 个环，以及两条前向通路。4 个环的转移函数分别为

$$L_1=-G_sh_{ie},\ L_2=-G_fh_{ie},\ L_3=-R_0G_f,\ L_4=-h_{fe}R_0G_f$$

并且，环 1 和环 3 为互不接触的环对。于是

$$\Delta=1-\sum_{i=1}^{4}L_i+L_1L_3=(1-L_1)(1-L_3)-(L_2+L_4)=(1+G_sh_{ie})(1+R_0G_f)+G_f(h_{ie}+h_{fe}R_0)$$

第一条前向通路为$\dot{I}_s\to\dot{I}_1\to\dot{I}_b\to\dot{I}_c\to\dot{V}_0$，其转移函数为 $T_1=-h_{fe}R_0$。

第二条前向通路为$\dot{I}_s\to\dot{I}_1\to\dot{I}_b\to\dot{V}_b\to\dot{I}_f\to\dot{V}_0$，其转移函数为 $T_2=h_{ie}G_fR_0$。

显然，分别移去第一条和第二条前向通路后，所得信号流图均无环，因此 $\Delta_1=1$，$\Delta_2=1$。

由 Mason 规则可得其源阻抗转移函数，即

$$\dot{K}_{rs}=\frac{\dot{V}_0}{\dot{I}_s}=\frac{1}{\Delta}\sum_{i=1}^{2}T_i\Delta_i=\frac{(h_{ie}G_f-h_{fe})R_0}{(1+G_sh_{ie})(1+R_0G_f)+G_f(h_{ie}+h_{fe}R_0)}\tag{4.8.23}$$

讨论：

(1) 考虑到阻抗转移函数$\dot{K}_r=\dfrac{\dot{V}_0}{\dot{I}_1}=\lim\limits_{R_s\to\infty}\dot{K}_{rs}$，由式(4.8.23)可得

$$\dot{K}_r=\lim_{G_s\to 0}\frac{(h_{ie}G_f-h_{fe})R_0}{(1+G_sh_{ie})(1+R_0G_f)+G_f(h_{ie}+h_{fe}R_0)}=\frac{(h_{ie}G_f-h_{fe})R_0}{1+G_f[h_{ie}+(1+h_{fe})R_0]} \tag{4.8.24}$$

(2) 考虑到存在反馈通路，当 $G_f=h_{fe}G_{ie}$ 时，由式(4.8.23)及式(4.8.24)可得

$$\dot{K}_{rs}=\dot{K}_r=0 \tag{4.8.25}$$

式(4.8.25)表明，由于存在反馈通路，当 $G_f=h_{fe}G_{ie}$ 时，电压并联负反馈放大器的源阻抗转移函数和阻抗转移函数均为零。

(3) 若开环($R_f\to\infty$)时，由式(4.8.23)可得

$$\dot{K}_{rs0}=\lim_{G_f\to 0}\dot{K}_{rs}=\lim_{G_f\to 0}\frac{(h_{ie}G_f-h_{fe})R_0}{(1+G_sh_{ie})(1+R_0G_f)+G_f(h_{ie}+h_{fe}R_0)}=\frac{-h_{fe}R_0}{1+G_sh_{ie}} \tag{4.8.26}$$

(4) 若开环($R_f\to\infty$)时，由式(4.8.24)可得

$$\dot{K}_{r0}=\lim_{G_f\to 0}\dot{K}_r=\lim_{G_f\to 0}\frac{(h_{ie}G_f-h_{fe})R_0}{1+G_f[h_{ie}+(1+h_{fe})R_0]}=-h_{fe}R_0 \tag{4.8.27}$$

上述讨论的 4 个结果都可以基于电压并联负反馈放大器的交流等效电路的信号流图，即图 4.8.23先进行等效处理，再利用 Mason 规则得到。

① 当 $R_s=\infty$，即 $G_s=0$ 时

由于 $G_s=0$，切断了 $\dot{V}_b$ 至 $\dot{I}_1$ 的支路，因此可将图 4.8.23 所示的信号流图画成图 4.8.24。

图 4.8.24 所示的信号流图与图 4.8.23 所示的信号流图相比，由于转移函数为 $-G_s$ 的支路切断，仅少了环 1，并且其余三个环均为接触环，因此有

$$\Delta=1-\sum_{i=2}^{4}L_i=1-(-G_fh_{ie}-R_0G_f-h_{fe}R_0G_f)=1+G_f[h_{ie}+(1+h_{fe})R_0]$$

第一条前向通路和第二条前向通路不变，即转移函数 T_1 及 T_2 不变。分别移去这两条前向通路后，所得信号流图(子图)均无环，因此 $\Delta_1=\Delta_2=1$。

由 Mason 规则可得其阻抗转移函数，即

$$\dot{K}_r=\frac{\dot{V}_0}{\dot{I}_1}=\frac{T_1\Delta_1+T_2\Delta_2}{\Delta}=\frac{T_1+T_2}{\Delta}=\frac{(h_{ie}G_f-h_{fe})R_0}{1+G_f[h_{ie}+(1+h_{fe})R_0]} \tag{4.8.28}$$

可见，式(4.8.28)与式(4.8.24)揭示的阻抗转移函数是相同的。

② 当 $R_f=\infty$，即 $G_f=0$ 时

由于 $G_f=0$，切断了 $\dot{V}_b$ 至 $\dot{I}_f$ 的支路，以及 $\dot{V}_0$ 至 $\dot{I}_f$ 的支路，因此可将图 4.8.23 所示的信号流图画成图 4.8.25。

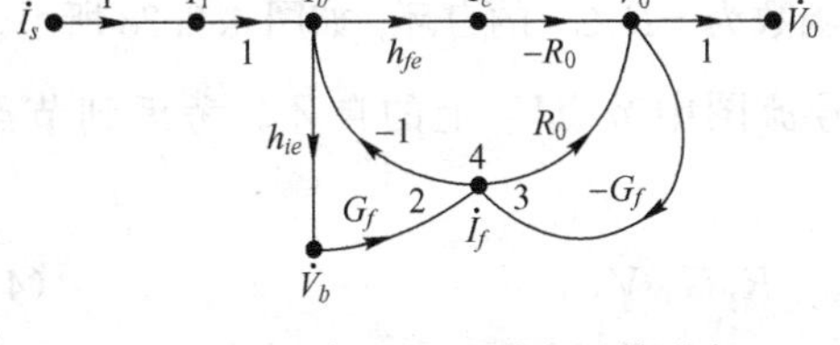

图 4.8.24　当 $G_s=0$ 时电压并联负反馈放大器的信号流图

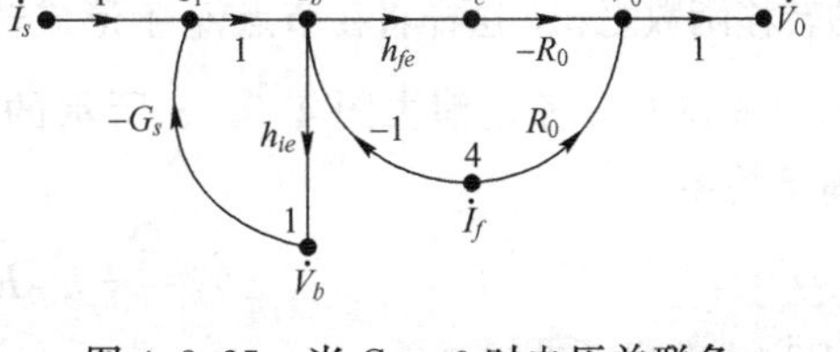

图 4.8.25　当 $G_f=0$ 时电压并联负反馈放大器的信号流图

在图 4.8.25 所示的信号流图中，由于节点 $\dot{I}_f$ 无输入支路，即 $\dot{I}_f=0$，因此节点 $\dot{I}_f$ 对节点 $\dot{I}_b$ 和 $\dot{V}_0$ 无影响，效果上相当于节点 $\dot{I}_f$ 所在的支路是切断的。显然，该信号流图中只留下环 1 和第一条前向通路，其转移函数分别为 $L_1=-G_sh_{ie}$ 和 $T_1=-h_{fe}R_0$，于是 $\Delta=1-L_1$。由于移去第一条前向通路后，所得信号流图无环，因此 $\Delta_1=1$。

由 Mason 规则可得其开环阻抗转移函数，即

$$\dot{K}_{rs0}=\frac{\dot{V}_0}{\dot{I}_s}=\frac{T_1\Delta_1}{\Delta}=\frac{T_1}{1-L_1}=\frac{-h_{fe}R_0}{1+G_s h_{fe}} \tag{4.8.29}$$

可见，式(4.8.29)与式(4.8.26)揭示的开环源阻抗转移函数是相同的。

③ 当$R_s=\infty$且$R_f=\infty$时

由于$R_s=\infty$，即$G_s=0$，因此图 4.8.25 所示的信号流图可以进一步画成图 4.8.26。

在图 4.8.26 所示的信号流图中，由于节点$\dot{I}_f$无输入支路，即$\dot{I}_f=0$，因此节点$\dot{I}_f$对节点$\dot{I}_b$和$\dot{V}_0$无影响，效果上相当于节点$\dot{I}_f$所在的支路是切断的。由于节点$\dot{V}_b$无输出支路，对信号流图中的其他节点的信号无影响。显然，该信号流图中无环，$\Delta=\Delta_1=1$，只留下了第一条前向通路，其转移函数$T_1=-h_{fe}R_0$。

由 Mason 规则可得其开环阻抗转移函数，即

$$\dot{K}_{r0}=\frac{\dot{V}_0}{\dot{I}_1}=\frac{T_1\Delta_1}{\Delta}=\frac{T_1}{1}=T_1=-h_{fe}R_0 \tag{4.8.30}$$

可见，式(4.8.30)与式(4.8.27)揭示的开环阻抗转移函数是相同的。

④ 当$R_s=\infty$，并忽略直通效应时

直通效应是指$\dot{V}_b$通过电阻R_f支路到输出端$\dot{V}_0$的效应。由于$R_s=\infty$，即$G_s=0$，当忽略直通效应时，图 4.8.24 所示的信号流图可画成图 4.8.27。

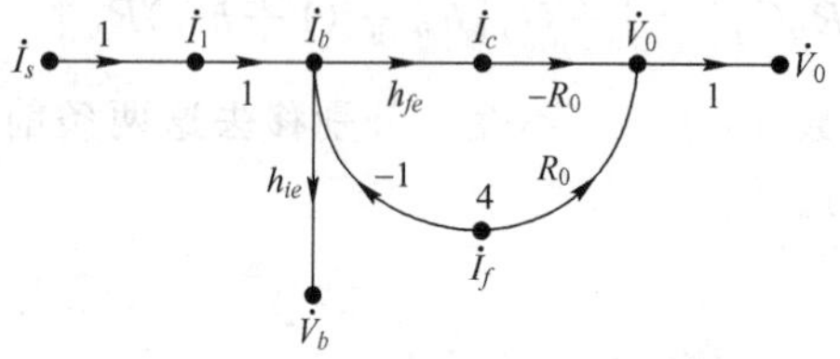

图 4.8.26　当$G_s=0$且$G_f=0$时电压并联负反馈放大器的信号流图

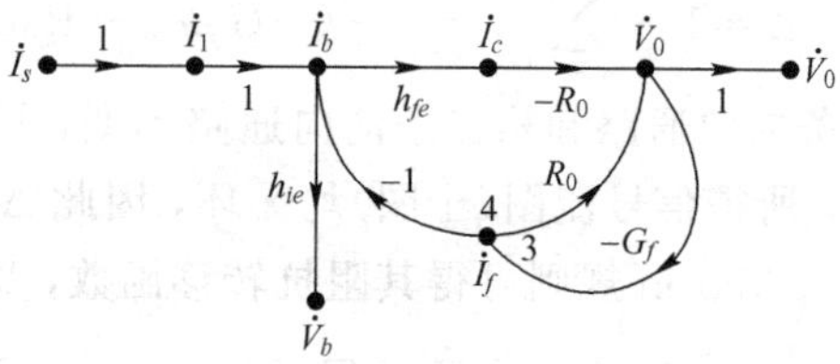

图 4.8.27　当$G_s=0$并忽略直通效应时电压并联负反馈放大器的信号流图

在图 4.8.27 所示的信号流图中，由于节点$\dot{V}_b$无输出支路，因此节点$\dot{V}_b$对信号流图中的其他节点的信号无影响。消去节点$\dot{I}_f$(又称为剖开节点$\dot{I}_f$)，意味着先将节点$\dot{I}_f$的输入支路一分为二，再将两条分支路上级联的两个子系统各自合二为一。因此，两条分支路的转移函数为各自级联的两个子系统的转移函数之积，这样将在节点$\dot{V}_0$上形成转移函数为$-R_0G_f$的自环，如图 4.8.28 所示。

我们现在的任务是消去图 4.8.28 所示的信号流图中节点$\dot{V}_0$上的自环。考虑到节点$\dot{V}_0$的信号满足关系

$$\dot{V}_0=-h_{fe}R_0\dot{I}_b-R_0G_f\dot{V}_0 \tag{4.8.31}$$

由式(4.8.31)可得

$$\dot{V}_0=\frac{-h_{fe}R_0}{1+R_0G_f}\dot{I}_b \tag{4.8.32}$$

式(4.8.32)表明，消去某个节点上的自环，等价于将这个节点的所有输入支路(这里仅有一条输入支路)的转移函数分别除以，1 与自环的转移函数相减的结果。

考虑到式(4.8.32)，则可以得到图 4.8.29 所示的信号流图。此信号流图正是电压并联负反馈放大器方框图分析法的依据。

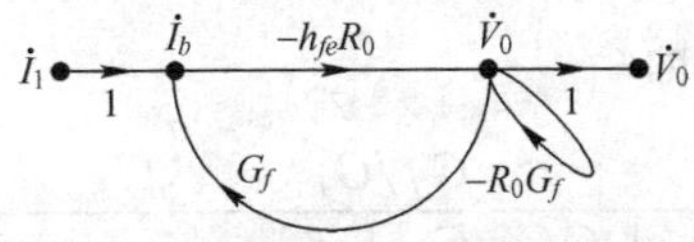

图 4.8.28　消去图 4.8.27 中的节点 $\dot I_f$ 后的信号流图

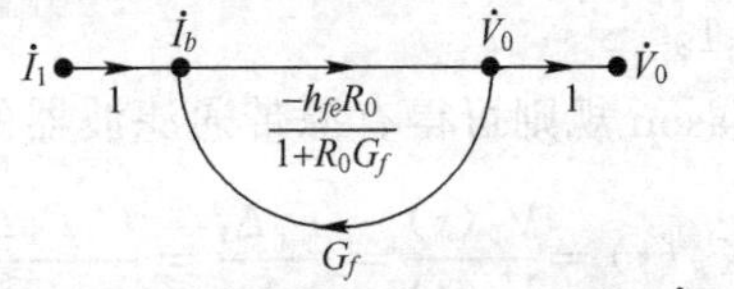

图 4.8.29　消去图 4.8.28 中节点 $\dot V_0$ 上的自环后的信号流图

3. 利用 Mason 规则确定有源滤波器的转移函数

例 4.8.4：由理想运算放大器构成的有源二阶模拟带通滤波器的时域模型，如图 4.8.30 所示，试求转移函数 $K_F(s)=V_0(s)/V_s(s)$。

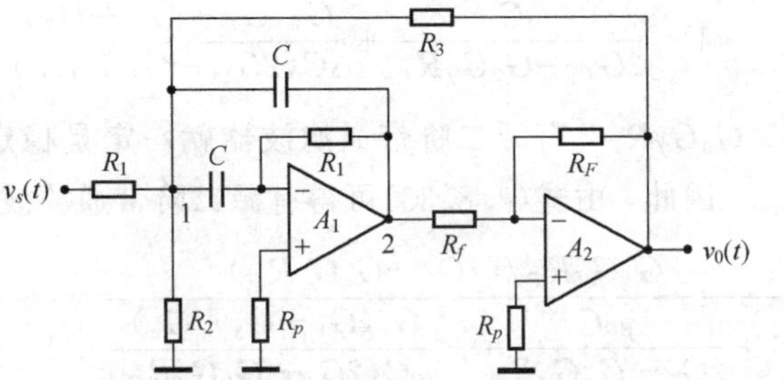

图 4.8.30　有源二阶模拟带通滤波器的时域模型

解：(1) 运用等效概念，即替代定理和理想电压源转移的概念，可将图 4.8.30 等效成图 4.8.31。

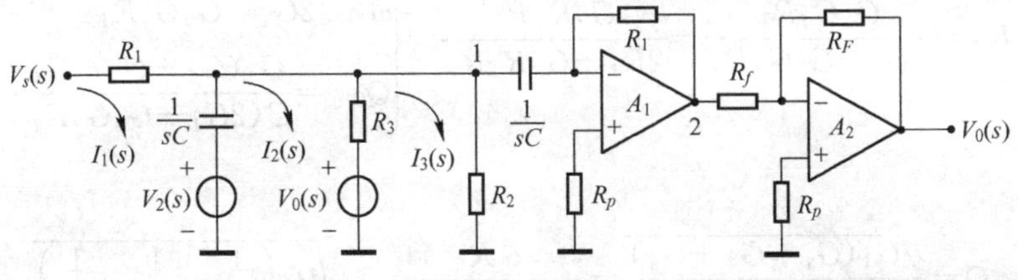

图 4.8.31　对图 4.8.30 进行等效变换后的有源二阶模拟带通滤波器的 s 域模型

(2) 运用理想运算放大器的条件，可得图 4.8.32 所示的有源二阶模拟带通滤波器的信号流图。

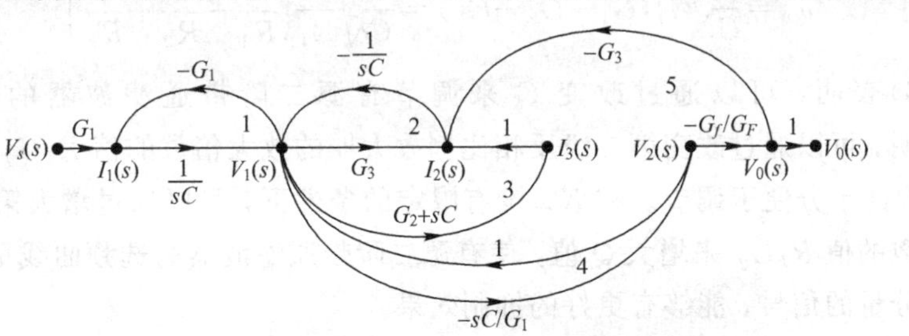

图 4.8.32　有源二阶模拟带通滤波器的信号流图

(3) 利用 Mason 规则确定有源二阶模拟带通滤波器的转移函数。

在图 4.8.32 所示的信号流图中，共有 5 个环和一条前向通路，并且 5 个环相互接触。各环及前向通路的转移函数分别为

$$L_1=-\frac{G_1}{sC},\ L_2=-\frac{G_3}{sC},\ L_3=-\frac{G_2+sC}{sC},\ L_4=-\frac{sC}{G_1}$$

$$L_5=-\frac{sC}{G_1}\left(-\frac{G_f}{G_F}\right)(-G_3)\left(-\frac{1}{sC}\right)=\frac{G_3G_f}{G_1G_F},\ T_1=G_1\frac{1}{sC}\left(-\frac{sC}{G_1}\right)\left(-\frac{G_f}{G_F}\right)=\frac{G_f}{G_F}$$

并且 $\Delta_1=1$。

由 Mason 规则可得有源带通滤波器的转移函数，即

$$K_F(s)=\frac{V_0(s)}{V_s(s)}=\frac{T_1\Delta_1}{\Delta}=\frac{T_1\Delta_1}{1-\sum\limits_{i=1}^{5}L_i}=\frac{G_f/G_F}{1+\frac{G_1+G_3+G_2+sC}{sC}+\frac{sC}{G_1}-\frac{G_3G_f}{G_1G_F}}$$
$$=\frac{G_1G_fR_F}{sC+\frac{G_1(G_1+G_3+G_2)}{sC}+(2G_1-G_3G_fR_F)}$$
$$=\frac{G_1G_fR_F/(2G_1-G_3G_fR_F)}{1+\frac{sC}{2G_1-G_3G_fR_F}+\frac{G_1(G_1+G_3+G_2)}{sC(2G_1-G_3G_fR_F)}}\tag{4.8.33}$$

只要满足条件 $2G_1>G_3G_fR_F$，有源二阶带通滤波器就一定是稳定系统，并且具有代换关系 $K_F(\mathrm{j}\omega)=K_F(s)|_{s=\mathrm{j}\omega}$。因此，由式(4.8.33)可得有源二阶带通滤波器的频率特性，即

$$K_F(\mathrm{j}\omega)=\frac{G_1G_fR_F/(2G_1-G_3G_fR_F)}{1+\frac{\mathrm{j}\omega C}{2G_1-G_3G_fR_F}+\frac{G_1(G_1+G_3+G_2)}{\mathrm{j}\omega C(2G_1-G_3G_fR_F)}}=\frac{K_F}{1+\mathrm{j}Q\left(\frac{\omega}{\omega_0}-\frac{\omega_0}{\omega}\right)}\tag{4.8.34}$$

式中

$$K_F=\frac{G_1G_fR_F}{2G_1-G_3G_fR_F}=\frac{G_fR_FR_3}{2R_3-G_fR_1R_F},\quad\begin{cases}\dfrac{Q}{\omega_0}=\dfrac{C}{2G_1-G_3G_fR_F}\\ Q\omega_0=\dfrac{G_1(G_1+G_2+G_3)}{C(2G_1-G_3G_fR_F)}\end{cases}$$

解得

$$Q=\frac{\sqrt{G_1(G_1+G_2+G_3)}}{2G_1-G_3G_fR_F}=\frac{R_3}{2R_3-R_1R_FG_f}\sqrt{R_1\left(\frac{1}{R_1}+\frac{1}{R_2}+\frac{1}{R_3}\right)}\tag{4.8.35}$$

$$\omega_0=\frac{1}{C}\sqrt{G_1(G_1+G_2+G_3)}=\frac{1}{C}\sqrt{\frac{1}{R_1}\left(\frac{1}{R_1}+\frac{1}{R_2}+\frac{1}{R_3}\right)}\tag{4.8.36}$$

式(4.8.36)表明，可以通过改变 C 来调节有源二阶带通滤波器的中心角频率 ω_0，式(4.8.35)表明，可以通过改变第二级反相比例放大器的放大倍数的值 R_FG_f 来调节 Q 值，两者互不影响，因此十分便于调节。在 K_F 没有限定的条件下，可以通过增大第二级反相比例放大器的放大倍数的值 R_FG_f 来增大 Q 值，使有源二阶带通滤波器的选频曲线更加尖锐，从而对不需要的频率分量的信号，能够有更好的抑制效果。

4.8.5　简单的 LTI 连续时间系统的设计

利用 LTI 连续时间系统的复频域分析方法，可将系统零状态响应时域上的线性卷积关系变成复频域上的乘积关系，这为我们进行 LTI 连续时间系统的辨识和设计提供了方便。下面简要介绍 LTI 连续时间系统的基本设计方法。

例 4.8.5：设计一个 LTI 连续时间系统，要求系统具有对激励 $f(t)=\mathrm{e}^t\varepsilon(-t)$ 实现反褶的功能。给出若干个 $R=1\,\mathrm{M}\Omega$ 的电阻元件和 $C=1\,\mu\mathrm{F}$ 的电容元件，试画出实现该系统的电路图。

解：考虑到 $\mathrm{e}^{-t}\varepsilon(t)\longleftrightarrow\frac{1}{s+1}$，$-1<\sigma\leqslant\infty$，则有

$$f(t)=\mathrm{e}^{t}\varepsilon(-t)\longleftrightarrow F(s)=\frac{1}{1-s},\ -\infty\leqslant\sigma<1$$

由题意可知，$y_f(t)=\mathrm{e}^{-t}\varepsilon(t)$，于是 $Y_f(s)=\dfrac{1}{s+1}$，$-1<\sigma\leqslant\infty$。

因此，所设计的 LTI 连续时间系统的转移函数为

$$H(s)=\frac{Y_f(s)}{F(s)}=\frac{1-s}{s+1}=\frac{1}{s+1}-\frac{s}{s+1}=H_1(s)-H_2(s),\ -1<\sigma\leqslant\infty \tag{4.8.37}$$

式中

$$H_1(s)=\frac{1}{s+1},\ H_2(s)=\frac{s}{s+1}$$

令 $RC=1$，则式(4.8.37)中的 $H_1(s)$ 及 $H_2(s)$ 可分别逆向写成

$$H_1(s)=\frac{1}{s+1}=\frac{\frac{1}{sC}}{R+\frac{1}{sC}},\ -1<\sigma\leqslant\infty,\ H_2(s)=\frac{s}{s+1}=\frac{R}{R+\frac{1}{sC}},\ -1<\sigma\leqslant\infty$$

因此，转移函数为 $H_1(s)$ 的系统可用图 4.8.33 实现；转移函数为 $H_2(s)$ 的系统可用图 4.8.34 来实现。将理想电压源转移的概念逆向运用，则可将图 4.8.33 和图 4.8.34 合并成图 4.8.35，从而得到所设计的系统的 s 域模型。因此，设计出的 LTI 连续时间系统的时域模型如图 4.8.36 所示。

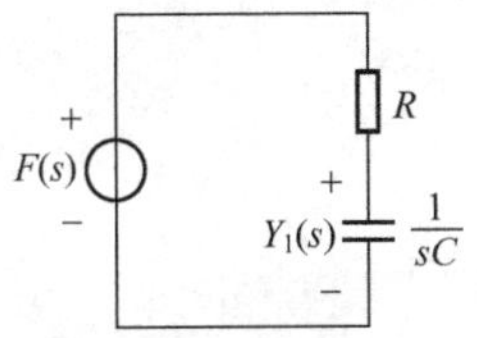

图 4.8.33 转移函数为 $H_1(s)$ 的 LTI 连续时间系统的 s 域模型

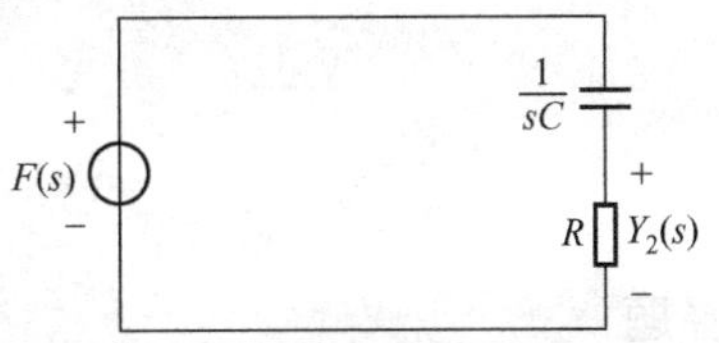

图 4.8.34 转移函数为 $H_2(s)$ 的 LTI 连续时间系统的 s 域模型

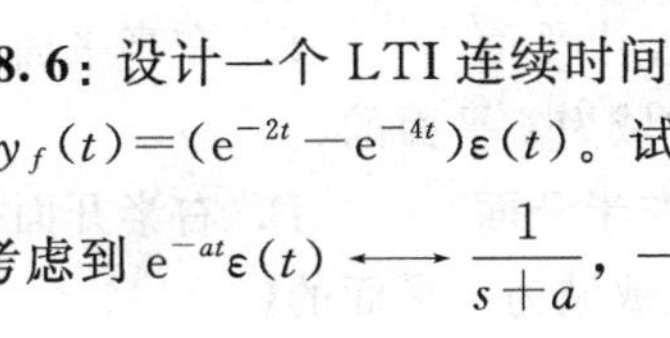

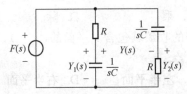

图 4.8.35 转移函数为 $H(s)$ 的 LTI 连续时间系统的 s 域模型

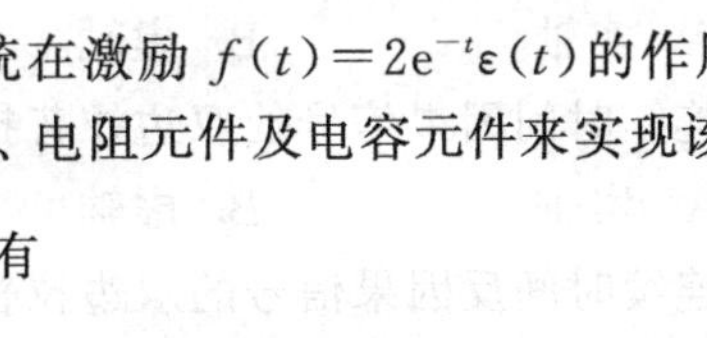

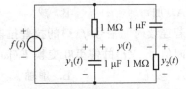

图 4.8.36 设计出的 LTI 连续时间系统的时域模型

例 4.8.6：设计一个 LTI 连续时间系统，要求系统在激励 $f(t)=2\mathrm{e}^{-t}\varepsilon(t)$ 的作用下，零状态响应为 $y_f(t)=(\mathrm{e}^{-2t}-\mathrm{e}^{-4t})\varepsilon(t)$。试用运算放大器、电阻元件及电容元件来实现该系统。

解：考虑到 $\mathrm{e}^{-at}\varepsilon(t)\longleftrightarrow\dfrac{1}{s+a}$，$-a<\sigma\leqslant\infty$，则有

$$f(t)=2\mathrm{e}^{-t}\varepsilon(t)\longleftrightarrow F(s)=\frac{2}{s+1},\ -1<\sigma\leqslant\infty$$

$$y_f(t)=(\mathrm{e}^{-2t}-\mathrm{e}^{-4t})\varepsilon(t)\longleftrightarrow Y_f(s)=\frac{1}{s+2}-\frac{1}{s+4}=\frac{2}{(s+2)(s+4)},\ -2<\sigma\leqslant\infty$$

于是，所设计的 LTI 连续时间系统的转移函数为

$$H(s)=\frac{Y_f(s)}{F(s)}=\frac{s+1}{(s+2)(s+4)}=\frac{\frac{1}{s}+\frac{1}{s^2}}{1+\frac{6}{s}+\frac{8}{s^2}}=\frac{-\left[-\frac{1}{s}-\left(-\frac{1}{s}\right)^2\right]}{1-\left[-\frac{6}{s}-8\left(-\frac{1}{s}\right)^2\right]},\ -2<\sigma\leqslant\infty \tag{4.8.38}$$

考虑到式(4.8.38)，则设计出的LTI连续时间系统的信号流图如图4.8.37所示。

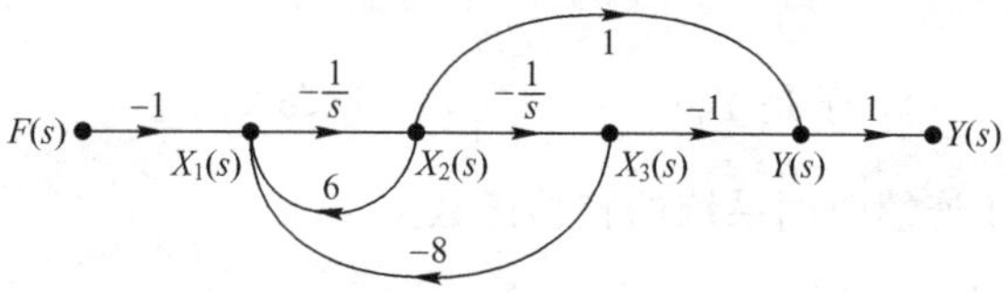

图4.8.37　设计出的LTI连续时间系统的信号流图

考虑到图4.8.37所示的信号流图，则设计出的LTI连续时间系统的电路实现如图4.8.38所示。其中，$R_1=100\ \text{k}\Omega$，$R_2=70\ \text{k}\Omega$，$R_3=100\ \text{k}\Omega$，$R_p=1\ \text{M}\Omega$。

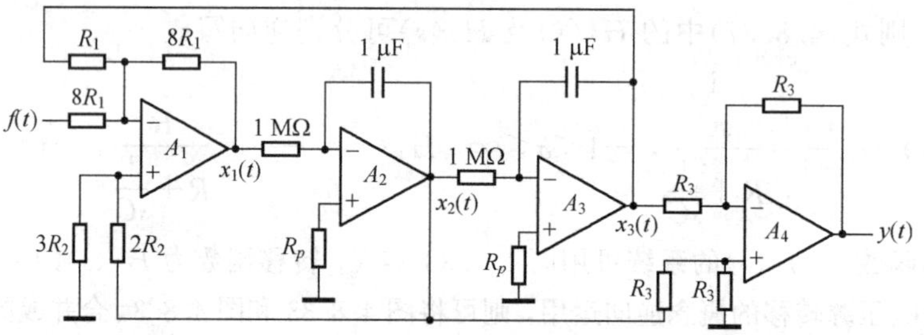

图4.8.38　设计出的LTI连续时间系统的电路实现

习题

4.1　单项选择题

(1) 将连续时间信号 $f(t)$(　　)衰减因子 $e^{-\sigma t}$ 后，再取傅里叶变换，其结果正是连续时间信号 $f(t)$ 的拉普拉斯变换。

A. 加　　B. 减　　C. 乘　　D. 除

(2) 若连续时间信号 $f(t)$ 的拉普拉斯变换 $F(s)$ 的收敛域包含 s 平面的(　　)，则连续时间信号 $f(t)$ 的傅里叶变换 $F(j\omega)=F(s)|_{s=j\omega}$。

A. 实轴　　B. 虚轴　　C. 左半平面　　D. 右半平面

(3) 若连续时间信号 $f(t)$ 的傅里叶变换 $F(j\omega)$ 在 s 平面的(　　)上解析，则连续时间信号 $f(t)$ 的拉普拉斯变换 $F(s)=F(j\omega)|_{j\omega=s}$。

A. 实轴　　B. 虚轴　　C. 左半平面　　D. 右半平面

(4) 连续时间因果信号的双边拉普拉斯变换的收敛域为 s 平面的(　　)。

A. 实轴　　B. 虚轴　　C. 左半开面　　D. 右半开面

(5) 连续时间反因果信号的双边拉普拉斯变换的收敛域为 s 平面的(　　)。

A. 实轴　　B. 虚轴　　C. 左半开面　　D. 右半开面

(6) 连续时间双边信号的双边拉普拉斯变换的收敛域为 s 平面上平行于(　　)的带状域。

A. 实轴　　B. 虚轴　　C. 左半开面　　D. 右半开面

(7) 连续时间时限信号的双边拉普拉斯变换的收敛域为有限的(　　)。

A. 实轴　　B. 虚轴　　C. 左半开面　　D. 全 s 平面

(8) 若连续时间信号 $f(t)$ 的拉普拉斯变换 $F(s)$ 的收敛域为 $-2<\sigma<3$，则连续时间因果信号 $f(t)\varepsilon(t)$ 的双边拉普拉斯变换的收敛域为(　　)。

A. $-\infty\leqslant\sigma<-2$　　B. $-\infty\leqslant\sigma<3$　　C. $-2<\sigma\leqslant\infty$　　D. $3<\sigma\leqslant\infty$

(9) 若连续时间信号 $f(t)$ 的拉普拉斯变换 $F(s)$ 的收敛域为 $-2<\sigma<3$，则连续时间反因果信号 $f(t)\varepsilon(-t)$ 的双边拉普拉斯变换的收敛域为(　　)。

A. $-\infty\leqslant\sigma<-2$　B. $-\infty\leqslant\sigma<3$　C. $-2<\sigma\leqslant\infty$　D. $3<\sigma\leqslant\infty$

(10) 若连续时间信号 $f(t)$ 的拉普拉斯变换 $F(s)$ 的收敛域为 $-2<\sigma<3$，则连续时间信号 $e^{t}f(t)\varepsilon(-t)$ 的普拉斯变换的收敛域为(　　)。

A. $-\infty\leqslant\sigma<-1$　B. $-\infty\leqslant\sigma<4$　C. $-1<\sigma\leqslant\infty$　D. $4<\sigma\leqslant\infty$

(11) 若连续时间信号为(　　)信号时，则其双边拉普拉斯变换与单边拉普拉斯变换等价。

A. 因果　B. 反因果　C. 非因果　D. 因果或反因果

(12) 若连续时间信号 $f(t)$ 满足(　　)条件时，则连续时间信号 $f'(t)$ 的单边拉普拉斯变换与双边拉普拉斯变换等价。

A. $f(0_-)=0$　B. $f(0_+)=0$　C. $f(0)=0$　D. $f'(0)=0$

(13) 无时限复指数信号 $f(t)=e^{st}$ 通过转移函数为 $H(s)$ 的连续时间因果系统，满足主导条件就意味着 $f(t)=e^{st}$ 的 s 一定位于 $H(s)$ 的收敛域之(　　)。

A. 内　B. 外

C. 边界上　D. 边界上任意位置

(14) 若 LTI 连续时间系统的转移函数为 $H(s)$，则能够唯一地确定系统单位冲激响应 $h(t)$ 模式的是系统转移函数 $H(s)$ 的(　　)。

A. 零点　B. 极点　C. 零点和极点　D. 收敛域

(15) LTI 连续时间因果稳定系统，其转移函数 $H(s)$ 的所有极点均位于 s 平面的(　　)。

A. 左半平面　B. 右半平面

C. 虚轴　D. 任意位置

(16) LTI 连续时间反因果稳定系统，其转移函数 $H(s)$ 的所有极点均位于 s 平面的(　　)。

A. 左半平面　B. 右半平面

C. 虚轴　D. 任意位置

(17) LTI 连续时间非因果稳定系统，在 s 平面的(　　)上无转移函数 $H(s)$ 的极点分布。

A. 左半平面　B. 右半平面　C. 虚轴　D. 任意位置

(18) 若 LTI 连续时间系统转移函数 $H(s)$ 的收敛域包含 s 平面的(　　)，则 LTI 连续时间系统的频率特性 $H(j\omega)$ 存在，并且 $H(j\omega)=H(s)\big|_{s=j\omega}$。

A. 实轴　B. 虚轴　C. 左半平面　D. 右半平面

(19) LTI 连续时间因果稳定最小相位系统，其转移函数 $H(s)$ 的所有零点和极点均位于 s 平面的(　　)。

A. 左半平面　B. 右半平面　C. 虚轴　D. 任意位置

(20) 一般利用(　　)来模拟 LTI 连续时间因果系统。

A. 加法器　B. 标量乘法器　C. 积分器　D. 前述三者

4.2　多项选择题

(1) 下列关于单位冲激信号 $\delta(t)$ 的等式，正确的有(　　)。

A. $\delta(t)=\dfrac{1}{2\pi}\displaystyle\int_{-\infty}^{+\infty}e^{j\omega t}\,d\omega$　B. $\delta(t)=\dfrac{1}{2\pi j}\displaystyle\int_{\sigma-j\infty}^{\sigma+j\infty}e^{st}\,ds$

C. $\delta(t)=\mathrm{Sa}\left(\dfrac{\omega_0 t}{2}\right)\displaystyle\sum_{n=-\infty}^{+\infty}\dfrac{1}{T_0}e^{jn\omega_0 t}$，$\omega_0=\dfrac{2\pi}{T_0}$　D. $\delta(t)=\mathrm{Sa}\left(\dfrac{\omega_0 t}{2}\right)\displaystyle\sum_{m=-\infty}^{+\infty}\delta(t-mT_0)$，$\omega_0=\dfrac{2\pi}{T_0}$

(2) 下列连续时间信号的双边拉普拉斯变换不存在的有(　　)。

A. 直流信号　　B. 无时限指数信号

C. 周期信号　　D. 抽样函数形式的信号

(3) 单边拉普拉斯变换可用于求解 LTI 连续时间系统的(　　)。

A. 零输入响应　B. 零状态响应　C. 全响应　D. 稳态响应

(4) LTI 连续时间系统的信号流图有(　　)形式。

A. 直接　B. 级联　C. 并联　D. 卡尔曼

(5) LTI 连续时间系统的复频域分析法包括(　　)。

A. 利用单边 LT 求解系统的全响应　　B. 利用双边 LT 求解系统的零状态响应

C. s 域模型图法　　D. 直接截取法

(6) 可用(　　)来描述 LTI 连续时间稳定系统。

A. 数学模型　B. 转移算子　C. 单位冲激响应　D. 频率特性　E. 转移函数

4.3 设 $\mathrm{LT}[f(t)]=F(s)$，$-2<\sigma<4$，试用 $F(s)$表示下列连续时间信号的双边 LT，并标明收敛域。

(1) $f_1(t)=f(t-1)$　　(2) $f_2(t)=f(-t)$

(3) $f_3(t)=f(-3t+6)$　　(4) $f_4(t)=f(t)*e^{-t}\varepsilon(t)$

(5) $f_5(t)=f(t)*\delta'(t)$　　(6) $f_6(t)=f(t)*\varepsilon(t)$

(7) $f_7(t)=e^{-t}f(t)$　　(8) $f_8(t)=-tf(t)$

4.4 已知连续时间信号 $f(t)=e^{-t}$，试求下列信号的拉普拉斯变换，并标明收敛域。

(1) $f_1(t)=f(t)\varepsilon(t)$　　(2) $f_2(t)=f(t)\varepsilon(-t)$

(3) $f_3(t)=f(-t)\varepsilon(t)$　　(4) $f_4(t)=f(-t)\varepsilon(-t)$

(5) $f_5(t)=f(t)\varepsilon(t-1)$　　(6) $f_6(t)=f(t-1)\varepsilon(t)$

(7) $f_7(t)=f(t-1)\varepsilon(t-1)$　　(8) $f_8(t)=f(2t)\varepsilon(t)$

(9) $f_9(t)=tf(t)\varepsilon(t)$　　(10) $f_{10}(t)=-tf(-t)\varepsilon(-t)$

(11) $f_{11}(t)=f(|t|)$　　(12) $f_{12}(t)=|t|f(|t|)$

4.5 试求下列信号的拉普拉斯变换，并标明收敛域。

(1) $f_1(t)=\sin t\varepsilon(t)$　　(2) $f_2(t)=\sqrt{2}\sin\left(t-\dfrac{\pi}{4}\right)\varepsilon(t)$

(3) $f_3(t)=\sqrt{2}\sin t\varepsilon\left(t-\dfrac{\pi}{4}\right)$　　(4) $f_4(t)=\sin\left(t-\dfrac{\pi}{4}\right)\varepsilon\left(t-\dfrac{\pi}{4}\right)$

(5) $f_5(t)=\cos t\varepsilon(t)$　　(6) $f_6(t)=\sqrt{2}\cos\left(t-\dfrac{\pi}{4}\right)\varepsilon(t)$

(7) $f_7(t)=\sqrt{2}\cos t\varepsilon\left(t-\dfrac{\pi}{4}\right)$　　(8) $f_8(t)=\cos\left(t-\dfrac{\pi}{4}\right)\varepsilon\left(t-\dfrac{\pi}{4}\right)$

(9) $f_9(t)=2\sin t\sin 3t\varepsilon(t)$　　(10) $f_{10}(t)=2\sin^2 t\varepsilon(t)$

(11) $f_{11}(t)=2\sin t\cos t\varepsilon(t)$　　(12) $f_{12}(t)=2\sin t\cos 3t\varepsilon(t)$

(13) $f_{13}(t)=2\cos t\cos 3t\varepsilon(t)$　　(14) $f_{14}(t)=2\cos^2 t\varepsilon(t)$

4.6 试求下列信号的拉普拉斯变换，并标明收敛域。

(1) $f_1(t)=\delta(t)-\delta(t-1)+\delta(t-2)-\delta(t-3)$　　(2) $f_2(t)=\cos\pi t[\delta(t)-\delta(t-1)]$

(3) $f_3(t)=\cos\pi t[\delta'(t)-\delta'(t-1)]$　　(4) $f_4(t)=e^{-t}[\varepsilon(t)-\varepsilon(t-1)]$

(5) $f_5(t)=te^{-t}\varepsilon(t-1)$　　(6) $f_6(t)=(t+1)[\varepsilon(t-2)-\varepsilon(t-3)]$

(7) $f_7(t)=\varepsilon(t)+\varepsilon(t-1)+\varepsilon(t-2)+\varepsilon(t-3)-4\varepsilon(t-4)$

(8) $f_8(t)=(1-\frac{|t|}{2})[\varepsilon(t+2)-\varepsilon(t-2)]$　　(9) $f_9(t)=(2-|t-2|)[\varepsilon(t)-\varepsilon(t-4)]$

(10) $f_{10}(t)=t\varepsilon(t)-(t-1)\varepsilon(t-1)$　　(11) $f_{11}(t)=t\varepsilon(t)-\varepsilon(t-1)-(t-1)\varepsilon(t-2)$

(12) $f_{12}(t)=2\varepsilon(t)-2(t-2)\varepsilon(t-2)+2(t-4)\varepsilon(t-4)$

(13) $f_{13}(t)=\varepsilon(-2t+4)-\varepsilon(-2t-4)$　　(14) $f_{14}(t)=t\varepsilon(t)-\sum_{m=1}^{+\infty}\varepsilon(t-m)$

(15) $f_{15}(t)=2^t\varepsilon(t)$　　(16) $f_{16}(t)=(2e)^{-t}\varepsilon(t)$

4.7　试求下列信号的拉普拉斯变换，并标明收敛域。

(1) $f_1(t)=\sin\pi t\varepsilon(t)+\sin\pi(t-1)\varepsilon(t-1)$　　(2) $f_2(t)=\sin 2t\varepsilon(t-\frac{\pi}{4})$

(3) $f_3(t)=e^{-2t}\sin t\varepsilon(t)$　　(4) $f_4(t)=e^{-t}\cos 2t\varepsilon(t)$

(5) $f_5(t)=\sqrt{2}e^{-(t+\frac{\pi}{4})}\cos t\varepsilon\left(t+\frac{\pi}{4}\right)$　　(6) $f_6(t)=\sin t[\varepsilon(t)-\varepsilon(t-\pi)]$

(7) $f_7(t)=\sin t[\varepsilon(t)-\varepsilon(t-2\pi)]$　　(8) $f_8(t)=e^{-t}\sin\pi t[\varepsilon(t)-\varepsilon(t-2)]$

(9) $f_9(t)=\mathrm{sgn}(\sin t)\varepsilon(t)$　　(10) $f_{10}(t)=\sin t\varepsilon(-t)+e^{-t}\sin t\varepsilon(t)$

(11) $f_{11}(t)=\frac{d}{dt}[e^{-t}\sin 3t\varepsilon(t)]$　　(12) $f_{12}(t)=te^{-4t}\cos 2(t-1)\varepsilon(t-1)$

(13) $f_{13}(t)=e^{-t}\cos\pi t[\varepsilon(t-1)-\varepsilon(t-3)]$　　(14) $f_{14}(t)=te^{-t}\sin t\varepsilon(t)$

(15) $f_{15}(t)=te^{-t}\cos t\varepsilon(t)$　　(16) $f_{16}(t)=\frac{4\sin^2 t}{t}\varepsilon(t)$

4.8　试求下列信号的拉普拉斯变换，并标明收敛域。

(1) $f_1(t)=\varepsilon(-t)+e^{-3t}\varepsilon(t)$　　(2) $f_2(t)=e^t\varepsilon(-t)+e^{-2t}\varepsilon(t)$

(3) $f_3(t)=e^t\varepsilon(-t)+te^{-2t}\varepsilon(t)$　　(4) $f_4(t)=e^{-|t|}\sin t$

(5) $f_5(t)=e^{-|t|}\cos t$　　(6) $f_6(t)=|t|e^{-|t|}\sin t$

(7) $f_7(t)=|t|e^{-|t|}\cos t$　　(8) $f_8(t)=\sum_{m=0}^{+\infty}\delta(t-mT_0)$，其中 $T_0>0$

(9) $f_9(t)=\sum_{m=0}^{+\infty}\varepsilon(t-2m)$　　(10) $f_{10}(t)=\sum_{m=0}^{+\infty}\sin\pi(t-m)\varepsilon(t-m)$

(11) $f_{11}(t)=t\varepsilon(t)*[\delta(t)-\delta(t-1)-\delta(t-3)+\delta(t-4)]*\sum_{m=0}^{+\infty}\delta(t-4m)$

(12) $f_{12}(t)=e^{-t}[\varepsilon(t)-\varepsilon(t-1)]*[\delta(t)-\delta(t-2)]*\sum_{m=0}^{+\infty}\delta(t-4m)$

(13) $f_{13}(t)=e^{-t}\left\{[\varepsilon(t)-\varepsilon(t-1)]*\sum_{m=0}^{+\infty}\delta(t-2m)\right\}$

(14) $f_{14}(t)=e^{-t}\left\{t\varepsilon(t)*[\delta(t)-2\delta(t-1)+\delta(t-2)]*\sum_{m=0}^{+\infty}\delta(t-2m)\right\}$

(15) $f_{15}(t)=\sum_{m=0}^{+\infty}a^m\delta(t-mT_0)$，其中 a 为常数，$T_0>0$

(16) $f_{16}(t)=e^{-|t|}\sum_{m=-\infty}^{+\infty}\delta(t-m)$

4.9　试求图题 4.9 中各个连续时间信号的拉普拉斯变换，并标明收敛域。

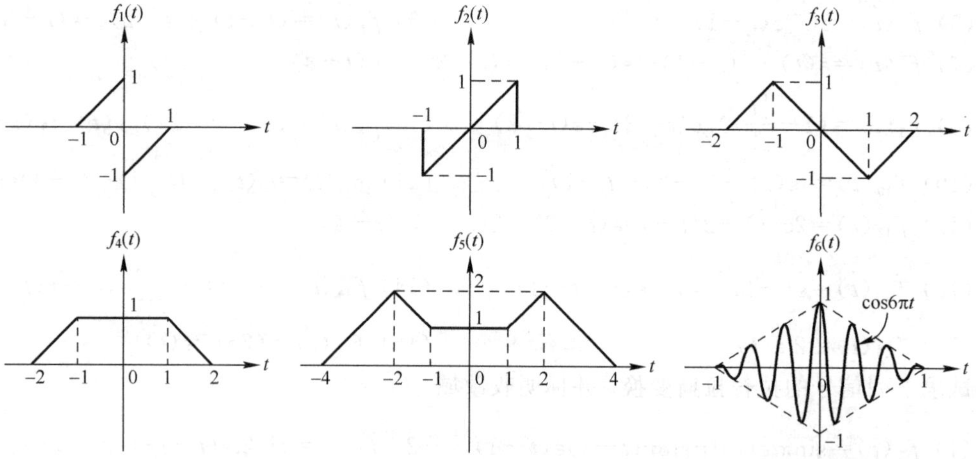

图题 4.9　连续时间信号 $f_1(t)$ 至 $f_6(t)$ 的波形

4.10 试求下列象函数的拉普拉斯逆变换。

(1) $F_1(s)=\dfrac{1}{s+a}$, $-a<\sigma\leqslant\infty$　　(2) $F_2(s)=\dfrac{1}{s}$, $0<\sigma\leqslant\infty$

(3) $F_3(s)=\dfrac{n!}{s^{n+1}}$, $0<\sigma\leqslant\infty$　　(4) $F_4(s)=\dfrac{n!}{(s+a)^{n+1}}$, $-a<\sigma\leqslant\infty$

(5) $F_5(s)=\dfrac{\omega_0}{s^2+\omega_0^2}$, $0<\sigma\leqslant\infty$　　(6) $F_6(s)=\dfrac{s}{s^2+\omega_0^2}$, $0<\sigma\leqslant\infty$

(7) $F_7(s)=\dfrac{\omega_0}{(s+a)^2+\omega_0^2}$, $-a<\sigma\leqslant\infty$　　(8) $F_8(s)=\dfrac{s+a}{(s+a)^2+\omega_0^2}$, $-a<\sigma\leqslant\infty$

(9) $F_9(s)=\dfrac{2\omega_0 s}{(s^2+\omega_0^2)^2}$, $0<\sigma\leqslant\infty$　　(10) $F_{10}(s)=\dfrac{s^2-\omega_0^2}{(s^2+\omega_0^2)^2}$, $0<\sigma\leqslant\infty$

(11) $F_{11}(s)=\dfrac{2\omega_0(s+a)}{[(s+a)^2+\omega_0^2]^2}$, $-a<\sigma\leqslant\infty$　　(12) $F_{12}(s)=\dfrac{(s+a)^2-\omega_0^2}{[(s+a)^2+\omega_0^2]^2}$, $-a<\sigma\leqslant\infty$

(13) $F_{13}(s)=\dfrac{b}{s^2-b^2}$, $b<\sigma\leqslant\infty$, 其中 $b>0$

(14) $F_{14}(s)=\dfrac{s}{s^2-b^2}$, $b<\sigma\leqslant\infty$, 其中 $b>0$

(15) $F_{15}(s)=\dfrac{b}{(s+a)^2-b^2}$, $b-a<\sigma\leqslant\infty$, 其中 $b>0$

(16) $F_{16}(s)=\dfrac{s+a}{(s+a)^2-b^2}$, $b-a<\sigma\leqslant\infty$, 其中 $b>0$

4.11 试求下列象函数的拉普拉斯逆变换。

(1) $F_1(s)=\dfrac{1}{s(s+1)}$, $0<\sigma\leqslant\infty$　　(2) $F_2(s)=\dfrac{1}{s^2+3s+2}$, $-1<\sigma\leqslant\infty$

(3) $F_3(s)=\dfrac{s+1}{s^2+7s+12}$, $-3<\sigma\leqslant\infty$　　(4) $F_4(s)=\dfrac{s+3}{s^2+2s+1}$, $-1<\sigma\leqslant\infty$

(5) $F_5(s)=\dfrac{s^2+s+1}{(s+1)^2}$, $-1<\sigma\leqslant\infty$　　(6) $F_6(s)=\dfrac{s+3}{s^2+2s+2}$, $-1<\sigma\leqslant\infty$

(7) $F_7(s)=\dfrac{s+3}{(s+1)(s+2)}$, $-1<\sigma\leqslant\infty$　　(8) $F_8(s)=\dfrac{s^3+s^2+1}{(s+1)(s+2)}$, $-1<\sigma\leqslant\infty$

(9) $F_9(s)=\dfrac{1}{(s+1)^2(s+2)}$，$-1<\sigma\leqslant\infty$　　(10) $F_{10}(s)=\dfrac{s+3}{(s+1)^2(s+2)}$，$-1<\sigma\leqslant\infty$

(11) $F_{11}(s)=\dfrac{s+3}{(s+1)^3(s+2)}$，$-1<\sigma\leqslant\infty$　　(12) $F_{12}(s)=\dfrac{3(1-e^{-2s})}{s(s+3)}$，$0<\sigma\leqslant\infty$

(13) $F_{13}(s)=\dfrac{1+e^{-s}+e^{-2s}}{(s+1)(s+2)}$，$-1<\sigma\leqslant\infty$　　(14) $F_{14}(s)=\ln(1+\dfrac{1}{s})$，$0<\sigma\leqslant\infty$

4.12 试求下列象函数的拉普拉斯逆变换。

(1) $F_1(s)=\dfrac{s-1}{(s+1)^2+4}$，$-1<\sigma\leqslant\infty$　　(2) $F_2(s)=\dfrac{3se^{-s}}{(s+1)^2+9}$，$-1<\sigma<\infty$

(3) $F_3(s)=\dfrac{2e^{-(s-1)}+2}{(s-1)^2+4}$，$1<\sigma\leqslant\infty$　　(4) $F_4(s)=\dfrac{e^{-s}}{s(s^2+1)}$，$0<\sigma\leqslant\infty$

(5) $F_5(s)=\dfrac{1-s}{(s+1)(s^2+1)}$，$0<\sigma\leqslant\infty$　　(6) $F_6(s)=\dfrac{2(s-1)}{(s+1)[(s+1)^2+4]}$，$-1<\sigma\leqslant\infty$

(7) $F_7(s)=\dfrac{(s+2)e^{-s}}{(s+1)[(s+1)^2+1]}$，$-1<\sigma\leqslant\infty$　　(8) $F_8(s)=\dfrac{2}{s^2\ (s^2+1)^2}$，$0<\sigma\leqslant\infty$

(9) $F_9(s)=\dfrac{s^3+2s^2-s+2}{s^4-1}$，$1<\sigma\leqslant\infty$　　(10) $F_{10}(s)=\ln(1+\dfrac{1}{s^2})$，$0<\sigma\leqslant\infty$

4.13 试求下列象函数的拉普拉斯逆变换。

(1) $F_1(s)=\dfrac{s+1}{s^2+5s+6}$，$-\infty\leqslant\sigma<-3$　　(2) $F_2(s)=\dfrac{1}{(s+1)(s+2)^2}$，$-\infty\leqslant\sigma<-2$

(3) $F_3(s)=\dfrac{s-2}{s(s+1)}$，$-1<\sigma<0$　　(4) $F_4(s)=\dfrac{s}{s^2+7s+12}$，$-4<\sigma<-3$

(5) $F_5(s)=\dfrac{1-2s}{s^2-s-2}$，$-1<\sigma<2$　　(6) $F_6(s)=\dfrac{s+1}{s^2+5s+6}$，$-3<\sigma<-2$

(7) $F_7(s)=\dfrac{(s-3)e^{-s}}{(s+2)(s+3)}$，$-3<\sigma<-2$　　(8) $F_8(s)=\dfrac{s+1}{(1-s)(s^2+1)}$，$0<\sigma<1$

(9) $F_9(s)=\dfrac{s^2e^{s}-(s-1)e^{-s}}{s^2(1-s)}$，$0<\sigma<1$　　(10) $F_{10}(s)=\dfrac{s-1}{(s+1)(s+2)^2}$，$-2<\sigma<-1$

4.14 试求下列象函数的拉普拉斯逆变换。

(1) $F_1(s)=\dfrac{1}{s(1+e^{-s})}$，$0<\sigma\leqslant\infty$　　(2) $F_2(s)=\dfrac{1-e^{-s}}{s(1+e^{-s})}$，$0<\sigma\leqslant\infty$

(3) $F_3(s)=\dfrac{1-e^{-(s+1)}}{(s+1)(1-e^{-2s})}$，$0<\sigma\leqslant\infty$　　(4) $F_4(s)=\dfrac{1-e^{-(s+1)}}{(s+1)(1+e^{-s})}$，$0<\sigma\leqslant\infty$

(5) $F_5(s)=\dfrac{\pi}{(s^2+\pi^2)(1-e^{-s})}$，$0<\sigma\leqslant\infty$　　(6) $F_6(s)=\dfrac{\pi(1+e^{-s})}{(s^2+\pi^2)(1-e^{-s})}$，$0<\sigma\leqslant\infty$

4.15 按要求完成下列各题。

(1) 设连续时间信号 $f(t)$ 的拉普拉斯变换为 $F(s)$，并且象函数 $F(s)$ 的极点分布如图题 4.15 所示，试确定下列各种情况下 $F(s)$ 的收敛域。

① 连续时间信号 $f(t)$ 是双边信号。

② 连续时间信号 $f(t)$ 满足 $f(t)=f(t)\varepsilon(t)$。

③ 连续时间信号 $f(t)$ 满足 $f(t)=f(t)\varepsilon(t-5)$。

④ 连续时间信号 $f(t)$ 满足 $f(t)=f(t)\varepsilon(-t)$。

⑤ 连续时间信号 $f(t)$ 的傅里叶变换存在。

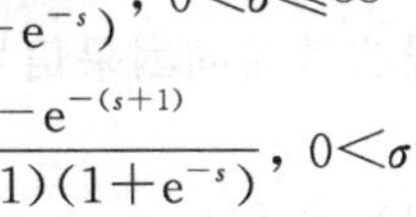

图题 4.15　象函数 $F(s)$ 的极点分布

⑥ 连续时间信号 $f(t)e^{2t}$ 的傅里叶变换存在。

(2) 设连续时间信号 $x(t)=e^{-t}f(-2t+4)$，其中连续时间信号 $f(t)$ 的拉普拉斯变换为 $F(s)=\dfrac{(s+1)(s+3)}{(s-1)(s+2)}$，$-2<\sigma<1$，试求连续时间信号 $x(t)$ 的拉普拉斯变换 $X(s)$，并标明收敛域。

(3) 设连续时间信号 $f(t)=e^{-2t}\int_{0}^{t}e^{-\tau}d\tau$，试求连续时间信号 $f(t)$ 的拉普拉斯变换 $F(s)$，并标明收敛域。

(4) 设连续时间信号 $f(t)$ 满足 $f(t)*f(-t)=2e^{-|t|}$，试求连续时间信号 $f(t)$。

4.16 按要求完成下列各题。

(1) 已知连续时间信号 $f(t)=t\varepsilon(t)$。

① 试求连续时间信号 $f(t)$ 的傅里叶变换 $F(j\omega)$。

② 试求连续时间信号 $f(t)$ 的拉普拉斯变换 $F(s)$，并标明收敛域。

③ $F(j\omega)=F(s)|_{s=j\omega}$ 正确吗？为什么？

④ 如何由 $F(s)$ 求出 $F(j\omega)$？

(2) 设连续时间因果信号 $f(t)=\int_{-\infty}^{t}\tau e^{-\tau}\varepsilon(\tau)d\tau$。

① 试求连续时间信号 $f(t)$ 的拉普拉斯变换 $F(s)$，标明收敛域，并求 $f(\infty)$ 的值。

② 试求连续时间信号 $f(t)$。

③ 试求连续时间信号 $f(t)$ 的傅里叶变换 $F(j\omega)$。

(3) 设连续时间因果信号 $f(t)$ 满足 $f(t)=t\varepsilon(t)-\int_{0_-}^{t}f(\tau)d\tau$。

① 试求连续时间信号 $f(t)$ 的拉普拉斯变换 $F(s)$，标明收敛域，并求 $f(\infty)$ 的值。

② 试求连续时间信号 $f(t)$。

③ 试求连续时间信号 $f(t)$ 的傅里叶变换 $F(j\omega)$。

(4) 设连续时间因果信号 $f(t)=t^n\varepsilon(t)*t^m\varepsilon(t)$，其中 n 和 m 为正整数。

① 试求连续时间信号 $f(t)$ 的拉普拉斯变换 $F(s)$，并标明收敛域。

② 试求连续时间信号 $f(t)$。

③ 试求连续时间信号 $f(t)$ 的傅里叶变换 $F(j\omega)$。

4.17 设连续时间因果信号 $f(t)$ 的拉普拉斯变换为 $F(s)=\dfrac{N(s)}{(s+1)^3}$。

(1) 设 $f(t)=\sum_{n=0}^{+\infty}a_nt^n\varepsilon(t)$，试求 $N(s)=2$ 时 $f(t)$ 的幂级数展开式中非零值前两项的系数。

(2) 设 $f(t)=(t-\frac{1}{2}t^3+\frac{1}{3}t^4+\cdots)\varepsilon(t)$

① 试用拉普拉斯变换的时域微分性质和初值定理计算 $N(s)$。

② 对 $F(s)$ 取拉普拉斯逆变换，确定 $f(t)$ 的具体表达式。

③ 试将 $f(t)$ 展开成幂级数，并写出 $f(t)$ 的幂级数具体表达式。

(3) 若 LTI 连续时间因果系统的转移函数为 $H(s)=\dfrac{(s+1)^2}{(s+2)(s+3)}$，将问题(2)中确定的连续时间信号 $f(t)$ 作为激励，试求 LTI 连续时间因果系统的零状态响应 $y_f(t)$。

4.18 按要求完成下列各题。

(1) 已知 LTI 连续时间因果系统的激励 $f(t)$ 及零状态响应 $y_f(t)$ 的波形如图题 4.18.1 所示。

① 试求系统的转移函数 $H(s)$。

② 试求系统的单位冲激响应 $h(t)$。

③ 系统的激励为 $f(t)=\varepsilon(t)-\varepsilon(t-1)$，试求系统的零状态响应 $y_f(t)$，并画出 $y_f(t)$ 的波形。

(2) LTI 连续时间因果系统的方框图如图题 4.18.2 所示。其中，系统 1 及系统 2 的单位冲激响应分别为 $h_1(t)=-2\delta(t-1)$，$h_2(t)=\delta(t-2)$，在激励 $f(t)=\sin t\varepsilon(t)$ 的作用下，系统的零状态响应 $y_f(t)=t\varepsilon(t)*[\delta(t)-2\delta(t-1)+\delta(t-2)]$，试求系统 3 的单位冲激响应 $h_3(t)$，并画出 $h_3(t)$ 的波形。

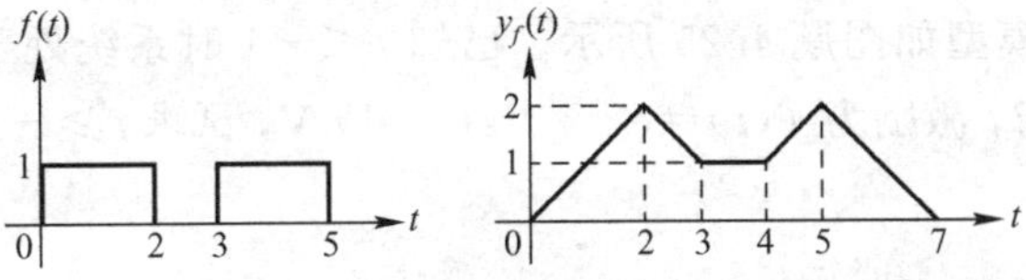

图题 4.18.1　LTI 连续时间因果系统的激励 $f(t)$ 及零状态响应 $y_f(t)$ 的波形

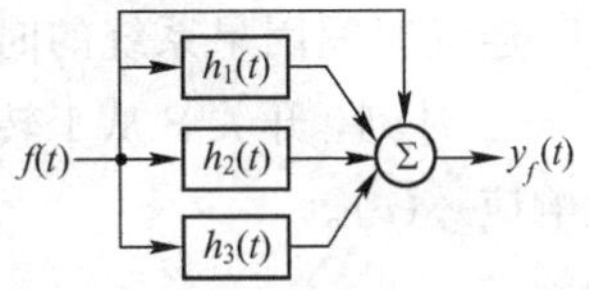

图题 4.18.2　LTI 连续时间因果系统的方框图

4.19 已知 LTI 连续时间系统的转移函数 $H(s)=\dfrac{3(s-1)(s+2)}{(s+1)(s-2)}$，对系统转移函数 $H(s)$ 各种可能的收敛域，试求系统的单位冲激响应 $h(t)$，并讨论系统的因果性和稳定性。

4.20 已知 LTI 连续时间系统的转移函数 $H(s)$ 的零点和极点分布如图题 4.20 所示。

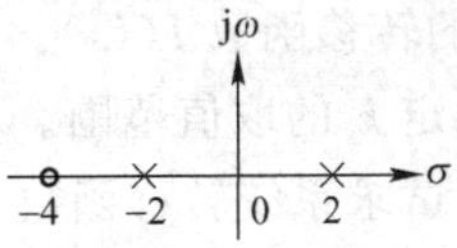

图题 4.20　LTI 连续时间系统转移函数 $H(s)$ 的零点和极点分布

(1) 若系统为因果系统，并且 $h(0_+)=4$，试求系统的单位阶跃响应 $g(t)$。

(2) 若系统为反因果系统，并且 $H(-3)=2$，试求系统的单位冲激响应 $h(t)$。

(3) 若系统为稳定系统，并且 $\int_{-\infty}^{+\infty}h(t)\mathrm{d}t=10$，系统的激励 $f(t)=\mathrm{e}^{-2t}\cos 2t\varepsilon(t)$，试求系统的零状态响应 $y_f(t)$。

4.21 已知激励 $f(t)=\mathrm{e}^{-t}\varepsilon(t)$，初始状态 $y'(0_-)=y(0_-)=1$，试求下列 LTI 连续时间因果系统的单位冲激响应 $h(t)$、零输入响应 $y_x(t)$、零状态响应 $y_f(t)$ 及全响应 $y(t)$。

(1) $y''(t)+3y'(t)+2y(t)=f(t)$

(2) $y''(t)+2y'(t)+y(t)=f'(t)+3f(t)$

(3) $y''(t)+2y'(t)+2y(t)=f''(t)+2f'(t)+3f(t)$

4.22 LTI 连续时间因果系统的时域模型如图题 4.22 所示。已知 $t<0$ 时系统处于稳态，并且电感元件的初始储能为零，在 $t=0$ 时刻，开关 S 从 1 转至 2。其中，变换器的电压和电流约束关系为 $\begin{cases}y(t)/u(t)=1/4\\ i_1(t)/i_2(t)=-4\end{cases}$，试求 $t\geqslant 0$ 时系统的零输入响应 $y_x(t)$。

4.23 LTI 连续时间因果系统的时域模型如图题 4.23 所示，激励为 $f(t)=6\varepsilon(-t)+e^{-t}\varepsilon(t)$ V。已知 $t<0$ 时，系统处于稳态。在 $t=0$ 时刻，开关 S 从 1 转至 2。试求 $t\geqslant 0$ 时系统的零输入响应 $y_x(t)$、零状态响应 $y_f(t)$ 及全响应 $y(t)$。

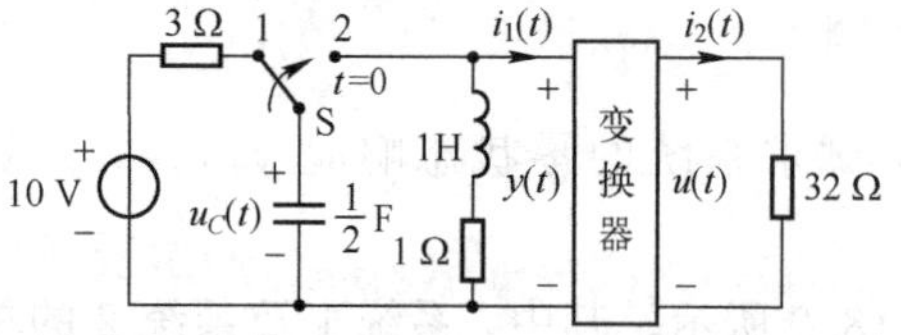

图题 4.22　LTI 连续时间因果系统的时域模型

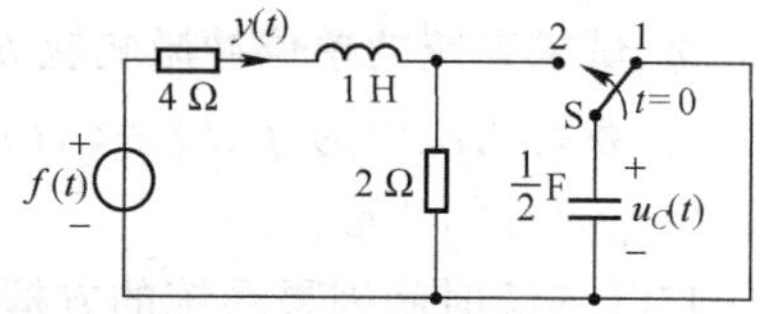

图题 4.23　二阶 LTI 连续时间因果系统的时域模型

4.24 LTI 连续时间因果系统的时域模型如图题 4.24 所示。已知激励 $f(t)=e^{-2t}\varepsilon(t)$，试求系统的零状态响应 $y_f(t)$。

4.25 LTI 连续时间因果系统的时域模型如图题 4.25 所示。已知 $t<-1$ 时系统处于稳态，在 $t=-1$ 时刻，开关 S 从 1 转至 2，激励为 $f(t)=e^{-3(t-1)}\varepsilon(t-1)$ V，试求 $t\geqslant -1$ 时系统的全响应 $y(t)$。

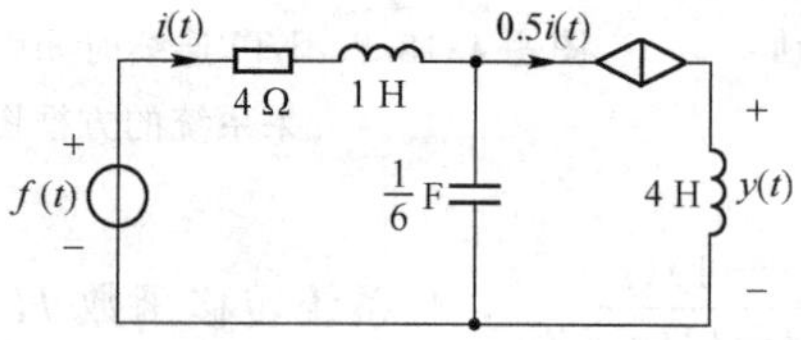

图题 4.24　LTI 连续时间因果系统的时域模型

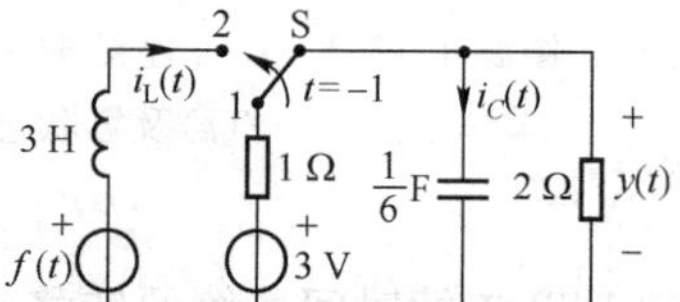

图题 4.25　LTI 连续时间因果系统的时域模型

4.26 描述 LTI 连续时间因果系统的信号流图如图题 4.26 所示。

(1) 试用 Mason 规则确定系统的转移函数 $H(s)$。

(2) 当系统为稳定系统时，试确定 k 的取值范围。

(3) 当系统为临界稳定系统时，试求系统转移函数 $H(s)$ 在 s 平面 $j\omega$ 轴上的极点。

(4) 当系统为临界稳定系统时，试求系统的单位冲激响应 $h(t)$。

4.27 LTI 连续时间因果系统的时域模型如图题 4.27 所示。其中，运算放大器的输入阻抗为无穷大，输出阻抗为零，放大倍数为 A。

(1) 以 $F(s)$、$I_1(s)$、$V_1(s)$、$I_2(s)$、$V_2(s)$ 及 $Y(s)$ 为变量，构建描述系统的信号流图。

(2) 试用 Mason 规则确定系统的转移函数 $H(s)$。

(3) 为使系统稳定，试确定放大倍数 A 的取值范围。

(4) 若 $A=1$，$R=1\ \text{M}\Omega$，$C=1\ \mu\text{F}$

① 试求系统的单位冲激响应 $h(t)$。

② 系统的激励 $f(t)=t\varepsilon(t)$，试求系统的零状态响应 $y_f(t)$。

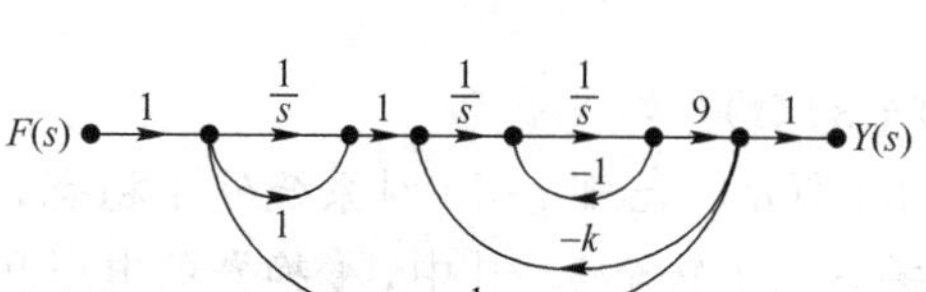

图题 4.26　LTI 连续时间因果系统的信号流图

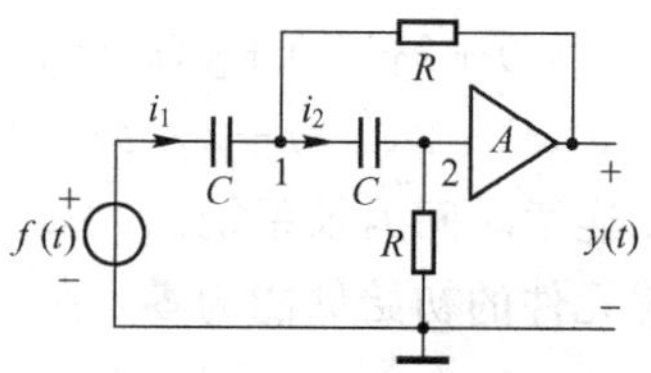

图题 4.27　LTI 连续时间因果系统的时域模型

4.28 由理想运算放大器构成的 LTI 连续时间因果系统的时域模型如图题 4.28 所示。当满足条件$\dfrac{R_{f2}}{R_{f1}}=\dfrac{R_3}{2R_1}$时，LTI 连续时间因果系统成为有源模拟带阻滤波器。

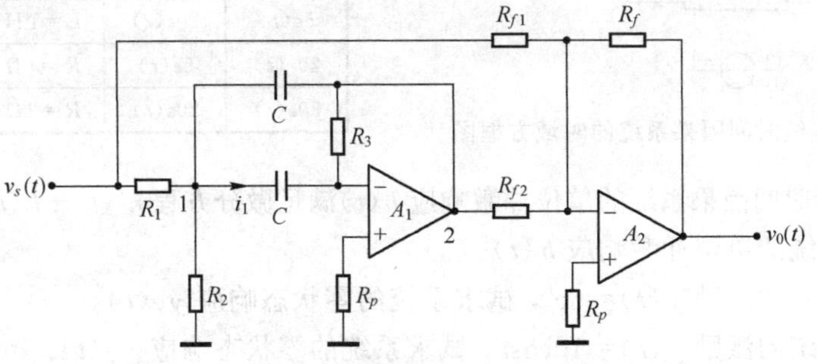

图题 4.28　LTI 连续时间因果系统的时域模型

(1) 以 $V_s(s)$、$V_1(s)$、$I_1(s)$、$V_2(s)$及 $Y(s)$为变量，构建描述系统的信号流图。

(2) 试用 Mason 规则确定 LTI 连续时间因果系统的转移函数 $K_F(s)=V_0(s)/V_s(s)$。

(3) 试证明有源模拟带阻滤波器的转移函数为 $K_F(s)=-\dfrac{G_{f1}[G_3(G_1+G_2)+(sC)^2]}{G_f[G_3(G_1+G_2+2sC)+(sC)^2]}$。

(4) 已知 $G_{f1}=G_{f2}=3G_f$，$G_1=2\,\mu S$，$G_2=8\,\mu S$，$G_3=1\,\mu S$，$C=1\,\mu F$，试求有源模拟带阻滤波器的单位冲激响应 $h(t)$。

4.29 由互感线圈和回转器构成的 LTI 连续时间因果系统的时域模型如图题 4.29 所示。其中，回转器端口的电压与电流约束关系为$\begin{cases}i_2(t)=gu_3(t)\\y(t)=gu_2(t)\end{cases}$，参数 $g=2\,S$。

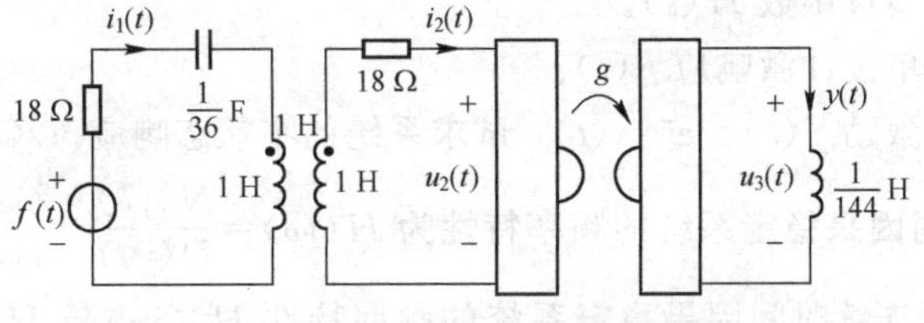

图题 4.29　LTI 连续时间因果系统的时域模型

(1) 以 $F(s)$、$I_1(s)$、$U_2(s)$、$I_2(s)$及 $Y(s)$为变量，构建描述系统的信号流图。

(2) 试用 Mason 规则确定系统的转移函数 $H(s)$。

(3) 试求系统的单位冲激响应 $h(t)$。

(4) 试画出描述系统并联形式的信号流图。

(5) 已知系统的激励 $f(t)=105e^{-4|t|}$。

① 试求 $t\geqslant-\infty$ 时系统的零状态响应 $y_f(t)$。

② 若将 $t<0$ 时的激励用于给系统建立初始状态，试求 $t\geqslant0$ 时系统的零输入响应 $y_x(t)$、零状态响应 $y_f(t)$及全响应 $y(t)$。

4.30 已知 LTI 连续时间因果系统的单位冲激响应 $h(t)=\delta(t)-4e^{-t}(\cos t-\sin t)\varepsilon(t)$。

(1) 试求系统的转移函数 $H(s)$。

(2) 画出与 $H(s)$相一致的时域模拟电路。

(3) 试判断系统是否为稳定系统。

(4) 试求系统的幅频特性$|H(j\omega)|$及相频特性 $\varphi(\omega)$，并回答该系统属于何种系统？

(5) 试画出描述系统卡尔曼形式的信号流图。

4.31 LTI 连续时间因果系统的时域方框图如图题 4.31 所示，试根据下表的数据填空。

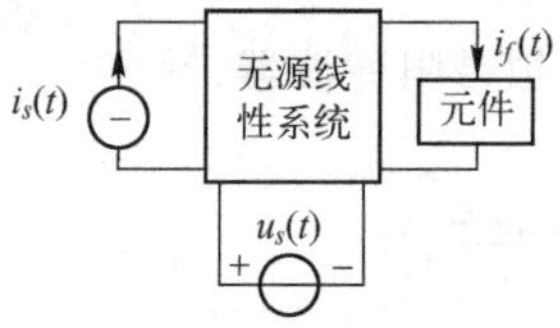

图题 4.31 LTI 连续时间因果系统的时域方框图

$u_s(t)$ V	$i_s(t)$ A	元件	$i_f(t)$ A
$10\varepsilon(t)$	$10\varepsilon(t)$	$C=1\,\text{F}$	$12te^{-t}\varepsilon(t)$
$5\varepsilon(t)$	$20\varepsilon(t)$	$L=1\,\text{H}$	$9(1-e^{-t})\varepsilon(t)$
$20\varepsilon(t)$	$5\varepsilon(t)$	$R=1\,\Omega$	$4(1-e^{-3t})\varepsilon(t)$
$50\varepsilon(t)$	$20\varepsilon(t)$	$R=2\,\Omega$	

4.32 设 LTI 连续时间因果系统的单位冲激响应 $h(t)$满足微分方程 $h'(t)+h(t)=e^{-2t}\varepsilon(t)$。

(1) 试求系统的单位冲激响应 $h(t)$。

(2) 已知系统的激励 $f(t)=6e^{t}$，试求系统的零状态响应 $y_f(t)$。

(3) 已知系统的激励 $f(t)=10\cos t$，试求系统的零状态响应 $y_f(t)$。

4.33 已知 LTI 连续时间因果系统的特征多项式为

(1) $D_1(s)=s^3+s^2+2s+1$

(2) $D_2(s)=s^4+s^3+2s^2+2s+3$

(3) $D_3(s)=s^5+s^4+3s^3+3s^2+2s+2$

(4) $D_4(s)=s^6+5s^5+11s^4+25s^3+36s^2+30s+36$

试分别判断上述系统的稳定性；当系统为不稳定系统时，试指出系统的特征根位于 s 平面右半平面的数目。

4.34 设 LTI 连续时间因果稳定系统的零点为 $s_1=-2$，$s_2=3$，系统频率特性 $H(j\omega)$模的平方满足$|H(j\omega)|^2=\dfrac{\omega^2+4}{\omega^2+25}$，并且 $H(j\infty)=1$。

(1) 试求系统的转移函数 $H(s)$。

(2) 试求系统的单位冲激响应 $h(t)$。

(3) 已知系统的激励 $f(t)=e^{-2t}\varepsilon(t)$，试求系统的零状态响应 $y_f(t)$。

4.35 设 LTI 连续时间因果稳定系统的频率特性为 $H(j\omega)=\dfrac{N(j\omega)}{D(j\omega)}=\dfrac{(j\omega-2)[(j\omega-1)^2+1]}{(j\omega+1)[(j\omega+2)^2+1]}$。

(1) 若三阶 LTI 连续时间因果稳定系统的频率特性 $H_1(j\omega)$与 $H(j\omega)$的幅频特性相同，而相频特性不同。

① 试求三阶 LTI 连续时间因果稳定系统的转移函数 $H_1(s)$。

② 已知系统的激励 $f(t)=e^{-t}\cos(\pi-t)\varepsilon(t)$，试求系统的零状态响应 $y_{1f}(t)$。

(2) 若三阶 LTI 连续时间因果稳定系统的频率特性 $H_2(j\omega)$与 $H(j\omega)$的相频特性相同，而幅频特性不同。

① 试求三阶 LTI 连续时间因果稳定系统的转移函数 $H_2(s)$。

② 已知系统的激励 $f(t)=e^{2t}(\cos t+4\sin t)\varepsilon(t)$，试求系统的零状态响应 $y_{2f}(t)$。

4.36 按要求完成下列各题。

(1) 设 LTI 连续时间因果稳定最小相位系统的转移函数为 $H(s)=\dfrac{s+1}{s+2}$，$-2<\sigma\leqslant\infty$。

① 试求单位冲激响应 $h(t)$的复倒谱$\breve{h}(t)$。

② 试求$\breve{h}(t)$的傅里叶变换$\breve{H}(j\omega)$。

(2) 设 LTI 连续时间因果稳定最小相位系统的频率特性为 $H(j\omega)=|H(j\omega)|e^{j\varphi(\omega)}$，已知系统的相频特性为 $\varphi(\omega)=\arctan(\omega/2)-\arctan\omega$，试求系统的幅频特性$|H(j\omega)|$及频率特性$H(j\omega)$。

习题参考答案

第1章

1.1 (1) C；(2) A；(3) B；(4) B；(5) B；(6) C

1.2 (1) A　B　C　D　E　F　G　H；(2) A　B　C　D　E

1.3 (1) 线性时不变因果稳定系统；　(2) 线性时不变因果临界稳定系统；
(3) 线性时变非因果临界稳定系统；　(4) 线性时不变非因果稳定系统；
(5) 线性时变非因果稳定系统；　(6) 线性时变非因果稳定系统；
(7) 非线性时不变因果稳定系统；　(8) 非线性时变因果非稳定系统；
(9) 非线性时不变非因果稳定系统；　(10) 非线性时不变非因果稳定系统

1.4 (1) $E=4$；(2) $E=\pi$

1.5 $P_1=1$，$P_2=3$

1.6 (1) 3；(2) 1；(3) 0；(4) e；(5) 1；(6) π^2；(7) 1；(8) 2；(9) $\delta'(t)$
(10) $e^{-2(t-1)}\varepsilon(t-1)$；(11) $\delta(t)+\varepsilon(t)$；(12) $\varepsilon(t+2)+\varepsilon(t-2)$

1.7 $f_1(t)=\varepsilon(t+1)+\varepsilon(t)+\varepsilon(t-1)$
$f_2(t)=\varepsilon(t+1)+\varepsilon(t)+\varepsilon(t-1)-3\varepsilon(t-2)$
$f_3(t)=\varepsilon(t+2)+\varepsilon(t+1)-\varepsilon(t-1)-\varepsilon(t-2)$
$f_4(t)=-\varepsilon(t+2)+2\varepsilon(t+1)-2\varepsilon(t-1)+\varepsilon(t-2)$

1.8 $f_1(t)=2r(t+2)-2r(t+1)-2r(t-1)+2r(t-2)$
$f_2(t)=-r(t+2)+2r(t+1)-2r(t-1)+r(t-2)$

1.9 $f_1(t)=r(t+1)-r(t)+\varepsilon(t-1)-2\varepsilon(t-2)$
$f_2(t)=-r(t)+r(t-1)+2\varepsilon(t-2)-\varepsilon(t-3)$
$f_3(t)=\varepsilon(t)+r(t-1)-r(t-2)-2\varepsilon(t-3)$
$f_4(t)=2r(t+1)-4\varepsilon(t)-2r(t-1)$
$f_5(t)=\varepsilon(t+2)-r(t+1)+r(t)+\varepsilon(t)-r(t-1)+r(t-2)$
$f_6(t)=\varepsilon(t+2)-\varepsilon(t+1)+r(t+1)-2r(t)+2r(t-1)-r(t-2)-\varepsilon(t-2)$

1.10 $f_1(t)=(1-|t|)\cos 6\pi t G_2(t)$；　$f_2(t)=e^{-t}\sum_{m=0}^{+\infty}G_2(t-1-4m)$

$f_3(t)=\sum_{m=-\infty}^{+\infty}(t-2m)G_2(t-2m)$；　$f_4(t)=\sum_{m=-\infty}^{+\infty}\cos\frac{\pi(t-3m)}{2}G_2(t-3m)$

1.11 连续时间信号 $f_1(t)$ 至 $f_{12}(t)$ 的波形如图答 1.11 所示。

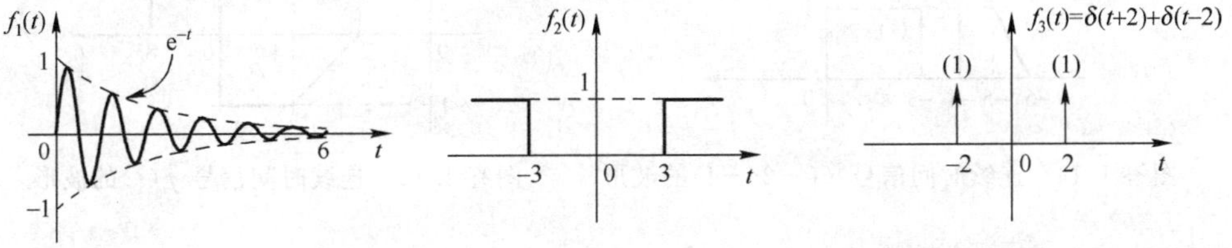

图答 1.11　连续时间信号 $f_1(t)$ 至 $f_{12}(t)$ 的波形

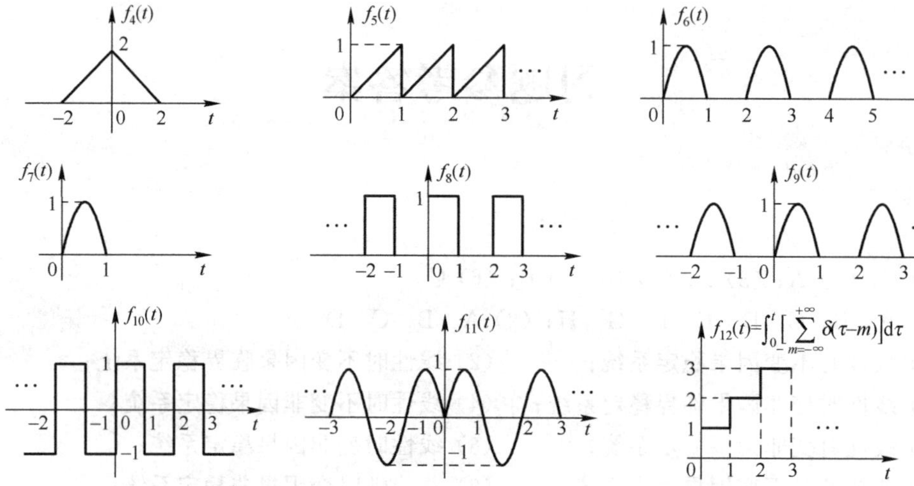

图答 1.11(续) 连续时间信号 $f_1(t)$至 $f_{12}(t)$的波形

1.12 连续时间信号 $f(t)$的偶分量 $f_e(t)$及奇分量 $f_o(t)$的波形如图答 1.12 所示。

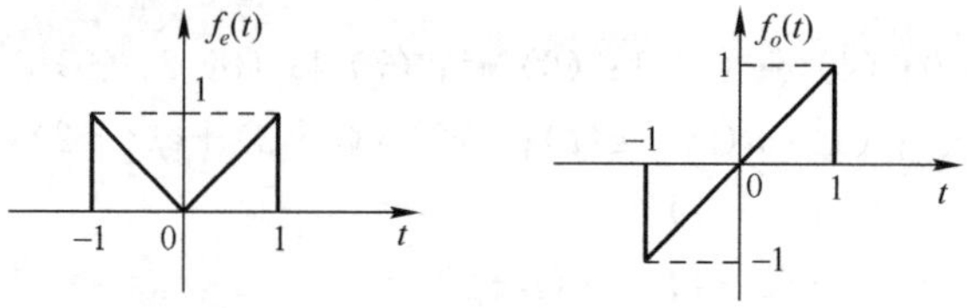

图答 1.12 连续时间信号 $f(t)$的偶分量 $f_e(t)$及奇分量 $f_o(t)$的波形

1.13 奇分量 $f_o(t)=1-\varepsilon(t+1)-\varepsilon(t-1)$，连续时间信号 $f(t)$及奇分量 $f_o(t)$的波形如图答 1.13所示。

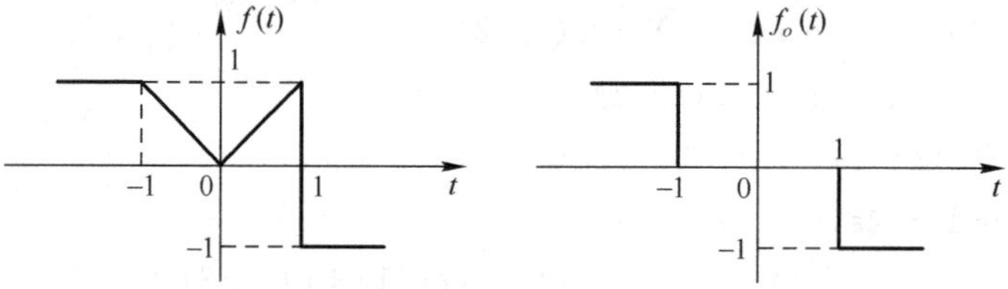

图答 1.13 连续时间信号 $f(t)$及奇分量 $f_o(t)$的波形

1.14 连续时间信号 $f(-2t-4)$的波形如图答 1.14 所示。

1.15 连续时间信号 $f(t)$的波形如图答 1.15 所示。

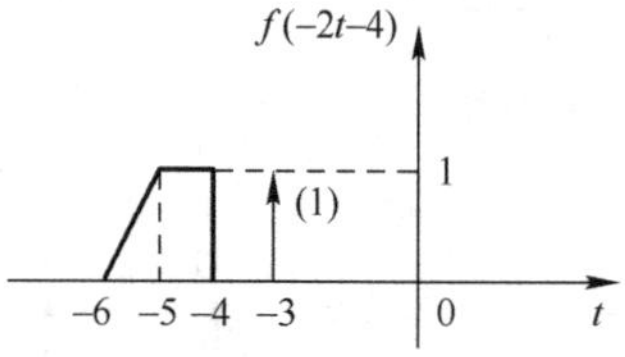

图答 1.14 连续时间信号 $f(-2t-4)$的波形

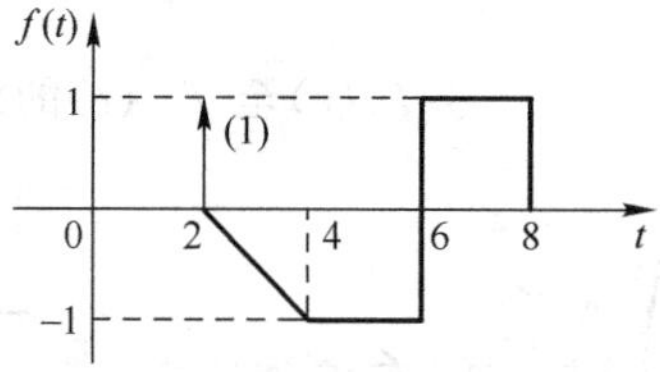

图答 1.15 连续时间信号 $f(t)$的波形

1.16 连续时间信号 $f(t)=4\varepsilon(t)-\varepsilon(t-2)-\varepsilon(t-4)-\varepsilon(t-6)-\varepsilon(t-8)$，其波形如图答 1.16 所示。

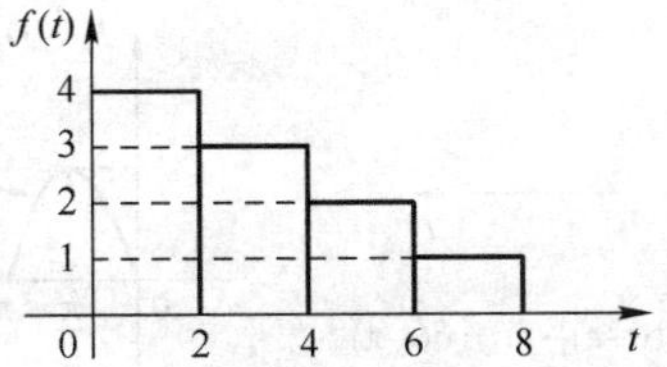

图答 1.16 连续时间信号 $f(t)$ 的波形

1.17 (1) $f_1(t)$是周期信号，$T_0=2\pi$； (2) $f_2(t)$是周期信号，$T_0=\pi$

(3) $f_3(t)$是周期信号，$T_0=\pi$； (4) $f_4(t)$是周期信号，$T_0=2\pi$

(5) $f_5(t)$是周期信号，$T_0=2\pi$； (6) $f_6(t)$是周期信号，$T_0=\pi$

1.18 连续时间信号 $f_1'(t)$ 至 $f_4'(t)$ 的波形如图答 1.18 所示。

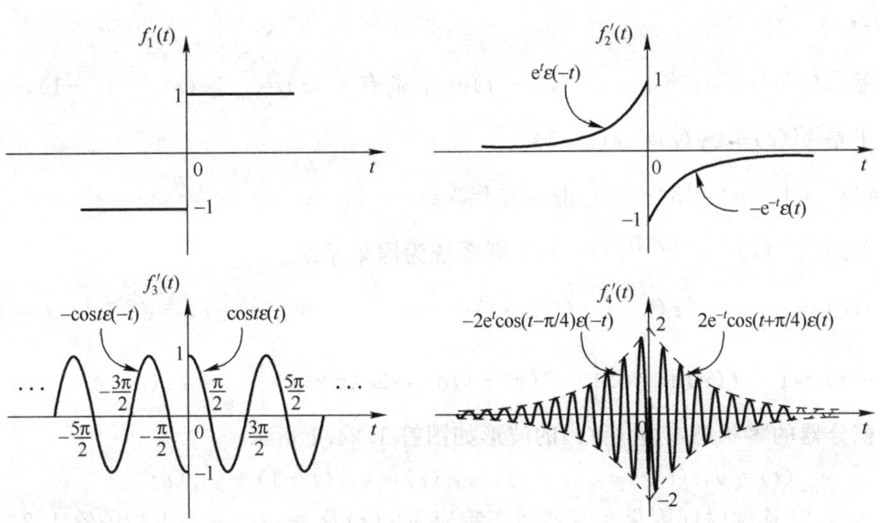

图答 1.18 连续时间信号 $f_1'(t)$ 至 $f_4'(t)$ 的波形

1.19 $f'(t)=\cos t[\varepsilon(t)-\varepsilon(t-3\pi/2)]+\delta(t-3\pi/2)$

$$f^{(-1)}(t)=\int_{-\infty}^{t}f(\tau)\mathrm{d}\tau=\varepsilon(t)-\cos t[\varepsilon(t)-\varepsilon(t-3\pi/2)]$$

连续时间信号 $f'(t)$ 及 $f^{(-1)}(t)$ 的波形如图答 1.19 所示。

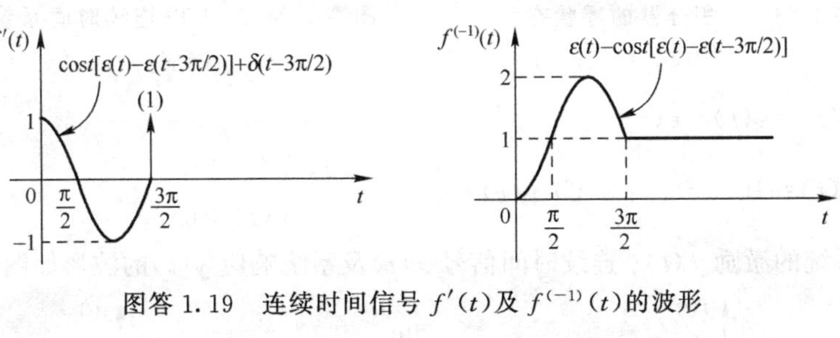

图答 1.19 连续时间信号 $f'(t)$ 及 $f^{(-1)}(t)$ 的波形

1.20 $f'(t)=-\sin t[\varepsilon(t)-\varepsilon(t-\pi)]+\delta(t)+\delta(t-\pi)$

$$f^{(-1)}(t)=\int_{-\infty}^{t}f(\tau)\mathrm{d}\tau=\sin t[\varepsilon(t)-\varepsilon(t-\pi)]$$

连续时间信号 $f'(t)$ 及 $f^{(-1)}(t)$ 的波形如图答 1.20 所示。

1.21 $y(t)=[y_{x1}(t)-3y_{x2}(t)]+3y_f(t)=(1-2t)e^{-t}+3[(t-1)e^{-t}+e^{-2t}]\varepsilon(t)$，$t\geqslant 0$

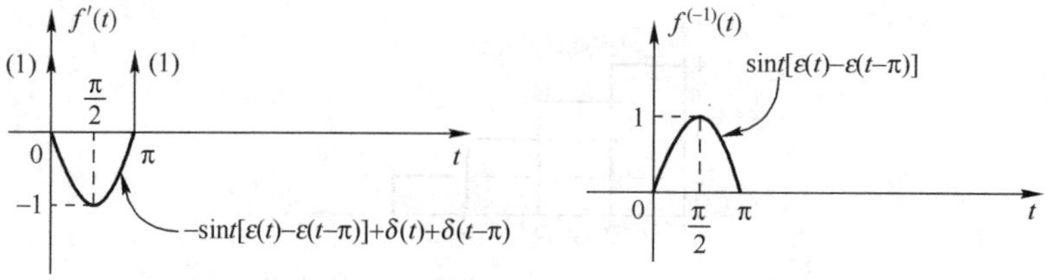

图答 1.20　连续时间信号 $f'(t)$ 及 $f^{(-1)}(t)$ 的波形

1.22 (1) $f_1(t)=-\varepsilon(t+2)+2\varepsilon(t+1)-2\varepsilon(t-1)+\varepsilon(t-2)$

(2) $f_2(t)=-r(t+6)+7r(t+2)-12r(t)+7r(t-2)-r(t-6)$

(3) $\int_{-\infty}^{t} f_2(\tau)\delta(\tau^2-1)\mathrm{d}\tau=\varepsilon(t+1)+\varepsilon(t-1)$

(4) $f(4)=0$

(5) $f(0)=24$

1.23 (1) 考虑到 $y(t)=\mathrm{e}^{-2t}\int_{-\infty}^{t}\mathrm{e}^{2\tau}f(\tau-1)\mathrm{d}\tau$，则有 $y'(t)=-2y(t)+f(t-1)$，

于是 $y'(t)+2y(t)=f(t-1)$。

(2) $h(t)=\int_{-\infty}^{t}\mathrm{e}^{2(\tau-t)}\delta(\tau-1)\mathrm{d}\tau=\mathrm{e}^{-2(t-1)}\varepsilon(t-1)$

(3) 考虑到 $h(t)=\mathrm{e}^{-2(t-1)}\varepsilon(t-1)$，则系统为因果系统。

(4) $y(t)=\int_{-\infty}^{+\infty}\mathrm{e}^{2(\tau-t)}\varepsilon(t-\tau)f(\tau-1)\mathrm{d}\tau=\mathrm{e}^{-2t}\varepsilon(t)*f(t-1)=\mathrm{e}^{-2(t-1)}\varepsilon(t-1)*f(t)$

1.24 (1) $y(t)=\int_{-\infty}^{t}f(\tau)\mathrm{d}\tau=2\int_{-\infty}^{t}\delta(\tau-4)\mathrm{d}\tau=2\varepsilon(\tau-4)\Big|_{-\infty}^{t}=2\varepsilon(t-4)$

积分器的零状态响应 $y_f(t)$ 的波形如图答 1.24.1 所示。

(2) ① $y_{f_2}(t)=y_{f_1}(t)-y_{f_1}(t-2)$，$y_{f_3}(t)=y_{f_1}(t+1)+y_{f_1}(t)$

LTI 连续时间因果系统零状态响应 $y_{f_2}(t)$ 及 $y_{f_3}(t)$ 的波形如图答 1.24.2 所示。

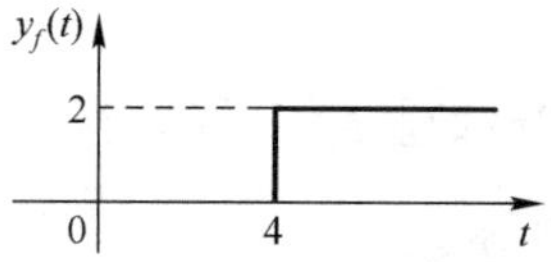

图答 1.24.1　积分器的零状态响应 $y_f(t)$ 的波形

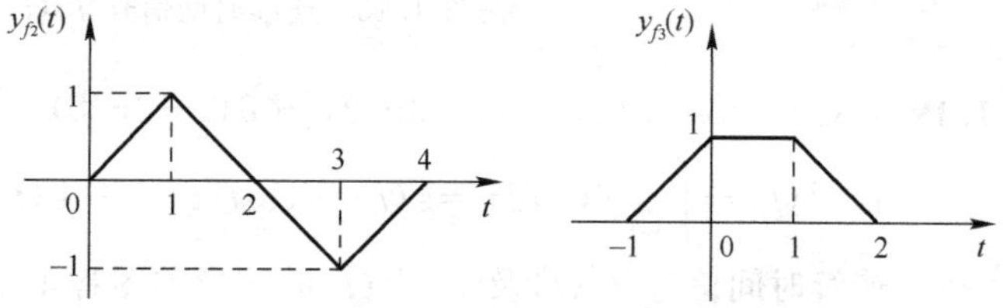

图答 1.24.2　LTI 连续时间系统零状态响应 $y_{f_2}(t)$ 及 $y_{f_3}(t)$ 的波形

② $h(t)=\varepsilon(t)-\varepsilon(t-1)$

(3) ① $x(t)=10-f(t)$；　② $y(t)=\begin{cases}-2x(t), & x(t)\leqslant 0\\ 0, & x(t)>0\end{cases}$

③ 系统的激励 $f(t)$、连续时间信号 $x(t)$ 及系统响应 $y(t)$ 的波形如图答 1.24.3 所示。

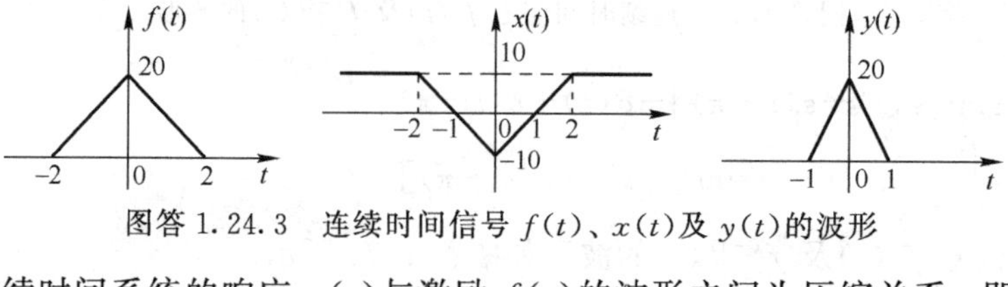

图答 1.24.3　连续时间信号 $f(t)$、$x(t)$ 及 $y(t)$ 的波形

④ 连续时间系统的响应 $y(t)$ 与激励 $f(t)$ 的波形之间为压缩关系，即 $y(t)=f(2t)$。

第 2 章

2.1 (1) B; (2) A; (3) A; (4) D; (5) D; (6) C; (7) C; (8) D; (9) A; (10) B; (11) D; (12) C; (13) A; (14) C; (15) D; (16) A; (17) C; (18) A; (19) A; (20) C; (21) C; (22) C; (23) D; (24) C; (25) A

2.2 (1) A B C D E F G H I J K L; (2) A B C D E F G; (3) A B C D E F; (4) A B E F; (5) A B C; (6) A B C

2.3 (1) 采用数学归纳法证明 $e^{-t}\delta^{(n)}(t-t_0)=e^{-t_0}\sum_{i=0}^{n}C_n^i\delta^{(i)}(t-t_0)$

(2) 考虑到(1)，则有

$$\int_{-\infty}^{t}e^{-\tau}\delta^{(n)}(\tau-t_0)d\tau * f(t)=[e^{-t}\delta^{(n)}(t-t_0)]*\varepsilon(t)*f(t)=e^{-t_0}\sum_{i=0}^{n}C_n^i f^{(i-1)}(t-t_0)$$

(3) 考虑到 $f_1(t)$及 $f_2(t)$是因果信号，则有

$$f_1(t)*f_2(t)=f_1'(t)*f_2^{(-1)}(t)=f_1'(t)*f_2(t)*\varepsilon(t)=|\sin\pi t|[\varepsilon(t)-\varepsilon(t-2)]$$

(4) $h_1(t)*h_2(t)=e^{-at}\varepsilon(t)*[\delta'(t)+a\delta(t)]=[e^{-at}\varepsilon(t)]'+ae^{-at}\varepsilon(t)=\delta(t)$

2.4 (1) $f_1(t)*f_2(t)=t\varepsilon(t)*[\delta(t+2)-\delta(t+1)-\delta(t-1)+\delta(t-2)]$

(2) $f_3(t)*f_4(t)=\sin\pi t[\varepsilon(t)-\varepsilon(t-1)]$

(3) $f_5(t)*f_6(t)=6t\varepsilon(t)*[\delta(t-1)-\delta(t-2)-\delta(t-3)+\delta(t-4)]$

(4) $f_7(t)*f_8(t)=4t\varepsilon(t)*[\delta(t+1)-2\delta(t)+\delta(t-1)]$

(5) $f_9(t)*f_{10}(t)=(1-\cos\pi t)[\varepsilon(t)-\varepsilon(t-2)]$

(6) $f_{11}(t)*f_{12}(t)=\sin\pi t[\varepsilon(t)-\varepsilon(t-2)]$

各对连续时间信号线性卷积的波形如图答 2.4 所示。

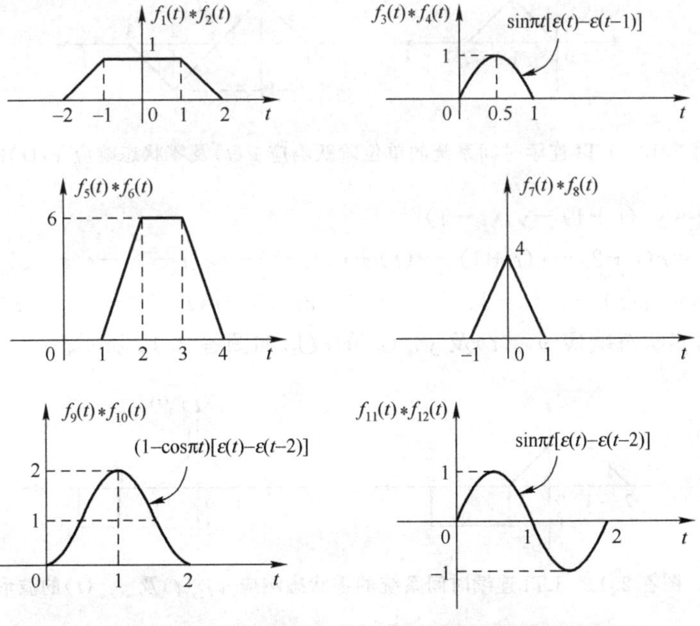

图答 2.4 连续时间信号线性卷积的波形

2.5 $f_1(t)*f_2(t)=2\pi^2\sin\pi t\{4[\varepsilon(t-2)-\varepsilon(t-4)]+t[\varepsilon(t)-2\varepsilon(t-2)+\varepsilon(t-4)]\}$

$f_1(t)*f_3(t)=2(1-\cos\pi t)[\varepsilon(t)-2\varepsilon(t-2)+\varepsilon(t-4)]$

$f_1(t)*f_4(t)=2(1-\cos\pi t)[\varepsilon(t)-\varepsilon(t-4)]-4(1+\cos\pi t)[\varepsilon(t-1)-\varepsilon(t-3)]$

$f_2(t)*f_3(t)=2\sin\pi t[\varepsilon(t)-2\varepsilon(t-2)+\varepsilon(t-4)]$

$f_2(t)*f_4(t)=2\sin\pi t[\varepsilon(t)+2\varepsilon(t-1)-2\varepsilon(t-3)-\varepsilon(t-4)]$

$f_3(t)*f_4(t)=t\varepsilon(t)-2(t-1)\varepsilon(t-1)+2(t-3)\varepsilon(t-3)-(t-4)\varepsilon(t-4)$

2.6 (1) $f(t)=t^n\varepsilon(t)$

(2) $f(t)=(t+2)\varepsilon(t+2)-2(t+1)\varepsilon(t+1)+2(t-1)\varepsilon(t-1)-(t-2)\varepsilon(t-2)$

(3) $f(t)=(t+2)\varepsilon(t+2)-4(t+1)\varepsilon(t+1)+6t\varepsilon(t)-4(t-1)\varepsilon(t-1)+(t-2)\varepsilon(t-2)$

(4) $f(t)=[1-e^{-3(t-1)}]\varepsilon(t-1)$；　(5) $f(t)=(t-3)e^{-t}\varepsilon(t-3)$

(6) $f(t)=(t-2+e^{-(t-1)})\varepsilon(t-1)$；　(7) $f(t)=(1-\cos t)\varepsilon(t)$

(8) $f(t)=(\cos t+\sin t-e^{-t})\varepsilon(t)$；　(9) $f(t)=(\sin t-\cos t+e^{-t})\varepsilon(t)$

(10) $f(t)=te^{-t}\sin t\varepsilon(t)$；　(11) $f(t)=te^{-t}(\sin t-t\cos t)\varepsilon(t)$

(12) $f(t)=te^{-t}(\sin t+t\cos t)\varepsilon(t)$

2.7 (1) $f(t)=e^{-|t|}$；　(2) $f(t)=e^{3t}\varepsilon(-t)+e^{-t}\varepsilon(t)$

(3) $f(t)=e^{2t}\varepsilon(1-t)+e^2\varepsilon(t-1)$；　(4) $f(t)=\cos t+\sin t$

(5) $f(t)=\sin t-\cos t$；　(6) $f(t)=1+\sin 2t$

2.8 $f_2(t)=\varepsilon(t-1)-\varepsilon(t-7)-2\delta(t-4)$

2.9 (1) $f(t)=\pm e^{-t}\varepsilon(t)$；　(2) $f(t)=\pm e^{-t}\varepsilon(t)$

(3) $f(t)=e^{-2t}\varepsilon(t)$；　(4) $f(t)=\varepsilon(t+1)-\varepsilon(t-1)$

2.10 (1) $g(t)=r(t)-2r(t-1)+r(t-2)$

(2) $y_f(t)=r(t+1)-2r(t)+2r(t-2)-r(t-3)$

(3) 系统的单位阶跃响应 $g(t)$ 及零状态响应 $y_f(t)$ 的波形如图答 2.10 所示。

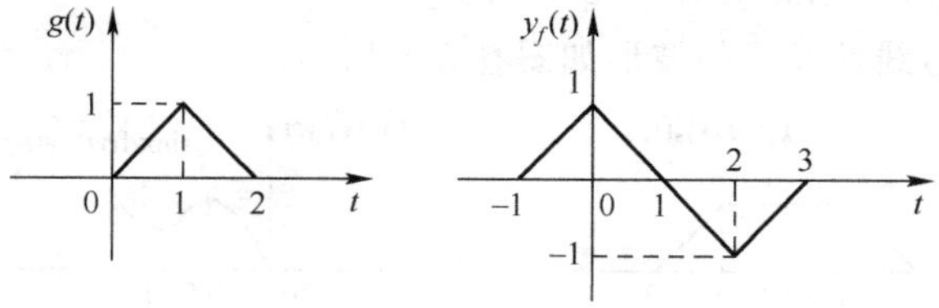

图答 2.10　LTI 连续时间系统的单位阶跃响应 $g(t)$ 及零状态响应 $y_f(t)$ 的波形

2.11 (1) $y_{f_1}(t)=y_f(t+1)-y_f(t-1)$

$=r(t+2)-r(t+1)-r(t)+r(t-1)-[\varepsilon(t-1)-\varepsilon(t-3)]$

$y_{f_2}(t)=y_f(t)-y_f(t-1)=r(t+1)-2r(t)+r(t-1)-[\varepsilon(t-2)-\varepsilon(t-3)]$

(2) 系统的零状态响应 $y_{f_1}(t)$ 及 $y_{f_2}(t)$ 的波形如图答 2.11 所示。

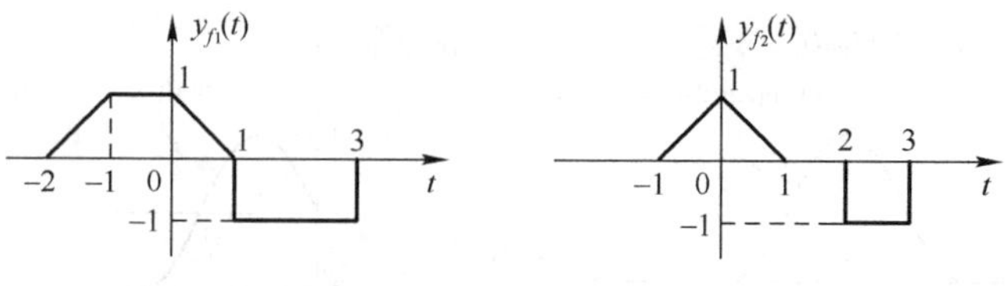

图答 2.11　LTI 连续时间系统的零状态响应 $y_{f_1}(t)$ 及 $y_{f_2}(t)$ 的波形

2.12 (1) $y_{f_2}(t)=y_{f_1}(t)*\varepsilon(t)=r(t)-r(t-1)-r(t-2)+r(t-3)$，系统的零状态响应 $y_{f_2}(t)$ 的波形如图答 2.12 所示。

(2) $h(t)=\delta(t)-\delta(t-1)$

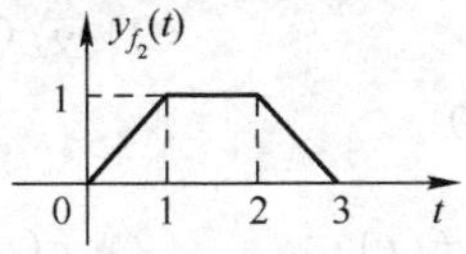

图答 2.12　LTI 连续时间系统的零状态响应 $y_{f2}(t)$ 的波形

2.13 (1) $f_2(t)=2f_1(t+1)+f_1(t)+4f_1(t-1)-f_1(t-2)+f_1(t-3)$

(2) $y_{f_2}(t)=2y_{f_1}(t+1)+y_{f_1}(t)+4y_{f_1}(t-1)-y_{f_1}(t-2)+y_{f_1}(t-3)$

(3) $h(t)=\delta'(t)+\delta'(t-1)$；$g(t)=h(t)*\varepsilon(t)=[\delta'(t)+\delta'(t-1)]*\varepsilon(t)=\delta(t)+\delta(t-1)$

2.14 (1) $h(t)=\varepsilon(t)-\varepsilon(t-2)+\varepsilon(t-3)-\varepsilon(t-5)$

(2) $y_f(t)=(1-\cos\pi t)[\varepsilon(t)-\varepsilon(t-2)]+(1+\cos\pi t)[\varepsilon(t-3)-\varepsilon(t-5)]$

(3) 系统的单位冲激响应 $h(t)$ 及零状态响应 $y_f(t)$ 的波形如图答 2.14 所示。

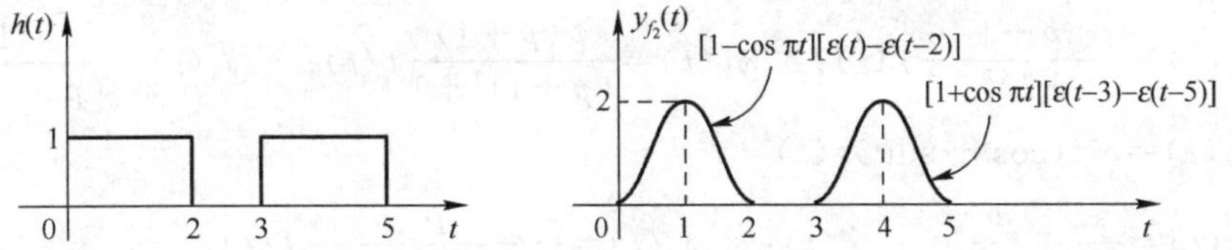

图答 2.14　LTI 连续时间系统的单位冲激响应 $h(t)$ 及零状态响应 $y_f(t)$ 的波形

2.15 (1) $h(t)=\varepsilon(t)-\varepsilon(t-1)$

(2) $y_{f_1}(t)=\sum\limits_{m=-\infty}^{+\infty}r(t-2m)-2r(t-2m-1)+r(t-2m-2)$

(3) $y_{f_2}(t)=1-\cos\pi t$

(4) 系统的单位冲激响应 $h(t)$ 和零状态响应 $y_{f_1}(t)$ 及 $y_{f_2}(t)$ 的波形如图答 2.15 所示。

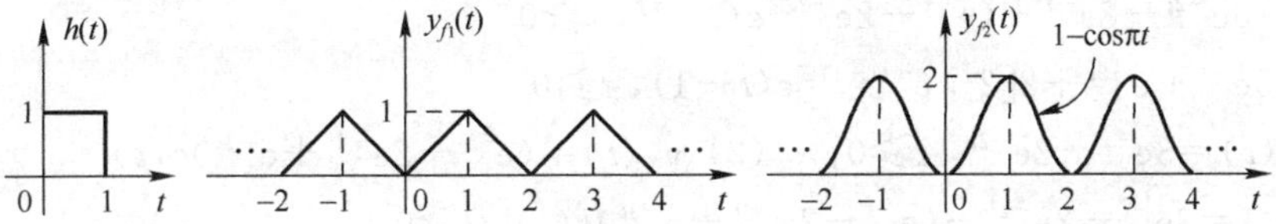

图答 2.15　LTI 连续时间系统的单位冲激响应 $h(t)$ 和零状态响应 $y_{f_1}(t)$ 及 $y_{f_2}(t)$ 的波形

2.16 (1) $h(t)=h_1(t)*h_2(t)=[\varepsilon(t)-\varepsilon(t-1)]*[\varepsilon(t)-\varepsilon(t-2)]$

$=r(t)-r(t-1)-r(t-2)+r(t-3)$

(2) $y_f(t)=\sum\limits_{m=-\infty}^{+\infty}r(t-3m)-r(t-1-3m)-r(t-2-3m)+r(t-3-3m)$

(3) 系统的单位冲激响应 $h(t)$ 及零状态响应 $y_f(t)$ 的波形如图答 2.16 所示。

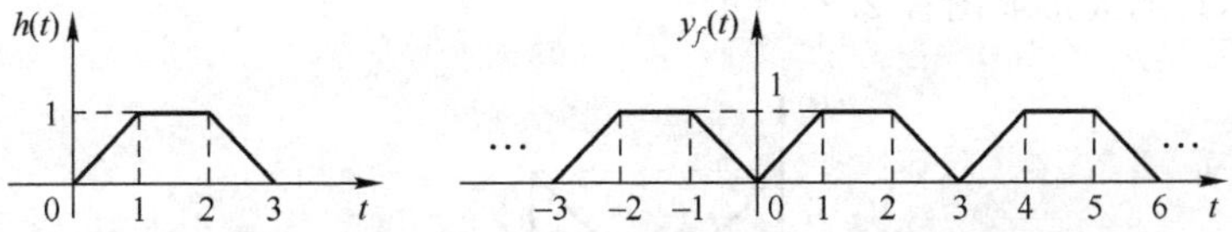

图答 2.16　LTI 连续时间系统的单位冲激响应 $h(t)$ 及零状态响应 $y_f(t)$ 的波形

2.17 (1) $y_x(t)=3e^{-t}-2e^{-2t}$，$t\geqslant0$；　　(2) $y_x(t)=(1+2t)e^{-t}$，$t\geqslant0$

(3) $y_x(t)=e^{-t}(\cos t+2\sin t)$，$t\geqslant0$

2.18 (1) $y_x(t)=2e^{-2t}-e^{-3t}$, $t\geqslant 0$;　(2) $y_x(t)=(1+t)e^{-t}$, $t\geqslant 0$

(3) $y_x(t)=3-4e^{-t}+e^{-2t}$, $t\geqslant 0$

2.19 (1) $x''(t)+a_1x'(t)+a_0x(t)=f(t)$;　(2) $x(t)=\dfrac{1}{p^2+a_1p+a_0}f(t)$

(3) $y(t)=\dfrac{b_2p^2+b_1p+b_0}{p^2+a_1p+a_0}f(t)$;　(4) $h(t)=\delta(t)+2e^{-t}\varepsilon(t)$

2.20 (1) $y_1(t)=\dfrac{3p+2}{(p+1)(p+2)}f(t)$; $y_2(t)=\dfrac{3p^2}{(p+1)(p+2)}f(t)$; $y_3(t)=\dfrac{2p}{(p+1)(p+2)}f(t)$

(2) $y_f(t)=(4e^{-2t}-e^{-t}-3e^{-3t})\varepsilon(t)$

2.21 (1) $y_1(t)=\dfrac{p+2}{2(p+1)^2}f(t)$;　$y_2(t)=\dfrac{p}{2(p+1)^2}f(t)$;　$y_3(t)=\dfrac{1}{(p+1)^2}f(t)$

(2) $y_f(t)=[(t-1)e^{-t}+e^{-2t}]\varepsilon(t)$

2.22 (1) $y_1(t)=\dfrac{p+1}{(p+1)^2+1}f(t)$;　$y_2(t)=\dfrac{p(p+1)}{(p+1)^2+1}f(t)$;　$y_3(t)=\dfrac{1}{(p+1)^2+1}f(t)$

(2) $y_f(t)=e^{-t}(\cos t-\sin t)\varepsilon(t)$

2.23 (1) $y_1(t)=\dfrac{p}{(p+1)(p+4)}f(t)$;　$y_2(t)=\dfrac{p}{(p+2)(p+3)}f(t)$

$$y_3(t)=\frac{10p}{(p+1)(p+2)(p+3)(p+4)}f(t)$$

(2) $y_f(t)=5(8e^{-2t}+16e^{-4t}-e^{-t}-18e^{-3t}-5e^{-5t})\varepsilon(t)$

2.24 $y_x(t)=4e^{-3t}-3e^{-2t}$ A, $t\geqslant 0$;　$y_f(t)=(4e^{-2t}-e^{-t}-3e^{-3t})\varepsilon(t)$ A

$y(t)=4e^{-3t}-3e^{-2t}+(4e^{-2t}-e^{-t}-3e^{-3t})\varepsilon(t)$ A, $t\geqslant 0$

2.25 $y_x(t)=10e^{-2t}-8e^{-t}$ V, $t\geqslant 0$;　$y_f(t)=(e^{-t}-2e^{-2t})\varepsilon(t)$ V

$y(t)=10e^{-2t}-8e^{-t}+(e^{-t}-2e^{-2t})\varepsilon(t)$ V, $t\geqslant 0$

2.26 $y(t)=5e^{-t}+e^{-2t}+2[2-e^{-(t-1)}]\varepsilon(t-1)$, $t\geqslant 0$

2.27 (1) $y_x(t)=3e^{-t}-2e^{-2t}$, $t\geqslant 0$;　(2) $y_f(t)=(e^{-t}-2e^{-2t}+e^{-3t})\varepsilon(t)$

(3) $y(t)=3e^{-t}-2e^{-2t}+(e^{-t}-2e^{-2t}+e^{-3t})\varepsilon(t)$, $t\geqslant 0$

2.28 $y(t)=3e^{-t}-e^{-5t}+(e^{-t}-e^{-5t})\varepsilon(t)$, $t\geqslant 0$

2.29 (1) $h(t)=2(e^{-t}-e^{-2t})\varepsilon(t)$;　$g(t)=(1-2e^{-t}+e^{-2t})\varepsilon(t)$

(2) $h(t)=3\delta(t)-4e^{-2t}\varepsilon(t)$;　$g(t)=(1+2e^{-2t})\varepsilon(t)$

(3) $h(t)=\delta'(t)-3\delta(t)+(4e^{-2t}+9e^{-3t})\varepsilon(t)$;　$g(t)=\delta(t)+(2-2e^{-2t}-3e^{-3t})\varepsilon(t)$

2.30 $h(t)=\delta(t)-e^{-t}\varepsilon(t)$

2.31 $h_3(t)=2[\varepsilon(t)-\varepsilon(t-4)]-[r(t)-2r(t-2)+r(t-4)]$；LTI 连续时间子系统的单位冲激响应 $h_3(t)$ 的波形如图答 2.31所示。

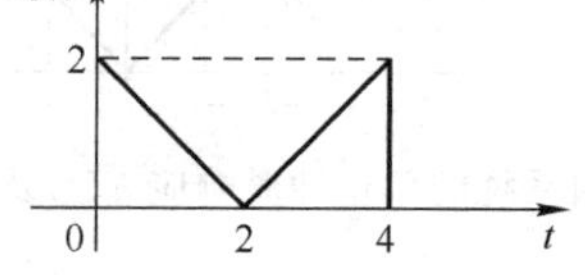

图答 2.31　LTI 连续时间子系统的单位冲激响应 $h_3(t)$ 的波形

2.32 (1) $y'(t)+y(t)=2f(t)-f'(t)$; (2) $y_f(t)=e^{-t}\varepsilon(t)$

(3) $y_f(t)=4(e^{-t}-e^{-2t})\varepsilon(t)$

2.33 (1) $y''_f(t)+5y'_f(t)+6y_f(t)=2e^{-t}\varepsilon(t)=2f(t)$

(2) $h(t)=y'_f(t)+y_f(t)=2(e^{-2t}-e^{-3t})\varepsilon(t)$; (3) $y_f(t)=(e^{-2t}-2e^{-3t}+e^{-4t})\varepsilon(t)$

2.34 (1) $y_{f_1}(t)=r(t)-2r(t-T)+r(t-2T)$

(2) $y_{f_2}(t)=\dfrac{2}{\pi}\left(T\sin\dfrac{\pi t}{T}-\pi t\cos\dfrac{\pi t}{T}\right)[\varepsilon(t)-2\varepsilon(t-T)+\varepsilon(t-2T)]-4T\cos\dfrac{\pi t}{T}[\varepsilon(t-T)-\varepsilon(t-2T)]$

2.35 (1) $y_f(t)=(e^{-t}-e^{-2t})[\varepsilon(t)-\varepsilon(t-2)]+(e^2-1+\beta e^4)e^{-2t}\varepsilon(t-2)$

(2) $\beta=-e^{-4}\displaystyle\int_0^2 x(\tau)e^{2\tau}d\tau$

2.36 $y_f(t)=(e^{-t}-e^{-t^3})\varepsilon(t)$

第3章

3.1 (1) D; (2) B; (3) B; (4) D; (5) C; (6) B; (7) A; (8) B; (9) B; (10) B;

(11) D; (12) B; (13) D; (14) B; (15) D; (16) D; (17) D; (18) B; (19) D; (20) C

3.2 (1) A B D; (2) B C D E F; (3) A B; (4) A B

3.3 (1) 正交; (2) 正交; (3) 正交; (4) 正交

3.4 (1) $f_{T_{01}}(t)=\displaystyle\sum_{n=-\infty}^{+\infty}\mathrm{Sa}^2\left(\frac{n\pi}{4}\right)e^{jn\omega_0 t}=1+\frac{16}{\pi^2}\sum_{n=1,3,5,\cdots}^{+\infty}\frac{1}{n^2}\cos n\omega_0 t+\frac{32}{\pi^2}\sum_{n=2,6,10,\cdots}^{+\infty}\frac{1}{n^2}\cos n\omega_0 t$

(2) $f_{T_{02}}(t)=f_{T_{01}}\left(t-\dfrac{T_0}{2}\right)=1-\dfrac{16}{\pi^2}\displaystyle\sum_{n=1,3,5,\cdots}^{+\infty}\frac{1}{n^2}\cos n\omega_0 t+\frac{32}{\pi^2}\sum_{n=2,6,10,\cdots}^{+\infty}\frac{1}{n^2}\cos n\omega_0 t$

(3) $f_{T_{03}}(t)=f_{T_{01}}(t)-f_{T_{02}}(t)=\dfrac{32}{\pi^2}\displaystyle\sum_{n=1,3,5,\cdots}^{+\infty}\frac{1}{n^2}\cos n\omega_0 t$

(4) $f_{T_{04}}(t)=f_{T_{01}}(t)+f_{T_{02}}(t)=2+\dfrac{64}{\pi^2}\displaystyle\sum_{n=2,6,10,\cdots}^{+\infty}\frac{1}{n^2}\cos n\omega_0 t$

(5) $f_{T_{05}}(t)=-[f_{T_{01}}(t)-4]=4-f_{T_{01}}(t)=3-\dfrac{16}{\pi^2}\displaystyle\sum_{n=1,3,5,\cdots}^{+\infty}\frac{1}{n^2}\cos n\omega_0 t-\frac{32}{\pi^2}\sum_{n=2,6,10,\cdots}^{+\infty}\frac{1}{n^2}\cos n\omega_0 t$

(6) $f_{T_{06}}(t)=f_{T_{05}}\left(t-\dfrac{T_0}{2}\right)=3+\dfrac{16}{\pi^2}\displaystyle\sum_{n=1,3,5,\cdots}^{+\infty}\frac{1}{n^2}\cos n\omega_0 t-\frac{32}{\pi^2}\sum_{n=2,6,10,\cdots}^{+\infty}\frac{1}{n^2}\cos n\omega_0 t$

3.5 (1) $f_{T_{01}}(t)=\dfrac{1}{2}\cos\omega_0 t+\dfrac{1}{\pi}\displaystyle\sum_{\substack{n=-\infty\\ n\neq\pm1}}^{+\infty}\frac{\cos(n\pi/2)}{1-n^2}e^{jn\omega_0 t}=\frac{1}{\pi}+\frac{1}{2}\cos\omega_0 t+\frac{2}{\pi}\sum_{n=2}^{+\infty}\frac{\cos(n\pi/2)}{1-n^2}\cos n\omega_0 t$

$f_{T_{02}}(t)=f_{T_{01}}\left(t-\dfrac{T_0}{4}\right)=\dfrac{1}{\pi}+\dfrac{1}{2}\sin\omega_0 t+\dfrac{1}{\pi}\displaystyle\sum_{n=2}^{+\infty}\frac{1+(-1)^n}{1-n^2}\cos n\omega_0 t$

$f_{T_{03}}(t)=f_{T_{01}}(t)+f_{T_{01}}\left(t-\dfrac{T_0}{2}\right)=\dfrac{2}{\pi}+\dfrac{2}{\pi}\displaystyle\sum_{n=2}^{+\infty}\frac{[1+(-1)^n]\cos(n\pi/2)}{1-n^2}\cos n\omega_0 t$

$f_{T_{04}}(t)=f_{T_{03}}\left(t-\dfrac{T_0}{4}\right)=\dfrac{2}{\pi}+\dfrac{2}{\pi}\displaystyle\sum_{n=2}^{+\infty}\frac{1+(-1)^n}{1-n^2}\cos n\omega_0 t$

(2) $f_{T_{01}}(t)-f_{T_{01}}\left(t-\dfrac{T_0}{2}\right)=\cos\omega_0 t+\dfrac{2}{\pi}\displaystyle\sum_{n=2}^{+\infty}\frac{[1-(-1)^n]\cos(n\pi/2)}{1-n^2}\cos n\omega_0 t=\cos\omega_0 t$

3.6 $f_{T_{01}}(t)=1+2\displaystyle\sum_{n=1}^{+\infty}[2-(-1)^n]\cos n\pi t$; $f_{T_{02}}(t)=\displaystyle\sum_{n=1}^{+\infty}\frac{2(-1)^{n-1}}{n\pi}\sin n\pi t$

$$f_{T_{03}}(t)=(e-e^{-1})\left[1+2\sum_{n=1}^{+\infty}\frac{(-1)^n}{1+(n\pi)^2}(\cos n\pi t+n\pi\sin n\pi t)\right]$$

$$f_{T_{04}}(t)=3+2\sum_{n=1}^{+\infty}\left[2\mathrm{Sa}^2\left(\frac{2n\pi}{3}\right)+\mathrm{Sa}^2\left(\frac{n\pi}{3}\right)\right]\cos\frac{2n\pi}{3}t-2\sum_{n=1}^{+\infty}\sin\frac{2n\pi}{3}\mathrm{Sa}^2\left(\frac{n\pi}{3}\right)\sin\frac{2n\pi}{3}t$$

$$f_{T_{05}}(t)=\cos\frac{\pi}{4}t+\sin\frac{\pi}{4}t;\quad f_{T_{06}}(t)=\frac{4}{3\pi}\cos\frac{\pi t}{2}+\frac{1}{2}\sin\pi t+\sum_{n=3}^{+\infty}\frac{2[1-(-1)^n]}{\pi(4-n^2)}\cos\frac{n\pi}{2}t$$

$$f_{T_{07}}(t)=6-2\sum_{n=1}^{+\infty}\left[3\mathrm{Sa}\left(\frac{3n\pi}{5}\right)+\mathrm{Sa}\left(\frac{n\pi}{5}\right)\right]\cos\frac{2n\pi}{5}t$$

$$f_{T_{08}}(t)=2\sum_{n=1}^{+\infty}\frac{(-1)^n-\cos(n\pi/3)}{n\pi}\sin\frac{n\pi}{3}t$$

3.7 $F_1(j\omega)=\pi\delta(\omega)+\dfrac{1}{j\omega}$;　$F_2(j\omega)=\tau\mathrm{Sa}\left(\dfrac{\omega\tau}{2}\right)$;　$F_3(j\omega)=\pi[\delta(\omega+1)+[\delta(\omega-1)]$

$F_4(j\omega)=j\pi[\delta(\omega+1)-[\delta(\omega-1)]$;　$F_5(j\omega)=\dfrac{1}{j\omega+1}$;　$F_6(j\omega)=\dfrac{j\omega+1}{(j\omega+1)^2+1}$

$F_7(j\omega)=\dfrac{1}{(j\omega+1)^2+1}$;　$F_8(j\omega)=\pi G_2(\omega)$;　$F_9(j\omega)=\dfrac{2}{j\omega}$

$F_{10}(j\omega)=-j\mathrm{sgn}(\omega)$;　$F_{11}(j\omega)=(4\pi-|\omega|)G_{8\pi}(\omega)$;　$F_{12}(j\omega)=\sqrt{\pi}\,e^{-\left(\frac{\omega}{2}\right)^2}$

3.8 $F_1(j\omega)=3\pi\delta(\omega)+\dfrac{e^{-j\omega}}{j\omega}$;　$F_2(j\omega)=2\tau\mathrm{Sa}\left(\dfrac{\omega\tau}{2}\right)\cos\omega t_0$

$F_3(j\omega)=\pi[(1+j)\delta(\omega+\omega_0)+(1-j)\delta(\omega-\omega_0)]$

$F_4(j\omega)=\pi[(j-1)\delta(\omega+\omega_0)-(1+j)\delta(\omega-\omega_0)]$

$F_5(j\omega)=\dfrac{j\omega e^{-(1+j\omega)\pi/4}}{(j\omega+1)^2+1}$;　$F_6(j\omega)=\left[4\mathrm{Sa}(\omega)-\mathrm{Sa}^2\left(\dfrac{\omega}{2}\right)\right]e^{-j\omega}$

$F_7(j\omega)=\pi G_4(\omega)e^{-j2\omega}$;　$F_8(j\omega)=(4\pi-|\omega|)G_{8\pi}(\omega)e^{-j2\omega}$

3.9 $F_1(j\omega)=F(j\omega)e^{-j\omega}$;　$F_2(j\omega)=\dfrac{1}{2}F\left(\dfrac{j\omega}{2}\right)$;　$F_3(j\omega)=\dfrac{1}{2}F\left(\dfrac{j\omega}{2}\right)e^{-j\frac{\omega}{2}}$

$F_4(j\omega)=2\pi f(-\omega)$;　$F_5(j\omega)=F[j(\omega-2)]$;　$F_6(j\omega)=j\omega F(j\omega)$

$F_7(j\omega)=\pi F(j0)\delta(\omega)+\dfrac{F(j\omega)}{j\omega}$;　$F_8(j\omega)=j\dfrac{dF(j\omega)}{d\omega}$

$F_9(j\omega)=F(j\omega)X(j\omega)$;　$F_{10}(j\omega)=\dfrac{1}{2\pi}F(j\omega)*X(j\omega)$

3.10 $F_1(j\omega)=2j\dfrac{dF(j2\omega)}{d\omega}$;　$F_2(j\omega)=j\dfrac{d}{d\omega}\left[F\left(j\dfrac{\omega}{2}\right)e^{-j2\omega}\right]$;　$F_3(j\omega)=-j\dfrac{dF(-j\omega)}{d\omega}e^{-j\omega}$

$F_4(j\omega)=j\dfrac{d}{d\omega}\left[F\left(-j\dfrac{\omega}{2}\right)\right]-F\left(-j\dfrac{\omega}{2}\right)$;　$F_5(j\omega)=-F(j\omega)-\omega\dfrac{dF(j\omega)}{d\omega}$

$F_6(j\omega)=j\pi F(j0)\delta'(\omega)+\dfrac{1}{\omega}\dfrac{dF(j\omega)}{d\omega}-\dfrac{1}{\omega^2}F(j\omega)$

3.11 $F_1(j\omega)=\dfrac{1-e^{-(1+j\omega)}}{j\omega+1}$;　$F_2(j\omega)=\dfrac{2-2e^{-1}(\cos\omega-\omega\sin\omega)}{1+\omega^2}$

$F_3(j\omega)=\dfrac{2j[e^{-1}(\sin\omega+\omega\cos\omega)-\omega]}{1+\omega^2}$;　$F_4(j\omega)=\dfrac{1-(2+j\omega)e^{-(1+j\omega)}}{(j\omega+1)^2}$

$F_5(j\omega)=\dfrac{[1-e^{-(1+j\omega)}](1+e^{j\omega})}{j\omega+1}$;　$F_6(j\omega)=\dfrac{e^{-j\omega}-e^{-1}}{1-j\omega}+\dfrac{1-e^{-(1+j\omega)}}{j\omega+1}$

3.12 $F_1(\mathrm{j}\omega)=\frac{1}{1-\mathrm{j}\omega}\mathrm{e}^{3-\mathrm{j}\omega}$； $F_2(\mathrm{j}\omega)=\mathrm{j}[\mathrm{Sa}(\omega-\pi)-\mathrm{Sa}(\omega+\pi)]\mathrm{e}^{-\mathrm{j}\omega}$

$F_3(\mathrm{j}\omega)=15\mathrm{e}^{-\mathrm{j}\frac{7\omega}{2}}\mathrm{Sa}\left(\frac{5\omega}{2}\right)-8\mathrm{e}^{-\mathrm{j}4\omega}\mathrm{Sa}(2\omega)$； $F_4(\mathrm{j}\omega)=\mathrm{j}2\mathrm{Sa}(\omega)*\delta'(\omega)+\mathrm{Sa}\left(\frac{\omega}{2}\right)\mathrm{e}^{-\mathrm{j}\frac{3\omega}{2}}$

$F_5(\mathrm{j}\omega)=16\mathrm{Sa}^2(2\omega)-4\mathrm{Sa}^2(\omega)-8\mathrm{Sa}(2\omega)$； $F_6(\mathrm{j}\omega)=\frac{1}{\mathrm{j}\omega}\left[1-\mathrm{Sa}\left(\frac{\omega}{2}\right)\mathrm{e}^{-\mathrm{j}\frac{3\omega}{2}}\right]$

3.13 $F_1(\mathrm{j}\omega)=2\mathrm{Sa}(\omega)+\mathrm{Sa}(\omega+\pi)+\mathrm{Sa}(\omega-\pi)$； $F_2(\mathrm{j}\omega)=2[\mathrm{Sa}(\omega)+\mathrm{Sa}''(\omega)]$

$F_3(\mathrm{j}\omega)=\frac{8(\mathrm{j}\omega+2)}{[(\mathrm{j}\omega+2)^2+16]^2}$； $F_4(\mathrm{j}\omega)=\pi[G_2(\omega+4)+G_2(\omega-4)]$

$F_5(\mathrm{j}\omega)=3\pi\delta(\omega)-\frac{1-\mathrm{e}^{-\mathrm{j}\omega}}{\omega^2}$； $F_6(\mathrm{j}\omega)=\frac{1}{(1+\mathrm{j}\omega)^2}$

$F_7(\mathrm{j}\omega)=\frac{4(1-3\omega^2)}{(1+\omega^2)^3}$； $F_8(\mathrm{j}\omega)=G_{2\pi}(\omega)*[G_{4\pi}(\omega)\mathrm{e}^{-\mathrm{j}\omega}]$

3.14 $F_1(\mathrm{j}\omega)=4\mathrm{Sa}(\omega)\cos 2\omega$； $F_2(\mathrm{j}\omega)=\frac{2(\sin\omega-\omega\cos\omega)}{\mathrm{j}\omega^2}$

$F_3(\mathrm{j}\omega)=2\pi\delta(\omega)+\frac{2\mathrm{Sa}(\omega)}{\mathrm{j}\omega}$； $F_4(\mathrm{j}\omega)=4\mathrm{Sa}^2(\omega)-\mathrm{Sa}^2\left(\frac{\omega}{2}\right)=3\mathrm{Sa}\left(\frac{3\omega}{2}\right)\mathrm{Sa}\left(\frac{\omega}{2}\right)$

$F_5(\mathrm{j}\omega)=\mathrm{Sa}(\omega+5\pi)+\mathrm{Sa}(\omega-5\pi)$； $F_6(\mathrm{j}\omega)=\mathrm{Sa}^2\left(\frac{\omega}{2}+3\pi\right)+\mathrm{Sa}^2\left(\frac{\omega}{2}-3\pi\right)$

$F_7(\mathrm{j}\omega)=2\mathrm{Sa}(\omega)+[\mathrm{Sa}(\omega+\pi)+\mathrm{Sa}(\omega-\pi)]$； $F_8(\mathrm{j}\omega)=\left[\mathrm{Sa}\left(\frac{\omega+\pi}{2}\right)+\mathrm{Sa}\left(\frac{\omega-\pi}{2}\right)\right]\cos\omega$

3.15 $F_1(\mathrm{j}\omega)=9\mathrm{Sa}^2\left(\frac{3\omega}{2}\right)-\mathrm{Sa}^2\left(\frac{\omega}{2}\right)-2\mathrm{Sa}(\omega)$

$F_2(\mathrm{j}\omega)=4\pi\delta(\omega)-8\mathrm{Sa}(2\omega)+4\mathrm{Sa}^2(\omega)+\mathrm{Sa}^2\left(\frac{\omega}{2}\right)$

$F_3(\mathrm{j}\omega)=16\mathrm{Sa}^2(2\omega)-8\mathrm{Sa}^2(\omega)+\mathrm{Sa}^2(\frac{\omega}{2})$； $F_4(\mathrm{j}\omega)=5\mathrm{Sa}^2\left(\frac{\omega}{2}\right)-4\mathrm{Sa}^2(\omega)$

3.16 (1) $F_1(\mathrm{j}\omega)$满足性质⑤；$F_2(\mathrm{j}\omega)$满足性质③④⑥；$F_3(\mathrm{j}\omega)$满足性质⑥；$F_4(\mathrm{j}\omega)$满足性质①②；$F_5(\mathrm{j}\omega)$满足性质①②；$F_6(\mathrm{j}\omega)$满足性质③④。

(2) $F_1(\mathrm{j}\omega)=2\mathrm{e}^{-\mathrm{j}\omega}$，因此存在实数$a=1$，使得$F_1(\mathrm{j}\omega)$满足性质⑤；

$F_2(\mathrm{j}\omega)=2\cos\omega T$，因此$F_2(\mathrm{j}\omega)$满足性质③④⑥，其中频域基本周期为$\omega_s=2\pi/T$；

$F_3(\mathrm{j}\omega)=\frac{1}{1-a\mathrm{e}^{-\mathrm{j}\omega T}}$，因此$F_3(\mathrm{j}\omega)$满足性质⑥，其中频域基本周期为$\omega_s=2\pi/T$；

$F_4(\mathrm{j}\omega)=\mathrm{j}\sin 3\omega\ \frac{4\pi}{4\pi^2-\omega^2}$，因此$F_4(\mathrm{j}\omega)$满足性质①②；

$F_5(\mathrm{j}\omega)=\frac{2(\sin 2\omega-2\omega\cos 2\omega)}{\mathrm{j}\omega^2}$，因此$F_5(\mathrm{j}\omega)$满足性质①②；

$F_6(\mathrm{j}\omega)=\frac{2(1-\omega^2)}{(1+\omega^2)^2}$，因此$F_6(\mathrm{j}\omega)$满足性质③④。

3.17 $F_{T01}(\mathrm{j}\omega)=\pi\sum_{n=-\infty}^{+\infty}(-1)^n\delta(\omega-n\pi)$； $F_{T02}(\mathrm{j}\omega)=\pi\sum_{n=-\infty}^{+\infty}[2+(-1)^n]\delta(\omega-n\pi)$

$F_{T03}(\mathrm{j}\omega)=\pi\sum_{n=-\infty}^{+\infty}\frac{1-\mathrm{e}^{-1}(-1)^n}{\mathrm{j}n\pi+1}\delta(\omega-n\pi)$； $F_{T04}(\mathrm{j}\omega)=\sum_{n=-\infty}^{+\infty}\frac{\pi}{\mathrm{j}n\pi+1}\delta(\omega-n\pi)$

$$F_{T_{05}}(\mathrm{j}\omega)=\sum_{n=-\infty}^{+\infty}\frac{\pi}{1-\mathrm{j}n\pi}\delta(\omega-n\pi);\quad F_{T_{06}}(\mathrm{j}\omega)=\sum_{n=-\infty}^{+\infty}\frac{2\pi}{1+(n\pi)^2}\delta(\omega-n\pi)$$

$$F_{T_{07}}(\mathrm{j}\omega)=4\sum_{n=-\infty}^{+\infty}\frac{(-1)^n}{1-4n^2}\delta\left(\omega-\frac{2n\pi}{T_0}\right)$$

$$F_{T_{08}}(\mathrm{j}\omega)=\pi\sum_{n=-\infty}^{+\infty}\mathrm{Sa}\left(\frac{n\pi}{2}\right)\left[\delta\left(\omega+\pi-\frac{n\pi}{2}\right)+\delta\left(\omega-\pi-\frac{n\pi}{2}\right)\right]$$

$$F_{T_{09}}(\mathrm{j}\omega)=-2\pi\mathrm{j}\sum_{n=-\infty}^{+\infty}\mathrm{sgn}(n\omega_0)\delta(\omega-n\omega_0)$$

$$F_{T_{010}}(\mathrm{j}\omega)=\mathrm{j}\pi\sum_{n=-\infty}^{+\infty}(-1)^n\sin\left(\frac{n\pi}{2}\right)\mathrm{Sa}^2\left(\frac{n\pi}{4}\right)\delta\left(\omega-\frac{n\pi}{2}\right)$$

3.18 (1) $F_0(\mathrm{j}\omega)=F(\mathrm{j}\omega)+F(-\mathrm{j}\omega)=F(\mathrm{j}\omega)+F^*(\mathrm{j}\omega)=2R(\omega)$

$Y(\mathrm{j}\omega)=F_0(\mathrm{j}\omega)\mathrm{e}^{\mathrm{j}\omega}+F_0(\mathrm{j}\omega)\mathrm{e}^{-\mathrm{j}\omega}=2F_0(\mathrm{j}\omega)\cos\omega=4R(\omega)\cos\omega$

(2) $F(\mathrm{j}\omega)=\frac{1}{2\pi}F(\mathrm{j}\omega)*[\pi\delta(\omega)+\frac{1}{\mathrm{j}\omega}]=\frac{1}{2}F(\mathrm{j}\omega)+F(\mathrm{j}\omega)*\frac{1}{\mathrm{j}2\pi\omega}$

$$F(\mathrm{j}\omega)=F(\mathrm{j}\omega)*\frac{1}{\mathrm{j}\pi\omega}=\frac{1}{\mathrm{j}\pi}\int_{-\infty}^{+\infty}\frac{F(\mathrm{j}\lambda)}{\omega-\lambda}\mathrm{d}\lambda$$

(3) $\mathrm{CTFT}[f'(t)*\frac{1}{\pi t}]=\mathrm{j}\omega F(\mathrm{j}\omega)[-\mathrm{j}\,\mathrm{sgn}(\omega)]=|\omega|F(\mathrm{j}\omega)$

(4) $F_1(\mathrm{j}\omega)=F(\mathrm{j}\omega)+F(-\mathrm{j}\omega)$； $F_2(\mathrm{j}\omega)=F(\mathrm{j}\omega)+F(-\mathrm{j}\omega)\mathrm{e}^{-\mathrm{j}2\omega}$

$F_2(\mathrm{j}n\pi)=F(\mathrm{j}n\pi)+F(-\mathrm{j}n\pi)\mathrm{e}^{-\mathrm{j}2n\pi}=F(\mathrm{j}n\pi)+F(-\mathrm{j}n\pi)=F_1(\mathrm{j}n\pi)$

(5) 构造 $f_s(t)=f(t)\delta_T(t)=f(t)\sum_{k=-\infty}^{+\infty}\delta(t-kT)=\sum_{k=-\infty}^{+\infty}f(kT)\delta(t-kT)$，则有

$$F_s(\mathrm{j}\omega)=\frac{1}{2\pi}F(\mathrm{j}\omega)*\omega_s\sum_{n=-\infty}^{+\infty}\delta(\omega-n\omega_s)=\sum_{n=-\infty}^{+\infty}\frac{1}{T}F[\mathrm{j}(\omega-n\omega_s)]=\sum_{m=-\infty}^{+\infty}\frac{1}{T}F[\mathrm{j}(\omega-m\omega_s)]$$

$$\sum_{k=-\infty}^{+\infty}f(kT)=\int_{-\infty}^{+\infty}f_s(t)\mathrm{d}t=F_s(\mathrm{j}0)=\frac{1}{T}\sum_{m=-\infty}^{+\infty}F(-\mathrm{j}m\omega_s)=\frac{1}{T}\sum_{n=-\infty}^{+\infty}F(\mathrm{j}n\omega_s)$$

(6) 设 $F_1(\mathrm{j}\omega)=\sum_{n=1}^{+\infty}\delta(\omega-n\omega_0)$，则有 $f_1(t)=\frac{1}{2\pi}\left[\frac{\mathrm{e}^{\mathrm{j}\omega_0t}}{1-\mathrm{e}^{\mathrm{j}\omega_0t}}+\frac{T_0}{2}\sum_{m=-\infty}^{+\infty}\delta(t-mT_0)\right]$

$$f_{T_0}(t)=\mathrm{j}\omega_0[f_1(-t)-f_1(t)]=\frac{1}{T_0}\cot\frac{\omega_0t}{2}=\frac{1}{T_0}\cot\frac{\pi t}{T_0}$$

3.19 $f_1(t)=1$； $f_2(t)=\varepsilon(t)$； $f_3(t)=t\varepsilon(t)$； $f_4(t)=\mathrm{e}^{-t}(t)$； $f_5(t)=\mathrm{e}^{-t}\sin t\varepsilon(t)$

$f_6(t)=\mathrm{e}^{-t}\cos t\varepsilon(t)$； $f_7(t)=\cos\omega_0t$； $f_8(t)=\sin\omega_0t$； $f_9(t)=\omega_c\mathrm{Sa}\left(\frac{\omega_ct}{2}\right)$

$f_{10}(t)=\omega_c\mathrm{Sa}^2\left(\frac{\omega_ct}{2}\right)$

3.20 $f_1(t)=\mathrm{e}^{\mathrm{j}\omega_0t}$； $f_2(t)=\delta(t+1)+\delta(t-1)$

$f_3(t)=\delta(t+4)+\delta(t-4)+\mathrm{j}[\delta(t+4)-\delta(t-4)]$

$f_4(t)=G_2(t)$； $f_5(t)=G_6(t)\mathrm{e}^{\mathrm{j}2t}$； $f_6(t)=G_2(t+2)+G_2(t-2)$

$f_7(t)=(2-|t|)G_4(t)$； $f_8(t)=-\delta''(t)$； $f_9(t)=-|t|$

$f_{10}(t)=\frac{1}{1-\mathrm{j}t}$； $f_{11}(t)=\mathrm{Sa}(t)*\frac{1}{\pi t}$； $f_{12}(t)=\frac{t}{1-t^2}$

3.21 $f_1(t)=1+(1-\mathrm{e}^{-3t})\varepsilon(t)$； $f_2(t)=\mathrm{e}^t\varepsilon(-t)+\varepsilon(t)$； $f_3(t)=3-\mathrm{e}^{2t}\varepsilon(-t)-\mathrm{e}^{-3t}\varepsilon(t)$

$f_4(t)=(\mathrm{e}^{-t}-\mathrm{e}^{-2t})\varepsilon(t)$； $f_5(t)=(1-t)\mathrm{e}^{-t}\varepsilon(t)$； $f_6(t)=[\mathrm{e}^{-(t-1)}-\mathrm{e}^{-2(t-1)}]\varepsilon(t-1)$

$f_7(t)=[(t-2)e^{-(t-1)}+e^{-2(t-1)}]\varepsilon(t-1)$； $f_8(t)=\delta(t)+(e^{-t}-2e^{-5t})\varepsilon(t)$

$f_9(t)=\dfrac{1}{\pi t}*\dfrac{d\mathrm{Sa}(t)}{dt}$； $f_{10}(t)=(2-|t|)[G_4(t)-G_2(t)]$

$f_{11}(t)=2\mathrm{Sa}^2(t)$； $f_{12}(t)=\dfrac{1}{j\pi t}[\cos 3t+\mathrm{Sa}(t)-2\mathrm{Sa}(2t)]$

3.22 (1) $F(j\omega)=\left[9\mathrm{Sa}^2\left(\dfrac{3\omega}{2}\right)+\mathrm{Sa}^2\left(\dfrac{\omega}{2}\right)\right]e^{-j\omega}$； (2) $|F(j\omega)|=9\mathrm{Sa}^2\left(\dfrac{3\omega}{2}\right)+\mathrm{Sa}^2\left(\dfrac{\omega}{2}\right)$

(3) $\varphi(\omega)=-\omega$； (4) $F(j0)=\int_{-\infty}^{+\infty}f(t)dt=10$； (5) $\int_{-\infty}^{+\infty}F(j\omega)d\omega=2\pi f(0)=4\pi$

(6) $\int_{-\infty}^{+\infty}F(j\omega)e^{j\omega}d\omega=2\pi f(1)=8\pi$； (7) $\int_{-\infty}^{+\infty}F(j\omega)e^{j\omega}\cos\omega d\omega=2\pi f(2)=4\pi$

(8) $\int_{-\infty}^{+\infty}2F(j\omega)\mathrm{Sa}(\omega)e^{j2\omega}d\omega=2\pi f(t)*G_2(t)|_{t=2}=2\pi\left(\dfrac{1+2}{2}\times 1+\dfrac{2+4}{2}\times 1\right)=9\pi$

(9) $\int_{-\infty}^{+\infty}|F(j\omega)|^2d\omega=2\pi\int_{-\infty}^{+\infty}f^2(t)dt=48\pi$

3.23 (1) $F_1(j\omega)=\dfrac{2}{1+\omega^2}$； (2) $F_2(j\omega)=2\pi e^{-|\omega|}$

3.24 (1) $f(t)=\dfrac{1}{\pi(1+t^2)}$； (2) $f(t)=\dfrac{1}{\pi(1+t^2)}*\dfrac{1}{\pi t}$

3.25 (1) $f(t)=\pi\mathrm{Sa}(t)$； (2) $f(t)=\mathrm{Sa}(2\pi t)$

(3) $f(t)=\mathrm{Sa}^2(2\pi t)$； (4) $f(t)=2\mathrm{Sa}(2\pi t)+\mathrm{Sa}^2(\pi t)$

3.26 (1) $A=6$； $f(t)=6(e^{-t}-e^{-2t})\varepsilon(t)$

(2) $f(t)=2f_e(t)\varepsilon(t)=16\mathrm{Sa}^2(2t)\varepsilon(t)$； $f_o(t)=f_e(t)\mathrm{sgn}(t)=8\mathrm{Sa}^2(2t)\mathrm{sgn}(t)$

(3) ① $f(t)=6\mathrm{Sa}^2(t)+2\mathrm{Sa}(t)\sin 2t$； $f_e(t)=6\mathrm{Sa}^2(t)$，$f_o(t)=2\mathrm{Sa}(t)\sin 2t$

② $f(0)=6$； $\int_{-\infty}^{+\infty}f(t)dt=6\pi$； $\int_{-\infty}^{+\infty}f^2(t)dt=26\pi$

(4) ① $f(t)=(t+3)^2\varepsilon(t+3)-3(t+1)^2\varepsilon(t+1)+3(t-1)^2\varepsilon(t-1)-(t-3)^2\varepsilon(t-3)$

② $f(0)=6$； $f(4)=0$； $\int_{-\infty}^{+\infty}f(t)dt=16$； $\int_{-\infty}^{+\infty}f^2(t)dt=70.4$

3.27 (1) $F_{T_0}(j\omega)=2\pi\sum_{n=-\infty}^{+\infty}|n|\delta(\omega-n\omega_0)$； (2) $F(j\omega)=\dfrac{1}{\cos(\omega T_0)-1}$

(3) ① $s(t)=\pi\sum_{k=-\infty}^{+\infty}\delta\left(t-k\dfrac{\pi}{4}\right)$；$s\left(t-\dfrac{\pi}{4}\right)=s(t)$；时域上的基本周期为 $T_0=\dfrac{\pi}{4}$

② $F_s(j\omega)=4\sum_{n=-\infty}^{+\infty}G_2(\omega-8n)$；$F_s[j(\omega-8)]=F_s(j\omega)$；频域上的基本周期为 $\omega_s=8$

(4) ① $F_1(j\omega)=T\mathrm{Sa}\left(\dfrac{\omega T}{2}\right)$；$F_2(j\omega)=T\mathrm{Sa}\left(\dfrac{\omega T}{2}\right)\dfrac{4\pi^2}{4\pi^2-(\omega T)^2}$

② $B_{1f}=2/T$； $B_{2f}=4/T$； $B_{2f}=2B_{1f}$

3.28 (1) $H(j\omega)=\dfrac{1}{(j\omega+1)(j\omega+2)}$

(2) $h(t)=(e^{-t}-e^{-2t})\varepsilon(t)$

(3) $y_f(t)=[e^{-t}-(1+t)e^{-2t}]\varepsilon(t)$

3.29 (1) $H(j\omega)=\dfrac{1-j\omega RC}{1+j\omega RC}$

(2) 由于 $|H(j\omega)|=1$，因此系统是一个全通系统。

(3) $y_f(t)=\cos\left(t-\frac{\pi}{3}\right)$，系统对激励的相移是 $\pi/3$ rad。

3.30 (1) $h_{LP}(t)=\frac{4}{\pi}Sa[4(t-1)]$；　(2) $a=4$

(3) ① $H(j\omega)=\left(1-\frac{1}{4}|\omega|\right)G_8(\omega)e^{-j\omega}$

② $h(t)=\frac{2}{\pi}Sa^2[2(t-1)]$

③ $y_f(t)=2Sa[2(t-1)]+Sa^2(t-1)$

3.31 (1) $X(j\omega)=\sum_{n=-\infty}^{+\infty}\frac{30\pi}{n^2-1}\cos\frac{n\pi}{2}\delta(\omega-n\pi)$；　(2) $y_f(t)=\cos 4\pi t$

(3) 考虑到 $X(j\omega)=\sum_{n=-\infty}^{+\infty}\frac{30\pi}{n^2-1}\cos\frac{n\pi}{2}\delta(\omega-n\pi)$，则有

$$x(t)=\sum_{n=-\infty}^{+\infty}\frac{15}{n^2-1}\cos\frac{n\pi}{2}e^{jn\pi t}=\sum_{n=-\infty}^{+\infty}C_n e^{jn\pi t}$$，于是 $C_n=\frac{15}{n^2-1}\cos\frac{n\pi}{2}$。

3.32 (1) $H_1(j\omega)=5\pi[G_6(\omega)-G_{3.6}(\omega)]e^{-j2\omega}$，带通滤波器的下截止角频率 $\omega_{L_1}=1.8$ rad/s，中心角频率 $\omega_{0_1}=2.4$ rad/s，上截止角频率 $\omega_{H_1}=3$ rad/s。

(2) $h(t)=2h_1(2t)=10[3Sa(6t)-1.8Sa(3.6t)]*\delta(t-1)$

(3) $H(j\omega)=5\pi[G_{12}(\omega)-G_{7.2}(\omega)]e^{-j\omega}$，带通滤波器的下截止角频率 $\omega_L=3.6$ rad/s，中心角频率 $\omega_0=4.8$ rad/s，上截止角频率 $\omega_H=6$ rad/s；采用图题 3.32 所示的系统级联结构，可使模拟带通滤波器的下截止角频率、中心角频率和上截止角频率加倍。

(4) $y_f(t)=2\cos 5(t-1)$

(5) $H(j\omega)=5\pi[G_3(\omega)-G_{1.8}(\omega)]e^{-j4\omega}$

$h(t)=2.5[3Sa(1.5t)-1.8Sa(0.9t)]*\delta(t-4)$

$y_f(t)=10\cos(t-4)$

因为系统 1 和系统 2 是时变系统，时变系统的级联与顺序有关，所以整个系统的性能发生了变化。

3.33 (1) $f(t)=Sa^2\left(\frac{\pi t}{4}\right)$；$s(t)=\delta_2(t)=\sum_{k=-\infty}^{+\infty}\delta(t-2k)$；样值信号 $f_s(t)$ 和连续时间信号 $x(t)$ 的波形如图答 3.33.1 所示。

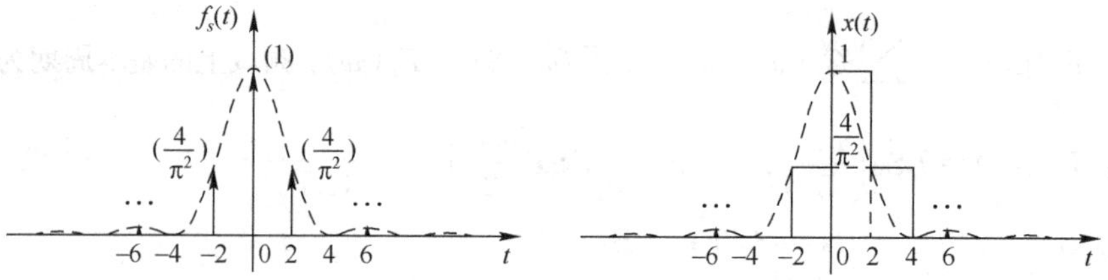

图答 3.33.1　样值信号 $f_s(t)$ 和连续时间信号 $x(t)$ 的波形

(2) 考虑到

$$F(j\omega)=\mathrm{CTFT}\left[Sa^2\left(\frac{\pi}{4}t\right)\right]=(4-\frac{8}{\pi}|\omega|)G_\pi(\omega)$$

$$F_s(j\omega)=\sum_{n=-\infty}^{+\infty}\frac{1}{2}F[j(\omega-n\pi)]$$

则连续时间信号 $f(t)$ 的频谱 $F(j\omega)$ 和样值信号 $f_s(t)$ 的频谱 $F_s(j\omega)$ 的图形如图答 3.33.2 所示。

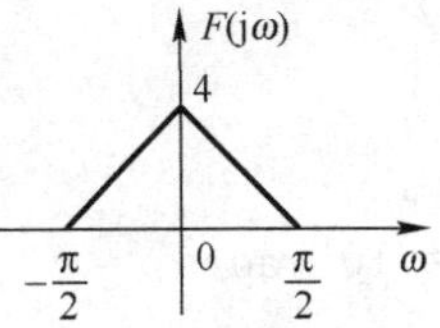

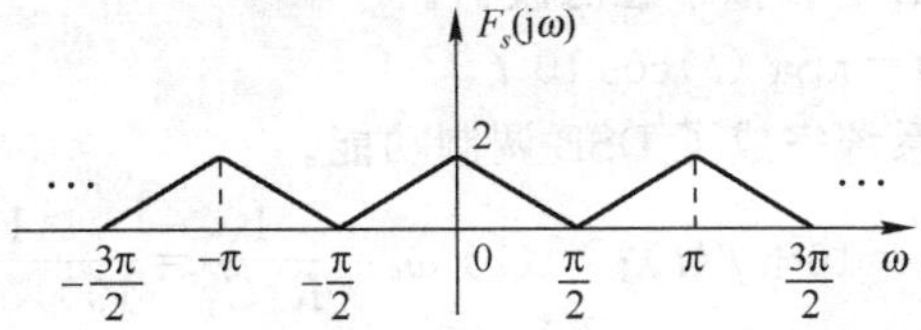

图答 3.33.2　连续时间信号 $f(t)$ 的频谱 $F(j\omega)$ 和样值信号 $f_s(t)$ 的频谱 $F_s(j\omega)$ 的图形

(3) $H(j\omega)=\dfrac{G_\pi(\omega)e^{j\omega}}{\text{Sa}(\omega)}$

3.34 (1) 连续时间信号 $f(t)$ 的频谱 $F(j\omega)$ 的图形如图答 3.34.1 所示。

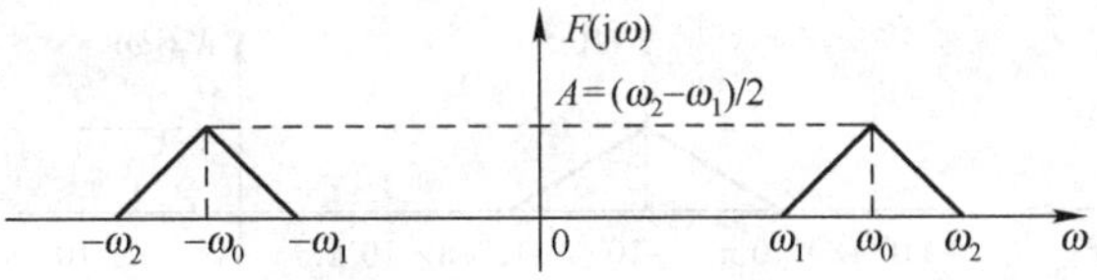

图答 3.34.1　连续时间信号 $f(t)$ 的频谱 $F(j\omega)$ 的图形

(2) 当 $\omega_2=2\omega_1$ 时，取抽样角频率 $\omega_s=\omega_2$，理想抽样的样值信号 $f_s(t)$ 的频谱 $F_s(j\omega)$ 的图形如图答 3.34.2 所示。

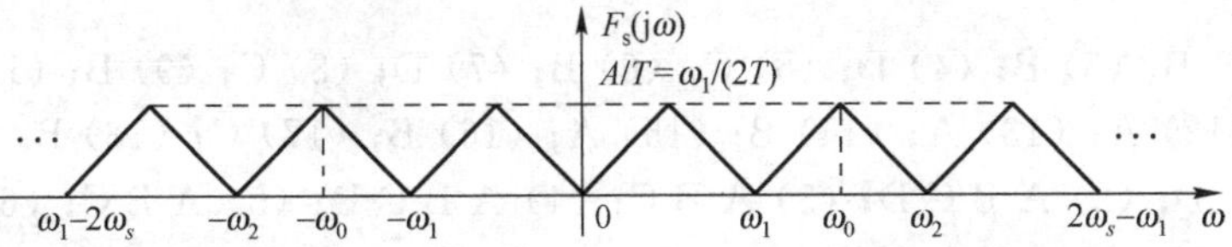

图答 3.34.2　抽样角频率 $\omega_s=\omega_2=2\omega_1$ 时样值信号 $f_s(t)$ 的频谱 $F_s(j\omega)$ 的图形

(3) 由图答 3.34.2 可知，当 $\omega_2=2\omega_1$ 时，最低抽样角频率只要等于 ω_2 就可以使样值信号 $f_s(t)$ 的频谱 $F_s(j\omega)$ 不出现混叠；利用模拟带通滤波器对样值信号 $f_s(t)$ 滤波，就可以无失真恢复原始信号 $f(t)$。

(4) 理想抽样的样值信号 $f_s(t)$ 的频谱 $F_s(j\omega)$ 不出现混叠的图形如图答 3.34.3 所示。

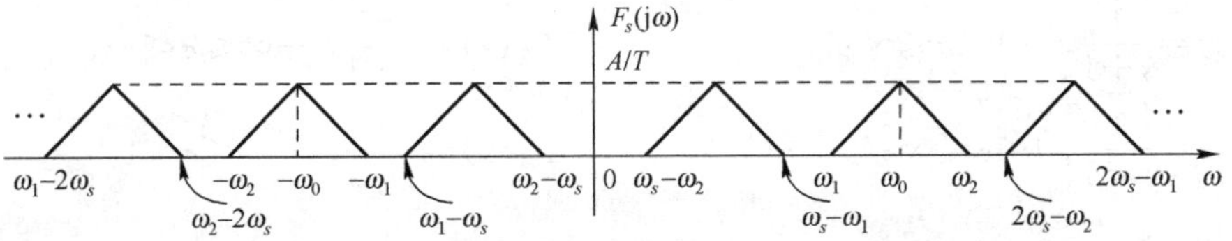

图答 3.34.3　样值信号 $f_s(t)$ 的频谱 $F_s(j\omega)$ 不出现混叠的图形

由图答 3.34.3 可知，为使样值信号 $f_s(t)$ 的频谱 $F_s(j\omega)$ 不出现混叠，则要求

$$\begin{cases}\omega_s-\omega_1\leqslant\omega_1\\ 2\omega_s-\omega_2\geqslant\omega_2\end{cases},\qquad \text{即}\begin{cases}-\omega_1\leqslant-\omega_s+\omega_1 & (1)\\ \omega_2\leqslant 2\omega_s-\omega_2 & (2)\end{cases}$$

将式(1)及式(2) 相加可得 $\omega_s\geqslant 2(\omega_2-\omega_1)$，或 $\omega_s\geqslant\dfrac{2\omega_2}{\omega_2/(\omega_2-\omega_1)}$；即 $\omega_s=\dfrac{2\omega_2}{m}$，其中

m 为不超过$\frac{\omega_2}{\omega_2-\omega_1}$的最大整数。

3.35 (1) $H_B(\mathrm{j}\omega)=\frac{\pi}{4}[(4-|\omega|)G_8(\omega)-(2-|\omega|)G_4(\omega)]*[\delta(\omega+10^7)+\delta(\omega-10^7)]$

(2) 系统 B 是模拟带通滤波器。

(3) $y_f(t)=\pi\mathrm{Sa}^2(t)\cos 10^7 t$

(4) 整个系统完成了 DSB 调制功能。

3.36 (1) $x_1(t)=10+f(t)$；　(2) $\omega_0=\frac{1}{R_1C_1}=\frac{1}{100\times10^{-8}}=10^6$ rad/s

(3) $F(\mathrm{j}\omega)=2\times10^{-3}\left(1-\frac{1}{8\times10^3\pi}|\omega|\right)G_{1.6\times10^4\pi}(\omega)$

$$X_3(\mathrm{j}\omega)=10\pi[\delta(\omega+10^6)+\delta(\omega-10^6)]+\frac{1}{2}F[\mathrm{j}(\omega+10^6)]+\frac{1}{2}F[\mathrm{j}(\omega-10^6)]$$

调制信号 $f(t)$的频谱 $F(\mathrm{j}\omega)$和已调信号 $x_3(t)$的频谱 $X_3(\mathrm{j}\omega)$的图形如图答 3.36 所示。

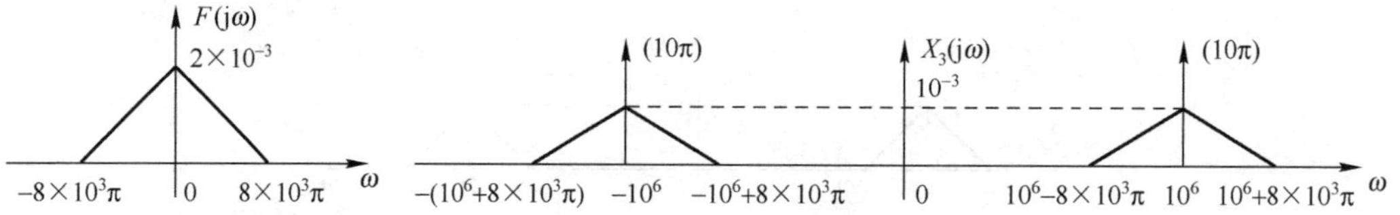

图答 3.36　调制信号 $f(t)$的频谱 $F(\mathrm{j}\omega)$和已调信号 $x_3(t)$的频谱 $X_3(\mathrm{j}\omega)$的图形

(4) $C_2=\frac{1}{\omega_0^2L}=\frac{1}{10^{12}\times10^{-4}}=10^{-8}=0.01\,\mu\mathrm{F}$；　$R_{4\min}=5\,\Omega$

第 4 章

4.1 (1) C；(2) B；(3) B；(4) D；(5) C；(6) B；(7) D；(8) C；(9) B；(10) B；(11) A；(12) A；(13) A；(14) B；(15) A；(16) B；(17) C；(18) B；(19) A；(20) D

4.2 (1) A B C D；(2) A B C D；(3) A B C；(4) A B C D；(5) A B C；(6) A B C D E

4.3 $F_1(s)=F(s)\mathrm{e}^{-s}$，$-2<\sigma<4$；　$F_2(s)=F(-s)$，$-4<\sigma<2$

$F_3(s)=\frac{1}{3}F\left(-\frac{1}{3}s\right)\mathrm{e}^{-2s}$，$-12<\sigma<6$；　$F_4(s)=\frac{F(s)}{s+1}$，$-1<\sigma<4$

$F_5(s)=sF(s)$，$-2<\sigma<4$；　$F_6(s)=\frac{F(s)}{s}$，$0<\sigma<4$

$F_7(s)=F(s+1)$，$-3<\sigma<3$；　$F_8(s)=\frac{\mathrm{d}F(s)}{\mathrm{d}s}$，$-2<\sigma<4$

4.4 $F_1(s)=\frac{1}{s+1}$，$-1<\sigma\leqslant\infty$；　$F_2(s)=\frac{-1}{s+1}$，$-\infty\leqslant\sigma<-1$

$F_3(s)=\frac{1}{s-1}$，$1<\sigma\leqslant\infty$；　$F_4(s)=\frac{1}{1-s}$，$-\infty\leqslant\sigma<1$

$F_5(s)=\frac{\mathrm{e}^{-(s+1)}}{s+1}$，$-1<\sigma\leqslant\infty$；　$F_6(s)=\frac{\mathrm{e}}{s+1}$，$-1<\sigma\leqslant\infty$

$F_7(s)=\frac{\mathrm{e}^{-s}}{s+1}$，$-1<\sigma\leqslant\infty$；　$F_8(s)=\frac{1}{s+2}$，$-2<\sigma\leqslant\infty$

$F_9(s)=\frac{1}{(s+1)^2}$，$-1<\sigma\leqslant\infty$；　$F_{10}(s)=\frac{1}{(1-s)^2}$，$-\infty\leqslant\sigma<1$

$F_{11}(s)=\frac{2}{1-s^2}$，$-1<\sigma<1$；　$F_{12}(s)=\frac{2(1+s^2)}{(1-s^2)^2}$，$-1<\sigma<1$

4.5 $F_1(s)=\frac{1}{s^2+1}$, $0<\sigma\leqslant\infty$; $F_2(s)=\frac{1-s}{s^2+1}$, $0<\sigma\leqslant\infty$

$F_3(s)=\frac{1+s}{s^2+1}e^{-\frac{\pi}{4}s}$, $0<\sigma\leqslant\infty$; $F_4(s)=\frac{1}{s^2+1}e^{-\frac{\pi}{4}s}$, $0<\sigma\leqslant\infty$

$F_5(s)=\frac{s}{s^2+1}$, $0<\sigma\leqslant\infty$; $F_6(s)=\frac{s+1}{s^2+1}$, $0<\sigma\leqslant\infty$

$F_7(s)=\frac{s-1}{s^2+1}e^{-\frac{\pi}{4}s}$, $0<\sigma\leqslant\infty$; $F_8(s)=\frac{s}{s^2+1}e^{-\frac{\pi}{4}s}$, $0<\sigma\leqslant\infty$

$F_9(s)=\frac{12s}{(s^2+4)(s^2+16)}$, $0<\sigma\leqslant\infty$; $F_{10}(s)=\frac{4}{s(s^2+4)}$, $0<\sigma\leqslant\infty$

$F_{11}(s)=\frac{2}{s^2+4}$, $0<\sigma\leqslant\infty$; $F_{12}(s)=\frac{2s^2-16}{(s^2+4)(s^2+16)}$, $0<\sigma\leqslant\infty$

$F_{13}(s)=\frac{2s(s^2+10)}{(s^2+4)(s^2+16)}$, $0<\sigma\leqslant\infty$; $F_{14}(s)=\frac{2(s^2+2)}{s(s^2+4)}$, $0<\sigma\leqslant\infty$

4.6 $F_1(s)=(1-e^{-s})(1+e^{-2s})$, $-\infty<\sigma\leqslant\infty$; $F_2(s)=1+e^{-s}$, $-\infty<\sigma\leqslant\infty$

$F_3(s)=s(1+e^{-s})$, $-\infty<\sigma<\infty$; $F_4(s)=\frac{1-e^{-(s+1)}}{s+1}$, $-\infty<\sigma\leqslant\infty$

$F_5(s)=\frac{s+2}{(s+1)^2}e^{-(s+1)}$, $-1<\sigma\leqslant\infty$; $F_6(s)=\frac{(1+3s)e^{-2s}-(1+4s)e^{-3s}}{s^2}$, $-\infty<\sigma\leqslant\infty$

$F_7(s)=\frac{(1-e^{-s})(1+2e^{-s}+3e^{-2s}+4e^{-3s})}{s}$, $-\infty<\sigma\leqslant\infty$

$F_8(s)=\frac{(e^s-e^{-s})^2}{2s^2}$, $-\infty<\sigma<\infty$

$F_9(s)=\left(\frac{1-e^{-2s}}{s}\right)^2$, $-\infty<\sigma\leqslant\infty$; $F_{10}(s)=\frac{1-e^{-s}}{s^2}$, $0<\sigma\leqslant\infty$

$F_{11}(s)=\frac{(1+e^{-s})(1-e^{-s}-se^{-s})}{s^2}$, $-\infty<\sigma\leqslant\infty$

$F_{12}(s)=\frac{2(s-e^{-2s}+e^{-4s})}{s^2}$, $-\infty<\sigma\leqslant\infty$

$F_{13}(s)=\frac{e^{2s}-e^{-2s}}{s}$, $-\infty<\sigma<\infty$; $F_{14}(s)=\left(\frac{1-e^{-s}}{s^2}-\frac{e^{-s}}{s}\right)\frac{1}{1-e^{-s}}$, $0<\sigma\leqslant\infty$

$F_{15}(s)=\frac{1}{s-\ln 2}$, $\ln 2<\sigma\leqslant\infty$; $F_{16}(s)=\frac{1}{s+1+\ln 2}$, $-(1+\ln 2)<\sigma\leqslant\infty$

4.7 $F_1(s)=\frac{\pi(1+e^{-s})}{s^2+\pi^2}$, $-\infty<\sigma\leqslant\infty$; $F_2(s)=\frac{s}{s^2+4}e^{-\frac{\pi}{4}s}$, $0<\sigma\leqslant\infty$

$F_3(s)=\frac{1}{(s+2)^2+1}$, $-2<\sigma\leqslant\infty$; $F_4(s)=\frac{s+1}{(s+1)^2+4}$, $-1<\sigma\leqslant\infty$

$F_5(s)=\frac{s+2}{(s+1)^2+1}e^{\frac{\pi}{4}s}$, $-1<\sigma<\infty$; $F_6(s)=\frac{1+e^{-\pi s}}{s^2+1}$, $-\infty<\sigma\leqslant\infty$

$F_7(s)=\frac{1-e^{-2\pi s}}{s^2+1}$, $-\infty<\sigma\leqslant\infty$; $F_8(s)=\frac{\pi(1-e^{-2(s+1)})}{(s+1)^2+\pi^2}$, $-\infty<\sigma\leqslant\infty$

$F_9(s)=\frac{1-e^{-\pi s}}{s(1+e^{-\pi s})}$, $0<\sigma\leqslant\infty$; $F_{10}(s)=\frac{-(2s+1)}{(s^2+1)[(s+1)^2+1]}$, $-1<\sigma<0$

$F_{11}(s)=\frac{3s}{(s+1)^2+9}$, $-1<\sigma\leqslant\infty$

$F_{12}(s)=\dfrac{(s+2)(s+6)+(s+4)[(s+4)^2+4]}{[(s+4)^2+4]^2}e^{-(s+4)}$，$-4<\sigma\leqslant\infty$

$F_{13}(s)=\dfrac{(s+1)[e^{-3(s+1)}-e^{-(s+1)}]}{(s+1)^2+\pi^2}$，$-\infty<\sigma\leqslant\infty$；$F_{14}(s)=\dfrac{2(s+1)}{[(s+1)^2+1]^2}$，$-1<\sigma\leqslant\infty$

$F_{15}(s)=\dfrac{(s+1)^2-1}{[(s+1)^2+1]^2}$，$-1<\sigma\leqslant\infty$；　$F_{16}(s)=\ln(1+\dfrac{4}{s^2})$，$0<\sigma\leqslant\infty$

4.8 $F_1(s)=\dfrac{-3}{s(s+3)}$，$-3<\sigma<0$；　$F_2(s)=\dfrac{3}{(1-s)(s+2)}$，$-2<\sigma<1$

$F_3(s)=\dfrac{s^2+3s+5}{(1-s)(s+2)^2}$，$-2<\sigma<1$；　$F_4(s)=\dfrac{-4s}{[(s-1)^2+1][(s+1)^2+1]}$，$-1<\sigma<1$

$F_5(s)=\dfrac{2(2-s^2)}{[(s-1)^2+1][(s+1)^2+1]}$，$-1<\sigma<1$

$F_6(s)=\dfrac{-2(1-s)}{[(1-s)^2+1]^2}+\dfrac{2(s+1)}{[(s+1)^2+1]^2}$，$-1<\sigma<1$

$F_7(s)=\dfrac{(1-s)^2-1}{[(1-s)^2+1]^2}+\dfrac{(s+1)^2-1}{[(s+1)^2+1]^2}$，$-1<\sigma<1$

$F_8(s)=\dfrac{1}{1-e^{-sT_0}}$，$0<\sigma\leqslant\infty$

$F_9(s)=\dfrac{1}{s(1-e^{-2s})}$，$0<\sigma\leqslant\infty$；　$F_{10}(s)=\dfrac{\pi}{(s^2+\pi^2)(1-e^{-s})}$，$0<\sigma\leqslant\infty$

$F_{11}(s)=\dfrac{(1-e^{-s})(1+e^{-s}+e^{-2s})}{s^2(1+e^{-2s})(1+e^{-s})}$，$0<\sigma\leqslant\infty$；$F_{12}(s)=\dfrac{1-e^{-(s+1)}}{(s+1)(1+e^{-2s})}$，$0<\sigma\leqslant\infty$

$F_{13}(s)=\dfrac{1}{(s+1)(1+e^{-(s+1)})}$，$-1<\sigma\leqslant\infty$；$F_{14}(s)=\dfrac{1-e^{-(s+1)}}{(s+1)^2(1+e^{-(s+1)})}$，$-1<\sigma\leqslant\infty$

$F_{15}(s)=\dfrac{1}{1-ae^{-sT_0}}$，$\dfrac{1}{T_0}\ln|a|<\sigma\leqslant\infty$；　$F_{16}(s)=\dfrac{(e^{-1}-e)e^{-s}}{1-(e+e^{-1})e^{-s}+e^{-2s}}$，$-1<\sigma<1$

4.9 $F_1(s)=\dfrac{e^s-2s-e^{-s}}{s^2}$，$-\infty<\sigma<\infty$；　$F_2(s)=\dfrac{e^s-e^{-s}-s(e^s+e^{-s})}{s^2}$，$-\infty<\sigma<\infty$

$F_3(s)=\dfrac{(e^s-e^{-s})(e^s-2+e^{-s})}{s^2}$，$-\infty<\sigma<\infty$

$F_4(s)=\dfrac{e^{2s}-e^s-e^{-s}+e^{-2s}}{s^2}$，$-\infty<\sigma<\infty$

$F_5(s)=\dfrac{e^{4s}-2e^{2s}+e^s+e^{-s}-2e^{-2s}+e^{-4s}}{s^2}$，$-\infty<\sigma<\infty$

$F_6(s)=\dfrac{s^2-36\pi^2}{(s^2+36\pi^2)^2}(e^s-2+e^{-s})$，$-\infty<\sigma<\infty$

4.10 $f_1(t)=e^{-at}\varepsilon(t)$；　$f_2(t)=\varepsilon(t)$；　$f_3(t)=t^n\varepsilon(t)$

$f_4(t)=e^{-at}t^n\varepsilon(t)$；　$f_5(t)=\sin\omega_0t\varepsilon(t)$；　$f_6(t)=\cos\omega_0t\varepsilon(t)$

$f_7(t)=e^{-at}\sin\omega_0t\varepsilon(t)$；　$f_8(t)=e^{-at}\cos\omega_0t\varepsilon(t)$；　$f_9(t)=t\sin\omega_0t\varepsilon(t)$

$f_{10}(t)=t\cos\omega_0t\varepsilon(t)$；　$f_{11}(t)=te^{-at}\sin\omega_0t\varepsilon(t)$；　$f_{12}(t)=te^{-at}\cos\omega_0t\varepsilon(t)$

$f_{13}(t)=\mathrm{sh}bt\varepsilon(t)$；　$f_{14}(t)=\cosh bt\varepsilon(t)$；　$f_{15}(t)=e^{-at}\mathrm{sh}bt\varepsilon(t)$

$f_{16}(t)=e^{-at}\cosh bt\varepsilon(t)$

4.11 $f_1(t)=(1-e^{-t})\varepsilon(t)$；　$f_2(t)=(e^{-t}-e^{-2t})\varepsilon(t)$；　$f_3(t)=(3e^{-4t}-2e^{-3t})\varepsilon(t)$

$f_4(t)=(1+2t)e^{-t}\varepsilon(t)$； $f_5(t)=\delta(t)+(t-1)e^{-t}\varepsilon(t)$；$f_6(t)=e^{-t}(\cos t+2\sin t)\varepsilon(t)$

$f_7(t)=(2e^{-t}-e^{-2t})\varepsilon(t)$；$f_8(t)=\delta'(t)-2\delta(t)+(e^{-t}+3e^{-2t})\varepsilon(t)$

$f_9(t)=[(t-1)e^{-t}+e^{-2t}]\varepsilon(t)$； $f_{10}(t)=[(2t-1)e^{-t}+e^{-2t}]\varepsilon(t)$

$f_{11}(t)=[(t^2-t+1)e^{-t}-e^{-2t}]\varepsilon(t)$； $f_{12}(t)=(1-e^{-3t})\varepsilon(t)-(1-e^{-3(t-2)})\varepsilon(t-2)$

$f_{13}(t)=(e^{-t}-e^{-2t})\varepsilon(t)+(e^{-(t-1)}-e^{-2(t-1)})\varepsilon(t-1)+(e^{-(t-2)}-e^{-2(t-2)})\varepsilon(t-2)$

$f_{14}(t)=\dfrac{1}{t}(1-e^{-t})\varepsilon(t)$

4.12 $f_1(t)=e^{-t}(\cos 2t-\sin 2t)\varepsilon(t)$； $f_2(t)=e^{-(t-1)}[3\cos 3(t-1)-\sin 3(t-1)]\varepsilon(t-1)$

$f_3(t)=e^t\sin 2(t-1)\varepsilon(t-1)+e^t\sin 2t\varepsilon(t)$； $f_4(t)=[1-\cos(t-1)]\varepsilon(t-1)$

$f_5(t)=(e^{-t}-\cos t)\varepsilon(t)$； $f_6(t)=e^{-t}(\cos 2t+\sin 2t-1)\varepsilon(t)$

$f_7(t)=e^{-(t-1)}[1+\sin(t-1)-\cos(t-1)]\varepsilon(t-1)$； $f_8(t)=(2t-3\sin t+t\cos t)\varepsilon(t)$

$f_9(t)=(\cos t+e^t-e^{-t})\varepsilon(t)$； $f_{10}(t)=\dfrac{2}{t}(1-\cos t)\varepsilon(t)$

4.13 $f_1(t)=(e^{-2t}-2e^{-3t})\varepsilon(-t)$； $f_2(t)=[(1+t)e^{-2t}-e^{-t}]\varepsilon(-t)$

$f_3(t)=2\varepsilon(-t)+3e^{-t}\varepsilon(t)$； $f_4(t)=3e^{-3t}\varepsilon(-t)+4e^{-4t}\varepsilon(t)$

$f_5(t)=e^{2t}\varepsilon(-t)-e^{-t}\varepsilon(t)$； $f_6(t)=e^{-2t}\varepsilon(-t)+2e^{-3t}\varepsilon(t)$

$f_7(t)=5e^{2(1-t)}\varepsilon(1-t)+6e^{-3(t-1)}\varepsilon(t-1)$； $f_8(t)=e^t\varepsilon(-t)+\cos t\varepsilon(t)$

$f_9(t)=e^{t+1}\varepsilon(-t-1)+(t-1)\varepsilon(t-1)$； $f_{10}(t)=2e^{-t}\varepsilon(-t)+(3t+2)e^{-2t}\varepsilon(t)$

4.14 $f_1(t)=[\varepsilon(t)-\varepsilon(t-1)]*\sum_{m=0}^{+\infty}\delta(t-2m)$

$f_2(t)=[\varepsilon(t)-2\varepsilon(t-1)+\varepsilon(t-2)]*\sum_{m=0}^{+\infty}\delta(t-2m)$

$f_3(t)=\{e^{-t}[\varepsilon(t)-\varepsilon(t-1)]\}*\sum_{m=0}^{+\infty}\delta(t-2m)$

$f_4(t)=\{e^{-t}[\varepsilon(t)-\varepsilon(t-1)]-e^{-(t-1)}[\varepsilon(t-1)-\varepsilon(t-2)]\}*\sum_{m=0}^{+\infty}\delta(t-2m)$

$f_5(t)=\{\sin\pi t[\varepsilon(t)-\varepsilon(t-1)]\}*\sum_{m=0}^{+\infty}\delta(t-2m)$

$f_6(t)=\{\sin\pi t[\varepsilon(t)-\varepsilon(t-1)]\}*\sum_{m=0}^{+\infty}\delta(t-m)$

4.15 (1) ① $-1<\sigma<1$； ② $1<\sigma\leqslant\infty$； ③ $1<\sigma\leqslant\infty$

④ $-\infty\leqslant\sigma<-1$； ⑤ $-1<\sigma<1$； ⑥ $-\infty\leqslant\sigma<-1$

(2) $X(s)=\dfrac{(s-1)(s-5)}{2(s+3)(s-3)}e^{-2(s+1)}$，$-3<\sigma<3$

(3) $F(s)=\dfrac{1}{(s+2)(s+3)}$，$-2<\sigma\leqslant\infty$； (4) $f(t)=\pm 2e^t\varepsilon(-t)$或$f(t)=\pm 2e^{-t}\varepsilon(t)$

4.16 (1) ① $F(j\omega)=j\pi\delta'(\omega)-\dfrac{1}{\omega^2}$； ② $F(s)=\dfrac{1}{s^2}$，$0<\sigma\leqslant\infty$

③ 错误。因为$F(s)$的收敛域不包含s平面上的虚轴，所以$F(j\omega)\neq F(s)|_{s=j\omega}$。

④ 由$F(s)$求出$f(t)$，再由$f(t)$求出$F(j\omega)$；或利用式(4.4.20)，由$F(s)$求出$F(j\omega)$。

(2) ① $F(s)=\dfrac{1}{s(s+1)^2}$，$0<\sigma\leqslant\infty$；$f(\infty)=1$； ② $f(t)=[1-(t+1)e^{-t}]\varepsilon(t)$

③ $F(\mathrm{j}\omega)=\pi\delta(\omega)+\dfrac{1}{\mathrm{j}\omega}-\dfrac{1}{\mathrm{j}\omega+1}-\dfrac{1}{(\mathrm{j}\omega+1)^2}$

(3) ① $F(s)=\dfrac{1}{s(s+1)}$，$0<\sigma\leqslant\infty$；$f(\infty)=1$； ② $f(t)=(1-\mathrm{e}^{-t})\varepsilon(t)$

③ $F(\mathrm{j}\omega)=\pi\delta(\omega)+\dfrac{1}{\mathrm{j}\omega}-\dfrac{1}{\mathrm{j}\omega+1}$

(4) ① $F(s)=\dfrac{n!m!}{s^{n+m+2}}$，$0<\sigma\leqslant\infty$； ② $f(t)=\dfrac{n!m!}{(n+m+1)!}t^{n+m+1}\varepsilon(t)$

③ $F(\mathrm{j}\omega)=\dfrac{n!m!}{(n+m+1)!}\pi(\mathrm{j})^{n+m+1}\delta^{(n+m+1)}(\omega)+\dfrac{n!m!}{(\mathrm{j}\omega)^{n+m+2}}$

4.17 (1) $f(t)=\sum\limits_{n=2}^{+\infty}\dfrac{(-1)^n}{(n-2)!}t^n\varepsilon(t)=\sum\limits_{n=2}^{+\infty}a_nt^n\varepsilon(t)$，$a_n=\dfrac{(-1)^n}{(n-2)!}$，$n\geqslant2$

显然，$a_2=1$，$a_3=-1$

(2) ① $N(s)=s+3$； ② $f(t)=(t+t^2)\mathrm{e}^{-t}\varepsilon(t)$

③ $f(t)=\left(t+\sum\limits_{n=2}^{+\infty}\dfrac{(-1)^n[(n-1)!-(n-2)!]}{(n-1)!\,(n-2)!}t^n\right)\varepsilon(t)$

(3) $y_f(t)=(\mathrm{e}^{-t}-\mathrm{e}^{-2t})\varepsilon(t)$

4.18 (1) ① $H(s)=\dfrac{1}{s}(1-\mathrm{e}^{-2s})$，$-\infty<\sigma\leqslant\infty$； ② $h(t)=\varepsilon(t)-\varepsilon(t-2)$

③ $y_f(t)=t\varepsilon(t)*[\delta(t)-\delta(t-1)-\delta(t-2)+\delta(t-3)]$

系统零状态响应 $y_f(t)$ 的波形如图答 4.18.1 所示。

(2) $h_3(t)=t\varepsilon(t)*[\delta(t)-2\delta(t-1)+\delta(t-2)]$；单位冲激响应 $h_3(t)$ 的波形如图答 4.18.2所示。

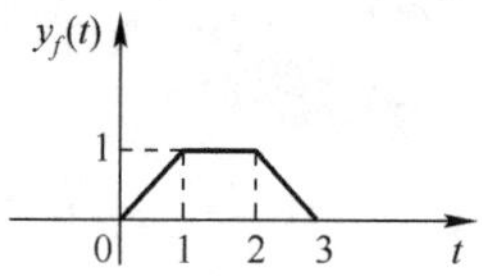

图答 4.18.1 LTI连续时间系统零状态响应 $y_f(t)$ 的波形

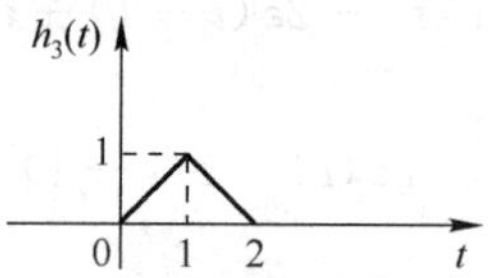

图答 4.18.2 LTI连续时间系统单位冲激响应 $h_3(t)$ 的波形

4.19 (1) 当 $2<\sigma\leqslant\infty$ 时，$h(t)=3\delta(t)+2(\mathrm{e}^{-t}+2\mathrm{e}^{2t})\varepsilon(t)$，系统为因果非稳定系统。

(2) 当 $-1<\sigma<2$ 时，$h(t)=-4\mathrm{e}^{2t}\varepsilon(-t)+3\delta(t)+2\mathrm{e}^{-t}\varepsilon(t)$，系统为非因果稳定系统。

(3) 当 $-\infty\leqslant\sigma<-1$ 时，$h(t)=3\delta(t)-2(\mathrm{e}^{-t}+2\mathrm{e}^{2t})\varepsilon(-t)$，系统为反因果非稳定系统。

4.20 (1) $g(t)=(\mathrm{e}^{-2t}-4+3\mathrm{e}^{2t})\varepsilon(t)$； (2) $h(t)=5(\mathrm{e}^{-2t}-3\mathrm{e}^{2t})\varepsilon(-t)$

(3) $y_f(t)=3\mathrm{e}^{2t}\varepsilon(-t)+\mathrm{e}^{-2t}(3\cos2t+\sin2t)\varepsilon(t)$

4.21 (1) $h(t)=(\mathrm{e}^{-t}-\mathrm{e}^{-2t})\varepsilon(t)$；$y_x(t)=3\mathrm{e}^{-t}-2\mathrm{e}^{-2t}$，$t\geqslant0$

$y_f(t)=[(t-1)\mathrm{e}^{-t}+\mathrm{e}^{-2t}]\varepsilon(t)$

$y(t)=3\mathrm{e}^{-t}-2\mathrm{e}^{-2t}+[(t-1)\mathrm{e}^{-t}+\mathrm{e}^{-2t}]\varepsilon(t)$，$t\geqslant0$

(2) $h(t)=(1+2t)\mathrm{e}^{-t}\varepsilon(t)$； $y_x(t)=(1+2t)\mathrm{e}^{-t}$，$t\geqslant0$； $y_f(t)=t(t+1)\mathrm{e}^{-t}\varepsilon(t)$

$y(t)=(1+2t)\mathrm{e}^{-t}+t(t+1)\mathrm{e}^{-t}\varepsilon(t)$，$t\geqslant0$

(3) $h(t)=\delta(t)+\mathrm{e}^{-t}\sin t\varepsilon(t)$；$y_x(t)=\mathrm{e}^{-t}(\cos t+2\sin t)$，$t\geqslant0$； $y_f(t)=\mathrm{e}^{-t}(2-\cos t)\varepsilon(t)$

$y(t)=\mathrm{e}^{-t}(\cos t+2\sin t)+\mathrm{e}^{-t}(2-\cos t)\varepsilon(t)$，$t\geqslant0$

4.22 $y_x(t)=10\sqrt{2}\cos\left(t-\dfrac{\pi}{4}\right)\mathrm{V}$，$t\geqslant0$

4.23 $y_x(t)=2\mathrm{e}^{-3t}-\mathrm{e}^{-2t}\ \mathrm{A},\ t\geqslant0$； $y_f(t)=(\mathrm{e}^{-2t}-\mathrm{e}^{-3t})\varepsilon(t)\ \mathrm{A}$

$y(t)=2\mathrm{e}^{-3t}-\mathrm{e}^{-2t}+(\mathrm{e}^{-2t}-\mathrm{e}^{-3t})\varepsilon(t)\ \mathrm{A},\ t\geqslant0$

4.24 $y_f(t)=(\mathrm{e}^{-t}-8\mathrm{e}^{-2t}+9\mathrm{e}^{-3t})\varepsilon(t)$

4.25 $y(t)=4\mathrm{e}^{-2(t+1)}-2\mathrm{e}^{-(t+1)}+(\mathrm{e}^{-(t-1)}-2\mathrm{e}^{-2(t-1)}+\mathrm{e}^{-3(t-1)})\varepsilon(t-1)\ \mathrm{V},\ t\geqslant-1$

4.26 (1) $H(s)=\dfrac{9(s+1)}{s^3+s^2+9(k+1)s+9}$； (2) $0<k<\infty$

(3) 若 $k=0$，则系统为临界稳定系统，其转移函数 $H(s)$ 在 s 平面 $\mathrm{j}\omega$ 轴上的极点分别为 $s=\mathrm{j}3$ 和 $s=-\mathrm{j}3$。

(4) $h(t)=3\sin3t\varepsilon(t)$

4.27 (1) 构建描述系统的信号流图，如图答 4.27 所示。

(2) $H(s)=\dfrac{A\ (sRC)^2}{1+s(3-A)RC+(sRC)^2}$； (3) 为使系统稳定，要求 $A<3$。

(4) ① $h(t)=\delta(t)+(t-2)\mathrm{e}^{-t}\varepsilon(t)$； ② $y_f(t)=t\mathrm{e}^{-t}\varepsilon(t)$

4.28 (1) 令 $Y_{11}(s)=G_1+G_2+2sC$，则节点 1 的 KCL 方程为 $Y_{11}(s)V_1(s)-sCV_2(s)=G_1V_s(s)$，并考虑到理想运算放大器的条件，可构建描述系统的信号流图，如图答 4.28 所示。

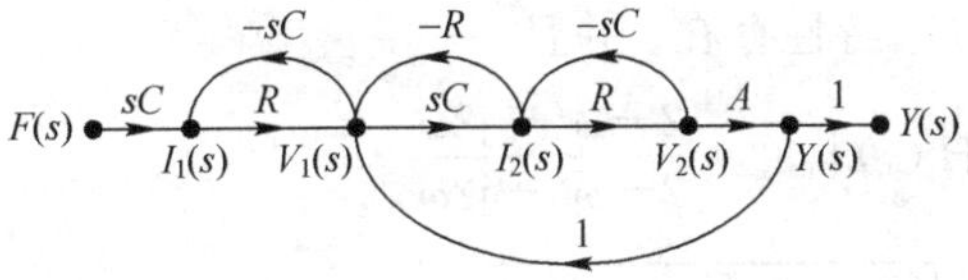

图答 4.27 LTI 连续时间因果系统的信号流图

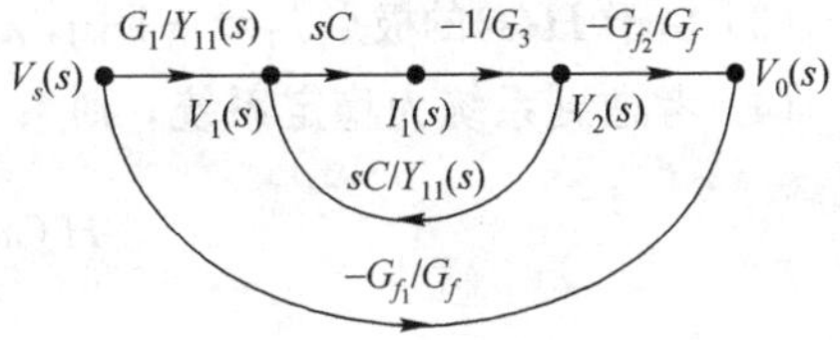

图答 4.28 LTI 连续时间因果系统的信号流图

(2) $K_F(s)=\dfrac{G_1G_{f2}sC}{G_f[G_3(G_1+G_2+2sC)+(sC)^2]}-\dfrac{G_{f1}}{G_f}$

(3) 考虑到 $\dfrac{R_{f2}}{R_{f1}}=\dfrac{R_3}{2R_1}$，则有 $K_F(s)=-\dfrac{G_{f1}[G_3(G_1+G_2)+(sC)^2]}{G_f[G_3(G_1+G_2+2sC)+(sC)^2]}$

(4) $h(t)=2\mathrm{e}^{-t}(3\cos3t-\sin3t)\varepsilon(t)-3\delta(t)$

4.29 (1) 令 $Z_{11}(s)=s+18+\dfrac{36}{s}$，$Y_{11}(s)=1/Z_{11}(s)$，$Z_2(s)=s+18$，利用回路电流法列写 KVL 方程，并考虑到回转器端口的电压与电流的约束关式，可构建描述系统的信号流图，如图答 4.29.1 所示。

(2) $H(s)=\dfrac{2s^2}{(s+2)(s+3)(s+6)}$，$-2<\sigma\leqslant\infty$

(3) $h(t)=2(\mathrm{e}^{-2t}-3\mathrm{e}^{-3t}+3\mathrm{e}^{-6t})\varepsilon(t)$

(4) 描述系统并联形式的信号流图如图答 4.29.2 所示。

(5) ① 考虑到 $f(t)=105\mathrm{e}^{-4|t|}=\underbrace{105\mathrm{e}^{4t}\varepsilon(-t)}_{f_1(t)}+\underbrace{105\mathrm{e}^{-4t}\varepsilon(t)}_{f_2(t)}$，则有

$$y_f(t)=\underbrace{8\mathrm{e}^{4t}\varepsilon(-t)+(35\mathrm{e}^{-2t}-90\mathrm{e}^{-3t}+63\mathrm{e}^{-6t})\varepsilon(t)}_{y_{f_1}(t)}+\underbrace{105(\mathrm{e}^{-2t}-6\mathrm{e}^{-3t}+8\mathrm{e}^{-4t}-3\mathrm{e}^{-6t})\varepsilon(t)}_{y_{f_2}(t)}$$

② $y_x(t)=\underset{t\geqslant0}{\mathrm{qbf}}\,y_{f_1}(t)=35\mathrm{e}^{-2t}-90\mathrm{e}^{-3t}+63\mathrm{e}^{-6t}$，$t\geqslant0$

$y_f(t)=y_{f_2}(t)=105(\mathrm{e}^{-2t}-6\mathrm{e}^{-3t}+8\mathrm{e}^{-4t}-3\mathrm{e}^{-6t})\varepsilon(t)$

$y(t)=35\mathrm{e}^{-2t}-90\mathrm{e}^{-3t}+63\mathrm{e}^{-6t}+105(\mathrm{e}^{-2t}-6\mathrm{e}^{-3t}+8\mathrm{e}^{-4t}-3\mathrm{e}^{-6t})\varepsilon(t)$，$t\geqslant0$

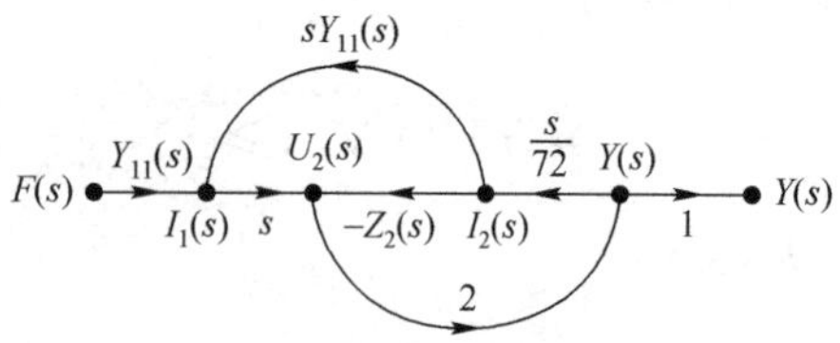

图答 4.29.1　LTI 连续时间因果系统的信号流图

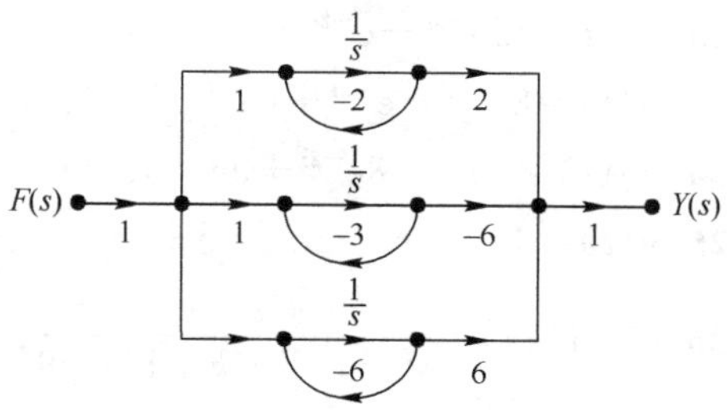

图答 4.29.2　LTI 连续时间因果系统并联形式的信号流图

4.30 (1) $H(s)=\dfrac{(s-1)^2+1}{(s+1)^2+1}$，$-1<\sigma\leqslant\infty$

(2) 由于 $H(s)=\dfrac{(s-1)^2+1}{(s+1)^2+1}=\dfrac{s+\dfrac{2}{s}-2}{s+\dfrac{2}{s}+2}$，$-1<\sigma\leqslant\infty$，因此，与 $H(s)$相一致的时域模拟电路如图答 4.30.1 所示。

(3) 由于 $H(s)$的极点 $\lambda_1=-1+\mathrm{j}$，$\lambda_2=-1-\mathrm{j}$ 均位于 s 平面左半平面，因此系统为稳定系统。

(4) 考虑到系统为稳定系统，则系统的频率特性存在，并且

$$H(\mathrm{j}\omega)=H(s)\big|_{s=\mathrm{j}\omega}=\frac{2-\omega^2-\mathrm{j}2\omega}{2-\omega^2+\mathrm{j}2\omega}$$

$$|H(\mathrm{j}\omega)|=\sqrt{\frac{(2-\omega^2)^2+(-2\omega)^2}{(2-\omega^2)^2+(2\omega)^2}}=1$$

$$\varphi(\omega)=-2\arctan\frac{2\omega}{2-\omega^2}$$

由于$|H(\mathrm{j}\omega)|=1$，因此该系统属于全通系统。

(5) 描述系统卡尔曼形式的信号流图如图答 4.30.2 所示。

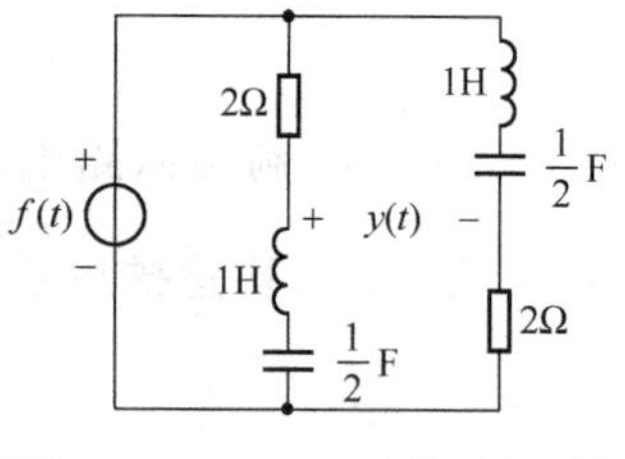

图答 4.30.1　LTI 连续时间系统的时域模拟电路

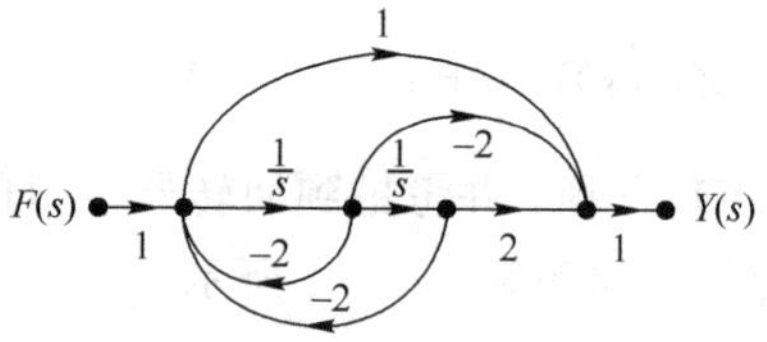

图答 4.30.2　LTI 连续时间系统卡尔曼形式的信号流图

4.31 设 $u_s(t)=10\varepsilon(t)$产生的开路电压的象函数为 $X(s)$，$i_s(t)=10\varepsilon(t)$产生的开路电压的象函数为 $Y(s)$，由题意可知

$$\begin{cases}X(s)+Y(s)=\dfrac{12}{(s+1)^2}\left[Z_0(s)+\dfrac{1}{s}\right]\\ \dfrac{1}{2}X(s)+2Y(s)=9\left(\dfrac{1}{s}-\dfrac{1}{s+1}\right)[Z_0(s)+s]=\dfrac{9}{s(s+1)}[Z_0(s)+s]\\ 2X(s)+\dfrac{1}{2}Y(s)=4\left(\dfrac{1}{s}-\dfrac{1}{s+3}\right)[Z_0(s)+1]=\dfrac{12}{s(s+3)}[Z_0(s)+1]\end{cases}$$

解得 $Z_0(s)=s+2$，$X(s)=\frac{4}{s}$，$Y(s)=\frac{8}{s}$。考虑到

$$I_f(s)=\frac{5X(s)+2Y(s)}{s+2+2}=\frac{36}{s(s+4)}=9\left(\frac{1}{s}-\frac{1}{s+4}\right),\ 0<\sigma\leqslant\infty$$

则有 $i_f(t)=9(1-e^{-4t})\varepsilon(t)$

4.32 (1) $h(t)=(e^{-t}-e^{-2t})\varepsilon(t)$

(2) 考虑到 $f(t)=6e^t=\underbrace{6e^t\varepsilon(-t)}_{f_1(t)}+\underbrace{6e^t\varepsilon(t)}_{f_2(t)}$，则有

$$Y_f(s)=H(s)[F_1(s)+F_2(s)]=\underbrace{\frac{1}{1-s}+\frac{3}{s+1}-\frac{2}{s+2}}_{-1<\sigma<1}+\underbrace{\frac{1}{s-1}-\frac{3}{s+1}+\frac{2}{s+2}}_{1<\sigma\leqslant\infty}$$

于是 $y_f(t)=e^t\varepsilon(-t)+(3e^{-t}-2e^{-2t})\varepsilon(t)+e^t\varepsilon(t)-(3e^{-t}-2e^{-2t})\varepsilon(t)=e^t$

(3) 考虑到 $f(t)=10\cos t=\underbrace{10\cos t\varepsilon(-t)}_{f_1(t)}+\underbrace{10\cos t\varepsilon(t)}_{f_2(t)}$，则有

$$Y_f(s)=H(s)[F_1(s)+F_2(s)]=\underbrace{-\frac{s+3}{s^2+1}+\frac{5}{s+1}-\frac{4}{s+2}}_{-1<\sigma<0}+\underbrace{\frac{s+3}{s^2+1}-\frac{5}{s+1}+\frac{4}{s+2}}_{0<\sigma\leqslant\infty}$$

于是

$$\begin{aligned}y_f(t)&=(\cos t+3\sin t)\varepsilon(-t)+(5e^{-t}-4e^{-2t})\varepsilon(t)+(\cos t+3\sin t)\varepsilon(t)-(5e^{-t}-4e^{-2t})\varepsilon(t)\\&=(\cos t+3\sin t)[\varepsilon(-t)+\varepsilon(t)]\\&=\cos t+3\sin t\end{aligned}$$

4.33 (1) 系统为稳定系统；(2) 系统为不稳定系统，系统有两个特征根位于 s 平面右半平面；(3) 系统为临界稳定系统；(4) 系统为临界稳定系统。

4.34 (1) $H(s)=\frac{(s+2)(s-3)}{(s+5)(s+3)}$，$-3<\sigma\leqslant\infty$；　(2) $h(t)=\delta(t)+3(e^{-3t}-4e^{-5t})\varepsilon(t)$

(3) $y_f(t)=(4e^{-5t}-3e^{-3t})\varepsilon(t)$

4.35 (1) ① $H_1(j\omega)=\frac{N^*(j\omega)}{D(j\omega)}=\frac{-(j\omega+2)[(j\omega+1)^2+1]}{(j\omega+1)[(j\omega+2)^2+1]}$

$$H_1(s)=H_1(j\omega)|_{j\omega=s}=-\frac{(s+2)[(s+1)^2+1]}{(s+1)[(s+2)^2+1]},\ -1<\sigma\leqslant\infty$$

② $y_{1f}(t)=e^{-2t}\cos t\varepsilon(t)$

(2) ① $H_2(j\omega)=\frac{1}{H^*(j\omega)}=\frac{(j\omega-1)[(2-j\omega)^2+1]}{(j\omega+2)[(j\omega+1)^2+1]}$

$$H_2(s)=H_2(j\omega)|_{j\omega=s}=\frac{(s-1)[(s-2)^2+1]}{(s+2)[(s+1)^2+1]},\ -1<\sigma\leqslant\infty$$

② $y_{2f}(t)=e^{-t}(\cos t-2\sin t)\varepsilon(t)$

4.36 (1) ① $\breve{h}(t)=\frac{1}{t}(e^{-2t}-e^{-t})\varepsilon(t)$

② $\breve{H}(j\omega)=\ln H(j\omega)=\ln\frac{j\omega+1}{j\omega+2}=\frac{1}{2}\ln\frac{1+\omega^2}{4+\omega^2}+j[\arctan\omega-\arctan(\omega/2)]$

(2) $|H(j\omega)|=\sqrt{\frac{4+\omega^2}{1+\omega^2}}$；$H(j\omega)=\frac{2+j\omega}{1+j\omega}$

参考文献

[1] [美]奇利安. 信号系统与计算机[M]. 北京邮电学院数字通信教研室，译. 北京：人民邮电出版社，1981(5).

[2] 张有正，闵大镒，彭毅，张庆孚. 信号与系统[M]. 成都：四川科学技术出版社，1985(4).

[3] 郑君里，应启珩，杨为理. 信号与系统引论[M]. 北京：高等教育出版社，2009(3).

[4] 闵大镒，朱学勇. 信号与系统分析[M]. 成都：电子科技大学出版社，2000(11).

[5] 陈绍荣. 信号与系统学习指南[M]. 重庆：重庆通信学院，2005(2).

[6] 陈传璋，金福临，朱学炎，欧阳光中. 数学分析[M]. 北京：人民教育出版社，1979(2).

[7] 西安交通大学高等数学教研室. 复变函数(第三版) [M]. 北京：高等教育出版社，1990(4).

[8] 陈绍荣. LTI系统的经典分析法到奇异函数平衡法的推演[J]. 重庆通信学院学报，1991年第3期，1991(9).

[9] 陈绍荣. 利用有限样值法求P级数的收敛和[J]. 重庆通信学院学报，1992年第4期，1992(12).

[10] 陈绍荣，刘郁林. 利用Mason公式确定有源滤波器的传递函数[J]. 重庆通信学院学报，1994年第3期，1994(9).

[11] 陈绍荣. 关于连续时间系统稳定性判据的讨论[J]. 重庆通信学院学报，1998年第2期，1998(6).

[12] 陈绍荣，胡绍兵，廖小军. 关于LTI系统响应时域解法的讨论[J]. 重庆通信学院学报，2001年第3期，2001(9).

[13] 陈绍荣，刘郁林. 从Cramer法则到Mason规则的推演[J]. 重庆通信学院学报，2004年第2期，2004(6).

[14] 陈绍荣，刘郁林. 傅里叶级数及傅里叶变换的一种导出方式[C]. 重庆市电机工程学会2006年学术年会论文集，2006(10).

[15] 陈绍荣，刘郁林. 时域求解LTI系统单冲激响应的七种处理方式[C]. 2009年西南地区电工电子系列基础课程教学改革研讨会论文集，2009(8).

[16] 陈绍荣，刘郁林. 时域求解LTI系统零状态响应的八种具体解法[C]. 2009年西南地区电工电子系列基础课程教学改革研讨会论文集，2009(8).

[17] 陈绍荣，刘郁林. 关于傅里叶变换与拉普拉斯变换相互表出问题的讨论[C]. 四川省电机工程学会及重庆市电机工程学会，2012年理论电工专委会学术年会论文集，2012(7).

[18] 陈绍荣，刘郁林. 等效Jordan引理及应用[J]. 湖北大学学报，2012年专辑，第39卷专辑，2012(12).

信号与系统
——内容延伸及方法拓展
（下册）

陈绍荣　刘郁林　李晓毅　徐　舜　等编著

電子工業出版社
Publishing House of Electronics Industry
北京·BEIJING

内 容 简 介

本书系统地介绍了信号与系统的基本理论、求解系统响应的基本方法和拓展方法。全书共七章,其中上册(第1章至第4章)包括信号与系统的基本概念、连续时间系统的时域分析、连续时间系统的频域分析、连续时间系统的复频域分析;下册(第5章至第7章)包括离散时间信号与离散时间系统的时域分析、离散时间系统的z域分析、系统的状态变量分析。内容延伸及方法拓展主要包括因果信号及反因果信号的整体积分法;一类可解的线性时变连续时间系统的时域分析;简单线性时不变(LTI)连续时间系统的设计;序列的原序列,序列的不定求和运算,类似于牛顿-莱布尼茨公式的序列求和通用公式;线性移变离散时间系统的时域分析和z域分析;简单线性移不变(LSI)离散时间系统的设计等。每章配有精心设计的习题,书末给出了参考答案。

本书读者需具有高等数学、线性代数、复变函数及电路分析基础等课程的相关基础知识。本书结构合理、论述清晰、推理严谨、举例翔实,最大的特点是便于自学,可作为理工科相关专业的本科生教材,也可供从事相关领域工作的科技人员参考。

未经许可,不得以任何方式复制或抄袭本书之部分或全部内容。
版权所有,侵权必究。

图书在版编目(CIP)数据

信号与系统:内容延伸及方法拓展.下册/陈绍荣等编著.—北京:电子工业出版社,2021.3
ISBN 978-7-121-33353-8

Ⅰ.①信… Ⅱ.①陈… Ⅲ.①信号系统-高等学校-教材 Ⅳ.①TN911.6

中国版本图书馆 CIP 数据核字(2021)第 038595 号

责任编辑:马 岚　　文字编辑:李 蕊
印　　刷:涿州市般润文化传播有限公司
装　　订:涿州市般润文化传播有限公司
出版发行:电子工业出版社
　　　　　北京市海淀区万寿路 173 信箱　邮编:100036
开　　本:787×1092　1/16　印张:44.25　字数:1133 千字
版　　次:2021 年 3 月第 1 版
印　　次:2021 年 11 月第 2 次印刷
定　　价:139.00 元(全 2 册)

凡所购买电子工业出版社图书有缺损问题,请向购买书店调换。若书店售缺,请与本社发行部联系,联系及邮购电话:(010)88254888,88258888。

质量投诉请发邮件至 zlts@phei.com.cn,盗版侵权举报请发邮件至 dbqq@phei.com.cn。
本书咨询联系方式:classic-series-info@phei.com.cn。

前　言

超大规模集成电路和计算机技术的飞速发展，为数字信号处理中许多算法的实现奠定了坚实基础，进一步推动了数字信号处理学科的快速发展，并且在通信、雷达、遥控遥测、航空航天、生物医学、地质勘探、系统控制、故障诊断等领域得到了广泛应用。因此，为数字信号处理奠定必备基础的“信号与系统”课程，其地位和作用更显突出。正因为如此，许多高校将“信号与系统”课程作为研究生入学考试的专业基础课程。

本书根据作者从事“电路分析基础”、“信号与系统”及“数字信号处理”等课程 30 余年的教学经验撰写而成，既确保了相关内容有机衔接、自成体系，又吸收了作者的研究成果和教学体会。主要内容包括：连续时间因果信号及反因果信号的整体积分法；导出常用算子恒等式、常用连续时间因果信号的拉普拉斯变换(LT)、常用因果序列的 z 变换(ZT)的一令二分法；傅里叶级数的一种证明方法、基于连续时间信号傅里叶变换(CTFT)的对偶性质及时域性质导出其对应频域性质的翻译三步法；基于连续时间因果信号(离散时间因果序列)的 LT(ZT)，计算连续时间反因果信号(离散时间反因果序列)对应象函数的 ILT(IZT)的反褶三步法；序列的原序列、序列的不定求和运算、类似于牛顿-莱布尼茨公式的序列求和通用公式；基于连续时间信号的双边 LT 直接计算相应序列的双边 ZT 的留数法；线性时不变(LTI)连续时间系统(线性移不变(LSI)离散时间系统)零输入响应时域求解的直接截取法、连续时间周期信号(周期序列)及无时限复指数信号(无时限复指数序列)通过 LTI 连续时间系统(LSI 离散时间系统)的间接复频域(间接 z 域)分析方法；高阶 LTI 连续时间系统(高阶 LSI 离散时间系统)响应时域求解的不定积分(不定求和)降阶法及上限积分(上限求和)降阶法、高阶 LTI 连续时间系统(高阶 LSI 离散时间系统)单位冲激响应时域求解的七种处理方式，以及零状态响应时域求解的八种具体解法；揭示了一类可解的二阶线性时变(移变)连续时间系统(离散时间系统)全响应的通解公式；介绍了将一类可解的线性移变离散时间系统的差分方程转化成 z 域微分方程进行求解的方法。

全书结构和内容安排如下。

第 1 章介绍了信号与系统的基本概念。包括信号的描述及分类；信号分析中常用的连续时间信号；连续时间信号的分解；连续时间信号的运算；系统的描述及分类；LTI 连续时间系统的性质；LTI 连续时间因果稳定系统应具备的时域充要条件等内容。其内容延伸及方法拓展包括：一是在连续时间信号的分解一节中特别增加了关于幂级数的内容，以便引出欧拉公式；二是增加并证明了单位冲激信号的广义标尺性质；三是在 LTI 连续时间系统的性质这一节中，给出了 LTI 连续时间系统线性和时不变性质的三个综合体现；四是针对连续时间因果信号和反因果信号的积分运算问题，提出了整体积分法，构造了常用连续时间因果信号和反因果信号的不定积分公式，解决了传统分段积分法“过程冗长，表达不够严谨”的问题。

第 2 章介绍了 LTI 连续时间系统的时域分析。包括 LTI 连续时间系统数学模型的建立；算子及 LTI 连续时间系统的转移算子；微分方程的时域求解方法(经典法)；线性卷积的性质；LTI 连续时间系统的单位冲激响应、零输入响应、零状态响应和全响应的时域求解方法；连续时间周期信号或无时限复指数信号通过 LTI 连续时间系统时，其零状态响应的时域求解方法；线性时变连续时间系统响应的时域求解方法等内容。其内容延伸及方法拓展包括：一是揭示了 LTI 连续时间系统零状态响应的线性卷积法与经典法的内在联系；二是给出了线性卷积的标尺性质、加权性质和交替加权性质；三是基于线性卷积的反褶性质，给出了一种利用两个连续时间因果信号(或有始信号)线性卷积来计算相应两个连续时间反因果信号(或有终信号)线性卷积的方法；四是基于线性卷积的反褶性质，给出了一种利用线性卷积的恢复公式来计算两个连续时间反因果信号(或有终信号)线性卷积的方法，拓展了线性卷积恢复公式的适用范围；五是针对高阶 LTI 连续时间系统零输入响应的时域求解问题，除了介绍传统的经典法，还提出了另外三种方法，即不定积分降阶法、上限积分降阶法及直接截取法；六是给出了一令二分法，基于一阶 LTI 连续时间系统单位冲激响应的转移算子表示，以及转移算子运算的结果，导出了常用算子恒等式，为利用算子法计算具有共轭复根或重根的高阶 LTI 连续时间系统的单位冲激响应(或零状态响应)提供了依据；七是针对高阶 LTI 连续时间系统单位冲激响应及零状态响应的时域求解问题，基于连续时间因果信号或反因果信号的整体积分法，提出了不定积分降阶法和上限积分降阶法，并推演出了系统单位冲激响应时域求解的七种处理方式，系统零状态响应时域求解的八种具体解法；八是基于一阶线性时变连续时间系统全响应的时域求解方法以及不定积分降阶法，给出了一类可解的二阶线性时变连续时间系统全响应的通解公式。

第 3 章介绍了 LTI 连续时间系统的频域分析。包括信号在正交函数空间的分解；连续时间周期信号的傅里叶级数；连续时间非周期信号的傅里叶变换及其性质；周期冲激信号频谱表示的同一性及相关问题的讨论；LTI 连续时间系统的频域分析方法；抽样定理；相关函数及相关定理；连续时间信号的希尔伯特变换及应用等内容。其内容延伸及方法拓展包括：一是利用连续时间信号逼近冲激信号过程中，函数曲线下的面积具有不变性，证明了周期冲激信号复指数形式的傅里叶级数；二是通过对连续时间非周期信号进行周期延拓，导出了连续时间周期信号的傅里叶级数(CTFS)；三是将广义积分区间按等长分段，利用周期冲激信号复指数形式的傅里叶级数，导出了单位冲激信号的频域分解式，通过将非周期信号分解成延迟冲激的加权和，导出了非周期信号的傅里叶变换(CTFT)，由于导出过程中，时域的信号与频域的频谱是相互表示的，因此 CTFT 的唯一性不言自明，不仅利于揭示周期信号和非周期信号各自的频谱特征，而且易于揭示两者之间的频谱关系；四是给出了翻译三步法，基于 CTFT 的对偶性质，导出了与时域性质相对应的频域性质，达到了事半功倍的效果；五是证明了周期冲激信号的频谱表示的同一性，给出了因果周期冲激信号及因果周期信号的频谱计算公式；六是给出了利用迟滞比较器(或非线性系统)对连续时间周期信号进行波形变换，通过信号滤波来获得倍频信号的方法；七是以实例介绍了基于时域抽样定理，利用频谱插值的方法来实现抽样示波器的原理；八是揭示了获得周期余切信号的途径和方法；九是以实例检验了时域抽样定理中利用内插函数重构原始信号的效果。

第 4 章介绍了 LTI 连续时间系统的复频域分析。包括连续时间信号的拉普拉斯变换(LT)的导出；双边 LT 和单边 LT 的性质及定理；拉普拉斯逆变换(ILT)的计算；s 平面虚轴存在极点时，连续时间信号的 LT 与 CTFT 的相互计算方法；LTI 连续时间系统的复频域分析方法；LTI 连续时间系统的零点和极点分布与时域特性的关系，以及 LTI 连续时间系统的稳定性判据；LTI 连续时间因果稳定全通系统和因果稳定最小相位系统；LTI 连续时间系统的模拟及信号流图等内容。其内容延伸及方法拓展包括：一是基于单位冲激信号的频域分解式，得到了单位冲激信号的复频域分解式，通过将非周期信号分解成延迟冲激的加权和，导出了非周期信号的拉普拉斯变换(LT)，由于导出过程中，时域的信号与复频域的象函数是相互表示的，因此 LT 的唯一性不言自明；二是给出了一令二分法，基于连续时间因果复指数信号的 LT 及收敛域，导出了常用连续时间因果信号的 LT 及收敛域；三是给出了反褶三步法，基于连续时间因果信号的 LT 对，得到了相应连续时间反因果信号的象函数的 ILT；四是给出了翻译三步法，基于连续时间因果信号 LT 的复频域积分性质，导出了连续时间反因果信号 LT 的复频域积分性质；五是证明了等效 Jordan 引理，给出了利用等效 Jordan 引理及留数定理计算 ILT 的公式，不仅解决了虚轴上等间隔分布无穷个极点的一类象函数 ILT 的计算问题，而且还给出了另外两种借助逆 z 变换(IZT)来计算这类象函数 ILT 的方法；六是基于双边信号分解成反因果信号与因果信号之和，以及 LTI 连续时间系统响应的可加性，给出了连续时间周期信号或无时限复指数信号通过 LTI 连续时间系统的间接复频域分析方法；七是给出了 R-H 准则的证明过程；八是给出了 LTI 连续时间最小相位系统的性质，并提供了将 LTI 连续时间非最小相位系统分解成最小相位系统和全通系统级联的途径和方法；九是利用 Cramer 法则导出了 Mason 规则，并利用信号流图及 Mason 规则分析了电压并联负反馈放大器和有源滤波器；十是介绍了简单的 LTI 连续时间系统的设计。

第 5 章介绍了离散时间信号与离散时间系统的时域分析。包括常用序列；序列的运算；序列线性卷和的性质；序列的分解；周期序列的傅里叶级数分解；离散时间系统的描述及分类；LSI 离散时间系统数学模型的建立；算子及 LSI 离散时间系统的转移算子；差分方程的时域求解方法(经典法)；线性卷和的性质；LSI 离散时间系统的单位冲激响应、零输入响应、零状态响应及全响应的时域求解方法；周期序列或无时限复指数序列通过 LSI 离散时间系统时，其零状态响应的时域求解方法；线性移变离散时间系统响应的时域求解方法等内容。其内容延伸及方法拓展包括：一是采用类比法，提出了原序列的概念，定义了序列的不定求和运算，给出了常用因果序列和反因果序列的不定求和运算公式，解决了序列差分的逆运算问题；二是采用类比法，提出并证明了类似于牛顿-莱布尼茨公式的序列求和通用公式；三是揭示了线性卷和的插值性质、抽取性质、重排性质、加权性质和交替加权性质；四是基于线性卷和的反褶性质，给出了一种利用两个因果序列(或有始序列)线性卷和来计算相应两个反因果序列(或有终序列)线性卷和的方法；五是基于线性卷和的反褶性质，给出了一种利用线性卷和的恢复公式计算两个反因果序列(或有终序列)线性卷和的方法，拓展了线性卷和恢复公式的适用范围；六是揭示了 LSI 离散时间系统零状态响应的线性卷和法与经典法的内在联系；七是提出了高阶 LSI 离散时间系统零输入响应时域求解的不定求和降阶法、上限求和降阶法及直接截取法；八是给出了一令二分法，基于一阶 LSI 离散时间系统单位冲激响应的转移算子表示，以及转移算子运算的结果，导出了常用算子恒等式，为利用算子法计算具有共轭复根或重根的高阶 LSI 离散时间系统的单位冲激响应(或零状态响应)提供了依据；九是针对高阶 LSI 离散时间系统单位冲激响应及零状态响应的时域求解问题，基于因果序列或反因果序列的不定求和公式，提出了不定求和降阶法和上限求和降阶法，并推演出了系统单位冲激响应时域求解的七种处理方式，系统零状态响应时域求解的八种具体解法；十是基于一阶线性移变离散时间系统全响应的时域求解方法以及不定求和降阶法，给出了一类可解的二阶线性移变离散时间系统全响应的通解公式。

第 6 章介绍了 LSI 离散时间系统的 z 域分析。包括时域抽样定理的复频域体现；序列的 z 变换(ZT)的导出；双边 ZT 和单边 ZT 的性质及定理；IZT 的计算；LSI 离散时间系统的 z 域分析方法；LSI 离散时间系统的模拟及稳定性判据；线性移变离散时间系统的 z 域分析方法等内容。其内容延伸及方法拓展包括：一是揭示了时域抽样定理的复频域体现，表明了样值信号的双边 LT 与原始信号的双边 LT 具有相同的收敛域；二是基于时域抽样定理的复频域体现，从 ILT 得到了 IZT，从而导出了序列的 ZT。由于导出过程中，时域的信号与 z 域的象函数是相互表示的，因此 ZT 的唯一性不言自明。导出过程不仅阐明了样值信号具有双重角色(若将其视为连续时间信号，则可得其 LT，若将其视为序列，通常称为样值序列，则可得其 ZT)，而且易于揭示样值信号的ZT与LT之间的关系，以及z平面与s平面的映射关系；三是给出了一种直接利用连续时间信号的双边LT，确定相应序列的双边ZT的留数计算方法；四是给出了一令二分法，基于因果复指数序列的ZT及收敛域，导出了常用因果序列ZT及收敛域；五是给出了反褶三步法，基于因果序列(或有始序列)的ZT对，得到了相应反因果序列(或有终序列)的象函数的IZT；六是给出了翻译三步法，基于因果序列ZT的z域积分性质，导出了反因果序列ZT的z域积分性质；七是基于双边序列分解成反因果序列与因果序列之和，以及LSI离散时间系统响应的可加性，给出了周期序列或无时限复指数序列通过LSI离散时间系统的间接z域分析方法；八是介绍了简单的LSI离散时间系统的设计；九是揭示了名副其实的z域微分性质，将一类可解的线性移变离散时间系统的差分方程转化成z域微分方程进行求解，从而获得了这一类线性移变离散时间系统的全响应。

第7章介绍了系统的状态变量分析。包括连续时间系统的状态空间描述；连续时间系统状态方程和输出方程的建立；连续时间系统状态方程和输出方程的复频域分析；连续时间系统状态方程和输出方程的时域分析；离散时间系统的状态变量分析；状态向量的线性变换；系统状态的可控制性与可观察性等内容。其内容延伸及方法拓展包括：一是通过实例阐明了LTI连续时间系统的状态向量不仅是一组独立的变量，而且是一组完备的变量，因此它可以作为LTI连续时间系统的解向量；二是给出了LTI连续时间系统(LSI离散时间系统)的系统矩阵具有相异的特征值时，计算矩阵指数函数(矩阵指数序列)的三种方法；三是证明了同一个LTI连续时间系统(LSI离散时间系统)的状态向量的线性变换，系统的转移函数矩阵、单位冲激响应矩阵、系统的稳定性判据都具有不变性，即各自都保持不变；四是给出了LSI离散时间系统状态向量在0位和-1位的值的相互计算公式；五是详细讨论了LTI连续时间系统及LSI离散时间系统状态的可控制性和可观察性；六是阐明了LTI连续时间系统(LSI离散时间系统)的系统矩阵对角化的意义。

本书的内容编写纲目由4位教授：陈绍荣、刘郁林、李晓毅和雷斌集体讨论确定。第1章至第3章由陈绍荣编写，第4章由刘郁林、李晓毅和雷斌编写，第5章由陈绍荣编写，第6章由刘郁林、李晓毅和朱行涛副教授编写，第7章由徐舜副处长、向春钢副教授和钟静玥副教授编写。书中习题部分的精心设计及解答、全书的统稿、审稿及校对工作由陈绍荣完成。

本书得到教育部"新世纪优秀人才支持计划"项目(编号：NCET-11-0873)、重庆"高校创新团队建设计划"项目(编号：KJTD201343)和"盲源信号分离抗干扰技术"研究项目(编号2111241001020403)的资助，在编写过程中得到了刘冀昌、刘爱军、谭建明、常思浩、马大玮、陈兆海、张寿珍、朱桂斌、柏森、吴乐华、钱林杰、张振宇等教授，杨贵恒、沈建国、栗铁桩、章锋斌、胡绍兵、何为等副教授，李元伟、王开、刘轶、萧玲娜、张波等讲师的帮助，张建新、邹文君等同志对本书的出版给予了大力支持。在此对上述同事、书中提及的参考文献的作者，以及支持和关心编著者的亲人，一并表示感谢。

我们的愿望是写一本便于阅读的书，尽管我们一直努力这么做，但由于水平有限，不妥和错误之处在所难免，恳切希望读者和专家批评指正。

编著者于重庆林园

目　录

第 5 章　离散时间信号与离散时间系统的时域分析

近年来，由于各种快速傅里叶变换算法的大量涌现，以及大规模集成电路的广泛应用，人们对离散时间信号与系统的研究兴趣与日俱增，过去一些被认为是不切实际的设想，今天已成为现实，一些模拟电路无法涉及的领域，今天也找到了用数字电路实现的方法，离散时间信号与系统正是在这种情况下得到了迅速的发展。

5.1　离散时间信号

由于离散时间信号是数的序列，因此离散时间信号又称为序列，记为 $f(k)$，$y(k)$等。$f(k)$既可以直接产生，也可以通过对模拟信号 $f_a(t)$均匀抽样得到，这时记为 $f_a(kT)$(k 为整数，常数 T 为抽样间隔)。本书中仅当需要表明抽样间隔为 T 时，才用 $f_a(kT)$表示序列，并且$f(k)=f_a(kT)$，一般用 $f(k)$表示序列。例如，对复指数信号 $f_a(t)=\mathrm{e}^{st}$ 以间隔 T 均匀抽样，得到复指数序列 $f(k)=\mathrm{e}^{skT}=\mathrm{e}^{(\sigma+\mathrm{j}\omega)kT}=a^k\mathrm{e}^{\mathrm{j}\Omega k}=z^k$，其中 $z=\mathrm{e}^{sT}$，$a^k=\mathrm{e}^{k\sigma T}$，$\Omega=\omega T$，$\Omega$ 为数字域角频率，单位为弧度(rad)。

以 $T=1\mathrm{s}$ 为间隔，对如图 5.1.1 所示的模拟信号 $f_a(t)=\mathrm{Sa}\left(\dfrac{\pi t}{2}\right)$进行均匀抽样，可得如图 5.1.2 所示的序列。图 5.1.2 中画出了一个个离散点，为了便于对比 k 取不同值时的序列值 $f(k)$，不仅在离散点与坐标轴之间添加了竖线，而且还添加了包络线。注意，虽然该图中的横坐标 k 画成了连续的直线，但是只有 k 为整数时，$f(k)$才有定义。

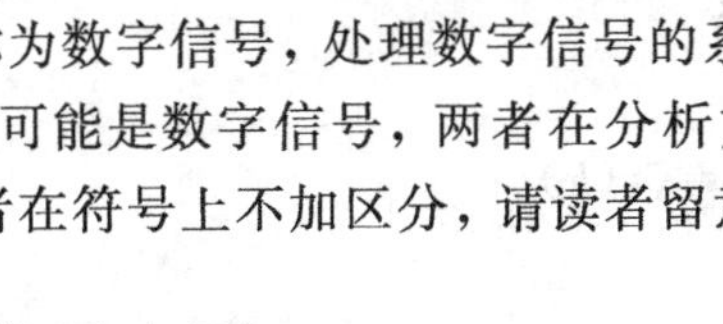

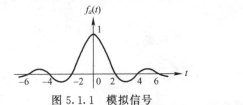

图 5.1.1　模拟信号

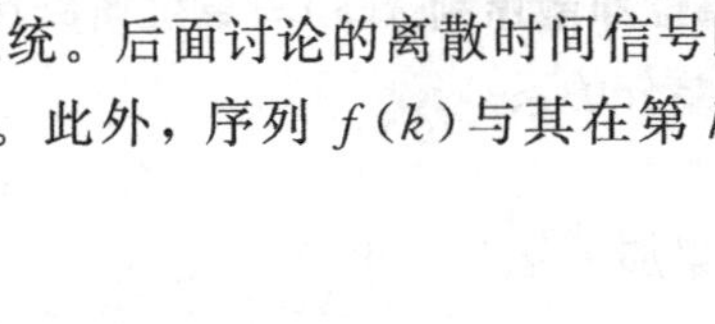

图 5.1.2　图 5.1.1 模拟信号的样值序列

为了便于传输和处理，有时需要对离散信号进行量化和编码。对离散信号量化和编码所得的信号称为数字信号，处理数字信号的系统称为数字系统。后面讨论的离散时间信号既可能是序列，又可能是数字信号，两者在分析方法上无区别。此外，序列 $f(k)$与其在第 k 位的值 $f(k)$两者在符号上不加区分，请读者留意。

5.2　常用序列

在序列和离散时间系统分析中，常用序列包括单位阶跃序列、单位冲激序列、矩形序列、无时限指数序列、因果指数序列、反因果指数序列、正弦序列、余弦序列、周期冲激序列，以及复指数序列等。

5.2.1　单位阶跃序列

1. 单位阶跃序列 $\varepsilon(k)$的定义

$$\varepsilon(k)=\begin{cases}1, & k\geqslant 0\\ 0, & k<0\end{cases} \tag{5.2.1}$$

考虑到式(5.2.1)，则有

$$\varepsilon(-k-1)+\varepsilon(k)=1^k \tag{5.2.2}$$

式(5.2.2)表明，$\varepsilon(k)$与其右移1位再反褶的序列$\varepsilon(-k-1)$相加的结果为单位常数序列1^k。显然，单位常数序列1^k是常数序列$C\times1^k$中常数$C=1$的特殊情况。

2. 单位阶跃序列$\varepsilon(k)$的序列图

单位阶跃序列$\varepsilon(k)$的序列图如图5.2.1所示。

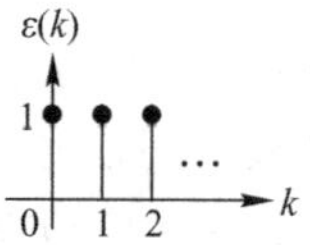

图5.2.1 单位阶跃序列$\varepsilon(k)$的序列图

3. 利用单位阶跃序列$\varepsilon(k)$可以定义其他序列

设$f(k)$是定义在所有整数区间$k\in(-\infty,+\infty)$上的无时限序列，利用$\varepsilon(k)$可以定义下述序列：

(1) 若$f_1(k)=f(k)\varepsilon(k)$，则称$f_1(k)$为因果序列；

(2) 若$f_2(k)=f(k)\varepsilon(-k-1)$，则称$f_2(k)$为反因果序列；

(3) 若$f_3(k)=f(k)\varepsilon(k-k_0)$，则称$f_3(k)$为有始序列；

(4) 若$f_4(k)=f(k)\varepsilon(k_0-1-k)$，则称$f_4(k)$为有终序列；

(5) 若$f_5(k)=f(k)[\varepsilon(k-k_1)-\varepsilon(k-k_2)]$，其中$k_1<k_2$，则称$f_5(k)$为时限序列。

5.2.2 单位冲激序列

1. 单位冲激序列$\delta(k)$的定义

$$\delta(k)=\begin{cases}1, & k=0\\ 0, & k\neq0\end{cases} \tag{5.2.3}$$

2. 单位冲激序列$\delta(k)$的序列图

单位冲激序列$\delta(k)$的序列图如图5.2.2所示。

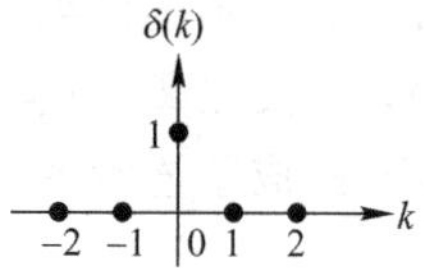

图5.2.2 单位冲激序列$\delta(k)$的序列图

3. 单位冲激序列$\delta(k)$的性质

(1) $\delta(k)=\delta(-k)$，即$\delta(k)$为偶序列

(2) $f(k)\delta(k)=f(0)\delta(k)$

(3) $\sum_{k=-\infty}^{+\infty}f(k)\delta(k)=f(0)$

(4) $\delta\left(\frac{k}{N}+b\right)=\delta(k+Nb)$，其中$N$为非零整数

4. 单位冲激序列$\delta(k)$与单位阶跃序列$\varepsilon(k)$的关系

(1) 差分关系

$$\delta(k)=\varepsilon(k)-\varepsilon(k-1)=\nabla\varepsilon(k) \tag{5.2.4}$$

(2) 累加关系

$$\varepsilon(k)=\sum_{p=0}^{+\infty}\delta(k-p)=\sum_{m=-\infty}^{k}\delta(m) \tag{5.2.5}$$

5. 任意实序列可以表示成延迟单位冲激序列的加权和

任意实序列$f(k)$都可以表示成延迟单位冲激序列的加权和，其加权值为$f(m)$，即

$$f(k)=\sum_{m=-\infty}^{+\infty}f(m)\delta(k-m) \tag{5.2.6}$$

5.2.3 符号序列

1. 符号序列sgn(k)的定义

$$\mathrm{sgn}(k)=\varepsilon(k)-\varepsilon(-k) \tag{5.2.7}$$

2. 符号序列 sgn(k)的序列图

符号序列 sgn(k)的序列图如图 5.2.3 所示。

由图 5.2.3 可知，符号序列 sgn(k)是一个实奇序列。

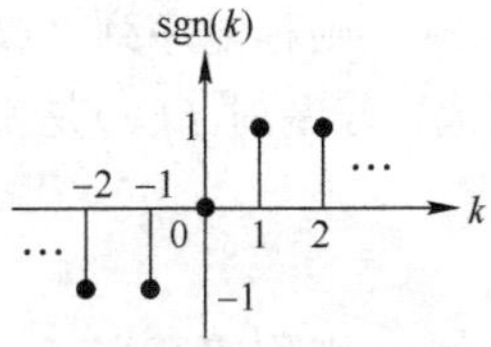

图 5.2.3　符号序列 sgn(k)的序列图

5.2.4　矩形序列

1. 矩形序列(或矩形窗)$R_N(k)$的定义

$$R_N(k)=\begin{cases}1, & 0\leqslant k\leqslant N-1\\ 0, & 其他\ k\end{cases},\ N\ 为正整数 \tag{5.2.8}$$

2. 矩形序列(或矩形窗)$R_N(k)$的序列图

矩形序列(或矩形窗)$R_N(k)$的序列图如图 5.2.4 所示。

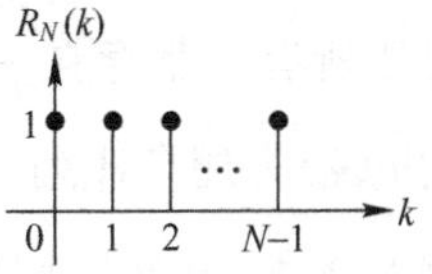

图 5.2.4　矩形序列(或矩形窗)$R_N(k)$的序列图

3. 矩形序列 $R_N(k)$的另外两种表示形式

矩形序列(或矩形窗)可以利用单位阶跃序列与其右移 N 位的序列的差来表示，即

$$R_N(k)=\varepsilon(k)-\varepsilon(k-N) \tag{5.2.9}$$

矩形序列(或矩形窗)也可以利用单位冲激序列及其 $N-1$ 个右移序列的和来表示，即

$$R_N(k)=\sum_{m=0}^{N-1}\delta(k-m) \tag{5.2.10}$$

5.2.5　复指数序列

1. 复指数序列的定义

$$f(k)=Cz_0^k=Ca^k e^{j\Omega_0 k} \tag{5.2.11}$$

式中，C 为正的常数，$z_0=e^{s_0T}$，$s_0=\sigma_0+j\omega_0$，$a=e^{\sigma_0T}$，$\Omega_0=\omega_0T$，Ω_0 为数字域角频率，单位为弧度(rad)。

2. 复指数序列中的特殊情况

(1) 若 $s_0=0$，即 $z_0=e^{s_0T}=1$，则 $f_1(k)=f(k)=C\times1^k$ 为常数序列。

(2) $f_2(k)=|f(k)|=Ca^k$ 为实指数序列。

① 若 $a<1$，则 $f_2(k)=|f(k)|=Ca^k$ 为衰减指数序列。

② 若 $a=1$，则 $f_2(k)=|f(k)|=C\times1^k$ 为常数序列。

③ 若 $a>1$，则 $f_2(k)=|f(k)|=Ca^k$ 为增长指数序列。

(3) $f_3(k)=\arg f(k)=\Omega_0k$ 为正比例序列。

(4) $f_4(k)=\mathrm{Re}[f(k)]=Ca^k\cos\Omega_0k$

① 若 $a<1$，则 $f_4(k)=\mathrm{Re}[f(k)]=Ca^k\cos\Omega_0k$ 为衰减余弦序列。

② 若 $a=1$，则 $f_4(k)=\mathrm{Re}[f(k)]=C\cos\Omega_0k$ 为等幅余弦序列。

③ 若 $a>1$，则 $f_4(k)=\mathrm{Re}[f(k)]=Ca^k\cos\Omega_0k$ 为增长余弦序列。

(5) $f_5(k)=\mathrm{Im}[f(k)]=Ca^k\sin\Omega_0k$

① 若 $a<1$，则 $f_5(k)=\mathrm{Im}[f(k)]=Ca^k\sin\Omega_0k$ 为衰减正弦序列。

② 若 $a=1$，则 $f_5(k)=\mathrm{Im}[f(k)]=C\sin\Omega_0k$ 为等幅正弦序列。

③ 若 $a>1$，则 $f_5(k)=\mathrm{Im}[f(k)]=Ca^k\sin\Omega_0k$ 为增长正弦序列。

3. 复序列的能量

一个复序列 $f(k)$的能量 E 定义为

$$E=\sum_{k=-\infty}^{+\infty}|f(k)|^2 \tag{5.2.12}$$

若 $0<E<\infty$，则称复序列 $f(k)$ 为能量序列。

特别地，若序列 $f(k)$ 是实序列，则它的能量 E 定义为

$$E=\sum_{k=-\infty}^{+\infty} f^2(k) \tag{5.2.13}$$

若 $0<E<\infty$，则称实序列 $f(k)$ 为能量序列。

5.2.6 周期序列

1. 周期序列的定义

对于所有 k 都存在一个最小的正整数 N，若满足 $\tilde{f}(k)=\tilde{f}(k\pm mN)$，其中 m 为正整数，则称序列 $\tilde{f}(k)$ 为周期序列，并且 $\tilde{f}(k)$ 的基本周期为 N。

例 5.2.1：已知周期序列 $\tilde{f}_1(k)=\tilde{f}_1(k\pm m_1N_1)$，$\tilde{f}_2(k)=\tilde{f}_2(k\pm m_2N_2)$，其中 m_1、m_2、N_1 及 N_2 均为正整数，$f(k)=C_1\tilde{f}_1(k)+C_2\tilde{f}_2(k)$，其中 C_1 和 C_2 为任意常数。那么，满足什么条件时，序列 $f(k)$ 是周期序列？当序列 $f(k)$ 为周期序列时，试求其基本周期 N。

解：当满足条件 $m_1N_1=m_2N_2=N$ 时，则有

$$\begin{aligned}f(k)&=C_1\tilde{f}_1(k)+C_2\tilde{f}_2(k)\\&=C_1\tilde{f}_1(k\pm m_1N_1)+C_2\tilde{f}_2(k\pm m_2N_2)\\&=C_1\tilde{f}_1(k\pm N)+C_2\tilde{f}_2(k\pm N)\\&=f(k\pm N)\end{aligned}$$

可见，若两个周期序列 $\tilde{f}_1(k)$ 和 $\tilde{f}_2(k)$ 的周期之比 $N_1/N_2=m_2/m_1$ 为有理数，则线性组合后的序列 $f(k)$ 是周期序列，其基本周期为 $N=m_1N_1=m_2N_2$。

例 5.2.2：下列两个序列是否为周期序列？当两个序列分别为周期序列时，试求其基本周期 N。

(1) $\tilde{f}(k)=2\cos\left(\dfrac{5\pi}{12}k\right)\cos\left(\dfrac{\pi}{12}k\right)$ (2) $\tilde{f}(k)=\left|\sin\left(\dfrac{\pi}{3}k\right)+\sin\left(\dfrac{\pi}{5}k\right)\right|$

解：(1) 考虑到

$$\tilde{f}(k)=2\cos\left(\frac{5\pi}{12}k\right)\cos\left(\frac{\pi}{12}k\right)=\cos\left(\frac{\pi}{2}k\right)+\cos\left(\frac{\pi}{3}k\right)$$

则有 $N_1=4$，$N_2=6$。

由于两个周期序列的周期之比 $N_1/N_2=2/3$ 为有理数，因此序列 $\tilde{f}(k)$ 是周期序列，并且基本周期 $N=3N_1=2N_2=12$。

(2) 考虑到 $\tilde{f}(k)=\left|\sin\left(\dfrac{\pi}{3}k\right)+\sin\left(\dfrac{\pi}{5}k\right)\right|$，则有

$$\tilde{f}(k-15)=\left|\sin\left(\frac{\pi}{3}k-5\pi\right)+\sin\left(\frac{\pi}{5}k-3\pi\right)\right|=\left|\sin\left(\frac{\pi}{3}k\right)+\sin\left(\frac{\pi}{5}k\right)\right|=\tilde{f}(k)$$

因此，序列 $\tilde{f}(k)$ 是周期为 $N=15$ 的周期序列。在题设条件下，两个周期序列之和的绝对值序列，其基本周期不是 $N=30$，而是 $N=15$。

2. 周期冲激序列的定义

周期冲激序列 $\delta_N(k)$ 定义为

$$\delta_N(k)=\sum_{r=-\infty}^{+\infty}\delta(k-rN) \tag{5.2.14}$$

式中，N 为正整数，并且 N 称为周期。

3. 周期冲激序列的序列图

周期冲激序列 $\delta_N(k)$ 的序列图如图 5.2.5 所示。

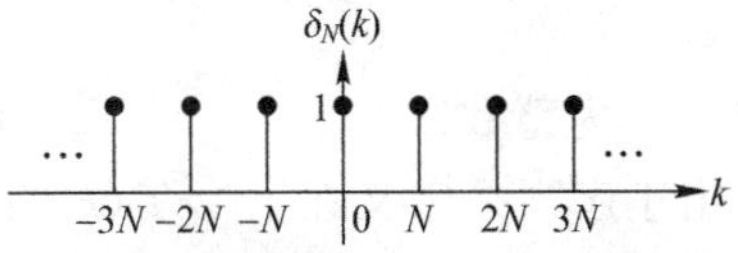

图 5.2.5　周期冲激序列 $\delta_N(k)$ 的序列图

特别地，若 $N=1$，则有

$$\delta_N(k)=\delta_1(k)=\sum_{r=-\infty}^{+\infty}\delta(k-r)=1^k \qquad (5.2.15)$$

式(5.2.15)表明，当周期冲激序列的周期 $N=1$ 时，它就是一个单位常数序列 1^k。

4. 关于正弦序列周期性的讨论

设正弦序列为

$$f(k)=A\sin(\Omega_0 k+\varphi) \qquad (5.2.16)$$

式中，A 为振幅；Ω_0 为数字域角频率，单位为弧度(rad)；φ 为初始相位。

讨论：

如果满足条件

$$\Omega_0 N=2m\pi,\ m\ \text{为正整数} \qquad (5.2.17)$$

那么，由式(5.2.16)可得

$$f(k\pm N)=A\sin(\Omega_0 k\pm\Omega_0 N+\varphi)=A\sin(\Omega_0 k\pm 2m\pi+\varphi)=f(k)$$

因此，正弦序列 $f(k)=A\sin(\Omega_0 k+\varphi)$是周期序列，其周期由式(5.2.17)确定，具体情况如下：

(1) 当$\dfrac{2\pi}{\Omega_0}$为整数时，若 $m=1$，则 $N=\dfrac{2\pi}{\Omega_0}m$ 为最小正整数，并且基本周期 $N=\dfrac{2\pi}{\Omega_0}$。

(2) 当$\dfrac{2\pi}{\Omega_0}$不是整数，而是有理数时，设$\dfrac{2\pi}{\Omega_0}=\dfrac{Q}{P}$，$P$ 和 Q 为互质的正整数，则 $N=\dfrac{Q}{P}m$；当 $m=P$时，$N=Q$ 为最小正整数，基本周期 $N=Q$，并且基本周期大于$\dfrac{2\pi}{\Omega_0}=\dfrac{Q}{P}$。

(3) 当$\dfrac{2\pi}{\Omega_0}$是无理数时，则任何 m 均不能使 N 为正整数，正弦序列不是周期序列。

值得提及的是，虽然对连续时间信号均匀抽样时可得到离散时间信号，即序列，但是对连续时间周期信号均匀抽样时，得到的序列不一定是周期性序列。

5. 周期序列的功率

一般地，非周期序列 $f(k)$是能量序列。由于周期序列$\tilde{f}(k)$的定义域为 $k\in(-\infty,+\infty)$，因此它的能量不是有限的，即它不是能量序列。然而它在一个周期内的能量是有限的，一个周期内能量的平均值就是它的功率，即周期序列的功率是有限的，它是一个功率序列。并且，其功率 P 可用式(5.2.18)计算，即

$$P=\frac{1}{N}\sum_{k=k_0}^{k_0+N-1}\tilde{f}^2(k) \qquad (5.2.18)$$

式中，k_0 为任意整数，N 为周期序列$\tilde{f}(k)$的周期。

5.3　序列的运算

对单个序列的运算涉及序列的位移、反褶、插值、抽取、重排、差分、不定求和、累加，以及求和；对两个序列的运算涉及和、差、积、线性组合，以及线性卷和等。

5.3.1　序列的位移

序列 $f(k)$的位移序列 $y(k)$定义为

$$y(k)=f(k-k_0) \tag{5.3.1}$$

式中，k_0 为整数。

由于序列是定义在 $t=kT$(k 为整数)处的，换言之，序列是定义在整数位上的，因此序列的位移是按整数位移动的。若 $k_0>0$，则序列 $y(k)$是序列 $f(k)$右移 k_0 位的结果；若 $k_0<0$，则序列 $y(k)$是序列 $f(k)$左移$|k_0|$位的结果。

5.3.2 序列的反褶

序列 $f(k)$的反褶序列 $y(k)$定义为

$$y(k)=f(-k) \tag{5.3.2}$$

由于序列的反褶是相对于 $k=0$ 轴的对褶，因此序列 $f(k)$和其反褶序列 $f(-k)$关于 $k=0$ 轴是对称的。若序列 $f(k)$是偶序列，则反褶前后的序列相同。

5.3.3 序列的插值

可以利用周期冲激序列 $\delta_N(k)$来定义插值序列。一个序列 $f(k)$的插值序列 $y(k)$定义为

$$y(k)=f\left(\frac{k}{N}\right)\delta_N(k)=\begin{cases}f\left(\frac{k}{N}\right), & k=rN\\ 0, & k\neq rN\end{cases},\ r=0,\pm1,\pm2,\cdots \tag{5.3.3}$$

可见，插值序列 $y(k)$是在序列 $f(k)$中相邻两位之间插入 $N-1$ 个零值位的结果。

5.3.4 序列的抽取

可以利用周期冲激序列 $\delta_N(k)$来定义抽取序列。一个序列 $f(k)$的抽取序列 $y(k)$定义为

$$y(k)=f(k)\delta_N(k) \tag{5.3.4}$$

可见，抽取序列 $y(k)$是抽取出序列 $f(k)$中 $k=rN(r=0,\pm1,\pm2,\cdots)$位的序列值的结果。

5.3.5 序列的重排

若 N 为正整数，则一个序列 $f(k)$的重排序列 $y(k)$定义为

$$y(k)=f(Nk) \tag{5.3.5}$$

可见，重排序列 $y(k)$是抽取出序列 $f(r)$中 $r=kN$ 位的序列值，再按序号 k 依次重新排列的结果。

5.3.6 序列的差分

序列的差分有前向差分和后向差分。

1. 序列的前向差分

序列 $f(k)$的一阶前向差分定义为

$$\Delta f(k)=f(k+1)-f(k) \tag{5.3.6}$$

式(5.3.6)表明，序列的前向差分就是其左移 1 位的序列与序列自身之差。

2. 序列的后向差分

序列 $f(k)$的一阶后向差分定义为

$$\nabla f(k)=f(k)-f(k-1) \tag{5.3.7}$$

式(5.3.7)表明，序列的后向差分就是序列自身与其右移 1 位的序列之差。

由一阶后向差分的定义可得下述结论。

结论 1：

(1) $\nabla[C\times 1^k]=0$，其中 C 为任意常数。

(2) $\nabla[Cf(k)]=C\nabla f(k)$，其中 C 为任意常数。

(3) $\nabla[f_1(k)\pm f_2(k)]=\nabla f_1(k)\pm\nabla f_2(k)$。

例 5.3.1：已知序列 $f(k)=v^k$，试求序列 $f(k)$ 的一阶后向差分 $\nabla f(k)$。

解：(1) 当 $v\neq 1$ 时

$$\nabla f(k)=f(k)-f(k-1)=v^k-v^{k-1}=\frac{v-1}{v}v^k$$

(2) 当 $v=1$ 时

$$\nabla f(k)=\nabla[1^k]=1^k-1^{k-1}=0$$

上式表明，单位常数序列 1^k 的一阶后向差分 $\nabla[1^k]$ 确实为零。

5.3.7　序列的原序列

为了解决一阶后向差分运算的逆运算问题，我们采用类比法，将连续时间信号的微分运算和积分运算之间的关系进行类比，提出了原序列的概念，并定义了一种新的运算，即序列的不定求和。

原序列的定义如下：

对于定义在区间 $[k_1,k_2]$ 上的序列 $f(k)$，若存在序列 $F(k)$，对该区间 $[k_1,k_2]$ 上的所有 k 满足

$$\nabla F(k)=f(k) \tag{5.3.8}$$

则称序列 $F(k)$ 为序列 $f(k)$ 在区间 $[k_1,k_2]$ 上的原序列。

由原序列的定义可得下述结论。

结论 2：

(1) 若序列 $F(k)$ 为序列 $f(k)$ 在区间 $[k_1,k_2]$ 上的原序列，则序列 $F(k)+C\times 1^k$（C 为任意常数）也是序列 $f(k)$ 在区间 $[k_1,k_2]$ 上的原序列。

(2) 若序列 $F(k)$ 及 $\Phi(k)$ 均是序列 $f(k)$ 在区间 $[k_1,k_2]$ 上的原序列，则 $F(k)$ 及 $\Phi(k)$ 两者之间仅相差一个常数序列，即

$$\Phi(k)-F(k)=C\times 1^k$$

其中，C 为任意常数。

5.3.8　序列的不定求和

若序列 $F(k)$ 是序列 $f(k)$ 在区间 $[k_1,k_2]$ 上的一个原序列，则序列 $F(k)+C\times 1^k$（C 为任意常数）是序列 $f(k)$ 在该区间 $[k_1,k_2]$ 上的全体原序列，称为 $f(k)$ 的不定求和，记为 $\sum f(k)$，即

$$\sum f(k)=F(k)+C\times 1^k \tag{5.3.9}$$

式中，$\sum$ 为求和符号，$f(k)$ 称为被和序列。

由序列不定求和的定义可得下述结论。

结论 3：

(1) $\sum\nabla f(k)=f(k)+C\times 1^k$，其中 C 为任意常数。

(2) $\nabla\sum f(k)=\nabla[F(k)+C\times 1^k]=\nabla[F(k)]+\nabla[C\times 1^k]=\nabla[F(k)]=f(k)$。

(3) $\sum Cf(k)=C\sum f(k)$，其中 C 为任意常数。

(4) $\sum[f_1(k)\pm f_2(k)]=\sum f_1(k)\pm\sum f_2(k)$。

例 5.3.2：已知序列 $f(k)=v^k$，试求序列 $f(k)$的不定求和 $\sum f(k)$。

解：(1)当 $v\neq 1$ 时

考虑到

$$\nabla\frac{v^{k+1}}{v-1}=\frac{v^{k+1}}{v-1}-\frac{v^{k-1+1}}{v-1}=\frac{v^{k+1}-v^k}{v-1}=v^k$$

则有

$$\sum f(k)=\sum v^k=\frac{v^{k+1}}{v-1}+C\times 1^k$$

其中，C 为任意常数。

(2) 当 $v=1$ 时

考虑到

$$\nabla[k\times 1^k]=k\times 1^k-(k-1)\times 1^{k-1}=k\times 1^k-(k-1)\times 1^k=1^k$$

则有

$$\sum f(k)=\sum 1^k=k\times 1^k+C\times 1^k=(k+C)\times 1^k$$

其中，C 为任意常数。

例 5.3.3：已知序列 $f(k)=v^k\varepsilon(k)$，试求序列 $f(k)$的不定求和 $\sum f(k)$。

解：(1)当 $v\neq 1$ 时

考虑到

$$\begin{aligned}\nabla\frac{v^{k+1}-1^k}{v-1}\varepsilon(k)&=\frac{v^{k+1}-1^k}{v-1}\varepsilon(k)-\frac{v^{k-1+1}-1^{k-1}}{v-1}\varepsilon(k-1)\\&=\frac{v^{k+1}-1^k}{v-1}\varepsilon(k)-\frac{v^k-1^k}{v-1}[\varepsilon(k)-\delta(k)]\\&=\frac{v^{k+1}-v^k}{v-1}\varepsilon(k)=v^k\varepsilon(k)\end{aligned}$$

则有

$$\sum f(k)=\sum v^k\varepsilon(k)=\frac{v^{k+1}-1^k}{v-1}\varepsilon(k)+C\times 1^k$$

其中，C 为任意常数。

(2) 当 $v=1$ 时

考虑到

$$\begin{aligned}\lim_{v\to 1}\sum v^k\varepsilon(k)&=\lim_{v\to 1}\left[\frac{v^{k+1}-1^k}{v-1}\varepsilon(k)+C\times 1^k\right]\\&=\lim_{v\to 1}\frac{(k+1)v^k}{1}\varepsilon(k)+C\times 1^k\\&=(k+1)\varepsilon(k)+C\times 1^k\end{aligned}$$

则有

$$\sum\varepsilon(k)=(k+1)\varepsilon(k)+C\times 1^k=(k+1)\varepsilon(k+1)+C\times 1^k$$

其中，C 为任意常数。

例 5.3.4：已知序列 $f(k)=v^k\varepsilon(-k-1)$，试求序列 $f(k)$的不定求和 $\sum f(k)$。

解：(1) 当 $v\neq 1$ 时

考虑到

$$\begin{aligned}\nabla\frac{v^{k+1}-1^k}{v-1}\varepsilon(-k-1)&=\frac{v^{k+1}-1^k}{v-1}\varepsilon(-k-1)-\frac{v^{k-1+1}-1^{k-1}}{v-1}\varepsilon(-k)\\&=\frac{v^{k+1}-1^k}{v-1}\varepsilon(-k-1)-\frac{v^k-1^k}{v-1}[\varepsilon(-k-1)+\delta(k)]\\&=\frac{v^{k+1}-v^k}{v-1}\varepsilon(-k-1)\\&=v^k\varepsilon(-k-1)\end{aligned}$$

则有

$$\sum f(k)=\sum v^k\varepsilon(-k-1)=\frac{v^{k+1}-1^k}{v-1}\varepsilon(-k-1)+C\times 1^k$$

其中，C 为任意常数。

(2) 当 $v=1$ 时

考虑到

$$\begin{aligned}\lim_{v\to 1}\sum v^k\varepsilon(-k-1)&=\lim_{v\to 1}\left[\frac{v^{k+1}-1^k}{v-1}\varepsilon(-k-1)+C\times 1^k\right]\\&=\lim_{v\to 1}\frac{(k+1)v^k}{1}\varepsilon(-k-1)+C\times 1^k\\&=(k+1)\varepsilon(-k-1)+C\times 1^k\end{aligned}$$

则有

$$\sum\varepsilon(-k-1)=(k+1)\varepsilon(-k-1)+C\times 1^k$$

其中，C 为任意常数。

在序列与离散时间系统分析中，经常涉及因果序列和反因果序列的求和运算。为便于运算，表 5.3.1 列出了常用序列的不定求和公式，其中 C 为任意常数，v 是 $v\neq 1$ 的实数或复数。

表 5.3.1　常用序列的不定求和公式

$\sum 1^k=(k+C)\times 1^k$	$\sum v^k=\frac{v^{k+1}}{v-1}+C\times 1^k$
$\sum\delta(k)=\varepsilon(k)+C\times 1^k$	$\sum v^k\varepsilon(k)=\frac{v^{k+1}-1^k}{v-1}\varepsilon(k)+C\times 1^k$
$\sum\varepsilon(k)=(k+1)\varepsilon(k)+C\times 1^k$	$\sum\varepsilon(-k-1)=(k+1)\varepsilon(-k-1)+C\times 1^k$
$\sum k\varepsilon(k)=\frac{k(k+1)}{2}\varepsilon(k)+C\times 1^k$	$\sum k\varepsilon(-k-1)=\frac{k(k+1)}{2}\varepsilon(-k-1)+C\times 1^k$
$\sum k^2\varepsilon(k)=\frac{k(k+1)(2k+1)}{6}\varepsilon(k)+C\times 1^k$	$\sum v^k\varepsilon(-k-1)=\frac{v^{k+1}-1^k}{v-1}\varepsilon(-k-1)+C\times 1^k$
$\sum k^3\varepsilon(k)=\frac{k^2(k+1)^2}{4}\varepsilon(k)+C\times 1^k$	$\sum v^k\varepsilon(-k)=\frac{v(v^k-1^k)}{v-1}\varepsilon(-k)+C\times 1^k$

5.3.9　序列的累加

序列 $f(k)$ 的累加是指从负无穷大位至当前位的序列值的连加，即序列 $f(k)$ 的累加序列 $\Phi(k)$ 定义为

$$\Phi(k)=\sum_{m=-\infty}^{k}f(m)\tag{5.3.10}$$

考虑到式(5.3.10)，则有

$$\nabla\Phi(k)=\Phi(k)-\Phi(k-1)=\sum_{m=-\infty}^{k}f(m)-\sum_{m=-\infty}^{k-1}f(m)=f(k)\tag{5.3.11}$$

式(5.3.11)表明，累加序列 $\Phi(k)$的一阶后向差分正是被和序列 $f(k)$，因此可得下述结论。

结论 4:

序列 $f(k)$的累加序列 $\Phi(k)$是序列 $f(k)$的一个原序列。

5.3.10 序列求和的通用公式

若序列 $F(k)$是序列 $f(k)$在区间$[k_1-1,k_2]$上的一个原序列，则序列 $f(k)$在区间$[k_1,k_2]$上的求和，可用式(5.3.12)计算，即

$$\sum_{k=k_1}^{k_2} f(k)=F(k_2)-F(k_1-1)=F(k)\Big|_{k_1-1}^{k_2} \tag{5.3.12}$$

式中，$\nabla F(k)=f(k)$。

证明：考虑到式(5.3.11)以及两个原序列之间仅相差一个常数序列，则有

$$\begin{aligned}\sum_{k=k_1}^{k_2} f(k)&=\sum_{m=k_1}^{k_2} f(m)=\sum_{m=-\infty}^{k_2} f(m)-\sum_{m=-\infty}^{k_1-1} f(m)=\Phi(k_2)-\Phi(k_1-1)\\&=[F(k_2)+C\times 1^{k_2}]-[F(k_1-1)+C\times 1^{k_1-1}]\\&=F(k_2)-F(k_1-1)=F(k)\Big|_{k_1-1}^{k_2}\end{aligned}$$

由于序列的求和是连加运算，因此可得下述结论。

结论 5:

(1) $\sum\limits_{k=k_1}^{k_2} Cf(k)=C\sum\limits_{k=k_1}^{k_2} f(k)$，其中 C 为任意常数。

(2) $\sum\limits_{k=k_1}^{k_3} f(k)=\sum\limits_{k=k_1}^{k_2} f(k)+\sum\limits_{k=k_2+1}^{k_3} f(k)$，其中 $k_1<k_2<k_3$。

(3) $\sum\limits_{k=k_1}^{k_2}[f_1(k)\pm f_2(k)]=\sum\limits_{k=k_1}^{k_2} f_1(k)\pm\sum\limits_{k=k_1}^{k_2} f_2(k)$。

值得提及的是，将式(5.3.12)用于离散时间系统分析，可体现出数学美、逻辑美和协调美。例如，求解一阶线性移不变系统在因果序列激励下的全响应时，由于激励是因果序列，因此求和下限为零，即 $k_1=0$，该式则要求系统的初始状态在 $k=-1$ 位给出，这体现了协调美；而求和的结果揭示了线性移不变因果系统全响应中的零状态响应是一个因果序列，即因果序列激励下系统的零状态响应是因果序列，这体现了数学美和逻辑美。

例 5.3.5：设周期序列$\widetilde{f}(k)=\widetilde{f}(k\pm rN)$，其中 r 及 N 为正整数，试证明

$$\sum_{k=k_0}^{N-1+k_0} \widetilde{f}(k)=\sum_{k=0}^{N-1} \widetilde{f}(k) \tag{5.3.13}$$

式中，k_0 为任意整数。

证明：(1) 当 k_0 为负整数时

设 $k_0=-r_1N-r_2$，其中 r_1 为正整数，$0\leqslant r_2\leqslant N-1$，则有

$$\begin{aligned}\sum_{k=k_0}^{N-1+k_0} \widetilde{f}(k)&=\sum_{m=-r_2}^{N-1-r_2} \widetilde{f}(m-r_1N)=\sum_{m=-r_2}^{N-1-r_2} \widetilde{f}(m)=\sum_{m=-r_2}^{-1} \widetilde{f}(m)+\sum_{m=0}^{N-1-r_2} \widetilde{f}(m)\\&=\sum_{k=N-r_2}^{N-1} \widetilde{f}(k-N)+\sum_{k=0}^{N-1-r_2} \widetilde{f}(k)=\sum_{k=N-r_2}^{N-1} \widetilde{f}(k)+\sum_{k=0}^{N-1-r_2} \widetilde{f}(k)\\&=\sum_{k=0}^{N-1} \widetilde{f}(k)\end{aligned}$$

(2) 当 $k_0=0$ 时，式(5.3.13)成立。

(3) 当 k_0 为正整数时

设 $k_0=r_1N+r_2$，其中 r_1 为正整数，$0\leqslant r_2\leqslant N-1$，则有

$$\begin{aligned}\sum_{k=k_0}^{N-1+k_0}\tilde{f}(k)&=\sum_{m=r_2}^{N-1+r_2}\tilde{f}(m+r_1N)=\sum_{m=r_2}^{N-1+r_2}\tilde{f}(m)=\sum_{m=r_2}^{N-1}\tilde{f}(m)+\sum_{m=N}^{N-1+r_2}\tilde{f}(m)\\&=\sum_{k=r_2}^{N-1}\tilde{f}(k)+\sum_{k=0}^{r_2-1}\tilde{f}(k+N)=\sum_{k=r_2}^{N-1}\tilde{f}(k)+\sum_{k=0}^{r_2-1}\tilde{f}(k)\\&=\sum_{k=0}^{N-1}\tilde{f}(k)\end{aligned}$$

结论 6：

周期序列在一周内的求和与起始位无关。

5.3.11　序列的和与积

序列的和或差均可以用线性组合表示。

1. 序列的线性组合

序列 $f_1(k)$和 $f_2(k)$的线性组合序列 $f(k)$定义为

$$f(k)=C_1f_1(k)+C_2f_2(k)\tag{5.3.14}$$

式中，C_1 和 C_2 为任意常数。

式(5.3.14)表明，两个序列的线性组合是指同序号(k)的序列值 $f_1(k)$和 $f_2(k)$分别乘以常数 C_1 和 C_2 后，逐项对应相加而构成的一个新序列。

2. 序列的积

序列 $f_1(k)$和 $f_2(k)$的积序列 $f(k)$定义为

$$f(k)=f_1(k)f_2(k)\tag{5.3.15}$$

式(5.3.15)表明，两个序列的积是指同序号(k)的序列值 $f_1(k)$和 $f_2(k)$逐项对应相乘而构成的一个新序列。

结论 7：

若两个时限序列 $f_1(k)$，$k\in(k_1,k_2)$及 $f_2(k)$，$k\in(k_3,k_4)$的时限区间为包含关系，即满足 $k_1<k_3<k_4<k_2$，则有

(1) 线性组合后的时限序列 $C_1f_1(k)+C_2f_2(k)$，$k\in(k_1,k_2)$，即当两个时限序列的时限区间是包含关系时，线性组合后，其时限序列的时限区间取决于两个时限序列中较宽的时限区间。

(2) 相乘后的时限序列 $f_1(k)f_2(k)$，$k\in(k_3,k_4)$，即当两个时限序列的时限区间是包含关系时，相乘后，其时限序列的时限区间取决于两个时限序列中较窄的时限区间。

5.3.12　序列的线性卷和

下面将介绍序列线性卷和的定义、图解步骤以及存在性。

1. 序列线性卷和的定义

序列 $f_1(k)$和 $f_2(k)$的线性卷和定义为

$$f_1(k)*f_2(k)=\sum_{m=-\infty}^{+\infty}f_1(m)f_2(k-m)\tag{5.3.16}$$

式中，m 是求和变量，k 是参变量，线性卷和的结果是关于参变量 k 的一个序列，通常记为 $f(k)$。

例 5.3.6： 试求线性卷和 $b^k\varepsilon(k)*a^k\varepsilon(k)$，其中 a 和 b 为复数。

解： (1) 当 $b\neq a$ 时

考虑到线性卷和的定义式(5.3.16)，并利用表 5.3.1 中的不定求和公式，则有

$$b^k\varepsilon(k)*a^k\varepsilon(k)=\sum_{m=-\infty}^{+\infty}b^m\varepsilon(m)a^{k-m}\varepsilon(k-m)=a^k\sum_{m=-\infty}^{k}\left(\frac{b}{a}\right)^m\varepsilon(m)$$

$$=a^k\frac{\left(\frac{b}{a}\right)^{m+1}-1^m}{\frac{b}{a}-1}\varepsilon(m)\Bigg|_{-\infty-1}^{k}=\frac{b^{k+1}-a^{k+1}}{b-a}\varepsilon(k) \tag{5.3.17}$$

(2) 当 $b=a$ 时

$$a^k\varepsilon(k)*a^k\varepsilon(k)=\lim_{b\to a}b^k\varepsilon(k)*a^k\varepsilon(k)=\lim_{b\to a}\frac{b^{k+1}-a^{k+1}}{b-a}\varepsilon(k)$$

$$=\lim_{b\to a}\frac{(k+1)b^k}{1}\varepsilon(k)=(k+1)a^k\varepsilon(k) \tag{5.3.18}$$

特别地，当 $a=1$ 时，则有

$$\varepsilon(k)*\varepsilon(k)=(k+1)\varepsilon(k)=(k+1)\varepsilon(k+1) \tag{5.3.19}$$

结论 8:

两个因果序列线性卷和的结果是因果序列。

例 5.3.7: 试求线性卷和 $b^k*a^k\varepsilon(k)$，其中 a 和 b 为复数，并且满足条件 $|b|>|a|$。

解: 考虑到线性卷和的定义式(5.3.16)，并利用表 5.3.1 中的不定求和公式，则有

$$b^k*a^k\varepsilon(k)=\sum_{m=-\infty}^{+\infty}b^m a^{k-m}\varepsilon(k-m)=a^k\sum_{m=-\infty}^{k}\left(\frac{b}{a}\right)^m$$

$$=a^k\frac{(b/a)^{m+1}}{b/a-1}\Bigg|_{-\infty-1}^{k}=a^k\frac{(b/a)^{k+1}}{b/a-1}$$

$$=\frac{1}{b-a}b^{k+1} \tag{5.3.20}$$

讨论:

考虑到式(5.2.2)及线性卷和的定义式(5.3.16)，则有

$$b^k*a^k\varepsilon(k)=b^k[\varepsilon(-k-1)+\varepsilon(k)]*a^k\varepsilon(k)$$

$$=b^k\varepsilon(-k-1)*a^k\varepsilon(k)+b^k\varepsilon(k)*a^k\varepsilon(k) \tag{5.3.21}$$

若满足条件 $|b|>|a|$，由式(5.3.21)，并考虑到式(5.3.20)及式(5.3.17)，则有

$$b^k\varepsilon(-k-1)*a^k\varepsilon(k)=b^k*a^k\varepsilon(k)-b^k\varepsilon(k)*a^k\varepsilon(k)$$

$$=\frac{1}{b-a}b^{k+1}-\frac{b^{k+1}-a^{k+1}}{b-a}\varepsilon(k)$$

$$=\frac{1}{b-a}[b^{k+1}\varepsilon(-k-1)+a^{k+1}\varepsilon(k)] \tag{5.3.22}$$

在计算序列的线性卷和时，经常将式(5.3.17)至式(5.3.20)及式(5.3.22)作为公式使用。

例 5.3.8: 试求线性卷和 $5\sin\frac{\pi k}{2}*\left(\frac{1}{2}\right)^k\varepsilon(k)$。

解: 考虑到式(5.3.20)，则有

$$5\cos\frac{\pi k}{2}*\left(\frac{1}{2}\right)^k\varepsilon(k)+\mathrm{j}5\sin\frac{\pi k}{2}*\left(\frac{1}{2}\right)^k\varepsilon(k)=5(\mathrm{e}^{\mathrm{j}\frac{\pi}{2}})^k*\left(\frac{1}{2}\right)^k\varepsilon(k)\xlongequal{1>\frac{1}{2}}\frac{1}{\mathrm{e}^{\mathrm{j}\frac{\pi}{2}}-\frac{1}{2}}5(\mathrm{e}^{\mathrm{j}\frac{\pi}{2}})^{k+1}$$

$$=2\left(2\cos\frac{\pi k}{2}+\sin\frac{\pi k}{2}\right)+\mathrm{j}2\left(2\sin\frac{\pi k}{2}-\cos\frac{\pi k}{2}\right)$$

于是

$$5\cos\frac{\pi k}{2} * \left(\frac{1}{2}\right)^k \varepsilon(k) = 2\left(2\cos\frac{\pi k}{2} + \sin\frac{\pi k}{2}\right)$$

$$5\sin\frac{\pi k}{2} * \left(\frac{1}{2}\right)^k \varepsilon(k) = 2\left(2\sin\frac{\pi k}{2} - \cos\frac{\pi k}{2}\right)$$

2. 序列线性卷和的图解步骤

(1) 一个序列不动，一个序列反褶。

例如，$f_1(m)$不动，$f_2(m)$反褶，得到 $f_2(-m)$。

(2) 反褶序列位移

将反褶序列 $f_2(-m)$位移 k 得到 $f_2[-(m-k)]=f_2(k-m)$。

若 $k>0$，则反褶序列 $f_2(-m)$右移 k 位；若 $k<0$，则反褶序列 $f_2(-m)$左移$|k|$位。

(3) 相乘

确定序列 $f_1(m)$及 $f_2(k-m)$非零值对应的整数 m 的重叠区间，并将 $f_1(m)$与 $f_2(k-m)$同序号(m)的序列值逐项对应相乘。

(4) 求和

将积序列在非零值对应的整数 m 的重叠区间上求和。

3. 序列线性卷和在 $k=k_0$ 位值的计算

考虑到 $f(k)=f_1(k) * f_2(k)$，则线性卷和在 $k=k_0$ 位值的计算有下述两种方法：

(1) 首先计算 $f_1(k)$和 $f_2(k)$的线性卷和 $f(k)$，再进行代值计算，即 $f(k_0)=f(k)|_{k=k_0}$。

(2) 利用线性卷和的图解来确定 $k=k_0$ 位的序列值 $f(k_0)$，即

$$f(k_0) = \sum_{m=-\infty}^{+\infty} f_1(m) f_2(k_0 - m) \tag{5.3.23}$$

式(5.3.23)表明，$f(k_0)$就是一个序列不动，另一个序列反褶后移动 k_0 位，再将所得两个序列相乘后求和的结果。

特别地，若 $k=k_0=0$，则有

$$f(0) = \sum_{m=-\infty}^{+\infty} f_1(m) f_2(-m) = \sum_{k=-\infty}^{+\infty} f_1(k) f_2(-k) \tag{5.3.24}$$

式(5.3.24)表明，$f(0)$就是一个序列不动，另一个序列反褶，再将所得两个序列相乘后求和的结果。

例 5.3.9：设序列 $f_1(k)=k^2R_6(k)$，$f_2(k)=kR_6(k)$，$f(k)=f_1(k) * f_2(k)$，试求序列 $f(k)$在$k=5$ 时的值。

解：考虑到式(5.3.23)，并利用表 5.3.1 中的不定求和公式，以及式(5.3.12)的序列求和通用公式，则有

$$f(5) = \sum_{m=-\infty}^{+\infty} m^2 R_6(m)(5-m) R_6(5-m) = \sum_{m=-\infty}^{5} m^2(5-m)\varepsilon(m) = 5\sum_{m=-\infty}^{5} m^2\varepsilon(m) - \sum_{m=-\infty}^{5} m^3\varepsilon(m)$$

$$= 5\frac{m(m+1)(2m+1)}{6}\varepsilon(m)\Bigg|_{-\infty-1}^{5} - \frac{m^2(m+1)^2}{4}\varepsilon(m)\Bigg|_{-\infty-1}^{5}$$

$$= 275 - 225 = 50$$

例 5.3.10：设序列 $f_1(k)=f_1(k)R_{N_1}(k-r_1)$，$f_2(k)=f_2(k)R_{N_2}(k-r_2)$，其中 N_1 及 N_2 为正整数，r_1 及 r_2 为整数，序列 $f(k)=f_1(k) * f_2(k)$，试确定序列 $f(k)$的非零值区间。

解：考虑到时限序列 $f_1(k)$和 $f_2(k)$的非零值对应的整数 k 的取值范围分别为

$$r_1 \leqslant k \leqslant r_1 + N_1 - 1$$

$$r_2 \leqslant k \leqslant r_2 + N_2 - 1$$

则 $f_1(m)$及 $f_2(k-m)$的非零值对应的整数 m 及 $k-m$ 的取值范围分别为

$$r_1 \leqslant m \leqslant r_1+N_1-1$$

$$r_2 \leqslant k-m \leqslant r_2+N_2-1$$

于是，$f(k)=f_1(k)*f_2(k)=\sum_{m=-\infty}^{+\infty} f_1(m)f_2(k-m)$ 的非零值对应的整数 k 的取值范围为

$$r_1+r_2 \leqslant k \leqslant r_1+r_2+N_1+N_2-2 \tag{5.3.25}$$

结论 9：

式(5.3.25)表明，两个时限序列线性卷和的结果是一个时限序列，该序列始于两个时限序列的始点之和，止于两个时限序列的终点之和，并且该时限序列的长度为两个时限序列的长度相加再减 1。

4. 序列线性卷和的存在性

由于序列的线性卷和

$$f_1(k)*f_2(k)=\sum_{m=-\infty}^{+\infty} f_1(m)f_2(k-m)=f(k) \tag{5.3.26}$$

因此它是一个含有参变量 k 的广义求和运算。若$|f(k)|<\infty$，则广义求和收敛，称$f_1(k)*f_2(k)$存在；反之，则广义求和发散，称 $f_1(k)*f_2(k)$不存在。

基于前面的分析和讨论，可得下述结论。

结论 10：

(1) 若两个序列均是时限序列，则两个序列的线性卷和一定存在，其结果仍然是一个时限序列(参见例 5.3.10)。

(2) 若两个序列均是有界的有始序列或有界的有终序列，则两个序列的线性卷和一定存在(参见例 5.3.6)。

(3) 若两个序列中至少有一个是时限序列，则两个序列的线性卷和一定存在(参见例 5.3.9)。

5.3.13 序列线性卷和的性质

线性卷和既然是一种含有参变量的广义求和运算，就必然有其运算规律及性质，掌握并熟练运用这些规律及性质，可以使线性卷和的运算得以简化。

1. 交换律

若 $f_1(k)$和 $f_2(k)$的线性卷和存在，则有

$$f_1(k)*f_2(k)=f_2(k)*f_1(k) \tag{5.3.27}$$

证明：考虑到线性卷和的定义式(5.3.16)，则有

$$f_1(k)*f_2(k)=\sum_{m=-\infty}^{+\infty} f_1(m)f_2(k-m)=\sum_{p=-\infty}^{+\infty} f_2(p)f_1(k-p)=f_2(k)*f_1(k)$$

2. 分配律

若 $f_1(k)$和 $f_2(k)$以及 $f_1(k)$和 $f_3(k)$的线性卷和均存在，则有

$$f_1(k)*[f_2(k)+f_3(k)]=f_1(k)*f_2(k)+f_1(k)*f_3(k) \tag{5.3.28}$$

证明：考虑到线性卷和的定义式(5.3.16)，则有

$$\begin{aligned} f_1(k)*[f_2(k)+f_3(k)] &= \sum_{m=-\infty}^{+\infty} f_1(m)[f_2(k-m)+f_3(k-m)] \\ &= \sum_{m=-\infty}^{+\infty} f_1(m)f_2(k-m)+\sum_{m=-\infty}^{+\infty} f_1(m)f_3(k-m) \\ &= f_1(k)*f_2(k)+f_1(k)*f_3(k) \end{aligned}$$

3. 结合律

若 $f_1(k)$、$f_2(k)$及 $f_3(k)$中任意两个序列的线性卷和均存在，则有

$$\begin{aligned} f_1(k)*f_2(k)*f_3(k) &= [f_1(k)*f_2(k)]*f_3(k) \\ &= f_1(k)*[f_2(k)*f_3(k)] \\ &= [f_1(k)*f_3(k)]*f_2(k) \end{aligned} \tag{5.3.29}$$

证明：考虑到线性卷和的定义式(5.3.16)，则有

$$\begin{aligned} f_1(k)*[f_2(k)*f_3(k)] &= f_1(k)*\left[\sum_{m=-\infty}^{+\infty} f_2(m)f_3(k-m)\right] \\ &= \sum_{p=-\infty}^{+\infty} f_1(p)\left[\sum_{m=-\infty}^{+\infty} f_2(m)f_3(k-p-m)\right] \\ &= \sum_{m=-\infty}^{+\infty} f_2(m)\left[\sum_{p=-\infty}^{+\infty} f_1(p)f_3(k-m-p)\right] \\ &= f_2(k)*\left[\sum_{p=-\infty}^{+\infty} f_1(p)f_3(k-p)\right] \\ &= f_2(k)*[f_1(k)*f_3(k)] \end{aligned}$$

4. 位移性质

若 $f_1(k)*f_2(k)=f(k)$，则有

$$f_1(k-k_1)*f_2(k-k_2)=f(k-k_1-k_2) \tag{5.3.30}$$

(1) 首先证明

$$f(k)*\delta(k-k_0)=f(k-k_0) \tag{5.3.31}$$

证明：考虑到线性卷和的定义式(5.3.16)，则有

$$\begin{aligned} f(k)*\delta(k-k_0) &= \sum_{m=-\infty}^{+\infty} f(m)\delta(k-m-k_0) = \sum_{m=-\infty}^{+\infty} f(k-k_0)\delta(k-m-k_0) \\ &= f(k-k_0)\sum_{m=-\infty}^{+\infty}\delta(k-m-k_0) = f(k-k_0) \end{aligned}$$

式(5.3.31)表明，一个序列和一个延迟单位冲激序列进行线性卷和运算，等价于将序列进行相应位的延迟。

讨论：

① 在式(5.3.31)中，令 $k_0=0$，则有

$$f(k)*\delta(k)=f(k) \tag{5.3.32}$$

式(5.3.32)表明，一个序列和一个单位冲激序列进行线性卷和运算，其结果是序列自身，逆向来看，表明了一个实序列 $f(k)$可以表示成延迟冲激的加权和，其加权值为 $f(m)$，即式(5.2.6)给出的表达式。

② 在式(5.3.32)中，令 $f(k)=\delta(k)$，则有

$$\delta(k)*\delta(k)=\delta(k) \tag{5.3.33}$$

式(5.3.33)表明，两个单位冲激序列进行线性卷和运算，其结果还是一个单位冲激序列。

③ 在式(5.3.31)中，令 $f(k)=\delta(k-k_1)$，令 $k_0=k_2$，则有

$$\delta(k-k_1)*\delta(k-k_2)=\delta(k-k_1-k_2) \tag{5.3.34}$$

式(5.3.34)表明，两个延迟单位冲激序列进行线性卷和运算，其结果还是一个延迟单位冲激序列，其延迟位数是两个延迟单位冲激序列延迟位数之和。

(2) 再证明式(5.3.30)

考虑到式(5.3.31)及式(5.3.34)，则有

$$\begin{aligned}f_1(k-k_1)*f_2(k-k_2)&=f_1(k)*\delta(k-k_1)*f_2(k)*\delta(k-k_2)\\&=f_1(k)*f_2(k)*\delta(k-k_1)*\delta(k-k_2)\\&=f(k)*\delta(k-k_1-k_2)\\&=f(k-k_1-k_2)\end{aligned}$$

推论 1：

考虑到两个因果序列线性卷和的结果是因果序列，由线性卷和的位移性质可知，两个有始序列线性卷和的结果是有始序列，并且其始点为两个有始序列的始点之和。

例 5.3.11： 设线性卷和 $f_1(k)*f_2(k)=\sum\limits_{m=k-9}^{k}f_1(m)$，并且 $f_1(k)=a^k\varepsilon(k)*[\delta(k)-a\delta(k-1)]$，试求序列 $f_2(k)$。

解： 考虑到

$$\begin{aligned}f_1(k)&=a^k\varepsilon(k)*[\delta(k)-a\delta(k-1)]=a^k\varepsilon(k)-aa^{k-1}\varepsilon(k-1)\\&=a^k[\varepsilon(k)-\varepsilon(k-1)]=a^k\delta(k)=\delta(k)\end{aligned}$$

以及 $f_1(k)*f_2(k)=\sum\limits_{m=k-9}^{k}f_1(m)$，则有

$$f_2(k)=\delta(k)*f_2(k)=\sum_{m=k-9}^{k}\delta(m)=\varepsilon(m)\Big|_{k-10}^{k}=\varepsilon(k)-\varepsilon(k-10)$$

例 5.3.12： 设序列 $\tilde{f}(k)=f(k)*\delta_N(k)$，试证明序列 $\tilde{f}(k)$ 是周期为 N 的周期序列。

证明： 由题意，并考虑到 $\delta_N(k)$ 的定义式(5.2.14)，则有

$$\tilde{f}(k)=f(k)*\delta_N(k)=f(k)*\sum_{r=-\infty}^{+\infty}\delta(k-rN)=\sum_{r=-\infty}^{+\infty}f(k-rN)\tag{5.3.35}$$

考虑到式(5.3.35)，则有

$$\tilde{f}(k-N)=\sum_{r=-\infty}^{+\infty}f(k-N-rN)=\sum_{m=-\infty}^{+\infty}f(k-mN)=\sum_{r=-\infty}^{+\infty}f(k-rN)=\tilde{f}(k)$$

因此，序列 $\tilde{f}(k)$ 是周期为 N 的周期序列。

5. 插值性质

若 $f_1(k)*f_2(k)=f(k)$，则有

$$f_1\left(\frac{k}{N}\right)\delta_N(k)*f_2\left(\frac{k}{N}\right)\delta_N(k)=f\left(\frac{k}{N}\right)\delta_N(k)\tag{5.3.36}$$

证明： 考虑到线性卷和的定义式(5.3.16)及 $\delta_N(k)$ 的定义式(5.2.14)，则有

$$\begin{aligned}f_1\left(\frac{k}{N}\right)\delta_N(k)*f_2\left(\frac{k}{N}\right)\delta_N(k)&=\sum_{m=-\infty}^{+\infty}f_1\left(\frac{m}{N}\right)\delta_N(m)f_2\left(\frac{k-m}{N}\right)\delta_N(k-m)\\&=\sum_{\substack{m=-\infty\\m=rN}}^{+\infty}f_1\left(\frac{m}{N}\right)\delta_N(m)f_2\left(\frac{k-m}{N}\right)\delta_N(k-m)\\&=\sum_{r=-\infty}^{+\infty}f_1\left(\frac{rN}{N}\right)\delta_N(rN)f_2\left(\frac{k-rN}{N}\right)\delta_N(k-rN)\\&=\left[\sum_{r=-\infty}^{+\infty}f_1(r)f_2\left(\frac{k}{N}-r\right)\right]\delta_N(k)\\&=f\left(\frac{k}{N}\right)\delta_N(k)\end{aligned}$$

式(5.3.36)表明，当 $k=\pm rN$(r 为正整数)时，线性卷和的结果非零，否则，线性卷和的

结果为零。换言之，当 $k=-mN$（m 为整数）时，则有 $f_1(-m)*f_2(-m)=f(-m)$，由此得到了线性卷和的反褶性质，即

$$f_1(-k)*f_2(-k)=f(-k) \tag{5.3.37}$$

式(5.3.37)表明，当两个序列反褶时，其线性卷和的结果也反褶。

例 5.3.13：设序列 $f_1(k)=f_1(-k)$，$f_2(k)=f_2(-k)$，$f_1(k)*f_2(k)=f(k)$，试证明序列 $f(k)$ 是偶序列。

证明：考虑到 $f(k)=f_1(k)*f_2(k)$，以及 $f_1(k)$ 和 $f_2(k)$ 是偶序列，由式(5.3.37)可得

$$f(-k)=f_1(-k)*f_2(-k)=f_1(k)*f_2(k)=f(k)$$

因此，序列 $f(k)$ 是偶序列。

结论 11：

(1) 两个偶序列线性卷和的结果是偶序列。

(2) 两个奇序列线性卷和的结果是偶序列。

(3) 偶序列和奇序列线性卷和的结果是奇序列。

例 5.3.14：试求线性卷和 $b^k\varepsilon(-k-1)*a^k\varepsilon(-k-1)$。

解：(1) 当 $b\neq a$ 时

考虑到式(5.3.31)、式(5.3.34)及式(5.3.17)，则有

$$\begin{aligned}
b^{-k}\varepsilon(k-1)*a^{-k}\varepsilon(k-1)&=b^{-(k-1+1)}\varepsilon(k-1)*a^{-(k-1+1)}\varepsilon(k-1)\\
&=\frac{1}{ab}b^{-k}\varepsilon(k)*\delta(k-1)*a^{-k}\varepsilon(k)*\delta(k-1)\\
&=\frac{1}{ab}\left(\frac{1}{b}\right)^k\varepsilon(k)*\left(\frac{1}{a}\right)^k\varepsilon(k)*\delta(k-2)\\
&=\frac{1}{ab}\frac{1}{\dfrac{1}{b}-\dfrac{1}{a}}\left[\left(\frac{1}{b}\right)^{k+1}-\left(\frac{1}{a}\right)^{k+1}\right]\varepsilon(k)*\delta(k-2)\\
&=\frac{1}{a-b}\left[\left(\frac{1}{b}\right)^{k-1}-\left(\frac{1}{a}\right)^{k-1}\right]\varepsilon(k-2)\\
&=\frac{1}{a-b}\left[\left(\frac{1}{b}\right)^{k-1}-\left(\frac{1}{a}\right)^{k-1}\right][\varepsilon(k-1)-\delta(k-1)]\\
&=\frac{1}{a-b}\left[\left(\frac{1}{b}\right)^{k-1}-\left(\frac{1}{a}\right)^{k-1}\right]\varepsilon(k-1)
\end{aligned}$$

考虑到线性卷和的反褶性质式(5.3.37)，则有

$$b^k\varepsilon(-k-1)*a^k\varepsilon(-k-1)=\frac{1}{a-b}(b^{k+1}-a^{k+1})\varepsilon(-k-1)$$

(2) 当 $b=a$ 时

$$\begin{aligned}
a^k\varepsilon(-k-1)*a^k\varepsilon(-k-1)&=\lim_{b\to a}b^k\varepsilon(-k-1)*a^k\varepsilon(-k-1)\\
&=\lim_{b\to a}\frac{b^{k+1}-a^{k+1}}{a-b}\varepsilon(-k-1)\\
&=\lim_{b\to a}\frac{(k+1)b^k}{-1}\varepsilon(-k-1)\\
&=-(k+1)a^k\varepsilon(-k-1)
\end{aligned}$$

结论 12：

两个反因果序列线性卷和的结果是反因果序列。

结论 13：

若求两个反因果序列的线性卷和，则可将两个反因果序列反褶成有始序列，再将两个有始序列线性卷和的结果反褶即可。

推论 2：

考虑到两个反因果序列线性卷和的结果是反因果序列，由线性卷和的位移性质可知，两个有终序列线性卷和的结果是有终序列，并且其终点为两个有终序列的终点之和。

6. 抽取性质

若 $f_1(k)*f_2(k)=f(k)$，则有

$$f_1(k)\delta_N(k)*f_2(k)\delta_N(k)=[f_1(k)\delta_N(k)*f_2(k)]\delta_N(k)$$
$$=\frac{1}{N}\left\{f(k)+\sum_{n=1}^{N-1}[\mathrm{e}^{\mathrm{j}\frac{2\pi}{N}kn}f_1(k)]*f_2(k)\right\}\delta_N(k) \qquad (5.3.38)$$

证明：考虑到

$$\frac{1}{N}\sum_{n=0}^{N-1}\mathrm{e}^{\mathrm{j}\frac{2\pi}{N}kn}=\begin{cases}1, & k=rN\\ \dfrac{1}{N}\left.\dfrac{\mathrm{e}^{\mathrm{j}\frac{2\pi}{N}k(n+1)}}{\mathrm{e}^{\mathrm{j}\frac{2\pi}{N}k}-1}\right|_{-1}^{N-1}, & k\neq rN\end{cases}\quad (r=0,\pm1,\pm2,\cdots)$$
$$=\begin{cases}1, & k=rN\\ 0, & k\neq rN\end{cases}\quad (r=0,\pm1,\pm2,\cdots)$$
$$=\sum_{r=-\infty}^{+\infty}\delta(k-rN)$$
$$=\delta_N(k) \qquad (5.3.39)$$

以及线性卷和的定义式(5.3.16)，则有

$$f_1(k)\delta_N(k)*f_2(k)\delta_N(k)=\sum_{\substack{m=-\infty\\ m=rN}}^{+\infty}f_1(m)\delta_N(m)f_2(k-m)\delta_N(k-m)$$
$$=\sum_{r=-\infty}^{+\infty}f_1(rN)\delta_N(rN)f_2(k-rN)\delta_N(k-rN)$$
$$=\sum_{r=-\infty}^{+\infty}f_1(rN)f_2(k-rN)\delta_N(k)$$
$$=\left[\sum_{r=-\infty}^{+\infty}f_1(rN)f_2(k-rN)\right]\delta_N(k)$$
$$=\left[\sum_{m=-\infty}^{+\infty}f_1(m)\delta_N(m)f_2(k-m)\right]\delta_N(k)$$
$$=\{[f_1(k)\delta_N(k)]*f_2(k)\}\delta_N(k)$$
$$=\left\{\left[f_1(k)\frac{1}{N}\sum_{n=0}^{N-1}\mathrm{e}^{\mathrm{j}\frac{2\pi}{N}kn}\right]*f_2(k)\right\}\delta_N(k)$$
$$=\frac{1}{N}\left\{f(k)+\sum_{n=1}^{N-1}[\mathrm{e}^{\mathrm{j}\frac{2\pi}{N}kn}f_1(k)]*f_2(k)\right\}\delta_N(k)$$

考虑到线性卷和的交换律，则有

$$f_1(k)\delta_N(k)*f_2(k)\delta_N(k)=\{[f_2(k)\delta_N(k)]*f_1(k)\}\delta_N(k)$$
$$=\frac{1}{N}\left\{f(k)+\sum_{n=1}^{N-1}[\mathrm{e}^{\mathrm{j}\frac{2\pi}{N}kn}f_2(k)]*f_1(k)\right\}\delta_N(k)$$

例 5.3.15：设 $f_1(k)=b^k\varepsilon(k)$，$f_2(k)=a^k\varepsilon(k)$，试求线性卷和 $f_1(k)\delta_2(k)*f_2(k)\delta_2(k)$。

解：由式(5.3.17)可知

$$f_1(k)*f_2(k)=b^k\varepsilon(k)*a^k\varepsilon(k)=\frac{1}{b-a}(b^{k+1}-a^{k+1})\varepsilon(k)=f(k) \tag{5.3.40}$$

考虑到式(5.3.38)及式(5.3.40)，则有

$$\begin{aligned}f_1(k)\delta_2(k)*f_2(k)\delta_2(k)&=\frac{1}{2}\left\{f(k)+\sum_{n=1}^{2-1}\left[e^{j\frac{2\pi}{2}kn}f_1(k)\right]*f_2(k)\right\}\delta_2(k)\\&=\frac{1}{2}\{f(k)+[(-b)^k\varepsilon(k)]*a^k\varepsilon(k)\}\delta_2(k)\\&=\frac{1}{2}\left[\frac{b^{k+1}-a^{k+1}}{b-a}\varepsilon(k)+\frac{(-b)^{k+1}-a^{k+1}}{-b-a}\varepsilon(k)\right]\delta_2(k)\\&=\frac{b^{k+2}-a^{k+2}}{b^2-a^2}\varepsilon(k)\delta_2(k)\end{aligned}$$

一般地，有下式成立：

$$b^k\varepsilon(k)\delta_N(k)*a^k\varepsilon(k)\delta_N(k)=\frac{b^{k+N}-a^{k+N}}{b^N-a^N}\varepsilon(k)\delta_N(k)$$

7. 重排性质

若 $f_1(k)*f_2(k)=f(k)$，则有

$$\begin{aligned}f_1(Nk)*f_2(Nk)&=f_1(l)\delta_N(l)*f_2(l)\big|_{l=Nk}\\&=\frac{1}{N}f(Nk)+\left\{\frac{1}{N}\sum_{n=1}^{N-1}\left[e^{j\frac{2\pi}{N}ln}f_1(l)\right]*f_2(l)\right\}\Bigg|_{l=Nk}\end{aligned} \tag{5.3.41}$$

证明：考虑到线性卷和的定义式(5.3.16)及式(5.3.39)，则有

$$\begin{aligned}f_1(Nk)*f_2(Nk)&=\sum_{m=-\infty}^{+\infty}f_1(mN)f_2[(k-m)N]=\sum_{r=-\infty}^{+\infty}f_1(rN)f_2(Nk-rN)\\&=\sum_{m=-\infty}^{+\infty}f_1(m)\delta_N(m)f_2(Nk-m)=f_1(l)\delta_N(l)*f_2(l)\big|_{l=Nk}\\&=\left[f_1(l)\frac{1}{N}\sum_{n=0}^{N-1}e^{j\frac{2\pi}{N}ln}\right]*f_2(l)\Bigg|_{l=Nk}\\&=\frac{1}{N}f(Nk)+\left\{\frac{1}{N}\sum_{n=1}^{N-1}\left[e^{j\frac{2\pi}{N}ln}f_1(l)\right]*f_2(l)\right\}\Bigg|_{l=Nk}\end{aligned}$$

考虑到线性卷和的交换律，则有

$$\begin{aligned}f_1(Nk)*f_2(Nk)&=f_2(l)\delta_N(l)*f_1(l)\big|_{l=Nk}\\&=\frac{1}{N}f(Nk)+\left\{\frac{1}{N}\sum_{n=1}^{N-1}\left[e^{j\frac{2\pi}{N}ln}f_2(l)\right]*f_1(l)\right\}\Bigg|_{l=Nk}\end{aligned}$$

8. 加权性质

若 $f_1(k)*f_2(k)=f(k)$，则有

$$[a^kf_1(k)]*[a^kf_2(k)]=a^kf(k) \tag{5.3.42}$$

证明：考虑到线性卷和的定义式(5.3.16)，则有

$$\begin{aligned}[a^kf_1(k)]*[a^kf_2(k)]&=\sum_{m=-\infty}^{+\infty}a^mf_1(m)a^{k-m}f_2(k-m)=\sum_{m=-\infty}^{+\infty}a^kf_1(m)f_2(k-m)\\&=a^k\sum_{m=-\infty}^{+\infty}f_1(m)f_2(k-m)=a^k[f_1(k)*f_2(k)]\\&=a^kf(k)\end{aligned}$$

结论 14：

若 $f_1(k)*f_2(k)*\cdots*f_{n-1}(k)*f_n(k)=f(k)$，则有

$$[a^k f_1(k)]*[a^k f_2(k)]*\cdots*[a^k f_{n-1}(k)]*[a^k f_n(k)]=a^k f(k) \tag{5.3.43}$$

9. 交替加权性质

若 $f_1(k)*f_2(k)=f(k)$，则有

$$[kf_1(k)]*f_2(k)+f_1(k)*[kf_2(k)]=kf(k) \tag{5.3.44}$$

证明：考虑到线性卷和的定义式(5.3.16)，则有

$$\begin{aligned}[kf_1(k)]*f_2(k)+f_1(k)*[kf_2(k)]&=\sum_{m=-\infty}^{+\infty}mf_1(m)f_2(k-m)+\sum_{m=-\infty}^{+\infty}f_1(m)(k-m)f_2(k-m)\\&=\sum_{m=-\infty}^{+\infty}(m+k-m)f_1(m)f_2(k-m)\\&=k\sum_{m=-\infty}^{+\infty}f_1(m)f_2(k-m)\\&=k[f_1(k)*f_2(k)]\\&=kf(k)\end{aligned}$$

例 5.3.16：试求线性卷和 $f(k)=k\left(\frac{1}{2}\right)^k\sin\frac{\pi k}{2}\varepsilon(k)*\left(\frac{1}{2}\right)^k\sin\frac{\pi k}{2}\varepsilon(k)$。

解：考虑到线性卷和的加权性质式(5.3.42)及式(5.3.19)，即 $\varepsilon(k)*\varepsilon(k)=(k+1)\varepsilon(k)$，则有

$$\mathrm{e}^{\mathrm{j}\frac{\pi k}{2}}\varepsilon(k)*\mathrm{e}^{\mathrm{j}\frac{\pi k}{2}}\varepsilon(k)=(\mathrm{e}^{\mathrm{j}\frac{\pi}{2}})^k[\varepsilon(k)*\varepsilon(k)]=(\mathrm{e}^{\mathrm{j}\frac{\pi}{2}})^k(k+1)\varepsilon(k)$$

即

$$\left(\cos\frac{\pi k}{2}+\mathrm{j}\sin\frac{\pi k}{2}\right)\varepsilon(k)*\left(\cos\frac{\pi k}{2}+\mathrm{j}\sin\frac{\pi k}{2}\right)\varepsilon(k)=(k+1)\left(\cos\frac{\pi k}{2}+\mathrm{j}\sin\frac{\pi k}{2}\right)\varepsilon(k)$$

考虑到等号两边的实部和虚部应该分别相等，则有

$$\cos\frac{\pi k}{2}\varepsilon(k)*\cos\frac{\pi k}{2}\varepsilon(k)-\sin\frac{\pi k}{2}\varepsilon(k)*\sin\frac{\pi k}{2}\varepsilon(k)=(k+1)\cos\frac{\pi k}{2}\varepsilon(k) \tag{5.3.45}$$

$$\sin\frac{\pi k}{2}\varepsilon(k)*\cos\frac{\pi k}{2}\varepsilon(k)=\frac{1}{2}(k+1)\sin\frac{\pi k}{2}\varepsilon(k) \tag{5.3.46}$$

考虑到式(5.3.46)，则有

$$\sin\frac{\pi k}{2}\varepsilon(k)*\cos\frac{\pi k}{2}\varepsilon(k)*\delta(k-1)=\frac{1}{2}(k+1)\sin\frac{\pi k}{2}\varepsilon(k)*\delta(k-1)$$

$$\sin\frac{\pi k}{2}\varepsilon(k)*\cos\frac{\pi(k-1)}{2}\varepsilon(k-1)=\frac{1}{2}k\sin\frac{\pi(k-1)}{2}\varepsilon(k-1)$$

即

$$\sin\frac{\pi k}{2}\varepsilon(k)*\left\{\sin\frac{\pi k}{2}[\varepsilon(k)-\delta(k)]\right\}=-\frac{1}{2}k\cos\frac{\pi k}{2}[\varepsilon(k)-\delta(k)]$$

亦即

$$\sin\frac{\pi k}{2}\varepsilon(k)*\sin\frac{\pi k}{2}\varepsilon(k)=-\frac{1}{2}k\cos\frac{\pi k}{2}\varepsilon(k) \tag{5.3.47}$$

考虑到式(5.3.47)，由式(5.3.45)可得

$$\cos\frac{\pi k}{2}\varepsilon(k)*\cos\frac{\pi k}{2}\varepsilon(k)=(k+1)\cos\frac{\pi k}{2}\varepsilon(k)-\frac{1}{2}k\cos\frac{\pi k}{2}\varepsilon(k)=\frac{k+2}{2}\cos\frac{\pi k}{2}\varepsilon(k) \tag{5.3.48}$$

考虑到式(5.3.42)、式(5.3.44)及式(5.3.47)，则有

$$\begin{aligned}f(k)&=k\left(\frac{1}{2}\right)^k\sin\frac{\pi k}{2}\varepsilon(k)*\left(\frac{1}{2}\right)^k\sin\frac{\pi k}{2}\varepsilon(k)\\&=\left(\frac{1}{2}\right)^k\left[k\sin\frac{\pi k}{2}\varepsilon(k)*\sin\frac{\pi k}{2}\varepsilon(k)\right]\\&=\left(\frac{1}{2}\right)^{k+1}\left[k\sin\frac{\pi k}{2}\varepsilon(k)*\sin\frac{\pi k}{2}\varepsilon(k)+\sin\frac{\pi k}{2}\varepsilon(k)*k\sin\frac{\pi k}{2}\varepsilon(k)\right]\\&=\left(\frac{1}{2}\right)^{k+1}k\left[\sin\frac{\pi k}{2}\varepsilon(k)*\sin\frac{\pi k}{2}\varepsilon(k)\right]\\&=-k^2\left(\frac{1}{2}\right)^{k+2}\cos\frac{\pi k}{2}\varepsilon(k)\end{aligned}$$

10. 差分性质

若 $f_1(k)*f_2(k)=f(k)$，则有

$$\nabla f(k)=\nabla f_1(k)*f_2(k)=f_1(k)*\nabla f_2(k) \tag{5.3.49}$$

(1) 首先证明

$$f(k)*\nabla\delta(k)=\nabla f(k) \tag{5.3.50}$$

证明：

$$\begin{aligned}f(k)*\nabla\delta(k)&=f(k)*[\delta(k)-\delta(k-1)]\\&=f(k)*\delta(k)-f(k)*\delta(k-1)\\&=f(k)-f(k-1)\\&=\nabla f(k)\end{aligned}$$

(2) 再证明式(5.3.49)

考虑到式(5.3.50)，则有

$$\begin{aligned}\nabla f(k)&=f(k)*\nabla\delta(k)=f_1(k)*f_2(k)*\nabla\delta(k)\\&=\nabla f_1(k)*f_2(k)=f_1(k)*\nabla f_2(k)\end{aligned}$$

11. 累加性质

若 $f_1(k)*f_2(k)=f(k)$，则有

$$\nabla^{(-1)}f(k)=\nabla^{(-1)}f_1(k)*f_2(k)=f_1(k)*\nabla^{(-1)}f_2(k) \tag{5.3.51}$$

式中，$\nabla^{(-1)}$表示累加。

(1) 首先证明

$$f(k)*\varepsilon(k)=\sum_{m=-\infty}^{k}f(m)=\nabla^{(-1)}f(k) \tag{5.3.52}$$

证明：

$$f(k)*\varepsilon(k)=\sum_{m=-\infty}^{+\infty}f(m)\varepsilon(k-m)=\sum_{m=-\infty}^{k}f(m)=\nabla^{(-1)}f(k)$$

(2) 再证明式(5.3.51)

考虑到式(5.3.52)，则有

$$\begin{aligned}\nabla^{(-1)}f(k)&=f(k)*\varepsilon(k)=f_1(k)*f_2(k)*\varepsilon(k)\\&=\nabla^{(-1)}f_1(k)*f_2(k)=f_1(k)*\nabla^{(-1)}f_2(k)\end{aligned}$$

例 5.3.17：设序列 $f_1(k)=v^k\varepsilon(k)$，求线性卷和 $f(k)=f_1(k)*f_1(k)*f_1(k)*f_1(k)$。

解：考虑到式(5.3.43)及式(5.3.52)，则有

$$\begin{aligned}f(k)&=v^k\varepsilon(k)*v^k\varepsilon(k)*v^k\varepsilon(k)*v^k\varepsilon(k)\\&=v^k[\varepsilon(k)*\varepsilon(k)*\varepsilon(k)*\varepsilon(k)]\end{aligned}$$

$$
\begin{aligned}
&=v^k[(k+1)\varepsilon(k+1)*\varepsilon(k)*\varepsilon(k)]\\
&=v^k[k\varepsilon(k)*\varepsilon(k)*\varepsilon(k)*\delta(k+1)]\\
&=v^k\left[\frac{(k+1)k}{2}\varepsilon(k+1)*\varepsilon(k)*\delta(k+1)\right]\\
&=v^k\left[k(k-1)\varepsilon(k)*\varepsilon(k)*\delta(k+1)*\frac{1}{2}\delta(k+1)\right]\\
&=v^k\left\{[k^2\varepsilon(k)*\varepsilon(k)-k\varepsilon(k)*\varepsilon(k)]*\frac{1}{2}\delta(k+2)\right\}\\
&=v^k\left\{\left[\frac{k(k+1)(2k+1)}{6}\varepsilon(k+1)-\frac{(k+1)k}{2}\varepsilon(k+1)\right]*\frac{1}{2}\delta(k+2)\right\}\\
&=\frac{(k+3)(k+2)(k+1)}{3!}v^k\varepsilon(k)
\end{aligned}
$$

12. 线性卷和的恢复公式

若 $f_1(k)*f_2(k)=f(k)$，则有

$$f(k)=f(-\infty)+\nabla^{(n)}f_1(k)*\nabla^{(-n)}f_2(k) \tag{5.3.53}$$

式中，$\nabla^{(n)}$ 表示 n 阶后向差分，$\nabla^{(-n)}$ 表示 n 次累加。

证明： 考虑到式(5.3.49)，则有

$$\nabla f(k)=\nabla f_1(k)*f_2(k)$$

考虑到式(5.3.52)，则有

$$\sum_{m=-\infty}^{k}\nabla f(m)=\nabla f_1(k)*f_2(k)*\varepsilon(k)$$

即

$$f(m)\Big|_{-\infty-1}^{k}=\nabla f_1(k)*\nabla^{(-1)}f_2(k)$$

亦即

$$f(k)=f(-\infty)+\nabla f_1(k)*\nabla^{(-1)}f_2(k)$$

将上述过程再重复 $n-1$ 次即可得出结果。

讨论：

设 $f_1(k)*f_2(k)=f(k)$。

(1) 若 $f_1(k)$和 $f_2(k)$是因果序列或有始序列，则 $f(k)$是一个因果序列或有始序列，因此 $f(-\infty)=0$，于是有

$$f(k)=f_1(k)*f_2(k)=\nabla^{(n)}f_1(k)*\nabla^{(-n)}f_2(k) \tag{5.3.54}$$

(2) 若 $f_1(k)$和 $f_2(k)$是反因果序列或有终序列，则 $f(k)$是一个反因果序列或有终序列，那么 $f(-\infty)$未必一定是 0。

设 $x_1(k)=f_1(-k)$，$x_2(k)=f_2(-k)$，则有

$$x(k)=x_1(k)*x_2(k)=f_1(-k)*f_2(-k)$$

由此可知，$x(k)$是一个因果序列或有始序列。考虑到式(5.3.54)，则有

$$x(k)=x_1(k)*x_2(k)=\nabla^{(n)}x_1(k)*\nabla^{(-n)}x_2(k) \tag{5.3.55}$$

考虑到线性卷和的反褶性质式(5.3.37)，则有

$$f(k)=f_1(k)*f_2(k)=x(-k) \tag{5.3.56}$$

这样就可以先利用线性卷和的恢复公式，即按式(5.3.55)计算出 $x(k)$，再由式(5.3.56)确定 $f(k)$，即反因果序列或有终序列 $f_1(k)$和 $f_2(k)$的线性卷和的结果 $f(k)$由 $x(-k)$确定。

例 5.3.18： 已知序列 $f_1(k)=(1-k)\varepsilon(1-k)$，$f_2(k)=2^k\varepsilon(-k)$，求线性卷和 $f(k)=f_1(k)*f_2(k)$。

解：设 $x_1(k)=f_1(-k)=(k+1)\varepsilon(k+1)$，$x_2(k)=f_2(-k)=2^{-k}\varepsilon(k)=\left(\frac{1}{2}\right)^k\varepsilon(k)$，则有

$$\begin{aligned}\nabla^2 x_1(k)&=(k+1)\varepsilon(k+1)*\nabla\delta(k)*\nabla\delta(k)=[(k+1)\varepsilon(k+1)-k\varepsilon(k)]*\nabla\delta(k)\\&=[(k+1)\varepsilon(k)-k\varepsilon(k)]*\nabla\delta(k)=\varepsilon(k)*\nabla\delta(k)=\delta(k)\end{aligned}$$

对 $x_2(k)$进行两次累加，利用式(5.3.17)，并注意到 $\varepsilon(k)=1^k\varepsilon(k)$，则有

$$\begin{aligned}\nabla^{(-2)}x_2(k)&=\left(\frac{1}{2}\right)^k\varepsilon(k)*\varepsilon(k)*\varepsilon(k)=\frac{1}{1/2-1}\left[\left(\frac{1}{2}\right)^{k+1}-1^{k+1}\right]\varepsilon(k)*\varepsilon(k)\\&=\left[2-\left(\frac{1}{2}\right)^k\right]\varepsilon(k)*\varepsilon(k)=2\varepsilon(k)*\varepsilon(k)-\left(\frac{1}{2}\right)^k\varepsilon(k)*\varepsilon(k)\\&=2(k+1)\varepsilon(k)-\left[2-\left(\frac{1}{2}\right)^k\right]\varepsilon(k)=\left[2k+\left(\frac{1}{2}\right)^k\right]\varepsilon(k)\end{aligned}$$

又设 $x(k)=x_1(k)*x_2(k)$，则 $x(k)$是因果序列，由式(5.3.55)可得

$$x(k)=x_1(k)*x_2(k)=\nabla^2x_1(k)*\nabla^{(-2)}x_2(k)=\left[2k+\left(\frac{1}{2}\right)^k\right]\varepsilon(k)$$

考虑到式(5.3.56)，则有

$$f(k)=f_1(k)*f_2(k)=x(-k)=[2^k-2k]\varepsilon(-k)$$

5.3.14　序列的相关函数

若复序列和实序列的能量为有限值，则分别称为能量复序列和能量实序列，也统称为能量序列。首先介绍能量序列的互相关函数及自相关函数，再介绍周期序列的互相关函数及自相关函数。

1. 能量序列的互相关函数和自相关函数

能量复序列 $f(k)$和 $y(k)$的互相关函数定义为

$$R_{fy}(m)=\sum_{k=-\infty}^{+\infty}f(k)y^*(k-m)=f(m)*y^*(-m)\tag{5.3.57}$$

$$R_{yf}(m)=\sum_{k=-\infty}^{+\infty}y(k)f^*(k-m)=y(m)*f^*(-m)\tag{5.3.58}$$

式中，上标“*”表示取共轭。

显然，能量复序列的互相关函数是两个能量复序列的位差 m 的函数。若能量复序列 $f(k)$和 $y(k)$不是同一序列，则 $R_{fy}(m)$和 $R_{yf}(m)$称为互相关函数；否则称为自相关函数，并记为 $R_{ff}(m)$或$R_f(m)$，即

$$R_f(m)=R_{ff}(m)=\sum_{k=-\infty}^{+\infty}f(k)f^*(k-m)=f(m)*f^*(-m)\tag{5.3.59}$$

式(5.3.59)表明，能量复序列的自相关函数 $R_f(m)$反映了能量复序列 $f(k)$与自身的延迟序列 $f(k-m)$之间的相似程度。

考虑到式(5.3.59)，则有

$$R_f(0)=R_{ff}(0)=\sum_{k=-\infty}^{+\infty}f(k)f^*(k)=\sum_{k=-\infty}^{+\infty}|f(k)|^2=E_f\tag{5.3.60}$$

式(5.3.60)表明，能量复序列的自相关函数在 $m=0$ 位时的值，正是复序列的能量。

在实际工作中，涉及的能量序列 $f(k)$和 $y(k)$是实序列，因此式(5.3.57)、式(5.3.58)及式(5.3.59)分别可写成

$$R_{fy}(m)=\sum_{k=-\infty}^{+\infty}f(k)y(k-m)=f(m)*y(-m)\tag{5.3.61}$$

$$R_{yf}(m)=\sum_{k=-\infty}^{+\infty}y(k)f(k-m)=y(m)*f(-m)\tag{5.3.62}$$

$$R_f(m)=R_{ff}(m)=\sum_{k=-\infty}^{+\infty} f(k)f(k-m)=f(m)*f(-m) \tag{5.3.63}$$

从以上三个式子可以看出，能量实序列的互相关函数和自相关函数，仅是能量复序列的互相关函数和自相关函数的特殊情况。

例 5.3.19：设序列 $f(k)=a^k\varepsilon(k)(0<|a|<1)$，试求自相关函数 $R_f(m)$。

解：考虑到式(5.3.63)及式(5.3.22)，则有

$$\begin{aligned}R_f(m)&=f(-m)*f(m)=a^{-m}\varepsilon(-m)*a^m\varepsilon(m)\\&=a^{-m}[\varepsilon(-m-1)+\delta(m)]*a^m\varepsilon(m)\\&=a^{-m}\varepsilon(-m-1)*a^m\varepsilon(m)+a^{-m}\delta(m)*a^m\varepsilon(m)\\&=\frac{1}{a^{-1}-a}[a^{-(m+1)}\varepsilon(-m-1)+a^{m+1}\varepsilon(m)]+\delta(m)*a^m\varepsilon(m)\\&=\frac{1}{1-a^2}[a^{-m}\varepsilon(-m-1)+a^{m+2}\varepsilon(m)]+a^m\varepsilon(m)\\&=\frac{a^{|m|}}{1-a^2}\end{aligned}$$

由此可见，实序列的自相关函数是一个实偶序列。

2. 周期序列的互相关函数和自相关函数

由于周期实序列属于功率序列，因此式(5.2.18)定义的周期实序列的功率，仅在周期实序列的一个周期内求和，再取平均，即除以周期 N。类似地，可以定义周期复序列$\tilde{f}(k)$和$\tilde{y}(k)$的互相关函数，即

$$R_{fy}(m)=\frac{1}{N}\sum_{k=0}^{N-1}\tilde{f}(k)\,\tilde{y}^*(k-m) \tag{5.3.64}$$

$$R_{yf}(m)=\frac{1}{N}\sum_{k=0}^{N-1}\tilde{y}(k)\,\tilde{f}^*(k-m) \tag{5.3.65}$$

式中，上标“ * ”表示取共轭。

显然，周期复序列的互相关函数是两个周期复序列位差 m 的函数，若周期复序列$\tilde{f}(k)$和$\tilde{y}(k)$不是同一序列，则 $R_{fy}(m)$和 $R_{yf}(m)$称为互相关函数；否则称为自相关函数，并记为 $R_{ff}(m)$或$R_f(m)$，即

$$R_f(m)=R_{ff}(m)=\frac{1}{N}\sum_{k=0}^{N-1}\tilde{f}(k)\,\tilde{f}^*(k-m) \tag{5.3.66}$$

式(5.3.66)表明，周期复序列的自相关函数 $R_f(m)$反映了周期复序列$\tilde{f}(k)$与自身的延迟序列$\tilde{f}(k-m)$之间的相似程度。

考虑到式(5.3.66)，则有

$$R_f(0)=R_{ff}(0)=\frac{1}{N}\sum_{k=0}^{N-1}\tilde{f}(k)\,\tilde{f}^*(k)=\frac{1}{N}\sum_{k=0}^{N-1}|f(k)|^2=P_f \tag{5.3.67}$$

式(5.3.67)表明，周期复序列的自相关函数在 $m=0$ 位时的值，正是周期复序列的功率。

在实际工作中，涉及的周期序列$\tilde{f}(k)$和$\tilde{y}(k)$是实序列，因此式(5.3.64)、式(5.3.65)及式(5.3.66)可分别写成

$$R_{fy}(m)=\frac{1}{N}\sum_{k=0}^{N-1}\tilde{f}(k)\,\tilde{y}(k-m) \tag{5.3.68}$$

$$R_{yf}(m)=\frac{1}{N}\sum_{k=0}^{N-1}\tilde{y}(k)\,\tilde{f}(k-m) \tag{5.3.69}$$

$$R_f(m)=R_{ff}(m)=\frac{1}{N}\sum_{k=0}^{N-1}\tilde{f}(k)\tilde{f}(k-m) \tag{5.3.70}$$

从以上三个式子可以看出，周期实序列的互相关函数和自相关函数，仅是周期复序列的互相关函数和自相关函数的特殊情况。

例 5.3.20：设周期序列$\tilde{f}(k)=\sin(\Omega_0 k)$，其中$\Omega_0=\frac{2\pi}{N}$，试求周期序列$\tilde{f}(k)$的自相关函数$R_f(m)$。

解：考虑到 $\sum_{k=0}^{N-1}e^{jm\Omega_0 k}=\frac{(e^{jm\Omega_0})^{k+1}}{e^{jm\Omega_0}-1}\Bigg|_{0-1}^{N-1}=\frac{e^{jmN\Omega_0}-1}{e^{jm\Omega_0}-1}=0$（$m$ 为正整数），以及欧拉公式，则有

$$\frac{1}{N}\sum_{k=0}^{N-1}\cos m\Omega_0 k=0,\ \frac{1}{N}\sum_{k=0}^{N-1}\sin m\Omega_0 k=0$$

考虑到式(5.3.70)，则有

$$\begin{aligned}R_f(m)&=\frac{1}{N}\sum_{k=0}^{N-1}\sin\Omega_0 k\sin\Omega_0(k-m)=\frac{1}{2N}\sum_{k=0}^{N-1}[\cos\Omega_0 m-\cos\Omega_0(2k-m)]\\&=\frac{1}{2}\cos\Omega_0 m-\frac{1}{2N}\left(\cos\Omega_0 m\sum_{k=0}^{N-1}\cos 2\Omega_0 k+\sin\Omega_0 m\sum_{k=0}^{N-1}\sin 2\Omega_0 k\right)\\&=\frac{1}{2}\cos\Omega_0 m\end{aligned}$$

由此可见，周期正弦序列的自相关函数为同频率的周期余弦序列。

5.4　序列的分解

与连续时间信号的分解一样，序列的分解是为了更好地揭示序列的时域特性，同时也为序列的频域和 z 域分析奠定基础。前面已经介绍了任意一个实序列可表示成延迟冲激序列的加权和。本节将介绍实序列的其他分解方式、复序列的分解以及周期序列的分解。

5.4.1　实序列的分解

一个无时限的实序列不仅可分解成奇序列与偶序列之和，而且还可以分解成反因序列与因果序列之和。

1. 无时限实序列分解成奇分量与偶分量之和

任意一个无时限的实序列 $f(k)$都可分解成奇分量 $f_o(k)$与偶分量 $f_e(k)$之和，即

$$f(k)=f_o(k)+f_e(k) \tag{5.4.1}$$

考虑到式(5.4.1)，则有

$$f(-k)=f_o(-k)+f_e(-k)=-f_o(k)+f_e(k) \tag{5.4.2}$$

考虑到式(5.4.1)及式(5.4.2)，则偶分量 $f_e(k)$和奇分量 $f_o(k)$分别为

$$f_e(k)=\frac{1}{2}[f(k)+f(-k)] \tag{5.4.3}$$

$$f_o(k)=\frac{1}{2}[f(k)-f(-k)] \tag{5.4.4}$$

2. 无时限实序列分解成反因果序列与因果序列之和

一个无时限的实序列 $f(k)$都可分解成反因序列与因果序列之和，即

$$f(k)=f(k)\times 1^k=f(k)[\varepsilon(-k-1)+\varepsilon(k)]=f(k)\varepsilon(-k-1)+f(k)\varepsilon(k) \tag{5.4.5}$$

式中，$f(k)\varepsilon(-k-1)$为反因果序列，$f(k)\varepsilon(k)$为因果序列。

讨论:

若实序列 $f(k)$ 是因果序列，即 $f(k)$ 可以表示成 $f(k)=f(k)\varepsilon(k)$，则有

$$\begin{aligned}f_o(k)\mathrm{sgn}(k)&=\frac{1}{2}[f(k)-f(-k)]\mathrm{sgn}(k)\\&=\frac{1}{2}[f(k)\varepsilon(k)-f(-k)\varepsilon(-k)][\varepsilon(k)-\varepsilon(-k)]\\&=\frac{1}{2}[f(k)\varepsilon(k)+f(-k)\varepsilon(-k)]-\frac{1}{2}[f(k)+f(-k)]\varepsilon(-k)\varepsilon(k)\\&=\frac{1}{2}[f(k)+f(-k)]-\frac{1}{2}[f(k)+f(-k)]\delta(k)\\&=f_e(k)-f(0)\delta(k)\end{aligned}\tag{5.4.6}$$

同理，可得

$$f_e(k)\mathrm{sgn}(k)=f_o(k)\tag{5.4.7}$$

由式(5.4.6)及式(5.4.7)可知，因果实序列 $f(k)$ 的偶分量 $f_e(k)$ 和奇分量 $f_o(k)$ 的时域相互约束关系为

$$\begin{cases}f_e(k)=f_o(k)\mathrm{sgn}(k)+f(0)\delta(k)\\f_o(k)=f_e(k)\mathrm{sgn}(k)\end{cases}\tag{5.4.8}$$

5.4.2 复序列的分解

任意一个复序列可进行代数式分解，也可进行共轭对称序列和共轭反对称序列的分解。为了方便起见，首先介绍共轭对称序列和共轭反对称序列。

1. 共轭对称序列和共轭反对称序列

若序列 $f_e(k)$ 满足条件

$$f_e(k)=f_e^*(-k)\tag{5.4.9}$$

式中，上标“*”表示取共轭，则称序列 $f_e(k)$ 为共轭对称序列。

若序列 $f_o(k)$ 满足条件

$$f_o(k)=-f_o^*(-k)\tag{5.4.10}$$

式中，上标“*”表示取共轭，则称序列 $f_o(k)$ 为共轭反对称序列。

2. 复序列的代数式分解

$$f(k)=f_r(k)+\mathrm{j}f_i(k)\tag{5.4.11}$$

式中，实部 $f_r(k)$ 和虚部 $f_i(k)$ 分别为

$$f_r(k)=\frac{1}{2}[f(k)+f^*(k)]\tag{5.4.12}$$

$$f_i(k)=\frac{1}{2\mathrm{j}}[f(k)-f^*(k)]\tag{5.4.13}$$

3. 复序列分解成共轭对称分量与共轭反对称分量之和

任意一个复序列 $f(k)$ 都可以分解成共轭对称分量 $f_e(k)$ 与共轭反对称分量 $f_o(k)$ 之和，即

$$f(k)=f_e(k)+f_o(k)\tag{5.4.14}$$

考虑到式(5.4.9)及式(5.4.10)，由式(5.4.14)可得

$$f^*(-k)=f_e^*(-k)+f_o^*(-k)=f_e(k)-f_o(k)\tag{5.4.15}$$

考虑到式(5.4.14)及式(5.4.15)，则复序列 $f(k)$ 的共轭对称分量 $f_e(k)$ 和共轭反对称分量 $f_o(k)$ 可以分别表示成

$$f_e(k)=\frac{1}{2}[f(k)+f^*(-k)] \tag{5.4.16}$$

$$f_o(k)=\frac{1}{2}[f(k)-f^*(-k)] \tag{5.4.17}$$

由式(5.4.16)可得

$$\begin{aligned} f_e(k)&=\frac{1}{2}[f(k)+f^*(-k)] \\ &=\frac{1}{2}\{[f_r(k)+\mathrm{j}f_i(k)]+[f_r(-k)+\mathrm{j}f_i(-k)]^*\} \\ &=\frac{1}{2}\{[f_r(k)+\mathrm{j}f_i(k)]+[f_r(-k)-\mathrm{j}f_i(-k)]\} \end{aligned} \tag{5.4.18}$$

考虑到式(5.4.18)，则有

$$f_e(0)=\frac{1}{2}\{[f_r(0)+\mathrm{j}f_i(0)]+[f_r(0)-\mathrm{j}f_i(0)]\}=f_r(0) \tag{5.4.19}$$

同理，可得

$$f_o(0)=\frac{1}{2}\{[f_r(0)+\mathrm{j}f_i(0)]-[f_r(0)-\mathrm{j}f_i(0)]\}=\mathrm{j}f_i(0) \tag{5.4.20}$$

讨论：

若复序列 $f(k)$是因果序列，则 $f(k)$可表示成 $f(k)=f(k)\varepsilon(k)$。

考虑到式(5.4.17)、式(5.4.16)及式(5.4.19)，则有

$$\begin{aligned} f_o(k)\mathrm{sgn}(k)&=\frac{1}{2}[f(k)-f^*(-k)][\varepsilon(k)-\varepsilon(-k)] \\ &=\frac{1}{2}[f(k)\varepsilon(k)-f^*(-k)\varepsilon(-k)][\varepsilon(k)-\varepsilon(-k)] \\ &=\frac{1}{2}[f(k)\varepsilon(k)+f^*(-k)\varepsilon(-k)]-\frac{1}{2}[f(k)+f^*(-k)]\varepsilon(-k)\varepsilon(k) \\ &=\frac{1}{2}[f(k)+f^*(-k)]-f_e(k)\delta(k) \\ &=f_e(k)-f_e(0)\delta(k) \\ &=f_e(k)-f_r(0)\delta(k) \end{aligned} \tag{5.4.21}$$

考虑到式(5.4.16)、式(5.4.17)及式(5.4.20)，则有

$$\begin{aligned} f_e(k)\mathrm{sgn}(k)&=\frac{1}{2}[f(k)+f^*(-k)][\varepsilon(k)-\varepsilon(-k)] \\ &=\frac{1}{2}[f(k)\varepsilon(k)+f^*(-k)\varepsilon(-k)][\varepsilon(k)-\varepsilon(-k)] \\ &=\frac{1}{2}[f(k)\varepsilon(k)-f^*(-k)\varepsilon(-k)]-\frac{1}{2}[f(k)-f^*(-k)]\varepsilon(-k)\varepsilon(k) \\ &=\frac{1}{2}[f(k)-f^*(-k)]-f_o(k)\delta(k) \\ &=f_o(k)-f_o(0)\delta(k) \\ &=f_o(k)-\mathrm{j}f_i(0)\delta(k) \end{aligned} \tag{5.4.22}$$

由式(5.4.21)及式(5.4.22)可知，因果复序列 $f(k)$的共轭对称分量 $f_e(k)$和共轭反对称分量 $f_o(k)$的时域相互约束关系为

$$\begin{cases} f_e(k)=f_r(0)\delta(k)+f_o(k)\mathrm{sgn}(k) \\ f_o(k)=\mathrm{j}f_i(0)\delta(k)+f_e(k)\mathrm{sgn}(k) \end{cases} \tag{5.4.23}$$

5.4.3 解析序列

解析序列 $f(k)$是一个特殊的复序列，它的实部和虚部受希尔伯特变换对的约束，即

$$f(k)=f_r(k)+\mathrm{j}f_i(k) \tag{5.4.24}$$

式中，虚部 $f_i(k)$为实部 $f_r(k)$的希尔伯特变换(Hilbert Transform，HT)，即

$$f_i(k)=\mathrm{HT}[f_r(k)]=f_r(k)*\frac{1-\cos\pi k}{\pi k} \tag{5.4.25}$$

考虑到

$$\frac{1-\cos\pi k}{\pi k}=\frac{2\sin^2\left(\frac{\pi k}{2}\right)}{\pi k}=\frac{\pi k}{2}\mathrm{Sa}^2\left(\frac{\pi k}{2}\right)=\begin{cases}0, & k=0 \\ \frac{\pi k}{2}\mathrm{Sa}^2\left(\frac{\pi k}{2}\right), & k\neq 0\end{cases} \tag{5.4.26}$$

假设

$$x(k)=\frac{1-\cos\pi k}{\pi k}*\frac{1-\cos\pi k}{\pi k}=\sum_{m=-\infty}^{+\infty}\frac{1-\cos\pi m}{\pi m}\frac{1-\cos\pi(k-m)}{\pi(k-m)} \tag{5.4.27}$$

当 $k=0$ 时，由式(5.4.27)，并考虑到式(5.4.26)及式(3.9.50)，则有

$$x(0)=\frac{1}{\pi^2}\sum_{m=-\infty}^{+\infty}\frac{[1-(-1)^m]^2}{-m^2}=\frac{2}{\pi^2}\sum_{m=1}^{+\infty}\frac{[1-(-1)^m]^2}{-m^2}=\frac{-2}{\pi^2}\sum_{n=1,3,5,\cdots}\frac{4}{n^2}=\frac{-8}{\pi^2}\times\frac{\pi^2}{8}=-1 \tag{5.4.28}$$

当 $k\neq 0$ 时，由式(5.4.27)可得

$$\begin{aligned} x(k)&=\sum_{m=-\infty}^{+\infty}\frac{1-\cos\pi m}{\pi m}\times\frac{1-\cos\pi(k-m)}{\pi(k-m)}=\sum_{m=-\infty}^{+\infty}\frac{[1-(-1)^m][1-(-1)^{k-m}]}{\pi^2 k}\left[\frac{1}{m}+\frac{1}{k-m}\right] \\ &=\frac{1}{\pi^2 k}\left\{\sum_{m=-\infty}^{+\infty}\frac{[1-(-1)^m][1-(-1)^{k-m}]}{m}-\sum_{m=-\infty}^{+\infty}\frac{[1-(-1)^m][1-(-1)^{k-m}]}{m-k}\right\} \\ &=\frac{1}{\pi^2 k}\left\{\sum_{m=-\infty}^{+\infty}\frac{[1-(-1)^m][1-(-1)^{k-m}]}{m}-\sum_{n=-\infty}^{+\infty}\frac{[1-(-1)^{k+n}][1-(-1)^{-n}]}{n}\right\} \\ &=0 \end{aligned} \tag{5.4.29}$$

考虑到式(5.4.28)及式(5.4.29)，则有

$$x(k)=\frac{1-\cos\pi k}{\pi k}*\frac{1-\cos\pi k}{\pi k}=-\delta(k) \tag{5.4.30}$$

考虑到式(5.4.30)及式(5.4.25)，则有

$$\begin{aligned} \mathrm{HT}[f_i(k)]&=f_i(k)*\frac{1-\cos\pi k}{\pi k} \\ &=f_r(k)*\frac{1-\cos\pi k}{\pi k}*\frac{1-\cos\pi k}{\pi k} \\ &=f_r(k)*[-\delta(k)]=-f_r(k) \end{aligned} \tag{5.4.31}$$

考虑到式(5.4.31)，则有

$$f_r(k)=-\mathrm{HT}[f_i(k)]=-f_i(k)*\frac{1-\cos\pi k}{\pi k} \tag{5.4.32}$$

式(5.4.32)表明，解析序列 $f(k)$的实部 $f_r(k)$是虚部 $f_i(k)$的希尔伯特逆变换。因此，解析序列 $f(k)$的实部 $f_r(k)$和虚部 $f_i(k)$受希尔伯特变换对的约束。由式(5.4.25)及式(5.4.32)

可知，解析序列 $f(k)$ 的实部 $f_r(k)$ 和虚部 $f_i(k)$ 的时域相互约束关系为

$$\begin{cases} f_i(k)=\mathrm{HT}[f_r(k)]=f_r(k)*\dfrac{1-\cos\pi k}{\pi k} \\ f_r(k)=-\mathrm{HT}[f_i(k)]=-f_i(k)*\dfrac{1-\cos\pi k}{\pi k} \end{cases} \tag{5.4.33}$$

基于序列的分解，揭示了因果实序列的奇分量和偶分量、因果复序列的共轭对称分量和共轭反对称分量，以及解析序列的实部和虚部之间的时域相互约束关系，其频域相互约束关系可查阅数字信号处理技术的相关著作或教材。

5.4.4 周期序列的分解——傅里叶级数

基于连续时间信号的分析已经知道，对连续时间非周期信号 $f_a(t)$ 进行周期为 T_0 的周期延拓，可以得到周期为 T_0 的连续时间周期信号 $f_{T_0}(t)$，即

$$f_{T_0}(t)=f_a(t)*\delta_{T_0}(t)=f_a(t)*\sum_{r=-\infty}^{+\infty}\delta(t-rT_0)=\sum_{r=-\infty}^{+\infty}f_a(t-rT_0) \tag{5.4.34}$$

若以等间隔 T 对连续时间周期信号 $f_{T_0}(t)$ 进行抽样，则样值信号 $f_s(t)$ 可写成

$$f_s(t)=f_{T_0}(t)\delta_T(t)=f_{T_0}(t)\sum_{k=-\infty}^{+\infty}\delta(t-kT)=\sum_{k=-\infty}^{+\infty}\widetilde{f}(k)\delta(t-kT) \tag{5.4.35}$$

式中，$\widetilde{f}(k)=f_{T_0}(kT)$，$\widetilde{f}(k)$ 称为样值序列。

若 $T_0=NT$（N 为正整数），考虑到式(5.4.34)，则式(5.4.35)中的样值序列 $\widetilde{f}(k)$ 可表示成

$$\widetilde{f}(k)=f_{T_0}(kT)=\sum_{r=-\infty}^{+\infty}f_a(kT-rNT)=f(k)*\sum_{r=-\infty}^{+\infty}\delta(k-rN)=f(k)*\delta_N(k) \tag{5.4.36}$$

式中，$f(k)=f_a(kT)$。

式(5.4.36)表明，当 $T_0=NT$（N 为正整数）时，以等间隔 T 对周期信号 $f_{T_0}(t)$ 进行抽样，则样值序列 $\widetilde{f}(k)=f_{T_0}(kT)$ 是周期为 N 的周期序列，并且 $\widetilde{f}(k)$ 是 $f(k)=f_a(kT)$ 进行 N 点周期延拓的结果。

由式(3.2.8)可知，连续时间周期信号 $f_{T_0}(t)$ 可以分解成傅里叶级数，即

$$f_{T_0}(t)=f_a(t)*\delta_{T_0}(t)=\sum_{n=-\infty}^{+\infty}F(n\omega_0)e^{jn\omega_0 t} \tag{5.4.37}$$

式中，$\omega_0=\dfrac{2\pi}{T_0}$。

由式(3.2.9)可知，连续时间周期信号 $f_{T_0}(t)$ 的傅里叶级数的系数，或连续时间周期信号 $f_{T_0}(t)$ 的频谱的计算公式为

$$F(n\omega_0)=\frac{1}{T_0}\int_{-\infty}^{+\infty}f_a(\tau)e^{-jn\omega_0\tau}d\tau=\frac{1}{T_0}\int_{t_0}^{t_0+T_0}f_{T_0}(t)e^{-jn\omega_0 t}dt \tag{5.4.38}$$

式中，t_0 为任意时刻。

基于式(5.4.37)，并考虑到 $T_0=NT$，则式(5.4.35)中的样值序列，即周期序列 $\widetilde{f}(k)$ 还可以表示成

$$\begin{aligned}\widetilde{f}(k)&=f_{T_0}(kT)=f_{T_0}(t)\big|_{t=kT}=\sum_{n=-\infty}^{+\infty}F(n\omega_0)e^{jn\omega_0 kT}=\sum_{m=-\infty}^{+\infty}F(m\omega_0)e^{j2\pi mkT/T_0}\\&=\sum_{m=-\infty}^{+\infty}F(m\omega_0)e^{j2\pi mk/N}=\sum_{r=-\infty}^{+\infty}\sum_{n=0}^{N-1}F[(n+rN)\omega_0]e^{j2\pi(n+rN)k/N}\end{aligned}$$

$$=\frac{1}{N}\sum_{n=0}^{N-1}\left\{\sum_{r=-\infty}^{+\infty}NF[(n+rN)\omega_0]\right\}e^{jnk\Omega_0}$$

$$=\frac{1}{N}\sum_{n=0}^{N-1}\widetilde{F}(n)W_N^{-nk}=\text{IDFS}[\widetilde{F}(n)] \tag{5.4.39}$$

式中，$\Omega_0=2\pi/N$，$W_N=e^{-j2\pi/N}=e^{-j\Omega_0}$。

考虑到式(5.4.38)及式(3.2.7)，并注意到 $T_0=NT$，则式(5.4.39)中的$\widetilde{F}(n)$可表示成

$$\begin{aligned}
\widetilde{F}(n)&=\sum_{r=-\infty}^{+\infty}NF[(n+rN)\omega_0]\\
&=\sum_{r=-\infty}^{+\infty}N\left[\frac{1}{T_0}\int_{-\frac{T}{2}}^{T_0-\frac{T}{2}}f_{T_0}(t)e^{-j(n+rN)\omega_0 t}dt\right]\\
&=\sum_{r=-\infty}^{+\infty}\frac{N}{T_0}\int_{-\frac{T}{2}}^{T_0-\frac{T}{2}}f_{T_0}(t)e^{-j(n+rN)\frac{2\pi}{T_0}t}dt]\\
&=\int_{-\frac{T}{2}}^{\left(N-\frac{1}{2}\right)T}f_{T_0}(t)e^{-jn\frac{2\pi}{NT}t}\left[\frac{1}{T}\sum_{r=-\infty}^{+\infty}e^{-jr\frac{2\pi}{T}t}\right]dt\\
&=\int_{-\frac{T}{2}}^{\left(N-\frac{1}{2}\right)T}f_{T_0}(t)e^{-jn\frac{2\pi}{NT}t}\left[\sum_{k=-\infty}^{+\infty}\delta(t-kT)\right]dt\\
&=\int_{-\frac{T}{2}}^{\left(N-\frac{1}{2}\right)T}\left[\sum_{k=-\infty}^{+\infty}f_{T_0}(kT)e^{-jn\frac{2\pi}{NT}kT}\delta(t-kT)\right]dt\\
&=\sum_{k=-\infty}^{+\infty}f_{T_0}(kT)e^{-jkn\frac{2\pi}{N}}\int_{-\frac{T}{2}}^{\left(N-\frac{1}{2}\right)T}\delta(t-kT)dt\\
&=\sum_{k=0}^{N-1}\widetilde{f}(k)W_N^{nk}=\text{DFS}[\widetilde{f}(k)]
\end{aligned} \tag{5.4.40}$$

式(5.4.39)称为周期序列$\widetilde{f}(k)$的傅里叶级数(DFS)，又称为傅里叶系数或频谱$\widetilde{F}(n)$的逆变换，式(5.4.40)称为周期序列$\widetilde{f}(k)$傅里叶系数$\widetilde{F}(n)$的计算公式，又称为周期序列$\widetilde{f}(k)$频谱$\widetilde{F}(n)$的计算公式。

式(5.4.40)揭示了周期序列的频谱$\widetilde{F}(n)$与相应连续时间周期信号的频谱 $F(n\omega_0)$之间的关系。由该式可知，周期为 N 的周期序列$\widetilde{f}(k)$，其频谱$\widetilde{F}(n)$仍是周期为 N 的周期序列。时域$\widetilde{f}(k)$取主值序列$\widetilde{f}(k)R_N(k)$，频域$\widetilde{F}(n)$取主值序列$\widetilde{F}(n)R_N(n)$，即可得离散傅里叶变换。

5.5 离散时间系统的描述及分类

通常将传输和处理离散时间信号的系统，称为离散时间系统，简称离散系统。因此，离散时间系统的输入及输出均是离散时间信号，即序列。

前面已经知道，可以利用加法器、标量乘法器和积分器来模拟连续时间系统。类似地，也可以利用加法器、标量乘法器和单位延迟器来模拟离散时间系统。其中，单位延迟器的作用是将输入序列右移 1 位输出，故称为单位延迟器。

例 5.5.1：由加法器、标量乘法器和单位延迟器构成的一阶离散时间系统如图 5.5.1 所示，试建立描述离散时间系统响应与激励关系的数学模型。

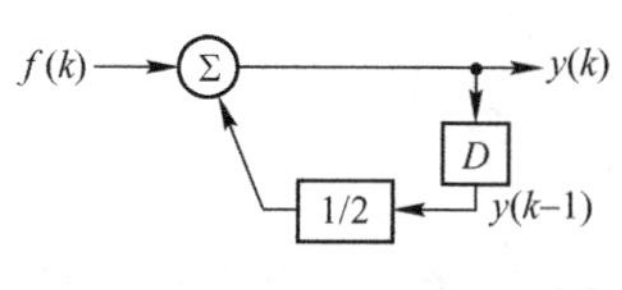

图 5.5.1 离散时间系统的模拟方框图

在图 5.5.1 中，离散时间系统的响应 $y(k)$可表示成

$$y(k)=f(k)+\frac{1}{2}y(k-1) \tag{5.5.1}$$

由式(5.5.1)可得

$$y(k)-\frac{1}{2}y(k-1)=f(k) \tag{5.5.2}$$

式(5.5.2)称为差分方程。因此，描述离散时间系统的数学模型是差分方程。

为了便于分析和讨论，下面单独用一节来解决与差分方程有关的问题。

5.5.1　线性常系数非齐次差分方程的解结构

差分方程涉及差分方程的阶数、变系数差分方程、常系数差分方程、线性差分方程、非线性差分方程，线性常系数齐次差分方程的通解，以及线性常系数非齐次差分方程的解结构。

1. 差分方程的相关术语

(1) 差分方程的阶

差分方程的阶定义为差分方程中序列 $y(k)$ 的最高序号与最低序号值之差。

例如，差分方程 $6y(k)-5y(k-1)+y(k-2)=6f(k)$ 的阶数为 2；式(5.5.2)描述的差分方程的阶数为 1。

(2) 常系数差分方程

若差分方程中各项的系数均为常数，则称其为常系数差分方程；只要差分方程中有一项的系数含有变量 k，则称其为变系数差分方程。

例如，差分方程 $6y(k)-5y(k-1)+y(k-2)=6f(k)$ 为二阶常系数差分方程，差分方程 $y(k)-\left(\frac{1}{4}\right)^k y(k-1)+\frac{1}{6}y(k-2)=f(k)$ 为二阶变系数差分方程。

(3) 线性差分方程

在差分方程中，若各变量(序列)仅有一次幂且不存在彼此的乘积项，则称其为线性差分方程；否则称其为非线性差分方程。

例如，差分方程 $y(k)-ky(k-1)+y(k-2)=f(k)+2f(k-1)$ 为二阶线性变系数差分方程，差分方程 $y(k)-y(k)y(k-1)+\frac{1}{6}y(k-2)=\frac{1}{4}f(k-1)$ 为二阶非线性常系数差分方程。

(4) 齐次差分方程

在差分方程中，若序列 $f(k)$ 为零，则差分方程的右边为零，称这类差分方程为齐次差分方程；否则称其为非齐次差分方程。

例如，差分方程 $y(k)-ky(k-1)+\frac{1}{6}y(k-2)=0$ 为二阶线性变系数齐次差分方程，差分方程 $y(k)-\left(\frac{1}{4}\right)^k y(k-1)+\frac{1}{6}y(k-2)=f(k)+\frac{1}{5}f(k-1)$ 为二阶线性变系数非齐次差分方程。

一般来说，n 阶线性常系数非齐次差分方程可表示为

$$\sum_{i=0}^{n}a_{n-i}y(k-i)=\sum_{j=0}^{m}b_{m-j}\,f(k-j) \tag{5.5.3}$$

式中，$a_n \sim a_0$ 和 $b_m \sim b_0$ 为常数。

2. 线性常系数非齐次差分方程的解结构

在数学上，求解差分方程的过程就是一个求逆的过程。例如，对差分方程 $\nabla y(k)=2^k$ 等号两边分别求逆，即做不定求和，可得差分方程的通解 $y(k)=2^{k+1}+C\times 1^k$，其中 C 为任意

常数。同理，对变形差分方程$\nabla[y(k)4^{-k}]=2^k$等号两边分别求逆再进行序列分离，可得通解$y(k)=4^k(2^{k+1}+C\times1^k)$，其中$C$为任意常数。由此得到启发，如果对一阶差分方程进行处理，改写成变形差分方程，通过对变形差分方程等号两边分别求逆，再进行序列分离，就能得到其通解。

例 5.5.2：设v_1和v_2是不相等的实数，二阶线性常系数非齐次差分方程为

$$y(k)-(v_1+v_2)y(k-1)+v_1v_2y(k-2)=f(k) \tag{5.5.4}$$

试求该二阶线性常系数非齐次差分方程的通解$y(k)$。

解：考虑到式(5.5.4)，则有

$$[y(k)-v_2y(k-1)]-v_1[y(k-1)-v_2y(k-2)]=f(k) \tag{5.5.5}$$

令

$$y(k)-v_2y(k-1)=w(k) \tag{5.5.6}$$

考虑到式(5.5.6)，则式(5.5.5)可写成一阶线性常系数非齐次差分方程，即

$$w(k)-v_1w(k-1)=f(k) \tag{5.5.7}$$

将式(5.5.7)的等号两边分别乘以v_1^{-k}，可得

$$v_1^{-k}w(k)-v_1^{-(k-1)}w(k-1)=v_1^{-k}f(k)$$

即

$$\nabla[v_1^{-k}w(k)]=v_1^{-k}f(k) \tag{5.5.8}$$

对式(5.5.8)的等号两边分别做不定求和，可得

$$\sum\nabla[v_1^{-k}w(k)]=\sum v_1^{-k}f(k)$$

即

$$v_1^{-k}w(k)=A\times1^k+\sum v_1^{-k}f(k)$$

因此，一阶线性常系数非齐次差分方程式(5.5.7)的通解为

$$w(k)=A\times v_1^k+v_1^k\sum v_1^{-k}f(k) \tag{5.5.9}$$

式中，A为任意常数。

将式(5.5.6)描述的一阶线性常系数非齐次差分方程与式(5.5.7)描述的一阶线性常系数非齐次差分方程进行对比，考虑到式(5.5.9)，则一阶线性常系数非齐次差分方程式(5.5.6)的通解$y(k)$，即二阶线性常系数非齐次差分方程式(5.5.4)的通解$y(k)$，可写成

$$\begin{aligned}y(k)&=B\times v_2^k+v_2^k\sum v_2^{-k}w(k)\\&=B\times v_2^k+v_2^k\sum v_2^{-k}[A\times v_1^k+v_1^k\sum v_1^{-k}f(k)]\\&=B\times v_2^k+Av_2^k\sum(v_1v_2^{-1})^k+v_2^k\sum(v_1v_2^{-1})^k\sum v_1^{-k}f(k)\\&=B\times v_2^k+Av_2^k\frac{(v_1v_2^{-1})^{k+1}}{v_1v_2^{-1}-1}+v_2^k\sum(v_1v_2^{-1})^k\sum v_1^{-k}f(k)\\&=\underbrace{C_1\times v_1^k+C_2\times v_2^k}_{\text{齐次解}}+\underbrace{v_2^k\sum(v_1v_2^{-1})^k\sum v_1^{-k}f(k)}_{\text{特解}}\end{aligned} \tag{5.5.10}$$

式中，$C_1=A\dfrac{v_1v_2^{-1}}{v_1v_2^{-1}-1}$，$C_2=B$，并且$A$和$B$为任意常数。

若$f(k)=0$，则非齐次差分方程式(5.5.4)变成了齐次差分方程，由式(5.5.10)可知，由于$f(k)=0$，其解中仅剩下第一项，即齐次方程的解，因此称其为齐次解。

结论 1：

式(5.5.10)表明，线性常系数非齐次差分方程的通解等于线性常系数齐次差分方程的通解

加上线性常系数非齐次差分方程的特解。

其实，上述结论很容易理解。从直观感受可知，影响离散时间系统的响应有两个因素，一是离散时间系统，二是激励。从描述离散时间系统的线性常系数非齐次差分方程的解结构来看，离散时间系统和激励对系统响应的影响分别体现在齐次解上和特解上。

讨论：

对于二阶线性常系数齐次差分方程

$$y(k)-(v_1+v_2)y(k-1)+v_1v_2y(k-2)=0 \tag{5.5.11}$$

(1) 当 v_1 和 v_2 为实数，并且 $v_2 \neq v_1$ 时

考虑到 $f(k)=0$，由式(5.5.10)可知，二阶线性常系数齐次差分方程式(5.5.11)的通解为

$$y_h(k)=C_1\times v_1^k+C_2\times v_2^k \tag{5.5.12}$$

式中，C_1 和 C_2 为任意常数。

(2) 当 v_1 和 v_2 为实数，并且 $v_2=v_1$ 时

考虑到 $f(k)=0$ 及 $v_2=v_1$，由式(5.5.10)可知，二阶线性常系数齐次差分方程式(5.5.11)的通解为

$$\begin{aligned}y_h(k)&=B\times v_2^k+Av_2^k\sum(v_1v_2^{-1})^k=B\times v_1^k+Av_1^k\sum 1^k\\&=B\times v_1^k+Av_1^k(k+C\times 1^k)=(C_1+C_2k)v_1^k\end{aligned} \tag{5.5.13}$$

式中，$C_1=B+AC$，$C_2=A$，并且 A、B 和 C 为任意常数。

(3) 当 $v_2=v_1^*=a\mathrm{e}^{-\mathrm{j}\Omega_0}$ 时

考虑到 $f(k)=0$，由式(5.5.10)可得

$$y_1(k)=A\frac{v_1v_2^{-1}}{v_1v_2^{-1}-1}v_1^k+B\times v_2^k=a^k\left(A\frac{\mathrm{e}^{\mathrm{j}2\Omega_0}}{\mathrm{e}^{\mathrm{j}2\Omega_0}-1}\mathrm{e}^{\mathrm{j}\Omega_0k}+B\mathrm{e}^{-\mathrm{j}\Omega_0k}\right) \tag{5.5.14}$$

考虑到 $v_2=v_1^*$，并且 $y_1(k)$是线性常系数齐次差分方程式(5.5.11)的解，则有

$$y_1(k)-(v_1+v_1^*)y_1(k-1)+v_1v_1^*y_1(k-2)=0 \tag{5.5.15}$$

对二阶线性常系数齐次差分方程式(5.5.15)的等号两边分别取共轭，可得

$$y_1^*(k)-(v_1^*+v_1)y_1^*(k-1)+v_1^*v_1y_1^*(k-2)=0 \tag{5.5.16}$$

由式(5.5.16)可知，$y_1^*(k)$也是二阶线性常系数齐次差分方程式(5.5.11)的解。

显然，$y_1(k)+y_1^*(k)$仍然是二阶线性常系数齐次差分方程式(5.5.11)的解。因此，二阶线性常系数齐次差分方程式(5.5.11)的通解为

$$\begin{aligned}y_h(k)&=y_1(k)+y_1^*(k)\\&=a^k\left(A\frac{\mathrm{e}^{\mathrm{j}2\Omega_0}}{\mathrm{e}^{\mathrm{j}2\Omega_0}-1}\mathrm{e}^{\mathrm{j}\Omega_0k}+B\mathrm{e}^{-\mathrm{j}\Omega_0k}\right)+a^k\left(A\frac{\mathrm{e}^{-\mathrm{j}2\Omega_0}}{\mathrm{e}^{-\mathrm{j}2\Omega_0}-1}\mathrm{e}^{-\mathrm{j}\Omega_0k}+B\mathrm{e}^{\mathrm{j}\Omega_0k}\right)\\&=a^k\left(\frac{A\mathrm{e}^{\mathrm{j}\Omega_0}}{\mathrm{e}^{\mathrm{j}\Omega_0}-\mathrm{e}^{-\mathrm{j}\Omega_0}}\mathrm{e}^{\mathrm{j}\Omega_0k}+B\mathrm{e}^{-\mathrm{j}\Omega_0k}\right)+a^k\left(\frac{A\mathrm{e}^{-\mathrm{j}\Omega_0}}{\mathrm{e}^{-\mathrm{j}\Omega_0}-\mathrm{e}^{\mathrm{j}\Omega_0}}\mathrm{e}^{-\mathrm{j}\Omega_0k}+B\mathrm{e}^{\mathrm{j}\Omega_0k}\right)\\&=a^k\left[A\left(\frac{\cot\Omega_0}{2\mathrm{j}}+\frac{1}{2}\right)\mathrm{e}^{\mathrm{j}\Omega_0k}+B\mathrm{e}^{-\mathrm{j}\Omega_0k}\right]+a^k\left[A\left(\frac{\cot\Omega_0}{-2\mathrm{j}}+\frac{1}{2}\right)\mathrm{e}^{-\mathrm{j}\Omega_0k}+B\mathrm{e}^{\mathrm{j}\Omega_0k}\right]\\&=a^k[(A+2B)\cos\Omega_0k+A\cot\Omega_0\sin\Omega_0k]\\&=a^k(C_1\cos\Omega_0k+C_2\sin\Omega_0k)\end{aligned} \tag{5.5.17}$$

式中，$C_1=A+2B$，$C_2=A\cot\Omega_0$，并且 A 和 B 为任意常数。

由式(5.5.3)可知，n 阶线性常系数齐次差分方程可表示为

$$\sum_{i=0}^{n}a_{n-i}y(k-i)=0 \tag{5.5.18}$$

将式(5.5.18)中的 $y(k-i)(i=0,1,2,\cdots,n)$ 用 $E^{-i}(i=0,1,2,\cdots,n)$ 代替，可得

$$D(E)=\sum_{i=0}^{n}a_{n-i}E^{-i}=a_n\prod_{i=1}^{n}(1-v_iE^{-1})=0 \tag{5.5.19}$$

$D(E)$、$D(E)=0$ 和 $v_i(i=1,2,\cdots,n)$ 分别称为齐次差分方程式(5.5.18)的特征多项式、特征方程和特征根。

显然，v_1 和 v_2 是二阶线性常系数齐次差分方程式(5.5.11)的特征根。现将通解公式，即式(5.5.12)、式(5.5.13)及式(5.5.17)推广到 n 阶线性常系数齐次差分方程中，可得下述结论。

结论 2：

(1) 若 $D(E)=0$ 的 n 个根 $v_i(i=1,2,\cdots,n)$ 为不相等的实根，则齐次差分方程式(5.5.18)的通解 $y_h(k)$ 为

$$y_h(k)=\sum_{i=1}^{n}C_iv_i^k \tag{5.5.20}$$

式中，$C_i(i=1,2,\cdots,n)$ 为任意常数。

(2) 若 $D(E)=0$ 的 n 个根中，有 m 个重根 v，其他为不相等的实根，则齐次差分方程式(5.5.18)的通解 $y_h(k)$ 为

$$y_h(k)=(C_1+C_2k+C_3k^2+\cdots+C_mk^{m-1})v^k+\sum_{i=m+1}^{n}C_iv_i^k \tag{5.5.21}$$

式中，$C_i(i=1,2,\cdots,m,m+1,m+2,\cdots,n)$ 为任意常数。

(3) 若 $D(E)=0$ 的 n 个根中，有 m 对共轭复根 $v_i=a_i\mathrm{e}^{\pm\mathrm{j}\Omega_i}(i=1,2,\cdots,m)$，其他为不相等的实根，则齐次差分方程式(5.5.18)的通解 $y_h(k)$ 为

$$y_h(k)=\sum_{i=1}^{m}a_i^k(C_{1i}\cos\Omega_ik+C_{2i}\sin\Omega_ik)+\sum_{i=2m+1}^{n}C_iv_i^k \tag{5.5.22}$$

式中，$C_{1i}(i=1,2,\cdots,m)$，$C_{2i}(i=1,2,\cdots,m)$ 和 $C_i(i=2m+1,2m+2,\cdots,n)$ 为任意常数。

例 5.5.3： 试求下列线性常系数齐次差分方程的通解。

(1) $y(k)-\frac{5}{6}y(k-1)+\frac{1}{6}y(k-2)=0$

(2) $y(k)-y(k-1)+\frac{1}{4}y(k-2)=0$

(3) $y(k)-\frac{1}{2}y(k-1)+\frac{1}{4}y(k-2)=0$

解： (1) 考虑到特征方程为 $1-\frac{5}{6}E^{-1}+\frac{1}{6}E^{-2}=0$，即 $\left(1-\frac{1}{2}E^{-1}\right)\left(1-\frac{1}{3}E^{-1}\right)=0$，因此特征根为 $v_1=\frac{1}{2}$，$v_2=\frac{1}{3}$。于是通解为

$$y_h(k)=C_1\left(\frac{1}{2}\right)^k+C_2\left(\frac{1}{3}\right)^k$$

其中，C_1 和 C_2 为任意常数。

(2) 考虑到特征方程为 $1-E^{-1}+\frac{1}{4}E^{-2}=0$，即 $\left(1-\frac{1}{2}E^{-1}\right)^2=0$，因此特征根为 $v_1=\frac{1}{2}$，$v_2=\frac{1}{2}$。于是通解为

$$y_h(k)=(C_1+C_2k)\left(\frac{1}{2}\right)^k$$

其中，C_1 和 C_2 为任意常数。

(3) 考虑到特征方程为 $1-\frac{1}{2}E^{-1}+\frac{1}{4}E^{-2}=0$，即 $\left(1-\frac{1}{2}e^{j\frac{\pi}{3}}E^{-1}\right)\left(1-\frac{1}{2}e^{-j\frac{\pi}{3}}E^{-1}\right)=0$，因此特征根为 $v_1=\frac{1}{2}e^{j\frac{\pi}{3}}$，$v_2=\frac{1}{2}e^{-j\frac{\pi}{3}}$。于是通解为

$$y_h(k)=\left(\frac{1}{2}\right)^k\left(C_1\cos\frac{\pi k}{3}+C_2\sin\frac{\pi k}{3}\right)$$

其中，C_1 和 C_2 为任意常数。

5.5.2　离散时间系统的描述

描述离散时间系统的数学模型是差分方程；描述一阶离散时间系统的数学模型是一阶差分方程，参见式(5.5.2)；描述 n 阶离散时间系统的数学模型是 n 阶差分方程，参见式(5.5.3)。为了研究离散时间系统的特性，有时需要通过实验的方式对离散时间系统进行模拟，即利用模拟方框图来描述离散时间系统。通常利用加法器、标量乘法器和单位延迟器来模拟离散时间系统。与连续时间系统类似，其具体形式有卡尔曼形式、级联形式和并联形式。对于 n 阶离散时间系统，当 $m\leqslant n$ 时，三种模拟形式中都只需要 n 个单位延迟器。除此之外，还可以利用信号流图来描述离散时间系统，因此离散时间系统的描述有三种基本形式:数学模型(差分方程)、模拟方框图及信号流图。

5.5.3　离散时间系统的分类

为了便于观察系统状态的变化过程、系统的初始状态对系统响应的影响，以及介绍系统的分类，首先看一个简单的例子，通过数学模型分析，建立一些基本概念。

例 5.5.4：研究图 5.5.1 描述的一阶离散时间系统的数学模型，即

$$y(k)-\frac{1}{2}y(k-1)=f(k) \tag{5.5.23}$$

假设系统的起始状态 $y(-\infty)=0$。

(1) 试证明差分方程式(5.5.23)的解为

$$y(k)=f(k)*h(k) \tag{5.5.24}$$

式中，$h(k)=\left(\frac{1}{2}\right)^k\varepsilon(k)$。

(2) 试证明式(5.5.24)的线性卷和，可以转化为差分方程式(5.5.23)。

(3) 若激励 $f(k)=5\left(\frac{1}{3}\right)^{|k|}$，试求系统的响应 $y(k)$。

解：(1) 将线性常系数差分方程式(5.5.23)的等号两边分别乘以 2^k，可得

$$y(k)2^k-y(k-1)2^{k-1}=f(k)2^k$$

即

$$\nabla[y(k)2^k]=f(k)2^k$$

亦即

$$\nabla[2^m y(m)]=f(m)2^m \tag{5.5.25}$$

在区间 $m\in(-\infty,k]$上，对式(5.5.25)的等号两边分别累加，可得

$$\sum_{m=-\infty}^{k}\nabla[2^m y(m)]=\sum_{m=-\infty}^{k}f(m)2^m=\sum_{m=-\infty}^{+\infty}f(m)2^m\varepsilon(k-m)$$

即

$$y(m)2^m\Big|_{-\infty-1}^{k}=\sum_{m=-\infty}^{+\infty}f(m)2^m\varepsilon(k-m) \tag{5.5.26}$$

考虑到 $y(-\infty)=0$，由式(5.5.26)可得

$$y(k)2^k=\sum_{m=-\infty}^{+\infty}f(m)2^m\varepsilon(k-m)$$

即

$$y(k)=\sum_{m=-\infty}^{+\infty}f(m)\left(\frac{1}{2}\right)^{k-m}\varepsilon(k-m)=f(k)*\left(\frac{1}{2}\right)^k\varepsilon(k)=f(k)*h(k)$$

其中，$h(k)=\left(\frac{1}{2}\right)^k\varepsilon(k)$。

特别地，若 $f(k)=\delta(k)$，则有

$$y(k)=f(k)*h(k)=\delta(k)*h(k)=h(k) \tag{5.5.27}$$

式(5.5.27)表明，$h(k)$是系统的起始状态 $y(-\infty)=0$，并且激励 $f(k)=\delta(k)$时的系统响应，即系统的单位冲激响应。

(2) 考虑到式(5.5.24)，则有

$$\frac{1}{2}y(k)=\frac{1}{2}f(k)*h(k)$$

即

$$\frac{1}{2}y(k)=\frac{1}{2}f(k)*\left(\frac{1}{2}\right)^k\varepsilon(k) \tag{5.5.28}$$

将式(5.5.28)的等号两边分别与 $\delta(k-1)$进行线性卷和运算，可得

$$\begin{aligned}\frac{1}{2}y(k-1)=\frac{1}{2}y(k)*\delta(k-1)&=\frac{1}{2}f(k)*\left(\frac{1}{2}\right)^k\varepsilon(k)*\delta(k-1)\\&=\frac{1}{2}f(k)*\left(\frac{1}{2}\right)^{k-1}\varepsilon(k-1)=f(k)*\left(\frac{1}{2}\right)^k[\varepsilon(k)-\delta(k)]\\&=f(k)*\left[\left(\frac{1}{2}\right)^k\varepsilon(k)-\left(\frac{1}{2}\right)^k\delta(k)\right]\\&=f(k)*\left(\frac{1}{2}\right)^k\varepsilon(k)-f(k)*\delta(k)\\&=y(k)-f(k)\end{aligned}$$

即

$$y(k)-\frac{1}{2}y(k-1)=f(k)$$

分析表明，在系统的起始状态 $y(-\infty)=0$ 的条件下，差分方程式(5.5.23)与线性卷和式(5.5.24)可以相互转化。

(3) 考虑到

$$f(k)=5\left(\frac{1}{3}\right)^{|k|}=\underbrace{5\times3^k\varepsilon(-k-1)}_{f_1(k)}+\underbrace{5\times3^{-k}\varepsilon(k)}_{f_2(k)} \tag{5.5.29}$$

由式(5.5.24)，并考虑到式(5.5.29)、式(5.3.22)及式(5.3.17)，则有

$$\begin{aligned}y(k)&=f(k)*h(k)=f(k)*\left(\frac{1}{2}\right)^k\varepsilon(k)=f_1(k)*\left(\frac{1}{2}\right)^k\varepsilon(k)+f_2(k)*\left(\frac{1}{2}\right)^k\varepsilon(k)\\&=5\times3^k\varepsilon(-k-1)*\left(\frac{1}{2}\right)^k\varepsilon(k)+5\times\left(\frac{1}{3}\right)^k\varepsilon(k)*\left(\frac{1}{2}\right)^k\varepsilon(k)\end{aligned}$$

$$=\frac{5}{3-1/2}\left[3^{k+1}\varepsilon(-k-1)+\left(\frac{1}{2}\right)^{k+1}\varepsilon(k)\right]+\frac{5}{1/3-1/2}\left[\left(\frac{1}{3}\right)^{k+1}-\left(\frac{1}{2}\right)^{k+1}\right]\varepsilon(k)$$

$$=6\times3^{k}\varepsilon(-k-1)+\left(\frac{1}{2}\right)^{k}\varepsilon(k)+5\left[3\left(\frac{1}{2}\right)^{k}-2\left(\frac{1}{3}\right)^{k}\right]\varepsilon(k)$$

显然有以下结论：

(1) $y(-1)=6\times3^{-1}\varepsilon(0)=2$

(2) 当 $k\geqslant0$ 时，$y(k)=\left(\frac{1}{2}\right)^{k}+5\left[3\left(\frac{1}{2}\right)^{k}-2\left(\frac{1}{3}\right)^{k}\right]\varepsilon(k)$，$k\geqslant0$

由此可见，反因果序列 $f_1(k)$ 在 $k=-1$ 位时，为系统提供初始状态 $y(-1)=2$；当 $k\geqslant0$ 时，式(5.5.23)所描述的一阶离散时间系统的响应，是由系统的初始状态 $y(-1)=2$ 及 $k\geqslant0$ 时的因果输入序列 $f_2(k)$ 共同引起的。前者引起的响应称为离散时间系统的零输入响应，用 $y_x(k)$ 表示；后者引起的响应称为离散时间系统的零状态响应，用 $y_f(k)$ 表示。

与连续时间系统类似，离散时间系统可以按下述方式进行分类。

1. 线性系统与非线性系统

由例 5.5.4 的分析和讨论已经知道，系统的全响应由系统的初始状态和因果激励序列共同引起，前者引起系统的零输入响应，后者引起系统的零状态响应。

线性系统是指系统的数学模型为线性方程的系统。在数学上，“线性”包括比例性、叠加性。因此，同时满足下述三个条件的系统称为线性系统，否则称系统为非线性系统。

(1) 可分解性——全响应可分解成零输入响应与零状态响应之和，即 $y(k)=y_x(k)+y_f(k)$。

(2) 零输入响应具有线性性质，即

$$\sum_{i=1}^{n}a_ix_i(-1)\xrightarrow{\text{引起}}y_x(k)=\sum_{i=1}^{n}a_iy_{xi}(k),\ k\geqslant0 \tag{5.5.30}$$

式中，$a_i(i=1,2,\cdots,n)$ 为任意常数，$x_i(-1)$ 是 n 阶线性系统的 n 个状态变量中的第 i 个状态变量在 $k=-1$ 位的初始状态，$x_i(-1)$ 引起的零输入响应分量为 $y_{xi}(k)$，$k\geqslant0$。

(3) 零状态响应具有线性性质，即

$$f(k)=\sum_{j=1}^{m}b_jf_j(k)\varepsilon(k)\xrightarrow{\text{引起}}y_f(k)=\sum_{j=1}^{m}b_jy_{fj}(k)\varepsilon(k) \tag{5.5.31}$$

式中，$b_j(j=1,2,\cdots,m)$ 为任意常数，$f_j(k)\varepsilon(k)$ 是 n 阶线性系统的 m 个激励中的第 j 个激励，$f_j(k)\varepsilon(k)$ 引起的零状态响应分量为 $y_{fj}(k)\varepsilon(k)$。

一般地，线性离散时间系统的数学模型为线性方程。

2. 移不变系统与移变系统

设 $f(k)\xrightarrow{\text{引起}}y_f(k)$，若 $f(k-k_0)\xrightarrow{\text{引起}}y_f(k-k_0)$，则称离散时间系统为移不变系统；否则，称为移变系统。

一般地，移不变系统又称为恒参系统，其数学模型为常系数差分方程；移变系统又称为变参系统，其数学模型为变系数差分方程。

3. 因果系统与非因果系统

若离散时间系统的响应不先于离散系统的激励出现，则称系统为因果系统；否则称系统为非因果系统。

4. 稳定系统与非稳定系统

若离散时间系统对有界激励序列引起有界响应序列，则称系统为稳定系统；否则称系统为非稳定系统。

5. 可逆系统与不可逆系统

若能够依据离散时间系统的零状态响应序列来重构其输入序列，则称系统为可逆系统；否则称系统为不可逆系统。

(1) 若离散时间系统 A 后接离散时间系统 B 构成了一个恒等系统，则称系统 A 是可逆的，并且系统 B 是系统 A 的逆系统。

(2) 累加器和差分器是一对逆系统。

(3) 超前 k_0 位和延迟 k_0 位的离散时间系统是一对逆系统。

5.5.4 LSI 离散时间系统的性质

由于线性移不变(Linear Shift Invariant，LSI)离散时间系统的数学模型是线性常系数非齐次差分方程，因此 n 阶 LSI 离散时间系统具有下述性质。

1. 线性性质

若 $f_j(k)\varepsilon(k)\xrightarrow{\text{引起}}y_{f_j}(k)\varepsilon(k)$，则有

$$f(k)=\sum_{j=1}^{m}b_jf_j(k)\varepsilon(k)\xrightarrow{\text{引起}}y_f(k)=\sum_{j=1}^{m}b_jy_{f_j}(k)\varepsilon(k) \tag{5.5.32}$$

式中，b_j 为任意常数。

2. 移不变性质

若 $f(k)=\sum_{j=1}^{m}b_jf_j(k)\varepsilon(k)\xrightarrow{\text{引起}}y_f(k)=\sum_{j=1}^{m}b_jy_{f_j}(k)\varepsilon(k)$，其中 b_j 为任意常数，则有

$$f(k-k_0)=\sum_{j=1}^{m}b_jf_j(k-k_0)\varepsilon(k-k_0)\xrightarrow{\text{引起}}y_f(k-k_0)=\sum_{j=1}^{m}b_jy_{f_j}(k-k_0)\varepsilon(k-k_0) \tag{5.5.33}$$

可见，若 m 个激励延迟 k_0 位，则对应的 m 个零状态响应分量都延迟 k_0 位，即群延迟不变。正是由于群延迟不变，才保证了 $f(k-k_0)$引起的零状态响应为 $y_f(k-k_0)$。

3. 如果激励进行差分运算，那么 LSI 离散时间系统的零状态响应也进行差分运算。

若 $f(k)\xrightarrow{\text{引起}}y_f(k)$，则有

$$\nabla f(k)\longrightarrow\nabla y_f(k) \tag{5.5.34}$$

证明：考虑到 $f(k)\xrightarrow{\text{引起}}y_f(k)$，基于 LSI 离散时间系统的移不变性质，则有

$$f(k-1)\xrightarrow{\text{引起}}y_f(k-1)$$

基于 LSI 离散时间系统的线性性质，则有

$$f(k)-f(k-1)\xrightarrow{\text{引起}}y_f(k)-y_f(k-1)$$

即

$$\nabla f(k)\longrightarrow\nabla y_f(k)$$

4. 如果激励进行累加运算，那么 LSI 离散时间系统的零状态响应也进行累加运算。

若 $f(k)\xrightarrow{\text{引起}}y_f(k)$，则有

$$\sum_{m=-\infty}^{k}f(m)=\nabla^{(-1)}f(k)\xrightarrow{\text{引起}}\sum_{m=-\infty}^{k}y_f(m)=\nabla^{(-1)}y_f(k) \tag{5.5.35}$$

5. LSI 离散时间系统的零状态响应可用线性卷和计算

若 $\delta(k)\xrightarrow{\text{引起}}h(k)$，则有

$$f(k)\xrightarrow{\text{引起}}y_f(k)=f(k)*h(k) \tag{5.5.36}$$

证明：考虑到 $\delta(k)\xrightarrow{\text{引起}}h(k)$，基于 LSI 离散时间系统的移不变性质，则有

$$\delta(k-m)\xrightarrow{\text{引起}}h(k-m)$$

基于 LSI 离散时间系统的线性性质，则有

$$f(m)\delta(k-m)\xrightarrow{\text{引起}}f(m)h(k-m)$$

$$f(k)=\sum_{m=-\infty}^{+\infty}f(m)\delta(k-m)\xrightarrow{\text{引起}}\sum_{m=-\infty}^{+\infty}f(m)h(k-m)=y_f(k)$$

即

$$f(k)\xrightarrow{\text{引起}}y_f(k)=f(k)*h(k)$$

其实，LSI 离散时间系统所有的性质都囊括在式(5.5.36)中。其原因如下：

基于线性卷和的分配律，由式(5.5.36)可得式(5.5.32)，即

$$\left[\sum_{j=1}^{m}b_jf_j(k)\varepsilon(k)\right]*h(k)=\sum_{j=1}^{m}b_jf_j(k)\varepsilon(k)*h(k)=\sum_{j=1}^{m}b_jy_{f_j}(k)\varepsilon(k)$$

基于线性卷和的位移性质，由式(5.5.36)可得式(5.5.33)，即

$$f(k-k_0)*h(k)=\delta(k-k_0)*f(k)*h(k)=\delta(k-k_0)*y_f(k)=y_f(k-k_0)$$

基于线性卷和的差分性质，由式(5.5.36)可得式(5.5.34)，即

$$\nabla f(k)*h(k)=\nabla\delta(k)*f(k)*h(k)=\nabla\delta(k)*y_f(k)=\nabla y_f(k)$$

基于线性卷和的累加性质，由式(5.5.36)可得式(5.5.35)，即

$$\left[\sum_{m=-\infty}^{k}f(m)\right]*h(k)=\varepsilon(k)*f(k)*h(k)=\varepsilon(k)*y_f(k)=\sum_{m=-\infty}^{k}y_f(m)$$

5.5.5　LSI 离散时间因果系统应具备的时域充要条件

一个 LSI 离散时间因果系统应具备的时域充要条件是系统的单位冲激响应 $h(k)$ 为一个因果序列，即

$$h(k)=h(k)\varepsilon(k) \tag{5.5.37}$$

证明：(1) 首先证明充分性，即当 $k\leqslant-1$ 时，$h(k)=0$。

考虑到式(5.5.36)，则有

$$y(k)=f(k)*h(k)=\sum_{m=-\infty}^{+\infty}f(m)h(k-m) \tag{5.5.38}$$

考虑到式(5.5.37)，则式(5.5.38)可写成

$$y(k)=\sum_{m=-\infty}^{+\infty}f(m)h(k-m)\varepsilon(k-m)=\sum_{m=-\infty}^{k}f(m)h(k-m) \tag{5.5.39}$$

由式(5.5.39)可得

$$y(k_0)=\sum_{m=-\infty}^{k_0}f(m)h(k_0-m)=\sum_{k=-\infty}^{k_0}f(k)h(k_0-k) \tag{5.5.40}$$

由式(5.5.40)可知，$y(k_0)$只与区间$(-\infty, k_0]$上的激励序列 $f(k)$有关，因此系统是因果系统。

(2) 再证明必要性

利用反证法证明。不妨设 $k\leqslant-1$ 时，$h(k)\neq0$，系统是因果系统。

因为 $k\leqslant-1$ 时，$h(k)\neq0$，所以 $k_0-k\leqslant-1$ 时，$h(k_0-k)\neq0$，即 $k_0+1\leqslant k$ 时，$h(k_0-k)\neq0$。考虑到式(5.5.38)，则

$$y(k_0)=\sum_{m=-\infty}^{k_0} f(m)h(k_0-m)+\sum_{m=k_0+1}^{+\infty} f(m)h(k_0-m)$$
$$=\sum_{k=-\infty}^{k_0} f(k)h(k_0-k)+\sum_{k=k_0+1}^{+\infty} f(k)h(k_0-k) \tag{5.5.41}$$

由于在区间$[k_0+1,+\infty)$上$h(k_0-k)\neq 0$，因此式(5.5.41)的第二个求和式中至少有一项非零，即$y(k_0)$将与$k\geqslant k_0+1$位的激励序列$f(k)$有关，这与系统是因果系统的假设相矛盾，即$k\leqslant -1$时，$h(k)=0$又是系统为因果系统的必要条件。

5.5.6 LSI 离散时间因果稳定系统应具备的时域充要条件

下面首先研究 LSI 离散时间稳定系统应具备的时域充要条件，再给出 LSI 离散时间因果稳定系统应具备的时域充要条件。

1. LSI 离散时间稳定系统应具备的时域充要条件

一个 LSI 离散时间稳定系统应具备的时域充要条件是系统的单位冲激响应满足绝对可和条件，即

$$\sum_{k=-\infty}^{+\infty} |h(k)|<\infty \tag{5.5.42}$$

证明：(1) 首先证明充分性，即

若$\sum_{k=-\infty}^{+\infty} |h(k)|<\infty$，则有界的激励序列$f(k)$作用于系统时，系统将引起有界的响应序列$y(k)$。设激励序列$|f(k)|\leqslant M$，考虑到式(5.5.36)，则有

$$|y(k)|=\left|\sum_{m=-\infty}^{+\infty} f(m)h(k-m)\right|\leqslant\sum_{m=-\infty}^{+\infty}|f(m)h(k-m)|=\sum_{m=-\infty}^{+\infty}|f(m)||h(k-m)|$$
$$\leqslant M\sum_{m=-\infty}^{+\infty}|h(k-m)|=M\sum_{n=-\infty}^{+\infty}|h(n)|=M\sum_{k=-\infty}^{+\infty}|h(k)|<\infty \tag{5.5.43}$$

由式(5.5.43)可知，有界激励序列引起了有界响应序列，因此系统是稳定系统。

(2) 再证明必要性

利用反证法证明。不妨设$\sum_{k=-\infty}^{+\infty} |h(k)|=\infty$时，系统是稳定系统。

我们找到一个有界的激励序列为

$$f(k)=\begin{cases}1, & h(-k)\geqslant 0\\ -1, & h(-k)<0\end{cases}$$

考虑到式(5.5.36)，则有

$$y(k)=f(k)*h(k)=\sum_{m=-\infty}^{+\infty} f(m)h(k-m) \tag{5.5.44}$$

考虑到式(5.5.44)，则有

$$y(0)=\sum_{m=-\infty}^{+\infty} f(m)h(-m)=\sum_{m=-\infty}^{+\infty}|h(-m)|=\sum_{k=-\infty}^{+\infty}|h(k)|=\infty \tag{5.5.45}$$

由式(5.5.45)可知，当$k=0$位时，$y(0)=\infty$，这与系统是稳定系统的假设相矛盾，即表明$\sum_{k=-\infty}^{+\infty}|h(k)|<\infty$又是系统为稳定系统的必要条件。

值得注意的是，要证明一个离散时间系统是不稳定系统，只需找到一个特别的有界激励，如果系统能得到一个无界的响应，就能证明该系统一定是不稳定系统。然而，对于一个特别的有界激励，若系统能够得到一个有界的响应，则不能证明该系统是稳定系统，而要利用系统对任意有界激励都将引起有界响应的方法，来证明系统的稳定性。

2. LSI 离散时间因果稳定系统应具备的时域充要条件

一个 LSI 离散时间因果稳定系统应具备的时域充要条件是，系统的单位冲激响应为一个满足绝对可和条件的因果序列，即

$$\begin{cases} h(k)=h(k)\varepsilon(k) \\ \sum_{k=-\infty}^{+\infty}|h(k)|<\infty \end{cases} \tag{5.5.46}$$

3. LSI 离散时间因果稳定系统应具备的时域必要条件

一个 LSI 离散时间因果稳定系统应具备的时域必要条件是，系统的单位冲激响应为一个因果形式的衰减序列。

例 5.5.5： 已知 LSI 离散时间因果系统的单位冲激响应 $h(k)=\frac{1}{k}\varepsilon(k-1)$，试判断该系统是否为稳定系统。

解： 因为 $\sum_{k=-\infty}^{+\infty}|h(k)|=\sum_{k=1}^{+\infty}\frac{1}{k}=\infty$（调和级数发散），所以该系统为不稳定系统。

该例题的分析表明，LSI 离散时间因果系统的单位冲激响应是因果形式的衰减序列，仅是 LSI 离散时间因果系统为稳定系统的必要条件。

5.6 LSI 离散时间系统的时域分析

由于 LSI 离散时间系统的数学模型是线性常系数非齐次差分方程，因此时域分析 LSI 离散时间系统的方法，仍然包括经典法和近代方法。经典法归结为求解描述 LSI 离散时间系统的线性常系数齐次差分方程或非齐次差分方程，近代方法又分为线性卷和法和算子法。

5.6.1 算子及 LSI 离散时间系统的转移算子

下面介绍算子、LSI 离散时间系统的转移算子，以及算子和转移算子运算应遵循的规则。

1. LSI 离散时间系统数学模型的建立

我们已经知道，LSI 离散时间系统的数学模型是线性常系数非齐次差分方程，LSI 离散时间系统可以利用加法器、标量乘法器及单位延迟器进行模拟或实现。

例 5.6.1： 由加法器、标量乘法器及单位延迟器构成的 LSI 离散时间系统如图 5.6.1 所示。试建立描述系统响应 $y(k)$ 与激励 $f(k)$ 关系的差分方程。

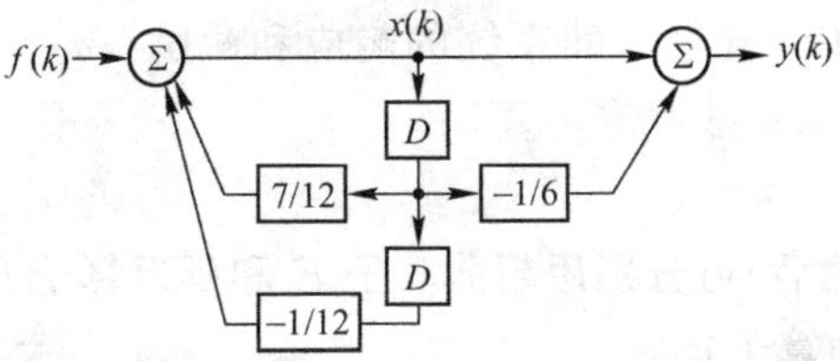

图 5.6.1　LSI 离散时间系统的时域模拟方框图

解：由图 5.6.1 可得

$$x(k)=f(k)+\frac{7}{12}x(k-1)-\frac{1}{12}x(k-2) \tag{5.6.1}$$

$$y(k)=x(k)-\frac{1}{6}x(k-1) \tag{5.6.2}$$

因此得到了描述 LSI 离散时间系统的差分方程组。现在的任务是设法消去中间变量 $x(k)$，这样就可以得到描述系统响应 $y(k)$与激励 $f(k)$关系的差分方程。

式(5.6.2)为消去中间变量 $x(k)$提供了线索。可以将式(5.6.1)的等号两边分别与 $\delta(k-1)$进行线性卷和，即

$$x(k)*\delta(k-1)=\left[f(k)+\frac{7}{12}x(k-1)-\frac{1}{12}x(k-2)\right]*\delta(k-1) \tag{5.6.3}$$

考虑到一个序列和延迟单位冲激序列进行线性卷和运算，等价于将该序列进行相应位的延迟，因此式(5.6.3)可写成

$$x(k-1)=f(k-1)+\frac{7}{12}x(k-2)-\frac{1}{12}x(k-3) \tag{5.6.4}$$

将式(5.6.4)的等号两边分别乘以 $-\frac{1}{6}$，可得

$$-\frac{1}{6}x(k-1)=-\frac{1}{6}f(k-1)+\frac{7}{12}\times\left(-\frac{1}{6}\right)x(k-2)-\frac{1}{12}\times\left(-\frac{1}{6}\right)x(k-3) \tag{5.6.5}$$

将式(5.6.1)与式(5.6.5)相加，可得

$$x(k)-\frac{1}{6}x(k-1)=f(k)-\frac{1}{6}f(k-1)+\frac{7}{12}\left[x(k-1)-\frac{1}{6}x(k-2)\right]-\frac{1}{12}\left[x(k-2)-\frac{1}{6}x(k-3)\right] \tag{5.6.6}$$

考虑到式(5.6.2)，则式(5.6.6)可写成

$$y(k)=f(k)-\frac{1}{6}f(k-1)+\frac{7}{12}y(k-1)-\frac{1}{12}y(k-2)$$

即

$$y(k)-\frac{7}{12}y(k-1)+\frac{1}{12}y(k-2)=f(k)-\frac{1}{6}f(k-1) \tag{5.6.7}$$

式(5.6.7)正是描述图 5.6.1 所示 LSI 离散时间系统响应 $y(k)$与激励 $f(k)$关系的差分方程。

可见，建立描述 LSI 离散时间系统的差分方程的步骤如下：

(1) 依据描述 LSI 离散时间系统的时域模拟方框图，建立描述系统的差分方程组；

(2) 消去无关的中间变量，即可得描述 LSI 离散时间系统响应与激励关系的差分方程。

一般来说，LSI 离散时间系统的数学模型是线性常系数差分方程。n 阶 LSI 离散时间系统的数学模型的一般形式为

$$\sum_{i=0}^{n}a_{n-i}y(k-i)=\sum_{j=0}^{m}b_{m-j}f(k-j) \tag{5.6.8}$$

式中，$y(k)$和 $f(k)$分别为 LSI 离散时间系统的响应和激励。$a_n\sim a_0$ 和 $b_m\sim b_0$ 为常数，它们由系统的结构和标量乘法器的系数确定。

2. 算子的定义

序列的超前或延迟(或迟后)可分别用超前算子 E 和延迟算子 E^{-1}表示。

(1) E 算子(又称为超前算子)

① 一阶 E 算子的定义

$$Ef(k)=f(k+1) \tag{5.6.9}$$

② n 阶 E 算子的定义

$$E^n f(k)=f(k+n) \tag{5.6.10}$$

(2) E^{-1}算子(又称为延迟算子)

① 一阶 E^{-1}算子的定义

$$E^{-1}f(k)=f(k-1) \tag{5.6.11}$$

② n 阶 E^{-1}算子的定义

$$E^{-n}f(k)=f(k-n) \tag{5.6.12}$$

由于延迟运算是超前运算的逆运算，因此通常将 E^{-1}算子称为 E 算子的逆算子，将 E^{-n}算子称为 E^n 算子的逆算子。

3. 差分方程的算子方程形式

例 5.6.2：对于图 5.6.1 所示的 LSI 离散时间系统，试写出描述系统响应 $y(k)$与激励 $f(k)$关系的差分方程的算子方程形式。

解：考虑到差分方程式(5.6.7)，即

$$y(k)-\frac{7}{12}y(k-1)+\frac{1}{12}y(k-2)=f(k)-\frac{1}{6}f(k-1) \tag{5.6.13}$$

利用式(5.6.12)，则式(5.6.13)可写成

$$y(k)-\frac{7}{12}E^{-1}y(k)+\frac{1}{12}E^{-2}y(k)=f(k)-\frac{1}{6}E^{-1}f(k)$$

即

$$\left(1-\frac{7}{12}E^{-1}+\frac{1}{12}E^{-2}\right)y(k)=\left(1-\frac{1}{6}E^{-1}\right)f(k) \tag{5.6.14}$$

式(5.6.14)正是差分方程式(5.6.7)的算子方程形式。

对于描述 n 阶 LSI 离散时间系统的响应 $y(k)$与激励 $f(k)$的关系的差分方程式(5.6.8)，其算子方程形式为

$$D(E)y(k)=N(E)f(k) \tag{5.6.15}$$

式中，$D(E)=\sum_{i=0}^{n}a_{n-i}E^{-i}$，$N(E)=\sum_{j=0}^{m}b_{m-j}E^{-j}$。

通常，将 $D(E)$和 $N(E)$称为广义延迟算子，将$\frac{1}{D(E)}$称为广义超前算子。

4. LSI 离散时间系统的转移算子

利用转移算子描述 LSI 离散时间系统，不仅可以将 LSI 离散时间系统进行统一表示，而且为把高阶 LSI 离散时间系统分解成低阶 LSI 离散时间系统的级联形式或并联形式奠定了基础。

对算子方程式(5.6.14)的等号两边分别进行广义延迟算子 $D(E)=1-\frac{7}{12}E^{-1}+\frac{1}{12}E^{-2}$的逆运算，即进行广义超前算子运算，亦即分别乘以$\frac{1}{D(E)}$，可得

$$y(k)=\frac{1-\frac{1}{6}E^{-1}}{1-\frac{7}{12}E^{-1}+\frac{1}{12}E^{-2}}f(k)=H(E)f(k) \tag{5.6.16}$$

式中，$H(E)=\dfrac{1-\frac{1}{6}E^{-1}}{1-\frac{7}{12}E^{-1}+\frac{1}{12}E^{-2}}$，$H(E)$称为LSI离散时间系统的转移算子。

利用LSI离散时间系统的转移算子$H(E)$，可将图5.6.1所示的LSI离散时间系统用图5.6.2所示的方框图表示。

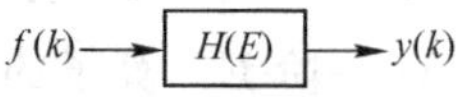

图5.6.2 LSI离散时间系统的转移算子描述

由式(5.6.16)可知，激励$f(k)$通过LSI离散时间系统，等价于对激励$f(k)$进行$H(E)$运算，其运算的结果与差分方程求解的结果相同，即为LSI离散时间系统的零状态响应。

考虑到描述n阶LSI离散时间系统响应与激励关系的差分方程式(5.6.8)，那么利用转移算子来描述n阶LSI离散时间系统，则可以表示成

$$y(k)=\frac{N(E)}{D(E)}f(k)=H(E)f(k) \tag{5.6.17}$$

式中，$H(E)=\dfrac{N(E)}{D(E)}$，$D(E)=\sum\limits_{i=0}^{n}a_{n-i}E^{-i}$，$N(E)=\sum\limits_{j=0}^{m}b_{m-j}E^{-j}$。

5. 算子及LSI离散时间系统转移算子的运算规则

例5.6.3： 试证明

$$\left(1-\frac{1}{3}E^{-1}\right)\left(1-\frac{1}{4}E^{-1}\right)f(k)=\left(1-\frac{7}{12}E^{-1}+\frac{1}{12}E^{-2}\right)f(k) \tag{5.6.18}$$

证明：

$$\begin{aligned}\left(1-\frac{1}{3}E^{-1}\right)\left(1-\frac{1}{4}E^{-1}\right)f(k)&=\left(1-\frac{1}{3}E^{-1}\right)\left[f(k)-\frac{1}{4}f(k-1)\right]\\&=\left[f(k)-\frac{1}{4}f(k-1)\right]-\frac{1}{3}\left[f(k-1)-\frac{1}{4}f(k-2)\right]\\&=f(k)-\frac{7}{12}f(k-1)+\frac{1}{12}f(k-2)\\&=\left(1-\frac{7}{12}E^{-1}+\frac{1}{12}E^{-2}\right)f(k)\end{aligned}$$

结论1：

式(5.6.18)表明，算子多项式像代数多项式一样，可进行加、减、乘和因式分解。

例5.6.4： 线性常系数非齐次差分方程分别为

$$\left(1-\frac{1}{4}E^{-1}\right)\left(1-\frac{1}{3}E^{-1}\right)y(k)=\left(1-\frac{1}{4}E^{-1}\right)f(k) \tag{5.6.19}$$

$$\left(1-\frac{1}{3}E^{-1}\right)y(k)=f(k) \tag{5.6.20}$$

试找出区间$k\in[0,+\infty)$上，差分方程式(5.6.19)转化为差分方程式(5.6.20)应满足的条件。

解： 考虑到式(5.6.19)，则有

$$\left(1-\frac{1}{4}E^{-1}\right)\left[y(k)-\frac{1}{3}y(k-1)\right]=\left(1-\frac{1}{4}E^{-1}\right)f(k)$$

即

$$\left[y(k)-\frac{1}{3}y(k-1)\right]-\frac{1}{4}\left[y(k-1)-\frac{1}{3}y(k-2)\right]=f(k)-\frac{1}{4}f(k-1) \tag{5.6.21}$$

将式(5.6.21)的等号两边分别乘以4^k，可得

$$4^k\left[y(k)-\frac{1}{3}y(k-1)\right]-4^{k-1}\left[y(k-1)-\frac{1}{3}y(k-2)\right]=4^kf(k)-4^{k-1}f(k-1)$$

即

$$\nabla\left\{4^k\left[y(k)-\frac{1}{3}y(k-1)\right]\right\}=\nabla[4^k f(k)]$$

亦即

$$\nabla\left\{4^m\left[y(m)-\frac{1}{3}y(m-1)\right]\right\}=\nabla[4^m f(m)] \tag{5.6.22}$$

在区间 $m\in[0,k]$上，对式(5.6.22)的等号两边分别求和，可得

$$\sum_{m=0}^{k}\nabla\left\{4^m\left[y(m)-\frac{1}{3}y(m-1)\right]\right\}=\sum_{m=0}^{k}\nabla[4^m f(m)]$$

$$4^m\left[y(m)-\frac{1}{3}y(m-1)\right]\Bigg|_{-1}^{k}=4^m f(m)\Bigg|_{-1}^{k}$$

$$4^k\left[y(k)-\frac{1}{3}y(k-1)\right]-\frac{1}{4}\left[y(-1)-\frac{1}{3}y(-2)\right]=4^k f(k)-\frac{1}{4}f(-1)$$

即

$$y(k)-\frac{1}{3}y(k-1)=\left[y(-1)-\frac{1}{3}y(-2)-f(-1)\right]\left(\frac{1}{4}\right)^{k+1}+f(k) \tag{5.6.23}$$

讨论：若满足条件

$$y(-1)-\frac{1}{3}y(-2)-f(-1)=0 \tag{5.6.24}$$

或

$$y(-1)=y(-2)=f(-1)=0 \tag{5.6.25}$$

则式(5.6.23)可写成

$$y(k)-\frac{1}{3}y(k-1)=f(k) \tag{5.6.26}$$

分析表明，若满足条件式(5.6.24)，在区间 $k\in[0,+\infty)$上，则差分方程式(5.6.19)可转化为差分方程式(5.6.20)。由式(5.6.25)可知，若差分方程式(5.6.19)描述的 LSI 离散时间系统的初始状态为零，并且激励是因果序列，则在区间 $k\in[0,+\infty)$上，差分方程式(5.6.19)同样可转化为差分方程式(5.6.20)。换言之，在区间 $k\in[0,+\infty)$上，求解式(5.6.19)描述的二阶 LSI 离散时间系统的零状态响应时，算子方程两边关于 E^{-1} 的相同多项式可消。

结论 2：

对 LSI 离散时间系统的零状态响应而言，系统算子方程两边关于 E^{-1} 的相同多项式可消或系统转移算子中分子与分母关于 E^{-1} 的相同多项式可约。

5.6.2　LSI 离散时间系统零输入响应的时域求解方法

下面介绍 LSI 离散时间系统零输入响应的时域求解方法。包括待定系数法、放区间解法、累加降阶法和直接截取法。

1. LSI 离散时间系统的零输入响应的定义

一个 n 阶 LSI 离散时间系统的零输入响应 $y_x(k)$是描述系统的 n 阶线性常系数差分方程在给定系统的初始状态 $x_i(-1)(i=1,2,\cdots,n)$或 $y(-i)(i=1,2,\cdots,n)$，并且激励 $f(k)=0$ 条件下的解。

基于上述定义，在描述 n 阶 LSI 离散时间系统响应 $y(k)$与激励 $f(k)$关系的差分方程式(5.6.15)中，令激励 $f(k)=0$，就得到了需要求解的齐次差分方程，即

$$D(E)y_x(k)=0 \tag{5.6.27}$$

式中，$D(E)=\sum_{i=0}^{n}a_{n-i}E^{-i}=a_n\prod_{i=1}^{n}(1-v_iE^{-1})$。通常，称$D(E)$为系统的特征多项式，$D(E)=0$为系统的特征方程，$D(E)=0$的根$v_i\ (i=1,2,\cdots,n)$为系统的特征根。其中，零输入响应$y_x(k)$的通解中的$n$个待定系数由系统的初始状态确定。

2. 例题分析

例5.6.5：描述二阶LSI离散时间系统响应$y(k)$与激励$f(k)$关系的差分方程为

$$y(k)-y(k-1)+\frac{1}{4}y(k-2)=f(k)-f(k-1) \tag{5.6.28}$$

已知系统的初始状态$y(-2)=-12$，$y(-1)=-2$，试求$k\geqslant0$时系统的零输入响应$y_x(k)$。

解：方法1 采用待定系数法求解。

对描述LSI离散时间系统的差分方程，首先求解特征方程的特征根，再根据特征根的不同情况写出齐次差分方程的通解，最后由LSI离散时间系统的初始状态确定通解中的待定系数。这种求解LSI离散时间系统零输入响应的方法称为待定系数法。

非齐次差分方程式(5.6.28)对应的齐次差分方程为

$$y(k)-y(k-1)+\frac{1}{4}y(k-2)=0 \tag{5.6.29}$$

考虑到齐次差分方程式(5.6.29)，则系统的特征方程为$1-E^{-1}+\frac{1}{4}E^{-2}=0$，即$\left(1-\frac{1}{2}E^{-1}\right)^2=0$。因此LSI离散时间系统的特征根为$v_1=\frac{1}{2}$，$v_2=\frac{1}{2}$。

由于LSI离散时间系统的特征根是相等的实根，因此可设系统零输入响应的通解为

$$y_x(k)=(C_1+C_2k)\left(\frac{1}{2}\right)^k,\quad k\geqslant0 \tag{5.6.30}$$

从式(5.6.30)可知，由于系统零输入响应$y_x(k)$的解区间为$k\in[0,+\infty)$，因此需要利用系统的初始条件$y(0)$和$y(1)$来确定$y_x(k)$通解中的待定系数C_1和C_2。然而，通过对差分方程式(5.6.29)进行迭代，就可以得到系统的初始条件$y(0)$和$y(1)$。

由齐次差分方程式(5.6.29)可得

$$y(k)=y(k-1)-\frac{1}{4}y(k-2) \tag{5.6.31}$$

考虑到系统的初始状态$y(-2)=-12$，$y(-1)=-2$，由式(5.6.31)可得

$$y(0)=y(-1)-\frac{1}{4}y(-2)=-2+3=1$$

$$y(1)=y(0)-\frac{1}{4}y(-1)=1+\frac{1}{2}=\frac{3}{2}$$

考虑到式(5.6.30)，则有

$$\begin{cases}y(0)=y_x(0)=C_1=1\\ y(1)=y_x(1)=\frac{1}{2}C_1+\frac{1}{2}C_2=\frac{3}{2}\end{cases}，解得\begin{cases}C_1=1\\ C_2=2\end{cases}$$

于是，LSI离散时间系统的零输入响应为

$$y_x(k)=(1+2k)\left(\frac{1}{2}\right)^k,\quad k\geqslant0$$

方法2 采用放区间解法求解。

如果通过一种方式找出了n阶LSI离散时间系统在整个区间$k\in(-\infty,+\infty)$上的零输入响应的通解，则可直接用系统的初始状态$y(-i)\ (i=1,2,\cdots,n)$确定零输入响应通解中的待定

系数，得到区间 $k\in[-n,+\infty)$ 上的零输入响应，其子区间 $k\in[0,+\infty)$ 上的零输入响应就随之确定了。这种通过放大解区间来求解 LSI 离散时间系统零输入响应的方法称为放区间解法。

由前面的分析可知，对于式(5.6.28)描述的二阶 LSI 离散时间系统，可设系统的零输入响应的通解为

$$y_x(k)=(C_1+C_2k)\left(\frac{1}{2}\right)^k,\ k\in(-\infty,+\infty) \tag{5.6.32}$$

考虑到系统的初始状态 $y(-2)=-12$，$y(-1)=-2$，则有

$$\begin{cases}y(-2)=y_x(-2)=4C_1-8C_2=-12\\ y(-1)=y_x(-1)=2C_1-2C_2=-2\end{cases}，解得 \begin{cases}C_1=1\\ C_2=2\end{cases}$$

于是

$$y_x(k)=(1+2k)\left(\frac{1}{2}\right)^k,\ k\geqslant -2$$

显然，LSI 离散时间系统的零输入响应为

$$y_x(k)=(1+2k)\left(\frac{1}{2}\right)^k,\ k\geqslant 0$$

例 5.6.6：由加法器、标量乘法器及单位延迟器构成的二阶 LSI 离散时间因果系统如图 5.6.3 所示。

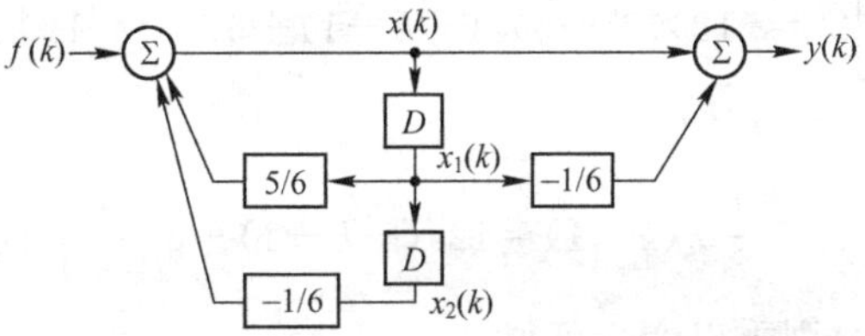

图 5.6.3　二阶 LSI 离散时间系统的时域模拟方框图

已知激励 $f(k)=6\varepsilon(-k-1)$，试确定系统的初始状态 $x_1(-1)$ 和 $x_2(-1)$，并求 $k\geqslant 0$ 时系统的零输入响应 $y_x(k)$。

解：方法 1　采用直接截取法求解。

针对 LSI 离散系统的初始状态未直接给出，而是给出了反因果序列来建立系统的初始状态的情况。基于反因果序列的原序列公式，首先求出反因果序列作用下，LSI 离散时间系统在整个区间 $k\in(-\infty,+\infty)$ 上的响应，然后直接截取其中 $k\geqslant 0$ 的部分，即可得到 LSI 离散时间系统的零输入响应。这种求解 LSI 离散时间系统零输入响应的方法，称为直接截取法。

(1) 首先求解系统在整个区间 $k\in(-\infty,+\infty)$ 上的响应

由图 5.6.3 的系统结构可知

$$y(k)=x(k)-\frac{1}{6}x(k-1) \tag{5.6.33}$$

只要求出了 $x(k)$，求解系统零输入响应 $y_x(k)$ 的问题就迎刃而解了，因此可将响应 $x(k)$ 的求解作为解决问题的切入点。

由图 5.6.3 可得

$$x(k)=\frac{5}{6}x(k-1)-\frac{1}{6}x(k-2)+f(k) \tag{5.6.34}$$

由式(5.6.34)可得描述系统响应 $x(k)$ 与激励 $f(k)$ 关系的差分方程，即

$$x(k)-\frac{5}{6}x(k-1)+\frac{1}{6}x(k-2)=f(k) \tag{5.6.35}$$

二阶线性常系数非齐次差分方程式(5.6.35)又可以写成

$$\left[x(k)-\frac{1}{3}x(k-1)\right]-\frac{1}{2}\left[x(k-1)-\frac{1}{3}x(k-2)\right]=f(k)=6\varepsilon(-k-1) \quad (5.6.36)$$

将式(5.6.36)的等号两边分别乘以 2^k，可得

$$\left[x(k)-\frac{1}{3}x(k-1)\right]2^k-\left[x(k-1)-\frac{1}{3}x(k-2)\right]2^{k-1}=6\times 2^k\varepsilon(-k-1)$$

即

$$\nabla\left\{\left[x(k)-\frac{1}{3}x(k-1)\right]2^k\right\}=6\,\nabla\left[\frac{2^{k+1}-1^k}{2-1}\varepsilon(-k-1)\right]$$

$$\nabla\left\{\left[x(m)-\frac{1}{3}x(m-1)\right]2^m\right\}=\nabla[(12\times 2^m-6\times 1^m)\varepsilon(-m-1)] \quad (5.6.37)$$

将式(5.6.37)的等号两边分别累加，可得

$$\sum_{m=-\infty}^{k}\nabla\left\{\left[x(m)-\frac{1}{3}x(m-1)\right]2^m\right\}=\sum_{m=-\infty}^{k}\nabla[(12\times 2^m-6\times 1^m)\varepsilon(-m-1)]$$

即

$$\left[x(m)-\frac{1}{3}x(m-1)\right]2^m\Bigg|_{-\infty}^{k}=(12\times 2^m-6\times 1^m)\varepsilon(-m-1)\Bigg|_{-\infty}^{k}$$

$$\left[x(k)-\frac{1}{3}x(k-1)\right]2^k=(12\times 2^k-6)\varepsilon(-k-1)+6\times 1^k=12\times 2^k\varepsilon(-k-1)+6\varepsilon(k)$$

亦即

$$x(k)-\frac{1}{3}x(k-1)=12\varepsilon(-k-1)+6\left(\frac{1}{2}\right)^k\varepsilon(k) \quad (5.6.38)$$

将式(5.6.38)的等号两边分别乘以 3^k，可得

$$x(k)3^k-x(k-1)3^{k-1}=12\times 3^k\varepsilon(-k-1)+6\left(\frac{3}{2}\right)^k\varepsilon(k)$$

即

$$\nabla[x(k)3^k]=\nabla\left[12\,\frac{3^{k+1}-1^k}{3-1}\varepsilon(-k-1)+6\,\frac{(3/2)^{k+1}-1^k}{3/2-1}\varepsilon(k)\right]$$

$$\nabla[x(m)3^m]=\nabla\left\{6(3^{m+1}-1^m)\varepsilon(-m-1)+12\left[\left(\frac{3}{2}\right)^{m+1}-1^m\right]\varepsilon(m)\right\} \quad (5.6.39)$$

将式(5.6.39)的等号两边分别累加，可得

$$\sum_{m=-\infty}^{k}\nabla[x(m)3^m]=\sum_{m=-\infty}^{k}\nabla\left\{6(3^{m+1}-1^m)\varepsilon(-m-1)+12\left[\left(\frac{3}{2}\right)^{m+1}-1^m\right]\varepsilon(m)\right\}$$

即

$$x(m)3^m\Bigg|_{-\infty-1}^{k}=\left\{6(3^{m+1}-1^m)\varepsilon(-m-1)+12\left[\left(\frac{3}{2}\right)^{m+1}-1^m\right]\varepsilon(m)\right\}\Bigg|_{-\infty-1}^{k}$$

$$x(k)3^k=6(3^{k+1}-1^k)\varepsilon(-k-1)+6\times 1^k+12\left[\left(\frac{3}{2}\right)^{k+1}-1^k\right]\varepsilon(k)$$

$$x(k)=18\varepsilon(-k-1)+6\left[3\left(\frac{1}{2}\right)^k-\left(\frac{1}{3}\right)^k\right]\varepsilon(k) \quad (5.6.40)$$

于是

$$x_1(k)=x(k-1)=18\varepsilon(-k)+6\left[3\left(\frac{1}{2}\right)^{k-1}-\left(\frac{1}{3}\right)^{k-1}\right]\varepsilon(k-1)$$

$$=18\varepsilon(-k)+18\left[2\left(\frac{1}{2}\right)^k-\left(\frac{1}{3}\right)^k\right][\varepsilon(k)-\delta(k)]$$

$$=18\varepsilon(-k-1)+18\left[2\left(\frac{1}{2}\right)^k-\left(\frac{1}{3}\right)^k\right]\varepsilon(k) \tag{5.6.41}$$

考虑到式(5.6.41)，则描述系统的初始状态为

$$x_2(-1)=x_1(-2)=x_1(-1)=18$$

考虑到式(5.6.40)及式(5.6.41)，由式(5.6.33)可得

$$y(k)=x(k)-\frac{1}{6}x(k-1)$$

$$=18\varepsilon(-k-1)+6\left[3\left(\frac{1}{2}\right)^k-\left(\frac{1}{3}\right)^k\right]\varepsilon(k)-3\varepsilon(-k-1)-3\left[2\left(\frac{1}{2}\right)^k-\left(\frac{1}{3}\right)^k\right]\varepsilon(k)$$

$$=15\varepsilon(-k-1)+3\left[4\left(\frac{1}{2}\right)^k-\left(\frac{1}{3}\right)^k\right]\varepsilon(k) \tag{5.6.42}$$

显然，系统在激励 $f(k)=6\varepsilon(-k-1)$ 的作用下，在 $k=-1$ 位时，为系统提供初始状态 $x_i(-1)(i=1,2)$，系统在初始状态 $x_1(-1)=x_2(-1)=18$ 的作用下，在区间 $k\in[0,+\infty)$ 上，将引起系统的零输入响应 $y_x(k)$。

(2) 考虑到式(5.6.42)，由直接截取法可得 LSI 离散时间因果系统的零输入响应，即

$$y_x(k)=\underset{k\geqslant 0}{\mathrm{qbf}}\,y(k)=3\left[4\left(\frac{1}{2}\right)^k-\left(\frac{1}{3}\right)^k\right],\ k\geqslant 0$$

式中，$\underset{k\geqslant 0}{\mathrm{qbf}}\,y(k)$ 表示取出 $y(k)$ 中 $k\geqslant 0$ 的部分。

方法 2　采用待定系数法求解。

(1) 建立描述 LSI 离散时间系统响应 $x(k)$ 与激励 $f(k)$ 关系的差分方程

考虑到式(5.6.35)，则有

$$x(k)-\frac{5}{6}x(k-1)+\frac{1}{6}x(k-2)=f(k)=6\varepsilon(-k-1) \tag{5.6.43}$$

(2) 确定系统的初始状态

当 $k\leqslant -1$ 时，输入序列 $f(k)=6\varepsilon(-k-1)$ 为常数序列，由式(5.6.40)可知，$x(k)$ 也为常数序列，于是可设

$$x(k)=C\varepsilon(-k-1) \tag{5.6.44}$$

考虑到式(5.6.44)，则有

$$x(k-1)=C\varepsilon(-k) \tag{5.6.45}$$

$$x(k-2)=C\varepsilon(-k+1) \tag{5.6.46}$$

将式(5.6.44)、式(5.6.45)及式(5.6.46)代入非齐次差分方程式(5.6.43)，可得

$$C\varepsilon(-k-1)-\frac{5}{6}C\varepsilon(-k)+\frac{1}{6}C\varepsilon(-k+1)=6\varepsilon(-k-1) \tag{5.6.47}$$

在式(5.6.47)中，令 $k=-1$ 可得

$$C\varepsilon(0)-\frac{5}{6}C\varepsilon(1)+\frac{1}{6}C\varepsilon(2)=6\varepsilon(0)$$

即 $\frac{6-5+1}{6}C=6$，$C=18$。于是，当 $k\leqslant -1$ 时，则有

$$x(k)=18\varepsilon(-k-1) \tag{5.6.48}$$

考虑到 $x_1(k)=x(k-1)=18\varepsilon(-k)$，则有

$$x_2(-1)=x_1(-2)=x_1(-1)=x_1(0)=18$$

(3) 确定 $x(k)$在 $k\geqslant 0$ 时的零输入分量

当 $k\geqslant 0$ 时，由非齐次差分方程式(5.6.43)，可以得到齐次差分方程，即

$$x(k)-\frac{5}{6}x(k-1)+\frac{1}{6}x(k-2)=0 \tag{5.6.49}$$

考虑到齐次差分方程式(5.6.49)，则 LSI 离散时间系统的特征方程为 $1-\frac{5}{6}E^{-1}+\frac{1}{6}E^{-2}=0$，即 $\left(1-\frac{1}{2}E^{-1}\right)\left(1-\frac{1}{3}E^{-1}\right)=0$。显然，系统的特征根为 $v_1=\frac{1}{2}$，$v_2=\frac{1}{3}$。

由式(5.6.33)可知 $y(k)=x(k)-\frac{1}{6}x(k-1)$，若需要求解 $k\geqslant 0$ 时系统的零输入响应 $y_x(k)$，则至少需要找到 $k\geqslant -1$ 时 $x(k)$的零输入分量，为此，采用放区间解法来确定 $x(k)$的零输入分量。由于 LSI 离散时间系统的特征根是不相等的实根，因此可设 $x(k)$的零输入分量的通解为

$$x_x(k)=C_1\left(\frac{1}{2}\right)^k+C_2\left(\frac{1}{3}\right)^k,\ k\geqslant -1 \tag{5.6.50}$$

考虑到齐次差分方程式(5.6.49)，则有

$$x(k)=\frac{5}{6}x(k-1)-\frac{1}{6}x(k-2) \tag{5.6.51}$$

考虑到式(5.6.48)，由式(5.6.51)可得

$$x(0)=\frac{5}{6}x(-1)-\frac{1}{6}x(-2)=\frac{5}{6}\times 18-\frac{1}{6}\times 18=12$$

考虑到式(5.6.50)及式(5.6.48)，则有

$$\begin{cases}x(-1)=x_x(-1)=2C_1+3C_2=18\\ x(0)=x_x(0)=C_1+C_2=12\end{cases}，解得 \begin{cases}C_1=18\\ C_2=-6\end{cases}$$

于是，$x(k)$的零输入分量为

$$x_x(k)=18\left(\frac{1}{2}\right)^k-6\left(\frac{1}{3}\right)^k,\ k\geqslant -1$$

LSI 离散时间因果系统的零输入响应为

$$\begin{aligned}y_x(k)&=x_x(k)-\frac{1}{6}x_x(k-1)\\&=18\left(\frac{1}{2}\right)^k-6\left(\frac{1}{3}\right)^k-\frac{1}{6}\left[18\left(\frac{1}{2}\right)^{k-1}-6\left(\frac{1}{3}\right)^{k-1}\right]\\&=18\left(\frac{1}{2}\right)^k-6\left(\frac{1}{3}\right)^k-\left[6\left(\frac{1}{2}\right)^k-3\left(\frac{1}{3}\right)^k\right]\\&=3\left[4\left(\frac{1}{2}\right)^k-\left(\frac{1}{3}\right)^k\right],\ k\geqslant 0\end{aligned}$$

5.6.3 LSI 离散时间系统单位冲激响应时域求解的七种处理方式

下面介绍 LSI 离散时间系统单位冲激响应的时域求解方法。包括不定求和降阶法、上限求和降阶法、待定系数法、迭代转换法、辅助方程法、叠加原理和算子法。

1. LSI 离散时间系统单位冲激响应的定义

一个 n 阶 LSI 离散时间因果系统的单位冲激响应 $h(k)$是描述系统的 n 阶线性常系数差分方程在给定系统的初始状态 $h(-i)=0(i=1,2,\cdots,n)$，并且激励 $f(k)=\delta(k)$条件下的解。

基于上述定义，将激励 $f(k)=\delta(k)$ 代入描述 n 阶 LSI 离散时间因果系统响应与激励关系的差分方程式(5.6.15)，就得到了需要求解的非齐次差分方程，即

$$D(E)h(k)=N(E)\delta(k) \tag{5.6.52}$$

式中，$D(E)=\sum_{i=0}^{n}a_{n-i}E^{-i}$，$N(E)=\sum_{j=0}^{m}b_{m-j}E^{-j}$，$h(-i)=0(i=1,2,\cdots,n)$。显然，差分方程式(5.6.52)可以写成

$$D(E)h(k)=b_m\delta(k)+b_{m-1}\delta(k-1)+\cdots+b_1\delta[k-(m-1)]+b_0\delta(k-m) \tag{5.6.53}$$

式中，$D(E)=\sum_{i=0}^{n}a_{n-i}E^{-i}$，$h(-i)=0(i=1,2,\cdots,n)$。

2. LSI 离散时间系统的单位冲激响应的通解公式

首先研究

$$D(E)h_1(k)=a_nh_1(k)+a_{n-1}h_1(k-1)+\cdots+a_1h_1[k-(n-1)]+a_0h_1(k-n)=\delta(k) \tag{5.6.54}$$

在 $h_1(-i)=0(i=1,2,\cdots,n)$条件下的解。

显然，当 $k=0$ 时，由式(5.6.54)可得

$$a_nh_1(0)+a_{n-1}h_1(-1)+\cdots+a_1h_1[-(n-1)]+a_0h_1(-n)=\delta(0) \tag{5.6.55}$$

考虑到 $h_1(-i)=0(i=1,2,\cdots,n)$，由式(5.6.55)可得

$$h_1(0)=\delta(0)/a_n=1/a_n \tag{5.6.56}$$

当 $k\geqslant1$ 时，差分方程式(5.6.54)退缩成为齐次差分方程，问题转化成求解齐次差分方程

$$\begin{cases}D(E)h_1(k)=a_nh_1(k)+a_{n-1}h_1(k-1)+\cdots+a_1h_1[k-(n-1)]+a_0h_1(k-n)=0\\ h_1(0)=1/a_n,\ h_1(-i)=0(i=1,2,\cdots,n-1)\end{cases} \tag{5.6.57}$$

由于式(5.6.57)是齐次差分方程，因此当 $k\geqslant1$ 时，该式可以写成

$$\begin{cases}D(E)y_h(k)=a_ny_h(k)+a_{n-1}y_h(k-1)+\cdots+a_1y_h[k-(n-1)]+a_0y_h(k-n)=0\\ y_h(0)=1/a_n,\ y_h(-i)=0(i=1,2,\cdots,n-1)\end{cases} \tag{5.6.58}$$

可见，当 $k\geqslant1$ 时求解 $h_1(k)$，即求解差分方程式(5.6.54)，等价于求解式(5.6.58)描述的齐次差分方程，即齐次解 $y_h(k)$。并且，差分方程式(5.6.54)右边的 $\delta(k)$ 对系统的贡献相当于为系统提供了一个初始条件 $y_h(0)=1/a_n$。因此，$h_1(k)$的通解可以表示成

$$\begin{aligned}h_1(k)&=h_1(0)\delta(k)+y_h(k)\varepsilon(k-1)\\&=h_1(0)\delta(k)+y_h(k)[\varepsilon(k)-\delta(k)]\\&=h_1(0)\delta(k)+y_h(k)\varepsilon(k)-y_h(0)\delta(k)\\&=[h_1(0)-y_h(0)]\delta(k)+y_h(k)\varepsilon(k)\end{aligned} \tag{5.6.59}$$

考虑到式(5.6.56)及齐次差分方程式(5.6.58)的求解条件，则式(5.6.59)可写成

$$h_1(k)=y_h(k)\varepsilon(k) \tag{5.6.60}$$

下面研究非齐次差分方程式(5.6.52)的解。

由于 n 阶 LSI 离散时间系统的响应具有移不变性质和可加性质，因此由叠加原理可以得到差分方程式(5.6.52)的通解公式，即

$$h(k)=\sum_{j=0}^{m}b_{m-j}h_1(k-j)=\sum_{j=0}^{m}b_{m-j}y_h(k-j)\varepsilon(k-j) \tag{5.6.61}$$

在式(5.6.61)中，由于每个 $y_h(k-j)$都包含了 n 项，求和意味着每一项有 $m+1$ 个同类项，合并同类项后，该式表示的 n 阶 LSI 离散时间系统的单位冲激响应的通解，总是可以写成

$$h(k)=\begin{cases} y_h(k)\varepsilon(k), & m<n \\ y_h(k)\varepsilon(k)+b_0/a_0\delta(k), & m=n \\ y_h(k)\varepsilon(k)+b_0/a_0\delta(k)+\sum\limits_{j=n+1}^{m}C_j\delta[k-(j-n)], & m>n \end{cases} \tag{5.6.62}$$

式中，$y_h(k)$是 n 阶线性常系数齐次差分方程 $D(E)y_h(k)=0$ 的解，并且 $y_h(k)$中有 n 个待定常数，$C_j(j=n+1,n+2,\cdots,m)$也为待定常数。

3. 利用一阶 LSI 离散时间因果系统的单位冲激响应来表示因果序列

例 5.6.7：一阶 LSI 离散时间因果系统的转移算子描述如图 5.6.4 所示。试求系统的单位冲激响应 $h(k)$。

解：考虑到 $y(k)=\dfrac{1}{1-vE^{-1}}f(k)$，则有

$$h(k)=\frac{1}{1-vE^{-1}}\delta(k) \tag{5.6.63}$$

$$h(k)-vh(k-1)=\delta(k)$$

$$v^{-k}h(k)-v^{-(k-1)}h(k-1)=v^{-k}\delta(k)=\delta(k)$$

$$\nabla[v^{-k}h(k)]=\nabla[\varepsilon(k)+C\times 1^k]$$

即

$$h(k)=Cv^k+v^k\varepsilon(k)$$

考虑到 $h(-1)=Cv^{-1}=0$，则有 $C=0$，于是式(5.6.63)可写成

$$h(k)=\frac{1}{1-vE^{-1}}\delta(k)=v^k\varepsilon(k) \tag{5.6.64}$$

式(5.6.64)表明，可利用一阶 LSI 离散时间因果系统的单位冲激响应 $h(k)$表示因果序列，如图 5.6.5 所示。

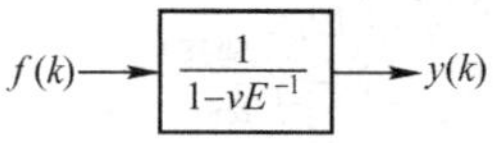

图 5.6.4　一阶 LSI 离散时间因果系统的转移算子描述

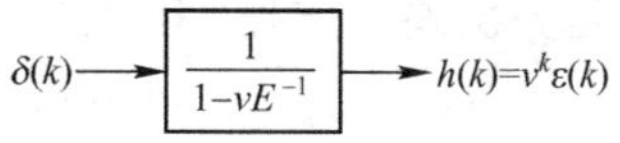

图 5.6.5　利用一阶 LSI 离散时间因果系统的 $h(k)$表示因果序列

4. 常用算子恒等式的导出

下面利用一令二分法来导出常用算子恒等式。

这里的一令二分法是指基于一阶 LSI 离散时间因果系统单位冲激响应的算子恒等式，先令其特征根为复数，再对转移算子的分母有理化，依据等式两边的实部和虚部应该分别相等来导出具有共轭复根、重实根以及重共轭复根的常用算子恒等式的一种方法。

在式(5.6.64)中，令 $v=a\mathrm{e}^{\mathrm{j}\Omega_0}$，其中 a 和 Ω_0 为实数，则有

$$\frac{1}{1-a\mathrm{e}^{\mathrm{j}\Omega_0}E^{-1}}\delta(k)=a^k\mathrm{e}^{\mathrm{j}\Omega_0k}\varepsilon(k)$$

即

$$\frac{1-a\mathrm{e}^{-\mathrm{j}\Omega_0}E^{-1}}{1-2a\cos\Omega_0E^{-1}+a^2E^{-2}}\delta(k)=a^k(\cos\Omega_0k+\mathrm{j}\sin\Omega_0k)\varepsilon(k)$$

考虑到等号两边的实部和虚部应该分别相等，则可得下述推论。

推论 1：

$$\frac{1-a\cos\Omega_0E^{-1}}{1-2a\cos\Omega_0E^{-1}+a^2E^{-2}}\delta(k)=a^k\cos\Omega_0k\varepsilon(k) \tag{5.6.65}$$

$$\frac{a\sin\Omega_0E^{-1}}{1-2a\cos\Omega_0E^{-1}+a^2E^{-2}}\delta(k)=a^k\sin\Omega_0k\varepsilon(k) \tag{5.6.66}$$

在式(5.6.65)及式(5.6.66)中，令 $a=1$，则可得下述推论。

推论 2：

$$\frac{1-\cos\Omega_0 E^{-1}}{1-2\cos\Omega_0 E^{-1}+E^{-2}}\delta(k)=\cos\Omega_0 k\varepsilon(k) \tag{5.6.67}$$

$$\frac{\sin\Omega_0 E^{-1}}{1-2\cos\Omega_0 E^{-1}+E^{-2}}\delta(k)=\sin\Omega_0 k\varepsilon(k) \tag{5.6.68}$$

考虑到式(5.6.66)，则可得下述推论。

推论 3：

$$\frac{aE^{-1}}{(1-aE^{-1})^2}\delta(k)=\lim_{\Omega_0\to 0}\frac{aE^{-1}}{1-2a\cos\Omega_0 E^{-1}+a^2E^{-2}}\delta(k)=\lim_{\Omega_0\to 0}a^k\frac{\sin\Omega_0 k}{\sin\Omega_0}\varepsilon(k)=ka^k\varepsilon(k) \tag{5.6.69}$$

式(5.6.69)可写成

$$\left[-\frac{1}{1-aE^{-1}}+\frac{1}{(1-aE^{-1})^2}\right]\delta(k)=ka^k\varepsilon(k)$$

于是可得下述推论。

推论 4：

$$\frac{1}{(1-aE^{-1})^2}\delta(k)=ka^k\varepsilon(k)+\frac{1}{1-aE^{-1}}\delta(k)=ka^k\varepsilon(k)+a^k\varepsilon(k)=(k+1)a^k\varepsilon(k) \tag{5.6.70}$$

在式(5.6.70)中，用 v 代替 a，可得

$$\frac{1}{(1-vE^{-1})^2}\delta(k)=(k+1)v^k\varepsilon(k) \tag{5.6.71}$$

在式(5.6.71)中，令 $v=a\mathrm{e}^{\mathrm{j}\Omega_0}$，其中 a 和 Ω_0 为实数，则有

$$\frac{1}{(1-a\mathrm{e}^{\mathrm{j}\Omega_0}E^{-1})^2}\delta(k)=(k+1)a^k\mathrm{e}^{\mathrm{j}\Omega_0 k}\varepsilon(k)$$

即

$$\frac{(1-a\mathrm{e}^{-\mathrm{j}\Omega_0}E^{-1})^2}{(1-2a\cos\Omega_0 E^{-1}+a^2E^{-2})^2}\delta(k)=(k+1)a^k\mathrm{e}^{\mathrm{j}\Omega_0 k}\varepsilon(k)$$

亦即

$$\frac{1-2a\mathrm{e}^{-\mathrm{j}\Omega_0}E^{-1}+a^2\mathrm{e}^{-\mathrm{j}2\Omega_0}E^{-2}}{(1-2a\cos\Omega_0 E^{-1}+a^2E^{-2})^2}\delta(k)=(k+1)a^k\mathrm{e}^{\mathrm{j}\Omega_0 k}\varepsilon(k)$$

考虑到等号两边的实部和虚部应该分别相等，则可得下述推论。

推论 5：

$$\frac{1-2a\cos\Omega_0 E^{-1}+a^2\cos 2\Omega_0 E^{-2}}{(1-2a\cos\Omega_0 E^{-1}+a^2E^{-2})^2}\delta(k)=(k+1)a^k\cos\Omega_0 k\varepsilon(k) \tag{5.6.72}$$

$$\frac{2a\sin\Omega_0 E^{-1}-a^2\sin 2\Omega_0 E^{-2}}{(1-2a\cos\Omega_0 E^{-1}+a^2E^{-2})^2}\delta(k)=(k+1)a^k\sin\Omega_0 k\varepsilon(k) \tag{5.6.73}$$

由式(5.6.73)可得

$$\frac{2a\sin\Omega_0 E^{-1}-2a^2\sin\Omega_0\cos\Omega_0 E^{-2}}{(1-2a\cos\Omega_0 E^{-1}+a^2E^{-2})^2}\delta(k)=(k+1)a^k\sin\Omega_0 k\varepsilon(k) \tag{5.6.74}$$

由式(5.6.74)可得

$$\begin{aligned}\frac{2aE^{-1}-2a^2E^{-2}}{(1-aE^{-1})^4}\delta(k)&=\lim_{\Omega_0\to 0}\frac{2aE^{-1}-2a^2\cos\Omega_0 E^{-2}}{(1-2a\cos\Omega_0 E^{-1}+a^2E^{-2})^2}\delta(k)\\&=\lim_{\Omega_0\to 0}(k+1)a^k\frac{\sin\Omega_0 k}{\sin\Omega_0}\varepsilon(k)\\&=(k+1)ka^k\varepsilon(k)\end{aligned}$$

即

$$\frac{aE^{-1}}{(1-aE^{-1})^3}\delta(k)=\frac{1}{2}(k+1)ka^k\varepsilon(k)$$

亦即

$$\left[-\frac{1}{(1-aE^{-1})^2}+\frac{1}{(1-aE^{-1})^3}\right]\delta(k)=\frac{1}{2}(k+1)ka^k\varepsilon(k)$$

考虑到式(5.6.71)，由上式可得下述推论。

推论 6：

$$\begin{aligned}\frac{1}{(1-vE^{-1})^3}\delta(k)&=\frac{1}{2}(k+1)kv^k\varepsilon(k)+\frac{1}{(1-vE^{-1})^2}\delta(k)\\&=\frac{1}{2}(k+1)kv^k\varepsilon(k)+(k+1)v^k\varepsilon(k)\\&=\frac{(k+2)(k+1)}{2!}v^k\varepsilon(k)\end{aligned}\tag{5.6.75}$$

考虑到式(5.6.75)，则可得下述推论。

推论 7：

$$\frac{n!}{(1-vE^{-1})^{n+1}}\delta(k)=\frac{(k+n)!}{k!}v^k\varepsilon(k)\tag{5.6.76}$$

上述的所有推论，为利用算子法求解特征根为实根、重实根、共轭复根以及重共轭复根的LSI离散时间因果系统的单位冲激响应，奠定了坚实基础。

5. 算子法

以一阶LSI离散时间系统单位冲激响应的转移算子表示为基础，若 n 阶LSI离散时间系统可以分解成 n 个一阶LSI离散时间系统的并联形式，则 n 阶LSI离散时间系统的单位冲激响应 $h(k)$ 为 n 个一阶LSI离散时间系统单位冲激响应之和，即

$$h(k)=H(E)\delta(k)=\left[\sum_{i=1}^{n}\frac{C_i}{1-v_iE^{-1}}\right]\delta(k)=\sum_{i=1}^{n}\frac{C_i}{1-v_iE^{-1}}\delta(k)=\sum_{i=1}^{n}C_iv_i^k\varepsilon(k),\ m<n\tag{5.6.77}$$

这种按式(5.6.77)来求解LSI离散时间系统单位冲激响应 $h(k)$ 的方法，称为算子法。

例 5.6.8：二阶LSI离散时间因果系统的转移算子描述如图5.6.6所示。试求系统的单位冲激响应 $h(k)$。

解：方法 1 考虑到 $y(k)=\dfrac{1}{\left(1-\frac{1}{2}E^{-1}\right)\left(1-\frac{1}{3}E^{-1}\right)}f(k)$，则有

$$\left(1-\frac{1}{2}E^{-1}\right)\left(1-\frac{1}{3}E^{-1}\right)y(k)=f(k)\tag{5.6.78}$$

设

$$\left(1-\frac{1}{3}E^{-1}\right)y(k)=x(k)\tag{5.6.79}$$

于是，式(5.6.78)又可写成

$$\left(1-\frac{1}{2}E^{-1}\right)x(k)=f(k)$$

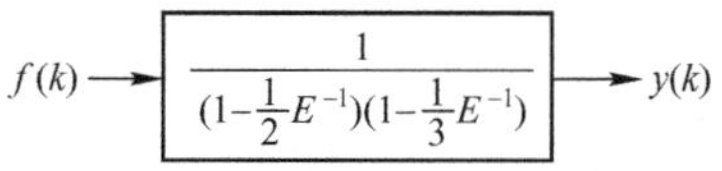

图5.6.6 二阶LSI离散时间因果系统的转移算子描述

即

$$x(k)=\frac{1}{1-\frac{1}{2}E^{-1}}f(k) \tag{5.6.80}$$

式(5.6.79)又可写成

$$y(k)=\frac{1}{1-\frac{1}{3}E^{-1}}x(k) \tag{5.6.81}$$

考虑到式(5.6.80)及式(5.6.81)，则图 5.6.6 所示的二阶 LSI 离散时间系统可以分解成两个一阶 LSI 离散时间系统的级联形式，如图 5.6.7 所示。

由图 5.6.7 可得

$$y(k)=x(k)*h_2(k)=f(k)*h_1(k)*h_2(k)=f(k)*h(k) \tag{5.6.82}$$

式中，$h(k)=h_1(k)*h_2(k)$，并且

$$h_1(k)=\frac{1}{1-\frac{1}{2}E^{-1}}\delta(k)=\left(\frac{1}{2}\right)^k\varepsilon(k)$$

$$h_2(k)=\frac{1}{1-\frac{1}{3}E^{-1}}\delta(k)=\left(\frac{1}{3}\right)^k\varepsilon(k)$$

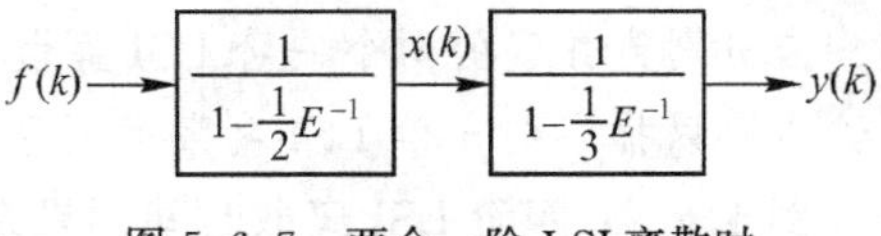

图 5.6.7　两个一阶 LSI 离散时间系统的级联形式

考虑到式(5.3.17)，则有

$$\begin{aligned}h(k)&=h_1(k)*h_2(k)=\left(\frac{1}{2}\right)^k\varepsilon(k)*\left(\frac{1}{3}\right)^k\varepsilon(k)\\&=\frac{1}{\frac{1}{2}-\frac{1}{3}}\left[\left(\frac{1}{2}\right)^{k+1}-\left(\frac{1}{3}\right)^{k+1}\right]\varepsilon(k)\\&=\left[3\left(\frac{1}{2}\right)^k-2\left(\frac{1}{3}\right)^k\right]\varepsilon(k)\end{aligned}$$

结论 3：

一个二阶 LSI 离散时间系统可以分解成两个一阶 LSI 离散时间系统的级联形式；反之，两个级联形式的一阶 LSI 离散时间系统可等价于一个 LSI 离散时间系统，该系统的转移算子及单位冲激响应分别为级联的两个一阶 LSI 离散时间系统的转移算子之积，以及单位冲激响应的线性卷和。该结论也可以推广到 n 阶 LSI 离散时间系统中。

方法 2　考虑到

$$y(k)=\frac{1}{\left(1-\frac{1}{2}E^{-1}\right)\left(1-\frac{1}{3}E^{-1}\right)}f(k)=\left(\frac{3}{1-\frac{1}{2}E^{-1}}-\frac{2}{1-\frac{1}{3}E^{-1}}\right)f(k)=y_1(k)+y_2(k) \tag{5.6.83}$$

式中

$$y_1(k)=\frac{3}{1-\frac{1}{2}E^{-1}}f(k)$$

$$y_2(k)=\frac{-2}{1-\frac{1}{3}E^{-1}}f(k)$$

考虑到式(5.6.83)，则图 5.6.6 所示的二阶 LSI 离散时间系统可以分解成两个一阶 LSI 离散时间系统的并联形式，如图 5.6.8 所示。

考虑到式(5.6.83)，则有

$$h(k)=h_1(k)+h_2(k)$$

$$=\frac{3}{1-\frac{1}{2}E^{-1}}\delta(k)-\frac{2}{1-\frac{1}{3}E^{-1}}\delta(k)$$

$$=\left[3\left(\frac{1}{2}\right)^k-2\left(\frac{1}{3}\right)^k\right]\varepsilon(k)$$

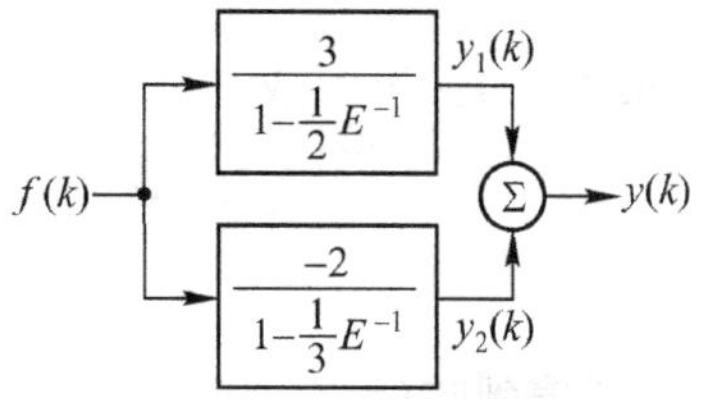

图 5.6.8　两个一阶 LSI 离散时间系统的并联形式

结论 4：

一个二阶 LSI 离散时间系统可以分解成两个一阶 LSI 离散时间系统的并联形式；反之，两个并联的一阶 LSI 离散时间系统可等价于一个 LSI 离散时间系统，该系统的转移算子及单位冲激响应分别为并联的两个一阶 LSI 离散时间系统的转移算子之和，以及单位冲激响应之和。该结论也可以推广到 n 阶 LSI 离散时间系统中。

例 5.6.9： 四阶 LSI 离散时间因果系统如图 5.6.9 所示。试分别求下列三种情况时系统的单位冲激响应 $h(k)$。

(1) $b_2=1$，$b_1=b_0=0$

(2) $b_1=1$，$b_2=b_0=0$

(3) $b_0=1$，$b_2=b_1=0$

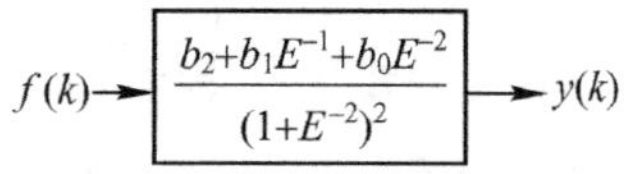

图 5.6.9　具有重共轭复根的四阶LSI离散时间系统

解： 考虑到推论 2，即式(5.6.67)及式(5.6.68)，令 $\Omega_0=\pi/2$，则有

$$\frac{1}{1+E^{-2}}\delta(k)=\cos\frac{\pi k}{2}\varepsilon(k) \tag{5.6.84}$$

$$\frac{E^{-1}}{1+E^{-2}}\delta(k)=\sin\frac{\pi k}{2}\varepsilon(k) \tag{5.6.85}$$

考虑到推论 5，即式(5.6.72)及式(5.6.73)，令 $a=1$，$\Omega_0=\pi/2$，则有

$$\frac{1-E^{-2}}{(1+E^{-2})^2}\delta(k)=(k+1)\cos\frac{\pi k}{2}\varepsilon(k) \tag{5.6.86}$$

$$\frac{2E^{-1}}{(1+E^{-2})^2}\delta(k)=(k+1)\sin\frac{\pi k}{2}\varepsilon(k) \tag{5.6.87}$$

(1) 当 $b_2=1$，$b_1=b_0=0$ 时

考虑到式(5.6.84)及式(5.6.86)，则有

$$h(k)=h_1(k)*h_2(k)=\cos\frac{\pi k}{2}\varepsilon(k)*\cos\frac{\pi k}{2}\varepsilon(k)$$

$$=\frac{1}{(1+E^{-2})^2}\delta(k)=\frac{1}{2}\frac{1+E^{-2}+1-E^{-2}}{(1+E^{-2})^2}\delta(k)$$

$$=\frac{1}{2}\left[\frac{1}{1+E^{-2}}+\frac{1-E^{-2}}{(1+E^{-2})^2}\right]\delta(k)$$

$$=\frac{1}{2}\left[\cos\frac{\pi k}{2}\varepsilon(k)+(k+1)\cos\frac{\pi k}{2}\varepsilon(k)\right]$$

$$=\frac{k+2}{2}\cos\frac{\pi k}{2}\varepsilon(k)$$

(2) 当 $b_1=1$，$b_2=b_0=0$ 时

考虑到式(5.6.84)、式(5.6.85)及式(5.6.87)，则有

$$h(k)=h_1(k)*h_2(k)=\cos\frac{\pi k}{2}\varepsilon(k)*\sin\frac{\pi k}{2}\varepsilon(k)$$
$$=\frac{E^{-1}}{(1+E^{-2})^2}\delta(k)=\frac{k+1}{2}\sin\frac{\pi k}{2}\varepsilon(k)$$

(3) 当 $b_0=1$，$b_2=b_1=0$ 时

考虑到式(5.6.85)、式(5.6.84)及式(5.6.86)，则有

$$h(k)=h_1(k)*h_2(k)=\sin\frac{\pi k}{2}\varepsilon(k)*\sin\frac{\pi k}{2}\varepsilon(k)$$
$$=\frac{E^{-2}}{(1+E^{-2})^2}\delta(k)=\frac{1}{2}\frac{1+E^{-2}-1+E^{-2}}{(1+E^{-2})^2}\delta(k)$$
$$=\frac{1}{2}\left[\frac{1}{1+E^{-2}}-\frac{1-E^{-2}}{(1+E^{-2})^2}\right]\delta(k)$$
$$=\frac{1}{2}\left[\cos\frac{\pi k}{2}\varepsilon(k)-(k+1)\cos\frac{\pi k}{2}\varepsilon(k)\right]$$
$$=-\frac{k}{2}\cos\frac{\pi k}{2}\varepsilon(k)$$

由此可见，该例与例 5.3.16 中计算 $\cos\frac{\pi k}{2}\varepsilon(k)*\cos\frac{\pi k}{2}\varepsilon(k)$、$\cos\frac{\pi k}{2}\varepsilon(k)*\sin\frac{\pi k}{2}\varepsilon(k)$及 $\sin\frac{\pi k}{2}\varepsilon(k)*\sin\frac{\pi k}{2}\varepsilon(k)$得到的结果是相同的。

例 5.6.10：已知描述二阶 LSI 离散时间因果系统响应 $y(k)$与激励 $f(k)$的差分方程为

$$6y(k)-5y(k-1)+y(k-2)=18f(k)-4f(k-1)-4f(k-2)+f(k-3) \tag{5.6.88}$$

试求系统的单位冲激响应 $h(k)$。

解：考虑到差分方程式(5.6.88)，则有

$$y(k)=\frac{18-4E^{-1}-4E^{-2}+E^{-3}}{6-5E^{-1}+E^{-2}}f(k)$$

于是

$$h(k)=\frac{18-4E^{-1}-4E^{-2}+E^{-3}}{6-5E^{-1}+E^{-2}}\delta(k)$$
$$=\frac{(6-5E^{-1}+E^{-2})E^{-1}+(6-5E^{-1}+E^{-2})+12-5E^{-1}}{6-5E^{-1}+E^{-2}}\delta(k)$$
$$=\left[1+E^{-1}+\frac{12-5E^{-1}}{(2-E^{-1})(3-E^{-1})}\right]\delta(k)$$
$$=\left(1+E^{-1}+\frac{2}{2-E^{-1}}+\frac{3}{3-E^{-1}}\right)\delta(k)$$
$$=\left(1+E^{-1}+\frac{1}{1-\frac{1}{2}E^{-1}}+\frac{1}{1-\frac{1}{3}E^{-1}}\right)\delta(k)$$
$$=\delta(k)+E^{-1}\delta(k)+\frac{1}{1-\frac{1}{2}E^{-1}}\delta(k)+\frac{1}{1-\frac{1}{3}E^{-1}}\delta(k)$$
$$=\delta(k)+\delta(k-1)+\left(\frac{1}{2}\right)^k\varepsilon(k)+\left(\frac{1}{3}\right)^k\varepsilon(k)$$
$$=\delta(k)+\delta(k-1)+\left[\left(\frac{1}{2}\right)^k+\left(\frac{1}{3}\right)^k\right]\varepsilon(k)$$

6. LSI离散时间系统单位冲激响应时域求解的七种处理方式

下面将以例题的形式介绍LSI离散时间系统单位冲激响应时域的七种处理方式伴随的求解方法。

例5.6.11：二阶LSI离散时间因果系统的转移算子描述如图5.6.10所示。试求系统的单位冲激响应$h(k)$。

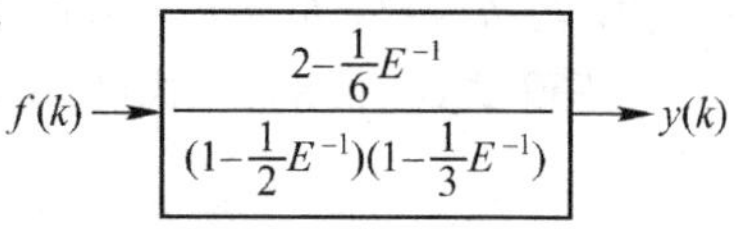

图5.6.10　二阶LSI离散时间因果系统的转移算子描述

解：由图5.6.10可得

$$y(k)=\frac{2-\frac{1}{6}E^{-1}}{\left(1-\frac{1}{2}E^{-1}\right)\left(1-\frac{1}{3}E^{-1}\right)}f(k)=\frac{N(E)}{D(E)}f(k)\tag{5.6.89}$$

式中，$D(E)=\left(1-\frac{1}{2}E^{-1}\right)\left(1-\frac{1}{3}E^{-1}\right)$是$n=2$的特征多项式，$N(E)=2-\frac{1}{6}E^{-1}$是$m=1$的多项式，即满足$m<n$。

方法1　不定求和降阶法

对描述LSI离散时间系统的差分方程，基于序列的不定求和公式，通过不定求和逐次降阶，可获得整个区间$k\in(-\infty,+\infty)$上的通解；再利用系统的初始状态$y(-i)(i=1,2,\cdots,n)$确定通解中的待定系数获得系统的响应，这种求解系统响应的方法称为不定求和降阶法。

考虑到式(5.6.89)，则有

$$h(k)-\frac{5}{6}h(k-1)+\frac{1}{6}h(k-2)=2\delta(k)-\frac{1}{6}\delta(k-1)\tag{5.6.90}$$

二阶线性常系数非齐次差分方程式(5.6.90)又可写成

$$\left[h(k)-\frac{1}{3}h(k-1)\right]-\frac{1}{2}\left[h(k-1)-\frac{1}{3}h(k-2)\right]=2\delta(k)-\frac{1}{6}\delta(k-1)$$

$$\left[h(k)-\frac{1}{3}h(k-1)\right]2^k-\left[h(k-1)-\frac{1}{3}h(k-2)\right]2^{k-1}=2^{k+1}\delta(k)-\frac{1}{6}\times2^k\delta(k-1)$$

$$\left[h(k)-\frac{1}{3}h(k-1)\right]2^k-\left[h(k-1)-\frac{1}{3}h(k-2)\right]2^{k-1}=2\delta(k)-\frac{1}{3}\delta(k-1)$$

$$\nabla\left\{\left[h(k)-\frac{1}{3}h(k-1)\right]2^k\right\}=\nabla\left[2\varepsilon(k)-\frac{1}{3}\varepsilon(k-1)\right]\tag{5.6.91}$$

对式(5.6.91)的等号两边分别做不定求和，可得

$$\left[h(k)-\frac{1}{3}h(k-1)\right]2^k=C_1\times1^k+2\varepsilon(k)-\frac{1}{3}\varepsilon(k-1)$$

$$h(k)-\frac{1}{3}h(k-1)=C_1\left(\frac{1}{2}\right)^k+2\left(\frac{1}{2}\right)^k\varepsilon(k)-\frac{1}{3}\left(\frac{1}{2}\right)^k[\varepsilon(k)-\delta(k)]$$

$$h(k)-\frac{1}{3}h(k-1)=C_1\left(\frac{1}{2}\right)^k+\frac{1}{3}\delta(k)+\frac{5}{3}\left(\frac{1}{2}\right)^k\varepsilon(k)$$

同理，可得

$$h(k)3^k-h(k-1)3^{k-1}=C_1\left(\frac{3}{2}\right)^k+\frac{1}{3}\times3^k\delta(k)+\frac{5}{3}\left(\frac{3}{2}\right)^k\varepsilon(k)$$

$$\nabla[h(k)3^k]=\nabla\left[C_1\frac{(3/2)^{k+1}}{3/2-1}+\frac{1}{3}\varepsilon(k)+\frac{5}{3}\frac{(3/2)^{k+1}-1^k}{3/2-1}\varepsilon(k)\right]$$

$$h(k)3^k=3C_1\left(\frac{3}{2}\right)^k+C_2\times 1^k+\frac{1}{3}\varepsilon(k)+\frac{10}{3}\left[\left(\frac{3}{2}\right)^{k+1}-1^k\right]\varepsilon(k)$$

即

$$h(k)=3C_1\left(\frac{1}{2}\right)^k+C_2\left(\frac{1}{3}\right)^k+\left[5\left(\frac{1}{2}\right)^k-3\left(\frac{1}{3}\right)^k\right]\varepsilon(k)$$

考虑到 $h(-2)=h(-1)=0$，则有 $C_1=C_2=0$。于是，LSI 离散时间因果系统的单位冲激响应为

$$h(k)=\left[5\left(\frac{1}{2}\right)^k-3\left(\frac{1}{3}\right)^k\right]\varepsilon(k)$$

方法 2　上限求和降阶法

对描述 LSI 离散时间系统的差分方程，基于序列的原序列公式，通过上限求和并结合系统的初始状态 $y(-i)(i=1,2,\cdots,n)$ 逐次降阶，获得区间 $k\in[-n,+\infty)$ 上的系统响应，从而得到区间 $k\in[0,+\infty)$ 上的系统响应，这种求解系统响应的方法称为上限求和降阶法。

考虑到式(5.6.91)，则有

$$\nabla\left\{\left[h(m)-\frac{1}{3}h(m-1)\right]2^m\right\}=\nabla\left[2\varepsilon(m)-\frac{1}{3}\varepsilon(m-1)\right] \tag{5.6.92}$$

在区间 $m\in[0,k]$ 上，对式(5.6.92)的等号两边分别求和，可得

$$\sum_{m=0}^{k}\nabla\left\{\left[h(m)-\frac{1}{3}h(m-1)\right]2^m\right\}=\sum_{m=0}^{k}\nabla\left[2\varepsilon(m)-\frac{1}{3}\varepsilon(m-1)\right]$$

$$\left[h(m)-\frac{1}{3}h(m-1)\right]2^m\Big|_{-1}^{k}=\left[2\varepsilon(m)-\frac{1}{3}\varepsilon(m-1)\right]\Big|_{-1}^{k}$$

考虑到 $h(-2)=h(-1)=0$，则有

$$\left[h(k)-\frac{1}{3}h(k-1)\right]2^k=2\varepsilon(k)-\frac{1}{3}\varepsilon(k-1)$$

$$h(k)-\frac{1}{3}h(k-1)=2\left(\frac{1}{2}\right)^k\varepsilon(k)-\frac{1}{3}\left(\frac{1}{2}\right)^k[\varepsilon(k)-\delta(k)]=\frac{5}{3}\left(\frac{1}{2}\right)^k\varepsilon(k)+\frac{1}{3}\delta(k)$$

同理，可得

$$h(k)3^k-h(k-1)3^{k-1}=\frac{5}{3}\left(\frac{3}{2}\right)^k\varepsilon(k)+\frac{1}{3}3^k\delta(k)=\frac{5}{3}\left(\frac{3}{2}\right)^k\varepsilon(k)+\frac{1}{3}\delta(k)$$

$$\nabla[h(k)3^k]=\nabla\left[\frac{5}{3}\frac{(3/2)^{k+1}-1^k}{3/2-1}\varepsilon(k)+\frac{1}{3}\varepsilon(k)\right]$$

$$\nabla[h(m)3^m]=\nabla\left[\frac{10}{3}\left(\frac{3}{2}\right)^{m+1}\varepsilon(m)-3\varepsilon(m)\right] \tag{5.6.93}$$

在区间 $m\in[0,k]$ 上，对式(5.6.93)的等号两边分别求和，可得

$$\sum_{m=0}^{k}\nabla[h(m)3^m]=\sum_{m=0}^{k}\nabla\left[\frac{10}{3}\left(\frac{3}{2}\right)^{m+1}\varepsilon(m)-3\varepsilon(m)\right]$$

$$h(m)3^m\Big|_{-1}^{k}=\left[\frac{10}{3}\left(\frac{3}{2}\right)^{m+1}-3\right]\varepsilon(m)\Big|_{-1}^{k}$$

考虑到 $h(-1)=0$，则有

$$h(k)3^k=\left[\frac{10}{3}\left(\frac{3}{2}\right)^{k+1}-3\right]\varepsilon(k)$$

于是，LSI 离散时间因果系统的单位冲激响应为

$$h(k)=\left[5\left(\frac{1}{2}\right)^k-3\left(\frac{1}{3}\right)^k\right]\varepsilon(k)$$

方法 3 待定系数法

5.6.2 节介绍了待定系数法，该方法也可用于求解 LSI 离散时间系统的单位冲激响应。

由式(5.6.62)可知，因为 $m<n$，所以可设系统单位冲激响应的通解为

$$h(k)=y_h(k)\varepsilon(k)=\left[C_1\left(\frac{1}{2}\right)^k+C_2\left(\frac{1}{3}\right)^k\right]\varepsilon(k)$$

于是

$$\begin{aligned}h(k-1)&=\left[C_1\left(\frac{1}{2}\right)^{k-1}+C_2\left(\frac{1}{3}\right)^{k-1}\right]\varepsilon(k-1)\\&=\left[2C_1\left(\frac{1}{2}\right)^k+3C_2\left(\frac{1}{3}\right)^k\right][\varepsilon(k)-\delta(k)]\\&=\left[2C_1\left(\frac{1}{2}\right)^k+3C_2\left(\frac{1}{3}\right)^k\right]\varepsilon(k)-(2C_1+3C_2)\delta(k)\end{aligned}$$

$$\begin{aligned}h(k-2)&=\left[2C_1\left(\frac{1}{2}\right)^{k-1}+3C_2\left(\frac{1}{3}\right)^{k-1}\right]\varepsilon(k-1)-(2C_1+3C_2)\delta(k-1)\\&=\left[4C_1\left(\frac{1}{2}\right)^k+9C_2\left(\frac{1}{3}\right)^k\right][\varepsilon(k)-\delta(k)]-(2C_1+3C_2)\delta(k-1)\\&=\left[4C_1\left(\frac{1}{2}\right)^k+9C_2\left(\frac{1}{3}\right)^k\right]\varepsilon(k)-(4C_1+9C_2)\delta(k)-(2C_1+3C_2)\delta(k-1)\end{aligned}$$

将 $h(k)$、$h(k-1)$及 $h(k-2)$代入差分方程式(5.6.90)，可得

$$(C_1+C_2)\delta(k)-\frac{1}{6}(2C_1+3C_2)\delta(k-1)=2\delta(k)-\frac{1}{6}\delta(k-1)$$

即

$$\begin{cases}C_1+C_2=2\\2C_1+3C_2=1\end{cases}\text{，解得}\begin{cases}C_1=5\\C_2=-3\end{cases}$$

于是，LSI 离散时间因果系统的单位冲激响应为

$$h(k)=\left[5\left(\frac{1}{2}\right)^k-3\left(\frac{1}{3}\right)^k\right]\varepsilon(k)$$

由此可见，待定系数法是通过比较差分方程两端 $\delta(k)$及 $\delta(k-1)$的系数来确定待定系数，从而获得差分方程式(5.6.90)的解的。

方法 4 迭代转换法

对描述 n 阶 LSI 离散时间系统的差分方程 $D(E)y(k)=N(E)f(k)$，基于系统的初始状态 $y(-i)(i=1,2,\cdots,n)$，通过非齐次差分方程 $D(E)y(k)=N(E)f(k)$迭代出系统的初始条件 $y(l)(l=0,1,2,\cdots,n-1)$，再利用待定系数法获得系统的响应。这种求解系统响应的方法，称为迭代转换法。

由差分方程式(5.6.90)，可得

$$h(k)=\frac{5}{6}h(k-1)-\frac{1}{6}h(k-2)+2\delta(k)-\frac{1}{6}\delta(k-1)$$

考虑到 $h(-2)=h(-1)=0$，则有

$$h(0)=\frac{5}{6}h(-1)-\frac{1}{6}h(-2)+2\delta(0)-\frac{1}{6}\delta(-1)=0-0+2-0=2$$

$$h(1)=\frac{5}{6}h(0)-\frac{1}{6}h(-1)+2\delta(1)-\frac{1}{6}\delta(0)=\frac{5}{3}-0+0-\frac{1}{6}=\frac{3}{2}$$

由式(5.6.62)可知，因为 $m<n$，所以可设系统单位冲激响应的通解为

$$h(k)=y_h(k)\varepsilon(k)=\left[C_1\left(\frac{1}{2}\right)^k+C_2\left(\frac{1}{3}\right)^k\right]\varepsilon(k)$$

于是

$$\begin{cases}h(0)=C_1+C_2=2\\ h(1)=\dfrac{1}{2}C_1+\dfrac{1}{3}C_2=\dfrac{3}{2}\end{cases}，解得 \begin{cases}C_1=5\\ C_2=-3\end{cases}$$

那么 LSI 离散时间因果系统的单位冲激响应为

$$h(k)=\left[5\left(\frac{1}{2}\right)^k-3\left(\frac{1}{3}\right)^k\right]\varepsilon(k)$$

方法 5　叠加原理

2.6.5 节利用叠加原理求解了 LTI 连续时间系统的单位冲激响应，叠加原理也可用于求解 LSI 离散时间系统的单位冲激响应。

(1) 首先求差分方程 $h(k)-\frac{5}{6}h(k-1)+\frac{1}{6}h(k-2)=2\delta(k)$ 的解 $h_1(k)$

考虑到 $h_1(k)-\frac{5}{6}h_1(k-1)+\frac{1}{6}h_1(k-2)=2\delta(k)$，则有

$$h_1(k)=\frac{5}{6}h_1(k-1)-\frac{1}{6}h(k-2)+2\delta(k)$$

考虑到 $h_1(-2)=h_1(-1)=0$，则有

$$h_1(0)=\frac{5}{6}h_1(-1)-\frac{1}{6}h_1(-2)+2\delta(0)=0+0+2=2$$

$$h_1(1)=\frac{5}{6}h_1(0)-\frac{1}{6}h_1(-1)+2\delta(1)=\frac{5}{3}+0+0=\frac{5}{3}$$

考虑到 $n=2$，$m=0$，即满足 $m<n$。由式(5.6.62)可知，可设系统单位冲激响应的通解为

$$h_1(k)=y_h(k)\varepsilon(k)=\left[C_1\left(\frac{1}{2}\right)^k+C_2\left(\frac{1}{3}\right)^k\right]\varepsilon(k)$$

于是

$$\begin{cases}h_1(0)=C_1+C_2=2\\ h_1(1)=\dfrac{1}{2}C_1+\dfrac{1}{3}C_2=\dfrac{5}{3}\end{cases}，解得 \begin{cases}C_1=6\\ C_2=-4\end{cases}$$

因此

$$h_1(k)=2\left[3\left(\frac{1}{2}\right)^k-2\left(\frac{1}{3}\right)^k\right]\varepsilon(k)$$

(2) 再求差分方程 $h(k)-\frac{5}{6}h(k-1)+\frac{1}{6}h(k-2)=-\frac{1}{6}\delta(k-1)$ 的解 $h_2(k)$

考虑到 LSI 离散时间系统的线性性质和移不变性质，则有

$$\begin{aligned}h_2(k)&=-\frac{1}{12}h_1(k-1)=-\frac{1}{12}\times2\left[3\left(\frac{1}{2}\right)^{k-1}-2\left(\frac{1}{3}\right)^{k-1}\right]\varepsilon(k-1)\\&=-\left[\left(\frac{1}{2}\right)^k-\left(\frac{1}{3}\right)^k\right][\varepsilon(k)-\delta(k)]=-\left[\left(\frac{1}{2}\right)^k-\left(\frac{1}{3}\right)^k\right]\varepsilon(k)\end{aligned}$$

于是，LSI 离散时间因果系统的单位冲激响应为

$$h(k)=h_1(k)+h_2(k)=2\left[3\left(\frac{1}{2}\right)^k-2\left(\frac{1}{3}\right)^k\right]\varepsilon(k)-\left[\left(\frac{1}{2}\right)^k-\left(\frac{1}{3}\right)^k\right]\varepsilon(k)$$
$$=\left[5\left(\frac{1}{2}\right)^k-3\left(\frac{1}{3}\right)^k\right]\varepsilon(k)$$

方法 6　辅助方程法

2.6.6 节利用辅助方程法求解了 LTI 连续时间系统的单位冲激响应，该方法也可用于求解 LSI 离散时间系统的单位冲激响应。

(1) 首先求差分方程 $h(k)-\frac{5}{6}h(k-1)+\frac{1}{6}h(k-2)=\delta(k)$ 的解 $\hat{h}(k)$

显然，$\hat{h}(k)=\frac{1}{2}h_1(k)=\left[3\left(\frac{1}{2}\right)^k-2\left(\frac{1}{3}\right)^k\right]\varepsilon(k)$

(2) 再求 LSI 离散时间因果系统的单位冲激响应 $h(k)$

$$h(k)=N(E)\hat{h}(k)=\left(2-\frac{1}{6}E^{-1}\right)\hat{h}(k)$$
$$=2\left[3\left(\frac{1}{2}\right)^k-2\left(\frac{1}{3}\right)^k\right]\varepsilon(k)-\frac{1}{6}\left[3\left(\frac{1}{2}\right)^{k-1}-2\left(\frac{1}{3}\right)^{k-1}\right]\varepsilon(k-1)$$
$$=\left[6\left(\frac{1}{2}\right)^k-4\left(\frac{1}{3}\right)^k\right]\varepsilon(k)-\frac{1}{6}\left[6\left(\frac{1}{2}\right)^k-6\left(\frac{1}{3}\right)^k\right][\varepsilon(k)-\delta(k)]$$
$$=\left[5\left(\frac{1}{2}\right)^k-3\left(\frac{1}{3}\right)^k\right]\varepsilon(k)$$

方法 7　算子法

由题意，并考虑到式(5.6.89)，可知 LSI 离散时间因果系统的单位冲激响应为

$$h(k)=\frac{2-\frac{1}{6}E^{-1}}{\left(1-\frac{1}{2}E^{-1}\right)\left(1-\frac{1}{3}E^{-1}\right)}\delta(k)=\left(\frac{5}{1-\frac{1}{2}E^{-1}}-\frac{3}{1-\frac{1}{3}E^{-1}}\right)\delta(k)$$
$$=\frac{5}{1-\frac{1}{2}E^{-1}}\delta(k)-\frac{3}{1-\frac{1}{3}E^{-1}}\delta(k)=5\left(\frac{1}{2}\right)^k\varepsilon(k)-3\left(\frac{1}{3}\right)^k\varepsilon(k)$$
$$=\left[5\left(\frac{1}{2}\right)^k-3\left(\frac{1}{3}\right)^k\right]\varepsilon(k)$$

5.6.4　LSI 离散时间系统零状态响应时域求解的八种具体解法

本节介绍 LSI 离散时间系统零状态响应时域求解的八种方法，即不定求和降阶法、上限求和降阶法、待定系数法、迭代转换法、辅助方程法、叠加原理、算子法和线性卷和法。

1. LSI 离散时间系统的零状态响应的定义

一个 n 阶 LSI 离散时间因果系统的零状态响应 $y_f(k)$ 是描述系统的 n 阶线性常系数差分方程在给定激励 $f(k)$，且系统初始状态 $x_i(-1)=0(i=1,2,\cdots,n)$ 或 $y(-i)=0(i=1,2,\cdots,n)$ 条件下的解。

基于上述定义，将给定的激励 $f(k)$ 代入描述 n 阶 LSI 离散时间因果系统响应与激励关系的差分方程式(5.6.15)，就得到了需要求解的非齐次差分方程，即

$$D(E)y(k)=N(E)f(k)\tag{5.6.94}$$

式中，$D(E)=\sum_{i=0}^{n}a_{n-i}E^{-i}$，$N(E)=\sum_{j=0}^{m}b_{m-j}E^{-j}$，$y(-i)=0(i=1,2,\cdots,n)$。

由于 n 阶 LSI 离散时间系统的初始状态 $y(-i)=0(i=1,2,\cdots,n)$，因此决定了零状态响应 $y_f(k)$是一个因果序列。假设激励 $f(k)$为单个因果实指数序列，则零状态响应 $y_f(k)$的通解可表示为

$$y_f(k)=\begin{cases}[y_h(k)+y_p(k)]\varepsilon(k), & m<n+1\\ [y_h(k)+y_p(k)]\varepsilon(k)+C_{n+1}\delta(k), & m=n+1\\ [y_h(k)+y_p(k)]\varepsilon(k)+\sum\limits_{j=n+1}^{m}C_j\delta[k-(j-n-1)], & m>n+1\end{cases}\tag{5.6.95}$$

式中，$y_h(k)$是 n 阶线性常系数齐次差分方程 $D(E)y_h(k)=0$ 的解，并且 $y_h(k)$中有 n 个待定常数，$C_j(j=n+1,n+2,\cdots,m)$ 也为待定常数，$y_p(k)$是非齐次差分方程式(5.6.94)的特解。

式(5.6.95)表明，不必找出整个区间 $k\in(-\infty,+\infty)$上的齐次解和特解，只需找出 $k\geqslant0$ 时的齐次解和特解即可。

2. LSI 系统的零状态响应的八种具体解法

下面将以例题的形式，介绍 LSI 离散时间系统零状态响应时域的八种具体求解方法。

例 5.6.12：二阶 LSI 离散时间因果系统的转移算子描述如图 5.6.11 所示。已知系统的激励 $f(k)=\left(\frac{1}{2}\right)^k\varepsilon(k)$，试求系统的零状态响应 $y_f(k)$。

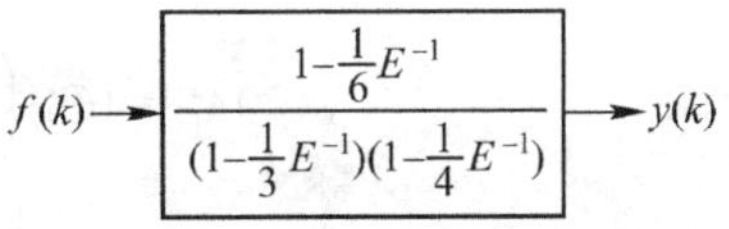

图 5.6.11　二阶 LSI 离散时间因果系统的转移算子描述

解：由图 5.6.11 可得

$$y(k)=\frac{1-\frac{1}{6}E^{-1}}{\left(1-\frac{1}{3}E^{-1}\right)\left(1-\frac{1}{4}E^{-1}\right)}f(k)=\frac{N(E)}{D(E)}f(k)\tag{5.6.96}$$

式中，$D(E)=\left(1-\frac{1}{3}E^{-1}\right)\left(1-\frac{1}{4}E^{-1}\right)$是 $n=2$ 的特征多项式，$N(E)=1-\frac{1}{6}E^{-1}$是 $m=1$ 的多项式。

5.6.2 节介绍的待定系数法，5.6.3 节介绍的不定求和降阶法、上限求和降阶法及迭代转换法等，都可用于求解 LSI 离散时间系统的零状态响应。

方法 1　采用不定求和降阶法求解

考虑到式(5.6.96)，则有

$$y(k)-\frac{7}{12}y(k-1)+\frac{1}{12}y(k-2)=f(k)-\frac{1}{6}f(k-1)=\left(\frac{1}{2}\right)^k\varepsilon(k)-\frac{1}{6}\left(\frac{1}{2}\right)^{k-1}\varepsilon(k-1)$$

即

$$y(k)-\frac{7}{12}y(k-1)+\frac{1}{12}y(k-2)=\frac{2}{3}\left(\frac{1}{2}\right)^k\varepsilon(k)+\frac{1}{3}\delta(k)\tag{5.6.97}$$

二阶线性常系数非齐次差分方程式(5.6.97)又写可成

$$\left[y(k)-\frac{1}{4}y(k-1)\right]-\frac{1}{3}\left[y(k-1)-\frac{1}{4}y(k-2)\right]=\frac{2}{3}\left(\frac{1}{2}\right)^k\varepsilon(k)+\frac{1}{3}\delta(k)$$

$$\left[y(k)-\frac{1}{4}y(k-1)\right]3^k-\left[y(k-1)-\frac{1}{4}y(k-2)\right]3^{k-1}=\frac{2}{3}\left(\frac{3}{2}\right)^k\varepsilon(k)+\frac{1}{3}\times3^k\delta(k)$$

$$\left[y(k)-\frac{1}{4}y(k-1)\right]3^k-\left[y(k-1)-\frac{1}{4}y(k-2)\right]3^{k-1}=\frac{2}{3}\left(\frac{3}{2}\right)^k\varepsilon(k)+\frac{1}{3}\delta(k)$$

$$\nabla\left\{\left[y(k)-\frac{1}{4}y(k-1)\right]3^k\right\}=\nabla\left[\frac{2}{3}\frac{\left(\frac{3}{2}\right)^{k+1}-1^k}{\frac{3}{2}-1}\varepsilon(k)+\frac{1}{3}\varepsilon(k)\right]$$

$$\nabla\left\{\left[y(k)-\frac{1}{4}y(k-1)\right]3^k\right\}=\nabla\left[2\left(\frac{3}{2}\right)^k\varepsilon(k)-\varepsilon(k)\right] \tag{5.6.98}$$

对式(5.6.98)的等号两边分别做不定求和，可得

$$\left[y(k)-\frac{1}{4}y(k-1)\right]3^k=C_1\times1^k+2\left(\frac{3}{2}\right)^k\varepsilon(k)-\varepsilon(k)$$

$$y(k)-\frac{1}{4}y(k-1)=C_1\left(\frac{1}{3}\right)^k+2\left(\frac{1}{2}\right)^k\varepsilon(k)-\left(\frac{1}{3}\right)^k\varepsilon(k)$$

同理，可得

$$y(k)4^k-y(k-1)4^{k-1}=C_1\left(\frac{4}{3}\right)^k+2\times2^k\varepsilon(k)-\left(\frac{4}{3}\right)^k\varepsilon(k)$$

$$\nabla[y(k)4^k]=\nabla\left[C_1\frac{\left(\frac{4}{3}\right)^{k+1}}{\frac{4}{3}-1}+2\frac{2^{k+1}-1^k}{2-1}\varepsilon(k)-\frac{\left(\frac{4}{3}\right)^{k+1}-1^k}{\frac{4}{3}-1}\varepsilon(k)\right]$$

$$\nabla[y(k)4^k]=\nabla\left[4C_1\left(\frac{4}{3}\right)^k+4\times2^k\varepsilon(k)+\varepsilon(k)-4\left(\frac{4}{3}\right)^k\varepsilon(k)\right]$$

$$y(k)4^k=4C_1\left(\frac{4}{3}\right)^k+C_2\times1^k+4\times2^k\varepsilon(k)+\varepsilon(k)-4\left(\frac{4}{3}\right)^k\varepsilon(k)$$

$$y(k)=4C_1\left(\frac{1}{3}\right)^k+C_2\left(\frac{1}{4}\right)^k+\left[4\left(\frac{1}{2}\right)^k-4\left(\frac{1}{3}\right)^k+\left(\frac{1}{4}\right)^k\right]\varepsilon(k)$$

考虑到 $y(-2)=y(-1)=0$，则有 $C_1=0$，$C_2=0$。于是，LSI 离散时间因果系统的零状态响应为

$$y_f(k)=\left[4\left(\frac{1}{2}\right)^k-4\left(\frac{1}{3}\right)^k+\left(\frac{1}{4}\right)^k\right]\varepsilon(k)$$

方法 2 上限求和降阶法

考虑到式(5.6.98)，则有

$$\nabla\left\{\left[y(m)-\frac{1}{4}y(m-1)\right]3^m\right\}=\nabla\left[2\left(\frac{3}{2}\right)^m\varepsilon(m)-\varepsilon(m)\right] \tag{5.6.99}$$

在区间 $m\in[0,k]$上，对式(5.6.99)的等号两边分别求和，可得

$$\left[y(m)-\frac{1}{4}y(m-1)\right]3^m\Big|_{-1}^{k}=\left[2\left(\frac{3}{2}\right)^m\varepsilon(m)-\varepsilon(m)\right]\Big|_{-1}^{k}$$

考虑到 $y(-2)=y(-1)=0$，则有

$$\left[y(k)-\frac{1}{4}y(k-1)\right]3^k=2\left(\frac{3}{2}\right)^k\varepsilon(k)-\varepsilon(k)$$

$$y(k)-\frac{1}{4}y(k-1)=2\left(\frac{1}{2}\right)^k\varepsilon(k)-\left(\frac{1}{3}\right)^k\varepsilon(k)$$

同理，可得

$$y(k)4^k-y(k-1)4^{k-1}=2\times2^k\varepsilon(k)-\left(\frac{4}{3}\right)^k\varepsilon(k)$$

$$\nabla[y(k)4^k]=\nabla\left[2\frac{2^{k+1}-1^k}{2-1}\varepsilon(k)-\frac{\left(\frac{4}{3}\right)^{k+1}-1^k}{\frac{4}{3}-1}\varepsilon(k)\right]$$

$$\nabla[y(k)4^k]=\nabla\left[4\times2^k\varepsilon(k)-4\left(\frac{4}{3}\right)^k\varepsilon(k)+\varepsilon(k)\right]$$

$$\nabla[y(m)4^m]=\nabla\left[4\times2^m\varepsilon(m)-4\left(\frac{4}{3}\right)^m\varepsilon(m)+\varepsilon(m)\right] \tag{5.6.100}$$

在区间 $m\in[0,k]$上，对式(5.6.100)的等号两边分别求和，可得

$$y(m)4^m\Big|_{-1}^{k}=\left[4\times2^m-4\left(\frac{4}{3}\right)^m+1\right]\varepsilon(m)\Big|_{-1}^{k}$$

考虑到 $y(-1)=0$，则有

$$y(k)4^k=\left[4\times2^k-4\left(\frac{4}{3}\right)^k+1\right]\varepsilon(k)$$

于是，LSI 离散时间因果系统的零状态响应为

$$y_f(k)=\left[4\left(\frac{1}{2}\right)^k-4\left(\frac{1}{3}\right)^k+\left(\frac{1}{4}\right)^k\right]\varepsilon(k)$$

方法 3　待定系数法

(1) 首先求非齐次差分方程式(5.6.97)对应的齐次差分方程式(5.6.101)的通解

$$y(k)-\frac{7}{12}y(k-1)+\frac{1}{12}y(k-2)=0 \tag{5.6.101}$$

考虑到齐次差分方程式(5.6.101)，则系统的特征方程为 $1-\frac{7}{12}E^{-1}+\frac{1}{12}E^{-2}=0$，即 $\left(1-\frac{1}{3}E^{-1}\right)\left(1-\frac{1}{4}E^{-1}\right)=0$。显然，LSI 离散时间系统的特征根为 $v_1=\frac{1}{3}$，$v_2=\frac{1}{4}$。

由于 LSI 离散时间系统的特征根是不相等的实根，因此可设齐次差分方程式(5.6.101)的通解为

$$y_h(k)=A_1\left(\frac{1}{3}\right)^k+A_2\left(\frac{1}{4}\right)^k,\ k\in(-\infty,+\infty) \tag{5.6.102}$$

式中，A_1 和 A_2 为任意常数。

(2) 再求特解

当 $k\geqslant0$ 时，差分方程式(5.6.97)可写成

$$y(k)-\frac{7}{12}y(k-1)+\frac{1}{12}y(k-2)=\frac{2}{3}\left(\frac{1}{2}\right)^k+\frac{1}{3}\delta(k) \tag{5.6.103}$$

非齐次差分方程式(5.6.103)表明，其特解应该由两部分组成。

① 求非齐次差分方程式(5.6.104)的特解

$$y(k)-\frac{7}{12}y(k-1)+\frac{1}{12}y(k-2)=\frac{2}{3}\left(\frac{1}{2}\right)^k \tag{5.6.104}$$

由于差分方程式(5.6.104)右边$\left(\frac{1}{2}\right)^k$中的底数$\frac{1}{2}$不是特征方程的根，因此可设特解为

$$y_{p1}(k)=C\left(\frac{1}{2}\right)^k,\ k\geqslant0$$

于是

$$y_{p_1}(k-1)=C\left(\frac{1}{2}\right)^{k-1}=2\left(\frac{1}{2}\right)^{k}$$

$$y_{p_1}(k-2)=C\left(\frac{1}{2}\right)^{k-2}=4\left(\frac{1}{2}\right)^{k}$$

将 $y_{p_1}(k)$、$y_{p_1}(k-1)$ 和 $y_{p_1}(k-2)$ 代入非齐次差分方程式(5.6.104)，则有

$$\left(1-\frac{14}{12}+\frac{4}{12}\right)C\left(\frac{1}{2}\right)^{k}=\frac{2}{3}\left(\frac{1}{2}\right)^{k}$$

即 $\frac{1}{6}C=\frac{2}{3}$，解得 $C=4$，于是特解 $y_{p_1}(k)=C\left(\frac{1}{2}\right)^{k}=4\left(\frac{1}{2}\right)^{k}$，$k\geqslant 0$。

② 求非齐次差分方程式(5.6.105)的特解

$$y(k)-\frac{7}{12}y(k-1)+\frac{1}{12}y(k-2)=\frac{1}{3}\delta(k) \tag{5.6.105}$$

由 5.6.3 节的分析可知，非齐次差分方程式(5.6.105)与齐次差分方程式(5.6.101)的解模式相同，即可设特解为

$$y_{p_2}(k)=\left[B_1\left(\frac{1}{3}\right)^{k}+B_2\left(\frac{1}{4}\right)^{k}\right]\varepsilon(k)$$

由于 $m<n+1$，根据式(5.6.95)，可设系统零状态响应的通解为

$$y_f(k)=y_h(k)\varepsilon(k)+y_{p_1}(k)\varepsilon(k)+y_{p_2}(k)\varepsilon(k)=\left[C_1\left(\frac{1}{3}\right)^{k}+C_2\left(\frac{1}{4}\right)^{k}+4\left(\frac{1}{2}\right)^{k}\right]\varepsilon(k)$$

式中，待定系数 $C_1=A_1+B_1$，$C_2=A_2+B_2$。于是

$$\begin{aligned}y_f(k-1)&=\left[C_1\left(\frac{1}{3}\right)^{k-1}+C_2\left(\frac{1}{4}\right)^{k-1}+4\left(\frac{1}{2}\right)^{k-1}\right]\varepsilon(k-1)\\&=\left[3C_1\left(\frac{1}{3}\right)^{k}+4C_2\left(\frac{1}{4}\right)^{k}+8\left(\frac{1}{2}\right)^{k}\right][\varepsilon(k)-\delta(k)]\\&=\left[3C_1\left(\frac{1}{3}\right)^{k}+4C_2\left(\frac{1}{4}\right)^{k}+8\left(\frac{1}{2}\right)^{k}\right]\varepsilon(k)-(3C_1+4C_2+8)\delta(k)\end{aligned}$$

$$\begin{aligned}y_f(k-2)&=\left[3C_1\left(\frac{1}{3}\right)^{k-1}+4C_2\left(\frac{1}{4}\right)^{k-1}+8\left(\frac{1}{2}\right)^{k-1}\right]\varepsilon(k-1)-(3C_1+4C_2+8)\delta(k-1)\\&=\left[9C_1\left(\frac{1}{3}\right)^{k}+16C_2\left(\frac{1}{4}\right)^{k}+16\left(\frac{1}{2}\right)^{k}\right][\varepsilon(k)-\delta(k)]-(3C_1+4C_2+8)\delta(k-1)\\&=\left[9C_1\left(\frac{1}{3}\right)^{k}+16C_2\left(\frac{1}{4}\right)^{k}+16\left(\frac{1}{2}\right)^{k}\right]\varepsilon(k)-(9C_1+16C_2+16)\delta(k)-(3C_1+4C_2+8)\delta(k-1)\end{aligned}$$

将 $y_f(k)$、$y_f(k-1)$ 及 $y_f(k-2)$ 代入非齐次差分方程式(5.6.97)，可得

$$\left(C_1+C_2+\frac{10}{3}\right)\delta(k)-\frac{3C_1+4C_2+8}{12}\delta(k-1)+\frac{2}{3}\left(\frac{1}{2}\right)^{k}\varepsilon(k)=\frac{1}{3}\delta(k)+\frac{2}{3}\left(\frac{1}{2}\right)^{k}\varepsilon(k)$$

即

$$\begin{cases}C_1+C_2+\frac{10}{3}=\frac{1}{3}\\3C_1+4C_2+8=0\end{cases}，解得\ \begin{cases}C_1=-4\\C_2=1\end{cases}$$

于是，LSI 离散时间因果系统的零状态响应为

$$y_f(k)=\left[4\left(\frac{1}{2}\right)^{k}-4\left(\frac{1}{3}\right)^{k}+\left(\frac{1}{4}\right)^{k}\right]\varepsilon(k)$$

方法 4　迭代转换法

考虑到非齐次差分方程式(5.6.97)，则有

$$y(k)=\frac{7}{12}y(k-1)-\frac{1}{12}y(k-2)+\frac{2}{3}\left(\frac{1}{2}\right)^k\varepsilon(k)+\frac{1}{3}\delta(k)$$

考虑到 $y(-2)=y(-1)=0$，则有

$$y(0)=\frac{7}{12}y(-1)-\frac{1}{12}y(-2)+\frac{2}{3}\varepsilon(0)+\frac{1}{3}\delta(0)=0-0+\frac{2}{3}+\frac{1}{3}=1$$

$$y(1)=\frac{7}{12}y(0)-\frac{1}{12}y(-1)+\frac{2}{3}\times\frac{1}{2}\varepsilon(1)+\frac{1}{3}\delta(1)=\frac{7}{12}-0+\frac{1}{3}+0=\frac{11}{12}$$

$$y(2)=\frac{7}{12}y(1)-\frac{1}{12}y(0)+\frac{2}{3}\times\frac{1}{4}\varepsilon(2)+\frac{1}{3}\delta(2)=\frac{77}{144}-\frac{1}{12}+\frac{1}{6}+0=\frac{89}{144}$$

由于 $m<n+1$，根据式(5.6.95)，可设

$$y_f(k)=\left[C_1\left(\frac{1}{3}\right)^k+C_2\left(\frac{1}{4}\right)^k+C_3\left(\frac{1}{2}\right)^k\right]\varepsilon(k)$$

于是

$$\begin{cases}y(0)=C_1+C_2+C_3=1\\ y(1)=\frac{1}{3}C_1+\frac{1}{4}C_2+\frac{1}{2}C_3=\frac{11}{12}\\ y(2)=\frac{1}{9}C_1+\frac{1}{16}C_2+\frac{1}{4}C_3=\frac{89}{144}\end{cases}，解得\begin{cases}C_1=-4\\ C_2=1\\ C_3=4\end{cases}$$

那么 LSI 离散时间因果系统的零状态响应为

$$y_f(k)=\left[4\left(\frac{1}{2}\right)^k-4\left(\frac{1}{3}\right)^k+\left(\frac{1}{4}\right)^k\right]\varepsilon(k)$$

方法 5　叠加原理

根据 5.6.3 节的分析和讨论，可将式(5.6.96)描述的 LSI 离散时间系统进行级联分解，如图 5.6.12 所示。

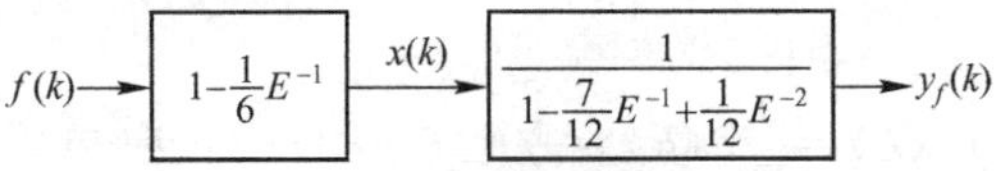

图 5.6.12　利用叠加原理求解 $y_f(k)$的方框图

在图 5.6.12 中，考虑到 $y(k)=\dfrac{1}{1-\frac{7}{12}E^{-1}+\frac{1}{12}E^{-2}}x(k)$，则有

$$y(k)-\frac{7}{12}y(k-1)+\frac{1}{12}y(k-2)=x(k)=f(k)-\frac{1}{6}f(k-1)=\left(\frac{1}{2}\right)^k\varepsilon(k)-\frac{1}{6}\left(\frac{1}{2}\right)^{k-1}\varepsilon(k-1)$$

即

$$y(k)-\frac{7}{12}y(k-1)+\frac{1}{12}y(k-2)=\frac{2}{3}\left(\frac{1}{2}\right)^k\varepsilon(k)+\frac{1}{3}\delta(k)$$

(1) 首先求非齐次差分方程式(5.6.106)的解

$$y(k)-\frac{7}{12}y(k-1)+\frac{1}{12}y(k-2)=f_1(k)=\frac{2}{3}\left(\frac{1}{2}\right)^k\varepsilon(k)\qquad(5.6.106)$$

考虑到 $y(-2)=y(-1)=0$，由非齐次差分方程式(5.6.106)，可得

$$y(0)=\frac{7}{12}y(-1)-\frac{1}{12}y(-2)+\frac{2}{3}\left(\frac{1}{2}\right)^0\varepsilon(0)=\frac{2}{3}$$

$$y(1)=\frac{7}{12}y(0)-\frac{1}{12}y(-1)+\frac{2}{3}\times\frac{1}{2}\varepsilon(1)=\frac{7}{12}\times\frac{2}{3}-0+\frac{1}{3}=\frac{13}{18}$$

$$y(2)=\frac{7}{12}y(1)-\frac{1}{12}y(0)+\frac{2}{3}\times\frac{1}{4}\varepsilon(2)=\frac{7}{12}\times\frac{13}{18}-\frac{1}{12}\times\frac{2}{3}+\frac{1}{6}=\frac{115}{216}$$

对于线性常系数非齐次方程差分方程式(5.6.106)描述的系统，可设系统的零状态响应的通解为

$$y_{f1}(k)=\left[C_1\left(\frac{1}{3}\right)^k+C_2\left(\frac{1}{4}\right)^k+C_3\left(\frac{1}{2}\right)^k\right]\varepsilon(k)$$

于是

$$\begin{cases}y(0)=C_1+C_2+C_3=\dfrac{2}{3}\\ y(1)=\dfrac{C_1}{3}+\dfrac{C_2}{4}+\dfrac{C_3}{2}=\dfrac{13}{18}\\ y(2)=\dfrac{C_1}{9}+\dfrac{C_2}{16}+\dfrac{C_3}{4}=\dfrac{115}{216}\end{cases}，解得\begin{cases}C_1=-\dfrac{16}{3}\\ C_2=2\\ C_3=4\end{cases}$$

那么

$$y_{f1}(k)=\left[4\left(\frac{1}{2}\right)^k-\frac{16}{3}\left(\frac{1}{3}\right)^k+2\left(\frac{1}{4}\right)^k\right]\varepsilon(k) \tag{5.6.107}$$

(2) 再求非齐次差分方程式(5.6.108)的解

$$y(k)-\frac{7}{12}y(k-1)+\frac{1}{12}y(k-2)=f_2(k)=\frac{1}{3}\delta(k) \tag{5.6.108}$$

考虑到 $f_1(k)=\frac{2}{3}\left(\frac{1}{2}\right)^k\varepsilon(k)$，则有

$$f_1(k-1)=\frac{2}{3}\left(\frac{1}{2}\right)^{k-1}\varepsilon(k-1)=\frac{4}{3}\left(\frac{1}{2}\right)^k[\varepsilon(k)-\delta(k)]=2f_1(k)-\frac{4}{3}\delta(k)$$

于是

$$f_2(k)=\frac{1}{3}\delta(k)=\frac{1}{4}[2f_1(k)-f_1(k-1)]$$

基于 LSI 离散时间系统的线性性质和移不变性质，考虑到式(5.6.107)，则非齐次差分方程式(5.6.108)的解为

$$\begin{aligned}y_{f2}(k)&=\frac{1}{4}[2y_{f1}(k)-y_{f1}(k-1)]\\&=\left[2\left(\frac{1}{2}\right)^k-\frac{8}{3}\left(\frac{1}{3}\right)^k+\left(\frac{1}{4}\right)^k\right]\varepsilon(k)-\left[\left(\frac{1}{2}\right)^{k-1}-\frac{4}{3}\left(\frac{1}{3}\right)^{k-1}+\frac{1}{2}\left(\frac{1}{4}\right)^{k-1}\right]\varepsilon(k-1)\\&=\left[2\left(\frac{1}{2}\right)^k-\frac{8}{3}\left(\frac{1}{3}\right)^k+\left(\frac{1}{4}\right)^k\right]\varepsilon(k)-\left[2\left(\frac{1}{2}\right)^k-4\left(\frac{1}{3}\right)^k+2\left(\frac{1}{4}\right)^k\right][\varepsilon(k)-\delta(k)]\\&=\left[\frac{4}{3}\left(\frac{1}{3}\right)^k-\left(\frac{1}{4}\right)^k\right]\varepsilon(k)\end{aligned}$$

于是，LSI 离散时间因果系统的零状态响应为

$$\begin{aligned}y_f(k)=y_{f1}(k)+y_{f2}(k)&=\left[4\left(\frac{1}{2}\right)^k-\frac{16}{3}\left(\frac{1}{3}\right)^k+2\left(\frac{1}{4}\right)^k\right]\varepsilon(k)+\left[\frac{4}{3}\left(\frac{1}{3}\right)^k-\left(\frac{1}{4}\right)^k\right]\varepsilon(k)\\&=\left[4\left(\frac{1}{2}\right)^k-4\left(\frac{1}{3}\right)^k+\left(\frac{1}{4}\right)^k\right]\varepsilon(k)\end{aligned}$$

方法 6　辅助方程法

根据线性卷积的结合律，可以将图 5.6.12 中级联的 LSI 离散时间系统交换顺序，改画成图 5.6.13 所示的级联形式。

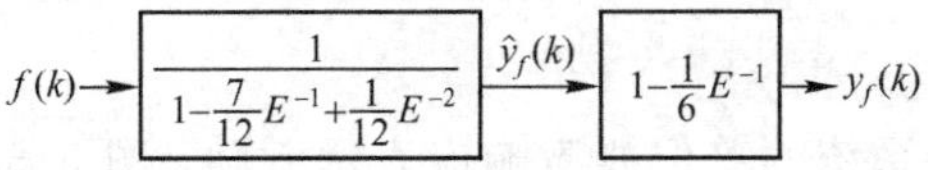

图 5.6.13　利用辅助方程法求解 $y_f(k)$ 的方框图

由图 5.6.13 可得

$$\hat{y}_f(k)-\frac{7}{12}\hat{y}_f(k-1)+\frac{1}{12}\hat{y}_f(k-2)=f(k)=\left(\frac{1}{2}\right)^k\varepsilon(k) \tag{5.6.109}$$

比较非齐次差分方程式(5.6.109)和非齐次差分方程式(5.6.106)，可知 $f(k)=\dfrac{3}{2}f_1(k)$，基于 LSI 离散时间系统的线性性质，考虑到式(5.6.107)，则非齐次差分方程式(5.6.109)的解为

$$\hat{y}_f(k)=\frac{3}{2}y_{f1}(k)=\frac{3}{2}\left[4\left(\frac{1}{2}\right)^k-\frac{16}{3}\left(\frac{1}{3}\right)^k+2\left(\frac{1}{4}\right)^k\right]\varepsilon(k)=\left[6\left(\frac{1}{2}\right)^k-8\left(\frac{1}{3}\right)^k+3\left(\frac{1}{4}\right)^k\right]\varepsilon(k)$$

于是，LSI 离散时间因果系统的零状态响应为

$$\begin{aligned}
y_f(k)&=\left(1-\frac{1}{6}E^{-1}\right)\hat{y}_f(k)\\
&=\left[6\left(\frac{1}{2}\right)^k-8\left(\frac{1}{3}\right)^k+3\left(\frac{1}{4}\right)^k\right]\varepsilon(k)-\frac{1}{6}\left[6\left(\frac{1}{2}\right)^{k-1}-8\left(\frac{1}{3}\right)^{k-1}+3\left(\frac{1}{4}\right)^{k-1}\right]\varepsilon(k-1)\\
&=\left[6\left(\frac{1}{2}\right)^k-8\left(\frac{1}{3}\right)^k+3\left(\frac{1}{4}\right)^k\right]\varepsilon(k)-\frac{1}{6}\left[12\left(\frac{1}{2}\right)^k-24\left(\frac{1}{3}\right)^k+12\left(\frac{1}{4}\right)^k\right][\varepsilon(k)-\delta(k)]\\
&=\left[4\left(\frac{1}{2}\right)^k-4\left(\frac{1}{3}\right)^k+\left(\frac{1}{4}\right)^k\right]\varepsilon(k)
\end{aligned}$$

方法 7　线性卷和法

(1) 首先求系统的单位冲激响应 $h(k)$

$$\begin{aligned}
h(k)&=\frac{1-\frac{1}{6}E^{-1}}{1-\frac{7}{12}E^{-1}+\frac{1}{12}E^{-2}}\delta(k)=\frac{1-\frac{1}{6}E^{-1}}{\left(1-\frac{1}{3}E^{-1}\right)\left(1-\frac{1}{4}E^{-1}\right)}\delta(k)\\
&=\left(\frac{2}{1-\frac{1}{3}E^{-1}}-\frac{1}{1-\frac{1}{4}E^{-1}}\right)\delta(k)=\frac{2}{1-\frac{1}{3}E^{-1}}\delta(k)-\frac{1}{1-\frac{1}{4}E^{-1}}\delta(k)\\
&=2\left(\frac{1}{3}\right)^k\varepsilon(k)-\left(\frac{1}{4}\right)^k\varepsilon(k)=\left[2\left(\frac{1}{3}\right)^k-\left(\frac{1}{4}\right)^k\right]\varepsilon(k)
\end{aligned}$$

(2) 再求系统的零状态响应 $y_f(k)$

考虑到式(5.3.17)，则 LSI 离散时间因果系统的零状态响应为

$$\begin{aligned}
y_f(k)&=f(k)*h(k)=\left(\frac{1}{2}\right)^k\varepsilon(k)*\left[2\left(\frac{1}{3}\right)^k-\left(\frac{1}{4}\right)^k\right]\varepsilon(k)\\
&=\left(\frac{1}{2}\right)^k\varepsilon(k)*2\left(\frac{1}{3}\right)^k\varepsilon(k)-\left(\frac{1}{2}\right)^k\varepsilon(k)*\left(\frac{1}{4}\right)^k\varepsilon(k)\\
&=2\,\frac{1}{\frac{1}{2}-\frac{1}{3}}\left[\left(\frac{1}{2}\right)^{k+1}-\left(\frac{1}{3}\right)^{k+1}\right]\varepsilon(k)-\frac{1}{\frac{1}{2}-\frac{1}{4}}\left[\left(\frac{1}{2}\right)^{k+1}-\left(\frac{1}{4}\right)^{k+1}\right]\varepsilon(k)
\end{aligned}$$

$$=\left[6\left(\frac{1}{2}\right)^k-4\left(\frac{1}{3}\right)^k\right]\varepsilon(k)-\left[2\left(\frac{1}{2}\right)^k-\left(\frac{1}{4}\right)^k\right]\varepsilon(k)$$

$$=\left[4\left(\frac{1}{2}\right)^k-4\left(\frac{1}{3}\right)^k+\left(\frac{1}{4}\right)^k\right]\varepsilon(k)$$

方法 8 算子法

利用一阶 LSI 离散时间系统的单位冲激响应表示激励，图 5.6.11 所示的二阶 LSI 离散时间系统的方框图，可以画成图 5.6.14 所示的级联形式。

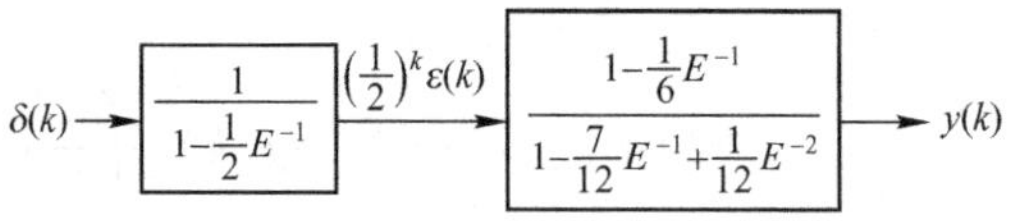

图 5.6.14 利用单位冲激响应表示激励

该图表明，二阶 LSI 离散时间系统的零状态响应等价于两个级联的 LSI 离散时间系统的单位冲激响应。于是，LSI 离散时间因果系统的零状态响应为

$$y_f(k)=\frac{1-\frac{1}{6}E^{-1}}{\left(1-\frac{1}{3}E^{-1}\right)\left(1-\frac{1}{4}E^{-1}\right)}f(k)=\frac{1-\frac{1}{6}E^{-1}}{\left(1-\frac{1}{3}E^{-1}\right)\left(1-\frac{1}{4}E^{-1}\right)}\left(\frac{1}{2}\right)^k\varepsilon(k)$$

$$=\frac{1-\frac{1}{6}E^{-1}}{\left(1-\frac{1}{3}E^{-1}\right)\left(1-\frac{1}{4}E^{-1}\right)}\frac{1}{1-\frac{1}{2}E^{-1}}\delta(k)=\frac{1-\frac{1}{6}E^{-1}}{\left(1-\frac{1}{2}E^{-1}\right)\left(1-\frac{1}{3}E^{-1}\right)\left(1-\frac{1}{4}E^{-1}\right)}\delta(k)$$

$$=\left(\frac{4}{1-\frac{1}{2}E^{-1}}-\frac{4}{1-\frac{1}{3}E^{-1}}+\frac{1}{1-\frac{1}{4}E^{-1}}\right)\delta(k)=\left[4\left(\frac{1}{2}\right)^k-4\left(\frac{1}{3}\right)^k+\left(\frac{1}{4}\right)^k\right]\varepsilon(k)$$

5.6.5 无时限复指数序列通过 LSI 离散时间系统的时域分析

下面介绍无时限复指数序列 $z^k=e^{skT}$(复变量 $s=\sigma+j\omega$)通过 LSI 离散时间系统时，其零状态响应的特点及零状态响应的计算方法。

设 n 阶 LSI 离散时间因果系统的转移算子为

$$H(E)=\frac{N(E)}{D(E)}=\sum_{i=1}^{n}\frac{C_i}{1-v_iE^{-1}},\ m<n \tag{5.6.110}$$

则系统的单位冲激响应为

$$h(k)=H(E)\delta(k)=\left(\sum_{i=1}^{n}\frac{C_i}{1-v_iE^{-1}}\right)\delta(k)=\sum_{i=1}^{n}\frac{C_i}{1-v_iE^{-1}}\delta(k)=\sum_{i=1}^{n}C_iv_i^k\varepsilon(k) \tag{5.6.111}$$

若系统的激励 $f(k)=z^k$，考虑到式(5.6.111)，则有

$$y_f(k)=z^k*h(k)=\sum_{m=-\infty}^{+\infty}z^{k-m}\left[\sum_{i=1}^{n}C_iv_i^m\varepsilon(m)\right]$$

$$=z^k\sum_{i=1}^{n}C_i\left[\sum_{m=-\infty}^{+\infty}\left(\frac{v_i}{z}\right)^m\varepsilon(m)\right]$$

$$=z^k\sum_{i=1}^{n}C_i\frac{\left(\dfrac{v_i}{z}\right)^{m+1}-1^m}{\dfrac{v_i}{z}-1}\varepsilon(m)\bigg|_{-\infty}^{+\infty}$$

$$\xlongequal{|z|>\max(|v_i|)}z^k\sum_{i=1}^{n}\frac{C_i}{1-v_iz^{-1}}$$

$$=H(E)\big|_{E=z}z^k=H(z)z^k \tag{5.6.112}$$

可见，若无时限复指数序列 z^n 中复变量 z 的模大于 LSI 离散时间因果系统所有特征根的模，即满足主导条件 $|z|>\max(|v_i|)(i=1,2,\cdots,n)$，则复指数序列 z^k 通过 LSI 离散时间因果系统时，其零状态响应是一个与激励同复频率 sT 的无时限复指数序列，并且可以用式(5.6.112)来计算系统的零状态响应。

例 5.6.13：已知序列 $f_1(k)=b^k\varepsilon(-k-1)$，$f_2(t)=a^k\varepsilon(k)$，其中 $|b|>|a|$，试求序列 $y(k)=f_1(k)*f_2(k)$。

解：

$$y(k)=b^k\varepsilon(-k-1)*a^k\varepsilon(k)=H(E)b^k\varepsilon(-k-1)=\frac{1}{1-aE^{-1}}b^k[1-\varepsilon(k)]$$

$$=\frac{1}{1-aE^{-1}}b^k-\frac{1}{1-aE^{-1}}b^k\varepsilon(k)=\frac{1}{1-aE^{-1}}b^k-\frac{1}{(1-aE^{-1})(1-bE^{-1})}\delta(k)$$

$$\xlongequal{|b|>|a|}\frac{1}{1-ab^{-1}}b^k-\frac{1}{b-a}\left[\frac{b}{1-bE^{-1}}-\frac{a}{1-aE^{-1}}\right]\delta(k)$$

$$=\frac{1}{b-a}b^{k+1}-\frac{1}{b-a}[b^{k+1}-a^{k+1}]\varepsilon(k)$$

$$=\frac{1}{b-a}[b^{k+1}\varepsilon(-k-1)+a^{k+1}\varepsilon(k)]$$

例 5.6.14：设描述二阶 LSI 离散时间系统响应 $y(k)$ 与激励 $f(k)$ 的差分方程为

$$y(k)-\frac{3}{4}y(k-1)+\frac{1}{8}y(k-2)=55f(k) \tag{5.6.113}$$

已知系统的激励 $f(k)=\left(\dfrac{1}{3}\right)^{|k|}$，试求系统的零状态响应 $y_f(k)$。

解：考虑到非齐次差分方程式(5.6.113)，则有

$$y_f(k)=\frac{55}{1-\dfrac{3}{4}E^{-1}+\dfrac{1}{8}E^{-2}}f(k)=\frac{55}{\left(1-\dfrac{1}{2}E^{-1}\right)\left(1-\dfrac{1}{4}E^{-1}\right)}f(k)$$

$$=\frac{55}{\left(1-\dfrac{1}{2}E^{-1}\right)\left(1-\dfrac{1}{4}E^{-1}\right)}\left(\frac{1}{3}\right)^{|k|}=\frac{55}{\left(1-\dfrac{1}{2}E^{-1}\right)\left(1-\dfrac{1}{4}E^{-1}\right)}\left[3^k\varepsilon(-k-1)+\left(\frac{1}{3}\right)^k\varepsilon(k)\right]$$

$$=\frac{55}{\left(1-\dfrac{1}{2}E^{-1}\right)\left(1-\dfrac{1}{4}E^{-1}\right)}\left\{3^k[1-\varepsilon(k)]+\left(\frac{1}{3}\right)^k\varepsilon(k)\right\}$$

$$=\frac{55}{\left(1-\dfrac{1}{2}E^{-1}\right)\left(1-\dfrac{1}{4}E^{-1}\right)}3^k-\frac{55}{\left(1-\dfrac{1}{2}E^{-1}\right)\left(1-\dfrac{1}{4}E^{-1}\right)}\left[3^k\varepsilon(k)-\left(\frac{1}{3}\right)^k\varepsilon(k)\right]$$

$$\xlongequal{3>\frac{1}{2}}\frac{55}{\left(1-\dfrac{1}{6}\right)\left(1-\dfrac{1}{12}\right)}3^k-\frac{55}{\left(1-\dfrac{1}{2}E^{-1}\right)\left(1-\dfrac{1}{4}E^{-1}\right)}\left[\frac{1}{1-3E^{-1}}\delta(k)-\frac{1}{1-\dfrac{1}{3}E^{-1}}\delta(k)\right]$$

$$=72\times3^k-\frac{55}{\left(1-\frac{1}{2}E^{-1}\right)\left(1-\frac{1}{4}E^{-1}\right)(1-3E^{-1})}\delta(k)+\frac{55}{\left(1-\frac{1}{2}E^{-1}\right)\left(1-\frac{1}{3}E^{-1}\right)\left(1-\frac{1}{4}E^{-1}\right)}\delta(k)$$

$$=72\times3^k-\frac{72}{1-3E^{-1}}\delta(k)+\frac{22}{1-\frac{1}{2}E^{-1}}\delta(k)-\frac{5}{1-\frac{1}{4}E^{-1}}\delta(k)$$

$$+55\left(\frac{6}{1-\frac{1}{2}E^{-1}}-\frac{8}{1-\frac{1}{3}E^{-1}}+\frac{3}{1-\frac{1}{4}E^{-1}}\right)\delta(k)$$

$$=72\times3^k-72\times3^k\varepsilon(k)+22\left(\frac{1}{2}\right)^k\varepsilon(k)-5\left(\frac{1}{4}\right)^k\varepsilon(k)+55\left[6\left(\frac{1}{2}\right)^k-8\left(\frac{1}{3}\right)^k+3\left(\frac{1}{4}\right)^k\right]\varepsilon(k)$$

$$=72\times3^k\varepsilon(-k-1)+8\left[44\left(\frac{1}{2}\right)^k-55\left(\frac{1}{3}\right)^k+20\left(\frac{1}{4}\right)^k\right]\varepsilon(k)$$

例 5.6.15：设描述二阶 LSI 离散时间系统响应 $y(k)$与激励 $f(k)$的差分方程为

$$6y(k)-5y(k-1)+y(k-2)=6f(k)-f(k-1) \tag{5.6.114}$$

已知系统的激励 $f(k)=6\varepsilon(-k-1)$，试求系统的零状态响应 $y_f(k)$。

解：考虑到非齐次差分方程式(5.6.114)，则有

$$y_f(k)=\frac{1-\frac{1}{6}E^{-1}}{\left(1-\frac{1}{2}E^{-1}\right)\left(1-\frac{1}{3}E^{-1}\right)}6\varepsilon(-k-1)=\frac{1-\frac{1}{6}E^{-1}}{\left(1-\frac{1}{2}E^{-1}\right)\left(1-\frac{1}{3}E^{-1}\right)}6[1^k-\varepsilon(k)]$$

$$=\frac{1-\frac{1}{6}E^{-1}}{\left(1-\frac{1}{2}E^{-1}\right)\left(1-\frac{1}{3}E^{-1}\right)}6\times1^k-\frac{1-\frac{1}{6}E^{-1}}{\left(1-\frac{1}{2}E^{-1}\right)\left(1-\frac{1}{3}E^{-1}\right)}6\varepsilon(k)$$

$$=\frac{1-\frac{1}{6}E^{-1}}{\left(1-\frac{1}{2}E^{-1}\right)\left(1-\frac{1}{3}E^{-1}\right)}6\times1^k-\frac{1-\frac{1}{6}E^{-1}}{\left(1-\frac{1}{2}E^{-1}\right)\left(1-\frac{1}{3}E^{-1}\right)}\frac{6}{1-E^{-1}}\delta(k)$$

$$\xlongequal{1>\frac{1}{2}}\frac{1-\frac{1}{6}}{\left(1-\frac{1}{2}\right)\left(1-\frac{1}{3}\right)}6\times1^k-\frac{6\left(1-\frac{1}{6}E^{-1}\right)}{(1-E^{-1})\left(1-\frac{1}{2}E^{-1}\right)\left(1-\frac{1}{3}E^{-1}\right)}\delta(k)$$

$$=15\times1^k-\left[\frac{15}{1-E^{-1}}-\frac{12}{1-\frac{1}{2}E^{-1}}+\frac{3}{1-\frac{1}{3}E^{-1}}\right]\delta(k)$$

$$=15\times1^k-\left[15-12\left(\frac{1}{2}\right)^k+3\left(\frac{1}{3}\right)^k\right]\varepsilon(k)$$

$$=15\varepsilon(-k-1)+3\left[4\left(\frac{1}{2}\right)^k-\left(\frac{1}{3}\right)^k\right]\varepsilon(k)$$

结论 5：

反因果序列通过 LSI 离散时间因果系统时，若将反因果序列分解成无时限序列与因果序列之差，采用算子法并充分利用满足主导条件的结论，则是一种解决其系统的零状态响应计算问题的较好方法。

5.6.6 周期序列通过 LSI 离散时间稳定系统的时域分析

周期序列通过 LSI 离散时间稳定系统的零状态响应，可用线性卷和法，也可用频域分析法或通过将周期序列分解成反因果周期序列与因果周期序列之和，间接利用 z 变换进行分析。在这里只介绍线性卷和法。

例 5.6.16：描述一阶 LSI 离散时间因果系统响应 $y(k)$ 与激励 $f(k)$ 关系的差分方程为

$$y(k)-\frac{1}{2}y(k-1)=3f(k) \tag{5.6.115}$$

已知系统的激励为周期序列 $\tilde{f}(k)=[\delta(k-1)+\delta(k-2)-\delta(k-4)-\delta(k-5)]*\delta_6(k)$，试求系统的零状态响应 $y_f(k)$。

解：方法 1　利用线性卷和法求解。

考虑到非齐次差分方程式(5.6.115)，则有

$$h(k)=H(E)\delta(k)=\frac{3}{1-\frac{1}{2}E^{-1}}\delta(k)=3\left(\frac{1}{2}\right)^k\varepsilon(k)$$

若记 $f_0(k)=[\delta(k-1)+\delta(k-2)-\delta(k-4)-\delta(k-5)]=\{0,1,1,0,-1,-1\}$，则有

$$\tilde{f}(k)=f_0(k)*\delta_6(k) \tag{5.6.116}$$

由式(5.5.36)可知，系统的零状态响应可表示成

$$y_f(k)=\tilde{f}(k)*h(k)=f_0(k)*\delta_6(k)*h(k)=f_0(k)*\tilde{h}(k) \tag{5.6.117}$$

式中

$$\tilde{h}(k)=h(k)*\delta_6(k)=h(k)*\sum_{r=-\infty}^{+\infty}\delta(k-6r)=\sum_{r=-\infty}^{+\infty}h(k-6r) \tag{5.6.118}$$

考虑到式(5.6.118)，则有

$$\tilde{h}(k-6)=\sum_{r=-\infty}^{+\infty}h(k-6-6r)=\sum_{m=-\infty}^{+\infty}h(k-6m)=\sum_{r=-\infty}^{+\infty}h(k-6r)=\tilde{h}(k) \tag{5.6.119}$$

式(5.6.119)表明，$\tilde{h}(k)$是周期为 $N=6$ 的周期序列。

利用矩形窗序列 $R_6(k)$，则周期序列 $\tilde{h}(k)$可表示成

$$\begin{aligned}
\tilde{h}(k)&=[\tilde{h}(k)R_6(k)]*\delta_6(k)=\left\{\left[\sum_{r=-\infty}^{+\infty}h(k-6r)\right]R_6(k)\right\}*\delta_6(k)\\
&=\left\{\left[\sum_{r=-\infty}^{+\infty}3\left(\frac{1}{2}\right)^{k-6r}\varepsilon(k-6r)\right]R_6(k)\right\}*\delta_6(k)\\
&=\left[3\left(\frac{1}{2}\right)^k\sum_{r=-\infty}^{0}\left(\frac{1}{2}\right)^{-6r}R_6(k)\right]*\delta_6(k)\\
&=\left[3\left(\frac{1}{2}\right)^k\sum_{m=0}^{+\infty}\left(\frac{1}{2}\right)^{6m}R_6(k)\right]*\delta_6(k)\\
&=\left[3\left(\frac{1}{2}\right)^k\frac{1}{1-2^{-6}}R_6(k)\right]*\delta_6(k)\\
&=\frac{64}{21}\left(\frac{1}{2}\right)^kR_6(k)*\delta_6(k)\\
&=h_0(k)*\delta_6(k)
\end{aligned} \tag{5.6.120}$$

式中

$$\begin{aligned}h_0(k)&=\frac{64}{21}\left(\frac{1}{2}\right)^k R_6(k)\\&=\frac{2}{21}[32\delta(k)+16\delta(k-1)+8\delta(k-2)+4\delta(k-3)+2\delta(k-4)+\delta(k-5)]\\&=\frac{2}{21}\{32,16,8,4,2,1\}\\&=\frac{2}{21}q(k)\end{aligned}$$

式中，$q(k)=\{32,16,8,4,2,1\}$。

于是 $q(k)*f_0(k)$ 可用竖式乘法完成，即

				32	16	8	4	2	1
			×	0	1	1	0	−1	−1
				−32	−16	−8	−4	−2	−1
			−32	−16	−8	−4	−2	−1	
	32	16	8	4	2	1			
+ 32	16	8	4	2	1				
32	48	24	−20	−42	−21	−11	−6	−3	−1

因此

$$\begin{aligned}q(k)*f_0(k)=&32\delta(k-1)+48\delta(k-2)+24\delta(k-3)-20\delta(k-4)-42\delta(k-5)\\&-21\delta(k-6)-11\delta(k-7)-6\delta(k-8)-3\delta(k-9)-\delta(k-10)\end{aligned}$$

式(5.6.117)可写成

$$\begin{aligned}y_f(k)&=f_0(k)*\tilde{h}(k)=f_0(k)*h_0(k)*\delta_6(k)=\frac{2}{21}q(k)*f_0(k)*\delta_6(k)\\&=\frac{2}{21}[32\delta(k-1)+48\delta(k-2)+24\delta(k-3)-20\delta(k-4)-42\delta(k-5)\\&\quad-21\delta(k-6)-11\delta(k-7)-6\delta(k-8)-3\delta(k-9)-\delta(k-10)]*\delta_6(k)\\&=\frac{2}{21}\{[32\delta(k-1)+48\delta(k-2)+24\delta(k-3)-20\delta(k-4)-42\delta(k-5)]*\delta_6(k)\\&\quad-[21\delta(k-6)+11\delta(k-7)+6\delta(k-8)+3\delta(k-9)+\delta(k-10)]*\delta_6(k)\}\\&=\frac{2}{21}\{[32\delta(k-1)+48\delta(k-2)+24\delta(k-3)-20\delta(k-4)-42\delta(k-5)]*\delta_6(k)\\&\quad-[21\delta(k)+11\delta(k-1)+6\delta(k-2)+3\delta(k-3)+\delta(k-4)]*\delta_6(k-6)\}\\&=2[-\delta(k)+\delta(k-1)+2\delta(k-2)+\delta(k-3)-\delta(k-4)-2\delta(k-5)]*\delta_6(k)\end{aligned}$$

方法 2 利用主导条件下的结论进行求解。

5.4.4 节介绍了周期序列的傅里叶级数分解，即

$$\tilde{f}(k)=\frac{1}{N}\sum_{n=0}^{N-1}\tilde{F}(n)W_N^{-nk}=\frac{1}{N}\sum_{n=0}^{N-1}\tilde{F}(n)e^{jnk\Omega_0} \tag{5.6.121}$$

式中，$\Omega_0=2\pi/N$，并且

$$\tilde{F}(n)=\sum_{k=0}^{N-1}\tilde{f}(k)W_N^{nk}=\sum_{k=0}^{N-1}\tilde{f}(k)e^{-j\frac{2\pi}{N}nk} \tag{5.6.122}$$

若 LSI 离散时间因果系统所有的特征根满足 $\max(|v_i|)<1(i=1,2,\cdots,n)$，即满足主导条件 $|e^{jn\Omega_0}|>\max(|v_i|)(i=1,2,\cdots,n)$，则有

$$y_f(k)=h(k)*\tilde{f}(k)=H(E)\tilde{f}(k)=\frac{1}{N}\sum_{n=0}^{N-1}\tilde{F}(n)H(\mathrm{e}^{\mathrm{j}n\Omega_0})\mathrm{e}^{\mathrm{j}nk\Omega_0} \tag{5.6.123}$$

式中，$H(\mathrm{e}^{\mathrm{j}n\Omega_0})=H(E)|_{E=\mathrm{e}^{\mathrm{j}n\Omega_0}}$，并且满足 $H(\mathrm{e}^{\mathrm{j}(N-n)\Omega_0})=H(\mathrm{e}^{-\mathrm{j}n\Omega_0})=H^*(\mathrm{e}^{\mathrm{j}n\Omega_0})$。

考虑到 $\tilde{f}(k)=[\delta(k-1)+\delta(k-2)-\delta(k-4)-\delta(k-5)]*\delta_6(k)$，由式(5.6.122)可得

$$\begin{aligned}\tilde{F}(n)&=\sum_{k=0}^{6-1}\tilde{f}(k)\mathrm{e}^{-\mathrm{j}\frac{2\pi}{6}nk}=\sum_{k=0}^{5}\tilde{f}(k)\mathrm{e}^{-\mathrm{j}\frac{\pi}{3}nk}\\&=\tilde{f}(0)+\tilde{f}(1)\mathrm{e}^{-\mathrm{j}\frac{\pi}{3}n}+\tilde{f}(2)\mathrm{e}^{-\mathrm{j}\frac{2\pi}{3}n}+\tilde{f}(3)\mathrm{e}^{-\mathrm{j}\frac{3\pi}{3}n}+\tilde{f}(4)\mathrm{e}^{-\mathrm{j}\frac{4\pi}{3}n}+\tilde{f}(5)\mathrm{e}^{-\mathrm{j}\frac{5\pi}{3}n}\\&=\mathrm{e}^{-\mathrm{j}\frac{\pi}{3}n}+\mathrm{e}^{-\mathrm{j}\frac{2\pi}{3}n}-\mathrm{e}^{-\mathrm{j}\frac{(6-2)\pi}{3}n}-\mathrm{e}^{-\mathrm{j}\frac{(6-1)\pi}{3}n}\\&=\mathrm{e}^{-\mathrm{j}\frac{\pi}{3}n}+\mathrm{e}^{-\mathrm{j}\frac{2\pi}{3}n}-\mathrm{e}^{\mathrm{j}\frac{2\pi}{3}n}-\mathrm{e}^{\mathrm{j}\frac{\pi}{3}n}\\&=-2\mathrm{j}\left(\sin\frac{\pi n}{3}+\sin\frac{2\pi n}{3}\right)\\&=-2\mathrm{j}\sin\frac{\pi n}{3}\left(1+2\cos\frac{\pi n}{3}\right)\end{aligned} \tag{5.6.124}$$

考虑到式(5.6.124)，则有

$$\tilde{F}(0)=\tilde{F}(2)=\tilde{F}(3)=\tilde{F}(4)=0;\ \tilde{F}(1)=-2\mathrm{j}\sin\frac{\pi}{3}\left(1+2\cos\frac{\pi}{3}\right)=-2\mathrm{j}\sqrt{3}=\tilde{F}^*(5)$$

由式(5.6.123)可得

$$\begin{aligned}y_f(k)&=\frac{1}{6}[\tilde{F}(1)H(\mathrm{e}^{\mathrm{j}\Omega_0})\mathrm{e}^{\mathrm{j}\Omega_0 k}+\tilde{F}(5)H(\mathrm{e}^{\mathrm{j}5\Omega_0})\mathrm{e}^{\mathrm{j}5\Omega_0 k}]=\frac{1}{6}\times2\mathrm{Re}[\tilde{F}(1)H(\mathrm{e}^{\mathrm{j}\Omega_0})\mathrm{e}^{\mathrm{j}\Omega_0 k}]\\&=\frac{1}{3}\mathrm{Re}\left(-2\mathrm{j}\sqrt{3}\frac{3}{1-\frac{1}{2}\mathrm{e}^{-\mathrm{j}\frac{\pi}{3}}}\mathrm{e}^{\mathrm{j}\frac{\pi k}{3}}\right)=\mathrm{Re}\left(\frac{-2\mathrm{j}\sqrt{3}}{\frac{3}{4}+\frac{\sqrt{3}}{4}\mathrm{j}}\mathrm{e}^{\mathrm{j}\frac{\pi k}{3}}\right)=\mathrm{Re}\left(\frac{-8\mathrm{j}}{\sqrt{3}+\mathrm{j}}\mathrm{e}^{\mathrm{j}\frac{\pi k}{3}}\right)\\&=\mathrm{Re}[-2\mathrm{j}(\sqrt{3}-\mathrm{j})\mathrm{e}^{\mathrm{j}\frac{\pi k}{3}}]=\mathrm{Re}[2(-1-\mathrm{j}\sqrt{3})\mathrm{e}^{\mathrm{j}\frac{\pi k}{3}}]\\&=2\left(\sqrt{3}\sin\frac{\pi k}{3}-\cos\frac{\pi k}{3}\right)=4\sin\left(\frac{\pi k}{3}-\frac{\pi}{6}\right)\end{aligned}$$

虽然两种解法结果的形式不同，但是其本质上是相同的。

5.7　线性移变离散时间系统的时域分析

本节首先介绍一阶线性变系数差分方程和一类可解的二阶线性变系数差分方程的通解公式，然后介绍线性移变离散时间系统全响应的时域求解方法。

5.7.1　一阶及二阶线性变系数差分方程的通解公式

首先导出一阶线性变系数差分方程的通解公式，再用不定求和降阶法导出一类可解的二阶线性变系数差分方程的通解公式。

1. 一阶线性变系数差分方程的通解公式

设一阶线性变系数非齐次差分方程为

$$y(k)-v(k)y(k-1)=f(k),\ v(k)>0 \tag{5.7.1}$$

确定一阶线性变系数非齐次差分方程式(5.7.1)的通解有两种方法：一是常数变易法，二是不定求和法。下面分别加以介绍。

(1) **常数变易法**

① 首先求一阶线性变系数齐次差分方程的通解

非齐次差分方程式(5.7.1)对应的齐次差分方程为

$$y(k)-v(k)y(k-1)=0,\ v(k)>0 \tag{5.7.2}$$

考虑到式(5.7.2)，则有

$$\frac{y(k)}{y(k-1)}=v(k)$$

$$\ln\frac{y(k)}{y(k-1)}=\ln v(k)$$

$$\ln y(k)-\ln y(k-1)=\ln v(k)$$

$$\nabla\ln y(n)=\ln v(n) \tag{5.7.3}$$

对式(5.7.3)的等号两边分别做不定求和，可得

$$\sum\nabla\ln y(k)=\sum\ln v(k)$$

即

$$\ln y(k)=C_1\times 1^k+\sum\ln v(k)$$

亦即

$$y(k)=\mathrm{e}^{C_1\times 1^k+\Sigma\ln v(k)}=C\mathrm{e}^{\Sigma\ln v(k)} \tag{5.7.4}$$

式中，$C=\mathrm{e}^{C_1}$，其中 C_1 为任意常数。

② 再求一阶线性变系数非齐次差分方程的通解

设非齐次差分方程式(5.7.1)的通解为

$$y(k)=C(k)\mathrm{e}^{\Sigma\ln v(k)} \tag{5.7.5}$$

考虑到式(5.7.5)，则有

$$y(k-1)=C(k-1)\mathrm{e}^{\Sigma\ln v(k-1)} \tag{5.7.6}$$

将式(5.7.5)及式(5.7.6)代入一阶线性变系数非齐次差分方程式(5.7.1)，并考虑到不定求和与一阶后向差分的关系，则有

$$\begin{aligned}y(k)-v(k)y(k-1)&=C(k)\mathrm{e}^{\Sigma\ln v(k)}-v(k)C(k-1)\mathrm{e}^{\Sigma\ln v(k-1)}\\&=C(k)\mathrm{e}^{\Sigma\ln v(k)}-C(k-1)\mathrm{e}^{\ln v(k)}\mathrm{e}^{\Sigma\ln v(k-1)}\\&=C(k)\mathrm{e}^{\Sigma\ln v(k)}-C(k-1)\mathrm{e}^{\nabla\Sigma\ln v(k)}\mathrm{e}^{\Sigma\ln v(k-1)}\\&=C(k)\mathrm{e}^{\Sigma\ln v(k)}-C(k-1)\mathrm{e}^{\Sigma\ln v(k)-\Sigma\ln v(k-1)}\mathrm{e}^{\Sigma\ln v(k-1)}\\&=[C(k)-C(k-1)]\mathrm{e}^{\Sigma\ln v(k)}\\&=f(k)\end{aligned}$$

即

$$\nabla C(k)=f(k)\mathrm{e}^{-\Sigma\ln v(k)} \tag{5.7.7}$$

对式(5.7.7)的等号两边分别做不定求和，可得

$$C(k)=C\times 1^k+\sum f(k)\mathrm{e}^{-\Sigma\ln v(k)} \tag{5.7.8}$$

将式(5.7.8)代入式(5.7.5)，可得一阶线性变系数非齐次差分方程式(5.7.1)的通解，即

$$y(k)=C(k)\mathrm{e}^{\Sigma\ln v(k)}=\left[C\times 1^k+\sum f(k)\mathrm{e}^{-\Sigma\ln v(k)}\right]\mathrm{e}^{\Sigma\ln v(k)} \tag{5.7.9}$$

式中，C 为任意常数。

(2) **不定求和法**

将式(5.7.1)的等号两边分别乘以 $\mathrm{e}^{-\Sigma\ln v(k)}$，可得

$$y(k)e^{-\sum\ln v(k)}-e^{\ln v(k)}e^{-\sum\ln v(k)}y(k-1)=f(k)e^{-\sum\ln v(k)} \tag{5.7.10}$$

考虑到不定求和与一阶后向差分的关系，则式(5.7.10)可写成

$$y(k)e^{-\sum\ln v(k)}-e^{\nabla\sum\ln v(k)}e^{-\sum\ln v(k)}y(k-1)=f(k)e^{-\sum\ln v(k)} \tag{5.7.11}$$

利用一阶后向差分的定义式，则式(5.7.11)可写成

$$y(k)e^{-\sum\ln v(k)}-e^{\sum\ln v(k)-\sum\ln v(k-1)}e^{-\sum\ln v(k)}y(k-1)=f(k)e^{-\sum\ln v(k)}$$

即

$$y(k)e^{-\sum\ln v(k)}-e^{-\sum\ln v(k-1)}y(k-1)=f(k)e^{-\sum\ln v(k)}$$

亦即

$$\nabla[y(k)e^{-\sum\ln v(k)}]=f(k)e^{-\sum\ln v(k)} \tag{5.7.12}$$

对式(5.7.12)的等号两边分别做不定求和，可得

$$\sum\nabla[y(k)e^{-\sum\ln v(k)}]=\sum f(k)e^{-\sum\ln v(k)}$$

即

$$y(k)e^{-\sum\ln v(k)}=C\times 1^k+\sum f(k)e^{-\sum\ln v(k)}$$

亦即

$$y(k)=\left[C\times 1^k+\sum f(k)e^{-\sum\ln v(k)}\right]e^{\sum\ln v(k)} \tag{5.7.13}$$

式中，C 为任意常数。

由一阶线性变系数非齐次差分方程的通解公式(5.7.13)可知，一阶线性变系数非齐次差分方程的解结构为

$$y(k)=\underbrace{Ce^{\sum\ln v(k)}}_{\text{齐次解}}+\underbrace{e^{\sum\ln v(k)}\sum f(k)e^{-\sum\ln v(k)}}_{\text{特解}} \tag{5.7.14}$$

式中，C 为任意常数。

例 5.7.1： 已知一阶线性变系数差分方程 $y(k)-ky(k-1)=k!a^k\,(a\neq 1)$，试求其通解。

解： 考虑到 $v(k)=k$，$f(k)=k!a^k$，由式(5.7.14)可得

$$y(k)=Ce^{\sum\ln k}+e^{\sum\ln k}\sum k!a^k e^{-\sum\ln k}=Ce^{\ln k!}+e^{\ln k!}\sum k!a^k e^{-\ln k!}$$

$$=Ck!+k!\sum a^k=Ck!+\frac{a^{k+1}}{a-1}k!$$

其中，C 为任意常数。

例 5.7.2： 已知一阶线性变系数差分方程 $y(k)-4^k y(k-1)=2^{k^2+2k}$，试求其通解。

解： 考虑到 $y(k)-4^k y(k-1)=2^{k^2+2k}$，则有

$$y(k)2^{-k(k+1)}-2^{-(k-1)k}y(k-1)=2^k$$

$$\nabla[y(k)2^{-k(k+1)}]=2^k \tag{5.7.15}$$

对式(5.7.15)的等号两边分别做不定求和，可得

$$\sum\nabla[y(k)2^{-k(k+1)}]=\sum 2^k=\sum\nabla\left(\frac{2^{k+1}}{2-1}\right) \tag{5.7.16}$$

考虑到式(5.7.16)，则有

$$y(k)2^{-k(k+1)}=C\times 1^k+2^{k+1}$$

于是，所求的一阶线性变系数差分方程的通解为

$$y(k)=C\times 2^{k(k+1)}+2^{(k+1)^2}$$

其中，C 为任意常数。

例 5.7.3： 已知一阶线性变系数差分方程 $y(k)-\frac{k^2!}{(k-1)^2!}y(k-1)=2^k k^2!\varepsilon(k)$，试求其通解。

解：考虑到 $y(k)-\frac{k^2!}{(k-1)^2!}y(k-1)=2^k k^2!\varepsilon(k)$，则有

$$y(k)\frac{1}{k^2!}-y(k-1)\frac{1}{(k-1)^2!}=2^k\varepsilon(k)$$

即

$$\nabla\left[y(k)\frac{1}{k^2!}\right]=2^k\varepsilon(k) \tag{5.7.17}$$

对式(5.7.17)的等号两边分别做不定求和，可得

$$\sum\nabla\left[y(k)\frac{1}{k^2!}\right]=\sum 2^k\varepsilon(k)=\sum\nabla[(2^{k+1}-1^k)\varepsilon(k)] \tag{5.7.18}$$

考虑到式(5.7.18)，则所求的一阶线性变系数差分方程的通解为

$$y(k)=Ck^2!+(2^{k+1}-1^k)k^2!\varepsilon(k)$$

其中，C 为任意常数。

2. 二阶线性变系数非齐次差分方程的通解

设二阶线性变系数非齐次差分方程为

$$y(k)-[v_1(k)+v_2(k)]y(k-1)+v_1(k)v_2(k-1)y(k-2)=f(k) \tag{5.7.19}$$

式中，$v_1(k)>0$，$v_2(k)>0$。

二阶线性变系数非齐次差分方程式(5.7.19)可写成

$$y(k)-v_2(k)y(k-1)-v_1(k)[y(k-1)-v_2(k-1)y(k-2)]=f(k) \tag{5.7.20}$$

令

$$y(k)-v_2(k)y(k-1)=w(k) \tag{5.7.21}$$

则二阶线性变系数非齐次差分方程式(5.7.20)可写成

$$w(k)-v_1(k)w(k-1)=f(k) \tag{5.7.22}$$

考虑到式(5.7.14)，则一阶线性变系数非齐次差分方程式(5.7.22)的通解 $w(k)$ 可表示成

$$w(k)=C_1e^{\Sigma\ln v_1(k)}+e^{\Sigma\ln v_1(k)}\sum f(k)e^{-\Sigma\ln v_1(k)} \tag{5.7.23}$$

考虑到式(5.7.14)，并注意到式(5.7.23)，则一阶线性变系数非齐次差分方程式(5.7.21)的通解 $y(k)$，即二阶线性变系数非齐次差分方程式(5.7.19)的通解 $y(k)$ 可以表示成

$$\begin{aligned}y(k)&=C_2e^{\Sigma\ln v_2(k)}+e^{\Sigma\ln v_2(k)}\sum w(k)e^{-\Sigma\ln v_2(k)}\\&=C_2e^{\Sigma\ln v_2(k)}+e^{\Sigma\ln v_2(k)}\sum\left[C_1e^{\Sigma\ln v_1(k)}+e^{\Sigma\ln v_1(k)}\sum f(k)e^{-\Sigma\ln v_1(k)}\right]e^{-\Sigma\ln v_2(k)}\\&=\underbrace{C_1e^{\Sigma\ln v_2(k)}\sum e^{\Sigma\ln\frac{v_1(k)}{v_2(k)}}+C_2e^{\Sigma\ln v_2(k)}}_{\text{齐次解}}+\underbrace{e^{\Sigma\ln v_2(k)}\sum e^{\Sigma\ln\frac{v_1(k)}{v_2(k)}}\sum f(k)e^{-\Sigma\ln v_1(k)}}_{\text{特解}}\end{aligned} \tag{5.7.24}$$

式中，C_1 和 C_2 为任意常数。

例 5.7.4：已知二阶线性变系数差分方程 $y(k)-3\left(\frac{1}{4}\right)^k y(k-1)+8\left(\frac{1}{16}\right)^k y(k-2)=2^{k-k^2}\varepsilon(k)$，$y(-2)=2$，$y(-1)=12$，试求序列 $y(k)$。

解：方法 1 考虑到 $y(k)-3\left(\frac{1}{4}\right)^k y(k-1)+8\left(\frac{1}{16}\right)^k y(k-2)=2^{k-k^2}\varepsilon(k)$，则有

$$y(k)-\left(\frac{1}{4}\right)^k y(k-1)-2\left(\frac{1}{4}\right)^k\left[y(k-1)-\left(\frac{1}{4}\right)^{k-1}y(k-2)\right]=2^{k-k^2}\varepsilon(k) \tag{5.7.25}$$

将式(5.7.25)的等号两边分别乘以 2^{k^2}，可得

$$\left[y(k)-\left(\frac{1}{4}\right)^k y(k-1)\right]2^{k^2}-\left[y(k-1)-\left(\frac{1}{4}\right)^{k-1} y(k-2)\right]2^{(k-1)^2}=2^k\varepsilon(k)$$

即

$$\nabla\left\{\left[y(k)-\left(\frac{1}{4}\right)^k y(k-1)\right]2^{k^2}\right\}=2^k\varepsilon(k) \tag{5.7.26}$$

对式(5.7.26)的等号两边分别做不定求和，可得

$$\sum\nabla\left\{\left[y(k)-\left(\frac{1}{4}\right)^k y(k-1)\right]2^{k^2}\right\}=\sum 2^k\varepsilon(k)=\sum\nabla[(2^{k+1}-1^k)\varepsilon(k)] \tag{5.7.27}$$

由式(5.7.27)可得

$$\left[y(k)-\left(\frac{1}{4}\right)^k y(k-1)\right]2^{k^2}=C_1\times 1^k+(2^{k+1}-1^k)\varepsilon(k)$$

即

$$y(k)-\left(\frac{1}{4}\right)^k y(k-1)=C_1\left(\frac{1}{2}\right)^{k^2}+\left(\frac{1}{2}\right)^{k^2}(2^{k+1}-1^k)\varepsilon(k) \tag{5.7.28}$$

将式(5.7.28)的等号两边分别乘以 $2^{(k+1)k}$，可得

$$y(k)2^{(k+1)k}-y(k-1)2^{k(k-1)}=C_1\times 2^k+(2\times 4^k-2^k)\varepsilon(k)$$

即

$$\nabla[y(k)2^{(k+1)k}]=C_1\times 2^k+(2\times 4^k-2^k)\varepsilon(k) \tag{5.7.29}$$

对式(5.7.29)的等号两边分别做不定求和，可得

$$\sum\nabla[y(k)2^{(k+1)k}]=C_1\sum 2^k+2\sum 4^k\varepsilon(k)-\sum 2^k\varepsilon(k)$$

即

$$\sum\nabla[y(k)2^{(k+1)k}]=\sum\nabla\left[C_1\frac{2^{k+1}}{2-1}+2\,\frac{4^{k+1}-1^k}{4-1}\varepsilon(k)-\frac{2^{k+1}-1^k}{2-1}\varepsilon(k)\right] \tag{5.7.30}$$

考虑到式(5.7.30)，则所求的二阶线性变系数差分方程的通解为

$$y(k)=\left(\frac{1}{2}\right)^{(k+1)k}\left\{C_2\times 1^k+C_1 2^{k+1}+\frac{1}{3}(8\times 4^k-6\times 2^k+1^k)\varepsilon(k)\right\} \tag{5.7.31}$$

式中，C_1 和 C_2 为待定系数。

考虑到式(5.7.31)，则有

$$\begin{cases}y(-2)=\dfrac{1}{4}\left(C_2+\dfrac{1}{2}C_1\right)=2\\ y(-1)=C_2+C_1=12\end{cases}，解得 \begin{cases}C_1=8\\ C_2=4\end{cases}$$

将 $C_1=8$ 及 $C_2=4$ 代入式(5.7.31)，可得所求的序列 $y(k)$，即

$$y(k)=\left(\frac{1}{2}\right)^{k^2-4}+4\left(\frac{1}{2}\right)^{(k+1)k}+\frac{1}{3}\left(\frac{1}{2}\right)^{(k+1)k}(8\times 4^k-6\times 2^k+1^k)\varepsilon(k)$$

方法 2 将两个二阶线性变系数差分方程，即式(5.7.25)与式(5.7.20)进行比较，可知

$$v_1(k)=2\left(\frac{1}{4}\right)^k=2^{1-2k}，v_2(k)=\left(\frac{1}{4}\right)^k，f(k)=2^{k-k^2}\varepsilon(k)$$

于是

$$\sum\ln v_2(k)=\sum\ln\left(\frac{1}{4}\right)^k=\frac{(k+1)k}{2}\ln\frac{1}{4}=-(k+1)k\ln 2$$

$$\sum\ln\frac{v_1(k)}{v_2(k)}=\sum\ln 2=k\ln 2$$

由式(5.7.24)可得

$$\begin{aligned}y(k)&=C_1\mathrm{e}^{\Sigma\ln v_2(k)}\sum\mathrm{e}^{\Sigma\ln\frac{v_1(k)}{v_2(k)}}+C_2\mathrm{e}^{\Sigma\ln v_2(k)}+\mathrm{e}^{\Sigma\ln v_2(k)}\sum\mathrm{e}^{\Sigma\ln\frac{v_1(k)}{v_2(k)}}\sum f(k)\mathrm{e}^{-\Sigma\ln v_1(k)}\\&=C_1\mathrm{e}^{-(k+1)k\ln2}\sum\mathrm{e}^{k\ln2}+C_2\mathrm{e}^{-(k+1)k\ln2}+\mathrm{e}^{-(k+1)k\ln2}\sum\mathrm{e}^{k\ln2}\sum2^{k-k^2}\varepsilon(k)\mathrm{e}^{-\Sigma\ln2^{1-2k}}\\&=C_1\left(\frac{1}{2}\right)^{(k+1)k}\sum2^k+C_2\left(\frac{1}{2}\right)^{(k+1)k}+\left(\frac{1}{2}\right)^{(k+1)k}\sum2^k\sum2^{k-k^2}\varepsilon(k)\mathrm{e}^{k^2\ln2}\\&=C_1\left(\frac{1}{2}\right)^{(k+1)k}2^{k+1}+C_2\left(\frac{1}{2}\right)^{(k+1)k}+\left(\frac{1}{2}\right)^{(k+1)k}\sum2^k(2^{k+1}-1^k)\varepsilon(k)\\&=C_1\left(\frac{1}{2}\right)^{(k+1)(k-1)}+C_2\left(\frac{1}{2}\right)^{(k+1)k}+\left(\frac{1}{2}\right)^{(k+1)k}\left(2\frac{4^{k+1}-1^k}{4-1}-\frac{2^{k+1}-1^k}{2-1}\right)\varepsilon(k)\\&=C_1\left(\frac{1}{2}\right)^{k^2-1}+C_2\left(\frac{1}{2}\right)^{(k+1)k}+\frac{1}{3}\left(\frac{1}{2}\right)^{(k+1)k}(8\times4^k-6\times2^k+1^k)\varepsilon(k)\end{aligned}$$

其中，C_1 和 C_2 为待定系数。

考虑到

$$\begin{cases}y(-2)=\dfrac{1}{4}\left(C_2+\dfrac{1}{2}C_1\right)=2\\y(-1)=C_2+C_1=12\end{cases}，则有\begin{cases}C_1=8\\C_2=4\end{cases}$$

于是，所求的序列 $y(k)$ 为

$$y(k)=\left(\frac{1}{2}\right)^{k^2-4}+4\left(\frac{1}{2}\right)^{(k+1)k}+\frac{1}{3}\left(\frac{1}{2}\right)^{(k+1)k}(8\times4^k-6\times2^k+1^k)\varepsilon(k)$$

5.7.2 线性移变离散时间系统全响应的时域求解方法

由于线性移变离散时间系统的数学模型是线性变系数非齐次差分方程，因此求解线性移变离散时间系统的响应归结为求解描述系统的线性变系数齐次差分方程或非齐次差分方程。

1. 线性移变离散时间系统零输入响应的定义

一个 n 阶线性移变离散时间因果系统的零输入响应 $y_x(k)$ 是描述系统的 n 阶线性变系数差分方程在给定的系统初始状态 $x_i(-1)(i=1,2,\cdots,n)$ 或 $y(-i)(i=1,2,\cdots,n)$，并且激励 $f(k)=0$ 条件下的解。

2. 线性移变离散时间系统单位冲激响应的定义

一个 n 阶线性移变离散时间因果系统的单位冲激响应 $h(k)$ 是描述系统的 n 阶线性变系数差分方程在系统的初始状态 $h(-i)=0(i=1,2,\cdots,n)$，并且激励 $f(k)=\delta(k)$ 条件下的解。

3. 线性移变离散时间系统零状态响应的定义

一个 n 阶线性移变离散时间因果系统的零状态响应 $y_f(k)$ 是描述系统的 n 阶线性变系数差分方程在系统的初始状态 $x_i(-1)=0(i=1,2,\cdots,n)$ 或 $y(-i)=0(i=1,2,\cdots,n)$，并且给定激励 $f(k)$ 条件下的解。

下面采用举例的方式介绍线性移变离散时间系统全响应的时域求解方法。

例 5.7.5：描述一阶线性移变离散时间因果系统响应 $y(k)$ 与激励 $f(k)$ 关系的差分方程为

$$y(k)-\left(\frac{1}{4}\right)^k y(k-1)=f(k) \tag{5.7.32}$$

(1) 试求系统的单位冲激响应 $h(k)$。

(2) 已知系统的初始状态 $y(-1)=1$，激励 $f(k)=\left(\dfrac{1}{2}\right)^{k^2}\varepsilon(k)$，试求系统的零输入响应

$y_x(k)$、零状态响应 $y_f(k)$及全响应 $y(k)$。

解：由式(5.7.32)可知，$v(k)=\left(\frac{1}{4}\right)^k$，于是

$$\sum \ln v(k)=\sum \ln\left(\frac{1}{4}\right)^k=\sum \ln\left(\frac{1}{2}\right)^{2k}=-\ln 2\sum 2k=-k(k+1)\ln 2 \tag{5.7.33}$$

(1) 考虑到非齐次差分方程式(5.7.32)，则有

$$h(k)-\left(\frac{1}{4}\right)^k h(k-1)=\delta(k) \tag{5.7.34}$$

考虑到式(5.7.34)和式(5.7.33)，则由式(5.7.14)给出的通解公式，可得

$$\begin{aligned}h(k)&=C\mathrm{e}^{\Sigma\ln v(k)}+\mathrm{e}^{\Sigma\ln v(k)}\sum\delta(k)\mathrm{e}^{-\Sigma\ln v(k)}=C\mathrm{e}^{-k(k+1)\ln 2}+\mathrm{e}^{-k(k+1)\ln 2}\sum\mathrm{e}^{k(k+1)\ln 2}\delta(k)\\&=C\left(\frac{1}{2}\right)^{k(k+1)}+\left(\frac{1}{2}\right)^{k(k+1)}\sum 2^{k(k+1)}\delta(k)=C\left(\frac{1}{2}\right)^{k(k+1)}+\left(\frac{1}{2}\right)^{k(k+1)}\sum\delta(k)\\&=C\left(\frac{1}{2}\right)^{k(k+1)}+\left(\frac{1}{2}\right)^{k(k+1)}\varepsilon(k)\end{aligned}$$

考虑到 $h(-1)=0$，则有 $C=0$，于是线性移变离散时间因果系统的单位冲激响应为

$$h(k)=\left(\frac{1}{2}\right)^{k(k+1)}\varepsilon(k)$$

(2) 考虑到非齐次差分方程式(5.7.32)，以及式(5.7.33)，则由式(5.7.14)给出的通解公式，可得

$$\begin{aligned}y(k)&=C\mathrm{e}^{\Sigma\ln v(k)}+\mathrm{e}^{\Sigma\ln v(k)}\sum f(k)\mathrm{e}^{-\Sigma\ln v(k)}=C\mathrm{e}^{-k(k+1)\ln 2}+\mathrm{e}^{-k(k+1)\ln 2}\sum\left(\frac{1}{2}\right)^{k^2}\varepsilon(k)\mathrm{e}^{k(k+1)\ln 2}\\&=C\left(\frac{1}{2}\right)^{k(k+1)}+\left(\frac{1}{2}\right)^{k(k+1)}\sum 2^k\varepsilon(k)=C\left(\frac{1}{2}\right)^{k(k+1)}+\left(\frac{1}{2}\right)^{k(k+1)}\frac{2^{k+1}-1^k}{2-1}\varepsilon(k)\\&=C\left(\frac{1}{2}\right)^{k(k+1)}+\left(\frac{1}{2}\right)^{k^2}\left[2-\left(\frac{1}{2}\right)^k\right]\varepsilon(k)\end{aligned}$$

考虑到 $y(-1)=C=1$，则线性移变离散时间因果系统的全响应为

$$y(k)=\left(\frac{1}{2}\right)^{k(k+1)}+\left(\frac{1}{2}\right)^{k^2}\left[2-\left(\frac{1}{2}\right)^k\right]\varepsilon(k),\ k\geqslant 0$$

显然，线性移变离散时间因果系统的零输入响应 $y_x(k)$及零状态响应 $y_f(k)$分别为

$$y_x(k)=\left(\frac{1}{2}\right)^{k(k+1)},\ k\geqslant 0$$

$$y_f(k)=\left(\frac{1}{2}\right)^{k^2}\left[2-\left(\frac{1}{2}\right)^k\right]\varepsilon(k)$$

例 5.7.6：描述二阶线性移变离散时间因果系统响应 $y(k)$与激励 $f(k)$关系的差分方程为

$$y(k)-\left[\left(\frac{1}{4}\right)^k+\frac{1}{2}\right]y(k-1)+2\left(\frac{1}{4}\right)^k y(k-2)=\left[\delta(k)-\frac{1}{2}\delta(k-1)\right]*\left(\frac{1}{2}\right)^{k^2}\varepsilon(k)*f(k) \tag{5.7.35}$$

(1) 已知激励 $f(k)$为因果序列，试证明系统的全响应 $y(k)$为

$$y(k)=\left(\frac{1}{2}\right)^{k(k+1)}\left\{y(-1)+[y(-1)-4y(-2)]\sum_{m=0}^{k}2^{m^2-1}+\sum_{m=0}^{k}2^{m(m+1)}\left[\left(\frac{1}{2}\right)^{m^2}\varepsilon(m)*f(m)\right]\right\}$$

(2) 试求系统的单位冲激响应 $h(k)$。

(3) 已知系统的初始状态 $y(-1)=4$，$y(-2)=1$，激励 $f(k)=28\left(\frac{1}{2}\right)^{k^2}[\varepsilon(k)-\varepsilon(k-2)]$，

试求系统的零输入响应 $y_x(k)$、零状态响应 $y_f(k)$ 及全响应 $y(k)$。

解:(1) 二阶线性变系数非齐次差分方程式(5.7.35)可改写成

$$y(k)-\left(\frac{1}{2}\right)^{2k}y(k-1)-\frac{1}{2}\left[y(k-1)-\left(\frac{1}{2}\right)^{2(k-1)}y(k-2)\right]=\left[\delta(k)-\frac{1}{2}\delta(k-1)\right]*\left(\frac{1}{2}\right)^{k^2}\varepsilon(k)*f(k)$$

即

$$\left[\delta(k)-\frac{1}{2}\delta(k-1)\right]*\left[y(k)-\left(\frac{1}{2}\right)^{2k}y(k-1)\right]=\left[\delta(k)-\frac{1}{2}\delta(k-1)\right]*\left(\frac{1}{2}\right)^{k^2}\varepsilon(k)*f(k) \tag{5.7.36}$$

令

$$w(k)=y(k)-\left(\frac{1}{2}\right)^{2k}y(k-1) \tag{5.7.37}$$

那么式(5.7.36)可写成

$$w(k)-\frac{1}{2}w(k-1)=\left[\delta(k)-\frac{1}{2}\delta(k-1)\right]*\left(\frac{1}{2}\right)^{k^2}\varepsilon(k)*f(k) \tag{5.7.38}$$

将式(5.7.38)的等号两边分别乘以 2^k,并考虑到线性卷和的加权性质式(5.3.42),可得

$$2^kw(k)-2^{k-1}w(k-1)=[2^k\delta(k)-2^{k-1}\delta(k-1)]*2^k\left[\left(\frac{1}{2}\right)^{k^2}\varepsilon(k)*f(k)\right] \tag{5.7.39}$$

考虑到式(5.7.39),则有

$$\nabla[2^kw(k)]=\nabla[2^k\delta(k)]*2^k\left[\left(\frac{1}{2}\right)^{k^2}\varepsilon(k)*f(k)\right]=\nabla[\delta(k)]*2^k\left[\left(\frac{1}{2}\right)^{k^2}\varepsilon(k)*f(k)\right]$$

$$=\nabla\left\{2^k\left[\left(\frac{1}{2}\right)^{k^2}\varepsilon(k)*f(k)\right]\right\}$$

即

$$\nabla[2^mw(m)]=\nabla\left\{2^m\left[\left(\frac{1}{2}\right)^{m^2}\varepsilon(m)*f(m)\right]\right\} \tag{5.7.40}$$

在区间 $m\in[0,k]$ 上,对式(5.7.40)的等号两边分别求和,可得

$$\sum_{m=0}^{k}\nabla[2^mw(m)]=\sum_{m=0}^{k}\nabla\left\{2^m\left[\left(\frac{1}{2}\right)^{m^2}\varepsilon(m)*f(m)\right]\right\} \tag{5.7.41}$$

考虑到式(5.7.41),则有

$$2^mw(m)\Big|_{-1}^{k}=2^m\left[\left(\frac{1}{2}\right)^{m^2}\varepsilon(m)*f(m)\right]\Big|_{-1}^{k} \tag{5.7.42}$$

由式(5.7.42),并考虑到式(5.7.37),则有

$$w(k)=w(-1)\left(\frac{1}{2}\right)^{k+1}+\left(\frac{1}{2}\right)^{k^2}\varepsilon(k)*f(k)=\left[y(-1)-\left(\frac{1}{2}\right)^{-2}y(-2)\right]\left(\frac{1}{2}\right)^{k+1}+\left(\frac{1}{2}\right)^{k^2}\varepsilon(k)*f(k)$$

$$=[y(-1)-4y(-2)]\left(\frac{1}{2}\right)^{k+1}+\left(\frac{1}{2}\right)^{k^2}\varepsilon(k)*f(k) \tag{5.7.43}$$

考虑到式(5.7.43),则式(5.7.37)可写成

$$y(k)-\left(\frac{1}{2}\right)^{2k}y(k-1)=[y(-1)-4y(-2)]\left(\frac{1}{2}\right)^{k+1}+\left(\frac{1}{2}\right)^{k^2}\varepsilon(k)*f(k) \tag{5.7.44}$$

将式(5.7.44)的等号两边分别乘以 $2^{(k+1)k}$,则有

$$2^{(k+1)k}y(k)-2^{k(k-1)}y(k-1)=2^{k^2-1}[y(-1)-4y(-2)]+2^{k(k+1)}\left[\left(\frac{1}{2}\right)^{k^2}\varepsilon(k)*f(k)\right]$$

即

$$\nabla[2^{(k+1)k}y(k)]=2^{k^2-1}[y(-1)-4y(-2)]+2^{k(k+1)}\left[\left(\frac{1}{2}\right)^{k^2}\varepsilon(k)*f(k)\right]$$

亦即

$$\nabla[2^{(m+1)m}y(m)]=2^{m^2-1}[y(-1)-4y(-2)]+2^{m(m+1)}\left[\left(\frac{1}{2}\right)^{m^2}\varepsilon(m)*f(m)\right] \quad (5.7.45)$$

在区间 $m\in[0,k]$上，对式(5.7.45)的等号两边分别求和，可得

$$y(m)2^{m(m+1)}\Big|_{-1}^{k}=[y(-1)-4y(-2)]\sum_{m=0}^{k}2^{m^2-1}+\sum_{m=0}^{k}2^{m(m+1)}\left[\left(\frac{1}{2}\right)^{m^2}\varepsilon(m)*f(m)\right]$$

即

$$y(k)=\left(\frac{1}{2}\right)^{k(k+1)}\left\{y(-1)+[y(-1)-4y(-2)]\sum_{m=0}^{k}2^{m^2-1}+\sum_{m=0}^{k}2^{m(m+1)}\left[\left(\frac{1}{2}\right)^{m^2}\varepsilon(m)*f(m)\right]\right\} \quad (5.7.46)$$

(2) 考虑到式(5.7.46)，则线性移变离散时间因果系统的单位冲激响应为

$$\begin{aligned}h(k)&=\left(\frac{1}{2}\right)^{k(k+1)}\sum_{m=0}^{k}2^{m(m+1)}\left[\left(\frac{1}{2}\right)^{m^2}\varepsilon(m)*\delta(m)\right]=\left(\frac{1}{2}\right)^{k(k+1)}\sum_{m=0}^{k}2^{m}\varepsilon(m)\\&=\left(\frac{1}{2}\right)^{k(k+1)}\frac{2^{m+1}-1^{m}}{2-1}\varepsilon(m)\Big|_{-1}^{k}=\left(\frac{1}{2}\right)^{k(k+1)}(2^{k+1}-1^{k})\varepsilon(k)\\&=\left(\frac{1}{2}\right)^{k^2}\left[2-\left(\frac{1}{2}\right)^{k}\right]\varepsilon(k)\end{aligned}$$

(3) 考虑到 $f(k)=28\left(\frac{1}{2}\right)^{k^2}[\varepsilon(k)-\varepsilon(k-2)]=28\delta(k)+14\delta(k-1)$，$y(-2)=1$，$y(-1)=4$

由式(5.7.46)可得线性移变离散时间因果系统的全响应，即

$$\begin{aligned}y(k)&=\left(\frac{1}{2}\right)^{k(k+1)}\left\{4+\sum_{m=0}^{k}2^{m(m+1)}\left[\left(\frac{1}{2}\right)^{m^2}\varepsilon(m)*f(m)\right]\right\}\\&=\left(\frac{1}{2}\right)^{k(k+1)}\left\{4+\sum_{m=0}^{k}2^{m(m+1)}\left[28\left(\frac{1}{2}\right)^{m^2}\varepsilon(m)+14\left(\frac{1}{2}\right)^{(m-1)^2}\varepsilon(m-1)\right]\right\}\\&=\left(\frac{1}{2}\right)^{k(k+1)}\left[4+28\sum_{m=0}^{k}2^{m}\varepsilon(m)+7\sum_{m=0}^{k}8^{m}\varepsilon(m-1)\right]\\&=\left(\frac{1}{2}\right)^{k(k+1)}\left[4+28\sum_{m=0}^{k}2^{m}\varepsilon(m)+7\sum_{m=0}^{k}8^{m}[\varepsilon(m)-\delta(m)]\right]\\&=\left(\frac{1}{2}\right)^{k(k+1)}[4+28(2^{k+1}-1^{k})\varepsilon(k)+(8^{k+1}-1^{k})\varepsilon(k)-7\varepsilon(k)]\\&=4\left(\frac{1}{2}\right)^{k(k+1)}+\left(\frac{1}{2}\right)^{k^2}\left[56+8\times4^{k}-36\left(\frac{1}{2}\right)^{k}\right]\varepsilon(k),\ k\geqslant0\end{aligned}$$

显然，线性移变离散时间因果系统的零输入响应 $y_x(k)$和零状态响应 $y_f(k)$分别为

$$y_x(k)=4\left(\frac{1}{2}\right)^{k(k+1)},\ k\geqslant0$$

$$y_f(k)=\left(\frac{1}{2}\right)^{k^2}\left[56+8\times4^{k}-36\left(\frac{1}{2}\right)^{k}\right]\varepsilon(k)$$

习题

5.1　单项选择题

(1) 对连续时间信号进行等间隔抽样得到离散时间信号(序列)，若以等间隔 T 对周期为

T_0 的连续时间周期信号 $f_{T_0}(t)$ 进行抽样，当满足条件 $nT=T_0$ 或 $nT=mT_0$(n 和 m 均为正整数)，则样值序列 $\tilde{f}(k)=f_{T_0}(kT)$ 是周期序列。若以等间隔 $T=2$ s 对连续时间周期信号 $f_{T_0}(t)=10\cos\left(\frac{\pi}{16}t-\frac{\pi}{2}\right)$ 进行抽样，则样值序列为(　　)。

A. $10\cos\frac{k\pi}{16}$　　B. $10\sin\frac{k\pi}{16}$　　C. $10\cos\frac{k\pi}{8}$　　D. $10\sin\frac{k\pi}{8}$

(2) 仅由 LSI 离散时间系统的初始状态所引起的响应是系统的(　　)。

A. 零输入响应　　B. 零状态响应　　C. 全响应　　D. 暂态响应

(3) 一个 LSI 离散时间系统的零输入响应由(　　)确定。

A. 初始状态　　B. 系统结构　　C. 标量乘法器系数　　D. 前述三者

(4) 若描述一个二阶 LSI 离散时间因果非稳定系统的响应 $y(k)$ 与激励 $f(k)$ 关系的差分方程为 $y(k)-5y(k-1)+6y(k-2)=f(k)$，则系统零输入响应的通解模式为(　　)。

A. $y(k)=C_1 2^k+C_2 3^k$　　B. $y(k)=C_1 2^k+C_2 k 3^k$

C. $y(k)=C_1 k 2^k+C_2 k^2 3^k$　　D. $y(k)=C_1 k^2 2^k+C_2 k 3^k$

其中，C_1 和 C_2 为任意常数。

(5) 若描述一个二阶 LSI 离散时间因果非稳定系统的响应 $y(k)$ 与激励 $f(k)$ 关系的差分方程为 $y(k)-4y(k-1)+4y(k-2)=f(k)$，则系统零输入响应的通解模式为(　　)。

A. $y(k)=C_1 2^k+C_2 2^k$　　B. $y(k)=C_1 2^k+C_2 k 2^k$

C. $y(k)=C_1 k^2 2^k+C_2 k 2^k$　　D. $y(k)=C_1 k^3 2^k+C_2 k^2 2^k$

其中，C_1 和 C_2 为任意常数。

(6) 若描述一个二阶 LSI 离散时间因果非稳定系统的响应 $y(k)$ 与激励 $f(k)$ 关系的差分方程为 $y(k)-2y(k-1)+4y(k-2)=f(k)$，则系统零输入响应的通解模式为(　　)。

A. $y(k)=C_1 2^k+C_2 2^k$　　B. $y(k)=C_1 2^k+C_2 k 2^k$

C. $y(k)=2^k\left(C_1\cos\frac{k\pi}{3}+C_2\sin\frac{k\pi}{3}\right)$　　D. $y(k)=\left(\frac{1}{2}\right)^k\left(C_1\cos\frac{k\pi}{3}+C_2\sin\frac{k\pi}{3}\right)$

其中，C_1 和 C_2 为任意常数。

(7) 仅由 LSI 离散时间系统激励所引起的响应是系统的(　　)。

A. 零输入响应　　B. 零状态响应　　C. 全响应　　D. 稳态响应

(8) 一个 LSI 离散时间系统的零状态响应由(　　)确定。

A. 激励　　B. 系统结构　　C. 标量乘法器系数　　D. 前述三者

(9) 在 LSI 离散时间系统的初始状态为零时，由序列(　　)作用于系统时的响应，称为系统的单位冲激响应 $h(k)$。

A. $\delta(k)$　　B. $\varepsilon(k)$　　C. $k\varepsilon(k)$　　D. $k^2\varepsilon(k)$

(10) 一个 LSI 离散时间系统的单位冲激响应由(　　)确定。

A. 激励　　B. 系统结构

C. 系统结构和标量乘法器系数　　D. 系统结构和激励

(11) 若一个 LSI 离散时间因果系统响应 $y(k)$ 与激励 $f(k)$ 的关系为 $y(k)=\sum_{p=0}^{+\infty}f(k-p)$，则系统的单位冲激响应 $h(k)$ 为(　　)。

A. $\delta(k)$　　B. $\varepsilon(k)$　　C. $k\varepsilon(k)$　　D. $k^2\varepsilon(k)$

(12) 在 LSI 离散时间系统的初始状态为零时，由序列(　　)作用于系统时的响应，称为系

统的单位阶跃响应 $g(k)$。

A. $\delta(k)$　B. $\varepsilon(k)$　C. $k\varepsilon(k)$　D. $k^2\varepsilon(k)$

(13) 线性卷和法仅适用于求解(　　)的零状态响应。

A. 线性系统　B. 移不变系统　C. 线性移不变系统　D. 线性移变系统

(14) 一个 LSI 离散时间系统的转移算子由(　　)确定。

A. 激励　B. 系统结构

C. 标量乘法器系数　D. 系统结构和标量乘法器系数

(15) 一个 LSI 离散时间系统在复指数序列 z^k 的作用下，当满足主导条件，即 z 的模大于系统所有特征根的模时，其零状态响应等于系统的转移函数 $H(z)$ 与复指数序列 z^k 的(　　)。

A. 和　B. 差　C. 积　D. 卷和

(16) 一个稳定的 LSI 离散时间系统对常数序列的响应是(　　)。

A. 常数序列　B. 正弦序列　C. 指数衰减序列　D. 周期序列

(17) 一个稳定的 LSI 离散时间系统对正弦序列的响应是(　　)。

A. 常数序列　B. 正弦序列　C. 指数衰减序列　D. 周期序列

(18) 一个稳定的 LSI 离散时间系统对周期序列的响应是(　　)。

A. 常数序列　B. 正弦序列　C. 指数衰减序列　D. 周期序列

(19) 一个转移算子为 $H(E)$ 的 LSI 离散时间因果系统，在激励 $a^k\varepsilon(k)$ 的作用下，系统的零状态响应等于转移算子为(　　)的 LSI 离散时间因果系统的单位冲激响应。

A. $\dfrac{H(E)}{1-aE^{-1}}$　B. $\dfrac{H(E)}{1+aE^{-1}}$

C. $H(E)(1+aE^{-1})$　D. $H(E)(1-aE^{-1})$

(20) LSI 离散时间非因果系统在 $\delta(k-m)$ 的作用下的零状态响应 $y_f(k)=\varepsilon(k)-\varepsilon(k-m)$，其中 m 为正整数，若激励 $f(k)=\varepsilon(k-1)-\varepsilon(k-1-m)$，则系统的零状态响应是(　　)。

A. 对称三角波序列　B. 对称梯形波序列　C. 双边偶序列　D. 双边奇序列

5.2　多项选择题

(1) 下列有关单位冲激序列 $\delta(k)$ 的性质，正确的有(　　)。

A. $\delta(k)=\delta(-k)$　B. $\delta\left(\dfrac{k}{N_1}+N_2\right)=\delta(k+N_1N_2)$，其中 N_1 和 N_2 为非零整数。

C. $\sum\limits_{k=-\infty}^{+\infty}\delta(k)=\sum\limits_{k=-1}^{+1}\delta(k)=1$　D. $f(k)\delta(k)=f(0)\delta(k)$

E. $\sum\limits_{k=-\infty}^{+\infty}f(k)\delta(k)=f(0)$　F. $\nabla[f(k)\delta(k)]=f(0)\nabla[\delta(k)]$

G. $\sum\limits_{m=-\infty}^{k}\nabla[f(m)\delta(m)]=f(0)\delta(k)$

H. $\sum\limits_{m=-\infty}^{k}\nabla^{(n-1)}[f(m)\delta(m)]=f(0)\nabla^{(n-2)}\delta(k)$，其中 $\nabla^{(n-1)}$ 和 $\nabla^{(n-2)}$ 分别表示 $n-1$ 阶和 $n-2$ 阶后向差分。

(2) 下列有关 LSI 离散时间系统的零状态响应的性质，正确的有(　　)。

A. 若 $f_j(k)\xrightarrow{\text{引起}}y_{f_j}(k)$，则 $\sum\limits_{j=1}^{m}b_jf_j(k)\xrightarrow{\text{引起}}\sum\limits_{j=1}^{m}b_jy_{f_j}(k)$，其中 b_j 为任意常数。

B. 若 $f(k)\xrightarrow{\text{引起}}y_f(k)$，则 $f(k-k_0)\xrightarrow{\text{引起}}y_f(k-k_0)$，其中 k_0 为整数。

C. 若 $f(k)\xrightarrow{引起}y_f(k)$，则 $\nabla f(k)\xrightarrow{引起}\nabla y_f(k)$

D. 若 $f(k)\xrightarrow{引起}y_f(k)$，则 $\nabla^{(-1)}f(k)\xrightarrow{引起}\nabla^{(-1)}y_f(k)$

E. 若 $\delta(k)\xrightarrow{引起}h(k)$，则 $f(k)\xrightarrow{引起}y_f(k)=f(k)*h(k)$

F. 若 $f(k)\xrightarrow{引起}y_f(k)$，则 $f(Nk)\xrightarrow{引起}y_f(Nk)$，其中 N 为大于 1 的整数。

(3) 若 $f_1(k)*f_2(k)=f(k)$，则下列结论正确的有(　　)。

A. $f_1(k-k_1)*f_2(k-k_2)=f(k-k_1-k_2)$，其中 k_1 和 k_2 为整数。

B. $f_1(-k)*f_2(-k)=f(-k)$

C. $[a^kf_1(k)]*[a^kf_2(k)]=a^kf(k)$

D. $[kf_1(k)]*f_2(k)+f_1(k)*[kf_2(k)]=kf(k)$

E. $\nabla f(k)=\nabla f_1(k)*f_2(k)=f_1(k)*\nabla f_2(k)$

F. $\nabla^{(-1)}f(k)=\nabla^{(-1)}f_1(k)*f_2(k)=f_1(k)*\nabla^{(-1)}f_2(k)$

G. $f(k)=f(-\infty)+\nabla^{(n)}f_1(k)*\nabla^{(-n)}f_2(k)$，其中 $\nabla^{(n)}$ 表示 n 阶后向差分，$\nabla^{(-n)}$ 表示 n 次累加。

(4) 下列等式正确的有(　　)。

A. $\varepsilon(k)=\sum_{m=0}^{+\infty}\delta(k-m)$　　B. $\varepsilon(k)=\sum_{m=-\infty}^{k}\delta(m)$　　C. $\delta(k)=\varepsilon(k)-\varepsilon(k-1)$

D. $\delta(k)=\varepsilon(-k)-\varepsilon(-k-1)$　　E. $\varepsilon(k)=\sum_{m=1}^{+\infty}\delta(m)$　　F. $\varepsilon(k)=\sum_{m=0}^{+\infty}\delta(m)$

(5) 下列等式正确的有(　　)。

A. $\varepsilon(k)*\varepsilon(k)=(k+1)\varepsilon(k+1)$　　B. $\varepsilon(k)*\varepsilon(k)=(k+1)\varepsilon(k)$

C. $\varepsilon(k)*\varepsilon(k)=k\varepsilon(k+1)$　　D. $\varepsilon(k)*\varepsilon(k)=k\varepsilon(k)$

E. $\varepsilon(-k)*\varepsilon(-k)=(1-k)\varepsilon(-k+1)$　　F. $\varepsilon(-k-1)*\varepsilon(-k-1)=-(k+1)\varepsilon(-k-2)$

(6) 下列等式正确的有(　　)。

A. $b^k\varepsilon(k)*a^k\varepsilon(k)=\dfrac{1}{b-a}(b^{k+1}-a^{k+1})\varepsilon(k)$

B. $a^k\varepsilon(k)*a^k\varepsilon(k)=(k+1)a^k\varepsilon(k)$

C. 若 $|b|>|a|$，则有 $b^k\varepsilon(-k-1)*a^k\varepsilon(k)=\dfrac{1}{b-a}[b^{k+1}\varepsilon(-k-1)+a^{k+1}\varepsilon(k)]$

D. 若 $|b|>|a|$，则有 $b^k*a^k\varepsilon(k)=\dfrac{b^{k+1}}{b-a}$

E. 设转移算子为 $H(E)$ 的 LSI 离散时间系统的特征根为 $v_i(i=1,2,\cdots,n)$，若满足主导条件 $|z|>\max(|v_i|)$，则有 $y_f(k)=h(k)*z^k=H(E)z^k=H(z)z^k$。

5.3 离散时间系统的激励和响应分别为 $f(k)$ 和 $y(k)$，试判断下列系统的线性性质、移不变性质、因果性质和稳定性。

(1) $y(k)=f(2-k)$　　(2) $y(k)=\sum_{m=-\infty}^{3k}f(m)$

(3) $y(k)-ky(k-1)=2f(k)$　　(4) $y(k)+2y(k)y(2k)=f(k)$

(5) $y(k)=e^{f(k)}$　　(6) $y(k)=\sum_{m=-M}^{M}f(k-m)$，其中 M 为正整数。

(7) $y(k)=k+f(k+1)$　　(8) $y(k)=\dfrac{1}{2}[1+(-1)^k]f(k+1)+\dfrac{1}{2}[1-(-1)^k]f(k+3)$

5.4　试确定下列周期序列的周期 N。

(1) $\tilde{f}(k)=\cos\dfrac{k\pi}{2}+\sin\dfrac{k\pi}{3}$　　(2) $\tilde{f}(k)=\left|\cos\dfrac{k\pi}{3}+\sin\dfrac{k\pi}{4}\right|$

(3) $\tilde{f}(k)=\left|\cos\dfrac{k\pi}{3}+\sin\dfrac{k\pi}{5}\right|$　　(4) $\tilde{f}(k)=2\cos\dfrac{k\pi}{3}\sin\dfrac{k\pi}{4}$

(5) $\tilde{f}(k)=2\sin\dfrac{k\pi}{5}\cos\dfrac{k\pi}{5}$　　(6) $\tilde{f}(k)=\sum\limits_{n=0}^{5}\mathrm{e}^{\mathrm{j}\frac{\pi}{3}kn}$

5.5　试计算下列离散时间信号的能量。

(1) $f(k)=3\left(\dfrac{1}{2}\right)^{|k|}$　　(2) $f(k)=3\left(\dfrac{1}{2}\right)^{|k|}\mathrm{sgn}(k)$

(3) $f(k)=(5-|k|)[\varepsilon(k+5)-\varepsilon(k-6)]$　(4) $f(k)=k[\varepsilon(k+5)-\varepsilon(k-6)]$

5.6　试用单位阶跃序列 $\varepsilon(k)$ 表示图题 5.6 所示的离散时间信号。

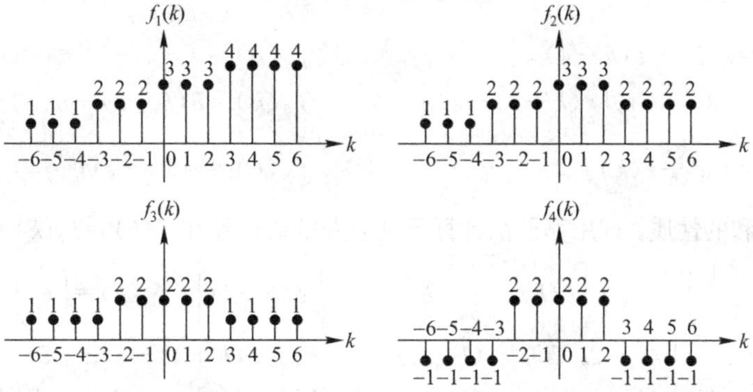

图题 5.6　离散时间信号 $f_1(k)$ 至 $f_4(k)$ 的序列图形

5.7　试用单位斜坡序列 $r(k)=k\varepsilon(k)$ 表示图题 5.7 所示的离散时间信号。

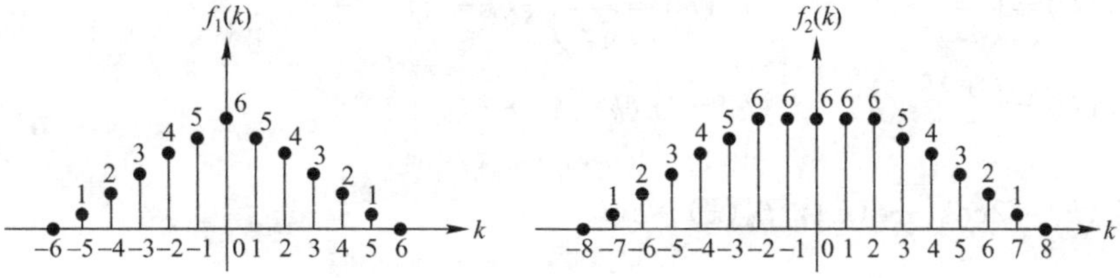

图题 5.7　离散时间信号 $f_1(k)$ 和 $f_2(k)$ 的序列图形

5.8　试用单位阶跃序列 $\varepsilon(k)$ 和单位斜坡序列 $r(k)=k\varepsilon(k)$ 表示图题 5.8 所示的离散时间信号。

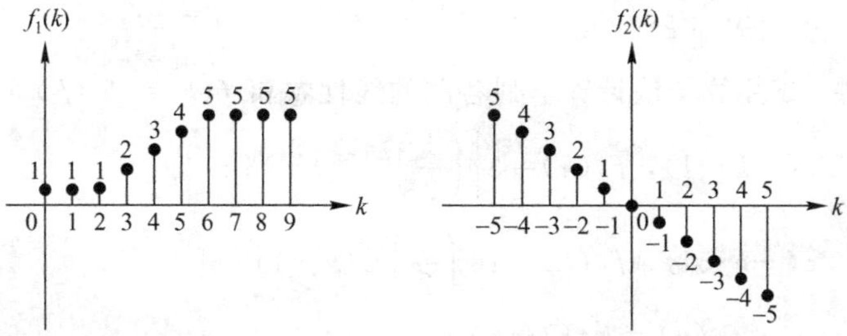

图题 5.8　离散时间信号 $f_1(k)$ 和 $f_2(k)$ 的序列图形

5.9 已知离散时间信号 $f(k)$ 的序列图形如图题 5.9 所示，试画出下列离散时间信号的序列图形。

(1) $f_1(k)=f(k+3)+f(k-3)$

(2) $f_2(k)=f(3-k)$

(3) $f_3(k)=f(k)R_7(k+3)$

(4) $f_4(k)=\dfrac{1+(-1)^k}{2}f(k)$

(5) $f_5(k)=\dfrac{1+(-1)^k}{2}f\left(\dfrac{k}{2}\right)$

(6) $f_6(k)=f(2k)$

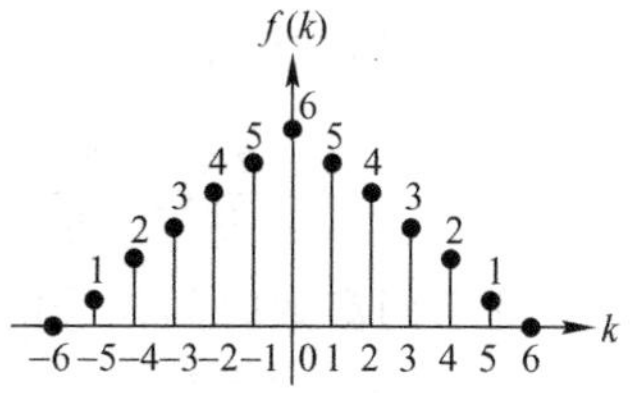

图题 5.9 离散时间信号 $f(k)$ 的序列图形

5.10 试计算下列各题中两个序列的线性卷和，并画出线性卷和的序列图形。

(1) $f_1(k)=(k+1)[\varepsilon(k+1)-\varepsilon(k-3)]$ $f_2(k)=4\left(\dfrac{1}{2}\right)^k[\varepsilon(k)-\varepsilon(k-3)]$

(2) $f_3(k)=\varepsilon(k)-\varepsilon(k-4)$ $f_4(k)=f_3(k-1)*[\delta(k)+\delta(k-8)]$

(3) $f_5(k)=(3-|k|)[\varepsilon(k+3)-\varepsilon(k-4)]$ $f_6(k)=\delta(k+3)+\delta(k)+\delta(k-3)$

(4) $f_7(k)=\sin\dfrac{k\pi}{2}\varepsilon(k)$ $f_8(k)=\varepsilon(k)-\varepsilon(k-4)$

5.11 结合线性卷和的性质，试用算子法计算下列各题的线性卷和 $f(k)=f_1(k)*f_2(k)$。

(1) $f_1(k)=\left(\dfrac{1}{2}\right)^k\varepsilon(k)*\left[\delta(k)-\dfrac{5}{6}\delta(k-1)+\dfrac{1}{6}\delta(k-2)\right]$，$f_2(k)=\left(\dfrac{1}{3}\right)^k\varepsilon(k)*\mathrm{Sa}\left(\dfrac{k\pi}{4}\right)$

(2) $f_1(k)=\varepsilon(k+4)-2\varepsilon(k)+\varepsilon(k-5)$，$f_2(k)=\varepsilon(k+4)-\varepsilon(k-5)$

(3) $f_1(k)=\varepsilon(k+4)-2\varepsilon(k)+\varepsilon(k-4)$，$f_2(k)=\varepsilon(k+4)-2\varepsilon(k)+\varepsilon(k-4)$

(4) $f_1(k)=\left(\dfrac{1}{4}\right)^k\varepsilon(k)$，$f_2(k)=3\varepsilon(k-1)$

(5) $f_1(k)=\left(\dfrac{1}{2}\right)^k\varepsilon(k-1)$，$f_2(k)=\left(\dfrac{1}{2}\right)^k\varepsilon(k-2)$

(6) $f_1(k)=\left(\dfrac{1}{2}\right)^k\varepsilon(k)$，$f_2(k)=k\varepsilon(k-1)*\delta(k+1)$

(7) $f_1(k)=2\cos\dfrac{k\pi}{3}\varepsilon(k)$，$f_2(k)=\varepsilon(k+1)$

(8) $f_1(k)=2\sqrt{3}\sin\dfrac{k\pi}{3}\varepsilon(k)$，$f_2(k)=\varepsilon(k+1)$

(9) $f_1(k)=3\cos\dfrac{k\pi}{3}\varepsilon(k)$，$f_2(k)=\left(\dfrac{1}{2}\right)^k\varepsilon(k)*\delta(k-1)$

(10) $f_1(k)=2\sqrt{3}\sin\dfrac{k\pi}{3}\varepsilon(k)$，$f_2(k)=\left(\dfrac{1}{2}\right)^k\varepsilon(k)*\delta(k-1)$

5.12 结合主导条件，试用算子法计算下列各题的线性卷和 $f(k)=f_1(k)*f_2(k)$。

(1) $f_1(k)=2^k\varepsilon(-k-1)$，$f_2(k)=3\left[\left(\dfrac{1}{2}\right)^k\varepsilon(k)-\delta(k)\right]$

(2) $f_1(k)=3^k\varepsilon(-k-1)$，$f_2(k)=10\left(\dfrac{1}{2}\right)^k\varepsilon(k-1)$

(3) $f_1(k)=\varepsilon(k)$，$f_2(k)=2^k\varepsilon(2-k)$

(4) $f_1(k)=3\cos\dfrac{k\pi}{3}$，$f_2(k)=\left(\dfrac{1}{2}\right)^k\varepsilon(k)$

(5) $f_1(k)=3\sin\frac{k\pi}{3}$，$f_2(k)=\left(\frac{1}{2}\right)^k\varepsilon(k)$

(6) $f_1(k)=6\cos^2\frac{k\pi}{6}$，$f_2(k)=2\delta(k)-\left(\frac{1}{2}\right)^k\varepsilon(k)$

5.13 利用 $e^{j\frac{k\pi}{3}}\varepsilon(k)*e^{j\frac{k\pi}{3}}\varepsilon(k)=(k+1)e^{j\frac{k\pi}{3}}\varepsilon(k)$，并结合线性卷和的加权性质及交替加权性质，计算下列各题的线性卷和 $f(k)=f_1(k)*f_2(k)$。

(1) $f_1(k)=2\left(\frac{1}{2}\right)^k\sin\frac{k\pi}{3}\varepsilon(k)$，$f_2(k)=\left(\frac{1}{2}\right)^k\cos\frac{k\pi}{3}\varepsilon(k)$

(2) $f_1(k)=6\left(\frac{1}{2}\right)^k\sin\frac{k\pi}{3}\varepsilon(k)$，$f_2(k)=\left(\frac{1}{2}\right)^k\sin\frac{k\pi}{3}\varepsilon(k)$

(3) $f_1(k)=6\left(\frac{1}{2}\right)^k\cos\frac{k\pi}{3}\varepsilon(k)$，$f_2(k)=\left(\frac{1}{2}\right)^k\cos\frac{k\pi}{3}\varepsilon(k)$

(4) $f_1(k)=12k\left(\frac{1}{2}\right)^k\sin\frac{k\pi}{3}\varepsilon(k)$，$f_2(k)=\left(\frac{1}{2}\right)^k\sin\frac{k\pi}{3}\varepsilon(k)$

(5) $f_1(k)=12k\left(\frac{1}{2}\right)^k\cos\frac{k\pi}{3}\varepsilon(k)$，$f_2(k)=\left(\frac{1}{2}\right)^k\cos\frac{k\pi}{3}\varepsilon(k)$

5.14 证明题

(1) $v^k\varepsilon(k)*\nabla[v^k\varepsilon(k)]=[1+k(1-v^{-1})]v^k\varepsilon(k)$，其中 v 为实数。

(2) $\frac{1-v_2E^{-1}}{1-v_1E^{-1}}\delta(k)*\frac{1-v_1E^{-1}}{1-v_2E^{-1}}\delta(k)=\delta(k)$，其中 v_1 和 v_2 为实数。

(3) $\frac{n!}{(1-vE^{-1})^{n+1}}\delta(k)*\frac{m!}{(1-vE^{-1})^{m+1}}\delta(k)=\frac{n!m!(k+n+m+1)!}{(n+m+1)!k!}v^k\varepsilon(k)$

(4) $[v^k\nabla^{(n)}\delta(k-k_0)]*f(k)=v^{k_0}\sum_{i=0}^{n}C_n^i(-1)^i v^i f(k-i-k_0)$，其中 $C_n^i=\frac{n!}{i!(n-i)!}$。

5.15 试求下列各题中的离散时间信号 $f(k)$。

(1) $f(k)*f(k-1)=2k\left(\frac{1}{2}\right)^k\varepsilon(k)$

(2) $f(k)*f(2k)=\left[2\left(\frac{1}{2}\right)^k-\left(\frac{1}{4}\right)^k\right]\varepsilon(k)$

(3) $f(k)*\left(\frac{1}{2}\right)^k\varepsilon(k)=\left[3\left(\frac{1}{2}\right)^k-2\left(\frac{1}{3}\right)^k\right]\varepsilon(k)$

(4) $\sum_{m=-\infty}^{k}f(m)=\left[2-\left(\frac{1}{2}\right)^k\right]\varepsilon(k)$

5.16 试求下列 LSI 离散时间系统的零输入响应 $y_x(k)$。

(1) $6y(k)-5y(k-1)+y(k-2)=f(k)$，$y(-1)=3$，$y(-2)=3$

(2) $9y(k)-6y(k-1)+y(k-2)=f(k)$，$y(-1)=6$，$y(-2)=27$

(3) $9y(k)-3y(k-1)+y(k-2)=f(k)$，$y(-1)=3$，$y(-2)=-9$

5.17 已知系统的激励 $f(k)=\left(\frac{1}{2}\right)^k\varepsilon(k)$，初始状态 $y(-2)=y(-1)=4$，试分别求下列二阶 LSI 离散时间因果稳定系统的单位冲激响应 $h(k)$、零输入响应 $y_x(k)$、零状态响应 $y_f(k)$ 及全响应 $y(k)$。

(1) $12y(k)-7y(k-1)+y(k-2)=12f(k)$

(2) $4y(k)-4y(k-1)+y(k-2)=4f(k)+2f(k-1)$

(3) $4y(k)-2y(k-1)+y(k-2)=8f(k)-3f(k-1)+f(k-2)$

5.18 在图题5.18所示的LSI离散时间因果系统的时域模拟方框图中，$h_1(k)=\varepsilon(k)$(累加器)，$h_2(k)=\delta(k-1)$(单位延迟器)，$h_3(k)=-\delta(k)$(倒相器)。

(1) 试求系统的单位冲激响应 $h(k)$。

(2) 已知系统的激励 $f(k)=\varepsilon(k-1)-\varepsilon(k-6)$，试求系统的零状态响应 $y_f(k)$。

(3) 试画出系统的单位冲激响应 $h(k)$ 及零状态响应 $y_f(k)$ 的序列图形。

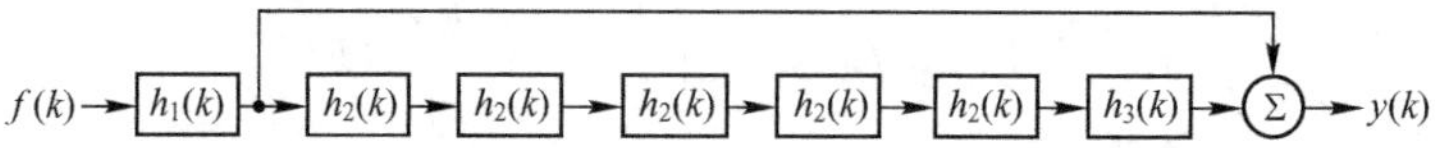

图题5.18　LSI离散时间系统的时域模拟方框图

5.19 LSI离散时间因果系统的时域模拟方框图如图题5.19所示，其中，各个子系统的单位冲激响应分别为 $h_1(k)=\delta(k)-\delta(k-4)$，$h_2(k)=h_3(k)=(k+1)\varepsilon(k)$，$h_4(k)=\delta(k-1)$，$h_5(k)=\varepsilon(k-1)$，$h_6(k)=(k-1)\varepsilon(k-1)$。

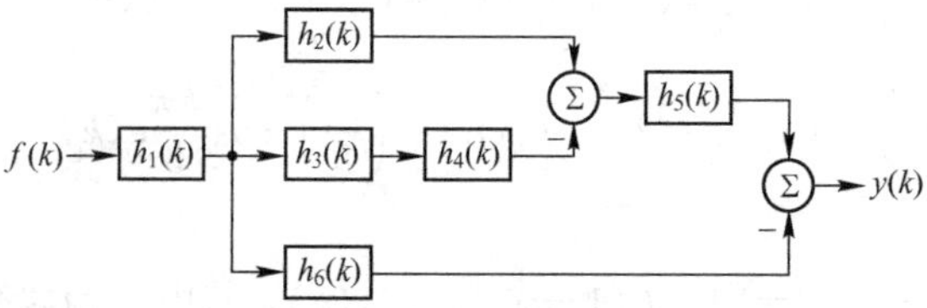

图题5.19　LSI离散时间系统的时域模拟方框图

(1) 试求系统的单位冲激响应 $h(k)$。

(2) 已知系统的激励 $f(k)=\varepsilon(k)-\varepsilon(k-4)$，试求系统的零状态响应 $y_f(k)$。

5.20 LSI离散时间因果系统的时域模拟方框图如图题5.20所示，其中 D 为单位延迟器，系统的激励 $f(k)=\sum\limits_{r=-\infty}^{+\infty}\delta(k-8r)$。

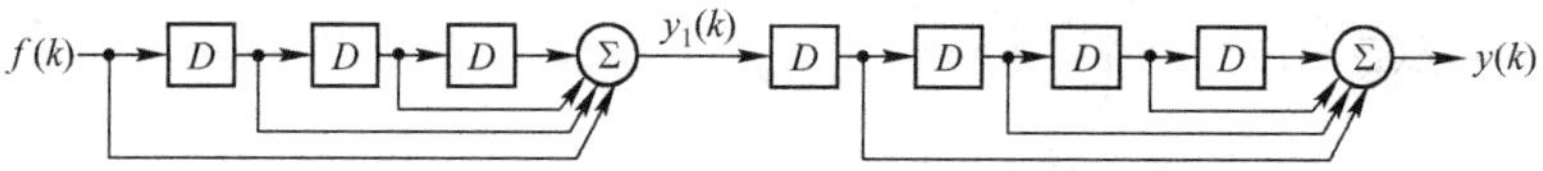

图题5.20　LSI离散时间系统的时域模拟方框图

(1) 试求系统的单位冲激响应 $h(k)$，并画出单位冲激响应 $h(k)$ 的序列图形。

(2) 试画出第一级系统的零状态响应 $y_{1f}(k)$ 及整个系统零状态响应 $y_f(k)$ 的序列图形。

5.21 用加法器、标量乘法器及单位延迟器模拟的二阶LSI离散时间因果系统如图题5.21所示。

(1) 试建立描述变量 $x(k)$ 与激励 $f(k)$ 关系的差分方程。

(2) 试用转移算子描述变量 $x(k)$ 与激励 $f(k)$ 的关系。

(3) 试用转移算子描述系统响应 $y(k)$ 与激励 $f(k)$ 的关系。

(4) 已知 $b_2=2$，$b_1=-1$，$b_0=3$，$a_1=-a_0=1$，试求系统的单位阶跃响应 $g(k)$。

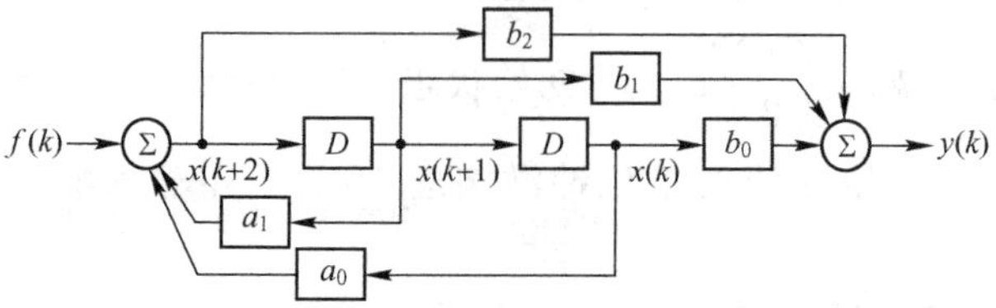

图题5.21　二阶LSI离散时间系统的时域模拟方框图

5.22 LSI 离散时间因果系统的时域模拟方框图如图题 5.22 所示，其中 D 为单位延迟器，系统的初始状态 $y(-2)=y(-1)=1$，激励 $f(k)=\varepsilon(k)$。

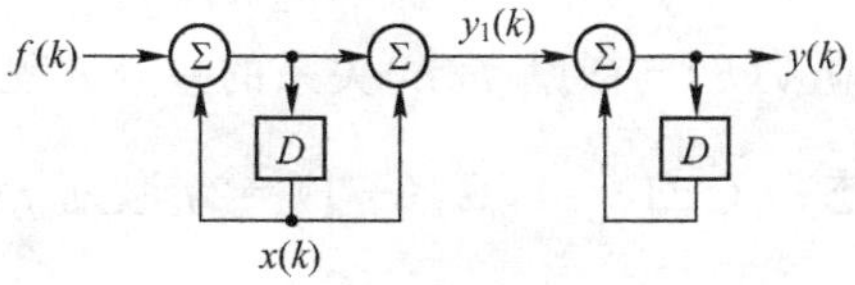

图题 5.22　LSI 离散时间系统的时域模拟方框图

(1) 试建立描述系统响应 $y(k)$与激励 $f(k)$关系的差分方程。

(2) 试求系统的单位冲激响应 $h(k)$。

(3) 试求系统的零输入响应 $y_x(k)$、零状态响应 $y_f(k)$及全响应 $y(k)$。

5.23 LSI 离散时间因果系统的时域模拟方框图如图题 5.23 所示，其中 D 为单位延迟器，系统的初始状态 $y(-2)=y(-1)=2$，激励 $f(k)=\left(\frac{1}{2}\right)^k\varepsilon(k)$。

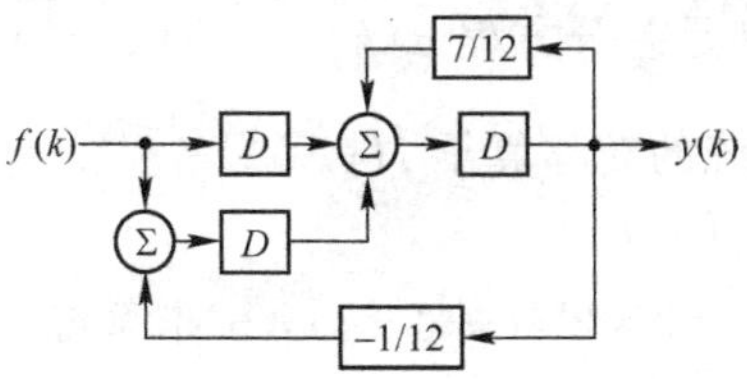

图题 5.23　LSI 离散时间系统的时域模拟方框图

(1) 试建立描述系统响应 $y(k)$与激励 $f(k)$关系的差分方程。

(2) 试求系统的单位冲激响应 $h(k)$、零输入响应 $y_x(k)$、零状态响应 $y_f(k)$及全响应 $y(k)$。

(3) 试画出单位延迟器最少的系统时域模拟方框图。

5.24 设描述二阶 LSI 离散时间因果系统的转移算子为 $H(E)=\dfrac{6+3E^{-1}}{6-5E^{-1}+E^{-2}}$，系统的初始状态 $y(-1)=1$，$y(-2)=5$，激励 $f(k)=\left(\frac{1}{4}\right)^k\varepsilon(k)$，试求系统的全响应。

5.25 LSI 离散时间系统的单位冲激响应为 $h(k)=8\left(\frac{1}{3}\right)^k\varepsilon(k)-9\delta(k)$。

(1) 试求描述系统响应 $y(k)$与激励 $f(k)$关系的差分方程。

(2) 已知系统的激励 $f(k)=3^k\varepsilon(-k-1)$，试求系统的零状态响应 $y_f(k)$。

(3) 已知系统的激励 $f(k)=\left(\frac{1}{3}\right)^{|k|}$，试求系统的零状态响应 $y_f(k)$。

5.26 利用 $x_i(-1)(i=1,2)$表示二阶 LSI 离散时间因果系统的初始状态。

当$x_1(-1)=5$，$x_2(-1)=2$ 时，系统的零输入响应为

$$y_x(k)=7\left(\frac{1}{2}\right)^k+3\left(\frac{1}{3}\right)^k,\ k\geqslant 0$$

当 $x_1(-1)=1$，$x_2(-1)=4$ 时，系统的零输入响应为

$$y_x(k)=5\left(\frac{1}{2}\right)^k-3\left(\frac{1}{3}\right)^k,\ k\geqslant 0$$

当 $x_1(-1)=x_2(-1)=1$，激励 $f(k)=\left(\frac{1}{4}\right)^k\varepsilon(k)$时，系统的全响应为

$$y(k)=2\left(\frac{1}{2}\right)^k+\left[6\left(\frac{1}{2}\right)^k-8\left(\frac{1}{3}\right)^k+3\left(\frac{1}{4}\right)^k\right]\varepsilon(k),\ k\geqslant 0$$

(1) 试求系统的转移算子 $H(E)$及单位冲激响应 $h(k)$。

(2) 试确定描述系统响应 $y(k)$与激励 $f(k)$关系的差分方程。

(3) 已知系统的初始状态 $x_1(-1)=1$，$x_2(-1)=2$，激励 $f(k)=\left(\frac{1}{3}\right)^k\varepsilon(k)$，试求系统的全响应 $y(k)$。

5.27 LSI 离散时间系统的响应 $y(k)$和激励 $f(k)$满足关系 $y(k)=\sum_{m=-\infty}^{k}2^{2(m-k)}f(m)$。

(1) 试证明系统的响应 $y(k)$和激励 $f(k)$满足差分方程 $y(k)-\frac{1}{4}y(k-1)=f(k)$。

(2) 试求系统的单位冲激响应 $h(k)$。

(3) 试判断系统是否为因果系统。

5.28 LSI 离散时间因果系统在激励 $f(k)=1^k$ 的作用下，系统的零状态响应 $y_f(k)=2\times 1^k$，并且系统的单位冲激响应 $h(k)$满足差分方程 $h(k)-\frac{1}{2}h(k-1)=a\delta(k-1)-\delta(k)$。

(1) 试求待定系数 a 及系统的转移算子 $H(E)$。

(2) 试求系统的单位冲激响应 $h(k)$。

(3) 已知系统的激励 $f(k)=3\times 2^k\varepsilon(-k-1)$，试求系统的零状态响应 $y_f(k)$，并求$y_f(k)$的自相关函数 $R_{y_f}(m)$。

5.29 LSI 离散时间因果系统的单位阶跃响应 $g(k)$满足关系$\nabla g(k)=\left[a\left(\frac{1}{2}\right)^k-2\left(\frac{1}{3}\right)^k\right]\varepsilon(k)$，当 $f(k)=1^k$ 时，系统的零状态响应 $y_f(k)=3\times 1^k$。

(1) 试求待定系数 a 及系统的转移算子 $H(E)$。

(2) 试求系统的单位冲激响应 $h(k)$。

(3) 已知系统的激励 $f(k)=\left(\frac{1}{4}\right)^k\varepsilon(k)$，试求系统的零状态响应 $y_f(k)$。

5.30 LSI 离散时间因果稳定系统在激励 $f(k)=\left(\frac{1}{4}\right)^k\varepsilon(k)$的作用下，系统的零状态响应为 $y_f(k)=4\left[9\left(\frac{1}{2}\right)^k-14\left(\frac{1}{3}\right)^k+6\left(\frac{1}{4}\right)^k\right]\varepsilon(k)$。

(1) 试验证系统的零状态响应 $y_f(k)$和激励 $f(k)$满足差分方程

$$y(k)-\frac{5}{6}y(k-1)+\frac{1}{6}y(k-2)=4f(k)+f(k-1)$$

(2) 试求系统的单位冲激响应 $h(k)$。

(3) 已知系统的激励 $f(k)=\cos\frac{k\pi}{3}\varepsilon(k)$，试求系统的零状态响应 $y_f(k)$。

(4) 已知系统的激励 $f(k)=\cos\frac{k\pi}{3}$，试求系统的零状态响应 $y_f(k)$。

5.31 LSI 离散时间系统的零状态响应为 $y_f(k)=\left(\frac{1}{2}\right)^k\varepsilon(k)*\left(\frac{1}{3}\right)^k\varepsilon(k)*f(k)$。

(1) 试求描述系统响应 $y(k)$与激励 $f(k)$关系的差分方程。

(2) 试求系统的单位阶跃响应 $g(k)$。

5.32 二阶 LSI 离散时间因果稳定系统在激励 $f(k)=\varepsilon(k)$ 的作用下，系统的零状态响应为 $y_f(k)=\left[4\times1^k-8\left(\frac{1}{3}\right)^k+5\left(\frac{1}{4}\right)^k\right]\varepsilon(k)$。

(1) 试确定描述系统响应 $y(k)$ 与激励 $f(k)$ 关系的差分方程。

(2) 已知系统的激励 $f(k)=\left(\frac{1}{2}\right)^k\varepsilon(k)$，试求系统的零状态响应 $y_f(k)$。

5.33 一阶 LSI 离散时间因果系统在激励 $f(k)=\delta(k)$ 及 $f(k)=\varepsilon(k)$ 的作用下，系统的全响应分别为

$$y(k)=\left(\frac{1}{2}\right)^k+\left(\frac{1}{2}\right)^k\varepsilon(k),\ k\geqslant0$$

$$y(k)=\left(\frac{1}{2}\right)^k+\left[2-\left(\frac{1}{2}\right)^k\right]\varepsilon(k),\ k\geqslant0$$

(1) 试求系统的单位冲激响应 $h(k)$ 及零输入响应 $y_x(k)$。

(2) 试求描述系统响应 $y(k)$ 与激励 $f(k)$ 关系的差分方程。

(3) 已知系统的激励 $f(k)=\left(\frac{1}{2}\right)^k\varepsilon(k)$，试求系统的全响应 $y(k)$。

5.34 二阶 LSI 离散时间因果系统的初始状态 $y(-2)=-4$，$y(-1)=2$，激励 $f(k)=\left(\frac{1}{3}\right)^k\varepsilon(k)$ 时，系统的全响应为

$$y(k)=3\left(\frac{1}{2}\right)^k-\left(\frac{1}{4}\right)^k+\left[6\left(\frac{1}{2}\right)^k-8\left(\frac{1}{3}\right)^k+3\left(\frac{1}{4}\right)^k\right]\varepsilon(k),\ k\geqslant0$$

(1) 试求系统的单位冲激响应 $h(k)$。

(2) 已知激励 $f(k)=3\left(\frac{1}{2}\right)^k\cos\frac{k\pi}{3}\varepsilon(k)$，试求系统的全响应 $y(k)$。

5.35 描述线性移变系统响应 $y(k)$ 与激励 $f(k)$ 关系的差分方程为

$$y(k)-\left(\frac{1}{9}\right)^k y(k-1)=f(k)$$

(1) 试求系统的单位冲激响应 $h(k)$。

(2) 已知系统的初始状态 $y(-1)=1$，激励 $f(k)=2\left(\frac{1}{3}\right)^{k^2}\varepsilon(k)$，试求系统的零输入响应 $y_x(k)$、零状态响应 $y_f(k)$ 及全响应 $y(k)$。

5.36 在图题 5.36.1 所示的离散时间系统的时域模拟方框图中，子系统 $H(\cdot)$ 的输出序列 $x_1(k)$ 与输入序列 $f(k)$ 的关系为 $x_1(k)=f(2k)$，在图题 5.36.2 所示的离散时间系统的时域模拟方框图中，子系统 $H(\cdot)$ 的输出序列 $y_2(k)$ 与输入序列 $x_2(k)$ 的关系为 $y_2(k)=x_2(2k)$。

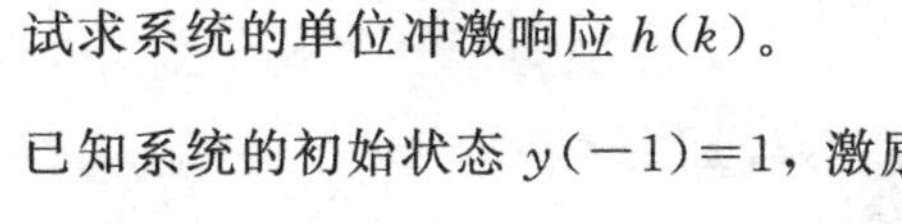

图题 5.36.1　离散时间系统的时域模拟方框图

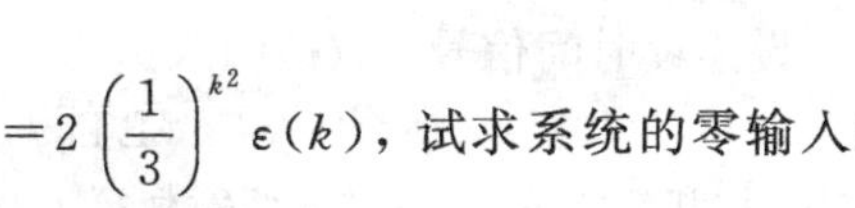

图题 5.36.2　离散时间系统的时域模拟方框图

(1) 已知激励 $f(k)=\left(\frac{1}{2}\right)^k\varepsilon(k)$，试分别求两个系统的零状态响应 $y_{1f}(k)$ 和 $y_{2f}(k)$。

(2) 两个系统的零状态响应 $y_{1f}(k)$ 和 $y_{2f}(k)$ 相等吗？为什么？

第6章　离散时间系统的 z 域分析

在第3章和第4章中，通过将LTI连续时间系统的激励 $f(t)$ 分解成虚指数信号 $e^{j\omega t}$ 及复指数信号 e^{st} 的加权和，利用傅里叶变换和拉普拉斯变换，导出了LTI连续时间系统的频域及复频域的分析方法，将时域中复杂的线性卷积运算转化成了频域及复频域中简单的乘法运算。同理，将LSI离散时间系统的激励 $f(k)$ 分解成虚指数序列 $e^{j\Omega k}$ 及复指数序列 $z^k\ (z=e^{sT}=e^{(\sigma+j\omega)T})$ 的加权和，利用离散时间傅里叶变换(Discrete Time Fourier Transform，DTFT)及 z 变换(z Transform，ZT)，可以导出LSI离散时间系统的频域及 z 域分析方法，同样可将时域中复杂的线性卷和运算转化成频域及 z 域中简单的乘法运算。与时域分析方法相比，z 域分析方法具有一些优点，一是利用单边ZT的位移性质，可以同时求出LSI离散时间系统的零输入响应和零状态响应；二是有利于揭示LSI离散时间系统稳定性的 z 域判据。其缺点是无时限序列和周期序列的双边ZT不存在，这意味着无时限序列或周期序列通过LSI离散时间系统时，不能直接利用 z 域分析法求解系统的响应。针对这两类激励，本章将介绍一种间接的 z 域分析方法，同时还将介绍一类可解的线性移变系统的 z 域分析方法。

6.1　时域抽样定理的复频域体现

考虑到式(3.2.7)，则样值信号 $f_s(t)$ 可写成

$$f_s(t)=f_a(t)\delta_T(t)=f_a(t)\frac{1}{T}\sum_{n=-\infty}^{+\infty}e^{jn\omega_s t}$$

即

$$f_s(t)=\frac{1}{T}\sum_{n=-\infty}^{+\infty}f_a(t)e^{jn\omega_s t} \tag{6.1.1}$$

式中，$\omega_s=\frac{2\pi}{T}$。

设连续时间信号 $f_a(t)$ 的双边LT为

$$\text{LT}[f_a(t)]=F_a(s)，\alpha<\sigma<\beta \tag{6.1.2}$$

式中，α 和 β 为实数，$\alpha<\sigma<\beta$ 为 $F_a(s)$ 的收敛域。

考虑到式(6.1.2)，对式(6.1.1)的等号两边分别取双边LT，可得

$$F_s(s)=\text{LT}[f_s(t)]=\frac{1}{T}\sum_{n=-\infty}^{+\infty}F_a(s-jn\omega_s) \tag{6.1.3}$$

式(6.1.3)揭示了样值信号 $f_s(t)$ 双边LT的象函数 $F_s(s)$ 与原始信号 $f_a(t)$ 双边LT的象函数 $F_a(s)$ 之间的关系。此关系是时域抽样定理在复频域(s 域)中的体现，简称为复体现。

结论1：

若 $\alpha<\sigma<\beta$，则 $\alpha<\text{Re}[s-jn\omega_s]<\beta$，即样值信号 $f_s(t)$ 的双边LT的象函数 $F_s(s)$ 和连续时间信号 $f_a(t)$ 的双边LT的象函数 $F_a(s)$ 的收敛域相同。

结论2：

样值信号 $f_s(t)$ 的双边LT的象函数 $F_s(s)$，是连续时间信号 $f_a(t)$ 的双边LT的象函数 $F_a(s)$ 在 s 平面上沿 $j\omega$ 轴的解析延拓。

结论3：

若 $\alpha<0<\beta$，则 $F_a(j\omega)$ 及 $F_s(j\omega)$ 存在，并且由式(6.1.3)可得

$$F_s(\mathrm{j}\omega)=F_s(s)\big|_{s=\mathrm{j}\omega}=\frac{1}{T}\sum_{n=-\infty}^{+\infty}F_a[\mathrm{j}(\omega-n\omega_s)] \tag{6.1.4}$$

式(6.1.4)正是时域抽样定理在频域中所揭示的频谱关系式。

6.2　非周期序列的分解——逆 z 变换

由 6.1 节的分析可知，若连续时间信号 $f_a(t)$双边 LT 的象函数 $F_a(s)$存在，则样值信号 $f_s(t)=f_a(t)\delta_T(t)$双边 LT 的象函数 $F_s(s)$也存在，并且式(6.1.2)揭示了 $F_s(s)$与 $F_a(s)$之间的关系，若连续时间信号 $f_a(t)$双边 LT 的象函数 $F_a(s)$的收敛域为 $\alpha<\sigma<\beta$，并且满足条件 $\alpha<0<\beta$，则连续时间信号 $f_a(t)$的频谱 $F_a(\mathrm{j}\omega)$存在，样值信号 $f_s(t)=f_a(t)\delta_T(t)$的频谱 $F_s(\mathrm{j}\omega)$也存在，并且式(6.1.4)揭示了 $F_s(\mathrm{j}\omega)$与 $F_a(\mathrm{j}\omega)$之间的关系，下面介绍样值序列的 z 变换。

6.2.1　z 变换的导出

与连续时间信号的拉普拉斯变换一样，序列的 z 变换，有双边 z 变换和单边 z 变换。实际上，例 4.3.11 中的求解方法 3 已经给出了序列 z 变换的一种导出方式。下面从逆向的角度来研究问题，并且给出序列 z 变换的另一种导出方式。

1. 序列的双边 z 变换

将式(6.1.1)重新写成

$$f_s(t)=f_a(t)\delta_T(t)=f_a(t)\sum_{k=-\infty}^{+\infty}\delta(t-kT)=\sum_{k=-\infty}^{+\infty}f(k)\delta(t-kT) \tag{6.2.1}$$

式中，$f(k)=f_a(kT)$。$f(k)$称为样值序列，简称序列。

由连续时间信号 $f_a(t)$的拉普拉斯逆变换式(4.1.4)，并考虑到式(6.1.3)，则序列$f(k)$可写成

$$\begin{aligned}
f(k)&=f_a(t)\big|_{t=kT}=\frac{1}{2\pi\mathrm{j}}\int_{\sigma-\mathrm{j}\infty}^{\sigma+\mathrm{j}\infty}F_a(s)\mathrm{e}^{skT}\,\mathrm{d}s\\
&=\frac{1}{2\pi\mathrm{j}}\int_{\sigma-\mathrm{j}\infty}^{\sigma+\mathrm{j}\infty}F_a(w)\mathrm{e}^{wkT}\,\mathrm{d}w\\
&=\sum_{n=-\infty}^{+\infty}\frac{1}{2\pi\mathrm{j}}\int_{\sigma+\mathrm{j}\left(n-\frac{1}{2}\right)\omega_s}^{\sigma+\mathrm{j}\left(n+\frac{1}{2}\right)\omega_s}F_a(w)\mathrm{e}^{wkT}\,\mathrm{d}w\\
&\xlongequal{w=s+\mathrm{j}n\omega_s}\frac{1}{2\pi\mathrm{j}}\int_{\sigma-\mathrm{j}\frac{\omega_s}{2}}^{\sigma+\mathrm{j}\frac{\omega_s}{2}}\Big[\sum_{n=-\infty}^{+\infty}F_a(s+\mathrm{j}n\omega_s)\Big]\mathrm{e}^{(s+\mathrm{j}n\omega_s)kT}\,\mathrm{d}s\\
&=\frac{1}{2\pi\mathrm{j}}\int_{\sigma-\mathrm{j}\frac{\omega_s}{2}}^{\sigma+\mathrm{j}\frac{\omega_s}{2}}[TF_s(s)]\mathrm{e}^{skT}\,\mathrm{d}s\\
&\xlongequal{z=\mathrm{e}^{sT}}\frac{1}{2\pi\mathrm{j}}\oint_{|z|=\mathrm{e}^{\sigma T}}F_s\left(\frac{1}{T}\ln z\right)z^{k-1}\,\mathrm{d}z\\
&=\frac{1}{2\pi\mathrm{j}}\oint_c F(z)z^{k-1}\,\mathrm{d}z
\end{aligned} \tag{6.2.2}$$

式(6.2.2)表明，可将序列 $f(k)$分解成复指数序列 z^k 的加权和，其加权值为 $F(z)/(2\pi\mathrm{j}z)$。该式称为 $f(k)$的象函数 $F(z)$的逆 z 变换(Inverse z Transform，IZT)，并记为 $f(k)=\mathrm{IZT}[F(z)]$，其中 c 是象函数 $F(z)$的收敛域 $R_a=\mathrm{e}^{\alpha T}<|z|=|\mathrm{e}^{sT}|=|\mathrm{e}^{(\sigma+\mathrm{j}\omega)T}|<\mathrm{e}^{\beta T}=R_b$ 内的一条正向圆周曲线 $|z|=\mathrm{e}^{\sigma T}$ 或任意一条正向闭曲线。

考虑到式(6.2.1)，则式(6.2.2)中的 $F(z)$可表示成

$$F(z)=F_s\left(\frac{1}{T}\ln z\right)=F_s(s)\Big|_{s=\frac{1}{T}\ln z}=\Big[\sum_{k=-\infty}^{+\infty}f(k)\mathrm{e}^{-skT}\Big]\Big|_{s=\frac{1}{T}\ln z}=\sum_{k=-\infty}^{+\infty}f(k)z^{-k} \quad (6.2.3)$$

式(6.2.3)称为序列 $f(k)$ 的 z 变换的定义式，又称为序列 $f(k)$ 的象函数 $F(z)$ 的计算式，象函数 $F(z)$ 的收敛域为 $\mathrm{e}^{\alpha T}<|z|<\mathrm{e}^{\beta T}$，并记为 $F(z)=\mathrm{ZT}[f(k)]$。

由于序列 $f(k)$ 与象函数 $F(z)$ 是相互表示的，因此序列 $f(k)$ 的双边 ZT 具有唯一性。一般可简记为

$$f(k)\longleftrightarrow F(z),\ R_a<|z|<R_b$$

2. 序列的单边 z 变换

若序列是因果序列 $f(k)=f(k)\varepsilon(k)$，则其 z 变换可用单边 z 变换表示。

z 变换为

$$\mathrm{ZT}[f(k)]=\sum_{k=0}^{+\infty}f(k)z^{-k}=F(z),\ R_a<|z|\leqslant\infty \quad (6.2.4)$$

逆 z 变换为

$$\mathrm{IZT}[F(z)]=\frac{1}{2\pi \mathrm{j}}\oint_c F(z)z^{k-1}\mathrm{d}z=f(k)\varepsilon(k) \quad (6.2.5)$$

式中，c 是 $F(z)$ 的收敛域 $R_a<|z|\leqslant\infty$ 内的任意一条正向闭曲线。

由于因果序列 $f(k)$ 与象函数 $F(z)$ 是相互表示的，因此因果序列 $f(k)$ 的单边 ZT 具有唯一性。一般可简记为

$$f(k)\longleftrightarrow F(z),\ R_a<|z|\leqslant\infty$$

显然，若序列为因果序列，则其单边 ZT 与双边 ZT 等价。

6.2.2　z 变换的收敛域

由 z 变换式(6.2.3)或式(6.2.4)可知，它们是对时间变量 k 的广义求和，求和的结果是复变量 $z=\mathrm{e}^{sT}=\mathrm{e}^{(\sigma+\mathrm{j}\omega)T}$ 的函数，即复函数。对于不同的 $|z|=\mathrm{e}^{\sigma T}$，可以得到不同的 $F(z)$。当然，$|z|$ 的取值不是任意的，否则广义求和发散，从而导致 $F(z)$ 不存在，也无法利用逆 z 变换式(6.2.2)或式(6.2.5)计算时域序列 $f(k)$。如果积序列 $f(k)z^{-k}$ 满足绝对可和条件，即

$$\sum_{k=-\infty}^{+\infty}|f(k)z^{-k}|=\sum_{k=-\infty}^{+\infty}|f(k)||z|^{-k}<\infty \quad (6.2.6)$$

那么，由式(6.2.3)可得

$$|F(z)|\leqslant\sum_{k=-\infty}^{+\infty}|f(k)z^{-k}|=\sum_{k=-\infty}^{+\infty}|f(k)||z|^{-k}<\infty \quad (6.2.7)$$

式(6.2.7)表明，若满足式(6.2.6)的条件，则序列 $f(k)$ 的双边 ZT 存在，即定义序列 $f(k)$ 的 z 变换 $F(z)$ 的广义求和收敛。由此可以给出序列 $f(k)$ 的 z 变换 $F(z)$ 的收敛域的定义，即

对任何一个 $|z|$，保证 $f(k)z^{-k}$ 满足绝对可和条件的 $|z|$ 取值范围，称为序列 $f(k)$ 的双边 z 变换 $F(z)$ 的收敛域。

例 6.2.1：已知序列 $f(k)=\delta(k-k_0)$，试求序列 $f(k)$ 的 z 变换 $F(z)$，并标明收敛域。

解：考虑到双边 ZT 的定义式(6.2.3)，则有

$$\begin{aligned}F(z)&=\sum_{k=-\infty}^{+\infty}f(k)z^{-k}=\sum_{k=-\infty}^{+\infty}\delta(k-k_0)z^{-k}=\sum_{k=-\infty}^{+\infty}\delta(k-k_0)z^{-k_0}\\&=z^{-k_0}\sum_{k=-\infty}^{+\infty}\delta(k-k_0)=z^{-k_0}\end{aligned}$$

讨论：

(1) 若 $k_0\leqslant-1$，则 $F(z)=z^{-k_0}$ 的收敛域为 $0\leqslant|z|<\infty$，即

$$\delta(k-k_0) \xleftrightarrow{k_0 \leqslant -1} z^{-k_0},\ 0 \leqslant |z| < \infty \tag{6.2.8}$$

(2) 若 $k_0=0$，则 $F(z)=1$ 的收敛域为 $0 \leqslant |z| \leqslant \infty$，即

$$\delta(k) \longleftrightarrow 1,\ 0 \leqslant |z| \leqslant \infty \tag{6.2.9}$$

可见，单位冲激序列 $f(k)=\delta(k)$ 的 z 变换 $F(z)$ 的收敛域为全 z 平面。

考虑到式(6.2.9)及逆 z 变换的定义式(6.2.2)，则有

$$\delta(k) = \frac{1}{2\pi j}\oint_c z^{k-1}\mathrm{d}z \tag{6.2.10}$$

式中，c 是收敛域 $0 < |z| \leqslant \infty$ 内的任意一条正向闭曲线。

(3) 若 $k_0 \geqslant 1$，则 $F(z)=z^{-k_0}$ 的收敛域为 $0 < |z| \leqslant \infty$，即

$$\delta(k-k_0) \xleftrightarrow{k_0 \geqslant 1} z^{-k_0},\ 0 < |z| \leqslant \infty \tag{6.2.11}$$

分析表明，延迟单位冲激序列 $f(k)=\delta(k-k_0)$ 的 z 变换 $F(z)$ 的收敛域为有限全 z 平面。

例 6.2.2：已知序列 $f(k)=\nabla\delta(k-k_0)$，试求序列 $f(k)$ 的 z 变换 $F(z)$，并标明收敛域。

解：考虑到双边 ZT 的定义式(6.2.3)，则有

$$\begin{aligned}
F(z) &= \sum_{k=-\infty}^{+\infty} f(k)z^{-k} = \sum_{k=-\infty}^{+\infty} \nabla\delta(k-k_0)z^{-k} \\
&= \sum_{k=-\infty}^{+\infty} [\delta(k-k_0)-\delta(k-1-k_0)]z^{-k} \\
&= \sum_{k=-\infty}^{+\infty} \delta(k-k_0)z^{-k} - \sum_{k=-\infty}^{+\infty} \delta(k-1-k_0)z^{-k} \\
&= \sum_{k=-\infty}^{+\infty} \delta(k-k_0)z^{-k_0} - \sum_{k=-\infty}^{+\infty} \delta(k-1-k_0)z^{-k_0-1} \\
&= z^{-k_0}\sum_{k=-\infty}^{+\infty} \delta(k-k_0) - z^{-k_0-1}\sum_{k=-\infty}^{+\infty} \delta(k-1-k_0) \\
&= z^{-k_0} - z^{-k_0-1} = z^{-k_0}(1-z^{-1})
\end{aligned}$$

讨论：

(1) 若 $k_0 \leqslant -1$，则 $F(z)=z^{-k_0}(1-z^{-1})$ 的收敛域为 $0 \leqslant |z| < \infty$，即

$$\nabla\delta(k-k_0) \xleftrightarrow{k_0 \leqslant -1} z^{-k_0}(1-z^{-1}),\ 0 \leqslant |z| < \infty \tag{6.2.12}$$

(2) 若 $k_0=0$，则 $F(z)=1-z^{-1}$ 的收敛域为 $0 < |z| \leqslant \infty$，即

$$\nabla\delta(k) \longleftrightarrow 1-z^{-1},\ 0 < |z| \leqslant \infty \tag{6.2.13}$$

(3) 若 $k_0 \geqslant 1$，则 $F(z)=z^{-k_0}(1-z^{-1})$ 的收敛域为 $0 < |z| \leqslant \infty$，即

$$\nabla\delta(k-k_0) \xleftrightarrow{k_0 \geqslant 1} z^{-k_0}(1-z^{-1}),\ 0 < |z| \leqslant \infty \tag{6.2.14}$$

分析表明，序列 $f(k)=\nabla\delta(k-k_0)$ 的 z 变换 $F(z)$ 的收敛域为有限全 z 平面。

例 6.2.3：已知序列 $f(k)=v^k[\varepsilon(k-k_1)-\varepsilon(k-k_2)]$，其中 $k_1<k_2$，试求序列 $f(k)$ 的 z 变换 $F(z)$，并标明收敛域。

解：考虑到双边 ZT 的定义式(6.2.3)，则有

$$\begin{aligned}
F(z) &= \sum_{k=-\infty}^{+\infty} f(k)z^{-k} = \sum_{k=-\infty}^{+\infty} v^k[\varepsilon(k-k_1)-\varepsilon(k-k_2)]z^{-k} \\
&= \sum_{k=k_1}^{k_2-1} v^k z^{-k} = \sum_{k=k_1}^{k_2-1}\left(\frac{v}{z}\right)^k = \left.\frac{(v/z)^{k+1}}{v/z-1}\right|_{k_1-1}^{k_2-1} \\
&= \frac{(v/z)^{k_2}-(v/z)^{k_1}}{v/z-1} = \frac{(vz^{-1})^{k_1}-(vz^{-1})^{k_2}}{1-vz^{-1}}
\end{aligned}$$

讨论:

(1) 若 $k_1<k_2\leqslant -1$，则 $0\leqslant |z|<\infty$，即

$$v^k[\varepsilon(k-k_1)-\varepsilon(k-k_2)]\xleftrightarrow{k_1<k_2\leqslant -1}\frac{(vz^{-1})^{k_1}-(vz^{-1})^{k_2}}{1-vz^{-1}},\ 0\leqslant |z|<\infty \tag{6.2.15}$$

(2) 若 $k_1<0<k_2$，则 $0<|z|<\infty$，即

$$v^k[\varepsilon(k-k_1)-\varepsilon(k-k_2)]\xleftrightarrow{k_1<0<k_2}\frac{(vz^{-1})^{k_1}-(vz^{-1})^{k_2}}{1-vz^{-1}},\ 0<|z|<\infty \tag{6.2.16}$$

(3) 若 $1\leqslant k_1<k_2$，则 $0<|z|\leqslant\infty$，即

$$v^k[\varepsilon(k-k_1)-\varepsilon(k-k_2)]\xleftrightarrow{1\leqslant k_1<k_2}\frac{(vz^{-1})^{k_1}-(vz^{-1})^{k_2}}{1-vz^{-1}},\ 0<|z|\leqslant\infty \tag{6.2.17}$$

分析表明，时限序列 $f(k)=v^k[\varepsilon(k-k_1)-\varepsilon(k-k_2)]$的 z 变换 $F(z)$的收敛域为有限全 z 平面。

例 6.2.4: 已知序列 $f_1(k)=v^k\varepsilon(k)$，试求序列 $f_1(k)$的 z 变换 $F_1(z)$，并标明收敛域。

解: 考虑到双边 ZT 的定义式(6.2.3)，则有

$$\begin{aligned}F_1(z)&=\sum_{k=-\infty}^{+\infty}f_1(k)z^{-k}=\sum_{k=-\infty}^{+\infty}v^k\varepsilon(k)z^{-k}\\&=\sum_{k=-\infty}^{+\infty}\left(\frac{v}{z}\right)^k\varepsilon(k)=\frac{(v/z)^{k+1}-1^k}{v/z-1}\varepsilon(k)\Bigg|_{-\infty-1}^{+\infty}\\&=\frac{-1}{v/z-1},\ 0\leqslant |v/z|<1\\&=\frac{1}{1-vz^{-1}},\ |v|<|z|\leqslant\infty\end{aligned}$$

显然，$\lim\limits_{z\to v}F_1(z)=\lim\limits_{z\to v}\dfrac{1}{1-vz^{-1}}=\infty$，因此将 $z=v$ 称为象函数 $F_1(z)$的极点，在 z 平面上用“×”表示极点。虚圆周 $|z|=|v|$称为收敛边界，收敛域为收敛边界 $|z|=|v|$以外的范围，即 z 平面的圆外部分，如图 6.2.1 所示。

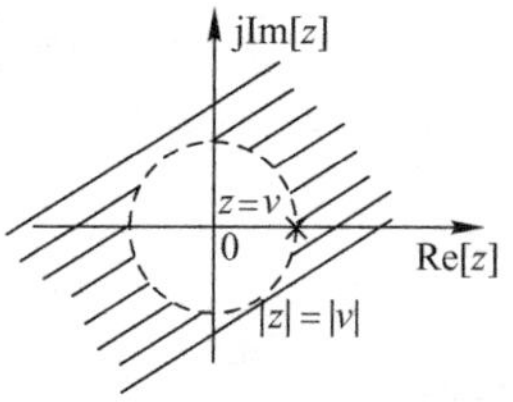

图 6.2.1 因果序列 ZT 的收敛域

于是，得到

$$F_1(z)=\text{ZT}[f_1(k)]=\text{ZT}[v^k\varepsilon(k)]=\frac{1}{1-vz^{-1}},\ |v|<|z|\leqslant\infty \tag{6.2.18}$$

特别地，当 $v=1$ 时，由式(6.2.18)可得

$$\text{ZT}[\varepsilon(k)]=\frac{1}{1-z^{-1}},\ 1<|z|\leqslant\infty \tag{6.2.19}$$

讨论:

下面利用一令二分法来导出常用因果序列的 ZT。

这里的一令二分法是指基于因果指数序列的 ZT，先令其象函数的极点为复数，再对象函数的分母有理化，依据等式两边的对应项应该分别相等来获得象函数具有共轭复极点、重实极点以及重共轭复极点的常用因果序列的 ZT 的一种方法。

在式(6.2.18)中，令 $v=a\mathrm{e}^{\mathrm{j}\Omega_0}$，其中 a 和 Ω_0 为实数,则有

$$\text{ZT}[a^k\mathrm{e}^{\mathrm{j}\Omega_0 k}\varepsilon(k)]=\frac{1}{1-a\mathrm{e}^{\mathrm{j}\Omega_0}z^{-1}},\ |a|<|z|\leqslant\infty$$

$$\text{ZT}[a^k(\cos\Omega_0 k+\mathrm{j}\sin\Omega_0 k)\varepsilon(k)]=\frac{1-a\mathrm{e}^{-\mathrm{j}\Omega_0}z^{-1}}{1-2a\cos\Omega_0 z^{-1}+a^2z^{-2}},\ |a|<|z|\leqslant\infty \tag{6.2.20}$$

考虑到等式两边的对应项应该分别相等，由式(6.2.20)可得下述推论。

推论 1:

$$\text{ZT}[a^k\cos\Omega_0 k\varepsilon(k)]=\frac{1-a\cos\Omega_0 z^{-1}}{1-2a\cos\Omega_0 z^{-1}+a^2z^{-2}},\ |a|<|z|\leqslant\infty \tag{6.2.21}$$

$$\mathrm{ZT}[a^k\sin\Omega_0 k\varepsilon(k)]=\frac{a\sin\Omega_0 z^{-1}}{1-2a\cos\Omega_0 z^{-1}+a^2z^{-2}},\ |a|<|z|\leqslant\infty \tag{6.2.22}$$

在式(6.2.21)及式(6.2.22)中，令 $a=1$，可得下述推论。

推论 2：

$$\mathrm{ZT}[\cos\Omega_0 k\varepsilon(k)]=\frac{1-\cos\Omega_0 z^{-1}}{1-2\cos\Omega_0 z^{-1}+z^{-2}},\ 1<|z|\leqslant\infty \tag{6.2.23}$$

$$\mathrm{ZT}[\sin\Omega_0 k\varepsilon(k)]=\frac{\sin\Omega_0 z^{-1}}{1-2\cos\Omega_0 z^{-1}+z^{-2}},\ 1<|z|\leqslant\infty \tag{6.2.24}$$

考虑到式(6.2.22)，可得下述推论。

推论 3：

$$\mathrm{ZT}[ka^k\varepsilon(k)]=\mathrm{ZT}\left[\lim_{\Omega_0\to 0}a^k\,\frac{\sin\Omega_0 k}{\Omega_0}\varepsilon(k)\right]=\lim_{\Omega_0\to 0}\frac{a\,\dfrac{\sin\Omega_0}{\Omega_0}z^{-1}}{1-2a\cos\Omega_0 z^{-1}+a^2z^{-2}}$$

$$=\frac{az^{-1}}{1-2az^{-1}+a^2z^{-2}}=\frac{az^{-1}}{(1-az^{-1})^2},\ |a|<|z|\leqslant\infty \tag{6.2.25}$$

$$\mathrm{ZT}[(k+1)a^k\varepsilon(k)]=\mathrm{ZT}[ka^k\varepsilon(k)]+\mathrm{ZT}[a^k\varepsilon(k)]=\frac{az^{-1}}{(1-az^{-1})^2}+\frac{1}{1-az^{-1}}$$

$$=\frac{1}{(1-az^{-1})^2},\ |a|<|z|\leqslant\infty \tag{6.2.26}$$

在式(6.2.26)中，用 v 代替 a，可得

$$\mathrm{ZT}[(k+1)v^k\varepsilon(k)]=\frac{1}{(1-vz^{-1})^2},\ |v|<|z|\leqslant\infty \tag{6.2.27}$$

在式(6.2.27)中，令 $v=a\mathrm{e}^{\mathrm{j}\Omega_0}$，其中 a 和 Ω_0 为实数，则有

$$\mathrm{ZT}[(k+1)a^k\mathrm{e}^{\mathrm{j}\Omega_0 k}\varepsilon(k)]=\frac{1}{(1-a\mathrm{e}^{\mathrm{j}\Omega_0}z^{-1})^2}=\frac{(1-a\mathrm{e}^{-\mathrm{j}\Omega_0}z^{-1})^2}{(1-2a\cos\Omega_0 z^{-1}+a^2z^{-2})^2},\ |a|<|z|\leqslant\infty$$

$$\mathrm{ZT}[(k+1)a^k(\cos\Omega_0 k+\mathrm{j}\sin\Omega_0 k)\varepsilon(k)]=\frac{(1-a\mathrm{e}^{-\mathrm{j}\Omega_0}z^{-1})^2}{(1-2a\cos\Omega_0 z^{-1}+a^2z^{-2})^2},\ |a|<|z|\leqslant\infty \tag{6.2.28}$$

考虑到等式两边的对应项应该分别相等，由式(6.2.28)可得下述推论。

推论 4：

$$\mathrm{ZT}[(k+1)a^k\cos\Omega_0 k\varepsilon(k)]=\frac{1-2a\cos\Omega_0 z^{-1}+a^2\cos 2\Omega_0 z^{-2}}{(1-2a\cos\Omega_0 z^{-1}+a^2z^{-2})^2},\ |a|<|z|\leqslant\infty \tag{6.2.29}$$

$$\mathrm{ZT}[(k+1)a^k\sin\Omega_0 k\varepsilon(k)]=\frac{2a\sin\Omega_0 z^{-1}-a^2\sin 2\Omega_0 z^{-2}}{(1-2a\cos\Omega_0 z^{-1}+a^2z^{-2})^2},\ |a|<|z|\leqslant\infty \tag{6.2.30}$$

在式(6.2.29)和式(6.2.30)中，令 $a=1$，可得下述推论。

推论 5：

$$\mathrm{ZT}[(k+1)\cos\Omega_0 k\varepsilon(k)]=\frac{1-2\cos\Omega_0 z^{-1}+\cos 2\Omega_0 z^{-2}}{(1-2\cos\Omega_0 z^{-1}+z^{-2})^2},\ 1<|z|\leqslant\infty \tag{6.2.31}$$

$$\mathrm{ZT}[(k+1)\sin\Omega_0 k\varepsilon(k)]=\frac{2\sin\Omega_0 z^{-1}-\sin 2\Omega_0 z^{-2}}{(1-2\cos\Omega_0 z^{-1}+z^{-2})^2},\ 1<|z|\leqslant\infty \tag{6.2.32}$$

考虑到式(6.2.30)，可得下述推论。

推论 6：

$$\mathrm{ZT}[(k+1)ka^k\varepsilon(k)]=\mathrm{ZT}\left[\lim_{\Omega_0\to 0}(k+1)a^k\,\frac{\sin\Omega_0 k}{\Omega_0}\varepsilon(k)\right]$$

$$=\lim_{\Omega_0\to 0}\frac{2a\,\dfrac{\sin\Omega_0}{\Omega_0}z^{-1}(1-a\cos\Omega_0 z^{-1})}{(1-2a\cos\Omega_0 z^{-1}+a^2z^{-2})^2}$$

$$=\frac{2az^{-1}(1-az^{-1})}{(1-2az^{-1}+a^2z^{-2})^2}$$

$$=\frac{2az^{-1}}{(1-az^{-1})^3},\ |a|<|z|\leqslant\infty \tag{6.2.33}$$

考虑到式(6.2.33)及式(6.2.26)，可得

$$\begin{aligned}\mathrm{ZT}[(k+2)(k+1)a^k\varepsilon(k)]&=\mathrm{ZT}[(k+1)ka^k\varepsilon(k)]+\mathrm{ZT}[2(k+1)a^k\varepsilon(k)]\\&=\frac{2az^{-1}}{(1-az^{-1})^3}+\frac{2}{(1-az^{-1})^2}\\&=\frac{2}{(1-az^{-1})^3},\ |a|<|z|\leqslant\infty\end{aligned} \tag{6.2.34}$$

由式(6.2.34)，可得下述推论。

推论 7：

$$\mathrm{ZT}\left[\frac{(k+2)(k+1)}{2!}a^k\varepsilon(k)\right]=\frac{1}{(1-az^{-1})^3},\ |a|<|z|\leqslant\infty \tag{6.2.35}$$

由式(6.2.35)，可得下述推论。

推论 8：

$$\mathrm{ZT}\left[\frac{(k+n)!}{n!k!}a^k\varepsilon(k)\right]=\frac{1}{(1-az^{-1})^{n+1}},\ |a|<|z|\leqslant\infty \tag{6.2.36}$$

例 6.2.5：已知序列 $f_2(k)=-v^k\varepsilon(-k-1)$，试求序列 $f_2(k)$的 z 变换 $F_2(z)$，并标明收敛域。

解：考虑到双边 ZT 的定义式(6.2.3)，则有

$$\begin{aligned}F_2(z)&=\sum_{k=-\infty}^{+\infty}f_2(k)z^{-k}=-\sum_{k=-\infty}^{+\infty}v^k\varepsilon(-k-1)z^{-k}\\&=-\sum_{k=-\infty}^{+\infty}\left(\frac{v}{z}\right)^k\varepsilon(-k-1)\\&=-\frac{(v/z)^{k+1}-1}{v/z-1}\varepsilon(-k-1)\Bigg|_{-\infty-1}^{+\infty}\\&=\frac{-1}{v/z-1},\ 0\leqslant|z/v|<1\\&=\frac{1}{1-vz^{-1}},\ 0\leqslant|z|<|v|\end{aligned}$$

显然，$\lim\limits_{z\to v}F_2(z)=\lim\limits_{z\to v}\dfrac{1}{1-vz^{-1}}=\infty$，因此将 $z=v$ 称为象函数 $F_2(z)$的极点，在 z 平面上用"×"表示极点。虚圆周 $|z|=|v|$称为收敛边界，收敛域为收敛边界 $|z|=|v|$以内的范围，即 z 平面的圆内部分，如图 6.2.2 所示。

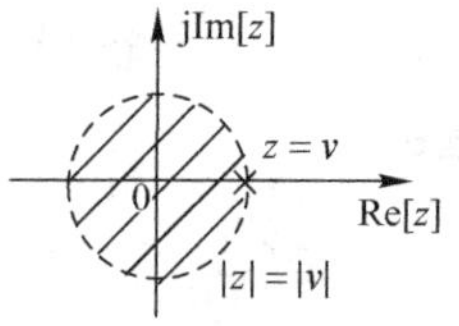

图 6.2.2　反因果序列 ZT 的收敛域

于是，得到

$$F_2(z)=\mathrm{ZT}[f_2(k)]=\mathrm{ZT}[-v^k\varepsilon(-k-1)]=\frac{1}{1-vz^{-1}},\ 0\leqslant|z|<|v| \tag{6.2.37}$$

特别地，当 $v=1$ 时，由式(6.2.37)可得

$$\mathrm{ZT}[\varepsilon(-k-1)]=\frac{-1}{1-z^{-1}},\ 0\leqslant|z|<1 \tag{6.2.38}$$

讨论：

(1) 虽然序列 $f_1(k)=v^k\varepsilon(k)$的象函数 $F_1(z)$与反因果序列 $f_2(k)=-v^k\varepsilon(-k-1)$的象函

数 $F_2(z)$ 相同，但是彼此的收敛域不同。

(2) 由式(6.2.19)及式(6.2.38)可知，虽然单位常数序列 $1^k=\varepsilon(-k-1)+\varepsilon(k)$，但是序列 $\varepsilon(-k-1)$ 及序列 $\varepsilon(k)$ 的双边 ZT 无公共收敛域，即找不到一个 $|z|$ 值，使 $1^k\cdot z^{-k}$ 满足绝对可和条件，因此单位常数序列 1^k 的双边 ZT 不存在。同理，符号序列 $\mathrm{sgn}(k)=\varepsilon(k)-\varepsilon(-k)$ 及无时限指数序列 $f(k)=v^k=v^k\varepsilon(-k-1)+v^k\varepsilon(k)$ 的双边 ZT 也不存在。

例 6.2.6：已知序列 $f(k)=a^{|k|}\,(0<a<1)$，试求序列 $f(k)$ 的 z 变换 $F(z)$，并标明收敛域。

解：考虑到

$$f(k)=a^{|k|}=a^{-k}\varepsilon(-k-1)+a^k\varepsilon(k)$$

由式(6.2.37)及式(6.2.18)可得

$$\begin{aligned}F(z)&=\mathrm{ZT}[f(k)]=\mathrm{ZT}[a^{-k}\varepsilon(-k-1)]+\mathrm{ZT}[a^k\varepsilon(k)]\\&=\underbrace{\frac{-1}{1-a^{-1}z^{-1}}}_{0\leqslant|z|<\frac{1}{a}}+\underbrace{\frac{1}{1-az^{-1}}}_{a<|z|\leqslant\infty}\\&=\frac{(a-a^{-1})z^{-1}}{1-(a+a^{-1})z^{-1}+z^{-2}},\ a<|z|<\frac{1}{a}\end{aligned}$$

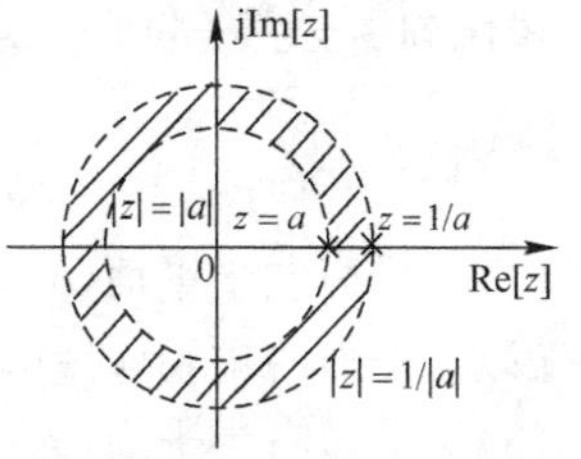

图 6.2.3　双边序列 ZT 的收敛域

由此可知，双边序列 $f(k)=a^{|k|}\,(0<a<1)$ 的 z 变换 $F(z)$ 的收敛域为收敛边界 $|z|=a$ 和 $|z|=1/a$ 之间的范围，即圆心在 z 平面原点的一个圆环域，如图 6.2.3 所示。

于是，得到

$$a^{|k|}\xleftrightarrow{0<a<1}\frac{(a-a^{-1})z^{-1}}{1-(a+a^{-1})z^{-1}+z^{-2}},\ a<|z|<\frac{1}{a}\tag{6.2.39}$$

对式(6.2.39)进行推广，假设双边序列 $f(k)=\sum\limits_{l=1}^{n}C_lv_l^k\varepsilon(k)+\sum\limits_{r=1}^{m}C_rv_r'^k\varepsilon(-k-1)$，其中，等号右边第一部分为因果指数序列的线性组合，第二部分为反因果指数序列的线性组合，则可以得到

$$\begin{aligned}F(z)&=\mathrm{ZT}[f(k)]=\mathrm{ZT}\left[\sum_{l=1}^{n}C_lv_l^k\varepsilon(k)+\sum_{r=1}^{m}C_rv_r'^k\varepsilon(-k-1)\right]\\&=\sum_{l=1}^{n}\frac{C_l}{1-v_lz^{-1}}-\sum_{r=1}^{m}\frac{C_r}{1-v_r'z^{-1}},\ R_a<|z|<R_b\end{aligned}\tag{6.2.40}$$

式中，$R_a=\max(|v_l|)(l=1,2,\cdots,n)$，$R_b=\min(|v_r'|)(r=1,2,\cdots,m)$。

象函数 $F(z)$ 的收敛域如图 6.2.4 所示，图中设 $F(z)$ 的孤立极点为 v_1，v_2，v_3 及 v_1'，v_2'，v_3'，其中，v_1，v_2，v_3 位于收敛区域以内，称为区内极点；v_1'，v_2'，v_3' 位于收敛区域以外，称为区外极点。收敛区域的内边界 $R_a=|z|=|v_1|=|v_2|$，外边界 $R_b=|z|=|v_1'|$ 均为圆周，不包括在收敛域内，而 R_a 为区内极点模的最大值，R_b 为区外极点模的最小值。

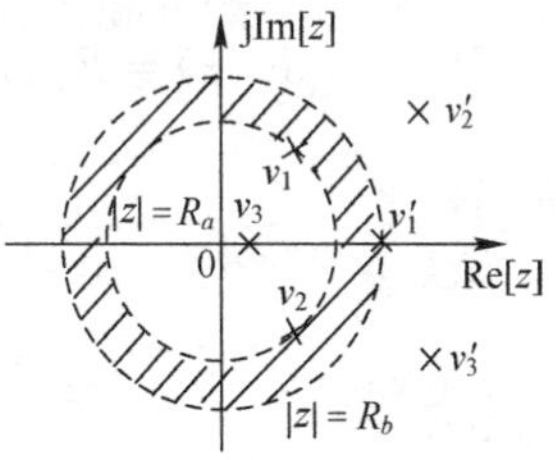

图 6.2.4　双边序列 ZT 的收敛域

6.2.3　z 变换收敛域的共性结论

综上所述，可以得出以下结论：

(1) 时域上两个不同的序列，虽然它们可能具有相同的象函数，但是它们的收敛域不可能相同。因此，在求一个序列的 z 变换时，一定要标明收敛域；反之，一个象函数伴随一个收敛域，才能唯一地确定一个时域上的序列。

(2) 序列 $f(k)$ 的双边 ZT，其象函数 $F(z)$ 的收敛域为 z 平面上圆心在原点的一个圆环域

$R_a<|z|<R_b$，$F(z)$既有区内极点 $v_l(l=1,2,\cdots,n)$，又有区外极点 $v'_r(r=1,2,\cdots,m)$，而且 $F(z)$的区内极点取决于序列$f(k)$的因果序列部分 $f(k)\varepsilon(k)$，区外极点取决于序列 $f(k)$的反因果序列部分 $f(k)\varepsilon(-k-1)$。

(3) 因果序列 $f(k)=f(k)\varepsilon(k)$的 ZT，其象函数 $F(z)$的收敛域为 z 平面上圆心在原点的一个圆的圆外部分$R_a<|z|\leqslant\infty$，$F(z)$的极点均为区内极点 $v_l(l=1,2,\cdots,n)$，收敛边界 $R_a=\max(|v_l|)(l=1,2,\cdots,n)$。

(4) 反因果序列 $f(k)=f(k)\varepsilon(-k-1)$的 ZT，其象函数 $F(z)$的收敛域为 z 平面上圆心在原点的一个圆的圆内部分 $0\leqslant|z|<R_b$，$F(z)$的极点均为区外极点 $v'_r(r=1,2,\cdots,m)$，收敛边界 $R_b=\min(|v'_r|)(r=1,2,\cdots,m)$。

(5) 时限序列 $f(k)$的 ZT，其象函数 $F(z)$的收敛域为有限全 z 平面。

6.2.4　z 平面与 s 平面的映射关系

考虑到 $z=e^{sT}=e^{(\sigma+j\omega)T}=e^{\sigma T}e^{j\Omega}$，则有

$$\begin{cases}|z|=e^{\sigma T}\\ \Omega=\omega T(\text{以 rad 为单位})\end{cases}\tag{6.2.41}$$

(1) s 平面左半平面($\sigma<0$)映射成 z 平面上的单位圆内部($0\leqslant|z|<1$)。

(2) s 平面的虚轴($\sigma=0$)映射成 z 平面上的单位圆周($|z|=1$)。

(3) s 平面右半平面($\sigma>0$)映射成 z 平面上的单位圆外部($1<|z|\leqslant\infty$)。

(4) s 平面上平行于虚轴的带状域($\alpha<\sigma<\beta$)映射成 z 平面上的圆环域($e^{\alpha T}<|z|<e^{\beta T}$)。

(5) s 平面的 ω 从$-\pi/T$ 变到 π/T 时，z 的幅角 Ω 从$-\pi$ 变到 π(变化一周)。

(6) s 平面的ω 每增加 $2\pi/T$，z 的幅角 Ω 就增加 2π，即 s 平面上σ 相同，而 ω 相差 $2\pi m/T$(m 为整数)的各点，在 z 平面上都映射为同一点(多对一映射)。

通常将 s 平面上$-\pi/T\leqslant\omega\leqslant\pi/T$ 所对应的区间称为主值区间。

6.2.5　z 变换与拉普拉斯变换的关系

式(6.2.3)揭示了序列 $f(k)$的 z 变换$F(z)$与样值信号 $f_s(t)$的拉普拉斯变换 $F_s(s)$之间的关系，由此关系可进一步揭示序列 $f(k)$的 z 变换$F(z)$与连续时间信号 $f_a(t)$的拉普拉斯变换 $F_a(s)$之间的关系。

考虑到式(6.2.3)及式(6.1.3)，则有

$$\begin{aligned}F(z)&=F_s(s)\Big|_{s=\frac{1}{T}\ln z}=\frac{1}{T}\sum_{n=-\infty}^{+\infty}F_a(s-jn\omega_s)\Big|_{s=\frac{1}{T}\ln z}\\&=\frac{1}{T}\sum_{l=-\infty}^{+\infty}F_a\left(\frac{1}{T}\ln z-j\frac{2l\pi}{T}\right)=\frac{1}{T}\sum_{l=-\infty}^{+\infty}F_a\left[\frac{1}{T}\ln(ze^{-j2l\pi})\right]\\&=\frac{1}{T}\sum_{l=-\infty}^{+\infty}\left[F_a(s)\big|_{s=\frac{1}{T}\ln(ze^{-j2l\pi})}\right]\end{aligned}\tag{6.2.42}$$

设连续时间信号 $f_a(t)$的双边拉普拉斯变换 $F_a(s)$可表示成有理分式，即

$$F_a(s)=\frac{N(s)}{D(s)}=\frac{C\prod_{j=1}^{m}(s-\lambda_j)}{\prod_{i=1}^{n}(s-\lambda_i)},\ \alpha<\sigma<\beta\tag{6.2.43}$$

式中，$D(s)=\prod_{i=1}^{n}(s-\lambda_i)$，$N(s)=C\prod_{j=1}^{m}(s-\lambda_j)$，$C$ 为常数；$\lambda_j(j=1,2,\cdots,m)$ 为 $F_a(s)$的零点，$\lambda_i(i=1,2,\cdots,n)$ 为 $F_a(s)$的极点。

由式(6.2.42)可知，连续时间信号 $f_a(t)$的双边拉普拉斯变换 $F_a(s)$的极点 $\lambda_i(i=1,2,\cdots,n)$与序列 $f(k)$的 z 变换 $F(z)$的极点 $v_i(i=1,2,\cdots,n)$之间满足关系

$$\lambda_i=\frac{1}{T}\ln(v_i e^{-j2l\pi}),\ i=1,2,\cdots,n \tag{6.2.44}$$

考虑到式(6.2.44)，则有

$$v_i=e^{\lambda_i T+j2l\pi}=e^{\lambda_i T},\ i=1,2,\cdots,n \tag{6.2.45}$$

由式(6.2.45)可知，序列 $f(k)$的双边 z 变换 $F(z)$的极点 $v_i(i=1,2,\cdots,n)$与连续时间信号 $f_a(t)$的双边拉普拉斯变换 $F_a(s)$的极点 $\lambda_i(i=1,2,\cdots,n)$存在映射关系 $v_i=e^{\lambda_i T}(i=1,2,\cdots,n)$，并将 $F_a(s)$在 s 平面上的区左极点[$\mathrm{Re}[\lambda_l]\leqslant\alpha(l=1,2,\cdots,p)$的极点]和区右极点[$\mathrm{Re}[\lambda'_r]\geqslant\beta(r=1,2,\cdots,q)$的极点]分别映射成 $F(z)$在 z 平面上的区内极点[$|z_l|\leqslant e^{\alpha T}(l=1,2,\cdots,p)$的极点]和区外极点[$|z'_r|\geqslant e^{\beta T}(r=1,2,\cdots,q)$的极点]。

因此，以连续时间因果信号、反因果信号及双边信号 $f_a(t)$的双边拉普拉斯变换 $F_a(s)$的收敛域为依据，基于式(6.2.45)可以直接给出相应的因果序列、反因果序列及双边序列 $f(k)$的 z 变换 $F(z)$的收敛域。

由式(6.2.42)的广义求和可知，无穷多个有理分式求和，分子随之变化，即使 $\lambda_j(j=1,2,\cdots,m)$是连续时间信号 $f_a(t)$的双边拉普拉斯变换$F_a(s)$的零点，$v_j=e^{\lambda_j T}(j=1,2,\cdots,m)$也并非是序列$f(k)$的双边 z 变换 $F(z)$的零点，即 $F(z)$的零点 $v_j(j=1,2,\cdots,m)$与 $F_a(s)$的零点 $\lambda_j(j=1,2,\cdots,m)$之间并不存在映射关系 $v_j=e^{\lambda_j T}(j=1,2,\cdots,m)$。

6.2.6　利用连续时间信号的双边 LT 确定序列的双边 ZT

式(6.2.42)揭示了序列 $f(k)$的 z 变换 $F(z)$与连续时间信号 $f_a(t)$的双边拉普拉斯变换 $F_a(s)$之间的关系。显然，由 $F_a(s)$难以得到 $F(z)$的闭式解。下面介绍一种利用复变函数积分来解决问题的方法。

设 $\mathrm{LT}[f_a(t)]=F_a(s)$，$\alpha<\sigma<\beta$，考虑到式(6.2.3)及式(6.2.2)，则有

$$\begin{aligned}F(z)&=\sum_{k=-\infty}^{+\infty}f(k)z^{-k}=\sum_{k=-\infty}^{+\infty}f_a(kT)z^{-k}=\sum_{k=0}^{+\infty}f_a(kT)z^{-k}+\sum_{k=-\infty}^{-1}f_a(kT)z^{-k}\\&=\sum_{k=0}^{+\infty}\left[\frac{1}{2\pi j}\int_{\sigma-j\infty}^{\sigma+j\infty}F_a(s)e^{skT}ds\right]z^{-k}+\sum_{k=-\infty}^{-1}\left[\frac{1}{2\pi j}\int_{\sigma-j\infty}^{\sigma+j\infty}F_a(s)e^{skT}ds\right]z^{-k}\\&=\frac{1}{2\pi j}\int_{\sigma-j\infty}^{\sigma+j\infty}F_a(s)\left[\sum_{k=0}^{+\infty}(e^{sT}z^{-1})^k\right]ds+\frac{1}{2\pi j}\int_{\sigma-j\infty}^{\sigma+j\infty}F_a(s)\left[\sum_{k=1}^{+\infty}(e^{-sT}z)^k\right]ds\end{aligned} \tag{6.2.46}$$

若满足条件

$$\begin{cases}|e^{sT}z^{-1}|<1\\|e^{-sT}z|<1\end{cases}，或\begin{cases}|z|>e^{\sigma T}>e^{\alpha T}\\|z|<e^{\sigma T}<e^{\beta T}\end{cases}$$

即

$$e^{\alpha T}<|z|<e^{\beta T} \tag{6.2.47}$$

则式(6.2.46)可写成

$$F(z)=\underbrace{\frac{1}{2\pi j}\int_{\sigma-j\infty}^{\sigma+j\infty}\frac{F_a(s)}{1-e^{sT}z^{-1}}ds}_{e^{\alpha T}<|z|\leqslant\infty}-\underbrace{\frac{1}{2\pi j}\int_{\sigma-j\infty}^{\sigma+j\infty}\frac{F_a(s)}{1-e^{sT}z^{-1}}ds}_{0\leqslant|z|<e^{\beta T}} \tag{6.2.48}$$

可见，式(6.2.48)中等号右边的第一部分仅与 $F_a(s)$的区左极点[$\mathrm{Re}[\lambda_l]\leqslant\alpha(l=1,2,\cdots,p)$的极点]有关，第二部分仅与 $F_a(s)$的区右极点[$\mathrm{Re}[\lambda'_r]\geqslant\beta(r=1,2,\cdots,q)$的极点]有关。

其实，计算式(6.2.48)的复变函数积分还是非常困难的，下面假设 $F_a(s)$是真分式，进一步研究式(6.2.48)的复变函数积分问题。

在 s 平面上，以 $s=0$ 为圆心，画半径为 R 的圆周 C_R，与直线 $\sigma=\sigma_0(\alpha<\sigma_0<\beta)$ 交于 A 点和 C 点，$C_{ABC}(C_{ADC})$ 是 C_R 上逆时针(顺时针)方向的一段弧，如图 6.2.5 所示。

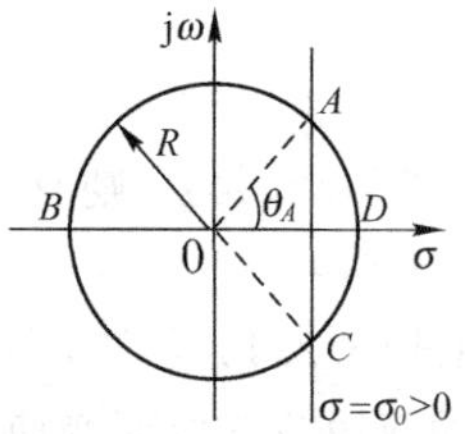

图 6.2.5　围线积分路径示意图

记 $G(s)=\dfrac{F_a(s)}{1-e^{sT}z^{-1}}$，若 $F_a(s)=\dfrac{N(s)}{D(s)}$ 是真分式，则有

$$\lim_{s\to\infty} sG(s)=0 \tag{6.2.49}$$

显然，式(6.2.49)满足围线积分引理条件，于是有

$$\lim_{|s|=R\to+\infty}\int_{C_{ABC}} G(s)\mathrm{d}s=0 \tag{6.2.50}$$

$$\lim_{|s|=R\to+\infty}\int_{C_{ADC}} G(s)\mathrm{d}s=0 \tag{6.2.51}$$

考虑到式(6.2.50)及式(6.2.51)，则式(6.2.48)可写成

$$\begin{aligned}F(z)&=\underbrace{\frac{1}{2\pi j}\oint_{ABCA}\frac{F_a(s)}{1-e^{sT}z^{-1}}\mathrm{d}s}_{e^{\alpha T}<|z|\leqslant\infty}-\underbrace{\frac{1}{2\pi j}\oint_{ADCA}\frac{F_a(s)}{1-e^{sT}z^{-1}}\mathrm{d}s}_{0\leqslant|z|<e^{\beta T}}\\&=\underbrace{\sum_{l=1}^{p}\mathrm{Res}\left[\frac{F_a(s)}{1-e^{sT}z^{-1}}\right]_{s=\lambda_l}}_{e^{\alpha T}<|z|\leqslant\infty}+\underbrace{\sum_{r=1}^{q}\mathrm{Res}\left[\frac{F_a(s)}{1-e^{sT}z^{-1}}\right]_{s=\lambda'_r}}_{0\leqslant|z|<e^{\beta T}}\end{aligned} \tag{6.2.52}$$

式中，$s=\lambda_l(l=1,2,\cdots,p)$ 是 $F_a(s)$ 的第 l 个区左极点($\mathrm{Re}[\lambda_l]\leqslant\alpha$ 的极点)，$s=\lambda'_r(r=1,2,\cdots,q)$ 是 $F_a(s)$ 的第 r 个区右极点($\mathrm{Re}[\lambda'_r]\geqslant\beta$ 的极点)。

例 6.2.7：已知象函数 $F_a(s)=\dfrac{2\ln2}{(\ln2)^2-s^2}$，$-\ln2<\sigma<\ln2$，试求 $F(z)$，并标明收敛域。

解：考虑到 $F_a(s)=\dfrac{2\ln2}{(\ln2)^2-s^2}$ 是真分式，由式(6.2.52)可得

$$\begin{aligned}F(z)&=\underbrace{\sum_{l=1}^{p}\mathrm{Res}\left[\frac{F_a(s)}{1-e^{sT}z^{-1}}\right]_{s=\lambda_l}}_{e^{\alpha T}<|z|\leqslant\infty}+\underbrace{\sum_{r=1}^{q}\mathrm{Res}\left[\frac{F_a(s)}{1-e^{sT}z^{-1}}\right]_{s=\lambda'_r}}_{0\leqslant|z|<e^{\beta T}}\\&=\underbrace{\mathrm{Res}\left\{\frac{2\ln2}{[(\ln2)^2-s^2](1-e^{sT}z^{-1})}\right\}_{s=-\ln2}}_{e^{-T\ln2}<|z|\leqslant\infty}+\underbrace{\mathrm{Res}\left\{\frac{2\ln2}{[(\ln2)^2-s^2](1-e^{sT}z^{-1})}\right\}_{s=\ln2}}_{0\leqslant|z|<e^{T\ln2}}\\&=\underbrace{\frac{1}{1-e^{-T\ln2}z^{-1}}}_{2^{-T}<|z|\leqslant\infty}-\underbrace{\frac{1}{1-e^{T\ln2}z^{-1}}}_{0\leqslant|z|<2^T}=\frac{1}{1-2^{-T}z^{-1}}-\frac{1}{1-2^{T}z^{-1}},\ 2^{-T}<|z|<2^T\end{aligned}$$

例 6.2.8：已知象函数 $F_a(s)=\dfrac{\omega_0}{s^2+\omega_0^2}$，$0<\sigma\leqslant\infty$，试求 $F(z)$，并标明收敛域。

解：考虑到 $F_a(s)=\dfrac{\omega_0}{s^2+\omega_0^2}$ 是真分式，由式(6.2.52)可得

$$\begin{aligned}F(z)&=\underbrace{\sum_{l=1}^{p}\mathrm{Res}\left[\frac{F_a(s)}{1-e^{sT}z^{-1}}\right]_{s=\lambda_l}}_{e^{\alpha T}<|z|\leqslant\infty}\\&=\mathrm{Res}\left\{\frac{\omega_0}{(s^2+\omega_0^2)(1-e^{sT}z^{-1})}\right\}_{s=-j\omega_0}+\mathrm{Res}\left\{\frac{\omega_0}{(s^2+\omega_0^2)(1-e^{sT}z^{-1})}\right\}_{s=j\omega_0}\\&=-\frac{1}{2j(1-e^{-j\omega_0T}z^{-1})}+\frac{1}{2j(1-e^{j\omega_0T}z^{-1})}\\&=\frac{\sin(\omega_0T)z^{-1}}{1-2\cos(\omega_0T)z^{-1}+z^{-2}}\\&=\frac{\sin\Omega_0z^{-1}}{1-2\cos\Omega_0z^{-1}+z^{-2}},\ 1<|z|\leqslant\infty\end{aligned}$$

式中，$\Omega_0=\omega_0 T$。

实际上，也可以通过下述方式得到 $F(z)$。

考虑到 $F_a(s)=\dfrac{\omega_0}{s^2+\omega_0^2}$，$0<\sigma\leqslant\infty$，并注意到式(4.1.25)，则有

$$f_a(t)=\mathrm{ILT}[F_a(s)]=\sin(\omega_0 t)\varepsilon(t)$$

于是

$$f(k)=f_a(kT)=\sin(\omega_0 kT)\varepsilon(kT)=\sin\Omega_0 k\varepsilon(k)$$

考虑到式(6.2.24)，则有

$$F(z)=\mathrm{ZT}[f(k)]=\mathrm{ZT}[\sin\Omega_0 k\varepsilon(k)]=\frac{\sin\Omega_0 z^{-1}}{1-2\cos\Omega_0 z^{-1}+z^{-2}},\ 1<|z|\leqslant\infty$$

6.3　z 变换的性质

一个序列 $f(k)$ 可以用唯一对应的 z 变换 $F(z)$ 及收敛域来表示，反之亦然，从而建立了序列的时域与 z 域之间的内在联系。本节将详细介绍 z 变换的性质及定理，掌握并熟练运用 z 变换的性质及定理，可以使序列 z 变换的计算及逆 z 变换的计算得以简化。

6.3.1　线性性质

若

$$\mathrm{ZT}[f_1(k)]=F_1(z),\ R_{a1}<|z|<R_{b1}$$
$$\mathrm{ZT}[f_2(k)]=F_2(z),\ R_{a2}<|z|<R_{b2}$$

则有

$$\mathrm{ZT}[C_1 f_1(k)+C_2 f_2(k)]=C_1F_1(z)+C_2F_2(z),\ \max(R_{a_1},R_{a_2})<|z|<\min(R_{b_1},R_{b_2})\quad(6.3.1)$$

式中，C_1 和 C_2 为任意常数。

一般地，线性组合后的序列，其双边 ZT 的收敛域将会缩小；若组合后的序列是时限序列，则其收敛域扩大成有限全 z 平面。

注意： 若 $F_1(z)$ 和 $F_2(z)$ 无公共收敛域，则 $\mathrm{ZT}[C_1f_1(k)+C_2f_2(k)]$ 不存在。

证明： 考虑到双边 ZT 的定义式(6.2.3)，则有

$$\begin{aligned}\mathrm{ZT}[C_1 f_1(k)+C_2 f_2(k)]&=\sum_{k=-\infty}^{+\infty}[C_1 f_1(k)+C_2 f_2(k)]z^{-k}\\&=C_1\sum_{k=-\infty}^{+\infty}f_1(k)z^{-k}+C_2\sum_{k=-\infty}^{+\infty}f_2(k)z^{-k}\\&=C_1F_1(z)+C_2F_2(z),\ \max(R_{a_1},R_{a_2})<|z|<\min(R_{b_1},R_{b_2})\end{aligned}$$

式(6.3.1)表明，若时域上的序列进行线性组合，则 z 域上的象函数具有相同的线性组合形式。

例 6.3.1： 已知序列 $f(k)=2^k\varepsilon(-k-1)+\left(\dfrac{1}{2}\right)^k\cos\dfrac{\pi k}{3}\varepsilon(k)$，试求序列 $f(k)$ 的 z 变换 $F(z)$，并标明收敛域。

解： 由式(6.2.21)可知

$$\mathrm{ZT}[a^k\cos\Omega_0 k\varepsilon(k)]=\frac{1-a\cos\Omega_0 z^{-1}}{1-2a\cos\Omega_0 z^{-1}+a^2z^{-2}},\ |a|<|z|\leqslant\infty$$

于是

$$\mathrm{ZT}\left[\left(\frac{1}{2}\right)^k\cos\frac{\pi k}{3}\varepsilon(k)\right]=\frac{1-\dfrac{1}{4}z^{-1}}{1-\dfrac{1}{2}z^{-1}+\dfrac{1}{4}z^{-2}},\ \frac{1}{2}<|z|\leqslant\infty$$

由式(6.2.37)可知

$$\mathrm{ZT}[v^k\varepsilon(-k-1)]=\frac{-1}{1-vz^{-1}},\ 0\leqslant|z|<|v|$$

于是

$$\mathrm{ZT}[2^k\varepsilon(-k-1)]=\frac{-1}{1-2z^{-1}},\ 0\leqslant|z|<2$$

考虑到 $f(k)=2^k\varepsilon(-k-1)+\left(\frac{1}{2}\right)^k\cos\frac{\pi k}{3}\varepsilon(k)$，则有

$$F(z)=\mathrm{ZT}[2^k\varepsilon(-k-1)]+\mathrm{ZT}\left[\left(\frac{1}{2}\right)^k\cos\frac{\pi k}{3}\varepsilon(k)\right]=\frac{-1}{1-2z^{-1}}+\frac{1-\frac{1}{4}z^{-1}}{1-\frac{1}{2}z^{-1}+\frac{1}{4}z^{-2}},\ \frac{1}{2}<|z|<2$$

6.3.2　时域共轭性质

5.4.2 节介绍了复序列时域的两种分解形式，下面介绍其 z 域的对应性质。

1. 复序列的共轭序列的双边 ZT

若 $f(k)\longleftrightarrow F(z)$，$R_a<|z|<R_b$，则有

$$f^*(k)\longleftrightarrow F^*(z^*),\ R_a<|z|<R_b \tag{6.3.2}$$

证明：考虑到双边 ZT 的定义式(6.2.3)，则有

$$\mathrm{ZT}[f^*(k)]=\sum_{k=-\infty}^{+\infty}f^*(k)z^{-k}=\left[\sum_{k=-\infty}^{+\infty}f(k)(z^*)^{-k}\right]^*=F^*(z^*),\ R_a<|z^*|=|z|<R_b$$

式(3.4.2)表明，复序列的共轭序列的双边 ZT 等于共轭变量的双边 ZT，再取共轭。

推论 1：

$$\mathrm{Re}[f(k)]=\frac{1}{2}[f(k)+f^*(k)]\longleftrightarrow\frac{1}{2}[F(z)+F^*(z^*)],\ R_a<|z|<R_b \tag{6.3.3}$$

推论 2：

$$\mathrm{Im}[f(k)]=\frac{1}{2\mathrm{j}}[f(k)-f^*(k)]\longleftrightarrow\frac{1}{2\mathrm{j}}[F(z)-F^*(z^*)],\ R_a<|z|<R_b \tag{6.3.4}$$

讨论：

若 $f(k)$是实序列，则 $f(k)$满足

$$f^*(k)=f(k) \tag{6.3.5}$$

对式(6.3.5)的等号两边分别取双边 ZT，并考虑到式(6.3.2)，则有

$$F^*(z^*)=F(z),\ R_a<|z|<R_b \tag{6.3.6}$$

对式(6.3.6)的等号两边分别取共轭，可得

$$F(z^*)=F^*(z),\ R_a<|z|<R_b \tag{6.3.7}$$

式(6.3.7)表明，实序列共轭变量的双边 ZT 与双边 ZT 的共轭等价。

若 $F(z_0^*)=0$，则称 $z=z_0^*$ 为 $F(z)$的复数零点，简称复零点；若 $F(z_0^*)=\infty$，则称 $z=z_0^*$ 为 $F(z)$的复数极点，简称复极点。

结论 1：

式(6.3.7)表明，对实序列 $f(k)$的双边 ZT，象函数 $F(z)$的复零点(或复极点)以共轭形式成对出现，即实序列 $f(k)$的双边 ZT，象函数 $F(z)$的复零点(或复极点)关于 z 平面的实轴呈镜像分布。

2. 复序列的共轭反褶序列的双边 ZT

若 $f(k)\longleftrightarrow F(z)$，$R_a<|z|<R_b$，则有

$$f^*(-k)\longleftrightarrow F^*\left(\frac{1}{z^*}\right),\ \frac{1}{R_b}<|z|<\frac{1}{R_a} \tag{6.3.8}$$

证明：考虑到双边 ZT 的定义式(6.2.3)，则有

$$\begin{aligned}\mathrm{ZT}[f^*(-k)]&=\sum_{k=-\infty}^{+\infty}f^*(-k)z^{-k}=\sum_{m=-\infty}^{+\infty}f^*(m)z^m=\Big[\sum_{m=-\infty}^{+\infty}f(m)(z^*)^m\Big]^*\\&=F^*\left(\frac{1}{z^*}\right),\ R_a<\left|\frac{1}{z^*}\right|<R_b\\&=F^*\left(\frac{1}{z^*}\right),\ \frac{1}{R_b}<|z|<\frac{1}{R_a}\end{aligned}$$

式(6.3.8)表明，复序列的共轭反褶序列的双边 ZT 等于共轭反演变量的 ZT，再取共轭。这里所说的共轭反演变量是指将复变量 z 替换为 $1/z^*$。显然，互为共轭反演的两个复变量 z 和 $1/z^*$，复角相同，模互为倒数，或两者模的乘积等于 1。

如果在 z 平面上取一点 z_0，与 z_0 互为共轭反演的另一点为 $1/z_0^*$，那么这两点位于同一条射线上，因为两者模的乘积等于 1，所以通常称这两点关于单位圆周呈镜像分布。

推论 3：

$$f_e(k)=\frac{1}{2}[f(k)+f^*(-k)]\longleftrightarrow\frac{1}{2}\left[F(z)+F^*\left(\frac{1}{z^*}\right)\right],\ \max\left(R_a,\frac{1}{R_b}\right)<|z|<\min\left(R_b,\frac{1}{R_a}\right)\tag{6.3.9}$$

推论 4：

$$f_o(k)=\frac{1}{2}[f(k)-f^*(-k)]\longleftrightarrow\frac{1}{2}\left[F(z)-F^*\left(\frac{1}{z^*}\right)\right],\ \max\left(R_a,\frac{1}{R_b}\right)<|z|<\min\left(R_b,\frac{1}{R_a}\right)\tag{6.3.10}$$

讨论：

若 $f(k)$是实偶序列，则 $f(k)$满足

$$f^*(-k)=f(k)\tag{6.3.11}$$

对式(6.3.11)的等号两边分别取双边 ZT，并考虑到式(6.3.8)，则有

$$F^*\left(\frac{1}{z^*}\right)=F(z),\ \max\left(R_a,\frac{1}{R_b}\right)<|z|<\min\left(R_b,\frac{1}{R_a}\right)\tag{6.3.12}$$

对式(6.3.12)的等号两边分别取共轭，可得

$$F\left(\frac{1}{z^*}\right)=F^*(z),\ \max\left(R_a,\frac{1}{R_b}\right)<|z|<\min\left(R_b,\frac{1}{R_a}\right)\tag{6.3.13}$$

式(6.3.13)表明，实偶序列共轭反演变量的双边 ZT 与双边 ZT 的共轭等价。

同理，若$f(k)$是实奇序列，则有

$$F\left(\frac{1}{z^*}\right)=-F^*(z),\ \max\left(R_a,\frac{1}{R_b}\right)<|z|<\min\left(R_b,\frac{1}{R_a}\right)\tag{6.3.14}$$

式(6.3.13)和式(6.3.14)表明，若 $z=z_0$ 是 $F(z)$的零点(或极点)，则 $z=1/z_0^*$ 也是 $F(z)$的零点(或极点)，即象函数 $F(z)$的复零点(或复极点)关于 z 平面的单位圆周呈镜像分布。我们已经知道，对于实序列 $f(k)$的双边 ZT，象函数 $F(z)$的复零点(或复极点)关于 z 平面的实轴呈镜像分布，因此可得下述结论。

结论 2：

对于实偶序列或实奇序列 $f(k)$的双边 ZT，象函数 $F(z)$的实数零点(或极点)关于 z 平面的单位圆周呈镜像分布，复零点(或复极点)关于 z 平面的实轴和单位圆周呈镜像分布。

例 6.3.2：已知序列 $f(k)=\left(\frac{1}{2}\right)^{|k|}\sin\frac{\pi k}{3}$，试求序列 $f(k)$的 z 变换$F(z)$，并标明收敛域。

解：由式(6.2.22)可知

$$\mathrm{ZT}[a^k\sin\Omega_0 k\varepsilon(k)]=\frac{a\sin\Omega_0 z^{-1}}{1-2a\cos\Omega_0 z^{-1}+a^2z^{-2}},\ |a|<|z|\leqslant\infty$$

于是

$$\mathrm{ZT}\left[\left(\frac{1}{2}\right)^k\sin\frac{\pi k}{3}\varepsilon(k)\right]=\frac{\frac{\sqrt{3}}{4}z^{-1}}{1-\frac{1}{2}z^{-1}+\frac{1}{4}z^{-2}}=\frac{\sqrt{3}z^{-1}}{4-2z^{-1}+z^{-2}},\ \frac{1}{2}<|z|\leqslant\infty$$

由式(6.2.37)可知

$$\mathrm{ZT}[v^k\varepsilon(-k-1)]=\frac{-1}{1-vz^{-1}},\ 0\leqslant|z|<|v|$$

令 $v=2\mathrm{e}^{\mathrm{j}\frac{\pi}{3}}$，则有

$$\mathrm{ZT}[2^k\mathrm{e}^{\mathrm{j}\frac{\pi k}{3}}\varepsilon(-k-1)]=\frac{-1}{1-2\mathrm{e}^{\mathrm{j}\frac{\pi}{3}}z^{-1}}=-\frac{1-2\mathrm{e}^{-\mathrm{j}\frac{\pi}{3}}z^{-1}}{1-2z^{-1}+4z^{-2}},\ 0\leqslant|z|<2$$

于是

$$\mathrm{ZT}\left[2^k\sin\frac{\pi k}{3}\varepsilon(-k-1)\right]=-\frac{\sqrt{3}z^{-1}}{1-2z^{-1}+4z^{-2}},\ 0\leqslant|z|<2$$

考虑到

$$f(k)=\left(\frac{1}{2}\right)^{|k|}\sin\frac{\pi k}{3}[\varepsilon(-k-1)+\varepsilon(k)]=2^k\sin\frac{\pi k}{3}\varepsilon(-k-1)+\left(\frac{1}{2}\right)^k\sin\frac{\pi k}{3}\varepsilon(k)$$

则有

$$\begin{aligned}F(z)&=\mathrm{ZT}[f(k)]=\mathrm{ZT}[2^k\sin\frac{\pi k}{3}\varepsilon(-k-1)]+\mathrm{ZT}\left[\left(\frac{1}{2}\right)^k\sin\frac{\pi k}{3}\varepsilon(k)\right]\\&=-\frac{\sqrt{3}z^{-1}}{1-2z^{-1}+4z^{-2}}+\frac{\sqrt{3}z^{-1}}{4-2z^{-1}+z^{-2}}\\&=-\sqrt{3}z^{-1}\frac{4-2z^{-1}+z^{-2}-(1-2z^{-1}+4z^{-2})}{(1-2z^{-1}+4z^{-2})(4-2z^{-1}+z^{-2})}\\&=-\sqrt{3}z^{-1}\frac{3-3z^{-2}}{(1-2z^{-1}+4z^{-2})(4-2z^{-1}+z^{-2})}\\&=\frac{-3\sqrt{3}(z+1)(z-1)z}{(z-2\mathrm{e}^{\mathrm{j}\frac{\pi}{3}})(z-2\mathrm{e}^{-\mathrm{j}\frac{\pi}{3}})(2z-\mathrm{e}^{\mathrm{j}\frac{\pi}{3}})(2z-\mathrm{e}^{-\mathrm{j}\frac{\pi}{3}})},\ \frac{1}{2}<|z|<2\end{aligned}\tag{6.3.15}$$

由式(6.3.15)可知，实奇序列 ZT 的象函数 $F(z)$有一对实数零点 $z=0$ 和 $z=\infty$关于 z 平面的单位圆周呈镜像分布，还有两个实数零点 $z=1$ 和 $z=-1$ 在 z 平面的单位圆周上；两对复数极点 $z=2\mathrm{e}^{\pm\mathrm{j}\frac{\pi}{3}}$，$z=\frac{1}{2}\mathrm{e}^{\pm\mathrm{j}\frac{\pi}{3}}$关于 z 平面的实轴和单位圆周呈镜像分布。

6.3.3 时域位移性质

1. 双边 z 变换的时域位移性质

若 $f(k)\longleftrightarrow F(z)$，$R_a<|z|<R_b$，则有

$$f(k-k_0)\longleftrightarrow F(z)z^{-k_0},\ R_a<|z|<R_b\tag{6.3.16}$$

证明：考虑到双边 ZT 的定义式(6.2.3)，则有

$$\mathrm{ZT}[f(k-k_0)]=\sum_{k=-\infty}^{+\infty}f(k-k_0)z^{-k}=\sum_{m=-\infty}^{+\infty}f(m)z^{-m-k_0}=z^{-k_0}\sum_{m=-\infty}^{+\infty}f(m)z^{-m}=z^{-k_0}F(z)$$

结论 3：

(1) 若 $f(k)$是因果序列，则 $F(z)$的收敛域为 $R_a<|z|\leqslant\infty$，当 $k_0\leqslant -1$ 时，$f(k-k_0)$的 z 变换 $z^{-k_0}F(z)$在 $z=\infty$处不收敛。

(2) 若 $f(k)$是反因果序列，则 $F(z)$的收敛域为 $0\leqslant|z|<R_b$，当 $k_0\geqslant 1$ 时，$f(k-k_0)$的 z 变换 $z^{-k_0}F(z)$在 $z=0$ 处不收敛。

推论 5：

设 $f(k)$是双边序列，则 $F(z)$的收敛域为圆环域 $R_a<|z|<R_b$。

(1) 双边序列 $f(k)$的位移序列 $f(k-k_0)$，其双边 z 变换 $z^{-k_0}F(z)$的收敛域保持不变，仍为 $R_a<|z|<R_b$。

(2) 因果序列 $f(k)\varepsilon(k)$的右移序列 $f(k-k_0)\varepsilon(k-k_0)$，其双边 z 变换 $z^{-k_0}F(z)$的收敛域保持不变，仍为 $R_a<|z|\leqslant\infty$。

(3) 反因果序列 $f(k)\varepsilon(-k-1)$的左移序列 $f(k-k_0)\varepsilon(k_0-k-1)$，其双边 z 变换 $z^{-k_0}F(z)$的收敛域保持不变，仍为 $0\leqslant|z|<R_b$。

例 6.3.3： 已知序列 $f(k)=a^k\varepsilon(k)$，试求序列 $f(k)$的 z 变换 $F(z)$，并标明收敛域。

解： 考虑到

$$af(k-1)=aa^{k-1}\varepsilon(k-1)=a^k[\varepsilon(k)-\delta(k)]=f(k)-\delta(k)$$

即

$$af(k-1)=f(k)-\delta(k) \tag{6.3.17}$$

对式(6.3.17)的等号两边分别取双边 ZT，并考虑到双边 ZT 的位移性质式(6.3.16)，则有

$$az^{-1}F(z)=F(z)-1$$

即

$$F(z)=\text{ZT}[a^k\varepsilon(k)]=\frac{1}{1-az^{-1}},\ |a|<|z|\leqslant\infty \tag{6.3.18}$$

例 6.3.4： 已知序列 $f_1(k)=2^k\varepsilon(k)$，$f_2(k)=2^k\varepsilon(k-4)$，$f(k)=f_1(k)-f_2(k)$，试求序列 $f(k)$的 z 变换 $F(z)$，并标明收敛域。

解： 由式(6.3.18)可知

$$F_1(z)=\text{ZT}[2^k\varepsilon(k)]=\frac{1}{1-2z^{-1}},\ 2<|z|\leqslant\infty$$

考虑到双边 ZT 的位移性质式(6.3.16)，则有

$$\text{ZT}[2^{k-4}\varepsilon(k-4)]=\frac{z^{-4}}{1-2z^{-1}},\ 2<|z|\leqslant\infty$$

考虑到双边 ZT 的线性性质式(6.3.1)，则有

$$F_2(z)=\text{ZT}[2^k\varepsilon(k-4)]=\frac{2^4z^{-4}}{1-2z^{-1}},\ 2<|z|\leqslant\infty$$

考虑到 $f(k)=f_1(k)-f_2(k)$，则有

$$F(z)=F_1(z)-F_2(z)=\frac{1-2^4z^{-4}}{1-2z^{-1}}=(1+4z^{-2})(1+2z^{-1}),\ 0<|z|\leqslant\infty$$

象函数 $F(z)$的收敛域扩大成有限全 z 平面，是由于 $z=2$ 既是$F(z)$的极点，又是 $F(z)$的零点，出现了零点和极点抵消。其本质原因是线性组合的结果使 $f(k)$成为了时限序列，即

$$f(k)=f_1(k)-f_2(k)=2^k\varepsilon(k)-2^k\varepsilon(k-4)=2^k[\varepsilon(k)-\varepsilon(k-4)]$$

例 6.3.5： 已知序列 $f(k)=\sum\limits_{r=0}^{+\infty}\delta(k-rN)$，试求序列 $f(k)$的 z 变换 $F(z)$，并标明收敛域。

解： 由式(6.2.9)可知

$$\delta(k) \longleftrightarrow 1, \ 0 \leqslant |z| \leqslant \infty$$

考虑到双边 ZT 的位移性质式(6.3.16)，则有

$$\delta(k-rN) \longleftrightarrow z^{-rN}, \ 0<|z| \leqslant \infty$$

考虑到 $f(k)=\sum_{r=0}^{+\infty}\delta(k-rN)$，对该式的等号两边分别取双边 ZT，利用双边 ZT 的线性性质式(6.3.1)，可得

$$F(z)=\mathrm{ZT}\left[\sum_{r=0}^{+\infty}\delta(k-rN)\right]=\sum_{r=0}^{+\infty}z^{-rN}=\left.\frac{z^{-N(r+1)}}{z^{-N}-1}\right|_{-1}^{+\infty}=\frac{1}{1-z^{-N}}, \ 1<|z| \leqslant \infty \tag{6.3.19}$$

特别地，若 $N=1$，则有

$$\varepsilon(k)=\sum_{r=0}^{+\infty}\delta(k-r) \longleftrightarrow \frac{1}{1-z^{-1}}, \ 1<|z| \leqslant \infty$$

2. 单边 z 变换的时域位移(右移)性质

若 $f(k) \longleftrightarrow F(z)$，$R_a<|z| \leqslant \infty$，则有

$$f(k-k_0) \longleftrightarrow z^{-k_0}\sum_{k=-k_0}^{-1}f(k)z^{-k}+z^{-k_0}F(z), \ R_a<|z| \leqslant \infty \tag{6.3.20}$$

证明：考虑到单边 ZT 的定义式(6.2.4)，则有

$$\begin{aligned}\mathrm{ZT}[f(k-k_0)]&=\sum_{k=0}^{+\infty}f(k-k_0)z^{-k}=\sum_{m=-k_0}^{+\infty}f(m)z^{-(m+k_0)}\\&=z^{-k_0}\left[\sum_{m=-k_0}^{-1}f(m)z^{-m}+\sum_{m=0}^{+\infty}f(m)z^{-m}\right]\\&=z^{-k_0}\sum_{k=-k_0}^{-1}f(k)z^{-k}+z^{-k_0}F(z), \ R_a<|z| \leqslant \infty\end{aligned}$$

例 6.3.6：描述一阶 LSI 离散时间系统响应 $y(k)$ 与激励 $f(k)$ 关系的差分方程为

$$y(k)-\frac{1}{3}y(k-1)=f(k) \tag{6.3.21}$$

已知系统的初始状态 $y(-1)=6$，激励 $f(k)=\left(\frac{1}{2}\right)^k\varepsilon(k)$，试求系统的全响应 $y(k)$。

解：考虑到式(6.3.20)，对线性常系数非齐次差分方程式(6.3.21)的等号两边分别取单边 ZT，可得

$$Y(z)-\frac{1}{3}[z^{-1}y(-1)z+z^{-1}Y(z)]=F(z)$$

即

$$Y(z)=\frac{\frac{1}{3}y(-1)}{1-\frac{1}{3}z^{-1}}+\frac{1}{1-\frac{1}{3}z^{-1}}F(z)=\frac{\frac{1}{3}\times 6}{1-\frac{1}{3}z^{-1}}+\frac{1}{1-\frac{1}{3}z^{-1}}\times\frac{1}{1-\frac{1}{2}z^{-1}}, \ \frac{1}{2}<|z| \leqslant \infty$$

亦即

$$Y(z)=\frac{2}{1-\frac{1}{3}z^{-1}}+\left(\frac{3}{1-\frac{1}{2}z^{-1}}-\frac{2}{1-\frac{1}{3}z^{-1}}\right), \ \frac{1}{2}<|z| \leqslant \infty$$

对上式等号两边分别取 IZT，可得 LSI 离散时间系统的全响应，即

$$y(k)=\mathrm{IZT}[Y(z)]=2\left(\frac{1}{3}\right)^k+\left[3\left(\frac{1}{2}\right)^k-2\left(\frac{1}{3}\right)^k\right]\varepsilon(k), \ k \geqslant 0$$

6.3.4　时域加权性质

若 $f(k) \longleftrightarrow F(z)$，$R_a<|z|<R_b$，则有

$$a^k f(k) \longleftrightarrow F\left(\frac{z}{a}\right),\ |a|R_a<|z|<|a|R_b \tag{6.3.22}$$

证明：考虑到双边 ZT 的定义式(6.2.3)，则有

$$\mathrm{ZT}[a^k f(k)]=\sum_{k=-\infty}^{+\infty}a^k f(k)z^{-k}=\sum_{k=-\infty}^{+\infty}f(k)\left(\frac{z}{a}\right)^{-k}=F\left(\frac{z}{a}\right),\ R_a<\left|\frac{z}{a}\right|<R_b$$

讨论：

(1) 若 $a=-1$，则有

$$(-1)^k f(k) \longleftrightarrow F(-z),\ R_a<|z|<R_b \tag{6.3.23}$$

(2) 若 $a=\mathrm{e}^{\mathrm{j}\Omega_0}$，则有

$$\mathrm{e}^{\mathrm{j}\Omega_0 k}f(k) \longleftrightarrow F(z\mathrm{e}^{-\mathrm{j}\Omega_0}),\ R_a<|z|<R_b \tag{6.3.24}$$

例 6.3.7：已知序列 $f(k)=a^k\cos\Omega_0 k\varepsilon(k)$，试求序列 $f(k)$的 z 变换 $F(z)$，并标明收敛域。

解：由式(6.3.18)可知

$$\mathrm{ZT}[a^k\varepsilon(k)]=\frac{1}{1-az^{-1}},\ |a|<|z|\leqslant\infty$$

考虑到式(6.3.24)，则有

$$\mathrm{e}^{\mathrm{j}\Omega_0 k}a^k\varepsilon(k) \longleftrightarrow \frac{1}{1-a\mathrm{e}^{\mathrm{j}\Omega_0}z^{-1}},\ |a|<|z|\leqslant\infty$$

$$\mathrm{e}^{-\mathrm{j}\Omega_0 k}a^k\varepsilon(k) \longleftrightarrow \frac{1}{1-a\mathrm{e}^{-\mathrm{j}\Omega_0}z^{-1}},\ |a|<|z|\leqslant\infty$$

考虑到 $f(k)=a^k\cos\Omega_0 k\varepsilon(k)=\frac{1}{2}(\mathrm{e}^{\mathrm{j}\Omega_0 k}+\mathrm{e}^{-\mathrm{j}\Omega_0 k})a^k\varepsilon(k)$，由双边 ZT 的线性性质可得

$$F(z)=\frac{1}{2}\left(\frac{1}{1-a\mathrm{e}^{\mathrm{j}\Omega_0}z^{-1}}+\frac{1}{1-a\mathrm{e}^{-\mathrm{j}\Omega_0}z^{-1}}\right)=\frac{1-a\cos\Omega_0 z^{-1}}{1-2a\cos\Omega_0 z^{-1}+a^2z^{-2}},\ |a|<|z|\leqslant\infty$$

即

$$a^k\cos\Omega_0 k\varepsilon(k) \longleftrightarrow \frac{1-a\cos\Omega_0 z^{-1}}{1-2a\cos\Omega_0 z^{-1}+a^2z^{-2}},\ |a|<|z|\leqslant\infty$$

同理，可得

$$a^k\sin\Omega_0 k\varepsilon(k) \longleftrightarrow \frac{a\sin\Omega_0 z^{-1}}{1-2a\cos\Omega_0 z^{-1}+a^2z^{-2}},\ |a|<|z|\leqslant\infty$$

特别地，若 $a=1$，则有

$$\cos\Omega_0 k\varepsilon(k) \longleftrightarrow \frac{1-\cos\Omega_0 z^{-1}}{1-2\cos\Omega_0 z^{-1}+z^{-2}},\ 1<|z|\leqslant\infty$$

$$\sin\Omega_0 k\varepsilon(k) \longleftrightarrow \frac{\sin\Omega_0 z^{-1}}{1-2\cos\Omega_0 z^{-1}+z^{-2}},\ 1<|z|\leqslant\infty$$

6.3.5　时域插值性质

若 $f(k) \longleftrightarrow F(z)$，$R_a<|z|<R_b$，则有

$$f\left(\frac{k}{N}\right)\delta_N(k) \longleftrightarrow F(z^N),\ R_a<|z^N|<R_b \tag{6.3.25}$$

式中，N 为正整数，并且 N 为周期冲激序列 $\delta_N(k)$的周期。

证明：考虑到双边 ZT 的定义式(6.2.3)，则有

$$\mathrm{ZT}\left[f\left(\frac{k}{N}\right)\delta_N(k)\right]=\sum_{\substack{k=-\infty\\k=rN}}^{+\infty}f\left(\frac{k}{N}\right)\delta_N(k)z^{-k}=\sum_{r=-\infty}^{+\infty}f(r)\delta_N(rN)z^{-rN}=\sum_{r=-\infty}^{+\infty}f(r)(z^N)^{-r}=F(z^N)$$

特别地，在数学意义上，取 $N=-1$ 时，则有 $\delta_{-1}(k)=\delta_1(k)=1^k$，于是可得双边 ZT 的时域反褶性质，即

$$f(-k)\longleftrightarrow F\left(\frac{1}{z}\right),\ \frac{1}{R_b}<|z|<\frac{1}{R_a} \tag{6.3.26}$$

例 6.3.8：已知序列 $f(k)=\varepsilon\left(\frac{k}{N}\right)\delta_N(k)$，试求序列 $f(k)$的 z 变换 $F(z)$，并标明收敛域。

解：由式(6.2.19)可知

$$\varepsilon(k)\longleftrightarrow\frac{1}{1-z^{-1}},\ 1<|z|\leqslant\infty$$

考虑到 $f(k)=\varepsilon\left(\frac{k}{N}\right)\delta_N(k)$，对该式的等号两边分别取双边 ZT，利用双边 ZT 的时域插值性质式(6.3.25)，可得

$$F(z)=\mathrm{ZT}[f(k)]=\frac{1}{1-z^{-N}},\ 1<|z|\leqslant\infty$$

讨论：

考虑到 $f(k)=\varepsilon\left(\frac{k}{N}\right)\delta_N(k)=\sum_{r=0}^{+\infty}\delta(k-rN)\longleftrightarrow\frac{1}{1-z^{-N}},\ 1<|z|\leqslant\infty$

则有

$$f(k-N)=\sum_{r=0}^{+\infty}\delta(k-N-rN)=\sum_{r=1}^{+\infty}\delta(k-rN)\longleftrightarrow\frac{z^{-N}}{1-z^{-N}},\ 1<|z|\leqslant\infty$$

考虑到双边 ZT 的时域反褶性质式(6.3.26)，则有

$$f(-k-N)=\sum_{r=1}^{+\infty}\delta(-k-rN)=\sum_{r=-\infty}^{-1}\delta(k-rN)\longleftrightarrow\frac{z^N}{1-z^N},\ 0\leqslant|z|<1$$

虽然 $\delta_N(k)=\sum_{r=-\infty}^{+\infty}\delta(k-rN)=f(-k-N)+f(k)$，但是反因果序列 $f(-k-N)$和因果序列 $f(k)$的双边 ZT 无公共收敛域，因此周期冲激序列 $\delta_N(k)$的双边 ZT 不存在。

结论 4：

周期冲激序列 $\delta_N(k)$的双边 ZT 不存在。

例 6.3.9：已知序列 $f(k)=a^{\left|\frac{k}{N}\right|}\delta_N(k)(0<|a|<1)$，试求序列 $f(k)$的 z 变换 $F(z)$，并标明收敛域。

解：由式(6.3.18)可知

$$F(z)=\mathrm{ZT}[a^k\varepsilon(k)]=\frac{1}{1-az^{-1}},\ |a|<|z|\leqslant\infty$$

考虑到双边 ZT 的位移性质式(6.3.16)，则有

$$a^{k-1}\varepsilon(k-1)\longleftrightarrow\frac{z^{-1}}{1-az^{-1}},\ |a|<|z|\leqslant\infty$$

即

$$a^k\varepsilon(k-1) \longleftrightarrow \frac{az^{-1}}{1-az^{-1}},\ |a|<|z|\leqslant\infty$$

考虑到双边 ZT 的时域反褶性质式(6.3.26)，则有

$$a^{-k}\varepsilon(-k-1) \longleftrightarrow \frac{az}{1-az},\ |a|<|z^{-1}|\leqslant\infty$$

即

$$a^{-k}\varepsilon(-k-1) \longleftrightarrow \frac{az}{1-az},\ 0\leqslant|z|<|a^{-1}|$$

考虑到 $a^{|k|}=a^{-k}\varepsilon(-k-1)+a^k\varepsilon(k)$，由双边 ZT 的线性性质可得

$$a^{|k|} \xleftrightarrow{0<|a|<1} \frac{az}{1-az}+\frac{1}{1-az^{-1}}=\frac{1-a^2}{(1-az)(1-az^{-1})},\ |a|<|z|<|a^{-1}| \tag{6.3.27}$$

考虑到 $f(k)=a^{\left|\frac{k}{N}\right|}\delta_N(k)(0<|a|<1)$，由双边 ZT 的时域插值性质式(6.3.25)，可得

$$F(z)=\text{ZT}[f(k)]=\frac{1-a^2}{(1-az^N)(1-az^{-N})},\ |a|^{\frac{1}{N}}<|z|<|a|^{-\frac{1}{N}}$$

由此可见，实偶序列 $f(k)=a^{\left|\frac{k}{N}\right|}\delta_N(k)(0<|a|<1)$的 z 变换 $F(z)$，其极点 $z_1=a^{\frac{1}{N}}$ 和 $z_2=a^{-\frac{1}{N}}$ 关于 z 平面的单位圆周呈镜像分布。

结论 5：

以因果序列的双边 ZT 为依据，利用双边 ZT 的时域反褶性质和位移性质，可求出反因果序列的双边 ZT，再根据双边 ZT 的线性性质，可求出双边序列的双边 ZT。

例 6.3.10： 已知序列 $f(k)=a^{|k|}\cos\Omega_0 k(0<|a|<1)$，试求序列 $f(k)$的 z 变换 $F(z)$，并标明收敛域。

解： 由式(6.3.27)可知

$$a^{|k|} \longleftrightarrow \frac{1-a^2}{1+a^2-a(z+z^{-1})},\ |a|<|z|<|a^{-1}|$$

考虑到双边 ZT 的时域加权性质式(6.3.22)，则有

$$e^{j\Omega_0 k}a^{|k|} \longleftrightarrow \frac{1-a^2}{1+a^2-a(e^{-j\Omega_0}z+e^{j\Omega_0}z^{-1})},\ |a|<|z|<|a^{-1}|$$

$$e^{-j\Omega_0 k}a^{|k|} \longleftrightarrow \frac{1-a^2}{1+a^2-a(e^{j\Omega_0}z+e^{-j\Omega_0}z^{-1})},\ |a|<|z|<|a^{-1}|$$

考虑到 $f(k)=a^{|k|}\cos\Omega_0 k=\frac{1}{2}(e^{j\Omega_0 k}+e^{-j\Omega_0 k})a^{|k|}$，由双边 ZT 的线性性质可得

$$F(z)=\text{ZT}[a^{|k|}\cos\Omega_0 k]=\frac{1}{2}\left[\frac{1-a^2}{1+a^2-a(e^{-j\Omega_0}z+e^{j\Omega_0}z^{-1})}+\frac{1-a^2}{1+a^2-a(e^{j\Omega_0}z+e^{-j\Omega_0}z^{-1})}\right]$$

$$=\frac{(1-a^2)[(1+a^2)-a(z+z^{-1})\cos\Omega_0]}{(1-ae^{j\Omega_0}z^{-1})(1-ae^{-j\Omega_0}z^{-1})(1-ae^{-j\Omega_0}z)(1-ae^{j\Omega_0}z)},\ |a|<|z|<|a^{-1}| \tag{6.3.28}$$

由式(6.3.28)可知，$F(z)$的极点分别为 $z_1=ae^{j\Omega_0}$，$z_2=ae^{-j\Omega_0}$，$z_3=\frac{1}{a}e^{j\Omega_0}$，$z_4=\frac{1}{a}e^{-j\Omega_0}$，显然 $z_3=\frac{1}{z_1^*}$，$z_4=\frac{1}{z_2^*}$，即 $F(z)$的极点 z_1 与 z_2，以及 z_3 与 z_4 关于 z 平面的实轴呈镜像分布；极点 z_1 与 z_3，以及 z_2 与 z_4 关于 z 平面的单位圆周呈镜像分布。

6.3.6　时域抽取性质

若 $f(k) \longleftrightarrow F(z)$，$R_a<|z|<R_b$，则有

$$f(k)\delta_N(k) \longleftrightarrow \frac{1}{N}\sum_{n=0}^{N-1}F(\mathrm{e}^{-\mathrm{j}\frac{2\pi}{N}n}z),\ R_a < |z| < R_b \tag{6.3.29}$$

证明：由式(5.3.39)可知

$$\delta_N(k) = \sum_{r=-\infty}^{+\infty}\delta(k-rN) = \frac{1}{N}\sum_{n=0}^{N-1}\mathrm{e}^{\mathrm{j}\frac{2\pi}{N}kn}$$

考虑到双边 ZT 的定义式(6.2.3)，则有

$$\begin{aligned}\mathrm{ZT}[f(k)\delta_N(k)] &= \sum_{k=-\infty}^{+\infty}f(k)\delta_N(k)z^{-k} = \sum_{k=-\infty}^{+\infty}f(k)\left[\frac{1}{N}\sum_{n=0}^{N-1}\mathrm{e}^{\mathrm{j}\frac{2\pi}{N}kn}\right]z^{-k}\\ &= \frac{1}{N}\sum_{n=0}^{N-1}\sum_{k=-\infty}^{+\infty}f(k)(\mathrm{e}^{-\mathrm{j}\frac{2\pi}{N}n}z)^{-k}\\ &= \frac{1}{N}\sum_{n=0}^{N-1}F(\mathrm{e}^{-\mathrm{j}\frac{2\pi}{N}n}z)\end{aligned}$$

例 6.3.11：已知序列 $f(k)=a^k\varepsilon(k)$，$y(k)=f(k)\delta_3(k)$，试求序列 $y(k)$的 z 变换 $Y(z)$，并标明收敛域。

解：由式(6.3.18)可知

$$F(z)=\mathrm{ZT}[a^k\varepsilon(k)]=\frac{1}{1-az^{-1}},\ |a|<|z|\leqslant\infty$$

考虑到 $y(k)=f(k)\delta_3(k)$，对该式的等号两边分别取双边 ZT，利用双边 ZT 的时域抽取性质式(6.3.29)，可得

$$\begin{aligned}Y(z) &= \frac{1}{3}\sum_{n=0}^{3-1}F(\mathrm{e}^{-\mathrm{j}\frac{2\pi}{3}n}z) = \frac{1}{3}[F(z)+F(\mathrm{e}^{-\mathrm{j}\frac{2\pi}{3}}z)+F(\mathrm{e}^{\mathrm{j}\frac{2\pi}{3}}z)]\\ &= \frac{1}{3}\left[\frac{1}{1-az^{-1}}+\frac{1}{1-a\mathrm{e}^{\mathrm{j}\frac{2\pi}{3}}z^{-1}}+\frac{1}{1-a\mathrm{e}^{-\mathrm{j}\frac{2\pi}{3}}z^{-1}}\right]\\ &= \frac{1}{1-a^3z^{-3}},\ |a|<|z|\leqslant\infty\end{aligned}$$

一般地，若 $y(k)=a^k\varepsilon(k)\delta_N(k)$，则有

$$Y(z)=\frac{1}{1-a^Nz^{-N}},\ |a|<|z|\leqslant\infty$$

6.3.7 时域重排性质

若 $f(k) \longleftrightarrow F(z)$，$R_a<|z|<R_b$，则有

$$f(Nk) \longleftrightarrow \frac{1}{N}\sum_{n=0}^{N-1}F(\mathrm{e}^{-\mathrm{j}\frac{2\pi}{N}n}z^{\frac{1}{N}}),\ R_a^N < |z| < R_b^N \tag{6.3.30}$$

证明：由式(5.3.39)可知

$$\delta_N(k) = \sum_{r=-\infty}^{+\infty}\delta(k-rN) = \frac{1}{N}\sum_{n=0}^{N-1}\mathrm{e}^{\mathrm{j}\frac{2\pi}{N}kn}$$

考虑到双边 ZT 的定义式(6.2.3)，则有

$$\begin{aligned}\mathrm{ZT}[f(Nk)] &= \sum_{k=-\infty}^{+\infty}f(Nk)z^{-k} = \sum_{r=-\infty}^{+\infty}f(rN)z^{-r} = \sum_{k=-\infty}^{+\infty}f(k)\delta_N(k)z^{-\frac{k}{N}}\\ &= \sum_{k=-\infty}^{+\infty}f(k)\left[\frac{1}{N}\sum_{n=0}^{N-1}\mathrm{e}^{\mathrm{j}\frac{2\pi}{N}kn}\right]z^{-\frac{k}{N}} = \frac{1}{N}\sum_{n=0}^{N-1}\left[\sum_{k=-\infty}^{+\infty}f(k)\ (\mathrm{e}^{-\mathrm{j}\frac{2\pi}{N}n}z^{\frac{1}{N}})^{-k}\right]\\ &= \frac{1}{N}\sum_{n=0}^{N-1}F(\mathrm{e}^{-\mathrm{j}\frac{2\pi}{N}n}z^{\frac{1}{N}})\end{aligned}$$

例 6.3.12：已知序列 $f(k)=a^k\varepsilon(k)$，$y(k)=f(3k)$，试求序列 $y(k)$的 z 变换 $Y(z)$，并标明收敛域。

解：由式(6.3.18)可知

$$F(z)=\mathrm{ZT}[a^k\varepsilon(k)]=\frac{1}{1-az^{-1}},\ |a|<|z|\leqslant\infty$$

考虑到 $y(k)=f(3k)$，对该式的等号两边分别取双边 ZT，利用双边 ZT 的时域重排性质式(6.3.30)，可得

$$\begin{aligned}Y(z)&=\frac{1}{3}\sum_{n=0}^{3-1}F(\mathrm{e}^{-\mathrm{j}\frac{2\pi}{3}n}z^{\frac{1}{3}})=\frac{1}{3}[F(z^{\frac{1}{3}})+F(\mathrm{e}^{-\mathrm{j}\frac{2\pi}{3}}z^{\frac{1}{3}})+X(\mathrm{e}^{\mathrm{j}\frac{2\pi}{3}}z^{\frac{1}{3}})]\\&=\frac{1}{3}\left(\frac{1}{1-az^{-\frac{1}{3}}}+\frac{1}{1-a\mathrm{e}^{\mathrm{j}\frac{2\pi}{3}}z^{-\frac{1}{3}}}+\frac{1}{1-a\mathrm{e}^{-\mathrm{j}\frac{2\pi}{3}}z^{-\frac{1}{3}}}\right)\\&=\frac{1}{1-a^3z^{-1}},\ |a^3|<|z|\leqslant\infty\end{aligned}$$

一般地，若 $y(k)=a^{Nk}\varepsilon(Nk)=a^{Nk}\varepsilon(k)$，则有

$$Y(z)=\frac{1}{1-a^Nz^{-1}},\ |a^N|<|z|\leqslant\infty$$

6.3.8　时域线性卷和定理

若

$$\mathrm{ZT}[f_1(k)]=F_1(z),\ R_{a1}<|z|<R_{b1}$$
$$\mathrm{ZT}[f_2(k)]=F_2(z),\ R_{a2}<|z|<R_{b2}$$

则有

$$\mathrm{ZT}[f_1(k)*f_2(k)]=F_1(z)F_2(z),\ \max(R_{a1},R_{a2})<|z|<\min(R_{b1},R_{b2})\tag{6.3.31}$$

证明：考虑到双边 ZT 的定义式(6.2.3)，并注意到双边 ZT 的位移性质式(6.3.16)，则有

$$\begin{aligned}\mathrm{ZT}[f_1(k)*f_2(k)]&=\sum_{k=-\infty}^{+\infty}[f_1(k)*f_2(k)]z^{-k}=\sum_{k=-\infty}^{+\infty}\left[\sum_{m=-\infty}^{+\infty}f_1(m)f_2(k-m)\right]z^{-k}\\&=\sum_{m=-\infty}^{+\infty}f_1(m)\left[\sum_{k=-\infty}^{+\infty}f_2(k-m)z^{-k}\right]\\&=\sum_{m-\infty}^{+\infty}f_1(m)F_2(z)z^{-m}\\&=F_1(z)F_2(z),\ \max(R_{a1},R_{a2})<|z|<\min(R_{b1},R_{b2})\end{aligned}$$

由于象函数 $F_1(z)$和 $F_2(z)$是积的形式，因此 $f_1(k)$和 $f_2(k)$线性卷和的双边 ZT 的收敛域应为两个象函数收敛域的重叠部分，即$\max(R_{a1},R_{a2})<|z|<\min(R_{b1},R_{b2})$。

注意：若 $F_1(z)$和 $F_2(z)$无公共收敛域，则 $\mathrm{ZT}[f_1(k)*f_2(k)]$不存在，那么 $f_1(k)$和 $f_2(k)$的线性卷和不存在，即 $f_1(k)*f_2(k)$不存在。

设 $f(k)=f_1(k)*f_2(k)$，对该式的等号两边分别取双边 ZT，可得 $F(z)=F_1(z)F_2(z)$，若满足条件$\max(R_{a1},R_{a2})<1<\min(R_{b1},R_{b2})$，令 $z=1$，则有 $F(1)=F_1(1)F_2(1)$，即

$$\sum_{k=-\infty}^{+\infty}f_1(k)*f_2(k)=\sum_{k=-\infty}^{+\infty}f(k)=F(1)=F_1(1)F_2(1)\tag{6.3.32}$$

例 6.3.13：试求线性卷和 $f(k)=\left(\frac{1}{2}\right)^k\varepsilon(k)*\left(\frac{1}{3}\right)^k\varepsilon(k)$。

解：设 $f_1(k)=\left(\frac{1}{2}\right)^k\varepsilon(k)$，$f_2(k)=\left(\frac{1}{3}\right)^k\varepsilon(k)$，则有 $f(k)=f_1(k)*f_2(k)$。

由式(6.3.18)可知

$$ZT[a^k\varepsilon(k)]=\frac{1}{1-az^{-1}},\ |a|<|z|\leqslant\infty$$

于是

$$F_1(z)=ZT[f_1(k)]=ZT\left[\left(\frac{1}{2}\right)^k\varepsilon(k)\right]=\frac{1}{1-\frac{1}{2}z^{-1}},\ \frac{1}{2}<|z|\leqslant\infty$$

$$F_2(z)=ZT[f_2(k)]=ZT\left[\left(\frac{1}{3}\right)^k\varepsilon(k)\right]=\frac{1}{1-\frac{1}{3}z^{-1}},\ \frac{1}{3}<|z|\leqslant\infty$$

考虑到 $f(k)=f_1(k)*f_2(k)$，对该式的等号两边分别取双边 ZT，利用双边 ZT 的时域线性卷和定理式(6.3.31)，可得

$$F(z)=F_1(z)F_2(z)=\frac{1}{\left(1-\frac{1}{2}z^{-1}\right)\left(1-\frac{1}{3}z^{-1}\right)}=\frac{3}{1-\frac{1}{2}z^{-1}}-\frac{2}{1-\frac{1}{3}z^{-1}},\ \frac{1}{2}<|z|\leqslant\infty$$

于是

$$f(k)=f_1(k)*f_2(k)=\left(\frac{1}{2}\right)^k\varepsilon(k)*\left(\frac{1}{3}\right)^k\varepsilon(k)=IZT[F(z)]=\left[3\left(\frac{1}{2}\right)^k-2\left(\frac{1}{3}\right)^k\right]\varepsilon(k)$$

例 6.3.14：试求线性卷和 $f(k)=b^k\varepsilon(-k-1)*a^k\varepsilon(k)$，其中 $|b|>|a|$。

解：设 $f_1(k)=b^k\varepsilon(-k-1)$，$f_2(k)=a^k\varepsilon(k)$，则有 $f(k)=f_1(k)*f_2(k)$。由式(6.3.18)可知

$$F_2(z)=ZT[f_2(k)]=ZT[a^k\varepsilon(k)]=\frac{1}{1-az^{-1}},\ |a|<|z|\leqslant\infty$$

考虑到双边 ZT 的位移性质式(6.3.16)，则有

$$ZT[a^{k-1}\varepsilon(k-1)]=\frac{z^{-1}}{1-az^{-1}},\ |a|<|z|\leqslant\infty$$

即

$$ZT[a^k\varepsilon(k-1)]=\frac{az^{-1}}{1-az^{-1}},\ |a|<|z|\leqslant\infty$$

考虑到双边 ZT 的时域反褶性质式(6.3.26)，则有

$$ZT[a^{-k}\varepsilon(-k-1)]=\frac{az}{1-az}=\frac{-1}{1-a^{-1}z^{-1}},\ |a|<|z^{-1}|\leqslant\infty$$

于是

$$F_1(z)=ZT[f_1(k)]=ZT[b^k\varepsilon(-k-1)]=\frac{1}{bz^{-1}-1},\ 0\leqslant|z|<|b|$$

考虑到 $f(k)=f_1(k)*f_2(k)$，对该式的等号两边分别取双边 ZT，利用双边 ZT 的时域线性卷和定理式(6.3.31)，可得

$$F(z)=F_1(z)F_2(z)=\frac{1}{(bz^{-1}-1)(1-az^{-1})}=\frac{1}{b-a}\left(\frac{b}{bz^{-1}-1}+\frac{a}{1-az^{-1}}\right),\ |a|<|z|<|b|$$

于是

$$f(k)=f_1(k)*f_2(k)=b^k\varepsilon(-k-1)*a^k\varepsilon(k)=IZT[F(z)]=\frac{1}{b-a}[b^{k+1}\varepsilon(-k-1)+a^{k+1}\varepsilon(k)]$$

例 6.3.15：设 $f(k)$是区间$[0,N-1]$上的时限序列，并且 $f(k)\longleftrightarrow F(z)$，$0<|z|\leqslant\infty$，因果周期序列 $f_N(k)=f(k)*\sum_{r=0}^{+\infty}\delta(k-rN)$，试用时限序列 $f(k)$的 z 变换$F(z)$来表示因果周

期序列 $f_N(k)$ 的 z 变换 $F_N(z)$，并标明收敛域。

解：由题意可知

$$f(k) \longleftrightarrow F(z),\ 0<|z|\leqslant\infty$$

由式(6.3.19)可知

$$\sum_{r=0}^{+\infty}\delta(k-rN) \longleftrightarrow \frac{1}{1-z^{-N}},\ 1<|z|\leqslant\infty$$

考虑到 $f_N(k)=f(k)*\sum_{r=0}^{+\infty}\delta(k-rN)$，对该式的等号两边分别取双边 ZT，利用双边 ZT 的时域线性卷和定理式(6.3.31)，可得

$$F_N(z)=\frac{F(z)}{1-z^{-N}},\ 1<|z|\leqslant\infty \tag{6.3.33}$$

结论 6：

(1) 式(6.3.33)表明，因果周期序列 $f_N(k)$ 的 z 变换 $F_N(z)$ 等于第一个周期内的序列 $f(k)$ 的 z 变换 $F(z)$ 除以因子 $1-z^{-N}$，并且 $F_N(z)$ 的收敛域为 $1<|z|\leqslant\infty$。

(2) 虽然对非周期序列 $f(k)$ 进行周期延拓可以得到周期序列，即周期序列 $\widetilde{f}(k)$ 可以表示成 $\widetilde{f}(k)=f(k)*\delta_N(k)$，但是周期冲激序列 $\delta_N(k)$ 的双边 ZT 不存在，由双边 ZT 的时域线性卷和定理可知，周期序列 $\widetilde{f}(k)$ 的双边 ZT 不存在。

例 6.3.16：设 $f(k)=f_1(k)*f_2(k)$，其中 $f_1(k)=\left(\frac{1}{3}\right)^{|k|}$，$f_2(k)=\left(\frac{1}{2}\right)^{|k|}\cos\frac{\pi k}{3}$，试求 $\sum_{k=-\infty}^{+\infty}f(k)$ 的值。

解：由式(6.3.27)可知

$$a^{|k|}\xleftrightarrow{0<|a|<1}\frac{1-a^2}{(1-az)(1-az^{-1})},\ |a|<|z|<|a^{-1}|$$

于是

$$F_1(z)=\mathrm{ZT}\left[\left(\frac{1}{3}\right)^{|k|}\right]=\frac{\frac{8}{9}}{\left(1-\frac{1}{3}z\right)\left(1-\frac{1}{3}z^{-1}\right)},\ \frac{1}{3}<|z|<3$$

由式(6.3.28)可知

$$a^{|k|}\cos\Omega_0 k\xleftrightarrow{0<|a|<1}\frac{(1-a^2)[(1+a^2)-a(z+z^{-1})\cos\Omega_0]}{(1-2a\cos\Omega_0 z^{-1}+a^2z^{-2})(1-2a\cos\Omega_0 z+a^2z^2)},\ |a|<|z|<|a^{-1}|$$

于是

$$F_2(z)=\mathrm{ZT}\left[\left(\frac{1}{2}\right)^{|k|}\cos\frac{\pi k}{3}\right]=\frac{\frac{3}{4}\left[\frac{5}{4}-\frac{1}{4}(z+z^{-1})\right]}{\left(1-\frac{1}{2}z^{-1}+\frac{1}{4}z^{-2}\right)\left(1-\frac{1}{2}z+\frac{1}{4}z^2\right)},\ \frac{1}{2}<|z|<2$$

显然，积 $F_1(z)F_2(z)$ 的收敛域为 $\frac{1}{2}<|z|<2$，即积 $F_1(z)F_2(z)$ 的收敛域包含 z 平面上的单位圆周，可令 $z=1$，考虑到式(6.3.32)，则有

$$\sum_{k=-\infty}^{+\infty}f(k)=\sum_{k=-\infty}^{+\infty}f_1(k)*f_2(k)=F_1(1)F_2(1)=\frac{\frac{8}{9}}{\left(1-\frac{1}{3}\right)^2}\times\frac{\frac{3}{4}\left[\frac{5}{4}-\frac{1}{4}(1+1)\right]}{\left(1-\frac{1}{2}+\frac{1}{4}\right)^2}=2$$

6.3.9 时域差分性质

若 $f(k) \longleftrightarrow F(z)$，$R_a<|z|<R_b$，则有

$$\nabla f(k)=f(k)*\nabla\delta(k) \longleftrightarrow (1-z^{-1})F(z) \tag{6.3.34}$$

证明：基于

$$\nabla\delta(k)=\delta(k)-\delta(k-1) \longleftrightarrow 1-z^{-1},\ 0<|z|\leqslant\infty$$

考虑到双边 ZT 的时域线性卷和定理式(6.3.31)，则有

$$\nabla f(k)=f(k)*\nabla\delta(k) \longleftrightarrow (1-z^{-1})F(z)$$

注意：若序列 $f(k)$的双边 z 变换$F(z)$在 $z=1$ 处无一阶极点，则序列$\nabla f(k)$的双边 z 变换$(1-z^{-1})F(z)$的收敛域与序列 $f(k)$的双边 z 变换 $F(z)$的收敛域相同，否则其收敛域将会扩大。

例 6.3.17：已知序列 $f(k)=\left[2-\left(\frac{1}{2}\right)^k\right]\varepsilon(k)$，试求序列 $y(k)=\nabla f(k)$的 z 变换$Y(z)$，并标明收敛域。

解：由式(6.3.18)可知

$$a^k\varepsilon(k) \longleftrightarrow \frac{1}{1-az^{-1}},\ |a|<|z|\leqslant\infty$$

于是

$$2\varepsilon(k) \longleftrightarrow \frac{2}{1-z^{-1}},\ 1<|z|\leqslant\infty$$

$$\left(\frac{1}{2}\right)^k\varepsilon(k) \longleftrightarrow \frac{1}{1-\frac{1}{2}z^{-1}},\ \frac{1}{2}<|z|\leqslant\infty$$

考虑到 $f(k)=\left[2-\left(\frac{1}{2}\right)^k\right]\varepsilon(k)$，对该式的等号两边分别取双边 ZT，利用双边 ZT 的线性性质式(6.3.1)，可得

$$F(z)=\mathrm{ZT}[f(k)]=\frac{2}{1-z^{-1}}-\frac{1}{1-\frac{1}{2}z^{-1}}=\frac{1}{(1-z^{-1})\left(1-\frac{1}{2}z^{-1}\right)},\ 1<|z|\leqslant\infty$$

考虑到 $y(k)=\nabla f(k)$，对该式的等号两边分别取双边 ZT，利用双边 ZT 的时域差分性质式(6.3.34)，可得

$$Y(z)=\mathrm{ZT}[y(k)]=(1-z^{-1})F(z)=\frac{1}{1-\frac{1}{2}z^{-1}},\ \frac{1}{2}<|z|\leqslant\infty$$

可见，序列 $f(k)$的 z 变换 $F(z)$的收敛域为 $1<|z|\leqslant\infty$，而差分序列 $y(k)=\nabla f(k)$的双边 z 变换 $Y(z)$的收敛域扩大成$\frac{1}{2}<|z|\leqslant\infty$。

6.3.10 时域累加性质

若 $f(k) \longleftrightarrow F(z)$，$R_a<|z|<R_b$，则有

$$\sum_{m=-\infty}^{k} f(m)=f(k)*\varepsilon(k) \longleftrightarrow \frac{F(z)}{1-z^{-1}},\ \max(1,R_a)<|z|<R_b \tag{6.3.35}$$

证明：由式(6.2.19)可知

$$\varepsilon(k)\longleftrightarrow\frac{1}{1-z^{-1}},\ 1<|z|\leqslant\infty$$

考虑到双边 ZT 的时域线性卷和定理式(6.3.31)，则有

$$\sum_{m=-\infty}^{k}f(m)=f(k)*\varepsilon(k)\longleftrightarrow\frac{F(z)}{1-z^{-1}},\ \max(1,R_a)<|z|<R_b$$

注意：若 $z=1$ 不在序列 $f(k)$ 的双边 z 变换 $F(z)$ 的收敛域内，则累加序列 $f(k)*\varepsilon(k)$ 的双边 z 变换 $F(z)/(1-z^{-1})$ 的收敛域与序列 $f(k)$ 的双边 z 变换 $F(z)$ 的收敛域相同，否则其收敛域将会缩小；若收敛域 $R_a<|z|<R_b$ 与 $1<|z|\leqslant\infty$ 无公共部分，则 $f(k)*\varepsilon(k)$ 的双边 ZT 不存在。

例 6.3.18：已知序列 $f(k)=\left(\frac{1}{2}\right)^k\varepsilon(k)$，试求序列 $y(k)=f(k)*\varepsilon(k)$ 的 z 变换 $Y(z)$，并标明收敛域。

解：考虑到式(6.3.18)，则有

$$\left(\frac{1}{2}\right)^k\varepsilon(k)\longleftrightarrow\frac{1}{1-\frac{1}{2}z^{-1}},\ \frac{1}{2}<|z|\leqslant\infty$$

考虑到 $y(k)=f(k)*\varepsilon(k)$，对该式的等号两边分别取双边 ZT，利用双边 ZT 的时域累加性质式(6.3.35)，可得

$$Y(z)=\mathrm{ZT}[y(k)]=\frac{F(z)}{1-z^{-1}}=\frac{1}{(1-z^{-1})\left(1-\frac{1}{2}z^{-1}\right)},\ 1<|z|\leqslant\infty$$

可见，序列 $f(k)=\left(\frac{1}{2}\right)^k\varepsilon(k)$ 的双边 z 变换 $F(z)$ 的收敛域为 $\frac{1}{2}<|z|\leqslant\infty$，而累加序列 $y(k)=f(k)*\varepsilon(k)$ 的双边 z 变换 $Y(z)$ 的收敛域缩小成 $1<|z|\leqslant\infty$。

例 6.3.19：已知序列 $f(k)=k^2a^k\varepsilon(k)$，试求序列 $f(k)$ 的 z 变换 $F(z)$，并标明收敛域。

解：由式(6.2.19)可知

$$\varepsilon(k)\longleftrightarrow\frac{1}{1-z^{-1}},\ 1<|z|\leqslant\infty$$

考虑到

$$(k+1)\varepsilon(k)=\varepsilon(k)*\varepsilon(k)\longleftrightarrow\frac{1}{(1-z^{-1})^2},\ 1<|z|\leqslant\infty$$

则有

$$k\varepsilon(k)=(k+1)\varepsilon(k)-\varepsilon(k)\longleftrightarrow\frac{z^{-1}}{(1-z^{-1})^2},\ 1<|z|\leqslant\infty$$

同理，可得

$$\frac{k(k+1)}{2}\varepsilon(k)=k\varepsilon(k)*\varepsilon(k)\longleftrightarrow\frac{z^{-1}}{(1-z^{-1})^3},\ 1<|z|\leqslant\infty$$

$$k^2\varepsilon(k)=2k\varepsilon(k)*\varepsilon(k)-k\varepsilon(k)\longleftrightarrow\frac{z^{-1}(1+z^{-1})}{(1-z^{-1})^3},\ 1<|z|\leqslant\infty$$

考虑到双边 ZT 的时域加权性质式(6.3.22)，则有

$$f(k)=k^2a^k\varepsilon(k)\longleftrightarrow F(z)=\frac{az^{-1}(1+az^{-1})}{(1-az^{-1})^3},\ |a|<|z|\leqslant\infty\tag{6.3.36}$$

6.3.11 z 域卷积定理

若

$$\mathrm{ZT}[f_1(k)]=F_1(z),\ R_{a1}<|z|<R_{b1}$$
$$\mathrm{ZT}[f_2(k)]=F_2(z),\ R_{a2}<|z|<R_{b2}$$

则有

$$\begin{aligned}\mathrm{ZT}[f_1^*(k)f_2^*(k)]&=\frac{1}{2\pi \mathrm{j}}\oint_{c_1}F_1^*(v^*)F_2^*\left(\frac{z^*}{v^*}\right)v^{-1}\mathrm{d}v\\&=\frac{1}{2\pi \mathrm{j}}\oint_{c_2}F_2^*(v^*)F_1^*\left(\frac{z^*}{v^*}\right)v^{-1}\mathrm{d}v,\ R_{a1}R_{a2}<|z|<R_{b1}R_{b2}\end{aligned}\tag{6.3.37}$$

式中，c_1 是 $F_1^*(v^*)$与 $F_2^*\left(\frac{z^*}{v^*}\right)$的公共收敛域 $\max\left(R_{a1},\frac{|z|}{R_{b2}}\right)<|v|<\min\left(R_{b1},\frac{|z|}{R_{a2}}\right)$内的任意正向闭曲线，$c_2$ 是 $F_2^*(v^*)$与 $F_1^*\left(\frac{z^*}{v^*}\right)$的公共收敛域 $\max\left(R_{a2},\frac{|z|}{R_{b1}}\right)<|v|<\min\left(R_{b2},\frac{|z|}{R_{a1}}\right)$内的任意正向闭曲线。

证明： 由式(6.3.2)可知

$$\sum_{k=-\infty}^{+\infty}f_1^*(k)z^{-k}=F_1^*(z^*)$$
$$\sum_{k=-\infty}^{+\infty}f_2^*(k)z^{-k}=F_2^*(z^*)$$

在收敛域 $R_{a1}<|z|<R_{b1}$ 内选取任意正向闭曲线 c_1，并考虑到式(6.2.10)，则闭曲线积分可写成

$$\begin{aligned}\oint_{c_1}F_1^*(z^*)z^{k-1}\mathrm{d}z&=\oint_{c_1}\left[\sum_{m=-\infty}^{+\infty}f_1^*(m)z^{-m}\right]z^{k-1}\mathrm{d}z=\oint_{c_1}\left[\sum_{m=-\infty}^{+\infty}f_1^*(m)z^{k-m-1}\right]\mathrm{d}z\\&=\sum_{m=-\infty}^{+\infty}f_1^*(m)\oint_{c_1}z^{k-m-1}\mathrm{d}z=2\pi \mathrm{j}\sum_{m=-\infty}^{+\infty}f_1^*(m)\delta(k-m)\\&=2\pi \mathrm{j}f_1^*(k)\end{aligned}$$

于是

$$\begin{aligned}\sum_{k=-\infty}^{+\infty}f_1^*(k)f_2^*(k)z^{-k}&=\sum_{k=-\infty}^{+\infty}\left[\frac{1}{2\pi \mathrm{j}}\oint_{c_1}F_1^*(v^*)v^{k-1}\mathrm{d}v\right]f_2^*(k)z^{-k}\\&=\frac{1}{2\pi \mathrm{j}}\oint_{c_1}F_1^*(v^*)\left[\sum_{k=-\infty}^{+\infty}f_2^*(k)\left(\frac{z}{v}\right)^{-k}\right]v^{-1}\mathrm{d}v\\&=\frac{1}{2\pi \mathrm{j}}\oint_{c_1}F_1^*(v^*)F_2^*\left(\frac{z^*}{v^*}\right)v^{-1}\mathrm{d}v,\ R_{a1}R_{a2}<|z|<R_{b1}R_{b2}\end{aligned}$$

因为 $R_{a1}<|v^*|<R_{b1}$，$R_{a2}<\left|\frac{z^*}{v^*}\right|<R_{b2}$，所以 $\max\left(R_{a1},\frac{|z|}{R_{b2}}\right)<|v|<\min\left(R_{b1},\frac{|z|}{R_{a2}}\right)$，$R_{a1}R_{a2}<|z|<R_{b1}R_{b2}$。

讨论：

(1) 若 $f_1(k)$和 $f_2(k)$均是实序列，则有

$$\begin{aligned}\mathrm{ZT}[f_1(k)f_2(k)]&=\frac{1}{2\pi \mathrm{j}}\oint_{c_1}F_1(v)F_2\left(\frac{z}{v}\right)v^{-1}\mathrm{d}v\\&=\frac{1}{2\pi \mathrm{j}}\oint_{c_2}F_2(v)F_1\left(\frac{z}{v}\right)v^{-1}\mathrm{d}v,\ R_{a1}R_{a2}<|z|<R_{b1}R_{b2}\end{aligned}\tag{6.3.38}$$

式中，c_1 是 $F_1(v)$与 $F_2\left(\frac{z}{v}\right)$的公共收敛域 $\max\left(R_{a1},\frac{|z|}{R_{b2}}\right)<|v|<\min\left(R_{b1},\frac{|z|}{R_{a2}}\right)$内的任意正向闭曲线，$c_2$ 是 $F_2(v)$与 $F_1\left(\frac{z}{v}\right)$的公共收敛域 $\max\left(R_{a2},\frac{|z|}{R_{b1}}\right)<|v|<\min\left(R_{b2},\frac{|z|}{R_{a1}}\right)$内的任意正向闭曲线。

设 $z=r\mathrm{e}^{\mathrm{j}\Omega}$，$v=\rho\mathrm{e}^{\mathrm{j}\theta}$，则有

$$\begin{aligned}\frac{1}{2\pi \mathrm{j}}\oint_{c_1}F_1(v)F_2\left(\frac{z}{v}\right)v^{-1}\mathrm{d}v&=\frac{1}{2\pi \mathrm{j}}\int_{-\pi}^{\pi}F_1(\rho\mathrm{e}^{\mathrm{j}\theta})F_2\left(\frac{r}{\rho}\mathrm{e}^{\mathrm{j}(\Omega-\theta)}\right)\frac{\mathrm{j}\rho\mathrm{e}^{\mathrm{j}\theta}}{\rho\mathrm{e}^{\mathrm{j}\theta}}\mathrm{d}\theta\\&=\frac{1}{2\pi}\int_{-\pi}^{\pi}F_1(\rho\mathrm{e}^{\mathrm{j}\theta})F_2\left(\frac{r}{\rho}\mathrm{e}^{\mathrm{j}(\Omega-\theta)}\right)\mathrm{d}\theta\end{aligned}\qquad(6.3.39)$$

由于式(6.3.39)是区间$[-\pi,\pi]$上的周期卷积，因此称其为 z 域卷积定理。

(2) 若积序列 $f_1(k)f_2^*(k)$的 ZT 的收敛域包含 z 平面上的单位圆周，即满足 $R_{a1}R_{a2}<1<R_{b1}R_{b2}$，可令$z=1$，由式(6.3.37)，并考虑到 $\mathrm{ZT}[f_1(k)]=F_1(z)$，$R_{a1}<|z|<R_{b1}$，则有

$$\sum_{k=-\infty}^{+\infty}f_1(k)f_2^*(k)=\frac{1}{2\pi \mathrm{j}}\oint_{c_1}F_1(v)F_2^*\left(\frac{1}{v^*}\right)v^{-1}\mathrm{d}v\qquad(6.3.40)$$

式中，c_1 是 $F_1(v)$与 $F_2^*\left(\frac{1}{v^*}\right)$的公共收敛域 $\max\left(R_{a1},\frac{1}{R_{b2}}\right)<|v|<\min\left(R_{b1},\frac{1}{R_{a2}}\right)$内的任意正向闭曲线。

特别地，若序列 $f_1(k)=f_2(k)=f(k)\longleftrightarrow F(z)$，$R_a<|z|<R_b$，并且 $R_a<1<R_b$，即序列 $f(k)$的 ZT 包含 z 平面上的单位圆周，则式(6.3.40)可写成

$$\begin{aligned}\sum_{k=-\infty}^{+\infty}|f(k)|^2&=\frac{1}{2\pi \mathrm{j}}\oint_{c_1}F(v)F^*\left(\frac{1}{v^*}\right)v^{-1}\mathrm{d}v\\&=\frac{1}{2\pi \mathrm{j}}\oint_{c_1}F(z)F^*\left(\frac{1}{z^*}\right)z^{-1}\mathrm{d}z\\&\xlongequal{z=\mathrm{e}^{\mathrm{j}\Omega}}\frac{1}{2\pi \mathrm{j}}\int_{-\pi}^{\pi}F(\mathrm{e}^{\mathrm{j}\Omega})F^*\left(\frac{1}{\mathrm{e}^{-\mathrm{j}\Omega}}\right)\frac{\mathrm{j}\mathrm{e}^{\mathrm{j}\Omega}}{\mathrm{e}^{\mathrm{j}\Omega}}\mathrm{d}\Omega\\&=\frac{1}{2\pi}\int_{-\pi}^{\pi}|F(\mathrm{e}^{\mathrm{j}\Omega})|^2\mathrm{d}\Omega\end{aligned}$$

即

$$\sum_{k=-\infty}^{+\infty}|f(k)|^2=\frac{1}{2\pi}\int_{-\pi}^{\pi}|F(\mathrm{e}^{\mathrm{j}\Omega})|^2\mathrm{d}\Omega\qquad(6.3.41)$$

式中，$F(\mathrm{e}^{\mathrm{j}\Omega})=\mathrm{DTFT}[f(k)]=\sum\limits_{k=-\infty}^{+\infty}f(k)\mathrm{e}^{-\mathrm{j}\Omega k}$，即 $F(\mathrm{e}^{\mathrm{j}\Omega})$是序列 $f(k)$在 z 平面单位圆周上的 z 变换。详细的内容可以查阅数字信号处理技术相关的著作或教材。

式(6.3.41)正是 DTFT 形式下的 Parseval 定理。$|F(\mathrm{e}^{\mathrm{j}\Omega})|^2$ 称为序列 $f(k)$的能谱密度函数。

例 6.3.20：设序列 $f(k)=f_1(k)f_2(k)$，其中序列 $f_1(k)=2^k\varepsilon(k)$，$f_2(k)=3^k\varepsilon(k)$，试求序列 $f(k)$的 z 变换 $F(z)$，并标明收敛域。

解：方法 1　考虑到 $f(k)=f_1(k)f_2(k)=6^k\varepsilon(k)$，则有

$$F(z)=\frac{1}{1-6z^{-1}},\ 6<|z|\leqslant\infty$$

方法 2　由于

$$f_1(k)=2^k\varepsilon(k)\longleftrightarrow F_1(z)=\frac{1}{1-2z^{-1}},\ 2<|z|\leqslant\infty$$

$$f_2(k)=3^k\varepsilon(k)\longleftrightarrow F_2(z)=\frac{1}{1-3z^{-1}},\ 3<|z|\leqslant\infty$$

因此，$F_1(v)$与 $F_2(z/v)$之积的收敛域为 $2<|v|\leqslant\infty$与 $3<|z/v|\leqslant\infty$的重叠部分，即积分变量 v 满足$\begin{cases}2<|v|\leqslant\infty\\3<|z/v|\leqslant\infty\end{cases}$，亦即

$$2<|v|<|z/3|\qquad(6.3.42)$$

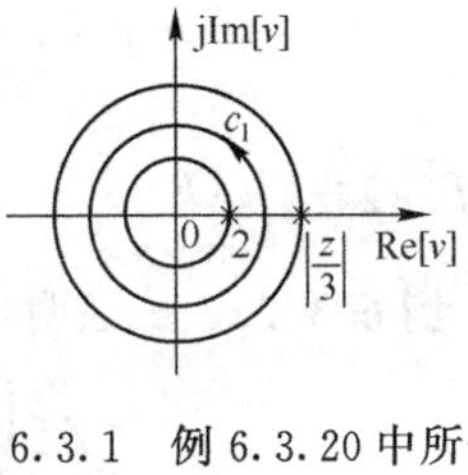

图 6.3.1　例 6.3.20 中所选择的正向闭曲线

考虑到式(6.3.42)，则可选取如图 6.3.1 所示的圆周 c_1 作为正向闭曲线。显然，圆周 c_1 仅包含了一个 $v=2$ 的一阶极点。

由式(6.3.38)，并考虑到式(6.3.42)及留数定理，可得序列 $f(k)$ 的 z 变换 $F(z)$ 及收敛域，即

$$F(z)=\frac{1}{2\pi j}\oint_{c_1}\frac{1}{1-2v^{-1}}\frac{v^{-1}}{1-3(z/v)^{-1}}dv=\frac{1}{2\pi j}\oint_{c_1}\frac{1}{(v-2)(1-3vz^{-1})}dv$$

$$=\text{Res}\left[\frac{1}{(v-2)(1-3vz^{-1})}\right]_{v=2}=\frac{1}{1-3vz^{-1}}\bigg|_{v=2}$$

$$=\frac{1}{1-6z^{-1}}，6<|z|\leqslant\infty$$

6.3.12　z 域微分性质

若 $f(k)\longleftrightarrow F(z)$，$R_a<|z|<R_b$，则有

$$-kf(k)\longleftrightarrow z\frac{dF(z)}{dz}，R_a<|z|<R_b \tag{6.3.43}$$

$$-(k-1)f(k-1)\longleftrightarrow\frac{dF(z)}{dz}，R_a<|z|<R_b \tag{6.3.44}$$

证明：考虑到 $F(z)=\sum_{k=-\infty}^{+\infty}f(k)z^{-k}$，$R_a<|z|<R_b$，则有

$$\frac{dF(z)}{dz}=\sum_{k=-\infty}^{+\infty}(-k)f(k)z^{-k-1}，R_a<|z|<R_b$$

$$z\frac{dF(z)}{dz}=\sum_{k=-\infty}^{+\infty}[-kf(k)]z^{-k}，R_a<|z|<R_b$$

即

$$-kf(k)\longleftrightarrow z\frac{dF(z)}{dz}，R_a<|z|<R_b$$

亦即

$$-(k-1)f(k-1)\longleftrightarrow\frac{dF(z)}{dz}，R_a<|z|<R_b$$

例 6.3.21：已知序列 $f(k)=k^3\varepsilon(k)$，试求序列 $f(k)$ 的 z 变换 $F(z)$，并标明收敛域。

解：由式(6.2.19)可知

$$\varepsilon(k)\longleftrightarrow\frac{1}{1-z^{-1}}，1<|z|\leqslant\infty$$

考虑到双边 ZT 的 z 域微分性质式(6.3.43)，则有

$$k\varepsilon(k)\longleftrightarrow -z\frac{d}{dz}\left(\frac{1}{1-z^{-1}}\right)=\frac{z^{-1}}{(1-z^{-1})^2}，1<|z|\leqslant\infty$$

$$k^2\varepsilon(k)\longleftrightarrow -z\frac{d}{dz}\left[\frac{z^{-1}}{(1-z^{-1})^2}\right]=\frac{z^{-1}(1+z^{-1})}{(1-z^{-1})^3}，1<|z|\leqslant\infty$$

$$f(k)=k^3\varepsilon(k)\longleftrightarrow F(z)=-z\frac{d}{dz}\left[\frac{z^{-1}(1+z^{-1})}{(1-z^{-1})^3}\right]=\frac{z^{-1}(1+4z^{-1}+z^{-2})}{(1-z^{-1})^4}，1<|z|\leqslant\infty$$

例 6.3.22：试证明：

$$\text{ZT}\left[\frac{(k+n)!}{k!\,n!}a^k\varepsilon(k)\right]=\frac{1}{(1-az^{-1})^{n+1}}，|a|<|z|\leqslant\infty \tag{6.3.45}$$

证明：由式(6.3.18)可知

$$a^k\varepsilon(k) \longleftrightarrow \frac{1}{1-az^{-1}}=\frac{z}{z-a},\ |a|<|z|\leqslant\infty$$

考虑到双边 ZT 的时域位移性质式(6.3.16)，则有

$$a^{k-1}\varepsilon(k-1) \longleftrightarrow \frac{1}{z-a},\ |a|<|z|\leqslant\infty$$

考虑到双边 ZT 的 z 域微分性质式(6.3.44)，则有

$$(k-1)a^{k-2}\varepsilon(k-2) \longleftrightarrow -\frac{d}{dz}\left(\frac{1}{z-a}\right)=\frac{1}{(z-a)^2},\ |a|<|z|\leqslant\infty$$

同理，可得

$$(k-1)(k-2)a^{k-3}\varepsilon(k-3) \longleftrightarrow -\frac{d}{dz}\left[\frac{1}{(z-a)^2}\right]=\frac{1\times 2}{(z-a)^3},\ |a|<|z|\leqslant\infty$$

$$(k-1)(k-2)(k-3)a^{k-4}\varepsilon(k-4) \longleftrightarrow -\frac{d}{dz}\left[\frac{1\times 2}{(z-a)^3}\right]=\frac{1\times 2\times 3}{(z-a)^4},\ |a|<|z|\leqslant\infty$$

一般地，有下式成立：

$$(k-1)(k-2)\cdots[k-(n-1)]a^{k-n}\varepsilon(k-n) \longleftrightarrow \frac{(n-1)!}{(z-a)^n},\ |a|<|z|\leqslant\infty$$

考虑到双边 ZT 的时域位移性质式(6.3.16)，则有

$$(k+n-1)(k+n-2)\cdots(k+1)a^k\varepsilon(k) \longleftrightarrow \frac{(n-1)!\ z^n}{(z-a)^n},\ |a|<|z|\leqslant\infty$$

即

$$\frac{(k+n-1)!}{k!(n-1)!}a^k\varepsilon(k) \longleftrightarrow \frac{1}{(1-az^{-1})^n},\ |a|<|z|\leqslant\infty$$

亦即

$$f(k)=\frac{(k+n)!}{k!n!}a^k\varepsilon(k) \longleftrightarrow F(z)=\frac{1}{(1-az^{-1})^{n+1}},\ |a|<|z|\leqslant\infty$$

6.3.13　z 域积分性质

z 域积分性质涉及因果序列 ZT 和反因果序列 ZT 的 z 域积分性质。

1. 因果序列 ZT 的 z 域积分性质

若因果序列 $f(k) \longleftrightarrow F(z)$，$R_a<|z|\leqslant\infty$，则有

$$\frac{f(k)}{k} \longleftrightarrow \int_z^{+\infty}\frac{F(v)}{v}dv,\ R_a<|z|\leqslant\infty \tag{6.3.46}$$

证明：考虑到 $f(k) \longleftrightarrow F(z)$，$R_a<|z|\leqslant\infty$，则有

$$\int_z^{+\infty}\frac{F(v)}{v}dv=\int_z^{+\infty}\left[\sum_{k=-\infty}^{+\infty}f(k)v^{-k}\right]v^{-1}dv=\sum_{k=-\infty}^{+\infty}f(k)\left(\int_z^{+\infty}v^{-k-1}dv\right)$$

$$=\sum_{k=-\infty}^{+\infty}f(k)\left(\frac{v^{-k}}{-k}\Bigg|_z^{+\infty}\right)=\sum_{k=-\infty}^{+\infty}\frac{f(k)}{k}z^{-k},\ R_a<|z|\leqslant\infty$$

即

$$\frac{f(k)}{k} \longleftrightarrow \int_z^{+\infty}\frac{F(v)}{v}dv,\ R_a<|z|\leqslant\infty$$

例 6.3.23：已知序列 $f(k)=\frac{1}{k}\varepsilon(k-1)$，试求序列 $f(k)$的 z 变换 $F(z)$，并标明收敛域。

解：考虑到式(6.2.19)及双边 ZT 的时域位移性质式(6.3.16)，则有

$$\varepsilon(k-1) \longleftrightarrow \frac{z^{-1}}{1-z^{-1}},\ 1<|z|\leqslant\infty$$

考虑到 $f(k)=\frac{1}{k}\varepsilon(k-1)$，对该式的等号两边分别取双边 ZT，利用因果序列 ZT 的 z 域积分性质式(6.3.46)，可得

$$F(z)=\int_z^{+\infty}\frac{v^{-1}}{(1-v^{-1})v}\mathrm{d}v=\int_z^{+\infty}\frac{1}{v(v-1)}\mathrm{d}v=\ln\frac{v-1}{v}\bigg|_z^{+\infty}=\ln\frac{z}{z-1},\ 1<|z|\leqslant\infty$$

2. 反因果序列 ZT 的 z 域积分性质

若反因果序列 $f(k)\longleftrightarrow F(z)$，$0\leqslant|z|<R_b$，则有

$$\frac{f(k)}{-k}\longleftrightarrow\int_0^z\frac{F(v)}{v}\mathrm{d}v,\ 0\leqslant|z|<R_b \tag{6.3.47}$$

证明：采用翻译三步法来证明。

第一步：利用双边 ZT 的时域反褶性质，翻译条件。

考虑到

$$f(k)\longleftrightarrow F(z),\ 0\leqslant|z|<R_b$$

由双边 ZT 的时域反褶性质式(6.3.26)，可得

$$f(-k)\longleftrightarrow F\left(\frac{1}{z}\right),\ \frac{1}{R_b}<|z|\leqslant\infty$$

第二步：利用因果序列 ZT 的 z 域积分性质，得出相应因果序列对应的 ZT 对。

考虑到式(6.3.46)，则有

$$\frac{f(-k)}{k}\longleftrightarrow\int_z^{+\infty}\frac{F(v^{-1})}{v}\mathrm{d}v=\int_z^{+\infty}\frac{F(u^{-1})}{u}\mathrm{d}u,\ \frac{1}{R_b}<|z|\leqslant\infty$$

第三步：再利用双边 ZT 的时域反褶性质，即可得出需要的结果。

考虑到双边 ZT 的时域反褶性质式(6.3.26)，则有

$$\frac{f(k)}{-k}\longleftrightarrow\int_{\frac{1}{z}}^{+\infty}\frac{F(u^{-1})}{u}\mathrm{d}u,\ \frac{1}{R_b}<\left|\frac{1}{z}\right|\leqslant\infty$$

即

$$\frac{f(k)}{-k}\longleftrightarrow\int_{\frac{1}{z}}^{+\infty}\frac{F(u^{-1})}{u}\mathrm{d}u=\int_0^z\frac{F(v)}{v}\mathrm{d}v,\ 0\leqslant|z|<R_b$$

例 6.3.24：已知序列 $f(k)=\frac{1}{k}\varepsilon(-k-1)$，试求序列 $f(k)$的 z 变换 $F(z)$，并标明收敛域。

解：由式(6.2.38)可知

$$\varepsilon(-k-1)\longleftrightarrow\frac{-1}{1-z^{-1}},\ 0\leqslant|z|<1$$

考虑到 $f(k)=\frac{1}{k}\varepsilon(-k-1)$，对该式的等号两边分别取双边 ZT，利用反因果序列 ZT 的 z 域积分性质式(6.3.47)，则有

$$F(z)=-\int_0^z\frac{-1}{1-v^{-1}}\frac{1}{v}\mathrm{d}v=\int_0^z\frac{-1}{1-v}\mathrm{d}v=\ln(1-v)\bigg|_0^z=\ln(1-z),\ 0\leqslant|z|<1$$

6.3.14 初值定理

1. 序列为因果序列的情况

若 $f(k)\longleftrightarrow F(z)$，$R_a<|z|\leqslant\infty$，则有

$$f(0)=\lim_{z\to\infty}F(z) \tag{6.3.48}$$

证明：考虑到因果序列 $f(k)\longleftrightarrow F(z)$，$R_a<|z|\leqslant\infty$，则有

$$F(z)=\sum_{k=0}^{+\infty}f(k)z^{-k}=f(0)+f(1)z^{-1}+f(2)z^{-2}+\cdots$$

于是

$$\lim_{z\to\infty}F(z)=\lim_{z\to\infty}[f(0)+f(1)z^{-1}+f(2)z^{-2}+\cdots]=f(0)$$

例 6.3.25：已知序列 $f(k)$的 z 变换 $F(z)=\dfrac{1}{\left(1-\frac{1}{2}z^{-1}\right)\left(1-\frac{1}{3}z^{-1}\right)}$，$\frac{1}{2}<|z|\leqslant\infty$，试求 $f(0)$的值。

解：由因果序列的初值定理式(6.3.48)，可得

$$f(0)=\lim_{z\to\infty}F(z)=\lim_{z\to\infty}\frac{1}{\left(1-\frac{1}{2}z^{-1}\right)\left(1-\frac{1}{3}z^{-1}\right)}=1$$

2. 序列为双边序列的情况

设 $f(k)\longleftrightarrow F(z)$，$R_a<|z|<R_b$

若将双边序列 $f(k)$的 z 变换 $F(z)$分解成反因果序列 $f_1(k)$的 z 变换 $F_1(z)$及因果序列 $f_2(k)$的 z 变换 $F_2(z)$之和，即 $F(z)=F_1(z)+F_2(z)$，则有

$$f(0)=\lim_{z\to\infty}F_2(z) \tag{6.3.49}$$

例 6.3.26：已知序列 $f(k)$的 z 变换 $F(z)=\dfrac{4(12-32z^{-1}-z^{-2})}{(1-2z^{-1})(4+z^{-2})}$，$\frac{1}{2}<|z|<2$，试求$f(0)$及 $f(4)$的值。

解：设 $F(z)=\dfrac{4(12-32z^{-1}-z^{-2})}{(1-2z^{-1})(4+z^{-2})}=\dfrac{C}{1-2z^{-1}}+Q(z)$，$\frac{1}{2}<|z|<2$，其中 C 为待定系数，$Q(z)$为待定真分式。那么，有

$$C=(1-2z^{-1})F(z)\Big|_{1-2z^{-1}=0}=\frac{4(12-32z^{-1}-z^{-2})}{4+z^{-2}}\Big|_{1-2z^{-1}=0}=-4$$

于是

$$Q(z)=\frac{4(12-32z^{-1}-z^{-2})}{(1-2z^{-1})(4+z^{-2})}+\frac{4}{1-2z^{-1}}=\frac{4}{1-2z^{-1}}\left(\frac{12-32z^{-1}-z^{-2}}{4+z^{-2}}+1\right)=\frac{64}{4+z^{-2}}$$

显然

$$F_1(z)=\frac{-4}{1-2z^{-1}},\ 0\leqslant|z|<2$$

$$F_2(z)=Q(z)=\frac{64}{4+z^{-2}},\ \frac{1}{2}<|z|\leqslant\infty$$

因此，有

$$f(0)=\lim_{z\to\infty}F_2(z)=\lim_{z\to\infty}\frac{64}{4+z^{-2}}=16$$

又设

$$y(k)=f_2(k+4)=f(k+4)\varepsilon(k+4)$$

考虑到双边 ZT 的时域位移性质式(6.3.16)，则有

$$Y(z)=z^4F_2(z)=\frac{64}{z^{-2}(4+z^{-2})}\times\frac{1}{z^{-2}}=16\left(\frac{1}{z^{-2}}-\frac{1}{4+z^{-2}}\right)\frac{1}{z^{-2}}$$

$$=\frac{16}{z^{-4}}-4\left(\frac{1}{z^{-2}}-\frac{1}{4+z^{-2}}\right)=16z^4-4z^2+\frac{4}{4+z^{-2}},\ \frac{1}{2}<|z|<\infty$$

于是

$$Y_1(z)=16z^4-4z^2,\ 0\leqslant|z|<\infty$$

$$Y_2(z)=\frac{4}{4+z^{-2}},\ \frac{1}{2}<|z|\leqslant\infty$$

考虑到式(6.3.49)，则有

$$f(4)=f_2(4)=y(0)=\lim_{z\to\infty}Y_2(z)=\lim_{z\to\infty}\frac{4}{4+z^{-2}}=1$$

6.3.15 终值定理

设有始序列或因果序列 $f(k)\longleftrightarrow F(z)$，$R_a<|z|<\infty$。若$(z-1)F(z)$在 z 平面上的 $z=1$ 处收敛，或其收敛域包含 z 平面上的单位圆周，则有

$$f(\infty)=\lim_{z\to 1}(z-1)F(z)=\text{Res}[F(z)]_{z=1} \tag{6.3.50}$$

证明： 考虑到$\nabla f(k)\longleftrightarrow(1-z^{-1})F(z)$，则有

$$\sum_{k=-\infty}^{+\infty}\nabla f(k)z^{-k}=(1-z^{-1})F(z)$$

即

$$\sum_{k=-\infty}^{+\infty}\nabla f(k)=\lim_{z\to 1}(1-z^{-1})F(z)$$

亦即

$$f(k)\Big|_{-\infty-1}^{+\infty}=\lim_{z\to 1}(1-z^{-1})F(z)$$

$$f(+\infty)-f(-\infty)=\lim_{z\to 1}(1-z^{-1})F(z)$$

由于 $f(k)$是有始序列或因果序列，因此 $f(-\infty)=0$，于是可得

$$f(\infty)=\lim_{z\to 1}(1-z^{-1})F(z)=\lim_{z\to 1}(z-1)F(z)=\text{Res}\,[F(z)]_{z=1}$$

式(6.3.50)表明，有始序列或因果序列 $f(k)$的终值 $f(\infty)$正是其 z 变换 $F(z)$在 $z=1$ 处的留数值。

例 6.3.27： 已知序列 $f(k)$的 z 变换 $F(z)=\dfrac{1}{1-\frac{1}{2}z^{-1}}$，$\frac{1}{2}<|z|\leqslant\infty$，试求 $f(\infty)$的值。

解： 由于$(z-1)F(z)=\dfrac{z-1}{1-\frac{1}{2}z^{-1}}$，$\frac{1}{2}<|z|\leqslant\infty$，因此$(z-1)F(z)$在 z 平面上的 $z=1$ 处收敛。于是有

$$f(\infty)=\lim_{z\to 1}(z-1)F(z)=\lim_{z\to 1}\frac{z-1}{1-\frac{1}{2}z^{-1}}=0$$

例 6.3.28： 已知序列 $f(k)$的 z 变换 $F(z)=\dfrac{1-a\cos\Omega_0 z^{-1}}{1-2a\cos\Omega_0 z^{-1}+a^2z^{-2}}$，$|a|<|z|\leqslant\infty$，试求 $f(\infty)$的值。

解： (1) 当 $0<|a|<1$ 时

由于$(z-1)F(z)=\dfrac{(z-1)(1-a\cos\Omega_0 z^{-1})}{1-2a\cos\Omega_0 z^{-1}+a^2z^{-2}}$，$|a|<|z|\leqslant\infty$，因此$(z-1)F(z)$的收敛域

包含 z 平面上的单位圆周，于是可得

$$f(\infty)=\lim_{z\to1}(z-1)F(z)=\lim_{z\to1}\frac{(z-1)(1-a\cos\Omega_0 z^{-1})}{1-2a\cos\Omega_0 z^{-1}+a^2z^{-2}}=0$$

(2) 当 $|a|\geqslant1$ 时

由于 $(z-1)F(z)$ 的收敛域不包含 z 平面上的单位圆周，因此序列 $f(k)$ 的终值 $f(\infty)$ 不存在，即 $f(\infty)=\infty$。

上述结论可以从时域直接求序列值得到证实。由式(6.2.21)可知，题中所给出的象函数 $F(z)$ 的逆 z 变换为 $f(k)=a^k\cos\Omega_0 k\varepsilon(k)$，显然，当 $|a|\geqslant1$ 时，序列 $f(k)$ 的终值 $f(\infty)$ 不存在，即 $f(\infty)=\infty$。

6.3.16　线性相关定理

若

$$\mathrm{ZT}[f(m)]=F(z),\ R_a<|z|<R_b$$
$$\mathrm{ZT}[y(m)]=Y(z),\ R_c<|z|<R_d$$

则有

$$R_{fy}(m)=f(m)*y^*(-m)\longleftrightarrow F(z)Y^*\left(\frac{1}{z^*}\right),\ \max(R_a,R_d^{-1})<|z|<\min(R_b,R_c^{-1}) \tag{6.3.51}$$

证明：由式(6.3.8)可知

$$y^*(-m)\longleftrightarrow Y^*\left(\frac{1}{z^*}\right),\ \frac{1}{R_d}<|z|<\frac{1}{R_c}$$

考虑到双边 ZT 的时域线性卷和定理式(6.3.31)，则有

$$R_{fy}(m)=f(m)*y^*(-m)\longleftrightarrow F(z)Y^*\left(\frac{1}{z^*}\right),\ \max(R_a,R_d^{-1})<|z|<\min(R_b,R_c^{-1})$$

特别地，若 $y(k)=f(k)$，$\mathrm{ZT}[f(m)]=F(z)$，$R_a<|z|<R_b$，其中 $R_a<1<R_b$，则有

$$R_f(m)=f(m)*f^*(-m)\longleftrightarrow F(z)F^*\left(\frac{1}{z^*}\right),\ \max(R_a,R_b^{-1})<|z|<\min(R_b,R_a^{-1}) \tag{6.3.52}$$

式(6.3.52)表明，能量序列 $f(k)$ 的自相关函数 $R_f(m)$ 的双边 ZT 的收敛域必定包含 z 平面上的单位圆周。

6.4　逆 z 变换的计算

序列的 IZT 的计算有三种方法：一是部分分式展开法，即利用 ZT 的唯一性，将象函数分解成部分分式，再结合熟知 ZT 的变换对或 ZT 的性质来计算 IZT，这是常用的灵活计算方法；二是幂级数展开法；三是留数法。下面逐一加以介绍。

6.4.1　部分分式展开法

象函数的收敛域涉及三种情况：一是 z 平面上的圆外域，即仅存在区内极点，对应的是因果序列；二是 z 平面上的圆内域，即仅存在区外极点，对应的是反因果序列；三是 z 平面上的圆环域，即既存在区内极点，又存在区外极点，对应的是双边序列。

1. 象函数的极点是实根的情况

例 6.4.1：已知象函数 $F(z)=\dfrac{z^{-1}}{\left(1-\frac{1}{2}z^{-1}\right)\left(1-\frac{1}{3}z^{-1}\right)}$，试求 $F(z)$的逆 z 变换 $f(k)$。

解：对象函数 $F(z)$进行部分分式展开，可得

$$F(z)=\frac{z^{-1}}{\left(1-\frac{1}{2}z^{-1}\right)\left(1-\frac{1}{3}z^{-1}\right)}=\frac{6}{1-\frac{1}{2}z^{-1}}-\frac{6}{1-\frac{1}{3}z^{-1}}$$

(1) 当象函数 $F(z)$的收敛域为$\frac{1}{2}<|z|\leqslant\infty$时，则有

$$f(k)=6\left[\left(\frac{1}{2}\right)^k-\left(\frac{1}{3}\right)^k\right]\varepsilon(k)$$

(2) 当象函数 $F(z)$的收敛域为$\frac{1}{3}<|z|<\frac{1}{2}$时

下面我们基于序列的 ZT 对，采用时域反褶三步法来求解反因果序列 ZT 的象函数 $F(z)$的逆变换，具体做法如下：

第一步：先记下反因果序列的 ZT 对。

第二步：利用双边 ZT 的时域反褶性质得出相应的有始序列(这里是因果序列右移一位的序列)的 ZT 对，并求出 IZT。

第三步：再对有始序列反褶，即可得到反因果序列的 IZT。

① 首先记下反因果序列的 ZT 对，设

$$f_1(k)\longleftrightarrow F_1(z)=\frac{6}{1-\frac{1}{2}z^{-1}},\ 0\leqslant|z|<\frac{1}{2}$$

② 利用双边 ZT 的时域反褶性质，可得

$$f_1(-k)\longleftrightarrow F_1\left(\frac{1}{z}\right)=\frac{6}{1-\frac{1}{2}z},\ 0\leqslant\left|\frac{1}{z}\right|<\frac{1}{2}$$

即

$$f_1(-k)\longleftrightarrow F_1\left(\frac{1}{z}\right)=\frac{-12z^{-1}}{1-2z^{-1}},\ 2<|z|\leqslant\infty$$

考虑到因果指数序列的 ZT 对和双边 ZT 的时域位移性质，可以得到有始序列，即

$$f_1(-k)=\text{IZT}\left[F_1\left(\frac{1}{z}\right)\right]=-12\times2^{k-1}\varepsilon(k-1)=-6\times2^k\varepsilon(k-1)$$

③ 再对有始序列反褶，可得

$$f_1(k)=-6\left(\frac{1}{2}\right)^k\varepsilon(-k-1)$$

又设

$$f_2(k)\longleftrightarrow F_2(z)=\frac{6}{1-\frac{1}{3}z^{-1}},\ \frac{1}{3}<|z|\leqslant\infty$$

则有

$$f_2(k)=\text{IZT}[F_2(z)]=6\left(\frac{1}{3}\right)^k\varepsilon(k)$$

考虑到 $F(z)=F_1(z)-F_2(z)$，$\frac{1}{3}<|z|<\frac{1}{2}$，则有

$$f(k)=\mathrm{IZT}[F(z)]=f_1(k)-f_2(k)=-6\left[\left(\frac{1}{2}\right)^k\varepsilon(-k-1)+\left(\frac{1}{3}\right)^k\varepsilon(k)\right]$$

(3) 当象函数 $F(z)$ 的收敛域为 $0\leqslant|z|<\frac{1}{3}$ 时

① 首先记下反因果序列的 ZT 对，设

$$f(k)\longleftrightarrow F(z)=\frac{6}{1-\frac{1}{2}z^{-1}}-\frac{6}{1-\frac{1}{3}z^{-1}},\ 0\leqslant|z|<\frac{1}{3}$$

② 利用 ZT 的时域反褶性质，可得

$$f(-k)\longleftrightarrow F\left(\frac{1}{z}\right)=\frac{6}{1-\frac{1}{2}z}-\frac{6}{1-\frac{1}{3}z}=-\frac{12z^{-1}}{1-2z^{-1}}+\frac{18z^{-1}}{1-3z^{-1}},\ 3<|z|\leqslant\infty$$

考虑到因果指数序列的 ZT 对和双边 ZT 的时域位移性质，可以得到有始序列，即

$$f(-k)=-12\times2^{k-1}\varepsilon(k-1)+18\times3^{k-1}\varepsilon(k-1)=-6\times2^k\varepsilon(k-1)+6\times3^k\varepsilon(k-1)$$

③ 再对有始序列反褶，可得

$$f(k)=6\left[\left(\frac{1}{3}\right)^k-\left(\frac{1}{2}\right)^k\right]\varepsilon(-k-1)$$

结论 1：

利用双边 ZT 的时域反褶性质，并借助因果序列的 ZT 对，可以较好地解决涉及反因果序列或双边序列的象函数 IZT 的计算问题。

例 6.4.2： 已知象函数 $F(z)=\frac{z^{-1}}{(1-3z^{-1})(1-2z^{-1})^2}$，$3<|z|\leqslant\infty$，试求 $F(z)$ 的逆 z 变换 $f(k)$。

解：方法 1　考虑到

$$2^k\varepsilon(k)\longleftrightarrow\frac{1}{1-2z^{-1}},\ 2<|z|\leqslant\infty$$

由双边 ZT 的 z 域微分性质，可得

$$\mathrm{ZT}[-k\times2^k\varepsilon(k)]=z\frac{\mathrm{d}}{\mathrm{d}z}\left(\frac{1}{1-2z^{-1}}\right)=z\frac{\mathrm{d}}{\mathrm{d}z}\left(1+\frac{2}{z-2}\right)=\frac{-2z}{(z-2)^2},\ 2<|z|\leqslant\infty$$

即

$$k\times2^k\varepsilon(k)\longleftrightarrow\frac{2z^{-1}}{(1-2z^{-1})^2},\ 2<|z|\leqslant\infty$$

考虑到

$$\begin{aligned}F(z)&=\frac{z^{-1}}{(1-3z^{-1})(1-2z^{-1})^2}=\left(\frac{3}{1-3z^{-1}}-\frac{2}{1-2z^{-1}}\right)\frac{z^{-1}}{1-2z^{-1}}\\&=\frac{3z^{-1}}{(1-3z^{-1})(1-2z^{-1})}-\frac{2z^{-1}}{(1-2z^{-1})^2}\\&=\frac{3}{1-3z^{-1}}-\frac{3}{1-2z^{-1}}-\frac{2z^{-1}}{(1-2z^{-1})^2},\ 3<|z|\leqslant\infty\end{aligned}$$

则有

$$f(k)=\mathrm{IZT}[F(z)]=3^{k+1}\varepsilon(k)-3\times2^k\varepsilon(k)-k\times2^k\varepsilon(k)=[3^{k+1}-(3+k)2^k]\varepsilon(k)$$

方法 2 对象函数 $F(z)$进行部分分式展开，可得

$$F(z)=\frac{3}{1-3z^{-1}}-\frac{3}{1-2z^{-1}}-\frac{2z^{-1}}{(1-2z^{-1})^2},\ 3<|z|\leqslant\infty$$

对上式的等号两边分别取 IZT，并考虑到双边 ZT 的时域线性卷积定理和线性卷和的加权性质，则有

$$\begin{aligned}f(k)&=3^{k+1}\varepsilon(k)-3\times 2^k\varepsilon(k)-2[2^k\varepsilon(k)*2^k\varepsilon(k)]*\delta(k-1)\\&=3^{k+1}\varepsilon(k)-3\times 2^k\varepsilon(k)-2\times 2^k[\varepsilon(k)*\varepsilon(k)]*\delta(k-1)\\&=3^{k+1}\varepsilon(k)-3\times 2^k\varepsilon(k)-2\times 2^k(k+1)\varepsilon(k+1)*\delta(k-1)\\&=3^{k+1}\varepsilon(k)-3\times 2^k\varepsilon(k)-2\times 2^{k-1}(k-1+1)\varepsilon(k-1+1)\\&=3^{k+1}\varepsilon(k)-3\times 2^k\varepsilon(k)-2^k k\varepsilon(k)\\&=[3^{k+1}-(3+k)2^k]\varepsilon(k)\end{aligned}$$

方法 3 设

$$x(k)\longleftrightarrow X(z)=\frac{1}{(1-3z^{-1})(1-2z^{-1})^2},\ 3<|z|\leqslant\infty$$

则有

$$F(z)=z^{-1}X(z)$$

对象函数 $X(z)$进行部分分式展开，可得

$$\begin{aligned}X(z)&=\frac{1}{(1-3z^{-1})(1-2z^{-1})^2}=\left(\frac{3}{1-3z^{-1}}-\frac{2}{1-2z^{-1}}\right)\frac{1}{1-2z^{-1}}\\&=3\left(\frac{3}{1-3z^{-1}}-\frac{2}{1-2z^{-1}}\right)-\frac{2}{(1-2z^{-1})^2},\ 3<|z|\leqslant\infty\end{aligned}$$

即

$$X(z)=\frac{9}{1-3z^{-1}}-\frac{6}{1-2z^{-1}}-\frac{2}{(1-2z^{-1})^2},\ 3<|z|\leqslant\infty$$

对上式等号两边分别取 IZT，并考虑到双边 ZT 的时域线性卷积定理和线性卷和的加权性质，则有

$$\begin{aligned}x(k)&=3^{k+2}\varepsilon(k)-3\times 2^{k+1}\varepsilon(k)-2[2^k\varepsilon(k)*2^k\varepsilon(k)]\\&=3^{k+2}\varepsilon(k)-3\times 2^{k+1}\varepsilon(k)-2\times 2^k[\varepsilon(k)*\varepsilon(k)]\\&=3^{k+2}\varepsilon(k)-3\times 2^{k+1}\varepsilon(k)-2\times 2^k(k+1)\varepsilon(k+1)\\&=3^{k+2}\varepsilon(k)-3\times 2^{k+1}\varepsilon(k)-2\times 2^k(k+1)\varepsilon(k)\\&=[3^{k+2}-(8+2k)2^k]\varepsilon(k)\end{aligned}$$

考虑到 $F(z)=z^{-1}X(z)$，则有

$$\begin{aligned}f(k)=x(k-1)&=[3^{k+1}-(6+2k)2^{k-1}]\varepsilon(k-1)\\&=[3^{k+1}-(3+k)2^k][\varepsilon(k)-\delta(k)]\\&=[3^{k+1}-(3+k)2^k]\varepsilon(k)\end{aligned}$$

2. 象函数存在共轭极点的情况

例 6.4.3：已知象函数 $F(z)=\dfrac{\frac{1}{4}z^{-1}+\frac{1}{8}z^{-2}}{\left(1-\frac{1}{2}z^{-1}\right)\left(1-\frac{1}{2}z^{-1}+\frac{1}{4}z^{-2}\right)}$，$\frac{1}{2}<|z|\leqslant\infty$，试求 $F(z)$的逆 z 变换 $f(k)$。

解：方法 1 采用部分分式展开法。设

$$F(z)=\frac{\frac{1}{4}z^{-1}+\frac{1}{8}z^{-2}}{\left(1-\frac{1}{2}z^{-1}\right)\left(1-\frac{1}{2}e^{j\frac{\pi}{3}}z^{-1}\right)\left(1-\frac{1}{2}e^{-j\frac{\pi}{3}}z^{-1}\right)}$$

$$=\frac{C_1}{1-\frac{1}{2}z^{-1}}+\frac{C_2}{1-\frac{1}{2}e^{j\frac{\pi}{3}}z^{-1}}+\frac{C_3}{1-\frac{1}{2}e^{-j\frac{\pi}{3}}z^{-1}},\ \frac{1}{2}<|z|\leqslant\infty$$

则有

$$C_1=\left(1-\frac{1}{2}z^{-1}\right)F(z)\Big|_{z^{-1}=2}=\frac{\frac{1}{4}z^{-1}+\frac{1}{8}z^{-2}}{\left(1-\frac{1}{2}e^{j\frac{\pi}{3}}z^{-1}\right)\left(1-\frac{1}{2}e^{-j\frac{\pi}{3}}z^{-1}\right)}\Bigg|_{z^{-1}=2}=1$$

$$C_2=\left(1-\frac{1}{2}e^{j\frac{\pi}{3}}z^{-1}\right)F(z)\Big|_{z^{-1}=2e^{-j\frac{\pi}{3}}}=\frac{\frac{1}{4}z^{-1}+\frac{1}{8}z^{-2}}{\left(1-\frac{1}{2}z^{-1}\right)\left(1-\frac{1}{2}e^{-j\frac{\pi}{3}}z^{-1}\right)}\Bigg|_{z^{-1}=2e^{-j\frac{\pi}{3}}}=-\frac{1}{2}$$

$$C_3=\left(1-\frac{1}{2}e^{-j\frac{\pi}{3}}z^{-1}\right)F(z)\Big|_{z^{-1}=2e^{j\frac{\pi}{3}}}=\frac{\frac{1}{4}z^{-1}+\frac{1}{8}z^{-2}}{\left(1-\frac{1}{2}z^{-1}\right)\left(1-\frac{1}{2}e^{j\frac{\pi}{3}}z^{-1}\right)}\Bigg|_{z^{-1}=2e^{j\frac{\pi}{3}}}=-\frac{1}{2}$$

于是

$$F(z)=\frac{1}{1-\frac{1}{2}z^{-1}}-\frac{\frac{1}{2}}{1-\frac{1}{2}e^{j\frac{\pi}{3}}z^{-1}}-\frac{\frac{1}{2}}{1-\frac{1}{2}e^{-j\frac{\pi}{3}}z^{-1}},\ \frac{1}{2}<|z|\leqslant\infty$$

对上式的等号两边分别取 IZT，可得

$$f(k)=\left(\frac{1}{2}\right)^k\varepsilon(k)-\frac{1}{2}\left[\left(\frac{1}{2}e^{j\frac{\pi}{3}}\right)^k\varepsilon(k)+\left(\frac{1}{2}e^{-j\frac{\pi}{3}}\right)^k\varepsilon(k)\right]$$

$$=\left(\frac{1}{2}\right)^k\varepsilon(k)-\left(\frac{1}{2}\right)^k\cos\frac{\pi k}{3}\varepsilon(k)$$

$$=\left(\frac{1}{2}\right)^k\left(1-\cos\frac{\pi k}{3}\right)\varepsilon(k)$$

方法 2　共轭复根因子作为一个整体保留，不必分解。设

$$F(z)=\frac{\frac{1}{4}z^{-1}+\frac{1}{8}z^{-2}}{\left(1-\frac{1}{2}z^{-1}\right)\left(1-\frac{1}{2}z^{-1}+\frac{1}{4}z^{-2}\right)}=\frac{C}{1-\frac{1}{2}z^{-1}}+Q(z),\ \frac{1}{2}<|z|\leqslant\infty$$

式中，C 为待定系数，$Q(z)$为待定真分式。那么，有

$$C=\left(1-\frac{1}{2}z^{-1}\right)F(z)\Big|_{z^{-1}=2}=\frac{\frac{1}{4}z^{-1}+\frac{1}{8}z^{-2}}{1-\frac{1}{2}z^{-1}+\frac{1}{4}z^{-2}}\Bigg|_{z^{-1}=2}=1$$

于是

$$F(z)=\frac{\frac{1}{4}z^{-1}+\frac{1}{8}z^{-2}}{\left(1-\frac{1}{2}z^{-1}\right)\left(1-\frac{1}{2}z^{-1}+\frac{1}{4}z^{-2}\right)}=\frac{1}{1-\frac{1}{2}z^{-1}}+Q(z),\ \frac{1}{2}<|z|\leqslant\infty$$

那么

$$Q(z)=\frac{\frac{1}{4}z^{-1}+\frac{1}{8}z^{-2}}{\left(1-\frac{1}{2}z^{-1}\right)\left(1-\frac{1}{2}z^{-1}+\frac{1}{4}z^{-2}\right)}-\frac{1}{1-\frac{1}{2}z^{-1}}=\frac{\frac{1}{4}z^{-1}+\frac{1}{8}z^{-2}-\left(1-\frac{1}{2}z^{-1}+\frac{1}{4}z^{-2}\right)}{\left(1-\frac{1}{2}z^{-1}\right)\left(1-\frac{1}{2}z^{-1}+\frac{1}{4}z^{-2}\right)}$$

$$=-\frac{1-\frac{3}{4}z^{-1}+\frac{1}{8}z^{-2}}{\left(1-\frac{1}{2}z^{-1}\right)\left(1-\frac{1}{2}z^{-1}+\frac{1}{4}z^{-2}\right)}=-\frac{\left(1-\frac{1}{2}z^{-1}\right)\left(1-\frac{1}{4}z^{-1}\right)}{\left(1-\frac{1}{2}z^{-1}\right)\left(1-\frac{1}{2}z^{-1}+\frac{1}{4}z^{-2}\right)}$$

$$=-\frac{1-\frac{1}{4}z^{-1}}{1-\frac{1}{2}z^{-1}+\frac{1}{4}z^{-2}},\ \frac{1}{2}<|z|\leqslant\infty$$

即

$$F(z)=\frac{\frac{1}{4}z^{-1}+\frac{1}{8}z^{-2}}{\left(1-\frac{1}{2}z^{-1}\right)\left(1-\frac{1}{2}z^{-1}+\frac{1}{4}z^{-2}\right)}=\frac{1}{1-\frac{1}{2}z^{-1}}-\frac{1-\frac{1}{4}z^{-1}}{1-\frac{1}{2}z^{-1}+\frac{1}{4}z^{-2}},\ \frac{1}{2}<|z|\leqslant\infty$$

由式(6.2.21)可知

$$\mathrm{ZT}[a^k\cos\Omega_0 k\varepsilon(k)]=\frac{1-a\cos\Omega_0 z^{-1}}{1-2a\cos\Omega_0 z^{-1}+a^2z^{-2}},\ |a|<|z|\leqslant\infty$$

于是

$$\mathrm{ZT}\left[\left(\frac{1}{2}\right)^k\cos\frac{\pi k}{3}\varepsilon(k)\right]=\frac{1-\frac{1}{4}z^{-1}}{1-\frac{1}{2}z^{-1}+\frac{1}{4}z^{-2}},\ \frac{1}{2}<|z|\leqslant\infty$$

因此，有

$$f(k)=\mathrm{IZT}[F(z)]=\left(\frac{1}{2}\right)^k\varepsilon(k)-\left(\frac{1}{2}\right)^k\cos\frac{\pi k}{3}\varepsilon(k)=\left(\frac{1}{2}\right)^k\left(1-\cos\frac{\pi k}{3}\right)\varepsilon(k)$$

例 6.4.4：已知象函数 $F(z)=\frac{z}{z+z^{-1}}$，$1<|z|\leqslant\infty$，试求 $F(z)$的逆 z 变换 $f(k)$。

解：方法 1 考虑到

$$F(z)=\frac{z}{z+z^{-1}}=\frac{1}{1+z^{-2}}=\frac{1}{2}\left(\frac{1}{1-\mathrm{j}z^{-1}}+\frac{1}{1+\mathrm{j}z^{-1}}\right),\ 1<|z|\leqslant\infty$$

则有

$$f(k)=\mathrm{IZT}[F(z)]=\frac{1}{2}[\mathrm{j}^k+(-\mathrm{j})^k]\varepsilon(k)=\frac{1}{2}(\mathrm{e}^{\mathrm{j}\frac{\pi k}{2}}+\mathrm{e}^{-\mathrm{j}\frac{\pi k}{2}})\varepsilon(k)=\cos\frac{\pi k}{2}\varepsilon(k)$$

方法 2 考虑到

$$F(z)=\frac{z}{z+z^{-1}}=\frac{1}{1+z^{-2}}=\frac{1-z^{-2}}{(1+z^{-2})(1-z^{-2})}=\frac{1-z^{-2}}{1-z^{-4}},\ 1<|z|\leqslant\infty$$

则有

$$f(k)=\mathrm{IZT}[F(z)]=[\delta(k)-\delta(k-2)]*\sum_{r=0}^{+\infty}\delta(k-4r)$$

可见，虽然象函数 $F(z)$的逆 z 变换 $f(k)$的表示形式并不唯一，但是都表示同一序列。

6.4.2 幂级数展开法(长除法)

考虑到 $F(z)=\sum\limits_{k=-\infty}^{+\infty} f(k)z^{-k}$，将 $F(z)$的分子与分母长除，则可将 $F(z)$展开成 z^{-1}的幂级数形式，再根据幂级数中的系数确定 $f(k)$。若定义 $F(z)$只有区内极点时为 A 类(对应有始序列)，只有区外极点时为 B 类(对应有终序列)，则幂级数法如下所述。

1. 象函数属于有始序列或因果序列 z 变换的情况

设 $F(z)$属于 A 类($R_a<|z|<\infty$)，将 $F(z)$的分子 $N(z)$及分母 $D(z)$均按降幂排列再长除，则有

$$
\begin{aligned}
F(z)&=\frac{N(z)}{D(z)}=\frac{b_m z^m+b_{m-1}z^{m-1}+\cdots+b_1 z+b_0}{a_n z^n+a_{n-1}z^{n-1}+\cdots a_1 z+a_0}\\
&=f(n-m)z^{m-n}+f(n-m+1)z^{m-n-1}+\cdots+f(0)+f(1)z^{-1}+\cdots,\ R_a<|z|<\infty
\end{aligned}
$$

于是

$$f(k)=\text{IZT}[F(z)]=\sum_{i=n-m}^{+\infty} f(i)\delta(k-i)$$

例 6.4.5：已知象函数 $F(z)=\dfrac{z^2+z}{z^3-3z^2+3z-1}$，$1<|z|\leqslant\infty$，试求 $F(z)$的逆 z 变换 $f(k)$。

解：因为

$$
\begin{array}{r l}
 & z^{-1}+4z^{-2}+9z^{-3}\cdots \\
z^3-3z^2+3z-1\,\big) & z^2+z \\
 & \underline{z^2-3z+3-z^{-1}} \\
 & \qquad 4z-3+z^{-1} \\
 & \qquad \underline{4z-12+12z^{-1}-4z^{-2}} \\
 & \qquad\qquad 9-11z^{-1}+4z^{-2} \\
 & \qquad\qquad \underline{9-27z^{-1}+27z^{-2}-9z^{-3}} \\
 & \qquad\qquad\qquad \vdots
\end{array}
$$

所以

$$F(z)=z^{-1}+4z^{-2}+9z^{-3}+\cdots=\sum_{k=0}^{+\infty}k^2 z^{-k}=\sum_{k=-\infty}^{+\infty}k^2\varepsilon(k)z^{-k}$$

于是

$$f(k)=\text{IZT}[F(z)]=k^2\varepsilon(k)$$

2. 象函数属于有终序列或反因果序列 z 变换的情况

设 $F(z)$属于 B 类($0<|z|<R_b$)，将 $F(z)$的分子 $N(z)$及分母 $D(z)$均按升幂排列再长除，即

$$
\begin{aligned}
F(z)&=\frac{N(z)}{D(z)}=\frac{z^{-l}(b_0+b_1 z+\cdots+b_{m-1}z^{m-1}+b_m z^m)}{a_0+a_1 z+\cdots a_{n-1}z^{n-1}+a_n z^n}\\
&=f(l)z^{-l}+f(l-1)z^{-l+1}+\cdots+f(0)+f(-1)z+f(-2)z^2+\cdots,\ 0<|z|<R_b
\end{aligned}
$$

于是

$$f(k)=\text{IZT}[F(z)]=\sum_{i=-\infty}^{l} f(i)\delta(k-i)$$

例 6.4.6：已知象函数 $F(z)=\dfrac{-z}{(1-z)^2}$，$0\leqslant|z|<1$，试求 $F(z)$的逆 z 变换 $f(k)$。

解：因为

$$
\begin{array}{r l}
 & -z-2z^2-3z^3\cdots \\
1-2z+z^2 \,\big) & -z \\
 & \underline{-z+2z^2-z^3} \\
 & \quad -2z^2+z^3 \\
 & \quad \underline{-2z^2+4z^3-2z^4} \\
 & \qquad -3z^3+2z^4 \\
 & \qquad \underline{-3z^3+6z^4-3z^5} \\
 & \qquad\qquad \vdots
\end{array}
$$

所以

$$F(z)=-z-2z^2-3z^3+\cdots=\sum_{k=-\infty}^{-1} kz^{-k}=\sum_{k=-\infty}^{+\infty} k\varepsilon(-k-1)z^{-k}$$

于是

$$f(k)=\text{IZT}[F(z)]=k\varepsilon(-k-1)$$

3. 象函数属于双边序列 z 变换的情况

若 $F(z)$属于双边序列的 z 变换($R_a<|z|<R_b$),则可用部分分式展开法,将 $F(z)$分解成 $F(z)=F_A(z)+F_B(z)$,再按象函数属于有始序列或因果序列 z 变换的情况,以及象函数属于有终序列或反因果序列 z 变换的情况分别处理。

例 6.4.7:已知象函数 $F(z)=\dfrac{4z^4-12z^3-36z^2+3z}{4z^4-37z^2+9}$,$\dfrac{1}{2}<|z|<3$,试求 $F(z)$的逆 z 变换$f(k)$。

解:考虑到

$$F(z)=\frac{4z^4-12z^3-36z^2+3z}{4z^4-37z^2+9}=\frac{4z^2(z^2-9)-3z(4z^2-1)}{(z^2-9)(4z^2-1)}$$

$$=\frac{4z^2}{4z^2-1}+\frac{3z}{9-z^2},\ \frac{1}{2}<|z|<3$$

则有

$$F_A(z)=\frac{4z^2}{4z^2-1},\ \frac{1}{2}<|z|\leqslant\infty$$

$$F_B(z)=\frac{3z}{9-z^2},\ 0\leqslant|z|<3$$

(1) 首先求因果序列 $f_A(k)$

因为

$$
\begin{array}{r l}
 & 1+\frac{1}{2^2}z^{-2}+\frac{1}{2^4}z^{-4}\cdots \\
4z^2-1 \,\big) & 4z^2 \\
 & \underline{4z^2-1} \\
 & \qquad 1 \\
 & \qquad \underline{1-\frac{1}{2^2}z^{-2}} \\
 & \qquad\quad \frac{1}{2^2}z^{-2} \\
 & \qquad\quad \underline{\frac{1}{2^2}z^{-2}-\frac{1}{2^4}z^{-4}} \\
 & \qquad\qquad \vdots
\end{array}
$$

所以

$$F_A(z)=1+\frac{1}{2^2}z^{-2}+\frac{1}{2^4}z^{-4}+\frac{1}{2^6}z^{-6}\cdots=\sum_{k=0}^{+\infty}\frac{1+(-1)^k}{2}\left(\frac{1}{2}\right)^k z^{-k}$$
$$=\sum_{k=-\infty}^{+\infty}\frac{1+(-1)^k}{2}\left(\frac{1}{2}\right)^k\varepsilon(k)z^{-k}$$

于是

$$f_A(k)=\frac{1+(-1)^k}{2}\left(\frac{1}{2}\right)^k\varepsilon(k)$$

(2) 再求反因果序列 $f_B(k)$

因为

$$\begin{array}{r|l} & \frac{z}{3}+\frac{z^3}{3^3}+\frac{z^5}{3^5}\cdots \\ \hline 9-z^2 & 3z \\ & \underline{3z-\frac{1}{3}z^3} \\ & \qquad \frac{1}{3}z^3 \\ & \qquad \underline{\frac{1}{3}z^3-\frac{z^5}{3^3}} \\ & \qquad\qquad \frac{z^5}{3^3} \\ & \qquad\qquad \underline{\frac{z^5}{3^3}-\frac{z^7}{3^5}} \\ & \qquad\qquad\qquad \vdots \end{array}$$

所以

$$F_B(z)=\frac{z}{3}+\frac{z^3}{3^3}+\frac{z^5}{3^5}+\frac{z^7}{3^7}+\cdots=\sum_{k=-\infty}^{-1}\frac{1-(-1)^k}{2}3^k z^{-k}$$
$$=\sum_{k=-\infty}^{+\infty}\frac{1-(-1)^k}{2}3^k\varepsilon(-k-1)z^{-k}$$

于是

$$f_B(k)=\frac{1-(-1)^k}{2}3^k\varepsilon(-k-1)$$

因此，所求的双边序列为

$$f(k)=f_B(k)+f_A(k)=\frac{1-(-1)^k}{2}3^k\varepsilon(-k-1)+\frac{1+(-1)^k}{2}\left(\frac{1}{2}\right)^k\varepsilon(k)$$

6.4.3　留数法

设序列 $f(k)$ 的双边 ZT 的象函数 $F(z)$ 为

$$F(z)=\frac{b_m z^m+b_{m-1}z^{m-1}+\cdots+b_1 z+b_0}{a_n z^n+a_{n-1}z^{n-1}+\cdots+a_1 z+a_0}\tag{6.4.1}$$

式中，系数 a_n、a_0、b_m 及 b_0 均为非零常数。

令 $T(z)=F(z)z^{k-1}$，即

$$T(z)=F(z)z^{k-1}=\frac{b_m z^{m+k-1}+b_{m-1}z^{m+k-2}+\cdots+b_1 z^k+b_0 z^{k-1}}{a_n z^n+a_{n-1}z^{n-1}+\cdots+a_1 z+a_0}\tag{6.4.2}$$

显然，有理分式 $T(z)$ 的分子及分母分别是关于复变量 z 的 $m+k-1$ 次多项式及 n 次多项式。利用有理分式 $T(z)$，则象函数 $F(z)$ 的逆 z 变换(IZT)可表示为

$$f(k)=\frac{1}{2\pi \mathrm{j}}\oint_c F(z)z^{k-1}\mathrm{d}z=\frac{1}{2\pi \mathrm{j}}\oint_c T(z)\mathrm{d}z \tag{6.4.3}$$

式中，c 是象函数 $F(z)$ 的收敛域内的任意正向闭曲线。

由于象函数 $F(z)$ 伴随的收敛域有圆外域、圆内域和圆环域之分，因此利用留数法求解 IZT 时，需要根据象函数 $F(z)$ 伴随的收敛域的情况，分别进行讨论。

1. 象函数的极点属于区内极点的情况

若象函数 $F(z)$ 的极点属于区内极点($R_a<|z|<\infty$)，则序列为有始序列或因果序列。

设 $q=n-m$，若满足 $n-(m+k-1)\geqslant 2$，即 $k\leqslant q-1$，由幂级数展开法(长除法)可知，先将 $F(z)$ 的分子和分母按降幂排列，再长除，则式(6.4.2)描述的 $T(z)$ 可表示成一个关于复变量 z 的降幂多项式，其首项为 $\frac{b_m}{a_n}z^{-r}$，其中 r 为正整数，并且 $r\geqslant 2$。由于 $T(z)$ 关于复变量 z 的降幂多项式不含 z^{-1} 项，因此利用式(6.4.3)计算的留数为零，即

$$f(k)=\frac{1}{2\pi \mathrm{j}}\oint_c F(z)z^{k-1}\mathrm{d}z=\frac{1}{2\pi \mathrm{j}}\oint_c T(z)\mathrm{d}z=0 \tag{6.4.4}$$

分析表明，当 $k\leqslant q-1$ 时，序列 $f(k)=0$。反之，当 $k\geqslant q$ 时，可以得到非零序列 $f(k)$。因此，若象函数 $F(z)$ 的极点属于区内极点($R_a<|z|<\infty$)，则序列 $f(k)$ 为有始序列或因果序列，并且式(6.4.3)可以表示为

$$f(k)=\frac{1}{2\pi \mathrm{j}}\oint_c F(z)z^{k-1}\mathrm{d}z=\sum_{i=1}^{n_1}\mathrm{Res}\left[F(z)z^{k-1}\right]_{z=v_i}\varepsilon(k-q) \tag{6.4.5}$$

式中，$v_i(i=1,2,\cdots,n_1)$ 是 $T(z)=F(z)z^{k-1}$ 的区内极点，即 $T(z)$ 在正向闭曲线 c 内的极点，n_1 是区内极点数目；$q=n-m$，其中 n 和 m 分别是 $F(z)$ 的分母及分子关于复变量 z 的多项式的幂次。

若 $z=v_i$ 是 $T(z)=F(z)z^{k-1}$ 的 l 阶极点，则 $T(z)$ 在极点 $z=v_i$ 处的留数为

$$\mathrm{Res}\left[T(z)\right]_{z=v_i}=\frac{1}{(l-1)!}\left\{\frac{\mathrm{d}^{l-1}}{\mathrm{d}z^{l-1}}\left[T(z)(z-v_i)^l\right]\right\}\Bigg|_{z=v_i} \tag{6.4.6}$$

特别地，若 $l=1$，则有

$$\mathrm{Res}\left[T(z)\right]_{z=v_i}=\left[T(z)(z-v_i)\right]\big|_{z=v_i} \tag{6.4.7}$$

2. 象函数的极点属于区外极点的情况

若象函数 $F(z)$ 的极点属于区外极点($0<|z|<R_b$)，则序列为有终序列或反因果序列。

从前面的分析已经知道，针对象函数 $F(z)$ 的极点属于区内极点的情况，由式(6.4.3)得到了式(6.4.5)的 IZT 的留数计算公式，利用该公式非常方便地解决了因果序列或有始序列的象函数 $F(z)$ 的求逆问题。针对象函数 $F(z)$ 的极点属于区外极点的情况，从理论上讲，也可以利用式(6.4.3)来计算 $F(z)$ 的逆变换，得到反因果序列或有终序列，但是利用式(6.4.3)来计算 $k<0$ 的 $f(k)$ 时，随着 k 的下降，将不断增加正向闭曲线 c 内 $T(z)=F(z)z^{k-1}$ 在 $z=0$ 处的极点的阶数，这使得留数的计算事实上成为不可能的。为了解决这一问题，可先在 z 平面上 $F(z)$ 的收敛区域 $0<|z|<R_b$ 内画一条正向圆周曲线 c_1，再引入一条半径为无穷大的圆周曲线 c_2，最后选取一条将 $T(z)=F(z)z^{k-1}$ 的所有区外极点均包括在内的积分路径，如图 6.4.1 所示。

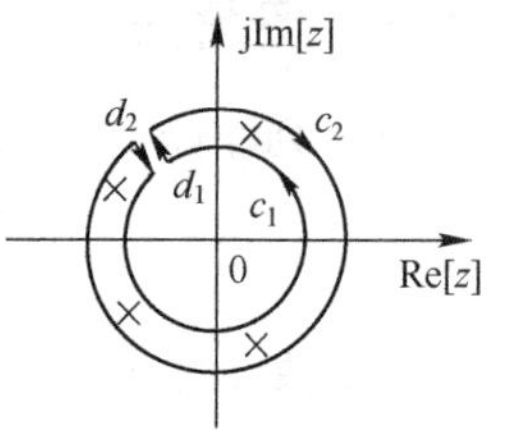

图 6.4.1　区外极点的围线积分路径示意图

设 $q=n-m$，当 $k\leqslant q-1$，即 $q-k\geqslant 1$ 时，考虑到 $T(z)=F(z)z^{k-1}$，则有

$$\lim_{z\to\infty} zT(z)=\lim_{z\to\infty} F(z)z^k=\lim_{z\to\infty}\frac{b_m+b_{m-1}z^{-1}+\cdots+b_1z^{1-m}+b_0z^{-m}}{z^{q-k}(a_n+a_{n-1}z^{-1}+\cdots+a_1z^{1-n}+a_0z^{-n})}=0 \tag{6.4.8}$$

由于式(6.4.8)满足围线积分引理的条件，因此有

$$\lim_{|z|\to\infty}\oint_{c_2} F(z)z^{k-1}\mathrm{d}z\equiv 0 \tag{6.4.9}$$

由图 6.4.1 可知，作逆 z 变换时，沿闭曲线积分的路径由 4 段构成，它们分别是 c_1、c_2、d_1 及 d_2。因为 d_1+d_2 线段的积分恒等于零，由式(6.4.9)可知，沿着 c_2 的积分也恒等于零，于是有

$$f(k)=\frac{1}{2\pi \mathrm{j}}\oint_{c_1+c_2+d_1+d_2} F(z)z^{k-1}\mathrm{d}z=\frac{1}{2\pi \mathrm{j}}\oint_{c_1} F(z)z^{k-1}\mathrm{d}z \tag{6.4.10}$$

分析表明，当 $k\leqslant q-1$ 时，经过推导得到了式(6.4.10)。当 $k\geqslant q$ 时，由于围线积分引理的条件不满足，因此，不能利用式(6.4.10)来计算 IZT。由幂级数展开法(长除法)可知，先将式(6.4.1) 描述的 $F(z)$的分子和分母按升幂排列，再长除，则式(6.4.2)描述的 $T(z)$可表示成一个关于复变量 z 的升幂多项式，其首项为$\dfrac{b_0}{a_0}z^{k-1}$。当 $k\geqslant 1$ 时，由于 $T(z)$关于复变量 z 的升幂多项式不含 z^{-1}项，因此利用式(6.4.3)计算的留数为零，即当 $k\geqslant \max(q,1)$时，$f(k)=0$。因此，若象函数 $F(z)$的极点属于区外极点($0<|z|<R_b$)，则序列 $f(k)$为有终序列或因反果序列，并且可以表示为

$$f(k)=\begin{cases}\dfrac{1}{2\pi \mathrm{j}}\displaystyle\oint_{c_1} F(z)z^{k-1}\mathrm{d}z=-\sum_{p=1}^{n_2}\mathrm{Res}\,[F(z)z^{k-1}]_{z=v_p}\varepsilon(-k+q-1),\ F(z)\text{ 为真分式；}\\ -\displaystyle\sum_{p=1}^{n_2}\mathrm{Res}\,[F(z)z^{k-1}]_{z=v_p}\varepsilon(-k+q-1)+\sum_{i=q}^{0}\mathrm{Res}\,[F(z)z^{i-1}]_{z=0}\delta(k-i),\ F(z)\text{ 为假分式。}\end{cases} \tag{6.4.11}$$

式中，$v_p(p=1,2,\cdots,n_2)$是 $T(z)=F(z)z^{k-1}$的区外极点，即 $T(z)$在正向闭曲线 c_1 外的极点，n_2 是区外极点数目；$q=n-m$，其中 n 和 m 分别是 $F(z)$的分母及分子关于复变量z 的多项式的幂次；负号是因所有的区外极点 $v_p(p=1,2,\cdots,n_2)$始终在积分路径 c_1 右侧的缘故。

若序列 $f(k)$为双边序列，综合式(6.4.5)和式(6.4.11)，可得

$$\begin{aligned}f(k)&=\frac{1}{2\pi \mathrm{j}}\oint_c F(z)z^{k-1}\mathrm{d}z=\frac{1}{2\pi \mathrm{j}}\oint_c F(z)z^{k-1}\mathrm{d}z[\varepsilon(-k+q-1)+\varepsilon(k-q)]\\ &=\sum_{i=1}^{n_1}\mathrm{Res}\,[F(z)z^{k-1}]_{z=v_i}\varepsilon(k-q)-\sum_{p=1}^{n_2}\mathrm{Res}\,[F(z)z^{k-1}]_{z=v_p}\varepsilon(-k+q-1)\end{aligned} \tag{6.4.12}$$

式中，$v_i(i=1,2,\cdots,n_1)$是 $T(z)=F(z)z^{k-1}$的区内极点，n_1 为区内极点数目；$v_p(p=1,2,\cdots,n_2)$是 $T(z)=F(z)z^{k-1}$的区外极点，n_2 为区外极点数目。$q=n-m$，其中 n 和 m 分别是 $F(z)$的分母及分子关于复变量 z 的多项式的幂次。

例 6.4.8：已知象函数 $F(z)=\dfrac{z^2+z+1}{\left(z-\frac{1}{2}\right)(z-1)}$，$1<|z|\leqslant\infty$，试求 $F(z)$的逆 z 变换$f(k)$。

解：由于 $F(z)$只有区内极点$\dfrac{1}{2}$和 1，并且 $q=n-m=2-2=0$，因此，利用式(6.4.5)可得

$$f(k)=\frac{1}{2\pi j}\oint_c \frac{z^2+z+1}{\left(z-\frac{1}{2}\right)(z-1)}z^{k-1}dz=\sum_{i=1}^{3}\text{Res}\left[\frac{z^2+z+1}{z\left(z-\frac{1}{2}\right)(z-1)}z^k\right]_{z=v_i}\varepsilon(k)$$

$$=\left[\frac{z^2+z+1}{\left(z-\frac{1}{2}\right)(z-1)}\bigg|_{z=0}\delta(k)+\frac{z^2+z+1}{z(z-1)}z^k\bigg|_{z=\frac{1}{2}}+\frac{z^2+z+1}{z\left(z-\frac{1}{2}\right)}z^k\bigg|_{z=1}\right]\varepsilon(k)$$

$$=\left[2\delta(k)-7\left(\frac{1}{2}\right)^k+6\times 1^k\right]\varepsilon(k)$$

$$=\delta(k)+\left[6\times 1^k-7\left(\frac{1}{2}\right)^k\right]\varepsilon(k-1)$$

例 6.4.9：已知象函数 $F(z)=\dfrac{z(4z-13)}{(z-2)(z-3)}$，$0\leqslant|z|<2$，试求 $F(z)$的逆 z 变换 $f(k)$。

解：由于 $F(z)$只有区外极点 2 和 3，$q=n-m=2-2=0$，并且 $F(z)$为假分式，因此，利用式(6.4.11)可得

$$f(k)=\frac{1}{2\pi j}\oint_c \frac{z(4z-13)}{(z-2)(z-3)}z^{k-1}dz$$

$$=-\sum_{i=1}^{2}\text{Res}\left[\frac{4z-13}{(z-2)(z-3)}z^k\right]_{z=v_i}\varepsilon(-k-1)+\sum_{i=q}^{0}\text{Res}[F(z)z^{i-1}]_{z=0}\delta(k-i)$$

$$=-\left[\frac{4z-13}{z-3}z^k\bigg|_{z=2}+\frac{4z-13}{z-2}z^k\bigg|_{z=3}\right]\varepsilon(-k-1)+\text{Res}\left[\frac{4z-13}{(z-2)(z-3)}\right]_{z=0}\delta(k)$$

$$=-(5\times 2^k-3^k)\varepsilon(-k-1)+0$$

$$=(3^k-5\times 2^k)\varepsilon(-k-1)$$

例 6.4.10：已知象函数 $F(z)=\dfrac{4(z+2)(z+3)}{(z-1)(z-2)(z-3)(z-4)}$，$2<|z|<3$，试求 $F(z)$的逆 z 变换 $f(k)$。

解：由于 $F(z)$有区内极点 1 和 2，有区外极点 3 和 4，并且 $q=n-m=4-2=2$，因此需要利用式(6.4.12)来计算 $f(k)$。

(1) 当 $k\geqslant 2$ 时

考虑到式(6.4.12)，则有

$$f_1(k)=\sum_{i=1}^{2}\text{Res}\left[\frac{4(z+2)(z+3)}{(z-1)(z-2)(z-3)(z-4)}z^{k-1}\right]_{z=v_i}\varepsilon(k-2)$$

$$=\left[\frac{4(z+2)(z+3)}{(z-2)(z-3)(z-4)}z^{k-1}\bigg|_{z=1}+\frac{4(z+2)(z+3)}{(z-1)(z-3)(z-4)}z^{k-1}\bigg|_{z=2}\right]\varepsilon(k-2)$$

$$=4(5\times 2^k-2\times 1^k)\varepsilon(k-2)$$

(2) 当 $k\leqslant 1$ 时

考虑到式(6.4.12)，则有

$$f_2(k)=-\sum_{p=1}^{2}\text{Res}\left[\frac{4(z+2)(z+3)}{(z-1)(z-2)(z-3)(z-4)}z^{k-1}\right]_{z=v_p}\varepsilon(1-k)$$

$$=-\left[\frac{4(z+2)(z+3)}{(z-1)(z-2)(z-4)}z^{k-1}\bigg|_{z=3}+\frac{4(z+2)(z+3)}{(z-1)(z-2)(z-3)}z^{k-1}\bigg|_{z=4}\right]\varepsilon(1-k)$$

$$=(20\times 3^k-7\times 4^k)\varepsilon(1-k)$$

于是所求的序列为

$$f(k)=f_1(k)+f_2(k)=(20\times 3^k-7\times 4^k)\varepsilon(1-k)+4(5\times 2^k-2\times 1^k)\varepsilon(k-2)$$

6.5 LSI 离散时间系统的 z 域分析

本章前面讨论了非周期序列 $f(k)$的 IZT 形式的分解，引出了非周期序列 $f(k)$的 z 域描述 $F(z)$，即非周期序列 $f(k)$的 ZT，并详细介绍了 ZT 的性质和定理及计算 IZT 的方法。下面首先介绍 LSI 离散时间系统的 z 域描述，再介绍 LSI 离散时间系统的 z 域分析方法。

6.5.1 LSI 离散时间系统的转移函数

由 5.6.5 节的分析可知，定义在区间 $k\in(-\infty,+\infty)$上的无时限复指数序列 $f(k)=z^k=e^{skT}$（复变量 $s=\sigma+j\omega$），通过转移算子为 $H(E)$的 n 阶 LSI 离散时间系统时，若满足主导条件，即复变量 z 的模大于 LSI 离散时间系统所有特征根的模，亦即

$$|z|>\max(|v_i|),\ i=1,2,\cdots,n \tag{6.5.1}$$

则 LSI 离散时间系统的零状态响应就可用式(5.6.112)计算，即

$$y_f(k)=z^k*h(k)=H(E)|_{E=z}z^k=H(z)z^k \tag{6.5.2}$$

可见，只要满足主导条件式(6.5.1)，LSI 离散时间系统的 $H(z)$就可由 $H(E)$代换得到，即

$$H(z)=H(E)|_{E=z} \tag{6.5.3}$$

一个 LSI 离散时间系统的 $H(z)$究竟是什么含义？下面我们来回答这一问题。

我们已经知道，离散时间非周期序列 $f(k)$可以分解成 z^k 的加权和，即

$$f(k)=\frac{1}{2\pi j}\oint_c F(z)z^{k-1}dz \tag{6.5.4}$$

而一个 LSI 离散时间系统的零状态响应可用线性卷和计算，即

$$\begin{aligned}y_f(k)&=f(k)*h(k)=\sum_{m=-\infty}^{+\infty}h(m)f(k-m)\\&=\sum_{m=-\infty}^{+\infty}h(m)\frac{1}{2\pi j}\oint_c F(z)z^{k-m-1}dz\\&=\frac{1}{2\pi j}\oint_c F(z)\left[\sum_{m=-\infty}^{+\infty}h(m)z^{-m}\right]z^{k-1}dz\\&=\frac{1}{2\pi j}\oint_c F(z)H(z)z^{k-1}dz\\&=\frac{1}{2\pi j}\oint_c Y_f(z)z^{k-1}dz\end{aligned} \tag{6.5.5}$$

式中，c 为 $F(z)$和 $H(z)$公共收敛内的任意正向闭曲线，并且

$$H(z)=\sum_{m=-\infty}^{+\infty}h(m)z^{-m}=\sum_{k=-\infty}^{+\infty}h(k)z^{-k},\ R_a<|z|<R_b \tag{6.5.6}$$

$$Y_f(z)=F(z)H(z) \tag{6.5.7}$$

式(6.5.6)表明，$H(z)$是 LSI 离散时间系统单位冲激响应 $h(k)$的双边 ZT，对于可实现的 LST 离散时间系统，即 LSI 离散时间因果系统而言，$H(z)$的收敛域为 $R_a<|z|\leqslant\infty$，其中 $R_a=\max(|v_i|)(i=1,2,\cdots,n)$。满足主导条件式(6.5.1)，就意味着无时限复指数序列 $f(k)=z^k$ 中的 z 一定位于 $H(z)$的收敛域内。通常称 $H(z)$为 LSI 离散时间系统的转移函数，或系统函数。

式(6.5.7)所揭示的关系，正是在时域上将激励 $f(k)$分解成复指数序列 z^k 的加权和，系统

零状态响应 $y_f(k)$在 z 域上的体现，即将时域上的线性卷和运算转化成了 z 域上的乘积运算，如图 6.5.1 所示。这不仅是我们早就知道的结果，而且它将作为 LSI 离散时间系统 z 域分析的依据。

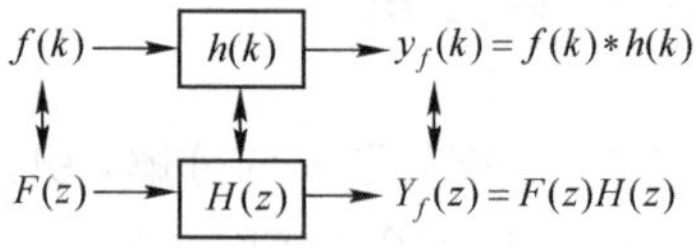

图 6.5.1　LSI 离散时间系统时域运算与 z 域运算的关系

利用式(6.5.7)所揭示的关系，通常将 LSI 离散时间系统的转移函数定义为

$$H(z)=\frac{Y_f(z)}{F(z)} \tag{6.5.8}$$

由于 $H(z)=\mathrm{ZT}[h(k)]$，与 $h(k)$一样，一个 LSI 离散时间系统的转移函数 $H(z)$由系统自身唯一确定。

一般地，一个 n 阶 LSI 离散时间因果系统的转移算子描述为

$$y(k)=\frac{b_m+b_{m-1}E^{-1}+\cdots+b_1E^{1-m}+b_0E^{-m}}{a_n+a_{n-1}E^{-1}+\cdots+a_1E^{1-n}p+a_0E^{-n}}f(k)$$

若系统的特征根为 $v_i(i=1,2,\cdots,n)$，则 LSI 离散时间因果系统的转移函数 $H(z)$可以通过转移算子 $H(E)$代换得到，即

$$H(z)=H(E)\big|_{E=z}=\frac{b_m+b_{m-1}z^{-1}+\cdots+b_1z^{1-m}+b_0z^{-m}}{a_n+a_{n-1}z^{-1}+\cdots+a_1z^{1-n}p+a_0z^{-n}},\ \max(|v_i|)<|z|\leqslant\infty \tag{6.5.9}$$

可见，一个 n 阶 LSI 离散时间系统的转移函数 $H(z)$的确由系统自身唯一确定。

一般来说，求解 LSI 离散时间系统的转移函数有四种方法：一是通过 LSI 离散时间系统的转移算子代换关系得到转移函数；二是对 LSI 离散时间系统的单位冲激响应取双边 ZT 得到转移函数；三是先对描述 LSI 离散时间系统的差分方程取双边 ZT，再利用定义式(6.5.8)得到转移函数；四是在 LSI 离散时间系统的 z 域模型或信号流图中，由于 Mason 规则是网络拓扑结构遵循的通用规则，因此可以利用 Mason 规则得到系统的转移函数。

特别地，对 LSI 离散时间稳定系统，还可以通过 LSI 离散时间系统的频率特性代换关系得到系统的转移函数，即

$$H(z)=H(\mathrm{e}^{\mathrm{j}\Omega})\big|_{\mathrm{e}^{\mathrm{j}\Omega}=z} \tag{6.5.10}$$

式中，$H(\mathrm{e}^{\mathrm{j}\Omega})=\mathrm{DTFT}[h(k)]=\sum\limits_{k=-\infty}^{+\infty}h(k)\mathrm{e}^{-\mathrm{j}\Omega k}$，$H(\mathrm{e}^{\mathrm{j}\Omega})$称为 LSI 离散时间系统的频率特性。

6.5.2　利用 ZT 求解 LSI 离散时间系统的响应

利用 ZT 求解 LSI 离散时间系统的响应可分为两种情况：一是利用单边 ZT 求解 LSI 离散时间系统的零输入响应、零状态响应及全响应；二是利用双边 ZT 求解 LSI 离散时间系统的单位冲激响应及零状态响应。下面分别进行介绍。

1. 利用单边 ZT 求解 LSI 离散时间因果系统的全响应

在实际工作中，由于激励 $f(k)$是因果序列，单位冲激响应为 $h(k)$的系统是物理上可实现的系统，即因果序列 $f(k)$的象函数 $F(z)$和因果系统的转移函数 $H(z)$一定存在公共的收敛域，亦即 LSI 离散时间因果系统一定可以用 z 域方法进行分析。

设描述 n 阶 LSI 离散时间因果系统响应 $y(k)$与激励 $f(k)$关系的差分方程为

$$\begin{aligned}&a_n y(k)+a_{n-1}y(k-1)+\cdots+a_1 y(k-n+1)+a_0 y(k-n)\\&=b_m f(k)+b_{m-1}f(k-1)+\cdots+b_1 f(k-m+1)+b_0 f(k-m)\end{aligned} \tag{6.5.11}$$

系统的初始状态为 $y(-i)(i=1,2,\cdots,n)$，激励 $f(k)$为因果序列，并且 $\mathrm{ZT}[f(k)]=F(z)$。

若 $\mathrm{ZT}[y(k)]=Y(z)$，考虑到单边 ZT 的时域位移性质式(6.3.20)，则有

$$y(k-k_0)\longleftrightarrow z^{-k_0}\sum_{k=-k_0}^{-1}y(k)z^{-k}+z^{-k_0}Y(z),\ R_a<|z|\leqslant\infty \tag{6.5.12}$$

对式(6.5.11)的等号两边分别取单边 ZT，并考虑到式(6.5.12)，可得

$$\begin{aligned}&a_nY(z)+a_{n-1}[y(-1)+z^{-1}Y(z)]+\cdots+a_1\left[z^{-(n-1)}\sum_{k=-(n-1)}^{-1}y(k)z^{-k}+z^{-(n-1)}Y(z)\right]\\&+a_0\left[z^{-n}\sum_{k=-n}^{-1}y(k)z^{-k}+z^{-n}Y(z)\right]=(b_m+b_{m-1}z^{-1}+\cdots+b_1z^{1-m}+b_0z^{-m})F(z)\end{aligned} \tag{6.5.13}$$

整理后，可得

$$Y(z)=\frac{M(z)}{D(z)}+\frac{N(z)}{D(z)}F(z) \tag{6.5.14}$$

式中

$$D(z)=a_n+a_{n-1}z^{-1}+\cdots+a_1z^{1-n}+a_0z^{-n}$$

$$N(z)=b_m+b_{m-1}z^{-1}+\cdots+b_1z^{1-m}+b_0z^{-m}$$

$$M(z)=-\left[a_{n-1}y(-1)+\cdots+a_1z^{-(n-1)}\sum_{k=-(n-1)}^{-1}y(k)z^{-k}+a_0z^{-n}\sum_{k=-n}^{-1}y(k)z^{-k}\right]$$

在式(6.5.14)中，令

$$Y_x(z)=\frac{M(z)}{D(z)} \tag{6.5.15}$$

由于 $M(z)$只与系统的初始状态 $y(-i)(i=1,2,\cdots,n)$有关，而与激励无关，因此 $Y_x(z)$是系统零输入响应 $y_x(k)$的 ZT。

在式(6.5.14)中，令

$$Y_f(z)=\frac{N(z)}{D(z)}F(z) \tag{6.5.16}$$

由于 $Y_f(z)$只与激励 $f(k)$的象函数 $F(z)$有关，而与系统的初始状态无关，因此 $Y_f(z)$是系统零状态响应 $y_f(k)$的 ZT。

考虑到式(6.5.15)及式(6.5.16)，则式(6.5.14)可写成

$$Y(z)=Y_x(z)+Y_f(z) \tag{6.5.17}$$

对式(6.5.17)的等号两边分别取 IZT，可得系统的全响应，即

$$y(k)=\mathrm{IZT}[Y(z)]=\mathrm{IZT}[Y_x(z)]+\mathrm{IZT}[Y_f(z)]=y_x(k)+y_f(k),\ k\geqslant0$$

这种利用单边 ZT 求解 LSI 离散时间系统响应的方法，不仅将时域差分方程求解转化为 z 域代数方程求解，而且直接代入系统的初始状态就可以求解出系统的全响应，因此该方法具有直接、简便、规范和高效的特点。

例 6.5.1：描述 LSI 离散时间因果系统响应 $y(k)$与激励 $f(k)$关系的差分方程为

$$y(k)-\frac{7}{12}y(k-1)+\frac{1}{12}y(k-2)=2f(k) \tag{6.5.18}$$

(1) 已知系统的初始状态 $y(-2)=1$，$y(-1)=2$，激励 $f(k)=\left(\frac{1}{2}\right)^k\varepsilon(k)$，试求系统的零

输入响应 $y_x(k)$、零状态响应 $y_f(k)$及全响应 $y(k)$。

(2) 试求系统的单位冲激响应 $h(k)$。

解:(1) 对差分方程式(6.5.18)的等号两边分别取单边 ZT,并考虑到单边 ZT 的时域位移性质式(6.3.20),则有

$$Y(z)-\frac{7}{12}[y(-1)+z^{-1}Y(z)]+\frac{1}{12}[y(-2)+z^{-1}y(-1)+z^{-2}Y(z)]=2F(z)$$

即

$$Y(z)=\underbrace{\frac{\frac{7}{12}y(-1)-\frac{1}{12}[y(-2)+y(-1)z^{-1}]}{\left(1-\frac{1}{3}z^{-1}\right)\left(1-\frac{1}{4}z^{-1}\right)}}_{Y_x(z)}+\underbrace{\frac{2}{\left(1-\frac{1}{3}z^{-1}\right)\left(1-\frac{1}{4}z^{-1}\right)}F(z)}_{Y_f(z)} \tag{6.5.19}$$

考虑到式(6.3.18),则有

$$F(z)=\mathrm{ZT}[f(k)]=\mathrm{ZT}\left[\left(\frac{1}{2}\right)^k\varepsilon(k)\right]=\frac{1}{1-\frac{1}{2}z^{-1}},\ \frac{1}{2}<|z|\leqslant\infty \tag{6.5.20}$$

将系统的初始状态 $y(-2)=1$,$y(-1)=2$ 及式(6.5.20)代入式(6.5.19),可得

$$\begin{aligned}Y(z)&=\frac{\frac{7}{12}\times2-\frac{1}{12}(1+2z^{-1})}{\left(1-\frac{1}{3}z^{-1}\right)\left(1-\frac{1}{4}z^{-1}\right)}+\frac{2}{\left(1-\frac{1}{3}z^{-1}\right)\left(1-\frac{1}{4}z^{-1}\right)}\times\frac{1}{1-\frac{1}{2}z^{-1}}\\&=\frac{\frac{13}{12}-\frac{1}{6}z^{-1}}{\left(1-\frac{1}{3}z^{-1}\right)\left(1-\frac{1}{4}z^{-1}\right)}+\frac{2}{\left(1-\frac{1}{3}z^{-1}\right)\left(1-\frac{1}{4}z^{-1}\right)\left(1-\frac{1}{2}z^{-1}\right)}\\&=\frac{\frac{7}{3}}{1-\frac{1}{3}z^{-1}}-\frac{\frac{5}{4}}{1-\frac{1}{4}z^{-1}}+\left(\frac{12}{1-\frac{1}{2}z^{-1}}-\frac{16}{1-\frac{1}{3}z^{-1}}+\frac{6}{1-\frac{1}{4}z^{-1}}\right),\ \frac{1}{2}<|z|\leqslant\infty\end{aligned}$$

于是,LSI 离散时间因果系统的零输入响应 $y_x(k)$、零状态响应 $y_f(k)$及全响应 $y(k)$分别为

$$y_x(k)=7\left(\frac{1}{3}\right)^{k+1}-5\left(\frac{1}{4}\right)^{k+1},\ k\geqslant0$$

$$y_f(k)=2\left[6\left(\frac{1}{2}\right)^k-8\left(\frac{1}{3}\right)^k+3\left(\frac{1}{4}\right)^k\right]\varepsilon(k)$$

$$y(k)=7\left(\frac{1}{3}\right)^{k+1}-5\left(\frac{1}{4}\right)^{k+1}+2\left[6\left(\frac{1}{2}\right)^k-8\left(\frac{1}{3}\right)^k+3\left(\frac{1}{4}\right)^k\right]\varepsilon(k),\ k\geqslant0$$

(2) 由式(6.5.19)可知

$$Y_f(z)=\frac{2}{\left(1-\frac{1}{3}z^{-1}\right)\left(1-\frac{1}{4}z^{-1}\right)}F(z)$$

于是

$$H(z)=\frac{Y_f(z)}{F(z)}=\frac{2}{\left(1-\frac{1}{3}z^{-1}\right)\left(1-\frac{1}{4}z^{-1}\right)}=\frac{8}{1-\frac{1}{3}z^{-1}}-\frac{6}{1-\frac{1}{4}z^{-1}},\ \frac{1}{3}<|z|\leqslant\infty$$

因此,LSI 离散时间因果系统的单位冲激响应为

$$h(k)=8\left(\frac{1}{3}\right)^k\varepsilon(k)-6\left(\frac{1}{4}\right)^k\varepsilon(k)=2\left[4\left(\frac{1}{3}\right)^k-3\left(\frac{1}{4}\right)^k\right]\varepsilon(k)$$

2. 利用双边 ZT 求解 LSI 离散时间因果系统的零状态响应

一般来说，只要不涉及求解 LSI 离散时间系统的零输入响应的问题，就可以采用双边 ZT 求解 LSI 离散时间系统的单位冲激响应和零状态响应。

例 6.5.2： LSI 离散时间因果系统的响应 $y(k)$ 与激励 $f(k)$ 之间的关系为

$$y(k)-\sum_{m=-\infty}^{k}\sin\left[\frac{\pi}{3}(k-m)+\frac{\pi}{6}\right]y(m)=f(k) \tag{6.5.21}$$

(1) 试求系统的单位冲激响应 $h(k)$。

(2) 已知系统的激励 $f(k)=\cos\frac{\pi k}{3}\varepsilon(k)$，试求系统的零状态响应 $y_f(k)$。

解： (1) 考虑到式(6.2.23)，则有

$$\cos\frac{\pi k}{3}\varepsilon(k)\longleftrightarrow\frac{1-\cos\frac{\pi}{3}z^{-1}}{1-2\cos\frac{\pi}{3}z^{-1}+z^{-2}},\quad 1<|z|\leqslant\infty$$

考虑到式(6.2.24)，则有

$$\sin\frac{\pi k}{3}\varepsilon(k)\longleftrightarrow\frac{\sin\frac{\pi}{3}z^{-1}}{1-2\cos\frac{\pi}{3}z^{-1}+z^{-2}},\quad 1<|z|\leqslant\infty$$

显然，式(6.5.21)可改写成

$$y(k)-\sum_{m=-\infty}^{+\infty}\sin\left[\frac{\pi}{3}(k-m)+\frac{\pi}{6}\right]\varepsilon(k-m)y(m)=f(k)$$

即

$$y(k)-y(k)*\sin\left(\frac{\pi}{3}k+\frac{\pi}{6}\right)\varepsilon(k)=f(k)$$

亦即

$$y(k)-y(k)*\left[\cos\frac{\pi}{6}\sin\frac{\pi k}{3}\varepsilon(k)+\sin\frac{\pi}{6}\cos\frac{\pi k}{3}\varepsilon(k)\right]=f(k) \tag{6.5.22}$$

对式(6.5.22)的等号两边分别取双边 ZT，并考虑到双边 ZT 的时域线性卷和定理式(6.3.31)，则有

$$Y_f(z)-Y_f(z)\left[\frac{\cos\frac{\pi}{6}\sin\frac{\pi}{3}z^{-1}}{1-2\cos\frac{\pi}{3}z^{-1}+z^{-2}}+\frac{\sin\frac{\pi}{6}\left(1-\cos\frac{\pi}{3}z^{-1}\right)}{1-2\cos\frac{\pi}{3}z^{-1}+z^{-2}}\right]=F(z)$$

即

$$Y_f(z)-Y_f(z)\frac{\sin\frac{\pi}{6}+\sin\left(\frac{\pi}{3}-\frac{\pi}{6}\right)z^{-1}}{1-z^{-1}+z^{-2}}=F(z)$$

亦即

$$Y_f(z)\left(1-\frac{\frac{1}{2}+\frac{1}{2}z^{-1}}{1-z^{-1}+z^{-2}}\right)=F(z)$$

于是

$$Y_f(z)=\frac{1-z^{-1}+z^{-2}}{\frac{1}{2}-\frac{3}{2}z^{-1}+z^{-2}}F(z)=\frac{2-2z^{-1}+2z^{-2}}{1-3z^{-1}+2z^{-2}}F(z)$$

因此，LSI 离散时间因果系统的转移函数为

$$H(z)=\frac{Y_f(z)}{F(z)}=\frac{2-2z^{-1}+2z^{-2}}{1-3z^{-1}+2z^{-2}}=1+\frac{1+z^{-1}}{1-3z^{-1}+2z^{-2}}$$

$$=1+\frac{1+z^{-1}}{(1-z^{-1})(1-2z^{-1})}=1+\frac{3}{1-2z^{-1}}-\frac{2}{1-z^{-1}},\ 2<|z|\leqslant\infty$$

那么，LSI 离散时间因果系统的单位冲激响应为

$$h(k)=\text{IZT}[H(z)]=\delta(k)+(3\times 2^k-2\times 1^k)\varepsilon(k)=2\delta(k)+(3\times 2^k-2\times 1^k)\varepsilon(k-1)$$

(2) 考虑到

$$Y_f(z)=H(z)F(z)=\frac{2(1-z^{-1}+z^{-2})}{1-3z^{-1}+2z^{-2}}\times\frac{1-\frac{1}{2}z^{-1}}{1-z^{-1}+z^{-2}}$$

$$=\frac{2-z^{-1}}{1-3z^{-1}+2z^{-2}}=\frac{2-z^{-1}}{(1-z^{-1})(1-2z^{-1})}$$

$$=\frac{3}{1-2z^{-1}}-\frac{1}{1-z^{-1}},\ 2<|z|\leqslant\infty$$

于是，LSI 离散时间因果系统的零状态响应为

$$y_f(k)=\text{IZT}[Y_f(z)]=(3\times 2^k-1^k)\varepsilon(k)$$

6.5.3　周期序列通过 LSI 离散时间稳定系统的间接 z 域分析法

我们已经知道，周期序列的双边 ZT 不存在，因此，当周期序列通过 LSI 离散时间因果稳定系统时，不能直接利用 z 域分析法求解系统的零状态响应。然而我们可以利用序列分解的概念，将周期序列分解成反因果周期序列与因果周期序列之和，再利用 LSI 离散时间因果稳定系统响应的可加性来求解系统的零状态响应。

设 $f_0(k)$是时限于区间 $k\in[0,N-1]$的序列，即满足

$$f_0(k)=f_0(k)[\varepsilon(k)-\varepsilon(k-N)]=f_0(k)R_N(k)\tag{6.5.23}$$

显然，时限序列 $f_0(k)$的 ZT 的收敛域为有限全 z 平面，即

$$\text{ZT}[f_0(k)]=F_0(z),\ 0<|z|\leqslant\infty\tag{6.5.24}$$

又设

$$f_1(k)=f_0(k)*\sum_{r=-\infty}^{-1}\delta(k-rN)\tag{6.5.25}$$

$$f_2(k)=f_0(k)*\sum_{r=0}^{+\infty}\delta(k-rN)\tag{6.5.26}$$

则周期为 N 的周期序列$\tilde{f}(k)$可表示成

$$\tilde{f}(k)=f_1(k)+f_2(k)\tag{6.5.27}$$

式中，$f_1(k)$为反因果周期序列，$f_2(k)$为因果周期序列。对式(6.5.25)的等号两边分别取双边 ZT，并考虑到式(6.5.24)，则有

$$F_1(z)=\text{ZT}[f_1(k)]=F_0(z)\left(\frac{1}{1-z^N}-1\right),\ |z^N|<1\tag{6.5.28}$$

式(6.5.28)又可以表示成

$$F_1(z)=\mathrm{ZT}[f_1(k)]=F_0(z)\frac{-1}{1-z^{-N}},\ 0\leqslant|z|<1 \tag{6.5.29}$$

对式(6.5.26)的等号两边分别取双边 ZT，并考虑到式(6.5.24)，则有

$$F_2(z)=\mathrm{ZT}[f_2(k)]=F_0(z)\frac{1}{1-z^{-N}},\ 1<|z|\leqslant\infty \tag{6.5.30}$$

设 n 阶 LSI 离散时间因果系统的单位冲激响应为 $h(k)$，则系统转移函数 $H(z)$的收敛域为 z 平面的圆外域，即

$$\mathrm{ZT}[h(k)]=H(z),\ R_a<|z|\leqslant\infty \tag{6.5.31}$$

式中，$R_a=\max(|v_i|)(i=1,2,\cdots,n)$。

由式(5.5.46)可知，一个 LSI 离散时间因果稳定系统应具备的时域充要条件是系统的单位冲激响应为一个满足绝对可和条件的因果序列，由 6.4 节介绍的计算象函数的 IZT 可知，必有 $R_a<1$，因此保证了 $H(z)$与 $F_1(z)$存在公共的收敛域。

考虑到

$$y_f(k)=\tilde{f}(k)*h(k)=f_1(k)*h(k)+f_2(k)*h(k) \tag{6.5.32}$$

则有

$$Y_f(z)=\underbrace{F_1(z)H(z)}_{R_a<|z|<1}+\underbrace{F_2(z)H(z)}_{1<|z|\leqslant\infty} \tag{6.5.33}$$

式(6.5.33)是基于将周期序列分解成反因果周期序列与因果周期序列之和，间接利用 z 域分析法来求解周期序列通过 LSI 离散时间因果稳定系统时的零状态响应的依据。

例 6.5.3：描述一阶 LSI 离散时间因果稳定系统响应 $y(k)$与激励 $f(k)$关系的差分方程为

$$y(k)-\frac{1}{2}y(k-1)=3f(k) \tag{6.5.34}$$

(1) 已知系统的激励为周期序列$\tilde{f}(k)=5\cos\dfrac{\pi k}{2}$，试求系统的零状态响应。

(2) 已知系统的激励为周期序列$\tilde{f}(k)=[\delta(k-1)+\delta(k-2)-\delta(k-4)-\delta(k-5)]*\delta_6(k)$，试求系统的零状态响应。

解：对差分方程式(6.5.34)的等号两边分别取双边 ZT，可得

$$Y_f(z)-\frac{1}{2}z^{-1}Y_f(z)=3F(z)$$

于是，一阶 LSI 离散时间因果稳定系统的转移函数为

$$H(z)=\frac{Y_f(z)}{F(z)}=\frac{3}{1-\dfrac{1}{2}z^{-1}},\ \frac{1}{2}<|z|\leqslant\infty$$

(1) 设 $f_1(k)=5\cos\dfrac{\pi k}{2}\varepsilon(-k-1)$，$f_2(k)=5\cos\dfrac{\pi k}{2}\varepsilon(k)$

考虑到式(6.2.23)，则有

$$\cos\frac{\pi k}{2}\varepsilon(k)\longleftrightarrow\frac{1}{1+z^{-2}},\ 1<|z|\leqslant\infty \tag{6.5.35}$$

$$f_2(k)=5\cos\frac{\pi k}{2}\varepsilon(k)\longleftrightarrow F_2(z)=\frac{5}{1+z^{-2}},\ 1<|z|\leqslant\infty \tag{6.5.36}$$

考虑到双边 ZT 的时域位移性质式(6.3.16)，则有

$$\sin\frac{\pi k}{2}\varepsilon(k-1)=\cos\frac{\pi(k-1)}{2}\varepsilon(k-1)\longleftrightarrow\frac{z^{-1}}{1+z^{-2}},\ 1<|z|\leqslant\infty$$

考虑到双边 ZT 的时域反褶性质式(6.3.26)，则有

$$\sin\frac{\pi k}{2}\varepsilon(-k-1)\longleftrightarrow\frac{-z}{1+z^2}=-\frac{z^{-1}}{1+z^{-2}},\ 0\leqslant|z|<1 \tag{6.5.37}$$

考虑到式(6.2.24)，则有

$$\sin\frac{\pi k}{2}\varepsilon(k)\longleftrightarrow\frac{z^{-1}}{1+z^{-2}},\ 1<|z|\leqslant\infty \tag{6.5.38}$$

考虑到双边 ZT 的时域位移性质式(6.3.16)，则有

$$\cos\frac{\pi k}{2}\varepsilon(k-1)=-\sin\frac{\pi(k-1)}{2}\varepsilon(k-1)\longleftrightarrow\frac{-z^{-2}}{1+z^{-2}},\ 1<|z|\leqslant\infty$$

考虑到双边 ZT 的时域反褶性质式(6.3.26)，则有

$$\cos\frac{\pi k}{2}\varepsilon(-k-1)\longleftrightarrow\frac{-z^2}{1+z^2}=-\frac{1}{1+z^{-2}},\ 0\leqslant|z|<1 \tag{6.5.39}$$

即

$$f_1(k)=5\cos\frac{\pi k}{2}\varepsilon(-k-1)\longleftrightarrow F_1(z)=-\frac{5}{1+z^{-2}},\ 0\leqslant|z|<1 \tag{6.5.40}$$

考虑到 $y_f(k)=f_1(k)*h(k)+f_2(k)*h(k)$，并注意到式(6.5.40)及式(6.5.36)，则有

$$Y_f(z)=F_1(z)H(z)+F_2(z)H(z)=\underbrace{\frac{-15}{(1+z^{-2})\left(1-\frac{1}{2}z^{-1}\right)}}_{\frac{1}{2}<|z|<1}+\underbrace{\frac{15}{(1+z^{-2})\left(1-\frac{1}{2}z^{-1}\right)}}_{1<|z|\leqslant\infty}$$

$$=\underbrace{-\frac{12}{1+z^{-2}}-\frac{6z^{-1}}{1+z^{-2}}-\frac{3}{1-\frac{1}{2}z^{-1}}}_{\frac{1}{2}<|z|<1}+\underbrace{\frac{12}{1+z^{-2}}+\frac{6z^{-1}}{1+z^{-2}}+\frac{3}{1-\frac{1}{2}z^{-1}}}_{1<|z|\leqslant\infty} \tag{6.5.41}$$

由式(6.5.41)，并考虑到式(6.5.35)、式(6.5.37)、式(6.5.38)及式(6.5.39)，则 LSI 离散时间因果稳定系统的零状态响应为

$$\begin{aligned}y_f(k)&=12\cos\frac{\pi k}{2}\varepsilon(-k-1)+6\sin\frac{\pi k}{2}\varepsilon(-k-1)-3\left(\frac{1}{2}\right)^k\varepsilon(k)\\&\quad+\left[12\cos\frac{\pi k}{2}\varepsilon(k)+6\sin\frac{\pi k}{2}\varepsilon(k)+3\left(\frac{1}{2}\right)^k\varepsilon(k)\right]\\&=6\left(2\cos\frac{\pi k}{2}+\sin\frac{\pi k}{2}\right)\end{aligned}$$

(2) 设

$$f_0(k)=\delta(k-1)+\delta(k-2)-\delta(k-4)-\delta(k-5)$$

$$f_1(k)=f_0(k)*\sum_{r=-\infty}^{-1}\delta(k-6r)$$

$$f_2(k)=f_0(k)*\sum_{r=0}^{+\infty}\delta(k-6r)$$

则有

$$\tilde{f}(k)=f_1(k)+f_2(k)$$

于是

$$F_0(z)=\mathrm{ZT}[f_0(k)]=z^{-1}+z^{-2}-z^{-4}-z^{-5}=z^{-1}(1+z^{-1})(1-z^{-3}),\ 0<|z|\leqslant\infty$$

$$F_2(z)=\mathrm{ZT}[f_2(k)]=\frac{F_0(z)}{1-z^{-6}}=\frac{z^{-1}}{1-z^{-1}+z^{-2}},\ 1<|z|\leqslant\infty$$

$$F_1(z)=\mathrm{ZT}[f_1(k)]=-\frac{F_0(z)}{1-z^{-6}}=-\frac{z^{-1}}{1-z^{-1}+z^{-2}},\ 0\leqslant|z|<1$$

考虑到 $y_f(k)=f_1(k)*h(k)+f_2(k)*h(k)$，则有

$$\begin{aligned}Y_f(z)&=F_1(z)H(z)+F_2(z)H(z)\\&=\underbrace{\frac{-3z^{-1}}{(1-z^{-1}+z^{-2})\left(1-\frac{1}{2}z^{-1}\right)}}_{\frac{1}{2}<|z|<1}+\underbrace{\frac{3z^{-1}}{(1-z^{-1}+z^{-2})\left(1-\frac{1}{2}z^{-1}\right)}}_{1<|z|\leqslant\infty}\\&=\underbrace{-\frac{2}{1-\frac{1}{2}z^{-1}}+\frac{2(1-2z^{-1})}{1-z^{-1}+z^{-2}}}_{\frac{1}{2}<|z|<1}+\underbrace{\frac{2}{1-\frac{1}{2}z^{-1}}-\frac{2(1-2z^{-1})}{1-z^{-1}+z^{-2}}}_{1<|z|\leqslant\infty}\end{aligned}$$

即

$$Y_f(z)=\underbrace{-\frac{2}{1-\frac{1}{2}z^{-1}}+\frac{2\left(1-\frac{1}{2}z^{-1}-\sqrt{3}\,\frac{\sqrt{3}}{2}z^{-1}\right)}{1-z^{-1}+z^{-2}}}_{\frac{1}{2}<|z|<1}+\underbrace{\frac{2}{1-\frac{1}{2}z^{-1}}-\frac{2\left(1-\frac{1}{2}z^{-1}-\sqrt{3}\frac{\sqrt{3}}{2}z^{-1}\right)}{1-z^{-1}+z^{-2}}}_{1<|z|\leqslant\infty}\tag{6.5.42}$$

考虑到式(6.2.23)，则有

$$\cos\frac{\pi k}{3}\varepsilon(k)\longleftrightarrow\frac{1-\frac{1}{2}z^{-1}}{1-z^{-1}+z^{-2}},\ 1<|z|\leqslant\infty\tag{6.5.43}$$

考虑到双边 ZT 的时域反褶性质式(6.3.26)，则有

$$\cos\left(-\frac{\pi k}{3}\right)\varepsilon(-k)\longleftrightarrow\frac{1-\frac{1}{2}z}{1-z+z^2},\ 1<|z^{-1}|\leqslant\infty$$

即

$$\cos\frac{\pi k}{3}\varepsilon(-k-1)+\delta(k)\longleftrightarrow\frac{z^{-2}-\frac{1}{2}z^{-1}}{z^{-2}-z^{-1}+1},\ 0\leqslant|z|<1$$

$$\cos\frac{\pi k}{3}\varepsilon(-k-1)\longleftrightarrow\frac{z^{-2}-\frac{1}{2}z^{-1}}{z^{-2}-z^{-1}+1}-1,\ 0\leqslant|z|<1$$

亦即

$$\cos\frac{\pi k}{3}\varepsilon(-k-1)\longleftrightarrow-\frac{1-\frac{1}{2}z^{-1}}{1-z^{-1}+z^{-2}},\ 0\leqslant|z|<1\tag{6.5.44}$$

考虑到式(6.2.24)，则有

$$\sin\frac{\pi k}{3}\varepsilon(k)\longleftrightarrow\frac{\frac{\sqrt{3}}{2}z^{-1}}{1-z^{-1}+z^{-2}},\ 1<|z|\leqslant\infty\tag{6.5.45}$$

考虑到双边 ZT 的时域反褶性质式(6.3.26)，则有

$$\sin\left(-\frac{\pi k}{3}\right)\varepsilon(-k) \longleftrightarrow \frac{\frac{\sqrt{3}}{2}z}{1-z+z^2},\ 1<|z^{-1}|\leqslant\infty$$

即

$$-\sin\frac{\pi k}{3}\varepsilon(-k-1) \longleftrightarrow \frac{\frac{\sqrt{3}}{2}z^{-1}}{1-z^{-1}+z^{-2}},\ 0\leqslant|z|<1 \tag{6.5.46}$$

对式(6.5.42)的等号两边分别取 IZT，并考虑到式(6.5.43)至式(6.5.46)，可得 LSI 离散时间因果稳定系统的零状态响应，即

$$y_f(k)=-2\left(\frac{1}{2}\right)^k\varepsilon(k)-2\left(\cos\frac{\pi k}{3}-\sqrt{3}\sin\frac{\pi k}{3}\right)\varepsilon(-k-1)+2\left(\frac{1}{2}\right)^k\varepsilon(k)-2\left(\cos\frac{\pi k}{3}-\sqrt{3}\sin\frac{\pi k}{3}\right)\varepsilon(k)$$
$$=4\sin\left(\frac{\pi k}{3}-\frac{\pi}{6}\right)$$

6.5.4 无时限复指数序列通过 LSI 离散时间系统的间接 z 域分析法

我们已经知道，无时限复指数序列的双边 ZT 不存在，因此，当无时限复指数序列通过 LSI 离散时间系统时，不能直接利用 z 域分析方法求解系统的零状态响应。然而我们可以利用序列分解的概念，将无时限复指数序列分解成反因果序列与因果序列之和，再利用 LSI 离散时间因果系统响应的可加性来求解系统的零状态响应。

例 6.5.4：描述二阶 LSI 离散时间因果系统响应 $y(k)$ 与激励 $f(k)$ 关系的差分方程为

$$y(k)-\frac{1}{2}y(k-1)+\frac{1}{16}y(k-2)=3f(k) \tag{6.5.47}$$

已知激励为无时限复指数序列 $f(k)=\left(\frac{1}{2}e^{j\frac{\pi}{3}}\right)^k$，试求系统的零状态响应。

解：对差分方程式(6.5.47)的等号两边分别取双边 ZT，可得

$$Y_f(z)-\frac{1}{2}z^{-1}Y_f(z)+\frac{1}{16}z^{-2}Y_f(z)=3F(z)$$

于是，二阶 LSI 离散时间因果系统的转移函数为

$$H(z)=\frac{Y_f(z)}{F(z)}=\frac{3}{1-\frac{1}{2}z^{-1}+\frac{1}{16}z^{-2}}=\frac{3}{\left(1-\frac{1}{4}z^{-1}\right)^2},\ \frac{1}{4}<|z|\leqslant\infty$$

显然，二阶 LSI 离散时间因果系统的单位冲激响应为

$$h(k)=\text{IZT}[H(z)]=3(k+1)\left(\frac{1}{4}\right)^k\varepsilon(k)$$

由式(6.2.37)可知

$$\text{ZT}[v^k\varepsilon(-k-1)]=\frac{-1}{1-vz^{-1}},\ 0\leqslant|z|<|v|$$

于是

$$F_1(z)=\text{ZT}[f_1(k)]=\text{ZT}\left[\left(\frac{1}{2}e^{j\frac{\pi}{3}}\right)^k\varepsilon(-k-1)\right]=\frac{-1}{1-\frac{1}{2}e^{j\frac{\pi}{3}}z^{-1}},\ 0\leqslant|z|<\frac{1}{2}$$

由式(6.2.18)可知

$$\mathrm{ZT}[v^k\varepsilon(k)]=\frac{1}{1-vz^{-1}},\ |v|<|z|\leqslant\infty$$

于是

$$F_2(z)=\mathrm{ZT}[f_2(k)]=\mathrm{ZT}\left[\left(\frac{1}{2}\mathrm{e}^{\mathrm{j}\frac{\pi}{3}}\right)^k\varepsilon(k)\right]=\frac{1}{1-\frac{1}{2}\mathrm{e}^{\mathrm{j}\frac{\pi}{3}}z^{-1}},\ \frac{1}{2}<|z|\leqslant\infty$$

考虑到

$$y_f(k)=\left(\frac{1}{2}\mathrm{e}^{\mathrm{j}\frac{\pi}{3}}\right)^k*h(k)=\left(\frac{1}{2}\mathrm{e}^{\mathrm{j}\frac{\pi}{3}}\right)^k\varepsilon(-k-1)*h(k)+\left(\frac{1}{2}\mathrm{e}^{\mathrm{j}\frac{\pi}{3}}\right)^k\varepsilon(k)*h(k)$$

则有

$$\begin{aligned}Y_f(z)&=\underbrace{\frac{-1}{1-\frac{1}{2}\mathrm{e}^{\mathrm{j}\frac{\pi}{3}}z^{-1}}H(z)}_{\frac{1}{4}<|z|<\frac{1}{2}}+\underbrace{\frac{1}{1-\frac{1}{2}\mathrm{e}^{\mathrm{j}\frac{\pi}{3}}z^{-1}}H(z)}_{\frac{1}{2}<|z|\leqslant\infty}\\&=\underbrace{\frac{-3}{\left(1-\frac{1}{2}\mathrm{e}^{\mathrm{j}\frac{\pi}{3}}z^{-1}\right)\left(1-\frac{1}{4}z^{-1}\right)^2}}_{\frac{1}{4}<|z|<\frac{1}{2}}+\underbrace{\frac{3}{\left(1-\frac{1}{2}\mathrm{e}^{\mathrm{j}\frac{\pi}{3}}z^{-1}\right)\left(1-\frac{1}{4}z^{-1}\right)^2}}_{\frac{1}{2}<|z|\leqslant\infty}\end{aligned}\tag{6.5.48}$$

下面对 $Y_{f2}(z)$ 进行部分分式展开，即

$$\begin{aligned}Y_{f2}(z)&=\frac{3}{\left(1-\frac{1}{2}\mathrm{e}^{\mathrm{j}\frac{\pi}{3}}z^{-1}\right)\left(1-\frac{1}{4}z^{-1}\right)^2}=\left(\frac{\frac{3}{1-\frac{2}{4}\mathrm{e}^{-\mathrm{j}\frac{\pi}{3}}}}{1-\frac{1}{2}\mathrm{e}^{\mathrm{j}\frac{\pi}{3}}z^{-1}}+\frac{\frac{3}{1-\frac{4}{2}\mathrm{e}^{\mathrm{j}\frac{\pi}{3}}}}{1-\frac{1}{4}z^{-1}}\right)\frac{1}{1-\frac{1}{4}z^{-1}}\\&=\left(\frac{\frac{3}{\frac{3}{4}+\frac{\sqrt{3}}{4}\mathrm{j}}}{1-\frac{1}{2}\mathrm{e}^{\mathrm{j}\frac{\pi}{3}}z^{-1}}+\frac{\frac{3}{1-1-\sqrt{3}\mathrm{j}}}{1-\frac{1}{4}z^{-1}}\right)\frac{1}{1-\frac{1}{4}z^{-1}}=\left(\frac{\frac{12}{3+\sqrt{3}\mathrm{j}}}{1-\frac{1}{2}\mathrm{e}^{\mathrm{j}\frac{\pi}{3}}z^{-1}}+\frac{\sqrt{3}\mathrm{j}}{1-\frac{1}{4}z^{-1}}\right)\frac{1}{1-\frac{1}{4}z^{-1}}\\&=\left(\frac{3-\sqrt{3}\mathrm{j}}{1-\frac{1}{2}\mathrm{e}^{\mathrm{j}\frac{\pi}{3}}z^{-1}}+\frac{\sqrt{3}\mathrm{j}}{1-\frac{1}{4}z^{-1}}\right)\frac{1}{1-\frac{1}{4}z^{-1}}=\frac{3-\sqrt{3}\mathrm{j}}{3}\left(\frac{3-\sqrt{3}\mathrm{j}}{1-\frac{1}{2}\mathrm{e}^{\mathrm{j}\frac{\pi}{3}}z^{-1}}+\frac{\sqrt{3}\mathrm{j}}{1-\frac{1}{4}z^{-1}}\right)+\frac{\sqrt{3}\mathrm{j}}{\left(1-\frac{1}{4}z^{-1}\right)^2}\\&=\frac{(\sqrt{3}-\mathrm{j})^2}{1-\frac{1}{2}\mathrm{e}^{\mathrm{j}\frac{\pi}{3}}z^{-1}}+\frac{1+\sqrt{3}\mathrm{j}}{1-\frac{1}{4}z^{-1}}+\frac{\sqrt{3}\mathrm{j}}{\left(1-\frac{1}{4}z^{-1}\right)^2}=\frac{2(1-\sqrt{3}\mathrm{j})}{1-\frac{1}{2}\mathrm{e}^{\mathrm{j}\frac{\pi}{3}}z^{-1}}+\frac{1+\sqrt{3}\mathrm{j}}{1-\frac{1}{4}z^{-1}}+\frac{\sqrt{3}\mathrm{j}}{\left(1-\frac{1}{4}z^{-1}\right)^2}\end{aligned}\tag{6.5.49}$$

考虑到式(6.5.49)，则式(6.5.48)可表示成

$$Y_f(z)=\underbrace{-\frac{2(1-\sqrt{3}\mathrm{j})}{1-\frac{1}{2}\mathrm{e}^{\mathrm{j}\frac{\pi}{3}}z^{-1}}-\frac{1+\sqrt{3}\mathrm{j}}{1-\frac{1}{4}z^{-1}}-\frac{\sqrt{3}\mathrm{j}}{\left(1-\frac{1}{4}z^{-1}\right)^2}}_{\frac{1}{4}<|z|<\frac{1}{2}}+\underbrace{\frac{2(1-\sqrt{3}\mathrm{j})}{1-\frac{1}{2}\mathrm{e}^{\mathrm{j}\frac{\pi}{3}}z^{-1}}+\frac{1+\sqrt{3}\mathrm{j}}{1-\frac{1}{4}z^{-1}}+\frac{\sqrt{3}\mathrm{j}}{\left(1-\frac{1}{4}z^{-1}\right)^2}}_{\frac{1}{2}<|z|\leqslant\infty}\tag{6.5.50}$$

对式(6.5.50)的等号两边分别取 IZT，可得 LSI 离散时间因果系统的零状态响应，即

$$y_f(k)=2(1-\sqrt{3}\mathrm{j})\left(\frac{1}{2}\mathrm{e}^{\mathrm{j}\frac{\pi}{3}}\right)^k\varepsilon(-k-1)-(1+\sqrt{3}\mathrm{j})\left(\frac{1}{4}\right)^k\varepsilon(k)-\sqrt{3}\mathrm{j}(k+1)\left(\frac{1}{4}\right)^k\varepsilon(k)$$
$$+2(1-\sqrt{3}\mathrm{j})\left(\frac{1}{2}\mathrm{e}^{\mathrm{j}\frac{\pi}{3}}\right)^k\varepsilon(k)+(1+\sqrt{3}\mathrm{j})\left(\frac{1}{4}\right)^k\varepsilon(k)+\sqrt{3}\mathrm{j}(k+1)\left(\frac{1}{4}\right)^k\varepsilon(k)$$
$$=2(1-\sqrt{3}\mathrm{j})\left(\frac{1}{2}\mathrm{e}^{\mathrm{j}\frac{\pi}{3}}\right)^k$$

亦即

$$y_f(k)=f(k)*h(k)=\left(\frac{1}{2}\mathrm{e}^{\mathrm{j}\frac{\pi}{3}}\right)^k*3(k+1)\left(\frac{1}{4}\right)^k\varepsilon(k)=2(1-\sqrt{3}\mathrm{j})\left(\frac{1}{2}\mathrm{e}^{\mathrm{j}\frac{\pi}{3}}\right)^k$$

显然

$$\left(\frac{1}{2}\right)^k\cos\frac{\pi k}{3}*3(k+1)\left(\frac{1}{4}\right)^k\varepsilon(k)=\mathrm{Re}[y_f(k)]=2\left(\frac{1}{2}\right)^k\left(\cos\frac{\pi k}{3}+\sqrt{3}\sin\frac{\pi k}{3}\right)=4\left(\frac{1}{2}\right)^k\cos\left(\frac{\pi k}{3}-\frac{\pi}{3}\right)$$
$$\left(\frac{1}{2}\right)^k\sin\frac{\pi k}{3}*3(k+1)\left(\frac{1}{4}\right)^k\varepsilon(k)=\mathrm{Im}[y_f(k)]=2\left(\frac{1}{2}\right)^k\left(\sin\frac{\pi k}{3}-\sqrt{3}\cos\frac{\pi k}{3}\right)=4\left(\frac{1}{2}\right)^k\sin\left(\frac{\pi k}{3}-\frac{\pi}{3}\right)$$

6.6 LSI 离散时间系统的模拟及稳定性判据

本节首先介绍 LSI 离散时间系统的模拟及信号流图，接着介绍 LSI 离散时间系统的零极点分布与系统时域特性的关系，然后介绍 LSI 离散时间系统稳定性的 z 域判据，最后介绍简单的 LSI 离散时间系统的设计。

6.6.1 LSI 离散时间系统的模拟及信号流图

由于 LSI 离散时间系统内部的数学运算可归结为时域位移、乘系数及相加，因此可以用单位延迟器 D、标量乘法器及加法器对 LSI 离散时间系统进行模拟，并且有三种模拟形式，即卡尔曼形式、级联形式及并联形式。

1. LSI 离散时间系统的模拟

由式(6.5.11)可知，描述 LSI 离散时间系统响应 $y(k)$与激励 $f(k)$关系的差分方程为

$$\sum_{i=0}^{n}a_{n-i}y(k-i)=\sum_{j=0}^{m}b_{m-j}f(k-j),\ m\leqslant n \tag{6.6.1}$$

式中，$a_{n-i}(i=0,1,2,\cdots,n)$及 $b_{m-j}(j=0,1,2,\cdots,m)$为常数。

若将差分方程式(6.6.1)的等号两边分别除以 a_n，并且令 $a(n-i)=-a_{n-i}/a_n(i=1,2,\cdots,n)$，$b(m-j)=b_{m-j}/a_n(j=0,1,2,\cdots,m)$，则可写成

$$y(k)=\sum_{i=1}^{n}a(n-i)y(k-i)+\sum_{j=0}^{m}b(m-j)f(k-j)=\sum_{i=1}^{n}a(n-i)y(k-i)+x(k) \tag{6.6.2}$$

式中

$$x(k)=\sum_{j=0}^{m}b(m-j)f(k-j) \tag{6.6.3}$$

利用加法器、标量乘法器及单位延迟器，对差分方程式(6.6.2)及式(6.6.3)在时域上直接进行模拟，可用图 6.6.1 所示的时域模拟方框图来表示。在该图中，前级实现对差分方程式(6.6.3)的模拟，后级实现对差分方程式(6.6.2)的模拟。

由线性卷和的结合律可知，LSI 离散时间系统的级联与顺序无关。交换图 6.6.1 中两级的级联顺序，并将对应的单位延迟器合并，就可得图 6.6.2 所示的单位延迟器最少的时域模拟方框图，即卡尔曼形式。z 域卡尔曼形式的模拟方框图，如图 6.6.3 所示。

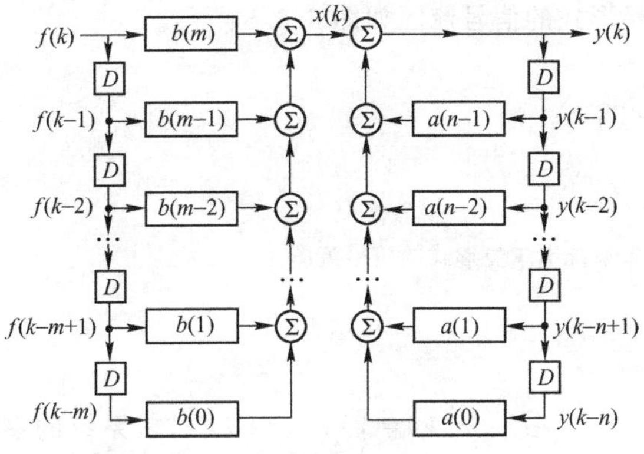

图 6.6.1　当 $m=n$ 时 LSI 离散时间系统的时域直接模拟方框图

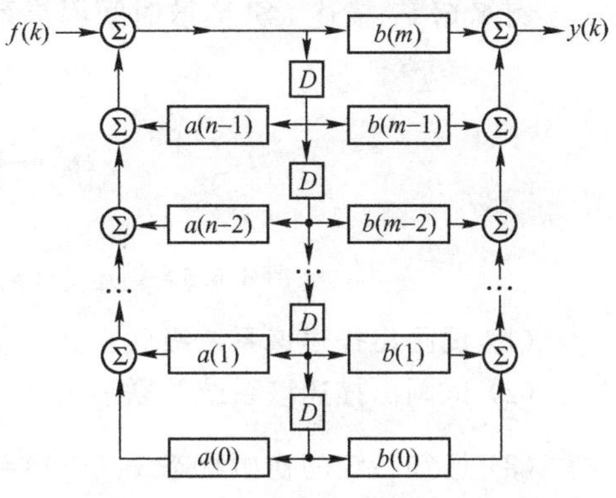

图 6.6.2　当 $m=n$ 时 LSI 离散时间系统时域卡尔曼形式的模拟方框图

2. LSI 离散时间系统的信号流图

由图 6.6.3 所示的系统模拟方框图可知，系统的转移函数完全由各子系统的转移函数及连接方式决定，因此可将系统模拟方框图进行简化：用一条有方向的线段替代子系统的方框图，将转移函数写在线段旁，取消求和符号"$\sum$"，用"·"代替，两条有向线段指向一点就表示相加，如遇相减，则将减号移到子系统的转移函数之前，这样构成的图形称为 LSI 离散时间系统的信号流图。LSI 离散时间系统 z 域卡尔曼形式的模拟方框图(图 6.6.3)对应的信号流图，如图 6.6.4所示。

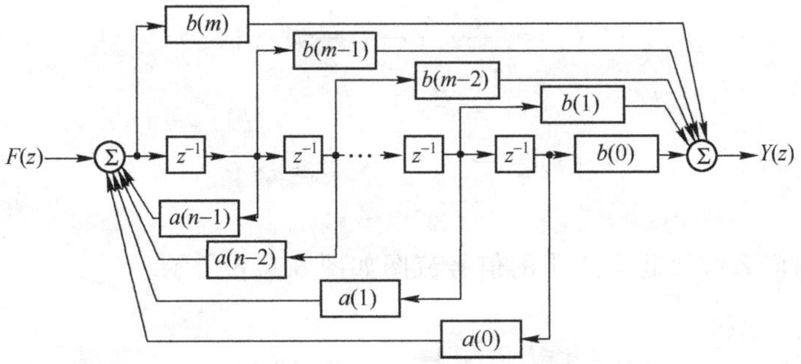

图 6.6.3　当 $m=n$ 时 LSI 离散时间系统 z 域卡尔曼形式的模拟方框图

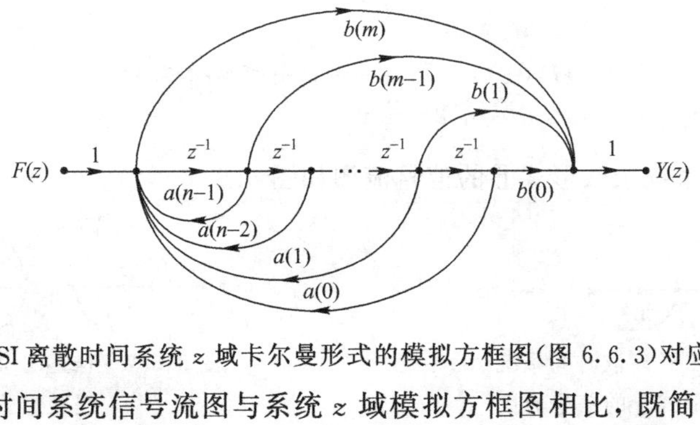

图 6.6.4　LSI 离散时间系统 z 域卡尔曼形式的模拟方框图(图 6.6.3)对应的信号流图

显然，LSI 离散时间系统信号流图与系统 z 域模拟方框图相比，既简洁又保留了系统 z 域模拟方框图的全部特征。

Mason 规则是由网络拓扑理论导出的，是用来计算复杂系统中独立节点至非独立节点之间信号转移函数的通用规则，因此同样适用于 LSI 离散时间系统。

例 6.6.1：描述 LSI 离散时间因果系统卡尔曼形式的信号流图如图 6.6.5 所示。

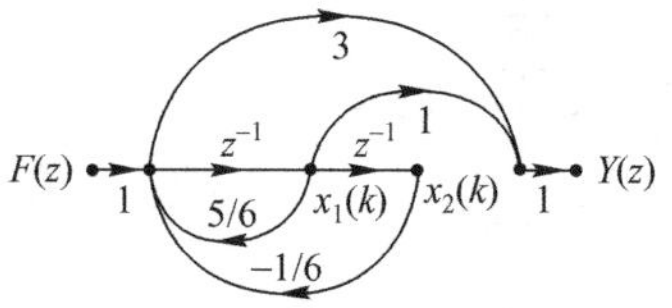

图 6.6.5 描述 LSI 离散时间因果系统卡尔曼形式的信号流图

(1) 试画出描述该系统级联形式的信号流图。

(2) 试画出描述该系统并联形式的信号流图。

(3) 已知系统的初始状态 $x_1(-1)=x_2(-1)=6$，激励 $f(k)=\left(\frac{1}{4}\right)^k\varepsilon(k)$，试求系统的零输入响应 $y_x(k)$、零状态响应 $y_f(k)$及全响应 $y(k)$。

解：(1) 基于图 6.6.5，利用 Mason 规则可得描述系统的转移函数，即

$$H(z)=\frac{Y(z)}{F(z)}=\frac{3\times 1+z^{-1}\times 1}{1-\left(\frac{5}{6}z^{-1}-\frac{1}{6}z^{-2}\right)}=\frac{3+z^{-1}}{\left(1-\frac{1}{2}z^{-1}\right)\left(1-\frac{1}{3}z^{-1}\right)},\ \frac{1}{2}<|z|\leqslant\infty \tag{6.6.4}$$

显然，式(6.6.4)可表示成

$$H(z)=H_1(z)H_2(z)=\frac{3+z^{-1}}{\left(1-\frac{1}{2}z^{-1}\right)\left(1-\frac{1}{3}z^{-1}\right)},\ \frac{1}{2}<|z|\leqslant\infty \tag{6.6.5}$$

在式(6.6.5)中

① 令

$$H_1(z)=\frac{3+z^{-1}}{1-\frac{1}{2}z^{-1}},\ \frac{1}{2}<|z|\leqslant\infty$$

$$H_2(z)=\frac{1}{1-\frac{1}{3}z^{-1}},\ \frac{1}{3}<|z|\leqslant\infty$$

则描述 LSI 离散时间系统级联形式Ⅰ的信号流图如图 6.6.6 所示。

② 令

$$H_1(z)=\frac{1}{1-\frac{1}{3}z^{-1}},\ \frac{1}{3}<|z|\leqslant\infty$$

$$H_2(z)=\frac{3+z^{-1}}{1-\frac{1}{2}z^{-1}},\ \frac{1}{2}<|z|\leqslant\infty$$

则描述 LSI 离散时间系统级联形式Ⅱ的信号流图如图 6.6.7 所示。

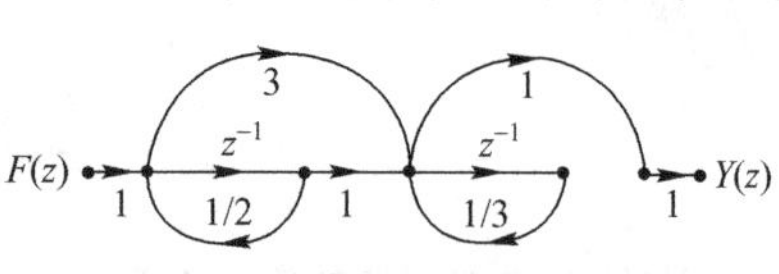

图 6.6.6 描述 LSI 离散时间系统级联形式Ⅰ的信号流图

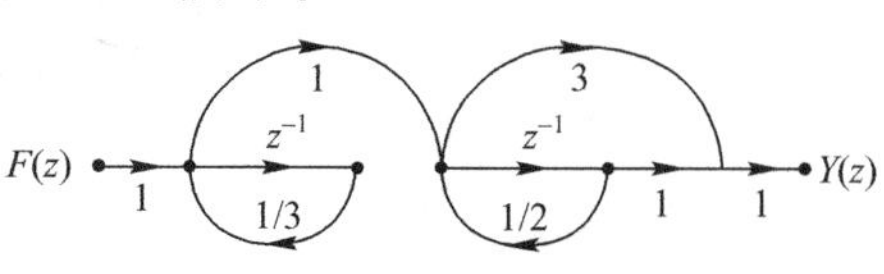

图 6.6.7 描述 LSI 离散时间系统级联形式Ⅱ的信号流图

③ 令

$$H_1(z)=\frac{3+z^{-1}}{1-\frac{1}{3}z^{-1}},\ \frac{1}{3}<|z|\leqslant\infty$$

$$H_2(z)=\frac{1}{1-\frac{1}{2}z^{-1}},\ \frac{1}{2}<|z|\leqslant\infty$$

则描述 LSI 离散时间系统级联形式Ⅲ的信号流图如图 6.6.8 所示。

④ 令

$$H_1(z)=\frac{1}{1-\frac{1}{2}z^{-1}},\ \frac{1}{2}<|z|\leqslant\infty$$

$$H_2(z)=\frac{3+z^{-1}}{1-\frac{1}{3}z^{-1}},\ \frac{1}{3}<|z|\leqslant\infty$$

则描述 LSI 离散时间系统级联形式Ⅳ的信号流图如图 6.6.9 所示。

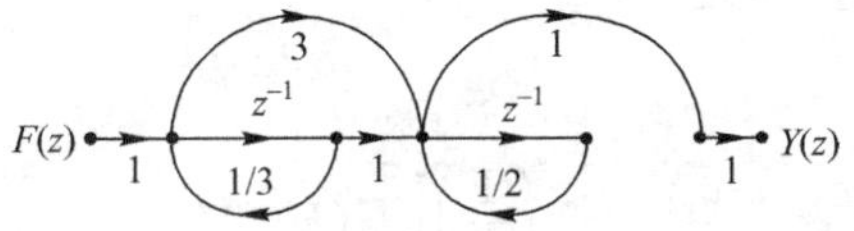

图 6.6.8　描述 LSI 离散时间系统级联形式Ⅲ的信号流图

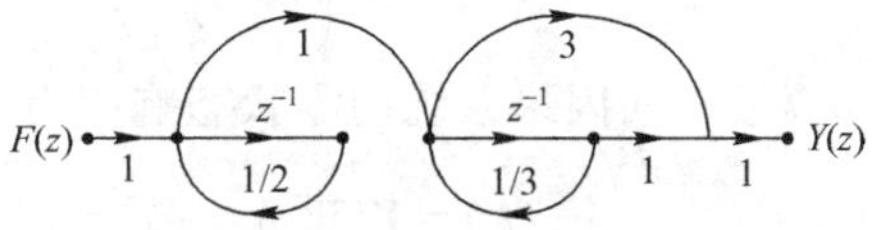

图 6.6.9　描述 LSI 离散时间系统级联形式Ⅳ的信号流图

一般地，一个 n 阶 LSI 离散时间系统，对于变量 z^{-1} 而言，若 $N(z)$ 与 $D(z)$ 的幂次相同或 $N(z)$ 比 $D(z)$ 低一次幂，并且 $N(z)=0$ 和 $D(z)=0$ 的根都是实根，则共有 $(n!)^2$ 种级联形式的信号流图。

(2) 考虑到式(6.6.4)，则有

$$\begin{aligned}H(z)&=\frac{3+z^{-1}}{\left(1-\frac{1}{2}z^{-1}\right)\left(1-\frac{1}{3}z^{-1}\right)}=\frac{3z^2+z}{\left(z-\frac{1}{2}\right)\left(z-\frac{1}{3}\right)}=\frac{3\left(z^2-\frac{5}{6}z+\frac{1}{6}\right)+\frac{7}{2}z-\frac{1}{2}}{\left(z-\frac{1}{2}\right)\left(z-\frac{1}{3}\right)}\\&=3+\frac{\frac{7}{2}z-\frac{1}{2}}{\left(z-\frac{1}{2}\right)\left(z-\frac{1}{3}\right)}=3+\frac{7.5}{z-\frac{1}{2}}-\frac{4}{z-\frac{1}{3}},\ \frac{1}{2}<|z|\leqslant\infty\end{aligned}\tag{6.6.6}$$

考虑到式(6.6.6)，则描述 LSI 离散时间系统并联形式Ⅰ的信号流图如图 6.6.10 所示。

其实，式(6.6.4)还可以表示成

$$H(z)=\frac{3+z^{-1}}{1-\frac{5}{6}z^{-1}+\frac{1}{6}z^{-2}}=\frac{3+z^{-1}}{\left(1-\frac{1}{2}z^{-1}\right)\left(1-\frac{1}{3}z^{-1}\right)}=\frac{15}{1-\frac{1}{2}z^{-1}}-\frac{12}{1-\frac{1}{3}z^{-1}}\tag{6.6.7}$$

考虑到式(6.6.7)，则描述 LSI 离散时间系统并联形式Ⅱ的信号流图如图 6.6.11 所示。在数字信号处理技术的相关著作和教材中，对 LSI 离散时间系统进行并联实现，就是采用了图 6.6.11 这种简化并联形式的信号流图。

(3) 采用分解法求系统的全响应

考虑到 LSI 离散时间系统的全响应可以分解成零输入响应 $y_x(k)$ 与零状态响应 $y_f(k)$ 之和，因此可采用分解法求系统的全响应。

① 确定 LSI 离散时间因果系统的零状态响应 $y_f(k)$

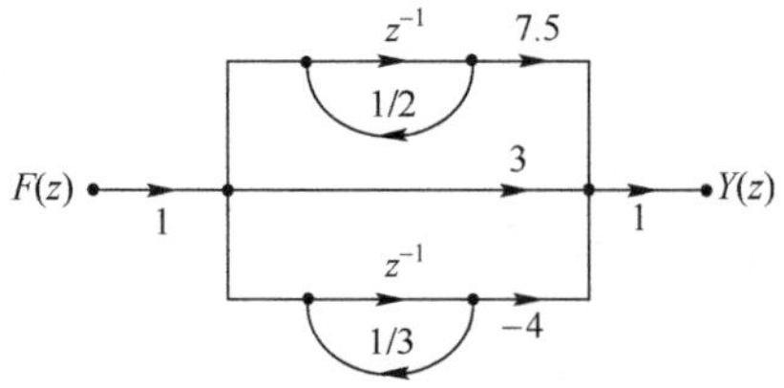

图 6.6.10　描述 LSI 离散时间系统并联形式I的信号流图

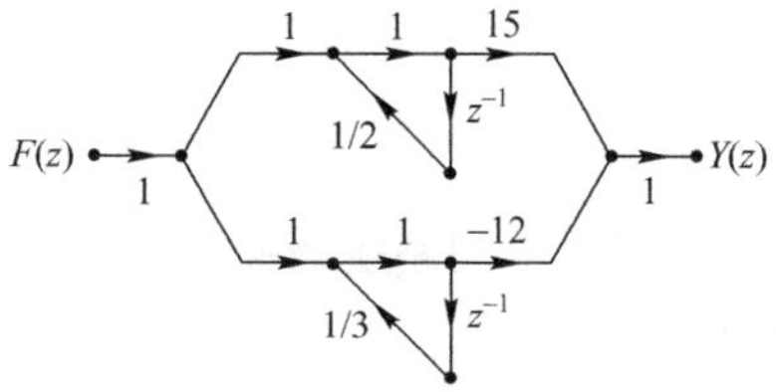

图 6.6.11　描述 LSI 离散时间系统并联形式II的信号流图

考虑到

$$Y_f(z)=H(z)F(z)=\frac{3+z^{-1}}{\left(1-\frac{1}{2}z^{-1}\right)\left(1-\frac{1}{3}z^{-1}\right)\left(1-\frac{1}{4}z^{-1}\right)}$$

$$=3\left(\frac{10}{1-\frac{1}{2}z^{-1}}-\frac{16}{1-\frac{1}{3}z^{-1}}+\frac{7}{1-\frac{1}{4}z^{-1}}\right),\ \frac{1}{2}<|z|\leqslant\infty$$

则 LSI 离散时间因果系统的零状态响应为

$$y_f(k)=\mathrm{IZT}[y_f(z)]=3\left[10\left(\frac{1}{2}\right)^k-16\left(\frac{1}{3}\right)^k+7\left(\frac{1}{4}\right)^k\right]\varepsilon(k)$$

② 确定系统的零输入响应 $y_x(k)$

处理方式 1

由于系统的初始状态是用两个单位延迟器的响应变量(系统的状态变量)$x_1(k)$及 $x_2(k)$在 $k=-1$ 位时的值 $x_1(-1)$及 $x_2(-1)$进行描述的，因此需要利用 $x_1(-1)$及 $x_2(-1)$确定出，用系统响应变量 $y(k)$来描述的系统初始状态，即 $y(-1)$及 $y(-2)$。

由图 6.6.5 所示的系统信号流图可得

$$x_1(k+1)=f(k)+\frac{5}{6}x_1(k)-\frac{1}{6}x_2(k) \tag{6.6.8}$$

$$x_2(k)=x_1(k-1) \tag{6.6.9}$$

$$y(k)=3x_1(k+1)+x_1(k)=3x_1(k+1)+x_2(k+1) \tag{6.6.10}$$

由式(6.6.8)可得

$$x_1(0)=f(-1)+\frac{5}{6}x_1(-1)-\frac{1}{6}x_2(-1)=0+\frac{5}{6}\times6-\frac{1}{6}\times6=4$$

由式(6.6.10)可得

$$y(-2)=3x_1(-1)+x_2(-1)=3\times6+6=24$$
$$y(-1)=3x_1(0)+x_1(-1)=3\times4+6=18$$

由式(6.6.4)可知，LSI 离散时间系统的特征根为 $v_1=\frac{1}{2}$，$v_2=\frac{1}{3}$，因此可设系统零输入响应的通解为

$$y_x(k)=C_1\left(\frac{1}{2}\right)^k+C_2\left(\frac{1}{3}\right)^k,\ k\geqslant-2$$

则有

$$\begin{cases}y(-2)=4C_1+9C_2=24\\y(-1)=2C_1+3C_2=18\end{cases},\ \text{解得}\ \begin{cases}C_1=15\\C_2=-4\end{cases}$$

于是，LSI 离散时间因果系统的零输入响应为

$$y_x(k)=15\left(\frac{1}{2}\right)^k-4\left(\frac{1}{3}\right)^k,\ k\geqslant-2$$

处理方式 2

为了避免将系统的初始状态 $x_i(-1)(i=1,2)$ 转换成 $y(-i)(i=1,2)$ 带来的麻烦，可以直接对系统的状态变量 $x_1(k)$ 进行求解。

基于图 6.6.5，由 Mason 规则可得

$$H_1(z)=\frac{X_1(z)}{F(z)}=\frac{z^{-1}\times 1}{1-\left(\frac{5}{6}z^{-1}-\frac{1}{6}z^{-2}\right)}=\frac{z^{-1}}{\left(1-\frac{1}{2}z^{-1}\right)\left(1-\frac{1}{3}z^{-1}\right)},\ \frac{1}{2}<|z|\leqslant\infty \tag{6.6.11}$$

由式(6.6.11)可知，系统的特征根仍然为 $v_1=\frac{1}{2}$ 和 $v_2=\frac{1}{3}$，因此可设 $x_1(k)$ 的零输入分量的通解为

$$x_{1x}(k)=C_1\left(\frac{1}{2}\right)^k+C_2\left(\frac{1}{3}\right)^k,\ k\geqslant -2$$

考虑到

$$\begin{cases}x_{1x}(-2)=4C_1+9C_2=x_1(-2)=x_2(-1)=6\\ x_{1x}(-1)=2C_1+3C_2=x_1(-1)=6\end{cases},\ 解得\ \begin{cases}C_1=6\\ C_2=-2\end{cases}$$

于是，$x_1(k)$ 的零输入分量为

$$x_{1x}(k)=6\left(\frac{1}{2}\right)^k-2\left(\frac{1}{3}\right)^k,\ k\geqslant -2 \tag{6.6.12}$$

将式(6.6.12)代入式(6.6.10)，可得 LSI 离散时间因果系统的零输入响应，即

$$\begin{aligned}y_x(k)&=3x_{1x}(k+1)+x_{1x}(k)=3\left[6\left(\frac{1}{2}\right)^{k+1}-2\left(\frac{1}{3}\right)^{k+1}\right]+\left[6\left(\frac{1}{2}\right)^k-2\left(\frac{1}{3}\right)^k\right]\\&=15\left(\frac{1}{2}\right)^k-4\left(\frac{1}{3}\right)^k,\ k\geqslant -2\end{aligned}$$

③ 确定 LSI 离散时间因果系统的全响应 $y(k)$

$$y(k)=y_x(k)+y_f(k)=15\left(\frac{1}{2}\right)^k-4\left(\frac{1}{3}\right)^k+3\left[10\left(\frac{1}{2}\right)^k-16\left(\frac{1}{3}\right)^k+7\left(\frac{1}{4}\right)^k\right]\varepsilon(k),\ k\geqslant -2$$

6.6.2　LSI 离散时间系统的零点和极点分布与系统时域特性的关系

下面先介绍 LSI 离散时间系统的零点、极点和零极图的概念，然后讨论系统转移函数 $H(z)$ 的零极点分布与系统时域特性的关系。

1. LSI 离散时间系统的零点和极点

由式(6.5.9)可知，一个 n 阶 LSI 离散时间系统的转移函数 $H(z)$ 的一般形式为

$$H(z)=\frac{b_m+b_{m-1}z^{-1}+\cdots+b_1z^{1-m}+b_0z^{-m}}{a_n+a_{n-1}z^{-1}+\cdots+a_1z^{1-n}p+a_0z^{-n}},\ \max(|v_i|)<|z|\leqslant\infty \tag{6.6.13}$$

式中，$a_i(i=0,1,2,\cdots,n)$ 和 $b_j(j=0,1,2,\cdots,m)$ 均为常数。

若对 LSI 离散时间系统转移函数 $H(z)$ 的分子多项式和分母多项式进行因式分解，则式(6.6.13)可写成

$$H(z)=\frac{b_m\prod_{j=1}^{m}(1-z_jz^{-1})}{a_n\prod_{i=1}^{n}(1-v_iz^{-1})}=Cz^{n-m}\frac{\prod_{j=1}^{m}(z-z_j)}{\prod_{i=1}^{n}(z-v_i)},\ \max(|v_i|)<|z|\leqslant\infty \tag{6.6.14}$$

式中，$C=b_m/a_n$。

显然，$\lim\limits_{z\to z_j} H(z)=0$，而$\lim\limits_{z\to v_i} H(z)=\infty$，$z_j(j=1,2,\cdots,m)$和$v_i(i=1,2,\cdots,n)$分别称为LSI离散时间系统的零点和极点，它们完全由系统的结构和标量乘法器的系数确定。反之，由式(6.6.14)可以看出，只要已知$z_j(j=1,2,\cdots,m)$和$v_i(i=1,2,\cdots,n)$，以及常数因子b_m和a_n，则LSI离散时间系统的转移函数$H(z)$就可以完全确定了。

例6.6.2：已知LSI离散时间系统的单位冲激响应$h(k)$是偶序列，并且其z变换$H(z)$是有理式。在单位圆内，非零的零点$z_j(1\leqslant j\leqslant m)$是一阶零点；非零的极点$v_i(1\leqslant i\leqslant n)$是一阶极点，而单位圆周上无零点和极点。试写出$H(z)$的表达式，其中的常数用$G$表示。

解：考虑到$h(k)=h(-k)$，则有$H(z)=H(z^{-1})$，于是

$$H(z)=C\frac{\prod\limits_{j=1}^{m}(1-z_jz)(1-z_jz^{-1})}{\prod\limits_{i=1}^{n}(1-v_iz)(1-v_iz^{-1})}=G\frac{\prod\limits_{j=1}^{m}(z-z_j)(z-z_j^{-1})}{z^{m-n}\prod\limits_{i=1}^{n}(z-v_i)(z-v_i^{-1})}$$

式中，$G=C\dfrac{(-z_1)(-z_2)\cdots(-z_m)}{(-v_1)(-v_2)\cdots(-v_n)}=C(-1)^{m-n}\dfrac{z_1z_2\cdots z_m}{v_1v_2\cdots v_n}$。

2. LSI离散时间系统的零极图

在z平面上，分别用“∘”和“×”表示LSI离散时间系统转移函数$H(z)$的零点和极点，则可得到系统的零极图。对于高阶零点和极点，可在图的相应位置标明阶数。

例6.6.3：已知LSI离散时间系统的转移函数为$H(z)=\dfrac{z^2(z-1)}{\left(z-\dfrac{1}{3}\right)^3\left(z^2-\dfrac{1}{2}z+\dfrac{1}{4}\right)}$，试画出系统的零极图。

解：令$D(z)=\left(z-\dfrac{1}{3}\right)^3\left(z^2-\dfrac{1}{2}z+\dfrac{1}{4}\right)=0$，可得到LSI离散时间系统的三阶极点$v_1=\dfrac{1}{3}$，一对共轭复极点$v_2=\dfrac{1}{2}e^{j\frac{\pi}{3}}$，$v_3=\dfrac{1}{2}e^{-j\frac{\pi}{3}}$，令$N(z)=z^2(z-1)=0$，得到LSI离散时间系统的二阶零点$z_1=0$和一个单零点$z_2=1$，于是LSI离散时间系统的零极图如图6.6.12所示。

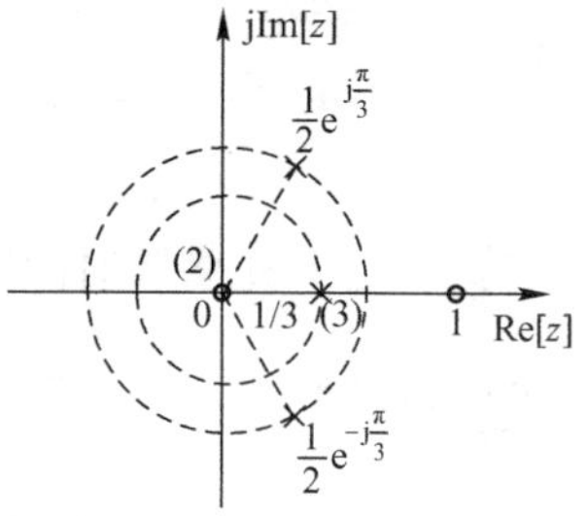

图6.6.12　LSI离散时间系统的零极图

3. LSI离散时间系统的零极点分布与系统时域特性的关系

为了简单起见，设n阶LSI离散时间系统转移函数$H(z)$的极点均为一阶极点，通过部分分式展开，则式(6.6.14)可以写成

$$H(z)=\frac{b_m\prod\limits_{j=1}^{m}(1-z_jz^{-1})}{a_n\prod\limits_{i=1}^{n}(1-v_iz^{-1})}=\sum_{i=1}^{n}\frac{C_i}{1-v_iz^{-1}},\ \max(|v_i|)<|z|\leqslant\infty \tag{6.6.15}$$

于是，n阶LSI离散时间系统的单位冲激响应可表示成

$$h(k)=\sum_{i=1}^{n}C_iv_i^k\varepsilon(k) \tag{6.6.16}$$

式(6.6.16)表明，LSI离散时间系统转移函数$H(z)$的极点$v_i(i=1,2,\cdots,n)$确定了$h(k)$中各项的模式$v_i^k\varepsilon(k)$；LSI离散时间系统转移函数$H(z)$的零点$z_j(j=1,2,\cdots,m)$、极点$v_i(i=1,2,\cdots,n)$及常数因子b_m和a_n共同确定了$h(k)$中各项的系数$C_i(i=1,2,\cdots,n)$，即确定了$h(k)$的具体表达式。

讨论：

(1) 系统转移函数$H(z)$的极点位于z平面的单位圆内

① 若 $H(z)=\dfrac{1}{1-\frac{1}{2}z^{-1}}$，$\frac{1}{2}<|z|\leqslant\infty$，则 $h(k)=\left(\frac{1}{2}\right)^k\varepsilon(k)$。

② 若 $H(z)=\dfrac{z^{-1}}{\left(1-\frac{1}{2}z^{-1}\right)^2}$，$\frac{1}{2}<|z|\leqslant\infty$，则 $h(k)=2k\left(\frac{1}{2}\right)^k\varepsilon(k)$。

③ 若 $H(z)=\dfrac{1-\frac{1}{6}z^{-1}}{1-\frac{1}{3}z^{-1}+\frac{1}{9}z^{-2}}$，$\frac{1}{3}<|z|\leqslant\infty$，则 $h(k)=\left(\frac{1}{3}\right)^k\cos\frac{\pi k}{3}\varepsilon(k)$。

结论 1：

若 LSI 离散时间系统转移函数 $H(z)$的所有极点均位于 z 平面的单位圆内，则系统的单位冲激响应 $h(k)$是一个因果衰减序列。

(2) 系统转移函数 $H(z)$的极点位于 z 平面的单位圆周上

① 若 $H(z)=\dfrac{1}{1-z^{-1}}$，$1<|z|\leqslant\infty$，则 $h(k)=\varepsilon(k)$。

② 若 $H(z)=\dfrac{1-\frac{1}{2}z^{-1}}{1-z^{-1}+z^{-2}}$，$1<|z|\leqslant\infty$，则 $h(k)=\cos\frac{\pi k}{3}\varepsilon(k)$。

③ 若 $H(z)=\dfrac{z^{-1}}{(1-z^{-1})^2}$，$1<|z|\leqslant\infty$，则 $h(k)=k\varepsilon(k)$。

结论 2：

若 LSI 离散时间系统转移函数 $H(z)$分别仅有一阶实极点、一对一阶共轭复极点及高阶极点位于 z 平面的单位圆周上，则系统的单位冲激响应 $h(k)$分别是一个因果等幅序列、一个因果等幅振荡序列及一个因果增长序列。

(3) 系统转移函数 $H(z)$的极点位于 z 平面的单位圆外

① 若 $H(z)=\dfrac{1}{1-2z^{-1}}$，$2<|z|\leqslant\infty$，则 $h(k)=2^k\varepsilon(k)$。

② 若 $H(z)=\dfrac{2z^{-1}}{(1-2z^{-1})^2}$，$2<|z|\leqslant\infty$，则 $h(k)=2^k k\varepsilon(k)$。

③ 若 $H(z)=\dfrac{1-\frac{3}{2}z^{-1}}{1-3z^{-1}+9z^{-2}}$，$3<|z|\leqslant\infty$，则 $h(k)=3^k\cos\frac{\pi k}{3}\varepsilon(k)$。

结论 3：

若 LSI 离散时间系统转移函数 $H(z)$的所有极点均位于 z 平面的单位圆外，则系统的单位冲激响应 $h(k)$是一个因果增长序列。

对于 n 阶 LSI 离散时间系统转移函数 $H(z)$的极点，进行类似的分析，可得下述结论。

结论 4：

若 n 阶 LSI 离散时间系统转移函数 $H(z)$的所有极点均位于 z 平面的单位圆内，则 $h(k)$的模式是随时间衰减的因果序列；若所有极点均位于 z 平面的单位圆外，则 $h(k)$的模式是随时间增长的因果序列；若系统转移函数 $H(z)$仅有一阶实极点或一阶共轭复极点，并且位于 z 平面的单位圆周上，则 $h(k)$的模式是因果等幅序列或因果等幅振荡序列。LSI 离散时间系统转移函数 $H(z)$的极点分布位置与单位冲激响应 $h(k)$的模式之间的对应关系如图 6.6.13 所示。

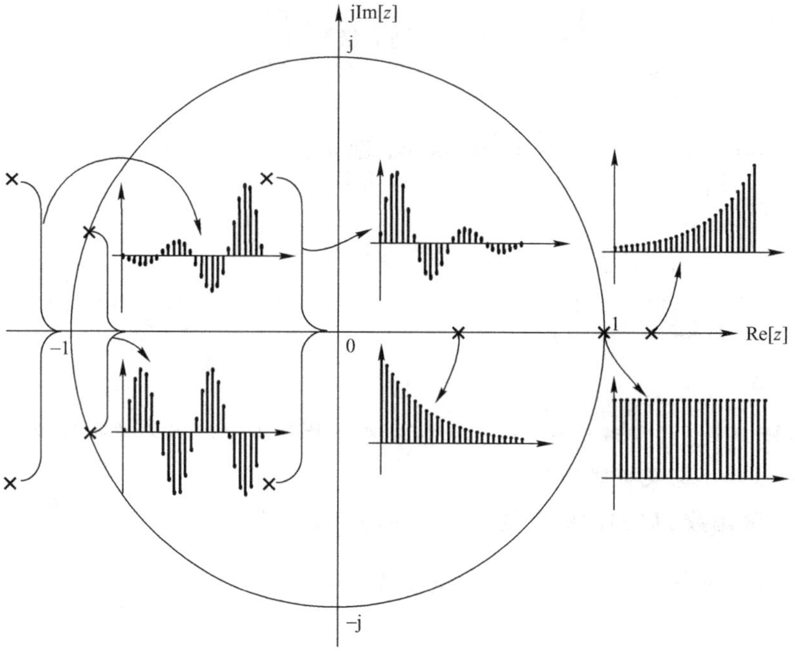

图 6.6.13 LSI 离散时间系统转移函数的极点分布位置与单位冲激响应的模式之间的对应关系

6.6.3 LSI 离散时间系统的稳定性判据

下面首先回顾离散时间系统稳定性时域判据的演变过程。

1. 离散时间系统稳定性的时域判据

离散时间系统稳定性最初是采用行为定义给出的，即所谓的 BIBO 稳定条件。

(1) BIBO 稳定条件

由 5.5.3 节的分析已经知道，若离散时间系统对任意的有界激励，其响应都是有界的，则称离散时间系统为稳定系统。因此，对于一个离散时间稳定系统，若 $|f(k)|\leqslant M<\infty$，则有 $|y(k)|\leqslant N<\infty$。

(2) LSI 离散时间稳定系统应具备的时域充要条件

由 5.5.6 节的分析和讨论已经知道，LSI 离散时间稳定系统应具备的时域充要条件是系统的单位冲激响应 $h(k)$满足绝对可和条件，即 $\sum\limits_{k=-\infty}^{+\infty}|h(k)|<\infty$ 。

(3) LSI 离散时间因果稳定系统应具备的时域充要条件

由 5.5.6 节的分析和讨论已经知道，LSI 离散时间因果稳定系统应具备的时域充要条件是系统的单位冲激响应 $h(k)$为一个满足绝对可和条件的因果序列，即 $h(k)=h(k)\varepsilon(k)$，并且 $\sum\limits_{k=-\infty}^{+\infty}|h(k)|<\infty$ 。

2. LSI 离散时间系统稳定性的 z 域判据

基于 LSI 离散时间系统稳定性的时域判据，以及系统转移函数 $H(z)$的极点分布位置与单位冲激响应 $h(k)$的模式之间的对应关系，下面给出 LSI 离散时间系统稳定性的 z 域判据。

判据 1：

若一个 n 阶 LSI 离散时间因果系统转移函数 $H(z)$的收敛域为 $R_a<|z|\leqslant\infty$，则该系统稳

定的充要条件是 $R_a<1$。

证明： 基于 6.6.2 节的分析和讨论以及 LSI 离散时间因果稳定系统应具备的时域充要条件，可知判据 1 的充分性已是显然的，因此仅需证明必要性。

考虑到式(6.6.15)，则一个 n 阶 LSI 离散时间因果系统的转移函数 $H(z)$ 可写成

$$H(z)=\frac{N(z)}{D(z)}=\sum_{i=1}^{n}\frac{C_i}{1-v_iz^{-1}},\ \max(|v_i|)<|z|\leqslant\infty \tag{6.6.17}$$

考虑到式(6.6.17)，则 n 阶 LSI 离散时间因果系统的单位冲激响应为 $h(k)=\sum_{i=1}^{n}C_iv_i^k\varepsilon(k)$。为使

$$\sum_{k=-\infty}^{+\infty}|h(k)|=\sum_{k=-\infty}^{+\infty}\left|\sum_{i=1}^{n}C_iv_i^k\varepsilon(k)\right|\leqslant\sum_{k=-\infty}^{+\infty}\sum_{i=1}^{n}|C_iv_i^k\varepsilon(k)|=\sum_{i=1}^{n}|C_i|\sum_{k=0}^{+\infty}|v_i|^k<\infty$$

成立，则必有 $R_a=\max(|v_i|)<1(i=1,2,\cdots,n)$，即 n 阶 LSI 离散时间因果系统转移函数 $H(z)$ 的 n 个极点均位于 z 平面的单位圆内。

判据 2：

一个 n 阶 LSI 离散时间因果系统稳定的充要条件是系统转移函数的所有极点均位于 z 平面的单位圆内，即 $v_i(i=1,2,\cdots,n)$满足

$$\max(|v_i|)<1,\ i=1,2,\cdots,n \tag{6.6.18}$$

推论 1：

由判据 1，并考虑到双边 ZT 的时域反褶性质式(6.3.26)，可以推出：若一个 n 阶 LSI 离散时间反因果系统的转移函数 $H(z)$的收敛域为 $0\leqslant|z|<R_b$，则该系统稳定的充要条件是 $1<R_b$。

推论 2：

由判据 1 和推论 1 可知，若一个 n 阶 LSI 离散时间非因果系统转移函数 $H(z)$的收敛域为 $R_a<|z|<R_b$，则该系统稳定的充要条件是 $R_a<1<R_b$。

推论 3：

对于一个稳定的 LSI 离散时间系统，无论是因果系统、反因果系统，还是非因果系统，其转移函数 $H(z)$在 z 平面的单位圆周上无极点分布，即转移函数 $H(z)$的收敛域包含 z 平面的单位圆周($|z|=1$)。

当然，根据 4.6.4 节讨论的 LTI 连续时间系统稳定性的复频域判据，并结合 s 平面与 z 平面的映射关系 $z=e^{sT}$，也可以直接给出 LSI 离散时间系统稳定性的 z 域判据及相应的推论。

例 6.6.4： 设 LSI 离散时间因果系统响应 $y(k)$与激励 $f(k)$满足关系式 $y(k)=\sum_{m=-\infty}^{k}f(m)$，试判断系统是否为稳定系统。

解： 考虑到 $y(k)=\sum_{m=-\infty}^{k}f(m)$，则有

$$h(k)=\sum_{m=-\infty}^{k}\delta(m)=\varepsilon(m)\Big|_{-\infty}^{k}=\varepsilon(k)$$

$$H(z)=\mathrm{ZT}[h(k)]=\frac{1}{1-z^{-1}},\ 1<|z|\leqslant\infty$$

由于 LSI 离散时间因果系统的转移函数 $H(z)$的极点 $v=1$ 位于 z 平面的单位圆周上，因此该系统是临界稳定系统。

例 6.6.5： 已知 LSI 离散时间因果系统的转移函数为

$$H(z)=\frac{1-\frac{\sqrt{2}}{4}z^{-1}}{\left(1-\frac{1}{3}z^{-1}\right)\left[1-\frac{\sqrt{2}}{2}z^{-1}+\frac{1}{4}z^{-2}\right]},\ \frac{1}{2}<|z|\leqslant\infty$$

试判断系统是否为稳定系统。

解： 令 $D(z)=\left(1-\frac{1}{3}z^{-1}\right)\left(1-\frac{1}{2}e^{j\frac{\pi}{4}}z^{-1}\right)\left(1-\frac{1}{2}e^{-j\frac{\pi}{4}}z^{-1}\right)=0$，可得 LSI 离散时间因果系统的特征根 $v_1=\frac{1}{3}$，$v_2=\frac{1}{2}e^{j\frac{\pi}{4}}$，$v_3=\frac{1}{2}e^{-j\frac{\pi}{4}}$。

考虑到 $\max(|v_i|)=\frac{1}{2}<1(i=1,2,3)$，即 LSI 离散时间因果系统的转移函数 $H(z)$的所有极点均位于 z 平面的单位圆内，因此该系统是稳定系统。

虽然确定高阶 LSI 离散时间因果系统转移函数 $H(z)$的极点是非常困难的，但是可借助 Jury 准则对高阶 LSI 离散时间因果系统的稳定性进行判定。

3. Jury 准则

设 $D(z)=a_nz^n+a_{n-1}z^{n-1}+\cdots+a_1z+a_0(a_n>0)$，则其稳定性检验表如下：

$$\begin{array}{c|ccccccc}
\text{行} & & & & & & & \\
\hline
1 & a_n & a_{n-1} & a_{n-2} & \cdots & a_2 & a_1 & a_0 \\
2 & a_0 & a_1 & a_2 & \cdots & a_{n-2} & a_{n-1} & a_n \\
3 & b_{n-1} & b_{n-2} & b_{n-3} & \cdots & b_1 & b_0 & \\
4 & b_0 & b_1 & b_2 & \cdots & b_{n-2} & b_{n-1} & \\
5 & c_{n-2} & c_{n-3} & c_{n-4} & \cdots & c_0 & & \\
6 & c_0 & c_1 & c_2 & \cdots & c_{n-2} & & \\
\vdots & \vdots & \vdots & \vdots & \cdots & & & \\
2n-3 & r_2 & r_1 & r_0 & & & &
\end{array}$$

表中将每两行相互区分开：第 1 行列出 $D(z)$的系数，第 2 行将第 1 行的系数颠倒排列，第 3 行按下述方法求得，即

$$b_{n-1}=\begin{vmatrix}a_n & a_0\\ a_0 & a_n\end{vmatrix},\ b_{n-2}=\begin{vmatrix}a_n & a_1\\ a_0 & a_{n-1}\end{vmatrix},\ b_{n-3}=\begin{vmatrix}a_n & a_2\\ a_0 & a_{n-2}\end{vmatrix},\ b_{n-4}=\begin{vmatrix}a_n & a_3\\ a_0 & a_{n-3}\end{vmatrix},\ \cdots$$

第 4 行将第 3 行的系数颠倒排列，再按上述办法，求出稳定性检验表中的第 5 行，即

$$c_{n-2}=\begin{vmatrix}b_{n-1} & b_0\\ b_0 & b_{n-1}\end{vmatrix},\ c_{n-3}=\begin{vmatrix}b_{n-1} & b_1\\ b_0 & b_{n-2}\end{vmatrix},\ c_{n-4}=\begin{vmatrix}b_{n-1} & b_2\\ b_0 & b_{n-3}\end{vmatrix},\ \cdots$$

第 6 行将第 5 行的系数颠倒排列。

这样一直排下去，每两行比前两行少一项，一直排到 $2n-3$ 行为止。

可以证明，$D(z)=0$ 的根均位于 z 平面单位圆内的充要条件如下：

$$\begin{cases}D(1)>0\\ (-1)^nD(-1)>0\\ a_n>|a_0|\\ b_{n-1}>|b_0|\\ c_{n-2}>|c_0|\\ \quad\vdots\\ r_2>|r_0|\end{cases}\tag{6.6.19}$$

例 6.6.6：设 LSI 离散时间因果系统的转移函数为 $H(z)=\dfrac{z}{2z^5+2z^4+3z^3+4z^2+4z+1}$，试判断系统是否为稳定系统。

解：考虑到 $D(z)=2z^5+2z^4+3z^3+4z^2+4z+1$，则其稳定性检验表如下：

行						
1	2	2	3	4	4	1
2	1	4	4	3	2	2
3	3	0	2	5	6	
4	6	5	2	0	3	
5	−27	−30	−6	15		
6	15	−6	−30	−27		
⋮	⋮	⋮	⋮	⋮		

虽然 $D(1)=16>0$，$(-1)^5D(-1)=2>0$，但是从上述的稳定性检验表可见，第 3 行的系数 $b_{n-1}=3$ 小于最后一个系数 $|b_0|=6$，因此可以判断该系统为不稳定系统。其实不必再继续排列下去，第 5 行和第 6 行是因为举例才进行计算的。

高阶 LSI 离散时间因果系统的稳定性可利用 Jury 准则进行判定。遗憾的是，若高阶 LSI 离散时间因果系统是不稳定系统，则利用 Jury 准则无法判定 $D(z)=0$ 有多少个根位于 z 平面的单位圆外。我们可以利用双线性变换和 R-H 准则来解决这一问题。

4. 双线性变换式的导出

由 6.2.4 节的分析可知，z 平面与 s 平面之间的映射函数 $z=e^{sT}$ 使得 s 平面到 z 平面不是"一对一"的映射，而是"多对一"的映射，即 s 平面的 ω 每增加 $2\pi/T$ 时，z 的幅角 Ω 就增加 2π，亦即 s 平面上的 σ 相同而 ω 相差 $2\pi m/T$（m 为整数）的各点，在 z 平面上都映射为同一点。因此，我们首先需要找一个"一对一"的映射函数，将 s 平面一对一地映射成 w 平面上以实轴为对称轴且宽度为 $2\pi/T$ 的带状域。利用映射函数 $z=e^{wT}$，再将 w 平面上的带状域一对一地映射成全 z 平面，如图 6.6.14 所示，这样就保证了 s 平面到 z 平面是一对一映射。由于 s 平面到 z 平面的"一对一"映射是经历两次"一对一"映射才完成的，因此在这一过程中找出的 s 平面与 z 平面的映射函数通常称为双线性变换函数。

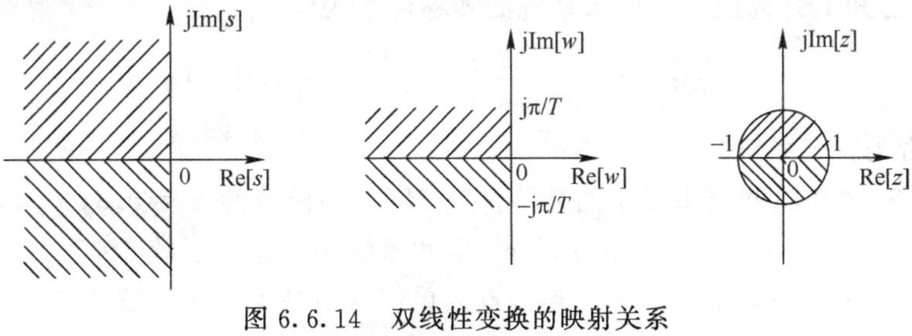

图 6.6.14　双线性变换的映射关系

基于图 6.6.14 给出的单值映射图形，下面来寻找双线性变换函数。

观察图 6.6.14 可知，s 平面上的整个 $j\omega$ 轴压缩成 w 平面的 $j\omega_w$ 轴上的一段。当 $\omega=0$ 时，$\omega_w=0$；当 $\omega\to\pm\infty$ 时，$\omega_w=\pm\dfrac{\pi}{T}$。显然，变量 ω 和 ω_w 之间满足下述关系，即

$$\omega=C\tan\left(\frac{\omega_w T}{2}\right) \tag{6.6.20}$$

式中，C 为变换常数。

考虑到欧拉公式，即式(1.3.6)，则式(6.6.20)可写成

$$\mathrm{j}\omega=C\frac{\mathrm{e}^{\mathrm{j}\frac{\omega_w T}{2}}-\mathrm{e}^{-\mathrm{j}\frac{\omega_w T}{2}}}{\mathrm{e}^{\mathrm{j}\frac{\omega_w T}{2}}+\mathrm{e}^{-\mathrm{j}\frac{\omega_w T}{2}}}\tag{6.6.21}$$

若 $\sigma\neq 0$，$\sigma_w\neq 0$，则式(6.6.21)的一般形式为

$$s=C\frac{\mathrm{e}^{\frac{wT}{2}}-\mathrm{e}^{-\frac{wT}{2}}}{\mathrm{e}^{\frac{wT}{2}}+\mathrm{e}^{-\frac{wT}{2}}}\tag{6.6.22}$$

式中，$s=\sigma+\mathrm{j}\omega$，$w=\sigma_w+\mathrm{j}\omega_w$。

考虑到

$$z=\mathrm{e}^{wT}\tag{6.6.23}$$

则式(6.6.22)可写成

$$s=C\frac{\mathrm{e}^{\frac{wT}{2}}-\mathrm{e}^{-\frac{wT}{2}}}{\mathrm{e}^{\frac{wT}{2}}+\mathrm{e}^{-\frac{wT}{2}}}=C\frac{1-\mathrm{e}^{-wT}}{1+\mathrm{e}^{-wT}}=C\frac{1-z^{-1}}{1+z^{-1}}\tag{6.6.24}$$

或表示成

$$z=\frac{C+s}{C-s}\tag{6.6.25}$$

综上所述，实现 s 平面到 z 平面的单值映射的步骤如下：

(1) 利用式(6.6.21)的映射关系，将 s 平面上的整个 $\mathrm{j}\omega$ 轴压缩成 w 平面 $\mathrm{j}\omega_w$ 轴上的一段 $-\frac{\pi}{T}\leqslant\omega_w\leqslant\frac{\pi}{T}$。

(2) 利用式(6.6.22)的映射关系，将整个 s 平面映射成 w 平面上的带状域 $\begin{cases}-\frac{\pi}{T}\leqslant\omega_w\leqslant\frac{\pi}{T}\\-\infty\leqslant\sigma_w\leqslant\infty\end{cases}$。

(3) 利用式(6.6.23)的映射关系，将 w 平面上的带状域 $\begin{cases}-\frac{\pi}{T}\leqslant\omega_w\leqslant\frac{\pi}{T}\\-\infty\leqslant\sigma_w\leqslant\infty\end{cases}$ 映射成全 z 平面。

式(6.6.24)及式(6.6.25)揭示了 s 平面与 z 平面之间的单值映射关系，通常将这种映射关系称为双线性变换。

例 6.6.7：已知 LSI 离散时间因果系统的转移函数为

$$H(z)=\frac{N(z)}{D(z)}=\frac{z^2(5z-1)}{(2z-1)(z-3)(z-4)},\ 4<|z|\leqslant\infty$$

试判断系统是否为稳定系统？

解：由于 LSI 离散时间因果系统的转移函数 $H(z)$ 的极点为 $v_1=0.5$，$v_2=3$，$v_3=4$，并且极点 $v_2=3$ 和 $v_3=4$ 位于 z 平面的单位圆外，因此系统为不稳定系统。

下面来考察 s 平面与 z 平面的零点和极点的单值映射情况。为了简单起见，在式(6.6.24)及式(6.6.25)中，可取变换常数 $C=1$。利用双线性变换式(6.6.25)，可将 LSI 离散时间因果系统的转移函数 $H(z)$ 映射到 s 平面，即

$$H_{eq}(s)=H(z)\big|_{z=\frac{1+s}{1-s}}=\frac{\left(\frac{1+s}{1-s}\right)^2\left(5\,\frac{1+s}{1-s}-1\right)}{\left(2\,\frac{1+s}{1-s}-1\right)\left(\frac{1+s}{1-s}-3\right)\left(\frac{1+s}{1-s}-4\right)}=\frac{(s+1)^2(6s+4)}{(3s+1)(4s-2)(5s-3)}$$

$$=\frac{(s+1)^2(3s+2)}{(3s+1)(2s-1)(5s-3)}=\frac{N_{eq}(s)}{D_{eq}(s)}$$

式中

$$N_{eq}(s)=(s+1)^2(3s+2)$$

$$D_{eq}(s)=(3s+1)(2s-1)(5s-3)=30s^3-23s^2-2s+3 \tag{6.6.26}$$

可见，利用双线性变换 $z=\dfrac{1+s}{1-s}$，分别将 $H(z)$在 z 平面单位圆内的二阶零点 $z_1=0$ 和一阶零点 $z_2=0.2$ 映射为 $H_{eq}(s)$在 s 平面左半平面的二阶零点 $s_1=-1$ 和一阶零点 $s_2=-2/3$；分别将 $H(z)$在 z 平面单位圆内的极点 $v_1=0.5$，以及单位圆外的极点 $v_2=3$，$v_3=4$ 映射为 $H_{eq}(s)$在 s 平面左半平面的极点 $\lambda_1=-1/3$ 以及右半平面的极点 $\lambda_2=0.5$，$\lambda_3=0.6$。

类似地，对于高阶(n 阶)LSI 离散时间系统，利用双线性变换可以得到 n 次多项式 $D_{eq}(s)$，那么借助 R-H 准则可以间接判断高阶(n 阶)LSI 离散时间系统的稳定性。

下面来列写 $D_{eq}(s)$的 R-H 阵列。

R-H 阵列

$$\begin{array}{c|cc}
s^3 & 30 & -2 \\
s^2 & -23 & 3 \\
s^1 & \dfrac{\begin{vmatrix} 30 & -2 \\ -23 & 3 \end{vmatrix}}{23}=\dfrac{44}{23} & 0 \\
s^0 & \dfrac{\begin{vmatrix} -23 & 3 \\ \dfrac{44}{23} & 0 \end{vmatrix}}{-\dfrac{44}{23}}=3 & 0
\end{array}$$

可见，R-H 阵列中的第 1 列元素为 30，-23，$\dfrac{44}{23}$和 3，元素的符号由正到负，再由负到正，元素的符号总共改变两次，$D_{eq}(s)=0$ 有两个根位于 s 平面右半平面。由此可知 $D(z)=0$ 一定有两个根位于 z 平面的单位圆外。因此，题目所给的三阶 LSI 离散时间系统是不稳定系统，并且系统有两个极点位于 z 平面的单位圆外。

其实，这一结论从题目所给的条件就得到了证实，即由式(6.6.26)可知 $D_{eq}(s)=0$ 有两个根 $\lambda_2=0.5$，$\lambda_3=0.6$ 位于 s 平面右半平面，而从题目所给的条件可知 $D(z)=0$ 有两个根 $v_2=3$，$v_3=4$ 位于 z 平面的单位圆外。

例 6.6.8：设 LSI 离散时间系统转移函数 $H(z)$的零点 $z_1=0$，$z_2=1$，极点 $v_1=\dfrac{1}{2}$，$v_2=2$。

(1) 已知系统为因果系统，并且 $h(0)=3$，试求系统的单位阶跃响应 $g(k)$。

(2) 已知系统为稳定系统，并且 $\displaystyle\sum_{k=-\infty}^{+\infty}(-1)^k h(k)=4$，激励 $f(k)=\cos\dfrac{\pi k}{3}\varepsilon(k)$，试求系统的零状态响应 $y_f(k)$及稳态响应 $y_s(k)$。

解：(1)由题意，可设

$$H(z)=\frac{Cz(z-1)}{\left(z-\dfrac{1}{2}\right)(z-2)}=\frac{C(1-z^{-1})}{\left(1-\dfrac{1}{2}z^{-1}\right)(1-2z^{-1})},\ 2<|z|\leqslant\infty$$

于是

$$h(0)=\lim_{z\to\infty}H(z)=\lim_{z\to\infty}\frac{C(1-z^{-1})}{\left(1-\dfrac{1}{2}z^{-1}\right)(1-2z^{-1})}=C=3$$

考虑到

$$G(z)=H(z)F(z)=\frac{3(1-z^{-1})}{\left(1-\frac{1}{2}z^{-1}\right)(1-2z^{-1})}\times\frac{1}{1-z^{-1}}=\frac{3}{\left(1-\frac{1}{2}z^{-1}\right)(1-2z^{-1})},\ 2<|z|\leqslant\infty$$

即

$$G(z)=\frac{-1}{1-\frac{1}{2}z^{-1}}+\frac{4}{1-2z^{-1}},\ 2<|z|\leqslant\infty$$

对上式的等号两边分别取 IZT，可得 LSI 离散时间因果系统的单位阶跃响应

$$g(k)=\text{IZT}[G(z)]=\left[4\times2^{k}-\left(\frac{1}{2}\right)^{k}\right]\varepsilon(k)$$

(2) 由题意，可设

$$H(z)=\frac{Cz(z-1)}{\left(z-\frac{1}{2}\right)(z-2)}=\frac{C(1-z^{-1})}{\left(1-\frac{1}{2}z^{-1}\right)(1-2z^{-1})},\ \frac{1}{2}<|z|<2$$

于是

$$\sum_{k=-\infty}^{+\infty}(-1)^{k}h(k)=H(-1)=\frac{2C}{\frac{3}{2}\times3}=\frac{4C}{9}=4\ ,\ C=9$$

考虑到式(6.2.23)，则有

$$f(k)=\cos\frac{\pi k}{3}\varepsilon(k)\longleftrightarrow F(z)=\frac{1-\frac{1}{2}z^{-1}}{1-z^{-1}+z^{-2}},\ 1<|z|\leqslant\infty$$

考虑到

$$\begin{aligned}Y_{f}(z)=H(z)F(z)&=\frac{9(1-z^{-1})}{\left(1-\frac{1}{2}z^{-1}\right)(1-2z^{-1})}\times\frac{1-\frac{1}{2}z^{-1}}{1-z^{-1}+z^{-2}}\\&=\frac{9(1-z^{-1})}{(1-2z^{-1})(1-z^{-1}+z^{-2})}=\frac{6}{1-2z^{-1}}+\frac{3+3z^{-1}}{1-z^{-1}+z^{-2}},\ 1<|z|<2\end{aligned}$$

即

$$Y_{f}(z)=\frac{6}{1-2z^{-1}}+3\left(\frac{1-\frac{1}{2}z^{-1}}{1-z^{-1}+z^{-2}}+\frac{\frac{3}{2}z^{-1}}{1-z^{-1}+z^{-2}}\right),\ 1<|z|<2$$

对上式的等号两边分别取 IZT，可得 LSI 离散时间稳定系统的零状态响应

$$\begin{aligned}y_{f}(k)&=-6\times2^{k}\varepsilon(-k-1)+3\left[\cos\frac{\pi k}{3}\varepsilon(k)+\sqrt{3}\sin\frac{\pi k}{3}\varepsilon(k)\right]\\&=-6\times2^{k}\varepsilon(-k-1)+6\left(\frac{1}{2}\cos\frac{\pi k}{3}+\frac{\sqrt{3}}{2}\sin\frac{\pi k}{3}\right)\varepsilon(k)\\&=-6\times2^{k}\varepsilon(-k-1)+6\cos\left(\frac{\pi k}{3}-\frac{\pi}{3}\right)\varepsilon(k)\end{aligned}$$

于是，LSI 离散时间稳定系统的稳态响应为

$$y_{s}(k)=6\cos\left(\frac{\pi k}{3}-\frac{\pi}{3}\right)\varepsilon(k)$$

6.6.4　简单的 LSI 离散时间系统的设计

LSI 离散时间系统的 z 域分析方法，可将系统零状态响应时域上的线性卷和关系变成 z 域上的乘积关系，这为我们进行 LSI 离散时间系统的辨识和设计提供了方便。下面简要介绍 LSI 离散时间系统的基本设计方法。

例 6.6.9：设描述 LSI 离散时间因果系统响应 $y(k)$ 与激励 $f(k)$ 关系的差分方程为

$$y(k)-\frac{7}{12}y(k-1)+\frac{1}{12}y(k-2)=f(k)-\frac{5}{6}f(k-1)+\frac{1}{6}f(k-2) \tag{6.6.27}$$

为了从输出序列 $y(k)$ 中重构输入序列 $f(k)$，需要设计一个转移函数为 $H_1(z)$ 的离散时间系统。

(1) 试求转移函数 $H_1(z)$，并判断系统的稳定性。

(2) 试用加法器、标量乘法器和单位延迟器对所设计的系统进行模拟。

解：(1) 对差分方程式(6.6.27)的等号两边分别取双边 ZT，可得

$$Y_f(z)-\frac{7}{12}z^{-1}Y_f(z)+\frac{1}{12}z^{-2}Y_f(z)=F(z)-\frac{5}{6}z^{-1}F(z)+\frac{1}{6}z^{-2}F(z)$$

于是

$$H(z)=\frac{Y_f(z)}{F(z)}=\frac{1-\frac{5}{6}z^{-1}+\frac{1}{6}z^{-2}}{1-\frac{7}{12}z^{-1}+\frac{1}{12}z^{-2}} \tag{6.6.28}$$

由题意可知，并考虑到式(6.6.28)，则所设计的 LSI 离散时间因果系统的转移函数为

$$H_1(z)=\frac{F(z)}{Y_f(z)}=\frac{1}{H(z)}=\frac{1-\frac{7}{12}z^{-1}+\frac{1}{12}z^{-2}}{1-\frac{5}{6}z^{-1}+\frac{1}{6}z^{-2}}=\frac{\left(1-\frac{1}{3}z^{-1}\right)\left(1-\frac{1}{4}z^{-1}\right)}{\left(1-\frac{1}{2}z^{-1}\right)\left(1-\frac{1}{3}z^{-1}\right)},\ \frac{1}{2}<|z|\leqslant\infty \tag{6.6.29}$$

由于系统转移函数 $H_1(z)$ 的极点 $v_1=\frac{1}{2}$，$v_2=\frac{1}{3}$ 均位于 z 平面的单位圆内，因此系统为稳定系统。

(2) 考虑到式(6.6.29)，则 LSI 离散时间因果系统的逆系统的 z 域模拟方框图如图 6.6.15 所示。

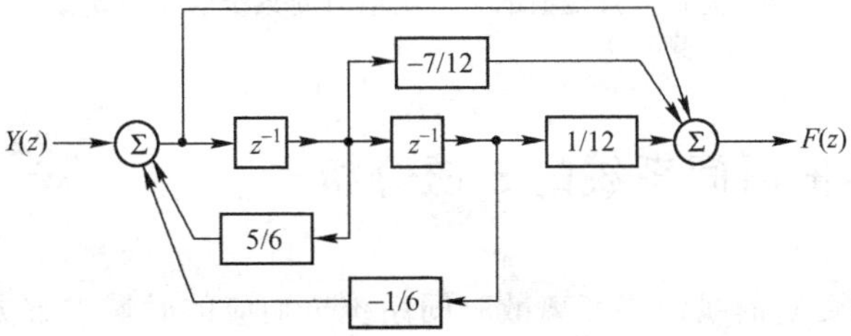

图 6.6.15　LSI 离散时间因果系统的逆系统的 z 域模拟方框图

例 6.6.10：设计一个 LSI 离散时间因果系统，要求系统的功能是将一个因果周期三角波序列 $f(k)=3k\varepsilon(k)*[\delta(k)-2\delta(k-3)+\delta(k-6)]*\sum_{r=0}^{+\infty}\delta(k-6r)$ 变换成一个因果周期正弦序列 $y_f(k)=2\sqrt{3}\sin\frac{\pi k}{3}\varepsilon(k)$。试用加法器、标量乘法器和单位延迟器来模拟该系统。

解：考虑到

$$f(k)=3k\varepsilon(k)*[\delta(k)-2\delta(k-3)+\delta(k-6)]*\sum_{r=0}^{+\infty}\delta(k-6r)$$
$$=3\varepsilon(k)*\varepsilon(k)*\delta(k-1)*[\delta(k)-2\delta(k-3)+\delta(k-6)]*\sum_{r=0}^{+\infty}\delta(k-6r)$$

则有

$$F(z)=\frac{3z^{-1}}{(1-z^{-1})^2}(1-2z^{-3}+z^{-6})\frac{1}{1-z^{-6}}=\frac{3z^{-1}}{(1-z^{-1})^2}\frac{(1-z^{-3})^2}{(1-z^{-3})(1+z^{-3})}$$
$$=\frac{3z^{-1}(1-z^{-3})}{(1-z^{-1})^2(1+z^{-3})}=\frac{3z^{-1}(1-z^{-1})(1+z^{-1}+z^{-2})}{(1-z^{-1})^2(1+z^{-1})(1-z^{-1}+z^{-2})}$$
$$=\frac{3z^{-1}(1+z^{-1}+z^{-2})}{(1-z^{-2})(1-z^{-1}+z^{-2})},\ 1<|z|\leqslant\infty$$

由式(6.2.24)可知

$$\sin\Omega_0 k\varepsilon(k)\longleftrightarrow\frac{\sin\Omega_0 z^{-1}}{1-2\cos\Omega_0 z^{-1}+z^{-2}},\ 1<|z|\leqslant\infty$$

于是

$$y_f(k)=2\sqrt{3}\sin\frac{\pi k}{3}\varepsilon(k)\longleftrightarrow Y_f(z)=\frac{3z^{-1}}{1-z^{-1}+z^{-2}},\ 1<|z|\leqslant\infty$$

那么所设计的 LSI 离散时间系统的转移函数为

$$H(z)=\frac{Y_f(z)}{F(z)}=\frac{\dfrac{3z^{-1}}{1-z^{-1}+z^{-2}}}{\dfrac{3z^{-1}(1+z^{-1}+z^{-2})}{(1-z^{-2})(1-z^{-1}+z^{-2})}}=\frac{1-z^{-2}}{1+z^{-1}+z^{-2}},\ 1<|z|\leqslant\infty \tag{6.6.30}$$

考虑到式(6.6.30)，则完成波形变换的 LSI 离散时间系统的 z 域模拟方框图如图 6.6.16 所示。

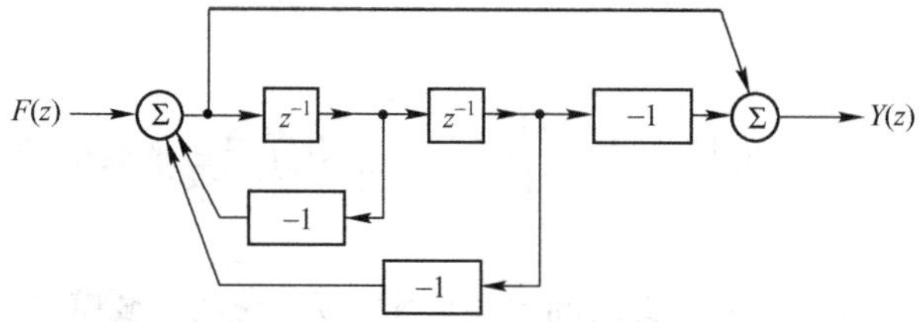

图 6.6.16　完成波形变换的 LSI 离散时间系统的 z 域模拟方框图

6.7　线性移变离散时间系统的 z 域分析

5.7 节介绍了一类可解的线性移变离散时间系统全响应的时域求解方法。本节采用举例的方式，介绍一类可解的线性移变离散时间系统的 z 域求解方法。

例 6.7.1：设描述一阶线性移变离散时间系统响应 $y(k)$ 与激励 $f(k)$ 关系的差分方程为

$$y(k)+(k-1)y(k-1)=f(k)+kf(k-1) \tag{6.7.1}$$

(1) 试证明系统的全响应 $y(k)$ 的单边 z 变换 $Y(z)$ 满足微分方程

$$Y(z)-y(-1)-\frac{\mathrm{d}Y(z)}{\mathrm{d}z}=F(z)-\frac{\mathrm{d}F(z)}{\mathrm{d}z}+z^{-1}F(z) \tag{6.7.2}$$

(2) 已知激励 $f(k)$ 为因果序列，试证明式(6.7.2)的解为

$$Y(z)=y(-1)+F(z)+\mathrm{e}^{z}\int_{z}^{+\infty}\mathrm{e}^{-v}\frac{F(v)}{v}\mathrm{d}v \tag{6.7.3}$$

(3) 已知系统的初始状态 $y(-1)=2$，激励 $f(k)=(2k+1)\left(\frac{1}{2}\right)^{k}\varepsilon(k)$，试求系统的零输入响应 $y_x(k)$、零状态响应 $y_f(k)$ 及全响应 $y(k)$。

解：(1) 对线性变系数非齐次差分方程式(6.7.1)的等号两边分别取单边 ZT，可得

$$\sum_{k=0}^{+\infty}y(k)z^{-k}+\sum_{k=0}^{+\infty}(k-1)y(k-1)z^{-k}=\sum_{k=0}^{+\infty}f(k)z^{-k}+\sum_{k=0}^{+\infty}kf(k-1)z^{-k}$$

即

$$Y(z)+\sum_{m=-1}^{+\infty}my(m)z^{-m-1}=F(z)+\sum_{m=-1}^{+\infty}(m+1)f(m)z^{-m-1}$$

$$Y(z)-y(-1)+\sum_{m=0}^{+\infty}my(m)z^{-m-1}=F(z)+\sum_{m=0}^{+\infty}mf(m)z^{-m-1}+z^{-1}\sum_{m=0}^{+\infty}f(m)z^{-m}$$

亦即

$$Y(z)-y(-1)-\frac{\mathrm{d}Y(z)}{\mathrm{d}z}=F(z)-\frac{\mathrm{d}F(z)}{\mathrm{d}z}+z^{-1}F(z)$$

(2) 将式(6.7.2)的等号两边分别乘以 e^{-z}，可得

$$Y(z)\mathrm{e}^{-z}-y(-1)\mathrm{e}^{-z}-\frac{\mathrm{d}Y(z)}{\mathrm{d}z}\mathrm{e}^{-z}=F(z)\mathrm{e}^{-z}-\frac{\mathrm{d}F(z)}{\mathrm{d}z}\mathrm{e}^{-z}+z^{-1}F(z)\mathrm{e}^{-z}$$

即

$$-\frac{\mathrm{d}[Y(z)\mathrm{e}^{-z}]}{\mathrm{d}z}=y(-1)\mathrm{e}^{-z}-\frac{\mathrm{d}[F(z)\mathrm{e}^{-z}]}{\mathrm{d}z}+z^{-1}F(z)\mathrm{e}^{-z}$$

亦即

$$-\frac{\mathrm{d}[Y(v)\mathrm{e}^{-v}]}{\mathrm{d}v}=y(-1)\mathrm{e}^{-v}-\frac{\mathrm{d}[F(v)\mathrm{e}^{-v}]}{\mathrm{d}v}+v^{-1}F(v)\mathrm{e}^{-v} \tag{6.7.4}$$

由于 $f(k)$ 为因果序列，则 $F(z)$ 的收敛域为 $R_a<|z|\leqslant\infty$，在区间 $v\in[z,+\infty)$ 上，对式(6.7.4)的等号两边分别积分，可得

$$-[Y(v)\mathrm{e}^{-v}]\Big|_{z}^{+\infty}=-y(-1)\mathrm{e}^{-v}\Big|_{z}^{+\infty}-[F(v)\mathrm{e}^{-v}]\Big|_{z}^{+\infty}+\int_{z}^{+\infty}\mathrm{e}^{-v}\frac{F(v)}{v}\mathrm{d}v$$

即

$$Y(z)\mathrm{e}^{-z}=y(-1)\mathrm{e}^{-z}+F(z)\mathrm{e}^{-z}+\int_{z}^{+\infty}\mathrm{e}^{-v}\frac{F(v)}{v}\mathrm{d}v$$

亦即

$$Y(z)=y(-1)+F(z)+\mathrm{e}^{z}\int_{z}^{+\infty}\mathrm{e}^{-v}\frac{F(v)}{v}\mathrm{d}v$$

(3) 由于 $f(k)=(2k+1)\left(\frac{1}{2}\right)^{k}\varepsilon(k)$，考虑到双边 ZT 的 z 域微分性质式(6.3.43)，则有

$$F(z)=-2z\frac{\mathrm{d}}{\mathrm{d}z}\left(\frac{1}{1-\frac{1}{2}z^{-1}}\right)+\frac{1}{1-\frac{1}{2}z^{-1}}=\frac{z}{\left(z-\frac{1}{2}\right)^{2}}+\frac{z}{z-\frac{1}{2}},\ \frac{1}{2}<|z|\leqslant\infty$$

由式(6.7.3)可得

$$Y(z)=y(-1)+F(z)+\mathrm{e}^{z}\int_{z}^{+\infty}\mathrm{e}^{-v}\left[\frac{1}{\left(v-\frac{1}{2}\right)^{2}}+\frac{1}{v-\frac{1}{2}}\right]\mathrm{d}v$$

$$=y(-1)+F(z)-\mathrm{e}^{z}\int_{z}^{+\infty}\mathrm{d}\left(\frac{\mathrm{e}^{-v}}{v-\frac{1}{2}}\right)$$

$$=\underbrace{y(-1)}_{Y_x(z)}+\underbrace{F(z)+\frac{z^{-1}}{1-\frac{1}{2}z^{-1}},\ \frac{1}{2}<|z|\leqslant\infty}_{Y_f(z)}$$

于是，线性移变离散时间系统的零输入响应 $y_x(k)$、零状态响应 $y_f(k)$及全响应 $y(k)$分别为

$$y_x(k)=\mathrm{IZT}[Y_x(z)]=y(-1)\delta(k)=2\delta(k),\ k\geqslant0$$

$$y_f(k)=\mathrm{IZT}[Y_f(z)]=f(k)+\left(\frac{1}{2}\right)^{k-1}\varepsilon(k-1)=(2k+1)\left(\frac{1}{2}\right)^{k}\varepsilon(k)+\left(\frac{1}{2}\right)^{k-1}\varepsilon(k-1)$$

$$=\delta(k)+(2k+3)\left(\frac{1}{2}\right)^{k}\varepsilon(k-1)$$

$$y(k)=y_x(k)+y_f(k)=3\delta(k)+(2k+3)\left(\frac{1}{2}\right)^{k}\varepsilon(k-1),\ k\geqslant0$$

例 6.7.2：设描述一阶线性移变离散时间系统响应 $y(k)$与激励 $f(k)$关系的差分方程为

$$ky(k)-y(k-1)=f(k) \tag{6.7.5}$$

已知系统的激励 $f(k)=(2k-1)2^{k}\varepsilon(-k)$，试求系统的零状态响应 $y_f(k)$。

解：考虑到式(6.3.18)，则有

$$\left(\frac{1}{2}\right)^{k}\varepsilon(k)\longleftrightarrow\frac{1}{1-0.5z^{-1}},\ 0.5<|z|\leqslant\infty$$

考虑到双边 ZT 的时域反褶性质式(6.3.26)，则有

$$2^{k}\varepsilon(-k)\longleftrightarrow\frac{1}{1-0.5z},\ 0\leqslant|z|<2$$

考虑到 $f(k)=(2k-1)2^{k}\varepsilon(-k)$，对该式的等号两边分别取双边 ZT，利用双边 ZT 的 z 域微分性质式(6.3.43)，可得

$$F(z)=-2z\frac{\mathrm{d}}{\mathrm{d}z}\left(\frac{1}{1-0.5z}\right)-\frac{1}{1-0.5z}=-\left[\frac{1}{1-0.5z}+\frac{z}{(1-0.5z)^{2}}\right],\ 0\leqslant|z|<2$$

对线性变系数非齐次差分方程式(6.7.5)的等号两边分别取双边 ZT，并考虑到双边 ZT 的 z 域微分性质式(6.3.43)，则有

$$-z\frac{\mathrm{d}Y_f(z)}{\mathrm{d}z}-z^{-1}Y_f(z)=F(z) \tag{6.7.6}$$

将式(6.7.6)的等号两边分别乘以 $-\mathrm{e}^{-z^{-1}}/z$，可得

$$\frac{\mathrm{d}Y_f(z)}{\mathrm{d}z}\mathrm{e}^{-z^{-1}}+\frac{1}{z^{2}}Y_f(z)\mathrm{e}^{-z^{-1}}=-\frac{F(z)}{z}\mathrm{e}^{-z^{-1}}$$

$$\frac{\mathrm{d}}{\mathrm{d}z}[Y_f(z)\mathrm{e}^{-z^{-1}}]=-\frac{F(z)}{z}\mathrm{e}^{-z^{-1}}$$

$$\frac{\mathrm{d}}{\mathrm{d}v}[Y_f(v)\mathrm{e}^{-v^{-1}}]=-\mathrm{e}^{-v^{-1}}\frac{F(v)}{v} \tag{6.7.7}$$

在区间 $v\in[0,z]$上，对式(6.7.7)的等号两边分别积分，可得

$$Y_f(z)=-e^{z^{-1}}\int_0^z e^{-v^{-1}}F(v)v^{-1}dv \tag{6.7.8}$$

将象函数 $F(z)$代入式(6.7.8)，可得

$$Y_f(z)=-e^{z^{-1}}\int_0^z e^{-v^{-1}}F(v)v^{-1}dv=e^{z^{-1}}\int_0^z e^{-v^{-1}}\left[\frac{1}{(1-0.5v)v}+\frac{1}{(1-0.5v)^2}\right]dv$$

$$=e^{z^{-1}}\int_0^z d\left(\frac{v}{1-0.5v}e^{-v^{-1}}\right)=\frac{z}{1-0.5z},\ 0\leqslant|z|<2$$

于是，线性移变离散时间系统的零状态响应为

$$y_f(k)=\text{IZT}[Y_f(z)]=2^{k+1}\varepsilon(-k-1)$$

习题

6.1 单项选择题

(1) 因果序列双边 ZT 的收敛域为 z 平面上的(　　)。

A. 圆内域　B. 圆外域　C. 单位圆周　D. 圆环域

(2) 因果序列右移而得的有始序列，其双边 ZT 的收敛域为 z 平面上的(　　)。

A. 圆内域　B. 圆外域　C. 单位圆周　D. 圆环域

(3) 反因果序列双边 ZT 的收敛域为 z 平面上的(　　)。

A. 圆内域　B. 圆外域　C. 单位圆周　D. 圆环域

(4) 反因果序列左移而得的有终序列，其双边 ZT 的收敛域为 z 平面上的(　　)。

A. 圆内域　B. 圆外域　C. 单位圆周　D. 圆环域

(5) 双边序列的双边 ZT 的收敛域为 z 平面上的(　　)。

A. 圆内域　B. 圆外域　C. 单位圆周　D. 圆环域

(6) 时限序列双边 ZT 的收敛域为有限(　　)。

A. 圆内域　B. 圆外域　C. 全 z 平面　D. 圆环域

(7) 若序列 $f(k)$的双边 z 变换 $F(z)$的收敛域为 $2<|z|<3$，则序列 $f(k)\varepsilon(k)$的双边 z 变换的收敛域为(　　)。

A. $0<|z|<3$　B. $0\leqslant|z|<3$　C. $2<|z|<\infty$　D. $2<|z|\leqslant\infty$

(8) 若序列 $f(k)$的双边 z 变换 $F(z)$的收敛域为 $2<|z|<3$，则序列 $f(k)\varepsilon(-k-1)$的双边 z 变换的收敛域为(　　)。

A. $0<|z|<3$　B. $0\leqslant|z|<3$　C. $2<|z|<\infty$　D. $2<|z|\leqslant\infty$

(9) 若序列 $f(k)$的双边 z 变换 $F(z)$的收敛域为 $2<|z|<3$，则序列 $f(-k)$的双边 z 变换的收敛域为(　　)。

A. $0\leqslant|z|<\frac{1}{3}$　B. $0\leqslant|z|<\frac{1}{2}$　C. $\frac{1}{3}<|z|<\frac{1}{2}$　D. $\frac{1}{2}<|z|\leqslant\infty$

(10) 若序列 $f(k)$的双边 z 变换 $F(z)$的收敛域为 $2<|z|<3$，则序列 $2^kf(k)\varepsilon(-k-1)$的双边 z 变换的收敛域为(　　)。

A. $0\leqslant|z|<1$　B. $0\leqslant|z|<6$　C. $1<|z|\leqslant\infty$　D. $6<|z|\leqslant\infty$

(11) 若序列为(　　)序列时，则其双边 ZT 与单边 ZT 等价。

A. 因果　B. 反因果　C. 非因果　D. 因果或反因果

(12) 若序列 $f(k)$满足(　　)条件时，则序列 $f(k-2)$的单边 ZT 与双边 ZT 等价。

A. $f(-2)=0$　　B. $f(-1)=0$

C. $f(-2)=f(-1)=0$　　D. $f(0)=0$

(13) 若序列 $f(k)$满足(　　)条件时，则序列$\nabla f(k)$的单边 ZT 与双边 ZT 等价。

A. $f(-2)=0$　　B. $f(-1)=0$　　C. $f(0)=0$　　D. $f(1)=0$

(14) 若序列 $x(k)=f(k)\delta(k-1)$，则序列 $x(k)$的 z 变换 $X(z)$为(　　)。

A. $f(0)z^{-1}$　　B. $f(0)z$　　C. $f(1)z$　　D. $f(1)z^{-1}$

(15) 由初值定理可知，因果序列 $f(k)$的初值 $f(0)=\lim\limits_{z\to\infty}F(z)$。若 $x(k)=f(-k)$，则有(　　)。

A. $x(0)=\lim\limits_{z\to\infty}F(z)$　　B. $x(0)=\lim\limits_{z\to 0}F(z^{-1})$

C. $x(1)=\lim\limits_{z\to\infty}F(z)$　　D. $x(1)=\lim\limits_{z\to 0}F(z^{-1})$

(16) 无时限复指数序列 $f(k)=z^k$ 通过转移函数为 $H(z)$的离散时间因果系统，满足主导条件就意味着 $f(k)=z^k$ 的 z 一定位于 $H(z)$的收敛域之(　　)。

A. 内　　B. 外　　C. 边界上　　D. 边界上任意位置

(17) LSI 离散时间系统的转移函数 $H(z)$的(　　)，确定了系统的单位冲激响应 $h(k)$的模式。

A. 零点　　B. 极点　　C. 零点和极点　　D. 收敛域

(18) LSI 离散时间因果稳定系统，其转移函数 $H(z)$的所有极点均位于 z 平面的(　　)。

A. 单位圆内　　B. 单位圆外　　C. 单位圆周上　　D. 任意位置

(19) LSI 离散时间反因果稳定系统，其转移函数 $H(z)$的所有极点均位于 z 平面的(　　)。

A. 单位圆内　　B. 单位圆外　　C. 单位圆周上　　D. 任意位置

(20) LSI 离散时间非因果稳定系统，在 z 平面的(　　)无转移函数 $H(z)$的极点分布。

A. 单位圆内　　B. 单位圆外　　C. 单位圆周上　　D. 任意位置

6.2 多项选择题

(1) 下列有关周期冲激序列 $\delta_N(k)$的关系式，正确的有(　　)。

A. $\delta_N(k)=\sum\limits_{r=-\infty}^{+\infty}\delta(k-rN)$　　B. $\delta_N(k)=\delta_{2N}(k)*[\delta(k)+\delta(k-N)]$

C. $\delta_N(k)=\dfrac{1}{N}\sum\limits_{n=0}^{N-1}e^{j\frac{2\pi}{N}nk}$　　D. $\delta_N(k)=\dfrac{1}{N}\sum\limits_{n=0}^{N-1}e^{j\frac{\pi}{N}nk}$

(2) 设样值信号 $f_s(t)=f_a(t)\delta_T(t)$，并且

$$\mathrm{LT}[f_a(t)]=F_a(s),\ \alpha<\sigma<\beta$$

$$\mathrm{LT}[f_s(t)]=F_s(s),\ \alpha<\sigma<\beta$$

$$\mathrm{ZT}[f_a(kT)]=\mathrm{ZT}[f(k)]=F(z),\ e^{\alpha T}<|z|<e^{\beta T}$$

下列关系式正确的有(　　)。

A. $F(z)=F_s(s)\big|_{s=\frac{1}{T}\ln z}$　　B. $F(z)=\dfrac{1}{T}\sum\limits_{k=-\infty}^{+\infty}\left[F_a(s)\big|_{s=\frac{1}{T}\ln(ze^{-j2k\pi})}\right]$

C. $F(z)=F_s(s)\big|_{s=\ln z}$　　D. $F(z)=F_s(s)\big|_{s=e^z}$

(3) 设样值信号 $f_s(t)=f_a(t)\delta_T(t)$，$\mathrm{LT}[f_a(t)]=F_a(s)$，$\alpha<\sigma<\beta$，$\lambda_l(l=1,2,\cdots,p)$及$\lambda'_r(r=1,2,\cdots,q)$分别是 $F_a(s)$的区左极点和区右极点，$F_a(s)$是真分式，并且

$$\mathrm{ZT}[f_a(kT)]=\mathrm{ZT}[f(k)]=F(z),\ e^{\alpha T}<|z|<e^{\beta T}$$

$$\mathrm{ZT}[f_a(kT)\varepsilon(-k-1)]=F_1(z),\ 0\leqslant|z|<e^{\beta T}$$

$$\mathrm{ZT}[f_a(kT)\varepsilon(k)]=F_2(z),\ e^{\alpha T}<|z|\leqslant\infty$$

下列关系式正确的有(　　)。

A. $F(z)=\frac{1}{T}\sum_{k=-\infty}^{+\infty}[F_a(s)|_{s=\frac{1}{T}\ln(z\mathrm{e}^{-\mathrm{j}2k\pi})}]$

B. $F(z)=\sum_{l=1}^{p}\mathrm{Res}\left[\frac{F_a(s)}{1-\mathrm{e}^{sT}z^{-1}}\right]_{s=\lambda_l}+\sum_{r=1}^{q}\mathrm{Res}\left[\frac{F_a(s)}{1-\mathrm{e}^{sT}z^{-1}}\right]_{s=\lambda_r'}$

C. $F_1(z)=\sum_{r=1}^{q}\mathrm{Res}\left[\frac{F_a(s)}{1-\mathrm{e}^{sT}z^{-1}}\right]_{s=\lambda_r'}$　　D. $F_2(z)=\sum_{l=1}^{p}\mathrm{Res}\left[\frac{F_a(s)}{1-\mathrm{e}^{sT}z^{-1}}\right]_{s=\lambda_l}$

(4) 若 $f(k)*f(-k)=3\left(\frac{1}{2}\right)^{|k|}$，则序列 $f(k)$ 为(　　)。

A. $f(k)=3\times 2^k\varepsilon(-k-1)$　　B. $f(k)=-3\times 2^k\varepsilon(-k-1)$

C. $f(k)=3\left(\frac{1}{2}\right)^k\varepsilon(k)$　　D. $f(k)=-3\left(\frac{1}{2}\right)^k\varepsilon(k)$

(5) 若序列 $f(k)=\varepsilon(k)-\varepsilon(k-4)$，则序列 $f(k)$ 的 z 变换 $F(z)$ 为(　　)。

A. $\frac{1-z^{-4}}{1-z^{-1}}$，$1<|z|\leqslant\infty$　　B. $\frac{1-z^{-4}}{1-z^{-1}}$，$0\leqslant|z|\leqslant\infty$

C. $\frac{1-z^{-4}}{1-z^{-1}}$，$0<|z|\leqslant\infty$　　D. $(1+z^{-2})(1+z^{-1})$，$0<|z|\leqslant\infty$

(6) 若满足条件(　　)，则序列 $f(k)=a^{|k|}$ 的双边 ZT 存在。

A. $0<a<1$　　B. $-1<a<0$　　C. $1<a<2$　　D. $-2<a<-1$

(7) 下列的序列双边 z 变换不存在的有(　　)。

A. 常数序列　　B. 无时限指数序列

C. 周期序列　　D. 抽样函数形式的序列

(8) 单边 ZT 可用于求解 LSI 离散时间系统的(　　)。

A. 零输入响应　　B. 零状态响应　　C. 全响应　　D. 稳态响应

6.3　设 $f(k)$ 是一个双边序列，并且

$$\mathrm{ZT}[f(k)]=F(z)=F_A(z)+F_B(z),\ \frac{1}{4}<|z|<9$$

其中，$F_A(z)=\mathrm{ZT}[f(k)\varepsilon(k)]$，$F_B(z)=\mathrm{ZT}[f(k)\varepsilon(-k-1)]$，试用 $F(z)$、$F_A(z)$ 或 $F_B(z)$ 来表示下列序列的双边 ZT，并标明收敛域。

(1) $f_1(k)=f(k)+\left(\frac{1}{2}\right)^k\varepsilon(k)$　　(2) $f_2(k)=f(k-2)$

(3) $f_3(k)=\left(\frac{1}{2}\right)^k f(k)$　　(4) $f_4(k)=f\left(\frac{k}{2}\right)\delta_2(k)$

(5) $f_5(k)=f(-k)$　　(6) $f_6(k)=f(k)\delta_4(k)$

(7) $f_7(k)=f(4k)$　　(8) $f_8(k)=f(k)*\left(\frac{1}{2}\right)^k\varepsilon(k)$

(9) $f_9(k)=f(k)*\nabla\delta(k)$　　(10) $f_{10}(k)=f(k)*\varepsilon(k)$

(11) $f_{11}(k)=f(k)\left(\frac{1}{2}\right)^{k+1}\varepsilon(k+1)$　　(12) $f_{12}(k)=-(k-1)f(k-1)$

(13) $f_{13}(k)=\frac{1}{k}f(k)\varepsilon(k)$　　(14) $f_{14}(k)=\frac{1}{-k}f(k)\varepsilon(-k-1)$

6.4　已知序列 $f(k)=\left(\frac{1}{2}\right)^k$，试求下列序列的 z 变换，并标明收敛域。

(1) $f_1(k)=f(k)\varepsilon(k)$　　(2) $f_2(k)=f(k)\varepsilon(-k-1)$

(3) $f_3(k)=f(-k)\varepsilon(k)$　(4) $f_4(k)=f(-k)\varepsilon(-k-1)$

(5) $f_5(k)=f(k)\varepsilon(k-1)$　(6) $f_6(k)=f(k-1)\varepsilon(k)$

(7) $f_7(k)=f(k-1)\varepsilon(k-1)$　(8) $f_8(k)=f(2k)\varepsilon(k)$

(9) $f_9(k)=kf(k)\varepsilon(k)$　(10) $f_{10}(k)=-(k-1)f(-k)\varepsilon(-k-1)$

(11) $f_{11}(k)=f(|k|)$　(12) $f_{12}(k)=|k|f(|k|)$

6.5 试求下列序列的 z 变换，并标明收敛域。

(1) $f_1(k)=2\sqrt{3}\sin\dfrac{k\pi}{3}\varepsilon(k)$　(2) $f_2(k)=2\sin\left(\dfrac{k\pi}{3}-\dfrac{\pi}{6}\right)\varepsilon(k)$

(3) $f_3(k)=2\sqrt{3}\sin\dfrac{k\pi}{3}\varepsilon(k-2)$　(4) $f_4(k)=2\sqrt{3}\sin\dfrac{(k-2)\pi}{3}\varepsilon(k-2)$

(5) $f_5(k)=2\cos\dfrac{k\pi}{3}\varepsilon(k)$　(6) $f_6(k)=2\sqrt{3}\cos\left(\dfrac{k\pi}{3}-\dfrac{\pi}{6}\right)\varepsilon(k)$

(7) $f_7(k)=2\cos\dfrac{k\pi}{3}\varepsilon(k-2)$　(8) $f_8(k)=2\cos\dfrac{(k-2)\pi}{3}\varepsilon(k-2)$

(9) $f_9(k)=4\sin\dfrac{k\pi}{2}\sin\dfrac{k\pi}{6}\varepsilon(k)$　(10) $f_{10}(k)=4\sin^2\dfrac{k\pi}{6}\varepsilon(k)$

(11) $f_{11}(k)=4\sqrt{3}\sin\dfrac{k\pi}{6}\cos\dfrac{k\pi}{6}\varepsilon(k)$　(12) $f_{12}(k)=4\sqrt{3}\sin\dfrac{k\pi}{2}\cos\dfrac{k\pi}{6}\varepsilon(k)$

(13) $f_{13}(k)=4\cos\dfrac{k\pi}{2}\cos\dfrac{k\pi}{6}\varepsilon(k)$　(14) $f_{14}(k)=4\cos^2\dfrac{k\pi}{6}\varepsilon(k)$

6.6 试求下列序列的 z 变换，并标明收敛域。

(1) $f_1(k)=\delta(k)-\delta(k-1)+\delta(k-2)-\delta(k-3)$　(2) $f_2(k)=\cos k\pi[\delta(k)-\delta(k-3)]$

(3) $f_3(k)=\cos k\pi[\nabla\delta(k)-\nabla\delta(k-3)]$　(4) $f_4(k)=\left(\dfrac{1}{2}\right)^k[\varepsilon(k)-\varepsilon(k-4)]$

(5) $f_5(k)=8k\left(\dfrac{1}{2}\right)^k\varepsilon(k-3)$　(6) $f_6(k)=(k+1)[\varepsilon(k-2)-\varepsilon(k-6)]$

(7) $f_7(k)=\varepsilon(k)+\varepsilon(k-3)+\varepsilon(k-6)-3\varepsilon(k-9)$　(8) $f_8(k)=(4-|k|)[\varepsilon(k+4)-\varepsilon(k-4)]$

(9) $f_9(k)=(4-|k-4|)[\varepsilon(k)-\varepsilon(k-8)]$　(10) $f_{10}(k)=k\varepsilon(k)-(k-4)\varepsilon(k-4)$

(11) $f_{11}(k)=k\varepsilon(k)-4\varepsilon(k-4)-(k-8)\varepsilon(k-8)-4\varepsilon(k-8)$

(12) $f_{12}(k)=4\varepsilon(k)-(k-4)\varepsilon(k-4)+(k-8)\varepsilon(k-8)$

(13) $f_{13}(k)=\varepsilon(-2k+8)-\varepsilon(-2k-8)$　(14) $f_{14}(k)=k\varepsilon(k)-\sum\limits_{r=1}^{+\infty}\varepsilon(k-4r)$

(15) $f_{15}(k)=(\ln 2^k)\varepsilon(k)$　(16) $f_{16}(k)=[\ln(2e)^k]\varepsilon(k)$

6.7 试求下列序列的 z 变换，并标明收敛域。

(1) $f_1(k)=2\sqrt{3}\left[\sin\dfrac{k\pi}{3}\varepsilon(k)+\sin\dfrac{(k-3)\pi}{3}\varepsilon(k-3)\right]$　(2) $f_2(k)=2\sqrt{3}\sin\dfrac{2k\pi}{3}\varepsilon(k-2)$

(3) $f_3(k)=6\sqrt{3}\left(\dfrac{1}{3}\right)^k\sin\dfrac{k\pi}{3}\varepsilon(k)$　(4) $f_4(k)=4\left(\dfrac{1}{2}\right)^k\cos\dfrac{2k\pi}{3}\varepsilon(k)$

(5) $f_5(k)=\left(\dfrac{1}{2}\right)^{k+1}\cos\dfrac{k\pi}{3}\varepsilon(k+2)$　(6) $f_6(k)=2\sqrt{3}\sin\dfrac{k\pi}{3}[\varepsilon(k)-\varepsilon(k-6)]$

(7) $f_7(k)=2\cos\dfrac{k\pi}{3}[\varepsilon(k)-\varepsilon(k-6)]$　(8) $f_8(k)=4\sqrt{3}\left(\dfrac{1}{2}\right)^k\sin\dfrac{k\pi}{3}[\varepsilon(k)-\varepsilon(k-6)]$

(9) $f_9(k)=\mathrm{sgn}\left(\sin\dfrac{k\pi}{3}\right)\varepsilon(k)$　(10) $f_{10}(k)=4\sqrt{3}\left[\sin\dfrac{k\pi}{3}\varepsilon(-k-1)+\left(\dfrac{1}{2}\right)^k\sin\dfrac{k\pi}{3}\varepsilon(k)\right]$

(11) $f_{11}(k)=4\sqrt{3}\left(\frac{1}{2}\right)^k \sin\frac{k\pi}{3}\varepsilon(k) * \nabla\delta(k)$

(12) $f_{12}(k)=4^k k\cos\frac{2(k-1)\pi}{3}\varepsilon(k-1)$

(13) $f_{13}(k)=4\left(\frac{1}{2}\right)^k \cos\frac{k\pi}{3}[\varepsilon(k-1)-\varepsilon(k-7)]$

(14) $f_{14}(k)=4\sqrt{3}k\left(\frac{1}{2}\right)^k \sin\frac{k\pi}{3}\varepsilon(k)$

(15) $f_{15}(k)=4k\left(\frac{1}{2}\right)^k \cos\frac{k\pi}{3}\varepsilon(k)$

(16) $f_{16}(k)=\frac{1}{k}4\sin^2\frac{k\pi}{3}\varepsilon(k)$

6.8 试求下列序列的 z 变换，并标明收敛域。

(1) $f_1(k)=\varepsilon(-k-1)+\left(\frac{1}{4}\right)^k\varepsilon(k)$

(2) $f_2(k)=2^k\varepsilon(-k-1)+\left(\frac{1}{3}\right)^k\varepsilon(k)$

(3) $f_3(k)=2^k\varepsilon(-k-1)+(k+1)\left(\frac{1}{3}\right)^k\varepsilon(k)$

(4) $f_4(k)=4\sqrt{3}\left(\frac{1}{2}\right)^{|k|}\sin\frac{k\pi}{3}$

(5) $f_5(k)=4\left(\frac{1}{2}\right)^{|k|}\cos\frac{k\pi}{3}$

(6) $f_6(k)=4\sqrt{3}\,|k|\left(\frac{1}{2}\right)^{|k|}\sin\frac{k\pi}{3}$

(7) $f_7(k)=4\,|k|\left(\frac{1}{2}\right)^{|k|}\cos\frac{k\pi}{3}$

(8) $f_8(k)=\sum_{r=0}^{+\infty}\delta(k-rN)$，其中 N 为正整数。

(9) $f_9(k)=\sum_{r=0}^{+\infty}\varepsilon(k-4r)$

(10) $f_{10}(k)=2\sqrt{3}\sum_{r=0}^{+\infty}\sin\frac{(k-3r)\pi}{3}\varepsilon(k-3r)$

(11) $f_{11}(k)=k\varepsilon(k)*[\delta(k)-\delta(k-3)-\delta(k-6)+\delta(k-9)]*\sum_{r=0}^{+\infty}\delta(k-9r)$

(12) $f_{12}(k)=\left(\frac{1}{2}\right)^k[\varepsilon(k)-\varepsilon(k-3)]*[\delta(k)-\delta(k-6)]*\sum_{r=0}^{+\infty}\delta(k-9r)$

(13) $f_{13}(k)=\left(\frac{1}{2}\right)^k\{[\varepsilon(k)-\varepsilon(k-4)]*\sum_{r=0}^{+\infty}\delta(k-8r)\}$

(14) $f_{14}(k)=\left(\frac{1}{2}\right)^k\{k\varepsilon(k)*[\delta(k)-2\delta(k-4)+\delta(k-8)]*\sum_{r=0}^{+\infty}\delta(k-8r)\}$

(15) $f_{15}(k)=\sum_{r=0}^{+\infty}a^r\delta(k-rN)$，其中 a 为常数，N 为正整数。

(16) $f_{16}(k)=\left(\frac{1}{2}\right)^{|k|}\sum_{r=-\infty}^{+\infty}\delta(k-rN)$，其中 N 为正整数。

6.9 试求图题 6.9 中各个离散时间信号的 z 变换，并标明收敛域。

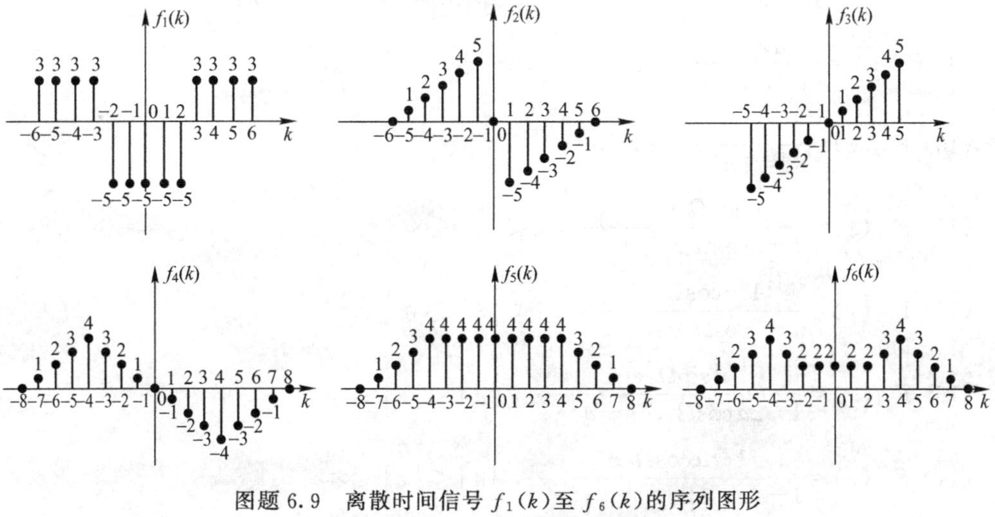

图题 6.9 离散时间信号 $f_1(k)$ 至 $f_6(k)$ 的序列图形

6.10 按要求完成下列各题。

(1) 设连续时间信号 $f_a(t)=\left(\frac{1}{2}\right)^t x(t)$，其中 $x(t)=\mathrm{e}^{-t}\varepsilon(t)$。若对连续时间信号 $f_a(t)$ 按等间隔 $T=2\,\mathrm{s}$ 进行抽样，试求样值序列 $f(k)=f_a(kT)$ 的 z 变换 $F(z)$，并标明收敛域。

(2) 设序列 $f(k)=\sum\limits_{m=0}^{k} m\left(\frac{1}{2}\right)^m$，试求序列 $f(k)$ 的 z 变换 $F(z)$，标明收敛域，并求 $f(\infty)$ 的值。

(3) 设序列 $f(k)=a^k\sum\limits_{m=0}^{k} b^m$，其中 a 和 b 为常数。试求序列 $f(k)$ 的 z 变换 $F(z)$，并标明收敛域。

(4) 设序列 $f(k)$ 的 z 变换为 $F(z)=\dfrac{\left(z-\frac{1}{2}\right)(z-2)}{\left(z-\frac{1}{16}\right)(z-16)}$，$\frac{1}{16}<|z|<16$

① 若序列 $f_1(k)=\left(\frac{1}{2}\right)^k f(-k+4)$，试求序列 $f_1(k)$ 的 z 变换 $F_1(z)$，并标明收敛域。

② 若序列 $f_2(k)=\left(\frac{1}{2}\right)^k f\left(\frac{k}{4}\right)\delta_4(k)$，试求序列 $f_2(k)$ 的 z 变换 $F_2(z)$，并标明收敛域。

③ 若序列 $f_3(k)=\left(\frac{1}{2}\right)^k f(k)\delta_4(k)$，试求序列 $f_3(k)$ 的 z 变换 $F_3(z)$，并标明收敛域。

④ 若序列 $f_4(k)=\left(\frac{1}{2}\right)^k f(4k)$，试求序列 $f_4(k)$ 的 z 变换 $F_4(z)$，并标明收敛域。

6.11 试求下列象函数的逆 z 变换。

(1) $F_1(z)=\dfrac{1}{1-z^{-1}}$，$1<|z|\leqslant\infty$

(2) $F_2(z)=\dfrac{1}{(1-z^{-1})^2}$，$1<|z|\leqslant\infty$

(3) $F_3(z)=\dfrac{z^{-1}}{(1-z^{-1})^2}$，$1<|z|\leqslant\infty$

(4) $F_4(z)=\dfrac{z^{-1}(1+z^{-1})}{(1-z^{-1})^3}$，$1<|z|\leqslant\infty$

(5) $F_5(z)=\dfrac{z^{-1}(1+4z^{-1}+z^{-2})}{(1-z^{-1})^4}$，$1<|z|\leqslant\infty$

(6) $F_6(z)=\dfrac{1}{(1-z^{-1})^{n+1}}$，$1<|z|\leqslant\infty$

(7) $F_7(z)=\dfrac{1}{1-az^{-1}}$，$|a|<|z|\leqslant\infty$

(8) $F_8(z)=\dfrac{z^{-1}}{1-az^{-1}}$，$|a|<|z|\leqslant\infty$

(9) $F_9(z)=\dfrac{az^{-1}}{(1-az^{-1})^2}$，$|a|<|z|\leqslant\infty$

(10) $F_{10}(z)=\dfrac{1}{(1-az^{-1})^{n+1}}$，$|a|<|z|\leqslant\infty$

(11) $F_{11}(z)=\dfrac{\sin\Omega_0 z^{-1}}{1-2\cos\Omega_0 z^{-1}+z^{-2}}$，$1<|z|\leqslant\infty$

(12) $F_{12}(z)=\dfrac{1-\cos\Omega_0 z^{-1}}{1-2\cos\Omega_0 z^{-1}+z^{-2}}$，$1<|z|\leqslant\infty$

(13) $F_{13}(z)=\dfrac{a\sin\Omega_0 z^{-1}}{1-2a\cos\Omega_0 z^{-1}+a^2z^{-2}}$，$|a|<|z|\leqslant\infty$

(14) $F_{14}(z)=\dfrac{1-a\cos\Omega_0 z^{-1}}{1-2a\cos\Omega_0 z^{-1}+a^2z^{-2}}$，$|a|<|z|\leqslant\infty$

6.12 试求下列象函数的逆 z 变换。

(1) $F_1(z)=\dfrac{2}{2-3z^{-1}+z^{-2}}$，$1<|z|\leqslant\infty$　(2) $F_2(z)=\dfrac{6}{6-5z^{-1}+z^{-2}}$，$\dfrac{1}{2}<|z|\leqslant\infty$

(3) $F_3(z)=\dfrac{12-6z^{-1}}{12-7z^{-1}+z^{-2}}$，$\dfrac{1}{3}<|z|\leqslant\infty$　(4) $F_4(z)=\dfrac{4(3-z^{-1})}{4-4z^{-1}+z^{-2}}$，$\dfrac{1}{2}<|z|\leqslant\infty$

(5) $F_5(z)=\dfrac{4+4z^{-1}+z^{-2}}{4-4z^{-1}+z^{-2}}$，$\dfrac{1}{2}<|z|\leqslant\infty$　(6) $F_6(z)=\dfrac{4+2z^{-1}}{4-4z^{-1}+z^{-2}}$，$\dfrac{1}{2}<|z|\leqslant\infty$

(7) $F_7(z)=\dfrac{12-3z^{-1}}{6-5z^{-1}+z^{-2}}$，$\dfrac{1}{2}<|z|\leqslant\infty$　(8) $F_8(z)=\dfrac{6z^{-1}+5z^{-2}+z^{-3}}{6-5z^{-1}+z^{-2}}$，$\dfrac{1}{2}<|z|\leqslant\infty$

(9) $F_9(z)=\dfrac{12}{(2-z^{-1})^2(3-z^{-1})}$，$\dfrac{1}{2}<|z|\leqslant\infty$

(10) $F_{10}(z)=\dfrac{24-6z^{-1}}{(2-z^{-1})^2(3-z^{-1})}$，$\dfrac{1}{2}<|z|\leqslant\infty$

(11) $F_{11}(z)=\dfrac{z^{-1}(24+6z^{-1})}{(2-z^{-1})^2(3-z^{-1})}$，$\dfrac{1}{2}<|z|\leqslant\infty$

(12) $F_{12}(z)=\dfrac{12(1+z^{-6})}{(1-z^{-1})(4-z^{-1})}$，$1<|z|\leqslant\infty$

(13) $F_{13}(z)=\dfrac{6(1+z^{-4}+z^{-8})}{(2-z^{-1})(3-z^{-1})}$，$\dfrac{1}{2}<|z|\leqslant\infty$

(14) $F_{14}(z)=\ln[1+\dfrac{1}{2(z-1)}]$，$1<|z|\leqslant\infty$

6.13 试求下列象函数的逆 z 变换。

(1) $F_1(z)=\dfrac{4(1-z^{-1})}{4-2z^{-1}+z^{-2}}$，$\dfrac{1}{2}<|z|\leqslant\infty$　(2) $F_2(z)=\dfrac{(4-2z^{-1})z^{-1}}{4+2z^{-1}+z^{-2}}$，$\dfrac{1}{2}<|z|\leqslant\infty$

(3) $F_3(z)=\dfrac{\sqrt{3}z^{-1}(1+z^{-2})}{4-2z^{-1}+z^{-2}}$，$\dfrac{1}{2}<|z|\leqslant\infty$

(4) $F_4(z)=\dfrac{(z^{-1}+z^{-2})z^{-2}}{(1-z^{-1})(1-z^{-1}+z^{-2})}$，$1<|z|\leqslant\infty$

(5) $F_5(z)=\dfrac{3z^{-2}}{(2-z^{-1})(1-z^{-1}+z^{-2})}$，$1<|z|\leqslant\infty$

(6) $F_6(z)=\dfrac{4z^{-1}(1-z^{-1})}{(2-z^{-1})(4-2z^{-1}+z^{-2})}$，$\dfrac{1}{2}<|z|\leqslant\infty$

(7) $F_7(z)=\dfrac{(1+z^{-1})z^{-2}}{(1-z^{-1})(1-z^{-1}+z^{-2})}$，$1<|z|\leqslant\infty$

(8) $F_8(z)=\dfrac{3(2-4z^{-1}+3z^{-2})}{[(1-z^{-1})(1-z^{-1}+z^{-2})]^2}$，$1<|z|\leqslant\infty$

(9) $F_9(z)=\dfrac{4-9z^{-1}+6z^{-2}+z^{-3}}{(1-z^{-1}+z^{-2})(2-5z^{-1}+2z^{-2})}$，$2<|z|\leqslant\infty$

(10) $F_{10}(z)=\ln\left[1+\dfrac{z}{(z-1)^2}\right]$，$1<|z|\leqslant\infty$

6.14 试求下列象函数的逆 z 变换。

(1) $F_1(z)=\dfrac{6-6z^{-1}}{6-5z^{-1}+z^{-2}}$，$0\leqslant|z|<\dfrac{1}{3}$

(2) $F_2(z)=\dfrac{18}{(2-z^{-1})(3-z^{-1})^2}$，$0\leqslant|z|<\dfrac{1}{3}$

(3) $F_3(z)=\dfrac{2-4z^{-1}}{(1-z^{-1})(2-z^{-1})}$，$\dfrac{1}{2}<|z|<1$

(4) $F_4(z)=\dfrac{(1-z^{-1})z^{-1}}{12-7z^{-1}+z^{-2}}$，$\dfrac{1}{4}<|z|<\dfrac{1}{3}$

(5) $F_5(z)=\dfrac{2-11z^{-1}}{2-7z^{-1}+3z^{-2}}$，$\dfrac{1}{2}<|z|<3$

(6) $F_6(z)=\dfrac{6(1-z^{-1})}{(2-z^{-1})(3-z^{-1})}$，$\dfrac{1}{3}<|z|<\dfrac{1}{2}$

(7) $F_7(z)=\dfrac{2(3-2z^{-1})z^{-6}}{(2-z^{-1})(3-z^{-1})}$，$\dfrac{1}{3}<|z|<\dfrac{1}{2}$

(8) $F_8(z)=\dfrac{1-4z^{-1}+z^{-2}}{(1-2z^{-1})(1-z^{-1}+z^{-2})}$，$1<|z|<2$

(9) $F_9(z)=\dfrac{4(1-2z^{-1})z^{-4}-(1-z^{-1})^2z^4}{(1-2z^{-1})(1-z^{-1})^2}$，$1<|z|<2$

(10) $F_{10}(z)=\dfrac{18(1-z^{-1})}{(2-z^{-1})(3-z^{-1})^2}$，$\dfrac{1}{3}<|z|<\dfrac{1}{2}$

6.15 试求下列象函数的逆 z 变换。

(1) $F_1(z)=\dfrac{1}{(1-z^{-1})(1+z^{-4})}$，$1<|z|\leqslant\infty$

(2) $F_2(z)=\dfrac{1-z^{-4}}{(1-z^{-1})(1+z^{-4})}$，$1<|z|\leqslant\infty$

(3) $F_3(z)=\dfrac{1-(2z)^{-4}}{[1-(2z)^{-1}](1-z^{-6})}$，$1<|z|\leqslant\infty$

(4) $F_4(z)=\dfrac{1-(2z)^{-4}}{[1-(2z)^{-1}](1+z^{-4})}$，$1<|z|\leqslant\infty$

(5) $F_5(z)=\dfrac{\sqrt{3}z^{-1}}{2(1-z^{-1}+z^{-2})(1-z^{-3})}$，$1<|z|\leqslant\infty$

(6) $F_6(z)=\dfrac{\sqrt{3}z^{-1}(1+z^{-3})}{2(1-z^{-1}+z^{-2})(1-z^{-3})}$，$1<|z|\leqslant\infty$

6.16 按要求完成下列各题。

(1) 设序列 $f(k)$满足 $f(k)*f(-k)=12\left(\dfrac{1}{2}\right)^{|k|}$，试求序列 $f(k)$。

(2) 设序列 $f(k)$满足 $f(k)*\nabla f(k)=(1-k)\left(\dfrac{1}{2}\right)^{k}\varepsilon(k)$，试求序列 $f(k)$。

(3) 设序列 $f(k)$满足 $f(k)=k\varepsilon(k)-\sum\limits_{m=-\infty}^{k}f(m)$

① 试求序列 $f(k)$的 z 变换 $F(z)$，标明收敛域，并求 $f(\infty)$的值。

② 试求序列 $f(k)$。

(4) 已知序列 $f(k)=\dfrac{(k+n)!}{k!}\varepsilon(k)*\dfrac{(k+m)!}{k!}\varepsilon(k)$

① 试求序列 $f(k)$的 z 变换 $F(z)$，并标明收敛域。

② 试求序列 $f(k)$。

6.17 按要求完成下列各题。

(1) 设序列 $f(k)=2\sqrt{3}\left|\sin\frac{k\pi}{3}\right|\varepsilon(k)$

① 试求序列 $f(k)$的 z 变换 $F(z)$，并标明收敛域。

② 已知 $X(z)=F(z)z^{-3}$，试求 $X(z)$的逆 z 变换 $x(k)$。

(2) 设序列 $f(k)=ka^k\varepsilon(k)$，$0<a<1$

① 试求序列 $f(k)$的 z 变换 $F(z)$，并标明收敛域。

② 试证明序列 $f(k)$满足绝对可和条件。

(3) 设序列 $f(k)=a^k\varepsilon(k)$，其中 a 为常数。

① 试求序列 $f(k)$的 z 变换 $F(z)$，并标明收敛域。

② 已知 $\mathrm{ZT}[\hat{f}(k)]=\ln F(z)$，$|a|<|z|\leqslant\infty$，试求序列$\hat{f}(k)$。

(4) 设序列 $f(k)=\sum\limits_{m=0}^{k}21[1+(-1)^m]\left(\frac{1}{2}\right)^m\cos\frac{m\pi}{3}$

① 试求序列 $f(k)$的 z 变换 $F(z)$，并标明收敛域。

② 试求序列 $f(k)$。

③ 已知 $X(z)=-z\frac{\mathrm{d}F(z)}{\mathrm{d}z}$，试求 $X(z)$的逆 z 变换 $x(k)$。

6.18 设因果序列 $f(k)$的 z 变换为 $F(z)=\frac{N(z)}{(2z-1)^3}$。

(1) 若将因果序列 $f(k)$分解成延迟冲激的加权和 $f(k)=\sum\limits_{m=0}^{+\infty}f(m)\delta(k-m)$，试求 $N(z)=16z$ 时 $f(k)$分解式中非零值前两项的加权系数。

(2) 若 $f(k)=4\delta(k)+5\delta(k-1)+\frac{9}{2}\delta(k-2)+\frac{7}{2}\delta(k-3)+\cdots$

① 试用 z 变换的时域位移性质和初值定理计算 $N(z)$。

② 对 $F(z)$取逆 z 变换，确定 $f(k)$的具体表达式。

③ 试将 $f(k)$分解成延迟冲激的加权和，并写出 $f(k)$的分解式的具体表达式。

(3) 设 LSI 离散时间因果系统的转移函数为 $H(z)=\frac{3(2-z^{-1})^2}{4(4-z^{-1})(3-z^{-1})}$，将问题(2)中确定的序列 $f(k)$作为激励，试求 LSI 离散时间因果系统的零状态响应 $y_f(k)$。

6.19 按要求完成下列各题。

(1) 设序列 $x(k)$的 z 变换为 $X(z)=8\ln(1-\frac{1}{2}z)$，$0\leqslant|z|<2$

① 试求序列 $x(k)$。

② 若序列 $f(k)=(1-k)x(k-1)$，试求序列 $f(k)$的 z 变换 $F(z)$，并标明收敛域。

(2) 设序列 $f(k)$的 z 变换为 $F(z)=\mathrm{e}^{\frac{1}{z}}$，$0<|z|\leqslant\infty$

① 试求 $F(z)$的罗伦级数展开式。

② 试求序列 $f(k)$的表达式。

③ 试求序列 $f(k)$的初值 $f(0)$及终值 $f(\infty)$。

④ 若序列 $x(k)=f(-k)$，试求序列 $x(k)$的 z 变换 $X(z)$，并标明收敛域。

(3) 设 LSI 离散时间系统在激励 $f(k)=\delta(k)+7\delta(k-1)+5\delta(k-2)$的作用下，系统的零状态响应为 $y_f(k)=3\delta(k)+16\delta(k-1)-19\delta(k-2)-18\delta(k-3)+5\delta(k-4)$。

① 试求系统的转移函数 $H(z)$。

② 试求系统的单位冲激响应 $h(k)$。

③ 将问题(1)中的序列 $f(k)$作为系统的激励，试求系统的零状态响应 $y_f(k)$。

④ 将问题(2)中的序列 $f(k)$作为系统的激励，试求系统的零状态响应 $y_f(k)$。

6.20 已知激励 $f(k)=\left(\frac{1}{3}\right)^k\varepsilon(k)$，初始状态 $y(-2)=9$，$y(-1)=6$，试求下列 LSI 离散时间因果系统的单位冲激响应 $h(k)$、零输入响应 $y_x(k)$、零状态响应 $y_f(k)$及全响应 $y(k)$。

(1) $8y(k)-6y(k-1)+y(k-2)=8f(k)$

(2) $9y(k)-6y(k-1)+y(k-2)=9f(k)+3f(k-1)$

(3) $9y(k)-3y(k-1)+y(k-2)=18f(k)-9f(k-1)+f(k-2)$

6.21 设 LSI 离散时间因果系统的初始状态 $y(-2)=-1$，$y(-1)=1$，在激励 $f(k)=\left(\frac{1}{4}\right)^k\varepsilon(k)$的作用下，系统的全响应为 $y(k)=8\left(\frac{1}{2}\right)^k-9\left(\frac{1}{3}\right)^k+3\left(\frac{1}{4}\right)^k$，$k\geqslant 0$。

(1) 试求系统的转移函数 $H(z)$。

(2) 试写出描述系统响应 $y(k)$与激励 $f(k)$关系的差分方程。

(3) 试求系统的单位冲激响应 $h(k)$及单位阶跃响应 $g(k)$。

6.22 由加法器、标量乘法器及单位延迟器构成的 LSI 离散时间因果系统如图题 6.22 所示。系统的激励 $f(k)=\left(\frac{1}{2}\right)^{|k|}$，系统的起始状态 $y(-\infty)=0$。

(1) 试求系统的单位冲激响应 $h(k)$。

(2) 试求 $k\geqslant-\infty$时，系统的零状态响应 $y_f(k)$。

(3) 若将 $k\leqslant-1$ 时的激励用于给系统建立初始状态，试求 $k\geqslant 0$ 时，系统的零输入响应 $y_x(k)$、零状态响应 $y_f(k)$及全响应 $y(k)$。

6.23 由加法器、标量乘法器及单位延迟器构成的 LSI 离散时间因果系统如图题 6.23 所示。

(1) 试求系统的转移函数 $H(z)$，并判断系统的稳定性。

(2) 试写出描述系统响应 $y(k)$与激励 $f(k)$关系的差分方程。

(3) 试求系统的单位冲激响应 $h(k)$。

(4) 已知系统的激励 $f(k)=\left(\frac{1}{2}\right)^k\varepsilon(k)$，试求系统的零状态响应 $y_f(k)$。

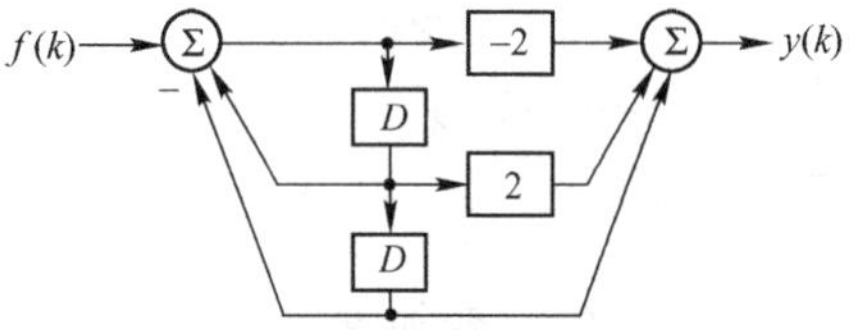

图题 6.22 LSI 离散时间系统的时域模拟方框图

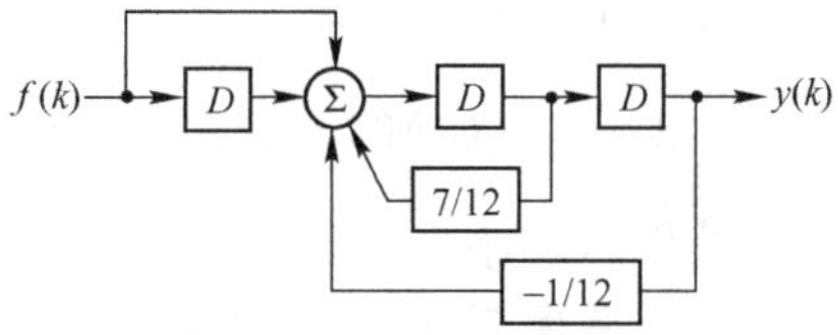

图题 6.23 LSI 离散时间系统的时域模拟方框图

6.24 由加法器、标量乘法器及单位延迟器构成的 LSI 离散时间因果系统如图题 6.24 所示。

(1) 试求系统的转移函数 $H(z)$，并判断系统的稳定性。

(2) 试画出单位延迟器最少的系统时域模拟方框图。

(3) 试求系统的单位冲激响应 $h(k)$。

(4) 已知系统的激励 $f(k)=3\left(\frac{1}{3}\right)^k\varepsilon(k)$，试求系统的零状态响应 $y_f(k)$。

6.25 由加法器、标量乘法器及单位延迟器构成的 LSI 离散时间因果系统如图题 6.25 所示。

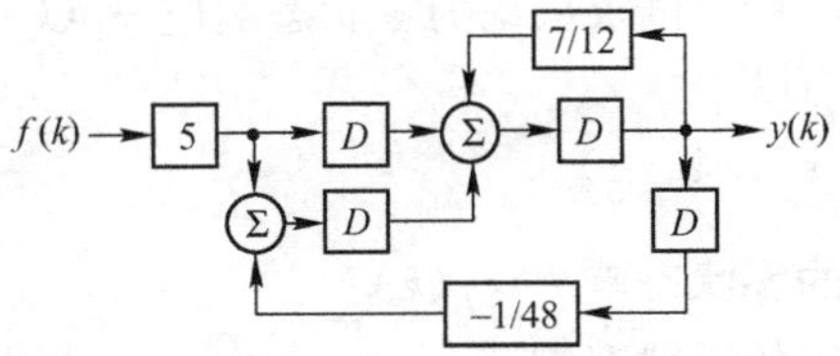

图题 6.24　LSI 离散时间系统的时域模拟方框图

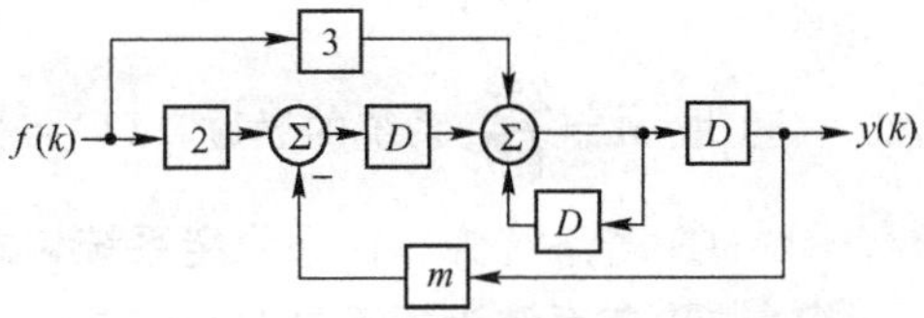

图题 6.25　LSI 离散时间系统的时域模拟方框图

(1) 试求系统的转移函数 $H(z)$。

(2) 试画出单位延迟器最少的系统时域模拟方框图及系统的信号流图。

(3) 试写出描述系统响应 $y(k)$ 与激励 $f(k)$ 关系的差分方程。

(4) 试确定系统为稳定系统时的 m 取值范围。

(5) 取 $m=0.25$

① 试求系统的单位冲激响应 $h(k)$。

② 已知系统的激励 $f(k)=\left(\frac{1}{3}\right)^k\varepsilon(k)$，试求系统的零状态响应 $y_f(k)$。

6.26 设 LSI 离散时间因果临界稳定系统的单位冲激响应 $h(k)$ 的终值 $h(\infty)=2$，并且 $h(k)$ 满足差分方程 $h(k)-\frac{1}{2}h(k-1)=a\varepsilon(k)-\left(\frac{1}{3}\right)^k\varepsilon(k)$。

(1) 试求待定系数 a 及系统的转移函数 $H(z)$。

(2) 试求系统的单位冲激响应 $h(k)$。

(3) 已知系统的激励 $f(k)=\nabla\left[\left(\frac{1}{4}\right)^k\varepsilon(k)\right]$，试求系统的零状态响应 $y_f(k)$。

6.27 设 LSI 离散时间因果系统的响应 $y(k)$ 与激励 $f(k)$ 之间的关系为

$$y(k)-\sum_{m=-\infty}^{k}\cos\left(\frac{k-m}{3}\pi-\frac{\pi}{3}\right)y(m)=f(k)$$

(1) 试求系统的单位冲激响应 $h(k)$。

(2) 试画出描述系统卡尔曼形式的信号流图。

(3) 已知系统的激励 $f(k)=\cos\frac{k\pi}{3}\varepsilon(k)$，试求系统的零状态响应 $y_f(k)$。

6.28 设描述 LSI 离散时间系统响应 $y(k)$ 与激励 $f(k)$ 关系的差分方程为

$$y(k)-\frac{5}{2}y(k-1)+y(k-2)=f(k)-5f(k-1)$$

(1) 试求系统的转移函数 $H(z)$，并画出 $H(z)$ 的零极图。

(2) 对系统的转移函数 $H(z)$ 各种可能的收敛域，确定系统的单位冲激响应 $h(k)$，并讨论系统的因果性质和稳定性。

(3) 已知激励 $f(k)=5\left(\frac{1}{3}\right)^k\varepsilon(k)$，试求 LSI 离散时间非因果稳定系统的零状态响应 $y_f(k)$。

6.29 描述一个二阶 LSI 离散时间系统的信号流图如图题 6.29 所示。

(1) 试求系统的转移函数 $H(z)$。

(2) 试写出描述系统响应 $y(k)$ 与激励 $f(k)$ 关系的差分方程。

(3) 若系统为因果系统

① 试求系统为因果稳定系统时的 m 取值范围。

② 取 $m=\frac{5}{6}$，系统的激励 $f(k)=\left(\frac{1}{4}\right)^k\varepsilon(k)$，试求系统的零状态响应 $y_f(k)$。

(4) 取 $m=\frac{25}{12}$，系统的激励 $f(k)=345\left(\frac{1}{2}\right)^k\varepsilon(-k-1)$

① 若系统为非因果稳定系统，试求系统的零状态响应 $y_f(k)$。

② 若系统为反因果非稳定系统，试求系统的零状态响应 $y_f(k)$。

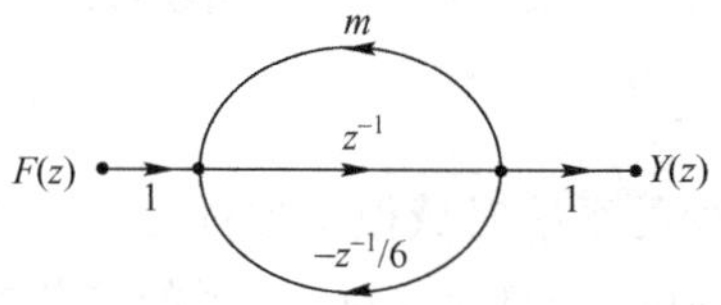

图题 6.29　二阶 LSI 离散时间系统的信号流图

6.30 在图题 6.30.1 所示的离散时间系统的时域模拟方框图中，离散时间系统 1 完成对激励 $f(k)$偶数点的抽取。

(1) 试写出序列 $x(k)$与激励 $f(k)$的关系。

(2) 已知激励 $f(k)=\cos\frac{k\pi}{3}\varepsilon(k)$，试求序列 $x(k)$的 z 变换 $X(z)$，并标明收敛域。

(3) 离散时间系统 2 的作用是基于序列 $x(k)$重构输入序列，即 $y(k)=f(k)=\cos\frac{k\pi}{3}\varepsilon(k)$

① 试求离散时间系统 2 的转移函数 $H_2(z)$。

② 试求离散时间系统 2 的单位冲激响应 $h_2(k)$。

③ 描述离散时间系统 2 并联形式的信号流图如图题 6.30.2 所示，试求系数 a，b 和 c。

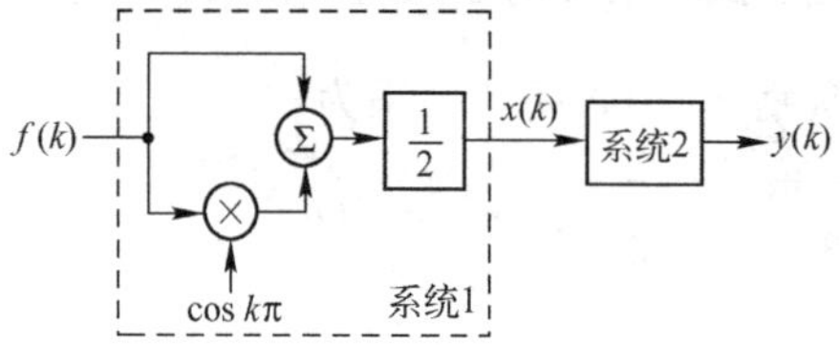

图题 6.30.1　离散时间系统的时域模拟方框图

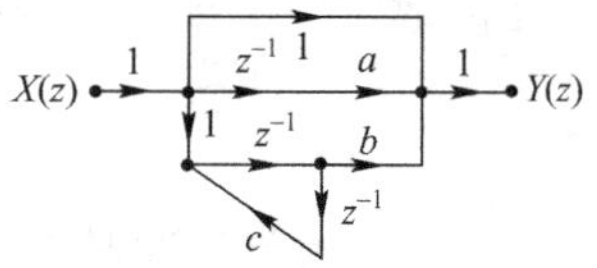

图题 6.30.2　离散时间系统 2 的信号流图

6.31 在图题 6.31.1 所示的离散时间系统的时域模拟方框图中，理想开关 S 仅在偶数位瞬间闭合，依次输出存储器中 $f(k)$每一位的值，即离散时间系统 1 完成对激励 $f(k)$的插值，并且序列 $x(k)$与激励 $f(k)$之间的关系为 $x(k)=f\left(\frac{k}{2}\right)\delta_2(k)$，其中 $\delta_2(k)=\sum_{r=-\infty}^{+\infty}\delta(k-2r)$。

(1) 已知激励 $f(k)=\left(\frac{1}{4}\right)^k\varepsilon(k)$，试求序列 $x(k)$的 z 变换 $X(z)$，并标明收敛域。

(2) 离散时间系统 2 的作用是基于序列 $x(k)$重构输入序列，即 $y(k)=f(k)=\left(\frac{1}{4}\right)^k\varepsilon(k)$

① 试求离散时间系统 2 的转移函数 $H_2(z)$。

② 试求离散时间系统 2 的单位冲激响应 $h_2(k)$。

③ 描述离散系统 2 并联形式的信号流图如图题 6.31.2 所示，试求系数 a、b 及 c。

(3) 若离散时间系统 1 完成对激励 $f(k)$的 $N-1$ 位插值，即序列 $x(k)$与激励 $f(k)$之间的关系为 $x(k)=f\left(\frac{k}{N}\right)\delta_N(k)$，其中 N 为正整数。为了实现对任意激励 $f(k)$的

重构，即 $y(k)=f(k)$。试求离散时间系统 2 的输出 $y(k)$ 与输入 $x(k)$ 之间的关系式。

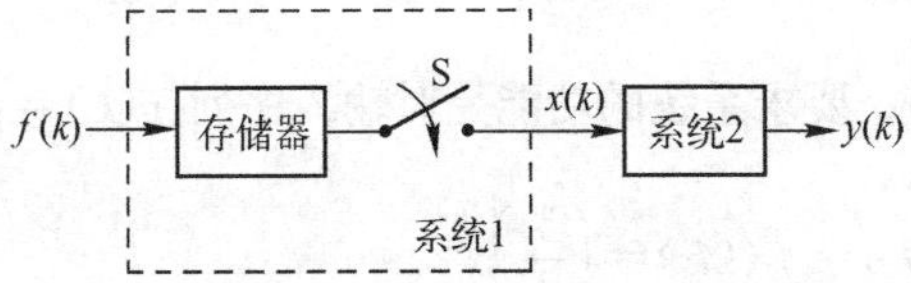

图题 6.31.1　离散时间系统的时域模拟方框图

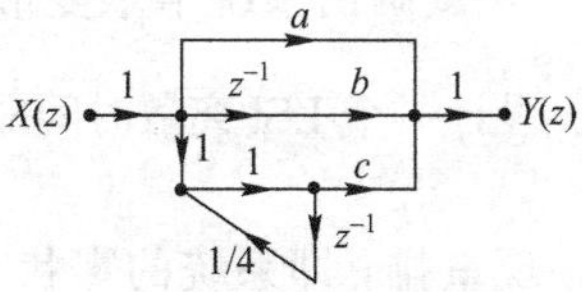

图题 6.31.2　离散时间系统 2 的信号流图

6.32 在图题 6.32 所示的离散时间系统的时域模拟方框图中，序列 $f(k)=\sin\dfrac{k\pi}{3}\varepsilon(k)$ 通过传输信道时，由于受乘性噪声 $n(k)=2\cos\dfrac{k\pi}{3}$ 的影响，使得 $x(k)=\sin\dfrac{2k\pi}{3}\varepsilon(k)$。

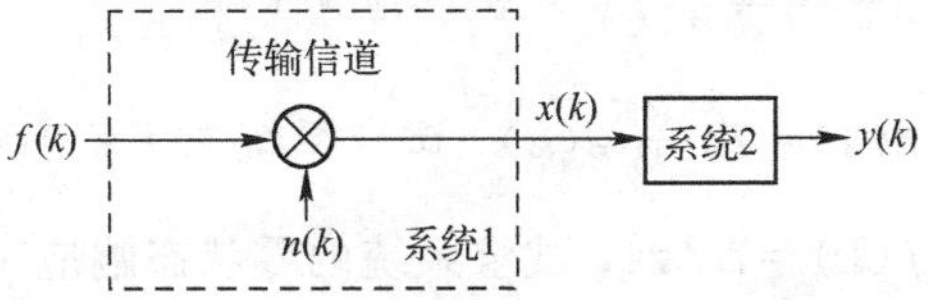

图题 6.32　离散时间系统的时域模拟方框图

(1) 试设计一个离散时间系统 2 来重构序列 $f(k)$，即 $y(k)=f(k)=\sin\dfrac{k\pi}{3}\varepsilon(k)$。

① 试求离散时间系统 2 的转移函数 $H_2(z)$。

② 试求离散时间系统 2 的单位冲激响应 $h_2(k)$。

③ 试画出描述离散时间系统 2 卡尔曼形式的信号流图。

(2) 已知序列 $f(k)=\cos\dfrac{k\pi}{2}\varepsilon(k)$，乘性噪声 $n(k)=2\cos\dfrac{k\pi}{6}$，试求离散时间系统 2 的零状态响应 $y_f(k)$。

6.33 设描述 LSI 离散时间因果系统响应 $y(k)$ 与激励 $f(k)$ 关系的差分方程为

$$y(k)=f(k)-e^{-4}f(k-4)$$

(1) 试求系统的转移函数 $H(z)$，标明收敛域，并画出 $H(z)$ 的零极图。

(2) 试求系统的单位冲激响应 $h(k)$。

(3) 为了从输出序列 $y(k)$ 中重构输入序列 $f(k)$，需要设计一个转移函数为 $H_1(z)$ 的离散时间系统。在 $H_1(z)$ 各种可能的收敛域下，试求系统的单位冲激响应 $h_1(k)$，并说明所设计的系统是否为因果稳定系统。

6.34 按要求完成下列各题。

(1) 设计一个 LSI 离散时间因果系统，要求系统的功能是将输入序列 $f(k)=e^{k}\varepsilon(-k-1)$ 变换成输出序列 $y_f(k)=e^{-|k|}$。

① 试求系统的转移函数 $H(z)$。

② 试求系统的单位冲激响应 $h(k)$。

③ 试画出系统卡尔曼形式的信号流图。

(2) 设计一个 LSI 离散时间因果系统，要求系统的功能是将输入序列 $f(k)=4^{k}\varepsilon(-k-1)$ 变换成输出序列 $y_f(k)=\cos\dfrac{k\pi}{3}\varepsilon(k)$。

① 试求系统的转移函数 $H(z)$。

② 试求系统的单位冲激响应 $h(k)$。

③ 试画出系统卡尔曼形式的信号流图。

(3) 设计一个 LSI 离散时间非因果稳定系统，要求系统的功能是对输入序列 $f(k)=\left(\frac{1}{2}\right)^{|k|}$ 实现重排，即系统的零状态响应为 $y_f(k)=f(2k)=\left(\frac{1}{4}\right)^{|k|}$。

① 试求系统的转移函数 $H(z)$。

② 试求系统的单位冲激响应 $h(k)$。

6.35 设描述 LSI 离散时间因果系统响应 $y(k)$ 与激励 $f(k)$ 关系的差分方程为

$$y(k)+y(k-1)+y(k-2)=f(k)-f(k-1)+f(k-2)$$

(1) 试求系统的转移函数 $H(z)$，并画出描述系统卡尔曼形式的信号流图。

(2) 试求系统的单位冲激响应 $h(k)$。

(3) 已知系统的激励 $f(k)=\sin\frac{k\pi}{3}\varepsilon(k)$，试求系统的零状态响应 $y_f(k)$。

(4) 已知系统的激励 $f(k)=7\times 2^k$，试求系统的零状态响应 $y_f(k)$。

6.36 设描述二阶线性离散时间因果系统响应 $y(k)$ 与激励 $f(k)$ 关系的差分方程为

$$2y(k)+m_1y(k-1)+m_2y(k-2)=2f(k)+m_3f(k-1)$$

(1) 取系数 $m_1=0$，$m_2=m_3=-\frac{1}{2}$

① 试求系统的转移函数 $H(z)$。

② 试求系统的单位冲激响应 $h(k)$。

③ 已知系统的激励 $f(k)=\left(\frac{1}{4}\right)^k\varepsilon(k)$，试求系统的零状态响应 $y_f(k)$。

④ 已知系统的激励 $f(k)=42\cos\frac{k\pi}{3}$，试求系统的零状态响应 $y_f(k)$。

(2) 取系数 $m_1=3m_3=3(k-1)$，$m_2=(k-1)(k-2)$

① 试写出描述二阶线性移变系统响应 $y(k)$ 与激励 $f(k)$ 关系的差分方程。

② 激励 $f(k)$ 为因果序列时，对描述二阶线性移变系统响应 $y(k)$ 与激励 $f(k)$ 关系的差分方程取单边 z 变换，试证明 $Y(z)$ 满足微分方程

$$2Y(z)-3y(-1)-3\frac{\mathrm{d}Y(z)}{\mathrm{d}z}+2y(-2)+\frac{\mathrm{d}^2Y(z)}{\mathrm{d}z^2}=2F(z)-\frac{\mathrm{d}F(z)}{\mathrm{d}z}$$

③ 试证明上述微分方程的解为

$$Y(z)=\frac{3}{2}y(-1)-y(-2)+\mathrm{e}^z\int_z^{+\infty}F(v)\mathrm{e}^{-v}\mathrm{d}v$$

④ 二阶线性移变因果系统的激励 $f(k)=2(2k-1)\left(\frac{1}{2}\right)^k\varepsilon(k-1)$，初始状态 $y(-2)=1$，$y(-1)=2$，试求系统的零输入响应 $y_x(k)$、零状态响应 $y_f(k)$ 及全响应 $y(k)$。

第 7 章　系统的状态变量分析

在 LTI 连续时间系统分析中，将输入信号分解成 $\delta(t)$、$e^{j\omega t}$ 及 e^{st} 的加权和，分别导出了 LTI 连续时间系统零状态响应的线性卷积分析法、CTFT 分析法及 LT 分析法；在 LSI 离散时间系统分析中，将输入序列分解成 $\delta(k)$ 及 z^k 的加权和，分别导出了 LSI 离散时间系统零状态响应的线性卷和分析法及 ZT 分析法。我们将这种只注重系统输出与输入关系的描述，而不涉及系统内部的信号(变量)的系统分析法，称为系统的输入输出分析法，简称输入输出法。该分析法不仅对单输入单输出系统的分析特别适用，而且在形成信号与系统基本理论方面做出了积极贡献。

近年来，人们对于研究系统的输入、输出及系统内部状态变量之间关系的状态变量分析法，表现出越来越浓厚的兴趣。状态变量分析法的实质是借助系统内部的状态变量，将系统的输入变量与输出变量联系起来，从而得到描述系统的状态方程和输出方程。这种借助状态变量来分析系统的方法称为系统的状态变量分析法，简称状态变量法。

本章将介绍系统状态变量分析的原理和方法，例题分析限于 LTI 连续时间系统及 LSI 离散时间系统。

7.1　连续时间系统的状态空间描述

在建立描述系统的状态方程和输出方程之前，首先需要建立一些基本概念。

7.1.1　系统状态变量分析涉及的基本概念

系统的状态变量分析涉及的基本概念，包括变量、状态变量、状态向量和状态空间等。下面依次加以介绍。

1. 变量

系统的输入信号以及系统内部产生的信号统称为变量。前者称为系统的输入变量，后者称为系统的内部变量或响应变量。

2. 状态

当系统的输入变量为零时，系统的内部变量决定了系统的状态。在 $t=t_{0-}$ 时刻，这些变量的值称为系统在 $t=t_{0-}$ 时刻的状态。若 t_{0-} 代表初始时刻，则此状态称为初始状态。由于系统在 t_{0-} 时刻的状态包含了系统曾经被信号激励的全部信息，因此当 $t\geqslant t_0$ 时，系统的状态可以由 t_{0-} 时刻的状态和 $t\geqslant t_0$ 时的输入变量(信号)唯一地确定，而与 $t=t_{0-}$ 之前的状态及输入信号无关。

3. 状态变量

从系统的 m 个内部变量中选取 n 个变量，若 n 的数目最少，并且其余的 $m-n$ 个变量均可由这 n 个变量唯一确定，则称这 n 个变量为系统的状态变量。

显然，从系统的 m 个变量中选取 n 个变量，有多种选取方法。每一种选取方法都构成系统的一组状态变量，其中数目 n 就是系统的阶数。在 t_{0-} 时刻，当系统的输入变量(信号)为零时，任何一组状态变量的值都能确定在 t_{0-} 时刻系统的状态。然而，并非从系统的 m 个内部变量中任意选取 n 个变量，都可以作为系统的一组状态变量。

4. 状态向量

由一组状态变量 $x_1(t)$，$x_2(t)$，…，$x_n(t)$构成的向量 $\boldsymbol{x}(t)=[x_1(t)\quad x_2(t)\quad\cdots\quad x_n(t)]^{\mathrm{T}}$，称为状态向量。

5. 状态空间

一个状态向量 $\boldsymbol{x}(t)=[x_1(t)\quad x_2(t)\quad\cdots\quad x_n(t)]^{\mathrm{T}}$ 所在的空间称为状态空间。任何时刻的状态都可以用状态空间中的一个点来表示。例如，若 t_{0-} 代表初始时刻，则连续时间系统的初始状态 $\boldsymbol{x}(t_{0-})=[x_1(t_{0-})\quad x_2(t_{0-})\quad\cdots\quad x_n(t_{0-})]^{\mathrm{T}}$ 是系统状态空间 $\boldsymbol{x}(t)$在 $t=t_{0-}$ 时的一个点。

显然，状态向量 $\boldsymbol{x}(t)$描述了系统在任意时刻 t 的状态，即 $\boldsymbol{x}(t)$是任意时刻 t 之前，一切外因对系统作用的历史积累，系统在 t 时刻的响应 $y(t)$将由 t 时刻的状态 $\boldsymbol{x}(t)$和 t 时刻的输入 $f(t)$共同引起。因此，描述 LTI 连续时间系统的输出方程是代数方程，而状态方程是由 n 个状态变量构成的一阶线性微分方程组。

7.1.2 连续时间系统状态变量的选取

由前面的分析可知，描述系统状态的一组变量，其选取方法既不唯一，又不能任选。那么系统的状态变量应该如何选择呢？下面通过例子来回答这一问题。

例 7.1.1：LTI 连续时间系统的时域模型如图 7.1.1 所示。已知电容元件的初始电压 $x_1(t_{0-})=u_C(t_{0-})$及电感元件的初始电流 $x_2(t_{0-})=i_L(t_{0-})$，并且给定 $t\geqslant t_0$ 时的输入 $f(t)$，试用$x_1(t)$、$x_2(t)$及 $f(t)$表示 $t\geqslant 0$ 时系统各支路的电压和电流。

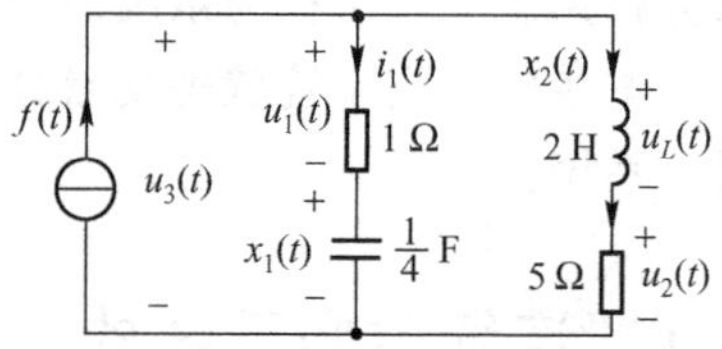

图 7.1.1 LTI 连续时间系统的时域模型

解：在图 7.1.1 中，基于网络拓扑约束关系(基尔霍夫定律)及元件电压与电流的约束关系，可以利用 $x_1(t)$及 $x_2(t)$来表示系统各支路的电压和电流，即

$i_1(t)=f(t)-x_2(t)$

$u_1(t)=i_1(t)\times 1=f(t)-x_2(t)$

$u_2(t)=x_2(t)\times 5=5x_2(t)$

$u_L(t)=u_1(t)+x_1(t)-u_2(t)=f(t)-x_2(t)+x_1(t)-5x_2(t)=x_1(t)-6x_2(t)+f(t)$

$u_3(t)=u_1(t)+x_1(t)=f(t)-x_2(t)+x_1(t)=x_1(t)-x_2(t)+f(t)$

分析表明，若已知电容元件两端的电压 $u_C(t)=x_1(t)$及电感元件通过的电流 $i_L(t)=x_2(t)$，则系统各支路的电压和电流无不随之而定，即系统中电容元件两端的电压和电感元件通过的电流是一组完备的变量。因此，电容元件两端的电压 $x_1(t)=u_C(t)$和电感元件通过的电流 $x_2(t)=i_L(t)$是该系统的状态变量，它们构成的状态向量为 $\boldsymbol{x}(t)=[x_1(t)\quad x_2(t)]^{\mathrm{T}}$，并且系统状态变量的数目为 2，系统的阶数也为 2，即系统状态变量的数目与系统的阶数相同。

结论 1：

在 LTI 连续时间系统的分析中，通常选取系统内部电容元件两端的电压和电感元件通过的电流作为系统的状态变量。

例 7.1.2：利用微分算子描述 LTI 连续时间系统输出$\hat{y}(t)$与输入 $f(t)$关系的微分方程为

$$(p^2+a_1p+a_0)\hat{y}(t)=f(t) \tag{7.1.1}$$

试选取状态变量，将该二阶线性常系数微分方程转化为一阶线性常系数微分方程组。

解：考虑到式(7.1.1)所描述的二阶 LTI 连续时间系统，在 $t\geqslant t_0$ 时的响应$\hat{y}(t)$完全由初始状态$\hat{y}(t_{0-})$、$\hat{y}'(t_{0-})$及 $t\geqslant t_0$ 时的输入信号 $f(t)$确定。因此，只能选取 t_{0-} 作为初始时刻，因

为$t=t_{0-}$时 $f(t)$尚未加入系统，所以$\hat{y}(t_{0-})$和$\hat{y}'(t_{0-})$才能代表系统的初始状态。

现选取$\hat{y}(t)$和$\hat{y}'(t)$作为系统的一组状态变量，即

$$x_1(t)=\hat{y}(t) \tag{7.1.2}$$

$$x_2(t)=\hat{y}'(t) \tag{7.1.3}$$

则有

$$x_1'(t)=\hat{y}'(t)=x_2(t) \tag{7.1.4}$$

$$x_2'(t)=\hat{y}''(t) \tag{7.1.5}$$

利用状态变量 $x_1(t)$和 $x_2(t)$，则二阶线性常系数非齐次微分方程式(7.1.1)可写成

$$x_2'(t)+a_1x_2(t)+a_0x_1(t)=f(t) \tag{7.1.6}$$

于是，由式(7.1.4)及式(7.1.6)可得一阶线性常系数微分方程组，即

$$\begin{cases}x_1'(t)=x_2(t)\\ x_2'(t)=-a_0x_1(t)-a_1x_2(t)+f(t)\end{cases} \tag{7.1.7}$$

并且，二阶 LTI 连续时间系统的输出$\hat{y}(t)$可以表示成

$$\hat{y}(t)=x_1(t) \tag{7.1.8}$$

讨论：

对微分方程式(7.1.1)的等号两边分别进行广义微分算子 $N(p)=b_2p^2+b_1p+b_0$ 运算，可得

$$(p^2+a_1p+a_0)(b_2p^2+b_1p+b_0)\hat{y}(t)=(b_2p^2+b_1p+b_0)f(t) \tag{7.1.9}$$

令

$$y(t)=(b_2p^2+b_1p+b_0)\hat{y}(t) \tag{7.1.10}$$

则二阶线性常系数非齐次微分方程式(7.1.9)可以表示成

$$(p^2+a_1p+a_0)y(t)=(b_2p^2+b_1p+b_0)f(t) \tag{7.1.11}$$

考虑到式(7.1.2)、式(7.1.3)、式(7.1.5)及式(7.1.6)，则式(7.1.10)可以表示成

$$\begin{aligned}y(t)&=(b_2p^2+b_1p+b_0)\hat{y}(t)\\&=b_2p^2\,\hat{y}(t)+b_1p\,\hat{y}(t)+b_0\,\hat{y}(t)\\&=b_2px_2(t)+b_1x_2(t)+b_0x_1(t)\\&=b_2[-a_0x_1(t)-a_1x_2(t)+f(t)]+b_1x_2(t)+b_0x_1(t)\\&=(b_0-b_2a_0)x_1(t)+(b_1-b_2a_1)x_2(t)+b_2f(t)\end{aligned} \tag{7.1.12}$$

于是二阶线性常系数非齐次微分方程式(7.1.11)，即

$$y''(t)+a_1y'(t)+a_0y(t)=b_2f''(t)+b_1f'(t)+b_0f(t) \tag{7.1.13}$$

可用一阶线性常系数非齐次微分方程组式(7.1.7)的矩阵形式

$$\begin{bmatrix}x_1'(t)\\x_2'(t)\end{bmatrix}=\begin{bmatrix}0&1\\-a_0&-a_1\end{bmatrix}\begin{bmatrix}x_1(t)\\x_2(t)\end{bmatrix}+\begin{bmatrix}0\\1\end{bmatrix}f(t) \tag{7.1.14}$$

和代数方程式(7.1.12)的矩阵形式

$$y(t)=[b_0-b_2a_0\quad b_1-b_2a_1]\begin{bmatrix}x_1(t)\\x_2(t)\end{bmatrix}+b_2f(t) \tag{7.1.15}$$

共同表示。

上述方法是纯数学方程降阶的一种技巧。这种高阶线性常系数微分方程的降阶技巧，从系统卡尔曼形式的信号流图来看，是从信号流图中的最后一个积分器开始，依次向前将两个积分器的输出信号分别记为 $x_1(t)$和 $x_2(t)$，而导出的结果。

结论 2:

对于 n 阶线性常系数非齐次微分方程，通过选取适当的 n 个状态变量，可以将 n 阶线性常系数非齐次微分方程转化为由 n 个一阶线性常系数非齐次微分方程构成的微分方程组。基于该微分方程组的 n 个解的相应线性组合，即可得到 n 阶线性常系数非齐次微分方程的解。

7.2 连续时间系统状态方程和输出方程的建立

在连续时间系统的状态变量分析中，需要建立数学模型来描述连续时间系统，该数学模型涉及连续时间系统的状态方程和输出方程。连续时间系统的状态方程描述的是系统的状态变量与输入变量之间的关系；连续时间系统的输出方程描述的是系统的输出变量与状态变量及输入变量之间的关系。

编写连续时间系统的状态方程和输出方程可分为两个步骤：第一步是选取连续时间系统的状态变量；第二步是编写连续时间系统的状态方程和输出方程，并整理成标准形式。具体的编写方法与描述连续时间系统的方式有关。例如，在 CAD 中，可采用直观编写或计算机自动编写的方法进行编写；在现代控制系统中，通常利用系统的输入输出方程，采用间接编写的方法进行编写。本节主要介绍直观编写方法和间接编写方法。

7.2.1 连续时间系统的状态方程和输出方程的直观编写方法

直观编写连续时间系统的状态方程和输出方程的依据是两类约束关系，一是网络拓扑约束关系(基尔霍夫定律)，二是元件电压与电流的约束关系。

例 7.2.1: LTI 连续时间系统的时域模型如图 7.2.1 所示。试建立描述系统的状态方程和输出方程。

解: (1) 选取系统的状态变量

选取电感元件通过的电流 $x_1(t)$ 及电容元件两端的电压 $x_2(t)$ 作为系统的状态变量，如图 7.2.1 中的标记所示。

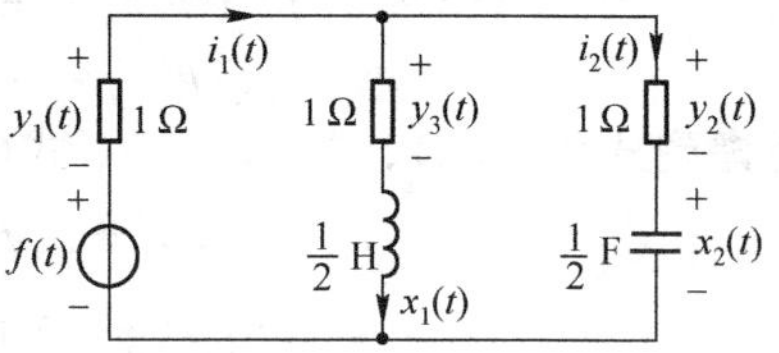

图 7.2.1 LTI 连续时间系统的时域模型

(2) 写出系统的状态变量与输入信号及中间变量的关系

由图 7.2.1 可得

$$\frac{1}{2}x_1'(t)=-x_1(t)\times 1-i_1(t)\times 1+f(t)=-x_1(t)-[x_1(t)+i_2(t)]+f(t) \tag{7.2.1}$$

$$i_2(t)=\frac{1}{2}x_2'(t)=\frac{x_1(t)\times 1+\frac{1}{2}x_1'(t)-x_2(t)}{1} \tag{7.2.2}$$

(3) 消去中间变量

将式(7.2.2)代入式(7.2.1)，可得

$$\frac{1}{2}x_1'(t)=-x_1(t)-[x_1(t)+x_1(t)+\frac{1}{2}x_1'(t)-x_2(t)]+f(t)$$

整理后可得

$$x_1'(t)=-3x_1(t)+x_2(t)+f(t) \tag{7.2.3}$$

将式(7.2.3)代入式(7.2.2)，可得

$$x_2'(t)=2[x_1(t)+\frac{1}{2}x_1'(t)-x_2(t)]$$

$$=2x_1(t)+x_1'(t)-2x_2(t)$$
$$=2x_1(t)-3x_1(t)+x_2(t)+f(t)-2x_2(t)$$
$$=-x_1(t)-x_2(t)+f(t) \tag{7.2.4}$$

由式(7.2.3)及式(7.2.4)可得描述系统的状态方程，即

$$\begin{cases}x_1'(t)=-3x_1(t)+x_2(t)+f(t)\\ x_2'(t)=-x_1(t)-x_2(t)+f(t)\end{cases} \tag{7.2.5}$$

(4) 建立描述系统的输出方程

由图 7.2.1 可得

$$\begin{cases}y_1(t)=-\left[x_1(t)+\dfrac{1}{2}x_2'(t)\right]\times 1=-\dfrac{1}{2}x_1(t)+\dfrac{1}{2}x_2(t)-\dfrac{1}{2}f(t)\\ y_2(t)=\dfrac{1}{2}x_2'(t)\times 1=-\dfrac{1}{2}x_1(t)-\dfrac{1}{2}x_2(t)+\dfrac{1}{2}f(t)\\ y_3(t)=x_1(t)\times 1=x_1(t)\end{cases} \tag{7.2.6}$$

令

$$\boldsymbol{x}(t)=[x_1(t)\quad x_2(t)]^{\mathrm{T}},\ \boldsymbol{x}'(t)=[x_1'(t)\quad x_2'(t)]^{\mathrm{T}}$$
$$f(t)=\boldsymbol{f}(t),\ \boldsymbol{y}(t)=[y_1(t)\quad y_2(t)\quad y_3(t)]^{\mathrm{T}}$$
$$\boldsymbol{A}=\begin{bmatrix}-3 & 1\\ -1 & -1\end{bmatrix},\ \boldsymbol{B}=\begin{bmatrix}1\\ 1\end{bmatrix},\ \boldsymbol{C}=\begin{bmatrix}-1/2 & 1/2\\ -1/2 & -1/2\\ 1 & 0\end{bmatrix},\ \boldsymbol{D}=\begin{bmatrix}-1/2\\ 1/2\\ 0\end{bmatrix}$$

则可将描述系统的状态方程式(7.2.5)写成标准形式，即

$$\boldsymbol{x}'(t)=\boldsymbol{A}\boldsymbol{x}(t)+\boldsymbol{B}\boldsymbol{f}(t) \tag{7.2.7}$$

同样，可将描述系统的输出方程式(7.2.6)写成标准形式，即

$$\boldsymbol{y}(t)=\boldsymbol{C}\boldsymbol{x}(t)+\boldsymbol{D}\boldsymbol{f}(t) \tag{7.2.8}$$

可见，矩阵 **A**、**B**、**C** 及 **D** 都是系数矩阵。通常，矩阵 **A** 称为系统矩阵，矩阵 **B** 称为控制矩阵或输入矩阵，矩阵 **C** 称为输出矩阵。

例 7.2.2：LTI 连续时间系统的时域模型如图 7.2.2 所示。试建立描述系统的状态方程和输出方程。

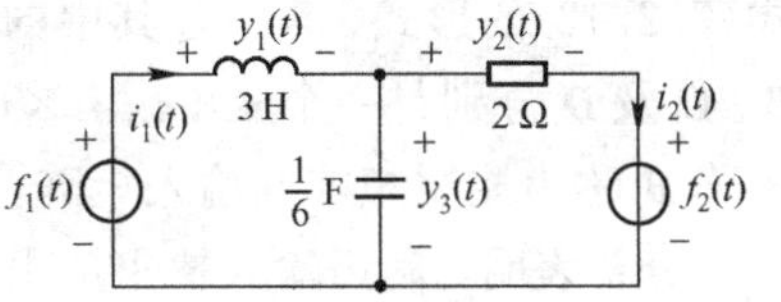

图 7.2.2　LTI 连续时间系统的时域模型

解：在图 7.2.2 所示的 LTI 连续时间系统中，若选取状态变量 $x_1(t)=i_1(t)$，$x_2(t)=y_3(t)$，则有

$$3x_1'(t)=f_1(t)-x_2(t)$$
$$\frac{1}{6}x_2'(t)=x_1(t)-i_2(t)=x_1(t)-\frac{x_2(t)-f_2(t)}{2}$$

于是可得描述系统的状态方程，即

$$\begin{cases}x_1'(t)=-\dfrac{1}{3}x_2(t)+\dfrac{1}{3}f_1(t)\\ x_2'(t)=6x_1(t)-3x_2(t)+3f_2(t)\end{cases} \tag{7.2.9}$$

由图 7.2.2 可得描述系统的输出方程，即

$$\begin{cases}y_1(t)=f_1(t)-x_2(t)\\ y_2(t)=x_2(t)-f_2(t)\\ y_3(t)=x_2(t)\end{cases} \tag{7.2.10}$$

令

$$\boldsymbol{x}(t)=[x_1(t)\quad x_2(t)]^{\mathrm{T}},\ \boldsymbol{x}'(t)=[x_1'(t)\quad x_2'(t)]^{\mathrm{T}}$$

$$\boldsymbol{f}(t)=[f_1(t)\quad f_2(t)]^{\mathrm{T}},\ \boldsymbol{y}(t)=[y_1(t)\quad y_2(t)\quad y_3(t)]^{\mathrm{T}}$$

$$\boldsymbol{A}=\begin{bmatrix}0 & -\frac{1}{3}\\ 6 & -3\end{bmatrix},\ \boldsymbol{B}=\begin{bmatrix}\frac{1}{3} & 0\\ 0 & 3\end{bmatrix},\ \boldsymbol{C}=\begin{bmatrix}0 & -1\\ 0 & 1\\ 0 & 1\end{bmatrix},\ \boldsymbol{D}=\begin{bmatrix}1 & 0\\ 0 & -1\\ 0 & 0\end{bmatrix}$$

则可将描述系统的状态方程式(7.2.9)及输出方程式(7.2.10)分别写成标准形式，即

$$\boldsymbol{x}'(t)=\boldsymbol{A}\boldsymbol{x}(t)+\boldsymbol{B}\boldsymbol{f}(t) \tag{7.2.11}$$

$$\boldsymbol{y}(t)=\boldsymbol{C}\boldsymbol{x}(t)+\boldsymbol{D}\boldsymbol{f}(t) \tag{7.2.12}$$

可见，用直观法编写 LTI 连续时间系统的状态方程和输出方程的步骤比较固定，过程并不复杂，利用网络拓扑知识容易将整个编写步骤程序化，可利用计算机辅助进行编写。

一般来说，对图 7.2.3 所示的具有 m 个输入和 l 个输出的多输入多输出 n 阶 LTI 连续时间系统，如果采用输入输出法，那么由网络方程法可知，必须求解 l 个 n 阶线性常系数微分方程，即

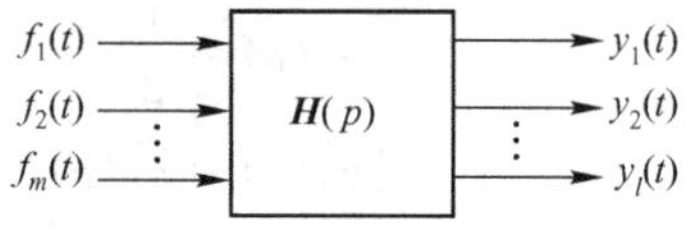

图 7.2.3 多输入多输出的 LTI连续时间系统

$$y_i(t)=\sum_{j=1}^{m}H_{ij}(p)f_j(t),\ i=1,2,\cdots,l \tag{7.2.13}$$

式中，$H_{ij}(p)$是系统第 i 个输出信号 $y_i(t)$对于第 j 个输入信号 $f_j(t)$的转移算子。

令

$$\boldsymbol{y}(t)=[y_1(t)\quad y_2(t)\quad\cdots\quad y_l(t)]^{\mathrm{T}},\ \boldsymbol{f}(t)=[f_1(t)\quad f_2(t)\quad\cdots\quad f_m(t)]^{\mathrm{T}}$$

$$\boldsymbol{H}(p)=\begin{bmatrix}H_{11}(p) & H_{12}(p) & \cdots & H_{1m}(p)\\ H_{21}(p) & H_{22}(p) & \cdots & H_{2m}(p)\\ \cdots & \cdots & \ddots & \cdots\\ H_{l1}(p) & H_{l2}(p) & \cdots & H_{lm}(p)\end{bmatrix} \tag{7.2.14}$$

则可将 l 个 n 阶线性常系数微分方程式(7.2.13)写成矩阵形式，即

$$\boldsymbol{y}(t)=\boldsymbol{H}(p)\boldsymbol{f}(t) \tag{7.2.15}$$

若采用状态变量分析法，则所列写的系统状态方程和输出方程仍然具有式(7.2.11)及式(7.2.12)的形式，只不过其中的 $\boldsymbol{x}(t)$是一个 n 维列向量，$\boldsymbol{f}(t)$是一个 m 维列向量，矩阵 $\boldsymbol{A}$、$\boldsymbol{B}$、$\boldsymbol{C}$ 及 $\boldsymbol{D}$ 分别是一个$n\times n$、$n\times m$、$l\times n$ 及 $l\times m$ 阶系数矩阵。通常，矩阵 $\boldsymbol{A}$ 称为系统矩阵，矩阵 $\boldsymbol{B}$ 称为控制矩阵或输入矩阵，矩阵 $\boldsymbol{C}$ 称为输出矩阵。

分析表明，利用输入输出法求解的是 LTI 连续时间系统的若干个(其数目由输出变量的数目决定)n 阶(阶数由系统决定)标量微分方程，而状态变量分析法求解的是 LTI 连续时间系统的一个一阶矢量(维数由系统阶数决定)微分方程和一个矢量(维数由输出变量的数目决定)代数方程。因此，当系统的阶数较高并且输入信号和输出信号的数目较多时，利用状态变量分析法求解系统是十分有利的。

结论:

对多输入多输出的高阶 LTI 连续时间系统，适宜用状态变量分析法来求解系统的响应。

7.2.2 连续时间系统的状态方程和输出方程的间接编写方法

间接编写 LTI 连续时间系统的状态方程和输出方程的步骤是：首先将系统的转移函数 $H(s)$用加法器、标量乘法器和积分器模拟成系统的信号流图；然后依次选取每个积分器的输出信号作为系统的状态变量；最后依据信号流图中的各节点信号关系，写出描述系统的状态方程和输出方程。因为系统的转移函数 $H(s)$可以书写成不同的形式，所以系统模拟方框图对应

的信号流图也有不同的结构，系统的状态变量也有不同的选取方式。因此，描述系统的状态方程和输出方程的系数矩阵也具有不同的参数。

1. 单输入单输出连续时间系统状态方程和输出方程的间接编写方法

例 7.2.3：已知二阶 LTI 连续时间系统的转移函数为

$$H(s)=\frac{(s+4)(s+5)}{(s+1)(s+2)(s+3)} \tag{7.2.16}$$

试分别画出系统卡尔曼形式、级联形式及并联形式的信号流图，并建立描述系统的状态方程和输出方程。

解：(1) 建立系统卡尔曼形式的信号流图的状态方程和输出方程

考虑到

$$H(s)=\frac{(s+4)(s+5)}{(s+1)(s+2)(s+3)}=\frac{\frac{1}{s}+\frac{9}{s^2}+\frac{20}{s^3}}{1+\frac{6}{s}+\frac{11}{s^2}+\frac{6}{s^3}}$$

则可画出描述 LTI 连续时间系统卡尔曼形式的信号流图，如图 7.2.4 所示。

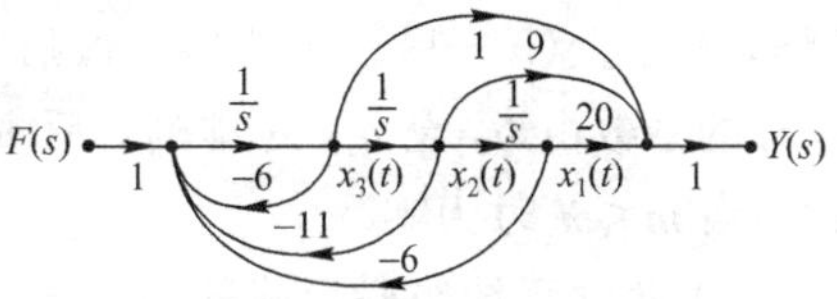

图 7.2.4　LTI 连续时间系统卡尔曼形式的信号流图

在图 7.2.4 所示的 LTI 连续时间系统卡尔曼形式的信号流图中，从最后一个积分器开始，依次向前选取各积分器的输出信号作为系统的状态变量，分别记为 $x_1(t)$，$x_2(t)$及 $x_3(t)$。因为各状态变量依次相差 90°，所以称这种状态变量为相位状态变量。

由图 7.2.4 所示的信号流图，可得

$$\begin{cases}x_1'(t)=x_2(t)\\x_2'(t)=x_3(t)\\x_3'(t)=-6x_1(t)-11x_2(t)-6x_3(t)+f(t)\end{cases} \tag{7.2.17}$$

$$y(t)=20x_1(t)+9x_2(t)+x_3(t) \tag{7.2.18}$$

令

$$\boldsymbol{x}(t)=[x_1(t)\quad x_2(t)\quad x_3(t)]^{\mathrm{T}},\ \boldsymbol{x}'(t)=[x'_1(t)\quad x'_2(t)\quad x'_3(t)]^{\mathrm{T}}$$
$$\boldsymbol{f}(t)=f(t),\ \boldsymbol{y}(t)=y(t)$$

则可将描述系统的状态方程式(7.2.17)和输出方程式(7.2.18)写成标准形式，即

$$\boldsymbol{x}'(t)=\boldsymbol{A}\boldsymbol{x}(t)+\boldsymbol{B}\boldsymbol{f}(t) \tag{7.2.19}$$

$$\boldsymbol{y}(t)=\boldsymbol{C}\boldsymbol{x}(t)+\boldsymbol{D}\boldsymbol{f}(t) \tag{7.2.20}$$

式中，$\boldsymbol{A}=\begin{bmatrix}0&1&0\\0&0&1\\-6&-11&-6\end{bmatrix}$，$\boldsymbol{B}=\begin{bmatrix}0\\0\\1\end{bmatrix}$，$\boldsymbol{C}=[20\quad 9\quad 1]$，$\boldsymbol{D}=0$。

讨论：

设 LTI 连续时间系统的转移函数为

$$H(s)=\frac{b_m s^m+b_{m-1}s^{m-1}+\cdots+b_1 s+b_0}{s^n+a_{n-1}s^{n-1}+\cdots+a_1 s+a_0},\ m<n \tag{7.2.21}$$

在式(7.2.21)描述的 n 阶 LTI 连续时间系统卡尔曼形式的信号流图中，从最后一个积分器开始，依次向前选取各个积分器的输出信号作为系统的状态变量，分别记为 $x_1(t)$，$x_2(t)$，…，$x_n(t)$。

令

$$\boldsymbol{x}(t)=[x_1(t) \quad x_2(t) \quad \cdots \quad x_n(t)]^{\mathrm{T}},\ \boldsymbol{x}'(t)=[x'_1(t) \quad x'_2(t) \quad \cdots \quad x'_n(t)]^{\mathrm{T}}$$

$$\boldsymbol{f}(t)=f(t),\ \boldsymbol{y}(t)=y(t)$$

则描述 n 阶 LTI 连续时间系统的状态方程和输出方程可以写成标准形式，即

$$\boldsymbol{x}'(t)=\boldsymbol{A}\boldsymbol{x}(t)+\boldsymbol{B}\boldsymbol{f}(t) \tag{7.2.22}$$

$$\boldsymbol{y}(t)=\boldsymbol{C}\boldsymbol{x}(t)+\boldsymbol{D}\boldsymbol{f}(t) \tag{7.2.23}$$

式中

$$\boldsymbol{A}=\begin{bmatrix} 0 & 1 & 0 & \cdots & 0 \\ 0 & 0 & 1 & \cdots & 0 \\ 0 & 0 & 0 & \cdots & \\ 0 & 0 & 0 & \cdots & 1 \\ -a_0 & -a_1 & -a_2 & \cdots & -a_{n-1} \end{bmatrix}_{n\times n},\ \boldsymbol{B}=\begin{bmatrix} 0 \\ 0 \\ 0 \\ \vdots \\ 1 \end{bmatrix}_{n\times 1}$$

$$\boldsymbol{C}=[b_0 \quad b_1 \quad \cdots \quad b_m \quad 0 \quad \cdots \quad 0]_{1\times n},\qquad \boldsymbol{D}=[0]_{1\times 1}$$

可见，系统矩阵 $\boldsymbol{A}$ 是 $n\times n$ 阶矩阵，其中右上 $(n-1)\times(n-1)$ 阶子矩阵是单位矩阵，最下一行的系数是 $H(s)=\dfrac{N(s)}{D(s)}$ 中 $D(s)$ 的系数由 $-a_0$ 至 $-a_{n-1}$ 的排列；控制矩阵 $\boldsymbol{B}$ 是 $n\times 1$ 阶列矩阵，其中上 $(n-1)$ 行皆为零，最后一行为 1；输出矩阵 $\boldsymbol{C}$ 是 $1\times n$ 阶行矩阵，前 $m+1$ 列是 $N(s)$ 的系数由 b_0 至 b_m 的排列，后 $n-(m+1)$ 列全为零；矩阵 $\boldsymbol{D}$ 是 1×1 阶矩阵(就是一个数)，当 $m<n$ 时为零。

(2) 建立系统级联形式的信号流图的状态方程和输出方程

考虑到

$$H(s)=\frac{(s+4)(s+5)}{(s+1)(s+2)(s+3)}=\frac{1}{s+1}\times\frac{s+4}{s+2}\times\frac{s+5}{s+3}$$

则可画出描述 LTI 连续时间系统级联形式的信号流图，如图 7.2.5 所示。

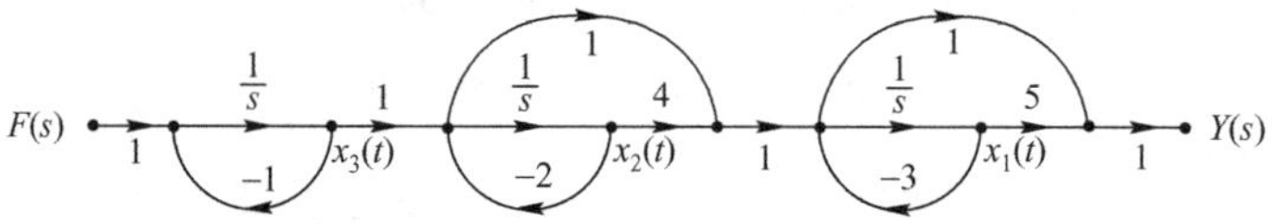

图 7.2.5 LTI 连续时间系统级联形式的信号流图

在图 7.2.5 所示的 LTI 连续时间系统级联形式的信号流图中，从最后的一个积分器开始，依次向前选取各积分器的输出信号作为系统的状态变量，分别记为 $x_1(t)$，$x_2(t)$ 及 $x_3(t)$。

由图 7.2.5 所示的信号流图，可得

$$\begin{cases} x'_3(t)=-x_3(t)+f(t) \\ x'_2(t)=x_3(t)-2x_2(t) \\ x'_1(t)=4x_2(t)+x'_2(t)-3x_1(t)=-3x_1(t)+2x_2(t)+x_3(t) \end{cases} \tag{7.2.24}$$

$$y(t)=x'_1(t)+5x_1(t)=2x_1(t)+2x_2(t)+x_3(t) \tag{7.2.25}$$

令

$$\boldsymbol{x}(t)=[x_1(t) \quad x_2(t) \quad x_3(t)]^{\mathrm{T}},\ \boldsymbol{x}'(t)=[x'_1(t) \quad x'_2(t) \quad x'_3(t)]^{\mathrm{T}}$$

$$\boldsymbol{f}(t)=f(t),\ \boldsymbol{y}(t)=y(t)$$

则可将描述系统的状态方程式(7.2.24)和输出方程式(7.2.25)写成标准形式，即

$$\boldsymbol{x}'(t)=\boldsymbol{A}\boldsymbol{x}(t)+\boldsymbol{B}\boldsymbol{f}(t) \tag{7.2.26}$$

$$\boldsymbol{y}(t)=\boldsymbol{C}\boldsymbol{x}(t)+\boldsymbol{D}\boldsymbol{f}(t) \tag{7.2.27}$$

式中，$\boldsymbol{A}=\begin{bmatrix}-3 & 2 & 1\\ 0 & -2 & 1\\ 0 & 0 & -1\end{bmatrix}$，$\boldsymbol{B}=\begin{bmatrix}0\\0\\1\end{bmatrix}$，$\boldsymbol{C}=[2\quad 2\quad 1]$，$\boldsymbol{D}=0$。

由于 n 阶 LTI 连续时间系统级联形式的信号流图并不是唯一的，因此系统状态方程中的系统矩阵 **A** 和控制矩阵 **B**，以及输出方程中的输出矩阵 **C** 和矩阵 **D**，都不是唯一的。

(3) 建立系统并联形式的信号流图的状态方程和输出方程

考虑到

$$H(s)=\frac{(s+4)(s+5)}{(s+1)(s+2)(s+3)}=\frac{6}{s+1}-\frac{6}{s+2}+\frac{1}{s+3}$$

则可画出描述 LTI 连续时间系统并联形式的信号流图，如图 7.2.6 所示。

在图 7.2.6 所示的 LTI 连续时间系统并联形式的信号流图中，从第一个积分器开始，依次向下选取各积分器的输出信号作为系统的状态变量，分别记为 $x_1(t)$，$x_2(t)$及 $x_3(t)$。

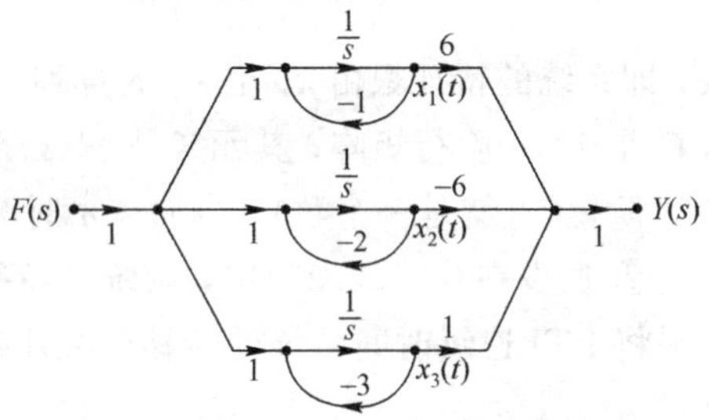

图 7.2.6　LTI 连续时间系统并联形式的信号流图

由图 7.2.6 所示的信号流图，可得

$$\begin{cases}x_1'(t)=-x_1(t)+f(t)\\ x_2'(t)=-2x_2(t)+f(t)\\ x_3'(t)=-3x_3(t)+f(t)\end{cases}\qquad(7.2.28)$$

$$y(t)=6x_1(t)-6x_2(t)+x_3(t)\qquad(7.2.29)$$

令

$$\boldsymbol{x}(t)=[x_1(t)\quad x_2(t)\quad x_3(t)]^{\mathrm{T}},\ \boldsymbol{x}'(t)=[x_1'(t)\quad x_2'(t)\quad x_3'(t)]^{\mathrm{T}}$$
$$\boldsymbol{f}(t)=f(t),\ \boldsymbol{y}(t)=y(t)$$

则可将描述系统的状态方程式(7.2.28)和输出方程式(7.2.29)写成标准形式，即

$$\boldsymbol{x}'(t)=\boldsymbol{A}\boldsymbol{x}(t)+\boldsymbol{B}\boldsymbol{f}(t)\qquad(7.2.30)$$

$$\boldsymbol{y}(t)=\boldsymbol{C}\boldsymbol{x}(t)+\boldsymbol{D}\boldsymbol{f}(t)\qquad(7.2.31)$$

式中，$\boldsymbol{A}=\begin{bmatrix}-1 & 0 & 0\\ 0 & -2 & 0\\ 0 & 0 & -3\end{bmatrix}$，$\boldsymbol{B}=\begin{bmatrix}1\\1\\1\end{bmatrix}$，$\boldsymbol{C}=[6\quad -6\quad 1]$，$\boldsymbol{D}=0$。

因为系统矩阵 **A** 是由系统的特征根−1、−2 及−3 构成的对角矩阵，所以将系统并联形式的信号流图中各积分器的输出信号构成的状态变量，称为对角线状态变量。

讨论：

设 LTI 连续时间系统的转移函数为

$$H(s)=\frac{b_m s^m+b_{m-1}s^{m-1}+\cdots+b_1 s+b_0}{s^n+a_{n-1}s^{n-1}+\cdots+a_1 s+a_0}=\sum_{i=1}^{n}\frac{C_i}{s-\lambda_i},\ m<n\qquad(7.2.32)$$

① 假设在式(7.2.32)中，系统的特征根 $\lambda_i(i=1,2,\cdots,n)$均为实根。

在式(7.2.32)所描述的 n 阶 LTI 连续时间系统并联形式的信号流图中，从第一个积分器开始，依次向下选取各积分器的输出信号作为系统的状态变量，并将特征根为 $\lambda_i(i=1,2,\cdots,n)$的一阶 LTI 连续时间系统的积分器的输出信号记为 $x_i(t)(i=1,2,\cdots,n)$。

令

$$\boldsymbol{x}(t)=[x_1(t)\quad x_2(t)\quad \cdots\quad x_n(t)]^{\mathrm{T}},\ \boldsymbol{x}'(t)=[x'_1(t)\quad x'_2(t)\quad \cdots\quad x'_n(t)]^{\mathrm{T}}$$

$$\boldsymbol{f}(t)=f(t),\ \boldsymbol{y}(t)=y(t)$$

则可将描述系统的状态方程和输出方程写成标准形式，即

$$\boldsymbol{x}'(t)=\boldsymbol{A}\boldsymbol{x}(t)+\boldsymbol{B}\boldsymbol{f}(t) \tag{7.2.33}$$

$$\boldsymbol{y}(t)=\boldsymbol{C}\boldsymbol{x}(t)+\boldsymbol{D}\boldsymbol{f}(t) \tag{7.2.34}$$

式中

$$\boldsymbol{A}=\mathrm{diag}(\lambda_1,\lambda_2,\cdots,\lambda_i,\cdots,\lambda_{n-1},\lambda_n),\ \boldsymbol{B}=[1\quad 1\quad \cdots\quad 1\quad 1]^{\mathrm{T}}_{n\times 1}$$

$$\boldsymbol{C}=[C_1\quad C_2\quad \cdots\quad C_i\quad \cdots\quad C_{n-1}\quad C_n]_{1\times n},\ \boldsymbol{D}=[0]_{1\times 1}。$$

可见，系统矩阵 $\boldsymbol{A}$ 是 $n\times n$ 阶对角矩阵，对角线上的元素是 $H(s)=\dfrac{N(s)}{D(s)}$ 中 $D(s)=0$ 的根，即系统的特征根由 λ_1 至 λ_n 的排列；控制矩阵 $\boldsymbol{B}$ 是 $n\times 1$ 阶列矩阵，其元素均为 1；输出矩阵 $\boldsymbol{C}$ 是 $1\times n$ 阶行矩阵，其元素是 $H(s)$用部分分式展开时的系数由 C_1 至 C_n 的排列；矩阵 $\boldsymbol{D}$ 是 1×1 阶矩阵(就是一个数)，当 $m<n$ 时为零。

② 假设在式(7.2.32)中，系统的特征根具有共轭复根。

将 LTI 连续时间系统的转移函数用部分分式展开为

$$H(s)=\frac{C_1}{s-\lambda_1}+\frac{C_2}{s-\lambda_2}+\cdots+\frac{C_{n-2}}{s-\lambda_{n-2}}+\frac{C_{n-1}}{s-\alpha-\mathrm{j}\beta}+\frac{C^*_{n-1}}{s-\alpha+\mathrm{j}\beta} \tag{7.2.35}$$

式中

$$C_{n-1}=k_1+\mathrm{j}k_2 \tag{7.2.36}$$

将式(7.2.35)最后两项的分母有理化，并合并，则该式可以写成

$$H(s)=\frac{C_1}{s-\lambda_1}+\frac{C_2}{s-\lambda_2}+\cdots+\frac{C_{n-2}}{s-\lambda_{n-2}}+\frac{2k_1(s-\alpha)-2k_2\beta}{(s-\alpha)^2+\beta^2} \tag{7.2.37}$$

考虑到式(7.2.37)，则可画出描述特征根具有共轭复根的 LTI 连续时间系统并联形式的信号流图，如图 7.2.7 所示。

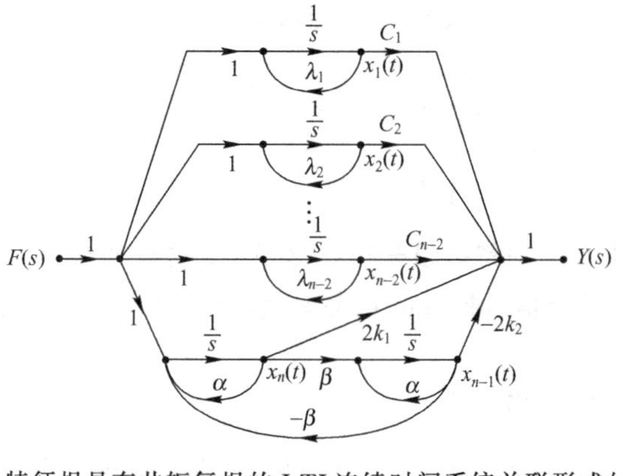

图 7.2.7　特征根具有共轭复根的 LTI 连续时间系统并联形式的信号流图

在图 7.2.7 所示的特征根具有共轭复根的 n 阶 LTI 连续时间系统并联形式的信号流图中，从第一个积分器开始，依次向下选取各积分器的输出信号作为系统的状态变量，并将特征根为 $\lambda_i(i=1,2,\cdots,n-2)$的一阶 LTI 连续时间系统的积分器的输出信号记为 $x_i(t)(i=1,2,\cdots,n-2)$，共轭复根所涉及的两个一阶 LTI 连续时间系统的积分器的输出信号分别记为 $x_{n-1}(t)$和 $x_n(t)$。

令

$$\boldsymbol{x}(t)=[x_1(t)\quad x_2(t)\quad\cdots\quad x_n(t)]^{\mathrm{T}},\ \boldsymbol{x}'(t)=[x'_1(t)\quad x'_2(t)\quad\cdots\quad x'_n(t)]^{\mathrm{T}}$$

$$\boldsymbol{f}(t)=f(t),\ \boldsymbol{y}(t)=y(t)$$

由图 7.2.7 所示的信号流图，可得描述系统的状态方程和输出方程的标准形式，即

$$\boldsymbol{x}'(t)=\begin{bmatrix}\lambda_1 & 0 & \cdots & 0 & 0 & 0\\ 0 & \lambda_2 & \cdots & 0 & 0 & 0\\ \cdots & \cdots & \cdots & \cdots & \cdots & \cdots\\ 0 & 0 & \cdots & \lambda_{n-2} & 0 & 0\\ 0 & 0 & \cdots & 0 & \alpha & \beta\\ 0 & 0 & \cdots & 0 & -\beta & \alpha\end{bmatrix}\boldsymbol{x}(t)+\begin{bmatrix}1\\1\\\vdots\\1\\0\\1\end{bmatrix}\boldsymbol{f}(t) \tag{7.2.38}$$

$$\boldsymbol{y}(t)=[C_1\quad C_2\quad\cdots\quad C_{n-2}\quad -2k_2\quad 2k_1]\boldsymbol{x}(t) \tag{7.2.39}$$

由式(7.2.38)可知，按这种方法得出的系统状态方程中的系统矩阵 $\boldsymbol{A}$ 接近于对角矩阵。除了共轭复根，对角线上的元素就是该系统的单个特征根 λ_1，λ_2，…，λ_{n-2}。若共轭复根为 $s=\alpha\pm \mathrm{j}\beta$，则在矩阵 $\boldsymbol{A}$ 中相应的区域为 $\begin{bmatrix}\alpha & \beta\\ -\beta & \alpha\end{bmatrix}$。

③ 假设在式(7.2.32)中，系统的特征根具有重根。

将 LTI 连续时间系统的转移函数用部分分式展开为

$$H(s)=\frac{C_1}{(s-\lambda_1)^l}+\frac{C_2}{(s-\lambda_1)^{l-1}}+\cdots+\frac{C_l}{s-\lambda_1}+\frac{C_{l+1}}{s-\lambda_{l+1}}+\cdots+\frac{C_n}{s-\lambda_n} \tag{7.2.40}$$

考虑到式(7.2.40)，则可画出描述特征根具有重根的 LTI 连续时间系统并联形式的信号流图，如图 7.2.8 所示。

在图 7.2.8 所示的特征根具有重根的 n 阶 LTI 连续时间系统并联形式的信号流图中，对于特征根为 λ_1(l 阶重根)的 l 阶 LTI 连续时间系统，从最后一个积分器开始，依次向前选取各积分器的输出信号作为系统的状态变量，分别记为 $x_i(t)(i=1,2,\cdots,l)$，对于特征根为 $\lambda_i(i=l+1,l+2,\cdots,n)$的一阶 LTI 连续时间系统，从第 $l+1$ 个积分器开始，依次向下选取各积分器的输出信号作为系统的状态变量，分别记为 $x_i(t)(i=l+1,l+2,\cdots,n)$。

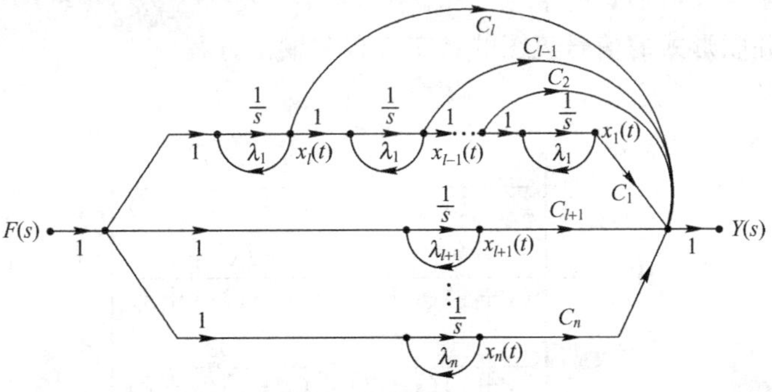

图 7.2.8　特征根具有重根的 LTI 连续时间系统并联形式的信号流图

令

$$\boldsymbol{x}(t)=[x_1(t)\quad x_2(t)\quad\cdots\quad x_n(t)]^{\mathrm{T}},\ \boldsymbol{x}'(t)=[x'_1(t)\quad x'_2(t)\quad\cdots\quad x'_n(t)]^{\mathrm{T}}$$

$$\boldsymbol{f}(t)=f(t),\ \boldsymbol{y}(t)=y(t)$$

由图 7.2.8 所示的信号流图，可得描述系统的状态方程和输出方程的标准形式，即

$$\boldsymbol{x}'(t)=\boldsymbol{A}\boldsymbol{x}(t)+\boldsymbol{B}\boldsymbol{f}(t) \tag{7.2.41}$$

式中

$$A = \begin{bmatrix} \begin{matrix} \overbrace{\lambda_1 \quad 1 \quad 0 \quad \cdots}^{l\uparrow} \\ l\uparrow \begin{matrix} 0 & \lambda_1 & 1 & \cdots \\ 0 & 0 & \lambda_1 & \cdots \\ \cdots & \cdots & \cdots & \lambda_1 \end{matrix} \end{matrix} & \mathbf{0} \\ \mathbf{0} & \begin{matrix} \lambda_{l+1} & 0 & 0 & \cdots & 0 \\ 0 & \lambda_{l+2} & 0 & \cdots & 0 \\ \cdots & & & & \\ 0 & 0 & 0 & \cdots & \lambda_n \end{matrix} \end{bmatrix}, \quad \mathbf{B} = [\underbrace{0 \quad 0 \quad \cdots \quad 0}_{l-1\uparrow} \quad 1 \quad 1 \quad \cdots \quad 1]_{n\times l}^{T}$$

$$y(t) = [C_1 \quad C_2 \quad \cdots \quad C_n] x(t) \tag{7.2.42}$$

分析表明，在此情况下得出的状态方程中的系统矩阵 A 的一个 l 阶子矩阵是标准的 Jordan 型矩阵，LTI 连续时间系统的特征根仍然出现在对角线上。

2. 多输入多输出连续时间系统状态方程和输出方程的间接编写方法

虽然多输入多输出连续时间系统状态方程和输出方程的编写较为复杂，但只要分别画出系统的信号流图，依照上述方法仍然可以顺利地编写出来。

例 7.2.4：设二阶 LTI 连续时间系统有双输入 $f_1(t)$ 及 $f_2(t)$，三输出 $y_1(t)$、$y_2(t)$ 及 $y_3(t)$，其转移函数矩阵为

$$\mathbf{H}(s) = \begin{bmatrix} H_{11}(s) & H_{12}(s) \\ H_{21}(s) & H_{22}(s) \\ H_{31}(s) & H_{32}(s) \end{bmatrix} = \begin{bmatrix} \dfrac{s(s+3)}{(s+1)(s+2)} & \dfrac{-3s}{(s+1)(s+2)} \\ \dfrac{2}{(s+1)(s+2)} & \dfrac{-(s^2+2)}{(s+1)(s+2)} \\ \dfrac{2}{(s+1)(s+2)} & \dfrac{3s}{(s+1)(s+2)} \end{bmatrix} \tag{7.2.43}$$

式中，$H_{ij}(s)$ 是系统第 i 个输出 $y_i(t)$ 对于第 j 个输入 $f_j(t)$ 的转移函数。

(1) 画出描述系统并联形式的信号流图。

(2) 建立系统并联形式的信号流图的状态方程和输出方程。

解：(1) 考虑到

$$\mathbf{H}(s) = \begin{bmatrix} \dfrac{s(s+3)}{(s+1)(s+2)} & \dfrac{-3s}{(s+1)(s+2)} \\ \dfrac{2}{(s+1)(s+2)} & \dfrac{-(s^2+2)}{(s+1)(s+2)} \\ \dfrac{2}{(s+1)(s+2)} & \dfrac{3s}{(s+1)(s+2)} \end{bmatrix}$$

$$= \begin{bmatrix} 1 - \dfrac{2}{(s+1)(s+2)} & \dfrac{-3s}{(s+1)(s+2)} \\ \dfrac{2}{(s+1)(s+2)} & -1 + \dfrac{3s}{(s+1)(s+2)} \\ \dfrac{2}{(s+1)(s+2)} & \dfrac{3s}{(s+1)(s+2)} \end{bmatrix}$$

$$=\begin{bmatrix}1&0\\0&-1\\0&0\end{bmatrix}+\begin{bmatrix}\frac{-2}{s+1}+\frac{2}{s+2}&\frac{3}{s+1}-\frac{6}{s+2}\\\frac{2}{s+1}-\frac{2}{s+2}&\frac{-3}{s+1}+\frac{6}{s+2}\\\frac{2}{s+1}-\frac{2}{s+2}&\frac{-3}{s+1}+\frac{6}{s+2}\end{bmatrix}$$

$$=\begin{bmatrix}1&0\\0&-1\\0&0\end{bmatrix}+\frac{1}{s+1}\begin{bmatrix}-2&3\\2&-3\\2&-3\end{bmatrix}+\frac{1}{s+2}\begin{bmatrix}2&-6\\-2&6\\-2&6\end{bmatrix}$$

$$=\boldsymbol{C}_0+\frac{\boldsymbol{C}_1}{s-\lambda_1}+\frac{\boldsymbol{C}_2}{s-\lambda_2}\tag{7.2.44}$$

式中，$\lambda_1=-1$，$\lambda_2=-2$ 为系统的特征根。系数矩阵分别为

$$\boldsymbol{C}_0=\begin{bmatrix}1&0\\0&-1\\0&0\end{bmatrix},\ \boldsymbol{C}_1=\begin{bmatrix}-2&3\\2&-3\\2&-3\end{bmatrix},\ \boldsymbol{C}_2=\begin{bmatrix}2&-6\\-2&6\\-2&6\end{bmatrix}$$

由式(7.2.44)可知，研究对双输入三输出系统转移函数矩阵 $\boldsymbol{H}(s)$ 的模拟，变成了分别研究系统的每个特征值和对应的系数矩阵。

下面对式(7.2.44)中的三项，逐项加以讨论。

① 对式(7.2.44)中 $\boldsymbol{C}_0$ 项的模拟如图 7.2.9 所示。

② 由于式(7.2.44)中系数矩阵 $\boldsymbol{C}_1$ 的三行元素对应成比例，因此该矩阵不是满秩矩阵(其秩为 1)，仅用一个积分器就可以实现对 $\boldsymbol{C}_1/(s-\lambda_1)$ 项的模拟，如图 7.2.10 所示。

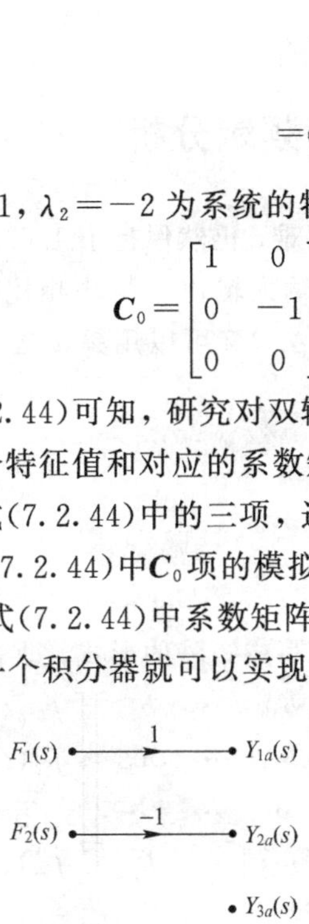

图 7.2.9　对 $\boldsymbol{C}_0$ 项模拟的信号流图

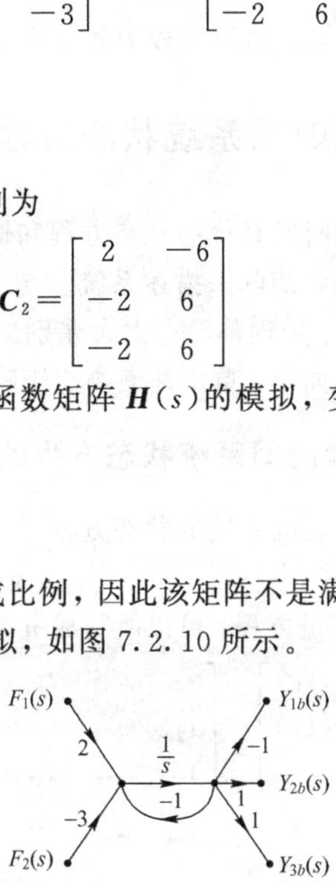

图 7.2.10　对 $\boldsymbol{C}_1/(s-\lambda_1)$ 项模拟的信号流图

③ 由于式(7.2.44)中系数矩阵 $\boldsymbol{C}_2$ 的三行元素对应成比例，因此该矩阵不是满秩矩阵(其秩为 1)，仅用一个积分器就可以实现对 $\boldsymbol{C}_2/(s-\lambda_2)$ 项的模拟，如图 7.2.11 所示。

④ 最后画出式(7.2.44)描述的双输入三输出系统转移函数矩阵 $\boldsymbol{H}(s)$ 的信号流图，如图 7.2.12 所示。

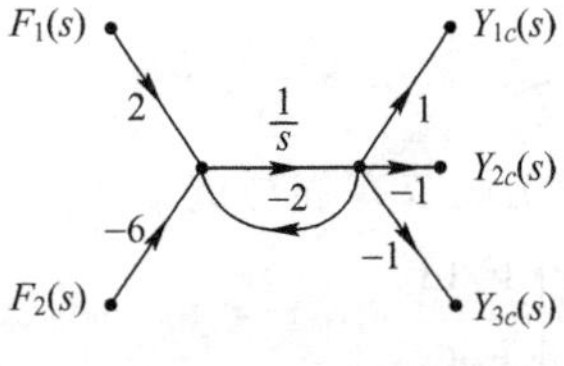

图 7.2.11　对 $\boldsymbol{C}_2/(s-\lambda_2)$ 项模拟的信号流图

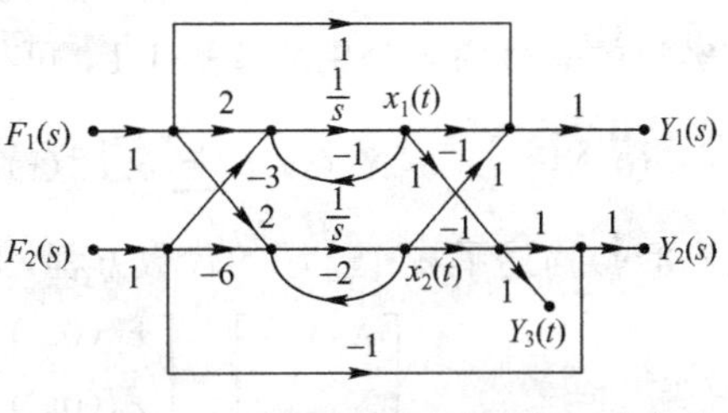

图 7.2.12　双输入三输出 LTI 连续时间系统的信号流图

(2) 令

$$\boldsymbol{x}(t)=[x_1(t)\quad x_2(t)]^{\mathrm{T}},\ \boldsymbol{x}'(t)=[x'_1(t)\quad x'_2(t)]^{\mathrm{T}}$$

$$\boldsymbol{f}(t)=[f_1(t)\quad f(t)]^{\mathrm{T}},\ \boldsymbol{y}(t)=[y_1(t)\quad y_2(t)\quad y_3(t)]^{\mathrm{T}}$$

由图 7.2.12 所示的信号流图，可得描述双输入三输出系统的状态方程和输出方程的标准形式，即

$$\boldsymbol{x}'(t)=\boldsymbol{A}\boldsymbol{x}(t)+\boldsymbol{B}\boldsymbol{f}(t) \tag{7.2.45}$$

$$\boldsymbol{y}(t)=\boldsymbol{C}\boldsymbol{x}(t)+\boldsymbol{D}\boldsymbol{f}(t) \tag{7.2.46}$$

式中，$\boldsymbol{A}=\begin{bmatrix}-1 & 0\\ 0 & -2\end{bmatrix}$，$\boldsymbol{B}=\begin{bmatrix}2 & -3\\ 2 & -6\end{bmatrix}$，$\boldsymbol{C}=\begin{bmatrix}-1 & 1\\ 1 & -1\\ 1 & -1\end{bmatrix}$，$\boldsymbol{D}=\begin{bmatrix}1 & 0\\ 0 & -1\\ 0 & 0\end{bmatrix}$。

可见，系统的状态方程中的系统矩阵 $\boldsymbol{A}$ 是一个对角矩阵。

7.3 连续时间系统状态方程和输出方程的复频域分析

LTI 连续时间系统的状态方程和输出方程的求解并不困难，仍然保持了 LTI 的特征，只不过借助了矢量和矩阵来描述系统。与 LTI 连续时间系统的输入输出分析法相比，其处理的方法，甚至公式、定理都没有太大差别。因此，既可以用时域法，又可以用频域法或复频域法求解系统的状态向量、单位冲激响应矩阵和输出向量等。

7.3.1 连续时间系统状态方程的复频域分析

LTI 连续时间系统的状态方程

$$\boldsymbol{x}'(t)=\boldsymbol{A}\boldsymbol{x}(t)+\boldsymbol{B}\boldsymbol{f}(t) \tag{7.3.1}$$

是一阶 n 维矢量方程，可以改写成 n 个一阶标量方程组，或写成矩阵的形式，即

$$\begin{bmatrix}x_1'(t)\\ x_2'(t)\\ \vdots\\ x_n'(t)\end{bmatrix}=\begin{bmatrix}a_{11} & a_{12} & \cdots & a_{1n}\\ a_{21} & a_{22} & \cdots & a_{2n}\\ \cdots & \cdots & \cdots & \cdots\\ a_{n1} & a_{n2} & \cdots & a_{nn}\end{bmatrix}\begin{bmatrix}x_1(t)\\ x_2(t)\\ \vdots\\ x_n(t)\end{bmatrix}+\begin{bmatrix}b_{11} & b_{12} & \cdots & b_{1m}\\ b_{21} & b_{22} & \cdots & b_{2m}\\ \cdots & \cdots & \cdots & \cdots\\ b_{n1} & b_{n2} & \cdots & b_{nm}\end{bmatrix}\begin{bmatrix}f_1(t)\\ f_2(t)\\ \vdots\\ f_m(t)\end{bmatrix} \tag{7.3.2}$$

式中，第 i 个方程为

$$x_i'(t)=a_{i1}x_1(t)+a_{i2}x_2(t)+\cdots+a_{in}x_n(t)+b_{i1}f_1(t)+b_{i2}f_2(t)+\cdots+b_{im}f_m(t) \tag{7.3.3}$$

假设

$$f_j(t)\longleftrightarrow F_j(s),\ \alpha_j<\sigma\leqslant\infty,\ j=1,2,\cdots,m$$

$$x_i(t)\longleftrightarrow X_i(s),\ \alpha_i<\sigma\leqslant\infty,\ i=1,2,\cdots,n$$

则有

$$x_i'(t)\longleftrightarrow sX_i(s)-x_i(0_-),\ \alpha_i<\sigma\leqslant\infty,\ i=1,2,\cdots,n$$

对式(7.3.3)的等号两边分别取单边 LT，可得

$$sX_i(s)-x_i(0_-)=\sum_{r=1}^{n}a_{ir}X_r(s)+\sum_{j=1}^{m}b_{ij}F_j(s),\ \max(\alpha_i,\alpha_j)<\sigma\leqslant\infty,\ i=1,2,\cdots,n \tag{7.3.4}$$

式(7.3.4)描述了 n 个 s 域的代数方程，将这 n 个 s 域的联立代数方程写成矩阵形式，则有

$$s\begin{bmatrix}X_1(s)\\ X_2(s)\\ \vdots\\ X_n(s)\end{bmatrix}-\begin{bmatrix}x_1(0_-)\\ x_2(0_-)\\ \vdots\\ x_n(0_-)\end{bmatrix}=\boldsymbol{A}\begin{bmatrix}X_1(s)\\ X_2(s)\\ \vdots\\ X_n(s)\end{bmatrix}+\boldsymbol{B}\begin{bmatrix}\mathrm{F}_1(s)\\ \mathrm{F}_2(s)\\ \vdots\\ \mathrm{F}_m(s)\end{bmatrix} \tag{7.3.5}$$

式(7.3.5)也可以写成矢量形式，即

$$s\boldsymbol{X}(s)-\boldsymbol{x}(0_-)=\boldsymbol{A}\boldsymbol{X}(s)+\boldsymbol{B}\boldsymbol{F}(s) \tag{7.3.6}$$

对式(7.3.6)进行移项，可得

$$s\boldsymbol{X}(s)-\boldsymbol{A}\boldsymbol{X}(s)=\boldsymbol{x}(0_-)+\boldsymbol{B}\boldsymbol{F}(s)$$

设矩阵 $\boldsymbol{I}$ 为 $n\times n$ 阶单位矩阵，则有

$$(s\boldsymbol{I}-\boldsymbol{A})\boldsymbol{X}(s)=\boldsymbol{x}(0_-)+\boldsymbol{B}\boldsymbol{F}(s) \tag{7.3.7}$$

定义

$$\boldsymbol{\Phi}(s)=(s\boldsymbol{I}-\boldsymbol{A})^{-1} \tag{7.3.8}$$

通常称 $\boldsymbol{\Phi}(s)$为系统的状态过渡矩阵。我们已经知道，系统矩阵 $\boldsymbol{A}$ 完全由 LTI 连续时间系统的结构和元件参数确定。由于$\boldsymbol{\Phi}(s)$是由系统矩阵 $\boldsymbol{A}$ 唯一确定的，显然 $\boldsymbol{\Phi}(s)$也是一个完全由系统结构和元件参数确定的矩阵。

考虑到式(7.3.8)，由式(7.3.7)可得

$$\boldsymbol{X}(s)=\boldsymbol{\Phi}(s)\boldsymbol{x}(0_-)+\boldsymbol{\Phi}(s)\boldsymbol{B}\boldsymbol{F}(s) \tag{7.3.9}$$

对式(7.3.9)的等号两边分别取 ILT，可得

$$\boldsymbol{x}(t)=\underbrace{\mathrm{ILT}[\boldsymbol{\Phi}(s)\boldsymbol{x}(0_-)]}_{\boldsymbol{x}_x(t)}+\underbrace{\mathrm{ILT}[\boldsymbol{\Phi}(s)\boldsymbol{B}\boldsymbol{F}(s)]}_{\boldsymbol{x}_f(t)} \tag{7.3.10}$$

式(7.3.10)中的第一项$\boldsymbol{x}_x(t)=\mathrm{ILT}[\boldsymbol{\Phi}(s)\boldsymbol{x}(0_-)]$是系统状态向量 $\boldsymbol{x}(t)$的零输入分量，它是 $\boldsymbol{x}(t)$由 $t=0_-$点的状态过渡到任意时刻 t 的状态的计算公式。

式(7.3.10)中的第二项$\boldsymbol{x}_f(t)=\mathrm{ILT}[\boldsymbol{\Phi}(s)\boldsymbol{B}\boldsymbol{F}(s)]$是系统状态向量 $\boldsymbol{x}(t)$的零状态分量，它是当 $\boldsymbol{x}(0_-)\equiv\boldsymbol{0}$ 时，由系统的输入向量 $\boldsymbol{f}(t)$所引起的状态向量在时刻 t 的计算公式。

7.3.2　连续时间系统输出方程的复频域分析

LTI 连续时间系统的输出方程为

$$\boldsymbol{y}(t)=\boldsymbol{C}\boldsymbol{x}(t)+\boldsymbol{D}\boldsymbol{f}(t) \tag{7.3.11}$$

同理，对式(7.3.11)的等号两边分别取单边 LT，可得

$$\boldsymbol{Y}(s)=\boldsymbol{C}\boldsymbol{X}(s)+\boldsymbol{D}\boldsymbol{F}(s) \tag{7.3.12}$$

将式(7.3.9)代入式(7.3.12)，可得

$$\boldsymbol{Y}(s)=\boldsymbol{C}\boldsymbol{\Phi}(s)\boldsymbol{x}(0_-)+[\boldsymbol{C}\boldsymbol{\Phi}(s)\boldsymbol{B}+\boldsymbol{D}]\boldsymbol{F}(s) \tag{7.3.13}$$

定义

$$\boldsymbol{H}(s)=\boldsymbol{C}\boldsymbol{\Phi}(s)\boldsymbol{B}+\boldsymbol{D} \tag{7.3.14}$$

通常称 $\boldsymbol{H}(s)$为系统的转移函数矩阵。显然，$\boldsymbol{H}(s)$是由系统矩阵 $\boldsymbol{A}$、控制矩阵 $\boldsymbol{B}$、输出矩阵 $\boldsymbol{C}$ 和矩阵 $\boldsymbol{D}$ 完全确定的一个矩阵。

考虑到式(7.3.14)，则式(7.3.13)可以写成

$$\boldsymbol{Y}(s)=\boldsymbol{C}\boldsymbol{\Phi}(s)\boldsymbol{x}(0_-)+\boldsymbol{H}(s)\boldsymbol{F}(\mathrm{s}) \tag{7.3.15}$$

对式(7.3.15)的等号两边分别取 ILT，可得

$$\boldsymbol{y}(t)=\underbrace{\mathrm{ILT}[\boldsymbol{C}\boldsymbol{\Phi}(s)\boldsymbol{x}(0_-)]}_{\boldsymbol{y}_x(t)}+\underbrace{\mathrm{ILT}[\boldsymbol{H}(s)\boldsymbol{F}(s)]}_{\boldsymbol{y}_f(t)} \tag{7.3.16}$$

式(7.3.16)中的第一项$\boldsymbol{y}_x(t)=\mathrm{ILT}[\boldsymbol{C}\boldsymbol{\Phi}(s)\boldsymbol{x}(0_-)]$是系统的零输入响应，它只与系统的初始状态 $\boldsymbol{x}(0_-)$、系统矩阵 $\boldsymbol{A}$ 和输出矩阵 $\boldsymbol{C}$ 有关。

式(7.3.16)中的第二项$\boldsymbol{y}_f(t)=\mathrm{ILT}[\boldsymbol{H}(s)\boldsymbol{F}(s)]$是系统的零状态响应，它只与系统矩阵 $\boldsymbol{A}$、控制矩阵 $\boldsymbol{B}$、输出矩阵 $\boldsymbol{C}$ 和矩阵 $\boldsymbol{D}$ 有关，而与系统的初始状态 $\boldsymbol{x}(0_-)$无关。

由前面的分析可知，为了求解 LTI 连续时间系统的状态方程和输出方程，计算系统的状态过渡矩阵 $\boldsymbol{\Phi}(s)$是关键。式(7.3.8)表明，$\boldsymbol{\Phi}(s)$是矩阵 $s\boldsymbol{I}-\boldsymbol{A}$ 的逆矩阵。由线性代数知识可知，

通过对拼凑矩阵$(s\boldsymbol{I}-\boldsymbol{A})\boldsymbol{I}$进行初等行变换可得到$\boldsymbol{I}\ (s\boldsymbol{I}-\boldsymbol{A})^{-1}$，从而得到了$\boldsymbol{\Phi}(s)$。另一种方法是利用矩阵$s\boldsymbol{I}-\boldsymbol{A}$的伴随矩阵$\mathrm{adj}(s\boldsymbol{I}-\boldsymbol{A})$来计算$\boldsymbol{\Phi}(s)$，即

$$\boldsymbol{\Phi}(s)=(s\boldsymbol{I}-\boldsymbol{A})^{-1}=\frac{\mathrm{adj}(s\boldsymbol{I}-\boldsymbol{A})}{\det(s\boldsymbol{I}-\boldsymbol{A})}=\frac{\mathrm{adj}(s\boldsymbol{I}-\boldsymbol{A})}{|s\boldsymbol{I}-\boldsymbol{A}|} \tag{7.3.17}$$

由式(7.3.14)可知，$\boldsymbol{\Phi}(s)$的分母就是$\boldsymbol{H}(s)$的分母，因此

$$|s\boldsymbol{I}-\boldsymbol{A}|=0 \tag{7.3.18}$$

的根$\lambda_i(i=1,2,\cdots,n)$就是LTI连续时间系统转移函数的极点。因此，称式(7.3.18)为系统的特征方程，而称矩阵$s\boldsymbol{I}-\boldsymbol{A}$为系统的特征矩阵。

例 7.3.1：已知描述二阶LTI连续时间系统的状态方程和输出方程分别为

$$\boldsymbol{x}'(t)=\begin{bmatrix}0 & -\frac{1}{3}\\ 6 & -3\end{bmatrix}\boldsymbol{x}(t)+\begin{bmatrix}\frac{1}{3} & 0\\ 0 & 3\end{bmatrix}\boldsymbol{f}(t)\ ,\ \boldsymbol{y}(t)=\begin{bmatrix}0 & -1\\ 0 & 1\\ 0 & 1\end{bmatrix}\boldsymbol{x}(t)+\begin{bmatrix}1 & 0\\ 0 & -1\\ 0 & 0\end{bmatrix}\boldsymbol{f}(t)$$

系统的初始状态$\boldsymbol{x}(0_-)=[3\quad 3]^{\mathrm{T}}$，输入信号向量$\boldsymbol{f}(t)=[6\mathrm{e}^{-3t}\varepsilon(t)\quad 6\mathrm{e}^{-4t}\varepsilon(t)]^{\mathrm{T}}$，试求系统的转移函数矩阵$\boldsymbol{H}(s)$、状态向量$\boldsymbol{x}(t)$及全响应向量$\boldsymbol{y}(t)$。

解：(1) 求系统的转移函数矩阵$\boldsymbol{H}(s)$

考虑到式(7.3.8)，则有

$$\boldsymbol{\Phi}(s)=(s\boldsymbol{I}-\boldsymbol{A})^{-1}=\begin{bmatrix}s & \frac{1}{3}\\ -6 & s+3\end{bmatrix}^{-1}=\frac{\begin{bmatrix}s+3 & -\frac{1}{3}\\ 6 & s\end{bmatrix}}{\begin{vmatrix}s & \frac{1}{3}\\ -6 & s+3\end{vmatrix}}=\begin{bmatrix}\frac{s+3}{s^2+3s+2} & \frac{-1}{3(s^2+3s+2)}\\ \frac{6}{s^2+3s+2} & \frac{s}{s^2+3s+2}\end{bmatrix}$$

考虑到式(7.3.14)，则有

$$\begin{aligned}\boldsymbol{H}(s)&=\boldsymbol{C\Phi}(s)\boldsymbol{B}+\boldsymbol{D}\\ &=\begin{bmatrix}0 & -1\\ 0 & 1\\ 0 & 1\end{bmatrix}\begin{bmatrix}\frac{s+3}{(s+1)(s+2)} & \frac{-1}{3(s+1)(s+2)}\\ \frac{6}{(s+1)(s+2)} & \frac{s}{(s+1)(s+2)}\end{bmatrix}\begin{bmatrix}\frac{1}{3} & 0\\ 0 & 3\end{bmatrix}+\begin{bmatrix}1 & 0\\ 0 & -1\\ 0 & 0\end{bmatrix}\\ &=\begin{bmatrix}\frac{s(s+3)}{(s+1)(s+2)} & \frac{-3s}{(s+1)(s+2)}\\ \frac{2}{(s+1)(s+2)} & \frac{-(s^2+2)}{(s+1)(s+2)}\\ \frac{2}{(s+1)(s+2)} & \frac{3s}{(s+1)(s+2)}\end{bmatrix}\end{aligned}$$

(2) 求系统的状态向量$\boldsymbol{x}(t)$

考虑到$\boldsymbol{x}(0_-)=[3\quad 3]^{\mathrm{T}}$，输入信号向量$\boldsymbol{f}(t)=[6\mathrm{e}^{-3t}\varepsilon(t)\quad 6\mathrm{e}^{-4t}\varepsilon(t)]^{\mathrm{T}}$，由式(7.3.9)可得

$$\boldsymbol{X}(s)=\boldsymbol{\Phi}(s)\boldsymbol{x}(0_-)+\boldsymbol{\Phi}(s)\boldsymbol{BF}(s)=\begin{bmatrix}\frac{s+3}{(s+1)(s+2)} & \frac{-1}{3(s+1)(s+2)}\\ \frac{6}{(s+1)(s+2)} & \frac{s}{(s+1)(s+2)}\end{bmatrix}\left\{\begin{bmatrix}3\\ 3\end{bmatrix}+\begin{bmatrix}\frac{1}{3} & 0\\ 0 & 3\end{bmatrix}\begin{bmatrix}\frac{6}{s+3}\\ \frac{6}{s+4}\end{bmatrix}\right\}$$

$$=\begin{bmatrix}\dfrac{5}{s+1}-\dfrac{2}{s+2}\\ \dfrac{15}{s+1}-\dfrac{12}{s+2}\end{bmatrix}+\begin{bmatrix}\dfrac{1}{s+2}-\dfrac{1}{s+4}\\ 6\left(\dfrac{1}{s+2}+\dfrac{1}{s+3}-\dfrac{2}{s+4}\right)\end{bmatrix}$$

于是

$$\boldsymbol{x}(t)=\begin{bmatrix}5\mathrm{e}^{-t}-2\mathrm{e}^{-2t}\\ 3(5\mathrm{e}^{-t}-4\mathrm{e}^{-2t})\end{bmatrix}+\begin{bmatrix}(\mathrm{e}^{-2t}-\mathrm{e}^{-4t})\varepsilon(t)\\ 6(\mathrm{e}^{-2t}+\mathrm{e}^{-3t}-2\mathrm{e}^{-4t})\varepsilon(t)\end{bmatrix},\ t\geqslant 0$$

(3) 求系统的全响应向量 $\boldsymbol{y}(t)$

考虑到式(7.3.11)，则有

$$\boldsymbol{y}(t)=\boldsymbol{C}\boldsymbol{x}(t)+\boldsymbol{D}\boldsymbol{f}(t)=\begin{bmatrix}0&-1\\0&1\\0&1\end{bmatrix}\boldsymbol{x}(t)+\begin{bmatrix}1&0\\0&-1\\0&0\end{bmatrix}\begin{bmatrix}6\mathrm{e}^{-3t}\varepsilon(t)\\6\mathrm{e}^{-4t}\varepsilon(t)\end{bmatrix}$$

$$=\begin{bmatrix}3(4\mathrm{e}^{-2t}-5\mathrm{e}^{-t})\\3(5\mathrm{e}^{-t}-4\mathrm{e}^{-2t})\\3(5\mathrm{e}^{-t}-4\mathrm{e}^{-2t})\end{bmatrix}+\begin{bmatrix}6(2\mathrm{e}^{-4t}-\mathrm{e}^{-2t})\varepsilon(t)\\6(\mathrm{e}^{-2t}+\mathrm{e}^{-3t}-3\mathrm{e}^{-4t})\varepsilon(t)\\6(\mathrm{e}^{-2t}+\mathrm{e}^{-3t}-2\mathrm{e}^{-4t})\varepsilon(t)\end{bmatrix},\ t\geqslant 0$$

7.4 连续时间系统状态方程和输出方程的时域分析

本节介绍 LTI 连续时间系统状态方程和输出方程的时域求解方法。

7.4.1 连续时间系统状态方程的时域分析

由于 LTI 连续时间系统状态方程和输出方程的时域求解涉及矩阵指数函数 $f(\boldsymbol{A})=\mathrm{e}^{\boldsymbol{A}t}$，因此首先介绍矩阵指数函数的定义及相应的运算规则，再介绍 LTI 连续时间系统状态方程的时域求解方法。

1. 矩阵指数函数 $\mathrm{e}^{\boldsymbol{A}t}$ 的定义

在指数函数 e^{at} 中，若指数 a 为矩阵 $\boldsymbol{A}$，则称 $\mathrm{e}^{\boldsymbol{A}t}$ 为矩阵指数函数。我们知道，指数为标量 a 的指数函数 e^{at} 可以利用幂级数来计算，即

$$\mathrm{e}^{at}=1+at+\frac{a^2}{2!}t^2+\frac{a^3}{3!}t^3+\cdots=\sum_{r=0}^{+\infty}\frac{a^r}{r!}t^r \tag{7.4.1}$$

同理，矩阵指数函数 $\mathrm{e}^{\boldsymbol{A}t}$ 也可以用幂级数来计算，或者用幂级数来定义，即

$$\mathrm{e}^{\boldsymbol{A}t}=\boldsymbol{I}+\boldsymbol{A}t+\frac{\boldsymbol{A}^2}{2!}t^2+\frac{\boldsymbol{A}^3}{3!}t^3+\cdots=\sum_{r=0}^{+\infty}\frac{\boldsymbol{A}^r}{r!}t^r \tag{7.4.2}$$

由矩阵指数函数 $\mathrm{e}^{\boldsymbol{A}t}$ 的定义式(7.4.2)，不难证明下述结果的正确性，即

$$\mathrm{e}^{\boldsymbol{A}t}\big|_{t=0}=\boldsymbol{I} \tag{7.4.3}$$

在式(7.4.3)中，$\boldsymbol{I}$ 是与 $\boldsymbol{A}$ 同阶的单位(对角)矩阵。

$$\mathrm{e}^{\boldsymbol{A}t_2}\mathrm{e}^{-\boldsymbol{A}t_1}=\mathrm{e}^{\boldsymbol{A}(t_2-t_1)} \tag{7.4.4}$$

特别地，若 $t_2=t_1$，则有

$$\mathrm{e}^{\boldsymbol{A}t_1}\mathrm{e}^{-\boldsymbol{A}t_1}=\mathrm{e}^{\boldsymbol{A}(t_1-t_1)}=\boldsymbol{I} \tag{7.4.5}$$

$$\mathrm{e}^{\boldsymbol{A}t}\mathrm{e}^{-\boldsymbol{A}t}=\boldsymbol{I} \tag{7.4.6}$$

式(7.4.6)表明，矩阵指数函数 $\mathrm{e}^{-\boldsymbol{A}t}$ 是矩阵指数函数 $\mathrm{e}^{\boldsymbol{A}t}$ 的逆矩阵。

$$\frac{\mathrm{d}}{\mathrm{d}t}\mathrm{e}^{\boldsymbol{A}t}=\boldsymbol{A}\mathrm{e}^{\boldsymbol{A}t}=\mathrm{e}^{\boldsymbol{A}t}\boldsymbol{A} \tag{7.4.7}$$

式(7.4.7)表明，矩阵指数函数 $e^{\boldsymbol{A}t}$ 的求导法则与标量指数函数 e^{at} 的求导法则相同。

2. 连续时间系统状态方程的时域分析

LTI 连续时间系统的状态方程为

$$\boldsymbol{x}'(t)=\boldsymbol{A}\boldsymbol{x}(t)+\boldsymbol{B}\boldsymbol{f}(t) \tag{7.4.8}$$

对式(7.4.8)移项，可得

$$\boldsymbol{x}'(t)-\boldsymbol{A}\boldsymbol{x}(t)=\boldsymbol{B}\boldsymbol{f}(t) \tag{7.4.9}$$

将式(7.4.9)的等号两边分别左乘 $e^{-\boldsymbol{A}t}$，可得

$$e^{-\boldsymbol{A}t}\boldsymbol{x}'(t)-e^{-\boldsymbol{A}t}\boldsymbol{A}\boldsymbol{x}(t)=e^{-\boldsymbol{A}t}\boldsymbol{B}\boldsymbol{f}(t) \tag{7.4.10}$$

利用矩阵函数乘积求导法则，对式(7.4.10)的等号左边进行逆向改写，可得

$$\frac{\mathrm{d}}{\mathrm{d}t}[e^{-\boldsymbol{A}t}\boldsymbol{x}(t)]=e^{-\boldsymbol{A}t}\boldsymbol{B}\boldsymbol{f}(t) \tag{7.4.11}$$

将式(7.4.11)中的 t 变量换成 τ 变量，可得

$$\frac{\mathrm{d}}{\mathrm{d}\tau}[e^{-\boldsymbol{A}\tau}\boldsymbol{x}(\tau)]=e^{-\boldsymbol{A}\tau}\boldsymbol{B}\boldsymbol{f}(\tau) \tag{7.4.12}$$

在区间 $\tau\in[0_-,t]$上，对式(7.4.12)的等号两边分别积分，可得

$$e^{-\boldsymbol{A}\tau}\boldsymbol{x}(\tau)\Big|_{0_-}^{t}=\int_{0_-}^{t}e^{-\boldsymbol{A}\tau}\boldsymbol{B}\boldsymbol{f}(\tau)\mathrm{d}\tau \tag{7.4.13}$$

考虑到式(7.4.3)，由式(7.4.13)可得

$$e^{-\boldsymbol{A}t}\boldsymbol{x}(t)-\boldsymbol{x}(0_-)=\int_{0_-}^{t}e^{-\boldsymbol{A}\tau}\boldsymbol{B}\boldsymbol{f}(\tau)\mathrm{d}\tau$$

即

$$e^{-\boldsymbol{A}t}\boldsymbol{x}(t)=\boldsymbol{x}(0_-)+\int_{0_-}^{t}e^{-\boldsymbol{A}\tau}\boldsymbol{B}\boldsymbol{f}(\tau)\mathrm{d}\tau \tag{7.4.14}$$

将式(7.4.14)的等号两边分别左乘 $e^{\boldsymbol{A}t}$，并考虑到式(7.4.6)及 $\boldsymbol{f}(t)$是 m 个因果信号构成的向量，即满足 $\boldsymbol{f}(t)=\boldsymbol{f}(t)\varepsilon(t)$，则式(7.4.14)可以表示成

$$\begin{aligned}\boldsymbol{x}(t)&=e^{\boldsymbol{A}t}\boldsymbol{x}(0_-)+e^{\boldsymbol{A}t}\int_{-\infty}^{t}e^{-\boldsymbol{A}\tau}\boldsymbol{B}\boldsymbol{f}(\tau)\varepsilon(\tau)\mathrm{d}\tau\\&=e^{\boldsymbol{A}t}\boldsymbol{x}(0_-)+\int_{-\infty}^{+\infty}e^{\boldsymbol{A}(t-\tau)}\varepsilon(t-\tau)\boldsymbol{B}\boldsymbol{f}(\tau)\varepsilon(\tau)\mathrm{d}\tau\\&=e^{\boldsymbol{A}t}\boldsymbol{x}(0_-)+e^{\boldsymbol{A}t}\varepsilon(t)*\boldsymbol{B}\boldsymbol{f}(t)\varepsilon(t)\\&=\underbrace{e^{\boldsymbol{A}t}\boldsymbol{x}(0_-)}_{\boldsymbol{x}_x(t)}+\underbrace{e^{\boldsymbol{A}t}\varepsilon(t)*\boldsymbol{B}\boldsymbol{f}(t)}_{\boldsymbol{x}_f(t)}\end{aligned} \tag{7.4.15}$$

式(7.4.15)中的第一项$\boldsymbol{x}_x(t)=e^{\boldsymbol{A}t}\boldsymbol{x}(0_-)$是系统状态向量 $\boldsymbol{x}(t)$的零输入分量，它是 $\boldsymbol{x}(t)$由 $t=0_-$点的状态过渡到任意时刻 t 的状态的计算公式，因此称 $e^{\boldsymbol{A}t}\varepsilon(t)$为系统状态过渡矩阵指数函数。

式(7.4.15)中的第二项$\boldsymbol{x}_f(t)=e^{\boldsymbol{A}t}\varepsilon(t)*\boldsymbol{B}\boldsymbol{f}(t)$是系统状态向量 $\boldsymbol{x}(t)$的零状态分量，它是当$\boldsymbol{x}(0_-)\equiv\boldsymbol{0}$时，由输入向量 $\boldsymbol{f}(t)$所引起的状态向量在时刻 t 的计算公式。

3. 矩阵指数函数 $e^{\boldsymbol{A}t}$ 的计算

矩阵指数函数可以用其定义式(7.4.2)进行近似计算。除此之外，还可以用 LT 法、对角化变换法及利用矩阵函数的有限项表示法进行计算，下面主要介绍这三种计算方法。

(1) 利用 LT 法计算矩阵指数函数

由式(7.4.15)可知，状态向量 $\boldsymbol{x}(t)$ 的计算公式为

$$\boldsymbol{x}(t)=\mathrm{e}^{\boldsymbol{A}t}\boldsymbol{x}(0_-)+\mathrm{e}^{\boldsymbol{A}t}\varepsilon(t)*\boldsymbol{Bf}(t) \tag{7.4.16}$$

由式(7.3.9)可知，状态向量 $\boldsymbol{x}(t)$ 的 LT 计算公式为

$$\boldsymbol{X}(s)=\boldsymbol{\Phi}(s)\boldsymbol{x}(0_-)+\boldsymbol{\Phi}(s)\boldsymbol{BF}(s) \tag{7.4.17}$$

通过观察式(7.4.16)及式(7.4.17)不难发现，系统的状态过渡矩阵指数函数 $\mathrm{e}^{\boldsymbol{A}t}\varepsilon(t)$ 与系统的状态过渡矩阵 $\boldsymbol{\Phi}(s)$ 之间是一对 LT 关系。考虑到式(7.3.8)，则有

$$\mathrm{e}^{\boldsymbol{A}t}\varepsilon(t)\longleftrightarrow\boldsymbol{\Phi}(s)=(s\boldsymbol{I}-\boldsymbol{A})^{-1} \tag{7.4.18}$$

(2) 利用对角化变换法计算矩阵指数函数

对于 n 阶矩阵 $\boldsymbol{A}$，若一个列向量 $\boldsymbol{u}$ 满足 $\boldsymbol{Au}=\lambda\boldsymbol{u}$，其中 λ 为矩阵 $\boldsymbol{A}$ 的特征值，$\boldsymbol{u}$ 为 λ 对应的特征向量，则有

$$(\lambda\boldsymbol{I}-\boldsymbol{A})\boldsymbol{u}=0 \tag{7.4.19}$$

当且仅当满足

$$D(\lambda)=|\lambda\boldsymbol{I}-\boldsymbol{A}|=0 \tag{7.4.20}$$

时，式(7.4.19)有非零解向量 $\boldsymbol{u}$，式(7.4.20)称为矩阵 $\boldsymbol{A}$ 的特征方程。若特征方程的 n 个相异的特征值为 λ_1，λ_2，…，λ_n(实根，其中可能存在共轭复根)，对应的 n 个特征向量分别为 $\boldsymbol{u}_1$，$\boldsymbol{u}_2$，…，$\boldsymbol{u}_n$，则有

$$\boldsymbol{A}\boldsymbol{u}_i=\lambda_i\boldsymbol{u}_i,\ i=1,2,\cdots,n \tag{7.4.21}$$

若取变换矩阵 $\boldsymbol{P}=[\boldsymbol{u}_1\quad\boldsymbol{u}_2\quad\cdots\quad\boldsymbol{u}_n]$，则 $\boldsymbol{P}$ 必为满秩矩阵。考虑到式(7.4.21)，则有

$$\begin{aligned}\boldsymbol{AP}&=\boldsymbol{A}[\boldsymbol{u}_1\quad\boldsymbol{u}_2\quad\cdots\quad\boldsymbol{u}_n]=[\boldsymbol{Au}_1\quad\boldsymbol{Au}_2\quad\cdots\quad\boldsymbol{Au}_n]=[\lambda_1\boldsymbol{u}_1\quad\lambda_2\boldsymbol{u}_2\quad\cdots\quad\lambda_n\boldsymbol{u}_n]\\&=[\boldsymbol{u}_1\quad\boldsymbol{u}_2\quad\cdots\quad\boldsymbol{u}_n]\mathrm{diag}[\lambda_1,\lambda_2,\cdots,\lambda_n]=\boldsymbol{PQ}\end{aligned} \tag{7.4.22}$$

由式(7.4.22)可知，矩阵 $\boldsymbol{A}$ 可对角化成对角矩阵 $\boldsymbol{Q}$，即

$$\boldsymbol{P}^{-1}\boldsymbol{AP}=\boldsymbol{Q}=\mathrm{diag}[\lambda_1,\lambda_2,\cdots,\lambda_n] \tag{7.4.23}$$

由于

$$\mathrm{e}^{\boldsymbol{A}t}=\sum_{r=0}^{+\infty}\frac{\boldsymbol{A}^r}{r!}t^r=\boldsymbol{I}+\sum_{r=1}^{+\infty}\frac{\boldsymbol{A}^r}{r!}t^r \tag{7.4.24}$$

$$\mathrm{e}^{\boldsymbol{Q}t}=\sum_{r=0}^{+\infty}\frac{\boldsymbol{Q}^r}{r!}t^r=\boldsymbol{I}+\sum_{r=1}^{+\infty}\frac{\boldsymbol{Q}^r}{r!}t^r \tag{7.4.25}$$

考虑到式(7.4.23)、式(7.4.24)及式(7.4.25)，则有

$$\begin{aligned}\boldsymbol{P}^{-1}\mathrm{e}^{\boldsymbol{A}t}\boldsymbol{P}&=\boldsymbol{P}^{-1}\left[\sum_{r=0}^{+\infty}\frac{\boldsymbol{A}^r}{r!}t^r\right]\boldsymbol{P}=\boldsymbol{P}^{-1}\left[\boldsymbol{I}+\sum_{r=1}^{+\infty}\frac{\boldsymbol{A}^r}{r!}t^r\right]\boldsymbol{P}=\boldsymbol{P}^{-1}\boldsymbol{IP}+\sum_{r=1}^{+\infty}\frac{\boldsymbol{P}^{-1}\boldsymbol{A}^r\boldsymbol{P}}{r!}t^r\\&=\boldsymbol{P}^{-1}\boldsymbol{IP}+\sum_{r=1}^{+\infty}\frac{\boldsymbol{P}^{-1}\boldsymbol{APP}^{-1}\boldsymbol{A}^{r-1}\boldsymbol{P}}{r!}t^r=\boldsymbol{I}+\sum_{r=1}^{+\infty}\frac{\boldsymbol{QP}^{-1}\boldsymbol{A}^{r-1}\boldsymbol{P}}{r!}t^r\\&=\boldsymbol{I}+\sum_{r=1}^{+\infty}\frac{\boldsymbol{QP}^{-1}\boldsymbol{APP}^{-1}\boldsymbol{A}^{r-2}\boldsymbol{P}}{r!}t^r=\boldsymbol{I}+\sum_{r=1}^{+\infty}\frac{\boldsymbol{Q}^2\boldsymbol{P}^{-1}\boldsymbol{A}^{r-2}\boldsymbol{P}}{r!}t^r\\&\ \ \vdots\\&=\boldsymbol{I}+\sum_{r=1}^{+\infty}\frac{\boldsymbol{Q}^r\boldsymbol{P}^{-1}\boldsymbol{A}^0\boldsymbol{P}}{r!}t^r=\boldsymbol{I}+\sum_{r=1}^{+\infty}\frac{\boldsymbol{Q}^r\boldsymbol{P}^{-1}\boldsymbol{IP}}{r!}t^r\\&=\boldsymbol{I}+\sum_{r=1}^{+\infty}\frac{\boldsymbol{Q}^r}{r!}t^r=\mathrm{e}^{\boldsymbol{Q}t}\end{aligned} \tag{7.4.26}$$

考虑到 $\boldsymbol{Q}^r=\mathrm{diag}[\lambda_1^r,\lambda_2^r,\cdots,\lambda_n^r]$，则式(7.4.26)可进一步表示成

$$\boldsymbol{P}^{-1}\mathrm{e}^{\boldsymbol{A}t}\boldsymbol{P}=\mathrm{e}^{\boldsymbol{Q}t}=\sum_{r=0}^{+\infty}\frac{\boldsymbol{Q}^r}{r!}t^r=\begin{bmatrix}\sum_{r=0}^{+\infty}\frac{\lambda_1^r}{r!}t^r & 0 & \cdots & 0\\ 0 & \sum_{r=0}^{+\infty}\frac{\lambda_2^r}{r!}t^r & \cdots & 0\\ \vdots & \vdots & \ddots & 0\\ 0 & 0 & 0 & \sum_{r=0}^{+\infty}\frac{\lambda_n^r}{r!}t^r\end{bmatrix}$$
$$=\mathrm{diag}[\mathrm{e}^{\lambda_1 t},\mathrm{e}^{\lambda_2 t},\cdots,\mathrm{e}^{\lambda_n t}] \qquad (7.4.27)$$

考虑到式(7.4.27)，则有

$$\mathrm{e}^{\boldsymbol{A}t}=\boldsymbol{P}\mathrm{e}^{\boldsymbol{Q}t}\boldsymbol{P}^{-1}=\boldsymbol{P}\begin{bmatrix}\mathrm{e}^{\lambda_1 t} & 0 & \cdots & 0\\ 0 & \mathrm{e}^{\lambda_2 t} & \cdots & 0\\ \vdots & \vdots & \ddots & 0\\ 0 & 0 & 0 & \mathrm{e}^{\lambda_n t}\end{bmatrix}\boldsymbol{P}^{-1} \qquad (7.4.28)$$

式(7.4.28)是利用对角化变换法来计算矩阵指数函数 $\mathrm{e}^{\boldsymbol{A}t}$ 的公式。

(3) 利用矩阵函数的有限项表示法计算矩阵指数函数

由于利用矩阵函数的有限项表示法来计算矩阵指数函数 $\mathrm{e}^{\boldsymbol{A}t}$ 涉及凯莱-哈密顿定理，因此下面首先介绍凯莱-哈密顿定理。

① 凯莱-哈密顿(Cayley-Hamilton)定理

设 n 阶矩阵 $\boldsymbol{A}$ 的特征多项式为

$$D(\lambda)=\det(\lambda\boldsymbol{I}-\boldsymbol{A})=|\lambda\boldsymbol{I}-\boldsymbol{A}|=\prod_{i=1}^{n}(\lambda-\lambda_i)=\lambda^n+\beta_{n-1}\lambda^{n-1}+\cdots+\beta_1\lambda+\beta_0 \qquad (7.4.29)$$

式中，$\beta_i(i=0,1,\cdots,n-1)$为实系数。那么

$$D(\boldsymbol{A})=\det(\boldsymbol{A}\boldsymbol{I}-\boldsymbol{A})=|\boldsymbol{A}\boldsymbol{I}-\boldsymbol{A}|=\boldsymbol{A}^n+\beta_{n-1}\boldsymbol{A}^{n-1}+\cdots+\beta_1\boldsymbol{A}+\beta_0\boldsymbol{I}=0 \qquad (7.4.30)$$

凯莱-哈密顿定理表明，一个 n 阶矩阵 $\boldsymbol{A}$ 满足自身的特征方程。

证明：设 $\boldsymbol{B}(\lambda)$是 $\lambda\boldsymbol{I}-\boldsymbol{A}$ 的伴随矩阵，由于

$$(\lambda\boldsymbol{I}-\boldsymbol{A})^{-1}=\frac{\mathrm{adj}(\lambda\boldsymbol{I}-\boldsymbol{A})}{|\lambda\boldsymbol{I}-\boldsymbol{A}|}=\frac{\boldsymbol{B}(\lambda)}{\det(\lambda\boldsymbol{I}-\boldsymbol{A})} \qquad (7.4.31)$$

考虑到式(7.4.31)及式(7.4.29)，则有

$$\boldsymbol{B}(\lambda)(\lambda\boldsymbol{I}-\boldsymbol{A})=\det(\lambda\boldsymbol{I}-\boldsymbol{A})(\lambda\boldsymbol{I}-\boldsymbol{A})^{-1}(\lambda\boldsymbol{I}-\boldsymbol{A})=\det(\lambda\boldsymbol{I}-\boldsymbol{A})\boldsymbol{I}$$
$$=\lambda^n\boldsymbol{I}+\beta_{n-1}\lambda^{n-1}\boldsymbol{I}+\cdots+\beta_2\lambda^2\boldsymbol{I}+\beta_1\lambda\boldsymbol{I}+\beta_0\boldsymbol{I} \qquad (7.4.32)$$

由于方阵 $\boldsymbol{B}(\lambda)$的元是 $\lambda\boldsymbol{I}-\boldsymbol{A}$ 的 $n-1$ 阶代数余子式，故均为 λ 的幂次不大于 $n-1$ 的多项式。从而由矩阵的运算性质可知，$\boldsymbol{B}(\lambda)$可表示成

$$\boldsymbol{B}(\lambda)=\lambda^{n-1}\boldsymbol{B}_{n-1}+\lambda^{n-2}\boldsymbol{B}_{n-2}+\cdots+\lambda\boldsymbol{B}_1+\boldsymbol{B}_0 \qquad (7.4.33)$$

式中，$\boldsymbol{B}_0$，$\boldsymbol{B}_1$，…，$\boldsymbol{B}_{n-1}$都是 n 阶数矩阵。于是

$$\boldsymbol{B}(\lambda)(\lambda\boldsymbol{I}-\boldsymbol{A})=(\lambda^{n-1}\boldsymbol{B}_{n-1}+\lambda^{n-2}\boldsymbol{B}_{n-2}+\cdots+\lambda\boldsymbol{B}_1+\boldsymbol{B}_0)(\lambda\boldsymbol{I}-\boldsymbol{A})$$
$$=\lambda^n\boldsymbol{B}_{n-1}+\lambda^{n-1}(\boldsymbol{B}_{n-2}-\boldsymbol{B}_{n-1}\boldsymbol{A})+\lambda^{n-2}(\boldsymbol{B}_{n-3}-\boldsymbol{B}_{n-2}\boldsymbol{A})$$
$$+\cdots+\lambda^2(\boldsymbol{B}_1-\boldsymbol{B}_2\boldsymbol{A})+\lambda(\boldsymbol{B}_0-\boldsymbol{B}_1\boldsymbol{A})-\boldsymbol{B}_0\boldsymbol{A} \qquad (7.4.34)$$

比较式(7.4.32)及式(7.4.34)中 λ 同次幂的系数，则有

$$\left.\begin{aligned} \lambda^n: &\quad \boldsymbol{B}_{n-1}=\boldsymbol{I} \\ \lambda^{n-1}: &\quad \boldsymbol{B}_{n-2}-\boldsymbol{B}_{n-1}\boldsymbol{A}=\beta_{n-1}\boldsymbol{I} \\ \vdots\ &\quad\quad\quad \vdots \\ \lambda^2: &\quad \boldsymbol{B}_1-\boldsymbol{B}_2\boldsymbol{A}=\beta_2\boldsymbol{I} \\ \lambda^1: &\quad \boldsymbol{B}_0-\boldsymbol{B}_1\boldsymbol{A}=\beta_1\boldsymbol{I} \\ \lambda^0: &\quad -\boldsymbol{B}_0\boldsymbol{A}=\beta_0\boldsymbol{I} \end{aligned}\right\} \tag{7.4.35}$$

将式(7.4.35)中的第一式，第二式，…，第 n 式以及第 $n+1$ 式的等号的两边依次分别右乘 $\boldsymbol{A}^n$，$\boldsymbol{A}^{n-1}$，…，$\boldsymbol{A}^2$，$\boldsymbol{A}$，$\boldsymbol{I}$，并将结果相加，则等号左边为零矩阵，等号右边为 $D(\boldsymbol{A})$。因此，$D(\boldsymbol{A})=0$。

推论：

由于 $D(\boldsymbol{A})=0$，因此 $D(\boldsymbol{A})=\boldsymbol{A}^n+\beta_{n-1}\boldsymbol{A}^{n-1}+\cdots+\beta_1\boldsymbol{A}+\beta_0\boldsymbol{I}=0$，这意味着 $\boldsymbol{A}^n$ 能够表示成 $\boldsymbol{A}$ 的 $n-1$ 次多项式，进而 $\boldsymbol{A}^{n+1}$，$\boldsymbol{A}^{n+2}$，…，都可以表示成 $\boldsymbol{A}$ 的 $n-1$ 次多项式。

② 矩阵指数函数可以利用矩阵函数的有限项进行计算

考虑到

$$f(\lambda)=\mathrm{e}^{\lambda t}=\sum_{r=0}^{+\infty}\frac{t^r}{r!}\lambda^r \tag{7.4.36}$$

由式(7.4.29)可知，$D(\lambda)=\det(\lambda\boldsymbol{I}-\boldsymbol{A})$ 是 λ 的 n 次多项式，设 $f(\lambda)$ 除以 n 阶矩阵 $\boldsymbol{A}$ 的特征多项式 $D(\lambda)$ 的商为 $G(\lambda)$，余式为 $R(\lambda)$，那么余式 $R(\lambda)$ 一定是 λ 的一个最高幂次为 $n-1$ 的多项式，并且余式 $R(\lambda)$ 中 λ 的各次幂的系数与 t 有关，即余式 $R(\lambda)$ 可表示成

$$R(\lambda)=\sum_{j=0}^{n-1}\alpha_j(t)\lambda^j=\alpha_0(t)+\alpha_1(t)\lambda+\alpha_2(t)\lambda^2+\cdots+\alpha_{n-1}(t)\lambda^{n-1} \tag{7.4.37}$$

考虑到式(7.4.37)，则 $f(\lambda)$ 可表示成

$$f(\lambda)=\mathrm{e}^{\lambda t}=G(\lambda)D(\lambda)+R(\lambda)=G(\lambda)D(\lambda)+\sum_{j=0}^{n-1}\alpha_j(t)\lambda^j \tag{7.4.38}$$

考虑到 $D(\lambda_i)=0(i=1,2,\cdots,n)$，由式(7.4.38)可得

$$f(\lambda_i)=\mathrm{e}^{\lambda_i t}=R(\lambda_i)=\sum_{j=0}^{n-1}\alpha_j(t)\lambda_i^j,\ i=1,2,\cdots,n \tag{7.4.39}$$

考虑到

$$f(\boldsymbol{A})=\mathrm{e}^{\boldsymbol{A}t}=\sum_{r=0}^{+\infty}\frac{t^r}{r!}\boldsymbol{A}^r \tag{7.4.40}$$

由式(7.4.36)及式(7.4.40)可知，$f(\lambda)$ 的幂级数展开式中 λ 的各次幂的系数和 $f(\boldsymbol{A})$ 的幂级数展开式中 $\boldsymbol{A}$ 的各次幂的系数完全相同，即 $f(\boldsymbol{A})=f(\lambda)|_{\lambda=\boldsymbol{A}}$。考虑到式(7.4.38)，则 $f(\boldsymbol{A})$ 也可以表示成

$$f(\boldsymbol{A})=\mathrm{e}^{\boldsymbol{A}t}=G(\boldsymbol{A})D(\boldsymbol{A})+R(\boldsymbol{A}) \tag{7.4.41}$$

式中，$G(\boldsymbol{A})=G(\lambda)|_{\lambda=\boldsymbol{A}}$，$D(\boldsymbol{A})=D(\lambda)|_{\lambda=\boldsymbol{A}}$，$R(\boldsymbol{A})=R(\lambda)|_{\lambda=\boldsymbol{A}}$。

考虑到式(7.4.37)，则 $R(\boldsymbol{A})$ 可以表示成

$$R(\boldsymbol{A})=\sum_{j=0}^{n-1}\alpha_j(t)\boldsymbol{A}^j=\alpha_0(t)\boldsymbol{I}+\alpha_1(t)\boldsymbol{A}+\alpha_2(t)\boldsymbol{A}^2+\cdots+\alpha_{n-1}(t)\boldsymbol{A}^{n-1} \tag{7.4.42}$$

由凯莱-哈密顿定理可知，$D(\boldsymbol{A})=0$，考虑到式(7.4.42)，由式(7.4.41)可得

$$f(\boldsymbol{A})=\mathrm{e}^{\boldsymbol{A}t}=R(\boldsymbol{A})=\sum_{j=0}^{n-1}\alpha_j(t)\boldsymbol{A}^j \tag{7.4.43}$$

分析表明，可以利用式(7.4.39)计算出 $\alpha_j(t)(j=0,1,2,\cdots,n-1)$，再利用式(7.4.43)计算 $\mathrm{e}^{\boldsymbol{A}t}$。

其实，这种计算 e^{At} 的方法，可利用凯莱-哈密顿定理的推论推导出来。由于 $D(\boldsymbol{A})=0$，即 $D(\boldsymbol{A})=\boldsymbol{A}^n+\beta_{n-1}\boldsymbol{A}^{n-1}+\cdots+\beta_1\boldsymbol{A}+\beta_0\boldsymbol{I}=0$，这意味着 $\boldsymbol{A}^n$ 能够表示成 $\boldsymbol{A}$ 的 $n-1$ 次多项式，进而 $\boldsymbol{A}^{n+1}$，$\boldsymbol{A}^{n+2}$，…，都可以表示成 $\boldsymbol{A}$ 的 $n-1$ 次多项式，因此 e^{At} 的幂级数展开式合并同类项后可用式(7.4.43)表示；同理，由于 $D(\lambda_i)=\lambda_i^n+\beta_{n-1}\lambda_i^{n-1}+\cdots+\beta_1\lambda_i+\beta_0=0$，那么 λ_i^n，λ_i^{n+1}，λ_i^{n+2}，…，都可以表示成 λ_i 的 $n-1$ 次多项式。由于 $e^{\lambda_i t}$ 的幂级数展开式中 λ_i 的各次幂的系数和 e^{At} 的幂级数展开式中 $\boldsymbol{A}$ 的各次幂的系数完全相同，因此 $e^{\lambda_i t}$ 可用式(7.4.39)表示。从而可以利用式(7.4.39)计算出 $\alpha_j(t)(j=0,1,2,\cdots,n-1)$，再利用式(7.4.43)来计算 e^{At}。

③ 确定系数 $\alpha_j(t)(j=0,1,2,\cdots,n-1)$

第一种情况：

设矩阵 $\boldsymbol{A}$ 的 n 个特征值 λ_1，λ_2，…，λ_i，…，λ_n 是互不相等的实根(其中可能存在共轭复根)。

将 $\lambda_i(i=1,2,\cdots,n)$ 代入式(7.4.39)，可得

$$\begin{bmatrix}1 & \lambda_1 & \lambda_1^2 & \cdots & \lambda_1^{n-1}\\ 1 & \lambda_2 & \lambda_2^2 & \cdots & \lambda_2^{n-1}\\ \vdots & \vdots & \vdots & \ddots & \vdots\\ 1 & \lambda_n & \lambda_n^2 & \cdots & \lambda_n^{n-1}\end{bmatrix}\begin{bmatrix}\alpha_0(t)\\ \alpha_1(t)\\ \vdots\\ \alpha_{n-1}(t)\end{bmatrix}=\begin{bmatrix}e^{\lambda_1 t}\\ e^{\lambda_2 t}\\ \vdots\\ e^{\lambda_n t}\end{bmatrix} \tag{7.4.44}$$

式(7.4.44)左边的 n 阶矩阵是著名的范德蒙矩阵，由于 $\lambda_i(i=1,2,\cdots,n)$ 各不相同，因此该矩阵是满秩矩阵，系数 $\alpha_j(t)(j=0,1,\cdots,n-1)$ 有一组唯一的解。

第二种情况：

设矩阵 $\boldsymbol{A}$ 的 n 个特征根中有 r 个重根 λ_1 和 $n-r$ 个单根，当 $i=1,2,\cdots,n-(r-1)$ 时，可以得到 $n-(r-1)$ 个独立的方程，但为了求 n 个未知系数 $\alpha_j(t)(j=0,1,2,\cdots,n-1)$，需要对式(7.4.39)中的 λ_i 求 $r-1$ 阶导数，在获得的新方程中均令 $i=1$(即 $\lambda_i=\lambda_1$)，这样又得到 $r-1$ 个独立的方程，一共是 n 个独立方程，从而可以求出 $\alpha_j(t)(j=0,1,2,\cdots,n-1)$。

例 7.4.1： 已知 LTI 连续时间系统的矩阵 $\boldsymbol{A}=\begin{bmatrix}-3 & 1\\ -1 & -1\end{bmatrix}$，试用矩阵函数的有限项表示法计算矩阵指数函数 e^{At}。

解： (1) 求矩阵 $\boldsymbol{A}$ 的特征值

特征方程 $D(\lambda)=|\lambda\boldsymbol{I}-\boldsymbol{A}|=\begin{vmatrix}\lambda+3 & -1\\ 1 & \lambda+1\end{vmatrix}=(\lambda+2)^2=0$，特征值 $\lambda_1=-2$(重根)

(2) 建立方程组确定待定系数，并确定矩阵指数函数

考虑到 $e^{\lambda_i t}=\sum\limits_{j=0}^{n-1}\alpha_j(t)\lambda_i^j=\sum\limits_{j=0}^{1}\alpha_j(t)\lambda_i^j$，则有 $e^{\lambda_1 t}=\alpha_0(t)+\alpha_1(t)\lambda_1$。

对 λ_1 求导可得 $te^{\lambda_1 t}=\alpha_1(t)$，于是得到下列方程组：

$$\begin{cases}\alpha_0(t)-2\alpha_1(t)=e^{-2t}\\ \alpha_1(t)=te^{-2t}\end{cases}，解得\begin{cases}\alpha_0(t)=(1+2t)e^{-2t}\\ \alpha_1(t)=te^{-2t}\end{cases}$$

由式(7.4.43)可得

$$\begin{aligned}e^{At}&=\sum_{j=0}^{n-1}\alpha_j(t)\boldsymbol{A}^j=\alpha_0(t)\boldsymbol{I}+\alpha_1(t)\boldsymbol{A}\\ &=(1+2t)e^{-2t}\begin{bmatrix}1 & 0\\ 0 & 1\end{bmatrix}+te^{-2t}\begin{bmatrix}-3 & 1\\ -1 & -1\end{bmatrix}\end{aligned}$$

$$=\begin{bmatrix}(1+2t)e^{-2t} & 0\\ 0 & (1+2t)e^{-2t}\end{bmatrix}+\begin{bmatrix}-3te^{-2t} & te^{-2t}\\ -te^{-2t} & -te^{-2t}\end{bmatrix}$$

$$=\begin{bmatrix}(1-t)e^{-2t} & te^{-2t}\\ -te^{-2t} & (1+t)e^{-2t}\end{bmatrix}$$

7.4.2　连续时间系统输出方程的时域分析

LTI 连续时间系统的输出方程为

$$\boldsymbol{y}(t)=\boldsymbol{Cx}(t)+\boldsymbol{Df}(t) \tag{7.4.45}$$

由式(7.4.15)可知，状态方程式(7.4.8)的解为

$$\boldsymbol{x}(t)=e^{\boldsymbol{A}t}\boldsymbol{x}(0_-)+e^{\boldsymbol{A}t}\varepsilon(t)*\boldsymbol{Bf}(t) \tag{7.4.46}$$

将式(7.4.46)代入 LTI 连续时间系统的输出方程式(7.4.45)，可得

$$\boldsymbol{y}(t)=\boldsymbol{C}e^{\boldsymbol{A}t}\boldsymbol{x}(0_-)+\boldsymbol{C}e^{\boldsymbol{A}t}\varepsilon(t)*\boldsymbol{Bf}(t)+\boldsymbol{Df}(t) \tag{7.4.47}$$

考虑到矩阵 $\boldsymbol{B}$ 是常数矩阵，则有

$$e^{\boldsymbol{A}t}\varepsilon(t)*\boldsymbol{Bf}(t)=e^{\boldsymbol{A}t}\varepsilon(t)\boldsymbol{B}*\boldsymbol{f}(t) \tag{7.4.48}$$

定义

$$\boldsymbol{\delta}(t)=\begin{bmatrix}\delta(t) & 0 & 0 & \cdots & 0\\ 0 & \delta(t) & 0 & \cdots & 0\\ \vdots & \vdots & \vdots & & \vdots\\ 0 & 0 & 0 & \cdots & \delta(t)\end{bmatrix}_{m\times m} \tag{7.4.49}$$

由式(7.4.49)，并考虑到 $\boldsymbol{f}(t)$是 m 维的列向量，可得

$$\boldsymbol{\delta}(t)*\boldsymbol{f}(t)=\boldsymbol{f}(t) \tag{7.4.50}$$

考虑到式(7.4.48)及式(7.4.50)，则式(7.4.47)可写成

$$\begin{aligned}\boldsymbol{y}(t)&=\boldsymbol{C}e^{\boldsymbol{A}t}\boldsymbol{x}(0_-)+\boldsymbol{C}e^{\boldsymbol{A}t}\varepsilon(t)\boldsymbol{B}*\boldsymbol{f}(t)+\boldsymbol{D\delta}(t)*\boldsymbol{f}(t)\\ &=\boldsymbol{C}e^{\boldsymbol{A}t}\boldsymbol{x}(0_-)+[\boldsymbol{C}e^{\boldsymbol{A}t}\varepsilon(t)\boldsymbol{B}+\boldsymbol{D\delta}(t)]*\boldsymbol{f}(t)\end{aligned} \tag{7.4.51}$$

定义

$$\boldsymbol{h}(t)=\boldsymbol{C}e^{\boldsymbol{A}t}\varepsilon(t)\boldsymbol{B}+\boldsymbol{D\delta}(t) \tag{7.4.52}$$

通常称 $\boldsymbol{h}(t)$为 LTI 连续时间系统的单位冲激响应矩阵。显然 $\boldsymbol{h}(t)$是由系统矩阵 $\boldsymbol{A}$、控制矩阵 $\boldsymbol{B}$、输出矩阵 $\boldsymbol{C}$ 和矩阵 $\boldsymbol{D}$ 完全决定的一个矩阵，并且 $\boldsymbol{h}(t)$与 LTI 连续时间系统的转移函数矩阵 $\boldsymbol{H}(s)=\boldsymbol{C\Phi}(s)\boldsymbol{B}+\boldsymbol{D}$ 之间是一对 LT 关系。

考虑到式(7.4.52)，则式(7.4.51)，即 LTI 连续时间系统的全响应向量可以表示成

$$\boldsymbol{y}(t)=\underbrace{\boldsymbol{C}e^{\boldsymbol{A}t}\boldsymbol{x}(0_-)}_{\boldsymbol{y}_x(t)}+\underbrace{\boldsymbol{h}(t)*\boldsymbol{f}(t)}_{\boldsymbol{y}_f(t)} \tag{7.4.53}$$

式(7.4.53)中的第一项 $\boldsymbol{y}_x(t)=\boldsymbol{C}e^{\boldsymbol{A}t}\boldsymbol{x}(0_-)$是系统的零输入响应，它只与系统的初始状态 $\boldsymbol{x}(0_-)$、系统矩阵 $\boldsymbol{A}$ 和输出矩阵 $\boldsymbol{C}$ 有关。

式(7.4.53)中的第二项 $\boldsymbol{y}_f(t)=\boldsymbol{h}(t)*\boldsymbol{f}(t)$是系统的零状态响应，它只与系统矩阵 $\boldsymbol{A}$、控制矩阵 $\boldsymbol{B}$、输出矩阵 $\boldsymbol{C}$ 和矩阵 $\boldsymbol{D}$ 有关，而与系统的初始状态 $\boldsymbol{x}(0_-)$无关。

例 7.4.2：双输入双输出二阶 LTI 连续时间系统的时域模型如图 7.4.1 所示。已知系统的初始状态 $x_1(0_-)=x_2(0_-)=1$，输入信号 $f_1(t)=2e^{-2t}\varepsilon(t)$，$f_2(t)=2e^{-5t}\varepsilon(t)$，试求系统的单位冲激响应矩阵 $\boldsymbol{h}(t)$、

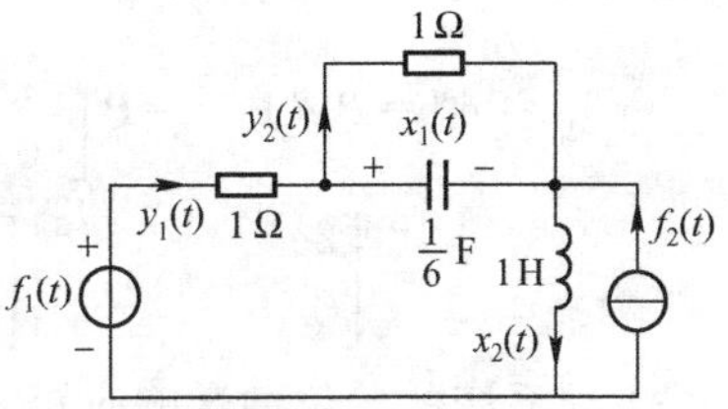

图 7.4.1　双输入双输出 LTI 连续时间系统的时域模型

状态向量$\boldsymbol{x}(t)$及全响应向量$\boldsymbol{y}(t)$。

解:(1) 建立描述LTI连续时间系统的状态方程和输出方程

由图7.4.1可得

$y_1(t)=x_2(t)-f_2(t)$

$y_2(t)=\dfrac{x_1(t)}{1}$

$\dfrac{1}{6}x_1'(t)=x_2(t)-y_2(t)-f_2(t)=-x_1(t)+x_2(t)-f_2(t)$

$1\times x_2'(t)=-x_1(t)-y_1(t)\times 1+f_1(t)=-x_1(t)-x_2(t)+f_1(t)+f_2(t)$

令

$$\boldsymbol{x}(t)=[x_1(t)\quad x_2(t)]^{\mathrm{T}},\ \boldsymbol{x}'(t)=[x_1'(t)\quad x_2'(t)]^{\mathrm{T}}$$
$$\boldsymbol{f}(t)=[f_1(t)\quad f_2(t)]^{\mathrm{T}},\ \boldsymbol{y}(t)=[y_1(t)\quad y_2(t)]^{\mathrm{T}}$$

于是可得描述系统的状态方程和输出方程的标准形式,即

$$\boldsymbol{x}'(t)=\boldsymbol{A}\boldsymbol{x}(t)+\boldsymbol{B}\boldsymbol{f}(t)$$
$$\boldsymbol{y}(t)=\boldsymbol{C}\boldsymbol{x}(t)+\boldsymbol{D}\boldsymbol{f}(t)$$

式中,$\boldsymbol{A}=\begin{bmatrix}-6 & 6\\ -1 & -1\end{bmatrix}$,$\boldsymbol{B}=\begin{bmatrix}0 & -6\\ 1 & 1\end{bmatrix}$,$\boldsymbol{C}=\begin{bmatrix}0 & 1\\ 1 & 0\end{bmatrix}$,$\boldsymbol{D}=\begin{bmatrix}0 & -1\\ 0 & 0\end{bmatrix}$。

(2) 利用对角化变换法计算矩阵指数函数

① 求矩阵$\boldsymbol{A}$的特征值

特征方程 $D(\lambda)=|\lambda\boldsymbol{I}-\boldsymbol{A}|=\begin{vmatrix}\lambda+6 & -6\\ 1 & \lambda+1\end{vmatrix}=\lambda^2+7\lambda+12=(\lambda+3)(\lambda+4)=0$。

特征值 $\lambda_1=-3$,$\lambda_2=-4$。

② 求矩阵$\boldsymbol{A}$的特征值对应的特征向量

$$(\lambda_1\boldsymbol{I}-\boldsymbol{A})=\begin{bmatrix}-3+6 & -6\\ 1 & -3+1\end{bmatrix}=\begin{bmatrix}3 & -6\\ 1 & -2\end{bmatrix}\to\begin{bmatrix}3 & -6\\ 0 & 0\end{bmatrix}\to\begin{bmatrix}1 & -2\\ 0 & 0\end{bmatrix}$$

取特征向量$\boldsymbol{u}_1=[2\quad 1]^{\mathrm{T}}$

$$(\lambda_2\boldsymbol{I}-\boldsymbol{A})=\begin{bmatrix}-4+6 & -6\\ 1 & -4+1\end{bmatrix}=\begin{bmatrix}2 & -6\\ 1 & -3\end{bmatrix}\to\begin{bmatrix}2 & -6\\ 0 & 0\end{bmatrix}\to\begin{bmatrix}1 & -3\\ 0 & 0\end{bmatrix}$$

取特征向量$\boldsymbol{u}_2=[3\quad 1]^{\mathrm{T}}$

则 $\boldsymbol{P}=[\boldsymbol{u}_1\quad \boldsymbol{u}_2]=\begin{bmatrix}2 & 3\\ 1 & 1\end{bmatrix}$,$\boldsymbol{P}^{-1}=\dfrac{\begin{bmatrix}1 & -3\\ -1 & 2\end{bmatrix}}{\begin{vmatrix}2 & 3\\ 1 & 1\end{vmatrix}}=\begin{bmatrix}-1 & 3\\ 1 & -2\end{bmatrix}$。

由式(7.4.28)可得

$$\mathrm{e}^{\boldsymbol{A}t}=\boldsymbol{P}\mathrm{e}^{\boldsymbol{Q}t}\boldsymbol{P}^{-1}=\boldsymbol{P}\begin{bmatrix}\mathrm{e}^{\lambda_1 t} & 0\\ 0 & \mathrm{e}^{\lambda_2 t}\end{bmatrix}\boldsymbol{P}^{-1}=\begin{bmatrix}2 & 3\\ 1 & 1\end{bmatrix}\begin{bmatrix}\mathrm{e}^{-3t} & 0\\ 0 & \mathrm{e}^{-4t}\end{bmatrix}\begin{bmatrix}-1 & 3\\ 1 & -2\end{bmatrix}$$
$$=\begin{bmatrix}2\mathrm{e}^{-3t} & 3\mathrm{e}^{-4t}\\ \mathrm{e}^{-3t} & \mathrm{e}^{-4t}\end{bmatrix}\begin{bmatrix}-1 & 3\\ 1 & -2\end{bmatrix}=\begin{bmatrix}3\mathrm{e}^{-4t}-2\mathrm{e}^{-3t} & 6(\mathrm{e}^{-3t}-\mathrm{e}^{-4t})\\ \mathrm{e}^{-4t}-\mathrm{e}^{-3t} & 3\mathrm{e}^{-3t}-2\mathrm{e}^{-4t}\end{bmatrix}$$

(3) 求系统的单位冲激响应矩阵$\boldsymbol{h}(t)$

由式(7.4.52)可得

$\boldsymbol{h}(t)=\boldsymbol{C}\mathrm{e}^{\boldsymbol{A}t}\varepsilon(t)\boldsymbol{B}+\boldsymbol{D}\boldsymbol{\delta}(t)$

$$=\begin{bmatrix}0&1\\1&0\end{bmatrix}\begin{bmatrix}3e^{-4t}-2e^{-3t}&6(e^{-3t}-e^{-4t})\\e^{-4t}-e^{-3t}&3e^{-3t}-2e^{-4t}\end{bmatrix}\varepsilon(t)\begin{bmatrix}0&-6\\1&1\end{bmatrix}+\begin{bmatrix}0&-1\\0&0\end{bmatrix}\begin{bmatrix}\delta(t)&0\\0&\delta(t)\end{bmatrix}$$

$$=\begin{bmatrix}(3e^{-3t}-2e^{-4t})\varepsilon(t)&(9e^{-3t}-8e^{-4t})\varepsilon(t)\\6(e^{-3t}-e^{-4t})\varepsilon(t)&6(3e^{-3t}-4e^{-4t})\varepsilon(t)\end{bmatrix}+\begin{bmatrix}0&-\delta(t)\\0&0\end{bmatrix}$$

$$=\begin{bmatrix}(3e^{-3t}-2e^{-4t})\varepsilon(t)&(9e^{-3t}-8e^{-4t})\varepsilon(t)-\delta(t)\\6(e^{-3t}-e^{-4t})\varepsilon(t)&6(3e^{-3t}-4e^{-4t})\varepsilon(t)\end{bmatrix}$$

(4) 求系统的状态向量 $\boldsymbol{x}(t)$

考虑到 $\boldsymbol{x}(t)=e^{\boldsymbol{A}t}\boldsymbol{x}(0_-)+e^{\boldsymbol{A}t}\varepsilon(t)*\boldsymbol{Bf}(t)=\boldsymbol{x}_x(t)+\boldsymbol{x}_f(t)$

① 首先求$\boldsymbol{x}_x(t)$

$$\boldsymbol{x}_x(t)=e^{\boldsymbol{A}t}\boldsymbol{x}(0_-)=\begin{bmatrix}3e^{-4t}-2e^{-3t}&6(e^{-3t}-e^{-4t})\\e^{-4t}-e^{-3t}&3e^{-3t}-2e^{-4t}\end{bmatrix}\begin{bmatrix}1\\1\end{bmatrix}=\begin{bmatrix}4e^{-3t}-3e^{-4t}\\2e^{-3t}-e^{-4t}\end{bmatrix}$$

② 再求$\boldsymbol{x}_f(t)$

$$\boldsymbol{x}_f(t)=e^{\boldsymbol{A}t}\varepsilon(t)*\boldsymbol{Bf}(t)$$

$$=\begin{bmatrix}3e^{-4t}-2e^{-3t}&6(e^{-3t}-e^{-4t})\\e^{-4t}-e^{-3t}&3e^{-3t}-2e^{-4t}\end{bmatrix}\varepsilon(t)*\begin{bmatrix}0&-6\\1&1\end{bmatrix}\begin{bmatrix}2e^{-2t}\varepsilon(t)\\2e^{-5t}\varepsilon(t)\end{bmatrix}$$

$$=\begin{bmatrix}(3e^{-4t}-2e^{-3t})\varepsilon(t)&6(e^{-3t}-e^{-4t})\varepsilon(t)\\(e^{-4t}-e^{-3t})\varepsilon(t)&(3e^{-3t}-2e^{-4t})\varepsilon(t)\end{bmatrix}*\begin{bmatrix}-12e^{-5t}\varepsilon(t)\\2(e^{-2t}+e^{-5t})\varepsilon(t)\end{bmatrix}$$

$$=\begin{bmatrix}12(2e^{-3t}-3e^{-4t})\varepsilon(t)*e^{-5t}\varepsilon(t)+12(e^{-3t}-e^{-4t})\varepsilon(t)*(e^{-2t}+e^{-5t})\varepsilon(t)\\12(e^{-3t}-e^{-4t})\varepsilon(t)*e^{-5t}\varepsilon(t)+2(3e^{-3t}-2e^{-4t})\varepsilon(t)*(e^{-2t}+e^{-5t})\varepsilon(t)\end{bmatrix}$$

$$=\begin{bmatrix}6(e^{-2t}+e^{-3t}-7e^{-4t}+5e^{-5t})\varepsilon(t)\\(4e^{-2t}+3e^{-3t}-14e^{-4t}+7e^{-5t})\varepsilon(t)\end{bmatrix}$$

于是

$$\boldsymbol{x}(t)=e^{\boldsymbol{A}t}\boldsymbol{x}(0_-)+e^{\boldsymbol{A}t}\varepsilon(t)*\boldsymbol{Bf}(t)=\boldsymbol{x}_x(t)+\boldsymbol{x}_f(t)$$

$$=\begin{bmatrix}4e^{-3t}-3e^{-4t}\\2e^{-3t}-e^{-4t}\end{bmatrix}+\begin{bmatrix}6(e^{-2t}+e^{-3t}-7e^{-4t}+5e^{-5t})\varepsilon(t)\\(4e^{-2t}+3e^{-3t}-14e^{-4t}+7e^{-5t})\varepsilon(t)\end{bmatrix},\ t\geqslant0$$

(5) 求系统的全响应向量 $\boldsymbol{y}(t)$

由式(7.4.45)可得

$$\boldsymbol{y}(t)=\boldsymbol{Cx}(t)+\boldsymbol{Df}(t)$$

$$=\begin{bmatrix}0&1\\1&0\end{bmatrix}\left\{\begin{bmatrix}4e^{-3t}-3e^{-4t}\\2e^{-3t}-e^{-4t}\end{bmatrix}+\begin{bmatrix}6(e^{-2t}+e^{-3t}-7e^{-4t}+5e^{-5t})\varepsilon(t)\\(4e^{-2t}+3e^{-3t}-14e^{-4t}+7e^{-5t})\varepsilon(t)\end{bmatrix}\right\}+\begin{bmatrix}0&-1\\0&0\end{bmatrix}\begin{bmatrix}2e^{-2t}\varepsilon(t)\\2e^{-5t}\varepsilon(t)\end{bmatrix}$$

$$=\begin{bmatrix}2e^{-3t}-e^{-4t}\\4e^{-3t}-3e^{-4t}\end{bmatrix}+\begin{bmatrix}(4e^{-2t}+3e^{-3t}-14e^{-4t}+5e^{-5t})\varepsilon(t)\\6(e^{-2t}+e^{-3t}-7e^{-4t}+5e^{-5t})\varepsilon(t)\end{bmatrix},\ t\geqslant0$$

7.5 离散时间系统的状态变量分析

本节首先介绍 LSI 离散时间系统状态方程和输出方程的建立，然后介绍 LSI 离散时间系统状态方程和输出方程的 z 域分析，最后介绍 LSI 离散时间系统状态方程和输出方程的时域分析。

7.5.1 离散时间系统状态方程和输出方程的建立

在离散时间系统的分析中，同样可以采用状态变量法进行分析。离散时间系统状态方程描述的是系统的状态变量与输入变量之间的关系；离散时间系统的输出方程描述的是系统的输出变量与状态变量及输入变量之间的关系。

编写离散时间系统的状态方程和输出方程可以分为两个步骤：第一步是选取离散时间系统的状态变量；第二步是编写离散时间系统的状态方程和输出方程，并整理成标准形式。

通常利用描述离散时间系统输出与输入关系的差分方程和离散时间系统的模拟方框图或信号流图来编写描述离散时间系统的状态方程和输出方程。

例 7.5.1：利用延迟算子描述 LSI 离散时间系统输出$\hat{y}(k)$与输入 $f(k)$关系的差分方程为

$$(1+a_1E^{-1}+a_0E^{-2})\hat{y}(k)=f(k) \tag{7.5.1}$$

试选取状态变量，将该二阶线性常系数差分方程转化为一阶线性常系数差分方程组。

解：

考虑到式(7.5.1)所描述的二阶 LSI 离散时间系统，$k\geqslant k_0$ 时的输出$\hat{y}(k)$完全由初始状态$\hat{y}(k_0-1)$，$\hat{y}(k_0-2)$，以及 $k\geqslant k_0$ 时的输入序列 $f(k)$确定，因此只能选取 k_0-2 作为初始位。因为 $k=k_0-2$ 时 $f(k)$尚未加入系统，所以$\hat{y}(k_0-2)$及$\hat{y}(k_0-1)$才能代表系统的初始状态。

现取$\hat{y}(k-2)$和$\hat{y}(k-1)$作为系统的一组状态变量，即

$$x_1(k)=\hat{y}(k-2) \tag{7.5.2}$$

$$x_2(k)=\hat{y}(k-1) \tag{7.5.3}$$

则有

$$x_1(k+1)=\hat{y}(k-1)=x_2(k) \tag{7.5.4}$$

$$x_2(k+1)=\hat{y}(k) \tag{7.5.5}$$

利用状态变量 $x_1(k)$和 $x_2(k)$，则二阶线性常系数非齐次差分方程式(7.5.1)可写成

$$x_2(k+1)+a_1x_2(k)+a_0x_1(k)=f(k) \tag{7.5.6}$$

于是，由式(7.5.4)及式(7.5.6)可得一阶线性常系数差分方程组，即

$$\begin{cases}x_1(k+1)=x_2(k)\\ x_2(k+1)=-a_0x_1(k)-a_1x_2(k)+f(k)\end{cases} \tag{7.5.7}$$

并且，二阶 LSI 离散时间系统的输出$\hat{y}(k)$可以表示成

$$\hat{y}(k)=x_2(k+1)=-a_0x_1(k)-a_1x_2(k)+f(k) \tag{7.5.8}$$

讨论：

对差分方程式(7.5.1)的等号两边分别进行广义延迟算子 $b_2+b_1E^{-1}+b_0E^{-2}$运算，可得

$$(1+a_1E^{-1}+a_0E^{-2})(b_2+b_1E^{-1}+b_0E^{-2})\hat{y}(k)=(b_2+b_1E^{-1}+b_0E^{-2})f(k) \tag{7.5.9}$$

令

$$y(k)=(b_2+b_1E^{-1}+b_0E^{-2})\hat{y}(k) \tag{7.5.10}$$

则二阶线性常系数非齐次差分方程式(7.5.9)可以表示成

$$(1+a_1E^{-1}+a_0E^{-2})y(k)=(b_2+b_1E^{-1}+b_0E^{-2})f(k) \tag{7.5.11}$$

考虑到式(7.5.2)、式(7.5.3)、式(7.5.5)及式(7.5.6)，则式(7.5.10)可以表示成

$$\begin{aligned}y(k)&=(b_2+b_1E^{-1}+b_0E^{-2})\hat{y}(k)\\&=b_2\,\hat{y}(k)+b_1\,\hat{y}(k-1)+b_0\,\hat{y}(k-2)\\&=b_2x_2(k+1)+b_1x_2(k)+b_0x_1(k)\\&=b_2[-a_0x_1(k)-a_1x_2(k)+f(k)]+b_1x_2(k)+b_0x_1(k)\\&=(b_0-b_2a_0)x_1(k)+(b_1-b_2a_1)x_2(k)+b_2f(k)\end{aligned} \tag{7.5.12}$$

于是二阶线性常系数非齐次差分方程式(7.5.11)，即

$$y(k)+a_1y(k-1)+a_0y(k-2)=b_2f(k)+b_1f(k-1)+b_0f(k-2) \tag{7.5.13}$$

可用一阶线性常系数非齐次差分方程组式(7.5.7)的矩阵形式

$$\begin{bmatrix} x_1(k+1) \\ x_2(k+1) \end{bmatrix}=\begin{bmatrix} 0 & 1 \\ -a_0 & -a_1 \end{bmatrix}\begin{bmatrix} x_1(k) \\ x_2(k) \end{bmatrix}+\begin{bmatrix} 0 \\ 1 \end{bmatrix}f(k) \tag{7.5.14}$$

和代数方程式(7.5.12)的矩阵形式

$$y(k)=\begin{bmatrix} b_0-b_2a_0 & b_1-b_2a_1 \end{bmatrix}\begin{bmatrix} x_1(k) \\ x_2(k) \end{bmatrix}+b_2f(k) \tag{7.5.15}$$

共同表示。

上述方法是纯数学方程降阶的一种技巧。这种高阶线性常系数差分方程的降阶技巧，从系统卡尔曼形式的信号流图来看，是从信号流图中最后的一个单位延迟器开始，依次向前将两个单位延迟器的输出序列分别记为 $x_1(k)$ 和 $x_2(k)$，而导出的结果。

对于 n 阶线性常系数非齐次差分方程，通过选取适当的 n 个状态变量，可以将 n 阶线性常系数非齐次差分方程转化为由 n 个一阶线性常系数非齐次差分方程构成的差分方程组。基于该差分方程组的 n 个解的相应线性组合，即可得到 n 阶线性常系数非齐次差分方程的解。

分析表明，式(7.5.13)描述的二阶 LSI 离散时间系统，可用状态方程式(7.5.14)和输出方程式(7.5.15)来描述。

令

$$\boldsymbol{x}(k+1)=[x_1(k+1) \quad x_2(k+1)]^{\mathrm{T}},\ \boldsymbol{x}(k)=[x_1(k) \quad x_2(k)]^{\mathrm{T}}$$

$$\boldsymbol{f}(k)=f(k),\ \boldsymbol{y}(k)=y(k)$$

$$\boldsymbol{A}=\begin{bmatrix} 0 & 1 \\ -a_0 & -a_1 \end{bmatrix},\ \boldsymbol{B}=\begin{bmatrix} 0 \\ 1 \end{bmatrix},\ \boldsymbol{C}=[b_0-b_2a_0 \quad b_1-b_2a_1],\ \boldsymbol{D}=[b_2]$$

则可将描述系统的状态方程式(7.5.14)和输出方程式(7.5.15)分别写成标准形式，即

$$\boldsymbol{x}(k+1)=\boldsymbol{A}\boldsymbol{x}(k)+\boldsymbol{B}\boldsymbol{f}(k) \tag{7.5.16}$$

$$\boldsymbol{y}(k)=\boldsymbol{C}\boldsymbol{x}(k)+\boldsymbol{D}\boldsymbol{f}(k) \tag{7.5.17}$$

可见，矩阵 $\boldsymbol{A}$、$\boldsymbol{B}$、$\boldsymbol{C}$ 和 $\boldsymbol{D}$ 都是系数矩阵。通常，矩阵 $\boldsymbol{A}$ 称为系统矩阵，矩阵 $\boldsymbol{B}$ 称为控制矩阵或输入矩阵，矩阵 $\boldsymbol{C}$ 称为输出矩阵。

例 7.5.2：描述 LSI 离散时间系统卡尔曼形式的信号流图如图 7.5.1 所示。试建立描述系统的状态方程和输出方程。

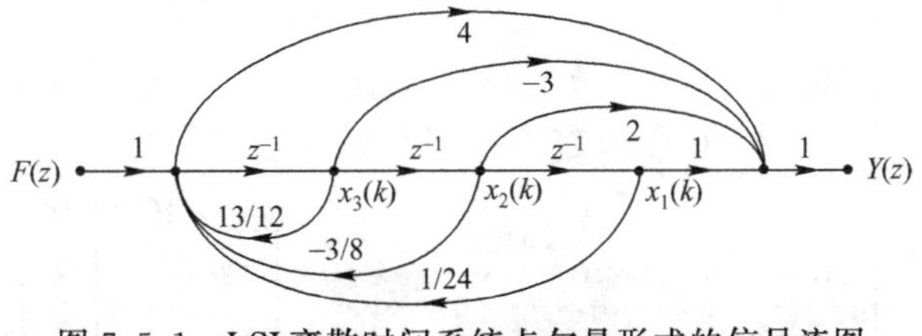

图 7.5.1　LSI 离散时间系统卡尔曼形式的信号流图

解：(1) 选取系统的状态变量

在图 7.5.1 所示的 LSI 离散时间系统卡尔曼形式的信号流图中，从最后的一个单位延迟器开始，依次向前选取各个单位延迟器的输出序列作为系统的状态变量，分别记为 $x_1(k)$，$x_2(k)$ 及 $x_3(k)$。

(2) 建立描述系统的状态方程和输出方程

由图 7.5.1 所示的信号流图，可得

$$\begin{cases}x_1(k+1)=x_2(k)\\x_2(k+1)=x_3(k)\\x_3(k+1)=\dfrac{1}{24}x_1(k)-\dfrac{3}{8}x_2(k)+\dfrac{13}{12}x_3(k)+f(k)\end{cases}\tag{7.5.18}$$

$$\begin{aligned}y(k)&=4x_3(k+1)-3x_3(k)+2x_2(k)+x_1(k)\\&=\frac{7}{6}x_1(k)+\frac{1}{2}x_2(k)+\frac{4}{3}x_3(k)+4f(k)\end{aligned}\tag{7.5.19}$$

令

$$\boldsymbol{x}(k)=[x_1(k)\quad x_2(k)\quad x_3(k)]^{\mathrm T},\ \boldsymbol{x}(k+1)=[x_1(k+1)\quad x_2(k+1)\quad x_3(k+1)]^{\mathrm T}$$

$$\boldsymbol{f}(k)=f(k),\ \boldsymbol{y}(k)=y(k)$$

则可将描述系统的状态方程式(7.5.18)和输出方程式(7.5.19)写成标准形式，即

$$\boldsymbol{x}(k+1)=\boldsymbol{A}\boldsymbol{x}(k)+\boldsymbol{B}\boldsymbol{f}(k)\tag{7.5.20}$$

$$\boldsymbol{y}(k)=\boldsymbol{C}\boldsymbol{x}(k)+\boldsymbol{D}\boldsymbol{f}(k)\tag{7.5.21}$$

式中，$\boldsymbol{A}=\begin{bmatrix}0&1&0\\0&0&1\\\dfrac{1}{24}&-\dfrac{3}{8}&\dfrac{13}{12}\end{bmatrix}$，$\boldsymbol{B}=\begin{bmatrix}0\\0\\1\end{bmatrix}$，$\boldsymbol{C}=\begin{bmatrix}\dfrac{7}{6}&\dfrac{1}{2}&\dfrac{4}{3}\end{bmatrix}$，$\boldsymbol{D}=[4]$。

讨论：

设 LSI 离散时间系统的转移函数为

$$H(z)=\frac{N(z)}{D(z)}=\frac{d_m z^m+d_{m-1}z^{m-1}+\cdots+d_1 z+d_0}{z^n+c_{n-1}z^{n-1}+\cdots+c_1 z+c_0},\ m<n\tag{7.5.22}$$

在式(7.5.22)描述的 n 阶 LSI 离散时间系统卡尔曼形式的信号流图中，从最后的一个单位延迟器开始，依次向前选取各个单位延迟器的输出序列作为系统的状态变量，分别记为 $x_1(k)$，$x_2(k)$，…，$x_n(k)$。

令

$$\boldsymbol{x}(k)=[x_1(k)\quad x_2(k)\quad\cdots\quad x_n(k)]^{\mathrm T},\ \boldsymbol{x}(k+1)=[x_1(k+1)\quad x_2(k+1)\quad\cdots\quad x_n(k+1)]^{\mathrm T}$$

$$\boldsymbol{f}(k)=f(k),\ \boldsymbol{y}(k)=y(k)$$

则描述 n 阶 LSI 离散时间系统的状态方程和输出方程可以写成标准形式，即

$$\boldsymbol{x}(k+1)=\boldsymbol{A}\boldsymbol{x}(k)+\boldsymbol{B}\boldsymbol{f}(k)\tag{7.5.23}$$

$$\boldsymbol{y}(k)=\boldsymbol{C}\boldsymbol{x}(k)+\boldsymbol{D}\boldsymbol{f}(k)\tag{7.5.24}$$

式中

$$\boldsymbol{A}=\left[\begin{array}{c:cccc}0&1&0&\cdots&0\\0&0&1&\cdots&0\\0&0&0&\cdots&\\0&0&0&\cdots&1\\\hdashline -c_0&-c_1&-c_2&\cdots&-c_{n-1}\end{array}\right]_{n\times n},\ \boldsymbol{B}=\begin{bmatrix}0\\0\\0\\\vdots\\1\end{bmatrix}_{n\times 1}$$

$$\boldsymbol{C}=[d_0\quad d_1\quad\cdots\quad d_m\quad 0\quad\cdots\quad 0]_{1\times n},\qquad \boldsymbol{D}=[0]_{1\times 1}$$

可见，系统矩阵 $\boldsymbol{A}$ 是 $n\times n$ 阶矩阵，其中右上 $(n-1)\times(n-1)$ 阶子矩阵是单位矩阵，最下一行的系数是 $H(z)=\dfrac{N(z)}{D(z)}$ 中 $D(z)$ 的系数由 $-c_0$ 至 $-c_{n-1}$ 的排列；控制矩阵 $\boldsymbol{B}$ 是 $n\times 1$ 阶列矩阵，其中上 $(n-1)$ 行皆为零，最后一行为 1；输出矩阵 $\boldsymbol{C}$ 是 $1\times n$ 阶行矩阵，其中前 $m+1$ 列是 $N(z)$ 的系数由 d_0 至 d_m 的排列，后 $n-(m+1)$ 列全为零；矩阵 $\boldsymbol{D}$ 是 1×1 阶矩阵(就是一个

数)，当 $m<n$ 时为零。

一般地，对于一个有 m 个输入和 l 个输出的 n 阶 LSI 离散时间系统，采用状态变量分析法所列状态方程和输出方程仍然具有式(7.5.23)及式(7.5.24)的形式，只不过其中的 $\boldsymbol{x}(k)$ 是一个 n 维列向量，$\boldsymbol{f}(k)$ 是一个 m 维列向量，矩阵 $\boldsymbol{A}$、$\boldsymbol{B}$、$\boldsymbol{C}$ 及 $\boldsymbol{D}$ 分别是一个 $n\times n$、$n\times m$、$l\times n$ 及 $l\times m$ 阶系数矩阵。

7.5.2 离散时间系统状态方程和输出方程的 z 域分析

LSI 离散时间系统的状态方程为

$$\boldsymbol{x}(k+1)=\boldsymbol{A}\boldsymbol{x}(k)+\boldsymbol{B}\boldsymbol{f}(k) \tag{7.5.25}$$

将式(7.5.25)中的向量均右移一位，可得

$$\boldsymbol{x}(k)=\boldsymbol{A}\boldsymbol{x}(k-1)+\boldsymbol{B}\boldsymbol{f}(k-1) \tag{7.5.26}$$

对式(7.5.26)的等号两边分别取单边 ZT，可得

$$\boldsymbol{X}(z)=\boldsymbol{A}[\boldsymbol{x}(-1)+z^{-1}\boldsymbol{X}(z)]+\boldsymbol{B}[\boldsymbol{f}(-1)+z^{-1}\boldsymbol{F}(z)] \tag{7.5.27}$$

由式(7.5.26)可得

$$\boldsymbol{x}(0)=\boldsymbol{A}\boldsymbol{x}(-1)+\boldsymbol{B}\boldsymbol{f}(-1) \tag{7.5.28}$$

将式(7.5.28)代入式(7.5.27)，可得

$$\boldsymbol{X}(z)=\boldsymbol{x}(0)+\boldsymbol{A}z^{-1}\boldsymbol{X}(z)+\boldsymbol{B}z^{-1}\boldsymbol{F}(z) \tag{7.5.29}$$

对式(7.5.29)移项，可得

$$\boldsymbol{X}(z)-\boldsymbol{A}z^{-1}\boldsymbol{X}(z)=\boldsymbol{x}(0)+\boldsymbol{B}z^{-1}\boldsymbol{F}(z)$$

设矩阵 $\boldsymbol{I}$ 为 $n\times n$ 阶单位矩阵，则有

$$(\boldsymbol{I}-z^{-1}\boldsymbol{A})\boldsymbol{X}(z)=\boldsymbol{x}(0)+\boldsymbol{B}z^{-1}\boldsymbol{F}(z) \tag{7.5.30}$$

定义

$$\boldsymbol{\Phi}(z)=(\boldsymbol{I}-z^{-1}\boldsymbol{A})^{-1} \tag{7.5.31}$$

通常称 $\boldsymbol{\Phi}(z)$ 为系统的状态过渡矩阵。我们已经知道，系统矩阵 $\boldsymbol{A}$ 完全由 LSI 离散时间系统的结构和标量乘法器的系数确定。由于 $\boldsymbol{\Phi}(z)$ 是由系统矩阵 $\boldsymbol{A}$ 唯一确定的，显然 $\boldsymbol{\Phi}(z)$ 也是一个完全由系统结构和标量乘法器系数确定的矩阵。

考虑到式(7.5.31)，则式(7.5.30)可以写成

$$\boldsymbol{X}(z)=\boldsymbol{\Phi}(z)\boldsymbol{x}(0)+\boldsymbol{\Phi}(z)\boldsymbol{B}z^{-1}\boldsymbol{F}(z) \tag{7.5.32}$$

对式(7.5.32)的等号两边分别取 IZT，可得

$$\boldsymbol{x}(k)=\underbrace{\mathrm{IZT}[\boldsymbol{\Phi}(z)\boldsymbol{x}(0)]}_{\boldsymbol{x}_x(k)}+\underbrace{\mathrm{IZT}[z^{-1}\boldsymbol{\Phi}(z)\boldsymbol{B}\boldsymbol{F}(z)]}_{\boldsymbol{x}_f(k)} \tag{7.5.33}$$

式(7.5.33)中的第一项 $\boldsymbol{x}_x(k)=\mathrm{IZT}[\boldsymbol{\Phi}(z)\boldsymbol{x}(0)]$ 是系统状态向量 $\boldsymbol{x}(k)$ 的零输入分量，它是 $\boldsymbol{x}(k)$ 由 $k=0$ 位的状态过渡到任意 k 位的状态的计算公式。

式(7.5.33)中的第二项 $\boldsymbol{x}_f(k)=\mathrm{IZT}[z^{-1}\boldsymbol{\Phi}(z)\boldsymbol{B}\boldsymbol{F}(z)]$ 是系统状态向量 $\boldsymbol{x}(k)$ 的零状态分量，它是当 $\boldsymbol{x}(0)\equiv\boldsymbol{0}$ 时，由输入向量 $\boldsymbol{f}(k)$ 所引起的状态向量在任意 k 位的计算公式。

LSI 离散时间系统的输出方程为

$$\boldsymbol{y}(k)=\boldsymbol{C}\boldsymbol{x}(k)+\boldsymbol{D}\boldsymbol{f}(k) \tag{7.5.34}$$

对 LSI 离散时间系统的输出方程式(7.5.34)的等号两边分别取单边 ZT，可得

$$\boldsymbol{Y}(z)=\boldsymbol{C}\boldsymbol{X}(z)+\boldsymbol{D}\boldsymbol{F}(z) \tag{7.5.35}$$

将式(7.5.32)代入式(7.5.35)可得

$$\boldsymbol{Y}(z)=\boldsymbol{C}\boldsymbol{\Phi}(z)\boldsymbol{x}(0)+[z^{-1}\boldsymbol{C}\boldsymbol{\Phi}(z)\boldsymbol{B}+\boldsymbol{D}]\boldsymbol{F}(z) \tag{7.5.36}$$

定义

$$H(z)=z^{-1}C\Phi(z)B+D \tag{7.5.37}$$

通常称 $\boldsymbol{H}(z)$ 为系统的转移函数矩阵，显然 $\boldsymbol{H}(z)$ 是由系统矩阵 $\boldsymbol{A}$、控制矩阵 $\boldsymbol{B}$、输出矩阵 $\boldsymbol{C}$ 和矩阵 $\boldsymbol{D}$ 完全确定的一个矩阵。

考虑到式(7.5.37)，则式(7.5.36)可以写成

$$Y(z)=C\Phi(z)x(0)+H(z)F(z) \tag{7.5.38}$$

对式(7.5.38)的等号两边分别取 IZT，可得

$$y(k)=\underbrace{\mathrm{IZT}[C\Phi(z)x(0)]}_{y_x(k)}+\underbrace{\mathrm{IZT}[H(z)F(z)]}_{y_f(k)} \tag{7.5.39}$$

式(7.5.39)中的第一项 $\boldsymbol{y}_x(k)=\mathrm{IZT}[\boldsymbol{C\Phi}(z)\boldsymbol{x}(0)]$ 是系统的零输入响应，它只与系统的初始状态 $\boldsymbol{x}(0)$、系统矩阵 $\boldsymbol{A}$ 和输出矩阵 $\boldsymbol{C}$ 有关。

式(7.5.39)中的第二项 $\boldsymbol{y}_f(k)=\mathrm{IZT}[\boldsymbol{H}(z)\boldsymbol{F}(z)]$ 是系统的零状态响应，它只与系统矩阵 $\boldsymbol{A}$、控制矩阵 $\boldsymbol{B}$、输出矩阵 $\boldsymbol{C}$ 和矩阵 $\boldsymbol{D}$ 有关，而与系统的初始状态 $\boldsymbol{x}(0)$ 无关。

由前面的分析可知，为了求解 LSI 离散时间系统的状态方程和输出方程，计算系统的状态过渡矩阵 $\boldsymbol{\Phi}(z)$ 是关键，式(7.5.31)表明，$\boldsymbol{\Phi}(z)$ 是矩阵 $\boldsymbol{I}-z^{-1}\boldsymbol{A}$ 的逆矩阵。由线性代数知识可知，通过对拼凑矩阵 $(\boldsymbol{I}-z^{-1}\boldsymbol{A})\boldsymbol{I}$ 进行初等行变换可得到 $\boldsymbol{I}\ (\boldsymbol{I}-z^{-1}\boldsymbol{A})^{-1}$，从而得到了 $\boldsymbol{\Phi}(z)$。另一种方法是利用矩阵 $\boldsymbol{I}-z^{-1}\boldsymbol{A}$ 的伴随矩阵 $\mathrm{adj}(\boldsymbol{I}-z^{-1}\boldsymbol{A})$ 来计算 $\boldsymbol{\Phi}(z)$，即

$$\Phi(z)=(I-z^{-1}A)^{-1}=\frac{\mathrm{adj}(I-z^{-1}A)}{\det(I-z^{-1}A)}=\frac{\mathrm{adj}(I-z^{-1}A)}{|I-z^{-1}A|} \tag{7.5.40}$$

由式(7.5.37)可知，$\boldsymbol{\Phi}(z)$ 的分母就是 $\boldsymbol{H}(z)$ 的分母，因此

$$|I-z^{-1}A|=0 \tag{7.5.41}$$

的根 $v_i(i=1,2,\cdots,n)$ 就是 LSI 离散时间系统转移函数的极点。因此，称式(7.5.41)为系统的特征方程，而称矩阵 $\boldsymbol{I}-z^{-1}\boldsymbol{A}$ 为系统的特征矩阵。

例 7.5.3：双输入双输出二阶 LSI 离散时间系统的信号流图如图 7.5.2 所示。已知系统的初始状态 $x_1(0)=1$，$x_2(0)=2$，输入序列 $f_1(k)=\left(\frac{1}{4}\right)^k\varepsilon(k)$，$f_2(k)=3\left(\frac{1}{5}\right)^k\varepsilon(k)$，试求系统的转移函数矩阵 $\boldsymbol{H}(z)$、状态向量 $\boldsymbol{x}(k)$ 和全响应向量 $\boldsymbol{y}(k)$。

解：(1) 建立描述系统的状态方程和输出方程

由图 7.5.2 所示的信号流图，可得

$$\begin{cases}x_1(k+1)=\dfrac{1}{6}x_1(k)+\dfrac{1}{3}x_2(k)+f_1(k)+3f_2(k)\\ x_2(k+1)=-\dfrac{1}{6}x_1(k)+\dfrac{2}{3}x_2(k)+3f_1(k)+f_2(k)\end{cases}$$

$$\begin{cases}y_1(k)=x_1(k)+2x_2(k)+6f_1(k)\\ y_2(k)=2x_1(k)+x_2(k)+24f_2(k)\end{cases}$$

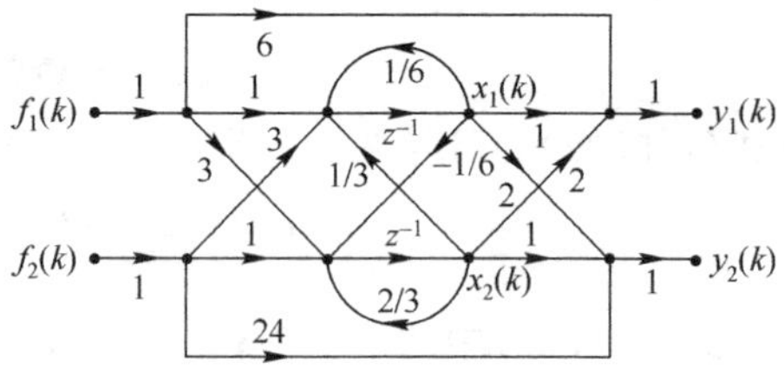

图 7.5.2　双输入双输出二阶 LSI 离散时间系统的信号流图

令

$$x(k)=[x_1(k)\quad x_2(k)]^{\mathrm{T}},\ x(k+1)=[x_1(k+1)\quad x_2(k+1)]^{\mathrm{T}}$$

$$f(k)=[f_1(k)\quad f_2(k)]^{\mathrm{T}},\ y(k)=[y_1(k)\quad y_2(k)]^{\mathrm{T}}$$

于是，可得描述系统的状态方程和输出方程的标准形式，即

$$x(k+1)=Ax(k)+Bf(k)$$

$$y(k)=Cx(k)+Df(k)$$

式中，$\boldsymbol{A}=\begin{bmatrix}1/6 & 1/3\\ -1/6 & 2/3\end{bmatrix}$，$\boldsymbol{B}=\begin{bmatrix}1 & 3\\ 3 & 1\end{bmatrix}$，$\boldsymbol{C}=\begin{bmatrix}1 & 2\\ 2 & 1\end{bmatrix}$，$\boldsymbol{D}=\begin{bmatrix}6 & 0\\ 0 & 24\end{bmatrix}$。

(2) 求系统的状态过渡矩阵

由式(7.5.31)可得

$$\boldsymbol{\Phi}(z)=(\boldsymbol{I}-z^{-1}\boldsymbol{A})^{-1}$$

$$=\begin{bmatrix}1-\frac{1}{6}z^{-1} & -\frac{1}{3}z^{-1}\\ \frac{1}{6}z^{-1} & 1-\frac{2}{3}z^{-1}\end{bmatrix}^{-1}=\frac{1}{1-\frac{5}{6}z^{-1}+\frac{1}{6}z^{-2}}\begin{bmatrix}1-\frac{2}{3}z^{-1} & \frac{1}{3}z^{-1}\\ -\frac{1}{6}z^{-1} & 1-\frac{1}{6}z^{-1}\end{bmatrix}$$

(3) 求系统的转移函数矩阵 $\boldsymbol{H}(z)$

由式(7.5.37)可得

$$\boldsymbol{H}(z)=z^{-1}\boldsymbol{C}\boldsymbol{\Phi}(z)\boldsymbol{B}+\boldsymbol{D}$$

$$=z^{-1}\begin{bmatrix}1 & 2\\ 2 & 1\end{bmatrix}\frac{1}{1-\frac{5}{6}z^{-1}+\frac{1}{6}z^{-2}}\begin{bmatrix}1-\frac{2}{3}z^{-1} & \frac{1}{3}z^{-1}\\ -\frac{1}{6}z^{-1} & 1-\frac{1}{6}z^{-1}\end{bmatrix}\begin{bmatrix}1 & 3\\ 3 & 1\end{bmatrix}+\begin{bmatrix}6 & 0\\ 0 & 24\end{bmatrix}$$

$$=\frac{z^{-1}}{1-\frac{5}{6}z^{-1}+\frac{1}{6}z^{-2}}\begin{bmatrix}1-z^{-1} & 2\\ 2-\frac{3}{2}z^{-1} & 1+\frac{1}{2}z^{-1}\end{bmatrix}\begin{bmatrix}1 & 3\\ 3 & 1\end{bmatrix}+\begin{bmatrix}6 & 0\\ 0 & 24\end{bmatrix}$$

$$=\frac{z^{-1}}{1-\frac{5}{6}z^{-1}+\frac{1}{6}z^{-2}}\begin{bmatrix}7-z^{-1} & 5-3z^{-1}\\ 5 & 7-4z^{-1}\end{bmatrix}+\begin{bmatrix}6 & 0\\ 0 & 24\end{bmatrix}$$

$$=\frac{1}{1-\frac{5}{6}z^{-1}+\frac{1}{6}z^{-2}}\begin{bmatrix}6+2z^{-1} & (5-3z^{-1})z^{-1}\\ 5z^{-1} & 24-13z^{-1}\end{bmatrix}$$

(4) 求系统的状态向量 $\boldsymbol{x}(k)$

由式(7.5.32)可得

$$\boldsymbol{X}(z)=\boldsymbol{\Phi}(z)\boldsymbol{x}(0)+z^{-1}\boldsymbol{\Phi}(z)\boldsymbol{B}\boldsymbol{F}(z)$$

$$=\frac{1}{1-\frac{5}{6}z^{-1}+\frac{1}{6}z^{-2}}\begin{bmatrix}1-\frac{2}{3}z^{-1} & \frac{1}{3}z^{-1}\\ -\frac{1}{6}z^{-1} & 1-\frac{1}{6}z^{-1}\end{bmatrix}\left\{\begin{bmatrix}1\\ 2\end{bmatrix}+z^{-1}\begin{bmatrix}1 & 3\\ 3 & 1\end{bmatrix}\begin{bmatrix}\frac{1}{1-\frac{1}{4}z^{-1}} & \frac{3}{1-\frac{1}{5}z^{-1}}\end{bmatrix}^{T}\right\}$$

$$=\begin{bmatrix}\frac{3}{1-\frac{1}{2}z^{-1}}-\frac{2}{1-\frac{1}{3}z^{-1}}\\ \frac{3}{1-\frac{1}{2}z^{-1}}-\frac{1}{1-\frac{1}{3}z^{-1}}\end{bmatrix}+\begin{bmatrix}\frac{10}{1-\frac{1}{2}z^{-1}}+\frac{42}{1-\frac{1}{3}z^{-1}}+\frac{28}{1-\frac{1}{4}z^{-1}}-\frac{80}{1-\frac{1}{5}z^{-1}}\\ \frac{10}{1-\frac{1}{2}z^{-1}}+\frac{21}{1-\frac{1}{3}z^{-1}}+\frac{4}{1-\frac{1}{4}z^{-1}}-\frac{35}{1-\frac{1}{5}z^{-1}}\end{bmatrix}$$

于是

$$\boldsymbol{x}(k)=\begin{bmatrix}3\left(\frac{1}{2}\right)^{k}-2\left(\frac{1}{3}\right)^{k}\\ 3\left(\frac{1}{2}\right)^{k}-\left(\frac{1}{3}\right)^{k}\end{bmatrix}+\begin{bmatrix}\left[10\left(\frac{1}{2}\right)^{k}+42\left(\frac{1}{3}\right)^{k}+28\left(\frac{1}{4}\right)^{k}-80\left(\frac{1}{5}\right)^{k}\right]\varepsilon(k)\\ \left[10\left(\frac{1}{2}\right)^{k}+21\left(\frac{1}{3}\right)^{k}+4\left(\frac{1}{4}\right)^{k}-35\left(\frac{1}{5}\right)^{k}\right]\varepsilon(k)\end{bmatrix},\ k\geqslant 0$$

(5) 求系统的全响应向量 $\boldsymbol{y}(k)$

由式(7.5.34)可得

$$
\begin{aligned}
\boldsymbol{y}(k)&=\boldsymbol{C}\boldsymbol{x}(k)+\boldsymbol{D}\boldsymbol{f}(k)\\
&=\begin{bmatrix}1 & 2\\ 2 & 1\end{bmatrix}\begin{bmatrix}3\left(\frac{1}{2}\right)^k-2\left(\frac{1}{3}\right)^k\\ 3\left(\frac{1}{2}\right)^k-\left(\frac{1}{3}\right)^k\end{bmatrix}\\
&\quad+\begin{bmatrix}1 & 2\\ 2 & 1\end{bmatrix}\begin{bmatrix}\left[10\left(\frac{1}{2}\right)^k+42\left(\frac{1}{3}\right)^k+28\left(\frac{1}{4}\right)^k-80\left(\frac{1}{5}\right)^k\right]\varepsilon(k)\\ \left[10\left(\frac{1}{2}\right)^k+21\left(\frac{1}{3}\right)^k+4\left(\frac{1}{4}\right)^k-35\left(\frac{1}{5}\right)^k\right]\varepsilon(k)\end{bmatrix}+\begin{bmatrix}6 & 0\\ 0 & 24\end{bmatrix}\begin{bmatrix}\left(\frac{1}{4}\right)^k\varepsilon(k)\\ 3\left(\frac{1}{5}\right)^k\varepsilon(k)\end{bmatrix}\\
&=\begin{bmatrix}9\left(\frac{1}{2}\right)^k-4\left(\frac{1}{3}\right)^k\\ 9\left(\frac{1}{2}\right)^k-5\left(\frac{1}{3}\right)^k\end{bmatrix}+\begin{bmatrix}\left[30\left(\frac{1}{2}\right)^k+84\left(\frac{1}{3}\right)^k+42\left(\frac{1}{4}\right)^k-150\left(\frac{1}{5}\right)^k\right]\varepsilon(k)\\ \left[30\left(\frac{1}{2}\right)^k+105\left(\frac{1}{3}\right)^k+60\left(\frac{1}{4}\right)^k-123\left(\frac{1}{5}\right)^k\right]\varepsilon(k)\end{bmatrix},\ k\geqslant 0
\end{aligned}
$$

7.5.3 离散时间系统状态方程和输出方程的时域分析

由于 LSI 离散时间系统状态方程和输出方程的时域求解涉及矩阵指数序列 $f(\boldsymbol{A})=\boldsymbol{A}^k$ 的逆矩阵，因此先介绍矩阵指数序列$\boldsymbol{A}^k$ 的逆矩阵的定义及相应的运算规则，再介绍 LSI 离散时间系统状态方程和输出方程的时域求解方法。

1. 矩阵指数序列的逆矩阵

若定义

$$\boldsymbol{A}^{-k}=\underbrace{\boldsymbol{A}^{-1}\boldsymbol{A}^{-1}\cdots\boldsymbol{A}^{-1}}_{k个} \tag{7.5.42}$$

则有

$$
\begin{aligned}
\boldsymbol{A}^k\boldsymbol{A}^{-k}&=\underbrace{\boldsymbol{A}\boldsymbol{A}\cdots\boldsymbol{A}}_{k个}\underbrace{\boldsymbol{A}^{-1}\boldsymbol{A}^{-1}\cdots\boldsymbol{A}^{-1}}_{k个}=\underbrace{\boldsymbol{A}\boldsymbol{A}\cdots\boldsymbol{A}}_{k-1个}\boldsymbol{A}\,\boldsymbol{A}^{-1}\underbrace{\boldsymbol{A}^{-1}\boldsymbol{A}^{-1}\cdots\boldsymbol{A}^{-1}}_{k-1个}\\
&=\underbrace{\boldsymbol{A}\boldsymbol{A}\cdots\boldsymbol{A}}_{k-1个}\boldsymbol{I}\,\underbrace{\boldsymbol{A}^{-1}\boldsymbol{A}^{-1}\cdots\boldsymbol{A}^{-1}}_{k-1个}=\underbrace{\boldsymbol{A}\boldsymbol{A}\cdots\boldsymbol{A}}_{k-1个}\underbrace{\boldsymbol{A}^{-1}\boldsymbol{A}^{-1}\cdots\boldsymbol{A}^{-1}}_{k-1个}\\
&=\underbrace{\boldsymbol{A}\boldsymbol{A}\cdots\boldsymbol{A}}_{k-2个}\boldsymbol{A}\,\boldsymbol{A}^{-1}\underbrace{\boldsymbol{A}^{-1}\boldsymbol{A}^{-1}\cdots\boldsymbol{A}^{-1}}_{k-2个}=\cdots=\boldsymbol{I}
\end{aligned} \tag{7.5.43}
$$

式(7.5.43)表明，矩阵指数序列$\boldsymbol{A}^k$ 与$\boldsymbol{A}^{-k}$互为逆矩阵，并且式(7.5.44)成立，即

$$\boldsymbol{A}^{-k}\boldsymbol{A}=(\boldsymbol{A}^{-1})^k\boldsymbol{A}=(\boldsymbol{A}^{-1})^{k-1}\boldsymbol{A}^{-1}\boldsymbol{A}=(\boldsymbol{A}^{-1})^{k-1}=\boldsymbol{A}^{-(k-1)} \tag{7.5.44}$$

式(7.5.44)表明，逆矩阵指数序列$\boldsymbol{A}^{-k}$的运算法则与标量指数序列 a^{-k} 的运算法则相同。

2. 离散时间系统状态方程的时域分析

LSI 离散时间系统的状态方程为

$$\boldsymbol{x}(k+1)=\boldsymbol{A}\boldsymbol{x}(k)+\boldsymbol{B}\boldsymbol{f}(k) \tag{7.5.45}$$

将式(7.5.45)移项，可得

$$\boldsymbol{x}(k+1)-\boldsymbol{A}\boldsymbol{x}(k)=\boldsymbol{B}\boldsymbol{f}(k) \tag{7.5.46}$$

将式(7.5.46)的等号两边分别左乘$\boldsymbol{A}^{-k}$，可得

$$\boldsymbol{A}^{-k}\boldsymbol{x}(k+1)-\boldsymbol{A}^{-k}\boldsymbol{A}\boldsymbol{x}(k)=\boldsymbol{A}^{-k}\boldsymbol{B}\boldsymbol{f}(k) \tag{7.5.47}$$

考虑到式(7.5.44)，则式(7.5.47)可写成

$$\boldsymbol{A}^{-k}\boldsymbol{x}(k+1)-\boldsymbol{A}^{-(k-1)}\boldsymbol{x}(k)=\boldsymbol{A}^{-k}\boldsymbol{B}\boldsymbol{f}(k) \tag{7.5.48}$$

在式(7.5.48)中，等号左边正是向量$\boldsymbol{A}^{-k}\boldsymbol{x}(k+1)$的一阶后向差分。因此，对等号左边进行逆向改写，可得

$$\nabla[\boldsymbol{A}^{-k}\boldsymbol{x}(k+1)]=\boldsymbol{A}^{-k}\boldsymbol{B}\boldsymbol{f}(k) \tag{7.5.49}$$

将式(7.5.49)中的 k 变量记为 m 变量，可得

$$\nabla[\boldsymbol{A}^{-m}\boldsymbol{x}(m+1)]=\boldsymbol{A}^{-m}\boldsymbol{B}\boldsymbol{f}(m) \tag{7.5.50}$$

在区间 $m\in[0,k]$上，对式(7.5.50)的等号两边分别求和，可得

$$\boldsymbol{A}^{-m}\boldsymbol{x}(m+1)\Big|_{-1}^{k}=\sum_{m=0}^{k}\boldsymbol{A}^{-m}\boldsymbol{B}\boldsymbol{f}(m) \tag{7.5.51}$$

即

$$\boldsymbol{A}^{-k}\boldsymbol{x}(k+1)-\boldsymbol{A}\boldsymbol{x}(0)=\sum_{m=0}^{k}\boldsymbol{A}^{-m}\boldsymbol{B}\boldsymbol{f}(m) \tag{7.5.52}$$

将式(7.5.52)移项，可得

$$\boldsymbol{A}^{-k}\boldsymbol{x}(k+1)=\boldsymbol{A}\boldsymbol{x}(0)+\sum_{m=0}^{k}\boldsymbol{A}^{-m}\boldsymbol{B}\boldsymbol{f}(m) \tag{7.5.53}$$

将式(7.5.53)的等号两边分别左乘$\boldsymbol{A}^k$，可得

$$\boldsymbol{A}^k\boldsymbol{A}^{-k}\boldsymbol{x}(k+1)=\boldsymbol{A}^{k+1}\boldsymbol{x}(0)+\boldsymbol{A}^k\sum_{m=0}^{k}\boldsymbol{A}^{-m}\boldsymbol{B}\boldsymbol{f}(m) \tag{7.5.54}$$

考虑到式(7.5.43)，则式(7.5.54)可表示成

$$\boldsymbol{x}(k+1)=\boldsymbol{A}^{k+1}\boldsymbol{x}(0)+\sum_{m=0}^{k}\boldsymbol{A}^{k-m}\boldsymbol{B}\boldsymbol{f}(m) \tag{7.5.55}$$

由式(7.5.55)可得

$$\boldsymbol{x}(k)=\boldsymbol{A}^{k}\boldsymbol{x}(0)+\sum_{m=0}^{k-1}\boldsymbol{A}^{k-1-m}\boldsymbol{B}\boldsymbol{f}(m) \tag{7.5.56}$$

考虑到 $\boldsymbol{f}(k)$是多个因果序列构成的向量，即满足 $\boldsymbol{f}(k)=\boldsymbol{f}(k)\varepsilon(k)$，则式(7.5.56)可表示成

$$\begin{aligned}\boldsymbol{x}(k)&=\boldsymbol{A}^{k}\boldsymbol{x}(0)+\sum_{m=0}^{k-1}\boldsymbol{A}^{k-1-m}\boldsymbol{B}\boldsymbol{f}(m)\\&=\boldsymbol{A}^{k}\boldsymbol{x}(0)+\sum_{m=-\infty}^{k-1}\boldsymbol{A}^{k-1-m}\boldsymbol{B}\boldsymbol{f}(m)\varepsilon(m)\\&=\boldsymbol{A}^{k}\boldsymbol{x}(0)+\sum_{m=-\infty}^{+\infty}\boldsymbol{A}^{k-1-m}\varepsilon(k-1-m)\boldsymbol{B}\boldsymbol{f}(m)\varepsilon(m)\\&=\boldsymbol{A}^{k}\boldsymbol{x}(0)+\boldsymbol{A}^{k-1}\varepsilon(k-1)*\boldsymbol{B}\boldsymbol{f}(k)\varepsilon(k)\\&=\underbrace{\boldsymbol{A}^{k}\boldsymbol{x}(0)}_{\boldsymbol{x}_x(k)}+\underbrace{\boldsymbol{A}^{k-1}\varepsilon(k-1)*\boldsymbol{B}\boldsymbol{f}(k)}_{\boldsymbol{x}_f(k)}\end{aligned} \tag{7.5.57}$$

式(7.5.57)中的第一项$\boldsymbol{x}_x(k)=\boldsymbol{A}^k\boldsymbol{x}(0)$是系统状态向量 $\boldsymbol{x}(k)$的零输入分量，它是 $\boldsymbol{x}(k)$由$k=0$位的状态过渡到任意 k 位的状态的计算公式，因此称$\boldsymbol{A}^k\varepsilon(k)$为系统的状态过渡矩阵指数序列。

式(7.5.57)中的第二项$\boldsymbol{x}_f(k)=\boldsymbol{A}^{k-1}\varepsilon(k-1)*\boldsymbol{B}\boldsymbol{f}(k)$是系统状态向量 $\boldsymbol{x}(k)$的零状态分量，它是当 $\boldsymbol{x}(0)\equiv\boldsymbol{0}$ 时，由输入向量 $\boldsymbol{f}(k)$所引起的状态向量在任意 k 位的计算公式。

3. 矩阵指数序列 $\boldsymbol{A}^k$ 的计算

与计算 LTI 连续时间系统的矩阵指数函数 $e^{\boldsymbol{A}t}$ 类似，LSI 离散时间系统的矩阵指数序列$\boldsymbol{A}^k$也可以用 ZT 法、对角化变换法及利用矩阵序列的有限项表示法进行计算。

(1) 利用 ZT 法计算矩阵指数序列

由式(7.5.57)可知，状态向量 $\boldsymbol{x}(k)$的计算公式为

$$\boldsymbol{x}(k)=\boldsymbol{A}^k\boldsymbol{x}(0)+\boldsymbol{A}^{k-1}\varepsilon(k-1)*\boldsymbol{Bf}(k) \tag{7.5.58}$$

由式(7.5.32)可知，状态向量 $\boldsymbol{x}(k)$的 z 变换计算公式为

$$\boldsymbol{X}(z)=\boldsymbol{\Phi}(z)\boldsymbol{x}(0)+\boldsymbol{\Phi}(z)\boldsymbol{B}z^{-1}\boldsymbol{F}(z) \tag{7.5.59}$$

通过观察式(7.5.58)及式(7.5.59)不难发现，系统的状态过渡矩阵指数序列$\boldsymbol{A}^k\varepsilon(k)$与系统的状态过渡矩阵 $\boldsymbol{\Phi}(z)$之间是一对 ZT 关系，即

$$\boldsymbol{A}^k\varepsilon(k)\longleftrightarrow\boldsymbol{\Phi}(z)=(\boldsymbol{I}-z^{-1}\boldsymbol{A})^{-1} \tag{7.5.60}$$

(2) 利用对角化变换法计算矩阵指数序列

设 n 阶矩阵 $\boldsymbol{A}$ 的特征方程为

$$D(v)=\det(\boldsymbol{I}-v^{-1}\boldsymbol{A})=|\boldsymbol{I}-v^{-1}\boldsymbol{A}|=\prod_{i=1}^{n}(1-v^{-1}v_i)=0 \tag{7.5.61}$$

若矩阵 $\boldsymbol{A}$ 的n 个互不相等的特征值v_1，v_2，…，v_n(实根，其中可能存在共轭复根)对应的特征向量为$\boldsymbol{u}_1$，$\boldsymbol{u}_2$，…，$\boldsymbol{u}_n$，取变换矩阵 $\boldsymbol{P}=[\boldsymbol{u}_1\quad \boldsymbol{u}_2\quad \cdots\quad \boldsymbol{u}_n]$，则 $\boldsymbol{P}$ 必是满秩矩阵，并且能使矩阵 $\boldsymbol{A}$ 对角化成对角矩阵$\boldsymbol{Q}$，即

$$\boldsymbol{P}^{-1}\boldsymbol{AP}=\boldsymbol{Q}=\mathrm{diag}[v_1,v_2,\cdots,v_n] \tag{7.5.62}$$

于是

$$\boldsymbol{A}^k=\underbrace{\boldsymbol{AA}\cdots\boldsymbol{AA}}_{k个}=\underbrace{\boldsymbol{PQP}^{-1}\boldsymbol{PQP}^{-1}\cdots\boldsymbol{PQP}^{-1}\boldsymbol{PQP}^{-1}}_{k个}=\boldsymbol{PQ}\underbrace{\boldsymbol{Q}\cdots\boldsymbol{Q}}_{k-2个}\boldsymbol{QP}^{-1}=\boldsymbol{PQ}^k\boldsymbol{P}^{-1} \tag{7.5.63}$$

式中，$\boldsymbol{Q}^k=\mathrm{diag}[v_1^k,v_2^k,\cdots,v_n^k]$。

式(7.5.63)是利用对角化变换法来计算矩阵指数序列$\boldsymbol{A}^k$ 的公式。

(3) 利用矩阵序列的有限项表示法计算矩阵指数序列$\boldsymbol{A}^k$

① 计算矩阵指数序列$\boldsymbol{A}^k$ 的公式的导出

设 n 阶矩阵 $\boldsymbol{A}$ 的特征多项式为

$$D(v)=\det(\boldsymbol{I}-v^{-1}\boldsymbol{A})=|\boldsymbol{I}-v^{-1}\boldsymbol{A}|=\prod_{i=1}^{n}(1-v^{-1}v_i)=v^{-n}D_n(v) \tag{7.5.64}$$

式中，关于变量 v 的 n 次多项式 $D_n(v)$为

$$D_n(v)=\det(v\boldsymbol{I}-\boldsymbol{A})=|v\boldsymbol{I}-\boldsymbol{A}|=\prod_{i=1}^{n}(v-v_i)=v^n+\beta_{n-1}v^{n-1}+\cdots+\beta_1 v+\beta_0 \tag{7.5.65}$$

其中，$\beta_i(i=0,1,\cdots,n-1)$为实系数。

考虑到凯莱-哈密顿定理，则有

$$D_n(\boldsymbol{A})=\det(\boldsymbol{AI}-\boldsymbol{A})=|\boldsymbol{AI}-\boldsymbol{A}|=\boldsymbol{A}^n+\beta_{n-1}\boldsymbol{A}^{n-1}+\cdots+\beta_1\boldsymbol{A}+\beta_0\boldsymbol{I}=0 \tag{7.5.66}$$

设

$$f(v)=v^k \tag{7.5.67}$$

由式(7.5.65)可知，$D_n(v)=\det(v\boldsymbol{I}-\boldsymbol{A})$是变量 v 的 n 次多项式，设 $f(v)$除以 $D_n(v)$的商为 $G(v)$，余式为 $R(v)$，则余式 $R(v)$一定是 v 的最高幂次为 $n-1$ 的多项式，并且余式 $R(v)$中 v 的各次幂的系数与 k 有关，即余式 $R(v)$可表示成

$$R(v)=\sum_{j=0}^{n-1}\alpha_j(k)v^j=\alpha_0(k)+\alpha_1(k)v+\alpha_2(k)v^2+\cdots+\alpha_{n-1}(k)v^{n-1} \tag{7.5.68}$$

考虑到式(7.5.68)，则 $f(v)$可表示成

$$f(v)=v^k=G(v)D_n(v)+R(v)=G(v)D_n(v)+\sum_{j=0}^{n-1}\alpha_j(k)v^j \tag{7.5.69}$$

考虑到 $D_n(v_i)=0(i=1,2,\cdots,n)$，由式(7.5.69)可得

$$f(v_i)=v_i^k=R(v_i)=\sum_{j=0}^{n-1}\alpha_j(k)v_i^j,\ i=1,2,\cdots,n \tag{7.5.70}$$

设

$$f(\boldsymbol{A})=\boldsymbol{A}^k \tag{7.5.71}$$

由式(7.5.67)及式(7.5.71)可知，$f(\boldsymbol{A})=f(v)|_{v=\boldsymbol{A}}$，考虑到式(7.5.69)，则 $f(\boldsymbol{A})$可表示成

$$f(\boldsymbol{A})=\boldsymbol{A}^k=G(\boldsymbol{A})D_n(\boldsymbol{A})+R(\boldsymbol{A})=G(\boldsymbol{A})D_n(\boldsymbol{A})+\sum_{j=0}^{n-1}\alpha_j(k)\boldsymbol{A}^j \tag{7.5.72}$$

由凯莱-哈密顿定理可知，$D_n(\boldsymbol{A})=0$，因此由式(7.5.72)可得

$$f(\boldsymbol{A})=\boldsymbol{A}^k=R(\boldsymbol{A})=\sum_{j=0}^{n-1}\alpha_j(k)\boldsymbol{A}^j \tag{7.5.73}$$

分析表明，可以利用式(7.5.70)计算出 $\alpha_j(k)(j=0,1,2,\cdots,n-1)$，再利用式(7.5.73)来计算$\boldsymbol{A}^k$。

其实，这种利用矩阵指数序列的有限项表示来计算$\boldsymbol{A}^k$ 的方法，可以利用凯莱-哈密顿定理的推论推导出来。由于 $D_n(\boldsymbol{A})=\boldsymbol{0}$，即 $D_n(\boldsymbol{A})=\boldsymbol{A}^n+\beta_{n-1}\boldsymbol{A}^{n-1}+\cdots+\beta_1\boldsymbol{A}+\beta_0\boldsymbol{I}=\boldsymbol{0}$，这意味着$\boldsymbol{A}^n$ 能够表示成$\boldsymbol{A}$ 的$n-1$ 次多项式，进而$\boldsymbol{A}^{n+1}$，$\boldsymbol{A}^{n+2}$，…，都可以表示成 $\boldsymbol{A}$ 的 $n-1$ 次多项式。因此，当 $0\leqslant k\leqslant n-1$ 时，$\boldsymbol{A}^k$ 可表示成$\boldsymbol{A}$ 的$n-1$ 次多项式，并且只有$\boldsymbol{A}^k$ 项的系数为 1，其余项的系数均为 0。当 $k\geqslant n$ 时，$\boldsymbol{A}^k$ 仍可表示成 $\boldsymbol{A}$ 的 $n-1$ 次多项式。显然，$\boldsymbol{A}$ 的 $n-1$ 次多项式中 $\boldsymbol{A}$ 的各次幂的系数与变量 k 有关，因此无论 $0\leqslant k\leqslant n-1$，还是 $k\geqslant n$，$\boldsymbol{A}^k$ 均可用式(7.5.73)表示。同理，由于 $D_n(v_i)=v_i^n+\beta_{n-1}v_i^{n-1}+\cdots+\beta_1 v_i+\beta_0=0$，那么 v_i^n，v_i^{n+1}，v_i^{n+2}，…，都可以表示成 v_i 的$n-1$ 次多项式，即无论 $0\leqslant k\leqslant n-1$，还是 $k\geqslant n$，v_i^k 均可用式(7.5.70)来表示。因此，可利用式(7.5.70)计算出 $\alpha_j(k)(j=0,1,2,\cdots,n-1)$，再利用式(7.5.73)来计算$\boldsymbol{A}^k$。

② 确定系数 $\alpha_j(k)(j=0,1,2,\cdots,n-1)$

第一种情况：

设矩阵 $\boldsymbol{A}$ 的 n 个特征值 v_1，v_2，…，v_i，…，v_n 是互不相等的实根(其中可能存在共轭复根)。将 $v_i(i=1,2,\cdots,n)$代入式(7.5.70)，可得

$$\begin{bmatrix}1 & v_1 & v_1^2 & \cdots & v_1^{n-1}\\ 1 & v_2 & v_2^2 & \cdots & v_2^{n-1}\\ \vdots & \vdots & \vdots & \ddots & \vdots\\ 1 & v_n & v_n^2 & \cdots & v_n^{n-1}\end{bmatrix}\begin{bmatrix}\alpha_0(k)\\ \alpha_1(k)\\ \vdots\\ \alpha_{n-1}(k)\end{bmatrix}=\begin{bmatrix}v_1^k\\ v_2^k\\ \vdots\\ v_n^k\end{bmatrix} \tag{7.5.74}$$

式(7.5.74)左边的 n 阶矩阵是著名的范德蒙矩阵，由于 $v_i(i=1,2,\cdots,n)$各不相同，因此该矩阵是满秩矩阵，系数 $\alpha_j(k)(j=0,1,\cdots,n-1)$有一组唯一的解。

第二种情况：

设矩阵 $\boldsymbol{A}$ 的n 个特征根中，有 r 个重根 v_1 和 $n-r$ 个单根，当 $i=1,2,\cdots,n-(r-1)$时，可以得到 $n-(r-1)$个独立的方程，但为了求 n 个未知系数 $\alpha_j(k)(j=0,1,2,\cdots,n-1)$，需对式(7.5.70)中的 v_i 求 $r-1$ 阶导数，在获得的新方程中均令 $i=1$(即 $v_i=v_1$)，这样又可以得到 $r-1$ 个独立的方程，一共是 n 个独立方程，这样可以求出 $\alpha_j(k)(j=0,1,2,\cdots,n-1)$。

例 7.5.4：已知 LSI 离散时间系统的矩阵 $\boldsymbol{A}=\begin{bmatrix}1 & 1\\ -1/4 & 0\end{bmatrix}$，试用矩阵序列的有限项表示法计算矩阵指数序列$\boldsymbol{A}^k$。

解：(1) 求矩阵 $\boldsymbol{A}$ 的特征值

特征方程为

$$D(v)=|\boldsymbol{I}-v^{-1}\boldsymbol{A}|=\begin{vmatrix}1-v^{-1} & -v^{-1}\\ \dfrac{1}{4}v^{-1} & 1\end{vmatrix}=\left(1-\frac{1}{2}v^{-1}\right)^2=0$$

特征值 $v_1=\dfrac{1}{2}$(重根)。

(2) 建立方程组确定待定系数，并确定矩阵指数序列

考虑到式(7.5.70)，则有

$$v_i^k=\sum_{j=0}^{n-1}\alpha_j(k)v_i^j=\sum_{j=0}^{1}\alpha_j(k)v_i^j$$

即

$$v_1^k=\alpha_0(k)+\alpha_1(k)v_1$$

对 v_1 求导，可得 $kv_1^{k-1}=\alpha_1(k)$，于是得到下述方程组

$$\begin{cases}\alpha_0(k)+\dfrac{1}{2}\alpha_1(k)=\left(\dfrac{1}{2}\right)^k\\ \alpha_1(k)=k\left(\dfrac{1}{2}\right)^{k-1}\end{cases}，解得\begin{cases}\alpha_0(k)=(1-k)\left(\dfrac{1}{2}\right)^k\\ \alpha_1(k)=2k\left(\dfrac{1}{2}\right)^k\end{cases}$$

由式(7.5.73)可得

$$\begin{aligned}\boldsymbol{A}^k&=\sum_{j=0}^{n-1}\alpha_j(k)\boldsymbol{A}^j=\sum_{j=0}^{1}\alpha_j(k)\boldsymbol{A}^j=\alpha_0(k)\boldsymbol{I}+\alpha_1(k)\boldsymbol{A}\\&=(1-k)\left(\frac{1}{2}\right)^k\begin{bmatrix}1&0\\0&1\end{bmatrix}+2k\left(\frac{1}{2}\right)^k\begin{bmatrix}1&1\\-1/4&0\end{bmatrix}\\&=\begin{bmatrix}(1+k)\left(\dfrac{1}{2}\right)^k & 2k\left(\dfrac{1}{2}\right)^k\\ -k\left(\dfrac{1}{2}\right)^{k+1} & (1-k)\left(\dfrac{1}{2}\right)^k\end{bmatrix}\end{aligned}$$

4. 离散时间系统输出方程的时域分析

LSI 离散时间系统的输出方程为

$$\boldsymbol{y}(k)=\boldsymbol{C}\boldsymbol{x}(k)+\boldsymbol{D}\boldsymbol{f}(k) \tag{7.5.75}$$

由式(7.5.57)可知，状态方程式(7.5.45)的解为

$$\boldsymbol{x}(k)=\boldsymbol{A}^k\boldsymbol{x}(0)+\boldsymbol{A}^{k-1}\varepsilon(k-1)*\boldsymbol{B}\boldsymbol{f}(k) \tag{7.5.76}$$

将式(7.5.76)代入式(7.5.75)，考虑到 $\boldsymbol{B}$ 是常数矩阵，则有

$$\begin{aligned}\boldsymbol{y}(k)&=\boldsymbol{C}\boldsymbol{A}^k\boldsymbol{x}(0)+\boldsymbol{C}\boldsymbol{A}^{k-1}\varepsilon(k-1)*\boldsymbol{B}\boldsymbol{f}(k)+\boldsymbol{D}\boldsymbol{f}(k)\\&=\boldsymbol{C}\boldsymbol{A}^k\boldsymbol{x}(0)+\boldsymbol{C}\boldsymbol{A}^{k-1}\varepsilon(k-1)\boldsymbol{B}*\boldsymbol{f}(k)+\boldsymbol{D}\boldsymbol{f}(k)\end{aligned} \tag{7.5.77}$$

定义

$$\boldsymbol{\delta}(k)=\begin{bmatrix}\delta(k)&0&0&\cdots&0\\0&\delta(k)&0&\cdots&0\\\vdots&\vdots&\vdots&&\vdots\\0&0&0&\cdots&\delta(k)\end{bmatrix}_{m\times m} \tag{7.5.78}$$

由于 $\boldsymbol{f}(k)$ 是 m 维的列向量，考虑到式(7.5.78)，则有

$$\boldsymbol{\delta}(k)*\boldsymbol{f}(k)=\boldsymbol{f}(k) \tag{7.5.79}$$

考虑到式(7.5.79)，则式(7.5.77)可以表示成

$$\boldsymbol{y}(k)=\boldsymbol{CA}^k\boldsymbol{x}(0)+[\boldsymbol{CA}^{k-1}\varepsilon(k-1)\boldsymbol{B}+\boldsymbol{D}\boldsymbol{\delta}(k)]*\boldsymbol{f}(k) \tag{7.5.80}$$

定义

$$\boldsymbol{h}(k)=\boldsymbol{CA}^{k-1}\varepsilon(k-1)\boldsymbol{B}+\boldsymbol{D}\boldsymbol{\delta}(k) \tag{7.5.81}$$

通常称 $\boldsymbol{h}(k)$为 LSI 离散时间系统的单位冲激响应矩阵。显然，$\boldsymbol{h}(k)$是由系统矩阵 $\boldsymbol{A}$、控制矩阵 $\boldsymbol{B}$、输出矩阵 $\boldsymbol{C}$ 和矩阵 $\boldsymbol{D}$ 完全确定的一个矩阵，并且 $\boldsymbol{h}(k)$与系统的转移函数矩阵 $\boldsymbol{H}(z)=z^{-1}\boldsymbol{C\Phi}(z)\boldsymbol{B}+\boldsymbol{D}$ 之间是一对 ZT 关系。

考虑到式(7.5.81)，则式(7.5.80)可以表示成

$$\boldsymbol{y}(k)=\underbrace{\boldsymbol{CA}^k\boldsymbol{x}(0)}_{\boldsymbol{y}_x(k)}+\underbrace{\boldsymbol{h}(k)*\boldsymbol{f}(k)}_{\boldsymbol{y}_f(k)} \tag{7.5.82}$$

式(7.5.82)中的第一项 $\boldsymbol{y}_x(k)=\boldsymbol{CA}^k\boldsymbol{x}(0)$是系统的零输入响应，它只与系统的初始状态 $\boldsymbol{x}(0)$、系统矩阵 $\boldsymbol{A}$ 和输出矩阵 $\boldsymbol{C}$ 有关。

式(7.5.82)中的第二项 $\boldsymbol{y}_f(k)=\boldsymbol{h}(k)*\boldsymbol{f}(k)$是系统的零状态响应，它只与系统矩阵 $\boldsymbol{A}$、控制矩阵 $\boldsymbol{B}$、输出矩阵 $\boldsymbol{C}$ 和矩阵 $\boldsymbol{D}$ 有关，而与系统的初始状态 $\boldsymbol{x}(0)$无关。

例 7.5.5： 双输入双输出二阶 LSI 离散时间系统的时域模拟方框图如图 7.5.3 所示。已知系统的初始状态 $x_1(0)=x_2(0)=1$，输入序列 $f_1(k)=6\times3^k\varepsilon(k)$，$f_2(k)=6\times4^k\varepsilon(k)$，试求系统的单位冲激响应矩阵 $\boldsymbol{h}(k)$、状态向量 $\boldsymbol{x}(k)$、零输入响应向量 $\boldsymbol{y}_x(k)$、零状态响应向量 $\boldsymbol{y}_f(k)$及全响应向量 $\boldsymbol{y}(k)$。

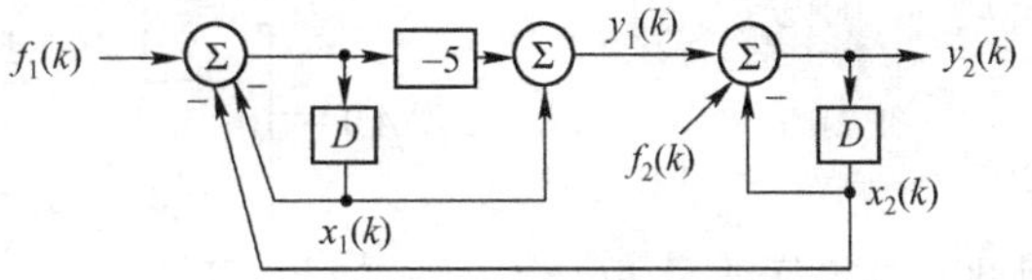

图 7.5.3　双输入双输出 LSI 离散时间系统的时域模拟方框图

解： (1) 建立描述系统的状态方程和输出方程

由图 7.5.3 可得

$$x_1(k+1)=f_1(k)-x_1(k)-x_2(k) \tag{7.5.83}$$

$$\begin{aligned}y_1(k)&=x_1(k)-5x_1(k+1)\\&=x_1(k)-5[f_1(k)-x_1(k)-x_2(k)]\\&=6x_1(k)+5x_2(k)-5f_1(k)\end{aligned} \tag{7.5.84}$$

$$\begin{aligned}x_2(k+1)&=f_2(k)-x_2(k)+y_1(k)\\&=f_2(k)-x_2(k)+6x_1(k)+5x_2(k)-5f_1(k)\\&=6x_1(k)+4x_2(k)-5f_1(k)+f_2(k)\end{aligned} \tag{7.5.85}$$

$$y_2(k)=x_2(k+1)=6x_1(k)+4x_2(k)-5f_1(k)+f_2(k) \tag{7.5.86}$$

由式(7.5.83)及式(7.5.85)可得描述系统的状态方程，即

$$\begin{cases}x_1(k+1)=-x_1(k)-x_2(k)+f_1(k)\\x_2(k+1)=6x_1(k)+4x_2(k)-5f_1(k)+f_2(k)\end{cases}$$

由式(7.5.84)及式(7.5.86)可得描述系统的输出方程，即

$$\begin{cases}y_1(k)=6x_1(k)+5x_2(k)-5f_1(k)\\y_2(k)=6x_1(k)+4x_2(k)-5f_1(k)+f_2(k)\end{cases}$$

令

$$\boldsymbol{x}(k)=[x_1(k)\quad x_2(k)]^{\mathrm{T}},\ \boldsymbol{x}(k+1)=[x_1(k+1)\quad x_2(k+1)]^{\mathrm{T}}$$

$$\boldsymbol{f}(k)=[f_1(k)\quad f_2(k)]^{\mathrm{T}},\ \boldsymbol{y}(k)=[y_1(k)\quad y_2(k)]^{\mathrm{T}}$$

则可得描述系统的状态方程和输出方程的标准形式，即

$$\boldsymbol{x}(k+1)=\boldsymbol{Ax}(k)+\boldsymbol{Bf}(k)$$

$$\boldsymbol{y}(k)=\boldsymbol{C}\boldsymbol{x}(k)+\boldsymbol{D}\boldsymbol{f}(k)$$

式中，$\boldsymbol{A}=\begin{bmatrix}-1 & -1\\ 6 & 4\end{bmatrix}$，$\boldsymbol{B}=\begin{bmatrix}1 & 0\\ -5 & 1\end{bmatrix}$，$\boldsymbol{C}=\begin{bmatrix}6 & 5\\ 6 & 4\end{bmatrix}$，$\boldsymbol{D}=\begin{bmatrix}-5 & 0\\ -5 & 1\end{bmatrix}$。

(2) 利用对角化变换法计算矩阵指数序列

① 求矩阵 $\boldsymbol{A}$ 的特征值

特征方程为

$$D(v)=|\boldsymbol{I}-v^{-1}\boldsymbol{A}|=\begin{vmatrix}1+v^{-1} & v^{-1}\\ -6v^{-1} & 1-4v^{-1}\end{vmatrix}=1-3v^{-1}+2v^{-2}=(1-v^{-1})(1-2v^{-1})=0$$

特征值 $v_1=1$，$v_2=2$。

② 求矩阵 $\boldsymbol{A}$ 的特征值对应的特征向量

$$(\boldsymbol{I}-v_1^{-1}\boldsymbol{A})=\begin{bmatrix}1+1 & 1\\ -6 & 1-4\end{bmatrix}=\begin{bmatrix}2 & 1\\ -6 & -3\end{bmatrix}\rightarrow\begin{bmatrix}2 & 1\\ 0 & 0\end{bmatrix}$$

因此，取特征向量 $\boldsymbol{u}_1=[1 \quad -2]^{\mathrm{T}}$

$$(\boldsymbol{I}-v_2^{-1}\boldsymbol{A})=\begin{bmatrix}1+\frac{1}{2} & \frac{1}{2}\\ -3 & 1-2\end{bmatrix}=\begin{bmatrix}\frac{3}{2} & \frac{1}{2}\\ -3 & -1\end{bmatrix}\rightarrow\begin{bmatrix}3 & 1\\ 0 & 0\end{bmatrix}$$

因此，取特征向量 $\boldsymbol{u}_2=[1 \quad -3]^{\mathrm{T}}$。于是

$$\boldsymbol{P}=[\boldsymbol{u}_1 \quad \boldsymbol{u}_2]=\begin{bmatrix}1 & 1\\ -2 & -3\end{bmatrix},\ \boldsymbol{P}^{-1}=\frac{\begin{bmatrix}-3 & -1\\ 2 & 1\end{bmatrix}}{\begin{vmatrix}1 & 1\\ -2 & -3\end{vmatrix}}=\begin{bmatrix}3 & 1\\ -2 & -1\end{bmatrix}$$

由式(7.5.63)可得

$$\begin{aligned}\boldsymbol{A}^k=\boldsymbol{P}\boldsymbol{Q}^k\boldsymbol{P}^{-1}&=\boldsymbol{P}\begin{bmatrix}1^k & 0\\ 0 & 2^k\end{bmatrix}\boldsymbol{P}^{-1}=\begin{bmatrix}1 & 1\\ -2 & -3\end{bmatrix}\begin{bmatrix}1^k & 0\\ 0 & 2^k\end{bmatrix}\begin{bmatrix}3 & 1\\ -2 & -1\end{bmatrix}\\ &=\begin{bmatrix}1^k & 2^k\\ -2\times1^k & -3\times2^k\end{bmatrix}\begin{bmatrix}3 & 1\\ -2 & -1\end{bmatrix}=\begin{bmatrix}3\times1^k-2\times2^k & 1^k-2^k\\ 6(2^k-1^k) & 3\times2^k-2\times1^k\end{bmatrix}\end{aligned}$$

(3) 求系统的单位冲激响应矩阵 $\boldsymbol{h}(k)$

由式(7.5.81)可得

$$\begin{aligned}\boldsymbol{h}(k)&=\boldsymbol{C}\boldsymbol{A}^{k-1}\varepsilon(k-1)\boldsymbol{B}+\boldsymbol{D}\boldsymbol{\delta}(k)\\ &=\begin{bmatrix}6 & 5\\ 6 & 4\end{bmatrix}\begin{bmatrix}3\times1^{k-1}-2\times2^{k-1} & 1^{k-1}-2^{k-1}\\ 6\times2^{k-1}-6\times1^{k-1} & 3\times2^{k-1}-2\times1^{k-1}\end{bmatrix}\varepsilon(k-1)\begin{bmatrix}1 & 0\\ -5 & 1\end{bmatrix}+\begin{bmatrix}-5 & 0\\ -5 & 1\end{bmatrix}\boldsymbol{\delta}(k)\\ &=\begin{bmatrix}-5\delta(k)+(8\times1^k-27\times2^{k-1})\varepsilon(k-1) & (9\times2^{k-1}-4\times1^k)\varepsilon(k-1)\\ (4\times1^k-9\times2^k)\varepsilon(k) & (3\times2^k-2\times1^k)\varepsilon(k)\end{bmatrix}\end{aligned}$$

(4) 求系统的状态向量 $\boldsymbol{x}(k)$

由式(7.5.57)可知

$$\boldsymbol{x}(k)=\boldsymbol{A}^k\boldsymbol{x}(0)+\boldsymbol{A}^{k-1}\varepsilon(k-1)*\boldsymbol{B}\boldsymbol{f}(k)=\boldsymbol{x}_x(k)+\boldsymbol{x}_f(k)$$

① 首先求 $\boldsymbol{x}_x(k)$

$$\boldsymbol{x}_x(k)=\boldsymbol{A}^k\boldsymbol{x}(0)=\begin{bmatrix}3\times1^k-2\times2^k & 1^k-2^k\\ 6\times2^k-6\times1^k & 3\times2^k-2\times1^k\end{bmatrix}\begin{bmatrix}1\\ 1\end{bmatrix}=\begin{bmatrix}4\times1^k-3\times2^k\\ 9\times2^k-8\times1^k\end{bmatrix}$$

② 再求 $\boldsymbol{x}_f(k)$

$$\begin{aligned}\boldsymbol{x}_f(k)&=\boldsymbol{A}^{k-1}\varepsilon(k-1)*\boldsymbol{Bf}(k)=\boldsymbol{A}^k\varepsilon(k)\boldsymbol{B}*\boldsymbol{f}(k-1)\\&=\begin{bmatrix}3\times1^k-2\times2^k & 1^k-2^k\\ 6(2^k-1^k) & 3\times2^k-2\times1^k\end{bmatrix}\varepsilon(k)\begin{bmatrix}1&0\\-5&1\end{bmatrix}*\begin{bmatrix}6\times3^{k-1}\varepsilon(k-1)\\6\times4^{k-1}\varepsilon(k-1)\end{bmatrix}\\&=\begin{bmatrix}(3\times2^k-2\times1^k)\varepsilon(k) & (1^k-2^k)\varepsilon(k)\\(4\times1^k-9\times2^k)\varepsilon(k) & (3\times2^k-2\times1^k)\varepsilon(k)\end{bmatrix}*\begin{bmatrix}6\times3^{k-1}\varepsilon(k-1)\\6\times4^{k-1}\varepsilon(k-1)\end{bmatrix}\\&=\begin{bmatrix}6(3\times2^k-2\times1^k)\varepsilon(k)*3^{k-1}\varepsilon(k-1)+6(1^k-2^k)\varepsilon(k)*4^{k-1}\varepsilon(k-1)\\6(4\times1^k-9\times2^k)\varepsilon(k)*3^{k-1}\varepsilon(k-1)+6(3\times2^k-2\times1^k)\varepsilon(k)*4^{k-1}\varepsilon(k-1)\end{bmatrix}\\&=\begin{bmatrix}(4\times1^k-15\times2^k+12\times3^k-4^k)\varepsilon(k)\\(45\times2^k-8\times1^k-42\times3^k+5\times4^k)\varepsilon(k)\end{bmatrix}\end{aligned}$$

于是，系统的状态向量为

$$\begin{aligned}\boldsymbol{x}(k)&=\boldsymbol{A}^k\boldsymbol{x}(0)+\boldsymbol{A}^{k-1}\varepsilon(k-1)*\boldsymbol{Bf}(k)\\&=\boldsymbol{x}_x(k)+\boldsymbol{x}_f(k)\\&=\begin{bmatrix}4\times1^k-3\times2^k\\9\times2^k-8\times1^k\end{bmatrix}+\begin{bmatrix}(4\times1^k-15\times2^k+12\times3^k-4^k)\varepsilon(k)\\(45\times2^k-8\times1^k-42\times3^k+5\times4^k)\varepsilon(k)\end{bmatrix},\ k\geqslant0\end{aligned}$$

(5) 求系统的零输入响应向量$\boldsymbol{y}_x(k)$

由式(7.5.77)可知

$$\begin{aligned}\boldsymbol{y}_x(k)&=\boldsymbol{CA}^k\boldsymbol{x}(0)=\boldsymbol{Cx}_x(k)\\&=\begin{bmatrix}6&5\\6&4\end{bmatrix}\begin{bmatrix}4\times1^k-3\times2^k\\9\times2^k-8\times1^k\end{bmatrix}=\begin{bmatrix}27\times2^k-16\times1^k\\18\times2^k-8\times1^k\end{bmatrix},\ k\geqslant0\end{aligned}$$

(6) 求系统的零状态响应向量$\boldsymbol{y}_f(k)$

由式(7.5.77)可知

$$\begin{aligned}\boldsymbol{y}_f(k)&=\boldsymbol{CA}^{k-1}\varepsilon(k-1)*\boldsymbol{Bf}(k)+\boldsymbol{Df}(k)\\&=\boldsymbol{Cx}_f(k)+\boldsymbol{Df}(k)\\&=\begin{bmatrix}6&5\\6&4\end{bmatrix}\begin{bmatrix}(4\times1^k-15\times2^k+12\times3^k-4^k)\varepsilon(k)\\(45\times2^k-8\times1^k-42\times3^k+5\times4^k)\varepsilon(k)\end{bmatrix}+\begin{bmatrix}-5&0\\-5&1\end{bmatrix}\begin{bmatrix}6\times3^k\varepsilon(k)\\6\times4^k\varepsilon(k)\end{bmatrix}\\&=\begin{bmatrix}(135\times2^k-16\times1^k-168\times3^k+19\times4^k)\varepsilon(k)\\(90\times2^k-8\times1^k-126\times3^k+20\times4^k)\varepsilon(k)\end{bmatrix}\end{aligned}$$

(7) 求系统的全响应向量 $\boldsymbol{y}(k)$

$$\begin{aligned}\boldsymbol{y}(k)&=\boldsymbol{y}_x(k)+\boldsymbol{y}_f(k)\\&=\begin{bmatrix}27\times2^k-16\times1^k\\18\times2^k-8\times1^k\end{bmatrix}+\begin{bmatrix}(135\times2^k-16\times1^k-168\times3^k+19\times4^k)\varepsilon(k)\\(90\times2^k-8\times1^k-126\times3^k+20\times4^k)\varepsilon(k)\end{bmatrix},\ k\geqslant0\end{aligned}$$

7.6　状态向量的线性变换

由状态向量的定义可知，从n阶系统的m个变量中选取n个变量作为状态变量，有多种选取方法，其中每种选法都构成系统的一组状态变量，即状态向量。因此，同一个系统的状态向量的选取不是唯一的，有若干个不同的状态向量，可以采用其中的一个状态向量来描述系统，显然这些状态向量之间必然存在内在的联系。事实上，它们之间是一种线性变换的关系。通过状态向量的线性变换，不仅可使系统的分析得以简化，而且又不失系统的本来面目。

7.6.1　在状态向量的线性变换下连续时间系统的状态方程和输出方程

设 $\boldsymbol{x}(t)$及 $\boldsymbol{w}(t)$是 n 阶 LTI 连续时间系统的两个状态向量，它们之间的线性变换关系为

$$\boldsymbol{x}(t)=\boldsymbol{Pw}(t)\tag{7.6.1}$$

式中，$\boldsymbol{x}(t)=[x_1(t)\quad x_2(t)\quad \cdots\quad x_n(t)]^{\mathrm{T}}$，$\boldsymbol{w}(t)=[w_1(t)\quad w_2(t)\quad \cdots\quad w_n(t)]^{\mathrm{T}}$，$n$ 阶矩阵 $\boldsymbol{P}$ 称为变换矩阵。

若 $\boldsymbol{P}$ 为满秩矩阵，则逆矩阵 $\boldsymbol{P}^{-1}$ 存在，由式(7.6.1)可得

$$\boldsymbol{w}(t)=\boldsymbol{P}^{-1}\boldsymbol{x}(t) \tag{7.6.2}$$

若选取 $\boldsymbol{x}(t)$ 为状态向量，则描述系统的状态方程和输出方程分别为

$$\boldsymbol{x}'(t)=\boldsymbol{A}\boldsymbol{x}(t)+\boldsymbol{B}\boldsymbol{f}(t) \tag{7.6.3}$$

$$\boldsymbol{y}(t)=\boldsymbol{C}\boldsymbol{x}(t)+\boldsymbol{D}\boldsymbol{f}(t) \tag{7.6.4}$$

将式(7.6.3)的等号两边分别左乘 $\boldsymbol{P}^{-1}$，可得

$$\boldsymbol{P}^{-1}\boldsymbol{x}'(t)=\boldsymbol{P}^{-1}\boldsymbol{A}\boldsymbol{x}(t)+\boldsymbol{P}^{-1}\boldsymbol{B}\boldsymbol{f}(t)=\boldsymbol{P}^{-1}\boldsymbol{A}\boldsymbol{P}\boldsymbol{P}^{-1}\boldsymbol{x}(t)+\boldsymbol{P}^{-1}\boldsymbol{B}\boldsymbol{f}(t) \tag{7.6.5}$$

式(7.6.4)可以改写成

$$\boldsymbol{y}(t)=\boldsymbol{C}\boldsymbol{x}(t)+\boldsymbol{D}\boldsymbol{f}(t)=\boldsymbol{C}\boldsymbol{P}\boldsymbol{P}^{-1}\boldsymbol{x}(t)+\boldsymbol{D}\boldsymbol{f}(t) \tag{7.6.6}$$

若选取 $\boldsymbol{w}(t)$ 为状态向量，分别利用式(7.6.2)，对式(7.6.5)及式(7.6.6)中的状态向量进行代换，则可以得到描述系统的状态方程和输出方程，即

$$\boldsymbol{w}'(t)=\hat{\boldsymbol{A}}\boldsymbol{w}(t)+\hat{\boldsymbol{B}}\boldsymbol{f}(t) \tag{7.6.7}$$

$$\boldsymbol{y}(t)=\hat{\boldsymbol{C}}\boldsymbol{w}(t)+\hat{\boldsymbol{D}}\boldsymbol{f}(t) \tag{7.6.8}$$

式中，$\hat{\boldsymbol{A}}=\boldsymbol{P}^{-1}\boldsymbol{A}\boldsymbol{P}$，$\hat{\boldsymbol{B}}=\boldsymbol{P}^{-1}\boldsymbol{B}$，$\hat{\boldsymbol{C}}=\boldsymbol{C}\boldsymbol{P}$，$\hat{\boldsymbol{D}}=\boldsymbol{D}$。

例 7.6.1：设二阶 LTI 连续时间系统选取状态向量 $\boldsymbol{x}(t)$ 及 $\boldsymbol{w}(t)$ 时，描述系统的状态方程分别为

$$\boldsymbol{x}'(t)=\begin{bmatrix}-1 & 2\\ -3 & -6\end{bmatrix}\boldsymbol{x}(t)+\begin{bmatrix}-1 & 2\\ 1 & 1\end{bmatrix}\boldsymbol{f}(t),\ \boldsymbol{w}'(t)=\begin{bmatrix}-5 & -1\\ 2 & -2\end{bmatrix}\boldsymbol{w}(t)+\begin{bmatrix}-2 & -3\\ 1 & 3\end{bmatrix}\boldsymbol{f}(t)$$

已知状态向量的线性变换为 $\boldsymbol{x}(t)=\boldsymbol{P}\boldsymbol{w}(t)$，试求变换矩阵 $\boldsymbol{P}$。

解：考虑到

$$\boldsymbol{A}=\begin{bmatrix}-1 & 2\\ -3 & -6\end{bmatrix},\ \boldsymbol{B}=\begin{bmatrix}-1 & 2\\ 1 & 1\end{bmatrix},\ \hat{\boldsymbol{A}}=\begin{bmatrix}-5 & -1\\ 2 & -2\end{bmatrix},\ \hat{\boldsymbol{B}}=\begin{bmatrix}-2 & -3\\ 1 & 3\end{bmatrix}$$

$$\hat{\boldsymbol{A}}\hat{\boldsymbol{B}}=(\boldsymbol{P}^{-1}\boldsymbol{A}\boldsymbol{P})(\boldsymbol{P}^{-1}\boldsymbol{B})=\boldsymbol{P}^{-1}\boldsymbol{A}\boldsymbol{B}$$

则有

$$\begin{aligned}\boldsymbol{P}=\boldsymbol{A}\boldsymbol{B}(\hat{\boldsymbol{A}}\hat{\boldsymbol{B}})^{-1}&=\begin{bmatrix}-1 & 2\\ -3 & -6\end{bmatrix}\begin{bmatrix}-1 & 2\\ 1 & 1\end{bmatrix}\left\{\begin{bmatrix}-5 & -1\\ 2 & -2\end{bmatrix}\begin{bmatrix}-2 & -3\\ 1 & 3\end{bmatrix}\right\}^{-1}\\ &=\begin{bmatrix}3 & 0\\ -3 & -12\end{bmatrix}\begin{bmatrix}9 & 12\\ -6 & -12\end{bmatrix}^{-1}=\begin{bmatrix}1 & 1\\ 1 & 2\end{bmatrix}\end{aligned}$$

由于状态方程式(7.6.7)与状态方程式(7.6.3)同形，输出方程式(7.6.8)与输出方程式(7.6.4)同形，因此，对状态方程式(7.6.3)及输出方程式(7.6.4)分析或求解的结果，对状态方程式(7.6.7)及输出方程式(7.6.8)同样适用，只需要将状态向量 $\boldsymbol{x}(t)$、系统矩阵 $\boldsymbol{A}$、控制矩阵 $\boldsymbol{B}$、输出矩阵 $\boldsymbol{C}$、矩阵 $\boldsymbol{D}$、系统矩阵 $\boldsymbol{A}$ 的特征多项式 $D(\lambda)=\det(\lambda\boldsymbol{I}-\boldsymbol{A})$、特征值 $\lambda_i(i=1,2,\cdots,n)$、状态过渡矩阵 $\boldsymbol{\Phi}(s)$、转移函数矩阵 $\boldsymbol{H}(s)$、单位冲激响应矩阵 $\boldsymbol{h}(t)$ 分别代换成状态向量 $\boldsymbol{w}(t)$、系统矩阵 $\hat{\boldsymbol{A}}$、控制矩阵 $\hat{\boldsymbol{B}}$、输出矩阵 $\hat{\boldsymbol{C}}$、矩阵 $\hat{\boldsymbol{D}}$、系统矩阵 $\hat{\boldsymbol{A}}$ 的特征多项式 $D(\hat{\lambda})=\det(\hat{\lambda}I-\hat{\boldsymbol{A}})$、特征值 $\hat{\lambda}_i(i=1,2,\cdots,n)$、状态过渡矩阵 $\hat{\boldsymbol{\Phi}}(s)$、转移函数矩阵 $\hat{\boldsymbol{H}}(s)$、单位冲激响应矩阵 $\hat{\boldsymbol{h}}(t)$ 即可。

7.6.2　连续时间系统状态向量线性变换的特征

事实上，同一个 LTI 连续时间系统选取不同的状态向量来描述，仅是同一个 LTI 连续时间系统在状态空间中选取不同的基底，LTI 连续时间系统的物理本质并不改变。因此，在状态向量的线性变换下，表征 LTI 连续时间系统的转移函数矩阵、单位冲激响应矩阵、特征多项式、特征值及稳定性判据等，都具有不变性。

1. 同一个 LTI 连续时间系统状态向量的线性变换，系统的转移函数矩阵具有不变性

$$\hat{\boldsymbol{H}}(s)=\boldsymbol{H}(s) \tag{7.6.9}$$

证明：由于$\hat{\boldsymbol{A}}=\boldsymbol{P}^{-1}\boldsymbol{A}\boldsymbol{P}$，$\hat{\boldsymbol{B}}=\boldsymbol{P}^{-1}\boldsymbol{B}$，$\hat{\boldsymbol{C}}=\boldsymbol{C}\boldsymbol{P}$，$\hat{\boldsymbol{D}}=\boldsymbol{D}$，考虑到式(7.3.14)及式(7.3.8)，则有

$$\begin{aligned}\hat{\boldsymbol{H}}(s)&=\hat{\boldsymbol{C}}\hat{\boldsymbol{\Phi}}(s)\hat{\boldsymbol{B}}+\hat{\boldsymbol{D}}=\hat{\boldsymbol{C}}(s\boldsymbol{I}-\hat{\boldsymbol{A}})^{-1}\hat{\boldsymbol{B}}+\hat{\boldsymbol{D}}\\&=\boldsymbol{CP}(s\boldsymbol{I}-\boldsymbol{P}^{-1}\boldsymbol{AP})^{-1}\boldsymbol{P}^{-1}\boldsymbol{B}+\boldsymbol{D}\\&=\boldsymbol{CP}[\boldsymbol{P}^{-1}(s\boldsymbol{I}-\boldsymbol{A})\boldsymbol{P}]^{-1}\boldsymbol{P}^{-1}\boldsymbol{B}+\boldsymbol{D}\\&=\boldsymbol{CPP}^{-1}(s\boldsymbol{I}-\boldsymbol{A})^{-1}\boldsymbol{PP}^{-1}\boldsymbol{B}+\boldsymbol{D}\\&=\boldsymbol{C}(s\boldsymbol{I}-\boldsymbol{A})^{-1}\boldsymbol{B}+\boldsymbol{D}\\&=\boldsymbol{H}(s)\end{aligned}$$

2. 同一个 LTI 连续时间系统状态向量的线性变换，系统的单位冲激响应矩阵具有不变性

$$\hat{\boldsymbol{h}}(t)=\boldsymbol{h}(t) \tag{7.6.10}$$

证明：由于$\hat{\boldsymbol{A}}=\boldsymbol{P}^{-1}\boldsymbol{A}\boldsymbol{P}$，$\hat{\boldsymbol{B}}=\boldsymbol{P}^{-1}\boldsymbol{B}$，$\hat{\boldsymbol{C}}=\boldsymbol{C}\boldsymbol{P}$，$\hat{\boldsymbol{D}}=\boldsymbol{D}$，考虑到式(7.4.52)及式(7.4.43)，则有

$$\begin{aligned}\hat{\boldsymbol{h}}(t)&=\hat{\boldsymbol{C}}\mathrm{e}^{\hat{\boldsymbol{A}}t}\varepsilon(t)\hat{\boldsymbol{B}}+\hat{\boldsymbol{D}}\boldsymbol{\delta}(t)=\hat{\boldsymbol{C}}\Big[\sum_{j=0}^{n-1}\alpha_j(t)\hat{\boldsymbol{A}}^j\Big]\varepsilon(t)\hat{\boldsymbol{B}}+\hat{\boldsymbol{D}}\boldsymbol{\delta}(t)\\&=\boldsymbol{CP}\sum_{j=0}^{n-1}\alpha_j(t)[\boldsymbol{P}^{-1}\boldsymbol{AP}]^j\varepsilon(t)\boldsymbol{P}^{-1}\boldsymbol{B}+\boldsymbol{D}\boldsymbol{\delta}(t)\\&=\boldsymbol{CP}\sum_{j=0}^{n-1}\alpha_j(t)\underbrace{\boldsymbol{P}^{-1}\boldsymbol{APP}^{-1}\boldsymbol{AP}\cdots\boldsymbol{P}^{-1}\boldsymbol{AP}}_{j\text{个}}\varepsilon(t)\boldsymbol{P}^{-1}\boldsymbol{B}+\boldsymbol{D}\boldsymbol{\delta}(t)\\&=\boldsymbol{CP}\sum_{j=0}^{n-1}\alpha_j(t)\boldsymbol{P}^{-1}\boldsymbol{A}^j\boldsymbol{P}\varepsilon(t)\boldsymbol{P}^{-1}\boldsymbol{B}+\boldsymbol{D}\boldsymbol{\delta}(t)\\&=\boldsymbol{C}\sum_{j=0}^{n-1}\alpha_j(t)\boldsymbol{PP}^{-1}\boldsymbol{A}^j\boldsymbol{PP}^{-1}\varepsilon(t)\boldsymbol{B}+\boldsymbol{D}\boldsymbol{\delta}(t)\\&=\boldsymbol{C}\Big[\sum_{j=0}^{n-1}\alpha_j(t)\boldsymbol{A}^j\Big]\varepsilon(t)\boldsymbol{B}+\boldsymbol{D}\boldsymbol{\delta}(t)\\&=\boldsymbol{C}\mathrm{e}^{\boldsymbol{A}t}\varepsilon(t)\boldsymbol{B}+\boldsymbol{D}\boldsymbol{\delta}(t)\\&=\boldsymbol{h}(t)\end{aligned}$$

其实，考虑到 LTI 连续时间系统的单位冲激响应矩阵 $\boldsymbol{h}(t)$与转移函数矩阵 $\boldsymbol{H}(s)$之间是一对 LT 关系，基于已证明的结果$\hat{\boldsymbol{H}}(s)=\boldsymbol{H}(s)$，则间接可得$\hat{\boldsymbol{h}}(t)=\boldsymbol{h}(t)$。

3. 同一个 LTI 连续时间系统状态向量的线性变换，系统的特征值具有不变性

$$\hat{\lambda}_i=\lambda_i,\ i=1,2,\cdots,n \tag{7.6.11}$$

证明：由于$\hat{\boldsymbol{A}}=\boldsymbol{P}^{-1}\boldsymbol{A}\boldsymbol{P}$，考虑到式(7.4.29)，则矩阵$\hat{\boldsymbol{A}}$的特征多项式为

$$\begin{aligned}D(\hat{\lambda})&=\det(\hat{\lambda}\boldsymbol{I}-\hat{\boldsymbol{A}})=|\hat{\lambda}\boldsymbol{I}-\hat{\boldsymbol{A}}|=|\hat{\lambda}\boldsymbol{I}-\boldsymbol{P}^{-1}\boldsymbol{AP}|=|\boldsymbol{P}^{-1}(\hat{\lambda}\boldsymbol{I}-\boldsymbol{A})\boldsymbol{P}|\\&=|\boldsymbol{P}^{-1}|\,|\hat{\lambda}\boldsymbol{I}-\boldsymbol{A}|\,|\boldsymbol{P}|=|\boldsymbol{P}|^{-1}|\boldsymbol{P}|\,|\hat{\lambda}\boldsymbol{I}-\boldsymbol{A}|\\&=|\hat{\lambda}\boldsymbol{I}-\boldsymbol{A}|=D(\lambda)\end{aligned}$$

分析表明，由于系统矩阵$\hat{\boldsymbol{A}}$和系统矩阵 $\boldsymbol{A}$ 具有相同的特征多项式，因此$\hat{\lambda}_i=\lambda_i(i=1,2,\cdots,n)$。

其实，由求逆矩阵 $\boldsymbol{\Phi}(s)=(s\boldsymbol{I}-\boldsymbol{A})^{-1}$的方法可知，LTI 连续时间系统的转移函数矩阵$\hat{\boldsymbol{H}}(s)$和 $\boldsymbol{H}(s)$的分母分别是系统矩阵$\hat{\boldsymbol{A}}$和系统矩阵 $\boldsymbol{A}$ 的特征多项式。基于已证明的结果$\hat{\boldsymbol{H}}(s)=\boldsymbol{H}(s)$，则间接可得同一个 LTI 连续时间系统状态向量的线性变换，系统的特征多项式和特征值具有不变性。

4. 同一个 LTI 连续时间因果系统状态向量的线性变换，系统的稳定性判据具有不变性

若满足条件

$$\max\{\mathrm{Re}[\hat{\lambda}_i]\}=\max\{\mathrm{Re}[\lambda_i]\}<0,\ i=1,2,\cdots,n \tag{7.6.12}$$

则系统为稳定系统。

证明：由式(4.6.8)可知，若 LTI 连续时间因果系统的极点，即系统矩阵 $\boldsymbol{A}$ 的特征值满足条件

$$\max\{\mathrm{Re}[\lambda_i]\}<0,\ i=1,2,\cdots,n \tag{7.6.13}$$

则 LTI 连续时间因果系统为稳定系统。

由式(7.6.11)可知，$\hat{\lambda}_i=\lambda_i(i=1,2,\cdots,n)$，考虑到式(7.6.13)，则有

$$\max\{\mathrm{Re}[\hat{\lambda}_i]\}=\max\{\mathrm{Re}[\lambda_i]\}<0,\ i=1,2,\cdots,n$$

因此，根据 LTI 连续时间因果系统的系统矩阵 $\boldsymbol{A}$ 的特征值是否位于 s 平面左半平面，就能确定系统的稳定性；对于高阶 LTI 连续时间因果系统，基于系统矩阵 $\boldsymbol{A}$ 的特征多项式 $D(s)=D(\lambda)|_{\lambda=s}$，通常利用 R-H 准则来判断系统的稳定性。

例 7.6.2：双输入双输出三阶 LTI 连续时间系统的时域模拟方框图如图 7.6.1 所示。试确定系统稳定时 k 的取值范围。

解：(1) 在图 7.6.1 所示的信号流图中，令

$$\boldsymbol{x}(t)=[x_1(t)\quad x_2(t)\quad x_3(t)]^{\mathrm{T}},\ \boldsymbol{x}'(t)=[x_1'(t)\quad x_2'(t)\quad x_3'(t)]^{\mathrm{T}}$$

$$\boldsymbol{f}(t)=[f_1(t)\quad f_2(t)]^{\mathrm{T}},\ \boldsymbol{y}(t)=[y_1(t)\quad y_2(t)]^{\mathrm{T}}$$

则可得描述系统的状态方程和输出方程的标准形式，即

$$\boldsymbol{x}'(t)=\boldsymbol{A}\boldsymbol{x}(t)+\boldsymbol{B}\boldsymbol{f}(t)$$

$$\boldsymbol{y}(t)=\boldsymbol{C}\boldsymbol{x}(t)+\boldsymbol{D}\boldsymbol{f}(t)$$

式中，$\boldsymbol{A}=\begin{bmatrix}0&k&0\\0&1&-2\\-3&9&-7\end{bmatrix}$，$\boldsymbol{B}=\begin{bmatrix}1&0\\1&1\\1&1\end{bmatrix}$，$\boldsymbol{C}=\begin{bmatrix}1&1&1\\0&1&1\end{bmatrix}$，$\boldsymbol{D}=\begin{bmatrix}0&0\\0&1\end{bmatrix}$。

系统矩阵 $\boldsymbol{A}$ 的特征多项式为

$$D(s)=|s\boldsymbol{I}-\boldsymbol{A}|=\begin{vmatrix}s&-k&0\\0&s-1&2\\3&-9&s+7\end{vmatrix}=s^3+6s^2+11s-6k$$

(2) 利用 R-H 准则确定系统稳定时 k 的取值范围

R-H 阵列为

s^3	1	11
s^2	6	$-6k$
s^1	$\dfrac{-6k-66}{-6}$	0
s^0	$-6k$	0

为使 LTI 连续时间系统稳定，则要求 R-H 阵列中第 1 列元素同符号，即 $-11<k<0$。

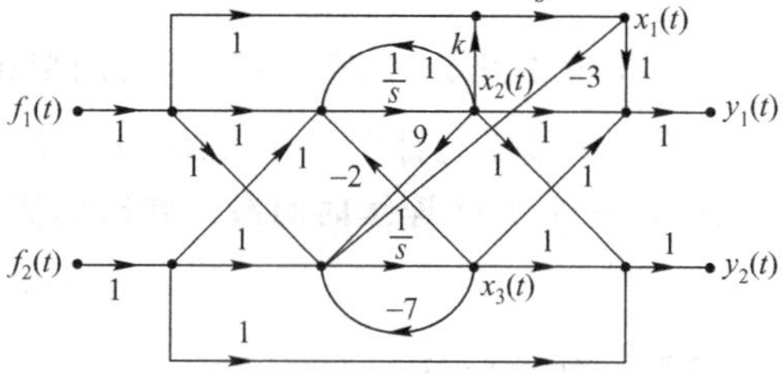

图 7.6.1　双输入双输出三阶 LTI 连续时间系统的时域模拟方框图

7.6.3　连续时间系统的系统矩阵对角化的意义

一个 n 阶 LTI 连续时间系统，在状态向量 $\boldsymbol{x}(t)=\boldsymbol{P}\boldsymbol{w}(t)$ 的线性变换下，若变换矩阵 $\boldsymbol{P}=[\boldsymbol{u}_1\quad \boldsymbol{u}_2\quad \cdots\quad \boldsymbol{u}_n]$ 是系统矩阵 $\boldsymbol{A}$ 的 n 个互不相等的特征值 $\lambda_i(i=1,2,\cdots,n)$(实根，其中可能存在共轭复根)对应的 n 个特征向量 $\boldsymbol{u}_i(i=1,2,\cdots,n)$ 构成的一个满秩变换矩阵，则能使系统矩阵 $\boldsymbol{A}$ 对角化成一个对角矩阵 $\boldsymbol{Q}$，即

$$\hat{\boldsymbol{A}}=\boldsymbol{P}^{-1}\boldsymbol{A}\boldsymbol{P}=\boldsymbol{Q}=\mathrm{diag}[\lambda_1,\lambda_2,\cdots,\lambda_n] \tag{7.6.14}$$

1. 系统矩阵 A 的对角化，有利于计算系统的矩阵指数函数和单位冲激响应矩阵

由式(7.4.28)、式(7.6.10)及式(7.4.52)可知，系统的矩阵指数函数及单位冲激响应矩阵可分别表示成

$$e^{\boldsymbol{A}t}=\boldsymbol{P}e^{\hat{\boldsymbol{A}}t}\boldsymbol{P}^{-1}=\boldsymbol{P}e^{\boldsymbol{Q}t}\boldsymbol{P}^{-1}=\boldsymbol{P}\mathrm{diag}[e^{\lambda_1 t},e^{\lambda_2 t},\cdots,e^{\lambda_n t}]\boldsymbol{P}^{-1} \tag{7.6.15}$$

$$\boldsymbol{h}(t)=\hat{\boldsymbol{h}}(t)=\hat{\boldsymbol{C}}e^{\hat{\boldsymbol{A}}t}\varepsilon(t)\hat{\boldsymbol{B}}+\hat{\boldsymbol{D}}\boldsymbol{\delta}(t)=\boldsymbol{CP}e^{\boldsymbol{Q}t}\varepsilon(t)\boldsymbol{P}^{-1}\boldsymbol{B}+\boldsymbol{D}\boldsymbol{\delta}(t) \tag{7.6.16}$$

2. 系统矩阵 A 的对角化，有利于独立研究系统参数对各状态变量的影响

系统矩阵 **A** 的对角化，等价于系统在状态向量 $\boldsymbol{x}(t)=\boldsymbol{Pw}(t)$的线性变换下，使得系统矩阵 $\hat{\boldsymbol{A}}=\boldsymbol{Q}=\mathrm{diag}[\lambda_1,\lambda_2,\cdots,\lambda_n]$。选取状态向量 $\boldsymbol{w}(t)$来描述系统时，由于状态向量 $\boldsymbol{w}(t)$中的各状态变量互不影响，因此有利于独立研究系统参数对各状态变量的影响。

3. 系统矩阵 A 的对角化，有利于判断系统的稳定性

系统矩阵 **A** 的对角化，等价于系统在状态向量 $\boldsymbol{x}(t)=\boldsymbol{Pw}(t)$的线性变换下，使得系统矩阵 $\hat{\boldsymbol{A}}=\boldsymbol{Q}=\mathrm{diag}[\lambda_1,\lambda_2,\cdots,\lambda_n]$。由于对角化后矩阵$\hat{\boldsymbol{A}}$的对角元素是系统的特征值，因此有利于判断系统的稳定性。

例 7.6.3： 已知双输入双输出三阶 LTI 连续时间系统的状态方程和输出方程的标准形式为

$$\boldsymbol{x}'(t)=\boldsymbol{Ax}(t)+\boldsymbol{Bf}(t)$$
$$\boldsymbol{y}(t)=\boldsymbol{Cx}(t)+\boldsymbol{Df}(t)$$

式中，$\boldsymbol{A}=\begin{bmatrix}0&-1&0\\0&1&-2\\-3&9&-7\end{bmatrix}$，$\boldsymbol{B}=\begin{bmatrix}1&0\\1&1\\1&1\end{bmatrix}$，$\boldsymbol{C}=\begin{bmatrix}1&1&1\\0&1&1\end{bmatrix}$，$\boldsymbol{D}=\begin{bmatrix}0&0\\0&1\end{bmatrix}$。

(1) 试建立系统矩阵 **A** 对角化后的状态方程和输出方程，并画出系统矩阵 **A** 对角化后的信号流图。

(2) 已知系统的初始状态 $x_1(0_-)=x_2(0_-)=x_3(0_-)=1$，激励 $f_1(t)=f_2(t)=e^{-2t}\varepsilon(t)$，试求系统矩阵 **A** 对角化后的状态向量 $\boldsymbol{w}(t)$。

解： (1) 建立系统矩阵 **A** 对角化后的状态方程和输出方程

① 求矩阵 **A** 的特征值

矩阵 **A** 的特征方程为

$$D(\lambda)=|\lambda\boldsymbol{I}-\boldsymbol{A}|=\begin{vmatrix}\lambda&1&0\\0&\lambda-1&2\\3&-9&\lambda+7\end{vmatrix}=(\lambda+1)(\lambda+2)(\lambda+3)=0$$

特征值 $\lambda_1=-1$，$\lambda_2=-2$，$\lambda_3=-3$。

② 求矩阵 **A** 的特征值 $\lambda_i(i=1,2,3)$对应的特征向量及变换矩阵

$$(\lambda_1\boldsymbol{I}-\boldsymbol{A})=\begin{bmatrix}-1&1&0\\0&-2&2\\3&-9&6\end{bmatrix}\to\begin{bmatrix}-1&1&0\\0&-2&2\\0&-6&6\end{bmatrix}\to\begin{bmatrix}-1&1&0\\0&-2&2\\0&0&0\end{bmatrix}\to\begin{bmatrix}1&0&-1\\0&1&-1\\0&0&0\end{bmatrix}$$

因此，取特征向量为 $\boldsymbol{u}_1=[1\quad 1\quad 1]^{\mathrm{T}}$

$$(\lambda_2\boldsymbol{I}-\boldsymbol{A})=\begin{bmatrix}-2&1&0\\0&-3&2\\3&-9&5\end{bmatrix}\to\begin{bmatrix}1&-\frac{1}{2}&0\\0&-3&2\\1&-3&\frac{5}{3}\end{bmatrix}\to\begin{bmatrix}1&-\frac{1}{2}&0\\0&-3&2\\0&-\frac{5}{2}&\frac{5}{3}\end{bmatrix}\to\begin{bmatrix}1&0&-\frac{1}{3}\\0&1&-\frac{2}{3}\\0&0&0\end{bmatrix}$$

因此，取特征向量为 $\boldsymbol{u}_2=[1\quad 2\quad 3]^{\mathrm{T}}$

$$(\lambda_3 \boldsymbol{I}-\boldsymbol{A})=\begin{bmatrix}-3 & 1 & 0\\ 0 & -4 & 2\\ 3 & -9 & 4\end{bmatrix}\rightarrow\begin{bmatrix}-3 & 1 & 0\\ 0 & -4 & 2\\ 0 & -8 & 4\end{bmatrix}\rightarrow\begin{bmatrix}-3 & 1 & 0\\ 0 & 1 & -\frac{1}{2}\\ 0 & 0 & 0\end{bmatrix}\rightarrow\begin{bmatrix}1 & 0 & -\frac{1}{6}\\ 0 & 1 & -\frac{1}{2}\\ 0 & 0 & 0\end{bmatrix}$$

因此，取特征向量为 $\boldsymbol{u}_3=[1\quad 3\quad 6]^{\mathrm{T}}$，于是变换矩阵 $\boldsymbol{P}=[\boldsymbol{u}_1\quad \boldsymbol{u}_2\quad \boldsymbol{u}_3]=\begin{bmatrix}1 & 1 & 1\\ 1 & 2 & 3\\ 1 & 3 & 6\end{bmatrix}$。

③ 建立系统矩阵 **A** 对角化后的状态方程和输出方程

考虑到

$$[\boldsymbol{PI}]=\begin{bmatrix}1 & 1 & 1 & 1 & 0 & 0\\ 1 & 2 & 3 & 0 & 1 & 0\\ 1 & 3 & 6 & 0 & 0 & 1\end{bmatrix}\rightarrow\begin{bmatrix}1 & 1 & 1 & 1 & 0 & 0\\ 0 & 1 & 2 & -1 & 1 & 0\\ 0 & 2 & 5 & -1 & 0 & 1\end{bmatrix}\rightarrow\begin{bmatrix}1 & 1 & 1 & 1 & 0 & 0\\ 0 & 1 & 2 & -1 & 1 & 0\\ 0 & 0 & 1 & 1 & -2 & 1\end{bmatrix}$$

$$\rightarrow\begin{bmatrix}1 & 1 & 0 & 0 & 2 & -1\\ 0 & 1 & 0 & -3 & 5 & -2\\ 0 & 0 & 1 & 1 & -2 & 1\end{bmatrix}\rightarrow\begin{bmatrix}1 & 0 & 0 & 3 & -3 & 1\\ 0 & 1 & 0 & -3 & 5 & -2\\ 0 & 0 & 1 & 1 & -2 & 1\end{bmatrix}=[\boldsymbol{IP}^{-1}]$$

则 $\boldsymbol{P}^{-1}=\begin{bmatrix}3 & -3 & 1\\ -3 & 5 & -2\\ 1 & -2 & 1\end{bmatrix}$。

因此，系统矩阵 **A** 对角化后的状态方程和输出方程分别为

$$\boldsymbol{w}'(t)=\hat{\boldsymbol{A}}\boldsymbol{w}(t)+\hat{\boldsymbol{B}}\boldsymbol{f}(t)$$

$$\boldsymbol{y}(t)=\hat{\boldsymbol{C}}\boldsymbol{w}(t)+\hat{\boldsymbol{D}}\boldsymbol{f}(t)$$

其中

$$\hat{\boldsymbol{A}}=\boldsymbol{P}^{-1}\boldsymbol{AP}=\boldsymbol{Q}=\begin{bmatrix}-1 & 0 & 0\\ 0 & -2 & 0\\ 0 & 0 & -3\end{bmatrix},\ \hat{\boldsymbol{B}}=\boldsymbol{P}^{-1}\boldsymbol{B}=\begin{bmatrix}3 & -3 & 1\\ -3 & 5 & -2\\ 1 & -2 & 1\end{bmatrix}\begin{bmatrix}1 & 0\\ 1 & 1\\ 1 & 1\end{bmatrix}=\begin{bmatrix}1 & -2\\ 0 & 3\\ 0 & -1\end{bmatrix}$$

$$\hat{\boldsymbol{C}}=\boldsymbol{CP}=\begin{bmatrix}1 & 1 & 1\\ 0 & 1 & 1\end{bmatrix}\begin{bmatrix}1 & 1 & 1\\ 1 & 2 & 3\\ 1 & 3 & 6\end{bmatrix}=\begin{bmatrix}3 & 6 & 10\\ 2 & 5 & 9\end{bmatrix},\ \hat{\boldsymbol{D}}=\boldsymbol{D}=\begin{bmatrix}0 & 0\\ 0 & 1\end{bmatrix}$$

于是，系统矩阵 **A** 对角化后的信号流图如图 7.6.2 所示。

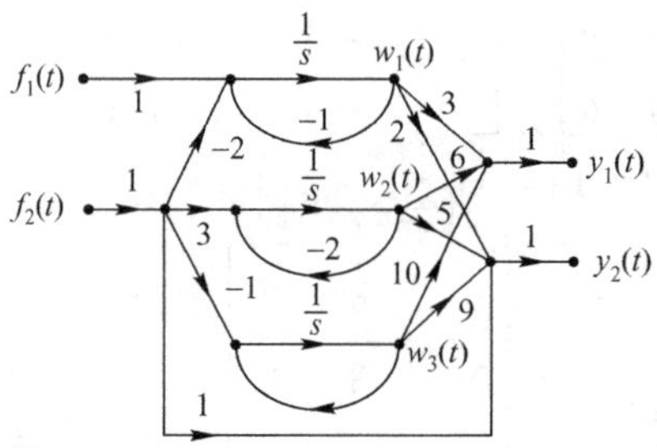

图 7.6.2　双输入双输出三阶 LTI 连续时间系统矩阵 **A** 对角化后的信号流图

(2) 由式(7.4.15)可知，$\boldsymbol{w}(t)=\mathrm{e}^{\hat{\boldsymbol{A}}t}\boldsymbol{w}(0_-)+\mathrm{e}^{\hat{\boldsymbol{A}}t}\varepsilon(t)*\hat{\boldsymbol{B}}\boldsymbol{f}(t)=\mathrm{e}^{\hat{\boldsymbol{A}}t}\boldsymbol{P}^{-1}\boldsymbol{x}(0_-)+\mathrm{e}^{\hat{\boldsymbol{A}}t}\varepsilon(t)*\hat{\boldsymbol{B}}\boldsymbol{f}(t)$，于是

$$\boldsymbol{w}(t)=\begin{bmatrix}\mathrm{e}^{-t}&0&0\\0&\mathrm{e}^{-2t}&0\\0&0&\mathrm{e}^{-3t}\end{bmatrix}\begin{bmatrix}3&-3&1\\-3&5&-2\\1&-2&1\end{bmatrix}\begin{bmatrix}1\\1\\1\end{bmatrix}+\begin{bmatrix}\mathrm{e}^{-t}&0&0\\0&\mathrm{e}^{-2t}&0\\0&0&\mathrm{e}^{-3t}\end{bmatrix}\varepsilon(t)*\begin{bmatrix}-\mathrm{e}^{-2t}\varepsilon(t)\\3\mathrm{e}^{-2t}\varepsilon(t)\\-\mathrm{e}^{-2t}\varepsilon(t)\end{bmatrix}$$

$$=\begin{bmatrix}\mathrm{e}^{-t}\\0\\0\end{bmatrix}+\begin{bmatrix}(\mathrm{e}^{-2t}-\mathrm{e}^{-t})\varepsilon(t)\\3t\mathrm{e}^{-2t}\varepsilon(t)\\(\mathrm{e}^{-3t}-\mathrm{e}^{-2t})\varepsilon(t)\end{bmatrix},\ t\geqslant 0$$

7.6.4　离散时间系统状态向量线性变换的特征

下面介绍在状态向量的线性变换下，描述离散时间系统的状态方程和输出方程，离散时间系统状态向量线性变换的特征及系统矩阵对角化的意义。

1. 在状态向量的线性变换下，离散时间系统的状态方程和输出方程

设 $\boldsymbol{x}(k)$及 $\boldsymbol{w}(k)$是 n 阶 LSI 离散时间系统的两个状态向量，它们之间的线性变换关系为

$$\boldsymbol{x}(k)=\boldsymbol{P}\boldsymbol{w}(k)\tag{7.6.17}$$

式中，$\boldsymbol{x}(k)=[x_1(k)\quad x_2(k)\quad\cdots\quad x_n(k)]^{\mathrm{T}}$，$\boldsymbol{w}(k)=[w_1(k)\quad w_2(k)\quad\cdots\quad w_n(k)]^{\mathrm{T}}$，$n$ 阶矩阵 $\boldsymbol{P}$ 称为变换矩阵。

若 $\boldsymbol{P}$ 为满秩矩阵，则逆矩阵$\boldsymbol{P}^{-1}$存在，由式(7.6.17)可得

$$\boldsymbol{w}(k)=\boldsymbol{P}^{-1}\boldsymbol{x}(k)\tag{7.6.18}$$

若选取 $\boldsymbol{x}(k)$为状态向量，则描述系统的状态方程和输出方程分别为

$$\boldsymbol{x}(k+1)=\boldsymbol{A}\boldsymbol{x}(k)+\boldsymbol{B}\boldsymbol{f}(k)\tag{7.6.19}$$

$$\boldsymbol{y}(k)=\boldsymbol{C}\boldsymbol{x}(k)+\boldsymbol{D}\boldsymbol{f}(k)\tag{7.6.20}$$

将式(7.6.19)的等号两边分别左乘$\boldsymbol{P}^{-1}$，可得

$$\boldsymbol{P}^{-1}\boldsymbol{x}(k+1)=\boldsymbol{P}^{-1}\boldsymbol{A}\boldsymbol{x}(k)+\boldsymbol{P}^{-1}\boldsymbol{B}\boldsymbol{f}(k)=\boldsymbol{P}^{-1}\boldsymbol{A}\boldsymbol{P}\boldsymbol{P}^{-1}\boldsymbol{x}(k)+\boldsymbol{P}^{-1}\boldsymbol{B}\boldsymbol{f}(k)\tag{7.6.21}$$

式(7.6.20)可以改写成

$$\boldsymbol{y}(k)=\boldsymbol{C}\boldsymbol{x}(k)+\boldsymbol{D}\boldsymbol{f}(k)=\boldsymbol{C}\boldsymbol{P}\boldsymbol{P}^{-1}\boldsymbol{x}(k)+\boldsymbol{D}\boldsymbol{f}(k)\tag{7.6.22}$$

若选取 $\boldsymbol{w}(k)$为状态向量，分别利用式(7.6.18)，对式(7.6.21)及式(7.6.22)中的状态向量进行代换，则可以得到描述系统的状态方程和输出方程，即

$$\boldsymbol{w}(k+1)=\hat{\boldsymbol{A}}\boldsymbol{w}(k)+\hat{\boldsymbol{B}}\boldsymbol{f}(k)\tag{7.6.23}$$

$$\boldsymbol{y}(k)=\hat{\boldsymbol{C}}\boldsymbol{w}(k)+\hat{\boldsymbol{D}}\boldsymbol{f}(k)\tag{7.6.24}$$

式中，$\hat{\boldsymbol{A}}=\boldsymbol{P}^{-1}\boldsymbol{A}\boldsymbol{P}$，$\hat{\boldsymbol{B}}=\boldsymbol{P}^{-1}\boldsymbol{B}$，$\hat{\boldsymbol{C}}=\boldsymbol{C}\boldsymbol{P}$，$\hat{\boldsymbol{D}}=\boldsymbol{D}$。

由于状态方程式(7.6.23)与状态方程式(7.6.19)同形，输出方程式(7.6.24)与输出方程式(7.6.20)同形，因此，对状态方程式(7.6.19)及输出方程式(7.6.20)分析或求解的结果，对状态方程式(7.6.23)及输出方程式(7.6.24)同样适用，只需要将状态向量 $\boldsymbol{x}(k)$、系统矩阵 $\boldsymbol{A}$、控制矩阵 $\boldsymbol{B}$、输出矩阵 $\boldsymbol{C}$、矩阵 $\boldsymbol{D}$、系统矩阵 $\boldsymbol{A}$ 的特征多项式 $D(v)=\det(\boldsymbol{I}-v^{-1}\boldsymbol{A})$、特征值 $v_i(i=1,2,\cdots,n)$、状态过渡矩阵 $\boldsymbol{\Phi}(z)$、转移函数矩阵 $\boldsymbol{H}(z)$、单位冲激响应矩阵 $\boldsymbol{h}(k)$分别代换成状态向量 $\boldsymbol{w}(k)$、系统矩阵$\hat{\boldsymbol{A}}$、控制矩阵$\hat{\boldsymbol{B}}$、输出矩阵$\hat{\boldsymbol{C}}$、矩阵$\hat{\boldsymbol{D}}$、系统矩阵$\hat{\boldsymbol{A}}$的特征多项式 $D(\hat{v})=\det(I-\hat{v}^{-1}\hat{\boldsymbol{A}})$、特征值$\hat{v}_i(i=1,2,\cdots,n)$、状态过渡矩阵$\hat{\boldsymbol{\Phi}}(z)$、转移函数矩阵$\hat{\boldsymbol{H}}(z)$、单位冲激响应矩阵$\hat{\boldsymbol{h}}(k)$即可。

2. 离散时间系统状态向量线性变换的特征

事实上，同一个 LSI 离散时间系统选取不同的状态向量来描述，仅是同一个 LSI 离散时间系统在状态空间中选取不同的基底，LSI 离散时间系统的物理本质并不改变。因此，在状态向量的线性变换下，表征 LSI 离散时间系统的转移函数矩阵、单位冲激响应矩阵、特征多项式、

特征值及稳定性判据等，都具有不变性。

(1) 同一个 LSI 离散时间系统状态向量的线性变换，系统的转移函数矩阵具有不变性

$$\hat{\boldsymbol{H}}(z)=\boldsymbol{H}(z) \tag{7.6.25}$$

证明：由于$\hat{\boldsymbol{A}}=\boldsymbol{P}^{-1}\boldsymbol{A}\boldsymbol{P}$，$\hat{\boldsymbol{B}}=\boldsymbol{P}^{-1}\boldsymbol{B}$，$\hat{\boldsymbol{C}}=\boldsymbol{C}\boldsymbol{P}$，$\hat{\boldsymbol{D}}=\boldsymbol{D}$，考虑到式(7.5.37)及式(7.5.31)，则有

$$\begin{aligned}\hat{\boldsymbol{H}}(z)&=z^{-1}\hat{\boldsymbol{C}}\hat{\boldsymbol{\Phi}}(z)\hat{\boldsymbol{B}}+\hat{\boldsymbol{D}}=z^{-1}\hat{\boldsymbol{C}}(\boldsymbol{I}-z^{-1}\hat{\boldsymbol{A}})^{-1}\hat{\boldsymbol{B}}+\hat{\boldsymbol{D}}\\&=z^{-1}\boldsymbol{C}\boldsymbol{P}(\boldsymbol{I}-z^{-1}\boldsymbol{P}^{-1}\boldsymbol{A}\boldsymbol{P})^{-1}\boldsymbol{P}^{-1}\boldsymbol{B}+\boldsymbol{D}\\&=z^{-1}\boldsymbol{C}\boldsymbol{P}[\boldsymbol{P}^{-1}(\boldsymbol{I}-z^{-1}\boldsymbol{A})\boldsymbol{P}]^{-1}\boldsymbol{P}^{-1}\boldsymbol{B}+\boldsymbol{D}\\&=z^{-1}\boldsymbol{C}\boldsymbol{P}\boldsymbol{P}^{-1}(\boldsymbol{I}-z^{-1}\boldsymbol{A})^{-1}\boldsymbol{P}\boldsymbol{P}^{-1}\boldsymbol{B}+\boldsymbol{D}\\&=z^{-1}\boldsymbol{C}(\boldsymbol{I}-z^{-1}\boldsymbol{A})^{-1}\boldsymbol{B}+\boldsymbol{D}\\&=z^{-1}\boldsymbol{C}\boldsymbol{\Phi}(z)\boldsymbol{B}+\boldsymbol{D}\\&=\boldsymbol{H}(z)\end{aligned}$$

(2) 同一个 LSI 离散时间系统状态向量的线性变换，系统的单位冲激响应矩阵具有不变性

$$\hat{\boldsymbol{h}}(k)=\boldsymbol{h}(k) \tag{7.6.26}$$

证明：由于$\hat{\boldsymbol{A}}=\boldsymbol{P}^{-1}\boldsymbol{A}\boldsymbol{P}$，$\hat{\boldsymbol{B}}=\boldsymbol{P}^{-1}\boldsymbol{B}$，$\hat{\boldsymbol{C}}=\boldsymbol{C}\boldsymbol{P}$，$\hat{\boldsymbol{D}}=\boldsymbol{D}$，考虑到式(7.5.81)，则有

$$\begin{aligned}\hat{\boldsymbol{h}}(k)&=\hat{\boldsymbol{C}}\hat{\boldsymbol{A}}^{k-1}\varepsilon(k-1)\hat{\boldsymbol{B}}+\hat{\boldsymbol{D}}\boldsymbol{\delta}(k)\\&=\boldsymbol{C}\boldsymbol{P}[\boldsymbol{P}^{-1}\boldsymbol{A}\boldsymbol{P}]^{k-1}\varepsilon(k-1)\boldsymbol{P}^{-1}\boldsymbol{B}+\boldsymbol{D}\boldsymbol{\delta}(k)\\&=\boldsymbol{C}\boldsymbol{P}\underbrace{\boldsymbol{P}^{-1}\boldsymbol{A}\boldsymbol{P}\boldsymbol{P}^{-1}\boldsymbol{A}\boldsymbol{P}\cdots\boldsymbol{P}^{-1}\boldsymbol{A}\boldsymbol{P}}_{(k-1)\text{个}}\varepsilon(k-1)\boldsymbol{P}^{-1}\boldsymbol{B}+\boldsymbol{D}\boldsymbol{\delta}(k)\\&=\boldsymbol{C}\boldsymbol{P}\boldsymbol{P}^{-1}\boldsymbol{A}^{k-1}\boldsymbol{P}\varepsilon(k-1)\boldsymbol{P}^{-1}\boldsymbol{B}+\boldsymbol{D}\boldsymbol{\delta}(k)\\&=\boldsymbol{C}\boldsymbol{P}\boldsymbol{P}^{-1}\boldsymbol{A}^{k-1}\varepsilon(k-1)\boldsymbol{P}\boldsymbol{P}^{-1}\boldsymbol{B}+\boldsymbol{D}\boldsymbol{\delta}(k)\\&=\boldsymbol{C}\boldsymbol{A}^{k-1}\varepsilon(k-1)\boldsymbol{B}+\boldsymbol{D}\boldsymbol{\delta}(k)\\&=\boldsymbol{h}(k)\end{aligned}$$

其实，考虑到 LSI 离散时间系统的单位冲激响应矩阵 $\boldsymbol{h}(k)$与转移函数矩阵 $\boldsymbol{H}(z)$之间是一对 ZT 关系。基于已证明的结果$\hat{\boldsymbol{H}}(z)=\boldsymbol{H}(z)$，则间接可得$\hat{\boldsymbol{h}}(k)=\boldsymbol{h}(k)$。

(3) 同一个 LSI 离散时间系统状态向量的线性变换，系统的特征值具有不变性

$$\hat{v}_i=v_i,\ i=1,2,\cdots,n \tag{7.6.27}$$

证明：由于$\hat{\boldsymbol{A}}=\boldsymbol{P}^{-1}\boldsymbol{A}\boldsymbol{P}$，考虑到式(7.5.64)，则矩阵$\hat{\boldsymbol{A}}$的特征多项式为

$$\begin{aligned}D(\hat{v})&=\det(\boldsymbol{I}-\hat{v}^{-1}\hat{\boldsymbol{A}})=|\boldsymbol{I}-\hat{v}^{-1}\hat{\boldsymbol{A}}|=|\boldsymbol{I}-\hat{v}^{-1}\boldsymbol{P}^{-1}\boldsymbol{A}\boldsymbol{P}|=|\boldsymbol{P}^{-1}(\boldsymbol{I}-\hat{v}^{-1}\boldsymbol{A})\boldsymbol{P}|\\&=|\boldsymbol{P}^{-1}|\,|\boldsymbol{I}-\hat{v}^{-1}\boldsymbol{A}|\,|\boldsymbol{P}|=|\boldsymbol{P}|^{-1}|\boldsymbol{P}|\,|\boldsymbol{I}-\hat{v}^{-1}\boldsymbol{A})|\\&=|\boldsymbol{I}-\hat{v}^{-1}\boldsymbol{A}|=D(v)\end{aligned}$$

分析表明，由于系统矩阵$\hat{\boldsymbol{A}}$和系统矩阵 $\boldsymbol{A}$ 具有相同的特征多项式，因此$\hat{v}_i=v_i(i=1,2,\cdots,n)$。

其实，由求逆矩阵 $\boldsymbol{\Phi}(z)=(\boldsymbol{I}-z^{-1}\boldsymbol{A})^{-1}$的方法可知，LSI 离散时间系统的转移函数矩阵$\hat{\boldsymbol{H}}(z)$和 $\boldsymbol{H}(z)$的分母分别是系统矩阵$\hat{\boldsymbol{A}}$和系统矩阵 $\boldsymbol{A}$ 的特征多项式。基于已证明的结果$\hat{\boldsymbol{H}}(z)=\boldsymbol{H}(z)$，则间接可得同一个 LSI 离散时间系统状态向量的线性变换，系统的特征多项式和特征值具有不变性。

(4) 同一个 LSI 离散时间因果系统状态向量的线性变换，系统的稳定性判据具有不变性

若满足条件

$$\max(|\hat{v}_i|)=\max(|v_i|)<1,\ i=1,2,\cdots,n \tag{7.6.28}$$

则系统为稳定系统。

证明：由式(6.6.18)可知，若 LSI 离散时间因果系统的极点，即系统矩阵 $\boldsymbol{A}$ 的特征值满足条件

$$\max(|v_i|)<1,\ i=1,2,\cdots,n \tag{7.6.29}$$

则 LSI 离散时间因果系统为稳定系统。

由式(7.6.27)可知$\hat{v}_i=v_i(i=1,2,\cdots,n)$，考虑到式(7.6.29)，则有

$\max(|\hat{v}_i|)=\max(|v_i|)<1,\ i=1,2,\cdots,n$。

因此，根据 LSI 离散时间因果系统的系统矩阵 $\boldsymbol{A}$ 的特征值是否位于 z 平面的单位圆内，就能确定系统的稳定性；对于高阶 LSI 离散时间因果系统，基于系统矩阵 $\boldsymbol{A}$ 的特征多项式 $D(z)=D(v)|_{v=z}$，通常利用 Jury 准则来判断系统的稳定性，或者利用双线性变换和 R-H 准则来判断系统的稳定性。

3. 离散时间系统的系统矩阵对角化的意义

一个 n 阶 LSI 离散时间系统，在状态向量 $\boldsymbol{x}(k)=\boldsymbol{P}\boldsymbol{w}(k)$ 的线性变换下，若变换矩阵 $\boldsymbol{P}=[\boldsymbol{u}_1\quad \boldsymbol{u}_2\quad \cdots\quad \boldsymbol{u}_n]$是系统矩阵 $\boldsymbol{A}$ 的 n 个互不相等的特征值 $v_i(i=1,2,\cdots,n)$(实根，其中可能存在共轭复根)对应的 n 个特征向量$\boldsymbol{u}_i(i=1,2,\cdots,n)$构成的一个满秩变换矩阵，则能使系统矩阵 $\boldsymbol{A}$ 对角化成一个对角矩阵 $\boldsymbol{Q}$，即

$$\hat{\boldsymbol{A}}=\boldsymbol{P}^{-1}\boldsymbol{A}\boldsymbol{P}=\boldsymbol{Q}=\mathrm{diag}[v_1,v_2,\cdots,v_n] \tag{7.6.30}$$

(1) 系统矩阵 $\boldsymbol{A}$ 的对角化，有利于计算系统的矩阵指数序列和单位冲激响应矩阵

由式(7.5.63)、式(7.6.26)及式(7.5.81)可知，系统的矩阵指数序列及单位冲激响应矩阵可分别表示成

$$\boldsymbol{A}^k=\boldsymbol{P}\hat{\boldsymbol{A}}^k\boldsymbol{P}^{-1}=\boldsymbol{P}\boldsymbol{Q}^k\boldsymbol{P}^{-1}=\boldsymbol{P}\,\mathrm{diag}[v_1^k,v_2^k,\cdots,v_n^k]\boldsymbol{P}^{-1} \tag{7.6.31}$$

$$\boldsymbol{h}(k)=\hat{\boldsymbol{h}}(k)=\hat{\boldsymbol{C}}\hat{\boldsymbol{A}}^{k-1}\varepsilon(k-1)\hat{\boldsymbol{B}}+\hat{\boldsymbol{D}}\boldsymbol{\delta}(k)=\boldsymbol{C}\boldsymbol{P}\boldsymbol{Q}^{k-1}\varepsilon(k-1)\boldsymbol{P}^{-1}\boldsymbol{B}+\boldsymbol{D}\boldsymbol{\delta}(k) \tag{7.6.32}$$

(2) 系统矩阵 $\boldsymbol{A}$ 的对角化，有利于独立研究系统参数对各状态变量的影响

系统矩阵 $\boldsymbol{A}$ 的对角化，等价于系统在状态向量 $\boldsymbol{x}(k)=\boldsymbol{P}\boldsymbol{w}(k)$的线性变换下，使得系统矩阵$\hat{\boldsymbol{A}}=\boldsymbol{Q}=\mathrm{diag}[v_1,v_2,\cdots,v_n]$，选取状态向量 $\boldsymbol{w}(k)$来描述系统时，由于状态向量 $\boldsymbol{w}(k)$中的各状态变量互不影响，因此有利于独立研究系统参数对各状态变量的影响。

(3) 系统特征矩阵 $\boldsymbol{A}$ 的对角化，有利于判断系统的稳定性

系统矩阵 $\boldsymbol{A}$ 的对角化，等价于系统在状态向量 $\boldsymbol{x}(k)=\boldsymbol{P}\boldsymbol{w}(k)$的线性变换下，使得系统矩阵$\hat{\boldsymbol{A}}=\boldsymbol{Q}=\mathrm{diag}[v_1,v_2,\cdots,v_n]$。由于对角化后矩阵$\hat{\boldsymbol{A}}$的对角元素是系统的特征值，因此有利于判断系统的稳定性。

7.7 系统状态的可控制性与可观察性

系统状态的可控制性和可观察性是利用状态变量法分析现代控制系统，实现最佳控制必须解决的问题，本节将介绍系统状态可控制性和可观察性的定义及判据。

7.7.1 系统状态可控制性的定义及判据

下面介绍 LTI 连续时间系统及 LSI 离散时间系统状态可控制性的定义及判据。

1. 连续时间系统状态可控制性的定义

若在有限时间内，例如 t 从 $0_-\sim t_1$，通过输入信号向量 $\boldsymbol{f}(t)$的作用或控制，能使系统的任意初始状态 $\boldsymbol{x}(0_-)$转移到所希望的状态，例如系统的初始状态 $\boldsymbol{x}(0_-)$转移到状态空间的原点，即能使$\boldsymbol{x}(t_1)\equiv\boldsymbol{0}$，则称连续时间系统的状态是完全可控制的(简称系统可控)。若仅能使系统的部分初始状态值 $x_i(0_-)$转移到所希望的状态值 $x_i(t_1)$，则称连续时间系统的状态是不完全可控制的。

2. 连续时间系统状态可控制性的判据

设 LTI 连续时间系统的状态方程为 $\boldsymbol{x}'(t)=\boldsymbol{A}\boldsymbol{x}(t)+\boldsymbol{B}\boldsymbol{f}(t)$，其中的系统矩阵 $\boldsymbol{A}$ 是 $n\times n$ 阶矩阵，控制矩阵 $\boldsymbol{B}$ 是 $n\times m$ 阶矩阵。

若系统矩阵 $\boldsymbol{A}$ 和控制矩阵 $\boldsymbol{B}$ 构成的 $n\times nm$ 阶矩阵 $\boldsymbol{M}=[\boldsymbol{B}\quad \boldsymbol{A}\boldsymbol{B}\quad \boldsymbol{A}^2\boldsymbol{B}\quad \cdots\quad \boldsymbol{A}^{n-1}\boldsymbol{B}]$为满秩矩阵，即

$$\mathrm{rank}\boldsymbol{M}=n \tag{7.7.1}$$

则系统的状态是完全可控制的。式(7.7.1)是LTI连续时间系统状态完全可控制的充要条件。

证明:由式(7.4.15)可知,n 阶LTI连续时间系统状态方程的时域解为

$$\boldsymbol{x}(t)=\mathrm{e}^{\boldsymbol{A}t}\boldsymbol{x}(0_-)+\mathrm{e}^{\boldsymbol{A}t}\varepsilon(t)*\boldsymbol{B}\boldsymbol{f}(t)=\mathrm{e}^{\boldsymbol{A}t}\boldsymbol{x}(0_-)+\int_{0_-}^{t}\mathrm{e}^{\boldsymbol{A}(t-\tau)}\boldsymbol{B}\boldsymbol{f}(\tau)\mathrm{d}\tau \tag{7.7.2}$$

考虑到 $\boldsymbol{x}(t_1)\equiv\boldsymbol{0}$,由式(7.7.2)可得

$$\boldsymbol{x}(t_1)=\mathrm{e}^{\boldsymbol{A}t_1}\boldsymbol{x}(0_-)+\mathrm{e}^{\boldsymbol{A}t_1}\int_{0_-}^{t_1}\mathrm{e}^{-\boldsymbol{A}\tau}\boldsymbol{B}\boldsymbol{f}(\tau)\mathrm{d}\tau=\boldsymbol{0} \tag{7.7.3}$$

由式(7.7.3)可得

$$\mathrm{e}^{\boldsymbol{A}t_1}\boldsymbol{x}(0_-)=-\mathrm{e}^{\boldsymbol{A}t_1}\int_{0_-}^{t_1}\mathrm{e}^{-\boldsymbol{A}\tau}\boldsymbol{B}\boldsymbol{f}(\tau)\mathrm{d}\tau \tag{7.7.4}$$

将式(7.7.4)的等号两边分别左乘 $\mathrm{e}^{-\boldsymbol{A}t_1}$,并考虑到 $\mathrm{e}^{-\boldsymbol{A}\tau}=\sum\limits_{j=0}^{n-1}\alpha_j(-\tau)\boldsymbol{A}^j$,可得

$$\boldsymbol{x}(0_-)=-\int_{0_-}^{t_1}\left[\sum_{j=0}^{n-1}\alpha_j(-\tau)\boldsymbol{A}^j\right]\boldsymbol{B}\boldsymbol{f}(\tau)\mathrm{d}\tau=-\sum_{j=0}^{n-1}\boldsymbol{A}^j\boldsymbol{B}\left[\int_{0_-}^{t_1}\alpha_j(-\tau)\boldsymbol{f}(\tau)\mathrm{d}\tau\right] \tag{7.7.5}$$

令 $\boldsymbol{r}_j=\int_{0_-}^{t_1}\alpha_j(-\tau)\boldsymbol{f}(\tau)\mathrm{d}\tau\,(j=0,1,2,\cdots,n-1)$,则式(7.7.5)可以写成

$$\boldsymbol{x}(0_-)=-[\boldsymbol{B}\quad \boldsymbol{A}\boldsymbol{B}\quad \boldsymbol{A}^2\boldsymbol{B}\quad \cdots\quad \boldsymbol{A}^{n-1}\boldsymbol{B}][\boldsymbol{r}_0\quad \boldsymbol{r}_1\quad \boldsymbol{r}_2\quad \cdots\quad \boldsymbol{r}_{n-1}]^{\mathrm{T}}=-\boldsymbol{M}\boldsymbol{r} \tag{7.7.6}$$

式中,$\boldsymbol{M}=[\boldsymbol{B}\quad \boldsymbol{A}\boldsymbol{B}\quad \boldsymbol{A}^2\boldsymbol{B}\quad \cdots\quad \boldsymbol{A}^{n-1}\boldsymbol{B}]$,$\boldsymbol{r}=[\boldsymbol{r}_0\quad \boldsymbol{r}_1\quad \boldsymbol{r}_2\quad \cdots\quad \boldsymbol{r}_{n-1}]^{\mathrm{T}}$。

对于给定的系统的初始状态 $\boldsymbol{x}(0_-)$,为了获得唯一的解向量 $\boldsymbol{r}$,以便实现LTI连续时间系统状态的完全可控制,由线性代数知识可知,其充要条件是 $n\times nm$ 阶矩阵 $\boldsymbol{M}$ 为一个满秩矩阵,即 $\mathrm{rank}\boldsymbol{M}=n$。

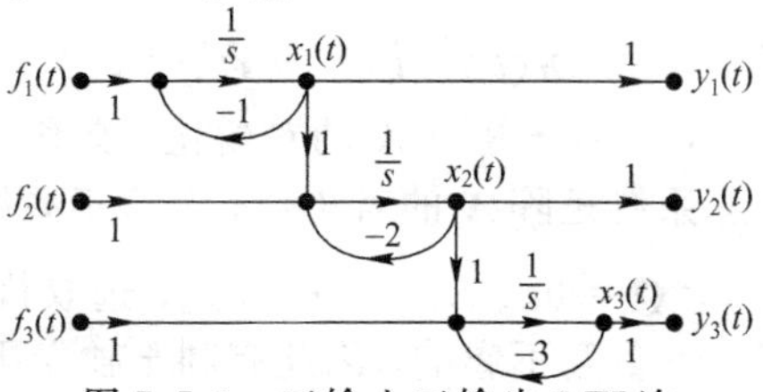

图7.7.1 三输入三输出LTI连续时间系统的信号流图

例7.7.1:三输入三输出LTI连续时间系统的信号流图如图7.7.1所示。

(1) 试讨论系统状态的可控制性。

(2) 已知控制信号 $f_1(t)=A\mathrm{e}^{-4t}\varepsilon(t)$,$f_2(t)=f_3(t)=0$,系统的初始状态 $x_1(0_-)=-2$,$x_2(0_-)=-x_3(0_-)=1$。若在有限的时间内,能使系统的初始状态转移至状态空间的原点,试确定 A 值。

解:(1) 由图7.7.1可得描述系统的状态方程的标准形式

$$\boldsymbol{x}'(t)=\boldsymbol{A}\boldsymbol{x}(t)+\boldsymbol{B}\boldsymbol{f}(t)$$

式中,$\boldsymbol{A}=\begin{bmatrix}-1&0&0\\1&-2&0\\0&1&-3\end{bmatrix}$,$\boldsymbol{B}=\begin{bmatrix}1&0&0\\0&1&0\\0&0&1\end{bmatrix}$。

① 若控制信号只有 $f_1(t)$,即 $f_2(t)=f_3(t)=0$,则 $\boldsymbol{B}=[1\quad 0\quad 0]^{\mathrm{T}}$

$$\boldsymbol{A}\boldsymbol{B}=\begin{bmatrix}-1&0&0\\1&-2&0\\0&1&-3\end{bmatrix}\begin{bmatrix}1\\0\\0\end{bmatrix}=\begin{bmatrix}-1\\1\\0\end{bmatrix},\ \boldsymbol{A}^2\boldsymbol{B}=\begin{bmatrix}-1&0&0\\1&-2&0\\0&1&-3\end{bmatrix}\begin{bmatrix}-1\\1\\0\end{bmatrix}=\begin{bmatrix}1\\-3\\1\end{bmatrix}$$

$$\boldsymbol{M}=[\boldsymbol{B}\quad \boldsymbol{A}\boldsymbol{B}\quad \boldsymbol{A}^2\boldsymbol{B}]=\begin{bmatrix}1&-1&1\\0&1&-3\\0&0&1\end{bmatrix} \tag{7.7.7}$$

$$\mathrm{rank}\boldsymbol{M}=3(\text{满秩})$$

显然,在此情况下,因为 $\boldsymbol{M}$ 的秩为3(满秩),所以系统的状态完全可控制。由图7.7.1可知,控制向量 $\boldsymbol{f}(t)=[f_1(t)\quad 0\quad 0]^{\mathrm{T}}$ 对状态变量 $x_1(t)$,$x_2(t)$及 $x_3(t)$均可实现控制。

② 若控制信号只有 $f_2(t)$,即 $f_1(t)=f_3(t)=0$,则 $\boldsymbol{B}=[0\quad 1\quad 0]^{\mathrm{T}}$

$$\boldsymbol{AB}=\begin{bmatrix}-1&0&0\\1&-2&0\\0&1&-3\end{bmatrix}\begin{bmatrix}0\\1\\0\end{bmatrix}=\begin{bmatrix}0\\-2\\1\end{bmatrix},\ \boldsymbol{A}^2\boldsymbol{B}=\begin{bmatrix}-1&0&0\\1&-2&0\\0&1&-3\end{bmatrix}\begin{bmatrix}0\\-2\\1\end{bmatrix}=\begin{bmatrix}0\\4\\-5\end{bmatrix}$$

$$\boldsymbol{M}=[\boldsymbol{B}\quad \boldsymbol{AB}\quad \boldsymbol{A}^2\boldsymbol{B}]=\begin{bmatrix}0&0&0\\1&-2&4\\0&1&-5\end{bmatrix},\ \mathrm{rank}\boldsymbol{M}=2$$

显然，在此情况下，因为 $\boldsymbol{M}$ 的秩为 2，所以系统的状态不完全可控制。由图 7.7.1 可知，控制向量 $\boldsymbol{f}(t)=[0\quad f_2(t)\quad 0]^{\mathrm{T}}$ 对状态变量 $x_1(t)$ 无法控制。

③ 若控制信号只有 $f_3(t)$，即 $f_1(t)=f_2(t)=0$，则 $\boldsymbol{B}=[0\quad 0\quad 1]^{\mathrm{T}}$

$$\boldsymbol{AB}=\begin{bmatrix}-1&0&0\\1&-2&0\\0&1&-3\end{bmatrix}\begin{bmatrix}0\\0\\1\end{bmatrix}=\begin{bmatrix}0\\0\\-3\end{bmatrix},\ \boldsymbol{A}^2\boldsymbol{B}=\begin{bmatrix}-1&0&0\\1&-2&0\\0&1&-3\end{bmatrix}\begin{bmatrix}0\\0\\-3\end{bmatrix}=\begin{bmatrix}0\\0\\9\end{bmatrix}$$

$$\boldsymbol{M}=[\boldsymbol{B}\quad \boldsymbol{AB}\quad \boldsymbol{A}^2\boldsymbol{B}]=\begin{bmatrix}0&0&0\\0&0&0\\1&-3&9\end{bmatrix},\ \mathrm{rank}\boldsymbol{M}=1$$

显然，在此情况下，因为 $\boldsymbol{M}$ 的秩为 1，所以系统的状态不完全可控制。由图 7.7.1 可知，控制向量 $\boldsymbol{f}(t)=[0\quad 0\quad f_3(t)]^{\mathrm{T}}$ 对状态变量 $x_1(t)$ 及 $x_2(t)$ 无法控制。

④ 若 $f_3(t)=0$，$f_1(t)$ 及 $f_2(t)$ 为控制信号，则 $\boldsymbol{B}=\begin{bmatrix}1&0\\0&1\\0&0\end{bmatrix}$

$$\boldsymbol{AB}=\begin{bmatrix}-1&0&0\\1&-2&0\\0&1&-3\end{bmatrix}\begin{bmatrix}1&0\\0&1\\0&0\end{bmatrix}=\begin{bmatrix}-1&0\\1&-2\\0&1\end{bmatrix},\ A^2B=\begin{bmatrix}-1&0&0\\1&-2&0\\0&1&-3\end{bmatrix}\begin{bmatrix}-1&0\\1&-2\\0&1\end{bmatrix}=\begin{bmatrix}1&0\\-3&4\\1&-5\end{bmatrix}$$

$$\boldsymbol{M}=[\boldsymbol{B}\ \boldsymbol{AB}\ \boldsymbol{A}^2\boldsymbol{B}]=\begin{bmatrix}1&0&-1&0&1&0\\0&1&1&-2&-3&4\\0&0&0&1&1&-5\end{bmatrix},\ \mathrm{rank}\boldsymbol{M}=3(\text{满秩})$$

显然，在此情况下，因为 $\boldsymbol{M}$ 的秩为 3(满秩)，所以系统的状态完全可控制。由图 7.7.1 可知，控制向量 $\boldsymbol{f}(t)=[f_1(t)\quad f_2(t)\quad 0]^{\mathrm{T}}$ 对状态变量 $x_1(t)$，$x_2(t)$ 及 $x_3(t)$ 均可实现控制。

⑤ 若 $f_2(t)=0$，$f_1(t)$ 及 $f_3(t)$ 为控制信号，则 $\boldsymbol{B}=\begin{bmatrix}1&0\\0&0\\0&1\end{bmatrix}$

$$\boldsymbol{AB}=\begin{bmatrix}-1&0&0\\1&-2&0\\0&1&-3\end{bmatrix}\begin{bmatrix}1&0\\0&0\\0&1\end{bmatrix}=\begin{bmatrix}-1&0\\1&0\\0&-3\end{bmatrix},\ \boldsymbol{A}^2\boldsymbol{B}=\begin{bmatrix}-1&0&0\\1&-2&0\\0&1&-3\end{bmatrix}\begin{bmatrix}-1&0\\1&0\\0&-3\end{bmatrix}=\begin{bmatrix}1&0\\-3&0\\1&9\end{bmatrix}$$

$$\boldsymbol{M}=[\boldsymbol{B}\quad \boldsymbol{AB}\quad \boldsymbol{A}^2\boldsymbol{B}]=\begin{bmatrix}1&0&-1&0&1&0\\0&0&1&0&-3&0\\0&1&0&-3&1&9\end{bmatrix},\ \mathrm{rank}\boldsymbol{M}=3(\text{满秩})$$

显然，在此情况下，因为 $\boldsymbol{M}$ 的秩为 3(满秩)，所以系统的状态完全可控制。由图 7.7.1 可知，控制向量 $\boldsymbol{f}(t)=[f_1(t)\quad 0\quad f_3(t)]^{\mathrm{T}}$ 对状态变量 $x_1(t)$、$x_2(t)$ 及 $x_3(t)$ 均可实现控制。

⑥ 若 $f_1(t)=0$，$f_2(t)$及 $f_3(t)$为控制信号，则 $\boldsymbol{B}=\begin{bmatrix}0&0\\1&0\\0&1\end{bmatrix}$

$$\boldsymbol{AB}=\begin{bmatrix}-1&0&0\\1&-2&0\\0&1&-3\end{bmatrix}\begin{bmatrix}0&0\\1&0\\0&1\end{bmatrix}=\begin{bmatrix}0&0\\-2&0\\1&-3\end{bmatrix},\ \boldsymbol{A}^2\boldsymbol{B}=\begin{bmatrix}-1&0&0\\1&-2&0\\0&1&-3\end{bmatrix}\begin{bmatrix}0&0\\-2&0\\1&-3\end{bmatrix}=\begin{bmatrix}0&0\\4&0\\-5&9\end{bmatrix}$$

$$\boldsymbol{M}=[\boldsymbol{B}\quad \boldsymbol{AB}\quad \boldsymbol{A}^2\boldsymbol{B}]=\begin{bmatrix}0&0&0&0&0&0\\1&0&-2&0&4&0\\0&1&1&-3&-5&9\end{bmatrix},\ \mathrm{rank}\boldsymbol{M}=2$$

显然，在此情况下，因为 $\boldsymbol{M}$ 的秩为 2，所以系统的状态不完全可控制。由图 7.7.1 可知，控制向量$\boldsymbol{f}(t)=[0\quad f_2(t)\quad f_3(t)]^{\mathrm{T}}$ 对状态变量 $x_1(t)$无法控制。

⑦ 若 $f_1(t)$，$f_2(t)$及 $f_3(t)$为控制信号，则 $\boldsymbol{B}=\begin{bmatrix}1&0&0\\0&1&0\\0&0&1\end{bmatrix}$

$$\boldsymbol{AB}=\begin{bmatrix}-1&0&0\\1&-2&0\\0&1&-3\end{bmatrix}\begin{bmatrix}1&0&0\\0&1&0\\0&0&1\end{bmatrix}=\begin{bmatrix}-1&0&0\\1&-2&0\\0&1&-3\end{bmatrix}$$

$$\boldsymbol{A}^2\boldsymbol{B}=\begin{bmatrix}-1&0&0\\1&-2&0\\0&1&-3\end{bmatrix}\begin{bmatrix}-1&0&0\\1&-2&0\\0&1&-3\end{bmatrix}=\begin{bmatrix}1&0&0\\-3&4&0\\1&-5&9\end{bmatrix}$$

$$\boldsymbol{M}=[\boldsymbol{B}\quad \boldsymbol{AB}\quad \boldsymbol{A}^2\boldsymbol{B}]=\begin{bmatrix}1&0&0&-1&0&0&1&0&0\\0&1&0&1&-2&0&-3&4&0\\0&0&1&0&1&-3&1&-5&9\end{bmatrix},\ \mathrm{rank}\boldsymbol{M}=3(\text{满秩})$$

显然，在此情况下，因为 $\boldsymbol{M}$ 的秩为 3(满秩)，所以系统的状态完全可控制。由图 7.7.1 可知，控制向量 $\boldsymbol{f}(t)=[f_1(t)\quad f_2(t)\quad f_3(t)]^{\mathrm{T}}$ 对状态变量 $x_1(t)$，$x_2(t)$及 $x_3(t)$均可实现控制。

(2) 考虑到系统的特征方程为

$$|\lambda\boldsymbol{I}-\boldsymbol{A}|=\begin{vmatrix}\lambda+1&0&0\\-1&\lambda+2&0\\0&-1&\lambda+3\end{vmatrix}=0$$

则系统的特征根为 $\lambda_1=-1$，$\lambda_2=-2$，$\lambda_3=-3$。

考虑到式(7.4.44)，则有

$$\boldsymbol{A}_{\mathrm{Fdm}}\begin{bmatrix}\alpha_0(t)\\\alpha_1(t)\\\alpha_2(t)\end{bmatrix}=\begin{bmatrix}\mathrm{e}^{-t}\\\mathrm{e}^{-2t}\\\mathrm{e}^{-3t}\end{bmatrix},\ \text{其中}\boldsymbol{A}_{\mathrm{Fdm}}=\begin{bmatrix}1&\lambda_1&\lambda_1^2\\1&\lambda_2&\lambda_2^2\\1&\lambda_3&\lambda_3^2\end{bmatrix}=\begin{bmatrix}1&-1&1\\1&-2&4\\1&-3&9\end{bmatrix}$$

由于

$$[\boldsymbol{A}_{\mathrm{Fdm}}\boldsymbol{I}]=\begin{bmatrix}1&-1&1&1&0&0\\1&-2&4&0&1&0\\1&-3&9&0&0&1\end{bmatrix}\rightarrow\begin{bmatrix}1&-1&1&1&0&0\\0&-1&3&-1&1&0\\0&-2&8&-1&0&1\end{bmatrix}\rightarrow\begin{bmatrix}1&0&-2&2&-1&0\\0&1&-3&1&-1&0\\0&0&2&1&-2&1\end{bmatrix}$$

$$\rightarrow\begin{bmatrix}1&0&-2&2&-1&0\\0&1&-3&1&-1&0\\0&0&1&\frac{1}{2}&-1&\frac{1}{2}\end{bmatrix}\rightarrow\begin{bmatrix}1&0&0&3&-3&1\\0&1&0&2.5&-4&1.5\\0&0&1&0.5&-1&0.5\end{bmatrix}=[\boldsymbol{IA}_{\mathrm{Fdm}}^{-1}]$$

于是
$$A_{\mathrm{Fdm}}^{-1}=\begin{bmatrix}3 & -3 & 1\\ 2.5 & -4 & 1.5\\ 0.5 & -1 & 0.5\end{bmatrix}$$

$$\begin{bmatrix}\alpha_0(t)\\ \alpha_1(t)\\ \alpha_2(t)\end{bmatrix}=A_{\mathrm{Fdm}}^{-1}\begin{bmatrix}e^{-t}\\ e^{-2t}\\ e^{-3t}\end{bmatrix}=\begin{bmatrix}3 & -3 & 1\\ 2.5 & -4 & 1.5\\ 0.5 & -1 & 0.5\end{bmatrix}\begin{bmatrix}e^{-t}\\ e^{-2t}\\ e^{-3t}\end{bmatrix}=\begin{bmatrix}3e^{-t}-3e^{-2t}+e^{-3t}\\ 2.5e^{-t}-4e^{-2t}+1.5e^{-3t}\\ 0.5e^{-t}-e^{-2t}+0.5e^{-3t}\end{bmatrix}$$

考虑到 $\boldsymbol{r}_j=\int_{0_-}^{t_1}\alpha_j(-\tau)\boldsymbol{f}(\tau)\mathrm{d}\tau\,(j=0,1,2,\cdots,n-1)$，则有

$$\begin{aligned}r_0&=\int_{0_-}^{t_1}\alpha_0(-\tau)f_1(\tau)\mathrm{d}\tau\\ &=A\int_{0_-}^{t_1}(3e^{\tau}-3e^{2\tau}+e^{3\tau})e^{-4\tau}\varepsilon(\tau)\mathrm{d}\tau\\ &=A\int_{0_-}^{t_1}(3e^{-3\tau}-3e^{-2\tau}+e^{-\tau})\varepsilon(\tau)\mathrm{d}\tau\\ &=A[(1-e^{-3\tau})-1.5(1-e^{-2\tau})+(1-e^{-\tau})]\varepsilon(\tau)\Big|_{0_-}^{t_1}\\ &=A(0.5-e^{-t_1}+1.5e^{-2t_1}-e^{-3t_1})\varepsilon(t_1)\end{aligned}$$

$$\begin{aligned}r_1&=\int_{0_-}^{t_1}\alpha_1(-\tau)f_1(\tau)\mathrm{d}\tau\\ &=A\int_{0_-}^{t_1}(2.5e^{\tau}-4e^{2\tau}+1.5e^{3\tau})e^{-4\tau}\varepsilon(\tau)\mathrm{d}\tau\\ &=A\int_{0_-}^{t_1}(2.5e^{-3\tau}-4e^{-2\tau}+1.5e^{-\tau})\varepsilon(\tau)\mathrm{d}\tau\\ &=A\left[\frac{5}{6}(1-e^{-3\tau})-2(1-e^{-2\tau})+1.5(1-e^{-\tau})\right]\varepsilon(\tau)\Big|_{0_-}^{t_1}\\ &=A\left(\frac{1}{3}-1.5e^{-t_1}+2e^{-2t_1}-\frac{5}{6}e^{-3t_1}\right)\varepsilon(t_1)\end{aligned}$$

$$\begin{aligned}r_2&=\int_{0_-}^{t_1}\alpha_2(-\tau)f_1(\tau)\mathrm{d}\tau\\ &=A\int_{0_-}^{t_1}(0.5e^{\tau}-e^{2\tau}+0.5e^{3\tau})e^{-4\tau}\varepsilon(\tau)\mathrm{d}\tau\\ &=A\int_{0_-}^{t_1}(0.5e^{-3\tau}-e^{-2\tau}+0.5e^{-\tau})\varepsilon(\tau)\mathrm{d}\tau\\ &=A\left[\frac{1}{6}(1-e^{-3\tau})-0.5(1-e^{-2\tau})+0.5(1-e^{-\tau})\right]\varepsilon(\tau)\Big|_{0_-}^{t_1}\\ &=A\left(\frac{1}{6}-0.5e^{-t_1}+0.5e^{-2t_1}-\frac{1}{6}e^{-3t_1}\right)\varepsilon(t_1)\end{aligned}$$

当 $t_1=5\mathrm{s}$ 时，由于 $e^{-t_1}=e^{-5}=4.35\times10^{-3}\approx0$，因此解向量 $\boldsymbol{r}$ 到达稳定状态，即

$$\boldsymbol{r}=\begin{bmatrix}r_0\\ r_1\\ r_2\end{bmatrix}=\begin{bmatrix}A/2\\ A/3\\ A/6\end{bmatrix}$$

考虑到式(7.7.7)，由式(7.7.6)可得

$$\boldsymbol{x}(0_-)=-\boldsymbol{Mr}=-\begin{bmatrix}1&-1&1\\0&1&-3\\0&0&1\end{bmatrix}\begin{bmatrix}A/2\\A/3\\A/6\end{bmatrix}=\begin{bmatrix}-A/3\\A/6\\-A/6\end{bmatrix}=\begin{bmatrix}-2\\1\\-1\end{bmatrix}，解得 A=6$$

下面检验仅利用控制信号 $f_1(t)=6\mathrm{e}^{-4t}\varepsilon(t)$ 来控制系统初始状态的效果。

考虑到 $\begin{bmatrix}\alpha_0(t)\\\alpha_1(t)\\\alpha_2(t)\end{bmatrix}=\begin{bmatrix}3\mathrm{e}^{-t}-3\mathrm{e}^{-2t}+\mathrm{e}^{-3t}\\2.5\mathrm{e}^{-t}-4\mathrm{e}^{-2t}+1.5\mathrm{e}^{-3t}\\0.5\mathrm{e}^{-t}-\mathrm{e}^{-2t}+0.5\mathrm{e}^{-3t}\end{bmatrix}$，由式(7.4.43)可得

$$\begin{aligned}\mathrm{e}^{\boldsymbol{A}t}&=\alpha_0(t)\boldsymbol{I}+\alpha_1(t)\boldsymbol{A}+\alpha_2(t)\boldsymbol{A}^2\\&=\alpha_0(t)\begin{bmatrix}1&0&0\\0&1&0\\0&0&1\end{bmatrix}+\alpha_1(t)\begin{bmatrix}-1&0&0\\1&-2&0\\0&1&-3\end{bmatrix}+\alpha_2(t)\begin{bmatrix}1&0&0\\-3&4&0\\1&-5&9\end{bmatrix}\\&=\begin{bmatrix}\alpha_0(t)-\alpha_1(t)+\alpha_2(t)&0&0\\\alpha_1(t)-3\alpha_2(t)&\alpha_0(t)-2\alpha_1(t)+4\alpha_2(t)&0\\\alpha_2(t)&\alpha_1(t)-5\alpha_2(t)&\alpha_0(t)-3\alpha_1(t)+9\alpha_2(t)\end{bmatrix}\\&=\begin{bmatrix}\mathrm{e}^{-t}&0&0\\\mathrm{e}^{-t}-\mathrm{e}^{-2t}&\mathrm{e}^{-2t}&0\\0.5(\mathrm{e}^{-t}-2\mathrm{e}^{-2t}+\mathrm{e}^{-3t})&\mathrm{e}^{-2t}-\mathrm{e}^{-3t}&\mathrm{e}^{-3t}\end{bmatrix}\end{aligned}$$

由式(7.4.15)可知，三阶 LTI 连续时间系统状态方程的时域解为

$$\begin{aligned}\boldsymbol{x}(t)&=\mathrm{e}^{\boldsymbol{A}t}\boldsymbol{x}(0_-)+\mathrm{e}^{\boldsymbol{A}t}\varepsilon(t)*\boldsymbol{Bf}(t)\\&=\begin{bmatrix}\mathrm{e}^{-t}&0&0\\\mathrm{e}^{-t}-\mathrm{e}^{-2t}&\mathrm{e}^{-2t}&0\\0.5(\mathrm{e}^{-t}-2\mathrm{e}^{-2t}+\mathrm{e}^{-3t})&\mathrm{e}^{-2t}-\mathrm{e}^{-3t}&\mathrm{e}^{-3t}\end{bmatrix}\begin{bmatrix}-2\\1\\-1\end{bmatrix}\\&\quad+\begin{bmatrix}\mathrm{e}^{-t}&0&0\\\mathrm{e}^{-t}-\mathrm{e}^{-2t}&\mathrm{e}^{-2t}&0\\0.5(\mathrm{e}^{-t}-2\mathrm{e}^{-2t}+\mathrm{e}^{-3t})&\mathrm{e}^{-2t}-\mathrm{e}^{-3t}&\mathrm{e}^{-3t}\end{bmatrix}\varepsilon(t)*\begin{bmatrix}1\\0\\0\end{bmatrix}6\mathrm{e}^{-4t}\varepsilon(t)\\&=\begin{bmatrix}-2\mathrm{e}^{-t}\\3\mathrm{e}^{-2t}-2\mathrm{e}^{-t}\\3\mathrm{e}^{-2t}-\mathrm{e}^{-t}-3\mathrm{e}^{-3t}\end{bmatrix}+\begin{bmatrix}6\mathrm{e}^{-t}\varepsilon(t)*\mathrm{e}^{-4t}\varepsilon(t)\\6(\mathrm{e}^{-t}-\mathrm{e}^{-2t})\varepsilon(t)*\mathrm{e}^{-4t}\varepsilon(t)\\3(\mathrm{e}^{-t}-2\mathrm{e}^{-2t}+\mathrm{e}^{-3t})\varepsilon(t)*\mathrm{e}^{-4t}\varepsilon(t)\end{bmatrix}\\&=\begin{bmatrix}-2\mathrm{e}^{-t}\\3\mathrm{e}^{-2t}-2\mathrm{e}^{-t}\\3\mathrm{e}^{-2t}-\mathrm{e}^{-t}-3\mathrm{e}^{-3t}\end{bmatrix}+\begin{bmatrix}2(\mathrm{e}^{-t}-\mathrm{e}^{-4t})\varepsilon(t)\\(2\mathrm{e}^{-t}-3\mathrm{e}^{-2t}+\mathrm{e}^{-4t})\varepsilon(t)\\(\mathrm{e}^{-t}-3\mathrm{e}^{-2t}+3\mathrm{e}^{-3t}-\mathrm{e}^{-4t})\varepsilon(t)\end{bmatrix},\quad t\geqslant 0\end{aligned}$$

当 $t=t_1=5\,\mathrm{s}$ 时,则有

$$\boldsymbol{x}(t_1)=\begin{bmatrix}-2\mathrm{e}^{-5}\\3\mathrm{e}^{-10}-2\mathrm{e}^{-5}\\3\mathrm{e}^{-10}-\mathrm{e}^{-5}-3\mathrm{e}^{-15}\end{bmatrix}+\begin{bmatrix}2(\mathrm{e}^{-5}-\mathrm{e}^{-20})\varepsilon(5)\\(2\mathrm{e}^{-5}-3\mathrm{e}^{-10}+\mathrm{e}^{-20})\varepsilon(5)\\(\mathrm{e}^{-5}-3\mathrm{e}^{-10}+3\mathrm{e}^{-15}-\mathrm{e}^{-20})\varepsilon(5)\end{bmatrix}=\begin{bmatrix}-2\mathrm{e}^{-20}\\\mathrm{e}^{-20}\\-\mathrm{e}^{-20}\end{bmatrix}\approx\begin{bmatrix}0\\0\\0\end{bmatrix}$$

分析表明，仅利用控制信号 $f_1(t)=6\mathrm{e}^{-4t}\varepsilon(t)$ 来控制系统，当 $t_1=5\,\mathrm{s}$ 时，能使系统的初始状态 $\boldsymbol{x}(0_-)=[-2\quad 1\quad -1]^{\mathrm{T}}$ 转移至状态空间的原点 $\boldsymbol{x}(t_1)\equiv\boldsymbol{0}$，并且系统的状态始终保持在状态空间的原点。

3. 离散时间系统状态可控制性的定义

对于 n 阶 LSI 离散时间系统任意的初始状态 $\boldsymbol{x}(0)$，若通过输入序列向量 $\boldsymbol{f}(k)$进行有限(n 阶系统，须控制 n 次)的 n 次控制后，可使 $\boldsymbol{x}(k_1)\equiv\boldsymbol{0}$，其中 $k_1\geqslant n$，即可使系统的初始状态转移至状态空间的原点，则称 n 阶 LSI 离散时间系统的状态是完全可控制的(简称系统可控)。若仅能使系统的部分初始状态值 $x_i(0)$转移到所希望的状态值 $x_i(k_1)=0$，则称 n 阶 LSI 离散时间系统的状态是不完全可控制的。

4. 离散时间系统状态可控制性的判据

设 LSI 离散时间系统的状态方程为 $\boldsymbol{x}(k+1)=\boldsymbol{A}\boldsymbol{x}(k)+\boldsymbol{B}\boldsymbol{f}(k)$，其中的系统矩阵 $\boldsymbol{A}$ 是 $n\times n$ 阶矩阵，控制矩阵 $\boldsymbol{B}$ 是 $n\times m$ 阶矩阵。

若系统矩阵 $\boldsymbol{A}$ 及控制矩阵 $\boldsymbol{B}$ 构成的 $n\times nm$ 阶矩阵 $\boldsymbol{M}=[\boldsymbol{B}\quad \boldsymbol{A}^{-1}\boldsymbol{B}\quad \boldsymbol{A}^{-2}\boldsymbol{B}\quad \cdots\quad \boldsymbol{A}^{-(n-1)}\boldsymbol{B}]$ 为满秩矩阵，即

$$\text{rank}\boldsymbol{M}=n \tag{7.7.8}$$

则系统的状态是完全可控制的。式(7.7.8)是 LSI 离散时间系统状态完全可控制的充要条件。

证明： 由式(7.5.57)可知，n 阶 LSI 离散时间系统状态方程的时域解为

$$\boldsymbol{x}(k)=\boldsymbol{A}^k\boldsymbol{x}(0)+\boldsymbol{A}^{k-1}\varepsilon(k-1)*\boldsymbol{B}\boldsymbol{f}(k)=\boldsymbol{A}^k\boldsymbol{x}(0)+\sum_{m=0}^{k-1}\boldsymbol{A}^{k-m-1}\boldsymbol{B}\boldsymbol{f}(m) \tag{7.7.9}$$

考虑到 $\boldsymbol{x}(k_1)\equiv\boldsymbol{0}$，其中 $k_1\geqslant n$，由式(7.7.9)可得

$$\boldsymbol{x}(k_1)=\boldsymbol{A}^{k_1}\boldsymbol{x}(0)+\sum_{m=0}^{k_1-1}\boldsymbol{A}^{k_1-m-1}\boldsymbol{B}\boldsymbol{f}(m)\equiv\boldsymbol{0} \tag{7.7.10}$$

由式(7.7.10)可得

$$\boldsymbol{A}^{k_1}\boldsymbol{x}(0)=-\boldsymbol{A}^{k_1}\sum_{m=0}^{k_1-1}\boldsymbol{A}^{-m-1}\boldsymbol{B}\boldsymbol{f}(m) \tag{7.7.11}$$

将式(7.7.11)的等号两边分别左乘$\boldsymbol{A}^{-k_1}$，并考虑到 $\boldsymbol{f}(k)$只对系统控制了 n 次，即 $\boldsymbol{f}(k_1)=0$，$k_1\geqslant n$，则有

$$\boldsymbol{x}(0)=-\sum_{m=0}^{k_1-1}\boldsymbol{A}^{-m-1}\boldsymbol{B}\boldsymbol{f}(m)=-\boldsymbol{A}^{-1}\sum_{m=0}^{n-1}\boldsymbol{A}^{-m}\boldsymbol{B}\boldsymbol{f}(m)=-\boldsymbol{A}^{-1}\boldsymbol{M}\boldsymbol{r} \tag{7.7.12}$$

式中，$\boldsymbol{M}=[\boldsymbol{B}\quad \boldsymbol{A}^{-1}\boldsymbol{B}\quad \boldsymbol{A}^{-2}\boldsymbol{B}\quad \cdots\quad \boldsymbol{A}^{-(n-1)}\boldsymbol{B}]$，$\boldsymbol{r}=[\boldsymbol{f}(0)\quad \boldsymbol{f}(1)\quad \boldsymbol{f}(2)\quad \cdots\quad \boldsymbol{f}(n-1)]^{\text{T}}$。

对于给定的系统的初始状态 $\boldsymbol{x}(0)$，为了获得唯一的解向量 $\boldsymbol{r}$，以便实现 LSI 离散时间系统状态的完全可控制，由线性代数知识可知，其充要条件是 $n\times nm$ 阶矩阵 $\boldsymbol{M}$ 为一个满秩矩阵，即 $\text{rank}\boldsymbol{M}=n$。

例 7.7.2： LSI 离散时间系统的时域模拟方框图如图 7.7.2 所示。

(1) 试判断系统的状态是否完全可控制。

(2) 已知系统的初始状态 $x_1(0)=-x_2(0)=378$，若在有限的时间内，希望将系统的初始状态转移至状态空间的原点，则应该如何选择控制向量 $\boldsymbol{f}(k)$?

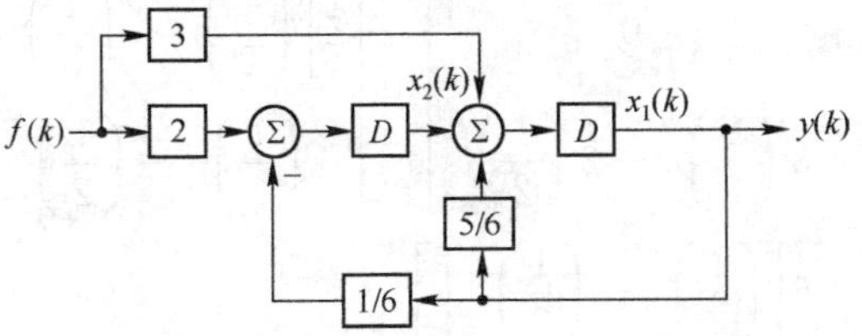

图 7.7.2　LSI 离散时间系统的时域模拟方框图

解：(1) 由图 7.7.2 所示的时域模拟方框图，可得描述系统的状态方程的标准形式，即

$$\boldsymbol{x}(k+1)=\boldsymbol{A}\boldsymbol{x}(k)+\boldsymbol{B}\boldsymbol{f}(k)$$

式中，$\boldsymbol{A}=\begin{bmatrix}5/6 & 1\\ -1/6 & 0\end{bmatrix}$，$\boldsymbol{B}=\begin{bmatrix}3\\2\end{bmatrix}$。

考虑到$\boldsymbol{A}^{-1}=\begin{bmatrix}5/6 & 1\\ -1/6 & 0\end{bmatrix}^{-1}=\begin{bmatrix}0 & -6\\ 1 & 5\end{bmatrix}$，则有$\boldsymbol{A}^{-1}\boldsymbol{B}=\begin{bmatrix}0 & -6\\ 1 & 5\end{bmatrix}\begin{bmatrix}3\\2\end{bmatrix}=\begin{bmatrix}-12\\13\end{bmatrix}$

因为 $\boldsymbol{M}=[\boldsymbol{B}\quad \boldsymbol{A}^{-1}\boldsymbol{B}]=\begin{bmatrix}3 & -12\\ 2 & 13\end{bmatrix}$，$\text{rank}\boldsymbol{M}=2$(满秩)，所以系统的状态完全可控制。

(2) 考虑到式(7.7.12)，即 $\boldsymbol{x}(0)=-\boldsymbol{A}^{-1}\boldsymbol{M}\boldsymbol{r}=-\boldsymbol{A}^{-1}\boldsymbol{M}[\boldsymbol{f}(0)\quad \boldsymbol{f}(1)]^{\mathrm{T}}$，则有

$$\begin{bmatrix}f(0)\\f(1)\end{bmatrix}=\begin{bmatrix}\boldsymbol{f}(0)\\\boldsymbol{f}(1)\end{bmatrix}=-\boldsymbol{M}^{-1}\boldsymbol{A}\boldsymbol{x}(0)=-\begin{bmatrix}3 & -12\\ 2 & 13\end{bmatrix}^{-1}\begin{bmatrix}5/6 & 1\\ -1/6 & 0\end{bmatrix}\begin{bmatrix}378\\-378\end{bmatrix}$$

$$=-\frac{\begin{bmatrix}13 & 12\\ -2 & 3\end{bmatrix}}{\begin{vmatrix}3 & -12\\ 2 & 13\end{vmatrix}}\begin{bmatrix}5/6 & 1\\ -1/6 & 0\end{bmatrix}\begin{bmatrix}378\\-378\end{bmatrix}=-\frac{1}{63}\begin{bmatrix}53/6 & 13\\ -13/6 & -2\end{bmatrix}\begin{bmatrix}378\\-378\end{bmatrix}$$

$$=\begin{bmatrix}25\\1\end{bmatrix}$$

于是 $f(k)=25\delta(k)+\delta(k-1)$。

下面来检验系统状态的控制效果。

系统的特征方程为 $D(v)=|\boldsymbol{I}-v^{-1}\boldsymbol{A}|=\begin{vmatrix}1-\dfrac{5}{6}v^{-1} & -v^{-1}\\ \dfrac{1}{6}v^{-1} & 1\end{vmatrix}=\left(1-\dfrac{1}{2}v^{-1}\right)\left(1-\dfrac{1}{3}v^{-1}\right)=0$

系统的特征值 $v_1=\dfrac{1}{2}$，$v_2=\dfrac{1}{3}$。

考虑到式(7.5.70)，则有

$$\begin{cases}\alpha_0(k)+\dfrac{1}{2}\alpha_1(k)=\left(\dfrac{1}{2}\right)^k\\ \alpha_0(k)+\dfrac{1}{3}\alpha_1(k)=\left(\dfrac{1}{3}\right)^k\end{cases}，解得\begin{cases}\alpha_0(k)=3\left(\dfrac{1}{3}\right)^k-2\left(\dfrac{1}{2}\right)^k\\ \alpha_1(k)=6\left[\left(\dfrac{1}{2}\right)^k-\left(\dfrac{1}{3}\right)^k\right]\end{cases}$$

由式(7.5.73)可得

$$\boldsymbol{A}^k=\sum_{j=0}^{n-1}\alpha_j(k)\boldsymbol{A}^j=\sum_{j=0}^{1}\alpha_j(k)\boldsymbol{A}^j=\alpha_0(k)\boldsymbol{I}+\alpha_1(k)\boldsymbol{A}$$

$$=\left[3\left(\frac{1}{3}\right)^k-2\left(\frac{1}{2}\right)^k\right]\begin{bmatrix}1 & 0\\ 0 & 1\end{bmatrix}+6\left[\left(\frac{1}{2}\right)^k-\left(\frac{1}{3}\right)^k\right]\begin{bmatrix}5/6 & 1\\ -1/6 & 0\end{bmatrix}$$

$$=\begin{bmatrix}3\left(\frac{1}{3}\right)^k-2\left(\frac{1}{2}\right)^k & 0\\ 0 & 3\left(\frac{1}{3}\right)^k-2\left(\frac{1}{2}\right)^k\end{bmatrix}+\begin{bmatrix}5\left[\left(\frac{1}{2}\right)^k-\left(\frac{1}{3}\right)^k\right] & 6\left[\left(\frac{1}{2}\right)^k-\left(\frac{1}{3}\right)^k\right]\\ \left(\frac{1}{3}\right)^k-\left(\frac{1}{2}\right)^k & 0\end{bmatrix}$$

$$=\begin{bmatrix}3\left(\frac{1}{2}\right)^k-2\left(\frac{1}{3}\right)^k & 6\left[\left(\frac{1}{2}\right)^k-\left(\frac{1}{3}\right)^k\right]\\ \left(\frac{1}{3}\right)^k-\left(\frac{1}{2}\right)^k & 3\left(\frac{1}{3}\right)^k-2\left(\frac{1}{2}\right)^k\end{bmatrix}$$

由式(7.5.57)可知

$$
\begin{aligned}
\boldsymbol{x}(k)&=\boldsymbol{A}^k\boldsymbol{x}(0)+\boldsymbol{A}^{k-1}\varepsilon(k-1)*\boldsymbol{B}\boldsymbol{f}(k)\\
&=\begin{bmatrix}3\left(\frac{1}{2}\right)^k-2\left(\frac{1}{3}\right)^k & 6\left[\left(\frac{1}{2}\right)^k-\left(\frac{1}{3}\right)^k\right]\\ \left(\frac{1}{3}\right)^k-\left(\frac{1}{2}\right)^k & 3\left(\frac{1}{3}\right)^k-2\left(\frac{1}{2}\right)^k\end{bmatrix}\begin{bmatrix}378\\-378\end{bmatrix}\\
&+\begin{bmatrix}3\left(\frac{1}{2}\right)^{k-1}-2\left(\frac{1}{3}\right)^{k-1} & 6\left[\left(\frac{1}{2}\right)^{k-1}-\left(\frac{1}{3}\right)^{k-1}\right]\\ \left(\frac{1}{3}\right)^{k-1}-\left(\frac{1}{2}\right)^{k-1} & 3\left(\frac{1}{3}\right)^{k-1}-2\left(\frac{1}{2}\right)^{k-1}\end{bmatrix}\varepsilon(k-1)*\begin{bmatrix}3\\2\end{bmatrix}[25\delta(k)+\delta(k-1)]\\
&=378\begin{bmatrix}4\left(\frac{1}{3}\right)^k-3\left(\frac{1}{2}\right)^k\\ \left(\frac{1}{2}\right)^k-2\left(\frac{1}{3}\right)^k\end{bmatrix}+\begin{bmatrix}21\left(\frac{1}{2}\right)^{k-1}-18\left(\frac{1}{3}\right)^{k-1}\\ 9\left(\frac{1}{3}\right)^{k-1}-7\left(\frac{1}{2}\right)^{k-1}\end{bmatrix}\varepsilon(k-1)*[25\delta(k)+\delta(k-1)]\\
&=378\begin{bmatrix}4\left(\frac{1}{3}\right)^k-3\left(\frac{1}{2}\right)^k\\ \left(\frac{1}{2}\right)^k-2\left(\frac{1}{3}\right)^k\end{bmatrix}+\begin{bmatrix}25\left[21\left(\frac{1}{2}\right)^{k-1}-18\left(\frac{1}{3}\right)^{k-1}\right]\varepsilon(k-1)\\ 25\left[9\left(\frac{1}{3}\right)^{k-1}-7\left(\frac{1}{2}\right)^{k-1}\right]\varepsilon(k-1)\end{bmatrix}\\
&+\begin{bmatrix}\left[21\left(\frac{1}{2}\right)^{k-2}-18\left(\frac{1}{3}\right)^{k-2}\right]\varepsilon(k-2)\\ \left[9\left(\frac{1}{3}\right)^{k-2}-7\left(\frac{1}{2}\right)^{k-2}\right]\varepsilon(k-2)\end{bmatrix}
\end{aligned}
$$

当 $k\geqslant 2$ 时，则有

$$
\begin{aligned}
\boldsymbol{x}(k)&=378\begin{bmatrix}4\left(\frac{1}{3}\right)^k-3\left(\frac{1}{2}\right)^k\\ \left(\frac{1}{2}\right)^k-2\left(\frac{1}{3}\right)^k\end{bmatrix}+\begin{bmatrix}25\left[21\left(\frac{1}{2}\right)^{k-1}-18\left(\frac{1}{3}\right)^{k-1}\right]+\left[21\left(\frac{1}{2}\right)^{k-2}-18\left(\frac{1}{3}\right)^{k-2}\right]\\ 25\left[9\left(\frac{1}{3}\right)^{k-1}-7\left(\frac{1}{2}\right)^{k-1}\right]+\left[9\left(\frac{1}{3}\right)^{k-2}-7\left(\frac{1}{2}\right)^{k-2}\right]\end{bmatrix}\\
&=378\begin{bmatrix}4\left(\frac{1}{3}\right)^k-3\left(\frac{1}{2}\right)^k\\ \left(\frac{1}{2}\right)^k-2\left(\frac{1}{3}\right)^k\end{bmatrix}+\begin{bmatrix}54\times 21\left(\frac{1}{2}\right)^k-84\times 18\left(\frac{1}{3}\right)^k\\ 84\times 9\left(\frac{1}{3}\right)^k-54\times 7\left(\frac{1}{2}\right)^k\end{bmatrix}\\
&=378\begin{bmatrix}4\left(\frac{1}{3}\right)^k-3\left(\frac{1}{2}\right)^k\\ \left(\frac{1}{2}\right)^k-2\left(\frac{1}{3}\right)^k\end{bmatrix}+378\begin{bmatrix}3\left(\frac{1}{2}\right)^k-4\left(\frac{1}{3}\right)^k\\ 2\left(\frac{1}{3}\right)^k-\left(\frac{1}{2}\right)^k\end{bmatrix}\\
&\equiv\boldsymbol{0}
\end{aligned}
$$

分析表明，利用 $f(0)=25$ 及 $f(1)=1$ 对系统控制两次(因为 $n=2$)，当 $k\geqslant 2$ 时，$\boldsymbol{x}(k)\equiv\boldsymbol{0}$。这表明 $k_1=2$ 时能使系统的初始状态 $\boldsymbol{x}(0)=[378\quad -378]^{\mathrm{T}}$ 转移至状态空间的原点 $\boldsymbol{x}(k_1)\equiv\boldsymbol{0}$，并且系统的状态始终保持在状态空间的原点。

7.7.2　系统状态可观察性的定义及判据

下面介绍 LTI 连续时间系统及 LSI 离散时间系统状态可观察性的定义及判据。

1. 连续时间系统状态可观察性的定义

当系统的输入信号向量 $\boldsymbol{f}(t)\equiv\boldsymbol{0}$ 时，若在有限时间内，能够由连续时间系统的输出信号向量$\boldsymbol{y}(t)$唯一地确定系统的全部初始状态 $\boldsymbol{x}(0_-)$，则称连续时间系统的状态是完全可观察的(简称系统可观)。若仅能确定系统的部分初始状态 $x_i(0_-)$，则称连续时间系统的状态是不完全可观察的。

2. 连续时间系统状态可观察性的判据

设 LTI 连续时间系统的状态方程和输出方程分别为

$$\boldsymbol{x}'(t)=\boldsymbol{A}\boldsymbol{x}(t)+\boldsymbol{B}\boldsymbol{f}(t) \tag{7.7.13}$$

$$\boldsymbol{y}(t)=\boldsymbol{C}\boldsymbol{x}(t)+\boldsymbol{D}\boldsymbol{f}(t) \tag{7.7.14}$$

式中，系统矩阵 $\boldsymbol{A}$ 是 $n\times n$ 阶矩阵，输出矩阵 $\boldsymbol{C}$ 是 $l\times n$ 阶矩阵。

若系统矩阵 $\boldsymbol{A}$ 及输出矩阵 $\boldsymbol{C}$ 构成的 $nl\times n$ 阶矩阵 $\boldsymbol{N}=\begin{bmatrix}\boldsymbol{C}\\ \boldsymbol{C}\boldsymbol{A}\\ \boldsymbol{C}\boldsymbol{A}^2\\ \vdots\\ \boldsymbol{C}\boldsymbol{A}^{n-1}\end{bmatrix}$为满秩矩阵，即

$$\mathrm{rank}\boldsymbol{N}=n \tag{7.7.15}$$

则系统的状态是完全可观察的。式(7.7.15)是 LTI 连续时间系统状态完全可观察的充要条件。

证明：由式(7.4.47)可知，n 阶 LTI 连续时间系统输出方程的时域解为

$$\boldsymbol{y}(t)=\boldsymbol{C}\mathrm{e}^{\boldsymbol{A}t}\boldsymbol{x}(0_-)+\boldsymbol{C}\mathrm{e}^{\boldsymbol{A}t}\varepsilon(t)*\boldsymbol{B}\boldsymbol{f}(t)+\boldsymbol{D}\boldsymbol{f}(t) \tag{7.7.16}$$

考虑到 $\boldsymbol{f}(t)\equiv 0$ 及 $\mathrm{e}^{\boldsymbol{A}t}=\sum_{j=0}^{n-1}\alpha_j(t)\boldsymbol{A}^j$，则式(7.7.16)可写成

$$\begin{aligned}\boldsymbol{y}(t)&=\boldsymbol{C}\mathrm{e}^{\boldsymbol{A}t}\boldsymbol{x}(0_-)=\boldsymbol{C}\left[\sum_{j=0}^{n-1}\alpha_j(t)\boldsymbol{A}^j\right]\boldsymbol{x}(0_-)=\sum_{j=0}^{n-1}\alpha_j(t)\boldsymbol{C}\boldsymbol{A}^j\boldsymbol{x}(0_-)\\&=[\alpha_0(t)\quad\alpha_1(t)\quad\alpha_2(t)\quad\cdots\quad\alpha_{n-1}(t)]\boldsymbol{N}\boldsymbol{x}(0_-),\ t\geqslant 0\end{aligned} \tag{7.7.17}$$

式中，$\boldsymbol{N}=\begin{bmatrix}\boldsymbol{C}\\ \boldsymbol{C}\boldsymbol{A}\\ \boldsymbol{C}\boldsymbol{A}^2\\ \vdots\\ \boldsymbol{C}\boldsymbol{A}^{n-1}\end{bmatrix}$。

对于给定的系统输出信号向量 $\boldsymbol{y}(t)$，为了获得唯一的解向量 $\boldsymbol{x}(0_-)$，以便实现 LTI 连续时间系统状态的完全可观察，由线性代数知识可知，其充要条件是 $nl\times n$ 阶矩阵 $\boldsymbol{N}$ 为一个满秩矩阵，即 $\mathrm{rank}\boldsymbol{N}=n$。

例 7.7.3：二阶 LTI 连续时间系统的状态方程和输出方程的标准形式分别为

$$\boldsymbol{x}'(t)=\boldsymbol{A}\boldsymbol{x}(t)+\boldsymbol{B}\boldsymbol{f}(t)$$

$$\boldsymbol{y}(t)=\boldsymbol{C}\boldsymbol{x}(t)+\boldsymbol{D}\boldsymbol{f}(t)$$

式中，$\boldsymbol{A}=\begin{bmatrix}-1 & 2\\ -3 & -6\end{bmatrix}$，$\boldsymbol{B}=\begin{bmatrix}-1 & 2\\ 1 & 1\end{bmatrix}$，$\boldsymbol{C}=\begin{bmatrix}1 & 1\\ 0 & 1\end{bmatrix}$，$\boldsymbol{D}=\begin{bmatrix}0 & 0\\ 0 & 1\end{bmatrix}$。

(1) 试判断 LTI 连续时间系统状态的可观察性。

(2) 已知 $t=T_1$ 时刻的观测值为 $\boldsymbol{y}(T_1)=[0\quad \mathrm{e}^{-3T_1}]^{\mathrm{T}}$，试求系统的初始状态 $\boldsymbol{x}(0_-)$。

解：(1) $\boldsymbol{CA}=\begin{bmatrix}1 & 1\\0 & 1\end{bmatrix}\begin{bmatrix}-1 & 2\\-3 & -6\end{bmatrix}=\begin{bmatrix}-4 & -4\\-3 & -6\end{bmatrix}$，$\boldsymbol{N}=\begin{bmatrix}\boldsymbol{C}\\\boldsymbol{CA}\end{bmatrix}=\begin{bmatrix}1 & 1\\0 & 1\\-4 & -4\\-3 & -6\end{bmatrix}$。

因为 rank$\boldsymbol{N}=2$(满秩)，所以系统的状态完全可观察。

(2) 系统的特征方程为

$$|\lambda\boldsymbol{I}-\boldsymbol{A}|=\begin{vmatrix}\lambda+1 & -2\\3 & \lambda+6\end{vmatrix}=(\lambda+1)(\lambda+6)+6=(\lambda+3)(\lambda+4)=0$$

系统的特征根 $\lambda_1=-3$，$\lambda_2=-4$。

考虑到式(7.4.44)，则有

$$\begin{bmatrix}1 & -3\\1 & -4\end{bmatrix}\begin{bmatrix}\alpha_0(t)\\\alpha_1(t)\end{bmatrix}=\begin{bmatrix}e^{-3t}\\e^{-4t}\end{bmatrix}$$

$$\begin{bmatrix}\alpha_0(t)\\\alpha_1(t)\end{bmatrix}=\begin{bmatrix}1 & -3\\1 & -4\end{bmatrix}^{-1}\begin{bmatrix}e^{-3t}\\e^{-4t}\end{bmatrix}=\frac{\begin{bmatrix}-4 & 3\\-1 & 1\end{bmatrix}}{\begin{vmatrix}1 & -3\\1 & -4\end{vmatrix}}\begin{bmatrix}e^{-3t}\\e^{-4t}\end{bmatrix}=\begin{bmatrix}4e^{-3t}-3e^{-4t}\\e^{-3t}-e^{-4t}\end{bmatrix}$$

考虑到式(7.7.17)，则有

$$\begin{aligned}\boldsymbol{y}(t)&=[\alpha_0(t)\ \ \alpha_1(t)]\boldsymbol{Nx}(0_-)\\&=[\alpha_0(t)\ \ \alpha_1(t)]\begin{bmatrix}\boldsymbol{C}\\\boldsymbol{CA}\end{bmatrix}\boldsymbol{x}(0_-)\\&=[\alpha_0(t)\boldsymbol{C}+\alpha_1(t)\boldsymbol{CA}]\boldsymbol{x}(0_-)\\&=\left\{\alpha_0(t)\begin{bmatrix}1 & 1\\0 & 1\end{bmatrix}+\alpha_1(t)\begin{bmatrix}1 & 1\\0 & 1\end{bmatrix}\begin{bmatrix}-1 & 2\\-3 & -6\end{bmatrix}\right\}\boldsymbol{x}(0_-)\\&=\left\{\alpha_0(t)\begin{bmatrix}1 & 1\\0 & 1\end{bmatrix}+\alpha_1(t)\begin{bmatrix}-4 & -4\\-3 & -6\end{bmatrix}\right\}\boldsymbol{x}(0_-)\\&=\begin{bmatrix}\alpha_0(t)-4\alpha_1(t) & \alpha_0(t)-4\alpha_1(t)\\-3\alpha_1(t) & \alpha_0(t)-6\alpha_1(t)\end{bmatrix}\boldsymbol{x}(0_-)\\&=\begin{bmatrix}e^{-4t} & e^{-4t}\\3e^{-4t}-3e^{-3t} & 3e^{-4t}-2e^{-3t}\end{bmatrix}\boldsymbol{x}(0_-)\end{aligned}$$

于是

$$\begin{aligned}\boldsymbol{x}(0_-)&=\begin{bmatrix}e^{-4T_1} & e^{-4T_1}\\3e^{-4T_1}-3e^{-3T_1} & 3e^{-4T_1}-2e^{-3T_1}\end{bmatrix}^{-1}\boldsymbol{y}(T_1)\\&=\frac{\begin{bmatrix}3e^{-4T_1}-2e^{-3T_1} & -e^{-4T_1}\\3e^{-3T_1}-3e^{-4T_1} & e^{-4T_1}\end{bmatrix}}{\begin{vmatrix}e^{-4T_1} & e^{-4T_1}\\3e^{-4T_1}-3e^{-3T_1} & 3e^{-4T_1}-2e^{-3T_1}\end{vmatrix}}\boldsymbol{y}(T_1)\\&=e^{7T_1}\begin{bmatrix}3e^{-4T_1}-2e^{-3T_1} & -e^{-4T_1}\\3e^{-3T_1}-3e^{-4T_1} & e^{-4T_1}\end{bmatrix}\begin{bmatrix}0\\e^{-3T_1}\end{bmatrix}\\&=\begin{bmatrix}-1\\1\end{bmatrix}\end{aligned}$$

3. 离散时间系统状态可观察性的定义

当系统的输入序列向量 $\boldsymbol{f}(k)\equiv\boldsymbol{0}$ 时，若在有限时间内，能够由离散时间系统的输出序列向量 $\boldsymbol{y}(k)$ 唯一地确定系统的全部初始状态 $\boldsymbol{x}(0)$，则称离散时间系统的状态是完全可观察的(简称系统可观)。若仅能确定系统的部分初始状态 $x_i(0)$，则称离散时间系统的状态是不完全可观察的。

4. 离散时间系统状态可观察性的判据

设 LSI 离散时间系统的状态方程和输出方程分别为

$$\boldsymbol{x}(k+1)=\boldsymbol{A}\boldsymbol{x}(k)+\boldsymbol{B}\boldsymbol{f}(k) \tag{7.7.18}$$

$$\boldsymbol{y}(k)=\boldsymbol{C}\boldsymbol{x}(k)+\boldsymbol{D}\boldsymbol{f}(k) \tag{7.7.19}$$

式中，系统矩阵 $\boldsymbol{A}$ 是 $n\times n$ 阶矩阵，输出矩阵 $\boldsymbol{C}$ 是 $l\times n$ 阶矩阵。

若系统矩阵 $\boldsymbol{A}$ 和输出矩阵 $\boldsymbol{C}$ 构成的 $nl\times n$ 阶矩阵 $\boldsymbol{N}=\begin{bmatrix}\boldsymbol{C}\\ \boldsymbol{CA}\\ \boldsymbol{CA}^2\\ \vdots\\ \boldsymbol{CA}^{n-1}\end{bmatrix}$ 为满秩矩阵，即

$$\text{rank}\boldsymbol{N}=n \tag{7.7.20}$$

则系统的状态是完全可观察的。式(7.7.20)是 LSI 离散时间系统状态完全可观察的充要条件。

证明：由式(7.5.77)可知，n 阶 LSI 离散时间系统输出方程的时域解为

$$\boldsymbol{y}(k)=\boldsymbol{CA}^k\boldsymbol{x}(0)+\boldsymbol{CA}^{k-1}\varepsilon(k-1)*\boldsymbol{B}\boldsymbol{f}(k)+\boldsymbol{D}\boldsymbol{f}(k) \tag{7.7.21}$$

考虑到 $\boldsymbol{f}(k)\equiv\boldsymbol{0}$ 及 $A^k=\sum_{j=0}^{n-1}\alpha_j(k)\boldsymbol{A}^j$，则式(7.7.21)可写成

$$\boldsymbol{y}(k)=\boldsymbol{CA}^k\boldsymbol{x}(0)=\boldsymbol{C}\left[\sum_{j=0}^{n-1}\alpha_j(k)\boldsymbol{A}^j\right]\boldsymbol{x}(0)=\sum_{j=0}^{n-1}\alpha_j(k)\boldsymbol{CA}^j\boldsymbol{x}(0)$$

$$=[\alpha_0(k)\ \ \alpha_1(k)\ \ \alpha_2(k)\ \ \cdots\ \ \alpha_{n-1}(k)]\boldsymbol{N}\boldsymbol{x}(0),\ k\geqslant 0 \tag{7.7.22}$$

式中，$\boldsymbol{N}=\begin{bmatrix}\boldsymbol{C}\\ \boldsymbol{CA}\\ \boldsymbol{CA}^2\\ \vdots\\ \boldsymbol{CA}^{n-1}\end{bmatrix}$。

对于给定的系统输出序列向量 $\boldsymbol{y}(k)$，为了获得唯一的解向量 $\boldsymbol{x}(0)$，以便实现 LSI 离散时间系统状态的完全可观察，由线性代数知识可知，其充要条件是 $nl\times n$ 阶矩阵 $\boldsymbol{N}$ 为一个满秩矩阵，即 $\text{rank}\boldsymbol{N}=n$。

例 7.7.4：二阶 LSI 离散时间系统的状态方程和输出方程的标准形式分别为

$$\boldsymbol{x}(k+1)=\boldsymbol{A}\boldsymbol{x}(k)+\boldsymbol{B}\boldsymbol{f}(k)$$

$$\boldsymbol{y}(k)=\boldsymbol{C}\boldsymbol{x}(k)+\boldsymbol{D}\boldsymbol{f}(k)$$

式中，$\boldsymbol{A}=\begin{bmatrix}-1 & -1\\ 6 & 4\end{bmatrix}$，$\boldsymbol{B}=\begin{bmatrix}1 & 0\\ -5 & 1\end{bmatrix}$，$\boldsymbol{C}=\begin{bmatrix}6 & 5\\ 6 & 4\end{bmatrix}$，$\boldsymbol{D}=\begin{bmatrix}-5 & 0\\ -5 & 1\end{bmatrix}$。

(1) 试判断 LSI 离散时间系统状态的可观察性。

(2) 已知输出序列在 $k=1$ 位的观测值 $y_1(1)=y_2(1)=6$，试求系统的初始状态 $\boldsymbol{x}(0)$。

解：(1) $\boldsymbol{CA}=\begin{bmatrix}6&5\\6&4\end{bmatrix}\begin{bmatrix}-1&-1\\6&4\end{bmatrix}=\begin{bmatrix}24&14\\18&10\end{bmatrix}$，$\boldsymbol{N}=\begin{bmatrix}\boldsymbol{C}\\\boldsymbol{CA}\end{bmatrix}=\begin{bmatrix}6&5\\6&4\\24&14\\18&10\end{bmatrix}$。

因为 $\text{rank}\boldsymbol{N}=2$(满秩)，所以系统的状态完全可观察。

(2) 考虑到 $\boldsymbol{f}(k)\equiv\boldsymbol{0}$，由式(7.7.21)可得

$$\boldsymbol{y}(k)=\boldsymbol{CA}^k\boldsymbol{x}(0)$$

于是

$$\boldsymbol{y}(1)=\boldsymbol{CAx}(0)$$

$$\boldsymbol{x}(0)=\boldsymbol{A}^{-1}\boldsymbol{C}^{-1}\boldsymbol{y}(1)=(\boldsymbol{CA})^{-1}\boldsymbol{y}(1)=\begin{bmatrix}24&14\\18&10\end{bmatrix}^{-1}\begin{bmatrix}6\\6\end{bmatrix}$$

$$=\frac{\begin{bmatrix}10&-14\\-18&24\end{bmatrix}}{\begin{vmatrix}24&14\\18&10\end{vmatrix}}\begin{bmatrix}6\\6\end{bmatrix}=\frac{\begin{bmatrix}5&-7\\-9&12\end{bmatrix}}{-6}\begin{bmatrix}6\\6\end{bmatrix}=\begin{bmatrix}2\\-3\end{bmatrix}$$

7.7.3　系统矩阵对角化后连续时间系统状态可控制性及可观察性的判据

由 7.7.1 节和 7.7.2 节的分析可知，连续时间系统状态的可控制性实际上表明了状态向量与系统输入信号向量之间的关系情况，而系统状态的可观察性实际上表明了状态向量与系统输出信号向量之间的关系情况。显然，将系统矩阵 **A** 对角化，可使状态变量之间互不影响，容易看出各状态变量与输入变量之间的关系情况，可立即判定哪些状态变量可控制，哪些状态变量不可控制，进而也可以判定哪些状态变量可观察，哪些状态变量不可观察。

对有 m 个输入信号和 l 个输出信号的 n 阶 LTI 连续时间系统，在状态向量 $\boldsymbol{x}(t)=\boldsymbol{Pw}(t)$的线性变换下，若 $\boldsymbol{P}=[\boldsymbol{u}_1\quad\boldsymbol{u}_2\quad\cdots\quad\boldsymbol{u}_n]$是由系统矩阵 **A** 的 n 个互不相等的特征值 $\lambda_i(i=1,2,\cdots,n)$(实根，其中可能存在共轭复根)对应的 n 个特征向量 $\boldsymbol{u}_i(i=1,2,\cdots,n)$构成的一个满秩变换矩阵，则能够使系统矩阵 **A** 对角化成一个对角矩阵 **Q**，并有 $\hat{\boldsymbol{A}}=\boldsymbol{P}^{-1}\boldsymbol{AP}=\boldsymbol{Q}=\text{diag}[\lambda_1,\lambda_2,\cdots,\lambda_n]$，$\hat{\boldsymbol{B}}=\boldsymbol{P}^{-1}\boldsymbol{B}$，$\hat{\boldsymbol{C}}=\boldsymbol{CP}$，$\hat{\boldsymbol{D}}=\boldsymbol{D}$，因此 LTI 连续时间系统的状态方程和输出方程分别为

$$\begin{bmatrix}w'_1(t)\\\vdots\\w'_i(t)\\\vdots\\w'_n(t)\end{bmatrix}=\begin{bmatrix}\lambda_1&0&0&0&0\\0&\ddots&0&0&0\\0&0&\lambda_i&0&0\\0&0&0&\ddots&0\\0&0&0&0&\lambda_n\end{bmatrix}\begin{bmatrix}w_1(t)\\\vdots\\w_i(t)\\\vdots\\w_n(t)\end{bmatrix}+\begin{bmatrix}\hat{\boldsymbol{B}}_1\\\vdots\\\hat{\boldsymbol{B}}_i\\\vdots\\\hat{\boldsymbol{B}}_n\end{bmatrix}\boldsymbol{f}(t)\tag{7.7.23}$$

式中，$\hat{\boldsymbol{B}}_i=[\hat{b}_{i1}\quad\hat{b}_{i2}\quad\cdots\quad\hat{b}_{ij}\quad\cdots\quad\hat{b}_{im}](i=1,2,\cdots,n)$，$\boldsymbol{f}(t)=[f_1(t)\quad\cdots\quad f_i(t)\quad\cdots\quad f_m(t)]^{\mathrm{T}}$。

$$\begin{bmatrix}y_1(t)\\\vdots\\y_i(t)\\\vdots\\y_l(t)\end{bmatrix}=[\hat{\boldsymbol{C}}_1\quad\cdots\quad\hat{\boldsymbol{C}}_i\quad\cdots\quad\hat{\boldsymbol{C}}_n]\begin{bmatrix}w_1(t)\\\vdots\\w_i(t)\\\vdots\\w_n(t)\end{bmatrix}+\hat{\boldsymbol{D}}\boldsymbol{f}(t)\tag{7.7.24}$$

式中，$\hat{\boldsymbol{C}}_i=[\hat{c}_{1i}\quad\hat{c}_{2i}\quad\cdots\quad\hat{c}_{ii}\quad\cdots\quad\hat{c}_{li}]^{\mathrm{T}}(i=1,2,\cdots,n)$，$\boldsymbol{f}(t)=[f_1(t)\quad\cdots\quad f_i(t)\quad\cdots\quad f_m(t)]^{\mathrm{T}}$。

若 $\hat{\boldsymbol{B}}_i=\boldsymbol{0}$，考虑到式(7.7.23)，则有

$$w_i'(t)=\lambda_i w_i(t)+\hat{\boldsymbol{B}}_i \boldsymbol{f}(t)=\lambda_i w_i(t) \tag{7.7.25}$$

显然，式(7.7.25)是一个一阶线性常系数齐次微分方程，其解为

$$w_i(t)=w_i(0_-)\mathrm{e}^{\lambda_i t} \tag{7.7.26}$$

式(7.7.26)表明，若$\hat{\boldsymbol{B}}_i=\boldsymbol{0}$，则 LTI 连续时间系统的状态变量 $w_i(t)$与输入信号向量 $\boldsymbol{f}(t)$无关，即系统的状态变量 $w_i(t)$不受输入信号向量 $\boldsymbol{f}(t)$控制，亦即系统的状态变量 $w_i(t)$不可控制。

当 $\boldsymbol{f}(t)=\boldsymbol{0}$ 时，考虑到式(7.7.23)，则有

$$w_i'(t)=\lambda_i w_i(t)+\hat{\boldsymbol{B}}_i \boldsymbol{f}(t)=\lambda_i w_i(t) \tag{7.7.27}$$

显然，式(7.7.27)是一阶线性常系数齐次微分方程，其解为

$$w_i(t)=w_i(0_-)\mathrm{e}^{\lambda_i t} \tag{7.7.28}$$

因此，当 $\boldsymbol{f}(t)=\boldsymbol{0}$ 时，考虑到式(7.7.28)，式(7.7.24)可表示成

$$\begin{bmatrix} y_1(t) \\ \vdots \\ y_i(t) \\ \vdots \\ y_l(t) \end{bmatrix}=[\hat{\boldsymbol{C}}_1 \quad \cdots \quad \hat{\boldsymbol{C}}_i \quad \cdots \quad \hat{\boldsymbol{C}}_n]\begin{bmatrix} w_1(t) \\ \vdots \\ w_i(t) \\ \vdots \\ w_n(t) \end{bmatrix}=[\hat{\boldsymbol{C}}_1\mathrm{e}^{\lambda_1 t} \quad \cdots \quad \hat{\boldsymbol{C}}_i\mathrm{e}^{\lambda_i t} \quad \cdots \quad \hat{\boldsymbol{C}}_n\mathrm{e}^{\lambda_n t}]\begin{bmatrix} w_1(0_-) \\ \vdots \\ w_i(0_-) \\ \vdots \\ w_n(0_-) \end{bmatrix} \tag{7.7.29}$$

由式(7.7.29)可知，若$\hat{\boldsymbol{C}}_i=\boldsymbol{0}$，则 LTI 连续时间系统的输出信号向量 $\boldsymbol{y}(t)$不仅与状态变量 $w_i(t)$无关，而且与初始状态 $w_i(0_-)$也无关。换言之，系统的初始状态 $w_i(0_-)$不能由 $\boldsymbol{y}(t)$的观测值确定，因此 LTI 连续时间系统的状态变量 $w_i(t)$是不可观察的。

综上所述，可得系统矩阵 $\boldsymbol{A}$ 对角化后，LTI 连续时间系统状态可控制性及可观察性的判据。

1. 系统矩阵 $\boldsymbol{A}$ 对角化后，LTI 连续时间系统状态完全可控制的充要条件是：矩阵$\hat{\boldsymbol{B}}=\boldsymbol{P}^{-1}\boldsymbol{B}$中没有为零的行向量。

证明：系统矩阵 $\boldsymbol{A}$ 对角化后，LTI 连续系统状态可控制性判据式(7.7.1)可写成

$$\mathrm{rank}\hat{\boldsymbol{M}}=n$$

式中，$\hat{\boldsymbol{M}}=[\hat{\boldsymbol{B}} \quad \hat{\boldsymbol{A}}\hat{\boldsymbol{B}} \quad \hat{\boldsymbol{A}}^2\hat{\boldsymbol{B}} \quad \cdots \quad \hat{\boldsymbol{A}}^{n-1}\hat{\boldsymbol{B}}]=[\hat{\boldsymbol{B}} \quad \boldsymbol{Q}\hat{\boldsymbol{B}} \quad \boldsymbol{Q}^2\hat{\boldsymbol{B}} \quad \cdots \quad \boldsymbol{Q}^{n-1}\hat{\boldsymbol{B}}]$。

若定义$\hat{\boldsymbol{B}}_i=[\hat{b}_{i1} \quad \hat{b}_{i2} \quad \cdots \quad \hat{b}_{ij} \quad \cdots \quad \hat{b}_{im}]$$(i=1,2,\cdots,n)$，则有

$$\hat{\boldsymbol{B}}=\begin{bmatrix} \hat{\boldsymbol{B}}_1 \\ \vdots \\ \hat{\boldsymbol{B}}_i \\ \vdots \\ \hat{\boldsymbol{B}}_n \end{bmatrix},\ \boldsymbol{Q}\hat{\boldsymbol{B}}=\mathrm{diag}[\lambda_1,\cdots,\lambda_i,\cdots,\lambda_n]\begin{bmatrix} \hat{\boldsymbol{B}}_1 \\ \vdots \\ \hat{\boldsymbol{B}}_i \\ \vdots \\ \hat{\boldsymbol{B}}_n \end{bmatrix}=\begin{bmatrix} \lambda_1\hat{\boldsymbol{B}}_1 \\ \vdots \\ \lambda_i\hat{\boldsymbol{B}}_i \\ \vdots \\ \lambda_n\hat{\boldsymbol{B}}_n \end{bmatrix}$$

$$\boldsymbol{Q}^{n-1}\hat{\boldsymbol{B}}=\mathrm{diag}[\lambda_1^{n-1},\cdots,\lambda_i^{n-1},\cdots,\lambda_n^{n-1}]\begin{bmatrix} \hat{\boldsymbol{B}}_1 \\ \vdots \\ \hat{\boldsymbol{B}}_i \\ \vdots \\ \hat{\boldsymbol{B}}_n \end{bmatrix}=\begin{bmatrix} \lambda_1^{n-1}\hat{\boldsymbol{B}}_1 \\ \vdots \\ \lambda_i^{n-1}\hat{\boldsymbol{B}}_i \\ \vdots \\ \lambda_n^{n-1}\hat{\boldsymbol{B}}_n \end{bmatrix}$$

$$\hat{\boldsymbol{M}}=[\hat{\boldsymbol{B}}\quad \boldsymbol{Q}\hat{\boldsymbol{B}}\quad \boldsymbol{Q}^2\hat{\boldsymbol{B}}\quad \cdots\quad \boldsymbol{Q}^{n-1}\hat{\boldsymbol{B}}]=\begin{bmatrix}\hat{\boldsymbol{B}}_1 & \lambda_1\hat{\boldsymbol{B}}_1 & \lambda_1^2\hat{\boldsymbol{B}}_1 & \cdots & \lambda_1^{n-1}\hat{\boldsymbol{B}}_1\\ \vdots & \vdots & \vdots & \vdots & \vdots\\ \hat{\boldsymbol{B}}_i & \lambda_i\hat{\boldsymbol{B}}_i & \lambda_i^2\hat{\boldsymbol{B}}_i & \cdots & \lambda_i^{n-1}\hat{\boldsymbol{B}}_i\\ \vdots & \vdots & \vdots & \vdots & \vdots\\ \hat{\boldsymbol{B}}_n & \lambda_n\hat{\boldsymbol{B}}_n & \lambda_n^2\hat{\boldsymbol{B}}_n & \cdots & \lambda_n^{n-1}\hat{\boldsymbol{B}}_n\end{bmatrix}$$

若$\hat{\boldsymbol{B}}_i=0$，则矩阵$\hat{\boldsymbol{M}}$的第 i 行的元素全为零，于是 $\mathrm{rank}\hat{\boldsymbol{M}}=n-1$。因为矩阵$\hat{\boldsymbol{M}}$不是满秩矩阵，所以系统的状态不完全可控制。因此，系统矩阵 $\boldsymbol{A}$ 对角化后，LTI 连续时间系统状态完全可控制的充要条件是矩阵$\hat{\boldsymbol{B}}=\boldsymbol{P}^{-1}\boldsymbol{B}$ 中没有为零的行向量。

2. 系统矩阵 $\boldsymbol{A}$ 对角化后，LTI 连续时间系统状态完全可观察的充要条件是：矩阵$\hat{\boldsymbol{C}}=\boldsymbol{CP}$ 中没有为零的列向量。

证明：系统矩阵 $\boldsymbol{A}$ 对角化后，LTI 连续时间系统可观察性判据式(7.7.15)可写成

$$\mathrm{rank}\hat{\boldsymbol{N}}=n$$

式中，$\hat{\boldsymbol{N}}=\begin{bmatrix}\hat{\boldsymbol{C}}\\ \hat{\boldsymbol{C}}\hat{\boldsymbol{A}}\\ \hat{\boldsymbol{C}}\hat{\boldsymbol{A}}^2\\ \vdots\\ \hat{\boldsymbol{C}}\hat{\boldsymbol{A}}^{n-1}\end{bmatrix}=\begin{bmatrix}\hat{\boldsymbol{C}}\\ \hat{\boldsymbol{C}}\boldsymbol{Q}\\ \hat{\boldsymbol{C}}\boldsymbol{Q}^2\\ \vdots\\ \hat{\boldsymbol{C}}\boldsymbol{Q}^{n-1}\end{bmatrix}$。

若定义$\hat{\boldsymbol{C}}_i=[\hat{c}_{1i}\quad \hat{c}_{2i}\quad \cdots\quad \hat{c}_{ii}\quad \cdots\quad \hat{c}_{li}]^{\mathrm{T}}(i=1,2,\cdots,n)$，则有

$$\hat{\boldsymbol{C}}=[\hat{\boldsymbol{C}}_1\quad \hat{\boldsymbol{C}}_2\quad \cdots\quad \hat{\boldsymbol{C}}_i\quad \cdots\quad \hat{\boldsymbol{C}}_n]$$

$$\hat{\boldsymbol{C}}\boldsymbol{Q}=[\hat{\boldsymbol{C}}_1\quad \hat{\boldsymbol{C}}_2\quad \cdots\quad \hat{\boldsymbol{C}}_i\quad \cdots\quad \hat{\boldsymbol{C}}_n]\mathrm{diag}[\lambda_1,\lambda_2,\cdots,\lambda_i,\cdots,\lambda_n]=[\lambda_1\hat{\boldsymbol{C}}_1\quad \lambda_2\hat{\boldsymbol{C}}_2\quad \cdots\quad \lambda_i\hat{\boldsymbol{C}}_i\quad \cdots\quad \lambda_n\hat{\boldsymbol{C}}_n]$$

$$\hat{\boldsymbol{C}}\boldsymbol{Q}^{n-1}=\hat{\boldsymbol{C}}\mathrm{diag}[\lambda_1^{n-1},\lambda_2^{n-1},\cdots,\lambda_i^{n-1},\cdots,\lambda_n^{n-1}]=[\lambda_1^{n-1}\hat{\boldsymbol{C}}_1\quad \lambda_2^{n-1}\hat{\boldsymbol{C}}_2\quad \cdots\quad \lambda_i^{n-1}\hat{\boldsymbol{C}}_i\quad \cdots\quad \lambda_n^{n-1}\hat{\boldsymbol{C}}_n]$$

$$\hat{\boldsymbol{N}}=\begin{bmatrix}\hat{\boldsymbol{C}}\\ \hat{\boldsymbol{C}}\boldsymbol{Q}\\ \hat{\boldsymbol{C}}\boldsymbol{Q}^2\\ \vdots\\ \hat{\boldsymbol{C}}\boldsymbol{Q}^{n-1}\end{bmatrix}=\begin{bmatrix}\hat{\boldsymbol{C}}_1 & \cdots & \hat{\boldsymbol{C}}_i & \cdots & \hat{\boldsymbol{C}}_n\\ \lambda_1\hat{\boldsymbol{C}}_1 & \cdots & \lambda_i\hat{\boldsymbol{C}}_i & \cdots & \lambda_n\hat{\boldsymbol{C}}_n\\ \lambda_1^2\hat{\boldsymbol{C}}_1 & \cdots & \lambda_i^2\hat{\boldsymbol{C}}_i & \cdots & \lambda_n^2\hat{\boldsymbol{C}}_n\\ \vdots & \vdots & \vdots & \vdots & \vdots\\ \lambda_1^{n-1}\hat{\boldsymbol{C}}_1 & \cdots & \lambda_i^{n-1}\hat{\boldsymbol{C}}_i & \cdots & \lambda_n^{n-1}\hat{\boldsymbol{C}}_n\end{bmatrix}$$

若$\hat{\boldsymbol{C}}_i=0$，则矩阵$\hat{\boldsymbol{N}}$的第 i 列的元素全为零，于是 $\mathrm{rank}\hat{\boldsymbol{N}}=n-1$。因为矩阵$\hat{\boldsymbol{N}}$不是满秩矩阵，所以系统的状态不完全可观察。因此，系统矩阵 $\boldsymbol{A}$ 对角化后，LTI 连续时间系统状态完全可观察的充要条件是矩阵$\hat{\boldsymbol{C}}=\boldsymbol{CP}$ 中没有为零的列向量。

例 7.7.5：试判断例 7.6.3 中所描述的双输入双输出三阶 LTI 连续时间系统状态的可控制性和可观察性。

解：在例 7.6.3 中，系统矩阵 $\boldsymbol{A}$ 对角化后，已经计算出

$$\hat{\boldsymbol{B}}=\boldsymbol{P}^{-1}\boldsymbol{B}=\begin{bmatrix}3 & -3 & 1\\ -3 & 5 & -2\\ 1 & -2 & 1\end{bmatrix}\begin{bmatrix}1 & 0\\ 1 & 1\\ 1 & 1\end{bmatrix}=\begin{bmatrix}1 & -2\\ 0 & 3\\ 0 & -1\end{bmatrix}$$

$$\hat{\boldsymbol{C}}=\boldsymbol{CP}=\begin{bmatrix}1 & 1 & 1\\0 & 1 & 1\end{bmatrix}\begin{bmatrix}1 & 1 & 1\\1 & 2 & 3\\1 & 3 & 6\end{bmatrix}=\begin{bmatrix}3 & 6 & 10\\2 & 5 & 9\end{bmatrix}$$

因为矩阵$\hat{\boldsymbol{B}}=\boldsymbol{P}^{-1}\boldsymbol{B}$中没有为零的行向量，所以该双输入双输出三阶 LTI 连续时间系统的状态完全可控制；因为矩阵$\hat{\boldsymbol{C}}=\boldsymbol{CP}$中没有为零的列向量，所以该双输入双输出三阶 LTI 连续时间系统的状态完全可观察。从系统矩阵对角化后的信号流图，即图 7.6.2，可以验证判断所得结论的正确性。

3. 若系统矩阵 $\boldsymbol{A}$ 对角化后的转移函数矩阵中不出现零极点对消现象，则 LTI 连续时间系统的状态不仅完全可控制，而且完全可观察。

证明：系统矩阵 $\boldsymbol{A}$ 对角化后，由于$\hat{\boldsymbol{A}}=\boldsymbol{Q}=\mathrm{diag}[\lambda_1,\lambda_2,\cdots,\lambda_i,\cdots,\lambda_n]$，考虑到式(7.3.14)及式(7.3.8)，则有

$$\hat{\boldsymbol{H}}(s)=\hat{\boldsymbol{C}}(s\boldsymbol{I}-\hat{\boldsymbol{A}})^{-1}\hat{\boldsymbol{B}}+\hat{\boldsymbol{D}}=\hat{\boldsymbol{C}}(s\boldsymbol{I}-\boldsymbol{Q})^{-1}\hat{\boldsymbol{B}}+\hat{\boldsymbol{D}}$$

$$=[\hat{\boldsymbol{C}}_1\ \cdots\ \hat{\boldsymbol{C}}_i\ \cdots\ \hat{\boldsymbol{C}}_n]\begin{bmatrix}\frac{1}{s-\lambda_1} & 0 & 0 & \cdots & 0\\ \vdots & \ddots & \vdots & \cdots & \vdots\\ 0 & 0 & \frac{1}{s-\lambda_i} & 0 & 0\\ \vdots & \vdots & \vdots & \ddots & \vdots\\ 0 & 0 & 0 & \cdots & \frac{1}{s-\lambda_n}\end{bmatrix}\begin{bmatrix}\hat{\boldsymbol{B}}_1\\ \vdots\\ \hat{\boldsymbol{B}}_i\\ \vdots\\ \hat{\boldsymbol{B}}_n\end{bmatrix}+\hat{\boldsymbol{D}}$$

$$=\sum_{i=1}^{n}\frac{\hat{\boldsymbol{C}}_i\hat{\boldsymbol{B}}_i}{s-\lambda_i}+\boldsymbol{D} \tag{7.7.30}$$

式(7.7.30)表明，若 $w_i(t)$不可控制($\hat{\boldsymbol{B}}_i=\boldsymbol{0}$)，或 $w_i(t)$不可观察($\hat{\boldsymbol{C}}_i=\boldsymbol{0}$)，或 $w_i(t)$既不可控制又不可观察($\hat{\boldsymbol{B}}_i=\hat{\boldsymbol{C}}_i=\boldsymbol{0}$)，则$\hat{\boldsymbol{H}}(s)$的极点 $s=\lambda_i$ 消失，这是被其分子中相应的零点对消所致。反之，若$\hat{\boldsymbol{H}}(s)$中不出现零极点对消现象，则系统的状态不仅完全可控制，而且完全可观察。

通过分析，可得下述结论。

(1) 若$\hat{\boldsymbol{H}}(s)$中出现零极点对消现象，则说明系统的状态不完全可控制，或不完全可观察，或既不完全可控制又不完全可观察；并且出现零极点对消的那个状态变量不可控制，或不可观察，或既不可控制又不可观察；留下的极点对应的状态变量可控制且可观察。

(2) 若$\hat{\boldsymbol{H}}(s)$的极点 $s=\lambda_i$ 消失，则其原因可能是$\hat{\boldsymbol{B}}_i=\boldsymbol{0}$，或$\hat{\boldsymbol{C}}_i=\boldsymbol{0}$，或$\hat{\boldsymbol{B}}_i=\hat{\boldsymbol{C}}_i=\boldsymbol{0}$。状态变量 $w_i(t)$不可控制，或不可观察，或既不可控制又不可观察。究竟是三种情况中的哪一种呢？无法做出判断，即表明 LTI 连续时间系统的输入输出分析法存在局限性。因此，LTI 连续时间系统的状态变量分析法比输入输出法更能反映系统的全貌和系统内部的运动规律。

7.7.4 系统矩阵对角化后离散时间系统状态可控制性及可观察性的判据

对有 m 个输入序列和 l 个输出序列的 n 阶 LSI 离散时间系统，在状态向量 $\boldsymbol{x}(k)=\boldsymbol{Pw}(k)$的线性变换下，若 $\boldsymbol{P}=[\boldsymbol{u}_1\ \ \boldsymbol{u}_2\ \ \cdots\ \ \boldsymbol{u}_n]$是由系统矩阵 $\boldsymbol{A}$ 的 n 个互不相等的特征值 $v_i(i=1,2,\cdots,n)$(实根，其中可能存在共轭复根)对应的 n 个特征向量 $\boldsymbol{u}_i(i=1,2,\cdots,n)$构成的一个满秩变换矩阵，则能使系统矩阵 $\boldsymbol{A}$ 对角化成一个对角矩阵 $\boldsymbol{Q}$，并有$\hat{\boldsymbol{A}}=\boldsymbol{P}^{-1}\boldsymbol{AP}=\boldsymbol{Q}=\mathrm{diag}[v_1,v_2,\cdots,v_n]$，

$\hat{\boldsymbol{B}}=\boldsymbol{P}^{-1}\boldsymbol{B}$，$\hat{\boldsymbol{C}}=\boldsymbol{C}\boldsymbol{P}$，$\hat{\boldsymbol{D}}=\boldsymbol{D}$，因此 LSI 离散时间系统的状态方程和输出方程分别为

$$\begin{bmatrix} w_1(k+1) \\ \vdots \\ w_i(k+1) \\ \vdots \\ w_n(k+1) \end{bmatrix}=\begin{bmatrix} v_1 & 0 & 0 & 0 & 0 \\ 0 & \ddots & 0 & 0 & 0 \\ 0 & 0 & v_i & 0 & 0 \\ 0 & 0 & 0 & \ddots & 0 \\ 0 & 0 & 0 & 0 & v_n \end{bmatrix}\begin{bmatrix} w_1(k) \\ \vdots \\ w_i(k) \\ \vdots \\ w_n(k) \end{bmatrix}+\begin{bmatrix} \hat{\boldsymbol{B}}_1 \\ \vdots \\ \hat{\boldsymbol{B}}_i \\ \vdots \\ \hat{\boldsymbol{B}}_n \end{bmatrix}\boldsymbol{f}(k) \tag{7.7.31}$$

式中，$\hat{\boldsymbol{B}}_i=[\hat{b}_{i1}\quad \hat{b}_{i2}\quad \cdots\quad \hat{b}_{ij}\quad \cdots\quad \hat{b}_{im}](i=1,2,\cdots,n)$，$\boldsymbol{f}(k)=[f_1(k)\quad \cdots\quad f_i(k)\quad \cdots\quad f_m(k)]^{\mathrm{T}}$。

$$\begin{bmatrix} y_1(k) \\ \vdots \\ y_i(k) \\ \vdots \\ y_l(k) \end{bmatrix}=[\hat{\boldsymbol{C}}_1\quad \cdots\quad \hat{\boldsymbol{C}}_i\quad \cdots\quad \hat{\boldsymbol{C}}_n]\begin{bmatrix} w_1(k) \\ \vdots \\ w_i(k) \\ \vdots \\ w_n(k) \end{bmatrix}+\hat{\boldsymbol{D}}\boldsymbol{f}(k) \tag{7.7.32}$$

式中，$\hat{\boldsymbol{C}}_i=[\hat{c}_{1i}\quad \hat{c}_{2i}\quad \cdots\quad \hat{c}_{ii}\quad \cdots\quad \hat{c}_{li}]^{\mathrm{T}}(i=1,2,\cdots,n)$，$\boldsymbol{f}(k)=[f_1(k)\quad \cdots\quad f_i(k)\quad \cdots\quad f_m(k)]^{\mathrm{T}}$。

若$\hat{\boldsymbol{B}}_i=\boldsymbol{0}$，考虑到式(7.7.31)，则有

$$w_i(k+1)=v_i w_i(k)+\hat{\boldsymbol{B}}_i\boldsymbol{f}(k)=v_i w_i(k) \tag{7.7.33}$$

显然，式(7.7.33)是一阶线性常系数齐次差分方程，其解为

$$w_i(k)=w_i(0)v_i^k \tag{7.7.34}$$

式(7.7.34)表明，若$\hat{\boldsymbol{B}}_i=\boldsymbol{0}$，则 LSI 离散时间系统的状态变量 $w_i(k)$与输入序列向量 $\boldsymbol{f}(k)$无关，即系统的状态变量 $w_i(k)$不受输入序列向量 $\boldsymbol{f}(k)$控制，亦即系统的状态变量 $w_i(k)$不可控制。

当 $\boldsymbol{f}(k)=\boldsymbol{0}$ 时，考虑到式(7.7.31)，则有

$$w_i(k+1)=v_i w_i(k)+\hat{\boldsymbol{B}}_i\boldsymbol{f}(k)=v_i w_i(k) \tag{7.7.35}$$

显然，式(7.7.35)是一阶线性常系数齐次差分方程，其解为

$$w_i(k)=w_i(0)v_i^k \tag{7.7.36}$$

因此，当 $\boldsymbol{f}(k)=\boldsymbol{0}$ 时，考虑到式(7.7.36)，式(7.7.32)可表示成

$$\begin{bmatrix} y_1(k) \\ \vdots \\ y_i(k) \\ \vdots \\ y_l(k) \end{bmatrix}=[\hat{\boldsymbol{C}}_1\quad \cdots\quad \hat{\boldsymbol{C}}_i\quad \cdots\quad \hat{\boldsymbol{C}}_n]\begin{bmatrix} w_1(k) \\ \vdots \\ w_i(k) \\ \vdots \\ w_n(k) \end{bmatrix}=[\hat{\boldsymbol{C}}_1 v_1^k\quad \cdots\quad \hat{\boldsymbol{C}}_i v_i^k\quad \cdots\quad \hat{\boldsymbol{C}}_n v_n^k]\begin{bmatrix} w_1(0) \\ \vdots \\ w_i(0) \\ \vdots \\ w_n(0) \end{bmatrix} \tag{7.7.37}$$

由式(7.7.37)可知，若$\hat{\boldsymbol{C}}_i=\boldsymbol{0}$，则 LSI 离散时间系统的输出序列向量 $\boldsymbol{y}(k)$不仅与状态变量 $w_i(k)$无关，而且与初始状态 $w_i(0)$也无关。换言之，系统的初始状态 $w_i(0)$不能由 $\boldsymbol{y}(k)$的观测值确定，因此 LSI 离散时间系统的状态 $w_i(k)$不可观察。

综上所述，可得系统矩阵 $\boldsymbol{A}$ 对角化后，LSI 离散时间系统状态可控制性及可观察性的判据。

1. 系统矩阵 $\boldsymbol{A}$ 对角化后，LSI 离散时间系统状态完全可控制的充要条件是：矩阵$\hat{\boldsymbol{B}}=\boldsymbol{P}^{-1}\boldsymbol{B}$ 中没有为零的行向量。

证明：系统矩阵 **A** 对角化后，LSI 离散时间系统状态可控制性判据式(7.7.8)可写成

$$\text{rank}\hat{\boldsymbol{M}}=n$$

式中，$\hat{\boldsymbol{M}}=[\hat{\boldsymbol{B}}\quad \hat{\boldsymbol{A}}^{-1}\hat{\boldsymbol{B}}\quad \hat{\boldsymbol{A}}^{-2}\hat{\boldsymbol{B}}\quad \cdots\quad \hat{\boldsymbol{A}}^{-(n-1)}\hat{\boldsymbol{B}}]=[\hat{\boldsymbol{B}}\quad \boldsymbol{Q}^{-1}\hat{\boldsymbol{B}}\quad \boldsymbol{Q}^{-2}\hat{\boldsymbol{B}}\quad \cdots\quad \boldsymbol{Q}^{-(n-1)}\hat{\boldsymbol{B}}]$。

若定义$\hat{\boldsymbol{B}}_i=[\hat{b}_{i1}\quad \hat{b}_{i2}\quad \cdots\quad \hat{b}_{ij}\quad \cdots\quad \hat{b}_{im}]$$(i=1,2,\cdots,n)$，则有

$$\hat{\boldsymbol{B}}=\begin{bmatrix}\hat{\boldsymbol{B}}_1\\ \vdots\\ \hat{\boldsymbol{B}}_i\\ \vdots\\ \hat{\boldsymbol{B}}_n\end{bmatrix},\ \boldsymbol{Q}^{-1}\hat{\boldsymbol{B}}=\text{diag}[v_1^{-1},\cdots,v_i^{-1},\cdots,v_n^{-1}]\begin{bmatrix}\hat{\boldsymbol{B}}_1\\ \vdots\\ \hat{\boldsymbol{B}}_i\\ \vdots\\ \hat{\boldsymbol{B}}_n\end{bmatrix}=\begin{bmatrix}v_1^{-1}\hat{\boldsymbol{B}}_1\\ \vdots\\ v_i^{-1}\hat{\boldsymbol{B}}_i\\ \vdots\\ v_n^{-1}\hat{\boldsymbol{B}}_n\end{bmatrix}$$

$$\boldsymbol{Q}^{-(n-1)}\hat{\boldsymbol{B}}=\text{diag}[v_1^{-(n-1)},\cdots,v_i^{-(n-1)},\cdots,v_n^{-(n-1)}]\begin{bmatrix}\hat{\boldsymbol{B}}_1\\ \vdots\\ \hat{\boldsymbol{B}}_i\\ \vdots\\ \hat{\boldsymbol{B}}_n\end{bmatrix}=\begin{bmatrix}v_1^{-(n-1)}\hat{\boldsymbol{B}}_1\\ \vdots\\ v_i^{-(n-1)}\hat{\boldsymbol{B}}_i\\ \vdots\\ v_n^{-(n-1)}\hat{\boldsymbol{B}}_n\end{bmatrix}$$

$$\hat{\boldsymbol{M}}=[\hat{\boldsymbol{B}}\quad \boldsymbol{Q}^{-1}\hat{\boldsymbol{B}}\quad \boldsymbol{Q}^{-2}\hat{\boldsymbol{B}}\quad \cdots\quad \boldsymbol{Q}^{-(n-1)}\hat{\boldsymbol{B}}]=\begin{bmatrix}\hat{\boldsymbol{B}}_1 & v_1^{-1}\hat{\boldsymbol{B}}_1 & v_1^{-2}\hat{\boldsymbol{B}}_1 & \cdots & v_1^{-(n-1)}\hat{\boldsymbol{B}}_1\\ \vdots & \vdots & \vdots & \vdots & \vdots\\ \hat{\boldsymbol{B}}_i & v_i^{-1}\hat{\boldsymbol{B}}_i & v_i^{-2}\hat{\boldsymbol{B}}_i & \cdots & v_i^{-(n-1)}\hat{\boldsymbol{B}}_i\\ \vdots & \vdots & \vdots & \vdots & \vdots\\ \hat{\boldsymbol{B}}_n & v_n^{-1}\hat{\boldsymbol{B}}_n & v_n^{-2}\hat{\boldsymbol{B}}_n & \cdots & v_n^{-(n-1)}\hat{\boldsymbol{B}}_n\end{bmatrix}$$

若$\hat{\boldsymbol{B}}_i=0$，则矩阵$\hat{\boldsymbol{M}}$的第 i 行的元素全为零，于是 $\text{rank}\hat{\boldsymbol{M}}=n-1$。因为矩阵$\hat{\boldsymbol{M}}$不是满秩矩阵，所以系统的状态不完全可控制。因此，系统矩阵 **A** 对角化后，LSI 离散时间系统状态完全可控制的充要条件是矩阵$\hat{\boldsymbol{B}}=\boldsymbol{P}^{-1}\boldsymbol{B}$ 中没有为零的行向量。

2. 系统矩阵 **A** 对角化后，LSI 离散时间系统状态完全可观察的充要条件是：矩阵$\hat{\boldsymbol{C}}=\boldsymbol{CP}$ 中没有为零的列向量。

证明：系统矩阵 **A** 对角化后，LSI 离散时间系统可观察性判据式(7.7.20)可写成

$$\text{rank}\hat{\boldsymbol{N}}=n$$

式中，$\hat{\boldsymbol{N}}=\begin{bmatrix}\hat{\boldsymbol{C}}\\ \hat{\boldsymbol{C}}\hat{\boldsymbol{A}}\\ \hat{\boldsymbol{C}}\hat{\boldsymbol{A}}^2\\ \vdots\\ \hat{\boldsymbol{C}}\hat{\boldsymbol{A}}^{n-1}\end{bmatrix}=\begin{bmatrix}\hat{\boldsymbol{C}}\\ \hat{\boldsymbol{C}}\boldsymbol{Q}\\ \hat{\boldsymbol{C}}\boldsymbol{Q}^2\\ \vdots\\ \hat{\boldsymbol{C}}\boldsymbol{Q}^{n-1}\end{bmatrix}$。

若定义$\hat{\boldsymbol{C}}_i=[\hat{c}_{1i}\quad \hat{c}_{2i}\quad \cdots\quad \hat{c}_{ii}\quad \cdots\quad \hat{c}_{li}]^{\mathrm{T}}$$(i=1,2,\cdots,n)$，则有

$$\hat{\boldsymbol{C}}=[\hat{\boldsymbol{C}}_1\quad \hat{\boldsymbol{C}}_2\quad \cdots\quad \hat{\boldsymbol{C}}_i\quad \cdots\quad \hat{\boldsymbol{C}}_n]$$

$$\hat{C}Q=[\hat{C}_1\quad \hat{C}_2\quad \cdots\quad \hat{C}_i\quad \cdots\quad \hat{C}_n]\mathrm{diag}[v_1,v_2,\cdots,v_i,\cdots,v_n]=[v_1\hat{C}_1\quad v_2\hat{C}_2\quad \cdots\quad v_i\hat{C}_i\quad \cdots\quad v_n\hat{C}_n]$$

$$\hat{C}Q^{n-1}=\hat{C}\mathrm{diag}[v_1^{n-1},v_2^{n-1},\cdots,v_i^{n-1},\cdots,v_n^{n-1}]=[v_1^{n-1}\hat{C}_1\quad v_2^{n-1}\hat{C}_2\quad \cdots\quad v_i^{n-1}\hat{C}_i\quad \cdots\quad v_n^{n-1}\hat{C}_n]$$

$$\hat{N}=\begin{bmatrix}\hat{C}\\ \hat{C}Q\\ \hat{C}Q^2\\ \vdots\\ \hat{C}Q^{n-1}\end{bmatrix}=\begin{bmatrix}\hat{C}_1 & \cdots & \hat{C}_i & \cdots & \hat{C}_n\\ v_1\hat{C}_1 & \cdots & v_i\hat{C}_i & \cdots & v_n\hat{C}_n\\ v_1^2\hat{C}_1 & \cdots & v_i^2\hat{C}_i & \cdots & v_n^2\hat{C}_n\\ \vdots & \vdots & \vdots & \vdots & \vdots\\ v_1^{n-1}\hat{C}_1 & \cdots & v_i^{n-1}\hat{C}_i & \cdots & v_n^{n-1}\hat{C}_n\end{bmatrix}$$

若$\hat{C}_i=0$，则矩阵$\hat{N}$的第 i 列的元素全为零，于是 $\mathrm{rank}\hat{N}=n-1$。因为矩阵$\hat{N}$不是满秩矩阵，所以系统的状态不完全可观察。因此，系统矩阵 A 对角化后，LSI 离散时间系统状态完全可观察的充要条件是矩阵$\hat{C}=CP$ 中没有为零的列向量。

3. 若系统矩阵 A 对角化后的转移函数矩阵中不出现零极点对消现象，则 LSI 离散时间系统的状态不仅完全可控制，而且完全可观察。

证明：系统矩阵 A 对角化后，由于$\hat{A}=Q=\mathrm{diag}[v_1,v_2,\cdots,v_i,\cdots,v_n]$，考虑到式(7.5.37)及式(7.5.31)，则有

$$\hat{H}(z)=z^{-1}\hat{C}(I-z^{-1}\hat{A})^{-1}\hat{B}+\hat{D}=z^{-1}\hat{C}(I-z^{-1}Q)^{-1}\hat{B}+\hat{D}$$

$$=z^{-1}[\hat{C}_1\quad \cdots\quad \hat{C}_i\quad \cdots\quad \hat{C}_n]\begin{bmatrix}\frac{1}{1-v_1z^{-1}} & 0 & 0 & \cdots & 0\\ \vdots & \ddots & \vdots & \vdots & \vdots\\ 0 & 0 & \frac{1}{1-v_iz^{-1}} & 0 & 0\\ \vdots & \vdots & \vdots & \ddots & \vdots\\ 0 & 0 & 0 & \cdots & \frac{1}{1-v_nz^{-1}}\end{bmatrix}\begin{bmatrix}\hat{B}_1\\ \vdots\\ \hat{B}_i\\ \vdots\\ \hat{B}_n\end{bmatrix}+\hat{D}$$

$$=\sum_{i=1}^{n}\frac{\hat{C}_i\hat{B}_i}{z-v_i}+D \tag{7.7.38}$$

式(7.7.38)表明，若 $w_i(k)$不可控制($\hat{B}_i=0$)，或 $w_i(k)$不可观察($\hat{C}_i=0$)，或 $w_i(k)$既不可控制又不可观察($\hat{B}_i=\hat{C}_i=0$)，则$\hat{H}(z)$的极点 $z=v_i$ 消失，这是被其分子中相应的零点对消所致。反之，若$\hat{H}(z)$中不出现零极点对消现象，则系统的状态不仅完全可控制，而且完全可观察。

例 7.7.6：已知双输入双输出三阶 LSI 离散时间系统的状态方程和输出方程的标准形式为

$$x(k+1)=Ax(k)+Bf(k)$$
$$y(k)=Cx(k)+Df(k)$$

式中，$A=\begin{bmatrix}0 & 1 & 0\\ 0 & 0 & 1\\ \frac{1}{24} & -\frac{3}{8} & \frac{13}{12}\end{bmatrix}$，$B=\begin{bmatrix}1 & 0\\ 1 & 2\\ 1 & 1\end{bmatrix}$，$C=\begin{bmatrix}1 & -2 & 1\\ 0 & 1 & 1\end{bmatrix}$，$D=\begin{bmatrix}1 & 0\\ 0 & 1\end{bmatrix}$。

(1) 试建立系统矩阵 A 对角化后的状态方程和输出方程，并画出系统矩阵 A 对角化后的信号流图。

(2) 系统的初始状态 $x_1(0)=-1$，$x_2(0)=x_3(0)=1$，输入序列 $f_1(k)=2\left(\frac{1}{5}\right)^{k+1}\varepsilon(k)$，$f_2(k)=3\left(\frac{1}{5}\right)^{k+1}\varepsilon(k)$，试求系统矩阵 $\boldsymbol{A}$ 对角化后的状态向量 $\boldsymbol{w}(k)$。

(3) 系统矩阵 $\boldsymbol{A}$ 对角化后，试判断系统的可控制性和可观察性。

(4) 系统矩阵 $\boldsymbol{A}$ 对角化后，令 $\hat{\boldsymbol{B}}_1=\boldsymbol{0}$ 和 $\hat{\boldsymbol{C}}_3=\boldsymbol{0}$，再次讨论系统的可控制性和可观察性，并求系统的转移函数 $\hat{H}_{12}(z)$。

解： (1) 建立系统矩阵 $\boldsymbol{A}$ 对角化后的状态方程和输出方程

① 求矩阵 $\boldsymbol{A}$ 的特征值

矩阵 $\boldsymbol{A}$ 的特征方程为

$$D(v)=|\boldsymbol{I}-v^{-1}\boldsymbol{A}|=\begin{vmatrix}1 & -v^{-1} & 0\\ 0 & 1 & -v^{-1}\\ -\frac{1}{24}v^{-1} & \frac{3}{8}v^{-1} & 1-\frac{13}{12}v^{-1}\end{vmatrix}=\begin{vmatrix}1 & -v^{-1} & 0\\ 0 & 1 & -v^{-1}\\ 0 & \frac{3}{8}v^{-1}-\frac{1}{24}v^{-2} & 1-\frac{13}{12}v^{-1}\end{vmatrix}$$

$$=\begin{vmatrix}1 & -v^{-1}\\ \frac{3}{8}v^{-1}-\frac{1}{24}v^{-2} & 1-\frac{13}{12}v^{-1}\end{vmatrix}=1-\frac{13}{12}v^{-1}+\frac{3}{8}v^{-2}-\frac{1}{24}v^{-3}$$

$$=\left(1-\frac{1}{2}v^{-1}\right)\left(1-\frac{1}{3}v^{-1}\right)\left(1-\frac{1}{4}v^{-1}\right)=0$$

特征值 $v_1=\frac{1}{2}$，$v_2=\frac{1}{3}$，$v_3=\frac{1}{4}$。

② 求矩阵 $\boldsymbol{A}$ 的特征值 $\lambda_i(i=1,2,3)$ 对应的特征向量及变换矩阵

$$(\boldsymbol{I}-v_1^{-1}\boldsymbol{A})=\begin{bmatrix}1 & -2 & 0\\ 0 & 1 & -2\\ -\frac{1}{12} & \frac{3}{4} & 1-\frac{13}{6}\end{bmatrix}\to\begin{bmatrix}1 & -2 & 0\\ 0 & 1 & -2\\ -1 & 9 & -14\end{bmatrix}\to\begin{bmatrix}1 & -2 & 0\\ 0 & 1 & -2\\ 0 & 7 & -14\end{bmatrix}\to\begin{bmatrix}1 & 0 & -4\\ 0 & 1 & -2\\ 0 & 0 & 0\end{bmatrix}$$

因此，取特征向量为 $\boldsymbol{u}_1=[4\quad 2\quad 1]^{\mathrm{T}}$

$$(\boldsymbol{I}-v_2^{-1}\boldsymbol{A})=\begin{bmatrix}1 & -3 & 0\\ 0 & 1 & -3\\ -\frac{1}{8} & \frac{9}{8} & 1-\frac{13}{4}\end{bmatrix}\to\begin{bmatrix}1 & -3 & 0\\ 0 & 1 & -3\\ -1 & 9 & -18\end{bmatrix}\to\begin{bmatrix}1 & -3 & 0\\ 0 & 1 & -3\\ 0 & 6 & -18\end{bmatrix}\to\begin{bmatrix}1 & 0 & -9\\ 0 & 1 & -3\\ 0 & 0 & 0\end{bmatrix}$$

因此，取特征向量为 $\boldsymbol{u}_2=[9\quad 3\quad 1]^{\mathrm{T}}$

$$(\boldsymbol{I}-v_3^{-1}\boldsymbol{A})=\begin{bmatrix}1 & -4 & 0\\ 0 & 1 & -4\\ -\frac{1}{6} & \frac{3}{2} & 1-\frac{13}{3}\end{bmatrix}\to\begin{bmatrix}1 & -4 & 0\\ 0 & 1 & -4\\ -1 & 9 & -20\end{bmatrix}\to\begin{bmatrix}1 & -4 & 0\\ 0 & 1 & -4\\ 0 & 5 & -20\end{bmatrix}\to\begin{bmatrix}1 & 0 & -16\\ 0 & 1 & -4\\ 0 & 0 & 0\end{bmatrix}$$

因此，取特征向量为 $\boldsymbol{u}_3=[16\quad 4\quad 1]^{\mathrm{T}}$，于是变换矩阵 $\boldsymbol{P}=[\boldsymbol{u}_1\quad \boldsymbol{u}_2\quad \boldsymbol{u}_3]=\begin{bmatrix}4 & 9 & 16\\ 2 & 3 & 4\\ 1 & 1 & 1\end{bmatrix}$。

③ 建立系统矩阵 $\boldsymbol{A}$ 对角化后的状态方程和输出方程

考虑到

$$[\boldsymbol{PI}]=\begin{bmatrix}4 & 9 & 16 & 1 & 0 & 0\\ 2 & 3 & 4 & 0 & 1 & 0\\ 1 & 1 & 1 & 0 & 0 & 1\end{bmatrix}\to\begin{bmatrix}0 & 5 & 12 & 1 & 0 & -4\\ 0 & 1 & 2 & 0 & 1 & -2\\ 1 & 1 & 1 & 0 & 0 & 1\end{bmatrix}\to\begin{bmatrix}0 & 0 & 2 & 1 & -5 & 6\\ 0 & 1 & 2 & 0 & 1 & -2\\ 1 & 0 & -1 & 0 & -1 & 3\end{bmatrix}$$

$$\rightarrow\begin{bmatrix}0&0&2&1&-5&6\\0&1&0&-1&6&-8\\1&0&0&1/2&-7/2&6\end{bmatrix}\rightarrow\begin{bmatrix}1&0&0&1/2&-7/2&6\\0&1&0&-1&6&-8\\0&0&1&1/2&-5/2&3\end{bmatrix}=[\boldsymbol{I}\boldsymbol{P}^{-1}]$$

则有

$$\boldsymbol{P}^{-1}=\begin{bmatrix}1/2&-7/2&6\\-1&6&-8\\1/2&-5/2&3\end{bmatrix}$$

因此，系统矩阵 $\boldsymbol{A}$ 对角化后的状态方程和输出方程分别为

$$\boldsymbol{w}(k+1)=\hat{\boldsymbol{A}}\boldsymbol{w}(k)+\hat{\boldsymbol{B}}\boldsymbol{f}(k)$$

$$\boldsymbol{y}(k)=\hat{\boldsymbol{C}}\boldsymbol{w}(k)+\hat{\boldsymbol{D}}\boldsymbol{f}(k)$$

式中

$$\hat{\boldsymbol{A}}=\boldsymbol{P}^{-1}\boldsymbol{A}\boldsymbol{P}=\boldsymbol{Q}=\begin{bmatrix}1/2&0&0\\0&1/3&0\\0&0&1/4\end{bmatrix}$$

$$\hat{\boldsymbol{B}}=\boldsymbol{P}^{-1}\boldsymbol{B}=\begin{bmatrix}1/2&-7/2&6\\-1&6&-8\\1/2&-5/2&3\end{bmatrix}\begin{bmatrix}1&0\\1&2\\1&1\end{bmatrix}=\begin{bmatrix}3&-1\\-3&4\\1&-2\end{bmatrix}$$

$$\hat{\boldsymbol{C}}=\boldsymbol{C}\boldsymbol{P}=\begin{bmatrix}1&-2&1\\0&1&1\end{bmatrix}\begin{bmatrix}4&9&16\\2&3&4\\1&1&1\end{bmatrix}=\begin{bmatrix}1&4&9\\3&4&5\end{bmatrix},\ \hat{\boldsymbol{D}}=\boldsymbol{D}=\begin{bmatrix}1&0\\0&1\end{bmatrix}$$

于是，系统矩阵 $\boldsymbol{A}$ 对角化后的信号流图如图 7.7.3 所示。

(2) 考虑到式(7.5.57)，则有

$$\boldsymbol{w}(k)=\hat{\boldsymbol{A}}^k\boldsymbol{w}(0)+\hat{\boldsymbol{A}}^{k-1}\varepsilon(k-1)*\hat{\boldsymbol{B}}\boldsymbol{f}(k)=\boldsymbol{Q}^k\boldsymbol{P}^{-1}\boldsymbol{x}(0)+\boldsymbol{Q}^{k-1}\varepsilon(k-1)*\hat{\boldsymbol{B}}\boldsymbol{f}(k)$$

$$=\begin{bmatrix}2^{-k}&0&0\\0&3^{-k}&0\\0&0&4^{-k}\end{bmatrix}\begin{bmatrix}\frac{1}{2}&-\frac{7}{2}&6\\-1&6&-8\\\frac{1}{2}&-\frac{5}{2}&3\end{bmatrix}\begin{bmatrix}-1\\1\\1\end{bmatrix}+\begin{bmatrix}2^{1-k}&0&0\\0&3^{1-k}&0\\0&0&4^{1-k}\end{bmatrix}\varepsilon(k-1)*\begin{bmatrix}3\times5^{-k-1}\varepsilon(k)\\6\times5^{-k-1}\varepsilon(k)\\-4\times5^{-k-1}\varepsilon(k)\end{bmatrix}$$

$$=\begin{bmatrix}2^{1-k}\\-3^{-k}\\0\end{bmatrix}+\begin{bmatrix}2(2^{-k}-5^{-k})\varepsilon(k)\\9(3^{-k}-5^{-k})\varepsilon(k)\\16(5^{-k}-4^{-k})\varepsilon(k)\end{bmatrix},\ k\geqslant0$$

(3) 因为矩阵 $\hat{\boldsymbol{B}}=\boldsymbol{P}^{-1}\boldsymbol{B}$ 中没有为零的行向量，所以该双输入双输出三阶 LSI 离散时间系统的状态完全可控制；因为矩阵 $\hat{\boldsymbol{C}}=\boldsymbol{C}\boldsymbol{P}$ 中没有为零的列向量，所以该双输入双输出三阶 LSI 离散时间系统的状态完全可观察。根据系统矩阵 $\boldsymbol{A}$ 对角化后的信号流图，即图 7.7.3，可以验证判断所得结论的正确性。

(4) 考虑到 $\hat{\boldsymbol{B}}_1=0$，则有 $\hat{\boldsymbol{B}}=\begin{bmatrix}\hat{\boldsymbol{B}}_1\\\hat{\boldsymbol{B}}_2\\\hat{\boldsymbol{B}}_3\end{bmatrix}=\begin{bmatrix}0\\\hat{\boldsymbol{B}}_2\\\hat{\boldsymbol{B}}_3\end{bmatrix}=\begin{bmatrix}0&0\\-3&4\\1&-2\end{bmatrix}$。

考虑到$\hat{C}_3=0$，则有$\hat{C}=[\hat{C}_1\quad \hat{C}_2\quad \hat{C}_3]=[\hat{C}_1\quad \hat{C}_2\quad 0]=\begin{bmatrix}1&4&0\\3&4&0\end{bmatrix}$。

因此，该双输入双输出三阶 LSI 离散时间系统在系统矩阵 $\boldsymbol{A}$ 对角化后，令$\hat{\boldsymbol{B}}_1=\boldsymbol{0}$和$\hat{\boldsymbol{C}}_3=\boldsymbol{0}$时的系统的信号流图如图 7.7.4 所示。

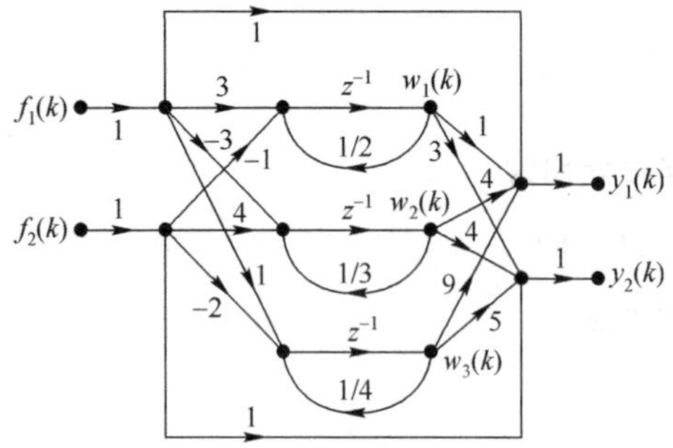

图 7.7.3　双输入双输出三阶 LSI 离散时间系统矩阵$\boldsymbol{A}$对角化后的信号流图

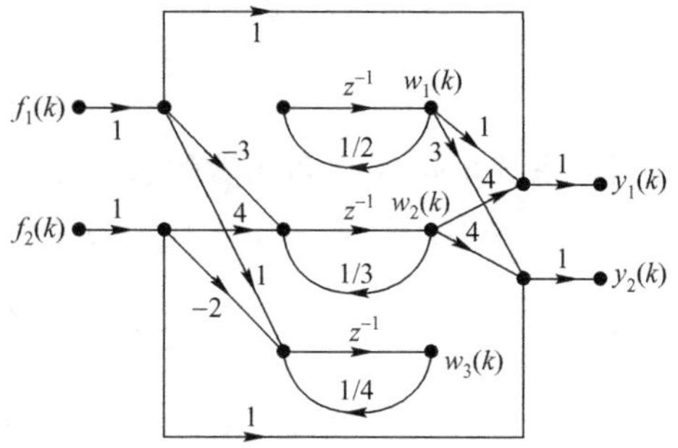

图 7.7.4　双输入双输出三阶 LSI 离散时间系统矩阵$\boldsymbol{A}$对角化后令$\hat{\boldsymbol{B}}_1=\boldsymbol{0}$和$\hat{\boldsymbol{C}}_3=\boldsymbol{0}$时的信号流图

从图 7.7.4 中可以看出，由于$\hat{\boldsymbol{B}}_1=\boldsymbol{0}$，因此状态变量 $w_1(k)$不可控制，$w_2(k)$和 $w_3(k)$可控制；由于$\hat{\boldsymbol{C}}_3=\boldsymbol{0}$，因此状态变量 $w_3(k)$不可观察，$w_1(k)$和 $w_2(k)$可观察。

考虑到式(7.5.37)及式(7.5.31)，则有

$$\hat{\boldsymbol{H}}(z)=z^{-1}\hat{\boldsymbol{C}}(\boldsymbol{I}-z^{-1}\hat{\boldsymbol{A}})^{-1}\hat{\boldsymbol{B}}+\hat{\boldsymbol{D}}=z^{-1}\hat{\boldsymbol{C}}(\boldsymbol{I}-z^{-1}\boldsymbol{Q})^{-1}\hat{\boldsymbol{B}}+\hat{\boldsymbol{D}}$$

$$=z^{-1}\begin{bmatrix}1&4&0\\3&4&0\end{bmatrix}\begin{bmatrix}\dfrac{1}{1-\dfrac{1}{2}z^{-1}}&0&0\\0&\dfrac{1}{1-\dfrac{1}{3}z^{-1}}&0\\0&0&\dfrac{1}{1-\dfrac{1}{4}z^{-1}}\end{bmatrix}\begin{bmatrix}0&0\\-3&4\\1&-2\end{bmatrix}+\begin{bmatrix}1&0\\0&1\end{bmatrix}$$

$$=\begin{bmatrix}1-\dfrac{12}{z-\dfrac{1}{3}}&\dfrac{16}{z-\dfrac{1}{3}}\\\dfrac{-12}{z-\dfrac{1}{3}}&1+\dfrac{16}{z-\dfrac{1}{3}}\end{bmatrix}$$

因为$\hat{\boldsymbol{B}}_1=\boldsymbol{0}$，所以$\hat{\boldsymbol{H}}(z)$的极点 $z=\dfrac{1}{2}$被其分子中相应的零点对消了；因为$\hat{\boldsymbol{C}}_3=\boldsymbol{0}$，所以$\hat{\boldsymbol{H}}(z)$的极点$z=\dfrac{1}{4}$被其分子中相应的零点对消了。因此，由矩阵$\hat{\boldsymbol{H}}(z)$计算的结果可知，$\hat{H}_{12}(z)=\dfrac{16}{z-\dfrac{1}{3}}$。

下面来观察利用 Mason 规则确定 $y_1(k)$与 $f_2(k)$之间的转移函数，即$\hat{H}_{12}(z)$的过程。

由图 7.7.4 所示的信号流图可知，共有 3 个环，其转移函数分别为 $L_1=z^{-1}/2$，$L_2=z^{-1}/3$，$L_3=z^{-1}/4$，并且 3 个环互不接触。因此，该信号流图的 Δ 值为

$$\Delta=1-(L_1+L_2+L_3)+(L_1L_2+L_1L_3+L_2L_3)-L_1L_2L_3=(1-L_1)(1-L_2)(1-L_3)$$

$f_2(k)$至 $y_1(k)$只有一条前向通路，其转移函数为 $T_1=16z^{-1}$，移去该条前向通路后，还剩下转移函数为 L_1 和 L_3 的这两个环，并且这两个环互不接触。因此，子信号流图的 Δ_1 值为

$$\Delta_1=1-(L_1+L_3)+L_1L_3=(1-L_1)(1-L_3)$$

由式(4.8.15)，即 Mason 规则，可得

$$\hat{H}_{12}(z)=\frac{1}{\Delta}\sum_{i=1}^{n}\Delta_i T_i=\frac{T_1\Delta_1}{\Delta}=\frac{16z^{-1}(1-L_1)(1-L_3)}{(1-L_1)(1-L_2)(1-L_3)}$$

$$=\frac{16z^{-1}\left(1-\frac{1}{2}z^{-1}\right)\left(1-\frac{1}{4}z^{-1}\right)}{\left(1-\frac{1}{2}z^{-1}\right)\left(1-\frac{1}{3}z^{-1}\right)\left(1-\frac{1}{4}z^{-1}\right)}$$

$$=\frac{16\left(z-\frac{1}{2}\right)\left(z-\frac{1}{4}\right)}{\left(z-\frac{1}{2}\right)\left(z-\frac{1}{3}\right)\left(z-\frac{1}{4}\right)}=\frac{16}{z-\frac{1}{3}}$$

可见，系统转移函数$\hat{H}_{12}(z)$中的确出现了零极点对消现象。极点 $z=\frac{1}{2}$与零点 $z=\frac{1}{2}$对消，导致状态变量 $w_1(k)$不可控制；极点 $z=\frac{1}{4}$与零点 $z=\frac{1}{4}$对消，导致状态变量 $w_3(k)$不可观察。

通过分析，可得下述结论。

(1) 若$\hat{\boldsymbol{H}}(z)$中出现零极点对消现象，则说明系统的状态不完全可控制，或不完全可观察，或既不完全可控制又不完全可观察；零极点对消的那个状态变量不可控制，或不可观察，或既不可控制又不可观察；留下的极点对应的状态变量可控制且可观察。

(2) 若$\hat{\boldsymbol{H}}(z)$的极点 $z=v_i$ 消失，则其原因可能是$\hat{\boldsymbol{B}}_i=\boldsymbol{0}$，或$\hat{\boldsymbol{C}}_i=\boldsymbol{0}$，或$\hat{\boldsymbol{B}}_i=\hat{\boldsymbol{C}}_i=\boldsymbol{0}$，状态变量 $w_i(k)$不可控制，或不可观察，或既不可控制又不可观察。究竟是三种情况中的哪一种呢？无法做出判断，即表明 LSI 离散时间系统的输入输出分析法存在局限性。因此，LSI 离散时间系统的状态变量分析法比输入输出法更能反映系统的全貌和系统内部的运动规律。

习题

7.1 单项选择题

(1) 对于 n 阶线性常系数非齐次微分方程，通过选取适当的 n 个变量，可以将 n 阶线性常系数非齐次微分方程转化为由 n 个(　　)线性常系数非齐次微分方程构成的微分方程组。基于该微分方程组的 n 个解的相应线性组合，即可得到 n 阶线性常系数非齐次微分方程的解。

A. 一阶　　B. 二阶　　C. 三阶　　D. 四阶

(2) 在 n 阶 LTI 连续时间系统的状态变量分析法中，系统的 n 个状态变量的选择既不是唯一的，又不是任意的。通常选取系统内部电容元件两端的电压和电感元件通过的(　　)作为系统的状态变量。

A. 电压　　B. 电流　　C. 磁通　　D. 磁感应强度

(3) 由一组状态变量 $x_1(t)$，$x_2(t)$，…，$x_n(t)$构成的向量$\boldsymbol{x}(t)=[x_1(t)\quad x_2(t)\quad \cdots\quad x_n(t)]^{\mathrm{T}}$

称为系统的状态向量。LTI连续时间系统的初始状态$\boldsymbol{x}(0_-)$，其实是系统的状态向量$\boldsymbol{x}(t)$在$t=0_-$时的一个点，它包含了系统在$t=0$之前被信号作用过的(　　)信息。

A. 有用　　B. 部分　　C. 局部　　D. 全部

(4) 对多输入多输出的高阶LTI连续时间系统，适宜用(　　)来求解系统的响应。

A. 输入输出法　　B. 状态变量分析法　　C. 时域法　　D. 变换域法

(5) 凯莱-哈密顿定理表明，一个n阶矩阵$\boldsymbol{A}$满足自身的特征方程。因此，通过求解方程组$e^{\lambda_i t}=\sum_{j=0}^{m}\alpha_j(t)\lambda_i^j(i=1,2,\cdots,n)$，可计算出矩阵指数函数$e^{\boldsymbol{A}t}$，即$e^{\boldsymbol{A}t}=\sum_{j=0}^{m}\alpha_j(t)\boldsymbol{A}^j$。其中$m$等于(　　)。

A. $n-1$　　B. n　　C. $n+1$　　D. $n+2$

(6) 若$\boldsymbol{f}(t)=\begin{bmatrix}f_1(t)\\f_2(t)\end{bmatrix}$，$\boldsymbol{h}(t)=\begin{bmatrix}h_{11}(t) & h_{12}(t)\\h_{21}(t) & h_{22}(t)\end{bmatrix}$，则$\boldsymbol{y}_f(t)=\boldsymbol{h}(t)*\boldsymbol{f}(t)$为(　　)。

A. $\begin{bmatrix}h_{22}(t)*f_2(t) & h_{12}(t)*f_2(t)\\h_{21}(t)*f_1(t) & h_{11}(t)*f_1(t)\end{bmatrix}$　　B. $\begin{bmatrix}h_{11}(t)*f_1(t) & h_{12}(t)*f_2(t)\\h_{21}(t)*f_1(t) & h_{22}(t)*f_2(t)\end{bmatrix}$

C. $\begin{bmatrix}h_{11}(t)*f_1(t) & h_{21}(t)*f_1(t)\\h_{12}(t)*f_2(t) & h_{22}(t)*f_2(t)\end{bmatrix}$　　D. $\begin{bmatrix}h_{11}(t)*f_1(t) & h_{22}(t)*f_2(t)\\h_{21}(t)*f_1(t) & h_{12}(t)*f_2(t)\end{bmatrix}$

(7) 同一LTI连续时间系统(　　)的线性变换，系统的转移函数矩阵、单位冲激响应矩阵和系统的稳定性判据都具有不变性，即各自都保持不变。

A. 状态向量　　B. 零输入响应向量

C. 零状态响应向量　　D. 全响应向量

(8) 若在有限时间内，通过输入信号向量$\boldsymbol{f}(t)$的作用或控制，能够使系统的任意初始状态$\boldsymbol{x}(0_-)$转移到所希望的状态(例如，状态空间的原点)，则称连续时间系统的状态是(　　)可控制的。

A. 有效　　B. 部分　　C. 局部　　D. 完全

(9) 设系统的输入信号向量$\boldsymbol{f}(t)\equiv\boldsymbol{0}$，若在有限时间内，能够由连续时间系统的输出信号向量$\boldsymbol{y}(t)$唯一地确定系统的全部初始状态$\boldsymbol{x}(0_-)$，则称连续时间系统的状态是(　　)可观察的。

A. 有效　　B. 部分　　C. 局部　　D. 完全

(10) 在n阶LSI离散时间系统的输入输出法中用$\boldsymbol{x}(-1)=[x_1(-1)\quad x_2(-1)\quad\cdots\quad x_n(-1)]^{\mathrm{T}}$表示系统的初始状态。而在状态变量法中用$\boldsymbol{x}(0)=[x_1(0)\quad x_2(0)\quad\cdots\quad x_n(0)]^{\mathrm{T}}$表示系统的初始状态，两者之间的关系为(　　)。

A. $\boldsymbol{x}(0)=\boldsymbol{A}\boldsymbol{x}(-1)+\boldsymbol{B}\boldsymbol{f}(-1)$　　B. $\boldsymbol{x}(0)=\boldsymbol{A}\boldsymbol{x}(-1)-\boldsymbol{B}\boldsymbol{f}(-1)$

C. $\boldsymbol{x}(-1)=\boldsymbol{A}\boldsymbol{x}(0)+\boldsymbol{B}\boldsymbol{f}(0)$　　D. $\boldsymbol{x}(-1)=\boldsymbol{A}\boldsymbol{x}(0)-\boldsymbol{B}\boldsymbol{f}(0)$

7.2　多项选择题

(1) 对于一个有m个输入和l个输出的n阶LTI连续时间系统，对其状态方程和输出方程，下述选项正确的有(　　)。

A. 矩阵$\boldsymbol{A}$是$n\times n$阶矩阵　　B. 矩阵$\boldsymbol{B}$是$n\times m$阶矩阵

C. 矩阵$\boldsymbol{C}$是$l\times n$阶矩阵　　D. 矩阵$\boldsymbol{D}$是$l\times m$阶矩阵

(2) 设LTI连续时间系统的转移函数$H(s)=\dfrac{s^2+2s+3}{s^3+9s^2+26s+24}$，在系统卡尔曼形式的信号流图中，从最后的一个积分器开始，依次向前选取各积分器的输出信号作为系统的状态变量，分别记为 $x_1(t)$，$x_2(t)$及 $x_3(t)$。对其状态方程和输出方程，下述选项正确的有(　　)。

A. 矩阵$\boldsymbol{A}=\begin{bmatrix}0 & 1 & 0\\ 0 & 0 & 1\\ -24 & -26 & -9\end{bmatrix}$　　B. 矩阵$\boldsymbol{B}=\begin{bmatrix}0\\ 0\\ 1\end{bmatrix}$

C. 矩阵$\boldsymbol{C}=[3\quad 2\quad 1]$　　D. 矩阵$\boldsymbol{D}=[0]$

(3) 设 LTI 连续时间系统的转移函数 $H(s)=\dfrac{6s^2+22s+18}{s^3+6s^2+11s+6}$，在系统并联形式的信号流图中，从第一个积分器开始，依次向下选取各积分器的输出信号作为系统的状态变量，并将特征根为 $\lambda_i(i=1,2,3)$的一阶 LTI 连续时间系统的积分器的输出信号记为 $x_i(t)(i=1,2,3)$。对其状态方程和输出方程，下述选项正确的有(　　)。

A. 矩阵$\boldsymbol{A}=\begin{bmatrix}-1 & 0 & 0\\ 0 & -2 & 0\\ 0 & 0 & -3\end{bmatrix}$　　B. 矩阵$\boldsymbol{B}=\begin{bmatrix}1\\ 1\\ 1\end{bmatrix}$

C. 矩阵$\boldsymbol{C}=[1\quad 2\quad 3]$　　D. 矩阵$\boldsymbol{D}=[0]$

(4) 关于 LTI 连续时间系统状态方程和输出方程的复频域分析，下列选项正确的有(　　)。

A. 状态过渡矩阵$\boldsymbol{\Phi}(s)=(s\boldsymbol{I}-\boldsymbol{A})^{-1}$。

B. 考虑到$\boldsymbol{X}(s)=\boldsymbol{\Phi}(s)\boldsymbol{x}(0_-)+\boldsymbol{\Phi}(s)\boldsymbol{BF}(s)$，则有系统的状态向量$\boldsymbol{x}(t)=\mathrm{ILT}[\boldsymbol{X}(s)]$。

C. 系统的转移函数矩阵$\boldsymbol{H}(s)=\boldsymbol{C\Phi}(s)\boldsymbol{B}+\boldsymbol{D}$。

D. 考虑到$\boldsymbol{Y}(s)=\boldsymbol{C\Phi}(s)\boldsymbol{x}(0_-)+\boldsymbol{H}(s)\boldsymbol{F}(s)$，则有系统的全响应向量$\boldsymbol{y}(t)=\mathrm{ILT}[\boldsymbol{Y}(s)]$。

(5) 关于 LTI 连续时间系统状态方程和输出方程的时域分析，下列选项正确的有(　　)。

A. 若 LTI 连续时间系统矩阵$\boldsymbol{A}$ 具有相异的特征值，则不仅可用 LT 法计算矩阵指数函数 $e^{\boldsymbol{A}t}$，即 $e^{\boldsymbol{A}t}=\mathrm{ILT}[\boldsymbol{\Phi}(s)]$，其中$\boldsymbol{\Phi}(s)=(s\boldsymbol{I}-\boldsymbol{A})^{-1}$，还可用矩阵函数的有限项表示法或对角化变换法来计算矩阵指数函数 $e^{\boldsymbol{A}t}$。

B. 系统的状态向量$\boldsymbol{x}(t)=e^{\boldsymbol{A}t}\boldsymbol{x}(0_-)+e^{\boldsymbol{A}t}\varepsilon(t)*\boldsymbol{Bf}(t)$。

C. 系统的单位冲激响应矩阵$\boldsymbol{h}(t)=\boldsymbol{C}e^{\boldsymbol{A}t}\varepsilon(t)\boldsymbol{B}+\boldsymbol{D\delta}(t)$。

D. 系统的全响应向量$\boldsymbol{y}(t)=\boldsymbol{C}e^{\boldsymbol{A}t}\boldsymbol{x}(0_-)+\boldsymbol{h}(t)*\boldsymbol{f}(t)$。

(6) 若描述 LTI 连续时间系统的状态方程和输出方程分别为

$$\boldsymbol{x}'(t)=\begin{bmatrix}-5 & -2\\ 1 & -2\end{bmatrix}\boldsymbol{x}(t)+\begin{bmatrix}0 & 1\\ 1 & 0\end{bmatrix}\boldsymbol{f}(t),\ \boldsymbol{y}(t)=\begin{bmatrix}1 & 2\\ 1 & 1\end{bmatrix}\boldsymbol{x}(t)+\begin{bmatrix}1 & 0\\ 0 & 1\end{bmatrix}\boldsymbol{f}(t)$$

则下列选项正确的有(　　)。

A. $\boldsymbol{\Phi}(s)=\begin{bmatrix}\dfrac{s+2}{(s+3)(s+4)} & \dfrac{-2}{(s+3)(s+4)}\\ \dfrac{1}{(s+3)(s+4)} & \dfrac{s+5}{(s+3)(s+4)}\end{bmatrix}$

B. $e^{\boldsymbol{A}t}=\begin{bmatrix}2e^{-4t}-e^{-3t} & 2(e^{-4t}-e^{-3t})\\ e^{-3t}-e^{-4t} & 2e^{-3t}-e^{-4t}\end{bmatrix}$

C. $\boldsymbol{H}(s)=\begin{bmatrix}\dfrac{s+5}{s+3} & \dfrac{1}{s+3}\\ \dfrac{1}{s+4} & \dfrac{s+5}{s+4}\end{bmatrix}$

D. $\boldsymbol{h}(t)=\begin{bmatrix}\delta(t)+2\mathrm{e}^{-3t}\varepsilon(t) & \mathrm{e}^{-3t}\varepsilon(t)\\ \mathrm{e}^{-4t}\varepsilon(t) & \delta(t)+\mathrm{e}^{-4t}\varepsilon(t)\end{bmatrix}$

(7) 关于 LSI 离散时间系统状态方程和输出方程的 z 域分析，下列选项正确的有(　　)。

A. 状态过渡矩阵$\boldsymbol{\Phi}(z)=(\boldsymbol{I}-z^{-1}\boldsymbol{A})^{-1}$。

B. 考虑到$\boldsymbol{X}(z)=\boldsymbol{\Phi}(z)\boldsymbol{x}(0)+\boldsymbol{\Phi}(z)\boldsymbol{B}z^{-1}\boldsymbol{F}(z)$，则有系统的状态向量$\boldsymbol{x}(k)=\mathrm{IZT}[\boldsymbol{X}(z)]$。

C. 系统的转移函数矩阵$\boldsymbol{H}(z)=z^{-1}\boldsymbol{C\Phi}(z)\boldsymbol{B}+\boldsymbol{D}$。

D. 考虑到$\boldsymbol{Y}(z)=\boldsymbol{C\Phi}(z)\boldsymbol{x}(0)+\boldsymbol{H}(z)\boldsymbol{F}(z)$，则有系统的全响应向量$\boldsymbol{y}(k)=\mathrm{IZT}[\boldsymbol{Y}(z)]$。

(8) 关于 LSI 离散时间系统状态方程和输出方程的时域分析，下列选项正确的有(　　)。

A. 若 LSI 离散时间系统矩阵$\boldsymbol{A}$具有相异的特征值，则不仅可用 ZT 法计算矩阵指数序列$\boldsymbol{A}^k$，即$\boldsymbol{A}^k=\mathrm{IZT}[\boldsymbol{\Phi}(z)]$，其中$\boldsymbol{\Phi}(z)=(\boldsymbol{I}-z^{-1}\boldsymbol{A})^{-1}$，还可用矩阵序列的有限项表示法或对角化变换法来计算矩阵指数序列$\boldsymbol{A}^k$。

B. 系统的状态向量$\boldsymbol{x}(k)=\boldsymbol{A}^k\boldsymbol{x}(0)+\boldsymbol{A}^{k-1}\varepsilon(k-1)*\boldsymbol{Bf}(k)$。

C. 系统的单位冲激响应矩阵$\boldsymbol{h}(k)=\boldsymbol{CA}^{k-1}\varepsilon(k-1)\boldsymbol{B}+\boldsymbol{D\delta}(k)$。

D. 系统的全响应向量$\boldsymbol{y}(k)=\boldsymbol{CA}^k\boldsymbol{x}(0)+\boldsymbol{h}(k)*\boldsymbol{f}(k)$。

(9) 对 n 阶 LTI 连续时间系统的可控制性和可观察性的判据，下列选项正确的有(　　)。

A. 系统状态完全可控制的充要条件为 $\mathrm{rank}[\boldsymbol{B}\quad \boldsymbol{AB}\quad \boldsymbol{A}^2\boldsymbol{B}\quad\cdots\quad \boldsymbol{A}^{n-1}\boldsymbol{B}]=n$。

B. 系统状态完全可观察的充要条件为 $\mathrm{rank}\begin{bmatrix}\boldsymbol{C}\\ \boldsymbol{CA}\\ \boldsymbol{CA}^2\\ \vdots\\ \boldsymbol{CA}^{n-1}\end{bmatrix}=n$。

C. 系统矩阵$\boldsymbol{A}$对角化后，即$\hat{\boldsymbol{A}}=\boldsymbol{P}^{-1}\boldsymbol{AP}=\boldsymbol{Q}=\mathrm{diag}[\lambda_1,\lambda_2,\cdots,\lambda_n]$，$\hat{\boldsymbol{B}}=\boldsymbol{P}^{-1}\boldsymbol{B}$，$\hat{\boldsymbol{C}}=\boldsymbol{CP}$。系统状态完全可控制的充要条件是矩阵$\hat{\boldsymbol{B}}$中没有为零的行向量；系统状态完全可观察的充要条件是矩阵$\hat{\boldsymbol{C}}$中没有为零的列向量。

D. 系统矩阵$\boldsymbol{A}$对角化后，若转移函数矩阵$\boldsymbol{H}(s)$中不出现零极点对消现象，则系统的状态是完全可控制的和完全可观察的。

(10) 对 n 阶 LSI 离散时间系统的可控制性和可观察性的判据，下列选项正确的有(　　)。

A. 系统状态完全可控制的充要条件为 $\mathrm{rank}[\boldsymbol{B}\quad \boldsymbol{A}^{-1}\boldsymbol{B}\quad \boldsymbol{A}^{-2}\boldsymbol{B}\quad\cdots\quad \boldsymbol{A}^{-(n-1)}\boldsymbol{B}]=n$。

B. 系统状态完全可观察的充要条件为 $\mathrm{rank}\begin{bmatrix}\boldsymbol{C}\\ \boldsymbol{CA}\\ \boldsymbol{CA}^2\\ \vdots\\ \boldsymbol{CA}^{n-1}\end{bmatrix}=n$。

C. 系统矩阵$\boldsymbol{A}$对角化后，即$\hat{\boldsymbol{A}}=\boldsymbol{P}^{-1}\boldsymbol{AP}=\boldsymbol{Q}=\mathrm{diag}[v_1,v_2,\cdots,v_n]$，$\hat{\boldsymbol{B}}=\boldsymbol{P}^{-1}\boldsymbol{B}$，$\hat{\boldsymbol{C}}=\boldsymbol{CP}$。系统状态完全可控制的充要条件是矩阵$\hat{\boldsymbol{B}}$中没有为零的行向量；系统状态完全可观察的充要条件是矩阵$\hat{\boldsymbol{C}}$中没有为零的列向量。

D. 系统矩阵$\boldsymbol{A}$对角化后，若转移函数矩阵$\boldsymbol{H}(z)$中不出现零极点对消现象，则系统的状态是完全可控制的和完全可观察的。

7.3　单输入单输出 LTI 连续时间系统如图题 7.3 所示，试建立描述系统的状态方程和输出方程。

7.4　单输入双输出 LTI 连续时间系统如图题 7.4 所示，试建立描述系统的状态方程和输出方程。

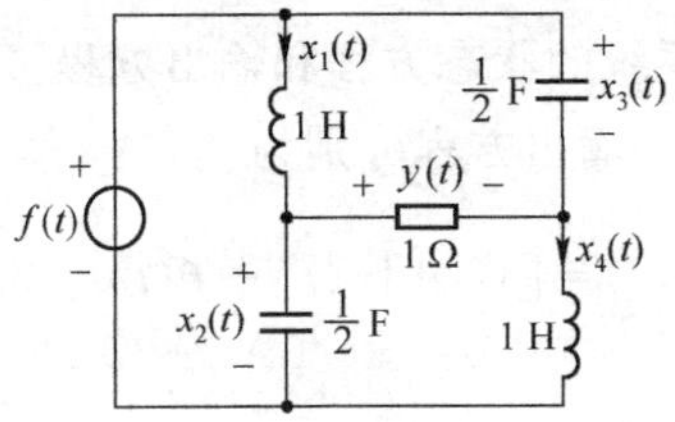

图题 7.3　单输入单输出 LTI 连续时间系统的时域模型

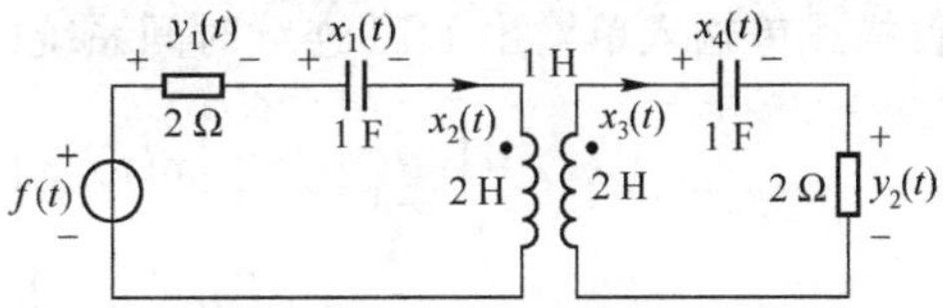

图题 7.4　单输入双输出 LTI 连续时间系统的时域模型

7.5　三输入三输出 LTI 连续时间系统如图题 7.5 所示，试建立描述系统的状态方程和输出方程。

7.6　描述单输入单输出 LTI 连续时间系统卡尔曼形式的信号流图如图题 7.6.1 所示。卡尔曼形式的转置信号流图如图题 7.6.2 所示。当 $a_2=a_0=6$，$a_1=11$，$b_3=1$，$b_2=15$，$b_1=45$，$b_0=35$ 时，系统并联形式的信号流图如图题 7.6.3 所示。试分别建立描述系统的状态方程和输出方程。

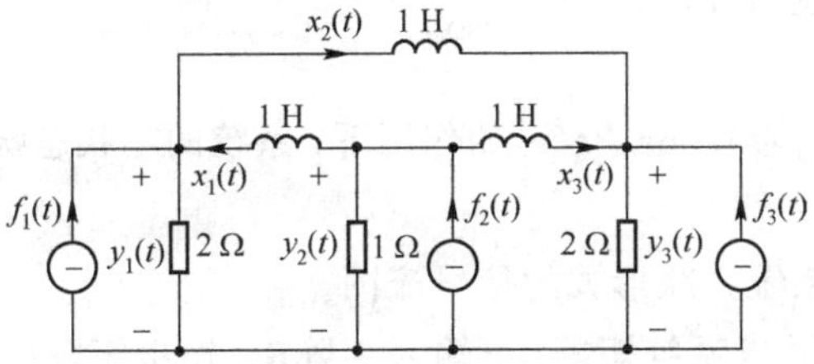

图题 7.5　三输入三输出 LTI 连续时间系统的时域模型

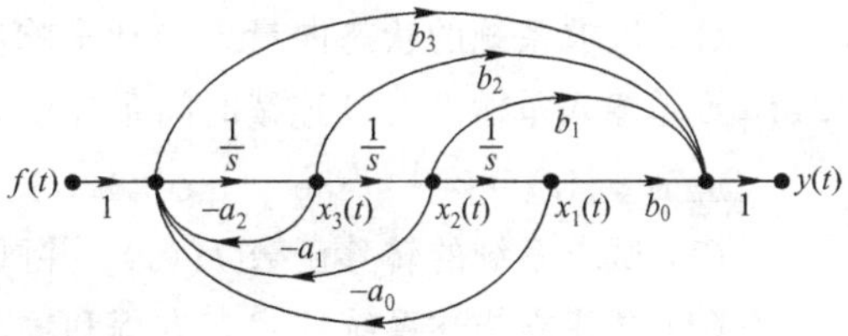

图题 7.6.1　单输入单输出 LTI 连续时间系统卡尔曼形式的信号流图

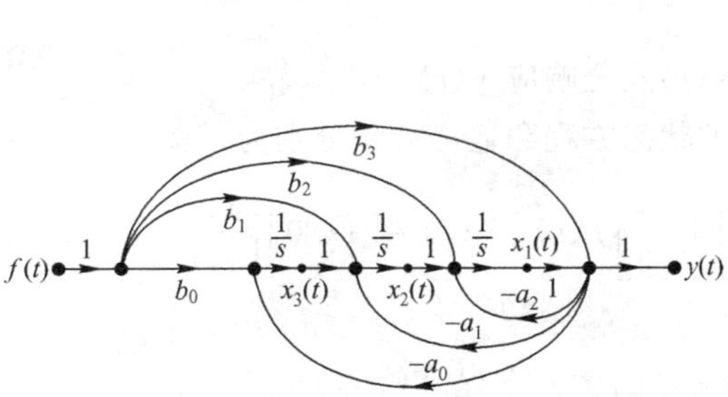

图题 7.6.2　单输入单输出 LTI 连续时间系统卡尔曼形式的转置信号流图

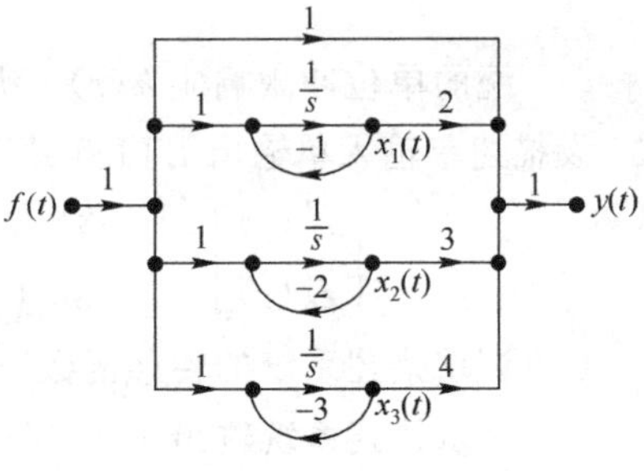

图题 7.6.3　单输入单输出 LTI 连续时间系统并联形式的信号流图

7.7　设描述 LTI 连续时间系统的转移函数为 $H(s)=\dfrac{3s^3+9s^2+10s+5}{(s+1)^2[(s+1)^2+1]}$

(1) 试画出描述系统卡尔曼形式的信号流图，并建立描述系统的状态方程和输出方程。

(2) 试画出描述系统并联形式的信号流图，并建立描述系统的状态方程和输出方程。

7.8　设双输入 $f_1(t)$ 和 $f_2(t)$，双输出 $y_1(t)$ 和 $y_2(t)$ 的二阶 LTI 连续时间系统的转移函数矩阵为

$$\boldsymbol{H}(s)=\begin{bmatrix}\dfrac{s^2+7s+8}{(s+1)(s+2)} & \dfrac{5s+9}{(s+1)(s+2)}\\ \dfrac{3s+2}{(s+1)(s+2)} & \dfrac{s^2+3s}{(s+1)(s+2)}\end{bmatrix}$$

试画出描述系统并联形式的信号流图，并建立描述系统的状态方程和输出方程。

7.9 设描述单输入单输出 LTI 连续时间系统的状态方程和输出方程分别为

$$\boldsymbol{x}'(t)=\begin{bmatrix}-1 & 1\\ -1 & -1\end{bmatrix}\boldsymbol{x}(t)+\begin{bmatrix}0\\1\end{bmatrix}\boldsymbol{f}(t),\ \boldsymbol{y}(t)=[1\quad 1]\boldsymbol{x}(t)+\boldsymbol{f}(t)$$

已知系统的初始状态$\boldsymbol{x}(0_-)=\begin{bmatrix}x_1(0_-)\\x_2(0_-)\end{bmatrix}=\begin{bmatrix}2\\1\end{bmatrix}$，输入信号 $f(t)=e^{-t}\varepsilon(t)$。

(1) 试求系统的单位冲激响应 $h(t)$。

(2) 试求系统的状态向量$\boldsymbol{x}(t)$及全响应 $y(t)$。

7.10 设描述单输入单输出 LTI 连续时间系统的状态方程和输出方程分别为

$$\boldsymbol{x}'(t)=\begin{bmatrix}-2 & 1\\ 0 & -1\end{bmatrix}\boldsymbol{x}(t)+\begin{bmatrix}1\\0\end{bmatrix}\boldsymbol{f}(t),\ \boldsymbol{y}(t)=[1\quad 0]\boldsymbol{x}(t)$$

已知系统的初始状态$\boldsymbol{x}(0_-)=\begin{bmatrix}x_1(0_-)\\x_2(0_-)\end{bmatrix}=\begin{bmatrix}1\\1\end{bmatrix}$，输入信号 $f(t)=e^{-3t}\varepsilon(t)$。

(1) 试求系统的转移函数 $H(s)$和单位冲激响应 $h(t)$。

(2) 试求系统的状态向量$\boldsymbol{x}(t)$和全响应$y(t)$。

7.11 设单输入单输出 LTI 连续时间系统在输入信号 $f(t)=6e^{-4t}\varepsilon(t)$的作用下，系统的零状态响应为 $y_f(t)=(4e^{-t}-3e^{-2t}-e^{-4t})\varepsilon(t)$。

(1) 试求系统的转移函数 $H(s)$，并画出描述系统并联形式的信号流图。

(2) 试建立描述系统的状态方程和输出方程，并求系统矩阵$\boldsymbol{A}$、输入矩阵$\boldsymbol{B}$、输出矩阵$\boldsymbol{C}$、矩阵$\boldsymbol{D}$ 和矩阵指数函数 $e^{\boldsymbol{A}t}$。

(3) 已知系统的初始状态$\boldsymbol{x}(0_-)=\begin{bmatrix}x_1(0_-)\\x_2(0_-)\end{bmatrix}=\begin{bmatrix}1\\1\end{bmatrix}$，输入信号 $f(t)=2e^{-3t}\varepsilon(t)$，试求系统的单位冲激响应 $h(t)$、状态向量 $\boldsymbol{x}(t)$及全响应 $y(t)$。

7.12 设描述单输入单输出 LTI 连续时间系统的状态方程和输出方程分别为

$$\begin{bmatrix}x_1'(t)\\x_2'(t)\end{bmatrix}=\begin{bmatrix}-4 & 1\\ -3 & 0\end{bmatrix}\begin{bmatrix}x_1(t)\\x_2(t)\end{bmatrix}+\begin{bmatrix}1\\5\end{bmatrix}f(t),\ y(t)=[1\quad 0]\begin{bmatrix}x_1(t)\\x_2(t)\end{bmatrix}$$

(1) 试求描述系统的转移函数 $H(s)$。

(2) 试求描述系统输出 $y(t)$与输入 $f(t)$关系的微分方程。

(3) 当输入信号 $f(t)=e^{-2t}\varepsilon(t)$时，系统的全响应为 $y(t)=3(e^{-t}-e^{-2t}+e^{-3t})$，$t\geqslant 0$，试求系统的初始状态$\boldsymbol{x}(0_-)=\begin{bmatrix}x_1(0_-)\\x_2(0_-)\end{bmatrix}$。

7.13 双输入单输出 LTI 连续时间系统的时域模型如图题 7.13 所示。已知系统的初始状态 $\boldsymbol{x}(0_-)=\begin{bmatrix}x_1(0_-)\\x_2(0_-)\end{bmatrix}=\begin{bmatrix}2\\6\end{bmatrix}$，输入信号向量$\boldsymbol{f}(t)=\begin{bmatrix}f_1(t)\\f_2(t)\end{bmatrix}=\begin{bmatrix}6e^{-3t}\varepsilon(t)\\6e^{-4t}\varepsilon(t)\end{bmatrix}$，试建立描述系统的状态方程和输出方程，并求系统的状态向量$\boldsymbol{x}(t)$及全响应 $y(t)$。

7.14 双输入双输出 LTI 连续时间系统的时域模型如图题 7.14 所示。已知系统的初始状态

$\boldsymbol{x}(0_-)=\begin{bmatrix}x_1(0_-)\\x_2(0_-)\end{bmatrix}=\begin{bmatrix}1\\1\end{bmatrix}$，输入信号向量$\boldsymbol{f}(t)=\begin{bmatrix}f_1(t)\\f_2(t)\end{bmatrix}=\begin{bmatrix}e^{-t}\varepsilon(t)\\e^{-4t}\varepsilon(t)\end{bmatrix}$，试建立描述系统的状态方程和输出方程，并求系统的状态向量$\boldsymbol{x}(t)$及全响应向量$\boldsymbol{y}(t)$。

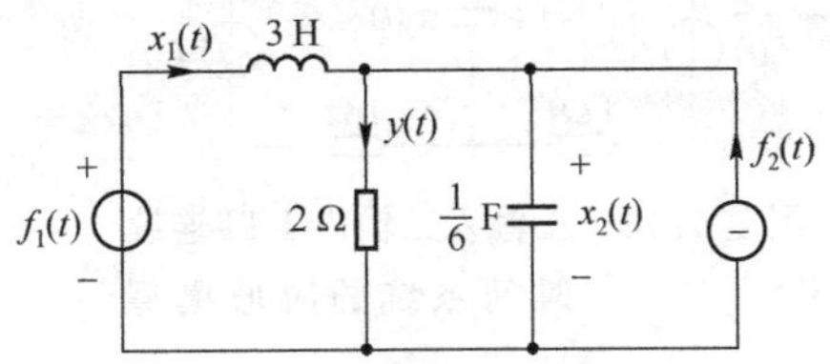

图题 7.13　双输入单输出 LTI 连续时间系统的时域模型

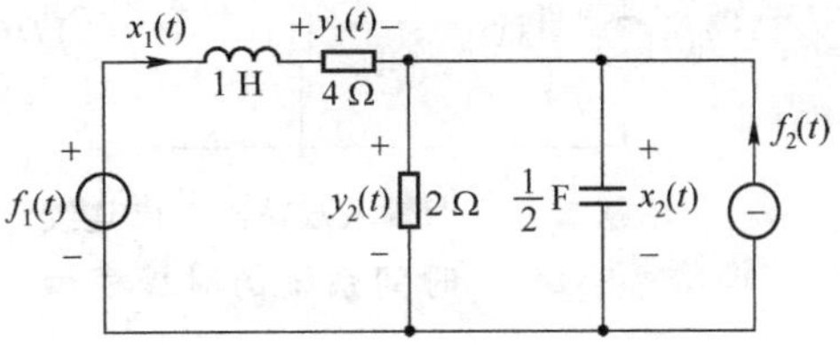

图题 7.14　双输入双输出 LTI 连续时间系统的时域模型

7.15 双输入双输出 LTI 连续时间系统的时域模型如图题 7.15 所示。已知系统的初始状态 $\boldsymbol{x}(0_-)=\begin{bmatrix}x_1(0_-)\\x_2(0_-)\end{bmatrix}=\begin{bmatrix}2\\-4\end{bmatrix}$，输入信号向量$\boldsymbol{f}(t)=\begin{bmatrix}f_1(t)\\f_2(t)\end{bmatrix}=\begin{bmatrix}6e^{-3t}\varepsilon(t)\\6e^{-4t}\varepsilon(t)\end{bmatrix}$，试建立描述系统的状态方程和输出方程，并求系统的状态向量$\boldsymbol{x}(t)$及全响应向量$\boldsymbol{y}(t)$。

7.16 单输入双输出 LTI 连续时间系统的时域模型如图题 7.16 所示。已知系统的初始状态 $\boldsymbol{x}(0_-)=\begin{bmatrix}x_1(0_-)\\x_2(0_-)\end{bmatrix}=\begin{bmatrix}1\\1\end{bmatrix}$，输入信号 $f(t)=e^{-t}\varepsilon(t)$。

(1) 试建立描述系统的状态方程和输出方程。

(2) 试求系统的单位冲激响应矩阵$\boldsymbol{h}(t)$。

(3) 试求系统的状态向量$\boldsymbol{x}(t)$和全响应向量$\boldsymbol{y}(t)$。

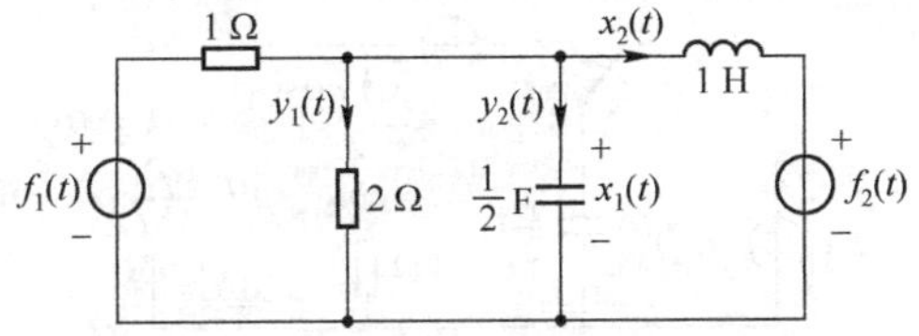

图题 7.15　双输入双输出 LTI 连续时间系统的时域模型

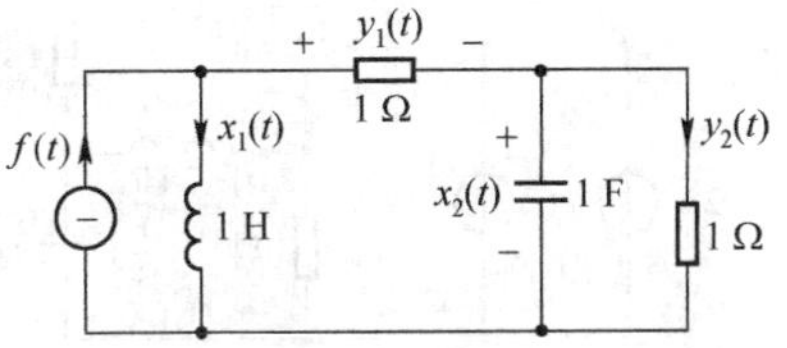

图题 7.16　单输入双输出 LTI 连续时间系统的时域模型

7.17 双输入双输出 LTI 连续时间系统的时域模型如图题 7.17 所示。已知系统的初始状态 $\boldsymbol{x}(0_-)=\begin{bmatrix}x_1(0_-)\\x_2(0_-)\end{bmatrix}=\begin{bmatrix}1\\3\end{bmatrix}$，输入信号向量$\boldsymbol{f}(t)=\begin{bmatrix}f_1(t)\\f_2(t)\end{bmatrix}=\begin{bmatrix}6e^{-t}\varepsilon(t)\\6e^{-3t}\varepsilon(t)\end{bmatrix}$，试建立描述系统的状态方程和输出方程，并求系统的状态向量$\boldsymbol{x}(t)$及全响应向量$\boldsymbol{y}(t)$。

7.18 三输入三输出 LTI 连续时间系统的时域模型如图题 7.18 所示。已知系统的初始状态

$$\boldsymbol{x}(0_-)=\begin{bmatrix}x_1(0_-)\\x_2(0_-)\\x_3(0_-)\end{bmatrix}=\begin{bmatrix}3\\3\\3\end{bmatrix}，输入信号向量\boldsymbol{f}(t)=\begin{bmatrix}f_1(t)\\f_2(t)\\f_3(t)\end{bmatrix}=\begin{bmatrix}e^{-t}\varepsilon(t)\\e^{-t}\varepsilon(t)\\e^{-t}\varepsilon(t)\end{bmatrix}。$$

(1) 试建立描述系统的状态方程和输出方程。

(2) 试求系统的单位冲激响应矩阵$\boldsymbol{h}(t)$。

(3) 试求系统的状态向量$\boldsymbol{x}(t)$和全响应向量$\boldsymbol{y}(t)$。

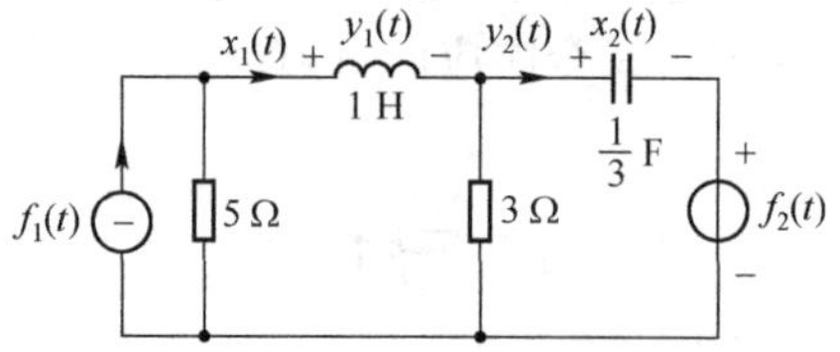

图题 7.17 双输入双输出 LTI 连续时间系统的时域模型

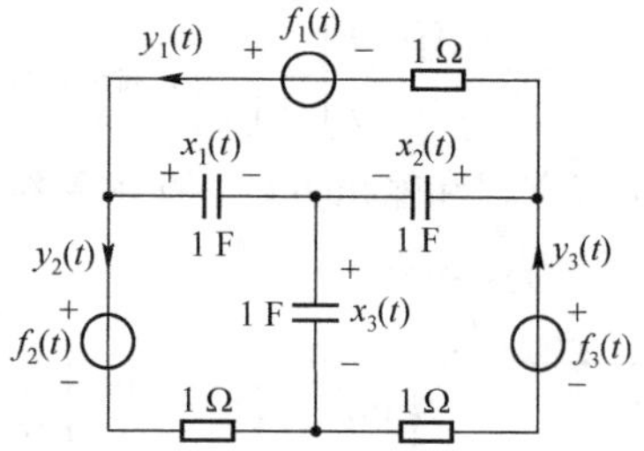

图题 7.18 三输入三输出 LTI 连续时间系统的时域模型

7.19 单输入单输出 LTI 连续时间系统的时域模型如图题 7.19 所示。已知 $t<0$ 时，系统处于稳态，在$t=0$时刻，开关 S 从 1 转至 2，输入信号 $f(t)=e^{3t}\varepsilon(t)$ V。

(1) 试建立 $t\geqslant0$ 时描述系统的状态方程和输出方程，并利用对角化变换法计算矩阵指数函数 e^{At}。

(2) 试求系统的单位冲激响应 $h(t)$。

(3) 试求 $t\geqslant0$ 时系统的零输入响应 $y_x(t)$、零状态响应 $y_f(t)$及全响应 $y(t)$。

7.20 单输入单输出 LTI 连续时间系统的时域模型如图题 7.20 所示。已知 $t<0$ 时，系统处于稳态，并且电感元件无初始储能；在 $t=0$ 时刻，开关 S 从 1 转至 2，系统的输入信号 $f(t)=2e^{-t}\varepsilon(t)$ V。

(1) 试建立 $t\geqslant0$ 时描述系统的状态方程和输出方程。

(2) 试求系统的单位冲激响应 $h(t)$。

(3) 试求 $t\geqslant0$ 时系统的状态向量 $\boldsymbol{x}(t)$及全响应 $y(t)$。

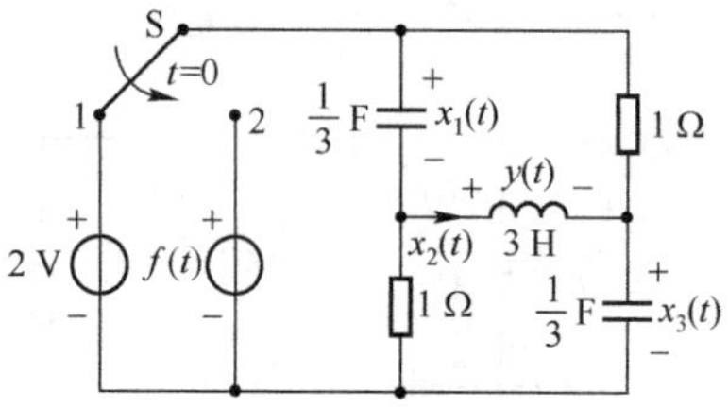

图题 7.19 单输入单输出 LTI 连续时间系统的时域模型

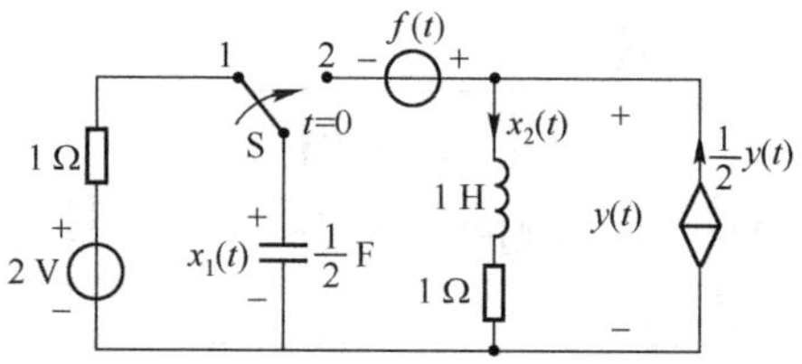

图题 7.20 单输入单输出 LTI 连续时间系统的时域模型

7.21 双输入双输出 LTI 连续时间系统的信号流图如图题 7.21 所示。已知系统的初始状态 $\boldsymbol{x}(0_-)=\begin{bmatrix}x_1(0_-)\\x_2(0_-)\end{bmatrix}=\begin{bmatrix}2\\-1\end{bmatrix}$，输入信号向量$\boldsymbol{f}(t)=\begin{bmatrix}f_1(t)\\f_2(t)\end{bmatrix}=\begin{bmatrix}6e^{-t}\varepsilon(t)\\6e^{-2t}\varepsilon(t)\end{bmatrix}$。

(1) 试建立描述系统的状态方程和输出方程。

(2) 试求系统的状态向量$\boldsymbol{x}(t)$。

(3) 试求系统的全响应向量$\boldsymbol{y}(t)$。

7.22 单输入双输出 LTI 连续时间系统的时域模型如图题 7.22 所示，其中回转器的电压与电流的约束关系为$\begin{cases}i_1(t)=gx_2(t)\\i_2(t)=gy_2(t)\end{cases}$，参数 $g=\frac{1}{2}$S，初始状态$\boldsymbol{x}(0_-)=\begin{bmatrix}x_1(0_-)\\x_2(0_-)\end{bmatrix}=\begin{bmatrix}2\\2\end{bmatrix}$，输入信号$f(t)=2e^{-3t}\varepsilon(t)$。

(1) 试建立描述系统的状态方程和输出方程。

(2) 试求系统的单位冲激响应矩阵$\boldsymbol{h}(t)$。

(3) 试求系统的状态向量$\boldsymbol{x}(t)$及全响应向量$\boldsymbol{y}(t)$。

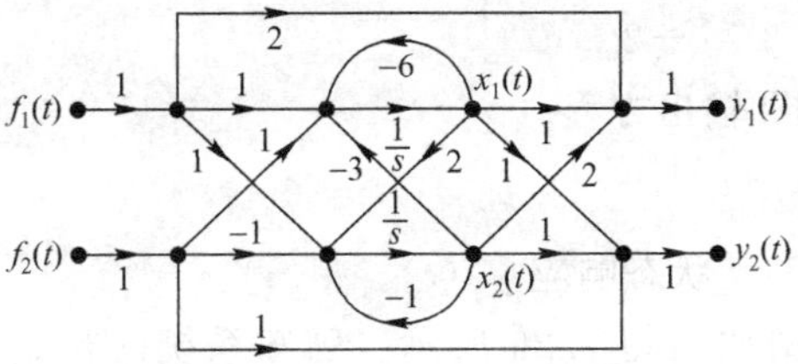

图题 7.21　双输入双输出 LTI 连续时间系统的信号流图

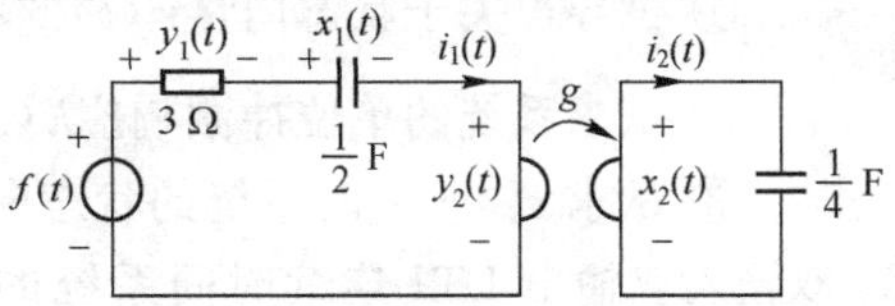

图题 7.22　单输入双输出 LTI 连续时间系统的时域模型

7.23 由理想变压器、电阻元件以及电容元件构成的 LTI 连续时间系统的时域模型如图题 7.23 所示。已知系统的起始状态$\boldsymbol{x}(-\infty)=\begin{bmatrix}x_1(-\infty)\\x_2(-\infty)\end{bmatrix}=\begin{bmatrix}0\\0\end{bmatrix}$，输入信号 $f(t)=10\mathrm{e}^{-2|t|}$。

(1) 试建立描述系统的状态方程，并求 $t\geqslant-\infty$时系统的状态向量$\boldsymbol{x}(t)$。

(2) 若将输入信号 $f(t)$中 $t<0$ 的部分用于给系统建立初始状态，试确定系统的初始状态$\boldsymbol{x}(0_-)=\begin{bmatrix}x_1(0_-)\\x_2(0_-)\end{bmatrix}$，并求 $t\geqslant0$ 时系统的状态向量$\boldsymbol{x}(t)$。

7.24 由理想运算放大器、电阻元件以及电容元件构成的双输入双输出 LTI 连续时间系统的时域模型如图题 7.24 所示。已知系统的起始状态$\boldsymbol{x}(-\infty)=\begin{bmatrix}x_1(-\infty)\\x_2(-\infty)\end{bmatrix}=\begin{bmatrix}0\\0\end{bmatrix}$，输入信号向量$\boldsymbol{f}(t)=\begin{bmatrix}f_1(t)\\f_2(t)\end{bmatrix}=\begin{bmatrix}20\mathrm{e}^{-3|t|}\\30\mathrm{e}^{-4|t|}\end{bmatrix}$。

(1) 试建立描述系统的状态方程和输出方程，并求 $t\geqslant-\infty$时系统的状态向量$\boldsymbol{x}(t)$。

(2) 若将输入信号向量$\boldsymbol{f}(t)$中 $t<0$ 的部分用于给系统建立初始状态，试确定系统的初始状态$\boldsymbol{x}(0_-)=\begin{bmatrix}x_1(0_-)\\x_2(0_-)\end{bmatrix}$，并求 $t\geqslant0$ 时系统的状态向量$\boldsymbol{x}(t)$及全响应向量$\boldsymbol{y}(t)$。

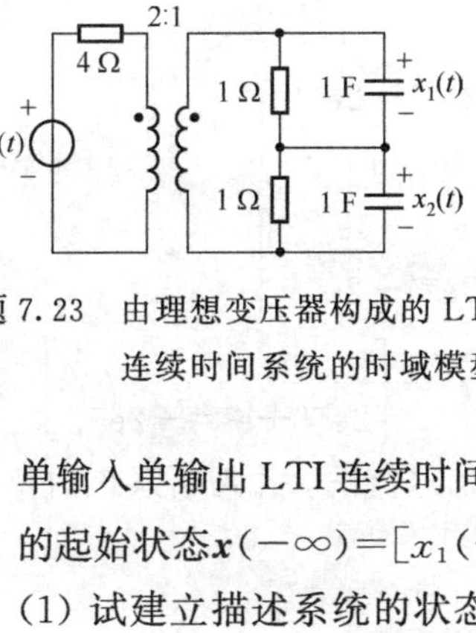

图题 7.23　由理想变压器构成的 LTI 连续时间系统的时域模型

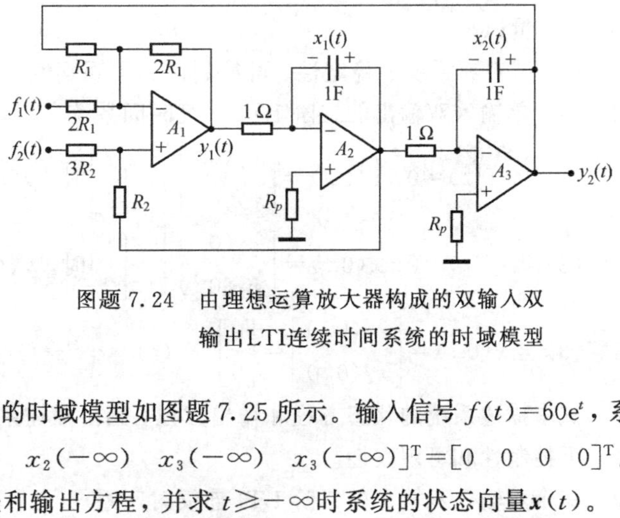

图题 7.24　由理想运算放大器构成的双输入双输出LTI连续时间系统的时域模型

7.25 单输入单输出 LTI 连续时间系统的时域模型如图题 7.25 所示。输入信号 $f(t)=60\mathrm{e}^{t}$，系统的起始状态$\boldsymbol{x}(-\infty)=[x_1(-\infty)\quad x_2(-\infty)\quad x_3(-\infty)\quad x_3(-\infty)]^{\mathrm{T}}=[0\quad0\quad0\quad0]^{\mathrm{T}}$。

(1) 试建立描述系统的状态方程和输出方程，并求 $t\geqslant-\infty$时系统的状态向量$\boldsymbol{x}(t)$。

(2) 设状态向量的线性变换为$\boldsymbol{x}(t)=\begin{bmatrix}1&0&0&1\\-4&0&0&-1\\0&-1&1&0\\0&3&-2&0\end{bmatrix}\boldsymbol{w}(t)$

① 试导出关于状态向量$\boldsymbol{w}(t)$的状态方程和输出方程。

② 试求系统的单位冲激响应$\hat{h}(t)$。

③ 试求 $t\geqslant-\infty$时系统的状态向量$\boldsymbol{w}(t)$和零状态响应 $y_f(t)$。

7.26 双输入双输出 LTI 连续时间系统的时域模型如图题 7.26 所示。已知系统的初始状态 $\boldsymbol{x}(0_-)=\begin{bmatrix}x_1(0_-)\\x_2(0_-)\end{bmatrix}=\begin{bmatrix}1\\1\end{bmatrix}$，输入信号向量$\boldsymbol{f}(t)=\begin{bmatrix}f_1(t)\\f_2(t)\end{bmatrix}=\begin{bmatrix}2e^{-3t}\varepsilon(t)\\2e^{-3t}\varepsilon(t)\end{bmatrix}$。

(1) 试建立描述系统的状态方程和输出方程，并求系统的单位冲激响应矩阵$\boldsymbol{h}(t)$、转移函数矩阵$\boldsymbol{H}(s)$、状态向量$\boldsymbol{x}(t)$及全响应向量$\boldsymbol{y}(t)$。

(2) 试建立系统矩阵$\boldsymbol{A}$ 对角化后的状态方程和输出方程，画出相应的信号流图，并求系统的单位冲激响应矩阵$\hat{\boldsymbol{h}}(t)$、转移函数矩阵$\hat{\boldsymbol{H}}(s)$、状态向量$\boldsymbol{w}(t)$及全响应向量$\boldsymbol{y}(t)$。

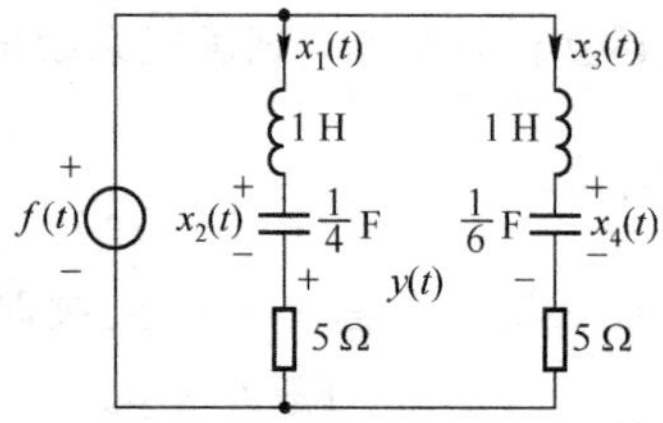

图题 7.25　单输入单输出 LTI 连续时间系统的时域模型

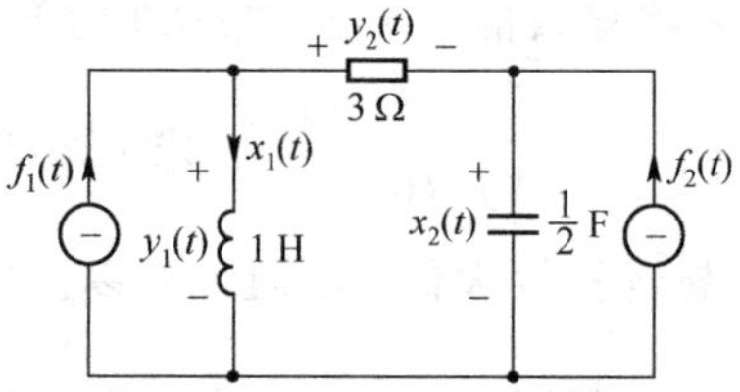

图题 7.26　双输入双输出 LTI 连续时间系统的时域模型

7.27 设双输入双输出 LTI 连续时间系统的状态方程和输出方程分别为

$$\boldsymbol{x}'(t)=\begin{bmatrix}-3&1\\1&-3\end{bmatrix}\boldsymbol{x}(t)+\begin{bmatrix}1&0\\0&1\end{bmatrix}\boldsymbol{f}(t),\ \boldsymbol{y}(t)=\begin{bmatrix}2&-1\\-1&2\end{bmatrix}\boldsymbol{x}(t)+\begin{bmatrix}0&1\\1&0\end{bmatrix}\boldsymbol{f}(t)$$

系统的初始状态$\boldsymbol{x}(0_-)=\begin{bmatrix}x_1(0_-)\\x_2(0_-)\end{bmatrix}=\begin{bmatrix}3\\-1\end{bmatrix}$，输入信号向量$\boldsymbol{f}(t)=\begin{bmatrix}f_1(t)\\f_2(t)\end{bmatrix}=\begin{bmatrix}3e^{-3t}\varepsilon(t)\\e^{-3t}\varepsilon(t)\end{bmatrix}$

(1) 试求系统的单位冲激响应矩阵$\boldsymbol{h}(t)$、转移函数矩阵$\boldsymbol{H}(s)$、状态向量$\boldsymbol{x}(t)$及全响应向量$\boldsymbol{y}(t)$。

(2) 试判断系统的稳定性、可控制性和可观察性。

7.28 一个单输入双输出的二阶 LTI 连续时间系统

(1) 当 $f(t)=0$，$\boldsymbol{x}(0_-)=\begin{bmatrix}x_1(0_-)\\x_2(0_-)\end{bmatrix}=\begin{bmatrix}2\\1\end{bmatrix}$时，$\boldsymbol{y}(t)=\begin{bmatrix}2e^{-t}+2e^{-2t}\\4e^{-t}+e^{-2t}\end{bmatrix}$，$t\geqslant0$

(2) 当 $f(t)=0$，$\boldsymbol{x}(0_-)=\begin{bmatrix}x_1(0_-)\\x_2(0_-)\end{bmatrix}=\begin{bmatrix}1\\2\end{bmatrix}$时，$\boldsymbol{y}(t)=\begin{bmatrix}e^{-t}+4e^{-2t}\\2e^{-t}+2e^{-2t}\end{bmatrix}$，$t\geqslant0$

(3) 当$\boldsymbol{x}(0_-)=\begin{bmatrix}x_1(0_-)\\x_2(0_-)\end{bmatrix}=\begin{bmatrix}0\\0\end{bmatrix}$，$f(t)=e^{-3t}\varepsilon(t)$时，$\boldsymbol{y}(t)=\begin{bmatrix}e^{-t}+2e^{-2t}-2e^{-3t}\\2e^{-t}+e^{-2t}-2e^{-3t}\end{bmatrix}$，$t\geqslant0$

试求描述系统的状态方程和输出方程，画出描述系统的信号流图，并判断系统的稳定性、可控制性和可观察性。

7.29 一个双输入双输出的二阶 LTI 连续时间系统

(1) 当$\boldsymbol{f}(t)=\begin{bmatrix}0\\0\end{bmatrix}$，$\boldsymbol{x}(0_-)=\begin{bmatrix}x_1(0_-)\\x_2(0_-)\end{bmatrix}=\begin{bmatrix}1\\2\end{bmatrix}$时，$\boldsymbol{y}(t)=\begin{bmatrix}2e^{-2t}+2e^{-3t}\\e^{-2t}+4e^{-3t}\end{bmatrix}$，$t\geqslant 0$

(2) 当$\boldsymbol{f}(t)=\begin{bmatrix}0\\0\end{bmatrix}$，$\boldsymbol{x}(0_-)=\begin{bmatrix}x_1(0_-)\\x_2(0_-)\end{bmatrix}=\begin{bmatrix}2\\1\end{bmatrix}$时，$\boldsymbol{y}(t)=\begin{bmatrix}4e^{-2t}+e^{-3t}\\2e^{-2t}+2e^{-3t}\end{bmatrix}$，$t\geqslant 0$

(3) 当$\boldsymbol{f}(t)=\begin{bmatrix}e^{-t}\varepsilon(t)\\0\end{bmatrix}$，$\boldsymbol{x}(0_-)=\begin{bmatrix}x_1(0_-)\\x_2(0_-)\end{bmatrix}=\begin{bmatrix}1\\2\end{bmatrix}$时，$\boldsymbol{y}(t)=\begin{bmatrix}4e^{-t}+e^{-3t}\\3e^{-t}+2e^{-3t}\end{bmatrix}$，$t\geqslant 0$

(4) 当$\boldsymbol{f}(t)=\begin{bmatrix}0\\e^{-4t}\varepsilon(t)\end{bmatrix}$，$\boldsymbol{x}(0_-)=\begin{bmatrix}x_1(0_-)\\x_2(0_-)\end{bmatrix}=\begin{bmatrix}2\\1\end{bmatrix}$时，$\boldsymbol{y}(t)=\begin{bmatrix}6e^{-2t}+2e^{-3t}-3e^{-4t}\\3e^{-2t}+4e^{-3t}-2e^{-4t}\end{bmatrix}$，$t\geqslant 0$

试求描述系统的状态方程和输出方程，画出描述系统的信号流图，并判断系统的稳定性、可控制性和可观察性。

7.30 设描述 LSI 离散时间系统输出序列 $y(k)$与输入序列 $f(k)$关系的差分方程为

$$24y(k)-26y(k-1)+9y(k-2)-y(k-3)=24f(k)-122f(k-1)+93f(k-2)-13f(k-3)$$

试分别画出系统卡尔曼形式及并联形式的信号流图，并建立描述系统的状态方程和输出方程。

7.31 设 LSI 离散时间系统的输入序列向量 $\boldsymbol{f}(k)$为零

(1) 当系统的初始状态$\boldsymbol{x}(0)=\begin{bmatrix}x_1(0)\\x_2(0)\end{bmatrix}=\begin{bmatrix}2\\1\end{bmatrix}$时，$\boldsymbol{x}(k)=\begin{bmatrix}2\left(\frac{1}{2}\right)^k\\\left(\frac{1}{2}\right)^k\end{bmatrix}$，$k\geqslant 0$

(2) 当系统的初始状态$\boldsymbol{x}(0)=\begin{bmatrix}x_1(0)\\x_2(0)\end{bmatrix}=\begin{bmatrix}3\\1\end{bmatrix}$时，$\boldsymbol{x}(k)=\begin{bmatrix}3\left(\frac{1}{3}\right)^k\\\left(\frac{1}{3}\right)^k\end{bmatrix}$，$k\geqslant 0$

试求矩阵指数序列$\boldsymbol{A}^k$ 和系统矩阵$\boldsymbol{A}$。

7.32 设描述双输入双输出 LSI 离散时间系统的信号流图如图题 7.32 所示。已知系统的初始状态 $\boldsymbol{x}(0)=\begin{bmatrix}x_1(0)\\x_2(0)\end{bmatrix}=\begin{bmatrix}1\\2\end{bmatrix}$，输入序列$\boldsymbol{f}(k)=\begin{bmatrix}f_1(k)\\f_2(k)\end{bmatrix}=\begin{bmatrix}\left(\frac{1}{2}\right)^k\varepsilon(k)\\2\left(\frac{1}{5}\right)^k\varepsilon(k)\end{bmatrix}$，试建立描述系统的状态方程和输出方程，并求系统的转移函数矩阵$\boldsymbol{H}(z)$、状态向量$\boldsymbol{x}(k)$及全响应向量$\boldsymbol{y}(k)$。

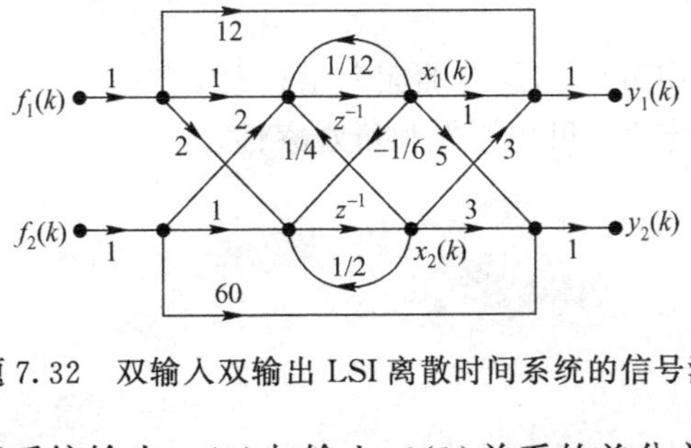

图题 7.32　双输入双输出 LSI 离散时间系统的信号流图

7.33 设描述 LSI 离散时间系统输出 $y(k)$与输入 $f(k)$关系的差分方程为

$$y(k)-\frac{7}{12}y(k-1)+\frac{1}{12}y(k-2)=5f(k)-2f(k-1)+\frac{1}{6}f(k-2)$$

(1) 试画出系统卡尔曼形式的信号流图，并建立描述系统的状态方程和输出方程。

(2) 试求系统的单位冲激响应 $h(k)$。

(3) 已知系统的初始状态 $y(-2)=y(-1)=2$，输入序列 $f(k)=\left(\frac{1}{2}\right)^k\varepsilon(k)$，试求系统的状态向量$\boldsymbol{x}(k)$和全响应 $y(k)$。

7.34 设双输入 $f_1(k)$和 $f_2(k)$，双输出 $y_1(k)$和 $y_2(k)$的二阶 LSI 离散时间系统的转移函数矩阵为

$$\boldsymbol{H}(z)=\begin{bmatrix}\dfrac{z^{-1}+2z^{-2}}{\left(1-\frac{1}{2}z^{-1}\right)\left(1-\frac{1}{4}z^{-1}\right)} & \dfrac{2z^{-1}+4z^{-2}}{\left(1-\frac{1}{2}z^{-1}\right)\left(1-\frac{1}{4}z^{-1}\right)}\\ \dfrac{2z^{-1}+z^{-2}}{\left(1-\frac{1}{2}z^{-1}\right)\left(1-\frac{1}{4}z^{-1}\right)} & \dfrac{4z^{-1}+2z^{-2}}{\left(1-\frac{1}{2}z^{-1}\right)\left(1-\frac{1}{4}z^{-1}\right)}\end{bmatrix}$$

(1) 试画出描述系统并联形式的信号流图，并建立描述系统的状态方程和输出方程。

(2) 已知$\boldsymbol{y}(-1)=\begin{bmatrix}y_1(-1)\\y_2(-1)\end{bmatrix}=\begin{bmatrix}4\\8\end{bmatrix}$，$\boldsymbol{f}(k)=\begin{bmatrix}f_1(k)\\f_2(k)\end{bmatrix}=\begin{bmatrix}\left(\frac{1}{3}\right)^k\varepsilon(k)\\ \left(\frac{1}{3}\right)^k\varepsilon(k)\end{bmatrix}$，试求系统的状态向量$\boldsymbol{x}(k)$和全响应向量$\boldsymbol{y}(k)$。

7.35 设单输入单输出的 LSI 离散时间系统的转移函数 $H(z)=\dfrac{24z^{-1}}{24-26z^{-1}+9z^{-2}-z^{-3}}$，输入序列 $f(k)=\left(\frac{1}{5}\right)^k\varepsilon(k)$。

(1) 试画出描述系统并联形式的信号流图，并建立描述系统的状态方程和输出方程。

(2) 试求系统的零状态响应 $y_f(k)$。

(3) 试判断系统的稳定性、可控制性和可观察性。

7.36 设描述双输入双输出的 LSI 离散时间系统的状态方程和输出方程分别为

$$\boldsymbol{x}(k+1)=\begin{bmatrix}1 & -1\\ \frac{1}{3} & -\frac{1}{6}\end{bmatrix}\boldsymbol{x}(k)+\begin{bmatrix}6 & 0\\1 & 1\end{bmatrix}\boldsymbol{f}(k),\quad \boldsymbol{y}(k)=\begin{bmatrix}1 & -1\\-1 & 1\end{bmatrix}\boldsymbol{x}(k)+\begin{bmatrix}1 & 0\\0 & 1\end{bmatrix}\boldsymbol{f}(k)$$

(1) 系统初始状态$\boldsymbol{x}(0)=\begin{bmatrix}x_1(0)\\x_2(0)\end{bmatrix}=\begin{bmatrix}6\\1\end{bmatrix}$，输入序列向量$\boldsymbol{f}(k)=\begin{bmatrix}f_1(k)\\f_2(k)\end{bmatrix}=\begin{bmatrix}\left(\frac{1}{4}\right)^k\varepsilon(k)\\ \left(\frac{1}{4}\right)^k\varepsilon(k)\end{bmatrix}$，

试求系统的状态向量$\boldsymbol{x}(k)$及全响应向量$\boldsymbol{y}(k)$。

(2) 试判断系统的稳定性、可控制性和可观察性。

习题参考答案

第 5 章

5.1 (1) D；(2) A；(3) D；(4) A；(5) B；(6) C；(7) B；(8) D；(9) A；(10) C；(11) B；(12) B；(13) C；(14) D；(15) C；(16) A；(17) B；(18) D；(19) A；(20) A

5.2 (1) A B C D E F G H；(2) A B C D E；(3) A B C D E F G；(4) A B C D；(5) A B E F；(6) A B C D E

5.3 (1) 线性移变非因果稳定系统；　(2) 线性移变非因果临界稳定系统。

(3) 线性移变因果非稳定系统；　(4) 非线性移变因果稳定系统。

(5) 非线性移不变非因果稳定系统；　(6) 线性移不变非因果稳定系统。

(7) 非线性移变非因果非稳定系统；　(8) 线性移变非因果稳定系统。

5.4 (1) $N=12$；(2) $N=24$；(3) $N=15$；(4) $N=24$；(5) $N=5$；(6) $N=6$

5.5 (1) $E=15$；(2) $E=6$；(3) $E=85$；(4) $E=110$

5.6 $f_1(k)=\varepsilon(k+6)+\varepsilon(k+3)+\varepsilon(k)+\varepsilon(k-3)-4\varepsilon(k-7)$

$f_2(k)=\varepsilon(k+6)+\varepsilon(k+3)+\varepsilon(k)-\varepsilon(k-3)-2\varepsilon(k-7)$

$f_3(k)=\varepsilon(k+6)+\varepsilon(k+2)-\varepsilon(k-3)-\varepsilon(k-7)$

$f_4(k)=-\varepsilon(k+6)+3\varepsilon(k+2)-3\varepsilon(k-3)+\varepsilon(k-7)$

5.7 $f_1(k)=r(k+6)-2r(k)+r(k-6)$，$f_2(k)=r(k+8)-r(k+2)-r(k-2)+r(k-8)$

5.8 $f_1(k)=\varepsilon(k)+r(k-2)-r(k-6)-5\varepsilon(k-10)$

$f_2(k)=5\varepsilon(k+5)-r(k+5)+r(k-5)+5\varepsilon(k-6)$

5.9 离散时间信号 $f_1(k)$ 至 $f_6(k)$ 的序列图形如图答 5.9 所示。

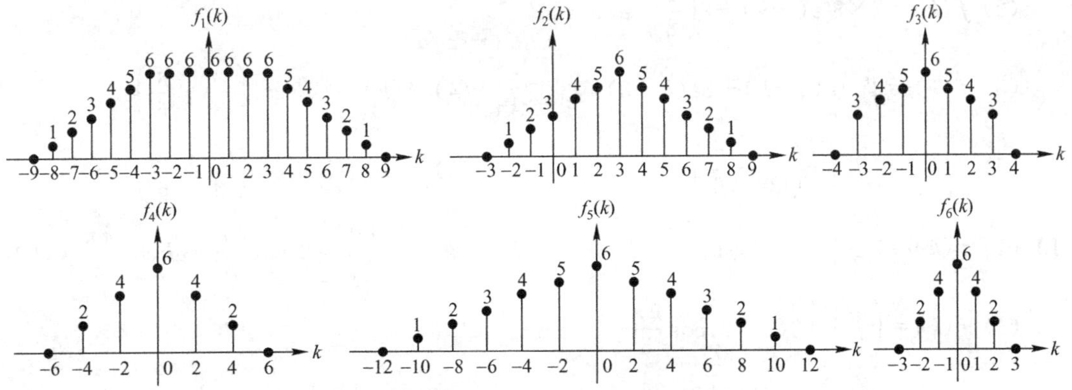

图答 5.9　离散时间信号 $f_1(k)$ 至 $f_6(k)$ 的序列图形

5.10 (1) $f_1(k)*f_2(k)=4\delta(k)+10\delta(k-1)+17\delta(k-2)+8\delta(k-3)+3\delta(k-4)$

(2) $f_3(k)*f_4(k)=k\varepsilon(k)*[\delta(k)-2\delta(k-4)+\delta(k-8)]*[\delta(k)+\delta(k-8)]$

(3) $f_5(k)*f_6(k)=k\varepsilon(k)*[\delta(k+6)-\delta(k+3)-\delta(k-3)+\delta(k-6)]$

(4) $f_7(k)*f_8(k)=\delta(k-1)+\delta(k-2)$

各对序列线性卷和的序列图形如图答 5.10 所示。

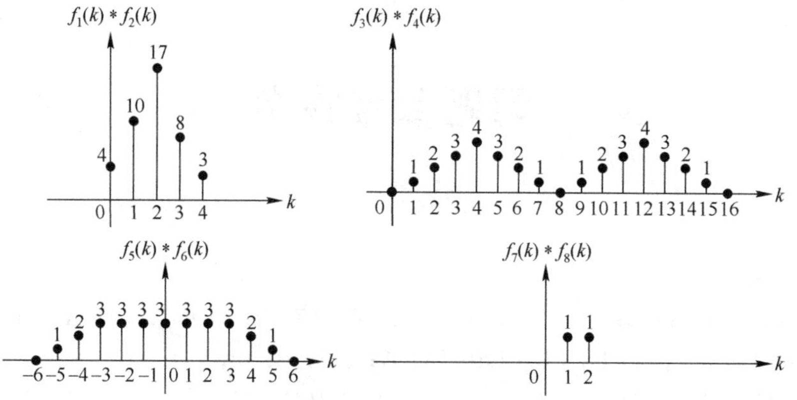

图答 5.10　序列线性卷和的序列图形

5.11 (1) $f(k)=\mathrm{Sa}\left(\dfrac{k\pi}{4}\right)$

(2) $f(k)=(k+9)\varepsilon(k+9)-2(k+5)\varepsilon(k+5)+2(k-4)\varepsilon(k-4)-(k-9)\varepsilon(k-9)$

(3) $f(k)=k\varepsilon(k)*[\delta(k+9)-4\delta(k+5)+6\delta(k+1)-4\delta(k-3)+\delta(k-7)]$

(4) $f(k)=4\left[1-\left(\dfrac{1}{4}\right)^k\right]\varepsilon(k-1)$；　(5) $f(k)=(k-2)\left(\dfrac{1}{2}\right)^k\varepsilon(k-2)$

(6) $f(k)=\left[2k+\left(\dfrac{1}{2}\right)^k\right]\varepsilon(k)$；　(7) $f(k)=\left(1+2\cos\dfrac{k\pi}{3}\right)\varepsilon(k+1)$

(8) $f(k)=\left(3+2\sqrt{3}\sin\dfrac{k\pi}{3}\right)\varepsilon(k+1)$；　(9) $f(k)=2\sqrt{3}\sin\dfrac{k\pi}{3}\varepsilon(k-1)$

(10) $f(k)=4\left[\left(\dfrac{1}{2}\right)^k-\cos\dfrac{k\pi}{3}\right]\varepsilon(k-1)$

5.12 (1) $f(k)=2^k\varepsilon(-k-1)+\left(\dfrac{1}{2}\right)^k\varepsilon(k)=\left(\dfrac{1}{2}\right)^{|k|}$

(2) $f(k)=2\times3^k\varepsilon(-k)+2\left(\dfrac{1}{2}\right)^k\varepsilon(k-1)$

(3) $f(k)=2^{k+1}\varepsilon(2-k)+8\varepsilon(k-3)$；　(4) $f(k)=2\sqrt{3}\cos\left(\dfrac{k\pi}{3}-\dfrac{\pi}{6}\right)$

(5) $f(k)=2\sqrt{3}\sin\left(\dfrac{k\pi}{3}-\dfrac{\pi}{6}\right)$；　(6) $f(k)=2\sqrt{3}\cos\left(\dfrac{k\pi}{3}+\dfrac{\pi}{6}\right)$

5.13 (1) $f(k)=\left(\dfrac{1}{2}\right)^k(k+1)\sin\dfrac{k\pi}{3}\varepsilon(k)$；　(2) $f(k)=\left(\dfrac{1}{2}\right)^k\left[\sqrt{3}\sin\dfrac{k\pi}{3}-3k\cos\dfrac{k\pi}{3}\right]\varepsilon(k)$

(3) $f(k)=\left(\dfrac{1}{2}\right)^k\left[3(k+2)\cos\dfrac{k\pi}{3}+\sqrt{3}\sin\dfrac{k\pi}{3}\right]\varepsilon(k)$

(4) $f(k)=k\left(\dfrac{1}{2}\right)^k\left[\sqrt{3}\sin\dfrac{k\pi}{3}-3k\cos\dfrac{k\pi}{3}\right]\varepsilon(k)$

(5) $f(k)=k\left(\dfrac{1}{2}\right)^k\left[3(k+2)\cos\dfrac{k\pi}{3}+\sqrt{3}\sin\dfrac{k\pi}{3}\right]\varepsilon(k)$

5.14 (1) $f(k)=v^k\varepsilon(k)*\nabla[v^k\varepsilon(k)]=v^k\varepsilon(k)*v^k\varepsilon(k)*\nabla[\delta(k)]=[1+k(1-v^{-1})]v^k\varepsilon(k)$

(2) $\dfrac{1-v_2E^{-1}}{1-v_1E^{-1}}\delta(k)*\dfrac{1-v_1E^{-1}}{1-v_2E^{-1}}\delta(k)=\left[\dfrac{1-v_2E^{-1}}{1-v_1E^{-1}}\dfrac{1-v_1E^{-1}}{1-v_2E^{-1}}\right]\delta(k)=\delta(k)$

(3) 考虑到$\frac{n!}{(1-vE^{-1})^{n+1}}\delta(k)=\frac{(k+n)!}{k!}v^k\varepsilon(k)$，则有

$$\frac{n!}{(1-vE^{-1})^{n+1}}\delta(k)*\frac{m!}{(1-vE^{-1})^{m+1}}\delta(k)=\left[\frac{n!}{(1-vE^{-1})^{n+1}}\frac{m!}{(1-vE^{-1})^{m+1}}\right]\delta(k)$$
$$=\frac{(k+n+m+1)!n!m!}{(n+m+1)!k!}v^k\varepsilon(k)$$

(4) 采用数学归纳法证明 $\nabla^{(n)}\delta(k)=\sum_{i=0}^{n}C_n^i(-1)^i\delta(k-i)$，于是有

$$[v^k\nabla^{(n)}\delta(k-k_0)]*f(k)=v^k[\nabla^{(n)}\delta(k)*\delta(k-k_0)*v^{-k}f(k)]$$
$$=v^{k_0}\sum_{i=0}^{n}C_n^i(-1)^iv^if(k-i-k_0)$$

5.15 (1) $f(k)=\pm\left(\frac{1}{2}\right)^k\varepsilon(k)$； (2) $f(k)=\pm\left(\frac{1}{2}\right)^k\varepsilon(k)$

(3) $f(k)=\left(\frac{1}{3}\right)^k\varepsilon(k)$； (4) $f(k)=\left(\frac{1}{2}\right)^k\varepsilon(k)$

5.16 (1) $y_x(k)=3\left(\frac{1}{2}\right)^k-\left(\frac{1}{3}\right)^k,\ k\geqslant-2$； (2) $y_x(k)=(1-k)\left(\frac{1}{3}\right)^k,\ k\geqslant-2$

(3) $y_x(k)=2\left(\frac{1}{3}\right)^k\cos\frac{k\pi}{3},\ k\geqslant-2$

5.17 (1) $h(k)=\left[4\left(\frac{1}{3}\right)^k-3\left(\frac{1}{4}\right)^k\right]\varepsilon(k)$； $y_x(k)=4\left(\frac{1}{3}\right)^k-2\left(\frac{1}{4}\right)^k,\ k\geqslant-2$

$$y_f(k)=\left[6\left(\frac{1}{2}\right)^k-8\left(\frac{1}{3}\right)^k+3\left(\frac{1}{4}\right)^k\right]\varepsilon(k)$$

$$y(k)=4\left(\frac{1}{3}\right)^k-2\left(\frac{1}{4}\right)^k+\left[6\left(\frac{1}{2}\right)^k-8\left(\frac{1}{3}\right)^k+3\left(\frac{1}{4}\right)^k\right]\varepsilon(k),\ k\geqslant-2$$

(2) $h(k)=(2k+1)\left(\frac{1}{2}\right)^k\varepsilon(k)$； $y_x(k)=(3+k)\left(\frac{1}{2}\right)^k,\ k\geqslant-2$

$y_f(k)=(k+1)^2\left(\frac{1}{2}\right)^k\varepsilon(k)$； $y(k)=(3+k)\left(\frac{1}{2}\right)^k+(k+1)^2\left(\frac{1}{2}\right)^k\varepsilon(k),\ k\geqslant-2$

(3) $h(k)=\delta(k)+\left(\frac{1}{2}\right)^k\cos\frac{k\pi}{3}\varepsilon(k)$； $y_x(k)=2\left(\frac{1}{2}\right)^k\cos\left(\frac{k\pi}{3}+\frac{\pi}{3}\right),\ k\geqslant-2$

$$y_f(k)=\left[3\left(\frac{1}{2}\right)^{k+1}+\left(\frac{1}{2}\right)^k\cos\left(\frac{k\pi}{3}-\frac{\pi}{3}\right)\right]\varepsilon(k)$$

$$y(k)=2\left(\frac{1}{2}\right)^k\cos\left(\frac{k\pi}{3}+\frac{\pi}{3}\right)+\left[3\left(\frac{1}{2}\right)^{k+1}+\left(\frac{1}{2}\right)^k\cos\left(\frac{k\pi}{3}-\frac{\pi}{3}\right)\right]\varepsilon(k),\ k\geqslant-2$$

5.18 (1) $h(k)=\varepsilon(k)-\varepsilon(k-5)$

(2) $y_f(k)=k\varepsilon(k)-2(k-5)\varepsilon(k-5)+(k-10)\varepsilon(k-10)$

(3) 系统的单位冲激响应 $h(k)$及零状态响应 $y_f(k)$的序列图形如图答 5.18 所示。

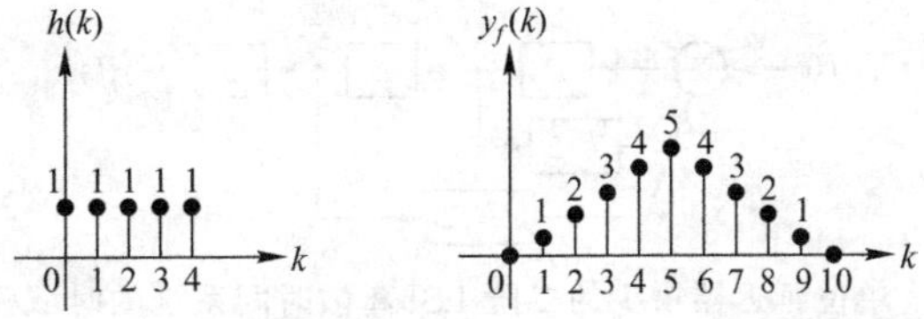

图答 5.18 LSI 离散时间系统单位冲激响应 $h(k)$及零状态响应 $y_f(k)$的序列图形

5.19 (1) $h(k)=\varepsilon(k-1)-\varepsilon(k-5)$; (2) $y_f(k)=k\varepsilon(k)*[\delta(k)-2\delta(k-4)+\delta(k-8)]$

5.20 (1) $h(k)=k\varepsilon(k)*[\delta(k)-2\delta(k-4)+\delta(k-8)]$;系统的单位冲激响应 $h(k)$ 的序列图形如图答 5.20.1 所示。

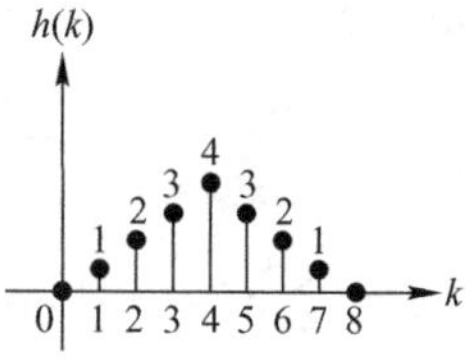

图答 5.20.1 LSI 离散时间系统单位冲激响应 $h(k)$ 的序列图形

(2) 考虑到 $h_1(k)=R_4(k)$, $y_{1f}(k)=h_1(k)*\sum\limits_{r=-\infty}^{+\infty}\delta(k-8r)$, $y_f(k)=h(k)*\sum\limits_{r=-\infty}^{+\infty}\delta(k-8r)$,则第一级系统的零状态响应 $y_{1f}(k)$ 及整个系统的零状态响应 $y_f(k)$ 的序列图形如图答 5.20.2 所示。

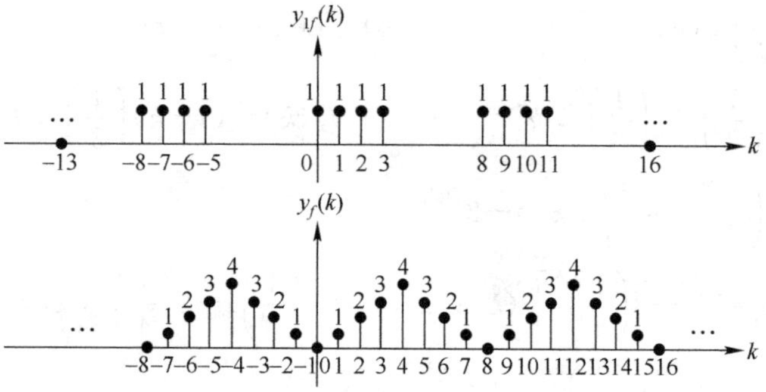

图答 5.20.2 第一级系统零状态响应 $y_{1f}(k)$ 及整个系统零状态响应 $y_f(k)$ 的序列图形

5.21 (1) $x(k)-a_1x(k-1)-a_0x(k-2)=f(k-2)$; (2) $x(k)=\dfrac{E^{-2}}{1-a_1E^{-1}-a_0E^{-2}}f(k)$

(3) $y(k)=\dfrac{b_2+b_1E^{-1}+b_0E^{-2}}{1-a_1E^{-1}-a_0E^{-2}}f(k)$; (4) $g(k)=2\left(2-\cos\dfrac{k\pi}{3}\right)\varepsilon(k)$

5.22 (1) $y(k)-2y(k-1)+y(k-2)=f(k)+f(k-1)$; (2) $h(k)=(2k+1)\varepsilon(k)$

(3) $y_x(k)=1^k,\ k\geqslant -2$; $y_f(k)=(k+1)^2\varepsilon(k)$; $y(k)=1^k+(k+1)^2\varepsilon(k),\ k\geqslant -2$

5.23 (1) $y(k)-\dfrac{7}{12}y(k-1)+\dfrac{1}{12}y(k-2)=2f(k-2)$

(2) $h(k)=24\left[3\left(\dfrac{1}{3}\right)^k-4\left(\dfrac{1}{4}\right)^k\right]\varepsilon(k-2)$; $y_x(k)=2\left(\dfrac{1}{3}\right)^k-\left(\dfrac{1}{4}\right)^k,\ k\geqslant -2$

$$y_f(k)=48\left[\left(\frac{1}{2}\right)^k-3\left(\frac{1}{3}\right)^k+2\left(\frac{1}{4}\right)^k\right]\varepsilon(k)$$

$$y(k)=2\left(\frac{1}{3}\right)^k-\left(\frac{1}{4}\right)^k+48\left[\left(\frac{1}{2}\right)^k-3\left(\frac{1}{3}\right)^k+2\left(\frac{1}{4}\right)^k\right]\varepsilon(k),\ k\geqslant -2$$

(3) 单位延迟器最少的系统时域模拟方框图,如图答 5.23 所示。

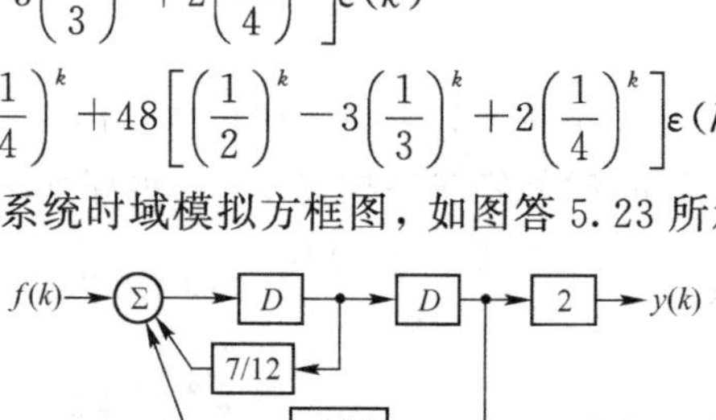

图答 5.23 单位延迟器最少的二阶 LSI 离散时间系统的时域模拟方框图

5.24 $y(k)=\left(\frac{1}{3}\right)^k-\left(\frac{1}{2}\right)^k+\left[12\left(\frac{1}{2}\right)^k-20\left(\frac{1}{3}\right)^k+9\left(\frac{1}{4}\right)^k\right]\varepsilon(k)$，$k\geqslant -2$

5.25 (1) $y(k)-\frac{1}{3}y(k-1)=3f(k-1)-f(k)$； (2) $y_f(k)=\left(\frac{1}{3}\right)^k\varepsilon(k)$

(3) $y_f(k)=8k\left(\frac{1}{3}\right)^k\varepsilon(k)$

5.26 (1) $H(E)=\dfrac{1}{1-\frac{5}{6}E^{-1}+\frac{1}{6}E^{-2}}$，$h(k)=\left[3\left(\frac{1}{2}\right)^k-2\left(\frac{1}{3}\right)^k\right]\varepsilon(k)$

(2) $y(k)-\frac{5}{6}y(k-1)+\frac{1}{6}y(k-2)=f(k)$

(3) $y(k)=3\left(\frac{1}{2}\right)^k-\left(\frac{1}{3}\right)^k+\left[9\left(\frac{1}{2}\right)^k-2(k+4)\left(\frac{1}{3}\right)^k\right]\varepsilon(k)$，$k\geqslant 0$

5.27 (1) 考虑到 $y(k)=\sum\limits_{m=-\infty}^{k}2^{2(m-k)}f(m)$，则有

$$h(k)=\sum_{m=-\infty}^{k}2^{2(m-k)}\delta(m)=\left(\frac{1}{4}\right)^k\sum_{m=-\infty}^{k}\delta(m)=\left(\frac{1}{4}\right)^k\varepsilon(k)=\frac{1}{1-\frac{1}{4}E^{-1}}\delta(k)$$

于是 $y(k)-\frac{1}{4}y(k-1)=f(k)$。

(2) $h(k)=\left(\frac{1}{4}\right)^k\varepsilon(k)$； (3) 由于 $h(k)=\left(\frac{1}{4}\right)^k\varepsilon(k)$是因果序列，因此系统为因果系统。

5.28 (1) $a=2$；$H(E)=\dfrac{2E^{-1}-1}{1-\frac{1}{2}E^{-1}}$； (2) $h(k)=\dfrac{2E^{-1}-1}{1-\frac{1}{2}E^{-1}}\delta(k)=3\left(\frac{1}{2}\right)^k\varepsilon(k)-4\delta(k)$

(3) $y_f(k)=3\left(\frac{1}{2}\right)^k\varepsilon(k)$，$R_{y_f}(m)=12\left(\frac{1}{2}\right)^{|m|}$

5.29 (1) $a=3$，$H(E)=\dfrac{1}{\left(1-\frac{1}{2}E^{-1}\right)\left(1-\frac{1}{3}E^{-1}\right)}$； (2) $h(k)=\left[3\left(\frac{1}{2}\right)^k-2\left(\frac{1}{3}\right)^k\right]\varepsilon(k)$

(3) $y_f(k)=\left[6\left(\frac{1}{2}\right)^k-8\left(\frac{1}{3}\right)^k+3\left(\frac{1}{4}\right)^k\right]\varepsilon(k)$

5.30 (1) 考虑到 $y_f(k)=4\left[9\left(\frac{1}{2}\right)^k-14\left(\frac{1}{3}\right)^k+6\left(\frac{1}{4}\right)^k\right]\varepsilon(k)=\dfrac{4+E^{-1}}{\left(1-\frac{1}{2}E^{-1}\right)\left(1-\frac{1}{3}E^{-1}\right)}f(k)$

则有 $y_f(k)-\frac{5}{6}y_f(k-1)+\frac{1}{6}y_f(k-2)=4f(k)+f(k-1)$

(2) $h(k)=2\left[9\left(\frac{1}{2}\right)^k-7\left(\frac{1}{3}\right)^k\right]\varepsilon(k)$； (3) $y_f(k)=\left[\left(\frac{1}{3}\right)^k+6\cos\left(\frac{k\pi}{3}-\frac{\pi}{3}\right)\right]\varepsilon(k)$

(4) $y_f(k)=6\cos\left(\frac{k\pi}{3}-\frac{\pi}{3}\right)$

5.31 (1) 考虑到

$$h(k)=\left(\frac{1}{2}\right)^k\varepsilon(k)*\left(\frac{1}{3}\right)^k\varepsilon(k)*\delta(k)=\frac{1}{\left(1-\frac{1}{2}E^{-1}\right)\left(1-\frac{1}{3}E^{-1}\right)}\delta(k)$$

则有

$$y(k)-\frac{5}{6}y(k-1)+\frac{1}{6}y(k-2)=f(k)$$

(2) $g(k)=\left[3-3\left(\frac{1}{2}\right)^k+\left(\frac{1}{3}\right)^k\right]\varepsilon(k)$

5.32 (1) $y(k)-\frac{7}{12}y(k-1)+\frac{1}{12}y(k-2)=f(k)+f(k-1)$

(2) $y_f(k)=\left[18\left(\frac{1}{2}\right)^k-32\left(\frac{1}{3}\right)^k+15\left(\frac{1}{4}\right)^k\right]\varepsilon(k)$

5.33 (1) $h(k)=\left(\frac{1}{2}\right)^k\varepsilon(k)$，$y_x(k)=\left(\frac{1}{2}\right)^k$，$k\geqslant 0$；　(2) $y(k)-\frac{1}{2}y(k-1)=f(k)$

(3) $y(k)=\left(\frac{1}{2}\right)^k+(k+1)\left(\frac{1}{2}\right)^k\varepsilon(k)$，$k\geqslant 0$

5.34 (1) $h(k)=\left[2\left(\frac{1}{2}\right)^k-\left(\frac{1}{4}\right)^k\right]\varepsilon(k)$

(2) $y(k)=3\left(\frac{1}{2}\right)^k-\left(\frac{1}{4}\right)^k+\left(\frac{1}{2}\right)^k\left(3+2\sqrt{3}\sin\frac{k\pi}{3}\right)\varepsilon(k)$，$k\geqslant 0$

5.35 (1) $h(k)=\left(\frac{1}{3}\right)^{k(k+1)}\varepsilon(k)$

(2) $y_x(k)=\left(\frac{1}{3}\right)^{k(k+1)}$，$k\geqslant 0$；$y_f(k)=\left(\frac{1}{3}\right)^{k^2}\left[3-\left(\frac{1}{3}\right)^k\right]\varepsilon(k)$

$y(k)=\left(\frac{1}{3}\right)^{k(k+1)}+\left(\frac{1}{3}\right)^{k^2}\left[3-\left(\frac{1}{3}\right)^k\right]\varepsilon(k)$，$k\geqslant 0$

5.36 (1) $y_{1f}(k)=12\left[\left(\frac{1}{3}\right)^k-\left(\frac{1}{4}\right)^k\right]\varepsilon(k)$，$y_{2f}(k)=6\left[\left(\frac{1}{4}\right)^k-\left(\frac{1}{9}\right)^k\right]\varepsilon(k)$

(2) 两个系统的零状态响应 $y_{1f}(k)$和 $y_{2f}(k)$不相等。

由于级联的离散时间系统中存在移变系统，系统的零状态响应与移变系统级联的顺序有关，因此两个系统的零状态响应 $y_{1f}(k)$和 $y_{2f}(k)$不相等。

第 6 章

6.1 (1) B；(2) B；(3) A；(4) A；(5) D；(6) C；(7) D；(8) B；(9) C；(10) B；(11) A；(12) C；(13) B；(14) D；(15) B；(16) A；(17) B；(18) A；(19) B；(20) C

6.2 (1) A B C；(2) A B；(3) A B C D；(4) A B；(5) C D；(6) A B；(7) A B C D；(8) A B C

6.3 $F_1(z)=F(z)+\frac{1}{1-0.5z^{-1}}$，$\frac{1}{2}<|z|<9$；　$F_2(z)=z^{-2}F(z)$，$\frac{1}{4}<|z|<9$

$F_3(z)=F(2z)$，$\frac{1}{8}<|z|<\frac{9}{2}$；　$F_4(z)=F(z^2)$，$\frac{1}{2}<|z|<3$

$F_5(z)=F\left(\frac{1}{z}\right)$，$\frac{1}{9}<|z|<4$；　$F_6(z)=\frac{1}{4}\sum_{n=0}^{3}F(\mathrm{e}^{-\mathrm{j}\frac{\pi}{2}n}z)$，$\frac{1}{4}<|z|<9$

$F_7(z)=\frac{1}{4}\sum_{n=0}^{3}F(\mathrm{e}^{-\mathrm{j}\frac{\pi}{2}n}z^{\frac{1}{4}})$，$\frac{1}{4^4}<|z|<9^4$；$F_8(z)=\frac{F(z)}{1-\frac{1}{2}z^{-1}}$，$\frac{1}{2}<|z|<9$

$F_9(z)=(1-z^{-1})F(z)$，$\frac{1}{4}<|z|<9$；　$F_{10}(z)=\frac{F(z)}{1-z^{-1}}$，$1<|z|<9$

$F_{11}(z)=\dfrac{1}{2\pi \mathrm{j}}\oint_c F(v)\dfrac{z/v}{1-\dfrac{1}{2}(z/v)^{-1}}v^{-1}\mathrm{d}v$，$\dfrac{1}{8}<|z|<\infty$，其中，闭曲线 c 为公共收敛域 $\dfrac{1}{4}<|v|<\min(9,2|z|)$内的任意正向闭曲线。

$F_{12}(z)=\dfrac{\mathrm{d}F(z)}{\mathrm{d}z}$，$\dfrac{1}{4}<|z|<9$

$F_{13}(z)=\int_z^{+\infty}F_A(v)v^{-1}\mathrm{d}v$，$\dfrac{1}{4}<|z|\leqslant\infty$；$F_{14}(z)=\int_0^z F_B(v)v^{-1}\mathrm{d}v$，$0\leqslant|z|<9$

6.4 $F_1(z)=\dfrac{1}{1-\dfrac{1}{2}z^{-1}}$，$\dfrac{1}{2}<|z|\leqslant\infty$；　$F_2(z)=\dfrac{-1}{1-\dfrac{1}{2}z^{-1}}$，$0\leqslant|z|<\dfrac{1}{2}$

$F_3(z)=\dfrac{1}{1-2z^{-1}}$，$2<|z|\leqslant\infty$；　$F_4(z)=\dfrac{-1}{1-2z^{-1}}$，$0\leqslant|z|<2$

$F_5(z)=\dfrac{z^{-1}}{2\left(1-\dfrac{1}{2}z^{-1}\right)}$，$\dfrac{1}{2}<|z|\leqslant\infty$；　$F_6(z)=\dfrac{2}{1-\dfrac{1}{2}z^{-1}}$，$\dfrac{1}{2}<|z|\leqslant\infty$

$F_7(z)=\dfrac{z^{-1}}{1-\dfrac{1}{2}z^{-1}}$，$\dfrac{1}{2}<|z|\leqslant\infty$；　$F_8(z)=\dfrac{1}{1-\dfrac{1}{4}z^{-1}}$，$\dfrac{1}{4}<|z|\leqslant\infty$

$F_9(z)=\dfrac{z^{-1}}{2\left(1-\dfrac{1}{2}z^{-1}\right)^2}$，$\dfrac{1}{2}<|z|\leqslant\infty$；　$F_{10}(z)=\dfrac{4z^{-1}-1}{(1-2z^{-1})^2}$，$0\leqslant|z|<2$

$F_{11}(z)=\dfrac{-3z^{-1}}{(1-2z^{-1})(2-z^{-1})}$，$\dfrac{1}{2}<|z|<2$

$F_{12}(z)=\dfrac{2z^{-1}}{(1-2z^{-1})^2}+\dfrac{z^{-1}}{2\left(1-\dfrac{1}{2}z^{-1}\right)^2}$，$\dfrac{1}{2}<|z|<2$

6.5 $F_1(z)=\dfrac{3z^{-1}}{1-z^{-1}+z^{-2}}$，$1<|z|\leqslant\infty$；　$F_2(z)=\dfrac{2z^{-1}-1}{1-z^{-1}+z^{-2}}$，$1<|z|\leqslant\infty$

$F_3(z)=\dfrac{3(1-z^{-1})z^{-2}}{1-z^{-1}+z^{-2}}$，$1<|z|\leqslant\infty$；　$F_4(z)=\dfrac{3z^{-3}}{1-z^{-1}+z^{-2}}$，$1<|z|\leqslant\infty$

$F_5(z)=\dfrac{2-z^{-1}}{1-z^{-1}+z^{-2}}$，$1<|z|\leqslant\infty$；　$F_6(z)=\dfrac{3}{1-z^{-1}+z^{-2}}$，$1<|z|\leqslant\infty$

$F_7(z)=\dfrac{-(1+z^{-1})z^{-2}}{1-z^{-1}+z^{-2}}$，$1<|z|\leqslant\infty$；　$F_8(z)=\dfrac{(2-z^{-1})z^{-2}}{1-z^{-1}+z^{-2}}$，$1<|z|\leqslant\infty$

$F_9(z)=\dfrac{2z^{-1}(1-z^{-2})}{(1-z^{-1}+z^{-2})(1+z^{-1}+z^{-2})}$，$1<|z|\leqslant\infty$

$F_{10}(z)=\dfrac{z^{-1}(1+z^{-1})}{(1-z^{-1})(1-z^{-1}+z^{-2})}$，$1<|z|\leqslant\infty$

$F_{11}(z)=\dfrac{3z^{-1}}{1-z^{-1}+z^{-2}}$，$1<|z|\leqslant\infty$

$F_{12}(z)=\dfrac{6z^{-1}(1+z^{-2})}{(1+z^{-1}+z^{-2})(1-z^{-1}+z^{-2})}$，$1<|z|\leqslant\infty$

$F_{13}(z)=\dfrac{2(2+z^{-2})}{(1+z^{-1}+z^{-2})(1-z^{-1}+z^{-2})}$，$1<|z|\leqslant\infty$

$F_{14}(z)=\dfrac{4-5z^{-1}+3z^{-2}}{(1-z^{-1})(1-z^{-1}+z^{-2})}$，$1<|z|\leqslant\infty$

6.6 $F_1(z)=(1-z^{-1})(1+z^{-2})$，$0<|z|\leqslant\infty$；　$F_2(z)=1+z^{-3}$，$0<|z|\leqslant\infty$

$F_3(z)=(1+z^{-1})(1+z^{-3})$，$0<|z|\leqslant\infty$

$F_4(z)=[1+(2z)^{-1}][1+(2z)^{-2}]$，$0<|z|\leqslant\infty$

$F_5(z)=\dfrac{(3-z^{-1})z^{-3}}{\left(1-\dfrac{1}{2}z^{-1}\right)^2}$，$\dfrac{1}{2}<|z|\leqslant\infty$

$F_6(z)=z^{-2}(3+4z^{-1}+5z^{-2}+6z^{-3})$，$0<|z|\leqslant\infty$

$F_7(z)=(1+z^{-1}+z^{-2})(1+2z^{-3}+3z^{-6})$，$0<|z|\leqslant\infty$

$F_8(z)=z^3\,(1+z^{-1})^2\,(1+z^{-2})^2$，$0<|z|<\infty$

$F_9(z)=z^{-1}(1+z^{-1})^2\,(1+z^{-2})^2$，$0<|z|\leqslant\infty$

$F_{10}(z)=\dfrac{z^{-1}(1+z^{-1})(1+z^{-2})}{1-z^{-1}}$，$1<|z|\leqslant\infty$

$F_{11}(z)=z^{-1}(1+z^{-4})(1+2z^{-1}+3z^{-2})$，$0<|z|\leqslant\infty$

$F_{12}(z)=\dfrac{4-z^{-5}(1+z^{-1})(1+z^{-2})}{1-z^{-1}}$，$0<|z|\leqslant\infty$

$F_{13}(z)=z^3(1+z^{-1})(1+z^{-2})(1+z^{-4})$，$0<|z|<\infty$

$F_{14}(z)=\dfrac{z^{-1}(1+z^{-1}+z^{-2})}{(1-z^{-1})(1-z^{-4})}$，$1<|z|\leqslant\infty$

$F_{15}(z)=\dfrac{z^{-1}\ln 2}{(1-z^{-1})^2}$，$1<|z|\leqslant\infty$；　$F_{16}(z)=\dfrac{z^{-1}(\ln 2+1)}{(1-z^{-1})^2}$，$1<|z|\leqslant\infty$

6.7 $F_1(z)=3z^{-1}(1+z^{-1})$，$0<|z|\leqslant\infty$；　$F_2(z)=-\dfrac{3z^{-2}(1+z^{-1})}{1+z^{-1}+z^{-2}}$，$1<|z|\leqslant\infty$

$F_3(z)=\dfrac{3z^{-1}}{1-\dfrac{1}{3}z^{-1}+\dfrac{1}{9}z^{-2}}$，$\dfrac{1}{3}<|z|\leqslant\infty$；$F_4(z)=\dfrac{4+z^{-1}}{1+\dfrac{1}{2}z^{-1}+\dfrac{1}{4}z^{-2}}$，$\dfrac{1}{2}<|z|\leqslant\infty$

$F_5(z)=\dfrac{z^2(z^{-1}-1)}{1-\dfrac{1}{2}z^{-1}+\dfrac{1}{4}z^{-2}}$，$\dfrac{1}{2}<|z|<\infty$；$F_6(z)=3z^{-1}(1+z^{-1})(1-z^{-3})$，$0<|z|\leqslant\infty$

$F_7(z)=(2-z^{-1})(1+z^{-1})(1-z^{-3})$，$0<|z|\leqslant\infty$

$F_8(z)=3z^{-1}\left(1+\dfrac{1}{2}z^{-1}\right)\left[1-\left(\dfrac{1}{2}z^{-1}\right)^3\right]$，$0<|z|\leqslant\infty$

$F_9(z)=\dfrac{z^{-1}}{1-z^{-1}+z^{-2}}$，$1<|z|\leqslant\infty$

$F_{10}(z)=\dfrac{6z^{-1}(z^{-2}-2)}{(1-z^{-1}+z^{-2})(4-2z^{-1}+z^{-2})}$，$\dfrac{1}{2}<|z|<1$

$F_{11}(z)=\dfrac{3z^{-1}(1-z^{-1})}{1-\dfrac{1}{2}z^{-1}+\dfrac{1}{4}z^{-2}}$，$\dfrac{1}{2}<|z|\leqslant\infty$

$F_{12}(z)=\dfrac{4z^{-1}(1+4z^{-1}-8z^{-2})}{(1+4z^{-1}+16z^{-2})^2}$，$4<|z|\leqslant\infty$

$F_{13}(z)=z^{-1}(1-z^{-1})\left(1+\dfrac{1}{2}z^{-1}\right)\left(1-\dfrac{1}{8}z^{-3}\right)$，$0<|z|\leqslant\infty$

$$F_{14}(z)=\frac{3z^{-1}\left(1-\frac{1}{4}z^{-2}\right)}{\left(1-\frac{1}{2}z^{-1}+\frac{1}{4}z^{-2}\right)^2},\ \frac{1}{2}<|z|\leqslant\infty$$

$$F_{15}(z)=\frac{z^{-1}\left(1-2z^{-1}+\frac{1}{4}z^{-2}\right)}{\left(1-\frac{1}{2}z^{-1}+\frac{1}{4}z^{-2}\right)^2},\ \frac{1}{2}<|z|\leqslant\infty$$

$$F_{16}(z)=\ln\left[1+\frac{3z}{(z-1)^2}\right],\ 1<|z|\leqslant\infty$$

6.8 $$F_1(z)=-\frac{1}{1-z^{-1}}+\frac{1}{1-\frac{1}{4}z^{-1}},\ \frac{1}{4}<|z|<1$$

$$F_2(z)=-\frac{1}{1-2z^{-1}}+\frac{1}{1-\frac{1}{3}z^{-1}},\ \frac{1}{3}<|z|<2$$

$$F_3(z)=-\frac{1}{1-2z^{-1}}+\frac{1}{\left(1-\frac{1}{3}z^{-1}\right)^2},\ \frac{1}{3}<|z|<2$$

$$F_4(z)=\frac{-9z^{-1}(1-z^{-2})}{(1-2z^{-1}+4z^{-2})\left(1-\frac{1}{2}z^{-1}+\frac{1}{4}z^{-2}\right)},\ \frac{1}{2}<|z|<2$$

$$F_5(z)=\frac{-3z^{-1}(1-5z^{-1}+z^{-2})}{(1-2z^{-1}+4z^{-2})\left(1-\frac{1}{2}z^{-1}+\frac{1}{4}z^{-2}\right)},\ \frac{1}{2}<|z|<2$$

$$F_6(z)=\frac{12z^{-1}(1-4z^{-2})}{(1-2z^{-1}+4z^{-2})^2}+\frac{3z^{-1}(1-\frac{1}{4}z^{-2})}{\left(1-\frac{1}{2}z^{-1}+\frac{1}{4}z^{-2}\right)^2},\ \frac{1}{2}<|z|<2$$

$$F_7(z)=\frac{4z^{-1}(1-8z^{-1}+4z^{-2})}{(1-2z^{-1}+4z^{-2})^2}+\frac{z^{-1}\left(1-2z^{-1}+\frac{1}{4}z^{-2}\right)}{\left(1-\frac{1}{2}z^{-1}+\frac{1}{4}z^{-2}\right)^2},\ \frac{1}{2}<|z|<2$$

$$F_8(z)=\frac{1}{1-z^{-N}},\ 1<|z|\leqslant\infty;\ F_9(z)=\frac{1}{(1-z^{-1})(1-z^{-4})},\ 1<|z|\leqslant\infty$$

$$F_{10}(z)=\frac{3z^{-1}}{(1-z^{-1}+z^{-2})(1-z^{-3})},\ 1<|z|\leqslant\infty$$

$$F_{11}(z)=\frac{z^{-1}(1+z^{-3})(1+z^{-1}+z^{-2})^2}{1-z^{-9}},\ 1<|z|\leqslant\infty$$

$$F_{12}(z)=\frac{[1+(2z)^{-1}+(2z)^{-2}](1+z^{-3})}{1+z^{-3}+z^{-6}},\ 1<|z|\leqslant\infty$$

$$F_{13}(z)=\frac{1}{[1-(2z)^{-1}][1+(2z)^{-4}]},\ \frac{1}{2}<|z|\leqslant\infty$$

$$F_{14}(z)=\frac{(2z)^{-1}[1+(2z)^{-1}][1+(2z)^{-2}]}{[1-(2z)^{-1}][1+(2z)^{-4}]},\ \frac{1}{2}<|z|\leqslant\infty$$

$F_{15}(z)=\dfrac{1}{1-az^{-N}}$，$|a|^{\frac{1}{N}}<|z|\leqslant\infty$

$F_{16}(z)=\dfrac{(2^{-N}-2^{N})z^{-N}}{\left[1-\left(\dfrac{z}{2}\right)^{-N}\right][1-(2z)^{-N}]}$，$\dfrac{1}{2}<|z|<2$

6.9 $F_1(z)=\dfrac{3z^6(1-z^{-13})-8z^2(1-z^{-5})}{1-z^{-1}}$，$0<|z|<\infty$

$F_2(z)=\dfrac{(z^5+z^{-2})(1+z^{-3})(1+z^{-1}+z^{-2})-(6+5z^{-1}+z^{-7})}{1-z^{-1}}$，$0<|z|<\infty$

$F_3(z)=\dfrac{6z^4(1-z^{-10})-5z^5(1-z^{-12})}{(1-z^{-1})^2}$，$0<|z|<\infty$

$F_4(z)=z^7(1+z^{-2})^2(1+z^{-1})^2(1-z^{-8})$，$0<|z|<\infty$

$F_5(z)=z^7(1+z^{-1})(1+z^{-2})(1+z^{-3})(1+z^{-6})(1+z^{-1}+z^{-2})$，$0<|z|<\infty$

$F_6(z)=(z^7+z^5-z^3+z+z^{-1})(1+z^{-1})(1+z^{-3})(1+z^{-1}+z^{-2})$，$0<|z|<\infty$

6.10 (1) $F(z)=\dfrac{1}{1-(2\mathrm{e})^{-2}z^{-1}}$，$(2\mathrm{e})^{-2}<|z|\leqslant\infty$

(2) $F(z)=\dfrac{z^{-1}}{2(1-z^{-1})\left(1-\dfrac{1}{2}z^{-1}\right)^2}$，$1<|z|\leqslant\infty$，$f(\infty)=2$

(3) $F(z)=\dfrac{1}{(1-abz^{-1})(1-az^{-1})}$，$\max(|a|,|ab|)<|z|\leqslant\infty$

(4) ① $F_1(z)=F\left(\dfrac{1}{2z}\right)(2z)^{-4}=\dfrac{(z-1)\left(z-\dfrac{1}{4}\right)}{(z-8)\left(z-\dfrac{1}{32}\right)}(2z)^{-4}$，$\dfrac{1}{32}<|z|<8$

② $F_2(z)=F[(2z)^4]=\dfrac{\left(z^4-\dfrac{1}{32}\right)\left(z^4-\dfrac{1}{8}\right)}{\left(z^4-\dfrac{1}{2^8}\right)(z^4-1)}$，$\dfrac{1}{4}<|z|<1$

③ $F_3(z)=\dfrac{1}{4}\sum\limits_{n=0}^{3}F(2z\mathrm{e}^{-\mathrm{j}\frac{\pi}{2}n})=\dfrac{1}{4}\sum\limits_{n=0}^{3}\dfrac{\left(2z\mathrm{e}^{-\mathrm{j}\frac{\pi}{2}n}-\dfrac{1}{2}\right)(2z\mathrm{e}^{-\mathrm{j}\frac{\pi}{2}n}-2)}{\left(2z\mathrm{e}^{-\mathrm{j}\frac{\pi}{2}n}-\dfrac{1}{16}\right)(2z\mathrm{e}^{-\mathrm{j}\frac{\pi}{2}n}-16)}$，$\dfrac{1}{32}<|z|<8$

④ $F_4(z)=\dfrac{1}{4}\sum\limits_{n=0}^{3}F[\mathrm{e}^{-\mathrm{j}\frac{\pi}{2}n}(2z)^{\frac{1}{4}}]$

$=\dfrac{1}{4}\sum\limits_{n=0}^{3}\dfrac{\left[\mathrm{e}^{-\mathrm{j}\frac{\pi}{2}n}(2z)^{\frac{1}{4}}-\dfrac{1}{2}\right][\mathrm{e}^{-\mathrm{j}\frac{\pi}{2}n}(2z)^{\frac{1}{4}}-2]}{\left[\mathrm{e}^{-\mathrm{j}\frac{\pi}{2}n}(2z)^{\frac{1}{4}}-\dfrac{1}{16}\right][\mathrm{e}^{-\mathrm{j}\frac{\pi}{2}n}(2z)^{\frac{1}{4}}-16]}$，$\dfrac{1}{2^{17}}<|z|<2^{15}$

6.11 $f_1(k)=\varepsilon(k)$；　$f_2(k)=(k+1)\varepsilon(k)$；　$f_3(k)=k\varepsilon(k)$；　$f_4(k)=k^2\varepsilon(k)$

$f_5(k)=k^3\varepsilon(k)$；　$f_6(k)=\dfrac{(k+n)!}{n!k!}\varepsilon(k)$；　$f_7(k)=a^k\varepsilon(k)$；　$f_8(k)=a^{k-1}\varepsilon(k-1)$

$f_9(k)=ka^k\varepsilon(k)$；$f_{10}(k)=\dfrac{(k+n)!}{n!k!}a^k\varepsilon(k)$；$f_{11}(k)=\sin\Omega_0k\varepsilon(k)$

$f_{12}(k)=\cos\Omega_0k\varepsilon(k)$；　$f_{13}(k)=a^k\sin\Omega_0k\varepsilon(k)$；　$f_{14}(k)=a^k\cos\Omega_0k\varepsilon(k)$

6.12 $f_1(k)=\left[2-\left(\frac{1}{2}\right)^k\right]\varepsilon(k)$； $f_2(k)=\left[3\left(\frac{1}{2}\right)^k-2\left(\frac{1}{3}\right)^k\right]\varepsilon(k)$

$f_3(k)=\left[3\left(\frac{1}{4}\right)^k-2\left(\frac{1}{3}\right)^k\right]\varepsilon(k)$； $f_4(k)=(k+3)\left(\frac{1}{2}\right)^k\varepsilon(k)$

$f_5(k)=\delta(k)+4k\left(\frac{1}{2}\right)^k\varepsilon(k)$； $f_6(k)=(2k+1)\left(\frac{1}{2}\right)^k\varepsilon(k)$

$f_7(k)=\left[3\left(\frac{1}{2}\right)^k-\left(\frac{1}{3}\right)^k\right]\varepsilon(k)$； $f_8(k)=10\delta(k)+\delta(k-1)+10\left[2\left(\frac{1}{2}\right)^k-3\left(\frac{1}{3}\right)^k\right]\varepsilon(k)$

$f_9(k)=\left[3(k-1)\left(\frac{1}{2}\right)^k+4\left(\frac{1}{3}\right)^k\right]\varepsilon(k)$； $f_{10}(k)=\left[3k\left(\frac{1}{2}\right)^k+2\left(\frac{1}{3}\right)^k\right]\varepsilon(k)$

$f_{11}(k)=6\left[(3k-7)\left(\frac{1}{2}\right)^k+7\left(\frac{1}{3}\right)^k\right]\varepsilon(k-1)$

$f_{12}(k)=\left[4-\left(\frac{1}{4}\right)^k\right]\varepsilon(k)+\left[4-\left(\frac{1}{4}\right)^{k-6}\right]\varepsilon(k-6)$

$f_{13}(k)=\left[3\left(\frac{1}{2}\right)^k-2\left(\frac{1}{3}\right)^k\right]\varepsilon(k)*[\delta(k)+\delta(k-4)+\delta(k-8)]$

$f_{14}(k)=\frac{1}{k}\left[1-\left(\frac{1}{2}\right)^k\right]\varepsilon(k-1)$

6.13 $f_1(k)=2\left(\frac{1}{2}\right)^k\cos\left(\frac{k\pi}{3}+\frac{\pi}{3}\right)\varepsilon(k)$； $f_2(k)=4\left(\frac{1}{2}\right)^k\cos\left(\frac{2k\pi}{3}-\frac{\pi}{3}\right)\varepsilon(k-1)$

$f_3(k)=\left(\frac{1}{2}\right)^k\sin\frac{k\pi}{3}\varepsilon(k)*[\delta(k)+\delta(k-2)]$； $f_4(k)=2\left[1-\cos\frac{(k-2)\pi}{3}\right]\varepsilon(k-2)$

$f_5(k)=2\left[\left(\frac{1}{2}\right)^k-\cos\frac{k\pi}{3}\right]\varepsilon(k)$； $f_6(k)=\left(\frac{1}{2}\right)^k\left[2\cos\left(\frac{k\pi}{3}-\frac{\pi}{3}\right)-1\right]\varepsilon(k)$

$f_7(k)=2\left[1-\cos\left(\frac{k\pi}{3}-\frac{\pi}{3}\right)\right]\varepsilon(k-2)$； $f_8(k)=(k+1)\left[3+2\sqrt{3}\sin\left(\frac{k\pi}{3}+\frac{\pi}{3}\right)\right]\varepsilon(k)$

$f_9(k)=\left[2\cos\frac{k\pi}{3}+2^k-\left(\frac{1}{2}\right)^k\right]\varepsilon(k)$； $f_{10}(k)=\frac{2}{k}\left(1-\cos\frac{k\pi}{3}\right)\varepsilon(k-1)$

6.14 $f_1(k)=\left[3\left(\frac{1}{2}\right)^k-4\left(\frac{1}{3}\right)^k\right]\varepsilon(-k-1)$； $f_2(k)=\left[2(k+4)\left(\frac{1}{3}\right)^k-9\left(\frac{1}{2}\right)^k\right]\varepsilon(-k-1)$

$f_3(k)=2\varepsilon(-k-1)+3\left(\frac{1}{2}\right)^k\varepsilon(k)$； $f_4(k)=2\left(\frac{1}{3}\right)^k\varepsilon(-k)+3\left(\frac{1}{4}\right)^k\varepsilon(k-1)$

$f_5(k)=3^k\varepsilon(-k-1)+2\left(\frac{1}{2}\right)^k\varepsilon(k)$； $f_6(k)=3\left(\frac{1}{2}\right)^k\varepsilon(-k-1)+4\left(\frac{1}{3}\right)^k\varepsilon(k)$

$f_7(k)=\left(\frac{1}{2}\right)^{k-6}\varepsilon(-k+5)+2\left(\frac{1}{3}\right)^{k-6}\varepsilon(k-6)$

$f_8(k)=2^k\varepsilon(-k-1)+2\cos\frac{k\pi}{3}\varepsilon(k)$； $f_9(k)=2^{k+4}\varepsilon(-k-5)+4(k-3)\varepsilon(k-3)$

$f_{10}(k)=9\left(\frac{1}{2}\right)^k\varepsilon(-k-1)+2(2k+5)\left(\frac{1}{3}\right)^k\varepsilon(k)$

6.15 $f_1(k)=[\varepsilon(k)-\varepsilon(k-4)]*\sum_{r=0}^{+\infty}\delta(k-8r)$

$f_2(k)=[\varepsilon(k)-2\varepsilon(k-4)+\varepsilon(k-8)]*\sum_{r=0}^{+\infty}\delta(k-8r)$

$$f_3(k)=\left\{\left(\frac{1}{2}\right)^k[\varepsilon(k)-\varepsilon(k-4)]\right\}*\sum_{r=0}^{+\infty}\delta(k-6r)$$

$$f_4(k)=\left\{\left(\frac{1}{2}\right)^k[\varepsilon(k)-\varepsilon(k-4)]*[\delta(k)-\delta(k-4)]\right\}*\sum_{r=0}^{+\infty}\delta(k-8r)$$

$$f_5(k)=\left\{\sin\frac{k\pi}{3}[\varepsilon(k)-\varepsilon(k-3)]\right\}*\sum_{r=0}^{+\infty}\delta(k-6r)$$

$$f_6(k)=\left\{\sin\frac{k\pi}{3}[\varepsilon(k)-\varepsilon(k-3)]\right\}*\sum_{r=0}^{+\infty}\delta(k-3r)$$

6.16 (1) $f(k)=\pm3\left(\frac{1}{2}\right)^k\varepsilon(k)$，或者 $f(k)=\pm3\times2^k\varepsilon(-k)$； (2) $f(k)=\pm\left(\frac{1}{2}\right)^k\varepsilon(k)$

(3) ① $F(z)=\dfrac{z^{-1}}{(2-z^{-1})(1-z^{-1})}$，$1<|z|\leqslant\infty$，$f(\infty)=1$

② $f(k)=\left[1-\left(\frac{1}{2}\right)^k\right]\varepsilon(k)$

(4) ① $F(z)=\dfrac{n!m!}{(1-z^{-1})^{n+m+2}}$，$1<|z|\leqslant\infty$；② $f(k)=\dfrac{(k+n+m+1)!n!m!}{(n+m+1)!k!}\varepsilon(k)$

6.17 (1) ① $F(z)=\dfrac{3z^{-1}(1+z^{-3})}{(1-z^{-1}+z^{-2})(1-z^{-3})}$，$1<|z|\leqslant\infty$；② $x(k)=2\sqrt{3}\left|\sin\frac{k\pi}{3}\right|\varepsilon(k-3)$

(2) ① $F(z)=\dfrac{az^{-1}}{(1-az^{-1})^2}$，$a<|z|\leqslant\infty$，其中 $0<a<1$

② $\sum_{k=-\infty}^{+\infty}|f(k)|=\sum_{k=-\infty}^{+\infty}|ka^k\varepsilon(k)|=\sum_{k=-\infty}^{+\infty}ka^k\varepsilon(k)=\sum_{k=-\infty}^{+\infty}f(k)=F(1)=\dfrac{a}{(1-a)^2}$

即序列 $f(k)$满足绝对可和条件。

(3) ① $F(z)=\dfrac{1}{1-az^{-1}}$，$|a|<|z|\leqslant\infty$； ② $\hat{f}(k)=\dfrac{1}{k}a^k\varepsilon(k-1)$

(4) ① $F(z)=\dfrac{42z^{-1}(4-z^{-2})}{(1-z^{-1})(4-2z^{-1}+z^{-2})(4+2z^{-1}+z^{-2})}$，$1<|z|\leqslant\infty$

② $f(k)=\left[6+\left(\frac{1}{2}\right)^k\left(7\sqrt{3}\sin\frac{k\pi}{3}-6\cos\frac{2k\pi}{3}-3\sqrt{3}\sin\frac{2k\pi}{3}\right)\right]\varepsilon(k)$

③ $x(k)=kf(k)=k\left[6+\left(\frac{1}{2}\right)^k\left(7\sqrt{3}\sin\frac{k\pi}{3}-6\cos\frac{2k\pi}{3}-3\sqrt{3}\sin\frac{2k\pi}{3}\right)\right]\varepsilon(k)$

6.18 (1) $f(k)=\sum_{m=2}^{+\infty}4\left(\frac{1}{2}\right)^m m(m-1)\delta(k-m)=\sum_{m=2}^{+\infty}f(m)\delta(k-m)$

$f(m)=4\left(\frac{1}{2}\right)^m m(m-1)$，$m\geqslant2$；显然 $f(2)=2$，$f(3)=3$

(2) ① $N(z)=32z^3-8z^2$；② $f(k)=\left(\frac{1}{2}\right)^k(k+4)(k+1)\varepsilon(k)$

③ $f(k)=\sum_{m=0}^{+\infty}\left(\frac{1}{2}\right)^m(m+4)(m+1)\delta(k-m)$

(3) $y_f(k)=\left[3\left(\frac{1}{2}\right)^k-2\left(\frac{1}{3}\right)^k\right]\varepsilon(k)$

6.19 (1) ① $x(k)=\dfrac{1}{k}2^{k+3}\varepsilon(-k-1)$； ② $F(z)=\dfrac{8z^{-1}}{1-2z^{-1}}$，$0\leqslant|z|<2$

(2) ① $F(z)=e^{\frac{1}{z}}=\sum_{k=0}^{+\infty}\frac{1}{k!}z^{-k}=\sum_{k=-\infty}^{+\infty}\frac{1}{k!}\varepsilon(k)z^{-k}$，$0<|z|\leqslant\infty$

② $f(k)=\frac{1}{k!}\varepsilon(k)$　　③ $f(0)=1$，$f(\infty)=0$

④ $X(z)=F\left(\frac{1}{z}\right)=e^{z}$，$0\leqslant|z|<\infty$

(3) ① $H(z)=3-5z^{-1}+z^{-2}$，$0<|z|\leqslant\infty$；② $h(k)=3\delta(k)-5\delta(k-1)+\delta(k-2)$

③ $y_f(k)=-3\times2^k\varepsilon(-k)+18\delta(k-1)-4\delta(k-2)$

④ $y_f(k)=3\delta(k)-2\delta(k-1)+\left[\frac{3}{k!}-\frac{5}{(k-1)!}+\frac{1}{(k-2)!}\right]\varepsilon(k-2)$

6.20 (1) $h(k)=\left[2\left(\frac{1}{2}\right)^k-\left(\frac{1}{4}\right)^k\right]\varepsilon(k)$；$y_x(k)=15\left(\frac{1}{2}\right)^{k+2}-6\left(\frac{1}{4}\right)^{k+2}$，$k\geqslant0$

$y_f(k)=\left[6\left(\frac{1}{2}\right)^k-8\left(\frac{1}{3}\right)^k+3\left(\frac{1}{4}\right)^k\right]\varepsilon(k)$

$y(k)=15\left(\frac{1}{2}\right)^{k+2}-6\left(\frac{1}{4}\right)^{k+2}+\left[6\left(\frac{1}{2}\right)^k-8\left(\frac{1}{3}\right)^k+3\left(\frac{1}{4}\right)^k\right]\varepsilon(k)$，$k\geqslant0$

(2) $h(k)=(2k+1)\left(\frac{1}{3}\right)^k\varepsilon(k)$；$y_x(k)=(k+3)\left(\frac{1}{3}\right)^k$，$k\geqslant0$

$y_f(k)=(k+1)^2\left(\frac{1}{3}\right)^k\varepsilon(k)$

$y(k)=(k+3)\left(\frac{1}{3}\right)^k+(k+1)^2\left(\frac{1}{3}\right)^k\varepsilon(k)$，$k\geqslant0$

(3) $h(k)=2\delta(k)+2\left(\frac{1}{3}\right)^k\cos\left(\frac{k\pi}{3}+\frac{\pi}{3}\right)\varepsilon(k-1)$；$y_x(k)=2\left(\frac{1}{3}\right)^k\cos\left(\frac{k\pi}{3}+\frac{\pi}{3}\right)$，$k\geqslant0$

$y_f(k)=2\left(\frac{1}{3}\right)^k\cos\frac{k\pi}{3}\varepsilon(k)$；$y(k)=2\left(\frac{1}{3}\right)^k\cos\left(\frac{k\pi}{3}+\frac{\pi}{3}\right)+2\left(\frac{1}{3}\right)^k\cos\frac{k\pi}{3}\varepsilon(k)$，$k\geqslant0$

6.21 (1) $H(z)=\frac{1}{\left(1-\frac{1}{2}z^{-1}\right)\left(1-\frac{1}{3}z^{-1}\right)}$，$\frac{1}{2}<|z|\leqslant\infty$

(2) $y(k)-\frac{5}{6}y(k-1)+\frac{1}{6}y(k-2)=f(k)$

(3) $h(k)=\left[3\left(\frac{1}{2}\right)^k-2\left(\frac{1}{3}\right)^k\right]\varepsilon(k)$；$g(k)=\left[3\times1^k-3\left(\frac{1}{2}\right)^k+\left(\frac{1}{3}\right)^k\right]\varepsilon(k)$

6.22 (1) $h(k)=\delta(k)-2\sqrt{3}\cos\left(\frac{k\pi}{3}+\frac{\pi}{6}\right)\varepsilon(k)$

(2) $y_f(k)=-2^k\varepsilon(-k-1)+2\cos\left(\frac{k\pi}{3}-\frac{\pi}{3}\right)\varepsilon(k)+2\left[\left(\frac{1}{2}\right)^k-2\cos\frac{k\pi}{3}\right]\varepsilon(k)$

(3) $y_x(k)=2\cos\left(\frac{k\pi}{3}-\frac{\pi}{3}\right)$，$k\geqslant0$；$y_f(k)=2\left[\left(\frac{1}{2}\right)^k-2\cos\frac{k\pi}{3}\right]\varepsilon(k)$

$y(k)=2\cos\left(\frac{k\pi}{3}-\frac{\pi}{3}\right)+2\left[\left(\frac{1}{2}\right)^k-2\cos\frac{k\pi}{3}\right]\varepsilon(k)$，$k\geqslant0$

6.23 (1) $H(z)=\frac{(1+z^{-1})z^{-2}}{\left(1-\frac{1}{3}z^{-1}\right)\left(1-\frac{1}{4}z^{-1}\right)}$，$\frac{1}{3}<|z|\leqslant\infty$

由于系统转移函数 $H(z)$ 的极点 $v_1=0$，$v_2=\frac{1}{3}$，$v_3=\frac{1}{4}$ 均位于 z 平面的单位圆内，因此系统为稳定系统。

(2) $y(k)-\frac{7}{12}y(k-1)+\frac{1}{12}y(k-2)=f(k-2)+f(k-3)$

(3) $h(k)=\left[16\left(\frac{1}{3}\right)^{k-2}-15\left(\frac{1}{4}\right)^{k-2}\right]\varepsilon(k-2)$

(4) $y_f(k)=\left[18\left(\frac{1}{2}\right)^{k-2}-32\left(\frac{1}{3}\right)^{k-2}+15\left(\frac{1}{4}\right)^{k-2}\right]\varepsilon(k-2)$

6.24 (1) $H(z)=\dfrac{10z^{-2}}{1-\frac{7}{12}z^{-1}+\frac{1}{48}z^{-3}}=\dfrac{10z^{-2}}{\left(1+\frac{1}{6}z^{-1}\right)\left(1-\frac{1}{2}z^{-1}\right)\left(1-\frac{1}{4}z^{-1}\right)}$，$\frac{1}{2}<|z|\leqslant\infty$

由于系统转移函数 $H(z)$ 的极点 $v_1=\frac{1}{2}$，$v_2=\frac{1}{4}$，$v_3=-\frac{1}{6}$ 均位于 z 平面的单位圆内，因此系统为稳定系统。

(2) 单位延迟器最少的系统时域模拟方框图如图答 6.24 所示。

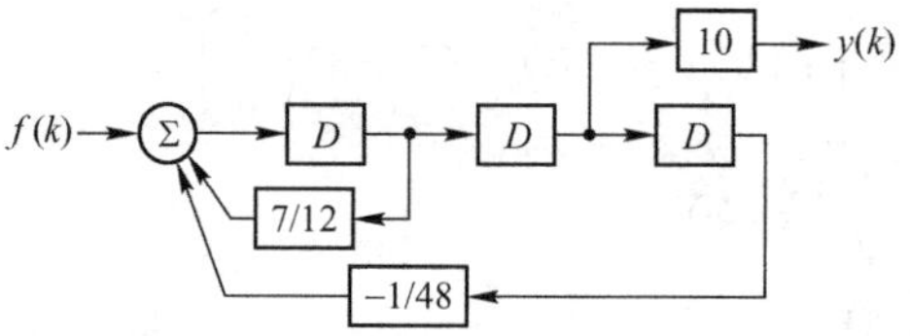

图答 6.24　三阶 LSI 离散时间系统单位延迟器最少的系统时域模拟方框图

(3) $h(k)=\left[15\left(\frac{1}{2}\right)^{k-2}-6\left(\frac{1}{4}\right)^{k-2}+\left(-\frac{1}{6}\right)^{k-2}\right]\varepsilon(k-2)$

(4) $y_f(k)=\left[135\left(\frac{1}{2}\right)^{k-2}-160\left(\frac{1}{3}\right)^{k-2}+54\left(\frac{1}{4}\right)^{k-2}+\left(-\frac{1}{6}\right)^{k-2}\right]\varepsilon(k-2)$

6.25 (1) $H(z)=\dfrac{3z^{-1}+2z^{-2}}{1-z^{-1}+mz^{-2}}$

(2) 单位延迟器最少的系统时域模拟方框图如图答 6.25.1 所示，单位延迟器最少的系统信号流图如图答 6.25.2 所示。

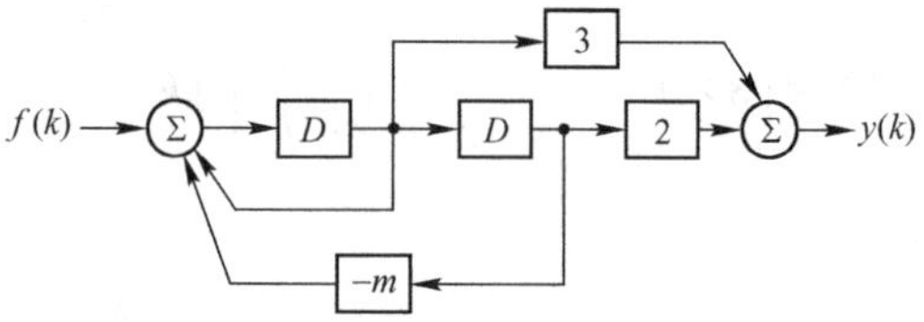

图答 6.25.1　二阶 LSI 离散时间系统单位延迟器最少的系统时域模拟方框图

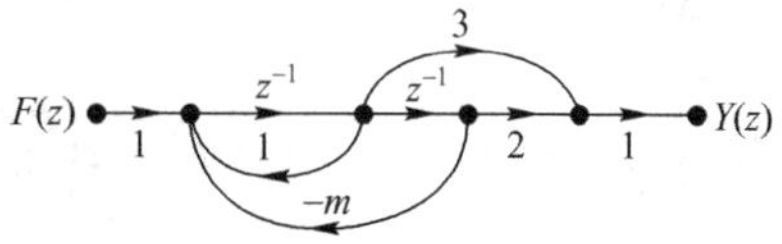

图答 6.25.2　二阶 LSI 离散时间系统单位延迟器最少的系统信号流图

(3) $y(k)-y(k-1)+my(k-2)=3f(k-1)+2f(k-2)$

(4) 系统为稳定系统时的 m 取值范围为 $0<m<1$。

(5) ① $h(k)=2(7k-4)\left(\frac{1}{2}\right)^{k}\varepsilon(k-1)$

② $y_f(k)=2\left[(21k-54)\left(\frac{1}{2}\right)^{k}+54\left(\frac{1}{3}\right)^{k}\right]\varepsilon(k-1)$

6.26 (1) $a=1$； $H(z)=\dfrac{2z^{-1}}{3(1-z^{-1})\left(1-\frac{1}{2}z^{-1}\right)\left(1-\frac{1}{3}z^{-1}\right)}$，$1<|z|\leqslant\infty$

(2) $h(k)=2\left[1^k-2\left(\frac{1}{2}\right)^k+\left(\frac{1}{3}\right)^k\right]\varepsilon(k-1)$

(3) $y_f(k)=8\left[\left(\frac{1}{2}\right)^k-2\left(\frac{1}{3}\right)^k+\left(\frac{1}{4}\right)^k\right]\varepsilon(k-1)$

6.27 (1) $h(k)=2\delta(k)+(3\times 2^k-2\times 1^k)\varepsilon(k-1)$

(2) 描述系统卡尔曼形式的信号流图如图答 6.27 所示。

(3) $y_f(k)=(3\times 2^k-1^k)\varepsilon(k)$

6.28 (1) $H(z)=\dfrac{z(z-5)}{(z-\frac{1}{2})(z-2)}$

考虑到系统转移函数 $H(z)$的零点 $z_1=0$，$z_2=5$，极点 $v_1=\frac{1}{2}$，$v_2=2$，则系统转移函数$H(z)$的零极图如图答 6.28 所示。

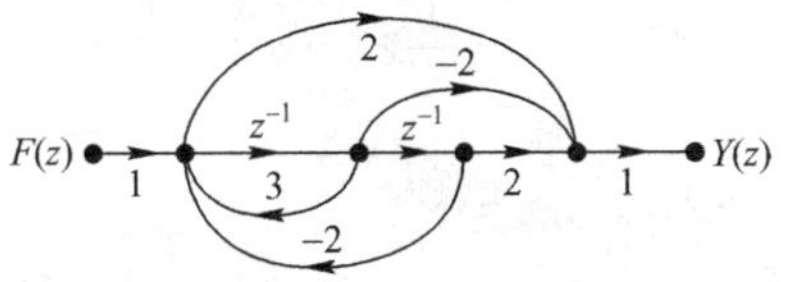

图答 6.27 LSI 离散时间系统卡尔曼形式的信号流图

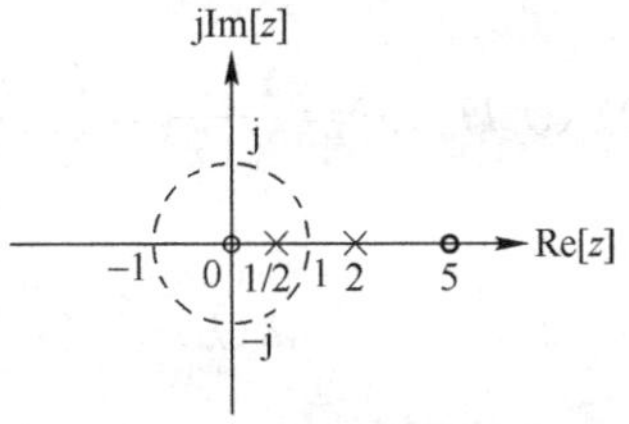

图答 6.28 LSI 离散时间系统转移函数 $H(z)$ 的零极图

(2) ① 当 $2<|z|\leqslant\infty$时，$h(k)=\left[3\left(\frac{1}{2}\right)^k-2\times 2^k\right]\varepsilon(k)$；系统为因果非稳定系统。

② 当$\frac{1}{2}<|z|<2$ 时，$h(k)=2\times 2^k\varepsilon(-k-1)+3\left(\frac{1}{2}\right)^k\varepsilon(k)$；系统为非因果稳定系统。

③ 当 $0\leqslant|z|<\frac{1}{2}$时，$h(k)=\left[2\times 2^k-3\left(\frac{1}{2}\right)^k\right]\varepsilon(-k-1)$；系统为反因果非稳定系统。

(3) $y_f(k)=12\times 2^k\varepsilon(-k-1)+\left[45\left(\frac{1}{2}\right)^k-28\left(\frac{1}{3}\right)^k\right]\varepsilon(k)$

6.29 (1) $H(z)=\dfrac{z^{-1}}{1-mz^{-1}+\frac{1}{6}z^{-2}}$； (2) $y(k)-my(k-1)+\frac{1}{6}y(k-2)=f(k-1)$

(3) ① 系统为因果稳定系统时的 m 取值范围为$-\frac{7}{6}<m<\frac{7}{6}$。

② $y_f(k)=\left[6\left(\frac{1}{2}\right)^{k-1}-8\left(\frac{1}{3}\right)^{k-1}+3\left(\frac{1}{4}\right)^{k-1}\right]\varepsilon(k-1)$

(4) ① $y_f(k)=4\left\{\left[60\times 2^k-69\left(\frac{1}{2}\right)^k\right]\varepsilon(-k-1)-9\left(\frac{1}{12}\right)^k\varepsilon(k)\right\}$

② $y_f(k)=4\left[60\times 2^k-69\left(\frac{1}{2}\right)^k+9\left(\frac{1}{12}\right)^k\right]\varepsilon(-k-1)$

6.30 (1) $x(k)=\frac{1+\cos k\pi}{2}f(k)=\frac{1+(-1)^k}{2}f(k)$

(2) $X(z)=\frac{1+\frac{1}{2}z^{-2}}{(1-z^{-1}+z^{-2})(1+z^{-1}+z^{-2})}$, $1<|z|\leqslant\infty$

(3) ① $H_2(z)=\frac{Y(z)}{X(z)}=\frac{F(z)}{X(z)}=\frac{(1-0.5z^{-1})(1+z^{-1}+z^{-2})}{1+0.5z^{-2}}$

$=1-z^{-1}+\frac{1.5z^{-1}}{1+0.5z^{-2}}$, $\frac{1}{\sqrt{2}}<|z|\leqslant\infty$

② $h_2(k)=\delta(k)-\delta(k-1)+1.5\times 2^{\frac{1-k}{2}}\sin\frac{k\pi}{2}\varepsilon(k)$

③ 在图题 6.30.2 所示的系统并联形式的信号流图中，系数 $a=-1$，$b=1.5$，$c=-0.5$。

6.31 (1) 考虑到 $f(k)=\left(\frac{1}{4}\right)^k\varepsilon(k)$，则有 $F(z)=\frac{1}{1-\frac{1}{4}z^{-1}}$，$\frac{1}{4}<|z|\leqslant\infty$

考虑到 $x(k)=f\left(\frac{k}{2}\right)\delta_2(k)$，则有 $X(z)=F(z^2)=\frac{1}{1-\frac{1}{4}z^{-2}}$，$\frac{1}{2}<|z|\leqslant\infty$

(2) ① $H_2(z)=\frac{Y(z)}{X(z)}=\frac{F(z)}{X(z)}=\frac{4-z^{-2}}{4-z^{-1}}=4+z^{-1}-\frac{3}{1-\frac{1}{4}z^{-1}}$，$\frac{1}{4}<|z|\leqslant\infty$

② $h_2(k)=4\delta(k)+\delta(k-1)-3\left(\frac{1}{4}\right)^k\varepsilon(k)$

③ 在图题 6.31.2 所示的系统并联形式的信号流图中，系数 $a=4$，$b=1$，$c=-3$。

(3) 为了实现对任意激励 $f(k)$的重构，即 $y(k)=f(k)$，则离散时间系统 2 的输出 $y(k)$ 与输入 $x(k)$之间应该为重排关系，即 $y(k)=x(Nk)$。

6.32 (1) ① $H_2(z)=\frac{Y(z)}{X(z)}=\frac{F(z)}{X(z)}=\frac{1+z^{-1}+z^{-2}}{1-z^{-1}+z^{-2}}$，$1<|z|\leqslant\infty$

② $h_2(k)=\delta(k)+\frac{4\sqrt{3}}{3}\sin\frac{k\pi}{3}\varepsilon(k-1)$

③ 描述离散时间系统 2 卡尔曼形式的信号流图如图答 6.32 所示。

(2) $y_f(k)=\frac{2\sqrt{3}}{3}\left[(k+1)\sin\frac{k\pi}{3}+2\sin\left(\frac{k\pi}{3}+\frac{\pi}{3}\right)\right]\varepsilon(k)$

6.33 (1) $H(z)=1-e^{-4}z^{-4}=\frac{z^4-e^{-4}}{z^4}$，$0<|z|\leqslant\infty$；系统转移函数 $H(z)$的零极图如图答 6.33 所示。

(2) $h(k)=\delta(k)-e^{-4}\delta(k-4)$

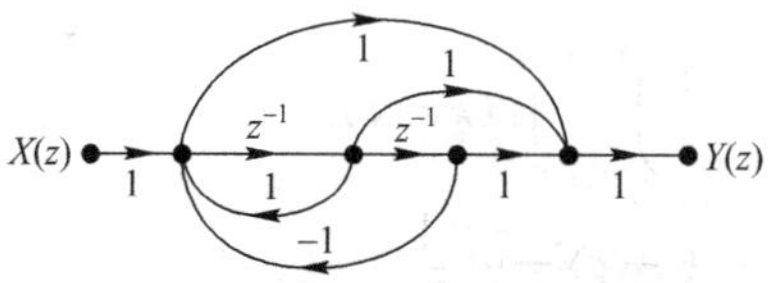

图答 6.32 离散时间系统 2 卡尔曼形式的信号流图

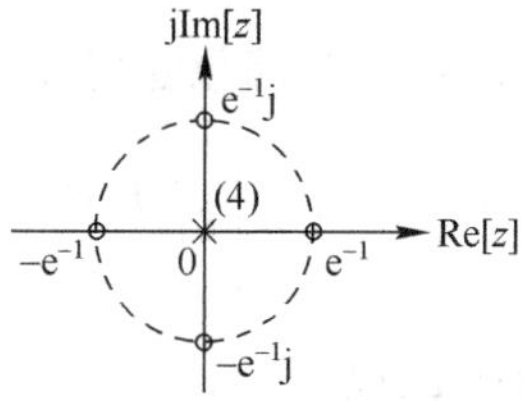

图答 6.33 LSI 离散时间系统转移函数 $H(z)$的零极图

(3) 由题意可知，所设计的离散时间系统的转移函数为 $H_1(z)=\dfrac{1}{H(z)}=\dfrac{1}{1-e^{-4}z^{-4}}$。

① 当 $e^{-1}<|z|\leqslant\infty$时，$h_1(k)=e^{-k}\varepsilon(k)\delta_4(k)$，所设计的离散时间系统为因果稳定系统；

② 当 $0\leqslant|z|<e^{-1}$时，$h_1(k)=-e^{-k}\varepsilon(-k-4)\delta_4(k)$，所设计的离散时间系统为反因果非稳定系统。

6.34 (1) ① $H(z)=\dfrac{Y_f(z)}{F(z)}=\dfrac{(e-e^{-1})z^{-1}}{1-e^{-1}z^{-1}}$，$\dfrac{1}{e}<|z|\leqslant\infty$； ② $h(k)=(e^2-1)e^{-k}\varepsilon(k-1)$

③ 描述所设计的离散时间因果系统卡尔曼形式的信号流图如图答 6.34.1 所示。

(2) ① $H(z)=\dfrac{Y_f(z)}{F(z)}=\dfrac{-2+9z^{-1}-4z^{-2}}{2(1-z^{-1}+z^{-2})}$，$1<|z|\leqslant\infty$

② $h(k)=-\delta(k)+\left(\cos\dfrac{k\pi}{3}+2\sqrt{3}\sin\dfrac{k\pi}{3}\right)\varepsilon(k-1)$

③ 描述所设计的离散时间因果系统卡尔曼形式的信号流图如图答 6.34.2 所示。

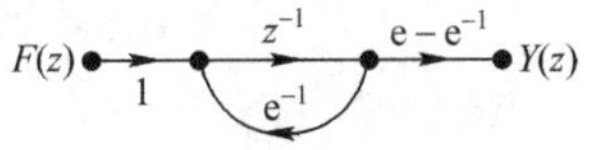

图答 6.34.1 LSI 离散时间因果系统卡尔曼形式的信号流图

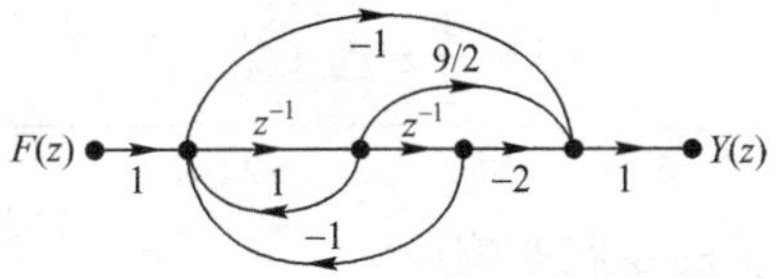

图答 6.34.2 LSI 离散时间因果系统卡尔曼形式的信号流图

(3) ① $H(z)=\dfrac{Y_f(z)}{F(z)}=\dfrac{5(2-z^{-1})(1-2z^{-1})}{(1-4z^{-1})(4-z^{-1})}$，$\dfrac{1}{4}<|z|<4$

② $h(k)=\dfrac{5}{2}\delta(k)-\dfrac{7}{6}\left(\dfrac{1}{4}\right)^{|k|}$

6.35 (1) $H(z)=\dfrac{1-z^{-1}+z^{-2}}{1+z^{-1}+z^{-2}}$，$1<|z|\leqslant\infty$；描述系统卡尔曼形式的信号流图如图答 6.35 所示。

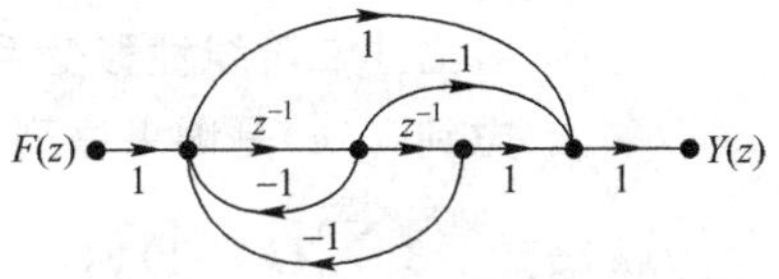

图答 6.35 LSI 离散时间系统卡尔曼形式的信号流图

(2) $h(k)=\delta(k)-\dfrac{4\sqrt{3}}{3}\sin\dfrac{2k\pi}{3}\varepsilon(k-1)$

(3) $y_f(k)=\sin\dfrac{2k\pi}{3}\varepsilon(k)$

(4) 考虑到 $f(k)=7\times2^k=\underbrace{7\times2^k\varepsilon(-k-1)}_{f_1(k)}+\underbrace{7\times2^k\varepsilon(k)}_{f_2(k)}$，则有

$$Y_f(z)=F_1(z)H(z)+F_2(z)H(z)$$

$$=-\underbrace{\left[\frac{3}{1-2z^{-1}}+\frac{4\left(1+\frac{1}{2}z^{-1}\right)-4z^{-1}}{1+z^{-1}+z^{-2}}\right]}_{1<|z|<2}+\underbrace{\frac{3}{1-2z^{-1}}+\frac{4\left(1+\frac{1}{2}z^{-1}\right)-4z^{-1}}{1+z^{-1}+z^{-2}}}_{2<|z|\leqslant\infty}$$

于是，系统的零状态响应应为

$$y_f(k)=3\times2^k\varepsilon(-k-1)-\left[4\cos\frac{2k\pi}{3}-\frac{8\sqrt{3}}{3}\sin\frac{2k\pi}{3}\right]\varepsilon(k)+3\times2^k\varepsilon(k)+\left[4\cos\frac{2k\pi}{3}-\frac{8\sqrt{3}}{3}\sin\frac{2k\pi}{3}\right]\varepsilon(k)$$

$$=3\times2^k[\varepsilon(-k-1)+\varepsilon(k)]$$

$$=3\times2^k$$

6.36 (1) ① $H(z)=\dfrac{1-\frac{1}{4}z^{-1}}{\left(1+\frac{1}{2}z^{-1}\right)\left(1-\frac{1}{2}z^{-1}\right)}$，$\frac{1}{2}<|z|\leqslant\infty$

② $h(k)=\frac{1}{4}\left[1+3(-1)^k\right]\left(\frac{1}{2}\right)^k\varepsilon(k)$

③ $y_f(k)=\dfrac{1+(-1)^k}{2}\left(\frac{1}{2}\right)^k\varepsilon(k)$

④ 考虑到 $f(k)=42\cos\frac{k\pi}{3}=\underbrace{42\cos\frac{k\pi}{3}\varepsilon(-k-1)}_{f_1(k)}+\underbrace{42\cos\frac{k\pi}{3}\varepsilon(k)}_{f_2(k)}$，则有

$$Y_f(z)=F_1(z)H(z)+F_2(z)H(z)$$
$$=\underbrace{-\left[\frac{9}{1+\frac{1}{2}z^{-1}}+\frac{33\left(1-\frac{1}{2}z^{-1}\right)-\frac{3}{2}z^{-1}}{1-z^{-1}+z^{-2}}\right]}_{\frac{1}{2}<|z|<1}+\underbrace{\frac{9}{1+\frac{1}{2}z^{-1}}+\frac{33\left(1-\frac{1}{2}z^{-1}\right)-\frac{3}{2}z^{-1}}{1-z^{-1}+z^{-2}}}_{1<|z|\leqslant\infty}$$

于是，系统的零状态响应为

$$y_f(k)=-9\left(-\frac{1}{2}\right)^k\varepsilon(k)+\left(33\cos\frac{k\pi}{3}-\sqrt{3}\sin\frac{k\pi}{3}\right)\varepsilon(-k-1)+9\left(-\frac{1}{2}\right)^k\varepsilon(k)+\left(33\cos\frac{k\pi}{3}-\sqrt{3}\sin\frac{k\pi}{3}\right)\varepsilon(k)$$
$$=\left(33\cos\frac{k\pi}{3}-\sqrt{3}\sin\frac{k\pi}{3}\right)[\varepsilon(-k-1)+\varepsilon(k)]$$
$$=33\cos\frac{k\pi}{3}-\sqrt{3}\sin\frac{k\pi}{3}$$

(2) ① $2y(k)+3(k-1)y(k-1)+(k-1)(k-2)y(k-2)=2f(k)+(k-1)f(k-1)$

② 对描述二阶线性移变系统响应 $y(k)$ 与激励 $f(k)$ 关系的差分方程取单边ZT，并考虑到 $f(k)$ 是因果序列，则有

$$2\sum_{k=0}^{+\infty}y(k)z^{-k}+3\sum_{k=0}^{+\infty}(k-1)y(k-1)z^{-k}+\sum_{k=0}^{+\infty}(k-1)(k-2)y(k-2)z^{-k}=2F(z)-\frac{dF(z)}{dz}$$

进行变量代换处理后，可得

$$2Y(z)-3y(-1)-3\frac{dY(z)}{dz}+2y(-2)+\frac{d^2Y(z)}{dz^2}=2F(z)-\frac{dF(z)}{dz}$$

③ 在区间 $v\in[z,+\infty]$ 上，利用降阶解法可得微分方程的解，即

$$Y(z)=\frac{3}{2}y(-1)-y(-2)+e^z\int_z^{+\infty}F(v)e^{-v}dv$$

④ $y_x(k)=2\delta(k)$，$k\geqslant0$；　$y_f(k)=\left(\frac{1}{2}\right)^{k-1}\varepsilon(k-1)$

$$y(k)=2\delta(k)+\left(\frac{1}{2}\right)^{k-1}\varepsilon(k-1)，k\geqslant0$$

第 7 章

7.1 (1) A；(2) B；(3) D；(4) B；(5) A；(6) B；(7) A；(8) D；(9) D；(10) A

7.2 (1) A B C D；(2) A B C D；(3) A B C D；(4) A B C D；(5) A B C D；(6) A B C D；(7) A B C D；(8) A B C D；(9) A B C D；(10) A B C D

7.3 $\boldsymbol{x}'(t)=\begin{bmatrix}0&-1&0&0\\2&-2&-2&0\\0&-2&-2&2\\0&0&-1&0\end{bmatrix}\boldsymbol{x}(t)+\begin{bmatrix}1\\2\\2\\1\end{bmatrix}\boldsymbol{f}(t)$，$\boldsymbol{y}(t)=[0\quad 1\quad 1\quad 0]\boldsymbol{x}(t)-\boldsymbol{f}(t)$

7.4 $\boldsymbol{x}'(t)=\begin{bmatrix}0&1&0&0\\-2/3&-4/3&-2/3&-1/3\\-1/3&-2/3&-4/3&-2/3\\0&0&1&0\end{bmatrix}\boldsymbol{x}(t)+\begin{bmatrix}0\\2/3\\1/3\\0\end{bmatrix}\boldsymbol{f}(t)$，$\boldsymbol{y}(t)=\begin{bmatrix}0&2&0&0\\0&0&2&0\end{bmatrix}\boldsymbol{x}(t)$

7.5 $\boldsymbol{x}'(t)=\begin{bmatrix}-3&2&-1\\2&-4&-2\\-1&-2&-3\end{bmatrix}\boldsymbol{x}(t)+\begin{bmatrix}-2&1&0\\2&0&-2\\0&1&-2\end{bmatrix}\boldsymbol{f}(t)$

$$\boldsymbol{y}(t)=\begin{bmatrix}2&-2&0\\-1&0&-1\\0&2&2\end{bmatrix}\boldsymbol{x}(t)+\begin{bmatrix}2&0&0\\0&1&0\\0&0&2\end{bmatrix}\boldsymbol{f}(t)$$

7.6 对于图题 7.6.1，有

$$\boldsymbol{x}'(t)=\begin{bmatrix}0&1&0\\0&0&1\\-a_0&-a_1&-a_2\end{bmatrix}\boldsymbol{x}(t)+\begin{bmatrix}0\\0\\1\end{bmatrix}\boldsymbol{f}(t)$$

$$\boldsymbol{y}(t)=[b_0-b_3a_0\quad b_1-b_3a_1\quad b_2-b_3a_2]\boldsymbol{x}(t)+b_3\boldsymbol{f}(t)$$

对于图题 7.6.2，有

$$\boldsymbol{x}'(t)=\begin{bmatrix}-a_2&1&0\\-a_1&0&1\\-a_0&0&0\end{bmatrix}\boldsymbol{x}(t)+\begin{bmatrix}b_2-a_2b_3\\b_1-a_1b_3\\b_0-a_0b_3\end{bmatrix}\boldsymbol{f}(t),\ \boldsymbol{y}(t)=[1\quad 0\quad 0]\boldsymbol{x}(t)+b_3\boldsymbol{f}(t)$$

对于图题 7.6.3，有

$$\boldsymbol{x}'(t)=\begin{bmatrix}-1&0&0\\0&-2&0\\0&0&-3\end{bmatrix}\boldsymbol{x}(t)+\begin{bmatrix}1\\1\\1\end{bmatrix}\boldsymbol{f}(t),\ \boldsymbol{y}(t)=[2\quad 3\quad 4]\boldsymbol{x}(t)+\boldsymbol{f}(t)$$

7.7 (1) 描述系统卡尔曼形式的信号流图如图答 7.7.1 所示。

$$\boldsymbol{x}'(t)=\begin{bmatrix}0&1&0&0\\0&0&1&0\\0&0&0&1\\-2&-6&-7&-4\end{bmatrix}\boldsymbol{x}(t)+\begin{bmatrix}0\\0\\0\\1\end{bmatrix}\boldsymbol{f}(t),\ \boldsymbol{y}(t)=[5\quad 10\quad 9\quad 3]\boldsymbol{x}(t)$$

(2) 描述系统并联形式的信号流图如图答 7.7.2 所示。

$$\boldsymbol{x}'(t)=\begin{bmatrix}-1&1&0&0\\0&-1&0&0\\0&0&-1&1\\0&0&-1&-1\end{bmatrix}\boldsymbol{x}(t)+\begin{bmatrix}0\\1\\0\\1\end{bmatrix}\boldsymbol{f}(t),\ \boldsymbol{y}(t)=[1\quad 1\quad -1\quad 2]\boldsymbol{x}(t)$$

7.8 描述系统并联形式的信号流图如图答 7.8 所示。

$$\boldsymbol{x}'(t)=\begin{bmatrix}-1&0\\0&-2\end{bmatrix}\boldsymbol{x}(t)+\begin{bmatrix}1&2\\2&1\end{bmatrix}\boldsymbol{f}(t),\ \boldsymbol{y}(t)=\begin{bmatrix}2&1\\-1&2\end{bmatrix}\boldsymbol{x}(t)+\begin{bmatrix}1&0\\0&1\end{bmatrix}\boldsymbol{f}(t)$$

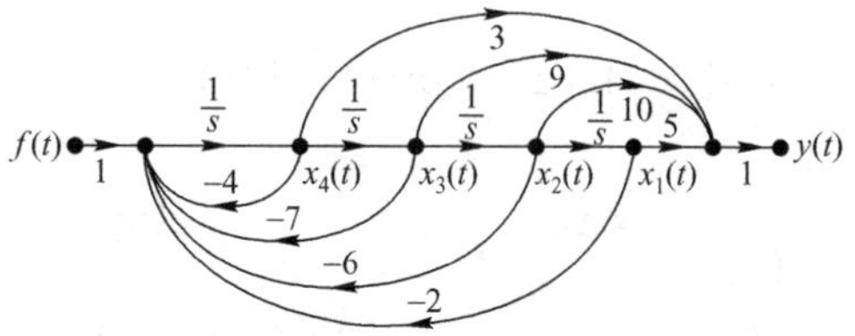

图答 7.7.1 LTI 连续时间系统卡尔曼形式的信号流图

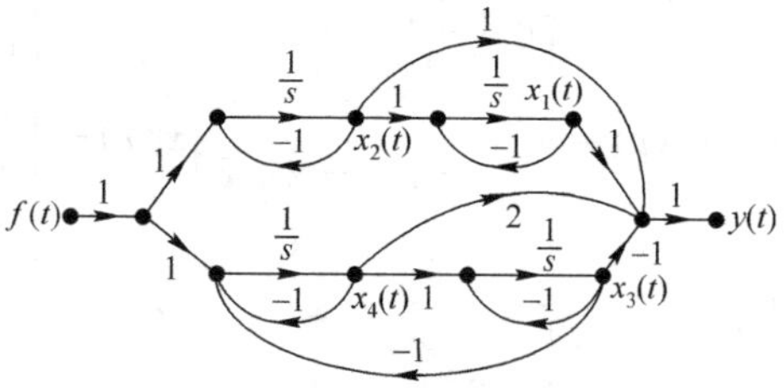

图答 7.7.2 LTI 连续时间系统并联形式的信号流图

7.9 (1) $h(t)=\delta(t)+e^{-t}(\cos t+\sin t)\varepsilon(t)$

(2) $\boldsymbol{x}(t)=\begin{bmatrix} e^{-t}(2\cos t+\sin t) \\ e^{-t}(\cos t-2\sin t) \end{bmatrix}+\begin{bmatrix} e^{-t}(1-\cos t)\varepsilon(t) \\ e^{-t}\sin t\varepsilon(t) \end{bmatrix},\ t\geqslant 0$

$y(t)=e^{-t}(3\cos t-\sin t)+e^{-t}(2-\cos t+\sin t)\varepsilon(t),\ t\geqslant 0$

7.10 (1) $H(s)=\dfrac{1}{s+2},\ -2<\sigma\leqslant\infty;\ h(t)=e^{-2t}\varepsilon(t)$

(2) $\boldsymbol{x}(t)=\begin{bmatrix} e^{-t} \\ e^{-t} \end{bmatrix}+\begin{bmatrix} (e^{-2t}-e^{-3t})\varepsilon(t) \\ 0 \end{bmatrix},\ t\geqslant 0;\ y(t)=e^{-t}+(e^{-2t}-e^{-3t})\varepsilon(t),\ t\geqslant 0$

7.11 (1) $H(s)=\dfrac{Y_f(s)}{F(s)}=\dfrac{2}{3}\times\dfrac{s+4}{s+1}-\dfrac{1}{2}\times\dfrac{s+4}{s+2}-\dfrac{1}{6}=\dfrac{2}{s+1}-\dfrac{1}{s+2},\ -1<\sigma\leqslant\infty$

描述系统并联形式的信号流图如图答 7.11 所示。

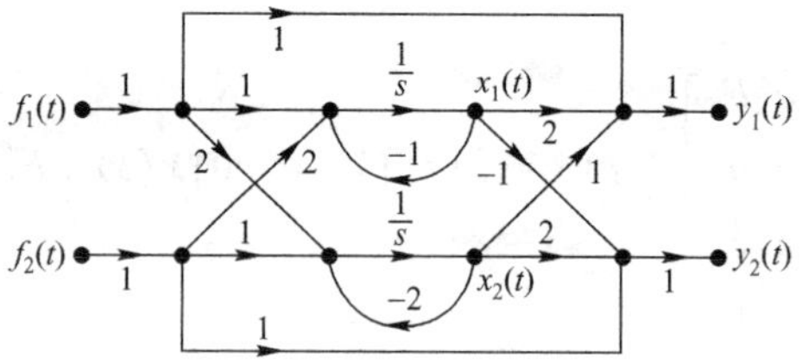

图答 7.8 双输入双输出二阶 LTI 连续时间系统的信号流图

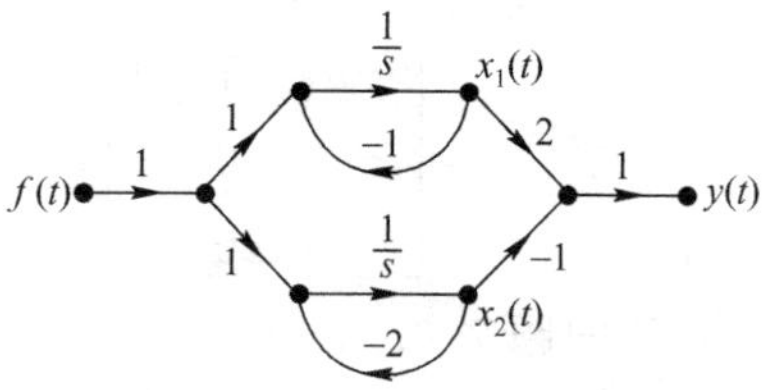

图答 7.11 LTI 连续时间系统并联形式的信号流图

(2) $\begin{bmatrix} x_1'(t) \\ x_2'(t) \end{bmatrix}=\begin{bmatrix} -1 & 0 \\ 0 & -2 \end{bmatrix}\begin{bmatrix} x_1(t) \\ x_2(t) \end{bmatrix}+\begin{bmatrix} 1 \\ 1 \end{bmatrix}f(t),\ y(t)=\begin{bmatrix} 2 & -1 \end{bmatrix}\begin{bmatrix} x_1(t) \\ x_2(t) \end{bmatrix}$

$\boldsymbol{A}=\begin{bmatrix} -1 & 0 \\ 0 & -2 \end{bmatrix},\ \boldsymbol{B}=\begin{bmatrix} 1 \\ 1 \end{bmatrix};\ \boldsymbol{C}=[2\quad -1];\ \boldsymbol{D}=0;\ e^{\boldsymbol{A}t}=\begin{bmatrix} e^{-t} & 0 \\ 0 & e^{-2t} \end{bmatrix}$

(3) $h(t)=(2e^{-t}-e^{-2t})\varepsilon(t);\ \boldsymbol{x}(t)=\begin{bmatrix} e^{-t} \\ e^{-2t} \end{bmatrix}+\begin{bmatrix} (e^{-t}-e^{-3t})\varepsilon(t) \\ 2(e^{-2t}-e^{-3t})\varepsilon(t) \end{bmatrix},\ t\geqslant 0$

$y(t)=2e^{-t}-e^{-2t}+2(e^{-t}-e^{-2t})\varepsilon(t),\ t\geqslant 0$

7.12 (1) $H(s)=\dfrac{s+5}{(s+1)(s+3)},\ -1<\sigma\leqslant\infty$; (2) $y''(t)+4y'(t)+3y(t)=f'(t)+5f(t)$

(3) $\boldsymbol{x}(0_-)=\begin{bmatrix} x_1(0_-) \\ x_2(0_-) \end{bmatrix}=\begin{bmatrix} 3 \\ 5 \end{bmatrix}$

7.13 $\boldsymbol{x}'(t)=\begin{bmatrix} 0 & -1/3 \\ 6 & -3 \end{bmatrix}\boldsymbol{x}(t)+\begin{bmatrix} 1/3 & 0 \\ 0 & 6 \end{bmatrix}\boldsymbol{f}(t),\ \boldsymbol{y}(t)=\begin{bmatrix} 0 & \dfrac{1}{2} \end{bmatrix}\boldsymbol{x}(t)$

$$\boldsymbol{x}(t)=\begin{bmatrix}2e^{-t}\\6e^{-t}\end{bmatrix}+\begin{bmatrix}2(2e^{-2t}-e^{-t}-e^{-4t})\varepsilon(t)\\6(4e^{-2t}-e^{-t}+e^{-3t}-4e^{-4t})\varepsilon(t)\end{bmatrix},\ t\geqslant 0$$

$$y(t)=3e^{-t}+3(4e^{-2t}-e^{-t}+e^{-3t}-4e^{-4t})\varepsilon(t),\ t\geqslant 0$$

7.14 $\boldsymbol{x}'(t)=\begin{bmatrix}-4&-1\\2&-1\end{bmatrix}\boldsymbol{x}(t)+\begin{bmatrix}1&0\\0&2\end{bmatrix}\boldsymbol{f}(t)$，$\boldsymbol{y}(t)=\begin{bmatrix}4&0\\0&1\end{bmatrix}\boldsymbol{x}(t)$

$$\boldsymbol{x}(t)=\begin{bmatrix}3e^{-3t}-2e^{-2t}\\4e^{-2t}-3e^{-3t}\end{bmatrix}+\begin{bmatrix}(e^{-3t}-e^{-4t})\varepsilon(t)\\(e^{-t}-e^{-3t})\varepsilon(t)\end{bmatrix},\ t\geqslant 0$$

$$\boldsymbol{y}(t)=\begin{bmatrix}4(3e^{-3t}-2e^{-2t})\\4e^{-2t}-3e^{-3t}\end{bmatrix}+\begin{bmatrix}4(e^{-3t}-e^{-4t})\varepsilon(t)\\(e^{-t}-e^{-3t})\varepsilon(t)\end{bmatrix},\ t\geqslant 0$$

7.15 $\boldsymbol{x}'(t)=\begin{bmatrix}-3&-2\\1&0\end{bmatrix}\boldsymbol{x}(t)+\begin{bmatrix}2&0\\0&-1\end{bmatrix}\boldsymbol{f}(t)$，$\boldsymbol{y}(t)=\begin{bmatrix}1/2&0\\-3/2&-1\end{bmatrix}\boldsymbol{x}(t)+\begin{bmatrix}0&0\\1&0\end{bmatrix}\boldsymbol{f}(t)$

$$\boldsymbol{x}(t)=\begin{bmatrix}6e^{-t}-4e^{-2t}\\2e^{-2t}-6e^{-t}\end{bmatrix}+\begin{bmatrix}2(9e^{-2t}-e^{-t}-9e^{-3t}+e^{-4t})\varepsilon(t)\\(2e^{-t}-9e^{-2t}+6e^{-3t}+e^{-4t})\varepsilon(t)\end{bmatrix},\ t\geqslant 0$$

$$\boldsymbol{y}(t)=\begin{bmatrix}3e^{-t}-2e^{-2t}\\4e^{-2t}-3e^{-t}\end{bmatrix}+\begin{bmatrix}(9e^{-2t}-e^{-t}-9e^{-3t}+e^{-4t})\varepsilon(t)\\(e^{-t}-18e^{-2t}+27e^{-3t}-4e^{-4t})\varepsilon(t)\end{bmatrix},\ t\geqslant 0$$

7.16 (1) $\boldsymbol{x}'(t)=\begin{bmatrix}-1&1\\-1&-1\end{bmatrix}\boldsymbol{x}(t)+\begin{bmatrix}1\\1\end{bmatrix}\boldsymbol{f}(t)$，$\boldsymbol{y}(t)=\begin{bmatrix}-1&0\\0&1\end{bmatrix}\boldsymbol{x}(t)+\begin{bmatrix}1\\0\end{bmatrix}\boldsymbol{f}(t)$

(2) $\boldsymbol{h}(t)=\begin{bmatrix}\delta(t)-e^{-t}(\cos t+\sin t)\varepsilon(t)\\e^{-t}(\cos t-\sin t)\varepsilon(t)\end{bmatrix}$

(3) $\boldsymbol{x}(t)=\begin{bmatrix}e^{-t}(\cos t+\sin t)\\e^{-t}(\cos t-\sin t)\end{bmatrix}+\begin{bmatrix}e^{-t}(1-\cos t+\sin t)\varepsilon(t)\\e^{-t}(\cos t+\sin t-1)\varepsilon(t)\end{bmatrix},\ t\geqslant 0$

$$\boldsymbol{y}(t)=\begin{bmatrix}-e^{-t}(\cos t+\sin t)\\e^{-t}(\cos t-\sin t)\end{bmatrix}+\begin{bmatrix}e^{-t}(\cos t-\sin t)\varepsilon(t)\\e^{-t}(\cos t+\sin t-1)\varepsilon(t)\end{bmatrix},\ t\geqslant 0$$

7.17 $\boldsymbol{x}'(t)=\begin{bmatrix}-5&-1\\3&-1\end{bmatrix}\boldsymbol{x}(t)+\begin{bmatrix}5&-1\\0&-1\end{bmatrix}\boldsymbol{f}(t)$，$\boldsymbol{y}(t)=\begin{bmatrix}-5&-1\\1&-1/3\end{bmatrix}\boldsymbol{x}(t)+\begin{bmatrix}5&-1\\0&-1/3\end{bmatrix}\boldsymbol{f}(t)$

$$\boldsymbol{x}(t)=\begin{bmatrix}3e^{-4t}-2e^{-2t}\\6e^{-2t}-3e^{-4t}\end{bmatrix}+\begin{bmatrix}(21e^{-2t}-18e^{-3t}-3e^{-4t})\varepsilon(t)\\(30e^{-t}-63e^{-2t}+30e^{-3t}+3e^{-4t})\varepsilon(t)\end{bmatrix},\ t\geqslant 0$$

$$\boldsymbol{y}(t)=\begin{bmatrix}4(e^{-2t}-3e^{-4t})\\4(e^{-4t}-e^{-2t})\end{bmatrix}+\begin{bmatrix}6(9e^{-3t}+2e^{-4t}-7e^{-2t})\varepsilon(t)\\2(21e^{-2t}-5e^{-t}-15e^{-3t}-2e^{-4t})\varepsilon(t)\end{bmatrix},\ t\geqslant 0$$

7.18 (1) $\boldsymbol{x}'(t)=\begin{bmatrix}-2&1&-1\\1&-2&-1\\-1&-1&-2\end{bmatrix}\boldsymbol{x}(t)+\begin{bmatrix}1&1&0\\-1&0&1\\0&1&1\end{bmatrix}\boldsymbol{f}(t)$

$$\boldsymbol{y}(t)=\begin{bmatrix}-1&1&0\\1&0&1\\0&-1&-1\end{bmatrix}\boldsymbol{x}(t)+\begin{bmatrix}1&0&0\\0&-1&0\\0&0&1\end{bmatrix}\boldsymbol{f}(t)$$

(2) $\boldsymbol{h}(t)=\begin{bmatrix}\delta(t)-2e^{-3t}\varepsilon(t)&-e^{-3t}\varepsilon(t)&e^{-3t}\varepsilon(t)\\e^{-3t}\varepsilon(t)&2e^{-3t}\varepsilon(t)-\delta(t)&e^{-3t}\varepsilon(t)\\e^{-3t}\varepsilon(t)&-e^{-3t}\varepsilon(t)&\delta(t)-2e^{-3t}\varepsilon(t)\end{bmatrix}$

(3) $\boldsymbol{x}(t)=\begin{bmatrix}1+2e^{-3t}\\1+2e^{-3t}\\4e^{-3t}-1\end{bmatrix}+\begin{bmatrix}(e^{-t}-e^{-3t})\varepsilon(t)\\0\\(e^{-t}-e^{-3t})\varepsilon(t)\end{bmatrix},\ t\geqslant 0$

$$\boldsymbol{y}(t)=\begin{bmatrix}0\\6e^{-3t}\\-6e^{-3t}\end{bmatrix}+\begin{bmatrix}e^{-3t}\varepsilon(t)\\(e^{-t}-2e^{-3t})\varepsilon(t)\\e^{-3t}\varepsilon(t)\end{bmatrix},\ t\geqslant 0$$

7.19 (1) $\boldsymbol{x}'(t)=\begin{bmatrix}-3&3&0\\-1/3&0&-1/3\\0&3&-3\end{bmatrix}\boldsymbol{x}(t)+\begin{bmatrix}3\\1/3\\3\end{bmatrix}\boldsymbol{f}(t)$, $\boldsymbol{y}(t)=[-1\quad 0\quad -1]\boldsymbol{x}(t)+\boldsymbol{f}(t)$

$$e^{\boldsymbol{A}t}=\frac{1}{6}\begin{bmatrix}6e^{-2t}-3e^{-t}+3e^{-3t}&18e^{-t}-18e^{-2t}&6e^{-2t}-3e^{-t}-3e^{-3t}\\2e^{-2t}-2e^{-t}&12e^{-t}-6e^{-2t}&2e^{-2t}-2e^{-t}\\6e^{-2t}-3e^{-t}-3e^{-3t}&18e^{-t}-18e^{-2t}&6e^{-2t}-3e^{-t}+3e^{-3t}\end{bmatrix}$$

(2) $h(t)=\delta(t)+(4e^{-t}-10e^{-2t})\varepsilon(t)$ V

(3) $y_x(t)=8e^{-t}-10e^{-2t}$ V, $t\geqslant 0$; $y_f(t)=(2e^{-2t}-e^{-t})\varepsilon(t)$ V

$y(t)=8e^{-t}-10e^{-2t}+(2e^{-2t}-e^{-t})\varepsilon(t)$ V, $t\geqslant 0$

7.20 (1) $\boldsymbol{x}'(t)=\begin{bmatrix}1&-2\\1&-1\end{bmatrix}\boldsymbol{x}(t)+\begin{bmatrix}1\\1\end{bmatrix}\boldsymbol{f}(t)$, $\boldsymbol{y}(t)=[1\quad 0]\boldsymbol{x}(t)+\boldsymbol{f}(t)$

(2) $h(t)=\delta(t)+(\cos t-\sin t)\varepsilon(t)$ V

(3) $\boldsymbol{x}(t)=\begin{bmatrix}2(\cos t+\sin t)\\2\sin t\end{bmatrix}+\begin{bmatrix}2(\cos t-e^{-t})\varepsilon(t)\\(\cos t+\sin t-e^{-t})\varepsilon(t)\end{bmatrix}\begin{matrix}\mathrm{V}\\\mathrm{A}\end{matrix}$, $t\geqslant 0$

$y(t)=2\sqrt{2}\cos\left(t-\dfrac{\pi}{4}\right)+2\cos t\varepsilon(t)$ V, $t\geqslant 0$

7.21 (1) $\boldsymbol{x}'(t)=\begin{bmatrix}-6&-3\\2&-1\end{bmatrix}\boldsymbol{x}(t)+\begin{bmatrix}1&1\\1&-1\end{bmatrix}\boldsymbol{f}(t)$, $\boldsymbol{y}(t)=\begin{bmatrix}1&2\\1&1\end{bmatrix}\boldsymbol{x}(t)+\begin{bmatrix}2&0\\0&1\end{bmatrix}\boldsymbol{f}(t)$

(2) $\boldsymbol{x}(t)=\begin{bmatrix}3e^{-4t}-e^{-3t}\\e^{-3t}-2e^{-4t}\end{bmatrix}+\begin{bmatrix}3(2e^{-2t}-e^{-t}+3e^{-3t}-4e^{-4t})\varepsilon(t)\\(7e^{-t}-6e^{-2t}-9e^{-3t}+8e^{-4t})\varepsilon(t)\end{bmatrix}$, $t\geqslant 0$

(3) $\boldsymbol{y}(t)=\begin{bmatrix}e^{-3t}-e^{-4t}\\e^{-4t}\end{bmatrix}+\begin{bmatrix}(23e^{-t}-6e^{-2t}-9e^{-3t}+4e^{-4t})\varepsilon(t)\\2(2e^{-t}+3e^{-2t}-2e^{-4t})\varepsilon(t)\end{bmatrix}$, $t\geqslant 0$

7.22 (1) $\boldsymbol{x}'(t)=\begin{bmatrix}0&1\\-2&-3\end{bmatrix}\boldsymbol{x}(t)+\begin{bmatrix}0\\2\end{bmatrix}\boldsymbol{f}(t)$, $\boldsymbol{y}(t)=\begin{bmatrix}0&3/2\\-1&-3/2\end{bmatrix}\boldsymbol{x}(t)+\begin{bmatrix}0\\1\end{bmatrix}\boldsymbol{f}(t)$

(2) $\boldsymbol{h}(t)=\begin{bmatrix}3(2e^{-2t}-e^{-t})\varepsilon(t)\\\delta(t)+(e^{-t}-4e^{-2t})\varepsilon(t)\end{bmatrix}$

(3) $\boldsymbol{x}(t)=\begin{bmatrix}2(3e^{-t}-2e^{-2t})\\2(4e^{-2t}-3e^{-t})\end{bmatrix}+\begin{bmatrix}2(e^{-t}-2e^{-2t}+e^{-3t})\varepsilon(t)\\2(4e^{-2t}-e^{-t}-3e^{-3t})\varepsilon(t)\end{bmatrix}$, $t\geqslant 0$

$\boldsymbol{y}(t)=\begin{bmatrix}3(4e^{-2t}-3e^{-t})\\3e^{-t}-8e^{-2t}\end{bmatrix}+\begin{bmatrix}3(4e^{-2t}-e^{-t}-3e^{-3t})\varepsilon(t)\\(e^{-t}-8e^{-2t}+9e^{-3t})\varepsilon(t)\end{bmatrix}$, $t\geqslant 0$

7.23 (1) $\boldsymbol{x}'(t)=\begin{bmatrix}-2&-1\\-1&-2\end{bmatrix}\boldsymbol{x}(t)+\begin{bmatrix}1/2\\1/2\end{bmatrix}\boldsymbol{f}(t)$

$\boldsymbol{x}(t)=\begin{bmatrix}e^{2t}\varepsilon(-t)+e^{-3t}\varepsilon(t)\\e^{2t}\varepsilon(-t)+e^{-3t}\varepsilon(t)\end{bmatrix}+\begin{bmatrix}5(e^{-2t}-e^{-3t})\varepsilon(t)\\5(e^{-2t}-e^{-3t})\varepsilon(t)\end{bmatrix}$, $t\geqslant -\infty$

(2) $\boldsymbol{x}(0_-)=\begin{bmatrix}x_1(0_-)\\x_2(0_-)\end{bmatrix}=\begin{bmatrix}1\\1\end{bmatrix}$，由直接截取法可得系统在区间 $t\in[0,\infty)$ 上的状态向量，即

$\boldsymbol{x}(t)=\begin{bmatrix}e^{-3t}\\e^{-3t}\end{bmatrix}+\begin{bmatrix}5(e^{-2t}-e^{-3t})\varepsilon(t)\\5(e^{-2t}-e^{-3t})\varepsilon(t)\end{bmatrix}$, $t\geqslant 0$

7.24 (1) $\boldsymbol{x}'(t)=\begin{bmatrix}-3 & 2\\ -1 & 0\end{bmatrix}\boldsymbol{x}(t)+\begin{bmatrix}1 & -1\\ 0 & 0\end{bmatrix}\boldsymbol{f}(t)$，$\boldsymbol{y}(t)=\begin{bmatrix}3 & -2\\ 0 & 1\end{bmatrix}\boldsymbol{x}(t)+\begin{bmatrix}-1 & 1\\ 0 & 0\end{bmatrix}\boldsymbol{f}(t)$

$$\boldsymbol{x}(t)=\begin{bmatrix}(3e^{3t}-4e^{4t})\varepsilon(-t)+(e^{-t}-2e^{-2t})\varepsilon(t)\\ (e^{4t}-e^{3t})\varepsilon(-t)+(e^{-t}-e^{-2t})\varepsilon(t)\end{bmatrix}+\begin{bmatrix}10(e^{-2t}-3e^{-3t}+2e^{-4t})\varepsilon(t)\\ 5(e^{-2t}-2e^{-3t}+e^{-4t})\varepsilon(t)\end{bmatrix},\ t\geqslant-\infty$$

(2) $\boldsymbol{x}(0_-)=\begin{bmatrix}x_1(0_-)\\ x_2(0_-)\end{bmatrix}=\begin{bmatrix}-1\\ 0\end{bmatrix}$

由直接截取法可得系统在区间 $t\in[0,\infty)$上的状态向量，即

$$\boldsymbol{x}(t)=\begin{bmatrix}e^{-t}-2e^{-2t}\\ e^{-t}-e^{-2t}\end{bmatrix}+\begin{bmatrix}10(e^{-2t}-3e^{-3t}+2e^{-4t})\varepsilon(t)\\ 5(e^{-2t}-2e^{-3t}+e^{-4t})\varepsilon(t)\end{bmatrix},\ t\geqslant0$$

$$\boldsymbol{y}(t)=\begin{bmatrix}e^{-t}-4e^{-2t}\\ e^{-t}-e^{-2t}\end{bmatrix}+\begin{bmatrix}10(2e^{-2t}-9e^{-3t}+8e^{-4t})\varepsilon(t)\\ 5(e^{-2t}-2e^{-3t}+e^{-4t})\varepsilon(t)\end{bmatrix},\ t\geqslant0$$

7.25 (1) $\boldsymbol{x}'(t)=\begin{bmatrix}-5 & -1 & 0 & 0\\ 4 & 0 & 0 & 0\\ 0 & 0 & -5 & -1\\ 0 & 0 & 6 & 0\end{bmatrix}\boldsymbol{x}(t)+\begin{bmatrix}1\\ 0\\ 1\\ 0\end{bmatrix}\boldsymbol{f}(t)$，$\boldsymbol{y}(t)=[5\quad 0\quad -5\quad 0]\boldsymbol{x}(t)$

$$\boldsymbol{x}(t)=\begin{bmatrix}6e^{t}\\ 24e^{t}\\ 5e^{t}\\ 30e^{t}\end{bmatrix},\ t\geqslant-\infty$$

(2) ① $\boldsymbol{w}'(t)=\begin{bmatrix}-1 & 0 & 0 & 0\\ 0 & -2 & 0 & 0\\ 0 & 0 & -3 & 0\\ 0 & 0 & 0 & -4\end{bmatrix}\boldsymbol{w}(t)+\begin{bmatrix}-1/3\\ 2\\ 3\\ 4/3\end{bmatrix}\boldsymbol{f}(t)$，$\boldsymbol{y}(t)=[5\quad 5\quad -5\quad 5]\boldsymbol{w}(t)$

② $\hat{h}(t)=\dfrac{5}{3}(6e^{-2t}-e^{-t}-9e^{-3t}+4e^{-4t})\varepsilon(t)$

③ $\boldsymbol{w}(t)=\begin{bmatrix}-10e^{t}\\ 40e^{t}\\ 45e^{t}\\ 16e^{t}\end{bmatrix},\ t\geqslant-\infty$；$y_f(t)=5e^{t}$，$t\geqslant-\infty$

7.26 (1) $\boldsymbol{x}'(t)=\begin{bmatrix}-3 & 1\\ -2 & 0\end{bmatrix}\boldsymbol{x}(t)+\begin{bmatrix}3 & 0\\ 2 & 2\end{bmatrix}\boldsymbol{f}(t)$，$\boldsymbol{y}(t)=\begin{bmatrix}-3 & 1\\ -3 & 0\end{bmatrix}\boldsymbol{x}(t)+\begin{bmatrix}3 & 0\\ 3 & 0\end{bmatrix}\boldsymbol{f}(t)$

$$\boldsymbol{h}(t)=\begin{bmatrix}3\delta(t)+(e^{-t}-8e^{-2t})\varepsilon(t) & 2(2e^{-2t}-e^{-t})\varepsilon(t)\\ 3\delta(t)+3(e^{-t}-4e^{-2t})\varepsilon(t) & 6(e^{-2t}-e^{-t})\varepsilon(t)\end{bmatrix}$$

$$\boldsymbol{H}(s)=\begin{bmatrix}\dfrac{3s^2+2s}{(s+1)(s+2)} & \dfrac{2s}{(s+1)(s+2)}\\ \dfrac{3s^2}{(s+1)(s+2)} & \dfrac{-6}{(s+1)(s+2)}\end{bmatrix}$$

$$\boldsymbol{x}(t)=\begin{bmatrix}e^{-2t}\\ e^{-2t}\end{bmatrix}+\begin{bmatrix}(e^{-t}+4e^{-2t}-5e^{-3t})\varepsilon(t)\\ 2(e^{-t}+2e^{-2t}-3e^{-3t})\varepsilon(t)\end{bmatrix},\ t\geqslant0$$

$$\boldsymbol{y}(t)=\begin{bmatrix}-2e^{-2t}\\ -3e^{-2t}\end{bmatrix}+\begin{bmatrix}(15e^{-3t}-e^{-t}-8e^{-2t})\varepsilon(t)\\ 3(7e^{-3t}-e^{-t}-4e^{-2t})\varepsilon(t)\end{bmatrix},\ t\geqslant0$$

(2) 系统矩阵$\boldsymbol{A}$ 对角化后的状态方程和输出方程分别为

$$\boldsymbol{w}'(t)=\begin{bmatrix}-1 & 0\\ 0 & -2\end{bmatrix}\boldsymbol{w}(t)+\begin{bmatrix}-1 & 2\\ 4 & -2\end{bmatrix}\boldsymbol{f}(t)$$

$$\boldsymbol{y}(t)=\begin{bmatrix}-1 & -2\\ -3 & -3\end{bmatrix}\boldsymbol{w}(t)+\begin{bmatrix}3 & 0\\ 3 & 0\end{bmatrix}\boldsymbol{f}(t)$$

系统矩阵$\boldsymbol{A}$ 对角化后的信号流图如图答 7.26 所示。

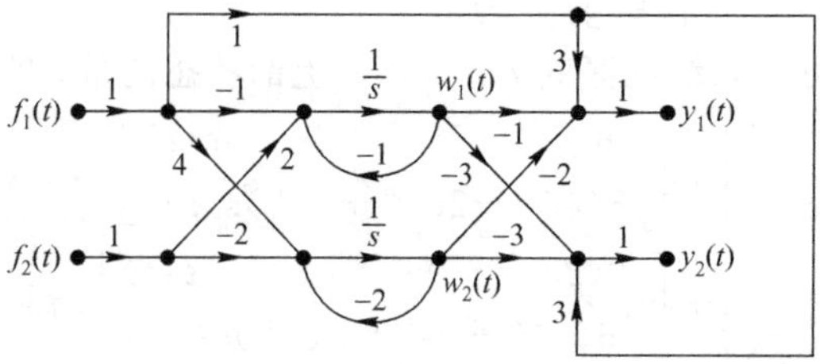

图答 7.26 LTI 连续时间系统的系统矩阵$\boldsymbol{A}$ 对角化后的信号流图

$$\hat{\boldsymbol{h}}(t)=\begin{bmatrix}3\delta(t)+(\mathrm{e}^{-t}-8\mathrm{e}^{-2t})\varepsilon(t) & 2(2\mathrm{e}^{-2t}-\mathrm{e}^{-t})\varepsilon(t)\\ 3\delta(t)+3(\mathrm{e}^{-t}-4\mathrm{e}^{-2t})\varepsilon(t) & 6(\mathrm{e}^{-2t}-\mathrm{e}^{-t})\varepsilon(t)\end{bmatrix}$$

$$\hat{\boldsymbol{H}}(s)=\begin{bmatrix}\dfrac{3s^2+2s}{(s+1)(s+2)} & \dfrac{2s}{(s+1)(s+2)}\\ \dfrac{3s^2}{(s+1)(s+2)} & \dfrac{-6}{(s+1)(s+2)}\end{bmatrix}$$

$$\boldsymbol{w}(t)=\begin{bmatrix}0\\ \mathrm{e}^{-2t}\end{bmatrix}+\begin{bmatrix}(\mathrm{e}^{-t}-\mathrm{e}^{-3t})\varepsilon(t)\\ 4(\mathrm{e}^{-2t}-\mathrm{e}^{-3t})\varepsilon(t)\end{bmatrix},\ t\geqslant 0$$

$$\boldsymbol{y}(t)=\begin{bmatrix}-2\mathrm{e}^{-2t}\\ -3\mathrm{e}^{-2t}\end{bmatrix}+\begin{bmatrix}(15\mathrm{e}^{-3t}-\mathrm{e}^{-t}-8\mathrm{e}^{-2t})\varepsilon(t)\\ 3(7\mathrm{e}^{-3t}-\mathrm{e}^{-t}-4\mathrm{e}^{-2t})\varepsilon(t)\end{bmatrix},\ t\geqslant 0$$

7.27 (1) $\boldsymbol{h}(t)=\begin{bmatrix}\frac{1}{2}(\mathrm{e}^{-2t}+3\mathrm{e}^{-4t})\varepsilon(t) & \delta(t)+\frac{1}{2}(\mathrm{e}^{-2t}-3\mathrm{e}^{-4t})\varepsilon(t)\\ \delta(t)+\frac{1}{2}(\mathrm{e}^{-2t}-3\mathrm{e}^{-4t})\varepsilon(t) & \frac{1}{2}(\mathrm{e}^{-2t}+3\mathrm{e}^{-4t})\varepsilon(t)\end{bmatrix}$

$$\boldsymbol{H}(s)=\begin{bmatrix}\dfrac{2s+5}{(s+2)(s+4)} & \dfrac{s^2+5s+7}{(s+2)(s+4)}\\ \dfrac{s^2+5s+7}{(s+2)(s+4)} & \dfrac{2s+5}{(s+2)(s+4)}\end{bmatrix}$$

$$\boldsymbol{x}(t)=\begin{bmatrix}\mathrm{e}^{-2t}+2\mathrm{e}^{-4t}\\ \mathrm{e}^{-2t}-2\mathrm{e}^{-4t}\end{bmatrix}+\begin{bmatrix}(2\mathrm{e}^{-2t}-\mathrm{e}^{-3t}-\mathrm{e}^{-4t})\varepsilon(t)\\ (2\mathrm{e}^{-2t}-3\mathrm{e}^{-3t}+\mathrm{e}^{-4t})\varepsilon(t)\end{bmatrix},\ t\geqslant 0$$

$$\boldsymbol{y}(t)=\begin{bmatrix}\mathrm{e}^{-2t}+6\mathrm{e}^{-4t}\\ \mathrm{e}^{-2t}-6\mathrm{e}^{-4t}\end{bmatrix}+\begin{bmatrix}(2\mathrm{e}^{-2t}+2\mathrm{e}^{-3t}-3\mathrm{e}^{-4t})\varepsilon(t)\\ (2\mathrm{e}^{-2t}-2\mathrm{e}^{-3t}+3\mathrm{e}^{-4t})\varepsilon(t)\end{bmatrix},\ t\geqslant 0$$

(2) 系统为稳定系统；系统状态完全可控制；系统状态完全可观察。

7.28 考虑到$\boldsymbol{y}(t)=\boldsymbol{C}\mathrm{e}^{\boldsymbol{A}t}\boldsymbol{x}(0_-)+\boldsymbol{C}\mathrm{e}^{\boldsymbol{A}t}\varepsilon(t)*\boldsymbol{B}\boldsymbol{f}(t)+\boldsymbol{D}\boldsymbol{f}(t)$，则由条件(1)及条件(2)可得

$\begin{bmatrix}2\mathrm{e}^{-t}+2\mathrm{e}^{-2t} & \mathrm{e}^{-t}+4\mathrm{e}^{-2t}\\ 4\mathrm{e}^{-t}+\mathrm{e}^{-2t} & 2\mathrm{e}^{-t}+2\mathrm{e}^{-2t}\end{bmatrix}=\boldsymbol{C}\mathrm{e}^{\boldsymbol{A}t}\begin{bmatrix}2 & 1\\ 1 & 2\end{bmatrix}$，解得$\boldsymbol{C}\mathrm{e}^{\boldsymbol{A}t}=\begin{bmatrix}\mathrm{e}^{-t} & 2\mathrm{e}^{-2t}\\ 2\mathrm{e}^{-t} & \mathrm{e}^{-2t}\end{bmatrix}$

$\boldsymbol{C}=\boldsymbol{C}\mathrm{e}^{\boldsymbol{A}t}\big|_{t=0}=\begin{bmatrix}1 & 2\\ 2 & 1\end{bmatrix}$，$\mathrm{e}^{\boldsymbol{A}t}=\boldsymbol{C}^{-1}\begin{bmatrix}\mathrm{e}^{-t} & 2\mathrm{e}^{-2t}\\ 2\mathrm{e}^{-t} & \mathrm{e}^{-2t}\end{bmatrix}=\begin{bmatrix}\mathrm{e}^{-t} & 0\\ 0 & \mathrm{e}^{-2t}\end{bmatrix}$

考虑到$\dfrac{\mathrm{d}}{\mathrm{d}t}(\mathrm{e}^{\boldsymbol{A}t})=\boldsymbol{A}\mathrm{e}^{\boldsymbol{A}t}$，则有$\boldsymbol{A}=\boldsymbol{A}\mathrm{e}^{\boldsymbol{A}t}\big|_{t=0}=\dfrac{\mathrm{d}}{\mathrm{d}t}(\mathrm{e}^{\boldsymbol{A}t})\big|_{t=0}=\begin{bmatrix}-1 & 0\\ 0 & -2\end{bmatrix}$。

考虑到$\boldsymbol{y}(t)=\boldsymbol{C}\mathrm{e}^{\boldsymbol{A}t}\boldsymbol{x}(0_-)+\boldsymbol{C}\mathrm{e}^{\boldsymbol{A}t}\varepsilon(t)*\boldsymbol{B}\boldsymbol{f}(t)+\boldsymbol{D}\boldsymbol{f}(t)$，则由条件(3)可得

$$\boldsymbol{Y}(s)=[\boldsymbol{C}\boldsymbol{\Phi}(s)\boldsymbol{B}+\boldsymbol{D}]\boldsymbol{F}(s)=[\boldsymbol{C}\boldsymbol{\Phi}(s)\boldsymbol{B}+\boldsymbol{D}]\frac{1}{s+3}=\begin{bmatrix}\dfrac{1}{s+1}+\dfrac{2}{s+2}-\dfrac{2}{s+3}\\ \dfrac{2}{s+1}+\dfrac{1}{s+2}-\dfrac{2}{s+3}\end{bmatrix}$$

解得$\boldsymbol{D}=\begin{bmatrix}1\\1\end{bmatrix}$，$\boldsymbol{C}\boldsymbol{\Phi}(s)\boldsymbol{B}=\begin{bmatrix}\dfrac{2}{s+1}+\dfrac{2}{s+2}\\ \dfrac{4}{s+1}+\dfrac{1}{s+2}\end{bmatrix}$，$\boldsymbol{B}=[\boldsymbol{C}\boldsymbol{\Phi}(s)]^{-1}\begin{bmatrix}\dfrac{2}{s+1}+\dfrac{2}{s+2}\\ \dfrac{4}{s+1}+\dfrac{1}{s+2}\end{bmatrix}=\begin{bmatrix}2\\1\end{bmatrix}$

于是，描述系统的状态方程和输出方程分别为

$$\boldsymbol{x}'(t)=\begin{bmatrix}-1&0\\0&-2\end{bmatrix}\boldsymbol{x}(t)+\begin{bmatrix}2\\1\end{bmatrix}f(t),\ \boldsymbol{y}(t)=\begin{bmatrix}1&2\\2&1\end{bmatrix}\boldsymbol{x}(t)+\begin{bmatrix}1\\1\end{bmatrix}f(t)$$

描述系统的信号流图如图答 7.28 所示。

系统为稳定系统；系统状态完全可控制；系统状态完全可观察。

7.29 由条件(1)及条件(2)，采用题 7.28 的求解方法可得$\boldsymbol{C}=\begin{bmatrix}2&1\\1&2\end{bmatrix}$；$\boldsymbol{A}=\begin{bmatrix}-2&0\\0&-3\end{bmatrix}$。

考虑到$\boldsymbol{y}(t)=\boldsymbol{C}\mathrm{e}^{\boldsymbol{A}t}\boldsymbol{x}(0_-)+\boldsymbol{C}\mathrm{e}^{\boldsymbol{A}t}\varepsilon(t)*\boldsymbol{B}\boldsymbol{f}(t)+\boldsymbol{D}\boldsymbol{f}(t)$，则由条件(3)及条件(1)可得

$$[\boldsymbol{C}\mathrm{e}^{\boldsymbol{A}t}\varepsilon(t)\boldsymbol{B}+\boldsymbol{D}\boldsymbol{\delta}(t)]*\begin{bmatrix}\mathrm{e}^{-t}\varepsilon(t)\\0\end{bmatrix}=\begin{bmatrix}4\mathrm{e}^{-t}+\mathrm{e}^{-3t}\\3\mathrm{e}^{-t}+2\mathrm{e}^{-3t}\end{bmatrix}-\boldsymbol{C}\mathrm{e}^{\boldsymbol{A}t}\begin{bmatrix}1\\2\end{bmatrix}=\begin{bmatrix}4\mathrm{e}^{-t}-2\mathrm{e}^{-2t}-\mathrm{e}^{-3t}\\3\mathrm{e}^{-t}-\mathrm{e}^{-2t}-2\mathrm{e}^{-3t}\end{bmatrix},\ t\geqslant 0$$

由条件(4)及条件(2)可得

$$[\boldsymbol{C}\mathrm{e}^{\boldsymbol{A}t}\varepsilon(t)\boldsymbol{B}+\boldsymbol{D}\boldsymbol{\delta}(t)]*\begin{bmatrix}0\\\mathrm{e}^{-4t}\varepsilon(t)\end{bmatrix}=\begin{bmatrix}6\mathrm{e}^{-2t}+2\mathrm{e}^{-3t}-3\mathrm{e}^{-4t}\\3\mathrm{e}^{-2t}+4\mathrm{e}^{-3t}-2\mathrm{e}^{-4t}\end{bmatrix}-\boldsymbol{C}\mathrm{e}^{\boldsymbol{A}t}\begin{bmatrix}2\\1\end{bmatrix}$$

$$=\begin{bmatrix}2\mathrm{e}^{-2t}+\mathrm{e}^{-3t}-3\mathrm{e}^{-4t}\\\mathrm{e}^{-2t}+2\mathrm{e}^{-3t}-2\mathrm{e}^{-4t}\end{bmatrix},\ t\geqslant 0$$

取 LT 后，联立求解可得$\boldsymbol{D}=\begin{bmatrix}1&0\\0&1\end{bmatrix}$，$\boldsymbol{B}=\begin{bmatrix}1&2\\2&1\end{bmatrix}$。于是，描述系统的状态方程和输出方程分别为

$$\boldsymbol{x}'(t)=\begin{bmatrix}-2&0\\0&-3\end{bmatrix}\boldsymbol{x}(t)+\begin{bmatrix}1&2\\2&1\end{bmatrix}\boldsymbol{f}(t),\ \boldsymbol{y}(t)=\begin{bmatrix}2&1\\1&2\end{bmatrix}\boldsymbol{x}(t)+\begin{bmatrix}1&0\\0&1\end{bmatrix}\boldsymbol{f}(t)$$

描述系统的信号流图如图答 7.29 所示。

系统为稳定系统；系统状态完全可控制；系统状态完全可观察。

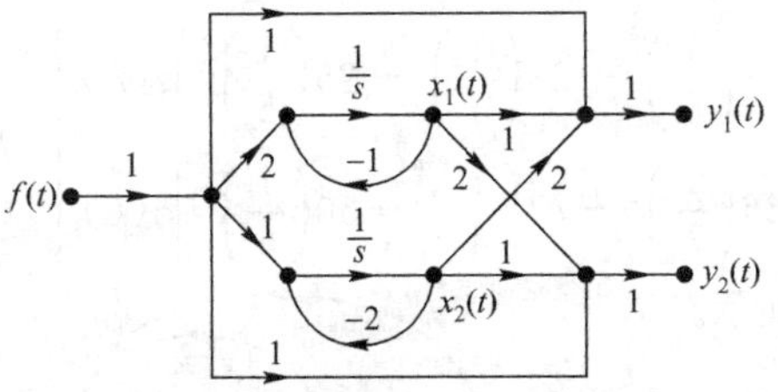

图答 7.28 单输入双输出 LTI 连续时间系统的信号流图

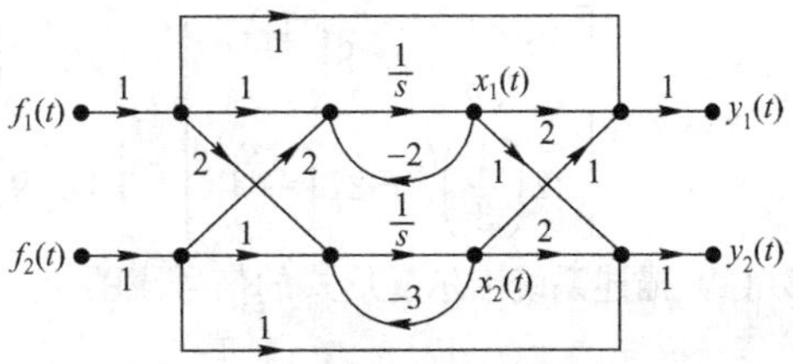

图答 7.29 双输入双输出 LTI 连续时间系统的信号流图

7.30 描述系统卡尔曼形式的信号流图如图答 7.30.1 所示。

对于系统卡尔曼形式的信号流图，描述系统的状态方程和输出方程分别为

$$\boldsymbol{x}(k+1)=\begin{bmatrix}0 & 1 & 0\\ 0 & 0 & 1\\ 1/24 & -3/8 & 13/12\end{bmatrix}\boldsymbol{x}(k)+\begin{bmatrix}0\\0\\1\end{bmatrix}\boldsymbol{f}(k),\ \boldsymbol{y}(k)=\begin{bmatrix}-\frac{1}{2} & \frac{7}{2} & -4\end{bmatrix}\boldsymbol{x}(k)+\boldsymbol{f}(k)$$

描述系统并联形式的信号流图如图答 7.30.2 所示。

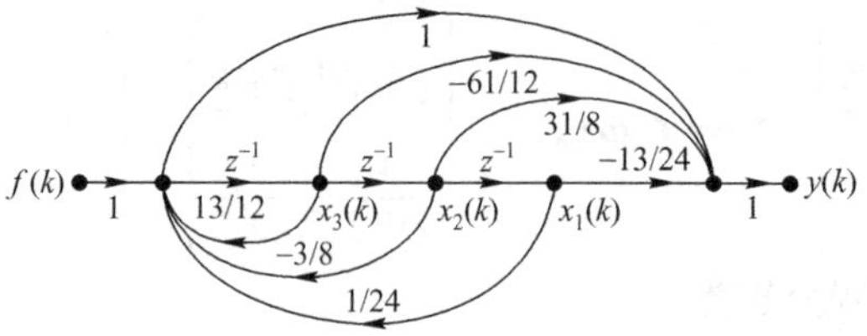

图答 7.30.1　LSI 离散时间系统卡尔曼形式的信号流图

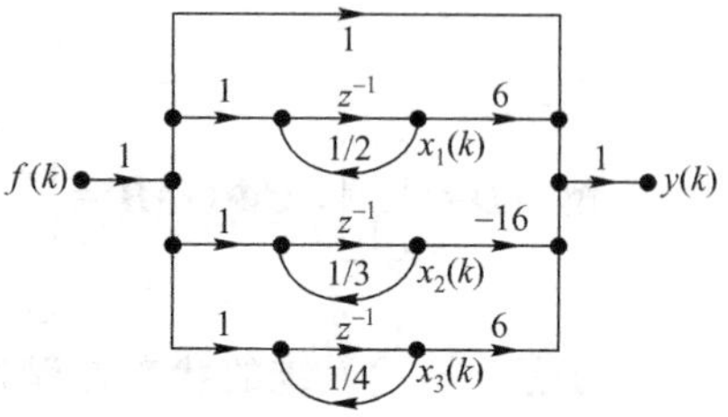

图答 7.30.2　LSI 离散时间系统并联形式的信号流图

对于系统并联形式的信号流图，描述系统的状态方程和输出方程分别为

$$\boldsymbol{x}(k+1)=\begin{bmatrix}1/2 & 0 & 0\\ 0 & 1/3 & 0\\ 0 & 0 & 1/4\end{bmatrix}\boldsymbol{x}(k)+\begin{bmatrix}1\\1\\1\end{bmatrix}\boldsymbol{f}(k),\ \boldsymbol{y}(k)=[6\quad -16\quad 6]\boldsymbol{x}(k)+\boldsymbol{f}(k)$$

7.31　考虑到$\boldsymbol{x}(k)=\boldsymbol{A}^k\boldsymbol{x}(0)+\boldsymbol{A}^{k-1}\varepsilon(k-1)*\boldsymbol{B}\boldsymbol{f}(k)$及$\boldsymbol{f}(k)=\boldsymbol{0}$，则有

$$\begin{bmatrix}2\left(\frac{1}{2}\right)^k & 3\left(\frac{1}{3}\right)^k\\ \left(\frac{1}{2}\right)^k & \left(\frac{1}{3}\right)^k\end{bmatrix}=\boldsymbol{A}^k\begin{bmatrix}2 & 3\\ 1 & 1\end{bmatrix}，解得\boldsymbol{A}^k=\begin{bmatrix}3\left(\frac{1}{3}\right)^k-2\left(\frac{1}{2}\right)^k & 6\left(\frac{1}{2}\right)^k-6\left(\frac{1}{3}\right)^k\\ \left(\frac{1}{3}\right)^k-\left(\frac{1}{2}\right)^k & 3\left(\frac{1}{2}\right)^k-2\left(\frac{1}{3}\right)^k\end{bmatrix}$$

$$\boldsymbol{A}=\boldsymbol{A}^k\big|_{k=1}=\begin{bmatrix}0 & 1\\ -1/6 & 5/6\end{bmatrix}$$

7.32 $\boldsymbol{x}(k+1)=\begin{bmatrix}1/12 & 1/4\\ -1/6 & 1/2\end{bmatrix}\boldsymbol{x}(k)+\begin{bmatrix}1 & 2\\ 2 & 1\end{bmatrix}\boldsymbol{f}(k),\ \boldsymbol{y}(k)=\begin{bmatrix}1 & 3\\ 5 & 3\end{bmatrix}\boldsymbol{x}(k)+\begin{bmatrix}12 & 0\\ 0 & 60\end{bmatrix}\boldsymbol{f}(k)$

$$\boldsymbol{H}(z)=\frac{1}{1-\frac{7}{12}z^{-1}+\frac{1}{12}z^{-2}}\begin{bmatrix}12 & z^{-1}(5-2z^{-1})\\ z^{-1}(11-z^{-1}) & 2(30-11z^{-1})\end{bmatrix}$$

$$\boldsymbol{x}(k)=\begin{bmatrix}4\left(\frac{1}{3}\right)^k-3\left(\frac{1}{4}\right)^k\\ 4\left(\frac{1}{3}\right)^k-2\left(\frac{1}{4}\right)^k\end{bmatrix}+\begin{bmatrix}3\left[4\left(\frac{1}{2}\right)^k-13\left(\frac{1}{3}\right)^k+44\left(\frac{1}{4}\right)^k-35\left(\frac{1}{5}\right)^k\right]\varepsilon(k)\\ \left[16\left(\frac{1}{2}\right)^k-39\left(\frac{1}{3}\right)^k+88\left(\frac{1}{4}\right)^k-65\left(\frac{1}{5}\right)^k\right]\varepsilon(k)\end{bmatrix},\ k\geqslant 0$$

$$\boldsymbol{y}(k)=\begin{bmatrix}16\left(\frac{1}{3}\right)^k-9\left(\frac{1}{4}\right)^k\\ 32\left(\frac{1}{3}\right)^k-21\left(\frac{1}{4}\right)^k\end{bmatrix}+\begin{bmatrix}12\left[6\left(\frac{1}{2}\right)^k-13\left(\frac{1}{3}\right)^k+33\left(\frac{1}{4}\right)^k-25\left(\frac{1}{5}\right)^k\right]\varepsilon(k)\\ 12\left[9\left(\frac{1}{2}\right)^k-26\left(\frac{1}{3}\right)^k+77\left(\frac{1}{4}\right)^k-50\left(\frac{1}{5}\right)^k\right]\varepsilon(k)\end{bmatrix},\ k\geqslant 0$$

7.33 (1) 描述系统卡尔曼形式的信号流图如图答 7.33 所示。

$$\boldsymbol{x}(k+1)=\begin{bmatrix}0 & 1\\ -\frac{1}{12} & \frac{7}{12}\end{bmatrix}\boldsymbol{x}(k)+\begin{bmatrix}0\\1\end{bmatrix}\boldsymbol{f}(k)$$

$$\boldsymbol{y}(k)=\begin{bmatrix}-\frac{1}{4} & \frac{11}{12}\end{bmatrix}\boldsymbol{x}(k)+5\boldsymbol{f}(k)$$

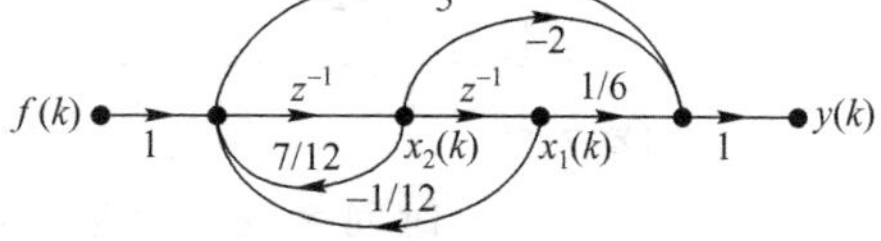

图答 7.33　LSI 离散时间系统卡尔曼形式的信号流图

(2) $h(k)=5\delta(k)+\left[2\left(\frac{1}{3}\right)^k+\left(\frac{1}{4}\right)^k\right]\varepsilon(k-1)$

(3) $$\boldsymbol{x}(k)=\begin{bmatrix}12\left[3\left(\frac{1}{3}\right)^k+4\left(\frac{1}{4}\right)^k\right]\\12\left[\left(\frac{1}{3}\right)^k+\left(\frac{1}{4}\right)^k\right]\end{bmatrix}+\begin{bmatrix}24\left[\left(\frac{1}{2}\right)^k-3\left(\frac{1}{3}\right)^k+2\left(\frac{1}{4}\right)^k\right]\varepsilon(k)\\12\left[\left(\frac{1}{2}\right)^k-2\left(\frac{1}{3}\right)^k+\left(\frac{1}{4}\right)^k\right]\varepsilon(k)\end{bmatrix},\ k\geqslant 0$$

$$y(k)=2\left(\frac{1}{3}\right)^k-\left(\frac{1}{4}\right)^k+\left[10\left(\frac{1}{2}\right)^k-4\left(\frac{1}{3}\right)^k-\left(\frac{1}{4}\right)^k\right]\varepsilon(k),\ k\geqslant 0$$

7.34 (1) 描述系统并联形式的信号流图如图答 7.34 所示。

$$\boldsymbol{x}(k+1)=\begin{bmatrix}1/2 & 0\\0 & 1/4\end{bmatrix}\boldsymbol{x}(k)+\begin{bmatrix}1 & 2\\1 & 2\end{bmatrix}\boldsymbol{f}(k),\ \boldsymbol{y}(k)=\begin{bmatrix}10 & -9\\8 & -6\end{bmatrix}\boldsymbol{x}(k)$$

(2) 考虑到 $\boldsymbol{y}(k)=\underbrace{\boldsymbol{CA}^k\boldsymbol{x}(0)}_{\boldsymbol{y}_x(k)}+\underbrace{\boldsymbol{CA}^{k-1}\varepsilon(k-1)*\boldsymbol{Bf}(k)+\boldsymbol{Df}(k)}_{\boldsymbol{y}_f(k)}$ 及 $\boldsymbol{y}_f(-1)=0$，

则有 $\boldsymbol{y}(-1)=\boldsymbol{CA}^{-1}\boldsymbol{x}(0)$，于是

$$\boldsymbol{x}(0)=\boldsymbol{AC}^{-1}\boldsymbol{y}(-1)=\begin{bmatrix}2\\1\end{bmatrix},\ \boldsymbol{x}(k)=\begin{bmatrix}2\left(\frac{1}{2}\right)^k\\\left(\frac{1}{4}\right)^k\end{bmatrix}+\begin{bmatrix}18\left[\left(\frac{1}{2}\right)^k-\left(\frac{1}{3}\right)^k\right]\varepsilon(k)\\36\left[\left(\frac{1}{3}\right)^k-\left(\frac{1}{4}\right)^k\right]\varepsilon(k)\end{bmatrix},\ k\geqslant 0$$

$$\boldsymbol{y}(k)=\begin{bmatrix}20\left(\frac{1}{2}\right)^k-9\left(\frac{1}{4}\right)^k\\2\left[8\left(\frac{1}{2}\right)^k-3\left(\frac{1}{4}\right)^k\right]\end{bmatrix}+\begin{bmatrix}36\left[5\left(\frac{1}{2}\right)^k-14\left(\frac{1}{3}\right)^k+9\left(\frac{1}{4}\right)^k\right]\varepsilon(k)\\72\left[2\left(\frac{1}{2}\right)^k-5\left(\frac{1}{3}\right)^k+3\left(\frac{1}{4}\right)^k\right]\varepsilon(k)\end{bmatrix},\ k\geqslant 0$$

7.35 (1) 描述系统并联形式的信号流图如图答 7.35 所示。

$$\boldsymbol{x}(k+1)=\begin{bmatrix}1/2 & 0 & 0\\0 & 1/3 & 0\\0 & 0 & 1/4\end{bmatrix}\boldsymbol{x}(k)+\begin{bmatrix}1\\1\\1\end{bmatrix}\boldsymbol{f}(k),\ \boldsymbol{y}(k)=[6\quad -8\quad 3]\boldsymbol{x}(k)$$

(2) $y_f(k)=20\left[\left(\frac{1}{2}\right)^k-3\left(\frac{1}{3}\right)^k+3\left(\frac{1}{4}\right)^k-\left(\frac{1}{5}\right)^k\right]\varepsilon(k)$

(3) 系统为稳定系统；系统状态完全可控制；系统状态完全可观察。

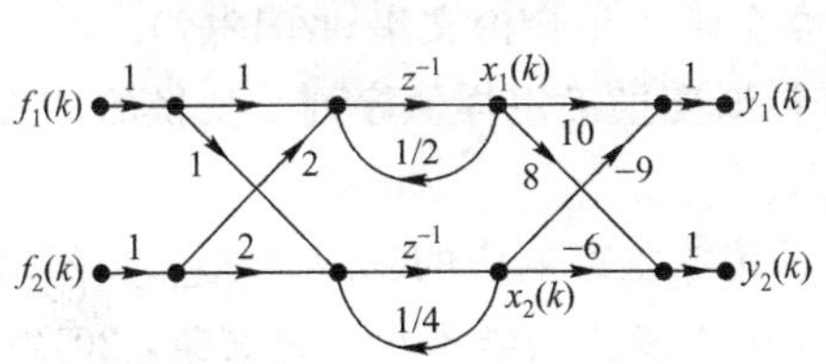

图答 7.34 LSI 离散时间系统并联形式的信号流图

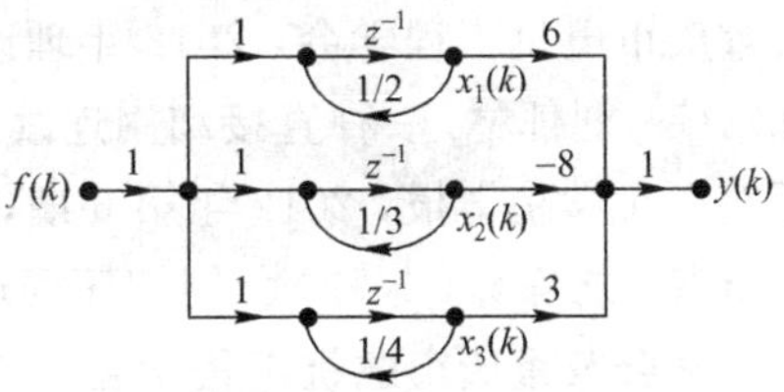

图答 7.35 LSI 离散时间系统并联形式的信号流图

7.36 (1) $$\boldsymbol{x}(k)=\begin{bmatrix}6\left[3\left(\frac{1}{2}\right)^k-2\left(\frac{1}{3}\right)^k\right]\\9\left(\frac{1}{2}\right)^k-8\left(\frac{1}{3}\right)^k\end{bmatrix}+\begin{bmatrix}24\left[2\left(\frac{1}{2}\right)^k-3\left(\frac{1}{3}\right)^k+\left(\frac{1}{4}\right)^k\right]\varepsilon(k)\\24\left[\left(\frac{1}{2}\right)^k-2\left(\frac{1}{3}\right)^k+\left(\frac{1}{4}\right)^k\right]\varepsilon(k)\end{bmatrix},\ k\geqslant 0$$

$$\boldsymbol{y}(k)=\begin{bmatrix}9\left(\frac{1}{2}\right)^k-4\left(\frac{1}{3}\right)^k\\4\left(\frac{1}{3}\right)^k-9\left(\frac{1}{2}\right)^k\end{bmatrix}+\begin{bmatrix}\left[24\left(\frac{1}{2}\right)^k-24\left(\frac{1}{3}\right)^k+\left(\frac{1}{4}\right)^k\right]\varepsilon(k)\\\left[24\left(\frac{1}{3}\right)^k-24\left(\frac{1}{2}\right)^k+\left(\frac{1}{4}\right)^k\right]\varepsilon(k)\end{bmatrix},\ k\geqslant 0$$

(2) 系统为稳定系统；系统状态完全可控制；系统状态完全可观察。

参考文献

[1] 张有正，闵大镒，彭毅，张庆孚. 信号与系统[M]. 成都：四川科学技术出版社，1985(4).

[2] 郑钧. 线性系统分析[M]. 毛培法，译. 北京：科学出版社，1978(1).

[3] 张明友，吕幼新. 信号与系统分析[M]. 成都：电子科技大学出版社，2000(1).

[4] 吴新余，周井泉，沈元隆. 信号与系统——时域、频域分析及 MATLAB 软件的应用[M]. 北京：电子工业出版社，1999(12).

[5] 吴湘淇. 信号、系统与信号处理(上)[M]. 北京：电子工业出版社，1996(8).

[6] 奥本海姆. 信号与系统(第二版)[M]. 刘树棠，译. 北京：电子工业出版社，2020(8)

[7] Samir S. Soliman, Mandyam D. Srinath. Continuous and Discrete Signals and Systems [M]. Prentice Hall, International Inc, 1998.

[8] 陈绍荣. 信号与系统学习指南[M]. 重庆：重庆通信学院，2005(2).

[9] 奥本海姆，谢弗. 离散时间信号处理(第二版)[M]. 黄建国，刘树棠，译. 北京：电子工业出版社，2015(1).

[10] 胡广书. 数字信号处理——理论、算法与实现(第 3 版)[M]. 北京：清华大学出版社，2012(10).

[11] 陈绍荣，刘郁林，雷斌，李晓毅. 数字信号处理[M]. 北京：国防工业出版社，2016(9).

[12] 于寅. 高等工程数学(第二版)[M]. 武汉：华中理工大学出版社，1995(6).

[13] 陈绍荣. 关于离散时间系统稳定性判据的讨论[J]. 重庆通信学院学报，1999 年第 3 期，1999(9).

[14] 陈绍荣，胡绍兵，廖小军. 关于 LSI 系统时域解法的讨论[J]. 重庆通信学院学报，2001 年第 4 期，2001(12).

[15] 陈绍荣，刘郁林. 信号处理中七类广义傅里叶变换之间的关系[C]. 四川省电机工程学会及重庆市电机工程学会，2012 年理论电工专委会学术年会论文集，2012(7).

[16] 陈绍荣，刘郁林. 一种直接利用连续信号拉普拉斯变换确定样值序列 z 变换的方法[J]. 陆军航空兵学院学报，2012 年第 6 期，2012(12).

[17] 陈绍荣，刘郁林，朱桂斌. 周期序列通过 LSI 系统零状态响应的求解方法[C]. 四川省电机工程学会及重庆市电机工程学会，2012 年理论电工专委会学术年会论文集，2012(7).

[18] 陈绍荣. 线性移变系统的时域分析[J]. 重庆通信学院学报，2015 年第 6 期，2015(11).

[19] 陈绍荣. 线性移变系统的 z 域分析[J]. 重庆通信学院学报，2016 年第 1 期，2016(1).

[20] 陈绍荣，刘郁林，朱桂斌，何为. 线性变系数差分方程的时域求解方法[C]. 重庆市电机工程学会 2016 年学术年会论文摘要集，2016(9).